中国农业标准经典收藏系列

中国农业行业标准汇编

（2018）

种植业分册

农业标准出版分社　编

中 国 农 业 出 版 社

图书在版编目（CIP）数据

中国农业行业标准汇编．2018．种植业分册 / 农业标准出版分社编．—北京：中国农业出版社，2018．1
（中国农业标准经典收藏系列）
ISBN 978－7－109－23663－9

Ⅰ．①中…　Ⅱ．①农…　Ⅲ．①农业－标准－汇编－中国②种植业－标准－汇编－中国　Ⅳ．①S－65

中国版本图书馆 CIP 数据核字（2017）第 307866 号

中国农业出版社出版
（北京市朝阳区麦子店街 18 号楼）
（邮政编码 100125）
责任编辑　冀　刚　廖　宁

北京印刷一厂印刷　　新华书店北京发行所发行
2018 年 1 月第 1 版　　2018 年 1 月北京第 1 次印刷

开本：880mm×1230mm 1/16　　印张：50
字数：1 800 千字
定价：450.00 元

主　　编：刘　伟

副 主 编：诸复祈　冀　刚

编写人员（按姓氏笔画排序）：

刘　伟　杨晓改　诸复祈

廖　宁　冀　刚

出 版 说 明

近年来，农业标准出版分社陆续出版了《中国农业标准经典收藏系列·最新中国农业行业标准》，将2004—2015年由我社出版的3 600多项标准汇编成册，共出版了十二辑，得到了广大读者的一致好评。无论从阅读方式还是从参考使用上，都给读者带来了很大方便。为了加大农业标准的宣贯力度，扩大标准汇编本的影响，满足和方便读者的需要，我们在总结以往出版经验的基础上策划了《中国农业行业标准汇编（2018)》。

本次汇编对2016年发布的496项农业标准进行了专业细分与组合，根据专业不同分为种植业、畜牧兽医、植保、农机、综合和水产6个分册。

本书收录了品种鉴定分子标记法、农作物种质资源描述规范、农产品等级规格、植物新品种一致性、特异性和稳定性测试指南、栽培技术规程等方面的农业标准58项。并在书后附有2016年发布的8个标准公告供参考。

特别声明：

1. 汇编本着尊重原著的原则，除明显差错外，对标准中所涉及的有关量、符号、单位和编写体例均未做统一改动。

2. 从印制工艺的角度考虑，原标准中的彩色部分在此只给出黑白图片。

3. 本辑所收录的个别标准，由于专业交叉特性，故同时归于不同分册当中。

本书可供农业生产人员、标准管理干部和科研人员使用，也可供有关农业院校师生参考。

农业标准出版分社

2017年11月

目　　录

附录

ICS 65.020
B 39

中华人民共和国农业行业标准

NY/T 221—2016
代替 NY/T 221—2006

橡胶树栽培技术规程

Technical regulations for cultivation of rubber tree

2016-11-01 发布　　2017-04-01 实施

中华人民共和国农业部 发布

目　　次

前　言

本标准按照 GB/T 1.1—2009 给出的规则起草。

本标准代替 NY/T 221—2006《橡胶树栽培技术规程》。与 NY/T 221—2006 相比，除编辑性修改外，主要技术变化如下：

——由原第 4 至第 11 章共 8 章的内容改编入第 4 章，原第 4 章至第 11 章中有关苗木定植、胶园间作和林谱档案内容分别单列成 1 节；

——增加了非规范胶园建设及抚管等要求；

——割胶生产新增了割胶原则、开割标准、割胶技术、割前准备、割胶作业、收胶作业、强割作业和停割养护 8 个方面的要求；

——新增木材收获 1 节的要求；

——其他章节多数条款内容做了一些细化修改。

本标准由农业部农垦局提出。

本标准由农业部热带作物及制品标准化技术委员会归口。

本标准起草单位：中国热带农业科学院橡胶研究所、海南大学、海南省农垦总局、云南省农垦总局、广东省农垦总局、西双版纳农业局、农业部发展南亚热带作物办公室。

本标准主要起草人：林位夫、郑服丛、李家宁、李智全、李传辉、陈叶海、严志平、傅建、谢贵水、安锋、王军、周珺。

本标准的历次版本发布情况为：

——NY/T 221—2006。

橡胶树栽培技术规程

1 范围

本标准规定了巴西橡胶树栽培有关的术语和定义、要求等。

本标准适用于国内巴西橡胶树栽培。

2 规范性引用文件

下列文件对于本文件的应用是必不可少的。凡是注日期的引用文件，仅注日期的版本适用于本文件。凡是不注日期的引用文件，其最新版本(包括所有的修改单)适用于本文件。

GB/T 17822.1 橡胶树种子

GB/T 17822.2 橡胶树苗木

JTJ 001—1997 公路工程技术标准

LY/T 1646 森林采伐作业规程

NY/T 688 橡胶树品种

NY/T 1088 橡胶树割胶技术规程

NY/T 1089 橡胶树白粉病测报技术规程

NY/T 1686 橡胶树育苗技术规程

NY/T 2037—2011 橡胶园化学除草技术规范

NY/T 2259 橡胶树主要病虫害防治技术规范

NY/T 2263 橡胶树栽培学术语

3 术语和定义

NY/T 2263 界定的以及下列术语和定义适用于本文件。

3.1

常规胶园 conventional rubber plantation

以生产天然橡胶为主要目的的橡胶树种植园。

3.2

非常规胶园 unconventional rubber plantation

不以生产天然橡胶为主要目的的橡胶树种植园。

3.3

小筒苗 pint-sized polytube plant

培育于小型筒状容器中的苗木。

3.4

全周期间作模式 planting pattern for whole economic span intercropping

整个生产周期都可供开展间作生产的种植形式。

3.5

根盘 root corona

以根颈处为中心与其至树冠外垂线为半径组成的圆盘状区域。

3.6

疏伐　thinning

在种植生产过程，根据长势或产量或经济要求将种植园内部分植株伐去。

3.7

造材　bucking

按木材规格要求，将原条截成原木的作业。

3.8

集材　yarding

将各处伐倒木汇集堆放到楞场的作业。

3.9

总发病率　total disease incidence

抽叶（古铜叶片和淡绿叶片）株率与病叶率之积。

4　要求

4.1　开垦规划

4.1.1　规划原则

根据橡胶树生长要求和产胶潜力将植胶划分为不同等级的宜胶地，并在此基础上根据区域环境条件划分出环境类型中区和小区，编制各区域既要有利于生产，又要有利于保护和改善生态环境综合发展总体规划。胶园建设规划是大面积土地开垦植胶的基本依据。

4.1.2　宜林地基本要求

凡有下列情况之一者，不宜作为常规胶园宜林地：

——自然保护区和水源涵养林、水土保持林、防风固沙林、国防林等防护林用地；

——经常受台风侵袭，橡胶树风害严重的地区；

——历年橡胶树寒害严重，目前主管部门推广品种不能安全越冬，在重寒害年份平均寒害级别≥3级的地区；

——海南、广东和云南东部植胶区海拔≥350 m 的地带（云南其他植胶区阳坡≥1 000 m，阴坡≥900 m）；

——坡度>35°的地段（云南植胶区阳坡>45°，阴坡>35°）；

——地下水埋深<1 m 的地带，排水困难的低洼地；

——土层厚度<1 m 的地带，且下层为坚硬基岩或不利根系生长的坚硬层；

——瘠瘦、干旱的沙土地带。

4.1.3　天然橡胶生产优势区域等级划分

天然橡胶生产优势区域的等级划分，以低温、台风作为限制性条件，综合考虑其他自然环境条件和胶园生产力等因素，具体划分见表 1。

表 1　天然橡胶生产优势区域等级要求

类别		等级			
		甲等	乙等	丙等	丁等
一、主要气候条件	年平均气温，℃	>22 >21[a]	21～22 20～21[a]	<21 19～20[a]	<21 19～20[a]
	月平均气温≥18℃的月数，个	>9 8[a]	8～9 7～8[a]	7～8 <7[a]	7～8 <7[a]
	年降水量，mm	>1 500 >1 200[a]	1 300～1 500 1 100～1 200[a]	<1 300 1 000～1 100[a]	<1 200 1 000～1 100[a]
	平均风速，m/s	<2.0	2.0～3.0	>3.0	>3.0

表 1（续）

类　别		等　级			
		甲等	乙等	丙等	丁等
二、橡胶园生产力	定植起至达开割标准的月数，个	≤84	≤96	≤108	>109
	旺产期年均产胶能力，kg/hm^2	>1 350	1 126～1 350	825～1 125	<825
三、限制因素	近 60 年当地出现最低温≤0℃的低温天气[b]次数，次	≤2	≤3	≤5	≤10
	近 60 年当地出现持续阴雨天≥20 d，期内平均气温≤10℃的低温天气次数，次	≤3	≤4	≤5	≤10
	近 60 年当地出现风力≥12 级(32.6 m/s)的台风天气次数，次	≤3	≤5	≤7	≤10

[a] 云南植胶区的指标。
[b] 不含局部低洼地。

其中，若某一区域的主要气候条件和橡胶园生产力匀满足表中指标，但限制性因素条件之一不能满足相应的指标时，该区域降至下一等级。

4.1.4 土地综合利用

在环境类型小区划分的基础上，开展山、水、园、林、路统一规划，规划要着眼于可持续发展的需要，要着眼于机械化生产需要。

在缺乏燃料和木材的地方，可规划出一定面积的土地用于营造薪炭林、用材林。

区域内的零星土地，可结合生产或生态要求，种植非橡胶树主要病原、害虫中间寄主作(植)物，推荐种植一些泌蜜植物等。

凡胶园附近的非橡胶用地，不能种植橡胶树主要病原中间寄主作(植)物，也不能经营有碍于橡胶树生长和橡胶生产的项目。

4.1.5 植胶区道路规划

在环境类型区和橡胶林段划分时，应根据区域生产需要和道路建设要求规划出林间道路系统。植胶区域的道路干线支线，按 JTJ 001—1997 中 4 级公路的规定修筑。林间小道路面宽一般为 2.5 m～3 m。

4.1.6 收胶点布局

在大面积植胶区域，每 30 hm^2～70 hm^2 胶园设置一个固定收胶点，或建立便于机动车辆收集和运输胶乳、凝胶等的停靠点。

4.1.7 林段划分

同一环境类型小区可根据坡位、坡面、自然障碍等划分橡胶林段。橡胶林段面积应根据当地的风害轻重、寒害类型以及经营管理要求而定，一般为 1.3 hm^2/林段～2.7 hm^2/林段，风、寒害严重地区的林段面积宜小些，无风寒害地区的林段面积可大些。通常以林带划分橡胶林段，在无防护林带的地区，可以道路、沟壑、溪流、防火带或坡面、山头等交界线划分。

4.2 防护林建设

4.2.1 营造原则

防护林建设要因地制宜，因害设防，节约土地，提高效能。在常风大或台风频发的地区应营造防风林；在风小、雾大、辐射寒害严重的地区一般不设防护林带。山顶、沟壑应保留块状林，并纳入公益林体系管理。

4.2.2 林带设置

防风林主林带走向一般垂直于主风向，但在丘陵地区的防风林主林带应沿山脊建造。迎风山谷要加设林带。相对高差 60 m 以上的山岭，山顶部至少留 1/4 的块状林。水库边、河岸、路旁应留林或造林。防风林主林带宽 12 m～15 m，副林带宽 8 m～12 m，山脊林带宽不少于 20 m。防护林带与橡胶树距离不小于 6 m。

4.2.3 树种选择与搭配

新建防护林的树种宜选择速生抗风、适应性强、树体较高、种源丰富、容易造林，且木材经济价值较高的树种；防护林树种结构要合理搭配。在强台风多发地区应营造上密下疏结构的防风林带。

4.2.4 营造与管理

防护林可由原地留林或人工营造而成。防护林建造可与胶园建立同步进行，在有条件的地方可提前营造。人工营造的选用苗高 60 cm 或以上的健壮苗木按林带设计要求移栽造林，造林初期要及时除草保苗，确保定植成活率在 95%或以上。防护林建设与管理要纳入生产管理。禁止在防护林内及其附近铲草烧火；禁止在防护林内种植影响防护林功能的作(植)物。

4.2.5 林带更新

防风林可在橡胶园更新前 2 年～3 年营造，最迟应与胶园更新同步进行。防护林林相残缺、林木稀疏、起不到防护作用的林带应及时更新改造。风害多发地区林带更新改造应采取隔林带或半边林带分步进行。

4.3 胶园开垦

4.3.1 开垦原则

开垦工作要争取连片进行。先制订开垦方案，然后修建拟垦地区的林间道路，之后逐个生态小(微)区开垦。力争在较短时间内完成开垦工作，开垦过程应重视水土保持，采取各种措施防止或减少水土冲刷。

4.3.2 制订开垦和种植方案

根据宜林地规划设计或更新规划制订开垦方案，确定年度开垦任务和地点，制订施工计划，做好准备工作，按计划开垦和种植。

4.3.3 清除根病寄主和恶草

开垦前，应查明拟垦园区内可能引发橡胶树根病的病原菌寄主，逐一标记，并彻底清除。对拟垦园区内的恶草，应在定植前采用化学或人工或机械方法灭除。

4.3.4 开垦方式

更新胶园开垦不得烧岜；新垦植胶园只能小烧岜，开垦前应先在拟垦地段四周开出防火线。清岜后采用等高开垦方式进行土地整理。

可采用机械开垦或人工开垦。

4.3.5 土地整理要求

4.3.5.1 常规胶园土地整理

4.3.5.1.1 等高开垦

除平缓地外，胶园应采用等高开垦。坡度 5°以下的平缓地，可全垦，用十字线定标，植胶后修筑沟埂梯田；坡度 5°～15°的坡地，采用等高定标，修筑水平梯田或环山行；坡度＞15°的坡地，采用等高定标，修筑环山行。定标时尽量避免短行和插行，其中因坡度变化大导致行距变化的，可通过适当调整株距以控制种植密度，但最大行距应小于设定行距的 150%，最小行距应大于设定行距的 70%。当行距大于设定行距的 150%，且可连续种植 4 株橡胶树的，可插行。最高一行梯田或环山行的上方要修建“拦水沟”。胶园下方有农田的，在胶园下缘要修建环山引泄水沟。

4.3.5.1.2 种植密度和形式

橡胶树种植密度和种植形式依胶园地形、拟采用品种习性和经营模式等因素而定。种植密度一般为 420 株/hm^2～600 株/hm^2。但如因小气候、土壤肥力、地形条件和树形等因素的影响较大，可做适当调整，其中风害较重、冠幅小、土壤瘦瘠地区可适当密植，种植密度不小于 630 株/hm^2；(辐射)寒害较重、土壤肥沃地区及树冠大的品种可适当疏植，种植密度不大于 480 株/hm^2；坡度大于 20°的阴坡种植密度 360 株/hm^2～420 株/hm^2。一般采用宽行窄株种植形式，行距（两行间水平距离）根据是否间作、是否有风寒害等因素确定，株距不小于 2.0 m（云南植胶区阳坡株距不小于 2.5 m，阴坡株距不小于 3.0 m）。

4.3.5.1.3 环山行规格要求

环山行面宽为 1.2 m～2.5 m，其中坡度小的环山行可宽些，坡度大的可窄些；环山行面内倾（或反倾斜）8°～15°（辐射寒害常发地段可减小内倾角度）；整行环山行面基本水平；环山行上每隔 5 株～10 株在行面上修（留）一小横土埂。

4.3.5.1.4 植穴规格要求

植穴规格（面宽×深×底宽）为：人工开挖的 70 cm×60 cm×50 cm；机械开挖的（70～100）cm×（70～100）cm×（70～100）cm；有条件的可挖种植沟，种植沟规格（宽×深）为（70～80）cm×（70～80）cm。若是根病区，应彻底清除植穴处及附近的树头及其根系，并让植穴充分暴晒一个月或以上。

4.3.5.1.5 作业时间

胶园开垦一般在冬春季进行。一般在定植前 1 个月以上完成挖植穴作业，但若是根病区，应在定植前 2 个月以上完成。

4.3.5.1.6 作业要求

修筑梯田或环山行和挖植穴宜同时进行。作业时应保留足够用于回穴的表土，用挖出的心土修筑梯田埂或填于环山行外缘。

4.3.5.2 非常规胶园土地整理

4.3.5.2.1 等高开垦

除平缓地外，胶园应采用等高开垦或穴垦，有条件的可按照 4.3.5.1.1 的规定执行。

4.3.5.2.2 种植密度和形式

橡胶树种植密度和种植形式依胶园地形、土壤肥力、拟采用品种习性和经营模式等因素而定。种植密度一般为 360 株/hm^2～1500 株/hm^2。种植形式可根据生产经营需要确定。

4.3.5.2.3 植穴要求

按照 4.3.5.1.4 的规定执行或根据生产经营需求确定。

4.3.5.2.4 作业时间

按照 4.3.5.1.5 的规定执行。

4.3.5.2.5 作业要求

穴垦时，挖植穴和修平台同时进行。作业时应保留足够用于回穴的表土，用挖出的心土修筑平台外缘。修筑环山行的按照 4.3.5.1.6 的规定执行。

4.4 种苗培育

4.4.1 品种选择与芽条增殖

4.4.1.1 品种选择

除试验试种外，品种的使用应采用农业部当年主推品种或符合 NY/T 688 的要求，并结合当地的环境类型小区特点，对口使用，多种品种配置；非常规胶园可种植优良有性系。

4.4.1.2 品种材料来源

用于增殖苗圃增殖株芽接的芽条应采集于农业部认定的原种圃；用于生产性苗木芽接的芽条应采集于经省部级认定的增殖苗圃；培育用于非常规胶园种植的有性系的种子应采集于农业部认定种子园。

4.4.1.3 芽条增殖与复壮

根据育苗生产计划制订芽条增殖计划。一般在拟采芽条年份前 2 年建立增殖苗圃。在芽条生产期间，每年应对圃内进行品种保纯1次～2次。品种保纯方法应符合NY/T 688的要求。增殖苗圃应每4年复壮芽条1次。

4.4.1.4 芽条采集与运输

采集芽条前应对拟采集地块的芽条进行品种纯度鉴定，并做明显标记或立即剔除非指定品种的芽条，出圃的芽条品种纯度应达到100%；芽条采集、包装和存放等要求按照NY/T 1686的规定执行。

4.4.2 种子生产与采集

4.4.2.1 种子园建设

宜选择适合于生产收获夏、秋和冬果种子的区域，按植胶总面积0.5%～1.0%的比例建立砧木种子园。砧木种子园建设按照NY/T 688的规定执行。

4.4.2.2 采种区认定

由省部级主管部门组织，按采种区要求按照NY/T 1686的规定执行。

4.4.2.3 种子质量要求

种子质量应符合GB/T 17822.1的要求。

4.4.2.4 种子采集与包装运输

应在经认定的种子园或采种区采集种子。种子成熟期间每3 d一次，分品种或品种组合，分种子园或采种区采集种子。将收集到的种子分别摊开存放于阴凉处；在剔除坏种子后分别包装标记。长途运输的种子应用木箱或纸箱等包装；短途运输的种子可用麻袋等通气性好的袋、箱等包装。运输过程中，应防止不同批次种子混杂和避免挤压损伤。种子宜随采随播。

4.4.3 苗木培育

4.4.3.1 苗木类型

一般定植材料，包括裸根芽接桩、芽接桩装袋苗和袋装苗、袋育苗、筒苗等容器苗，均可用于大面积种植，其中小筒苗方便运输、定植成活率高、恢复生产快，优先推荐。大型定植材料，包括高截干（含三合树等）和大型容器苗，多用于补换植（含低截干）。

4.4.3.2 育苗计划

根据开垦规划或更新计划，在定植前0.5年～2年开始培育苗木。育苗计划应包括补换植所需的苗木。苗圃和拟种植胶园的面积比例为：增殖苗圃：地播苗圃：拟种植胶园＝1：10：400。以树桩苗作为定植材料的，同时培育占计划定植苗木数量约15%的容器苗和约3%的高截干苗；以容器苗作为定植材料的，同时培育占计划定植苗木数量约10%的大容器苗和约1%的高截干苗。

4.4.3.3 苗圃地选择

苗圃地应选择靠近水源、土层深厚、土壤肥沃、静风向阳、地势平缓、非根病区、交通方便的地段，宜靠近拟种植地。

4.4.3.4 种子选用

培育直接用于大田定植的优良实生苗种植材料的种子，应采集于经省部级主管部门组织认定的种子园；培育做砧木实生苗的种子，应采集于经省部级主管部门认定的种子园或采种区。

在寒害、旱害地区优先选用有利于抗寒、抗旱的砧木种子育苗。

4.4.3.5 籽苗选择

应选取在播种后20 d内萌发的、植株健壮的籽苗作为进一步培育材料，其余的籽苗，包括病苗、畸形苗、弱苗和播种20 d后萌发的籽苗全部淘汰。

4.4.3.6 育苗密度

小筒苗约250 000株/hm^2，推荐采用大小行排列形式，株行距为10 cm×(20+80) cm，约留10%的地面作为作业小路等。

袋育苗（含小苗芽接苗）<75 000株/hm^2，推荐株行距为20 cm×(40+80) cm，约留10%的地面作

为作业小路等。

树桩苗<50 000 株/hm²，推荐株行距为 30 cm×(40+80) cm，约留 10%的地面作为作业小路等。

高截干 9 000 株/hm²～27 700 株/hm²，推荐株行距为(60～100) cm×(60～100) cm，约留 10%的地面作为作业小路等。

4.4.3.7 **芽接**

4.4.3.7.1 **芽接时间**

宜在 4 月～10 月或生长旺季的晴天进行。

4.4.3.7.2 **砧木选择**

选择植株健壮、生势良好并且茎粗达到芽接要求的苗木作为砧木。淘汰弱、病、畸形苗以及连续 2 次芽接不成活的砧木苗。

4.4.3.7.3 **接穗选择**

优先选用外形直或较直、健壮、顶蓬叶稳定且芽眼多的茎条作为芽条。

优先选用芽眼饱满、无损伤的大叶芽、大鳞片芽等。不使用老萌动芽、针眼芽、死芽、蟹眼芽和假芽等做芽片。

4.4.3.7.4 **芽接方法选择**

根据拟培育苗木类型和实生砧木、芽条的大小等情况确定芽接方法，优先推荐采用籽苗芽接技术或小苗芽接技术。

4.4.3.7.5 **解绑**

待芽接口完全愈合后方能解绑。采用包片芽接的可以在芽接后 20 d～25 d 解绑。

4.4.3.7.6 **出圃前处理**

在苗木出圃前一段时间根据苗木类型对拟出圃苗木进行锯砧(干)、预断根、停水等处理。具体处理要求按照 GB/T 17822.2 的规定执行。

4.4.4 **苗木质量要求**

按照 GB/T 17822.2 的规定执行。

4.5 **苗木定植**

4.5.1 **定植时间**

宜在春季气温回暖后定植苗木。在干旱地区采用各种抗旱定植技术开展春季定植。树桩苗和较小的容器苗定植时间最迟不应晚于 6 月底；大袋苗(5 蓬叶以上)应在 9 月底前定植。

4.5.2 **植穴准备**

4.5.2.1 **基肥**

腐熟的土杂肥、厩肥或精制有机肥等均可作为基肥。精制有机肥的 pH 适中。

4.5.2.2 **回穴和润穴**

用疏松表土先回填部分植穴，再将基肥和磷肥与表土混匀，回填于植穴内 10 cm～40 cm 深处，继续回土并于植穴中间堆起小土堆，短期内不定植的在小土堆上做一标志。若植穴内泥土干燥、结块，在定植前 1 d～2 d 挖一小穴，倒入少量水使植穴土壤湿润。

4.5.3 **苗木选用**

应根据定植季节、胶园环境条件、投资额度和不同类型定植材料的特点等选用合适的定植材料，宜尽量选用大型苗木。

定植前应根据苗木大小或叶蓬数多少或长势强弱等质量性状对其进行分级，不同级别苗木分片定植。

未能马上定植或定植剩余的苗木应于阴凉处进行假植。

4.5.4　**定植操作**

袋苗、裸根苗等定植，先开一小土穴，放入苗木调整种植深度和接芽朝向，然后分层(剥去营养袋)回土压实，回土后将植穴面整成锅底形；筒苗定植，在已回好土的植穴中间处，用捣洞器捣出一个小植洞，从筒状容器中取出筒苗，放入洞中，用尖物在洞的四周戳几下，将植穴面整成锅底形，淋定根水，淋水至植穴表面起泥浆为宜，之后给新植苗木适当遮阴、盖草。

4.5.5　**定植要求**

定植后苗木的接芽或结合处离地面高约 2 cm，有条件的可深种；接芽朝向主风向(台风高发区域)或环山行内侧(当环山行坡度较大时)；裸根芽接桩和容器苗的定植成活率要求分别达到 95%和 99%以上；高截干的定植成功率应达到 85%以上。

4.6　**抚育管理**

4.6.1　**修芽与补换植**

定植后要及时或至少每月一次修除砧木芽、多余的接芽和未来割面上的侧芽。抹芽时要连同萌芽的基部一起抹除。

应及时补换植，最晚在定植当年 9 月底前用原定植品种且植株较大的苗木补换缺株和病弱苗，定植当年的保苗率达到 100%；定植后第 2 年用原定植品种的大型苗木补换缺株和病弱苗，确保胶园保苗率在 98%以上。

4.6.2　**胶园覆盖**

4.6.2.1　**建立活覆盖**

新建胶园宜尽早建立胶园活覆盖。不间作的胶园在开垦后植胶前，最迟应在橡胶定植当年年底前建成活覆盖。

一般在胶园行间(荫生带)离橡胶树约 1.5 m 种植覆盖作物。要根据胶园行间光照量、土壤质地等因素选择适合种植的覆盖作物，优选推荐豆科覆盖作物，如黄毛黧豆(印度葛藤)(*Mucuna bracteata*)、爪哇葛藤[*Pueraria phaseoloides*(Roxb.)Benth]、蓝花毛蔓豆(*Calopogonium caeruleim* Hemsl)、无刺含羞草(*Mimosa invisa* var. *inermis* Adelb.)、巴西苜蓿(*Stylosanthes*)、蝴蝶豆(*Centrosema pubesens* Benth.)、紫花大翼豆[*Macroptilium atropurpureum*(DC.)Urban]等豆科覆盖植物，有条件的可选择不同耐阴性等的覆盖作物进行间、混种。覆盖作物的种植密度以能在种植后 4 个月内覆盖胶园行间裸露地面为宜。覆盖作物的抚管如种植初期除草、施肥、防缠树和割藤压青等应列入生产管理范围。

4.6.2.2　**铺设死覆盖**

定植后宜尽早在根盘或植胶带上铺设一层厚 15 cm～20 cm 的铺设死覆盖。覆盖材料(含塑料薄膜)应离树干约 10 cm。除鸭跖草、香附子、蟛蜞菊、海芋等复生力强的恶草或带有恶草种子的秸秆材料外，其他各种植(作)物的枝叶、秸秆材料或塑料薄膜等均可作为覆盖材料。易出现霜冻地区应在入冬前、干旱地区应在旱季之初，在覆盖物的上方覆盖一层土。

4.6.3　**除草与控荫**

4.6.3.1　**原则**

根盘或植胶带内的杂草只需在其妨碍橡胶树生长或割胶作业时才进行除草；荫生带的杂草(除恶草等外)只控制其高度，禁止采用各种方法灭除；园内的恶草应及时灭除；不得在胶园内及其附近铲草皮。

4.6.3.2　**植胶带除草**

定植后 3 个月内根盘杂草应采用人工铲除，此后根盘和植胶带上杂草可采用化学剂等除草，但化学除草时不得将化学除草剂直接喷洒或漂移到橡胶树叶片和嫩茎上。园内恶草可采用化学、机械、人工措施灭除，并将恶草残渣清理出胶园。旱季除草可结合根盘或植胶带(深)松土进行。

4.6.3.3　**荫生带管理**

不间作也未建立活覆盖的胶园行间(荫生带)的杂草(除橡胶树主要病虫害中间寄主、恶草和灌木外)应给予保留,并适时采用人工或机械等手段控制杂草高度,在生长季节杂草高度控制至45 cm~55 cm,冬季控制至10 cm~30 cm。

不宜在荫生带进行机械或人工全带(深)松土。

4.6.4 改土与施肥

4.6.4.1 扩穴与挖肥穴

4.6.4.1.1 常规胶园

扩穴、挖肥穴方式和方法可根据胶园地形和树龄而定。

平缓地胶园可在每行橡胶树树冠外垂线的连线处用单铧犁或人工开通沟,通沟规格(宽×深)为(40~80) cm×(40~50) cm。

坡地胶园可挖肥穴或肥沟。在定植后第2年~第3年,逐年分别在原植穴旁株间两侧或环山行内侧挖一肥穴(称扩穴),肥穴规格(长×宽×深)为(60~100) cm×(40~60) cm×40 cm,逐年加大。定植后第4年起,坡度≤15°的胶园,在橡胶树行间挖肥沟,肥沟规格(长×宽×深)为(100~200) cm×60 cm×40 cm,每两株或两行相邻4株间挖一肥沟;坡度>15°的胶园,可沿环山行内壁内侧挖肥沟,肥沟规格(长相当于株距×宽)为(30~40) cm×深40 cm,每两株挖一肥穴;若坡度>25°或环山行内壁高于70 cm时,应在环山行内壁外侧挖肥沟,每两株挖一肥沟,肥沟规格同前者。挖(扩)穴(沟)可由人工或机器完成。

4.6.4.1.2 非常规胶园

可在原植穴一侧挖肥穴,或按照4.6.4.1.1的要求执行。

4.6.4.2 胶园压青

常规胶园可在定植后第2年起实施胶园压青。一般每年7月~10月压青一次,有条件的分别在7月前和11月各压青一次。压青量为每个肥穴或每米通沟25 kg~50 kg压青材料。除恶草或带有(未腐熟)恶草种子的秸秆材料外,其他植、作物的枝叶、秸秆材料均可作为压青材料。压青时将压青材料填入肥穴或通沟中,压实,再在压青材料上覆盖些泥土。

非常规胶园可按照常规胶园的要求执行或根据生产需求实施。

4.6.4.3 追肥原则

宜采用叶片营养诊断技术指导施肥,或按分区施肥原则施用橡胶树专用肥,或施用高质量的复合肥;采用刺激割胶制度的胶园应增大施肥量;有机肥和化肥相结合使用;肥料应沟施或穴施并盖土,禁止将化肥直撒在地表上。

4.6.4.4 有机肥施用

宜每年施入厩肥、堆肥、沤肥等有机肥和压青。有机肥可周年施入,一般施于肥穴或通沟里,施肥量不限,但偏酸、碱性的有机肥或鱼肥宜分次穴施。

4.6.4.5 胶园追肥

常规胶园的推荐施肥量参见附录A。每年化肥一般分3次施入,第一次在当年第一蓬叶抽生初期;第二次在第二蓬叶抽生期间;第三次在第三蓬叶抽生期或9月。9月以后一般不施速效氮肥。

追肥一般施在树冠外垂线处、离地表5 cm~40 cm深的土层里。化肥可结合压青同时施入,但磷肥应与有机肥混合穴施。禁止将化肥直接撒施在覆盖物或压青材料上。

非常规胶园的施肥量可参照常规胶园的规定执行或根据实际需要适当增减。

4.6.5 梯田和水保工程维护

胶园水土保持工程维护要及时和定期相结合,与扩、挖(肥)穴工作相结合进行。开沟或挖(肥)穴取出的表土用于培土护根,心土用于维修梯田埂、环山行或平台外缘。除在扩穴、挖肥穴时维持梯田外,每当发现梯田或环山行崩缺时应及时修复,在大雨过后要维修环山行,疏通、维护天沟、泄水沟等,落实保水、保土、保肥和护根等“三保一护”措施。

4.6.6 修枝整形

常规胶园可根据环境、品种和树龄等采取不同修剪措施。在重、中风害区，每年在幼树大部分叶片脱落后至第一蓬新叶萌生前修枝一次，主要采用疏剪和短截相结合的方法，修去生势过旺并明显偏斜、着生太密集、上下重叠等枝条的部分枝叶。在轻风害区、PR107 等抗风性较强的品种一般不做抗风修剪。开割前后的大树可开展预伤等修剪工作。修枝时禁止乱砍乱锯。

非常规胶园可参照常规胶园规定或根据实际需要进行修剪。

4.6.7 防寒

寒害易发区，每年 9 月～10 月要增施钾肥，进行树头培土压土；入冬前应完成胶园控萌、修剪橡胶树下垂枝条、砍低胶园四周较高的杂草灌木等工作，同时对新割麻面用保护剂进行涂封。若当年冬季为寒冬，有条件的可在入冬前采用橡塑板包裹技术等对主干全部或局部(麻面)进行防寒包裹。

4.6.8 防旱

旱害易发区，雨季结束后应进行植胶带浅松土，根盘或植胶带厚盖草等工作，有条件的实施胶园灌溉。

4.6.9 防畜、兽

在牛羊或野兽危害严重的地区，应在定植橡胶苗之前完成围栏，或造刺树(*Spina gleditsiae*)篱，或防牛沟等防护工程。

4.6.10 防火

干旱季节，应将胶园内的枯枝落叶、间作物秸秆等集中移入肥穴(沟)中并盖土；在死覆盖物上覆盖一层泥土；清除胶园内及其附近的火灾隐患；历年火灾多的区域要清出胶园防火带，并备有土堆和防火工具。严禁在胶园内和防护林带内及其附近使用明火。

4.6.11 风害处理

风害发生后，要及时开展风害调查。橡胶树风害分级标准见表 B.1。根据调查结果对胶园风害情况做出整体评估并确定风害处理措施。对没有保留价值的胶园启动更新程序；对有恢复生产潜力的胶园要按先开割树、先高产树的顺次开展处理。对于 3 龄内幼树，4 级～5 级风害的做低截处理(若其比例大可对全部树做低截处理)，重新培养主干；6 级风害的用大型苗木补换植；对于斜、倒的可尽快清理树根周围淤泥，并扶正和培土。对于大于 3 龄胶树，3 级～5 级风害的应及时在断折处下方 5 cm 斜锯、修平，锯口和其他伤口涂上沥青合剂等防虫防腐药剂，但 5 级风害的开割树，则可强割更新；对于半倒和倒伏的中龄树要尽快清理树根周围淤泥，并扶正和培土；对于 3 级以下、6 级和倾斜的风害树一般不做处理，只清理胶园。

沥青合剂可按比例 1.2∶1.0∶0.8 的沥青、废机油、高岭土，或按比例 1∶1∶0.4 的沥青、废机油、松香进行配制。

4.6.12 寒害处理

寒害发生后，及时开展寒害调查。橡胶树寒害分级标准见表 B.2。根据调查结果对胶园寒害情况做出整体评估并采取应对措施。若已出现严重寒害症状，估计没有保留价值的胶园要尽快倒树处理，其中开割树可先强割再倒树；若一般寒害，可在寒害症状基本稳定后做再次调查，确定寒害处理措施。对于 3 龄内幼树，5 级寒害的做低截处理(若其比例大可整个胶园做低截处理)，重新培养主干；6 级寒害的用大型苗木补换植；对大于 3 龄胶树，3 级～5 级寒害的应在回枯处下方约 5 cm 斜锯、修平，锯口和其他伤口涂上防虫防腐药剂，并选留、保护新萌生的枝条，或将较大的爆皮流胶伤口中的凝胶块掏出和修去翘起树皮，并立即进行防虫防腐处理。发生烂脚病的，先把病皮刮干净，然后用 90%敌百虫晶体 1 000 倍液对裸露的木质部创面进行刷洗，待创面干后涂抹上防护剂，再粘贴一块与创口相符的防寒膜，或高培土；6 级寒害树可先强割后倒树更新。

4.6.13 旱害处理

在橡胶树出现明显旱害症状时开展旱害调查。橡胶树旱害分级标准见表 B.3。根据调查结果对胶园旱害程度做出评估并确定抗旱处理措施。若因干旱出现黄叶等旱害症状的，采取浅松土、盖草、引水浇灌、休割等措施；若旱害症状加重应停止割胶；若树干上部或大枝干枯的，在旱害症状稳定后在回枯处下方约 5 cm 处锯断，锯口应修平并涂上沥青合剂等防虫防腐药剂，并选留、保护新萌生的枝条；若树干大部回枯的宜尽快倒树。

4.6.14 胶园疏伐

非常规胶园种植生产过程可根据生产方案或生产实际需要对园内的橡胶树进行疏伐。

4.7 胶园间作

4.7.1 间作原则

胶园间作是植胶生产中一项重要生产活动，在建设和经营胶园过程要充分考虑间作生产的需求，要因地制宜开展胶园间作生产，但在间作生产过程应尽量减少胶园水土流失。坡度较大的胶园不宜间种需要经常或大幅动土等抚管措施的作物。所有胶园禁止间种木薯等橡胶树主要病虫害中间寄主或薯类等严重消耗地力的作(植)物。

4.7.2 间作规划设计

新胶园建设规划时应根据胶园间作的需要，在胶园种植密度、种植形式、土地整理等方面做出相应设计。优先推荐胶园全周期间作模式，在有条件的地方应采用该模式建立胶园开展间作生产。

4.7.3 间作物选择

宜根据胶园可间作资源潜力、间作物产品市场和间作技术及投资能力等选择适宜的间作物，尽可能发展豆科作物、长期作物、管理比较粗放的作物的间作生产。

4.7.4 间种要求

间种矮秆、浅根作(植)物的，间作物与橡胶树的距离应大于 1 m；间种高秆、根系发达的作(植)物的，间作物与橡胶树的距离应在 2.5 m 以上；间种咖啡、茶叶等长期作物，间作物与橡胶树的距离应大于 3 m。间作生产应采用等高耕作，加强水肥管理，并合理轮作，尽量采取免耕或少耕的技术或措施。

4.8 主要病虫草害防治

4.8.1 防治原则

应贯彻"预防为主，综合防治"的植保方针，综合应用农业防治、生物防治、物理防治和化学防治；其中化学防治要根据病虫草害种类、不同病虫草害危害程度，合理选择和安全使用高效、低毒、低残留的农药种类，禁用高毒、高残留的化学农药。

4.8.2 主要病害

4.8.2.1 橡胶树白粉病

4.8.2.1.1 农业防治

选用抗性品种；适当增施有机肥和钾肥。

4.8.2.1.2 化学防治

a) 加强预测预报，按防治适期进行防治。预测预报按 NY/T 1089 的规定执行。橡胶树白粉病分级标准见表 B.4。根据预报结果进行及时防治。抓好中心病株(区)、流行期、迟抽植株 3 个主要环节的防治工作。
b) 药剂防治。按照表 B.6 确定的喷药时间及时局部或全面喷药。喷洒 325 筛目的 90%细硫黄粉 12 kg/(hm^2·次)～15 kg/(hm^2·次)，或 15%粉锈宁油烟剂 0.6 kg/(hm^2·次)～0.9 kg/(hm^2·次)，或 12.5%腈菌乳油 2 000 倍液～2 500 倍液，20%三唑酮可湿性粉剂 1 000 倍液～1 500倍液喷雾，全面喷药，每 7 d～8 d 喷 1 次。

4.8.2.2 **橡胶树炭疽病**

4.8.2.2.1 **农业防治**

选用抗性品种；及时清除病树残体并集中烧毁等。

4.8.2.2.2 **化学防治**

a) 加强预测预报，按防治适期进行防治。与橡胶树白粉病的监测预报工作同时进行，通过早期发现及早防治。橡胶树炭疽病分级标准见表 B.5。

b) 药剂防治。在发病初期喷施 50%多菌灵可湿性粉剂 500 倍液，或 75%百菌清可湿性粉剂 600 倍液～800 倍液，或 70%甲基托布津可湿性粉剂 700 倍液～1 000 倍液 1 次～2 次，隔 7 d～8 d 喷 1 次。

4.8.2.3 **橡胶树割面条溃疡病**

4.8.2.3.1 **农业防治**

割面上方加装防雨帽(裙)；雨季前清除下垂枝和控荫，降低林下湿度；雨季时由低割线(离地<40 cm)转高割线割胶；秋冬期割胶贯彻“一浅四不割”；每个胶工备两把胶刀，一把用于割病树，另一把用于割健康树。

4.8.2.3.2 **化学防治**

发现扩展型病斑时要及时切除病灶，并及时用 0.4%瑞毒霉可湿性粉剂、1%乙膦铝等杀菌剂，配成涂剂抹于割面。

4.8.2.4 **橡胶树根病**

4.8.2.4.1 **农业防治**

新胶园垦前调查并清除林中寄主植物。老胶园更新前调查并清除病树。开垦时彻底清除已染病树树头和树根等病残体。可进行机垦的宜采用全垦方法开垦。选用无病健壮苗木定植。定植后头 3 年每年在生长期巡查 1 次，发现病树，从病树数起第 2 株和第 3 株树之间挖深 1 m、宽 30 cm～40 cm 的隔离沟，在沟内洒施生石灰。

4.8.2.4.2 **化学防治**

在病树基部四周挖一条 15 cm～20 cm 深的环形沟，每一病株用 75%十三吗啉乳油 20 mL～30 mL 兑水 2 000 mL，先用 1 000 mL 药液均匀地淋灌在环形沟内，覆土后将剩下的 1 000 mL 药液均匀地淋灌在环形沟内。按以上方法，每 6 个月施药 1 次，共 4 次。

4.8.3 **主要虫害**

4.8.3.1 **六点始叶螨**

4.8.3.1.1 **农业防治**

选用抗性品种；及时清除残体并集中烧毁；螨害发生严重的，应降低割胶强度或休割。

4.8.3.1.2 **生物防治**

使用对捕食螨、拟小食螨瓢虫等天敌低毒的药剂，保护利用天敌。

4.8.3.1.3 **化学防治**

当每 100 片叶害螨数量达 3 000 头～4 000 头时，喷施 1.8%阿维菌素乳油 3 000 倍液，或 15%哒螨灵乳油 2 000 倍液，或 20%螨死净胶悬剂 2 000 倍液，或 10%螨即死(喹螨特)乳油 4 000 倍液～5 000 倍液 2 次～3 次，每隔 7 d～10 d 喷 1 次。

4.8.3.2 **小蠹虫**

4.8.3.2.1 **农业防治**

选用抗寒、抗风、抗旱品种；严重寒害、风害和旱害后及时清除橡胶树上枯死枝干；清除胶园内外的野生寄主；禁止用带有虫源植物材料作为覆盖材料；降低割胶强度。

4.8.3.2.2 **生物防治**

保护和利用金小蜂等天敌;选用聚集性激素等进行诱杀;合理使用绿色木霉、绿僵菌等生物制剂。

4.8.3.2.3 **化学防治**

在受害部位下方钻出等距离直径 0.9 cm、深 7 cm~8 cm 树洞,注射 80%敌敌畏乳油 7 mL~8 mL 药液;或用 80%敌敌畏乳油或 90%敌百虫晶体 200 倍液喷洒受害树干。

4.8.3.3 **蚧壳虫**

4.8.3.3.1 **农业防治**

选用抗性品种;及时清除有虫残体;清除胶园内外的野生寄主;禁止用带有虫源植物材料作为覆盖材料;降低割胶强度。

4.8.3.3.2 **生物防治**

保护和利用跳小蜂等蚧壳虫天敌。

4.8.3.3.3 **化学防治**

重点做好 1 龄~2 龄虫高峰期防治。在蚧壳虫繁殖高峰期和越冬繁殖高峰期,于晴天 9:00~11:00 和 16:00 后喷施 3%啶虫脒乳油 1 000 倍液,或用 48%乐斯本乳油 1 500 倍液,或 90%敌百虫晶体 1 000 倍液,或 2.5%敌杀死乳油 1 000 倍液等 2 次~3 次,每隔 7 d~8 d 喷 1 次。

其他病害防治方法按 NY/T 2259 的规定执行。

4.8.4 **主要草害**

4.8.4.1 **橡胶树寄生**

冬季至开春前,采用化学方法或人工方法灭除橡胶树上的寄生植物。矮处的寄生,用人工修除;高处的寄生,用树头钻孔施药法防治。按照 NY/T 2037—2011 中 7.2 的规定执行。

4.8.4.2 **一年生杂草**

一年生杂草,在其 3 叶至 5 叶期或开花前,可用 10%草甘膦 1 800 mL/hm^2~6 000 mL/hm^2 兑水 300 kg~450 kg 喷施茎叶。或按照 NY/T 2037—2011 中 7.1 的规定执行。

4.8.4.3 **胶园恶草**

白茅、鸭跖草、香附子、蟛蜞菊等恶草,在其 3 叶至 5 叶期或开花前,可用 10%草甘膦 18 000 mL/hm^2~21 000 mL/hm^2 兑水 75 kg~150 kg 喷施茎叶。恶草恢复生长的,在第一次喷药后 30 d~40 d,重喷药一次,用药量 1 500 mL/hm^2~6 000 mL/hm^2。或按照 NY/T 2037—2011 中 6.2.2 的规定执行。

4.9 割胶生产

4.9.1 **割胶原则**

正确处理管、养、割三者的关系;按品种、树龄和生产条件设计割胶制度;积极采用先进割胶技术,提高割胶劳动生产效益,取得持续高产。

4.9.2 **开割标准**

同一林段内,芽接树离地 100 cm 处或实生树离地 50 cm 处的树围≥50 cm,其中重风、寒害区及树龄达 12 年的树围≥45 cm 以上的株数占该林段总株数≥50%,该林段可开割。

4.9.3 **割胶技术**

根据树木类型(如芽接树和实生树)、割胶制度(如刺激和非刺激割胶)和割胶位置(如第一、第二割面)等特性对拟开割树割胶部位树皮进行割面规划。割面规划要保再生皮恢复期≥7 年,并尽量避免吊颈皮。

根据品种、割龄、割胶技术水平等因素确定拟采用的割线条数、割胶频率、刺激强度、割线或割面轮换办法等割胶制度。割胶制度确定要以高效、高产、安全生产为目的。

根据品种、树况、天气等因素确定开、停(休)割日期,实施“三看割胶”,落实动态分析割胶,控制死皮率。

做好岗前割胶技术培训，胶工要熟练掌握磨刀技术和割胶技术，推荐小圆杆刀，割四方皮，控制伤树率和耗皮量，搞好“六清洁”。

具体要求按照 NY/T 1088 的规定执行。

4.9.4 割前准备

4.9.4.1 工具准备

取出胶杯，并逐个进行清洁；修整胶架、胶舌；备好胶刀磨石，磨好胶刀。

4.9.4.2 练习技术

新割胶工要参加割胶技术系统训练，老割胶工要上树桩练习，娴熟掌握割胶技巧。

4.9.4.3 开割准备

确定树位范围(根据割胶工日工作量，一般包括一个树位全部割株的割胶操作、胶乳收集以及磨刀、刺激涂药、工具清洁等作业，将胶园划分为若干树位)，清理胶路，逐株开割口，安装胶架、胶舌，安放胶杯。

4.9.5 割胶作业

一般每个割胶工每天割一个树位。常在凌晨进行。割胶操作逐株进行，先拉起胶线，然后下刀、行刀、收刀，接着换上经清洁过的胶杯等。

4.9.6 收胶作业

收集鲜乳的，在胶乳停滴后收集胶乳。但若停滴前要下雨，应提前收胶，避免雨冲胶。收胶后在 3 h 内将胶乳送往胶厂加工。做浓乳原料的要在鲜乳中加入胶乳保鲜剂。有条件的要车辆开到田头接收胶乳。

收集凝块的，可根据市场要求收集凝块，收集过程要尽量减少杂物(如树皮、树叶、土石块等)混入胶乳或凝块中。

4.9.7 强割作业

对拟更新胶园或拟淘汰植株开展的大强度割胶生产。一般在更新前 3 年～5 年，按橡胶树的产胶潜力、可强割树皮量对拟更新胶园实施强割。强割包括或同时采用多条割线、加大刺激强度或增大割胶频次等。实施强割的不再考核伤树率、死皮率等指标。

4.9.8 停割养护

胶园停割后，回收胶杯、胶架、胶舌，其中将胶杯叠放一起并埋入泥土中；清洁和收集树身、树头胶泥胶块；待割面干爽后，择晴天用割面保护制剂均匀涂封当年新麻面等部位。

4.10 木材收获

4.10.1 木材收获原则

设计在先，持证上岗，机械替代，高效利用，强化安全生产。

4.10.2 倒树作业设计

实地调查拟更新胶园的地形地势、土壤、林木蓄积量、出材量和下层植被以及木材集采运条件等。橡胶林木蓄积调查可采用标准地(调查表格式参见表 C.1)或全林实测法或机械抽样调查法推算；防护林林带采用抽取标准段或者标准行进行调查。根据调查结果编制出采伐作业设计书。设计书格式参见表 C.2。橡胶林木蓄积量计算参考“橡胶树单木带皮材积表”[1]。

4.10.3 倒树及造材

对伐区周界木和保留木进行标号，选定集材路线。

降低伐根，控制倒树方向；分组配合进行倒树作业。

打枝应从根部向梢头(直径 6 cm 处)依次进行；应紧贴树干表面砍(锯)掉枝丫，不应留楂和深陷、劈裂。

应根据质量和加工的要求，充分利用原条的全部长度，先造特殊材，后造一般材；先造长材，后造短材;先造优材,后造劣材(优材不劣造,劣材不带好材),提高经济材出材率。

应严格按量材划线标志下锯,不应躲包让节;锯截时锯板应端正,并与原条轴线相垂直,防止锯口偏斜;不应锯伤邻木,不应出劈裂材。

可采用机械或人工集材。

4.10.4 安全作业要求

作业前检查相关安全保护措施是否落实,光线不足和恶劣天气禁止作业;作业时应戴安全帽和防护手套等劳动防护用品。倒树时应两人配合作业,确认危险区内安全后方可伐木作业;打枝时一人一树,人站在伐倒木一侧打另一侧枝桠,人与人相距应保持 5 m 以上。造材前应清除妨碍作业的灌木、枝桠等障碍物,并认真检查原条有无滚落危险。造材时,造材工应站在上坡方向且下坡无人,不应将腿、脚伸到原条下面;不应两人在同一根原条上造材;不应站在正在横锯的木材的树干上。集材时,人应站到原条后方 5 m、牵引索两侧 10 m 处以外。具体要求按照 LY/T 1646 的规定执行。

4.10.5 迹地卫生

在采伐木运出后进行清理;除病虫害严重的迹地和油污杂物可用火焚烧(应有专人看管)外,应将枝桠、梢木、截头等集中深埋或堆沤,堆积枝桠时宜避开小河、小溪径流。

4.11 胶园更新

4.11.1 更新标准

常规胶园经过多年刺激割胶,胶园单位面积产量低于该类型区平均单产的 60%的低产胶园,或有效割株少于 225 株/hm^2(云南植胶区少于 150 株/hm^2)的残旧胶园应予更新。达到或超过割胶年限,更新后可以明显提高生产效益,且符合区域内整体胶园更新规划的老龄胶园可以更新。

非常规胶园更新标准按照林业领域相关规定[2]进行。

4.11.2 更新原则

提前 3 年~5 年做好更新规划;按宜林地等级先优后次;小区域连片、短期完成;先强割后更新。

4.11.3 更新准备

应在拟更新前 1 年~2 年培育和备足苗木。应在拟倒树前 3 年~5 年对拟更新胶园进行强割。应在倒树前 3 个月以上标记出患有根病的橡胶树并给予毒杀。应在倒树前提出橡胶木材的收获和利用计划。

4.11.4 更新方法

更新方法一般采用全面更新法。如有特殊需要,也可以采用隔带更新或从下更新法,但需有相应的配套技术措施。

4.11.5 机械更新

使用各类机械进行更新作业。工作的程序是:(人工)毒树→倒树→犁地→清除树根→挖穴和修筑梯田。采用机械更新时要避免反复碾压土地。

4.11.5.1 人工更新

由人工完成全部更新作业。工作的程序是:毒树→倒树→清地→挖穴和修筑梯田。

4.11.5.2 人机结合更新

机械为主、人工为辅的更新作业。工作程序同机械更新。适宜于复杂地形和精细作业要求。

4.11.6 更新胶园建设

更新胶园的开垦和种植管理要求按照 4.3、4.5 和 4.6 的规定执行。

4.12 林谱档案

4.12.1 林谱档案要求

林谱档案记录某胶园历年的主要农事活动和生长、产量、抗逆性表现等内容。林谱档案采用表格方式记录。记录时间从该胶园规划设计时起至胶园更新时止。每个林段要建立林谱档案。每个林谱档案有独立编号。

4.12.2 林谱档案格式

林谱档案格式参见附录D。有条件的单位要建立电子林谱档案。林谱档案应长期保存。

附　录　A
（资料性附录）
大田橡胶树施肥量参考量

大田橡胶树施肥量参考量见表 A.1。

表 A.1　大田橡胶树施肥量参考量

肥料种类[a]	施肥量[b]，kg/（株・年）		
	1 龄～2 龄幼树	3 龄至开割前幼树	开割树
有机肥	＞10	＞15	＞25
尿素	0.23～0.55	0.46～0.68	0.68～0.91
钙镁磷肥	0.30～0.50	0.20～0.30	0.40～0.50
氯化钾	0.10～0.20	0.10～0.20	0.20～0.40
硫酸镁	0.08～0.16	0.10～0.15	0.15～0.20

[a] 施用其他化肥时，按表列品种肥分含量折算。

[b] 最适施肥量应通过营养诊断确定。

附 录 B
(规范性附录)
橡胶树风、寒、旱和病害分级标准

B.1 橡胶树风害分级标准

见表B.1。

表B.1 橡胶树风害分级标准

级别	类别	
	未分枝幼树	已分枝胶树
0	不受害或少量落叶	不受害或少量落叶
1	破损叶量<1/2	叶子破损,小枝折断条数<1/3或树冠叶量损失<1/3
2	破损叶量≥1/2至全部损落	主枝折断条数1/3～2/3或树冠叶量损失>1/3～2/3
3	1/3树高以上断干	主枝折断条数>2/3或树冠叶量损失>2/3
4	1/3～2/3树高处断干	全部主枝折断或一条主枝劈裂,或主干2 m以上折断
5	2/3树高以下断干,但仍有部分完好接穗	主干2 m以下折断
6	接穗劈裂,无法重萌	接穗全部断损
倾斜		主干倾斜<30°
半倒		主干倾斜30°～45°
倒伏		主干倾斜超过45°
断倒株数=4级株数+5级株数+6级株数+倒伏株数。 断倒率=断倒株数/全部株数×100。		

B.2 橡胶树寒害分级标准

见表B.2。

表B.2 橡胶树寒害分级标准

级别	类别			
	未分枝幼树	已分枝幼树	大树主干树皮	茎基[a]树皮
0	不受害	不受害或嫩叶受害	不受害或点状暴皮流胶	不受害或点状暴皮流胶
1	顶蓬叶受害	树冠干枯<1/3	坏死宽度<5 cm	坏死宽度<5 cm
2	全落叶	树冠干枯1/3～2/3	坏死宽度占全树周2/6	坏死宽度占全树周2/6
3	回枯至1/3树高以上	树冠干枯2/3以上	坏死宽度占全树周3/6	坏死宽度占全树周3/6
4	回枯至1/3～2/3树高	树冠全部干枯,主干回枯至1 m以上	坏死宽度占全树周4/6或虽超过4/6但在离地1 m以上	坏死宽度占全树周4/6
5	回枯至2/3树高以下,但接穗尚活	主干回枯至1 m以下	离地1 m以上坏死宽度占全树周5/6	坏死宽度占全树周5/6
6	接穗全部枯死	接穗全部枯死	离地1 m以下坏死宽度占全树周5/6以上直至环枯	坏死宽度占全树周5/6以上直至环枯
[a] 茎基指芽接树结合线以上约30 cm,实生树地面以上约30 cm的茎部。芽接树砧木受害另行登记,不列入茎基树皮寒害。				

B.3 橡胶树旱害分级标准

见表 B.3。

表 B.3 橡胶树旱害分级标准

级别	类　别		
	未分枝幼树	已分枝树	小根[a]
0	不受害或少量黄叶	黄叶或落叶量＜1/10	不受害
1	黄叶或落叶量＜1/2	树冠干枯＜1/5	地表 0 cm～5 cm 吸收根坏死
2	叶片全落	树冠干枯 1/5～3/5	地表 0 cm～10 cm 吸收根坏死
3	回枯至 1/3 树高以上	树冠干枯 3/5 以上	地表 0 cm～5 cm 运输根坏死
4	回枯至 1/3～2/3 树高	树冠全部干枯，主干回枯至 1 m 以上	地表 0 cm～20 cm 运输根坏死
5	回枯至 2/3 树高以下，但接穗尚活	主干回枯至 1 m 以下	地表 0 cm～40 cm 运输根坏死
6	接穗全部枯死	接穗全部枯死	小根全部坏死
[a] 在行间离树头 150 cm 观测。			

B.4 橡胶树白粉病分级标准

见表 B.4。

表 B.4 橡胶树白粉病分级标准

级别	分　级　标　准
0	无病
1	少数叶片有少量病斑
2	多数叶片有较多病斑
3	病斑累累，或叶片轻度皱缩，或因病落叶 1/10
4	叶片严重皱缩，或因病落叶 1/3
5	因病落叶 1/2 以上

B.5 橡胶树炭疽病分级标准

见表 B.5。

表 B.5 橡胶树炭疽病分级标准

级别	叶　片	植　株
0	无病	无病
1	少数病斑，叶形正常	在地面仔细观察有少数病叶
2	较多病斑，叶形正常	较多叶片无病，部分病叶轻度皱缩
3	病斑总和占叶片 1/4 或轻度皱缩	皱缩病叶较多，有少量落叶
4	病斑总和占叶片 1/2 或中度皱缩	因病落叶占全树冠 1/3
5	病叶严重皱缩或落叶	因病落叶占全树冠 1/2 以上

B.6 根据总发病率确定橡胶树白粉病喷药表

见表 B.6。

表 B.6　根据总发病率确定橡胶树白粉病喷药表

序号[a]	条件			喷药时间和方法
	总发病率(x) %	抽叶率(z) %	其他条件	
1	$3<x\leqslant5$	$z\leqslant20$	没有低温阴雨或冷空气	在 4 d 内对固定观察点代表区内橡胶林全面喷药
		$20<z\leqslant50$	没有低温阴雨或冷空气	在 3 d 内对固定观察点代表区内橡胶林全面喷药
		$50<z\leqslant85$	没有低温阴雨或冷空气	在 5 d 内对固定观察点代表区内橡胶林全面喷药
2	$x\leqslant3$	$z\geqslant86$	没有低温阴雨或冷空气	不用全面喷药，但 3 d 内对固定观察点代表区内物候进程较晚的橡胶树进行局部喷药
3	/	/	没有低温阴雨或冷空气；第一次或第二次全面喷药 8 d 后；进入老叶期植株比例≤50%	在 4 d 内对固定观察点代表区内橡胶林再次全面喷药
4	$x\geqslant20$	/	进入老叶期植株比例≥60%	在 4 d 内对固定观察点代表区内物候进程较晚的橡胶树局部喷药
5	/	/	中期测报结果为特大流行的年份	在判断序号 1～序号 3 的判断结果基础上提早 1 d 喷药
6	/	/	防治药剂为粉锈宁	在判断序号 1～序号 4 的判断结果基础上提早 1 d～2 d 喷药

[a] 序号 1～序号 5 均以硫黄粉为防治药剂。

附　录　C
（资料性附录）
更新调查作业表

C.1　标准地调查表

见表 C.1。

表 C.1　标准地调查表

<table>
<tr><td colspan="3">地名：</td><td colspan="2">林段号：</td><td colspan="3">海拔：　m</td><td colspan="3">坡向：</td></tr>
<tr><td colspan="3">坡度：　°</td><td colspan="2">品种：</td><td colspan="3">定植年月：</td><td colspan="3">开割年月：</td></tr>
<tr><td colspan="4">近三年橡胶产量：　kg/hm²</td><td colspan="3">存树率：　%</td><td colspan="4">标准地面积：　hm²</td></tr>
<tr><td colspan="11">实测林分因子</td></tr>
<tr><td rowspan="2">树种</td><td rowspan="2">平均
年龄
年</td><td rowspan="2">平均
胸径
cm</td><td rowspan="2">平均
树高
m</td><td rowspan="2">疏密
度
%</td><td colspan="4">标准地</td><td colspan="2">每亩</td></tr>
<tr><td>实测株数
株</td><td>理论株数
株</td><td>断面积
m²</td><td>蓄积量
m³</td><td>断面积
m²</td><td>蓄积量
m³</td></tr>
<tr><td></td><td></td><td></td><td></td><td></td><td></td><td></td><td></td><td></td><td></td><td></td></tr>
<tr><td rowspan="2">径阶</td><td colspan="6">每木检尺</td><td colspan="4">标准木</td></tr>
<tr><td colspan="3">株数划记</td><td>株数小计
株</td><td colspan="2">断面积小计
m²</td><td colspan="2">平均胸径
cm</td><td colspan="2">平均树高
m</td></tr>
<tr><td>6</td><td colspan="3"></td><td></td><td colspan="2"></td><td colspan="2"></td><td colspan="2"></td></tr>
<tr><td>8</td><td colspan="3"></td><td></td><td colspan="2"></td><td colspan="2"></td><td colspan="2"></td></tr>
<tr><td>10</td><td colspan="3"></td><td></td><td colspan="2"></td><td colspan="2"></td><td colspan="2"></td></tr>
<tr><td>12</td><td colspan="3"></td><td></td><td colspan="2"></td><td colspan="2"></td><td colspan="2"></td></tr>
<tr><td>14</td><td colspan="3"></td><td></td><td colspan="2"></td><td colspan="2"></td><td colspan="2"></td></tr>
<tr><td>16</td><td colspan="3"></td><td></td><td colspan="2"></td><td colspan="2"></td><td colspan="2"></td></tr>
<tr><td>18</td><td colspan="3"></td><td></td><td colspan="2"></td><td colspan="2"></td><td colspan="2"></td></tr>
<tr><td>20</td><td colspan="3"></td><td></td><td colspan="2"></td><td colspan="2"></td><td colspan="2"></td></tr>
<tr><td>22</td><td colspan="3"></td><td></td><td colspan="2"></td><td colspan="2"></td><td colspan="2"></td></tr>
<tr><td>24</td><td colspan="3"></td><td></td><td colspan="2"></td><td colspan="2"></td><td colspan="2"></td></tr>
<tr><td>合计</td><td colspan="3"></td><td></td><td colspan="2"></td><td colspan="2">标准木材积
m³</td><td colspan="2"></td></tr>
<tr><td>平均</td><td colspan="3"></td><td></td><td colspan="2"></td><td colspan="2">标准地蓄积
m³</td><td colspan="2"></td></tr>
<tr><td colspan="4">调查人：</td><td colspan="4">技术负责人：</td><td colspan="3">单位负责人：</td></tr>
</table>

C.2　更新采伐作业设计表

见表 C.2。

表 C.2　更新采伐作业设计表

林地所在单位或管辖部门名称：________________________（公章）

作业区(行政村)名称	生产队(村民组)	林段号	地名	更新胶园标准地调查情况									倒树作业设计							消耗结构			更新设计				
				树种(树种组)	定植日期	树龄年	郁闭度%	平均胸径cm	平均树高m	每亩株数株	每亩年生长量m^3	每亩蓄积m^3	林种	权属	林权证号	采伐类型	采伐面积hm^2	采伐株数株	采伐蓄积m^3	商品材		烧材采伐蓄积m^3	更新方式	更新日期	更新树种	更新面积hm^2	更新株数株
																				采伐面积hm^2	出材量m^3						
1	2	3	4	5	6	7	8	9	10	11	12	13	14	15	16	17	18	19	20	21	22	23	24	25	26	27	28

林段四至界限：

东——

南——

西——

北——

负责人：　　　　设计人：　　　　填表日期：　　年　　月　　日

附 录 D
(资料性附录)
胶园林谱档案格式

D.1 未开割胶园林谱档案

见表 D.1。

表 D.1 未开割胶园林谱档案

林段号: 地点: 建档日期 年 月 日

垦前植被		平均海拔,m		平均坡度,°		主要坡向		土壤类型		面积,hm^2	

开垦日期		定植日期		补苗日期		首割日期[a]	
品种		定植株数,株		补苗品种		开割率[a],%	
株行距,m×m		定植成活率,%		补苗成活率,%		平均茎围[a,b],cm	
苗木类型		定植当年生长量[b](株高),cm		基肥数量,kg/株		是否间作	

抚管项目		年	年	年	年	年	年	年	年	年
除草/控萌日期及次数										
抹芽、修剪方法及次数										
扩挖穴及压青量,kg/株										
第一次	施肥日期									
	施肥量,kg/株									
	NPK 比例									
第二次	施肥日期									
	施肥量,kg/株									
	NPK 比例									
第三次	施肥日期									
	施肥量,kg/株									
	NPK 比例									
有机肥数量和种类,kg/株										
水土保持设施维护										
病虫害及防治方法										
自然灾害及受害率[c]										
其他										

林相状况	累计	本年增减	累计	本年增减	累计	本年增减	累计	本年增减	累计	本年增减	累计	本年增减	累计	本年增减	累计	本年增减	累计	本年增减
保存株数,株																		
平均围茎[b],cm																		
均匀度[d]																		

[a] 首次开割的日期、开割率和平均茎围。

[b] 定植当年只计总叶蓬数(含已落叶的叶蓬);从定植第二年起至开割前,测量离地 100 cm 处的茎干围茎。

[c] 风、寒、旱害的受害率=受害株数×受害级别/总调查株数。

[d] 均匀度=茎围相当于平均茎围 80%~120%的株数占总株数的百分率。

D.2 未开割胶园树况记录

见表D.2。

表D.2 未开割胶园树况记录

林段号：　　　　　　　　　　地点：　　　　　　　抚管工：　　　　　　　　　　　表________

林段面积	hm^2	品种			定植日期			总株数		
行株号	离地100 cm处围茎(cm)及受害情况等[a]									
	年	年	年	年	年	年	年	年	年	年

[a] 受害情况，用"风/寒害×等级"等表示。

D.3 开割胶园林谱档案

见表 D.3。

表 D.3 开割胶园林谱档案

林段号： 树位号： 地点： 表________

树位面积,hm^2			品种			总株数		首割日期[a]		
年份		年	年	年	年	年	年	年	年	年
胶工姓名										
除草/控萌次数										
第一次	施肥日期									
	施肥量,kg									
	NPK 比例									
第二次	施肥日期									
	施肥量,kg									
	NPK 比例									
第三次	施肥日期									
	施肥量,kg									
	NPK 比例									
修剪方法和次数										
水保设施维护措施										
病虫害及防治措施										
自然灾害及受害率										
保存株数,株										
割胶株数,株										
未割株数,株										
割胶制度										
开割日期										
停割日期										
年割胶刀次										
涂药浓度及次数										
一面死皮[b]株数										
两面死皮[b]株数										
死皮停割株数										
胶乳产量,kg										
干胶含量,%										
总产干胶,kg										
平均株产,kg										
平均单产,kg/hm^2										

[a] 首次开割的日期。

[b] 一面或两面死皮包括部分或全线死皮。

D.4　树位产量记录

见表D.4。

表D.4　树位产量记录

＿＿＿＿年　　树位号：　　　　　　　　　　林段号：　　　　　　　　　　　　　　　地点：

表＿＿＿＿＿＿

月份	项目	日期															合计
	割胶株数,株																
	胶乳产量,kg																
	干胶含量,%																
	割胶株数,株																
	胶乳产量,kg																
	干胶含量,%																
	割胶株数,株																
	胶乳产量,kg																
	干胶含量,%																
	割胶株数,株																
	胶乳产量,kg																
	干胶含量,%																
	割胶株数,株																
	胶乳产量,kg																
	干胶含量,%																
	割胶株数,株																
	胶乳产量,kg																
	干胶含量,%																

D.5 开割胶园树况记录

见表 D.5。

表 D.5 开割胶园树况[a] 记录

林段号：　　　　　　　　　　　　　树位号：　　　　　　　　　　　　　地点：

表＿＿＿＿＿＿

行株号	年	年	年	年	年	年	年	年	年	年	年	年	年	年	年	年	年

[a] 树况包括开割与否，死皮情况，风、寒害级别及处理情况等。

参 考 文 献

[1]周再知,等,1996. 橡胶树立木材积表的编制研究. 林业科学研究(5):486-491
[2]国家林业局,1987. 森林采伐更新管理办法. 9月10日发布

ICS 67.220
B 36

中华人民共和国农业行业标准

NY/T 362—2016
代替 NY/T 362—1999

香荚兰　种苗

Vanilla cutting plant

2016-11-01 发布　　2017-04-01 实施

中华人民共和国农业部　发布

前　言

本标准按照GB/T 1.1—2009给出的规则起草。

本标准代替NY/T 362—1999《香荚兰　种苗》。与NY/T 362—1999相比，除编辑性修改外，主要技术变化如下：

——增加了适合于本标准的规范性引用文件《农业植物调运检疫规程》《植物检疫条例》《植物检疫条例实施细则(农业部分)》(见2)；

——修改了术语和定义(删除了原标准的3.2、3.3、3.4，增加了3.2插条苗的定义)；

——增加了基本要求的内容(4.1)；

——删除了原标准表1和表2中母蔓分级指标的嫩梢、叶片、病虫害、机械损伤和水分的质量要求(见表1和表2)；

——修改了原标准表1和表2中母蔓长度和腋芽数的分级标准(见表1和表2)；

——删除了原标准表1和表2中插条苗分级指标中插条长度、插条节数、留圃时间、病虫害、机械损伤的质量要求(见表2)；

——修改了原标准表2中插条苗新蔓长度、新蔓粗度和根节数的分级标准(见表2)；

——增加了检验方法(见5)；

——修改了原标准中5.2检验规则(见6)；

——增加了附录A墨西哥香荚兰特征(资料性附录)(见附录A)。

本标准由农业部农垦局提出。

本标准由农业部热带作物及制品标准化技术委员会归口。

本标准起草单位：中国热带农业科学院香料饮料研究所。

本标准主要起草人：王华、王辉、朱自慧、宋应辉、庄辉发、赵青云、顾文亮、邢诒彰。

本标准的历次版本发布情况为：

——NY/T 362—1999。

香荚兰　种苗

1　范围

本标准规定了香荚兰(*Vanilla planifolia* Jacks.)种苗的术语和定义、要求、检验方法、检验规则、包装、标识、运输和储存。

本标准适用于墨西哥香荚兰母蔓和插条苗的质量检验,也可作为大花香荚兰、塔希提香荚兰和帝皇香荚兰等香荚兰属其他种的种苗质量检验参考。

2　规范性引用文件

下列文件对于本文件的应用是必不可少的。凡是注日期的引用文件,仅注日期的版本适用于本文件。凡是不注日期的引用文件,其最新版本(包括所有的修改单)适用于本文件。

GB 9847　苹果苗木

GB 15569　农业植物调运检疫规程

中华人民共和国国务院令第 98 号　植物检疫条例

中华人民共和国农业部令第 5 号　植物检疫条例实施细则(农业部分)

3　术语和定义

下列术语和定义适用于本文件。

3.1

母蔓　mother-vine cutting

选取增殖圃中 1 年～3 年内抽生的尚未开花结荚的茎蔓,去除尾部两个节后,分割成若干条,直接种植的茎蔓。

3.2

插条苗　cutting plant

增殖圃中 1 年～3 年内抽生的尚未开花结荚的茎蔓,去除尾部两个节,分割成若干条,经扦插生根后获得的种苗。

3.3

根节　root nodes

插条长根的节。

4　要求

4.1　基本要求

品种纯度≥95%;无检疫性病虫害;无明显机械损伤;生长正常,无病虫为害。

4.2　分级

4.2.1　母蔓

母蔓分级应符合表 1 的规定。

表 1 母蔓分级指标

项目	一级	二级
母蔓长度,cm	80～100	60～79
母蔓粗度,mm	＞8	6～8
腋芽数,个	≥5	4

4.2.2 插条苗

插条苗分级应符合表 2 的规定。

表 2 插条苗分级指标

项目	一级	二级
新蔓长度,cm	＞40	30～40
新蔓粗度,mm	＞6	4～6
根节数,个	≥3	2

5 检验方法

5.1 纯度

将种苗参见附录 A 逐株用目测法检验,根据其品种的主要特征,确定本品种的种苗数。纯度按式(1)计算。

$$X = \frac{A}{B} \times 100 \qquad (1)$$

式中:

X ——品种纯度,单位为百分率(%),精确到 0.1%;

A ——样品中鉴定品种株数,单位为株;

B ——抽样总株数,单位为株。

5.2 疫情

按 GB 15569、中华人民共和国国务院令第 98 号和中华人民共和国农业部令第 5 号的有关规定执行。

5.3 外观

用目测法检测植株的生长情况、病虫害、机械损伤、茎叶是否失水萎蔫等状况;苗龄根据育苗档案核定。

5.4 母蔓长度

用卷尺测量切口至茎顶端蔓之间的长度,单位为厘米(cm),精确到 1 cm。

5.5 母蔓粗度

用游标卡尺测量基部切口以上第 2 个节中部的最大直径,单位为毫米(mm),精确到 1 mm。

5.6 腋芽数

用目测法观测母蔓的腋芽数量。

5.7 新蔓长度

用卷尺测量新蔓基部至顶端完全展开叶片处茎蔓之间的直线长度,单位为厘米(cm),精确到 1 cm。

5.8 新蔓粗度

用游标卡尺测量新蔓基端以上第 2 个节中部的最大直径,单位为毫米(mm),精确到 1 mm。

5.9 根节数

用目测法观测插条苗的根节数量。

将检测结果记入附录 B 和附录 C 中。

6 检验规则

6.1 组批和检验地点

同一批种苗作为一个检验批次。检验限于种苗增殖圃、苗圃或种苗装运地进行。

6.2 抽样

按照 GB 9847 的规定执行。

6.3 判定规则

6.3.1 一级苗:同一批检验的一级种苗中,允许有 5%的种苗不低于二级苗要求。

6.3.2 二级苗:同一批检验的二级种苗中,允许有 5%的种苗不低于 4.1 的要求。

6.3.3 不符合 4.1 要求的种苗,判定为不合格种苗。

6.4 复检规则

对检验结果产生异议的,应加倍抽样复验一次,以复验结果为最终结果。

7 包装、标识、运输和储存

7.1 包装

取苗后喷施 50%多菌灵可湿性粉剂 500 倍液进行消毒,然后用草绳、麻袋或纤维袋等透气性材料进行头尾两道捆绑,两头开口,一般 20 株/捆。

7.2 标识

种苗出圃时应附有质量检验证书和标签。推荐的检验证书格式参见附录 D,推荐的标签格式参见附录 E。

7.3 运输

按不同级别装运,装苗前车厢底部应铺设一层保湿材料,分层装卸,每层厚度不超过 3 捆。运输过程中,应保持通风、透气、保湿、防晒、防雨。

7.4 储存

运达目的地后,将种苗摊放在阴凉处,母蔓应炼苗 1 d~2 d 后,在晴天定植;插条苗应洒水保湿,在起苗 1 d~2 d 内完成定植。

附　录　A
（资料性附录）
墨西哥香荚兰特征特性

茎浓绿色，圆柱形，肉质有黏液，茎粗0.4 cm～1.8 cm，节间长5 cm～15 cm，不分枝或分枝细长。叶互生，肉质，披针形或长椭圆形，长9 cm～23 cm，宽2 cm～8 cm。花腋生，总状花序，一般有小花20朵～30朵，花朵浅黄绿色，唇瓣喇叭形，花盘中央有丛生绒毛。荚果长圆柱形，长10 cm～25 cm，直径1.0 cm～1.5 cm，成熟时呈浅黄绿色。种子褐黑色，大小为0.20 mm～0.25 mm。

附　录　B
（资料性附录）
香荚兰母蔓质量检测记录表

香荚兰母蔓质量检测记录表见表B.1。

表B.1　香荚兰母蔓质量检测记录表

品　　种：________________　　　　No.：________________

育苗单位：________________　　　　购苗单位：________________

出圃株数：________________　　　　抽检株数：________________

样株号	母蔓长度 cm	母蔓粗度 mm	腋芽数 个	初评级别

审核人（签字）：　　　校核人（签字）：　　　检测人（签字）：　　　检测日期：　　年　月　日

附　录　C
（资料性附录）
香荚兰插条苗质量检测记录表

香荚兰插条苗质量检测记录表见表C.1。

表C.1　香荚兰插条苗质量检测记录表

品　　种：________　　　　　　　　　　　　No.：________

育苗单位：________　　　　　　　　　　　　购苗单位：________

出圃株数：________　　　　　　　　　　　　抽检株数：________

样株号	新蔓长度 cm	新蔓粗度 mm	根节数 个	初评级别

审核人（签字）：　　　　校核人（签字）：　　　　检测人（签字）：　　　　检测日期：　　年　月　日

附 录 D
(资料性附录)
香荚兰种苗质量检验证书

香荚兰种苗质量检验证书见表 D.1。

表 D.1 香荚兰种苗质量检验证书

育苗单位		购苗单位	
种苗数量		品种	
检验结果	一级: 株;	二级: 株	
检验意见			
证书签发日期		证书有效期	
检验单位			
注:本证一式叁份,育苗单位、购苗单位、检验单位各壹份。			

审核人(签字): 校核人(签字): 检测人(签字):

附　录　E
（资料性附录）
香荚兰种苗标签

香荚兰种苗标签见图 E.1。

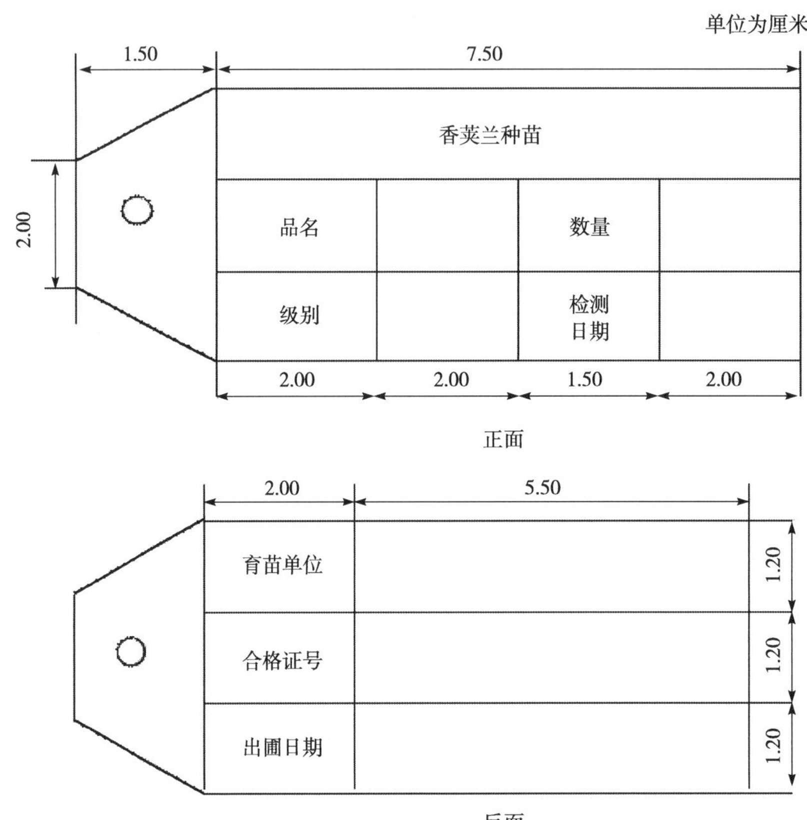

注：标签用 150 g 纯牛皮纸，标签孔用金属包边。

图 E.1　香荚兰种苗标签

ICS 65.020.01
B 05

中华人民共和国农业行业标准

NY/T 2594—2016
代替 NY/T 2594—2014

植物品种鉴定 DNA分子标记法 总则

General guideline for identification of plant varieties using DNA markers

2016-05-23 发布 2016-10-01 实施

中华人民共和国农业部 发布

目　　次

前　言

本标准按照GB/T 1.1—2009给出的规则起草。

本标准代替NY/T 2594—2014《植物品种鉴定　DNA指纹方法　总则》。与NY/T 2594—2014相比,除编辑性修改外,主要技术变化如下:

——删除了“规范性引用文件”、“原理”;

——删除了“核心引物的筛选评估及等位变异的确定”、“参照品种选择原则”、“电泳检测”、“数据编码及处理”、“PCR扩增反应”;

——增加了“插入缺失多态性”(见3.4)、“位点”(见3.5)、“扩展位点”(见3.7)和“特异位点”(见3.8)4个术语,调整了“核心引物”(见3.6)术语;

——增加了“标准编制的基本要求”(见4和附录A);

——增加了“扩展位点的选择”(见5.2.2)、“特异位点的选择”(见5.2.3);

——增加了“基因分型平台”(见5.5.2)、“位点的使用”(见5.5.3);

——增加了“数据库构建基本原则”(见6.1);

——增加了“位点统计”(见7.1);

——调整了“样品分析数量”(见5.3.2);

——调整了“判定方法”(见7.2)、“结果表述”(见7.3)。

本标准由农业部种子管理局提出。

本标准由全国植物新品种测试标准化技术委员会(SAC/TC 277)归口。

本标准起草单位:农业部科技发展中心、北京市农林科学院玉米研究中心、全国农业技术推广服务中心。

本标准主要起草人:王凤格、唐浩、邓超、周泽宇、韩瑞玺、易红梅、金石桥、张力科、赵久然、吕波、堵苑苑、田红丽。

本标准的历次版本发布情况为:

——NY/T 2594—2014。

植物品种鉴定　DNA 分子标记法　总则

1　范围

本标准规定了植物品种鉴定 DNA 分子标记法标准研制的总体原则，进行鉴定的总体技术要求、主要技术内容以及技术标准的编制格式。

本标准适用于植物品种鉴定 DNA 分子标记法技术标准的建立。在编制特定植物属（种）品种鉴定 DNA 分子标记法标准时，应遵循总则提出的原则和要求，同时结合该植物属（种）的特殊性，形成适合该植物属（种）品种鉴定 DNA 分子标记法的标准。

2　规范性引用文件

下列文件对于本文件的应用是必不可少的。凡是注日期的引用文件，仅注日期的版本适用于本文件。凡是不注日期的引用文件，其最新版本（包括所有的修改单）适用于本文件。

GB/T 1.1　标准化工作导则　第 1 部分：标准的结构和编写

3　术语和定义

下列术语和定义适用于本文件。

3.1

DNA 分子标记　DNA marker

以个体间遗传物质核苷酸序列变异为基础的遗传标记，是 DNA 水平遗传多态性的直接反映。

3.2

简单重复序列　simple sequence repeat(SSR)

基因组中由 2 个及以上核苷酸组成的基本单位重复多次构成的一段 DNA 序列。

3.3

单核苷酸多态性　single nucleotide polymorphism(SNP)

基因组中由单个核苷酸的变异引起的 DNA 序列多态性。

3.4

插入缺失多态性　insertion-deletion polymorphism(IDP)

基因组中由核苷酸插入或缺失引起的 DNA 序列多态性。

3.5

位点　locus

染色体上一个基因或者标记的位置。

3.6

核心位点　core locus

DNA 分子标记法鉴定品种时优先选用的一组位点，具有多态性高、重复性好、分布均匀的特点，统一用于品种 DNA 分子标记数据采集和品种鉴定的位点。

3.7

扩展位点　extended locus

DNA 分子标记法鉴定品种时备选的一组位点，具有重复性好、分布均匀的特点。

3.8

特异位点　specific locus

针对某一特定品种DNA分子标记鉴定而提供的，除核心位点和扩展位点之外的能够将该品种与其他品种区分开的位点。

3.9

参照样品　reference sample

代表核心位点主要等位变异的一组样品。用于辅助确定待测样品在某个位点上等位变异扩增片段的大小，校正仪器设备的系统误差。

4　标准编制的基本要求

4.1　标准化对象的确定

以植物属或种为基本单位分类制定。如果植物属内各个种之间的差异较小，则以整个属作为基本单位。反之，则应以各个种作为基本单位。特殊情况下，如果植物种内各亚种间的差异极为明显，可考虑以亚种作为基本单位。

4.2　标准的命名

在制定标准时，应采用如下命名方式："××[植物属(种)名称]品种鉴定　××(DNA分子标记类型)分子标记法"。

4.3　标准的构成

标准采用统一的、符合GB/T 1.1要求的编写格式，一般构成见附录A。

4.4　标准的验证

依据总则制定的植物属(种)品种鉴定标准正式实施前，应通过研制单位以外至少3个从事品种鉴定的检验检测机构的验证。

5　特定植物属(种)品种鉴定标准研制的具体技术要求

5.1　选择DNA分子标记类型的基本条件

选择DNA分子标记类型的基本条件包括：

a)　标记多态性丰富；

b)　实验重复性好；

c)　数据易于标准化；

d)　标记位点分布情况清楚；

e)　技术成熟。

基于上述原则，主要推荐SSR、SNP、IDP等标记类型作为当前各植物属(种)品种鉴定的DNA分子标记类型。根据不同植物属(种)的发展情况，也可以选择使用其他标记类型。

5.2　选择DNA分子标记位点的基本原则

5.2.1　核心位点的选择

核心位点的选择基本原则：

a)　多态性高；

b)　数据易于统计；

c)　重复性好；

d)　不同平台兼容性好；

e)　染色体分布情况清楚；

f)　在基因组上均匀分布；

g)　避免选择零等位变异。

依据检测的速度和成本、不同植物属(种)的品种数量及品种间差异情况、染色体数目及基因组大小、位点多态性水平,兼顾不同标记技术和不同检测平台的位点通量特点,确定合适的位点数量,并能够区分该植物属(种)95%以上的已知品种。

5.2.2 扩展位点的选择

扩展位点选择的基本原则同核心位点。扩展位点选择侧重染色体均匀分布,与核心位点一起使用时应能够区分该植物属(种)99%以上的已知品种。

5.2.3 特异位点的选择

当利用核心位点、扩展位点对某一特定品种无法鉴别时,根据需要,可继续在核心位点和扩展位点之外选择能够鉴别该品种的特异位点。特异位点可由品种拥有人提供,并满足用于区别其他品种的要求。

5.3 样品准备

5.3.1 样品类型

种子、幼苗、根、茎、叶等。

5.3.2 样品分析数量

待测样品在满足取样有代表性的前提下,分析数量取决于品种的繁殖方式、遗传完整性和遗传多样性。

5.4 参照样品的选择

基因分型结果受检测平台影响时须采用参照样品确定待测样品等位变异。

5.5 检测程序

5.5.1 DNA 提取方法

对特定植物属(种)可以提供几种常用 DNA 提取方法,提取的 DNA 应满足相应技术方法的要求。

5.5.2 基因分型平台

选择基因分型平台的基本原则:

a) 对位点的不同等位变异和基因型能够有效区分;

b) 数据统计容易,不同来源数据容易整合,适用于构建数据库;

c) 技术方法成熟,操作简单。

适用于 SSR、SNP、IDP 标记的分型平台有多种,主要以 PCR 扩增技术为基础,与电泳、测序、荧光扫描、质谱等方法组合形成多种分型平台。

5.5.3 位点的使用

首先,使用核心位点进行检测;如不能有效区分,必要时采用扩展位点检测;如仍不能有效区分,必要时采用特异位点检测。

6 数据库构建的具体要求

6.1 基本原则

数据库应具有兼容性,不同类型 DNA 分子标记数据库能整合成一个复合数据库。

6.2 数据库基本信息

数据库基本信息应包括植物属(种)、品种及类型、分子标记类型、位点、标记和等位变异 6 个最核心的部分。

a) 植物属(种):样品所属植物学名称或常用名,如玉米、水稻等;

b) 品种及类型:样品的品种名称或编号。必要时可进一步细分品种类型(如玉米可细分为自交系/杂交种;水稻可细分为常规品种/杂交种等);

c) 分子标记类型:鉴定所用的标记类型,如 SSR、SNP、IDP 等;

d) 位点:所用位点的规范名称,该字段在数据库中应具有唯一性,建议采用统一的位点命名方法;

e) 标记:鉴定位点时所用的引物序列。位点和标记是一对多的关系。标记编号方式为"物种代号+固定位数的字母+固定位数的序号+其他标识符(可选)+技术方法代号(可选)";

f) 等位变异:多态性位点的等位变异编码或数值。

6.3 数据采集

对不同来源的同一类型 DNA 分子标记数据,可采取以下 4 种方式进行数据的规范化采集:

a) 使用参照品种或参照 DNA;

b) 确定位点等位基因命名;

c) 规定对异常数据的处理方式;

d) 规定对数据的编码方式。

6.4 数据记录

对于多等位基因的标记类型,如 SSR 标记,二倍体物种基因型数据记录为 X/Y。其中,X、Y 分别为该位点上两个不同等位基因的编码,小片段数据在前,大片段数据在后。如果为纯合位点,则记录为 X/X 或者 Y/Y。特定植物属(种)的标准制定单位负责提供每个位点的所有等位基因的命名方式,并提供参照样品及其标准基因型数据。

对于二等位基因的标记类型,如 SNP 和 IDP 标记,二倍体物种基因型数据记录为 A/B,即纯合基因型记录为 AA 或 BB,杂合基因型记录为 AB。具体植物属(种)的标准制定单位应给出每个位点 A 和 B 的定义,并提供参照样品及其标准基因型数据。

对于其他倍性的植物属(种),可参考二倍体物种的数据记录方式,并根据属(种)特殊性适当调整。

6.5 数据入库要求

特定植物属(种)的已知品种标准样品的 DNA 分子标记数据库应由至少两个实验室联合构建,并设置两组或两组以上平行试验,将平行试验结果相同的数据入库。为了评估建库数据质量,可随机抽取若干样品(一般为 5%～10%)采用统一规定的标准程序进行盲测,验证并评价数据库的质量,建成的数据库的数据错误率应低于 0.5%,数据缺失率应低于 5%。

7 结果统计与判定

7.1 位点统计

位点比较情况分为以下 4 种:

a) 位点存在差异的,记录为有差异;

b) 位点完全相同的,记录为无差异;

c) 位点数据缺失的,记录为缺失;

d) 位点显示无法判定的,记录为无法判定。

对检测的位点逐一进行比较,统计总位点数、差异位点数、无差异位点数、缺失位点数、无法判定位点数等信息。

7.2 判定方法

结果可用差异位点数或遗传相似度进行比较,判定标准应根据相应植物属(种)特性,在相应的鉴定标准中确定。

7.3 结果表述

待测样品________与对照样品________(或数据库中________已知品种)利用________分子标记类型,采用________检测平台,采用________位点组合进行检测,结果显示:检测位点数为________,差异位点数为________,判定为________(相同或极近似、近似、不同);或遗传相似度为________,位点缺失率为________,判定为________(相同或极近似、近似、不同)。

附 录 A
(规范性附录)
植物品种鉴定 DNA 分子标记法标准的结构和主要技术内容

植物属(种)品种鉴定 DNA 分子标记法标准一般由以下部分构成:

1 范围

2 规范性引用文件

3 术语、定义和缩略语

4 仪器设备及试剂

5 溶液配制

6 鉴定位点及使用

7 参照品种及使用

8 操作程序

9 结果统计

10 结果判定

附录 A (规范性附录)主要仪器设备及试剂

附录 B (规范性附录)溶液配制

附录 C (规范性附录)鉴定位点名单

附录 D (资料性附录)鉴定位点相关信息(位点确定依据和方法等)

附录 E (资料性附录)参照品种名单及来源

ICS 67.140.20
B 35

中华人民共和国农业行业标准

NY/T 2667.5—2016

热带作物品种审定规范 第5部分：咖啡

Registration rules for variety of tropical crops—Part 5:Coffee

2016-11-01 发布　　2017-04-01 实施

中华人民共和国农业部 发布

前　　言

NY/T 2667《热带作物品种审定规范》分为7个部分：

——第1部分:橡胶树；

——第2部分:香蕉；

——第3部分:荔枝；

——第4部分:龙眼；

——第5部分:咖啡；

——第6部分:芒果；

——第7部分:澳洲坚果。

本部分是NY/T 2667的第5部分。

本部分按照GB/T 1.1—2009给出的规则起草。

本部分由农业部农垦局提出。

本部分由农业部热带作物及制品标准化技术委员会归口。

本部分起草单位:云南省德宏热带农业科学研究所、中国农垦经济发展中心、中国热带农业科学院香料饮料研究所。

本部分主要起草人:周华、张洪波、李锦红、郭铁英、董云萍、杨积忠、白学慧、孙娟、闫林、夏红云、赵明珠。

热带作物品种审定规范　第5部分:咖啡

1　范围

本部分规定了小粒种咖啡(*Coffea arabica* Linn.)、中粒种咖啡(*Coffea canephora* Pierre ex Froehner)品种审定要求、判定规则和审定程序。

本部分适用于小粒种咖啡和中粒种咖啡品种的审定。

2　规范性引用文件

下列文件对于本文件的应用是必不可少的。凡是注日期的引用文件,仅注日期的版本适用于本文件。凡是不注日期的引用文件,其最新版本(包括所有的修改单)适用于本文件。

NY/T 3004　热带作物种质资源描述及评价规范　咖啡

NY/T 2668.5　热带作物品种试验技术规程　第5部分:咖啡

中华人民共和国农业部公告2012年第2号　农业植物品种命名规定

3　审定要求

3.1　基本要求

3.1.1　品种来源明确,无知识产权纠纷。

3.1.2　品种名称应符合中华人民共和国农业部公告2012年第2号的要求。

3.1.3　品种具有特异性、稳定性和一致性。

3.1.4　经过品种的比较试验、区域试验和生产试验,材料齐全。

3.2　目标要求

3.2.1　品种的基本指标

3.2.1.1　小粒种咖啡

杯品质量平均分≥6.5分。

3.2.1.2　中粒种咖啡

杯品质量平均分≥5.5分。

3.2.2　专用品种指标

3.2.2.1　高产品种

商品豆产量与对照品种相比,增产≥10%,经统计分析差异显著。

3.2.2.2　优质品种

小粒种杯品质量平均分≥8分;中粒种杯品质量平均分≥7分。

3.2.2.3　抗锈品种

锈病抗性等级为“高抗型”及以上,锈病抗性评价按照NY/T 2668.5的规定执行。

4　判定规则

满足3.1及3.2.1的全部条件,同时满足3.2.2中的要求≥1项,判定为符合品种审定要求。

5　审定程序

5.1　现场鉴评

5.1.1 地点确定

根据申请书中所示随机抽取2个～3个代表性的生产性试验点作为现场鉴评地点。

5.1.2 鉴评内容及记录

现场鉴评项目和方法按照附录A执行，现场鉴评记录按照附录B执行。不便现场鉴评的测试项目，需提供农业部认可的检测机构出具的检测报告提供依据。

5.1.3 综合评价

根据5.1.2的结果，对产量、品质、抗性等进行综合评价。

5.2 初审

5.2.1 申请品种名称

按照农业部公告2012年第2号的规定进行审查。

5.2.2 申报材料

对品种比较试验、区域试验、生产试验的报告等技术内容完整性进行审查。

5.2.3 品种试验方案

试验地点、对照品种的选择、试验设计、试验方法、试验年限等，按照NY/T 2668.5的规定进行审查。

5.2.4 品种试验结果

对申请品种的植物学特征、生物学特性、主要经济性状(包括丰产性、稳产性、适应性、品质、抗性等)和生产技术要点等进行审查。

5.2.5 初审意见

依据5.2.1、5.2.2、5.2.3、5.2.4的审查情况，结合现场鉴评结果，对品种进行综合评价，提出初审意见。

5.3 终审

对申报书、现场鉴评综合评价、初审结果进行综合审定，提出终审意见，并进行无记名投票表决，赞成票超过与会专家总数2/3以上，通过审定。

附 录 A
(规范性附录)
咖啡品种审定现场鉴评内容

A.1 观测项目

见表 A.1。

表 A.1 观测项目

内容	观测记载项目
基本情况	地点、经纬度、海拔高度、坡向、试验点面积、管理水平、种苗类型、定植时间、土壤类型、土壤养分状况、株行距、种植密度
主要植物学特征及农艺性状	株型、株高、冠幅、茎粗、主干数量、叶片特征、叶片大小、一级分枝对数、最长一级分枝长度、最长一级分枝节数、单节果数、成熟果实颜色、果实大小、果实形状、种子大小、种子形状
丰产性	单株产量、折亩产量
果实和豆的特性	干鲜比、千粒重、出米率
品质性状	物理特性、化学特性、感官特性
抗逆性	抗锈病性

A.2 观测方法

A.2.1 基本情况

A.2.1.1 试验地概况

主要包括地点、经纬度、海拔高度、试验点面积、土壤类型、土壤养分状况等。

A.2.1.2 管理水平

分为精细、中等、粗放。

A.2.1.3 种苗类型

分为实生苗、嫁接苗、扦插苗、组培苗及其他。

A.2.1.4 定植时间

申请品种和对照品种的定植时间。

A.2.1.5 株行距和种植密度

测量试验地试验树种植的株距和行距,结果以平均值表示,精确到 0.1 m。根据测量的株行距计算种植密度,单位为株/亩,精确到 0.1 株/亩。

A.2.2 主要植物学特征及农艺性状

按照 NY/T 3004 的规定执行。

A.2.3 丰产性

A.2.3.1 单株产量

采摘全株果实,称量果实重量。结果以平均值表示,精确到 0.1 kg。

A.2.3.2 折亩产量

根据 A.2.1.5 和 A.2.3.1 结果,计算亩定植株数,根据单株产量和亩定植株数计算亩产量。结果以平均值表示，精确到 0.1 kg。

A.2.4 果实和豆的特性

申请品种和对照品种的干鲜比、千粒重、出米率的特性采用生产性试验结果。

A.2.5 品质特性

申请品种和对照品种的商品豆物理特性、化学特性、杯品质量等品质性状采用生产性试验结果。杯品质量按 NY/T 3004 的规定执行。

A.2.6 对锈病的抗性

按照 NY/T 2668.5 的规定执行。

附　录　B
（规范性附录）
咖啡品种现场鉴评记录表

咖啡品种现场鉴评记录表见表 B.1。

表 B.1　咖啡品种现场鉴评记录表

日期：________年________月________日

基本情况：________省(自治区、直辖市)________市(区、县)________乡(镇)

经度：________°________′________″　纬度：________°________′________″　海拔高度：________ m

坡向：________　面积：________亩　土壤类型和土质：________

管理水平：1. 精细；2. 中等；3. 粗放

测试项目		参试品种						对照品种					
品种名称													
面积，亩													
株行距，m													
种植密度，株/亩													
种苗类型		1. 实生苗；2. 嫁接苗；3. 扦插苗 4. 组培苗；5. 其他						1. 实生苗；2. 嫁接苗；3. 扦插苗； 4. 组培苗；5. 其他					
定植时间													
农艺性状	株型												
	叶片特征(形、缘、色等)												
	成熟鲜果特征 (果形、皮色等)												
	株号	1	2	3	4	5	平均	1	2	3	4	5	平均
	株高，cm												
	冠幅，cm												
	茎粗，cm												
	主干数量，条												
	一级分枝对数，对												
	最长一级分枝长度，cm												
	最长一级分枝节数，节												
	单节果数，粒												
	种子大小(长/宽)，cm												
	叶片大小(长/宽)，cm												
丰产性	单株产量，kg												
	折亩产量，kg												
果实和豆的特性	干鲜比												
	千粒重，g												
	出米率，%												

表 B.1（续）

<table>
<tr><th colspan="2">测试项目</th><th>参试品种</th><th>对照品种</th></tr>
<tr><td rowspan="7">商品豆化学成分</td><td>咖啡因,%</td><td></td><td></td></tr>
<tr><td>灰分,%</td><td></td><td></td></tr>
<tr><td>绿原酸,%</td><td></td><td></td></tr>
<tr><td>蔗糖,%</td><td></td><td></td></tr>
<tr><td>粗脂肪,%</td><td></td><td></td></tr>
<tr><td>粗纤维,%</td><td></td><td></td></tr>
<tr><td>水浸出物,%</td><td></td><td></td></tr>
<tr><td colspan="2">杯品评价</td><td>1. 优秀;2. 良好;3. 好;4. 一般</td><td>1. 优秀;2. 良好;3. 好;4. 一般</td></tr>
<tr><td colspan="2">抗锈类型</td><td>1. 免疫;2. 高抗;3. 中抗;4. 中感;5. 高感</td><td>1. 免疫;2. 高抗;3. 中抗;4. 中感;5. 高感</td></tr>
<tr><td colspan="2">其他</td><td></td><td></td></tr>
<tr><td colspan="2">综合评价</td><td></td><td></td></tr>
<tr><td colspan="2">签名</td><td colspan="2">组长：　　　　　　　　成员：</td></tr>
<tr><td colspan="4">注 1:测量株数 5 株。
注 2:抽取方式,随机抽取。
注 3:根据测产单株产量及种植密度计算亩产量。</td></tr>
</table>

ICS 67.080.10
B 31

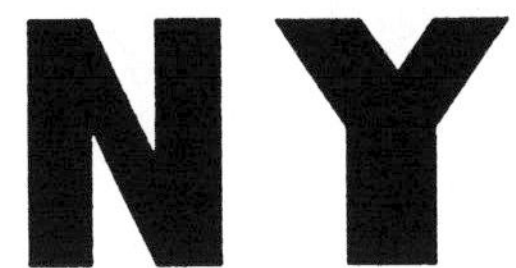

中华人民共和国农业行业标准

NY/T 2667.6—2016

热带作物品种审定规范　第6部分:芒果

Registration rules for variety of tropical crops—Part 6:Mango

2016-11-01 发布　　2017-04-01 实施

中华人民共和国农业部　发布

前　　言

NY/T 2667《热带作物品种审定规范》分为7个部分：

——第1部分：橡胶树；

——第2部分：香蕉；

——第3部分：荔枝；

——第4部分：龙眼；

——第5部分：咖啡；

——第6部分：芒果；

——第7部分：澳洲坚果。

本部分是NY/T 2667的第6部分。

本部分按照GB/T 1.1—2009给出的规则起草。

本部分由农业部农垦局提出。

本部分由农业部热带作物及制品标准化技术委员会归口。

本部分起草单位：中国热带农业科学院热带作物品种资源研究所、中国农垦经济发展中心。

本部分主要起草人：陈业渊、高爱平、朱敏、黄建峰、赵志常、党志国。

热带作物品种审定规范　第6部分:芒果

1　范围

本部分规定了芒果(*Mangifera indica* L.)品种审定的审定要求、判定规则和审定程序。

本部分适用于芒果品种审定。

2　规范性引用文件

下列文件对于本文件的应用是必不可少的。凡是注日期的引用文件,仅注日期的版本适用于本文件。凡是不注日期的引用文件,其最新版本(包括所有的修改单)适用于本文件。

NY/T 590　芒果　嫁接苗

NY/T 1808　芒果　种质资源描述规范

NY/T 2440　植物新品种特异性、一致性和稳定性测试指南　芒果

NY/T 2668.6　热带作物品种试验技术规程　第6部分:芒果

中华人民共和国农业部公告2012年第2号　农业植物品种命名规定

3　审定要求

3.1　基本要求

3.1.1　品种来源明确,无知识产权纠纷。

3.1.2　品种名称应符合中华人民共和国农业部公告2012年第2号的要求。

3.1.3　品种具有特异性、一致性和稳定性。

3.1.4　品种经过比较试验、区域试验和生产试验,材料齐全。

3.2　目标要求

3.2.1　基本指标

单果重≥100 g,可溶性固形物含量≥11%,可食率≥65%,其他主要经济性状优于或相当于对照品种。

3.2.2　特定指标

3.2.2.1　高产品种

产量比对照品种增产≥5%,经统计分析差异性显著。

3.2.2.2　早熟品种

果实成熟期比对照品种早熟≥7 d。

3.2.2.3　晚熟品种

果实成熟期比对照品种晚熟≥7 d。

3.2.2.4　高可食率品种

果实可食率≥75%。

3.2.2.5　高可溶性固形物含量品种

果实可溶性固形物含量≥15%。

3.2.3　综合性状优良品种

在符合3.2.1条件下,产量、可食率、可溶性固形物含量等主要经济性状虽达不到3.2.2的指标要求,但与对照品种相比,至少其中2项经济指标同时优于对照品种。

3.2.4 特异性状品种

在符合3.2.1条件下，香气、抗逆、矮化等特异性状≥1项明显优于对照品种。

4 判定规则

满足3.1和3.2.1的全部条件，同时满足3.2.2中的要求≥1项或3.2.3或3.2.4的要求，判定为符合品种审定要求。

5 审定程序

5.1 现场鉴评

5.1.1 地点确定

根据申请书中所示随机抽取1个～2个代表性的生产性试验点作为现场鉴评地点。

5.1.2 鉴评内容及记录

现场鉴评项目和方法按照附录A执行，现场鉴评记录按照附录B执行。不便现场鉴评的测试项目指标，需提供农业部认可的检测机构出具的检测报告。

5.1.3 综合评价

根据5.1.2的结果，对产量、品质、抗逆等进行综合评价。

5.2 初审

5.2.1 申请品种名称

按照中华人民共和国农业部公告2012年第2号的规定进行审查。

5.2.2 申报材料

对品种比较试验、区域试验、生产试验的报告等技术内容的真实性、完整性、科学性进行审查。

5.2.3 品种试验方案

试验地点、对照品种的选择、试验设计、试验方法、试验年限，按照NY/T 2668.6的规定进行审查。

5.2.4 品种试验结果

对申请品种的植物学特征、生物学特性、主要经济性状(包括果实品质、丰产性、稳产性、适应性、抗性等)和生产技术要点，以及结果的完整性、真实性和准确性等进行审查。

5.2.5 初审意见

依据5.2.1、5.2.2、5.2.3、5.2.4的审查情况，结合现场鉴评结果，对品种进行综合评价，提出初审意见。

5.3 终审

对申报材料、现场鉴评综合评价、初审结果进行综合审定，提出终审意见，并进行无记名投票表决，赞成票超过与会专家总数2/3以上，通过审定。

附 录 A
(规范性附录)
芒果品种审定现场鉴评内容

A.1 观测项目

见表 A.1。

表 A.1 观测项目

内容	观测记载项目
基本情况	地点、经纬度、海拔高度、坡向、试验点面积、土壤类型、土质、管理水平、繁殖方式、砧木品种、定植时间、高接时间、株行距、种植密度
主要植物学特征	树势、树高、冠幅、干周
丰产性	株产、亩产
品质性状	果实形状、完熟果果皮颜色、单果重、果肉颜色、果肉质地、风味、香气、松香味、可食率、可溶性固形物含量、果肉纤维数量
其他	

A.2 观测方法

A.2.1 基本情况

A.2.1.1 试验地概况

主要包括地点、经纬度、海拔高度、坡向、试验点面积、土壤类型、土质。

A.2.1.2 管理水平

考察试验地管理水平,分为精细、中等、粗放。

A.2.1.3 繁殖方式

调查试验树采用的繁殖方式,分为嫁接苗、高接换种、其他。

嫁接苗按照 NY/T 590 的规定执行。

A.2.1.4 砧木品种

调查试验树采用砧木的品种。

A.2.1.5 定植时间

调查试验树定植的年份。

A.2.1.6 高接时间

调查试验树高接的年份。

A.2.1.7 株行距

测量小区内的株距和行距。精确到 0.1 m。

A.2.1.8 种植密度

根据 A.2.1.7 数据计算种植密度,精确到 0.1 株/亩。

A.2.2 植物学特征

A.2.2.1 冠幅

每小区选取生长正常的植株≥3 株,测量植株树冠东西向、南北向的宽度。精确到 0.1 m。

A.2.2.2 树高

用 A.2.2.1 的样本，测量植株高度。精确到 0.1 m。

A.2.2.3 干周

用 A.2.2.1 的样本，测量植株主干离地 30 cm 处或嫁接口上 10 cm 的粗度。精确到 0.1 cm。

A.2.3 丰产性

A.2.3.1 单株产量

果实成熟时，每小区随机选取生长正常的植株≥3 株，分别采摘全树果实称重，计算平均值。精确到 0.1 kg。

A.2.3.2 亩产量

根据 A.2.1.8 和 A.2.3.1 结果，计算亩产量。精确到 0.1 kg。

A.2.4 品质性状

完熟果果皮颜色按照 NY/T 2440 的规定执行，其他品质性状按照 NY/T 1808 的规定执行。

A.2.5 其他

可根据小区内发生的病害、虫害、寒害等具体情况加以记载。

附　录　B
（规范性附录）
芒果品种现场鉴评记录表

芒果品种现场鉴评记录表见表 B.1。

表 B.1　芒果品种现场鉴评记录表

日期：________年________月________日

基本情况：________省（自治区、直辖市）________市（区、县）________乡（镇）

经度：________°________′________″　　纬度：________°________′________″　　海拔高度：________m

坡向：________　　面积：________亩　　土壤类型和土质：________

管理水平：1. 精细；2. 中等；3. 粗放

测试项目	申请品种				对照品种			
品种名称								
繁殖方式	1. 嫁接苗；2. 高接换种；3. 其他				1. 嫁接苗；2. 高接换种；3. 其他			
砧木品种								
定植时间，年								
高接时间，年								
株行距，m								
种植密度，株/亩								
树势	1. 强；2. 中；3. 弱				1. 强；2. 中；3. 弱			
树号	1	2	3	平均	1	2	3	平均
株高，m								
冠幅，m								
干周，cm								
株产，kg								
亩产，kg								
果实形状	1. 长椭圆形；2. 椭圆形；3. 圆球形；4. 卵形；5. 象牙形；6. S 形；7. 扁圆形；8. 肾形；9. 其他				1. 长椭圆形；2. 椭圆形；3. 圆球形；4. 卵形；5. 象牙形；6. S 形；7. 扁圆形；8. 肾形；9. 其他			
完熟果果皮颜色	1. 绿色；2. 黄绿色；3. 绿带黄；4. 黄色；5. 橙黄色；6. 黄带橙；7. 橙色；8. 黄带红；9. 橙带红；10. 红色；11. 橙带紫；12. 红带紫；13. 紫色				1. 绿色；2. 黄绿色；3. 绿带黄；4. 黄色；5. 橙黄色；6. 黄带橙；7. 橙色；8. 黄带红；9. 橙带红；10. 红色；11. 橙带紫；12. 红带紫；13. 紫色			
单果重，g								
果肉颜色	1. 乳白；2. 乳黄；3. 浅黄；4. 金黄；5. 深黄；6. 橙黄；7. 橙红；8. 其他				1. 乳白；2. 乳黄；3. 浅黄；4. 金黄；5. 深黄；6. 橙黄；7. 橙红；8. 其他			
果肉质地	1. 细腻；2. 中等；3. 粗硬				1. 细腻；2. 中等；3. 粗硬			
风味	1. 清甜；2. 甜；3. 浓甜；4. 酸甜；5. 酸				1. 清甜；2. 甜；3. 浓甜；4. 酸甜；5. 酸			
香气	1. 淡；2. 中等；3. 浓				1. 淡；2. 中等；3. 浓			
松香味	1. 无；2. 淡；3. 中等；4. 浓				1. 无；2. 淡；3. 中等；4. 浓			
可食率，%								

表 B.1（续）

测试项目	申请品种	对照品种
可溶性固形物含量，%		
果肉纤维数量	1. 无;2. 少;3. 中等;4. 多	1. 无;2. 少;3. 中等;4. 多
其他		
签名	组长： 成员：	
注 1:测量株数 3 株～5 株。 注 2:抽取方式:随机抽取。 注 3:根据测产单株产量及亩定植株数计算亩产量。		

ICS 65.020.01
B 30

中华人民共和国农业行业标准

NY/T 2667.7—2016

热带作物品种审定规范 第7部分:澳洲坚果

Registration rules for variety of tropical crops—Part 7:Macadamia nuts

2016-11-01 发布 2017-04-01 实施

中华人民共和国农业部 发布

前　　言

NY/T 2667《热带作物品种审定规范》分为7个部分：

——第1部分：橡胶树；

——第2部分：香蕉；

——第3部分：荔枝；

——第4部分：龙眼；

——第5部分：咖啡；

——第6部分：芒果；

——第7部分：澳洲坚果。

本部分是NY/T 2667的第7部分。

本部分按照GB/T 1.1—2009给出的规则起草。

本部分由农业部农垦局提出。

本部分由农业部热带作物及制品标准化技术委员会归口。

本部分起草单位：云南省热带作物科学研究所、中国农垦经济发展中心、中国热带农业科学院南亚热带作物研究所、江城耀霖农林开发有限公司。

本部分主要起草人：倪书邦、贺熙勇、刘建玲、陶丽、杜丽清、曾辉、徐斌、陶亮。

热带作物品种审定规范　第7部分：澳洲坚果

1　范围

本部分规定了澳洲坚果(*Macadamia* spp.)品种审定要求、判定规则和审定程序。

本部分适用于澳洲坚果品种的审定。

2　规范性引用文件

下列文件对于本文件的应用是必不可少的。凡是注日期的引用文件，仅注日期的版本适用于本文件。凡是不注日期的引用文件，其最新版本(包括所有的修改单)适用于本文件。

GB/T 5009.5　食品中蛋白质的测定

GB/T 5512　粮油检验　粮食中粗脂肪含量测定

NY/T 1687　澳洲坚果种质资源鉴定技术规范

NY/T 2668.7　热带作物品种试验技术规程　第7部分：澳洲坚果

中华人民共和国农业部公告2012年第2号　农业植物品种命名规定

3　审定要求

3.1　基本要求

3.1.1　品种来源明确，无知识产权纠纷。

3.1.2　品种名称应符合农业部公告2012年第2号的要求。

3.1.3　品种具有特异性、一致性和稳定性。

3.1.4　经过品种的比较试验、区域试验和生产试验，材料齐全。

3.2　目标要求

3.2.1　品种基本指标

单个果仁重≥2 g、出仁率≥32%、果仁含油量≥72%、一级果仁率≥92%、壳果直径≥1.8 cm；壳果产量、品质等主要经济性状优于或相当于对照品种。

3.2.2　专用品种指标

3.2.2.1　高产品种

壳果产量比对照品种增产≥8%，经统计分析差异显著。

3.2.2.2　高出仁率品种

壳果出仁率比对照品种≥1个百分点。

3.2.2.3　高油品种

果仁含油量比对照品种≥1个百分点。

3.2.2.4　早熟品种

果实成熟时间比对照品种提前≥10 d。

3.2.2.5　早实性品种

初花树龄比对照品种≤1年。

4　判定规则

满足3.1和3.2.1全部条件，同时满足3.2.2中的要求≥1项，判定为符合品种审定要求。

5 审定程序

5.1 现场鉴评

5.1.1 地点确定

根据申请书随机抽取1个～2个代表性的生产性试验点作为现场鉴评地点。

5.1.2 鉴评内容及记录

现场鉴评项目和方法按照附录A执行，现场鉴评记录按照附录B执行。不便现场鉴评的测试项目指标，需提供农业部认可的检测机构出具的检测报告。

5.1.3 综合评价

根据5.1.2的鉴评结果，对产量、品质、抗性等进行综合评价。

5.2 初审

5.2.1 申请品种名称

按照中华人民共和国农业部公告2012年第2号的规定进行审查。

5.2.2 申报材料

对品种比较试验、区域试验、生产试验的报告等技术内容完整性进行审查。

5.2.3 品种试验方案

试验地点、对照品种的选择、试验设计、试验方法、试验期限，按照NY/T 2668.7的规定进行审查。

5.2.4 品种试验结果

对申请品种的植物学特征、生物学特性、主要经济性状（包括果实品质、丰产性、稳产性、适应性、抗性等）和生产技术要点，以及结果的完整性、真实性和准确性等进行审查。

5.2.5 初审意见

依据5.2.1、5.2.2、5.2.3、5.2.4的审查情况，结合现场鉴评结果，对品种进行综合评价，提出初审意见。

5.3 终审

对申报材料、现场鉴评综合评价、初审结果进行综合审定，提出终审意见，并进行无记名投票表决，赞成票超过与会专家总数2/3以上，通过审定。

附　录　A
(规范性附录)
澳洲坚果品种审定现场鉴评内容

A.1　现场观测项目

见表 A.1。

表 A.1　观测项目

内容	观测记载项目
基本情况	地点、经纬度、海拔高度、坡向、试验点面积、土壤类型、管理水平、繁殖方式、定植时间、株行距、种植密度、树势
主要植物学特征	树形、嫩叶颜色、叶序、叶缘刺、叶片长宽比、叶片形状、小花颜色、果实形状、果皮光滑度、果顶形状、果颈、壳果形状、果壳光滑度
丰产性状	株产、折亩产
品质性状	果实重量、种子(壳果)重量、出种率(壳果率)、种子(壳果)大小、果仁颜色、果仁重量、出仁率、一级果仁率、果仁含油量、果仁蛋白质含量、果仁可溶性糖含量
其他	株高、冠幅、茎围、初花树龄

A.2　观测方法

A.2.1　基本情况

A.2.1.1　试验地概况

主要包括地点、经纬度、海拔高度、坡向、试验点面积、土壤类型等。

A.2.1.2　管理水平

考察试验地管理水平,分为精细、中等、粗放。

A.2.1.3　繁殖方式

调查试验树采用的繁殖方式,分为嫁接、扦插、高接换种(注明原品种)、其他。

A.2.1.4　定植时间

调查试验树的定植时间。

A.2.1.5　株行距

测量小区内的株距和行距,精确到 0.1 m。

A.2.1.6　种植密度

根据 A.2.1.5 数据计算种植密度,精确到 0.1 株/亩。

A.2.1.7　树势

按照 NY/T 1687 的规定执行。

A.2.2　主要植物学特征

按照 NY/T 1687 的规定执行。

A.2.3　丰产性状

A.2.3.1　壳果株产

果实成熟时,随机选取正常植株≥3 株,分别采收全树果实称重,计算平均果实株产;随机取 100 个果样，去皮称重，计算出种率(壳果率)，折算鲜壳果株产，精确到 0.1 kg。

A.2.3.2 壳果亩产

根据 A.2.3.1 结果和种植密度，折算鲜壳果亩产，精确到 0.1 kg。

A.2.4 品质性状

果实重量、种子(壳果)重量、种子(壳果)大小、果仁颜色、果仁重量、出仁率、一级果仁率、果仁可溶性糖含量按照 NY/T 1687 的规定执行。

果仁含油量、果仁蛋白质含量的测定分别按照 GB/T 5512 和 GB/T 5009.5 的规定执行。

A.2.5 其他

A.2.5.1 冠幅

用 A.2.3.1 的样本，测量树冠株间、行间的宽度。结果以平均值表示，精确到 0.1 m。

A.2.5.2 株高

用 A.2.3.1 的样本，测量植株高度。结果以平均值表示，精确到 0.1 m。

A.2.5.3 茎围

用 A.2.3.1 的样本，测量植株主干离地 30 cm 处或嫁接位以上 10 cm 处的茎围，精确到 0.1 cm。

A.2.5.4 初花树龄

从定植到开花植株占全部试验植株的 40%以上时所经历的时间。

附 录 B
(规范性附录)
澳洲坚果品种现场鉴评记录表

澳洲坚果品种现场鉴评记录表见表 B.1。

表 B.1 澳洲坚果品种现场鉴评记录表

日期:________年________月________日
基本情况:________省(自治区、直辖市)________________市(区、县)________________乡(镇)
经度:________°________′________″ 纬度:________°________′________″ 海拔:________m
坡向:________________面积:________________亩 土壤类型和土质:________________
管理水平:1. 精细;2. 中等;3. 粗放

测试项目	申请品种				对照品种			
品种名称								
繁殖方式	1. 嫁接;2. 扦插;3. 高接换种;4. 其他				1. 嫁接;2. 扦插;3. 高接换种;4. 其他			
定植时间								
初花树龄,年								
株行距,m×m								
种植密度,株/亩								
树号	1	2	3	平均	1	2	3	平均
树势								
树形								
冠幅,m×m								
茎围,cm								
果实重,kg								
种子(壳果)重,kg								
出种率,%								
壳果株产,kg								
折壳果亩产,kg								
嫩叶颜色	1. 浅绿;2. 绿;3. 粉红;4. 紫红;5. 其他				1. 浅绿;2. 绿;3. 粉红;4. 紫红;5. 其他			
叶序	1. 对生;2. 三叶轮生;3. 四叶轮生;4. 五叶轮生				1. 对生;2. 三叶轮生;3. 四叶轮生;4. 五叶轮生			
叶片形状	1. 倒卵形;2. 卵圆形;3. 椭圆形;4. 长椭圆形;5. 倒披针形;6. 其他				1. 倒卵形;2. 卵圆形;3. 椭圆形;4. 长椭圆形;5. 倒披针形;6. 其他			
叶片长宽比								
叶缘刺	1. 无;2. 少;3. 较多;4. 多				1. 无;2. 少;3. 较多;4. 多			
小花颜色	1. 白色;2. 乳白色;3. 粉红色;4. 其他				1. 白色;2. 乳白色;3. 粉红色;4. 其他			
果实形状	1. 球形;2. 卵圆形;3. 椭圆形;4. 其他				1. 球形;2. 卵圆形;3. 椭圆形;4. 其他			
果顶形状	1. 乳头状突起不明显;2. 乳头状突起明显;3. 乳头状突起极明显				1. 乳头状突起不明显;2. 乳头状突起明显;3. 乳头状突起极明显			
果颈	1. 无;2. 短;3. 长				1. 无;2. 短;3. 长			
果皮光滑度	1. 光滑;2. 粗糙				1. 光滑;2. 粗糙			
果壳光滑度	1. 光滑;2. 粗糙				1. 光滑;2. 粗糙			
种子(壳果)形状	1. 扁圆形;2. 圆球形;3. 卵圆形;4. 椭圆形;5. 半球形;6. 其他				1. 扁圆形;2. 圆球形;3. 卵圆形;4. 椭圆形;5. 半球形;6. 其他			

表 B.1（续）

测试项目	申请品种	对照品种
壳果横径,mm		
壳果纵径,mm		
壳果重量,g		
果仁颜色		
果仁重量,g		
出仁率,%		
一级果仁率,%		
果仁含油量,%		
果仁蛋白质含量,%		
果仁可溶性糖含量,%		
其他		
签名	组长：　　　　成员：	

注 1:树势:1. 强;2. 中;3. 弱。
注 2:树形:1. 圆形;2. 半圆形;3. 圆锥形;4. 阔圆形;5. 不规则形。
注 3:测量株数≥3 株。
注 4:抽取方式:随机抽取。
注 5:根据测产单株产量及亩定植株数计算亩产量。

ICS 67.140.20
B 35

中华人民共和国农业行业标准

NY/T 2668.5—2016

热带作物品种试验技术规程 第5部分:咖啡

Regulations for the variety tests of tropical crops—
Part 5:Coffee

2016-11-01 发布 2017-04-01 实施

中华人民共和国农业部 发布

前言

NY/T 2668《热带作物品种试验技术规程》分为7个部分：

——第1部分：橡胶树；

——第2部分：香蕉；

——第3部分：荔枝；

——第4部分：龙眼；

——第5部分：咖啡；

——第6部分：芒果；

——第7部分：澳洲坚果。

本部分是NY/T 2668的第5部分。

本部分按照GB/T 1.1—2009给出的规则起草。

本部分由农业部农垦局提出。

本部分由农业部热带作物及制品标准化技术委员会归口。

本部分起草单位：云南省德宏热带农业科学研究所、中国农垦经济发展中心、中国热带农业科学院香料饮料研究所。

本部分主要起草人：周华、白学慧、郭铁英、孙娟、张洪波、李锦红、董云萍、杨积忠、陈明文、闫林、萧自位、刘金。

热带作物品种试验技术规程　第5部分：咖啡

1　范围

本部分规定了小粒种咖啡（*Coffea arabica* Linn.）、中粒种咖啡（*Coffea canephora* Pierre ex Froehner）品种比较试验、区域试验和生产试验的技术要求。

本部分适用于小粒种咖啡和中粒种咖啡的品种试验。

2　规范性引用文件

下列文件对于本文件的应用是必不可少的。凡是注日期的引用文件，仅注日期的版本适用于本文件。凡是不注日期的引用文件，其最新版本（包括所有的修改单）适用于本文件。

GB 4285　农药安全使用标准

GB 5009.4　食品安全国家标准　食品中灰分的测定

GB 5009.5　食品安全国家标准　食品中蛋白质的测定

GB/T 5009.6　食品中脂肪的测定

GB/T 5009.8　食品中蔗糖的测定

GB/T 5009.10　植物类食品中粗纤维的测定

GB 5009.139　食品安全国家标准　饮料中咖啡因的测定

GB/T 8305　茶　水浸出物测定

GB/T 15033　生咖啡　嗅觉和肉眼检验以及杂质和缺陷的测定

GB/T 22250　保健食品中绿原酸的测定

NY/T 358　咖啡种子种苗

NY/T 922　咖啡栽培技术规程

NY/T 1698　小粒种咖啡病虫害防治技术规范

NY/T 3004　热带作物种质资源描述及评价规范　咖啡

ISO 4150　生咖啡—粒度分析—手筛法（Green coffee; size analysis; manual sieving）

3　品种比较试验

3.1　试验地点

试验地点应能代表所属生态类型区的气候、土壤、栽培条件和生产水平。

3.2　对照品种

对照品种应是已审（认）定的品种，或当地生产上公知公用的品种。

3.3　试验设计与实施

采用随机区组设计或完全随机设计，重复数≥3次。每个小区每个品种（系）≥20株。小粒种咖啡种植密度按照NY/T 922的规定执行；中粒种咖啡株距2.0 m～2.5 m、行距2.5 m。产量等目标性状观测数据年限≥3年，同一试验的每一项田间操作宜在同一天内完成。

3.4　采收与测产

当果实成熟度达到要求，及时采收，每个小区逐株测产，统计单株产量，并折算亩产量。

3.5　观测记载与鉴定评价

按照附录A的规定执行。

3.6 试验总结

对试验品种(系)的质量性状进行描述,对产量等重要数量性状观测数据进行统计分析,撰写品种比较试验报告。

4 品种区域试验

4.1 试验点的选择

根据不同品种(系)的适应性,在至少 2 个省(自治区、直辖市)不同生态类型区设置≥3 个试验点,同时满足 3.1 的要求。

4.2 试验品种的确定

4.2.1 对照品种

满足 3.2 的要求,根据试验需要可增加对照品种。

4.2.2 品种数量

试验品种数量≥2 个(包括对照品种),当参试品种类型>2 个时,应分组设立试验。

4.3 试验设计

采用随机区组设计,重复数≥3 次。每个小区每个品种(株系)≥20 株,小粒种咖啡种植密度按照 NY/T 922 的规定执行;中粒种咖啡株距 2.0 m～2.5 m、行距 2.5 m。产量等目标性状观测数据年限≥3 年,同一试验的每一项田间操作宜在同一天内完成。

4.4 试验实施

4.4.1 种植

按照 NY/T 922 的规定执行,苗木质量应符合 NY/T 358 的要求。

4.4.2 田间管理

土肥水、树体管理按照 NY/T 922 的规定执行,病害防治按照 GB 4285 和 NY/T 1698 的规定执行。

4.5 采收和测产

按 3.4 的要求执行。

4.6 观测记载与鉴定评价

按照附录 A 的规定执行。主要品质指标由品种审定委员会指定或认可的专业机构进行检测。以抗锈病为育种目标的参试品种,由专业机构进行抗锈性鉴定。

4.7 试验总结

对试验品种(系)的质量性状进行描述,对产量等重要数量性状观测数据进行统计分析,并按照附录 B 的要求撰写区域性试验报告。

5 品种生产试验

5.1 试验点的选择

满足 4.1 的要求。

5.2 试验品种的确定

满足 4.2 的要求。

5.3 试验设计

采用随机区组设计或对比试验,小粒种咖啡种植密度按照 NY/T 922 的规定执行;中粒种咖啡株距 2.0 m～2.5 m、行距 2.5 m。其中:随机区组设计,重复数≥3 次,一个试验点每个参试品种(系)的种植面积≥3 亩,小区内每个品种(系)≥1 亩;对比试验,重复数≥3 次,每个品种(系)每个重复的种植面积≥1亩。产量等目标性状观测数据年限≥3年。

5.4 试验实施

按照4.4的规定执行。

5.5 采收和测产

当果实成熟度达到要求，及时采收。每小区随机选取正常植株≥10株，采收全部果实测产，统计株产，并折算亩产量。

5.6 观测记载与鉴定评价

按照4.6的规定执行。

5.7 试验总结

对试验品种的质量性状进行描述，对产量等重要数量性状观测数据进行统计分析，并总结生产技术要点，撰写生产试验报告。

附 录 A
(规范性附录)
咖啡品种试验观测项目与记载标准

A.1 基本情况

A.1.1 试验地概况

主要包括地点、经纬度、海拔高度、坡向、试验点面积、土壤类型等。

A.1.2 气象资料

主要包括年均气温、最冷月平均气温、最热月平均气温、极端最高最低气温、年降水量、无霜期、日照时数以及灾害天气等。

A.1.3 种苗繁殖与定植情况

种苗类型、定植时间、施肥情况、嫁接换种时间等。

A.1.4 田间管理情况

主要包括修剪、锄草、灌溉、施肥、病虫害防治等。

A.2 咖啡品种试验观测项目与记载标准

A.2.1 观测项目

见表 A.1。

表 A.1 观测项目

内 容	记载项目
植物学特征	树型、株高、冠幅、茎粗、一级分枝(对数、角度)、最长一级分枝(长度、节数)、嫩叶颜色、成熟叶(颜色、形状、叶尖形状、叶缘形状、叶面光泽、长、宽)、叶腋间花序数、单花序花朵数、节花朵数、单节果数、成熟果实(大小、颜色、形状、果脐、纵径、横径、侧径)、种子(形状、纵径、横径、侧径)
生物学特性	初花期、盛花期、末花期、初果树龄、果实生育期、果实盛熟期、果实收获期
品质特性	物理特性(商品豆色泽、形态、气味、粒度、缺陷豆率)、化学特性(咖啡因含量、灰分含量、绿原酸含量、粗脂肪含量、蛋白质含量、蔗糖含量、粗纤维含量、水浸出物含量)、杯品质量
丰产性	单株产量、折亩产量、干鲜比、千粒重、出米率
抗逆性	抗锈病性
其他	

A.2.2 鉴定方法

A.2.2.1 植物学特征

按照 NY/T 3004 的规定执行。

A.2.2.2 生物学特征

按照 NY/T 3004 的规定执行。

A.2.2.3 品质特性

A.2.2.3.1 商品豆色泽

按照 GB/T 15033 的规定执行。

A.2.2.3.2 商品豆形态

按照 GB/T 15033 的规定执行。

A.2.2.3.3 **商品豆气味**

按照 GB/T 15033 的规定执行。

A.2.2.3.4 **商品豆粒度**

按照 ISO 4150 的规定执行。

A.2.2.3.5 **缺陷豆率**

按照 GB/T 15033 的规定执行。

A.2.2.3.6 **咖啡因含量**

按照 GB 5009.139 的规定执行。

A.2.2.3.7 **灰分含量**

按照 GB 5009.4 的规定执行。

A.2.2.3.8 **绿原酸含量**

按照 GB/T 22250 的规定执行。

A.2.2.3.9 **粗脂肪含量**

按照 GB/T 5009.6 的规定执行。

A.2.2.3.10 **蛋白质含量**

按照 GB 5009.5 的规定执行。

A.2.2.3.11 **蔗糖含量**

按照 GB/T 5009.8 的规定执行。

A.2.2.3.12 **粗纤维含量**

按照 GB/T 5009.10 的规定执行。

A.2.2.3.13 **水浸出物含量**

按照 GB/T 8305 的规定执行。

A.2.2.3.14 **杯品质量**

按照 NY/T 3004 的规定执行。

A.2.2.4 **丰产性**

A.2.2.4.1 **单株产量**

当果实达到要求的成熟度,应及时采收,品比试验、区域性试验需按定植株数每个小区逐株测产,统计单株果实产量;生产性试验需每小区随机选取正常的植株 10 株,采收全部果实,统计单株产量。结果以平均值表示,精确到 0.1 kg。

A.2.2.4.2 **折亩产量**

根据 A.2.2.4.1 和 3.3,折算亩产量。结果以平均值表示,精确到 0.1 kg。

A.2.2.4.3 **干鲜比**

收获期间称取 1 kg 成熟鲜果,去果皮,脱胶,晒干或烘干制成含水量 11%的带壳干豆,再去种壳制成标准商品豆,称取商品豆重。计算商品豆重与鲜果重的比例,重复 3 次。结果以平均值表示,精确到 0.1。

A.2.2.4.4 **千粒重**

用 A.2.2.4.3 中的带壳干豆样品,随机称取 1 000 粒,重复 3 次。结果以平均值表示,精确到0.1 g。

A.2.2.4.5 **出米率**

用 A.2.2.4.3 中的带壳干豆样品,随机称取 100 g,去种壳制成标准商品豆并称重。计算商品豆重占带壳干豆重的比例,重复 3 次。结果以平均值表示,精确到 0.1%。

A.2.2.5 抗病性

采用田间自然发病和人工接种鉴定方法，进行锈病抗性评价。在咖啡锈病常发区域，以不抗锈的主栽品种为对照，在锈病流行季节调查记录植株锈病发病情况，连续观测 2 年以上(含 2 年)，调查 100 片咖啡叶片，记录病情级别(见表 A.2)，按式(A.1)计算病情指数，依据申请品种发病程度(病情指数)确定其对锈病的抗性水平，其评价标准见表 A.3。如果两年鉴定结果不一致，以抗性弱的发病程度为准。同时对照品种病情指数不低 50 时，该批次抗锈病鉴定视为有效。

表 A.2 咖啡锈病病情级别及症状描述

病情级别	症状描述
0	无任何病症
1	有微小褪色斑，常有小的瘤痂出现，有时用放大镜或迎阳光下看到
2	较大褪色斑，常伴有瘤痂，无夏孢子产生
3	常有不同体积下的褪绿斑混合，包括很大的褪色斑，无夏孢子产生
4	常有不同体积的褪色斑，混合，在大斑上有一些夏孢子生成，占所有病斑面积 25%以下，偶有少量瘤痂发生，有时病斑早期出现坏死
5	同 4，但孢子生成更多，产孢面占总病斑面的 50%以下
6	同 5，产孢面积增加达 75%以下
7	同 6，孢子很丰盛，产孢面积达 95%
8	常有带不同产孢等级病斑混合，有时伴有少量瘤痂
9	病斑带有极丰盛的孢子，边缘无明显褪绿圈

$$DI=\frac{\sum(n_i\times s_i)}{9\times N}\times 100 \qquad (A.1)$$

式中：

DI ——病情指数；

n_i ——相应病害级别的株数；

s_i ——病害级别；

9 ——最高病害级数；

N ——调查总株数。

表 A.3 咖啡品种对锈病抗性评价标准

病情指数(DI)	抗性评价
0	免疫型(I)
$0<DI\leqslant 30$	高抗型(HR)
$30<DI\leqslant 50$	中抗型(MR)
$50<DI\leqslant 80$	中感型(MS)
$DI>80$	高感型(HS)

A.2.3 记载项目

A.2.3.1 咖啡品种比较试验田间观测记载项目

见表 A.4。

表 A.4 咖啡品种比较试验田间观测项目记载表

观测项目		参试品种	对照品种	备注
植物学特征	树型			
	株高，cm			
	冠幅，cm			

表 A.4（续）

观测项目		参试品种	对照品种	备注
植物学特征	茎粗,cm			
	一级分枝对数,对			
	一级分枝角度,°			
	最长一级分枝长度,cm			
	最长一级分枝节数,节			
	叶片形状			
	叶尖形状			
	叶缘形态			
	叶面光泽			
	叶片长度,cm			
	叶片宽度,cm			
	成熟叶片颜色			
	嫩叶颜色			
	叶腋间花序数,序/腋			
	单花序花朵数,朵/序			
	节花朵数,朵/节			
	果粒数,粒/节			
	成熟果实颜色			
	果实形状			
	果脐形状			
	单果重,g			
	果实纵径,mm			
	果实横径,mm			
	果实侧径,mm			
	种子形状			
	种子纵径,mm			
	种子横径,mm			
	种子侧径,mm			
生物学特性	初花期(YYYYMMDD)			
	盛花期(YYYYMMDD)			
	末花期(YYYYMMDD)			
	初果树龄(MM)			
	果实生育期,d			
	果实盛熟期(YYYYMMDD)			
	果实收获期(YYYYMMDD)			
品质特性	商品豆色泽			
	商品豆形态			
	商品豆气味			
	商品豆粒度,mm			
	缺陷豆率,%			
	咖啡因含量,%			
	灰分含量,%			
	绿原酸含量,%			
	粗脂肪含量,%			
	蛋白质含量,%			
	蔗糖含量,%			
	粗纤维含量,%			
	水浸出物含量,%			
	杯品质量			

表 A.4（续）

观测项目		参试品种	对照品种	备注
丰产性	单株产量,kg			
	折亩产量,kg			
	干鲜比			
	千粒重,g			
	出米率,%			
抗病性	锈病抗性			
其他				

A.2.3.2 咖啡品种区域试验及生产试验田间记载项目

见表 A.5。

表 A.5 咖啡品种区域试验及生产试验田间观测项目记载表

观测项目		参试品种	对照品种	备注
植物学特征	株高,cm			
	冠幅,cm			
	茎粗,cm			
	一级分枝对数,对			
	最长一级分枝长度,cm			
	最长一级分枝节数,节			
	果实整齐度			
	果粒数,粒/节			
	单果重,g			
	果实纵径,mm			
	果实横径,mm			
	果实侧径,mm			
	种子形状			
	种子纵径,mm			
	种子横径,mm			
	种子侧径,mm			
生物学特性	初花期(YYYYMMDD)			
	盛花期(YYYYMMDD)			
	末花期(YYYYMMDD)			
	初果树龄(MM)			
	果实生育期,d			
	果实盛熟期(YYYYMMDD)			
	果实收获期(YYYYMMDD)			
品质特性	商品豆色泽			
	商品豆形态			
	商品豆气味			
	商品豆粒度,mm			
	缺陷豆率,%			
	杯品质量			
丰产性	单株产量,kg			
	折亩产量,kg			
	干鲜比			
	千粒重,g			
	出米率,%			
抗病性	锈病抗性			
其他				

附　录　B
（规范性附录）
咖啡品种区域试验年度报告

B.1　概述

本附录给出了《咖啡品种区域试验年度报告》格式。

B.2　报告格式

B.2.1　封面

咖啡品种区域试验年度报告
（　　年度）

试验组别：____________________
试验地点：____________________
承担单位：____________________
试验负责人：__________________
试验执行人：__________________
通讯地址：____________________
邮政编码：____________________
联系电话：____________________
电子信箱：____________________

B.2.2　地理与气象数据

纬度：______°______′______″，经度：______°______′______″，海拔高度：________ m，年平均气温：________℃，最冷月平均气温：________℃，最低气温：________℃，最高气温：________℃，年降水量：________ mm。

特殊及各种自然灾害对供试品种生长和产量的影响，以及补救措施：__________________________
____

B.2.3　试验地基本情况和栽培管理

B.2.3.1　基本情况

坡度：________°，坡向：__________，前作：__________，有/无荫蔽：________，土壤类型：__________。

B.2.3.2　田间设计

参试品种：________个，对照品种：____________，重复：________次，株距：________ m，行距：________ m，试验面积：________ m^2。

参试品种汇总表见表B.1。

表 B.1　参试品种汇总表

代号	品种名称	组别	亲本组合	选育单位	联系人与电话

B.2.3.3　栽培管理

定植时间和方法：________________________

施肥：________________________

灌排水：________________________

中耕除草：________________________

修剪：________________________

病虫草害防治：________________________

其他特殊处理：________________________

B.2.4　花果期

初花期：______年____月____日至______年____月____日；

盛花期：______年____月____日至______年____月____日；

末花期：______年____月____日至______年____月____日；

坐果期：______年____月____日至______年____月____日；

盛熟期：______年____月____日至______年____月____日；

收获期：______年____月____日至______年____月____日。

B.2.5　果实生育期

______年____月____日至________年______月______日，共______ d。

B.2.6　农艺性状

见表 B.2。

表 B.2　咖啡农艺性状调查结果汇总表

代号	品种名称	树型	株高，cm	冠幅，cm×cm	茎粗，cm	分枝对数，对	最长一级分枝长，cm	最长一级分枝节数，节	果实整齐度	果粒数，粒/节	单株产量，g	
											平均，g	比对照增减，%

B.2.7　产量性状

见表 B.3。

表 B.3　咖啡的产量性状调查结果汇总表

代号	品种名称	重复	收获小区		单株产量，kg	折亩产量，kg	平均亩产，kg	比对照增减，%	显著性测定	
			株距，m	行距，m					0.05	0.01
		Ⅰ								
		Ⅱ								
		Ⅲ								
		Ⅰ								
		Ⅱ								
		Ⅲ								

B.2.8　品质评价

见表 B.4、表 B.5。

表 B.4 咖啡品质评价结果汇总表

代号	品种名称	重复	商品豆色泽	商品豆形态	商品豆气味	商品豆粒度,cm	咖啡缺陷豆率,%
		Ⅰ					
		Ⅱ					
		Ⅲ					
		平均	—	—	—		
		Ⅰ					
		Ⅱ					
		Ⅲ					
		平均	—	—	—		

代号	品种名称	重复	咖啡因含量,%	灰分含量,%	绿原酸含量,%	粗脂肪含量,%	蛋白质含量,%	蔗糖含量,%	粗纤维含量,%	水浸出物含量,%	咖啡杯品质量	综合评价	终评位次
		Ⅰ											
		Ⅱ											
		Ⅲ											
		平均											
		Ⅰ											
		Ⅱ											
		Ⅲ											
		平均											

B.2.9 抗病性

见表 B.5。

表 B.5 咖啡抗锈病性调查结果汇总表

代号	品种名称	侵染型	病情指数	锈病抗性评价

B.2.10 其他特征特性

______

B.2.11 品种综合评价(包括品种特征特性、优缺点和推荐审定等)

见表 B.6。

表 B.6 咖啡品种综合评价表

代号	品种名称	综合评价

B.2.12 本年度试验评述(包括试验进行情况、准确程度、存在问题等)

______

B.2.13 对下年度试验工作的意见和建议

______

B.2.14 附:________年度专家测产结果

______

ICS 67.080.10
B 31

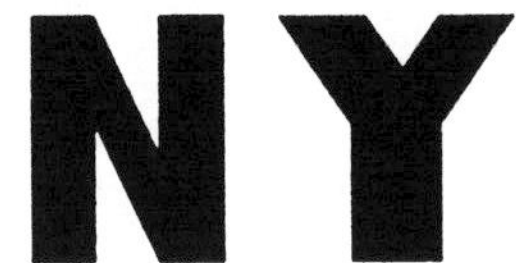

中华人民共和国农业行业标准

NY/T 2668.6—2016

热带作物品种试验技术规程 第6部分:芒果

Regulations for the variety tests of tropical crops—
Part 6:Mango

2016-11-01 发布　　2017-04-01 实施

中华人民共和国农业部　发布

前　言

NY/T 2668《热带作物品种试验技术规程》分为7个部分：

——第1部分：橡胶树；

——第2部分：香蕉；

——第3部分：荔枝；

——第4部分：龙眼；

——第5部分：咖啡；

——第6部分：芒果；

——第7部分：澳洲坚果。

本部分为NY/T 2668的第6部分。

本部分按照GB/T 1.1—2009给出的规则起草。

本部分由农业部农垦局提出。

本部分由农业部热带作物及制品标准化技术委员会归口。

本部分起草单位：中国热带农业科学院热带作物品种资源研究所、中国农垦经济发展中心。

本部分主要起草人：陈业渊、高爱平、黄建峰、赵志常、党志国、罗睿雄。

热带作物品种试验技术规程　第6部分:芒果

1　范围

本部分规定了芒果(*Mangifera indica* L.)的品种比较试验、区域试验和生产试验的技术要求。

本部分适用于芒果品种试验。

2　规范性引用文件

下列文件对于本文件的应用是必不可少的。凡是注日期的引用文件,仅注日期的版本适用于本文件。凡是不注日期的引用文件,其最新版本(包括所有的修改单)适用于本文件。

GB/T 6194　水果、蔬菜可溶性糖测定法

GB/T 6195　水果、蔬菜维生素C含量测定法(2,6-二氯靛酚滴定)

GB/T 12295　水果、蔬菜制品可溶性固形物含量的测定——折射仪法

GB/T 12456　食品中总酸的测定

NY/T 590　芒果　嫁接苗

NY/T 1808　芒果　种质资源描述规范

NY/T 5025　无公害食品　芒果生产技术规程

3　品种比较试验

3.1　试验点选择

试验地点应能代表所属生态类型区的气候、土壤、栽培条件和生产水平。

3.2　对照品种

对照品种应是已登记或审(认)定的品种,或当地生产上公知公用的品种。

3.3　试验设计和实施

采用随机区组设计或完全随机设计,重复数≥3次。每个小区每个品种(系)≥5株,株距4 m～5 m,行距4 m～5 m;采用相同的栽培与管理措施,产量等目标性状观测数据年限≥3年。同一试验的每一项田间操作宜在同一天内完成。

3.4　采收与测产

当果实成熟度达到要求,及时采收,每个小区逐株测产,统计单株产量、折算亩产量。

3.5　观测记载与鉴定评价

按照附录A的规定执行。

3.6　试验总结

对试验品种(系)的质量性状进行描述,对产量等重要数量性状观测数据进行统计分析,撰写品种比较试验报告。

4　品种区域试验

4.1　试验点的选择

根据不同品种(系)的适应性,在至少2个省(自治区、直辖市)不同生态区域设置≥3个试验点,同时满足3.1的要求。

4.2　对照品种

满足 3.2 的要求,根据试验需要可增加对照品种。

4.3 试验设计

采用随机区组设计,重复数≥3 次。每个小区每个品种(系)≥5 株,株距 4 m～5 m、行距 4 m～5 m;产量等目标性状观测数据年限≥3 年。

4.4 试验实施

4.4.1 种植

苗木质量应满足 NY/T 590 的要求,种植按照 NY/T 5025 的规定执行。

4.4.2 田间管理

土肥水管理、树体管理、病虫害防治按照 NY/T 5025 的规定执行。

4.5 采收和测产

按照 3.4 的规定执行。

4.6 观测记载与鉴定评价

按照附录 A 的规定执行。

4.7 试验总结

对试验品种(系)的质量性状进行描述,对产量等数量性状观测数据进行统计分析,并按照附录 B 的规定撰写区域性试验报告。

5 品种生产试验

5.1 试验点的选择

满足 4.1 的要求。

5.2 对照品种

满足 4.2 的要求。

5.3 试验设计

采用随机区组设计或对比试验,株距 4 m～5 m、行距 4 m～5 m。其中:随机区组设计,重复数≥3 次,一个试验点每个参试品种(系)的种植面积≥3 亩,小区内每个品种(系)≥1 亩;对比试验,重复数≥3 次,每个品种(系)每次重复的种植面积≥1 亩。产量等目标性状观测数据年限≥3 年。

5.4 试验实施

按照 4.4 的规定执行。

5.5 采收和测产

当果实成熟度达到要求,及时采收。每小区随机选取正常植株≥3 株,采收全部果实测产,统计株产,并折算亩产量。

5.6 观测记载与鉴定评价

按照附录 A 的规定执行。

5.7 试验总结

对试验品种(系)的质量性状进行描述,对产量等重要数量性状观测数据进行统计分析,总结生产技术要点,撰写生产试验报告。

附 录 A
(规范性附录)
芒果品种试验观测项目与记载标准

A.1 基本情况

A.1.1 试验地概况

主要包括地点、经纬度、海拔高度、试验点面积、土壤类型等。

A.1.2 气象资料的记载内容

主要包括年均气温、最冷月平均气温、最热月平均气温、极端最高最低气温、年降水量、无霜期、日照时数以及灾害天气等。

A.1.3 繁殖情况

A.1.3.1 嫁接苗

苗木嫁接时间、嫁接方法、砧木品种、砧木年龄,苗木定植时间、苗木质量等。

A.1.3.2 高接换种

高接的时间、基砧品种、高接树树龄、株嫁接芽数、嫁接高度等。

A.1.4 田间管理情况

主要包括修剪、疏花疏果、锄草、灌溉、施肥、病虫害防治等。

A.2 芒果品种试验观测项目和记载标准

A.2.1 观测项目

见表 A.1。

表 A.1 观测项目

性状	记载项目
植物学特征	树姿、树形、叶片长度、叶片宽度、叶形、嫩叶颜色、成熟叶片颜色、叶片质地、叶缘、花序长度、花序宽度、花梗颜色、花序轴着生姿态、两性花百分率、单果重、果实纵径、果实宽横径、果实侧径、果实形状、成熟时果实颜色、果粉、果皮厚度、果核纵径、果核横径、果核侧径、果核重、胚类型
生物学特性	抽梢期、初花期、盛花期、末花期、初果期树龄、大量采果日期
品质性状	果肉颜色、风味、香气、可食率、可溶性固形物含量、可溶性糖含量、可滴定酸含量、维生素 C 含量
丰产性	株产、折亩产量
抗性	耐寒性、抗病虫性
其他特征特性	

A.2.2 鉴定方法

A.2.2.1 植物学特征

按照 NY/T 1808 的规定执行。

A.2.2.2 生物学特性

按照 NY/T 1808 的规定执行。

A.2.2.3 品质性状

A.2.2.3.1 可滴定酸含量

按照 GB/T 12456 的规定执行。

A.2.2.3.2 **维生素 C 含量**

按照 GB/T 6195 的规定执行。

A.2.2.3.3 **可溶性固形物含量**

按照 GB/T 12295 的规定执行。

A.2.2.3.4 **可溶性糖含量**

按照 GB/T 6194 的规定执行。

A.2.2.4 **丰产性**

A.2.2.4.1 **单株产量**

品种比较试验和区域试验:当果实达到成熟度要求,应及时采收,每个小区逐株测产,统计单株果实产量;生产性试验:每小区随机选取正常植株≥3 株,采收全部果实测产,统计单株产量,精确到 0.1 kg。

A.2.2.4.2 **折亩产量**

根据 A.2.2.4.1 和 3.3,折算亩产量,精确到 0.1 kg。

A.2.2.5 **抗性**

可根据小区内发生的天牛、蓟马及其他病虫害、耐旱、耐寒等具体情况加以记载。

A.2.3 **记载项目**

A.2.3.1 **芒果品种比较观测记载项目**

见表 A.2。

表 A.2 芒果品种比较试验观测项目记载表

观测项目		申请品种	对照品种	备注
植物学特征	树姿			
	树形			
	叶片长度,mm			
	叶片宽度,mm			
	叶形			
	嫩叶颜色			
	成熟叶片颜色			
	叶片质地			
	叶缘			
	花序长度,mm			
	花序宽度,mm			
	花梗颜色			
	花序轴着生姿态			
	两性花百分率,%			
	单果重,g			
	果实纵径,mm			
	果实横径,mm			
	果实侧径,mm			
	果实形状			
	成熟时果实颜色			
	果粉			
	果皮厚度,mm			
	果核纵径,mm			
	果核横径,mm			
	果核侧径,mm			
	果核重,g			
	胚类型			

表 A.2（续）

观测项目		申请品种	对照品种	备注
物候期	抽梢期(YYYYMMDD)			
	初花期(YYYYMMDD)			
	盛花期(YYYYMMDD)			
	末花期(YYYYMMDD)			
	初果期树龄,年			
	大量采果日期(MMDD)			
品质性状	果肉颜色			
	风味			
	香气			
	可食率,%			
	可溶性固形物含量,%			
	可溶性糖含量,%			
	可滴定酸含量,%			
	维生素C含量,mg/100g			
丰产性	单株产量,kg			
	折亩产量,kg			
抗性	耐寒性			
	抗病虫性			
其他				

A.2.3.2 芒果品种区域试验及生产试验观测项目

见表A.3。

表 A.3 芒果品种区域试验及生产试验观测项目记载表

调查项目		申请品种	对照品种	备注
植物学特征	树姿			
	树形			
	叶片长度,mm			
	叶片宽度,mm			
	花序长度,mm			
	花序宽度,mm			
	果实形状			
	单果重,g			
	果实纵径,mm			
	果实横径,mm			
	果实侧径,mm			
物候期	抽梢期(YYYYMMDD)			
	初花期(YYYYMMDD)			
	盛花期(YYYYMMDD)			
	末花期(YYYYMMDD)			
	初果期树龄,年			
	大量采果日期(MMDD)			
品质性状	果肉颜色			
	风味			
	香气			
	可食率,%			
	可溶性固形物含量,%			
	可溶性糖含量,%			
	可滴定酸含量,%			
	维生素C含量,mg/100 g			

表 A.3（续）

<table>
<tr><th colspan="2">调查项目</th><th>申请品种</th><th>对照品种</th><th>备注</th></tr>
<tr><td rowspan="2">丰产性</td><td>单株产量,kg</td><td></td><td></td><td></td></tr>
<tr><td>折亩产量,kg</td><td></td><td></td><td></td></tr>
<tr><td rowspan="2">抗性</td><td>耐寒性</td><td></td><td></td><td></td></tr>
<tr><td>抗病虫性</td><td></td><td></td><td></td></tr>
<tr><td>其他</td><td></td><td></td><td></td><td></td></tr>
</table>

附　录　B
（规范性附录）
芒果品种区域试验年度报告

B.1　概述

本附录给出了《芒果品种区域试验年度报告》格式。

B.2　报告格式

B.2.1　封面

芒果品种区域试验年度报告

（　　年度）

试验组别：____________________

试验地点：____________________

承担单位：____________________

试验负责人：____________________

试验执行人：____________________

通讯地址：____________________

邮政编码：____________________

联系电话：____________________

电子信箱：____________________

B.2.2　气象和地理数据

纬度：______°______′______"，经度：______°______′______"，海拔高度：______________ m，年平均气温：______________℃，最冷月气温：______________℃，最低气温：______________℃，年降水量：______________ mm。

特殊气候及各种自然灾害对供试品种生长和产量的影响，以及补救措施：______________________________

B.2.3　试验地基本情况和栽培管理

B.2.3.1　基本情况

坡度：__________，坡向：__________，土壤类型：__________

B.2.3.2　田间设计

参试品种：________个，对照品种：________，重复：________次，行距：________ m，株距：________ m，试验面积：________ m^2。

参试品种汇总表见表 B.1。

表 B.1　芒果参试品种汇总表

代号	品种名称	类型(组别)	亲本组合	选育单位	联系人与电话

B.2.3.3　栽培管理

定植或高接换种日期、方式和方法：______________________________

施肥：______________________________

灌排水：______________________________

中耕除草：______________________________

修剪：______________________________

病虫草害防治：______________________________

其他特殊处理：______________________________

B.2.4　物候期

抽梢期：________月________日；

初花期：________月________日至________月________日；

盛花期：________月________日至________月________日；

末花期：________月________日至________月________日；

初果期树龄________年；

大量采果日期：________月________日。

B.2.5　植物性状及农艺性状

见表 B.2、表 B.3。

表 B.2　芒果植物性状调查结果汇总表

代号	品种名称	树势	树形	花序长度，cm	花序宽度，cm

表 B.3 芒果农艺性状调查结果汇总表

代号	品种名称	果形	单株果数,个/株	单株果数量		单果重	
				平均,g	比对照增减,%	平均,g	比对照增减,%

B.2.6 产量性状

见表 B.4。

表 B.4 芒果产量性状调查结果汇总表

代号	品种名称	重复	收获小区		株产量,kg	折亩产,kg	平均亩产,kg	比对照增减,%	显著性测定	
			株距,m	行距,m					0.05	0.01
		Ⅰ								
		Ⅱ								
		Ⅲ								
		Ⅰ								
		Ⅱ								
		Ⅲ								

B.2.7 品质评价

见表 B.5。

表 B.5 芒果品质评价结果汇总表

代号	品种名称	重复	果皮颜色	果肉颜色	肉质	风味	果核大小	香气	可食率%	综合评价	终评位次
		Ⅰ									
		Ⅱ									
		Ⅲ									
		Ⅰ									
		Ⅱ									
		Ⅲ									
注:品质评价至少请 5 名代表品尝评价,采用 100 分制记录,终评划分 4 个等级:1)优、2)良、3)中、4)差。											

B.2.8 品质检测

见表 B.6。

表 B.6 芒果品质检测结果汇总表

代号	品种名称	重复	可溶性固形物含量,%	可溶性糖含量,%	可滴定酸含量,%	维生素 C 含量,mg/100 g
		Ⅰ				
		Ⅱ				
		Ⅲ				
		Ⅰ				
		Ⅱ				
		Ⅲ				

B.2.9 抗性

见表 B.7。

表 B.7 芒果主要抗性调查结果汇总表

代号	品种名称	耐寒性	抗病虫性

B.2.10 其他特征特性

____

B.2.11 品种综合评价(包括品种特征特性、优缺点和推荐审定等)

见表 B.8。

表 B.8 芒果品种综合评价表

代号	品种名称	综合评价

B.2.12 本年度试验评述(包括试验进行情况、准确程度、存在问题等)

____

B.2.13 对下年度试验工作的意见和建议

____

B.2.14 附:________年度专家测产结果

____

ICS 65.020.01
B 30

中华人民共和国农业行业标准

NY/T 2668.7—2016

热带作物品种试验技术规程 第7部分：澳洲坚果

Regulations for the variety tests of tropical crops—Part 7: Macadamia nuts

2016-11-01 发布　　2017-04-01 实施

中华人民共和国农业部 发布

前　　言

NY/T 2668《热带作物品种试验技术规程》分为7个部分：

——第1部分：橡胶树；

——第2部分：香蕉；

——第3部分：荔枝；

——第4部分：龙眼；

——第5部分：咖啡；

——第6部分：芒果；

——第7部分：澳洲坚果。

本部分是NY/T 2668的第7部分。

本部分按照GB/T 1.1—2009给出的规则起草。

本部分由农业部农垦局提出。

本部分由农业部热带作物及制品标准化技术委员会归口。

本部分起草单位：云南省热带作物科学研究所、中国农垦经济发展中心、中国热带农业科学院南亚热带作物研究所、江城耀霖农林开发有限公司。

本部分主要起草人：倪书邦、贺熙勇、孙娟、陶丽、杜丽清、陈明文、曾辉、徐斌、陶亮。

热带作物品种试验技术规程　第7部分：澳洲坚果

1　范围

本部分规定了澳洲坚果(*Macadamia* spp.)的品种比较试验、区域试验和生产试验的技术要求。

本部分适用于澳洲坚果品种试验。

2　规范性引用文件

下列文件对于本文件的应用是必不可少的。凡是注日期的引用文件，仅注日期的版本适用于本文件。凡是不注日期的引用文件，其最新版本(包括所有的修改单)适用于本文件。

GB/T 5009.5　食品中蛋白质的测定

GB/T 5512　粮油检验　粮食中粗脂肪含量测定

NY/T 454　澳洲坚果　种苗

NY/T 1687　澳洲坚果种质资源鉴定技术规范

NY/T 2809　澳洲坚果栽培技术规程

3　品种比较试验

3.1　试验点选择

试验地点应能代表所属生态类型区的气候、土壤、栽培条件和生产水平。

3.2　对照品种

对照品种应是已审(认)定品种，或当地生产上公知公用品种。

3.3　试验设计和实施

采用随机区组设计或完全随机设计，重复数≥3次。每个小区每个品种(系)≥5株，株距4 m～6 m、行距6 m～8 m；产量等目标性状观测数据年限≥3年，同一试验的每一项田间操作应在尽可能短的时间内完成。

3.4　采收与测产

当果实成熟度达到要求，及时采收，每个小区逐株测产，统计单株产量和单位面积产量。

3.5　观测记载与鉴定评价

按照附录A的规定执行。

3.6　试验总结

对试验品种的质量性状进行描述，对产量等重要数量性状观测数据进行统计分析，撰写品种比较试验报告。

4　品种区域试验

4.1　试验点的选择

根据不同品种的适应性，在至少2个省(自治区、直辖市)不同生态区域设置≥3个试验点。试验点同时满足3.1的要求。

4.2　对照品种

满足3.2的要求，根据试验需要可增加对照品种。

4.3　试验设计

采用随机区组设计，重复数≥3 次，小区内每个品种(系)≥5 株，株距 4 m～6 m、行距 6 m～8 m；产量等目标性状观测数据年限≥3 年。

4.4 试验实施

4.4.1 种植

苗木质量满足 NY/T 454 的要求；种植按照 NY/T 2809 的规定执行。

4.4.2 田间管理

土肥水管理、树体管理、病虫害防治按照 NY/T 2809 的规定执行。

4.5 采收与测产

按照 3.4 的要求执行。

4.6 观测记载与鉴定评价

按照附录 A 的规定执行。

4.7 试验总结

对试验品种的质量性状进行描述，对产量等重要数量性状观测数据进行统计分析，并按照附录 B 的要求撰写年度报告。

5 品种生产试验

5.1 试验点的选择

满足 4.1 的要求。

5.2 对照品种

满足 4.2 的要求。

5.3 试验设计

采用随机区组设计或对比试验，株距 4 m～6 m、行距 6 m～8 m。随机区组设计的重复数≥3 次，一个试验点每个参试品种(系)的种植面积≥3 亩，小区内每个品种(系)≥1 亩；对比试验的重复数≥3 次，每次重复每个品种(系)的种植面积≥1 亩。产量等目标性状观测数据年限≥3 年。

5.4 试验实施

按照 4.4 的要求执行。

5.5 采收与测产

当果实成熟度达到要求，及时采收。每小区随机选取正常植株≥3 株，分别采收全树果实称重，统计株产，折算亩产。

5.6 观测记载与鉴定评价

按照附录 A 的规定执行。

5.7 试验总结

对试验品种的质量性状进行描述，对产量等重要数量性状观测数据进行统计分析，并总结生产技术要点，撰写生产试验报告。

附 录 A
(规范性附录)
澳洲坚果品种试验观测项目与记载标准

A.1 基本情况

A.1.1 试验地概况

主要包括地点、经纬度、海拔高度、坡向、试验点面积、土壤类型等。

A.1.2 气象资料

主要包括年均气温、最冷月平均气温、最热月平均气温、极端最高最低气温、年降水量、无霜期、日照时数以及灾害天气等。

A.1.3 繁殖与定植情况

苗木嫁接时间、嫁接方法、苗木质量、苗木定植时间等。

A.1.4 田间管理情况

主要包括整形修剪、除草、灌溉、施肥和病虫害防治等。

A.2 澳洲坚果品种试验观测项目和记载标准

A.2.1 观测项目

见表 A.1。

表 A.1 观测项目

主要植物学特征	树形、嫩叶颜色、成熟叶颜色、叶面状态、叶序、叶片形状、叶片长度、叶片宽度、叶尖形状、叶基形状、叶缘形状、叶缘刺、小花颜色、果实形状、果皮颜色、果皮光滑度、果顶形状、果颈等
生物学特性	新梢萌发期、新梢老熟期、年抽梢次数、始花期、盛花期、末花期、花序长度、坐果期、果实成熟期
果实性状	带皮果重量、果皮厚度、果柄长度;壳果重量、壳果大小;果壳光滑度、果壳厚度
果仁性状	果仁颜色、果仁重量、果仁大小、出仁率、一级果仁率、脂肪含量、蛋白质含量、可溶性糖含量
丰产性	株产、折亩产量
抗逆性	抗风性、耐寒性、抗旱性、抗病虫性等
其他特征特性	株高、冠幅、茎围、初花树龄

A.2.2 鉴定方法

A.2.2.1 主要植物学特征

按照 NY/T 1687 的规定执行。

A.2.2.2 生物学特性

梢萌发期、年抽梢次数、新梢老熟期、叶片长度、叶片宽度、始花期、盛花期、末花期、花序长度、果实成熟期,按照 NY/T 1687 的规定执行。

A.2.2.3 果实性状

带皮果重量、带皮果大小、果皮厚度、果柄长度、壳果重量、壳果大小、果壳光滑度、果壳厚度,按照 NY/T 1687 的规定执行。

A.2.2.4 果仁性状

果仁颜色、果仁重量、果仁大小、出仁率、一级果仁率、可溶性糖含量,按照 NY/T 1687 的规定执行。

果仁含油量和果仁蛋白质含量，分别按照 GB/T 5512 和 GB/T 5009.5 的规定执行。

A.2.2.5 丰产性

A.2.2.5.1 单株产量

品种比较试验和区域试验：当果实成熟度达到要求，及时采收，每个小区逐株测产，统计单株产量；生产试验：每小区随机选取正常植株≥3 株，分别采收全树果实称重，统计株产。从已称重的果实中随机抽取 3 kg，去皮称重，计算出种率（壳果率），折算单株鲜壳果重量，精确到 0.1 kg。

A.2.2.5.2 折亩产量

根据 A.2.2.5.1 结果和种植密度，折算亩产，精确到 0.1 kg。

A.2.2.6 抗逆性

记载试验品种的抗风性、抗寒性、抗旱性、抗病虫害等特性。

A.2.2.7 其他特征特性

A.2.2.7.1 冠幅

品种比较试验和区域试验：每年每个小区逐株"十字型"测量冠幅，统计单株冠幅；生产试验：每年每小区选取生长正常的植株≥3 株，"十字型"测量冠幅，统计单株冠幅。精确到 0.1 m。

A.2.2.7.2 株高

品种比较试验和区域试验：每年每个小区逐株测量株高；生产试验：用 A.2.2.7.1 的样本，每年每小区选取生长正常的植株≥3 株，测量株高。精确到 0.1 m。

A.2.2.7.3 茎围

品种比较试验和区域试验：每年每个小区逐株测量植株主干离地 30 cm 处或嫁接位以上 10 cm 处的茎围；生产试验：用 A.2.2.7.1 的样本，每年每小区选取生长正常的植株≥3 株，测量植株主干离地 30 cm 处或嫁接位以上 10 cm 处的茎围。精确到 0.1 m。

A.2.2.7.4 初花树龄

从定植至开花植株的数量≥全部试验植株的 40%所经历的年限。

A.2.3 记载项目

A.2.3.1 澳洲坚果品种比较试验田间观测记载项目

见表 A.2。

表 A.2 澳洲坚果品种比较试验田间观测项目记载表

观测项目		申请品种	对照品种	备注
植物学特征	树形			
	嫩叶颜色			
	成熟叶颜色			
	叶面状态			
	叶序			
	叶片形状			
	叶尖形状			
	叶基形状			
	叶缘形状			
	叶缘刺			
	小花颜色			
	果实形状			
	果皮颜色			
	果皮光滑度			
	果顶形状			
	果颈			

表 A.2 （续）

观测项目		申请品种	对照品种	备注
生物学特性	树势			
	新梢萌发期(YYYYMMDD)			
	新梢老熟期(YYYYMMDD)			
	年抽梢次数,次			
	叶片长度,cm			
	叶片宽度,cm			
	始花期(YYYYMMDD)			
	盛花期(YYYYMMDD)			
	末花期(YYYYMMDD)			
	花序长度,cm			
	果实成熟期(YYYYMMDD)			
果实性状	带皮果重量,g			
	果皮厚度,mm			
	果柄长度,mm			
	壳果重量,g			
	壳果横径大小,mm			
	壳果纵径大小,mm			
	果壳光滑度			
	果壳厚度,mm			
果仁性状	果仁颜色			
	果仁重量,g			
	果仁大小,mm			
	出仁率,%			
	一级果仁率,%			
	脂肪含量,%			
	蛋白质含量,%			
	可溶性糖含量,%			
丰产性	单株产量,kg			
	折亩产量,kg			
抗逆性	抗风性			
	耐寒性			
	抗旱性			
	抗病虫性			
其他特征特性	株高,m			
	冠幅,m×m			
	茎围,cm			
	初花树龄,年			

A.2.3.2 澳洲坚果品种区域试验及生产试验田间记载项目

见表 A.3。

表 A.3 澳洲坚果品种区域试验及生产试验田间观测项目记载表

调查项目		申请品种	对照品种	备注
植物学特征	树势			
	树形			
	小花颜色			
	花序长,cm			
	嫩叶颜色			
	壳果形状			

表 A.3 （续）

调查项目		申请品种	对照品种	备注
主要生物学特性	壳果整齐度			
	单个带皮果重量，g			
	单个壳果重量，g			
	壳果横径大小，mm			
	壳果纵径大小，mm			
	新梢萌发期(YYYYMMDD)			
	新梢老熟期(YYYYMMDD)			
	始花期(YYYYMMDD)			
	盛花期(YYYYMMDD)			
	末花期(YYYYMMDD)			
	果实成熟期(YYYYMMDD)			
品质特性	果仁颜色			
	质地			
	风味			
	缺陷			
	出仁率，%			
	一级果仁率，%			
	脂肪含量，%			
	蛋白质含量，%			
	可溶性糖含量，%			
丰产性	单株产量，kg			
	折亩产量，kg			
	株高，m			
	冠幅，m×m			
	茎围，cm			
	初花树龄，年			

附　录　B
（规范性附录）
澳洲坚果品种区域性试验年度报告

B.1　概述

本附录给出了《澳洲坚果品种区域性试验年度报告》格式。

B.2　报告格式

B.2.1 封面

澳洲坚果品种区域试验年度报告

（　　　　　　年度）

试验组别：____________________________

试验地点：____________________________

承担单位：____________________________

试验负责人：__________________________

试验执行人：__________________________

通信地址：____________________________

邮政编码：____________________________

联系电话：____________________________

电子信箱：____________________________

B.2.2 气象和地理数据

纬度：______°______′______″，经度：______°______′______″，海拔高度：______ m，年平均气温：____________℃，最冷月气温：____________℃，最低气温：____________℃，年降水量：________ mm。

特殊气候及各种自然灾害对供试品种生长和产量的影响，以及补救措施：____。

B.2.3 试验地基本情况和栽培管理

B.2.3.1 基本情况

坡度：_______________°，坡向：_______________，土壤类型：_______________。

B.2.3.2 田间设计

参试品种：______个，对照品种：______，重复：______次，行距：______ m，株距：______ m，试验面积：______ m^2。

表 B.1 参试品种汇总表

代号	品种名称	类型(组别)	亲本组合	选育单位	联系人与电话

B.2.3.3 栽培管理

定植时间、方式和方法：____________________________________

施肥：____

灌排水：____

中耕除草：____

修剪：____

病虫草害防治：____

其他特殊处理：____

B.2.4 物候期

新梢萌发期：________月________日；

新梢老熟期：________月________日；

始花期：________月________日；

盛花期：________月________日；

末花期：________月________日；

坐果期：________月________日；

果实成熟期：________月________日。

B.2.5 农艺性状

见表 B.2。

表 B.2 澳洲坚果农艺性状调查结果汇总表

代号	品种名称	树势	树形	初花树龄 年	冠幅 m×m	树高 m	茎围 cm	花序长度 cm

代号	品种名称	壳果形状	壳果整齐度	单个带皮果重		单个壳果重	
				平均，g	比对照增减，%	平均，g	比对照增减，%

B.2.6 产量性状

见表B.3。

表B.3 澳洲坚果壳果产量性状调查结果汇总表

代号	品种名称	重复	收获小区		单株产量,kg	折亩产量,kg	平均亩产量,kg	比对照增减,%	显著性水平	
			株距,m	行距,m					0.05	0.01
		Ⅰ								
		Ⅱ								
		Ⅲ								
		Ⅰ								
		Ⅱ								
		Ⅲ								

B.2.7 品质评价

见表B.4。

表B.4 澳洲坚果果仁品质评价结果汇总表

代号	品种名称	重复	颜色	质地	风味	缺陷	出仁率,%	一级果仁率,%	综合评价*	终评位次
		Ⅰ								
		Ⅱ								
		Ⅲ								
		Ⅰ								
		Ⅱ								
		Ⅲ								
* 品质评价至少请5名代表品尝评价,可采用100分制记录,终评划分4个等级:1)优、2)良、3)中、4)差。										

B.2.8 品质检测

见表B.5。

表B.5 澳洲坚果果仁品质检测结果汇总表

代号	品种名称	重复	脂肪含量,%	蛋白质含量,%	可溶性糖含量,%
		Ⅰ			
		Ⅱ			
		Ⅲ			
		Ⅰ			
		Ⅱ			
		Ⅲ			

B.2.9 抗逆性

见表B.6。

表B.6 澳洲坚果主要抗逆性调查结果汇总表

代号	品种名称	抗风性	耐寒性	抗病虫性	抗旱性	树冠残留果,%

B.2.10 其他特征特性

____。

B.2.11 品种综合评价(包括品种特征特性、优缺点和推荐审定等)

见表B.7。

表 B.7 品种综合评价表

代号	品种名称	综合评价

B.2.12 本年度试验评述(包括试验进行情况、准确程度、存在问题等)

____。

B.2.13 对下年度试验工作的意见和建议

____。

B.2.14 附________年度专家测产结果

____。

ICS 65.020.01
B 30

中华人民共和国农业行业标准

NY/T 2912—2016

北方旱寒区白菜型冬油菜品种试验记载规范

Standard of recording phenotype and morphology for winter type rapeseed (*Brassica rapa* L.var. *biennis f.winterness*.) cultivars in variety tests in cold and arid regions of Northern China

2016-10-26 发布 2017-04-01 实施

中华人民共和国农业部 发布

前　言

本标准按照 GB/T 1.1—2009 给出的规则起草。

本标准由农业部种植业管理司提出并归口。

本标准起草单位:全国农业技术推广服务中心、甘肃农业大学、天水市农业科学研究所、甘肃省农业技术推广总站、甘肃省种子管理站局、西北农林科技大学、宁夏农林科学院、新疆农业科学院、北京市农业技术推广站、西藏自治区农牧科学院、内蒙古自治区农牧业科学院、河西学院、张掖市农业科学院、酒泉市农业科学院、酒泉职业技术学院。

本标准主要起草人:孙万仓、刘自刚、汤松、刘芳、雷建明、王积军、方彦、武军艳、李学才、陈其鲜、王春玲、周吉红、曾秀存、张亚宏、张建学、徐爱遐、许志斌、邵志壮、李强、赵彩霞、尼玛卓玛、刘秦、缪崇庆、贾玉娟、杨仁义。

北方旱寒区白菜型冬油菜品种试验记载规范

1 范围

本标准规定了北方旱寒区白菜型冬油菜品种的物候期、生物学特性、形态特征、经济性状、抗逆性、抗病性、品质等性状的记载测定项目及标准。

本标准适用于各级农业科研、教学、推广、生产单位和种子部门从事北方旱寒区白菜型冬油菜育种、品种鉴定试验、区域试验、生产试验和原(良)种繁育时对品种的观察、测定记载。

2 规范性引用文件

下列文件对于本文件的应用是必不可少的。凡是注日期的引用文件,仅注日期的版本适用于本文件。凡是不注日期的引用文件,其最新版本(包括所有的修改单)适用于本文件。

GB/T 3543(所有部分) 农作物种子检验规程

GB 4407.2 经济作物种子 第2部分:油料类

GB 5491 油菜

GB/T 5498 粮食、油料检验容重测定法

GB 11762—2006 油料作物种子

NY/T 91 油菜籽中油的芥酸的测定气相色谱法

NY 414 低芥酸低硫苷油菜种子

ISO 9167 油菜籽中硫代葡萄糖苷含量测定高效液相色谱法

3 术语和定义

下列术语和定义适用于本文件。

3.1

北方旱寒区 cold and arid regions of Northern China

北纬35°以北、极端低温不低于-30℃、≤0℃负积温不低于-800℃、年平均温度7℃～13℃、年降水量600 mm以下地区。

3.2

白菜型油菜 *Brassica rapa* L.

十字花科(Brassicaceae)芸薹属(*Brassica*)中以收获籽粒榨油为种植目的的一年生或越年生草本植物之一,种名为*Brassica rapa* L.,染色体组为AA,$2n=20$。

3.3

冬油菜 winter type rapeseed

秋季播种、翌年夏季收获的油菜。

3.4

白菜型冬油菜 *Brassica rapa* L. var. *biennis f. winterness.*

秋季播种、翌年夏季收获的白菜型油菜。

4 品种名称及来源

4.1 品种名称

原代号、曾用名、现定名、国外引种原名、译名。

4.2 品种类型

杂交种，常规种；强冬性，冬性。

5 记载、观测性状

5.1 物候期：以月/日表示，下同。

5.1.1 播种期：实际播种日期。

5.1.2 出苗期：以全区设定密度75%幼苗出土、子叶张开平展为标准。穴播者以穴计算，条播以面积计算。

5.1.3 10叶期：以全小区75%植株第10片真叶完全展开为标准。

5.1.4 枯叶期：全小区设计密度75%的叶片因冬季低温影响叶片干枯(干枯部分至少占整个叶片的3/4)为标准。

5.1.5 返青期：全小区75%的植株心叶显绿开始恢复生长为标准。

5.1.6 现蕾期：以全小区50%以上植株拔开心叶可见明显的绿色花蕾为标准。

5.1.7 抽薹期：以全小区50%以上植株主茎伸长，主茎顶端距子叶节达到10 cm为标准。

5.1.8 初花期：全区有25%植株开始开花为标准。

5.1.9 盛花期：全区75%以上的植株上部2个～3个花序开花的日期。

5.1.10 终花期：以全区75%以上花序花瓣完全凋谢为标准。

5.1.11 成熟期：全区有70%角果皮转为蜡黄色，且主花序中下部角果种子呈现成熟色泽为标准。

5.1.12 收获期：实际收获日期。

5.2 生育期：出苗至成熟期的天数，以天(d)表示。

5.3 全生育期：播种至成熟期的天数，以天(d)表示。

5.4 生育时期天数及积温：天数以天(d)表示，积温以≥0℃计算。

5.5 形态特征：本条各项除有专门要求以外，均取有代表性植株25株以上作为观测材料，计平均值，以平均值±标准误表示。

5.5.1 苗期

5.5.1.1 子叶形状：在2片～3片真叶时观察，根据子叶的实际形状观察观察，记为心脏形、肾脏形或杈形。

5.5.1.2 幼茎色泽：第一片真叶出现时观察，下胚轴的色泽分淡绿、绿、紫色。

5.5.1.3 心叶色泽：3片～4片真叶时观察，尚未展开的心叶色泽分淡绿、绿、紫色。

5.5.1.4 叶片刺毛：4片～5片真叶观察，分多、少、无3种。

5.5.1.5 苗期生长习性：观察苗期的生长状态，分3种。

a) 匍匐：叶片与地面夹角<30°。

b) 半直立：叶片与地面夹角30°～60°。

c) 直立：叶片与地面夹角>60°。

5.5.2 生长点生长特性

10叶期观察，分以下3种类型。

a) 生长点凹：生长点低于地面。

b) 生长点凸：生长点高于地面。

c) 生长点平行：生长点与地面平齐。

5.5.3 叶片

5 片真叶至始花期观察。

5.5.3.1 基叶

a) 叶型:分完整叶、裂叶、花叶。

1) 完整叶:叶身完整无裂片,形状分椭圆形、匙形、卵圆形、倒卵形和披针形。

2) 裂叶:分浅裂叶、深裂叶。浅裂叶的叶片下部的缺刻不达中肋,未形成侧裂片;深裂叶的叶片下部有深至中肋的侧裂片,一般成对着生。

3) 花叶:叶身深裂至中肋,侧裂片又深裂至叶脉,裂顶叶也均呈深裂。

b) 叶色:分绿、淡绿、深绿、黄绿、微紫、深紫等。

c) 叶脉色泽:分白、淡绿、紫。

d) 叶缘:分全缘、波状、锯齿状。

e) 蜡粉:分多、少、无 3 种。

5.5.3.2 薹茎叶

a) 叶形:一般分为披针形、狭长三角形、剑形。

b) 着生状态:根据薹茎叶实际形状观察记载,一般为全包茎。

5.5.4 花:始花期观察当天开放的花。

5.5.4.1 花色:分为白、淡黄、金黄、黄。

5.5.4.2 花瓣形状:分带状、椭圆、圆、扁圆和球拍形。

5.5.4.3 花瓣形态:分平展、皱缩 2 种。

5.5.4.4 花瓣着生形态:分侧叠、离瓣、覆瓦 3 种。

5.5.4.5 雄蕊色泽:分淡黄、黄、淡紫、紫色等。

5.5.4.6 雌蕊色泽:分淡绿、绿、淡紫色等。

5.5.4.7 雄、雌蕊高度比较:分高、低、平,雄蕊高度以最长的一个为准。

a) 高:雄蕊高于雌蕊。

b) 低:雄蕊低于雌蕊。

c) 平:雄、雌蕊高度相等。

5.5.5 茎和分枝

5.5.5.1 薹茎色泽:分淡绿、绿、深绿、淡紫、紫。

5.5.5.2 薹茎蜡粉:分多、少、无。

5.5.5.3 薹茎刺毛:分多、少、无。

5.5.5.4 根颈直径:10 叶期、抽薹期和成熟期分别测定近子叶节处的直径,单位为厘米(cm)。

5.5.5.5 茎直径:成熟期测定主茎距子叶节 10 cm~15 cm 处的直径,单位为厘米(cm)。

5.5.5.6 分枝习性:终花期观察第一次分枝在主茎上着生状态,分以下 3 种类型。

a) 上生分枝型:分枝集中着生于主茎上部。

b) 下生分枝型:分枝集中着生于主茎下部。

c) 匀生分枝型:分枝在茎上均匀分布。

5.5.5.7 株型:成熟期观察植株形态,分以下 3 种类型。

a) 筒型:分枝部位低,主花序不发达、分枝多集中于主茎下部,植株较矮,分枝顶端一般与主花序顶端相齐。

b) 扇型:分枝部位在主茎中下部,主花序发达,分枝从上到下形成梯度。

c) 帚型:分枝部位高,主花序较发达,分枝多集中在主茎的上部。

5.5.6 **角果**

成熟期观察。

5.5.6.1 角果着生状态:观察果身与果轴之间的角度,分为4种类型。

a) 直生型:果身与果轴垂直。

b) 斜生型:果身向上生长,与果轴呈上倾斜角度。

c) 平生型:果身与果轴夹角呈呈平行状态。

d) 垂生型:果身下垂、与果轴角度≥90°。

5.5.6.2 角果色泽:分黄、黄绿、淡紫。

5.5.6.3 籽粒节明显度:分明显、较明显和不明显。

5.6 **品种一致性**

分一致、中、不一致。

5.6.1 幼苗生长一致性:于5叶期前后观察幼苗大小、叶片多少,80%以上幼苗一致为一致;60%～80%幼苗一致为中;生长一致幼苗不足60%为不一致。

5.6.2 植株生长一致性:于初花期观察植株的高低、大小和株形。80%以上植株一致为一致;60%～80%植株一致为中;生长一致植株不足60%为不一致。

5.6.3 **成熟一致性**

于成熟期观察。

70%～80%植株黄熟、角果呈现蜡黄色、大部分角果内种皮变成熟色泽为成熟;成熟期时调查成熟一致性,80%以上植株成熟一致为一致;60%～80%植株成熟一致为中;成熟一致植株不足60%为不一致。

5.7 **抗逆性**

5.7.1 越冬率:即越冬后存活植株数占越冬前调查总植株数的百分率,在返青期调查。按随机取样法进行定点调查,每样点或小区调查30株～50株。越冬率按式(1)计算。越冬率≥70%为安全越冬:越冬率<70%为未安全越冬。

$$R=\frac{X_2}{X_1}\times 100 \quad \cdots\cdots (1)$$

式中:

R ——越冬率,单位为百分率(%);

X_2——越冬后存活植株数,单位为株;

X_1——越冬前调查总植株数,单位为株。

5.7.2 抗寒性:分超强抗寒、强抗寒、抗寒、弱抗寒。

超强抗寒:越冬率≥90%。

强抗寒:越冬率80%～89%。

抗寒:越冬率70%～79%。

弱抗寒:越冬率<70%。

5.7.3 抗(耐)旱性:干旱年份在初花期调查,分强、中、弱,在调查表上注明调查日期(月/日),叶色正常为强,叶色暗淡无光泽为中,叶片黄化、并呈现凋萎为弱。

5.7.4 抗倒伏性:成熟前进行目测调查。在调查表上注明调查日期(月/日),倒伏的注明倒伏日期和原因。

强:大部分植株主茎基部直立或与地面夹角>80°;

中:大部分植株主茎基部与地面夹角为80°～45°;

弱:大部分植株主茎基部与地面夹角<45°。

5.8 抗病性

5.8.1 根腐病

5.8.1.1 调查方法

于初花期时挖取植株调查根腐病，每个样点或品种(系)随机取样调查 30 株。记载发病株数和严重度级别，计算发病率、病情指数，根据病情指数划分抗病等级。

5.8.1.2 严重度分级标准和统计

a) 严重度分级

根腐病严重度分级标准见表 1。

表 1 根腐病严重度分级标准

病级	代表值	症状表现
1	0	根部健康无变色症状，植株生长正常
2	1	根部有零星褐色凹陷的条斑，地上部植株生长正常
3	2	根部有 1/4 面积褐色凹陷的条斑，地上部植株症状不明显
4	3	根部病斑较多，2/3 面积的根系腐烂，地上部轻微矮化，下部叶片枯黄
5	4	根部主根 4/5 以上面积腐烂，植株枯死

b) 统计方法

1) 发病率按式(2)计算。

$$I = \frac{P}{Z} \times 100 \qquad (2)$$

式中：

I ——发病率，单位为百分率(%)；

P ——发病株数，单位为株；

Z ——调查总株数，单位为株。

2) 病情指数按式(3)计算。

$$DI = \frac{\sum (P_i \times D_i)}{P \times D_M} \times 100 \qquad (3)$$

式中：

DI ——病情指数；

P_i ——各病级发病株数，单位为株；

D_i ——各病级代表值；

P ——调查总株数，单位为株；

D_M ——最高病级代表值。

5.8.1.3 抗病性分级

根腐病抗病性分级标准见表 2。

表 2 根腐病抗病性分级标准

抗病性	免疫	高抗	低抗	感病	高感
病情指数	0	0～10.0	10.1～20.0	20.1～40.0	>40.0

5.8.2 病毒病

5.8.2.1 调查方法

于终花期调查。每个样点或品种(系)每份材料调查 30 株以上，记载发病株数和严重度级别，计算发病率、病情指数，根据病情指数划分抗病等级。

5.8.2.2 严重度分级标准和统计计算

a) 严重度分级标准

病毒病严重度标准见表3。

表3 病毒病严重度分级标准

病级	代表值	症状表现
1	0	无症状
2	1	植株1/3以下叶片发病,症状轻,不矮化,全株受害角果数在1/4以下
3	2	植株1/3～2/3叶片发病,症状明显,轻度矮化,或有1/3以下分枝严重病变,全株受害角果数在1/4～2/4
4	3	植株1/3～2/3叶片发病,症状重(如产生坏死、严重皱缩等),中度矮化,或严重病变的分枝数达1/3～2/3,全株受害角果数在2/4～3/4
5	4	植株全株症状重,严重矮化或畸形,或严重病变的分枝数达2/3以上,全株受害角果数在3/4以上

b) 统计方法

1) 发病率按式(2)计算。

2) 病情指数按式(3)计算。

5.8.2.3 抗病性分级

病毒病抗病性分级标准见表4。

表4 病毒病抗病性分级标准

抗性	免疫	高抗	抗	感病	高感
病情指数	0	0～10	10.1～30.0	30.1～50.0	>50.1

5.8.3 霜霉病

5.8.3.1 调查方法

于终花期调查,每个样点或品种(系)随机取样调查30株,记载发病株数和严重度级别,计算发病率、病情指数,根据病情指数划分抗病等级。

5.8.3.2 严重度分级标准和统计计算

a) 严重度分级

霜霉病严重度分级标准见表5。

表5 霜霉病严重度分级标准

病级	代表值	调查标准
1	0	无病症表现
2	1	发病植株占总调查株数1/5以下。少数叶片见病斑
3	2	发病植株占总调查株数1/5～1/3以下,病斑占调查叶面积的1/3以下
4	3	发病植株占总调查株数1/3～2/3,茎秆及叶片有病斑,病斑占调查叶面积的1/3～1/2,分枝及主茎见"龙头"
5	4	全株发病或枯死

b) 统计方法

1) 发病率按式(2)计算。

2) 病情指数按式(3)计算。

5.8.3.3 抗病性分级

霜霉病抗病性分级标准见表6。

表 6　霜霉病抗病性分级标准

抗性	免疫	高抗	中抗	低抗	感病	高感
病情指数	0	0～11.0	11.1～33.0	33.1～55.0	55.1～77.0	>77.0

5.8.4　菌核病

5.8.4.1　调查方法

成熟期调查参试材料发病情况。每个样点或品种(系)调查 30 株,记载发病株数和严重度级别,计算发病率、病情指数,根据病情指数划分抗病等级。

5.8.4.2　严重度分级标准和统计计算

a)　严重度分级标准

菌核病严重度分级标准见表 7。

表 7　菌核病严重度分级标准

病级	代表值	调查标准
1	0	全株无病症表现
2	1	主茎有少数小型病斑,全株受害角果数在 1/4 以下
3	2	主茎中上部发病,全株受害角果数在 1/4～2/4
4	3	主茎中下部发病,全株受害角果数在 2/4～3/4
5	4	主茎基部有绕茎病斑,全株受害角果数在 3/4 以上

b)　统计方法

1)　发病率按式(2)计算。

2)　病情指数按式(3)计算。

5.8.4.3　抗病性分级

菌核病抗病性分级标准见表 8。

表 8　菌核病抗病性分级标准

抗性	免疫	高抗	抗病	中抗	感病	中感	高感
病情指数	0	0～5.0	5.1～15.0	15.1～30.0	30.1～45.0	45.1～60.0	>60.0

5.9　生育动态

5.9.1　基本苗:定苗后调查,按单位面积的实有苗统计(万株/667 m^2)。

5.9.2　单株叶面积:单株绿色叶片面积,用叶面积仪测定,单位为 m^2/株,注明调查时的生育期、时间。

5.9.3　角果层厚度:以 95%的角果集中着生的下部到上部的距离(cm)表示。

5.9.4　成株数:成熟期测定单位面积内的实有株数(万株/667m^2),成株率按式(4)计算。

$$SI(\%)=\frac{P_1}{P_2}\times 100 \quad\cdots\cdots(4)$$

式中:

SI ——成株率,单位为百分率(%);

P_1 ——收获时实有株数,单位为株;

P_2 ——越冬前基本苗数,单位为株。

5.10　经济性状考种项目及记载

每样点或小区同一行内连续取 10 株长势中等,生长正常的植株,测定经济性状,3 次重复,不得取边行边株。

5.10.1　株高:自子叶节至全株最高处的长度,单位为厘米(cm)。

5.10.2 一次有效分枝数：指主茎上具有 1 个以上有效角果的第 1 次分枝的数目，单位为个。

5.10.3 二次有效分枝数：指着生在第 1 次分枝上并具有 1 个以上有效角果的第 2 次分枝的数目，单位为个。

5.10.4 分枝部位：指主茎下部最下面的第 1 次有效分枝距子叶节的高度，单位为厘米(cm)。

5.10.5 主花序有效长度：指主花序顶端不实段以下至主花序基部着生有效角果处的长度，单位为厘米(cm)。

5.10.6 主花序有效角果数：指主花序上具有 1 粒以上饱满或略欠饱满种子的角果数，单位为个。

5.10.7 结角密度：即主花序有效角果数/主花序有效长度，单位为个/厘米(个/cm)。

5.10.8 全株有效角果数：指全株具有 1 粒以上饱满或略欠饱满种子的角果总数，单位为个。

5.10.9 角果长度：取主花序上、中、下部 10 个角果，测量果身长度，取其平均值，单位为厘米(cm)。

5.10.10 角粒数：自主轴和上、中、下部的分枝花序上，随意摘取 20 个正常角果，计算其平均每果的饱满和略欠饱满的种子数，单位为粒。

5.10.11 千粒重：在纯净干种子(含水量不高于 9%)内，用对角线、四分法或分样器等法取样 3 份，分别称重，取其样本间差异不超过 3%的 2 个～3 个样本的平均值，单位为克(g)。

5.10.12 单株产量：10 个考种单株产量的平均值，单位为克(g)。

5.10.13 种子

5.10.13.1 种子颜色：观察成熟种子的种皮颜色，分淡黄、黄、黑褐、红褐、黑色和花色。

5.10.13.2 种子形状：分圆球形、近圆球形、扁圆球形。

5.11 产量

5.11.1 小区产量：收获前或收获时调查实收株数，收获脱粒的种子产量为实收产量，单位为千克(kg)。

5.11.2 理论产量：理论产量按式(5)计算。

$$TY = \frac{PN \times SN \times SW \times 0.85}{1000 \times 1000} \quad \cdots\cdots (5)$$

式中：

TY——理论产量，单位为千克每 667 米^2(kg/667 m^2)；

PN——亩角果数，单位为个每亩；

SN——角粒数，单位为粒每角；

SW——参考千粒重，单位为克(g)。

5.11.3 实际产量：按小区产量折算为单位面积产量，单位为千克(kg)。

5.11.4 生物产量：成熟期测定单株的籽粒和茎、枝、叶、角果皮及根系的总干重，单位为克(g)。

5.11.5 经济系数按式(6)计算。

$$EC = \frac{Y_1}{Y_2} \quad \cdots\cdots (6)$$

式中：

EC——经济系数；

Y_1——籽粒产量，单位为千克每 667 米^2(kg/667 m^2)；

Y_2——生物产量，单位为千克每 667 米^2(kg/667 m^2)。

5.12 品质

5.12.1 籽粒含油量

按照 NY 414 的规定执行。

5.12.2 菜籽中芥酸含量

按照 NY/T 91 的规定执行。

5.12.3 菜籽饼中硫代葡萄糖甙含量

按 ISO 9167 执行。

5.12.4 其他相关测定

按 GB/T 5498、GB/T 3543、GB/T 1762—2006、GB/T 5491、GB/T 4407.2 执行。

ICS 67
B 33

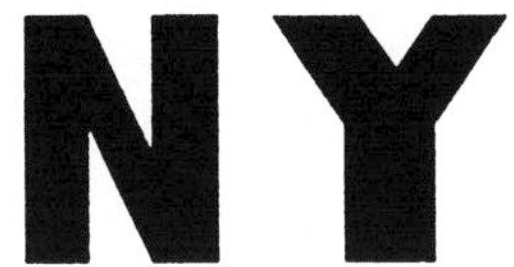

中华人民共和国农业行业标准

NY/T 2913—2016

北方旱寒区冬油菜栽培技术规程

Code of practice for cultivation of winter type rapeseed (*Brassica rapa* L.var. *biennis f.winterness*.) in cold and arid regions of Northern China

2016-10-26 发布　　　　2017-04-01 实施

中华人民共和国农业部　发布

前　言

本标准按照 GB/T 1.1—2009 给出的规则起草。

本标准由农业部种植业管理司提出并归口。

本标准起草单位：全国农业技术推广服务中心、甘肃农业大学、北京市农业技术推广站、新疆农业科学院、宁夏农林科学院、甘肃省农业技术推广总站、天水市农业科学研究所、内蒙古自治区农牧业科学院、河西学院、西北农林科技大学、西藏自治区农牧科学院、张掖市农业科学院、酒泉市农业科学院、酒泉职业技术学院。

本标准主要起草人：孙万仓、王积军、刘自刚、张长生、陈其鲜、武军艳、方彦、李学才、雷建明、李城德、李强、周吉红、徐爱遐、许志斌、曾秀存、张亚宏、张建学、张岩、赵彩霞、尼玛卓玛、刘秦、缪崇庆、贾玉娟、杨仁义、邵志壮。

北方旱寒区冬油菜栽培技术规程

1 范围

本标准给出了北方旱寒区白菜型冬油菜栽培相关术语和定义。

本标准规定了北方旱寒区白菜型冬油菜栽培产地环境条件、品种选择、种子质量和种子处理、壮苗指标、产量指标、播种方式、田间管理、病虫害防治、收获与储藏等方面的技术要求。

本标准适用于北方旱寒区白菜型冬油菜栽培。

2 规范性引用文件

下列文件对于本文件的应用是必不可少的。凡是注日期的引用文件,仅注日期的版本适用于本文件。凡是不注日期的引用文件,其最新版本(包括所有的修改单)适用于本文件。

GB 4285 农药安全使用标准

GB 4407.2 经济作物种子 第2部分:油料类

GB 8321 农药合理使用准则

3 术语和定义

下列术语和定义适用于本文件。

3.1

北方旱寒区 cold and arid regions of Northern China

北纬35°以北、极端低温不低于-30℃、≤0℃负积温不低于-800℃、年均温度7℃~13℃、年降水量600 mm以下地区。

3.2

白菜型油菜 *Brassica rapa* L.

十字花科芸薹属中以收获籽粒榨油为种植目的的一年生或越年生草本植物之一,种名为*Brassica rapa* L.,染色体组为AA,$2n=20$。

3.3

冬油菜 winter type rapeseed

秋季播种、翌年夏季收获的油菜。

3.4

白菜型冬油菜 *Brassica rapa* L. var. *biennis f. winterness.*

秋季播种、翌年夏季收获的白菜型油菜。

4 产地环境条件

4.1 气候条件

适宜生长气候条件为:年平均气温8℃~13℃,最冷月平均气温-9℃~-7℃,>0℃积温≥4 000℃~5 000℃,≤0℃负积温-600℃~-400℃。

4.2 土壤条件

以轻壤、中壤为好,要求土层深厚,土质较好;耕层有机质含量>0.7%,碱解氮含量>30 mg/kg,速效磷含量>10 mg/kg,速效钾含量>100 mg/kg;全盐含量≤0.2%。

5 壮苗指标和产量构成指标

5.1 壮苗指标

冬前壮苗标准为：叶片匍匐生长，叶色深、枯叶期时达到 9 片叶～11 片叶、根颈直径 0.8 cm～1.0 cm。

5.2 产量指标与产量构成指标

5.2.1 产量指标：水浇地产量 200 kg/667 m^2；旱地产量 150 kg/667 m^2；

5.2.2 产量构成：水浇地密度 4.5 万株/667 m^2～6 万株/667 m^2，全株角数≥100.0 个，角粒数>18.0 粒，千粒重>3.0 g；旱地 3.5 万株/667 m^2～4 万株/667 m^2，全株角数≥90.0 个，角粒数≥18.0 粒，千粒重≥3.0 g。

6 播前准备

6.1 前茬选择

前茬为非十字花科作物。

6.2 整地和土壤处理

适墒播种，墒情不足时，于播种前 1 周灌水，待土壤适宜耕作时进行耕翻、耙耱。结合整地，用 50% 辛硫磷 250 mL/667 m^2 拌毒土 40 kg～50 kg 撒入土中进行土壤处理，兼治象甲类害虫和地下害虫。

6.3 施肥

6.3.1 施肥量

每 667 m^2 施纯 N 12 kg～14 kg、P_2O_5 4 kg～5 kg、硼砂 1.0 kg～1.5 kg。有条件时可施农家肥 4 m^3～5 m^3，适当减少化肥用量。禁用未腐熟农家肥和油菜茎秆、果壳做基肥。

6.3.2 施肥方式

磷肥、硼砂全部做底肥，1/2 氮肥做底肥，结合整地施入；1/2 氮肥做追肥。

6.4 品种选择

选用抗寒、早熟、适应性强的白菜型强冬性品种。

6.5 种子质量和种子处理

种子质量应符合 GB 4407.2 的规定。

播前药剂拌种或处理土壤，防治地下害虫危害。100 g 种子可用 70% 噻虫嗪 3 g～7 g 拌种防治茎象甲和黑缝叶甲；150 g 种子用 100 g 菜丰宁 B1 拌种防治软腐病。

7 播种

7.1 播种方式

采用精量播种机播种，播深 3 cm～5 cm，行距 20 cm，株距 8.0 cm～12.0 cm，播后及时镇压。

7.2 播种时间

西藏、新疆、北京、山西中部 8 月底至 9 月上旬播种。陕北毛乌苏沙漠南缘，甘肃陇东、陇中，宁夏，青海，晋北以 8 月中旬播种、最迟于 8 月 25 日前播种。

7.3 播种量

种子用量为 0.25 kg/667 m^2～0.3 kg/667 m^2。

8 田间管理

8.1 冬前管理

8.1.1 间苗、定苗

2片叶～3片叶时间苗，4片叶～5片叶时定苗。定植密度，水浇地为4.5万株/667 m^2～6.0万株/667 m^2，旱地为3.5万株/667 m^2～4.0万株/667m^2。

8.1.2 灌溉补水

有灌溉条件的地方，出苗后4片～5片真叶时如遇干旱，应灌溉补水。

8.2 越冬期管理

8.2.1 冬灌蓄墒

入冬前气温降至3℃～5℃时进行冬灌，灌溉量60 m^3/667 m^2～80 m^3/667 m^2。

8.2.2 护叶保苗

严禁摘叶放牧，防止牲畜和其他动物啃食。

8.2.3 镇压保墒

1月中旬至2月上旬填压1次～2次。

8.2.4 冬季追肥

旱地在返青前土壤解冻5 cm～8 cm时沟施追肥1次；如遇降雪、降雨，可随降雪、降雨追肥。

8.3 返青后管理

8.3.1 追施氮肥

抽薹初花期追肥1次。

8.3.2 喷施叶面肥

每667 m^2用200 g磷酸二氢钾、80 g速效硼兑水40 kg～50 kg，在花期进行叶面追肥。

8.3.3 浇灌浆水

终花期灌溉1次。灌溉量40 m^3/667 m^2～60 m^3/667 m^2。

8.3.4 中耕锄草

返青后人工或用中耕机进行中耕，深度不超过5 cm。

8.3.5 病虫害防治

北方白菜型冬油菜主要防治软腐病、黑逢叶甲和茎象甲，用药应符合GB 8321和GB 4285的规定。

8.3.5.1 软腐病防治

发病初期喷72%农用硫酸链霉素可溶粉剂3 000倍液～4 000倍液，或30%琥胶肥酸铜悬浮剂1 000倍液～1 500倍液，7 d～10 d喷1次，防治1次～2次。

8.3.5.2 虫害防治

a) 根蛆：出苗后若发现根蛆为害，用70%辛硫磷乳油1 000倍液～1 500倍液灌根防治。苗期与花期用25%噻虫嗪水分散粒剂4 000倍液～5 000倍液或25%溴氰菊酯乳油5 000倍液喷雾防治蚜虫。
b) 黑逢叶甲：返青后立即用20%瓢甲敌(马拉松·氰戊菊酯)乳油1 000倍液～1 500倍液或2.5%溴氰菊酯乳油2 000倍液喷雾防治。
c) 油菜茎象甲：返青后用90%晶体敌百虫1 000倍液喷雾，喷药量30 kg/667 m^2～50 kg/667 m^2。也可用瓢甲敌(马拉松·氰戊菊酯)1 500倍液～2 000倍液或2.5%溴氰菊酯乳油2 000倍液喷施防治。

9 收获与储藏

9.1 收获时期

机械联合收获，全田角果90%呈蜡黄色时进行；机械分段收获，全田角果70%呈蜡黄色时进行，晾晒1周后适时拾禾脱粒;人工收获时期参照机械分段收获。

9.2 储藏

脱粒后应及时清选晾晒,籽粒含水量低于8%～9%时入库储藏。

ICS 65.020.01
B 20

中华人民共和国农业行业标准

NY/T 2914—2016

黄淮冬麦区小麦栽培技术规程

Code of practice for wheat cultivation in Huanghuai winter wheat area

2016-10-26 发布　　2017-04-01 实施

中华人民共和国农业部　发布

前　　言

本标准按照GB/T 1.1—2009给出的规则起草。

本标准由农业部种植业管理司提出并归口。

本标准起草单位:中国农业科学院作物科学研究所。

本标准起草人:赵广才、常旭虹、王德梅、杨玉双、陶志强、马少康、邹亚飞、查静、丁玉萍、杨万深。

黄淮冬麦区小麦栽培技术规程

1 范围

本标准规定了黄淮冬麦区小麦栽培的基础条件、适用的小麦品种类型、主要生育指标和农艺措施。

本标准适用于黄淮冬麦区有灌溉条件的小麦生产区。

2 规范性引用文件

下列文件对于本文件的应用是必不可少的。凡是注日期的引用文件,仅注日期的版本适用于本文件。凡是不注日期的引用文件,其最新版本(包括所有的修改单)适用于本文件。

GB 4285 农药安全使用标准

GB/T 4404.1 粮食作物种子 禾谷类

GB/T 8321(所有部分) 农药合理使用准则

GB/T 15671 主要农作物薄膜包衣种子技术条件

GB/T 15795 小麦条锈病测报调查规范

GB/T 15796 小麦赤霉病测报调查规范

NY/T 496 肥料使用准则 通则

NY/T 612 小麦蚜虫测报调查规范

NY/T 613 小麦白粉病测报调查规范

NY/T 614 小麦纹枯病测报调查规范

NY/T 615 麦蜘蛛测报调查规范

NY/T 616 小麦吸浆虫测报调查规范

NY/T 617 小麦叶锈病测报调查规范

NY/T 851 小麦产地环境技术条件

3 术语和定义

下列术语和定义适用于本文件。

3.1

播种期 sowing date

实际播种日期,以月/日表示。

3.2

基本苗 basic seedling

小麦出苗后3叶期时单位面积内的小麦植株数。

3.3

越冬期 overwintering period

当冬前日平均气温稳定下降到0℃时,小麦地上部分基本停止生长为越冬始期,一直延续到早春气温稳定回升到0℃以上时小麦开始返青,从越冬始期到返青这一段时期称为越冬期。

3.4

返青期 reviving stage

早春日平均气温稳定回升到0℃以上,小麦恢复生长,田间有50%植株心叶长出2 cm左右的日期,以月/日表示。

3.5

起身期　standing stage

小麦返青后，田间有50%植株由匍匐、半匍匐状态转为直立生长的日期，以月/日表示。

3.6

拔节期　elongation stage

全田有50%植株主茎第一伸长节间达1.5 cm～2 cm时的日期，以月/日表示。

3.7

抽穗期　heading stage

全田有50%以上麦穗顶部小穗露出旗叶叶鞘的日期，以月/日表示。

3.8

开花期　anthesis

全田有50%以上麦穗中部小穗开始开花的日期，以月/日表示。

3.9

乳熟期　milk stage

穗中部籽粒体积达到正常大小，籽粒内容物由清浆变为浊浆、呈乳状的时期。籽粒含水率下降到40%～65%。

3.10

蜡熟期　wax stage

有50%以上的籽粒中所含物质呈凝胶状态或呈蜡质状态的时期。籽粒含水率下降到39%～20%。

3.11

完熟期　full ripe stage

籽粒变硬，含水率下降到20%以下。

3.12

总茎数　total stem number

单位面积内小麦主茎和分蘖数的总和。

3.13

安全间隔期　safe interval period

麦田最后一次施药至小麦收获允许的间隔天数。

3.14

基肥　base fertilizer

小麦整地播种时施入的肥料。

3.15

追肥　topdressing fertilizer

小麦生长期间施用的肥料。

3.16

土壤相对含水量　soil relative water content

土壤实际含水量占饱和含水量的百分比。

4　基本要求

4.1　品种选择

选用通过国家或省级品种审定委员会审定、适合当地生产的高产、稳产、抗逆小麦品种。种子质量应符合GB/T 4404.1的规定。

4.2 产地环境

应符合 NY/T 851 的规定。

4.3 土壤基础肥力

0 cm～20 cm 土壤有机质含量 10 g/kg、全氮 0.9 g/kg、碱解氮 75 mg/kg、速效磷 20 mg/kg、速效钾 90 mg/kg 及以上。

4.4 肥料使用

应符合 NY/T 496 的规定。

4.5 农药使用

应符合 GB 4285 和 GB/T 8321 的规定。

4.6 灌溉用水

应符合 NY/T 851 的规定。

5 主要农艺措施

5.1 播前准备

5.1.1 秸秆还田

将前茬作物秸秆粉碎还田，粉碎秸秆长度小于 8 cm，并均匀抛撒。

5.1.2 深耕深松

3 年深耕或深松 1 次，深耕 25 cm 以上，深松 30 cm 以上，及时机械整平。

5.1.3 施用基肥

在 4.3 土壤基础肥力基础上，依据目标产量确定基肥施用量(见表 1)。

表 1 基肥施用量

目标产量，kg/hm^2	纯氮，kg/hm^2	五氧化二磷，kg/hm^2	氧化钾，kg/hm^2
>9 000	120～150	120～150	105～120
7 500～9 000	105～119	105～119	90～104
6 750～7 499	90～104	90～104	75～89

5.1.4 旋耕整地

旋耕 13 cm～15 cm 后机械镇压，踏实土壤。

5.1.5 土壤处理

地下害虫严重地块，整地前用 40%辛硫磷乳油或 40%甲基异柳磷乳油等农药制成毒土，均匀撒施地表，随整地翻入土中。

5.1.6 种子处理

播种前用高效低毒的农药拌种或专用种衣剂包衣。种子包衣应符合 GB/T 15671 的规定。

5.2 播种

5.2.1 播种适期

当日平均气温降至 17℃左右，或依据历年小麦播种至越冬前 0℃以上积温达到(600±50)℃为适宜播期。

5.2.2 适墒播种

0 cm～20 cm 土层内土壤相对含水量达到 70%～80%时播种。

5.2.3 播种量

适期播种时按每公顷基本苗 180 万株～270 万株确定播种量。播种量应根据种子的千粒重、发芽率和田间出苗率计算。适宜播期后播种，每推迟 1 d，每公顷增加 15 万株基本苗，但最多不能超过 450 万株。具体播种量(R_s)按式(1)计算。

$$R_s = \frac{D_p \times W_t}{1000 \times 1000 \times S_g \times S_h} \quad \cdots\cdots (1)$$

式中：

R_s——播种量，单位面积所播小麦种子的质量，单位为千克(kg)；

D_p——计划基本苗，单位面积计划的小麦群体密度，单位为株；

W_t——千粒重，1 000 粒净种子的质量，单位为克(g)；

S_g——种子发芽率，指发芽试验中测试种子发芽数占测试种子总数的百分比，单位为百分率(%)；

S_h——田间出苗率，指具有发芽能力的种子播到田间后出苗的百分比，单位为百分率(%)。

5.2.4 机械播种

选用适宜的播种机播种，播深 3 cm～5 cm，下种均匀，深浅一致。

5.2.5 播后镇压

机械镇压，踏实土壤，保墒防冻。

5.3 田间管理

5.3.1 冬前除草

11 月中旬至 12 月上旬，依据麦田杂草发生种类和数量，选用适宜的化学除草剂均匀喷洒进行防除。禾本科杂草选用精噁唑禾草灵或甲基二磺隆等；阔叶杂草选用苯磺隆或唑嘧磺草胺等；禾本科和阔叶混生杂草选用甲基碘磺隆或氟唑磺隆等，按照使用说明书施用。

5.3.2 灌越冬水

日平均气温降至 0℃～3℃、夜冻昼消时灌越冬水，灌水量 600 m^3/hm^2。

5.3.3 麦田镇压

冬前或早春麦田表层 0 cm～5 cm 土壤相对含水量低于 60%时，晴天午后机械镇压。

5.3.4 春季肥水

未灌越冬水、早春 0 cm～20 cm 土壤相对含水量低于 60%的麦田，在日平均气温稳定通过 3℃时进行灌水补墒，群体低于 900 万/hm^2的麦田，结合灌水追施氮素 45 kg/hm^2～60 kg/hm^2。

各类麦田拔节期结合灌水追施氮素化肥，推荐追施氮素 90 kg/hm^2～105 kg/hm^2。

每次灌水量控制在 600 m^3/hm^2。

5.3.5 后期灌水

抽穗至乳熟期 0 cm～20 cm 土壤相对含水量低于 65%的麦田需进行灌水，灌水量控制在 600 m^3/hm^2。

5.3.6 春季化学除草

返青至起身期根据田间杂草发生种类和生长情况，适时除草。药剂施用按 5.3.1 的规定执行。

5.3.7 防治病虫

5.3.7.1 物理防治

在害虫成虫盛发期利用杀虫灯或黑光灯诱杀成虫。

5.3.7.2 化学防治

重点防治小麦锈病、纹枯病、赤霉病、白粉病、蚜虫、吸浆虫、麦蜘蛛、麦叶蜂等，应符合 GB/T 15795、GB/T 15796、NY/T 612、NY/T 613、NY/T 614、NY/T 615、NY/T 616、NY/T 617 的规定。

5.3.8 一喷三防

在小麦生育后期，根据当地重点防治对象，选用适宜杀虫剂、杀菌剂和磷酸二氢钾(或植物生长调节剂)，各计各量，现配现用，机械均匀喷洒。

5.4 安全间隔期

麦田最后一次施药到小麦收获时的间隔天数在 20 d 以上。

5.5 机械收获

籽粒蜡熟末期到完熟期采用联合收割机及时收获。

ICS 67.080.10
B 31

中华人民共和国农业行业标准

NY/T 2921—2016

苹果种质资源描述规范

Descriptors for apple germplasm resources

2016-10-26 发布　　　　2017-04-01 实施

中华人民共和国农业部　发布

前　　言

本标准按照 GB/T 1.1—2009 给出的规则起草。

本标准由农业部种植业管理司提出。

本标准由全国果品标准化技术委员会(SAC/TC 510)归口。

本标准起草单位:中国农业科学院果树研究所、中国农业科学院茶叶研究所。

本标准主要起草人:王昆、高源、江用文、熊兴平、王大江、龚欣、刘立军、赵继荣、刘凤之。

苹果种质资源描述规范

1 范围

本标准规定了苹果(*Malus* sp.)种质资源描述的内容和方法。

本标准适用于苹果种质资源收集保存和鉴定评价过程中的描述。

2 规范性引用文件

下列文件对于本文件的应用是必不可少的。凡是注日期的引用文件,仅注日期的版本适用于本文件。凡是不注日期的引用文件,其最新版本(包括所有的修改单)适用于本文件。

GB/T 2260 中华人民共和国行政区划代码

GB/T 2659 世界各国和地区名称代码

3 描述内容

描述内容见表1。

表1 苹果种质资源描述内容

描述类别	描 述 内 容
基本信息	全国统一编号、引种号、采集号、种质名称、种质外文名、科名、属名、学名、原产国、原产省、原产地、海拔、经度、纬度、来源地、系谱、选育单位、育成年份、选育方法、种质类型、图像、观测地点
植物学特征	树型、树姿、一年生枝颜色、一年生枝茸毛、叶姿、叶面状态、幼叶颜色、叶片颜色、叶背茸毛疏密、叶尖形状、叶缘锯齿、花蕾颜色、花冠颜色、花瓣形状、花瓣相对位置、花瓣类型、无融合生殖力、染色体倍性
生物学特性	树势、一年生枝长度、一年生枝节间长度、一年生枝粗度、一年生枝皮孔多少、叶柄长度、叶片长度、叶片宽度、萌芽率、成枝力、每花序花朵数、花冠大小、叶芽萌动期、花芽萌动期、初花期、盛花期、终花期、开花天数、成熟期、果实发育天数、落叶期、营养生长天数
产量性状	始果年龄、自花结实率、花序坐果率、花朵坐果率、每果台平均坐果数、短枝率、连续结果能力、生理落果程度、采前落果程度、产量
果实性状	单果重、果实形状、果面底色、果面盖色、着色程度、着色类型、果锈类型、胴部锈量、萼片状态、萼片姿态、萼洼锈量、萼洼深度、萼洼广狭、梗洼锈量、梗洼深度、梗洼广狭、蜡质、果粉、果面光滑度、棱起、果点大小、果点密度、果点状态、果实外观综合评价、果梗长度、果梗粗度、果实纵径、果实横径、果形指数、果皮厚薄、果皮韧度、带皮硬度、果肉硬度、果肉颜色、果肉质地、果肉粗细、汁液、风味、香气、异味、果心大小、心室状态、种子颜色、种子百粒重、果实内质综合评价、可溶性固形物含量、可溶性糖含量、可滴定酸含量、维生素C含量、耐储性
抗性性状	耐寒性、耐旱性、耐涝性、耐盐性、苹果斑点落叶病抗性、苹果树腐烂病抗性、苹果果实轮纹病抗性、苹果食心虫抗性、苹果树山楂叶螨抗性

4 描述方法

描述内容中的所有阿拉伯数字均为性状描述代码

4.1 基本信息

4.1.1 全国统一编号

种质的唯一标识号。由"PG"加1位国家果树种质圃编号和4位顺序号组成,如PGB0001。该编号由农作物种质资源管理机构命名。

4.1.2 引种号

苹果种质从国外引入时赋予的编号，由“年份＋4 位顺序号”顺次连续组合而成。“年份”为 4 位数，“4 位顺序号”为每年分别编号，每份引进种质具有唯一的引种号。

4.1.3 采集号

苹果种质在野外采集时赋予的编号，由“年份＋省（自治区、直辖市）代号＋4 位顺序号”顺次连续组合而成。其中“年份”为 4 位数，“省（自治区、直辖市）代号”按照 GB/T 2260 的规定执行，“4 位顺序号”为采集时的编号，由 0001 起每年顺序编号。

4.1.4 种质中文名称

国内苹果种质的原始中文名称。如果有多个名称，可以放在括号内，用逗号分隔。国外引进种质如果没有中文译名，可以直接用种质外文名。

4.1.5 种质外文名称

国外引进种质的外文名称或国内种质的汉语拼音名称。国内种质中文名称为 3 字（含 3 字）以下的，所有汉字拼音连续组合在一起，首字母大写；中文名称为 4 字（含 4 字）以上的，以词组为单位，每组汉语拼音的首字母大写。

4.1.6 科名

苹果种质采用植物分类学上的科名，为蔷薇科（Rosaceae）。

4.1.7 属名

苹果种质采用植物分类学上的属名，为苹果属（*Malus*）。

4.1.8 学名

苹果种质在植物分类学上的名称。如山荆子学名为 *M. baccata* （L.）Borkh.

4.1.9 原产国

苹果种质原产国家（或地区、国际组织名称）。国家或地区名称按照 GB/T 2659 的规定执行。如该国家已不存在，应在原国家名称前加“原”。国际组织名称用该组织的正式英文缩写。

4.1.10 原产省

苹果种质原产省份名称，省份名称按照 GB/T 2260 的规定执行；国外引进种质原产省用原产国家一级行政区的名称。

4.1.11 原产地

苹果种质原产县、乡、村名称，不能确定的注明“不详”。县名按照 GB/T 2260 的规定执行。

4.1.12 海拔

苹果种质原产地的海拔，单位为米（m）。

4.1.13 经度

苹果种质原产地的经度，单位为度（°）和分（′）。格式为“DDDFF”，其中“DDD”为度，“FF”为分。东经为正值，西经为负值。

4.1.14 纬度

苹果种质原产地的纬度，单位为度（°）和分（′）。格式为“DDFF”，其中“DD”为度，“FF”为分。北纬为正值，南纬为负值。

4.1.15 来源地

苹果种质的来源国家、省、县或机构全称，一般到县级。

4.1.16 系谱

苹果品种（系）的亲缘关系。

4.1.17 选育单位

苹果品种(系)的选育单位或个人名称,单位名称应写全称。

4.1.18 育成年份

苹果品种(系)培育年份,宜为通过审定或备案或认定或正式发表的年份。

4.1.19 选育方法

苹果品种(系)的育种方法,如人工杂交、自然实生或芽变选种等。

4.1.20 种质类型

保存苹果种质资源的原态。分为:1. 野生资源;2. 地方品种;3. 选育品种;4. 品系;5. 特殊遗传材料;6. 其他。

4.1.21 图像

苹果种质的图像文件名。文件名由该种质全国统一编号、连字符"-"和图像序号组成。图像格式为.jpg。

4.1.22 观测地点

苹果种质观测的地点,记录到省和县名,如辽宁省兴城市。

4.2 植物学特征

4.2.1 树型

自然状态下苹果植株树冠类型(见图 1),分为:1. 柱型;2. 分枝型。

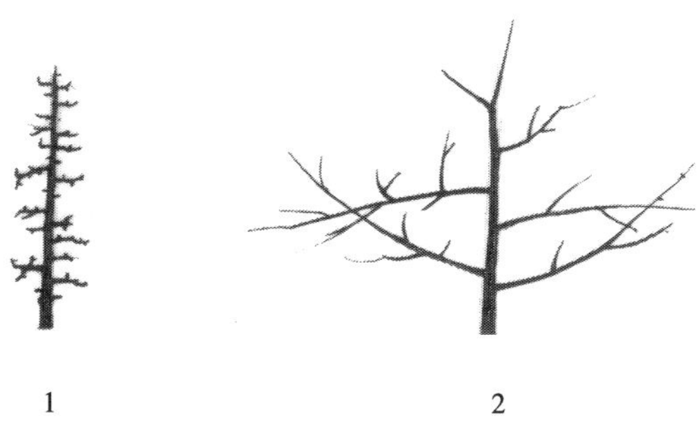

图 1 树 型

4.2.2 树姿

未整形时苹果植株自然分枝习性(见图 2),分为:3. 抱合;5. 直立;7. 开张;9. 下垂。

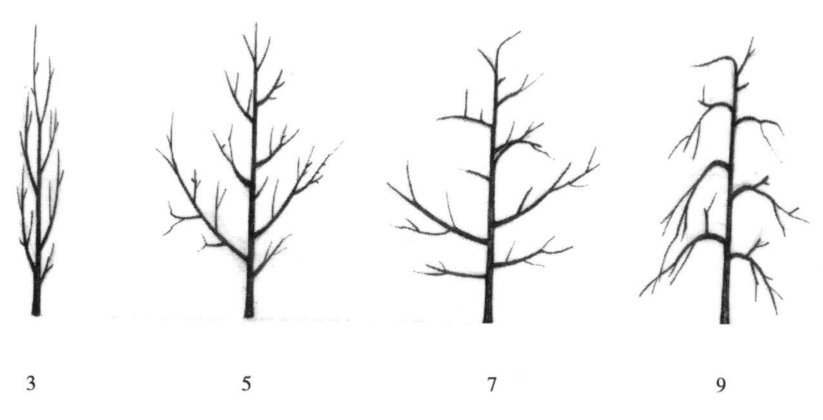

图 2 树 姿

4.2.3 一年生枝颜色

一年生枝中部向阳面颜色,分为:1. 绿;2. 黄绿;3. 灰褐;4. 黄褐;5. 褐;6. 红褐;7. 紫褐;8. 紫红。

4.2.4 一年生枝茸毛

一年生枝梢部茸毛，分为：3. 少；5. 中；7. 多。

4.2.5 叶姿

春梢叶片与枝条相对着生状态（见图 3），分为：3. 斜向上；5. 水平；7. 斜向下。

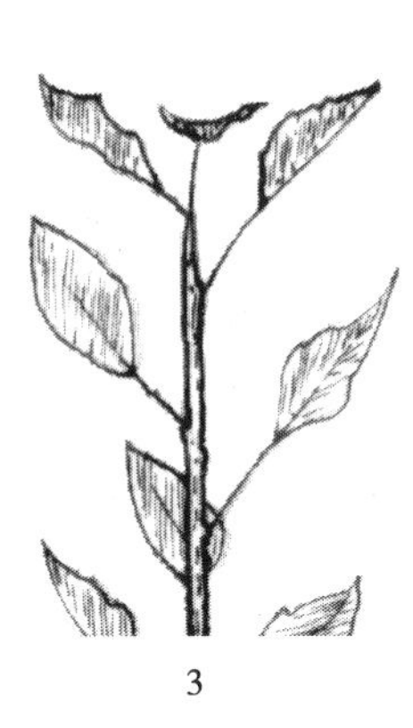
3

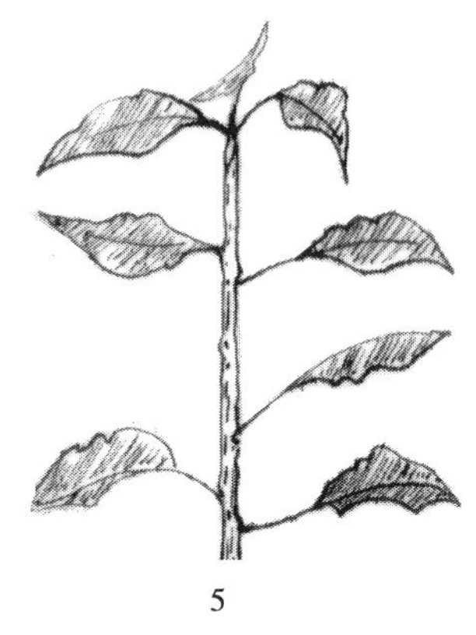
5

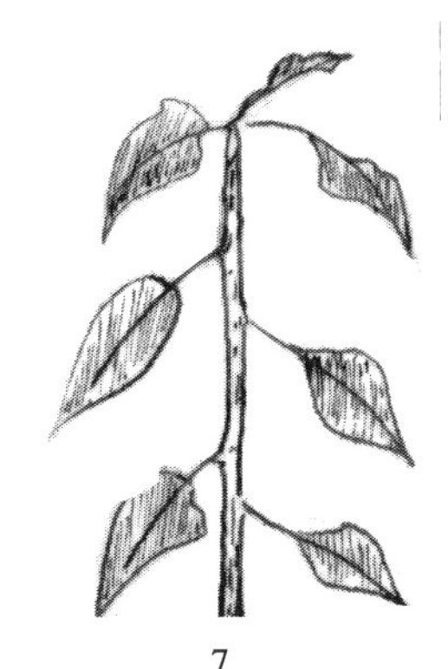
7

图 3 叶 姿

4.2.6 叶面状态

春梢中部成熟叶面自然伸展状态（见图 4），分为：1. 平展；2. 抱合；3. 反卷；4. 多皱。

1

2

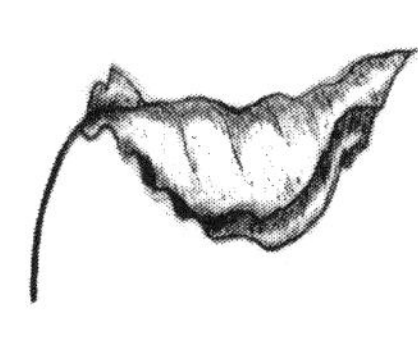
3

4

图 4 叶面状态

4.2.7 幼叶颜色

春梢幼嫩叶片颜色，分为：1. 淡绿；2. 橘黄；3. 橙红；4. 褐红；5. 淡紫红。

4.2.8 叶片颜色

春梢中部成熟叶片颜色，分为：1. 黄绿；2. 淡绿；3. 绿；4. 浓绿；5. 紫红。

4.2.9 叶背茸毛疏密

春梢中部成熟叶片背面茸毛疏密程度，分为：3. 稀疏；5. 中等；7. 厚密。

4.2.10 叶尖形状

春梢中部成熟叶片的叶尖形状（见图 5），分为：1. 钝尖；2. 渐尖；3. 锐尖；4. 长尾尖。

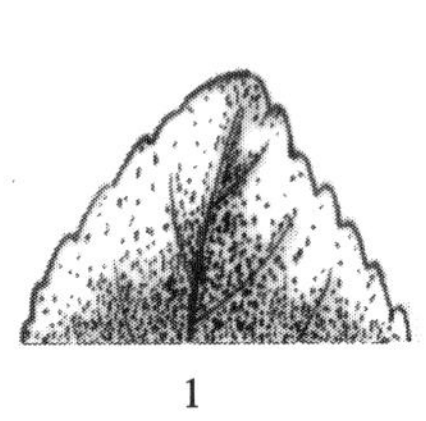
1

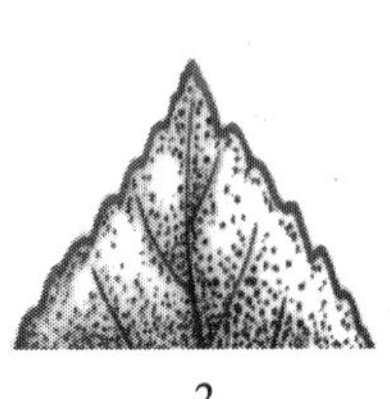
2

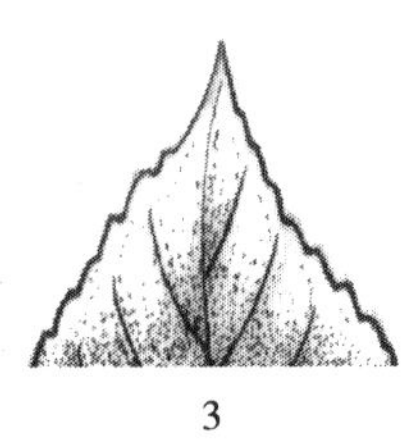
3

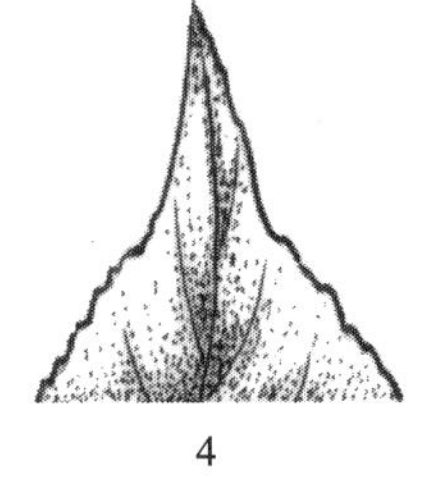
4

图 5 叶尖形状

4.2.11 **叶缘锯齿**

春梢中部成熟叶片叶缘锯齿类型(见图 6),分为:1. 钝锯齿;2. 锐锯齿;3. 复锯齿。

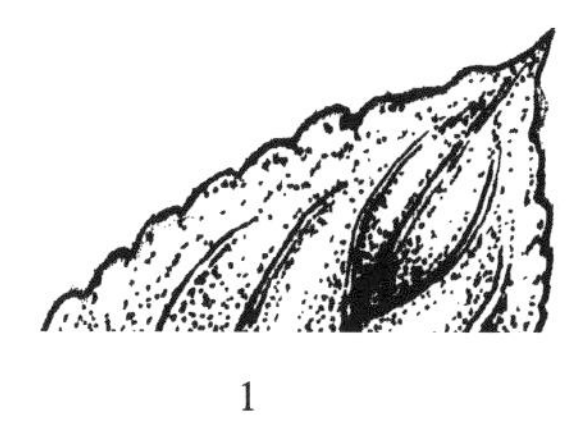
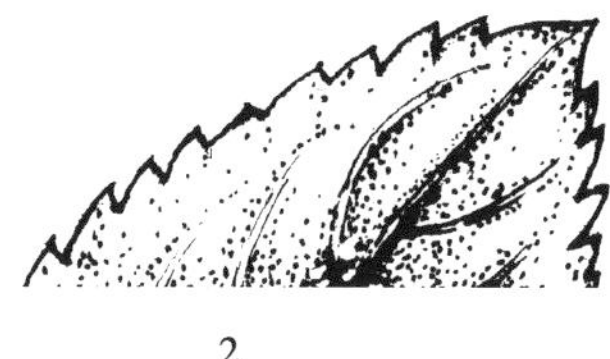
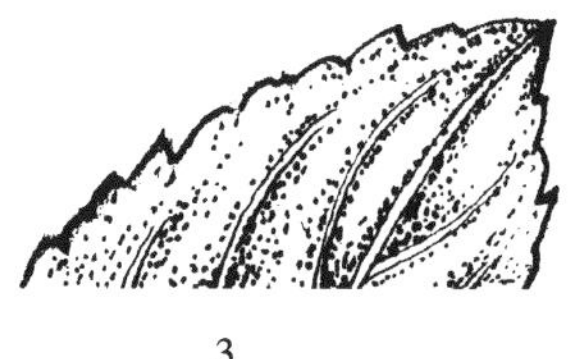

1　2　3

图 6　叶缘锯齿

4.2.12 **花蕾颜色**

花蕾即将展开时的颜色,分为:1. 白;2. 淡红;3. 红;4. 紫红。

4.2.13 **花冠颜色**

完全开放的花朵颜色,分为:1. 白;2. 粉红;3. 浓红;4. 紫红。

4.2.14 **花瓣形状**

花瓣完全展开时的形状(见图 7),分为:1. 圆形;2. 卵圆形;3. 椭圆形。

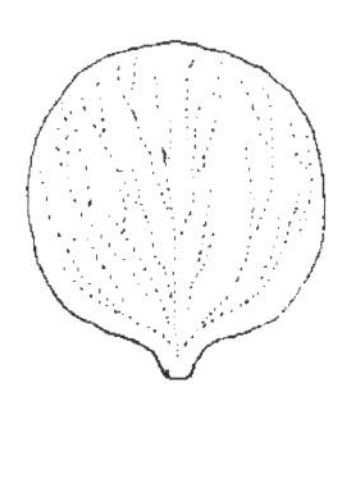
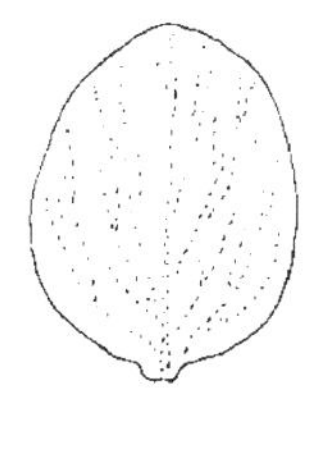
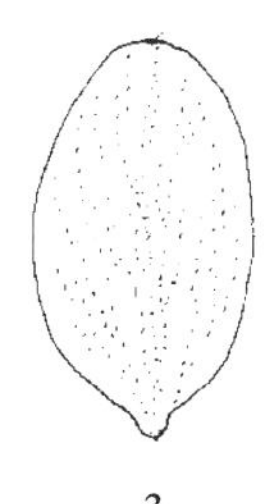

1　2　3

图 7　花瓣形状

4.2.15 **花瓣相对位置**

盛花期完全展开的花瓣重叠状态(见图 8),分为:1. 离生;2. 邻接;3. 重叠;4. 无序。

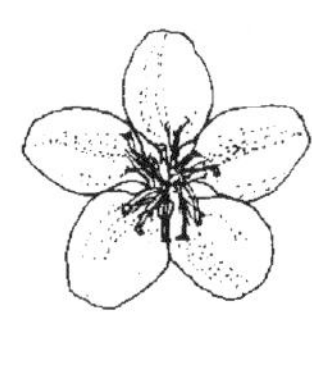

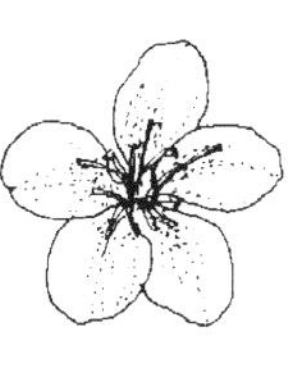

1　2　3　4

图 8　花瓣相对位置

4.2.16 **花瓣类型**

苹果盛花期时花朵呈现出的花瓣性状,分为:1. 单瓣;2. 重瓣。

4.2.17 **无融合生殖力**

苹果种质不经过受精而形成有胚种子的能力。

4.2.18 **染色体倍性**

体细胞内染色体倍数。

4.3 **生物学特性**

4.3.1 **树势**

植株生长强弱的状态,分为:3. 弱;5. 中;7. 强。

4.3.2 一年生枝长度

树冠外围一年生枝长度,单位为厘米(cm)。

4.3.3 一年生枝节间长度

树冠外围一年生枝中段的节间长度,单位为厘米(cm)。

4.3.4 一年生枝粗度

树冠外围一年生枝平均直径,单位为毫米(mm)。

4.3.5 一年生枝皮孔多少

树冠外围一年生枝中部节间皮孔数,分为:3. 少;5. 中;7. 多。

4.3.6 叶柄长度

春梢中部成熟叶片叶柄长度,单位为厘米(cm)。

4.3.7 叶片长度

春梢中部成熟叶片长度,单位为厘米(cm)。

4.3.8 叶片宽度

春梢中部成熟叶片最大宽度,单位为厘米(cm)。

4.3.9 萌芽率

枝条上萌发芽总数占总芽数的百分率,以百分率(%)表示。

4.3.10 成枝力

一年生枝条春天萌发的芽抽生长枝(长度大于 15 cm)的能力,以抽生长枝数量表示,分为:3. 弱(长枝数<3.1 个);5. 中(3.1 个≤长枝数<6 个);7. 强(长枝数≥6 个)。

4.3.11 每花序花朵数

每花序中花朵数量,单位为朵。

4.3.12 花冠大小

完全展开时的花冠最大直径,单位为厘米(cm)。

4.3.13 叶芽萌动期

全树约有 5%的叶芽开始膨大,芽鳞松动绽开或露白的日期,以"年月日"表示,格式"YYYYMMDD"。

4.3.14 花芽萌动期

全树约有 25%的顶花芽开始膨大,芽鳞松动绽开或露白的日期,以"年月日"表示,格式"YYYYMMDD"。

4.3.15 初花期

全树约有 5%花朵开放的日期,以"年月日"表示,格式"YYYYMMDD"。

4.3.16 盛花期

全树约有 50%花朵开放的日期,以"年月日"表示,格式"YYYYMMDD"。

4.3.17 末花期

全树约有 95%的花已开放,其中 75%的花开始落瓣的日期,以"年月日"表示,格式"YYYYMMDD"。

4.3.18 开花天数

初花期至终花期的天数,单位为天(d)。

4.3.19 成熟期

经过生长发育,该资源约有 75%的果实表现出成熟时固有的外观特征和内在性状的日期,以"年月日”表示，格式“YYYYMMDD”。

4.3.20 **果实发育天数**

盛花期至果实成熟期的天数，单位为天(d)。

4.3.21 **落叶期**

全树75%的叶片正常脱落的日期，以“年月日”表示，格式“YYYYMMDD”。

4.3.22 **营养生长天数**

记载叶芽萌动期至落叶期的天数，单位为天(d)。

4.4 **产量性状**

4.4.1 **始果年龄**

苹果植株从嫁接至开始结果的年龄，单位为年。

4.4.2 **自花结实率**

同一资源之间相互授粉能够结实的能力，以百分率(%)表示。

4.4.3 **花序坐果率**

坐果花序数占总花序的百分率，以百分率(%)表示。

4.4.4 **花朵坐果率**

坐果花朵数占总花朵数的百分率，以百分率(%)表示。

4.4.5 **每果台平均坐果数**

每个果台坐果个数，单位为个。

4.4.6 **短枝率**

短枝数(长度小于5 cm)占总枝数的百分率，以百分率(%)表示。

4.4.7 **连续结果能力**

果台副梢连续结果2年以上的能力，分为：3. 弱(比率<10%)；5. 中(10%≤比率<30%)；7. 强(比率≥30%)。

4.4.8 **生理落果程度**

落花后1月～2月内幼果自然脱落的程度，分为：3. 轻(比率≥25%)；5. 中(10%≤比率<25%)；7. 重(比率<10%)。

4.4.9 **采前落果程度**

果实在成熟前脱落的程度，分为：3. 轻(比率<10%)；5. 中(10%≤比率<25%)；7. 重(比率≥25%)。

4.4.10 **产量**

单位面积上资源植株所负载果实的重量，单位为千克每666.7平方米($kg/666.7m^2$)。

4.5 **果实性状**

4.5.1 **单果重**

单个成熟果实的重量，单位为克(g)。

4.5.2 **果实形状**

成熟果实纵切面形状(见图9)，分为：1. 近圆形；2. 扁圆形；3. 长圆形；4. 椭圆形；5. 卵圆形；6. 圆锥形；7. 短圆锥形；8. 长圆锥形；9. 圆柱形；10. 偏斜形。

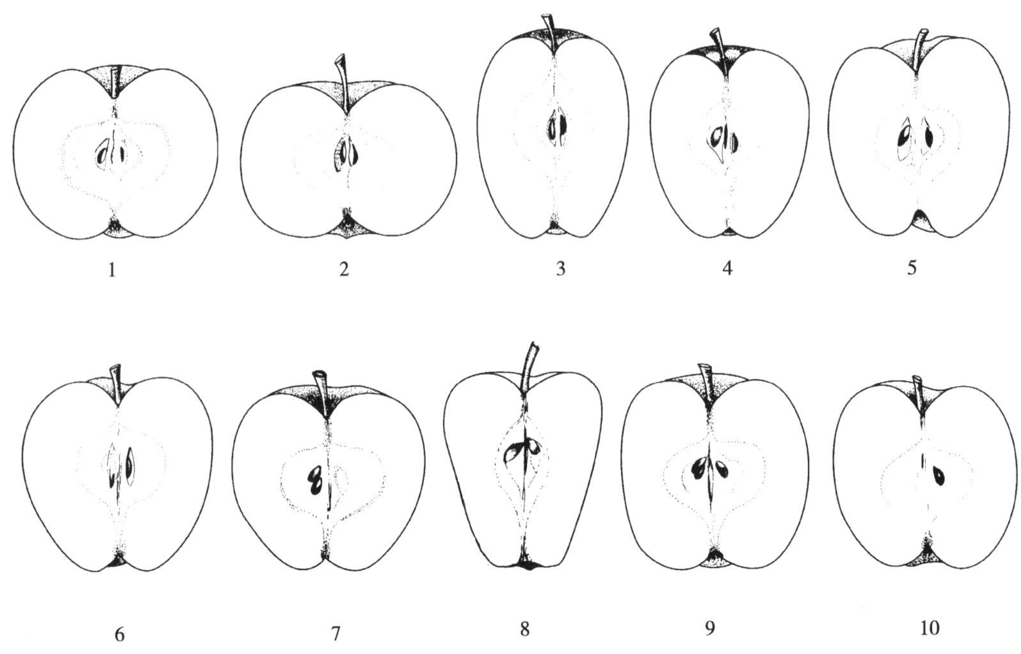

图 9　果实形状

4.5.3　果面底色

成熟果实果皮的底色，分为：1. 淡绿；2. 黄绿；3. 绿；4. 绿黄；5. 黄白；6. 淡黄；7. 黄；8. 橙黄。

4.5.4　果面颜色

成熟果实果皮表面的颜色，分为：1. 淡红；2. 橙红；3. 粉红；4. 鲜红；5. 红；6. 浓红；7. 紫红；8. 褐红。

4.5.5　着色程度

成熟果实果面着色程度，分为：3. 部分着色；5. 全面着色。

4.5.6　着色类型

成熟果实果面着色特点，分为：1. 条状；2. 片状；3. 混合状。

4.5.7　果锈类型

成熟果实表面果锈形状特点，分为：1. 条锈；2. 片锈；3. 斑锈。

4.5.8　胴部锈量

成熟果实胴部果锈量，分为：0. 无；3. 少；5. 中；7. 多。

4.5.9　萼片状态

成熟果实萼片着生状态（见图 10），分为：1. 宿存；2. 残存；3. 脱落。

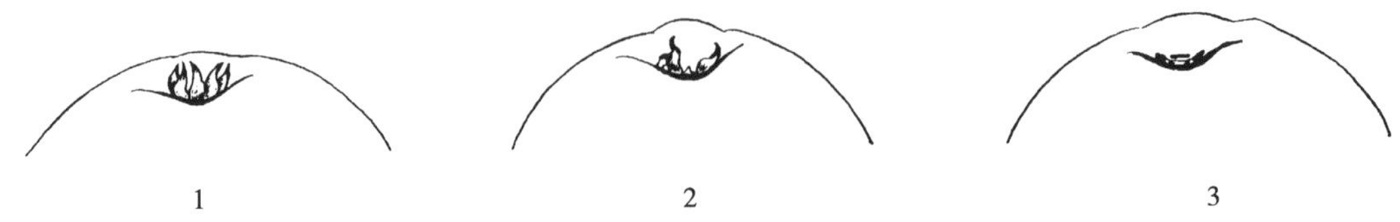

图 10　萼片状态

4.5.10　萼片姿态

成熟果实萼片着生姿态（见图 11），分为：1. 直立；2. 聚合；3. 反卷。

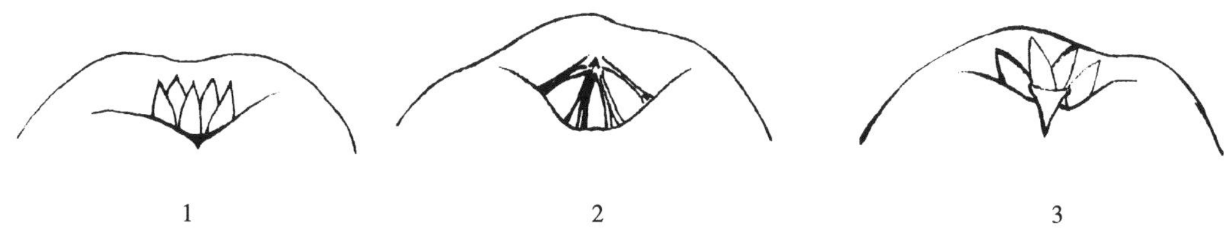

图 11 萼片姿态

4.5.11 **萼洼锈量**

成熟果实萼洼处果锈量,分为:0. 无;1. 少;3. 中;5. 多。

4.5.12 **萼洼深度**

成熟果实萼洼的深浅程度(见图 12),分为:3. 浅;5. 中;7. 深。

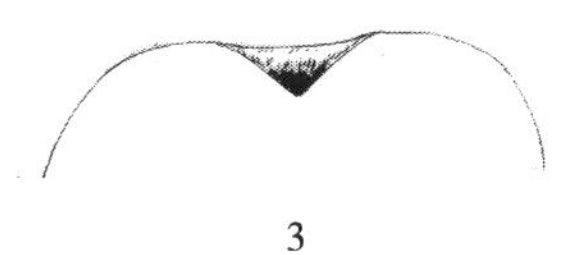
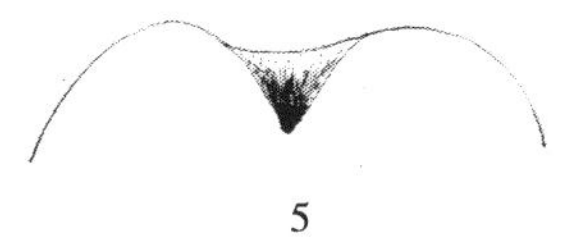
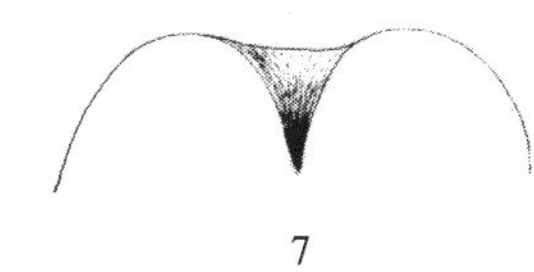

图 12 萼洼深度

4.5.13 **萼洼广度**

成熟果实萼洼的宽窄程度(见图 13),分为:3. 狭;5. 中;7. 广。

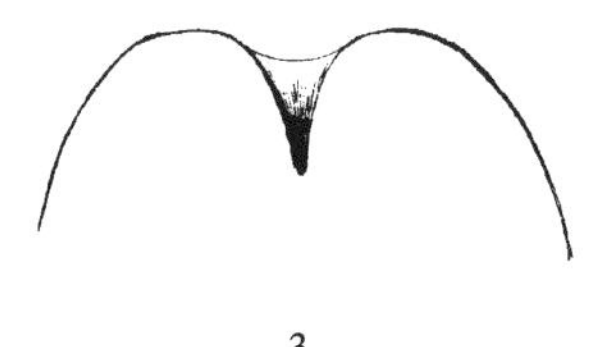
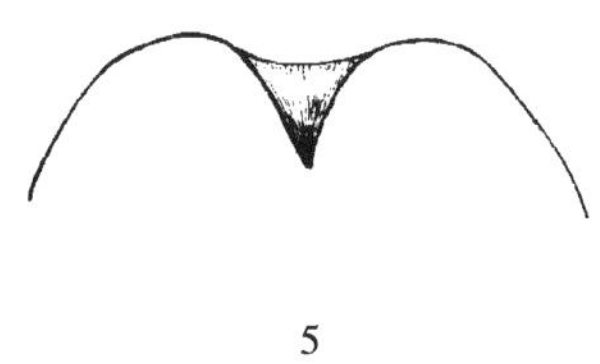
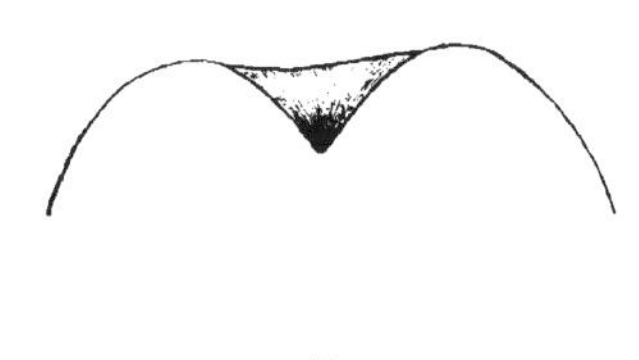

图 13 萼洼广度

4.5.14 **梗洼锈量**

成熟果实梗洼处果锈量,分为:0. 无;1. 少;3. 中;5. 多。

4.5.15 **梗洼深度**

成熟果实梗洼的深浅程度(见图 14),分为:3. 浅;5. 中;7. 深。

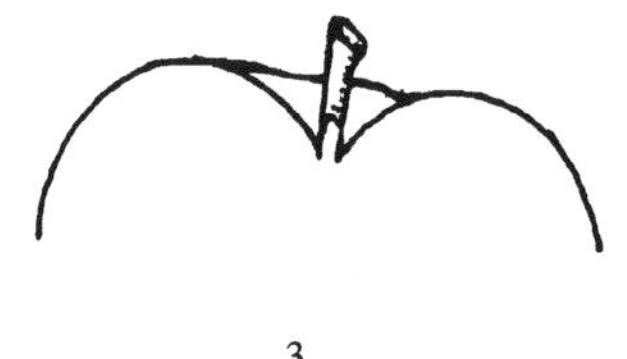
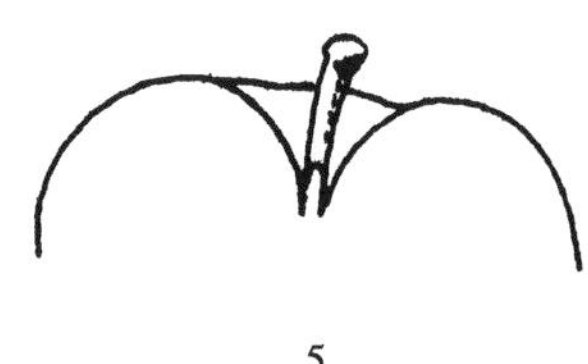
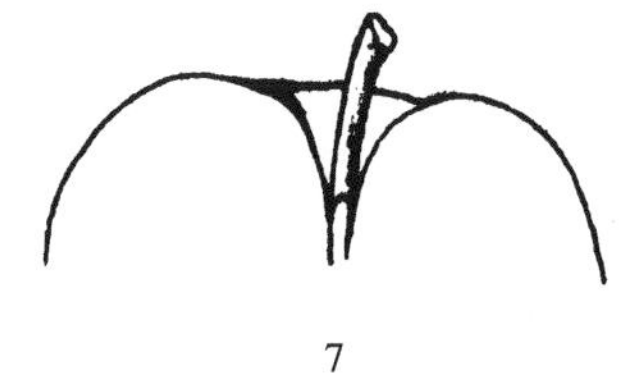

图 14 梗洼深度

4.5.16 **梗洼广度**

成熟果实梗洼的宽窄程度(见图 15),分为:3. 狭;5. 中;7. 广。

4.5.17 **蜡质**

成熟果实果面蜡质,分为:0. 无;1. 有。

4.5.18 **果粉**

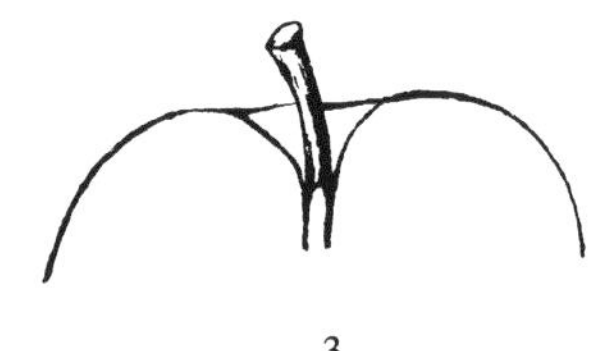
3

5

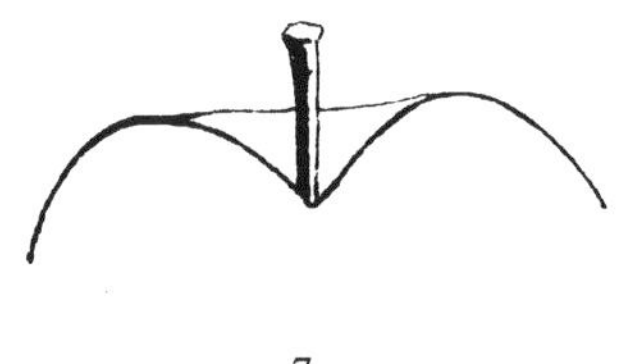
7

图 15 梗洼广度

成熟果实果粉,分为:0. 无;1. 有。

4.5.19 果面光滑度

成熟果实果面光滑程度,分为:3. 粗糙;5. 较平滑;7. 平滑。

4.5.20 棱起

成熟果实棱起,分为:0. 无;1. 有。

4.5.21 果点大小

成熟果实胴部果点大小,分为:3. 小;5. 中;7. 大。

4.5.22 果点密度

成熟果实胴部果点疏密程度,分为:3. 疏;5. 中;7. 密。

4.5.23 果点状态

成熟果实胴部果点相对于果面状态,分为:1. 凹;2. 平;3. 凸。

4.5.24 果实外观综合评价

成熟果实外观的综合评价,分为:1. 下;3. 中下;5. 中;7. 中上;9. 上。

4.5.25 果梗长度

成熟果实果梗长度,单位为厘米(cm)。

4.5.26 果梗粗度

成熟果实果梗直径,单位为毫米(mm)。

4.5.27 果实纵径

成熟果实纵向最大高度,单位为厘米(cm)。

4.5.28 果实横径

成熟果实横向最大宽度,单位为厘米(cm)。

4.5.29 果形指数

成熟果实纵径与横径的比值。

4.5.30 果皮厚薄

成熟果实果皮的薄厚程度,分为:3. 厚;5. 薄。

4.5.31 果皮韧度

成熟果实果皮的韧度,分为:3. 韧;5. 脆。

4.5.32 带皮硬度

成熟果实的单位果皮面积所能承受的压力,单位为千克每平方厘米(kg/cm^2)。

4.5.33 果肉硬度

成熟果实去皮果肉单位面积所能承受的压力,单位为千克每平方厘米(kg/cm^2)。

4.5.34 果肉颜色

成熟果实果肉呈现的颜色,分为:1. 白;2. 乳白;3. 黄白;4. 淡黄;5. 黄;6. 橙黄;7. 绿白;8. 黄绿;9. 淡红;10. 浓红。

4.5.35 **果肉质地**

成熟果实果肉的口感质地，分为：1. 松软；3. 绵软；5. 松脆；7. 硬脆；9. 硬。

4.5.36 **果肉粗细**

成熟果实果肉的口感细腻程度，分为：3. 细；5. 中；7. 粗。

4.5.37 **汁液**

成熟果实果肉组织中所具有的液体含量，分为：3. 少；5. 中；7. 多。

4.5.38 **风味**

成熟果实果肉口感的甜酸味道，分为：1. 甘甜；2. 淡甜；3. 酸甜；4. 甜；5. 甜酸；6. 酸；7. 极酸。

4.5.39 **香气**

成熟果实中挥发性芳香气味浓淡程度，分为：0. 无；1. 淡；3. 浓。

4.5.40 **异味**

成熟果实具有的粉香、酒气等其他有别于正常香气的气味有无，分为：0. 无；1. 有。

4.5.41 **果心大小**

成熟果实心室占整个果实的比例（见图 16），分为：3. 小（小于果实半径的 1/3）；5. 中（占果实半径的 1/3～1/2）；7. 大（超过果实半径的 1/2）。

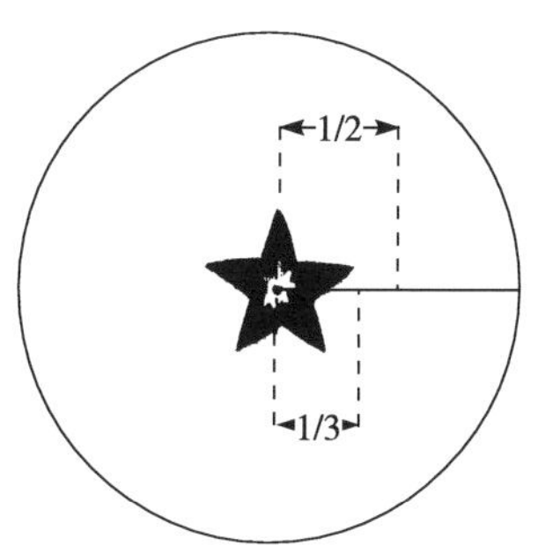

图 16 果心大小

4.5.42 **心室状态**

成熟果实心室开合状况，分为：1. 闭合；2. 半开；3. 全开。

4.5.43 **种子颜色**

成熟果实种子的颜色，分为：1. 黄褐；2. 浅褐；3. 褐；4. 红褐；5. 黑褐。

4.5.44 **种子百粒重**

成熟果实的 100 粒种子重量，单位为克（g）。

4.5.45 **果实内质综合评价**

成熟果实内在品质，分为：1. 下；3. 中下；5. 中；7. 中上；9. 上。

4.5.46 **可溶性固形物含量**

成熟果实含可溶性固形物的百分率，以百分率（%）表示。

4.5.47 **可溶性糖含量**

成熟果实含可溶性糖的百分率，以百分率（%）表示。

4.5.48 **可滴定酸含量**

成熟果实含可滴定酸的百分率，以百分率（%）表示。

4.5.49 **维生素 C 含量**

成熟果实 100 g 鲜果肉中维生素 C 的含量，单位为毫克每百克（mg/100 g）。

4.5.50 **耐储性**

成熟果实在常温条件下保持自身较好食用性状的能力，以储藏天数表示。

4.6 抗性性状

4.6.1 耐寒性

休眠树体对低温的忍耐或抵抗能力，根据植株不同部位的受害程度，分为：1. 极强（未发生冻害）；3. 强（枝干韧皮部未受冻或轻微受冻，发芽晚，叶片小，生长势减弱；顶花芽受冻率在25%以下）；5. 中（主干韧皮部变褐面积较小，部分枝条枯死；顶花芽受冻率在25%～45%之间）；7. 弱（枝干冻害严重，主干韧皮部半周以上坏死，大部分枝条枯死，幼树主干韧皮部坏死一周；顶花芽受冻率在45%～75%之间）；9. 极弱（主干韧皮部坏死一周，全树枯死。顶花芽受冻率在75%以上）；

4.6.2 耐旱性

苹果资源实生苗对土壤干旱、大气干旱等忍耐或抵抗能力，以旱害指数分为：1. 极强（旱害指数＜30）；3. 强（30≤旱害指数＜50）；5. 中（50≤旱害指数＜60）；7. 弱（60≤旱害指数＜70）；9. 极弱（旱害指数≥71）。

4.6.3 耐涝性

苹果资源实生苗对多湿水涝的忍耐及抵抗能力，以涝害指数分为：1. 极强（涝害指数＜30）；3. 强（30≤涝害指数＜50）；5. 中（50≤涝害指数＜60）；7. 弱（60≤涝害指数＜70）；9. 极弱（涝害指数≥71）。

4.6.4 耐盐性

苹果资源实生苗对盐害的忍耐及抵抗能力，以盐害指数分为：1. 极强（盐害指数＜30）；3. 强（30≤盐害指数＜50）；5. 中（50≤盐害指数＜60）；7. 弱（60≤盐害指数＜70）；9. 极弱（盐害指数≥70）。

4.6.5 苹果斑点落叶病抗性

苹果资源植株对斑点落叶病（*Alternaria mali* A.）的抗性强弱，以病情指数分为：1. 高抗（感染指数≤5）；3. 抗病（5＜感染指数≤10）；5. 中抗（10＜感染指数≤30）；7. 感病（30＜感染指数≤50）；9. 高感（感染指数＞50）。

4.6.6 苹果树腐烂病抗性

资源植株对苹果树腐烂病（*Valsa mali* Miyabe et Yamada）的抗性强弱，以发病率分为：1. 高抗（发病率≤10%）；3. 抗病（10%＜发病率≤25%）；5. 中抗（25%＜发病率≤40%）；7. 感病（40%＜发病率≤65%）；9. 高感（发病率＞65%）。

4.6.7 苹果果实轮纹病抗性

苹果果实对果实轮纹病（*Botryosphaeria berengeriana* de Not. f. sp. piricola）的抗性强弱，以病情指数分为：1. 高抗（病情指数≤5）；3. 抗病（5＜病情指数≤10）；5. 中抗（10＜病情指数≤30）；7. 感病（30＜病情指数≤50）；9. 高感（病情指数＞50）。

4.6.8 苹果食心虫抗性

果实对食心虫的抗性强弱，以虫果率与对照的比值分为：1. 高抗（比值≤20%）；3. 抗病（20%＜比值≤40%）；5. 中抗（40%＜比值≤60%）；7. 感病（60%＜比值≤90%）；9. 高感（比值＞90%）。

4.6.9 苹果树山楂叶螨抗性

植株对苹果树山楂叶螨的抗性强弱，以活动态螨数与对照的活动态螨数的比值分为：1. 高抗（比值≤20%）；3. 抗病（20%＜比值≤40%）；5. 中抗（40%＜比值≤60%）；7. 感病（60%＜比值≤90%）；9. 高感（比值＞90%）。

ICS 67.080.10
B 31

中华人民共和国农业行业标准

NY/T 2922—2016

梨种质资源描述规范

Descriptors for pear germplasm resources

2016-10-26 发布　　　　2017-04-01 实施

中华人民共和国农业部 发布

前　　言

本标准按照 GB/T 1.1—2009 给出的规则起草。

本标准由农业部种植业管理司提出。

本标准由全国果品标准化技术委员会(SAC/TC 510)归口。

本标准起草单位:中国农业科学院果树研究所、中国农业科学院茶叶研究所。

本标准主要起草人:曹玉芬、田路明、熊兴平、董星光、江用文、张莹、齐丹、霍宏亮。

梨种质资源描述规范

1 范围

本标准规定了梨属(*Pyrus* L.)种质资源描述的内容和方法。

本标准适用于梨属种质资源收集、保存和鉴定评价过程中的描述。

2 规范性引用文件

下列文件对于本文件的应用是必不可少的。凡是注日期的引用文件,仅注日期的版本适用于本文件。凡是不注日期的引用文件,其最新版本(包括所有的修改单)适用于本文件。

GB/T 2260 中华人民共和国行政区划代码

GB/T 2659 世界各国和地区名称代码

3 描述内容

描述内容见表1。

表1 梨种质资源描述内容

描述类别	描 述 内 容
基本信息	全国统一编号、引种号、采集号、种质名称、种质外文名、科名、属名、学名、原产国、原产省、原产地、海拔、经度、纬度、来源地、系谱、选育单位、育成年份、选育方法、种质类型、图像、观测地点
植物学特征	树姿、主干树皮特征、一年生枝颜色、一年生枝长度、节间长度、一年生枝粗度、一年生枝皮孔数量、针刺、叶芽姿态、叶芽顶端特征、芽托大小、花芽大小、花芽茸毛、嫩枝茸毛、幼叶颜色、叶片长度、叶片宽度、叶片形状、叶基形状、叶尖形状、叶缘、刺芒、叶背茸毛、叶面伸展状态、叶姿、叶柄长度、托叶、每花序花朵数、花蕾颜色、花冠直径、花瓣相对位置、花瓣形状、花瓣数、柱头位置、花柱基部茸毛、花药颜色、雄蕊数目、花粉量、染色体倍性
生物学特性	萌芽率、成枝力、早果性、花序坐果率、花朵坐果率、自花结实率、短果枝比率、中果枝比率、长果枝比率、腋花芽比率、采前落果程度、连续结果能力、花芽萌动期、初花期、盛花期、终花期、果实成熟期、落叶期、果实发育天数、营养生长期、产量
果实性状	单果重、果实横径、果实纵径、果实形状、果实底色、果面着色、着色程度、着色类型、果锈数量、果锈位置、果点明显程度、腊质、果梗长度、果梗粗度、果梗基部膨大、果梗姿态、梗洼深度、梗洼广度、棱沟、萼片状态、萼片姿态、萼洼深度、萼洼广度、萼洼状态、果实心室数、果心位置、种子形状、种子百粒重、外观综合评价、果心大小、带皮硬度、果肉硬度、果肉颜色、果肉粗细、果肉质地、石细胞数量、汁液、风味、香气、涩味、内质综合评价、可溶性固形物含量、可溶性糖含量、可滴定酸含量、储藏性
抗性	梨黑星病抗性、梨黑斑病抗性、梨腐烂病抗性、梨轮纹病抗性、耐盐性、耐旱性、耐涝性、抗寒性、耐热性

4 描述方法

4.1 基本信息

4.1.1 全国统一编号

种质的唯一标识号。由“LI”加1位国家果树种质资源圃编号和4位顺序号组成,如LIB0001。该编号由农作物种质资源管理机构命名。

4.1.2 **引种号**

梨种质从国外引入时赋予的编号。由"年份"、"4 位顺序号"顺次连续组合而成,"年份"为 4 位数,"4 位顺序号"为每年分别编号,每份引进种质具有唯一的引种号。

4.1.3 **采集号**

梨种质在野外采集时赋予的编号,由"年份"、"省(自治区、直辖市)代号"、"4 位顺序号"顺次连续组合而成。其中,"年份"为 4 位数,"省(自治区、直辖市)代号"按照 GB/T 2260 的规定执行,"4 位顺序号"为当年采集时的编号,由 0001 起每年顺序编号。

4.1.4 **种质名称**

中国原产的梨种质资源采用常用的中文名称,如有异名,可放在括号内,用逗号分隔,如"种质名称 1(种质名称 2,种质名称 3)";国外引入的梨种质资源采用常用的中文译名。

4.1.5 **种质外文名**

国外引进种质的外文名或国内种质的汉语拼音名。国内种质中文名称为 3 字(含 3 字)以下的,所有汉字拼音连续组合在一起,首字母大写;中文名称为 4 字(含 4 字)以上的,以词组为单位,每组首字母大写。

4.1.6 **科名**

梨种质采用植物分类学上的科名,为蔷薇科(Rosaceae)。

4.1.7 **属名**

梨种质采用植物分类学上的属名,为梨属(*Pyrus* L.)。

4.1.8 **学名**

梨种质在植物分类学上的名称。如西洋梨学名为 *P. communis* L.。

4.1.9 **原产国**

梨种质资源原产国家(或地区、国际组织)名称。国家和地区名称按照 GB/T 2659 的规定执行。如该国家已不存在,应在原国家名称前加"原"。国际组织名称用该组织的正式英文缩写。

4.1.10 **原产省**

梨种质资源原产省份,名称按照 GB/T 2260 的规定执行。不能确定的注明"不详"。国外引进种质原产省用原产国家一级行政区的名称。

4.1.11 **原产地**

梨种质资源原产市、县、乡名称,名称按照 GB/T 2260 的规定执行。不能确定的注明"不详"。

4.1.12 **海拔**

梨种质资源原产地海拔高度,单位为米(m)。

4.1.13 **经度**

梨种质资源原产地经度,单位为度(°)和分(′)。格式为"DDDFF",其中"DDD"为度,"FF"为分。东经为正值,西经为负值。

4.1.14 **纬度**

梨种质资源原产地纬度,单位为度(°)和分(′)。格式为"DDFF",其中"DD"为度,"FF"为分。北纬为正值,南纬为负值。

4.1.15 **来源地**

梨种质的来源国家、省、县或机构名称,一般到县级。

4.1.16 **系谱**

梨选育品种(系)的亲缘关系。

4.1.17 **选育单位**

梨品种(系)选育的单位或个人名称,单位名称应写全称。

4.1.18 育成年份

梨选育品种通过审定或备案或认定或正式发表的年份。

4.1.19 选育方法

梨选育品种(系)的育种方法,如人工杂交、自然实生或芽变选种等。

4.1.20 种质类型

梨种质资源的类型,分为:1. 野生资源;2. 地方品种;3. 选育品种;4. 品系;5. 特殊遗传材料;6. 其他。

4.1.21 图像

梨种质的图像文件名。文件名由该种质全国统一编号、连字符"-"和图像序号组成。图像格式为.jpg。如有多个图像文件,图像文件名用分号分隔。

4.1.22 观测地点

梨种质特征特性观测的地点,记录到省和县,如辽宁兴城。

4.2 植物学特征

4.2.1 树姿

成龄梨树的自然分枝习性(见图1),分为:1. 抱合;2. 直立;3. 半开张;4. 开张;5. 下垂。

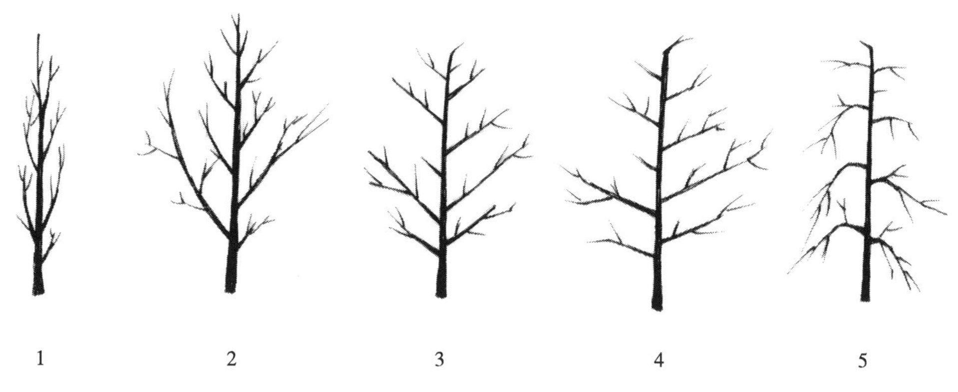

图1 树 姿

4.2.2 主干树皮特征

成龄梨树主干树皮特征(见图2),分为:1. 光滑;2. 纵裂;3. 片状剥落。

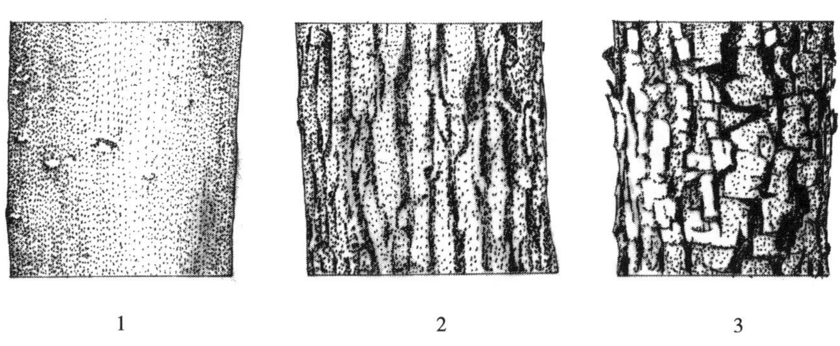

图2 主干树皮特征

4.2.3 一年生枝颜色

一年生枝阳面主色,分为:1. 绿黄色;2. 灰绿色;3. 绿色;4. 灰褐色;5. 黄褐色;6. 绿褐色;7. 红褐色;8. 褐色;9. 紫褐色;10. 黑褐色。

4.2.4 **一年生枝长度**

一年生延长枝长度,单位为厘米(cm)。

4.2.5 **节间长度**

一年生延长枝相邻两个节之间的距离,单位为厘米(cm)。

4.2.6 **一年生枝粗度**

一年生延长枝直径,单位为毫米(mm)。

4.2.7 **一年生枝皮孔数量**

一年生延长枝单位面积皮孔数量多少,分为:1. 无或极少(皮孔数<1.0 个/cm^2);3. 少(1.0 个/cm^2≤皮孔数<3.0 个/cm^2);5. 中(3.0 个/cm^2≤皮孔数<5.0 个/cm^2);7. 多(皮孔数≥5.0 个/cm^2)。

4.2.8 **针刺**

梨树枝条上针刺有无,分为:0. 无;1. 有。

4.2.9 **叶芽姿态**

叶芽在一年生枝上的着生状态(见图 3),分为:1. 贴生;2. 斜生;3. 离生。

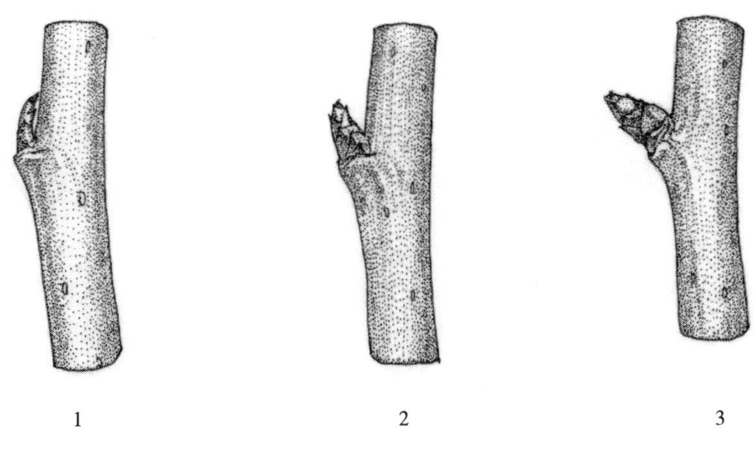

图 3 叶芽姿态

4.2.10 **叶芽顶端特征**

一年生枝中部叶芽顶端形态特征(见图 4),分为:1. 尖;2. 钝;3. 圆。

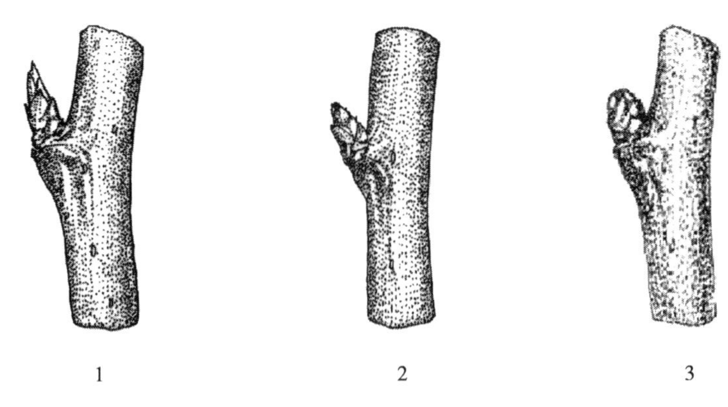

图 4 叶芽顶端特征

4.2.11 **芽托大小**

一年生枝中部芽托相对叶芽大小(见图 5),分为:3. 小;5. 中;7. 大。

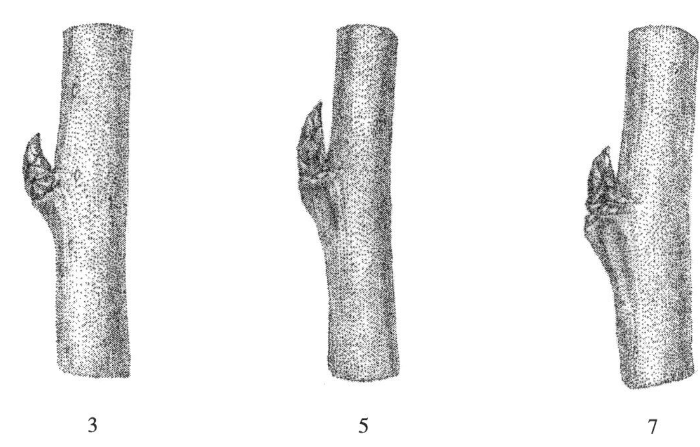

图5 芽托大小

4.2.12 花芽大小

成熟花芽的大小,分为:3. 小;5. 中;7. 大。

4.2.13 花芽茸毛

成熟花芽表面茸毛有无,分为:0. 无;1. 有。

4.2.14 嫩枝茸毛

嫩枝表面茸毛有无,分为:0. 无;1. 有。

4.2.15 幼叶颜色

叶芽萌动后初展开的幼嫩叶片颜色,分为:1. 黄绿色;2. 黄绿微显红色;3. 绿色;4. 绿微显红色;5. 红微显绿色;6. 红色。

4.2.16 叶片长度

成熟叶片叶尖到叶基之间的距离,单位为厘米(cm)。

4.2.17 叶片宽度

成熟叶片最宽部位的宽度,单位为厘米(cm)。

4.2.18 叶片形状

成熟叶片形态特征(见图6),分为:1. 圆形;2. 卵圆形;3. 椭圆形;4. 披针形;5. 裂叶形。

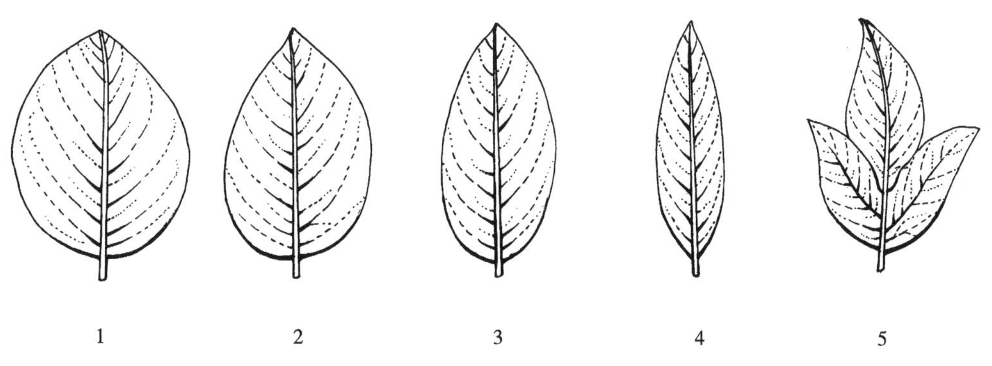

图6 叶片形状

4.2.19 叶基形状

成熟叶片叶基的形态特征(见图7),分为:1. 狭楔形;2. 楔形;3. 宽楔形;4. 圆形;5. 截形;6. 心形。

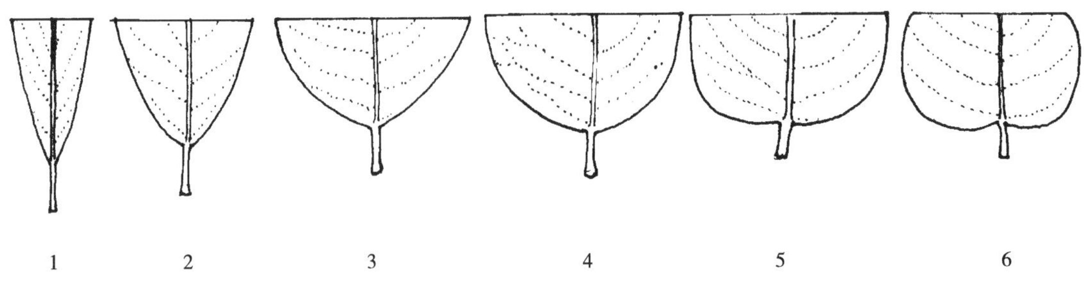

图 7　叶基形状

4.2.20　叶尖形状

成熟叶片顶端的形态特征(见图 8),分为:1. 渐尖;2. 钝尖;3. 急尖;4. 长尾尖。

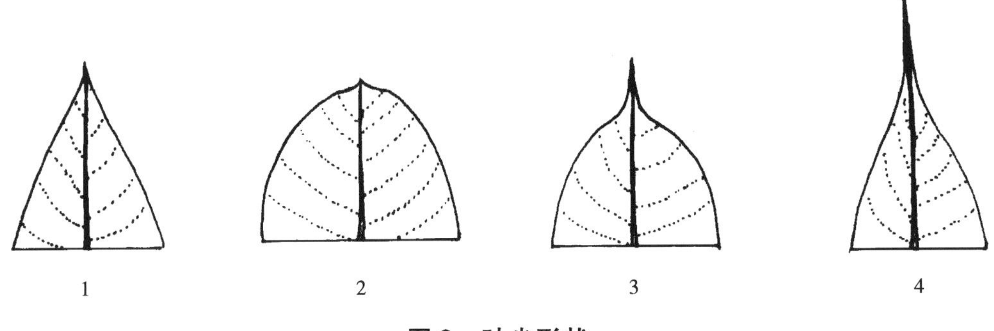

图 8　叶尖形状

4.2.21　叶缘

成熟叶片边缘形态特征(见图 9),分为:1. 全缘;2. 圆锯齿;3. 钝锯齿;4. 锐锯齿;5. 复锯齿。

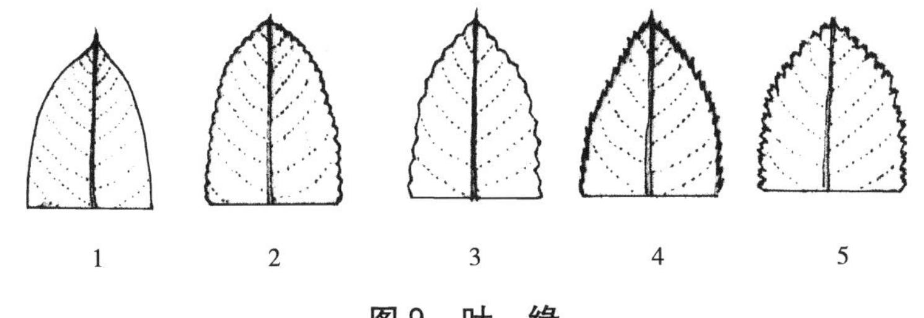

图 9　叶　缘

4.2.22　刺芒

成熟叶片边缘刺芒有无(见图 10),分为:0. 无;1. 有。

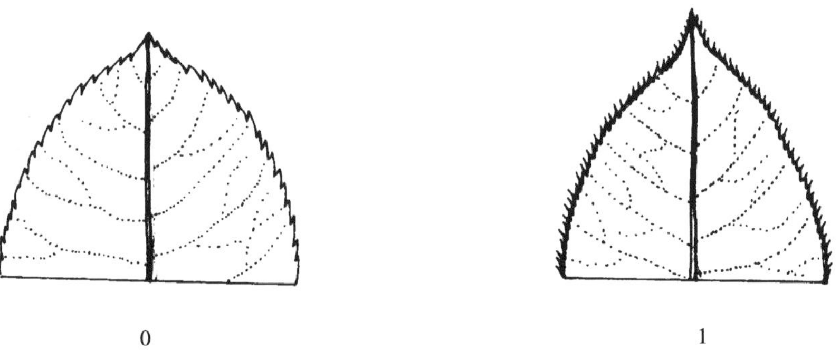

图 10　刺　芒

4.2.23　叶背茸毛

成熟叶片背面茸毛有无,分为:0. 无;1. 有。

4.2.24 **叶面伸展状态**

成熟叶片叶面伸展特征(见图 11),分为:1. 平展;2. 抱合;3. 反卷;4. 波浪。

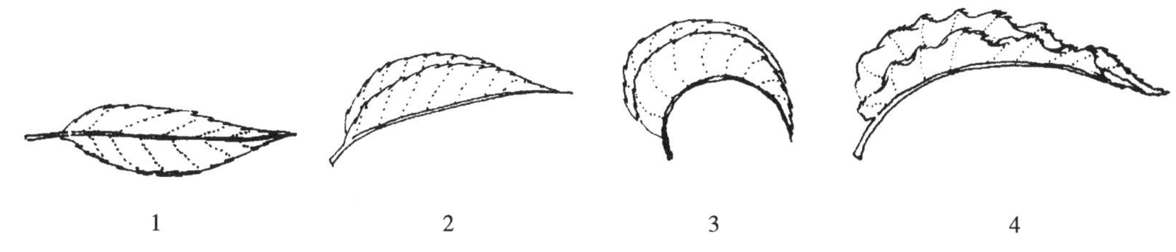

图 11 叶面伸展状态

4.2.25 **叶姿**

成熟叶片相对枝条着生状态(见图 12),分为:1. 斜向上;2. 水平;3. 斜向下。

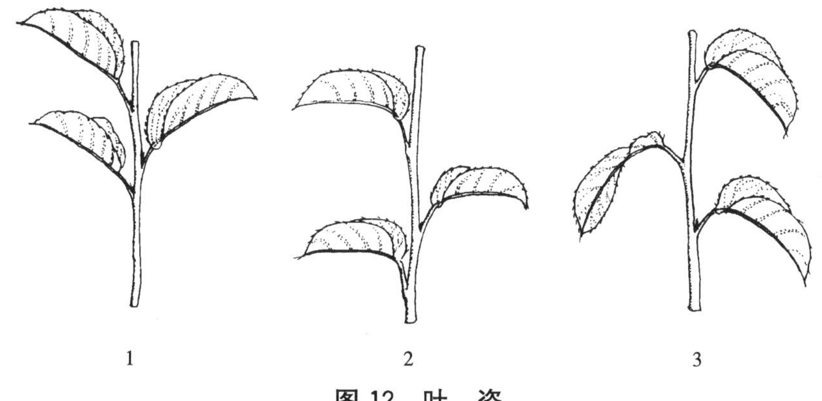

图 12 叶 姿

4.2.26 **叶柄长度**

成熟叶片叶柄基部到其顶端的距离,单位为厘米(cm)。

4.2.27 **托叶**

成熟叶片叶柄基部托叶有无,分为:0. 无;1. 有。

4.2.28 **每花序花朵数**

每个花序中花朵的数目,单位为朵。

4.2.29 **花蕾颜色**

蕾期花瓣颜色,分为:1. 白色;2. 浅粉红色;3. 粉红色。

4.2.30 **花冠直径**

完全盛开的花冠直径,单位为厘米(cm)。

4.2.31 **花瓣相对位置**

花瓣边缘之间相互着生状态(见图 13),分为:1. 分离;2. 邻接;3. 重叠;4. 无序。

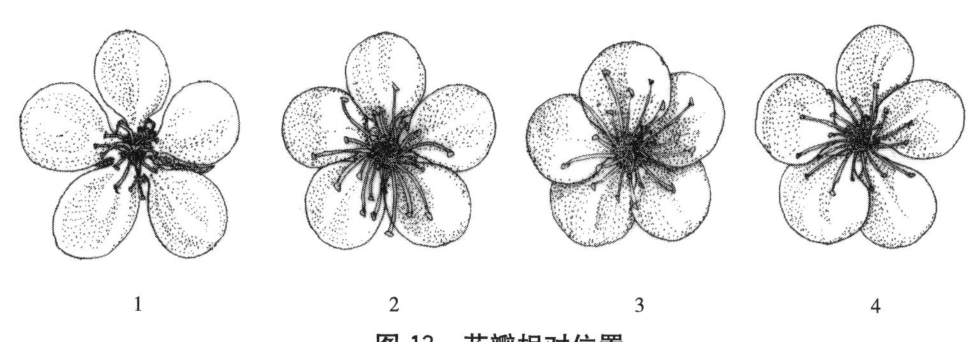

图 13 花瓣相对位置

4.2.32 **花瓣形状**

花瓣的形态特征(见图 14),分为:1. 圆形;2. 卵圆形;3. 椭圆形;4. 心形。

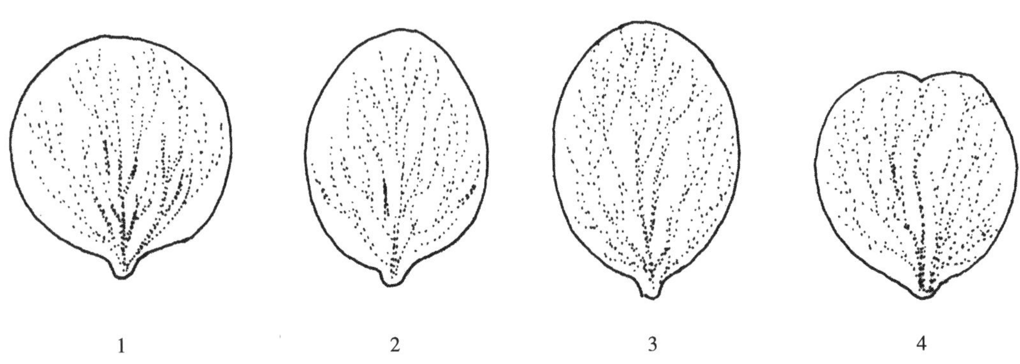

图 14 花瓣形状

4.2.33 **花瓣数**

每朵花中的花瓣数量,单位为枚。

4.2.34 **柱头位置**

柱头与花药的相对位置(见图 15),分为:1. 低于花药;2. 与花药等高;3. 高于花药。

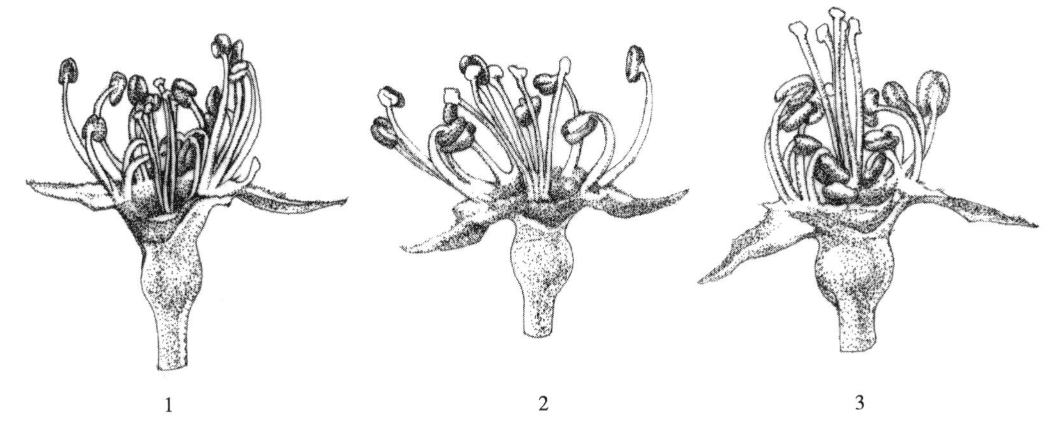

图 15 柱头位置

4.2.35 **花柱基部茸毛**

花柱基部茸毛有无(见图 16),分为:0. 无;1. 有。

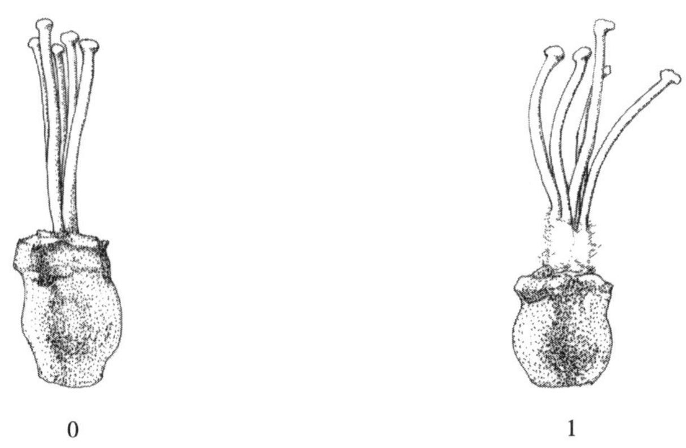

图 16 花柱基部茸毛

4.2.36 **花药颜色**

成熟花药表面颜色，分为：1. 黄白色；2. 淡粉色；3. 淡紫红色；4. 淡紫色；5. 粉红色；6. 红色；7. 紫红色；8. 紫色；9. 深红色；10. 深紫色。

4.2.37 **雄蕊数目**

花朵中雄蕊的数目，单位为枚。

4.2.38 **花粉量**

花药内花粉数量的多少，分为：1. 无或极少；3. 少；5. 中；7. 多。

4.2.39 **染色体倍性**

体细胞内染色体倍数。

4.3 **生物学特征**

4.3.1 **萌芽率**

一年生枝条上的萌发芽占总芽数的百分率，以百分率(%)表示。

4.3.2 **成枝力**

一年生发育枝短截后抽生 15 cm 以上长枝的能力，分为：3. 弱(长枝的平均数＜3.0 条)；5. 中(3.0 条≤长枝的平均数＜4.0 条)；7. 强(长枝的平均数≥4.0 条)。

4.3.3 **早果性**

营养繁殖的 2 年生苗从定植到开花结果所需年数，分为：3. 早(始果年龄 1 年～3 年)；5. 中(始果年龄 4 年～5 年)；7. 晚(始果年龄≥6 年)。

4.3.4 **花序坐果率**

坐果花序数占总花序的百分率，以百分率(%)表示。

4.3.5 **花朵坐果率**

坐果花朵数占总花朵数的百分率，以百分率(%)表示。

4.3.6 **自花结实率**

自花授粉情况下花朵的坐果率，以百分率(%)表示。

4.3.7 **短果枝比率**

短果枝(长度＜5 cm)占总果枝比率，以百分率(%)表示。

4.3.8 **中果枝比率**

中果枝(5 cm≤长度＜15 cm)占总果枝比率，以百分率(%)表示。

4.3.9 **长果枝比率**

长果枝(长度≥15 cm)占总果枝比率，以百分率(%)表示。

4.3.10 **腋花芽比率**

腋花芽占总花芽的比率，以百分率(%)表示。

4.3.11 **采前落果程度**

正常采收前落果程度，分为：1. 无或几乎无；3. 轻；5. 中；7. 重。

4.3.12 **连续结果能力**

果台副梢连续结果能力，分为：3. 弱(连续 2 年或 2 年以上结果果台所占的比率＜10%)；5. 中(10%≤连续 2 年或 2 年以上结果果台所占的比率＜30%)；7. 强(连续 2 年或 2 年以上结果果台所占的比率≥30%)。

4.3.13 **花芽萌动期**

梨树 25%花芽萌动的日期，以"年月日"表示，格式"YYYYMMDD"。

4.3.14 **初花期**

梨树 5%花朵开放的日期，以“年月日”表示，格式“YYYYMMDD”。

4.3.15 **盛花期**

梨树 50%花朵开放的日期，以“年月日”表示，格式“YYYYMMDD”。

4.3.16 **终花期**

梨树 70%～80%花朵凋落的日期，以“年月日”表示，格式“YYYYMMDD”。

4.3.17 **果实成熟期**

梨树 75%果实成熟的日期，以“年月日”表示，格式“YYYYMMDD”。

4.3.18 **落叶期**

梨树 70%～80%叶片正常脱落的日期，以“年月日”表示，格式“YYYYMMDD”。

4.3.19 **果实发育天数**

盛花期至果实成熟期的天数，单位为天(d)。

4.3.20 **营养生长期**

叶芽萌动期至落叶期的天数，单位为天(d)。

4.3.21 **产量**

单位面积上植株所负载果实的重量，单位为千克每 666.7 平方米($kg/666.7m^2$)。

4.4 **果实性状**

4.4.1 **单果重**

成熟果实单果重量，单位为克(g)。

4.4.2 **果实横径**

成熟果实最大横径，单位为厘米(cm)。

4.4.3 **果实纵径**

成熟果实顶部到底部之间的长度，单位为厘米(cm)。

4.4.4 **果实形状**

成熟果实所具有的外部形态特征(见图 17)，分为：1. 扁圆形；2. 圆形；3. 长圆形；4. 卵圆形；5. 倒卵形；6. 圆锥形；7. 圆柱形；8. 纺锤形；9. 细颈葫芦形；10. 葫芦形；11. 粗颈葫芦形。

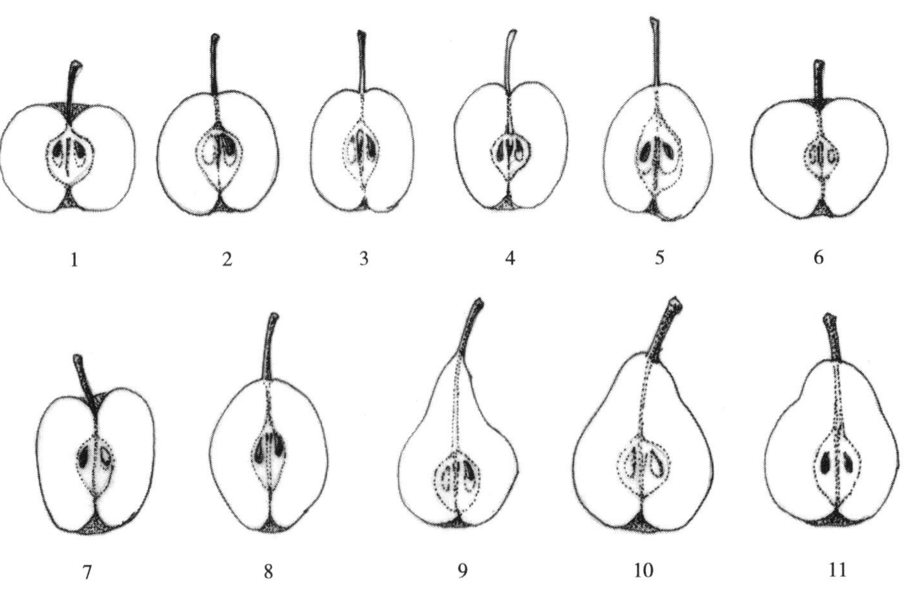

图 17 果实形状

4.4.5 **果实底色**

果实达到食用成熟度时果皮的底色，分为：1. 黄色；2. 绿黄色；3. 黄绿色；4. 绿色；5. 黄褐色；6. 褐色；7. 红色。

4.4.6 **果面着色**

果实达到食用成熟度时果皮上覆盖的色泽，分为：1. 淡红色；2. 橘红色；3. 粉红色；4. 红色；5. 紫红色；6. 暗红色。

4.4.7 **着色程度**

成熟果实果面着色范围，分为：0. 无或几乎无；1. 部分着色；2. 全面着色。

4.4.8 **着色类型**

成熟果实果面着色特征，分为：1. 条红；2. 片红。

4.4.9 **果锈数量**

成熟果实表面果锈的多少，分为：1. 无或极少(果锈面积与果实面积比值<1/16)；3. 少(1/16≤果锈面积与果实面积比值<1/8)；5. 中(1/8≤果锈面积与果实面积比值<1/4)；7. 多(果锈面积与果实面积比值≥1/4)。

4.4.10 **果锈位置**

成熟果实表面果锈位置，分为：1. 胴部；2. 萼端；3. 梗端；4. 全果。

4.4.11 **果点明显程度**

成熟果实表面果点明显程度，分为：3. 明显(果点大而凸出，较密)；5. 中等(果点中等大，密度中等)；7. 不明显(果点较小或无，密度小，不突出)。

4.4.12 **腊质**

成熟果实表面腊质多少，分为：0. 无或几乎无；3. 少；5. 中；7. 多。

4.4.13 **果梗长度**

成熟果实果梗从基部到顶部的距离，单位为厘米(cm)。

4.4.14 **果梗粗度**

成熟果实果梗中部直径，单位为毫米(mm)。

4.4.15 **果梗基部膨大**

成熟果实果梗基部膨大有无(见图18)，分为：0. 无；1. 有。

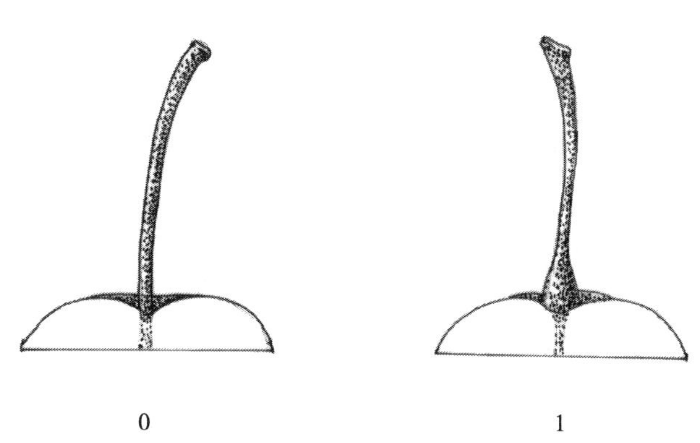

图18 果梗基部膨大

4.4.16 **果梗姿态**

果梗与果实纵轴之间相对位置(见图19)，分为：1. 直生；2. 斜生；3. 横生。

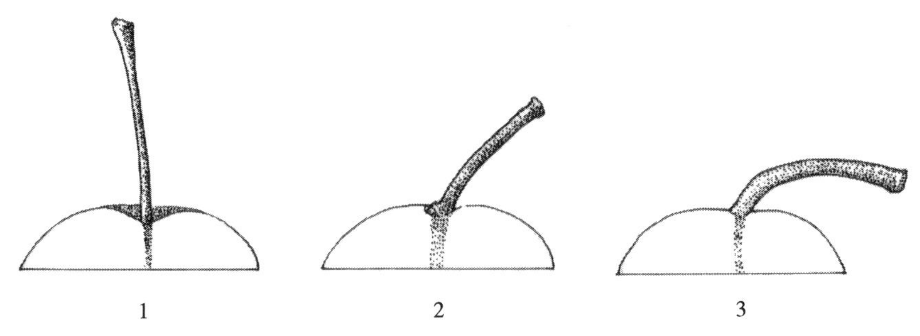

图 19 果梗姿态

4.4.17 梗洼深度

成熟果实梗洼深浅(见图 20),分为:1. 无或极浅;3. 浅;5. 中;7. 深。

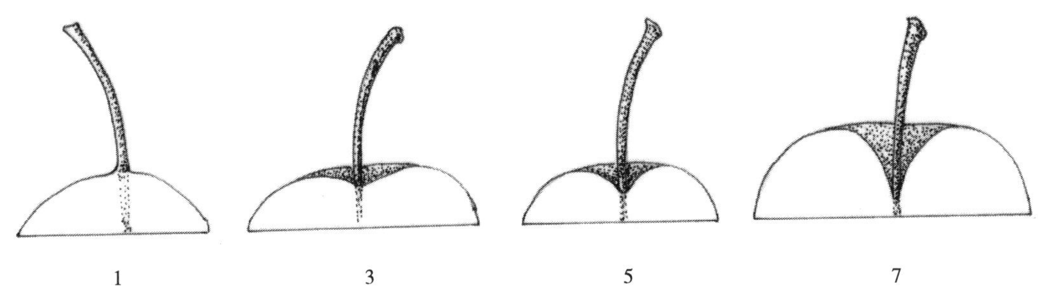

图 20 梗洼深度

4.4.18 梗洼广度

成熟果实梗洼广狭(见图 21),分为:3. 狭;5. 中;7. 广。

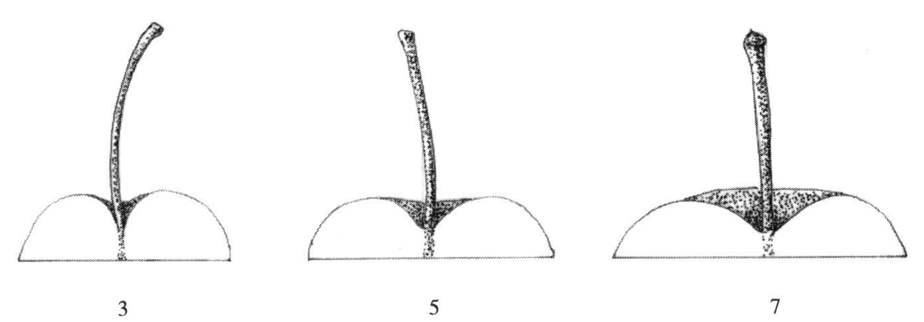

图 21 梗洼广度

4.4.19 棱沟

成熟果实果面棱沟有无(见图 22),分为:0. 无;1. 有。

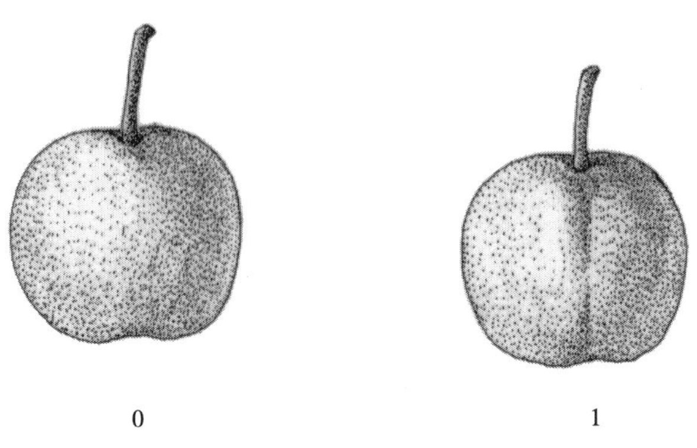

图 22 棱 沟

4.4.20 萼片状态

成熟果实萼片存在状况(见图 23),分为:1. 脱落;2. 残存;3. 宿存。

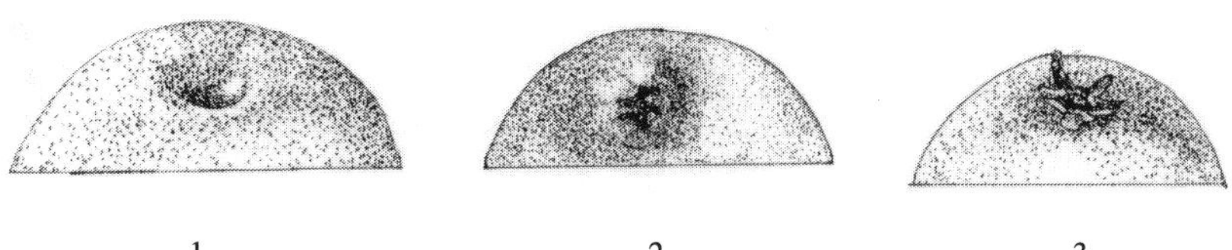

图 23 萼片状态

4.4.21 萼片姿态

成熟果实萼片着生姿态(见图 24),分为:1. 聚合;2. 直立;3. 开张。

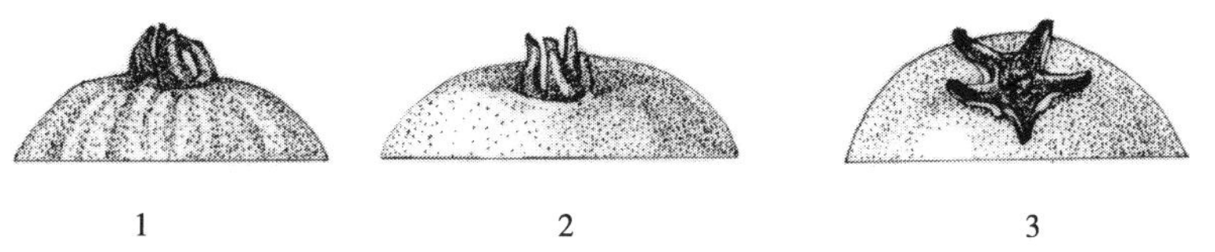

图 24 萼片姿态

4.4.22 萼洼深度

成熟果实萼洼深浅(见图 25),分为:1. 平或极浅;3. 浅;5. 中;7. 深。

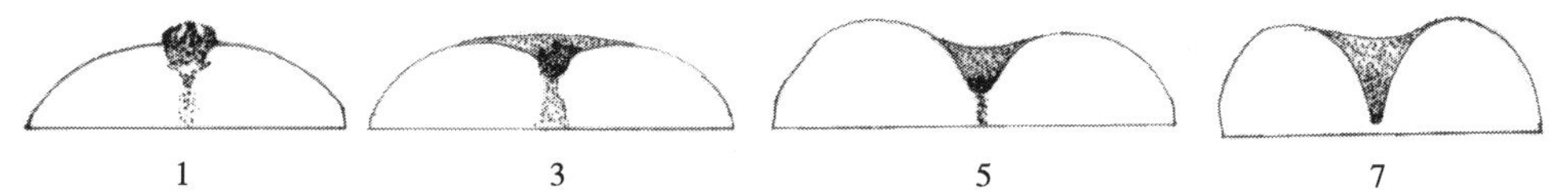

图 25 萼洼深度

4.4.23 萼洼广度

成熟果实萼洼广狭(见图 26),分为:3. 狭;5. 中;7. 广。

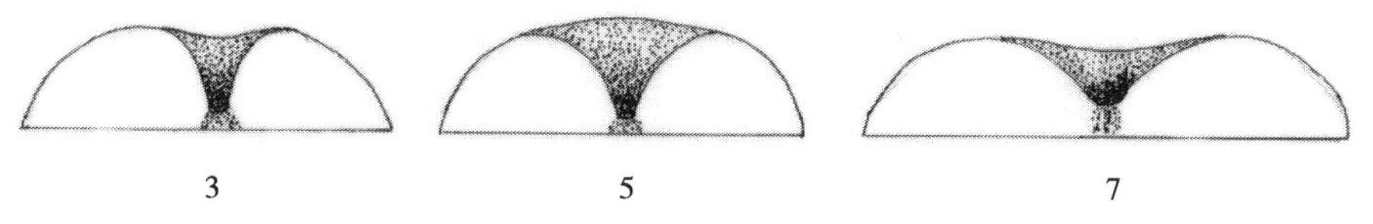

图 26 萼洼广度

4.4.24 萼洼状态

成熟果实萼洼状态(见图 27):1. 平滑;2. 皱状;3. 肋状;4. 隆起。

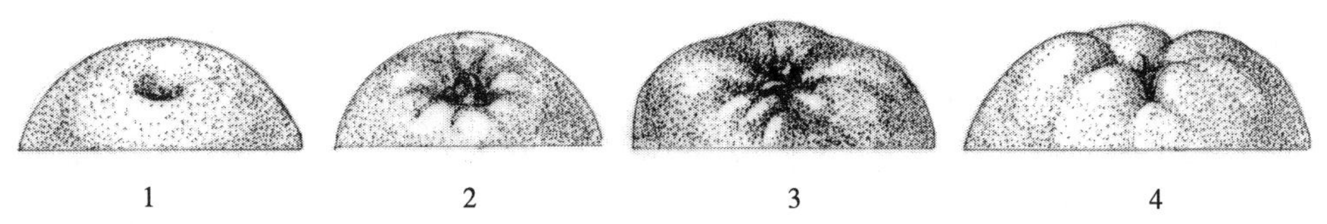

图 27 萼洼状态

4.4.25 果实心室数

发育正常的果实心室数目,单位为个。

4.4.26 果心位置

发育正常的果实果心位置(见图 28),分为:1. 近梗端;2. 中位;3. 近萼端。

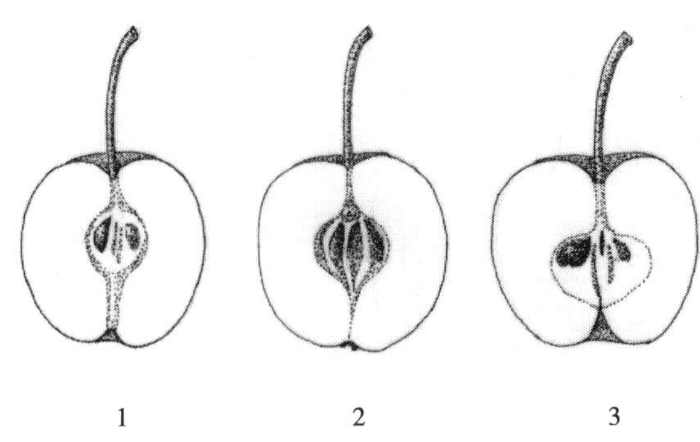

图 28 果心位置

4.4.27 种子形状

发育正常的成熟种子形态特征(见图 29),分为:1. 圆形;2. 卵圆形;3. 椭圆形;4. 狭椭圆形。

图 29 种子形状

4.4.28 种子百粒重

100 粒风干种子的重量,单位为克(g)。

4.4.29 外观综合评价

成熟果实外观品质综合评价,分为:1. 极差;3. 差;5. 中等;7. 好;9. 极好。

4.4.30 果心大小

成熟果实果心大小,分为:1. 极小(果心横切面直径与果实横切面直径之比<1/4);3. 小(1/4≤果心横切面直径与果实横切面直径之比<1/3);5. 中(1/3≤果心横切面直径与果实横切面直径之比<1/2);7. 大(果心横切面直径与果实横切面直径之比≥1/2)。

4.4.31 带皮硬度

成熟果实单位果皮面积所能承受的压力,单位为千克每平方厘米(kg/cm^2)。

4.4.32 果肉硬度

成熟果实去皮果肉单位面积所能承受的压力,单位为千克每平方厘米(kg/cm^2)。

4.4.33 果肉颜色

成熟果实果肉颜色,分为:1. 白色;2. 乳白色;3. 绿白色;4. 淡黄色;5. 黄色;6. 红色。

4.4.34 果肉粗细

果实达到食用成熟度时果肉粗细,分为:1. 极粗;3. 粗;5. 中;6. 较细;7. 细;9. 极细。

4.4.35 果肉质地

果实达到食用成熟度时果肉类型,分为:1. 软溶;2. 软;3. 沙面;4. 疏松;5. 松脆;6. 脆;7. 紧密;8. 硬。

4.4.36 石细胞数量

果实达到食用成熟度时,每百克果肉组织中石细胞含量,以克每百克(g/100 g)表示。

4.4.37 汁液

果实达到食用成熟度时果肉组织中液体含量,分为:1. 极少;3. 少;5. 中;7. 多;9. 极多。

4.4.38 风味

果实达到食用成熟度时果肉味道，分为：1. 甘甜；2. 甜；3. 淡甜；4. 酸甜；5. 甜酸；6. 微酸；7. 酸。

4.4.39 香气

果实达到食用成熟度时果实中挥发性芳香气味的有无或浓淡，分为：1. 无或几乎无；3. 微香；5. 香；7. 浓香。

4.4.40 涩味

果实达到食用成熟度时果肉涩味有无，分为：0. 无；1. 有。

4.4.41 内质综合评价

成熟果实内在品质综合评价，分为：3. 下；5. 中；6. 中上；7. 上；9. 极上。

4.4.42 可溶性固形物含量

果实达到食用成熟度时可溶性固形物含量，以百分率(%)表示。

4.4.43 可溶性糖含量

果实达到食用成熟度时可溶性糖含量，以百分率(%)表示。

4.4.44 可滴定酸含量

果实达到食用成熟度时可滴定酸含量，以百分率(%)表示。

4.4.45 储藏性

采收后的果实在贮藏条件下保持自身较好食用性状的能力，以储藏天数表示。

4.5 抗性

4.5.1 梨黑星病抗性

梨树对黑星病(*Venturia nashicola* Tanaka et Yamamoto)的抗性强弱，分为：1. 高抗；3. 抗病；5. 中抗；7. 感病；9. 高感。

4.5.2 梨黑斑病抗性

梨树对黑斑病(*Alternaria kikuchiana* Tanaka)的抗性强弱，分为：1. 高抗；3. 抗病；5. 中抗；7. 感病；9. 高感。

4.5.3 梨腐烂病抗性

梨树对腐烂病(*Valsa mali* var. *pyri* Lu)的抗性强弱，分为：1. 高抗；3. 抗病；5. 中抗；7. 感病；9. 高感。

4.5.4 梨轮纹病抗性

梨树对轮纹病[*Botryosphaeria dothidea* (Moug.) Ces. et De Not.]的抗性强弱，分为：1. 高抗；3. 抗病；5. 中抗；7. 感病；9. 高感。

4.5.5 耐盐性

梨树忍耐土壤中盐的能力，分为：1. 极强；3. 强；5. 中等；7. 弱；9. 极弱。

4.5.6 耐旱性

梨树忍耐干旱的能力，分为：1. 极强；3. 强；5. 中等；7. 弱；9. 极弱。

4.5.7 耐涝性

梨树忍耐土壤湿涝的能力，分为：1. 极强；3. 强；5. 中等；7. 弱；9. 极弱。

4.5.8 抗寒性

梨树对低温自我保护和抵御的能力，分为：1. 极强；3. 强；5. 中等；7. 弱；9. 极弱。

4.5.9 耐热性

梨树忍耐高温的能力，分为：1. 极强；3. 强；5. 中等；7. 弱；9. 极弱。

ICS 67.080.10
B 31

中华人民共和国农业行业标准

NY/T 2923—2016

桃种质资源描述规范

Descriptors for peach germplasm resources

2016-10-26 发布　　2017-04-01 实施

中华人民共和国农业部　发布

前　　言

本标准按照 GB/T 1.1—2009 给出的规则起草。

本标准由农业部种植业管理司提出。

本标准由全国果品标准化技术委员会(SAC/TC 510)归口。

本标准起草单位:中国农业科学院郑州果树研究所、中国农业科学院茶叶研究所、江苏省农业科学院园艺研究所、北京市农林科学院林业果树研究所。

本标准主要起草人:王力荣、方伟超、江用文、熊兴平、朱更瑞、王志强、马瑞娟、俞明亮、姜全、赵剑波、郭继英、沈志军、曹珂、陈昌文、王新卫。

桃种质资源描述规范

1 范围

本标准规定了李属[*Prunus*(L.)Batsch.]桃亚属(subgenus *Amygdalus* L.)的桃种质资源描述内容和描述方式。

本标准适用于桃[*Prunus persica* (L.)Batsch.]、山桃(*P. davidiana* Franch.)、甘肃桃(*P. kansuensis* Rehd.)、陕甘山桃(*P. potaninii* Batal.)、光核桃(*P. mira* Koehne)和新疆桃(*P. ferganensis* Kost. et Riab.)种质资源性状的描述。

2 规范性引用文件

下列文件对于本文件的应用是必不可少的。凡是注日期的引用文件,仅注日期的版本适用于本文件。凡是不注日期的引用文件,其最新版本(包括所有的修改单)适用于本文件。

GB/T 2260 中华人民共和国行政区划代码

GB/T 2659 世界各国和地区名称代码

3 描述内容

描述内容见表1。

表1 桃种质资源描述内容

描述类别	描 述 内 容
基本信息	全国统一编号、引种号、采集号、种质名称、种质外文名、科名、属名、学名、原产国、原产省、原产地、海拔、经度、纬度、来源地、系谱、选育单位、育成年份、选育方法、种质类型、果实用途、种质收集源、收集材料类型、图像、观测地点
植物学特征	树型、一年生枝颜色、花芽茸毛多少、叶片颜色、秋叶色、叶片形状、叶尖形状、叶基形状、叶缘锯齿、叶腺形状、叶腺数量、侧脉末端分支形态、叶片长、叶片宽、叶柄长、花型、花瓣类型、花瓣形状、花瓣颜色、花冠直径、雌雄蕊相对高度、花粉育性、萼筒内壁颜色、花药颜色、染色体倍数
生物学特性	叶芽膨大期、叶芽开放期、始花期、盛花期、末花期、展叶期、果实成熟期、果实生育期、果实相对成熟期、大量落叶期、落叶终止期、生育期、生长势、干周、节间长度、结果枝百分率、花束状结果枝百分率、短果枝百分率、中果枝百分率、长果枝百分率、徒长性结果枝百分率、花芽/叶芽、单花芽/复花芽、花芽起始节位、需冷量
产量性状	产量、自然授粉坐果率、自花授粉坐果率、采前落果
果实性状	果实类型、果实形状、果顶形状、单果重、果实纵径、果实横径、果实侧径、缝合线深浅、果实对称性、茸毛有无、茸毛密度、梗洼深度、梗洼广度、果皮底色、盖色深浅、着色程度、着色类型、成熟度一致性、果皮剥离难易度、果肉颜色、果肉红色素多少、近核处红色素多少、裂果率、核粘离性、鲜核颜色、鲜核重、核形状、核长、核宽、核厚、核尖长、核面光滑度、核纹多少、裂核率、核仁风味、带皮硬度、去皮硬度、肉质、风味、汁液多少、纤维多少、可溶性固形物含量、可溶性糖含量、可滴定酸含量、类胡萝卜素含量、单宁含量、鲜食品质综合评价、常温储藏性、原料利用率、罐藏品质、出汁率、制汁品质
抗性性状	耐寒性、耐涝性、桃蚜抗性、南方根结线虫抗性、根癌病抗性、流胶病抗性

4 描述方式

4.1 基本信息

4.1.1 全国统一编号

种质的唯一标识号。桃种质资源的全国统一编号由"T"加1位国家种质资源圃编号加4位顺序号组成的 6 位字符串。如：TG0013。

4.1.2 **引种号**

种质从国外引入时赋予的编号。引种号是由年份加 4 位顺序号组成的 8 位字符串，如“19940024”，前 4 位表示种质从境外引进年份，后 4 位为顺序号，从“0001”到“9999”。

4.1.3 **采集号**

种质在野外采集时赋予的编号。由“年份”“省（自治区、直辖市）代号”，按照 GB/T 2260 的规定执行，“4 位顺序号”顺次连续组合而成。“年份”为 4 位数，“4 位顺序号”各省（自治区、直辖市）种质分别编号，每年分别编号。

4.1.4 **种质名称**

种质的中文名称。国内种质的原始名称或国外引进种质的中文译名，如果有多个名称，可以放在英文括号内，用英文逗号分隔。国外引进种质如果没有中文译名，可以直接用种质的外文名。

4.1.5 **种质外文名**

国外引进种质的外文名或国内种质的汉语拼音名。每个汉字的汉语拼音之间空一格，每个汉字汉语拼音的首字母大写，如“Yu Hua Lu”。国外引进种质的外文名应注意大小写和空格。

4.1.6 **科名**

桃种质在植物分类学上的科名。按照植物学分类，桃为蔷薇科（Rosaceae）。

4.1.7 **属名**

桃种质在植物分类学上的属名。按照植物学分类，桃为李属[*Prunus*（L.）Batsch.]。

4.1.8 **学名**

桃种质在植物分类学上的名称。如普通桃学名为[*Prunus persica*（L.）Batsch.]。

4.1.9 **原产国**

种质原产国家名称、地区名称或国际组织名称。国家和地区名称按照 GB/T 2659 的规定执行，如该国家已不存在，应在原国家名称前加“原”。国际组织名称用该组织的正式英文缩写。

4.1.10 **原产省**

种质原产省份名称，省份名称按照 GB/T 2260 的规定执行；国外引进种质原产省用原产国家一级行政区的名称。

4.1.11 **原产地**

种质原产县、乡、村名称，县名按照 GB/T 2260 的规定执行。

4.1.12 **海拔**

种质原产地的海拔，单位为米（m），精确到 1 m。

4.1.13 **经度**

种质原产地的经度，单位为度（°）和分（′）。格式为“DDDFF”，其中“DDD”为度，“FF”为分。东经为正值，西经为负值。

4.1.14 **纬度**

种质原产地的纬度，单位为度（°）和分（′）。格式为“DDFF”，其中“DD”为度，“FF”为分。北纬为正值，南纬为负值。

4.1.15 **来源地**

种质的来源国家、省、县或机构名称。

4.1.16 **系谱**

选育品种（系）的亲缘关系。

4.1.17 **选育单位**

选育品种(系)的单位名称或个人,单位名称应写全称。

4.1.18 **育成年份**

品种(系)培育成功的年份,通常为通过审定或正式发表的年份。

4.1.19 **选育方法**

品种(系)的育种方法。如人工杂交、实生选种或芽变选种等。

4.1.20 **种质类型**

种质资源的类型,分为:1. 野生资源;2. 地方品种;3. 选育品种;4. 品系;5. 特殊遗传材料;6. 其他。

4.1.21 **果实用途**

以收获果实为目的的种质资源的果实的主要用途,分为:1. 鲜食;2. 加工;3. 兼用。

4.1.22 **种质收集源**

种质收集地环境,分为:1. 野生;2. 农田;3. 庭院;4. 市场;5. 资源圃;6. 研究机构;7. 生产单位。

4.1.23 **收集材料类型**

种质收集时其收集的种质的材料类型,分为:1. 枝条;2. 叶片;3. 花粉;4. 果实(种子);5. 苗木;6. 组织培养材料。

4.1.24 **图像**

桃种质的图像文件名。文件名由该种质全国统一编号、连字符"-"和图像序号组成。图像格式为.jpg。

4.1.25 **观测地点**

种质观测的地点,记录到省和县名。如河南省长葛县。

4.2 **植物学特征**

4.2.1 **树型**

桃树按主枝基角的开张角度、树体高度和枝条的生长方向等表现出的姿态(见图1),分为:1. 开张型;2. 直立型;3. 柱型;4. 紧凑型;5. 矮化型;6. 垂枝型。

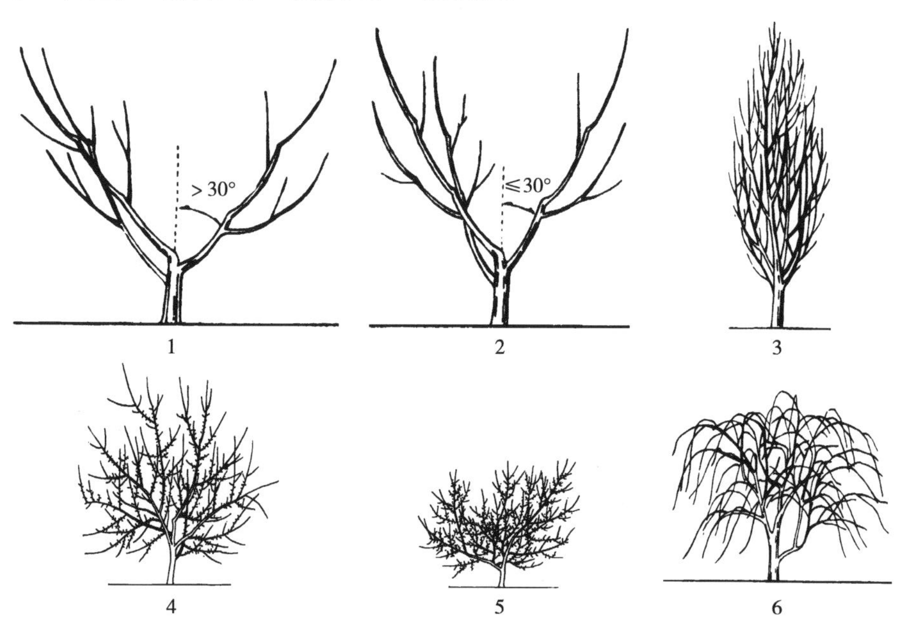

图1 树 型

4.2.2 **一年生枝颜色**

一年生长果枝中部向阳面颜色,分为:1. 绿;2. 红;3. 紫红。

4.2.3 **花芽茸毛多少**

花芽外鳞片表面覆盖的茸毛的多少(见图 2),分为:0. 无;1. 少;2. 中;3. 多。

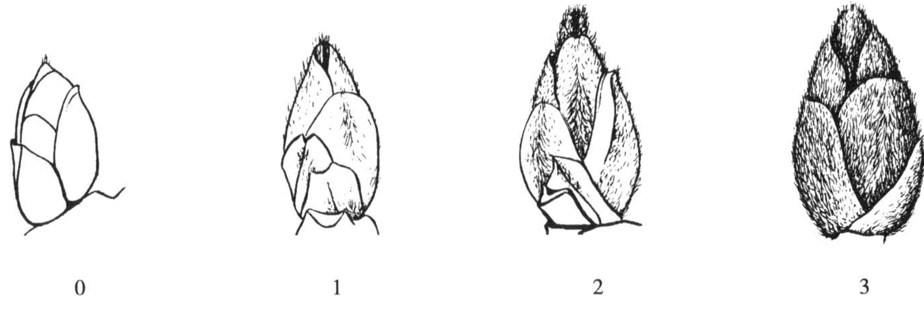

图 2 花芽茸毛多少

4.2.4 **叶片颜色**

树冠外围长果枝中部成熟叶片在夏季的颜色,分为:1. 绿;2. 黄绿;3. 红。

4.2.5 **秋叶色**

早秋叶片的颜色,分为:1. 绿;2. 仅叶脉红;3. 红。

4.2.6 **叶片形状**

叶片的形状(见图 3),分为:1. 狭叶形;2. 狭披针形;3. 宽披针形;4. 长椭圆披针形;5. 卵圆披针形。

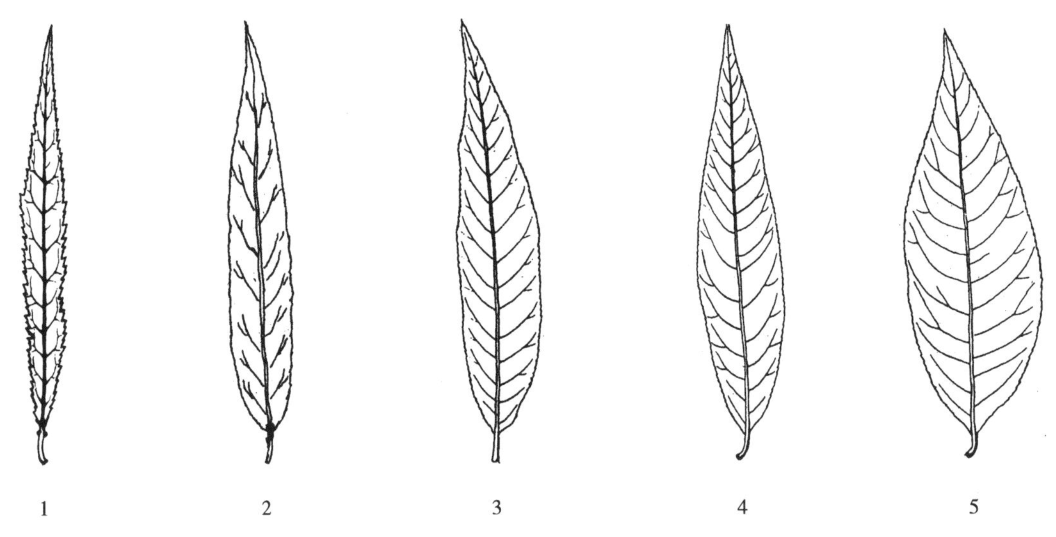

图 3 叶片形状

4.2.7 **叶尖形状**

叶片顶端的形状(见图 4),分为:1. 渐尖;2. 急尖。

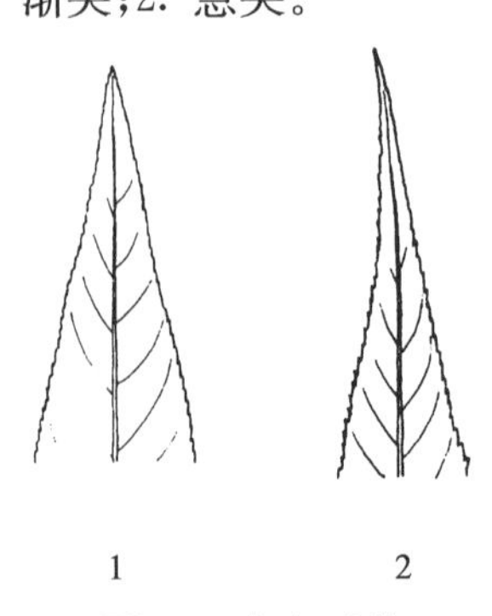

图 4 叶尖形状

4.2.8 叶基形状

叶片基部的形状(见图 5),分为:1. 尖形;2. 楔形;3. 广楔形。

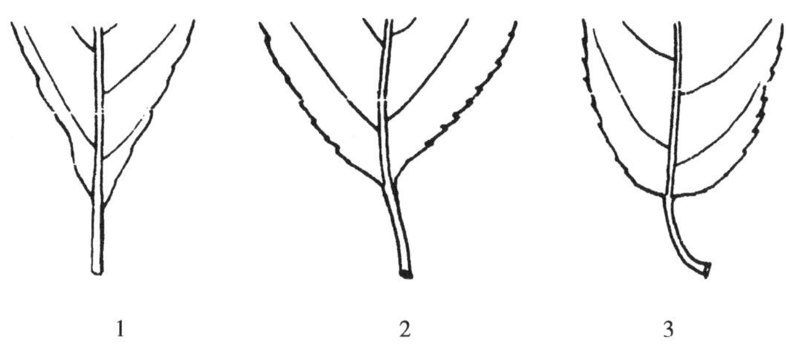

图 5 叶基形状

4.2.9 叶缘锯齿

叶片边缘锯齿的形状(见图 6),分为:1. 钝锯齿状;2. 粗锯齿状;3. 细锯齿状。

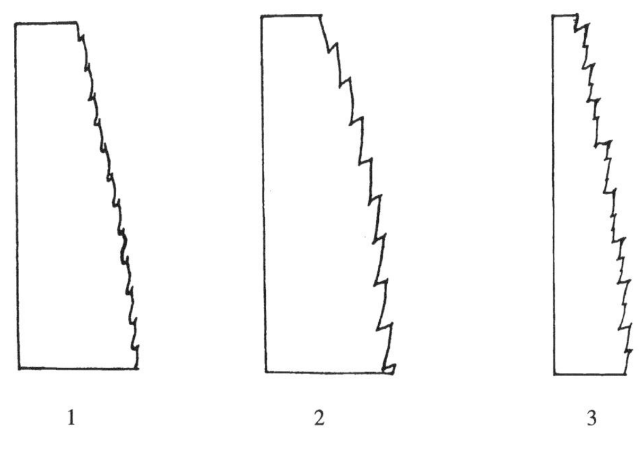

图 6 叶缘锯齿

4.2.10 叶腺形状

叶柄上颗粒状腺体的形状(见图 7),分为:1. 肾形;2. 圆形。

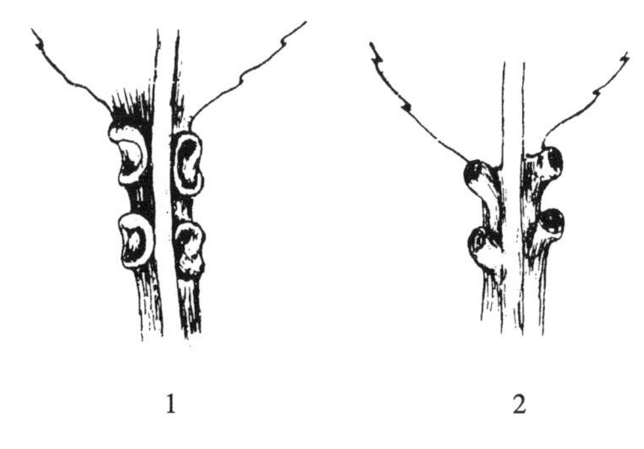

图 7 叶腺形状

4.2.11 叶腺数量

叶柄上叶腺的个数,单位为个。

4.2.12 侧脉末端分支形态

叶片上侧脉末端的分支形态(见图 8),分为:1. 分支;2. 不分支。

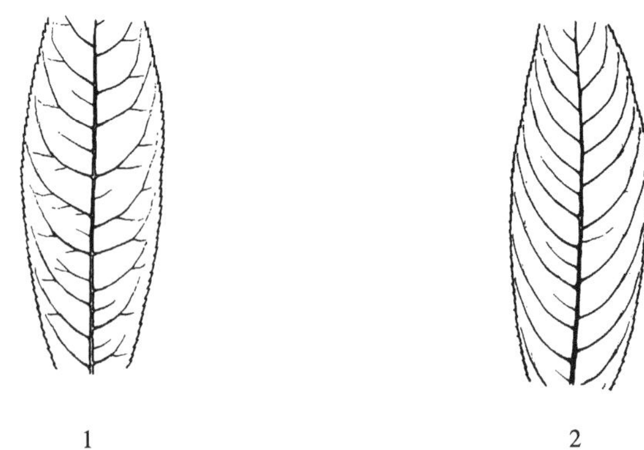

图 8 侧脉末端分支形态

4.2.13 叶片长

叶片叶基与叶尖之间最大的长度(见图 9),单位为厘米(cm)。

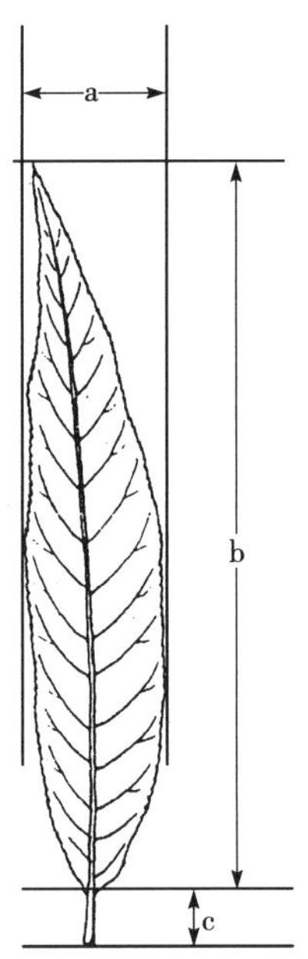

说明:

a——叶片宽;

b——叶片长;

c——叶柄长。

图 9 叶片长、叶片宽和叶柄长

4.2.14 叶片宽

叶片最宽处的宽度(见图 9),单位为厘米(cm)。

4.2.15 叶柄长

叶柄的长度(见图 9),单位为厘米(cm)。

4.2.16 花型

花朵盛开时呈现出的形状(见图 10),分为:1. 铃型;2. 蔷薇型;3. 菊花型。

4.2.17 花瓣类型

花朵盛开时呈现出的单瓣或重瓣性状,分为:1. 单瓣(花瓣数小于 10 瓣);2. 重瓣(花瓣数大于等于 10 瓣)。

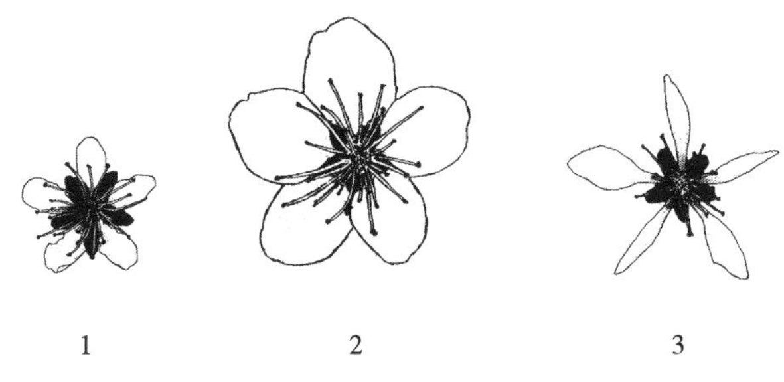

图 10 花 型

4.2.18 花瓣形状

花朵盛开时花瓣的形状(见图 11),分为:1. 倒卵圆形;2. 卵圆形;3. 椭圆形;4. 圆形;5. 披针形。

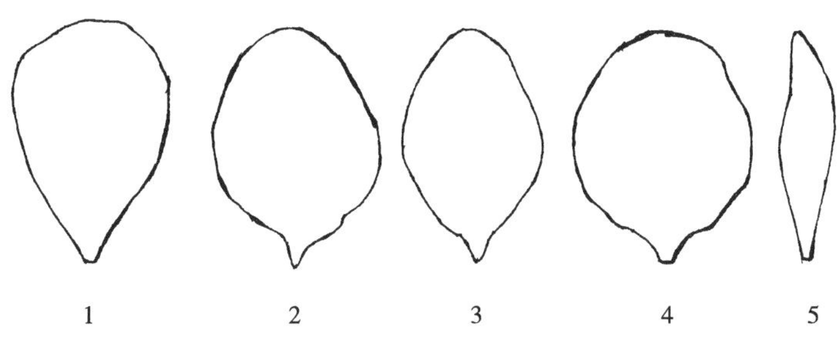

图 11 花瓣形状

4.2.19 花瓣颜色

花朵盛开时花瓣所呈现的颜色,分为:1. 白;2. 粉红;3. 红;4. 杂色。

4.2.20 花冠直径

花盛开时花冠的直径(见图 12),单位为厘米(cm)。

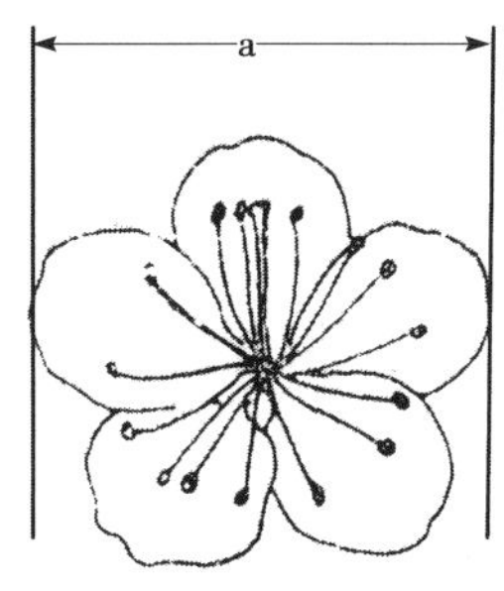

说明:

a——花冠直径。

图 12 花冠直径

4.2.21 雌雄蕊相对高度

花朵雌蕊高度与雄蕊高度的比较,分为:1. 低(雌蕊高度明显低于雄蕊高度);2. 等高(雌蕊与雄蕊等高或基本等高);3. 高(雌蕊高度明显高于雄蕊高度)。

4.2.22 花粉育性

花粉的有无,分为:1. 不稔(用手指触摸已开裂的花药,如果手指上没有花粉即为花粉不稔);2. 可育(用手指触摸已开裂的花药,如果手指上附有花粉即为花粉可育)。

4.2.23 萼筒内壁颜色

花朵盛开后期萼筒内壁所呈现的颜色,分为:1. 绿黄;2. 橙黄。

4.2.24 花药颜色

花朵刚刚开放,花药尚未开裂时的花药颜色,分为:1. 白;2. 黄;3. 浅褐;4. 橘红。

4.2.25 **染色体倍数**

体细胞内染色体倍数,如2倍体。

4.3 **生物学特性**

4.3.1 **叶芽膨大期**

叶芽鳞片开始分离,其间露出浅色痕迹的时间,以"年月日"表示,格式为"YYYYMMDD"。

4.3.2 **叶芽开放期**

叶芽鳞片裂开,顶端露出叶尖的时间,以"年月日"表示,格式为"YYYYMMDD"。

4.3.3 **始花期**

植株全树5%花完全开放的时间,以"年月日"表示,格式为"YYYYMMDD"。

4.3.4 **盛花期**

植株全树25%花完全开放的时间,以"年月日"表示,格式为"YYYYMMDD"。

4.3.5 **末花期**

植株全树75%花瓣变色,开始落瓣的时间,以"年月日"表示,格式为"YYYYMMDD"。

4.3.6 **展叶期**

植株5%叶芽的第一枚叶片铺平展开的时间,以"年月日"表示,格式为"YYYYMMDD"。

4.3.7 **果实成熟期**

全树25%果实成熟的时期,其大小、形状、颜色等表现出该品种固有的性状。以"年月日"表示,格式为"YYYYMMDD"。

4.3.8 **果实生育期**

盛花期至果实成熟期的天数,单位为天(d)。

4.3.9 **果实相对成熟期**

果实早于或迟于曙光成熟期的天数,早于用"—"表示,迟于用"+"表示,单位为天(d)。

4.3.10 **大量落叶期**

植株全株25%的叶片自然脱落的时间,以"年月日"表示,格式为"YYYYMMDD"。

4.3.11 **落叶终止期**

植株全株95%叶片脱落的时间,以"年月日"表示,格式为"YYYYMMDD"。

4.3.12 **生育期**

植株自叶芽萌动至落叶终止的天数,单位为天(d)。

4.3.13 **生长势**

在正常条件下植株生长所表现出的强弱程度,分为:1. 弱;2. 中;3. 强。

4.3.14 **干周**

植株距离地面20 cm~25 cm处主干的周长,单位为厘米(cm)。应注明树龄。

4.3.15 **节间长度**

长果枝(长度在30 cm~60 cm的果枝)中部节与节之间的平均长度,单位为厘米(cm)。

4.3.16 **结果枝百分率**

结果枝占总枝量的百分率,以百分率(%)表示。

4.3.17 **花束状结果枝百分率**

花束状结果枝(长度小于5 cm的结果枝)占总结果枝量的百分率,以百分率(%)表示。

4.3.18 **短果枝百分率**

短果枝(长度在5 cm~15 cm的结果枝)占总结果枝量的百分率,以百分率(%)表示。

4.3.19 中果枝百分率

中果枝(长度在 15 cm~30 cm 的结果枝)占总结果枝量的百分率,以百分率(%)表示。

4.3.20 长果枝百分率

长果枝(长度在 30 cm~60 cm 的结果枝)占总结果枝量的百分率,以百分率(%)表示。

4.3.21 徒长性结果枝百分率

徒长性结果枝(长度大于 60 cm 的结果枝)占总结果枝量的百分率,以百分率(%)表示。

4.3.22 花芽/叶芽

长果枝上全部花芽数量与叶芽数量的比率,以百分率(%)表示。

4.3.23 单花芽/复花芽

长果枝上单花芽(在枝条同一节上只着生一个花芽)数量与复花芽(在枝条同一节上着生 2 个或 2 个以上芽中至少有一个花芽数量的比率,以百分率(%)表示。

4.3.24 花芽起始节位

长果枝上,自基部开始,第一个花芽着生的节位,以节表示。

4.3.25 需冷量

打破桃树自然休眠所需要的 0℃~7.2℃的低温累计时数,单位为时(h),分为:1. 极短(需冷量<300 h);2. 短(300 h≤需冷量<600 h);3. 中(600 h≤需冷量<900 h);4. 长(900 h≤需冷量<1 200 h);5. 极长(需冷量≥1 200 h)。

4.4 产量性状

4.4.1 产量

单位面积上植株所负载果实的重量,单位为千克每 666.7 平方米(kg/666.7 m^2)。

4.4.2 自然授粉坐果率

在没有人工和其他辅助授粉措施下,植株的果实数占开花数的百分率,以百分率(%)表示。

4.4.3 自花授粉坐果率

同一品种内的授粉称自花授粉,植株自花授粉坐果数占开花数的百分率称自花授粉坐果率,以百分率(%)表示。

4.4.4 采前落果

果实成熟前因自身因素而非外界因素导致的落果,以百分率(%)表示。

4.5 果实性状

4.5.1 果实类型

桃果实的类型,分为:1. 普通桃(指表皮有茸毛的圆桃);2. 油桃(指表皮无茸毛的圆桃);3. 蟠桃(指果实形状扁平且表皮具有茸毛的桃);4. 油蟠桃(指果实形状扁平且表皮不具有茸毛的桃)。

4.5.2 果实形状

成熟果实的形状特征(见图 13),分为:1. 扁平;2. 扁圆;3. 圆;4. 椭圆;5. 卵圆;6. 尖圆。

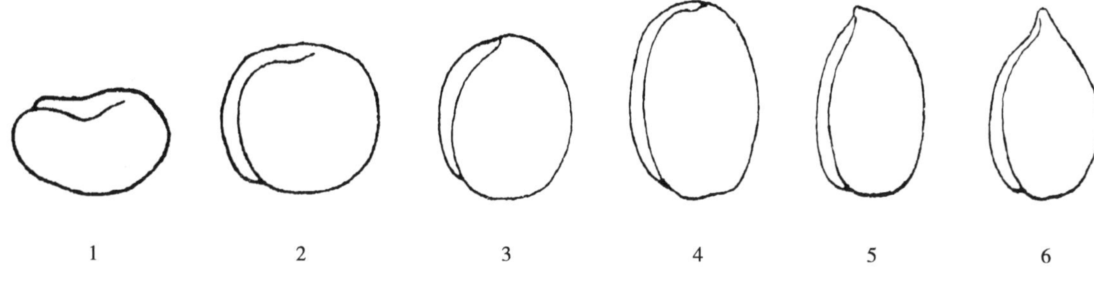

图 13 果实形状

4.5.3 果顶形状

成熟果实的顶部形状(见图 14),分为:1. 凹陷;2. 微凹;3. 圆平;4. 圆凸;5. 尖圆。

图 14 果顶形状

4.5.4 单果重

成熟果实的单个果实的重量,单位为克(g)。

4.5.5 果实纵径

成熟果实从顶部至底部的最大长度(见图 15),单位为厘米(cm)。

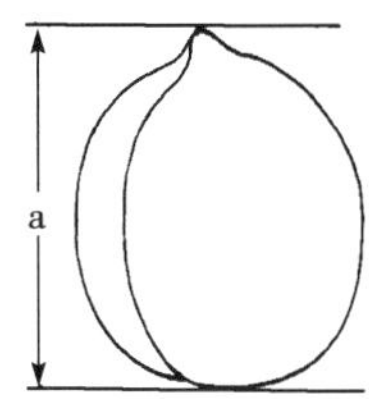

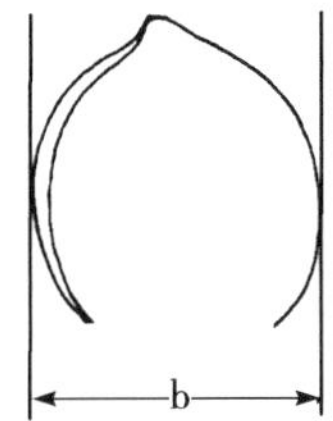

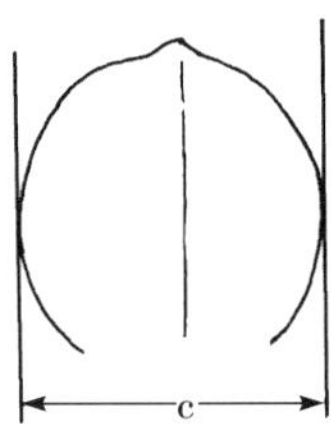

说明:

a——果实纵径;

b——果实横径;

c——果实侧径。

图 15 果实纵径、果实横径和果实侧径

4.5.6 果实横径

成熟果实平行缝合线截面的直径(见图 15),单位为厘米(cm)。

4.5.7 果实侧径

成熟果实垂直缝合线截面的直径(见图 15),单位为厘米(cm)。

4.5.8 缝合线深浅

成熟果实缝合线的深浅程度,分为:1. 浅;2. 中;3. 深。

4.5.9 果实对称性

果实缝合线两边部分的对称程度(见图 16),分为:1. 不对称;2. 对称。

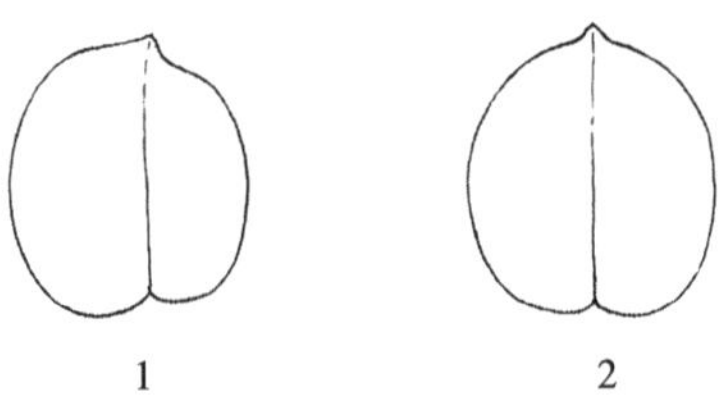

图 16 果实对称性

4.5.10 茸毛有无

果实表面茸毛的有无,分为:0. 无;1. 有。

4.5.11 茸毛密度

果实表面茸毛的疏密程度,分为:1. 稀;2. 中;3. 密。

4.5.12 **梗洼深度**

果实梗洼的深浅程度,分为:1. 浅;2. 中;3. 深。

4.5.13 **梗洼广度**

果实梗洼的宽窄程度,分为:1. 狭;2. 中;3. 广。

4.5.14 **果皮底色**

成熟果实果皮未着红色部分呈现出的颜色,分为:1. 乳白;2. 绿白;3. 绿;4. 乳黄;5. 黄;6. 橙黄。

4.5.15 **盖色深浅**

成熟果实果皮红色的深浅程度,分为:1. 浅红;2. 红;3. 深红。

4.5.16 **着色程度**

成熟果实果皮所着红色面积的大小,分为:0. 无(果面未着红色,即仅呈现底色);1. 少(果面红色面积<1/4);2. 中(1/4≤果面红色面积<3/4);3. 多(果面红色面积≥3/4)。

4.5.17 **着色类型**

成熟果实果皮所着红色的形态,分为:1. 斑点(呈点状);2. 条纹(呈条状);3. 晕(呈均匀或不均匀薄层或片状)。

4.5.18 **成熟度一致性**

果实在发育过程中,果实的各部分发育的快慢程度,分为:1. 不一致(果实各部分成熟度差异很大,包括果顶先熟.近核处先熟和缝合线先熟);2. 较一致(果实各部分成熟度差异不大);3. 一致(果实各部分成熟度一致)。

4.5.19 **果皮剥离难易度**

成熟果实果皮同果肉分离的难易程度,分为:1. 易(能将果皮剥离且果皮能与果肉完全分离);2. 难(能将果皮剥离但果皮上带有部分果肉);3. 不能(不能将果肉与果皮分离)。

4.5.20 **果肉颜色**

成熟果实果肉所呈现的颜色,分为:1. 白;2. 绿;3. 黄;4. 红。

4.5.21 **果肉红色素多少**

成熟果实果肉中红色的多少,分为:0. 无(果肉中无红色);1. 少(果肉中红色面积占总面积比例<1/4);2. 中(1/4≤果肉中红色面积占总面积比例<3/4);3. 多(果肉中红色面积占总面积比例≥3/4)。

4.5.22 **近核处红色素多少**

成熟果实果肉靠近果核处红色的多少,分为:0. 无(果肉近核处无红色);1. 少(果肉近核处红色所占比例<1/4);2. 中(1/4≤果肉近核处红色所占比例<3/4);3. 多(果肉近核处红色所占比例≥3/4)。

4.5.23 **裂果率**

成熟果实裂果数占调查果实数的百分率,以百分率(%)表示。

4.5.24 **核粘离性**

成熟果实果核和果肉可分离的程度,分为:1. 离(果核和果肉可以完全分离);2. 半离(果核和果肉可以部分分离);3. 粘(果核和果肉完全粘连)。

4.5.25 **鲜核颜色**

将成熟果实果肉同果核分离,此时果核所呈现的颜色,分为:1. 浅棕;2. 棕;3. 深棕;4. 红棕。

4.5.26 **鲜核重**

将成熟果实果核上的果肉完全去除后所称取的果核重量,单位为克(g)。

4.5.27 **核形状**

核的形状(见图 17),分为:1. 扁平;2. 圆;3. 近圆;4. 卵圆;5. 倒卵圆;6. 椭圆。

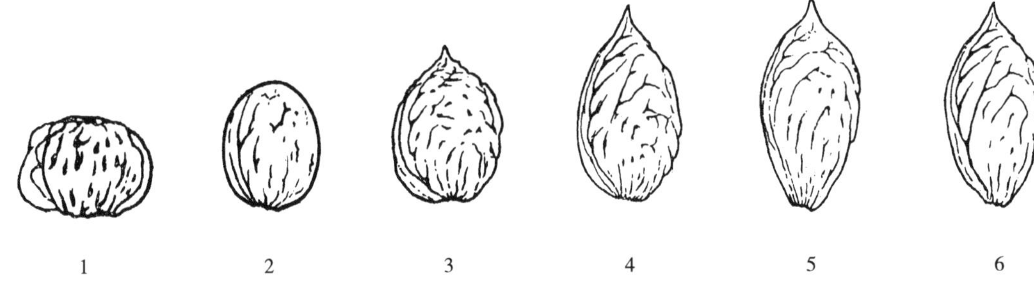

图 17　核形状

4.5.28　核长

从核的最底部到最顶端的长度(见图 18),单位为厘米(cm)。

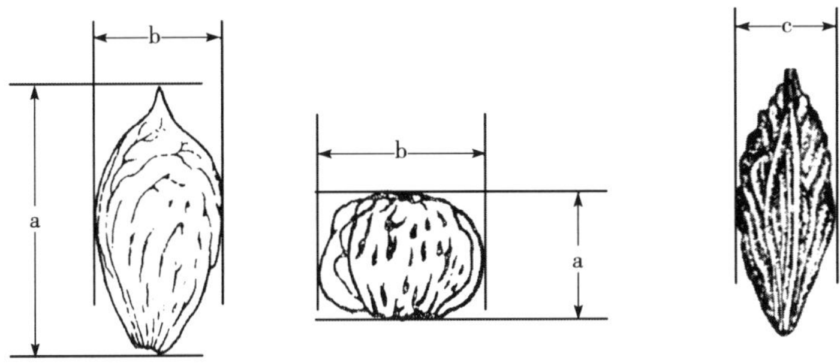

说明:
a——核长;
b——核宽;
c——核厚。

图 18　核长、核宽、核厚

4.5.29　核宽

核最宽部位的宽度(见图 18),单位为厘米(cm)。

4.5.30　核厚

核的厚薄程度,指桃核最厚部位的厚度(见图 18),单位为厘米(cm)。

4.5.31　核尖长

核顶部细尖的长度(见图 19),单位为毫米(mm)。

说明:
a——核尖长。

图 19　核尖长

4.5.32　核面光滑度

核表面的光滑程度(见图 20),分为:1. 光滑;2. 较粗糙;3. 粗糙。

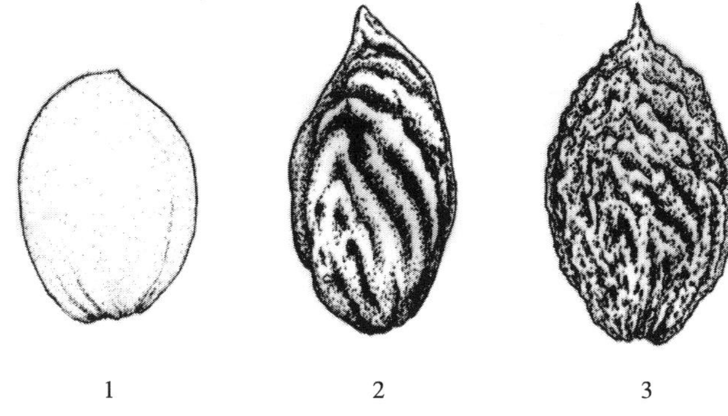

图 20　核面光滑度

4.5.33　**核纹多少**

核表面的纹理多少,包括点纹和沟纹(见图 20),分为:1. 少;2. 中;3. 多。

4.5.34　**裂核率**

成熟果实裂核果数占整个调查果数的百分率,以百分率(%)表示。

4.5.35　**核仁风味**

核仁的口感,分为:1. 苦;2. 甜。

4.5.36　**带皮硬度**

成熟果实具有果皮时单位面积所承受的试验压力,单位为千克每平方厘米(kg/cm^2)。

4.5.37　**去皮硬度**

成熟果实去除果皮时单位面积所承受的试验压力,单位为千克每平方厘米(kg/cm^2)。

4.5.38　**肉质**

成熟果实果肉的口感质地,分为:1. 绵(口感果肉汁液较少、粉质);2. 软溶质(口感果肉柔软多汁);3. 硬溶质(口感肉质的致密度介于软溶质和不溶质之间);4. 不溶质(口感果肉橡皮质)。

4.5.39　**风味**

成熟果实口感的甜酸味道,分为:1. 酸;2. 酸甜;3. 淡甜;4. 甜;5. 浓甜。

4.5.40　**汁液多少**

成熟果实果肉中汁液的多少,分为:1. 少;2. 中;3. 多。

4.5.41　**纤维多少**

成熟果实果肉中纤维的多少,分为:1. 少;2. 中;3. 多。

4.5.42　**香气**

成熟果实本身所释放出的芳香气味,分为:1. 淡;2. 中;3. 浓。

4.5.43　**可溶性固形物含量**

成熟果实单位重量果肉所含可溶性固形物的多少,以百分率(%)表示。

4.5.44　**可溶性糖含量**

成熟果实单位重量果肉所含可溶性糖的多少,以百分率(%)表示。

4.5.45　**可滴定酸含量**

成熟果实单位重量果肉所含可滴定酸的多少,以百分率(%)表示。

4.5.46　**类胡萝卜素含量**

成熟果实单位重量果肉中所含类胡萝卜素的多少,单位为毫克每千克(mg/kg)。

4.5.47　**单宁含量**

成熟果实单位重量果肉中所含单宁的多少，单位为毫克每千克(mg/kg)。

4.5.48 鲜食品质综合评价

鲜果口感品质的综合评价，分为：1. 下；2. 中下；3. 中；4. 中上；5. 上。

4.5.49 常温储藏性

商品果在25℃左右、相对湿度70%左右的环境内储藏，其食用品质基本保持不变的特性，分为：1. 差(储藏期＜4 d)；2. 中(4 d≤储藏期＜7 d)；3. 强(储藏期≥7 d)。

4.5.50 原料利用率

装罐净果肉重量占投料重量的百分数，用于制罐品种，以百分率(%)表示。

4.5.51 罐藏品质综合评价

果实加工成罐头后，对其成品色泽、风味、块形等综合质量的评价，分为：1. 下；2. 中；3. 上。

4.5.52 出汁率

单位果实重量的出浆量，用于制汁品种，以百分率(%)表示。

4.5.53 制汁品质综合评价

果实加工成果汁后，对其成品色泽、风味、均匀状态等综合质量的评价，分为：1. 下；2. 中下；3. 中；4. 中上；5. 上。

4.6 抗性性状

4.6.1 耐寒性

桃种质植株忍受低温的能力，用萌芽法的低温半致死温度表示，分为：1. 极强(半致死温度＜－26℃)；2. 强(－26℃≤半致死温度＜－23℃)；3. 中(－23℃≤半致死温度＜－20℃)；4. 弱(－20℃≤半致死温度＜－17℃)；5. 极弱(半致死温度≥－17℃)。

4.6.2 耐涝性

桃种质砧木忍受多湿水涝的能力，用苗期忍受土壤湿涝的能力涝害指数表示，分为：1. 极强(涝害指数＜30)；2. 强(30≤涝害指数＜50)；3. 中(50≤涝害指数＜60)；4. 弱(60≤涝害指数＜70)；5. 极弱(涝害指数≥70)。

4.6.3 桃蚜抗性

桃种质对桃蚜(*Myzus persicae* Sulzer)的抗性强弱，用虫害指数表示，分为：1. 高抗(虫害指数＜20)；2. 抗(20≤虫害指数＜40)；3. 中抗(40≤虫害指数＜60)；4. 感(60≤虫害指数＜80)；5. 高感(虫害指数≥80)。

4.6.4 南方根结线虫抗性

桃种质对南方根结线虫(*Meloidogyne incognita* Kofoid & White)的抗性强弱，用根结指数表示，分为：0. 免疫(根结指数=0)；1. 高抗(0＜根结指数＜5)；2. 抗(5≤根结指数＜10)；3. 中抗(10≤根结指数＜20)；4. 感(20≤根结指数＜25)；5. 高感(根结指数≥25)。

4.6.5 根癌病抗性

桃种质对根癌病[*Agrobacterium tumefaciens* (S & T)Conn.]的抗性强弱，用人工接种瘤发生的个数表示，分为：1. 高抗(没有结瘤或只有1个结瘤且瘤体积极小)；2. 抗(只有1个结瘤但瘤体积较小)；3. 中抗(有1个结瘤且瘤体积较大)；4. 感(有2个～3个结瘤)；5. 高感(有3个以上结瘤)。

4.6.6 流胶病抗性

桃种质对流胶病的抗性强弱，用病害指数表示，分为：1. 高抗(病害指数＜16)；2. 抗(16≤病害指数＜20)；3. 中抗(20≤病害指数＜35)；4. 感(35≤病害指数＜50)；5. 高感(病害指数≥50)。

ICS 67.080.10
B 31

中华人民共和国农业行业标准

NY/T 2924—2016

李种质资源描述规范

Descriptors for plum germplasm resources

2016-10-26 发布　　2017-04-01 实施

中华人民共和国农业部　发布

前　　言

本标准按照 GB/T 1.1—2009 给出的规则起草。

本标准由农业部种植业管理司提出。

本标准由全国果品标准化技术委员会(SAC/TC 510)归口。

本标准起草单位:中国农业科学院茶叶研究所、辽宁省果树科学研究所。

本标准主要起草人:刘硕、刘威生、熊兴平、刘宁、江用文、章秋平、徐铭、张玉萍、刘有春、张玉君、马小雪、徐凌、才丰。

李种质资源描述规范

1 范围

本标准规定了李属李亚属(*Prunus* Subgenus. *Prunus* Mill.)种质资源的描述内容和描述方法。

本标准适用于李种质资源的描述。

2 规范性引用文件

下列文件对于本文件的应用是必不可少的。凡是注日期的引用文件,仅注日期的版本适用于本文件。凡是不注日期的引用文件,其最新版本(包括所有的修改单)适用于本文件。

GB/T 2659 世界各国和地区名称代码

GB/T 2260 中华人民共和国行政区划代码

NY/T 1308 农作物种质资源鉴定技术规程 李

NY/T 2027 农作物优异种质资源评价规范 李

ISO 3166 国际标准化国家代码

3 描述内容

描述内容见表1。

表1 李种质资源描述内容

描述类别	描 述 内 容
基本信息	全国统一编号、引种号、采集号、种质名称、种质外文名、科名、属名、学名、原产国、原产省、原产地、海拔、经度、纬度、来源地、系谱、选育单位、育成年份、选育方法、种质类型、图像、观测地点
植物学特征	树姿、一年生枝颜色、一年生枝着生状态、皮孔大小、皮孔密度、叶面状态、叶片颜色、叶脊部茸毛、叶形、叶尖、叶尖长短、叶缘锯齿类型、叶缘裂刻深浅、叶基、叶片长度、叶片宽度、叶形指数、叶柄长度、叶柄腺形状、叶柄腺数、花瓣类别、花瓣颜色、花萼颜色、每芽花朵数、染色体数目
生物学特性	生长势、萌芽率、成枝力、一年生枝长度、一年生枝直径、节间长度、花簇枝比例、花束状果枝比例、短果枝比例、中果枝比例、长果枝比例、花芽和叶芽比、花芽萌动期、始花期、盛花期、落花期、展叶期、果实发育期、成熟期、落叶期、营养生长期、需冷量、矮化程度
产量性状	始果年龄、完全花百分率、自然坐果率、自花坐果率、生理落果程度、采前落果程度、丰产性、单果重
果实性状	果实整齐度、果形、果实对称性、果顶形状、果尖有无、缝合线深浅、梗洼深度、梗洼广狭程度、果梗长度、果粉厚度、果皮底色、果皮盖色、果面着色程度、果点大小、果点密度、果实纵径、果实横径、果实侧径、硬度、果皮剥离难易、果肉颜色、果肉汁液、果肉质地、纤维、风味、涩味、香气、异味、鲜食品质、可溶性固形物、可溶性糖、可滴定酸、维生素C含量、裂果率、低温耐储性、核黏离性、核鲜重、核形、核面光滑度、用途
抗性性状	抗寒性、细菌性穿孔病、流胶病抗性、褐腐病抗性、小蠹虫抗性、红颈天牛抗性

4 描述方法

4.1 基本信息

4.1.1 全国统一编号

种质的唯一标志号,李种质资源的全国统一编号由“LC”加5位顺序号组成。按照农作物种质资源管理办法执行。

4.1.2 引种号

李种质从国外引入时赋予的编号。由“年份”加“4 位顺序号”顺次连续组合而成，“年份”为 4 位数，“4 位顺序号”每年分别编号，每份引进种质具有唯一的引种号。

4.1.3 采集号

李种质在国内野外收集或采集时赋予的编号，由“年份”和“4 位顺序号”顺次连续组合而成。“年份”为 4 位数，“4 位顺序号”每年分别编号。

4.1.4 种质名称

李种质的中文名称。国内种质的原始名称，如果有多个名称，可以放在括号内，用逗号分隔。国外引进种质如果没有中文译名，可以直接用种质的外文名。

4.1.5 种质外文名

国外引进种质的外文名或国内种质的汉语拼音名。国内种质中文名称为 3 字(含 3 字)以下的，所有汉字拼音连续组合在一起，首字母大写；中文名称为 4 字(含 4 字)以上的，以词组为单位，首字母大写。

4.1.6 科名

李属蔷薇科(Rosaceae)李亚科(Prunoideae)用拉丁名加英文括号内的中文名组成。

4.1.7 属名

李种质在植物分类学上的属名。按照植物学分类，李为李属(*Prunus* L.)

4.1.8 学名

李种质资源在植物分类学上的学名。如中国李的学名为 *Prunus salicina* Lindl.

4.1.9 原产国

李种质原产国家名称、地区名称或国际组织名称。国家和地区名称按照 GB/T 2659 和 ISO 3166 的规定执行，如该国家已不存在，应在原国家名称前加“原”，如“原苏联”。国际组织名称用该组织的正式英文缩写。

4.1.10 原产省

李种质原产省份名称，省份名称按照 GB/T 2260 的规定执行；国外引进种质原产省用原产国家一级行政区的名称。

4.1.11 原产地

国内李种质的原产县、乡、村名称，县名按照 GB/T 2260 的规定执行。

4.1.12 海拔

李种质原产地的海拔高度，单位为米(m)，精确到 1 m。

4.1.13 经度

李种质原产地的经度，单位为度(°)和分(′)。格式为“DDDFF”，其中“DDD”为度，“FF”为分。东经为正值，西经为负值。

4.1.14 纬度

李种质原产地的纬度，单位为度(°)和分(′)。格式为“DDFF”，其中“DD”为度，“FF”为分。北纬为正值，南纬为负值。

4.1.15 来源地

李种质引入时的来源国家、省、县、地区名称或国际机构名称。

4.1.16 系谱

李选育品种(系)的亲缘关系。

4.1.17 选育单位

选育品种(系)的单位名称或个人,单位名称应写全称。

4.1.18 育成年份

品种(系)培育成功的年份,通常为通过审定或正式发表的年份。

4.1.19 选育方法

1. 人工杂交;2. 实生选育;3. 芽变;4. 其他。

4.1.20 种质类型

李树种质资源的类型分为:1. 野生资源;2. 地方品种;3. 选育品种;4. 品系;5. 其他。

4.1.21 图像

李种质的图像文件名。文件名由该种质全国统一编号、连字符"—"和图像序号组成。图像格式为 .jpg。如有多个图像文件,图像文件名用分号分隔。

4.1.22 观测地点

种质植物资源的观测地点,记录到省和县名。

4.2 植物学特征

4.2.1 树姿

未整形时植株自然分枝习性,分为:1. 直立;2. 半开张;3. 开张;4. 下垂。

4.2.2 一年生枝颜色

树冠外围一年生枝条中部向阳面的表皮颜色,分为:1. 绿;2. 黄褐;3. 红褐;4. 褐;5. 紫红。

4.2.3 一年生枝着生状态

树冠外围枝条生长的倾斜程度,分为:1. 直立;2. 斜生;3. 下垂。

4.2.4 皮孔大小

树冠外围一年生枝条中部皮孔的大小,分为:1. 小;2. 中;3. 大。

4.2.5 皮孔密度

树冠外围一年生枝条中部单位面积皮孔的疏密程度,分为:1. 稀;2. 中;3. 密。

4.2.6 叶面状态

树冠外围中部着生的完整的成熟叶片(见图 1),分为:1. 平展;2. 卷曲;3. 皱缩。

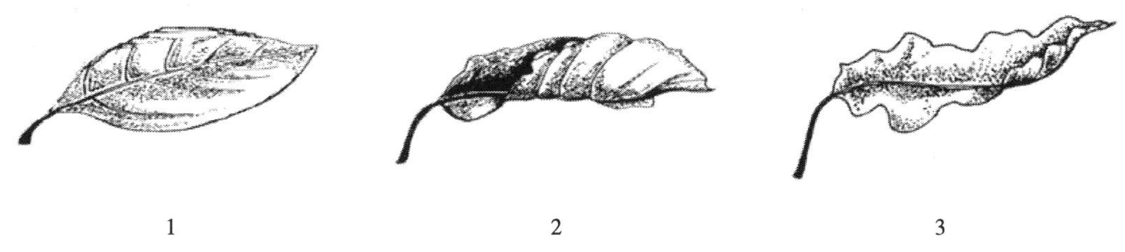

图 1 叶面状态

4.2.7 叶片颜色

树冠外围新梢中部成熟叶片颜色,分为:1. 浅绿;2. 绿;3. 深绿;4. 紫红。

4.2.8 叶脊部茸毛

树冠外围新梢中部成熟叶片脊部是否着生茸毛,分为:0. 无;1. 少;2. 中;3. 多。

4.2.9 叶形

树冠外围新梢中部成熟叶片的形状。参照图 2 确定叶形,分为:1. 披针形;2. 倒披针形;3. 狭椭圆形;4. 椭圆形;5. 卵形;6. 倒卵形。

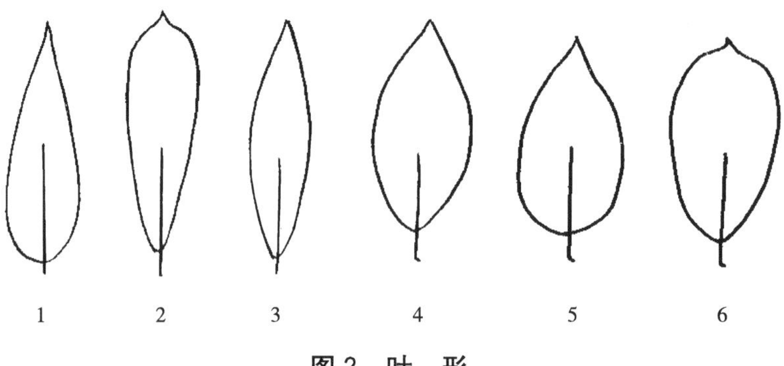

图2 叶 形

4.2.10 叶尖

树冠外围新梢中部成熟叶片尖端的形状,分为:1. 钝尖;2. 渐尖;3. 急尖;4. 短突尖;5. 长突尖。

4.2.11 叶尖长短

外围新梢中部成熟叶片尖端长度,分为:1. 非常短或缺失;2. 短;3. 中;4. 长。

4.2.12 叶缘锯齿类型

叶片上半部位边缘的锯齿类型(见图 3),分为:1. 钝齿;2. 粗锯齿;3. 细锯。

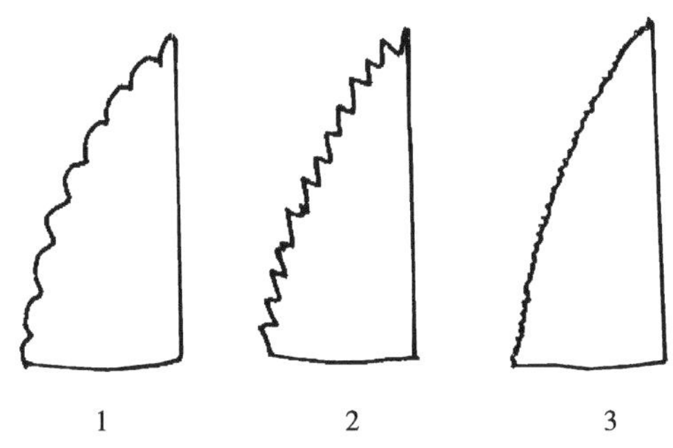

图 3 叶缘锯齿类型

4.2.13 叶缘裂刻深浅

叶片上半部位边缘的裂刻深度,分为:1. 浅;2. 中;3. 深。

4.2.14 叶基

外围新梢中部成熟叶片基部的形状(见图 4),分为:1. 狭楔形;2. 楔形;3. 圆形。

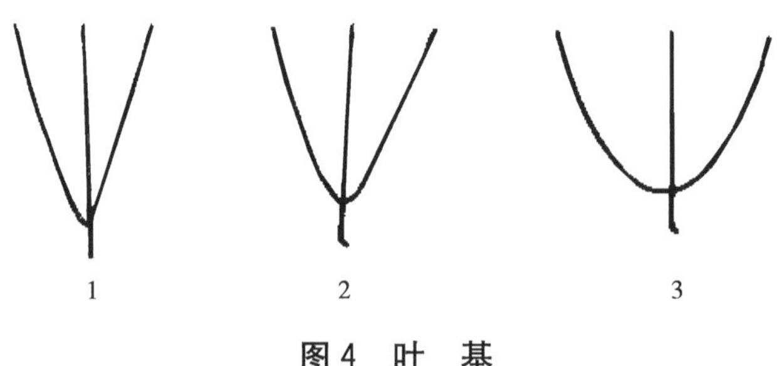

图4 叶 基

4.2.15 叶片长度

外围新梢中部成熟叶片的长度。从叶基切线至叶尖基部的长度,结果以平均值表示,单位为厘米(cm)。

4.2.16 叶片宽度

外围新梢中部成熟叶片最宽处的长度,结果以平均值表示,单位为厘米(cm)。

4.2.17 **叶形指数**

根据叶片长度和叶片宽度测量结果计算叶片长/宽的比值,保留一位小数。

4.2.18 **叶柄腺形状**

外围新梢中部成熟叶片叶柄上腺体着生的形状(见图 5),分为:1. 圆形;2. 肾形。

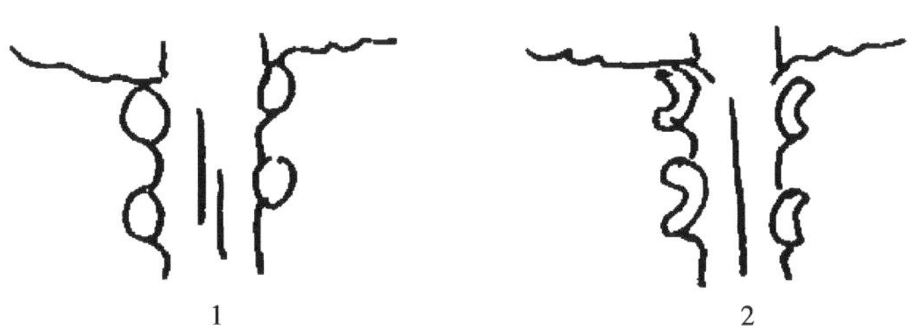

图 5 叶柄腺形状

4.2.19 **叶柄腺数**

围新梢中部成熟叶片叶柄上着生腺体的多少,分为:1. 少(0 个~1 个);2. 中(2 个~3 个);3. 多(4 个以上)。

4.2.20 **花瓣类别**

盛花期花瓣的重瓣性,分为:1. 单瓣;2. 重瓣。

4.2.21 **花瓣颜色**

盛花期花瓣的颜色,分为:1. 白;2. 浅粉红;3. 深粉红。

4.2.22 **花萼颜色**

盛花期花萼的颜色,分为:1. 黄绿;2. 淡绿;3. 绿;4. 黄红;5. 红色。

4.2.23 **每芽花朵数**

短果枝或花束状果枝中部每芽的花朵数量,单位为朵。

4.2.24 **染色体倍性**

表示体细胞的染色体倍数,分为:1. $2n=2x=16$;2. $2n=4x=32$;3. $2n=6x=48$。

4.3 **生物学特性**

4.3.1 **生长势**

植株生长势的强弱,分为:3. 弱;5. 中;7. 强。

4.3.2 **萌芽率**

树冠外围一年生枝条上萌芽数占总芽数的百分率,结果以百分率(%)表示。

4.3.3 **成枝力**

树冠外围一年生枝条上芽萌发抽生 30 cm 以上的长枝数量占萌芽数的百分率,结果以百分率(%)表示。

4.3.4 **一年生枝长度**

树冠外围一年生枝平均长度,单位为厘米(cm)。

4.3.5 **一年生枝直径**

树冠外围一年生枝条基部向上 5 cm 处的平均直径,单位为厘米(cm)。

4.3.6 **节间长度**

树冠外围一年生枝条中部节间平均长度,单位为厘米(cm)。

4.3.7 **花簇枝比例**

休眠期,长度<1 cm 果枝占总结果枝的百分率,以百分率(%)表示。

4.3.8 **花束状果枝比例**

休眠期,长度<5 cm 的果枝数占总枝数的百分率,以百分率(%)表示。

4.3.9 **短果枝比例**

休眠期,长度在 5 cm~15 cm 的果枝数占总枝数的百分率,以百分率(%)表示。

4.3.10 **中果枝比例**

休眠期,长度在 15 cm~30 cm 的果枝数占总枝数的百分率,以百分率(%)表示。

4.3.11 **长果枝比例**

休眠期,长度>30 cm 的果枝数占总枝数的百分率,以百分率(%)表示。

4.3.12 **花芽和叶芽比**

结果枝组上花芽占叶芽的百分率,以百分率(%)表示。

4.3.13 **花芽萌动期**

整株树约有 5%花芽鳞片开裂的日期,以"年月日"表示,格式"YYYYMMDD"。

4.3.14 **始花期**

整株树约有 5%花朵开放的日期,以"年月日"表示,格式"YYYYMMDD"。

4.3.15 **盛花期**

整株树约有 25%花朵开放的日期,以"年月日"表示,格式"YYYYMMDD"。

4.3.16 **落花期**

整株树约有 75%花朵开放开始脱落的日期,以"年月日"表示,格式"YYYYMMDD"。

4.3.17 **展叶期**

整株树约有 25%左右的叶芽第一片叶展开日期,以"年月日"表示,格式"YYYYMMDD"。

4.3.18 **果实发育期**

从盛花期到全树约有 75%的果实达到鲜食成熟的天数,单位为天(d)。

4.3.19 **成熟期**

整株树约有 75%的果实达到正常的大小并表现出品种固有特性的日期,以"年月日"表示,格式"YYYYMMDD"。

4.3.20 **落叶期**

整株树约有 50%叶片开始正常脱落的日期,以"年月日"表示,格式"YYYYMMDD"。

4.3.21 **营养生长期**

从叶芽萌动至落叶的天数,单位为天(d)。

4.3.22 **需冷量**

树体正常通过自然休眠所需的低温累积量,单位为时(h)。

4.3.23 **矮化程度**

植株在正常生长条件下,与标准植株相比的矮小程度,分为:1. 矮化;2. 半矮化;3. 乔化。

4.4 **产量性状**

4.4.1 **始果年龄**

50%以上植株开始结果的年龄,分为:1. 早(≤2 年);2. 中(3 年);3. 晚(≥4 年)。

4.4.2 **完全花百分率**

完全花占总花数的百分率,以百分率(%)表示。

4.4.3 **自然坐果率**

自然状态下,坐果数占总花朵数的百分率,以百分率(%)表示。

4.4.4 **自花坐果率**

同一资源内授粉后，坐果数占总花朵数的百分率，以百分率(%)表示。

4.4.5 生理落果程度

果实因生理上的原因形成离层而引起果实脱落的程度，分为：1. 轻；2. 中；3. 重。

4.4.6 采前落果程度

生理落果后，采收前表现的落果程度，分为：1. 轻；2. 中；3. 重。

4.4.7 丰产性

正常年份树干单位横截面积的产量，单位为千克每平方米(kg/m²)。

4.4.8 单果重

果实成熟时，平均单果重。单位为克(g)。根据果实单果重确定果实大小，分为：1. 极小(20 g<单果重)；2. 小(20 g≤单果重<30 g)；3. 中(30 g≤单果重<60 g)；4. 大(60 g≤单果重<90 g)；5. 极大(90 g≤单果重)。

4.5 果实性状

4.5.1 果实整齐度

成熟果实的整齐程度，包括颜色、大小和形状等，分为：1. 整齐；2. 一般；3. 不整齐。

4.5.2 果形

成熟果实本身固有的形状，采用目测的方法面对缝合线(见图 6)，分为：1. 扁圆；2. 圆；3. 卵圆；4. 椭圆；5. 心脏形；6. 长椭圆。

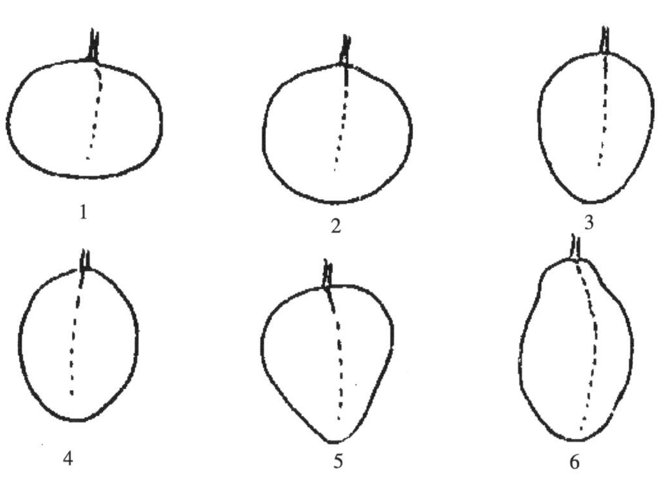

图6 果 形

4.5.3 果实对称性

正常成熟果实缝合线两侧片肉的对称程度，分为：1. 对称；2. 较对称；3. 不对称。

4.5.4 果顶形状

成熟果实顶部的形状(见图 7)，分为：1. 凹入；2. 平；3. 圆凸；4. 尖圆。

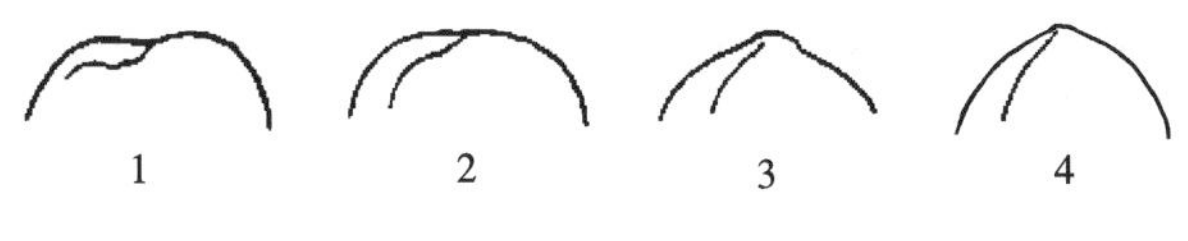

图7 果顶形状

4.5.5 果尖有无

果实顶部是否具有果尖，分为：0. 无；1. 有。

4.5.6 缝合线深浅

成熟果实缝合线的深浅程度，分为：1. 浅；2. 中；3. 深。

4.5.7 **梗洼深度**

成熟果实梗洼处的深浅程度，分为：1. 浅；2. 中；3. 深。

4.5.8 **梗洼广狭程度**

成熟果实梗洼处的广狭程度，分为：1. 狭；2. 中；3. 广。

4.5.9 **果梗长度**

成熟果实果梗的长度，单位为厘米(cm)。

4.5.10 **果粉厚度**

成熟果实表面果粉的有无和厚度，分为：0. 无；1. 薄；2. 中；3. 厚。

4.5.11 **果皮底色**

成熟果实未着色时果皮的颜色，分为：1. 淡黄；2. 黄；3. 绿黄；4. 黄绿；5. 淡绿；6. 绿。

4.5.12 **果面盖色**

成熟果实呈现的不同于底色的颜色，分为：0. 无；1. 黄；2. 橙黄；3. 粉红；4. 红；5. 紫红；6. 蓝；7. 蓝黑；8. 紫黑。

4.5.13 **果面着色程度**

果面着生彩色面积的多少程度，分为：1. 极少；2. 少(1/4)；3. 中(2/4 至 3/4)；4. 多(大于 3/4)。

4.5.14 **果点大小**

成熟果实表皮果点大小程度，分为：3. 小；5. 中；7. 大。

4.5.15 **果点密度**

成熟果实表皮果点疏密程度，分为：3. 疏；5. 中；7. 密。

4.5.16 **果实纵径**

成熟果实从顶部至底部的最大距离，单位为厘米(cm)。

4.5.17 **果实横径**

成熟果实横切面的最大宽度，单位为厘米(cm)。

4.5.18 **果实侧径**

成熟果实侧切面的最大高度，单位为厘米(cm)。

4.5.19 **硬度**

成熟果实阳面近胴部的部位单位面积所能承受的压力，包括带皮果实的硬度、去皮果实的硬度，单位为千克每平方厘米(kg/cm^2)。

4.5.20 **果皮剥离难易**

果皮与果肉剥离的难易程度，分为：1. 易；2. 难。

4.5.21 **果肉颜色**

成熟期果肉的颜色，分为：1. 乳白；2. 淡黄；3. 黄；4. 橙黄；5. 黄绿；6. 绿；7. 红；8. 紫红。

4.5.22 **果实汁液**

成熟果实果肉组织中所具有的汁液，分为：1. 少；2. 中；3. 多。

4.5.23 **果肉质地**

成熟果实果肉质地的松紧、韧脆等程度，分为：1. 松软；2. 松脆；3. 硬脆；4. 硬；5. 硬韧。

4.5.24 **纤维**

成熟果实中果肉含有纤维的多少，分为：1. 少；2. 中；3. 多。

4.5.25 **风味**

成熟果实果肉的口感的甜酸味道，分为：1. 甜；2. 酸甜；3. 甜酸；4. 酸。

4.5.26 **涩味**

成熟果实果肉具有的涩味，分为：0. 无；1. 轻；2. 重。

4.5.27 **香气**

成熟果实中挥发性芳香气味浓淡程度，分为：0. 无；1. 微；2. 中；3. 浓。

4.5.28 **异味**

成熟果实果肉异味有无，分为：0. 无；1. 有。

4.5.29 **鲜食品质**

对成熟果实的风味、口感等综合评价，分为：1. 下；2. 中下；3. 中；4. 中上；5. 上。

4.5.30 **可溶性固形物**

成熟果实果肉中可溶性固形物含量的百分率，以百分率(%)表示。

4.5.31 **可溶性糖**

成熟果实果肉中可溶性糖的含量，以百分率(%)表示。

4.5.32 **可滴定酸**

成熟果实果肉中可滴定酸的含量，以百分率(%)表示。

4.5.33 **维生素 C 含量**

成熟果实 100 g 鲜果肉中维生素 C 的含量，单位为毫克每百克(mg/100 g)。

4.5.34 **裂果率**

果实膨大期发生的裂果数占总果数的百分率，以百分率(%)表示。

4.5.35 **低温耐储性**

果实在低温条件下保果实具有商品性的储藏能力。按照 NY/T 1308 的规定执行，分为：1. 强；2. 中；3. 弱。

4.5.36 **核黏离性**

果肉与果核黏结的程度，分为：1. 黏；2. 半离；3. 离。

4.5.37 **核鲜重**

成熟果实的新鲜果核的重量，单位为克(g)。

4.5.38 **核形**

果核的形状(见图 8)，分为：1. 扁圆；2. 圆；3. 卵圆；4. 倒卵圆；5. 椭圆；6. 长圆。

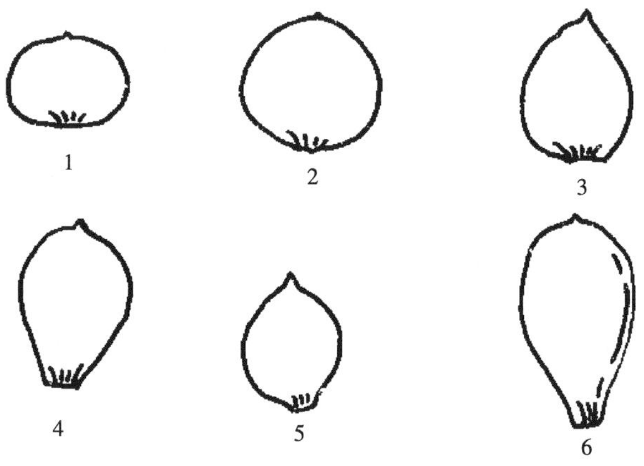

图 8 核 形

4.5.39 **核面光滑度**

果核表面的光滑程度，分为：1. 平滑；2. 较平滑；3. 粗糙。

4.5.40 用途

按果实品质特性确定的最适用途，分为：1. 鲜食；2. 制干；3. 蜜饯；4. 酱；5. 罐头；6. 话李；7. 果汁；8. 果酒。

4.6 抗性

4.6.1 抗寒性

休眠期植株对低温的忍耐或抵抗能力。按照 NY/T 2027 的规定执行，分为：3. 弱；5. 中；7. 强。

4.6.2 细菌性穿孔病抗性

植株对细菌性穿孔病（*Xanthomonas campestris* pv. *pruni*）的抗性强弱。按 NY/T 2027 的规定执行，分为：3. 抗（R）；5. 中抗（MR）；7. 感（S）。

4.6.3 流胶病抗性

植株对流胶病的抗性强弱。按照 NY/T 2027 的规定执行，分为：3. 抗病（R）；5. 中抗（MR）；7. 感（S）。

4.6.4 褐腐病抗性

植株对褐腐病［*Monilinia fructicola*（Wint.）Honey］的抗性强弱。按照 NY/T 2027 的规定执行，分为：3. 抗病（R）；5. 中抗（MR）；7. 感（S）。

4.6.5 小蠹虫抗性

植株对小蠹虫（*Scolytus japonicus* Chap.）的抗性强弱。按照 NY/T 2027 的规定执行，分为：3. 抗（R）；5. 中抗（MR）；7. 感（S）。

4.6.6 红颈天牛抗性

植株对红颈天牛［*Aromia bungii*（Faldermann）］的抗性强弱。按照 NY/T 2027 的规定执行，分为：3. 抗（R）；5. 中抗（MR）；7. 感（S）。

ICS 67.080.10
B 31

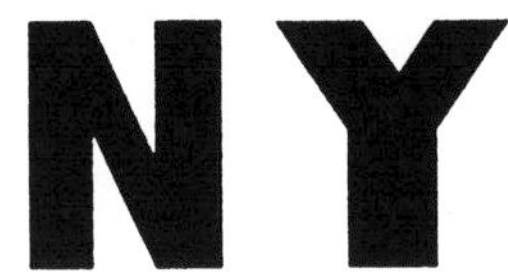

中华人民共和国农业行业标准

NY/T 2925—2016

杏种质资源描述规范

Descriptors for apricot germplasm resources

2016-10-26 发布　　2017-04-01 实施

中华人民共和国农业部　发布

前　言

本标准按照 GB/T 1.1—2009 给出的规则起草。

本标准由农业部种植业管理司提出。

本标准由全国果品标准化技术委员会(SAC/TC 510)归口。

本标准起草单位:辽宁省果树科学研究所、中国农业科学院茶叶研究所。

本标准主要起草人:章秋平、刘威生、熊兴平、刘宁、江用文、魏潇、刘硕、徐铭、张玉萍。

杏种质资源描述规范

1 范围

本标准规定了李属杏亚属(*Prunus* Subgenus *Armeniaca* Mill.)种质资源的描述内容和描述方式。

本标准适用于杏亚属内各类种质资源性状的描述。

2 规范性引用文件

下列文件对于本文件的应用是必不可少的。凡是注日期的引用文件,仅注日期的版本适用于本文件。凡是不注日期的引用文件,其最新版本(包括所有的修改单)适用于本文件。

GB/T 2260 中华人民共和国行政区划代码

GB/T 2659 世界各国和地区名称代码

3 描述内容

描述内容见表 1。

表 1 杏种质资源描述内容

描述类别	描 述 内 容
基本信息	全国统一编号、引种号、采集号、种质名称、种质外文名、科名、属名、学名、原产国、原产省、原产地、海拔、经度、纬度、来源地、系谱、选育单位、育成年份、选育方法、种质类型、图像、观测地点
植物学特征	树形、树姿、一年生枝颜色、叶枕大小、皮孔大小、皮孔多少、幼叶颜色、叶片状态、叶片颜色、叶面光滑度、叶上表皮毛、叶下表皮毛、叶片形状、叶尖形状、叶尖长短、叶缘形状、叶缘锯齿深浅、叶基形状、叶片最宽处位置、叶片长度、叶片宽度、叶形指数、叶柄粗、叶柄蜜腺、叶柄长、花类型、花瓣形状、花瓣颜色、花萼颜色、萼片状态、花冠直径、果梗长
生物学特性	树势、萌芽率、成枝力、一年生枝长度、一年生枝粗度、节间长度、花束状果枝率、短果枝率、中果枝率、长果枝率、裂果率、花芽萌动期、叶芽萌动期、初花期、盛花期、落花期、展叶期、果实成熟期、果实发育期、落叶期、营养生长期、需冷量
产量性状	始果年龄、完全花百分率、自然坐果率、自花坐果率、采前落果程度、丰产性、单果重
果实性状	果实整齐度、果实形状、对称性、果顶形状、果尖、缝合线深浅、梗洼、果面茸毛、果面光泽、果皮底色、果实盖色、着色类型、着色程度、果点大小、果点密度、果实纵径、果实横径、果实侧径、带皮硬度、去皮硬度、果肉颜色、果肉质地、纤维、汁液、风味、香气、异味、可溶性固形物含量、可溶性糖含量、可滴定酸含量、维生素 C 含量、常温储藏性、核粘离性、核形状、核面、仁饱满程度、仁风味、核鲜重、核干重、仁干重、出仁率
抗性性状	抗寒性、流胶病抗性、细菌性穿孔病抗性、果实疮痂病抗性、桑白蚧抗性、朝鲜球坚蜡蚧抗性、桃蚜抗性

4 描述方式

4.1 基本信息

4.1.1 全国统一编号

杏种质的唯一标识号,全国统一编号由"XC"加"4 位顺序号"组成有 6 位字符串组成,由农作物种质资源管理机构命名。如 XC0001。

4.1.2 引种号

从国外引入时赋予的编号。由“年份”“4 位顺序号”顺次连续组合而成，“年份”为 4 位数，“4 位顺序号”每年分别编号，每份引进种质具有唯一的引种号。

4.1.3 采集号

在国内野外收集或采集时赋予的编号，由“年份”“省(自治区、直辖市)代号”“4 位顺序号”顺次连续组合而成。“年份”为 4 位数，“省(自治区、直辖市)代号”按照 GB/T 2260 的规定执行，“4 位顺序号”为当年采集时的编号，每年分别编号。

4.1.4 种质名称

种质的中文名称。国内种质的原始名称，如果有多个名称，可以放在括号内，用逗号分隔。国外引进种质如果没有中文译名，可以直接用种质的外文名。

4.1.5 种质外文名

国外引进种质的外文名或国内种质的汉语拼音名。国内种质中文名称为 3 字(含 3 字)以下的，所有汉字拼音连续组合在一起，首字母大写；中文名称为 4 字(含 4 字)以上的，以词组为单位，首字母大写。

4.1.6 科名

杏种质在植物分类学上的科名。按照植物学分类，杏为蔷薇科(Rosaceae)。

4.1.7 属名

杏种质在植物分类学上的属名。按照植物学分类，杏为李属杏亚属(*Armeniaca*)。

4.1.8 学名

杏种质在植物分类学上的种名或变种名。如普通杏学名为 *A. vulgaris* Lam.(普通杏)；普通杏中野杏变种的学名为 *A. vulgaris* var. *ansu* Maxim.。

4.1.9 原产国

原产国家名称、地区名称或国际组织名称。国家和地区名称按照 GB/T 2659 的规定执行，如该国家已不存在，应在原国家名称前加“原”。国际组织名称用该组织的正式英文缩写。

4.1.10 原产省

原产省份名称，省份名称按照 GB/T 2260 的规定执行；国外引进种质原产省用原产国家一级行政区的名称。

4.1.11 原产地

原产县、乡、村名称，县名按照 GB/T 2260 的规定执行。

4.1.12 海拔

原产地的海拔，单位为米(m)。

4.1.13 经度

原产地的经度，单位为度(°)和分(′)。格式为“DDDFF”，其中“DDD”为度，“FF”为分。东经为正值，西经为负值。

4.1.14 纬度

原产地的纬度，单位为度(°)和分(′)。格式为“DDFF”，其中“DD”为度，“FF”为分。北纬为正值，南纬为负值。

4.1.15 来源地

来源国家、省、县或机构名称。

4.1.16 系谱

选育品种(系)在世代中的系谱位置。

4.1.17 选育单位

选育品种(系)的单位或个人名称,名称应写全称。

4.1.18 育成年份

品种(系)培育成功的年份,通常为通过审定、备案或登记发表的年份。

4.1.19 选育方法

品种(系)的育种方法,分为:1. 人工杂交;2. 自然实生;3. 芽变选种;4. 其他。

4.1.20 种质类型

种质资源的类型,分为:1. 野生资源;2. 地方品种;3. 选育品种;4. 品系;5. 特殊遗传材料;6. 其他。

4.1.21 图像

杏种质的图像文件名。文件名由该种质全国统一编号、连字符"-"和图像序号组成。图像格式为.jpg。

4.1.22 观测地点

种质的观测地点,记录到省和县名,如辽宁省鲅鱼圈。

4.2 植物学特征

4.2.1 树形

自然状态下树冠的轮廓,分为:1. 开心形;2. 半开心形;3. 直立形;4. 丛状形。

4.2.2 树姿

未整形时植株自然分枝习性,分为:1. 直立;2. 半开张;3. 开张;4. 下垂。

4.2.3 一年生枝颜色

树冠外围一年生枝条中部向阳面的表皮颜色,分为:1. 绿色;2. 灰褐色;3. 黄褐色;4. 红褐色。

4.2.4 叶枕大小

树冠外围枝条基部叶柄着生处的突起程度,分为:1. 小;2. 中;3. 大。

4.2.5 皮孔大小

树冠外围一年生枝条中部皮孔的大小,分为:1. 小;2. 中;3. 大。

4.2.6 皮孔多少

树冠外围一年生枝条中部单位面积皮孔数量多少,分为:3. 少;5. 中;7. 多。

4.2.7 幼叶颜色

叶芽展叶初期,幼叶的颜色,分为:1. 黄绿色;2. 绿色;3. 红色;4. 红褐色。

4.2.8 叶片状态

春梢停止生长期,叶片表面的伸展状态,分为:1. 平展;2. 卷曲;3. 反卷;4. 皱缩。

4.2.9 叶片颜色

树冠外围夏季正常生长的成熟叶片颜色,分为:1. 浅绿色;2. 绿色;3. 深绿色;4. 紫红色。

4.2.10 叶面光滑度

叶片的上表面光滑程度,分为:1. 光滑;2. 粗糙。

4.2.11 叶上表皮毛

叶片的上表皮毛状附属物有无,分为:0. 无;1. 有。

4.2.12 叶下表皮毛

叶片下表皮着生毛状附属物的疏密程度,分为:0. 无;1. 少;2. 中;3. 多。

4.2.13 叶片形状

叶片的叶面形状(见图 1),分为:1. 卵圆形;2. 倒卵圆形;3. 椭圆形;4. 圆形;5. 阔圆形。

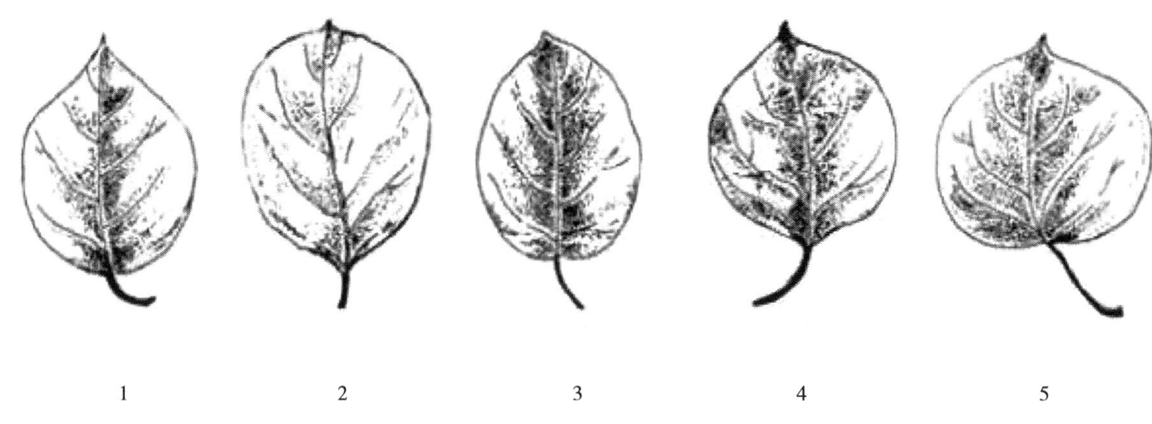

图 1　叶片形状

4.2.14　**叶尖形状**

叶片尖端的形状，分为：1. 锐尖；2. 尖；3. 钝尖；4. 极钝尖。

4.2.15　**叶尖长短**

叶片尖端的长短，分为：1. 非常短或缺失；2. 短；3. 中；4. 长。

4.2.16　**叶缘形状**

叶片上半部叶缘的锯齿形状，分为：1. 钝锯齿；2. 复钝锯齿；3. 锐锯齿；4. 复锐锯齿。

4.2.17　**叶缘锯齿深浅**

叶片上半部位叶缘的锯齿深浅，分为：1. 浅；2. 中；3. 深。

4.2.18　**叶基形状**

叶片基部的形状，分为：1. 楔形；2. 圆形；3. 截形；4. 心形。

4.2.19　**叶片最宽处位置**

叶片最宽处在叶面整个轮廓中的位置，分为：1. 中上；2. 中；3. 中下。

4.2.20　**叶片长度**

从叶基切线至叶尖基部的长度，单位为厘米(cm)，精确至 0.1 cm。

4.2.21　**叶片宽度**

叶片最宽处的长度，单位为厘米(cm)，精确至 0.1 cm。

4.2.22　**叶形指数**

叶片长/宽的比值，精确至 0.01。

4.2.23　**叶柄粗**

叶柄的粗细程度，单位为毫米(mm)，精确至 0.1 mm。

4.2.24　**叶柄蜜腺**

叶柄上着生蜜腺的多少，分为：1. 少；2. 中；3. 多。

4.2.25　**叶柄长**

完整叶柄的长度，单位为厘米(cm)，精确至 0.1 cm。

4.2.26　**花类型**

花瓣的重复类型，分为：1. 单瓣(5 片)；2. 复瓣(5 片～10 片)；3. 重瓣(≥10 片)。

4.2.27　**花瓣形状**

花瓣完全展开时的形状(见图 2)，分为：1. 卵圆形；2. 圆形；3. 椭圆形。

1　　2　　3

图 2　花瓣形状

4.2.28　**花瓣颜色**

盛花期完全开放的花瓣颜色，分为：1. 白色；2. 浅粉红色；3. 深粉红色；4. 红色。

4.2.29　**花萼颜色**

盛花期花萼的颜色，分为：1. 黄色；2. 绿色；3. 紫绿色；4. 紫红色；5. 红褐色。

4.2.30　**萼片状态**

盛花期花萼的裂片状态，分为：1. 直立；2. 反折。

4.2.31　**花冠直径**

盛花期花朵的最大直径，单位为厘米(cm)，精确至 0.1 cm。

4.2.32　**果梗长**

果实成熟期果梗的长度，分为：1. 短；2. 长。

4.3　**生物学特性**

4.3.1　**树势**

在正常条件下植株生长所表现出的强弱程度，分为：1. 强；2. 中；3. 弱。

4.3.2　**萌芽率**

树冠外围一年生枝条上萌芽数占总芽数的百分比，以百分率(%)表示，精确至 0.1%。

4.3.3　**成枝力**

长枝数量占萌芽数的百分比，以百分率(%)表示，精确至 0.1%。

4.3.4　**一年生枝长度**

树冠外围一年生枝平均长度，单位为厘米(cm)，精确至 0.1 cm。

4.3.5　**一年生枝粗度**

树冠外围枝条基部向上 5 cm 处的粗度，单位为毫米(mm)，精确至 0.1 mm。

4.3.6　**节间长度**

树冠外围一年生枝条中部节间的长度，单位为厘米(cm)，精确至 0.1 cm。

4.3.7　**花束状果枝率**

休眠期，长度<5 cm 的果枝数占总枝数的百分比，以百分率(%)表示，精确至 0.1%。

4.3.8　**短果枝率**

休眠期，长度在 5 cm～15 cm 的果枝数占总枝数的百分比，以百分率(%)表示，精确至 0.1%。

4.3.9　**中果枝率**

休眠期，长度在 15 cm～30 cm 的果枝数占总枝数的百分比，以百分率(%)表示，精确至 0.1%。

4.3.10　**长果枝率**

休眠期，长度 30 cm～60 cm 的果枝数占总枝数的百分比，以百分率(%)表示，精确至 0.1%。

4.3.11　**裂果率**

果实膨大期发生的裂果数占总果数的百分比，以百分率(%)表示，精确至 0.1%。

4.3.12 花芽萌动期

记录整株树约有5%的花芽鳞片裂开,顶端绽开或露白的日期。以“年月日”表示,格式“YYYYMMDD”。

4.3.13 叶芽萌动期

整株树约有5%的叶芽鳞片裂开,顶端露出叶尖的日期。以“年月日”表示,格式“YYYYMMDD”。

4.3.14 初花期

整株树约有5%花朵开放的日期。以“年月日”表示,格式“YYYYMMDD”。

4.3.15 盛花期

整株树约有25%花朵开放的日期。以“年月日”表示,格式“YYYYMMDD”。

4.3.16 落花期

整株树约有75%花瓣变色、开始落瓣的日期。以“年月日”表示,格式“YYYYMMDD”。

4.3.17 展叶期

整株树约有25%叶芽第一片叶展开的日期。以“年月日”表示,格式“YYYYMMDD”。

4.3.18 果实成熟期

整株树约有25%果实成熟的日期。以“年月日”表示,格式“YYYYMMDD”。

4.3.19 果实发育期

盛花期至果实成熟期的天数,单位为天(d)。

4.3.20 落叶期

整株树约有50%叶片自然脱落的日期。以“年月日”表示,格式“YYYYMMDD”。

4.3.21 营养生长期

花芽萌动期至落叶期的天数,单位为天(d)。

4.3.22 需冷量

树体正常通过自然休眠所需的低温累积量,单位为时(h)。

4.4 产量性状

4.4.1 始果年龄

植株从实生播种或嫁接至开始结果的年龄,单位为年。

4.4.2 完全花百分率

完全花占总花数的百分比,以百分率(%)表示,精确至0.1%。

4.4.3 自然坐果率

自然状态下,坐果数占总花朵数的百分比,以百分率(%)表示,精确至0.1%。

4.4.4 自花坐果率

同一资源内授粉后,坐果数占总花朵数的百分比,以百分率(%)表示,精确至0.1%。

4.4.5 采前落果程度

转色期至采收成熟前,果实脱落的程度,分为:1. 轻;2. 中;3. 重。

4.4.6 丰产性

正常年份树干单位横截面积的产量,单位为千克每平方米(kg/m^2),精确到0.1 kg/m^2。

4.4.7 单果重

单个成熟果实的重量,单位为克(g),精确至0.1 g。

4.5 果实性状

4.5.1 果实整齐度

成熟果实的整齐程度,包括颜色、大小和形状等,分为:1. 整齐;3. 一般;5. 不整齐。

4.5.2 **果实形状**

果实成熟期果实的腹观面形状(见图 3),分为:1. 扁圆形;2. 圆形;3. 卵圆形;4. 椭圆形;5. 心脏形;6. 不规则圆形。

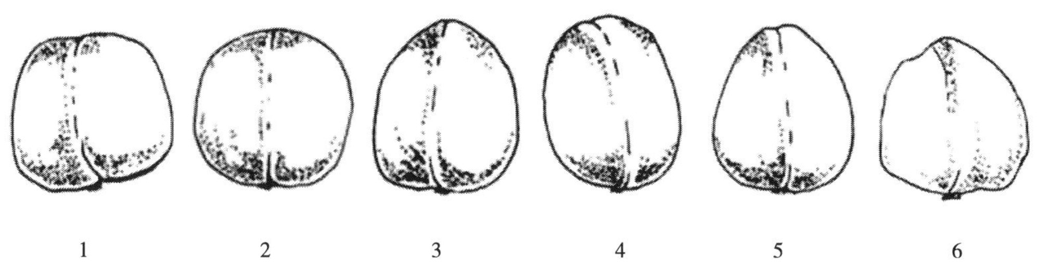

图 3 果实形状

4.5.3 **对称性**

成熟期果实缝合线两侧的片肉是否对称,分为:0. 不对称;1. 对称。

4.5.4 **果顶形状**

果实顶部的形状(见图 4),分为:1. 凹入;2. 平;3. 圆凸;4. 尖圆。

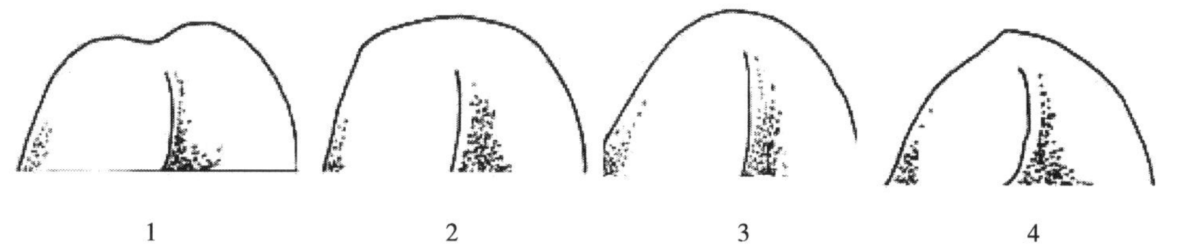

图 4 果顶形状

4.5.5 **果尖**

果实顶部突起,分为:0. 无;1. 有。

4.5.6 **缝合线深浅**

果实缝合线的深浅程度,分为:1. 平;2. 浅;3. 中;4. 深。

4.5.7 **梗洼**

果实梗洼处的深浅程度,分为:1. 浅;2. 中;3. 深。

4.5.8 **果面茸毛**

成熟果实的表面是否着生茸毛,分为:0. 无;1. 有。

4.5.9 **果面光泽**

成熟果实表面的光泽度,分为:0. 无;1. 有。

4.5.10 **果皮底色**

成熟果实果皮呈现的底色,分为:1. 白色;2. 淡黄色;3. 黄色;4. 橙色;5. 绿黄色;6. 绿色。

4.5.11 **果实盖色**

成熟果实果皮底色上覆盖的颜色,分为:0. 无色;1. 粉红色;2. 橙红色;3. 红色;4. 紫红色。

4.5.12 **着色类型**

成熟果实果皮所着盖色的类型,分为:0. 无;1. 点;2. 片;3. 条。

4.5.13 **着色程度**

成熟果实果面所着盖色的面积多少,分为:0. 无;1. 少;2. 中;3. 多。

4.5.14 **果点大小**

成熟果实果点的大小程度,分为:0. 无;1. 小;2. 中;3. 大。

4.5.15 果点密度

成熟果实果点的疏密程度,分为:0. 无;1. 稀;2. 中;3. 密。

4.5.16 果实纵径

成熟果实从顶部至底部的最大距离,单位为厘米(cm),精确至 0.01 cm。

4.5.17 果实横径

成熟果实沿缝合切开时的最大横切面宽度,单位为厘米(cm),精确至 0.01 cm。

4.5.18 果实侧径

成熟果实腹面观时的最大距离,单位为厘米(cm),精确至 0.01 cm。

4.5.19 带皮硬度

成熟果实阳面近胴部的果皮单位面积所能承受的压力,单位为千克每平方厘米(kg/cm^2),精确至 0.01 kg/cm^2。

4.5.20 去皮硬度

成熟果实阳面近胴部的去皮果肉单位面积所能承受的压力,单位为千克每平方厘米(kg/cm^2),精确至 0.01 kg/cm^2。

4.5.21 果肉颜色

成熟果实果肉所呈现的颜色,分为:1. 白色;2. 淡黄色;3. 黄色;4. 橙色;5. 黄绿色。

4.5.22 果肉质地

成熟果实果肉的口感质地,分为:1. 沙面;2. 软溶质;3. 硬溶质;4. 脆。

4.5.23 纤维

成熟果实果肉的纤维多少,分为:3. 多;5. 中;7. 少。

4.5.24 汁液

成熟果实果肉组织中所具有的汁液,分为:3. 少;5. 中;7. 多。

4.5.25 风味

成熟果实果肉的口感的甜酸味道,分为:1. 酸;2. 甜酸;3. 酸甜;4. 甜。

4.5.26 香气

成熟果实中挥发性芳香气味浓淡程度,分为:0. 无;1. 淡;2. 浓。

4.5.27 异味

成熟果实果肉异味有无,分为:0. 无;1. 有。

4.5.28 可溶性固形物含量

成熟果实果肉中可溶性固形物含量的百分比,以百分率(%)表示,精确至 0.1%。

4.5.29 可溶性糖含量

成熟果实果肉中可溶性糖的含量,以百分率(%)表示,精确至 0.1%。

4.5.30 可滴定酸含量

成熟果实果肉中可滴定酸的含量,以百分率(%)表示,精确至 0.1%。

4.5.31 维生素 C 含量

成熟果实 100 g 鲜果肉中维生素 C 的含量,单位为毫克每百克(mg/100 g),精确至 0.1 mg/100 g。

4.5.32 常温储藏性

成熟果实在室温条件下(20℃)保持果实具有商品性的储藏能力,分为:1. 弱;2. 中;3. 强。

4.5.33 核粘离性

成熟果实果核和果肉可分离的程度,分为:1. 离核;2. 半离核;3. 粘核。

4.5.34 **核形状**

杏核的形状(见图 5),分为:1. 扁圆形;2. 圆形;3. 卵圆形;4. 倒卵圆形;5. 椭圆形;6. 心脏形。

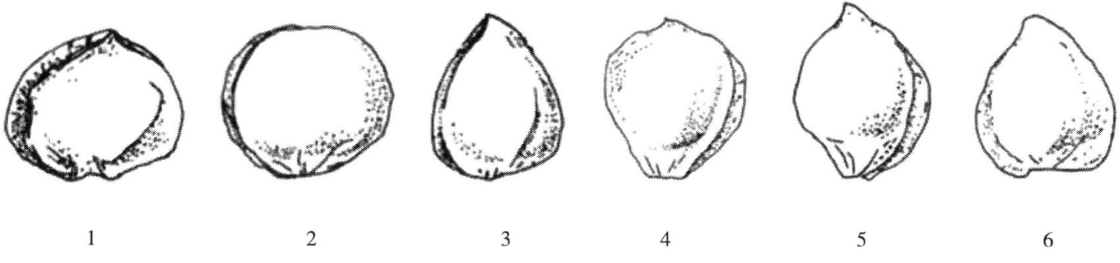

图 5 核形状

4.5.35 **核面光滑度**

杏核表面的光滑程度,分为:1. 平滑;2. 较平滑;3. 粗糙;4. 点纹。

4.5.36 **仁饱满程度**

杏仁在整个核内的饱满程度,分为:1. 饱满;2. 一般;3. 不饱满。

4.5.37 **仁风味**

杏仁的口感苦味有无,分为:0. 无;1. 有。

4.5.38 **核鲜重**

去除果肉后新鲜核的重量,单位为克(g),精确至 0.1 g。

4.5.39 **核干重**

杏核阴干后的重量,单位为克(g),精确至 0.1 g。

4.5.40 **仁干重**

杏仁阴干后的重量,单位为克(g),精确至 0.1 g。

4.5.41 **出仁率**

干仁重占干核重的百分比,以百分率(%)表示,精确到 0.1%。

4.6 **抗性性状**

4.6.1 **抗寒性**

休眠期植株对低温的忍耐或抵抗能力,根据植株受害程度分为:1. 极弱;3. 弱;5. 中等;7. 强;9. 极强。

4.6.2 **流胶病抗性**

植株对流胶病(*Botryosphaeria ribis* Gross. Et Dugg.)的抗性强弱,分为:1. 高感;3. 感;5. 中抗;7. 抗;9. 高抗。

4.6.3 **细菌性穿孔病抗性**

植株对细菌性穿孔病[*Xanthomonas pruni*(Smith)Dowson.]的抗性强弱,分为:1. 高感;3. 感;5. 中抗;7. 抗;9. 高抗。

4.6.4 **果实疮痂病抗性**

杏果实对疮痂病(*Cladosporium carpophilum* Thumen.)的抗性强弱,分为:1. 高感;3. 感;5. 中抗;7. 抗;9. 高抗。

4.6.5 **桑白蚧抗性**

植株对桑白蚧[*Pseudaulacaspis pentagona*(Targioni-Tozzetti)]的抗性强弱,分为:1. 高感;3. 感;5. 中抗;7. 抗;9. 高抗。

4.6.6 **朝鲜球坚蜡蚧抗性**

植株对朝鲜球坚蜡蚧(*Didesmococcus koreanus* Borchs.)的抗性强弱,分为:1. 高感;3. 感;5. 中抗;7. 抗;9. 高抗。

4.6.7 桃蚜抗性

植株对桃蚜[*Myzus persicae*(Sulzer)]的抗性强弱,分为:1. 高感;3. 感;5. 中抗;7. 抗;9. 高抗。

ICS 67.080.10
B 31

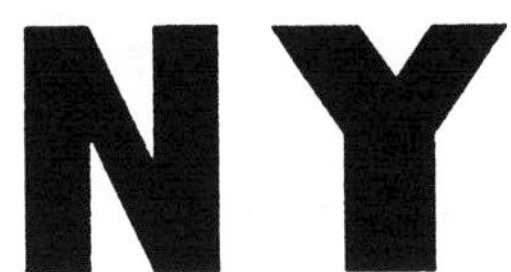

中华人民共和国农业行业标准

NY/T 2926—2016

柿种质资源描述规范

Descriptors for persimmon germplasm resources

2016-10-26 发布 2017-04-01 实施

中华人民共和国农业部 发布

前　　言

本标准按照GB/T 1.1—2009给出的规则起草。

本标准由农业部种植业管理司提出。

本标准由全国果品标准化技术委员会(SAC/TC 510)归口。

本标准起草单位:西北农林科技大学、中国农业科学院茶叶研究所。

本标准主要起草人:杨勇、阮小凤、江用文、熊兴平、王仁梓、王建平。

柿种质资源描述规范

1 范围

本标准规定了柿属（*Diospyros* Linn.）种质资源的描述内容和描述方式。

本标准适用于柿属种质资源的描述。

2 规范性引用文件

下列文件对于本文件的应用是必不可少的。凡是注日期的引用文件，仅注日期的版本适用于本文件。凡是不注日期的引用文件，其最新版本（包括所有的修改单）适用于本文件。

GB/T 2260 中华人民共和国行政区划代码

GB/T 2659 世界各国和地区名称代码

3 描述内容

描述内容见表1。

表1 柿种质资源描述内容

描述类别	描 述 内 容
基本信息	全国统一编号、引种号、采集号、种质名称、种质外文名、科名、属名、种名或变种名、原产国、原产省、原产地、海拔、经度、纬度、来源地、系谱、选育单位、育成年份、选育方法、种质类型、图像、观测地点
植物学特征	树姿、刺状枝有无、枝条颜色、枝条长度、枝条粗度、枝条节间长度、枝条曲折度、皮孔大小、皮孔形状、皮孔密度、芽尖裸露度、芽正面形状、新叶颜色、叶片形状、叶片颜色、叶片姿态、叶尖形状、叶基形状、叶柄长度、叶面积、花性型、花瓣颜色、花瓣排列、花瓣开张度、花筒颜色、花筒形状、花筒高低、花柱长短、雌花冠径、柱头开裂状、柱头聚散状、花柱联合状、子房形状、子房颜色、子房大小、雄蕊长短、雄蕊整齐度、雄蕊着生状、萼片数量、萼片颜色、萼片姿态、萼片整齐度、花托大小、花托形状、花柄长度、苞叶形状、苞叶位置、苞叶存落、染色体倍性
生物学特性	萌芽期、展叶期、初花期、盛花期、果实着色期、果实成熟期、落叶期、果实发育期、营养生长期、硬果期、始果年龄、生长势、萌芽率、成枝力
果实性状	单果重、果实形状、果面颜色、果实纵沟、果面锈斑、果顶形状、果顶十字沟、蒂洼形状、果柄长度、果柄粗度、柿蒂大小、柿蒂形状、柿蒂凹凸、萼片大小、萼片形状、萼片重叠度、萼片卷曲姿态、果实横切面、髓形状、髓虚实、种子数量、种子形状、硬柿质地、软柿质地、可溶性固形物含量、可溶性单宁含量、维生素C含量
产量性状	坐果率、单性结实力、生理落果程度、采前落果程度、产量
抗性性状	耐旱性、耐寒性、圆斑病抗性、角斑病抗性、炭疽病抗性

4 描述方法

4.1 基本信息

4.1.1 全国统一编号

柿全国统一编号是由“SH”加4位顺序号组成的位字符串，如“SH0201”。其中“S”代表柿，“H”代表柿资源圃，后四位顺序号从“0001”到“9999”，代表柿种质的编号。全国统一编号具有唯一性。

4.1.2 引种号

柿种质从国外引入时赋予的编号，由“年份”、“4 位顺序号”顺次连续组合而成，“年份”为 4 位数，“4 位顺序号”每年分别编号。每份引进种质具有唯一的引种号。

4.1.3 采集号

柿种质在野外采集时赋予的编号，由“年份”、“省(自治区、直辖市)代号”、“4 位顺序号”顺次连续组合而成。其中“年份”为 4 位数，“省(自治区、直辖市)代号”按照 GB/T 2260 的规定执行，“4 位顺序号”为当年采集时的编号，每年分别编号。

4.1.4 种质名称

柿种质的中文名称。国内种质的原始名称，如果有多个名称，可以放在括号内并用逗号分隔。国外引进种质如果没有中文译名，可以直接用种质的外文名。

4.1.5 种质外文名

国外引进种质的外文名或国内种质的汉语拼音名。国内种质中文名称为 3 字(含 3 字)以下的，所有汉字拼音连续组合在一起，首字母大写；中文名称为 4 字(含 4 字)以上的，以词组为单位，首字母大写。

4.1.6 科名

柿种质在植物分类学上的科名。按照植物学分类，柿属于柿科(Ebenaceae)。

4.1.7 属名

柿种质在植物分类学上的属名。按照植物学分类，柿为柿属(*Diospyros* L.)。

4.1.8 学名

柿种质资源在植物分类学上的种名或变种名。如柿(*Diospyros kaki* Thunb.)。

4.1.9 原产国

柿种质原产国家名称、地区名称或国际组织名称。国家和地区名称按照 GB/T 2659 的规定执行，如该国家已不存在，应在原国家名称前加“原”。国际组织名称用该组织的正式英文缩写。

4.1.10 原产省

柿种质原产省份名称，省份名称按照 GB/T 2260 的规定执行；国外引进种质原产省用原产国家一级行政区的名称。

4.1.11 原产地

柿种质原产县、乡、村名称，县名按照 GB/T 2260 的规定执行。

4.1.12 海拔

柿种质原产地的海拔，单位为米(m)，精确到 1 m。

4.1.13 经度

柿种质原产地的经度，单位为度(°)和分(′)。格式为“DDDFF”，其中“DDD”为度，“FF”为分。东经为正值，西经为负值。

4.1.14 纬度

柿种质原产地的纬度，单位为度(°)和分(′)。格式为“DDFF”，其中“DD”为度，“FF”为分。北纬为正值，南纬为负值。

4.1.15 来源地

柿种质来源的国家、省、县名称或机构名称。

4.1.16 系谱

柿选育品种(系)的亲缘关系。

4.1.17 选育单位

选育柿品种(系)的单位名称或个人,单位名称应写全称。单位若有固有的英文名称,最好能一并附上。

4.1.18 **育成年份**

柿品种(系)培育成功的年份,通常为通过审定或正式发表的年份。

4.1.19 **选育方法**

柿品种(系)的育种方法,如人工杂交、自然实生、芽变选种或生物技术等。

4.1.20 **种质类型**

柿种质资源的类型。分为:1. 野生资源;2. 地方品种;3. 选育品种;4. 品系;5. 特殊遗传材料;6. 其他。

4.1.21 **图像**

柿种质的图像文件名。文件名由该种质全国统一编号、连字符“-”和图像序号组成。图像格式为.jpg。如有多个图像文件,图像文件名用分号分隔。

4.1.22 **观测地点**

柿种质观测的地点,记录到省和县名,如陕西省眉县。

4.2 **植物学特征**

4.2.1 **树姿**

未整形时自然生长的姿态(见图1),分为:1. 直立;2. 半直立;3. 开张。

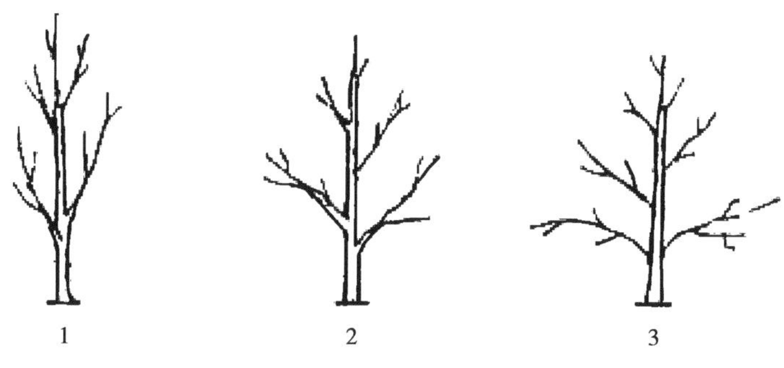

图1 树 姿

4.2.2 **刺状枝有无**

植株上有无刺状枝,分为:0. 无;1. 有。

4.2.3 **枝条颜色**

休眠期一年生枝条阳面颜色,分为:1. 褐黄;2. 黄褐;3. 棕;4. 棕褐;5. 褐;6. 褐绿;7. 棕红。

4.2.4 **枝条长度**

一年生枝条的平均长度,单位为厘米(cm)。

4.2.5 **枝条粗度**

一年生枝条距基部2.5 cm处的平均直径,单位为厘米(mm)。

4.2.6 **枝条节间长度**

一年生枝条中部节间的相对长度,分为:3. 短;5. 中;7. 长。

4.2.7 **枝条曲折度**

一年生枝条自然状态下的曲折程度,分为:0. 无;1. 弱;3. 中;5. 强。

4.2.8 **皮孔大小**

一年生枝条皮孔的相对大小,分为:1. 小;3. 中;5. 大。

4.2.9 **皮孔形状**

一年生枝条上皮孔形状，分为：1. 圆形；2. 椭圆形；3. 长条形。

4.2.10 皮孔密度

一年生枝条中部节间处的皮孔相对多少，分为：3. 疏；5. 中；7. 密。

4.2.11 芽尖裸露度

芽尖突出鳞片的程度（见图 2），分为：1. 裸露；2. 微露；3. 不露。

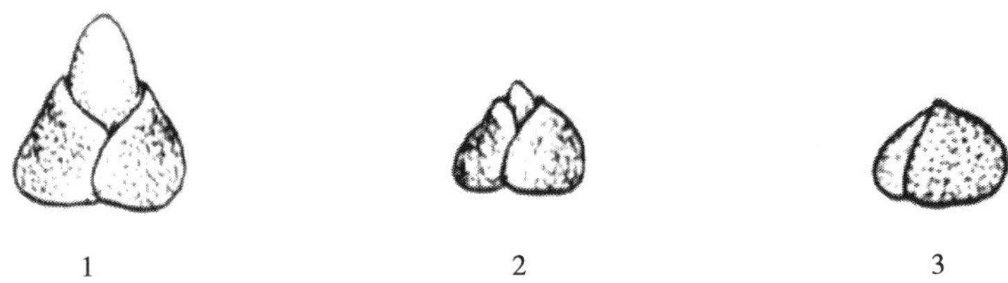

图 2 芽尖裸露度

4.2.12 芽正面形状

一年生枝条中部休眠芽的正面形状（见图 3），分为：1. 短三角；2. 正三角；3. 长三角。

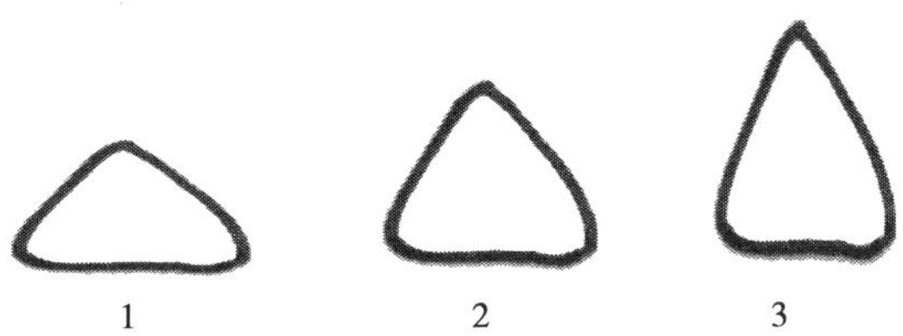

图 3 芽正面形状

4.2.13 新叶颜色

春季新生幼叶的颜色，分为：1. 金黄色；2. 浅黄色；3. 褐红色；4. 黄绿色；5. 绿色。

4.2.14 叶片形状

春梢中部成熟叶片的轮廓形状（见图 4），分为：1. 披针形；2. 梭形；3. 纺锤形；4. 长椭圆形；5. 椭圆形；6. 阔椭圆形；7. 倒卵形；8. 长卵形；9. 阔卵形；10. 心形。

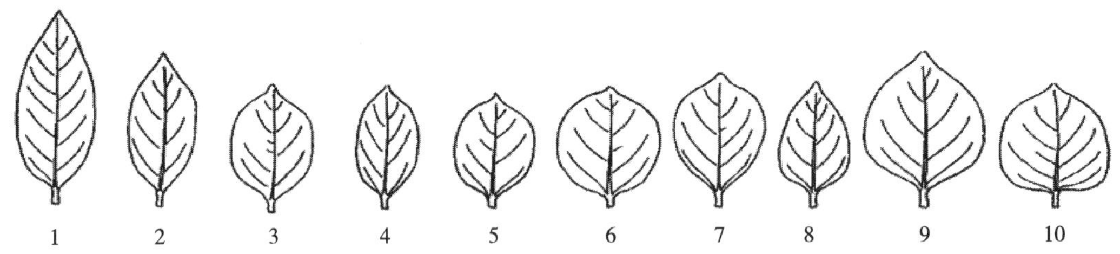

图 4 叶片形状

4.2.15 叶片颜色

成熟叶片的颜色，分为：1. 淡绿；2. 黄绿；3. 绿；4. 深绿。

4.2.16 叶片姿态

成熟叶片自然状态横截面姿态（见图 5），分为：1. 内卷；2. 微内折；3. 背卷；4. 平展。

图 5 叶片姿态

4.2.17 **叶尖形状**

枝条中部叶片尖端的形状(见图 6),分为:1. 尾状;2. 窄急尖;3. 阔急尖;4. 渐尖;5. 钝尖;6. 圆形。

图 6 叶尖形状

4.2.18 **叶基形状**

成熟叶片基部的形状(见图 7),分为:1. 楔形;2. 宽楔形;3. 圆形;4. 心形。

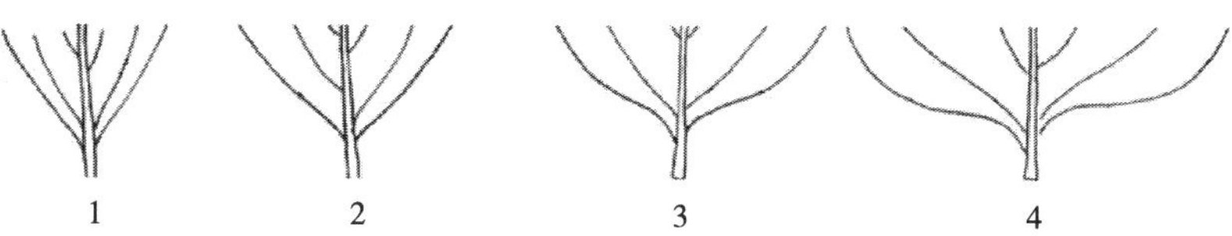

图 7 叶基形状

4.2.19 **叶柄长度**

成熟叶片叶柄的平均长度,单位为厘米(cm)。

4.2.20 **叶面积**

成熟叶片的平均面积,单位为平方厘米(cm^2)。

4.2.21 **花性**

柿花的性别类型,分为:1. 雌花;2. 雄花;3. 完全花。

4.2.22 **花瓣颜色**

盛花期花瓣正面颜色,分为:1. 乳黄;2. 淡黄;3. 黄;4. 橙黄;5. 粉红;6. 黑色。

4.2.23 **花瓣排列**

花瓣之间的相互位置(见图 8),分为:1. 重叠;2. 稍重叠;3. 分离;4. 极分离。

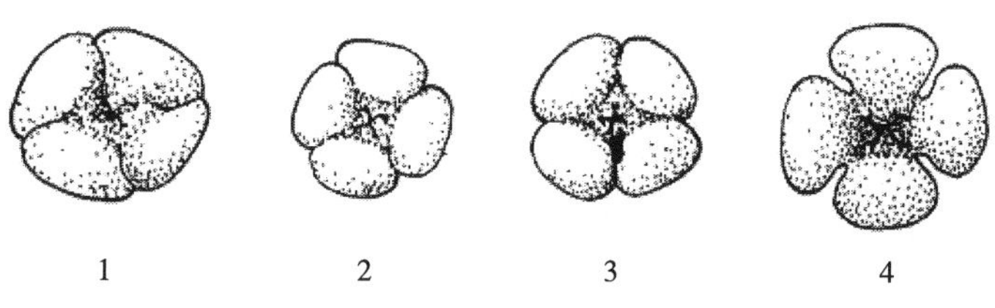

图 8 花瓣排列

4.2.24 **花瓣开张度**

盛花期花瓣的开张程度(见图 9),分为:1. 不开张;2. 半开张;3. 全开张;4. 极开张。

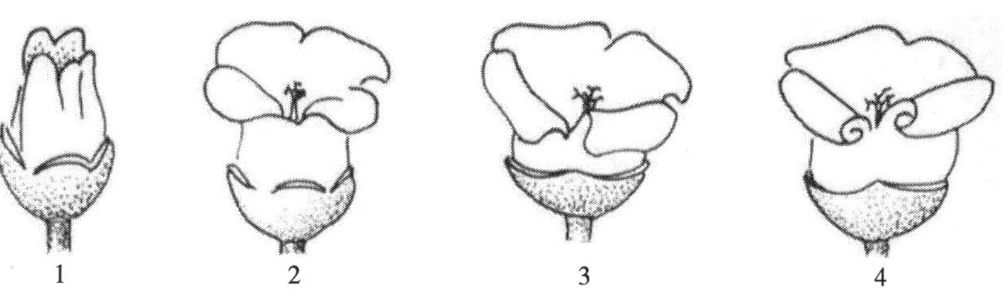

图 9 花瓣开张度

4.2.25 花筒颜色

盛花期花瓣下部花筒的颜色，分为：1. 乳白；2. 白色；3. 粉红。

4.2.26 花筒形状

盛花期花筒的外观形状(见图 10)，分为：1. 四棱形；2. 四棱坛形；3. 坛形；4. 瓶形。

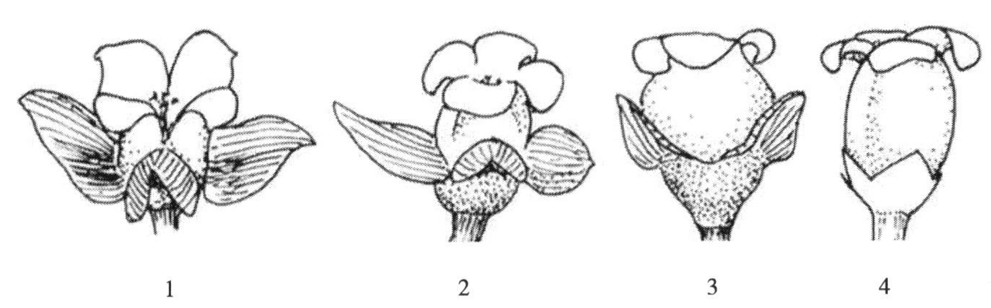

图 10 花筒形状

4.2.27 花筒高低

花筒与花托相比的相对高度(见图 11)，分为：1. 低(花筒高度小于花托)；2. 中(花筒高度等于或稍大于花托)；3. 高(花筒高度明显大于花托)。

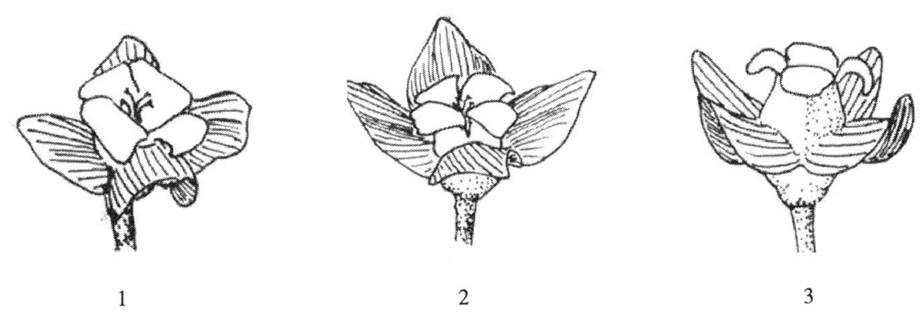

图 11 花筒高低

4.2.28 花柱长短

花柱相比于花筒的长短程度(见图 12)，分为：1. 短；2. 中；3. 长。

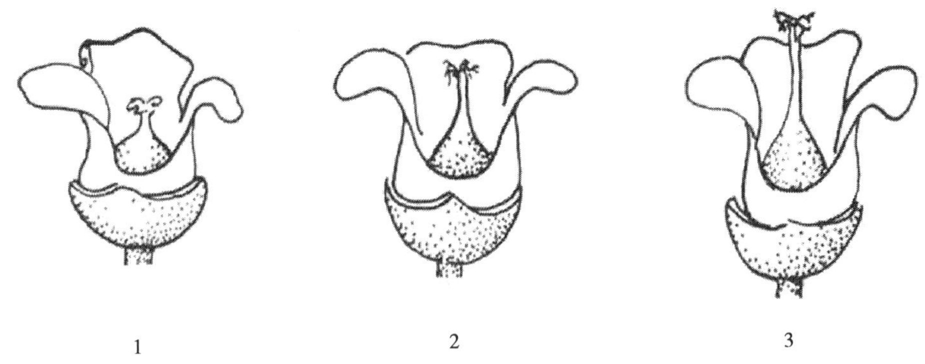

图 12 花柱长短

4.2.29 雌花冠径

盛花期花朵水平状态平均最大直径，单位为毫米(mm)。

4.2.30 柱头开裂状

开花期花柱的柱头分叉数(见图 13)，分为：1. 不裂；2. 二裂；3. 三裂；4. 多裂；5. 复裂。

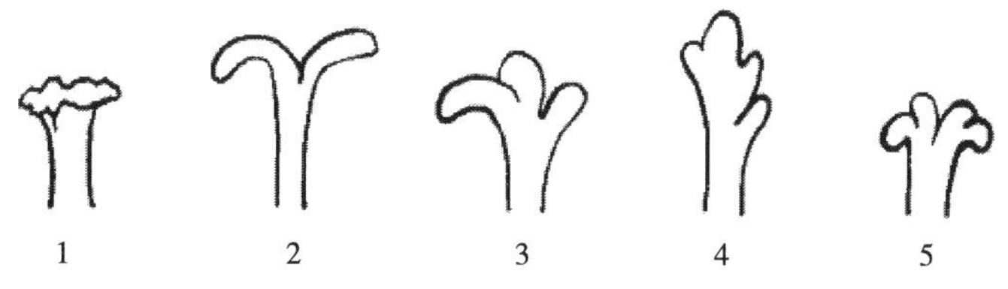

图 13　柱头开裂状

4.2.31　柱头聚散状

开花期俯视整朵花的柱头聚散状态(见图 14),分为:1. 簇聚;2. 聚;3. 半聚;4. 分散。

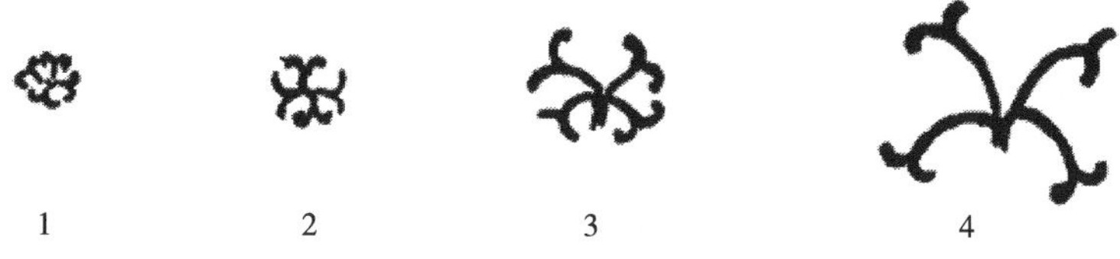

图 14　柱头聚散状

4.2.32　花柱联合状

开花期花柱是否联合或联合的形式(见图 15),分为:1. 分散;2. 基部联合;3. 一半联合;4. 两组联合;5. 管状联合。

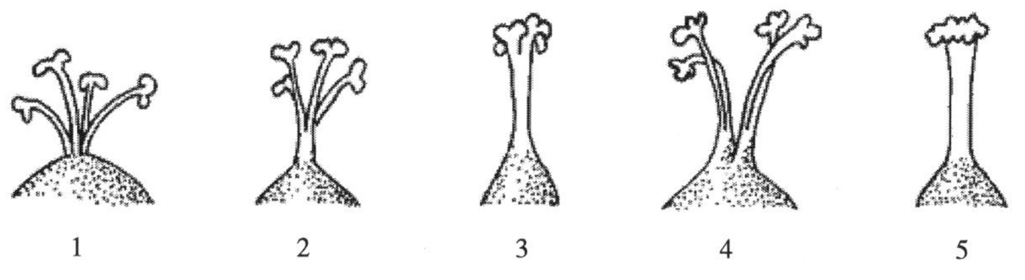

图 15　花柱联合状

4.2.33　子房形状

盛花期子房的侧面观形状(见图 16),分为:1. 已退化;2. 畸形;3. 扁方形;4. 圆形;5. 烧瓶形;6. 圆锥形;7. 蒜头形。

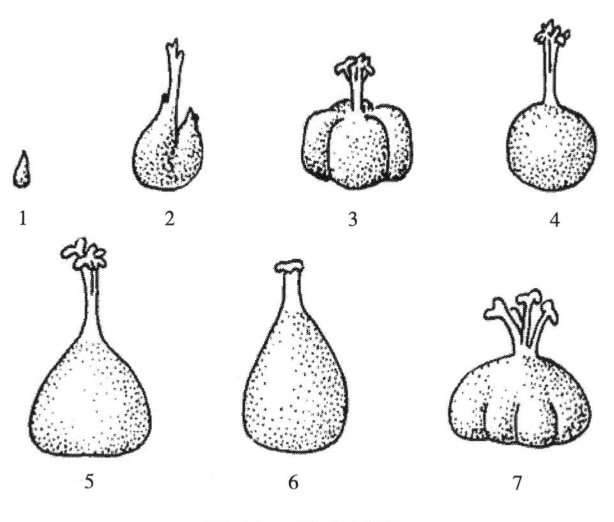

图 16　子房形状

4.2.34 **子房颜色**

盛花期子房的颜色,分为:1. 乳黄;2. 绿白;3. 淡黄绿;4. 黄绿;5. 嫩绿;6. 绿。

4.2.35 **子房大小**

子房的平均最大横径,单位为毫米(mm)。

4.2.36 **雄蕊长短**

花期以子房顶为标准,比较雄蕊的相对长度,分为:1. 短(雄蕊顶端不到子房顶);3. 中(雄蕊顶端刚好到子房顶);5. 长(雄蕊顶端超过子房顶,达到花柱高度一半左右)。

4.2.37 **雄蕊整齐度**

同一朵花内雄蕊个体之间长短、粗细的一致程度,分为:1. 整齐;2. 不整齐。

4.2.38 **雄蕊着生状**

花期花内相邻雄蕊的着生状态(见图 17),分为:1. 散生;2. 近并生;3. 并生;4. 重生。

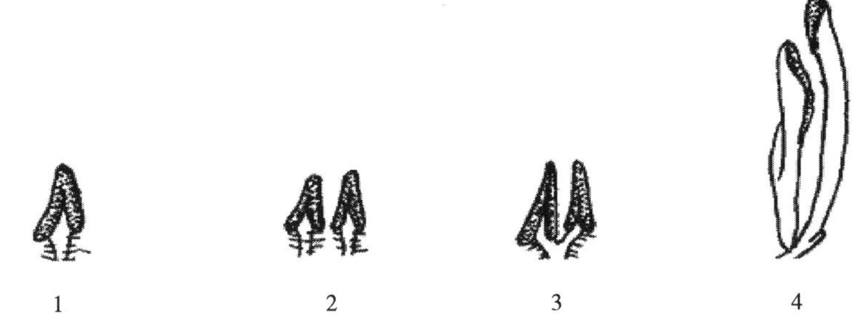

图 17 雄蕊着生状

4.2.39 **萼片数量**

花期正常发育花上萼片的数量,单位为枚。

4.2.40 **萼片颜色**

花期萼片的正常颜色,分为:1. 黄绿;2. 绿;3. 深绿。

4.2.41 **萼片姿态**

花期萼片横断面的起伏或平展状态(见图 18),分为:1. 挺直;2. 捏合;3. 皱卷;4. 反折;5. 扭曲。

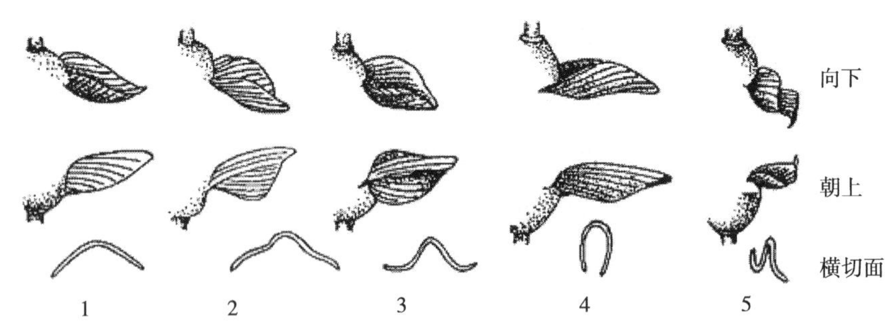

图 18 萼片姿态

4.2.42 **萼片整齐度**

花期一朵花中萼片个体间的大小、形态是否整齐一致,分为:1. 整齐;2. 不整齐。

4.2.43 **花托大小**

花期花托最大部位的平均横径,单位为毫米(mm)。

4.2.44 **花托形状**

花期,侧面观察的花托形态(见图 19),分为:1. 扁圆形;2. 半圆形;3. 扁珠形;4. 斗形;5. 钟形;

6. 葫芦形;7. 半椭圆形。

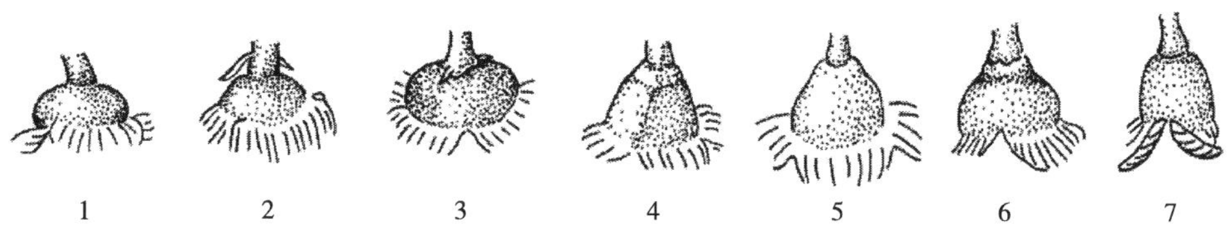

图 19 花托形状

4.2.45 花柄长度

结果枝至花托的平均距离,单位为毫米(mm)。

4.2.46 苞叶形状

苞叶压平后观察到的外观形状(见图 20),分为:1. 刺状;2. 披针状;3. 舌状;4. 叶状。

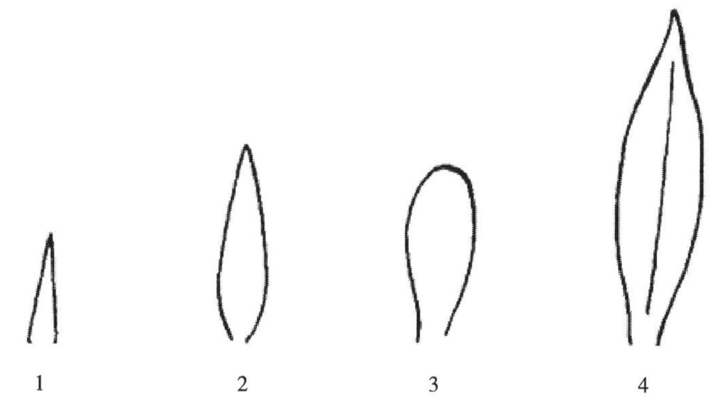

图 20 苞叶形状

4.2.47 苞叶位置

苞叶在花柄上着生的位置距离花托的远近(见图 21),分为:1. 近;3. 中;5. 远。

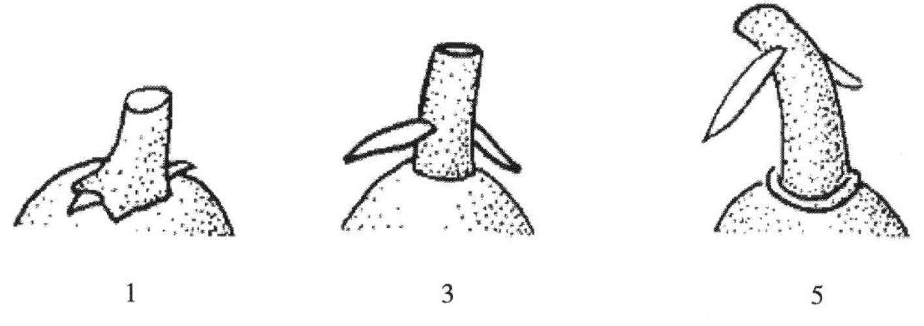

图 21 苞叶位置

4.2.48 苞叶存落

花期花柄上苞叶是否脱落的状态,分为:1. 已落;2. 将落;3. 未落。

4.2.49 染色体倍性及数目

柿细胞内染色体倍数,分为:1. $2n=2x=30$;2. $2n=4x=60$;3. $2n=6x=90$;4. $2n=9x=135$。

4.3 生物学特性

4.3.1 萌芽期

全树约有 5%越冬芽鳞片开裂且露出金黄色芽尖的时间,以"年月日"表示,格式"YYYYMMDD"。

4.3.2 展叶期

全树第一片叶展开的时间,以"年月日"表示,格式"YYYYMMDD"。

4.3.3 **初花期**

全树约有 5%的花朵开放的时间,以“年月日”表示,格式“YYYYMMDD”。

4.3.4 **盛花期**

全树约有 25%的花朵开放的时间,以“年月日”表示,格式“YYYYMMDD”。

4.3.5 **果实着色期**

全树约有 25%的果实开始着色的时间,以“年月日”表示,格式“YYYYMMDD”。

4.3.6 **果实成熟期**

全树约有 60%的果实果面呈现该品种颜色或者种子变褐的时间,以“年月日”表示,格式“YYYYMMDD”。

4.3.7 **果实发育期**

盛花期至果实成熟期的天数,单位为天(d)。

4.3.8 **落叶期**

全树约有 80%的叶片正常脱落的时间,以“年月日”表示,格式“YYYYMMDD”。

4.3.9 **营养生长期**

萌芽期至落叶期的天数,单位为天(d)。

4.3.10 **硬果期**

成熟期采摘的果实,在室温条件下放置至果实开始软化的时间,单位为天(d)。

4.3.11 **始果年龄**

植株从嫁接至开始结果的年龄,单位为年。

4.3.12 **生长势**

树体及枝条生长的状态。分为:3. 弱;5. 中;7. 强。

4.3.13 **萌芽率**

二年生枝条上萌发芽总数占总芽数的百分率,以百分率(%)表示。

4.3.14 **成枝力**

结果母枝上芽萌发抽生长度大于 15 cm 枝的能力,分为:3. 弱;5. 中;7. 强。

4.4 **果实性状**

4.4.1 **单果重**

柿果实的重量,以平均单果重量表示,单位为克(g)。

4.4.2 **果实形状**

成熟期果实纵切面轮廓形状(见图 22),分为:1. 长心形;2. 长圆形;3. 高方形;4. 心形;5. 圆形;6. 方形;7. 扁心形;8. 扁圆形;9. 扁方形。

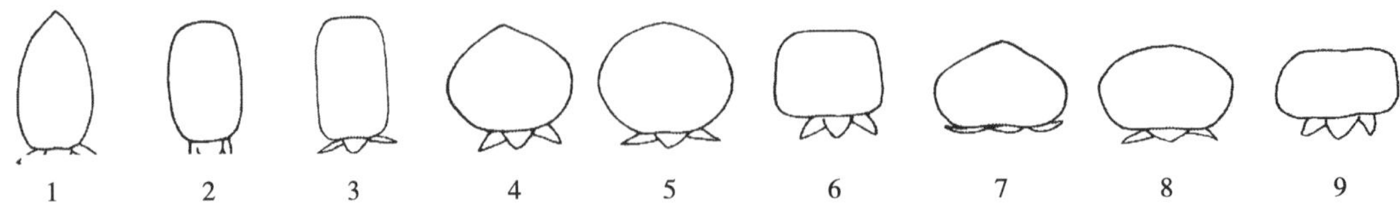

图 22 果实形状

4.4.3 **果实颜色**

成熟期典型果实的颜色,分为:1. 黄绿;2. 淡黄;3. 橙黄;4. 橙;5. 橙红;6. 深橙红;7. 朱红;8. 黑色。

4.4.4 **果实纵沟**

果实侧面纵沟有无及深浅，分为：1. 无；2. 浅；3. 中；4. 深。

4.4.5 果面锈斑

成熟期果面锈斑有无及状态（见图 23），分为：0. 无；1. 线状；2. 带状；3. 片状。

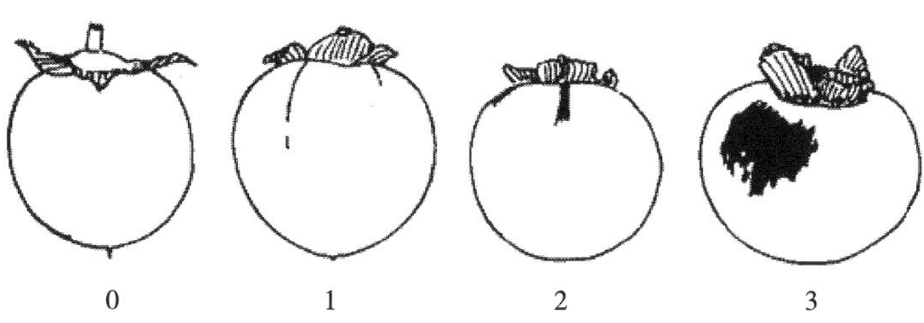

图 23 果面锈斑

4.4.6 果顶形状

果实顶部侧面观的形态（见图 24），分为：1. 凹陷；2. 平；3. 圆；4. 钝尖；5. 凸尖。

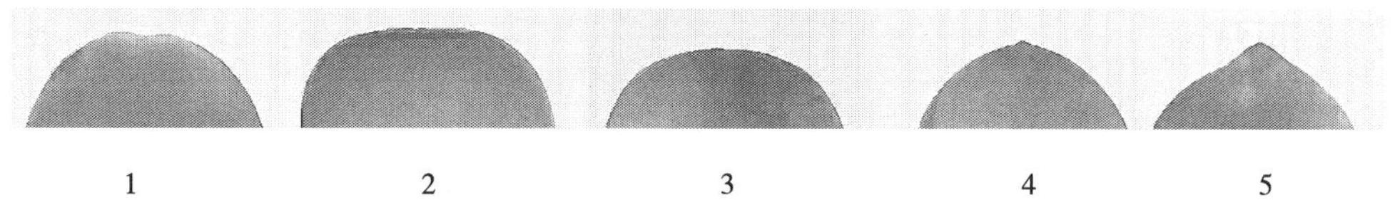

图 24 果顶形状

4.4.7 果顶十字沟

果实顶部十字形凹陷有无及类型（见图 25），分为：1. 无；2. 不明显；3. 明显。

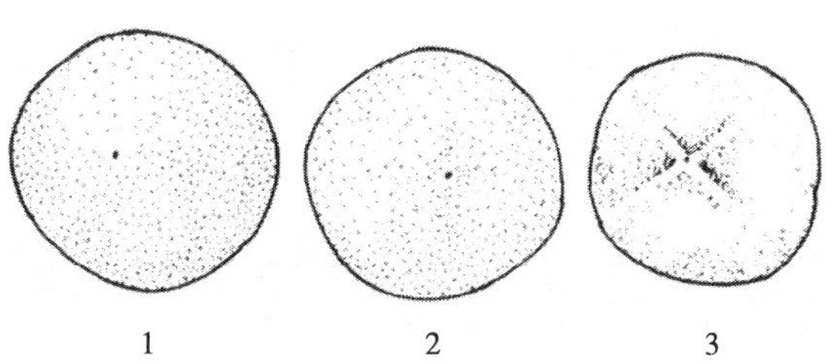

图 25 果顶十字沟

4.4.8 蒂洼形状

果实蒂洼纵向观的形状（见图 26），分为：1. 圆；2. 微凸；3. 平；4. 微凹；5. 浅凹；6. 深凹。

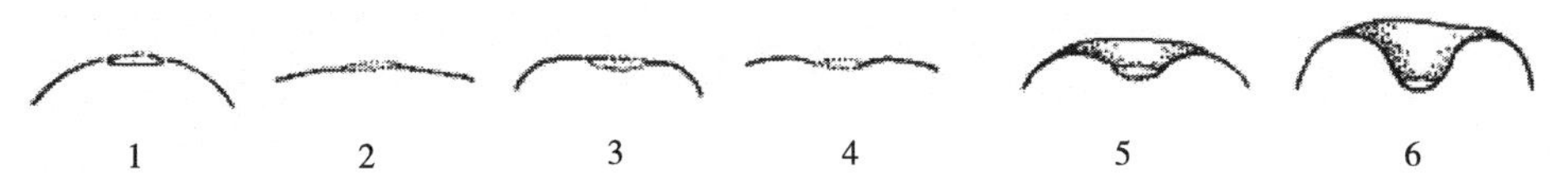

图 26 蒂洼形状

4.4.9 果柄长度

果柄的平均长度，单位为毫米（mm）。

4.4.10 果柄粗度

果柄的平均粗度，单位为毫米（mm）。

4.4.11 柿蒂大小

柿蒂的平均最大直径，单位为厘米（cm）。

4.4.12 柿蒂形状

柿蒂的外观形状(见图 27),分为:1. 圆形;2. 方形;3. 方圆形;4. 四瓣形。

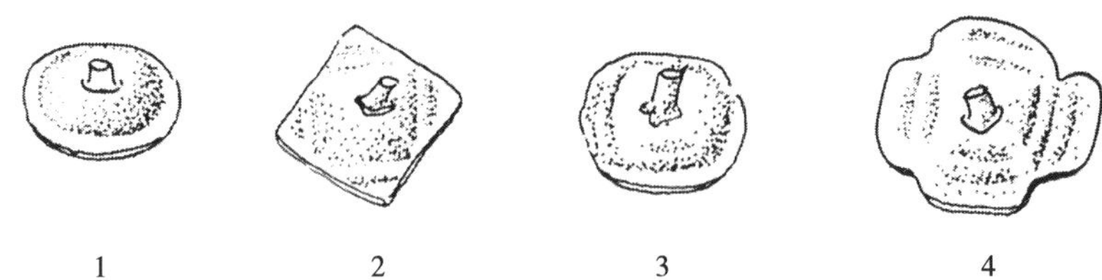

图 27 柿蒂形状

4.4.13 柿蒂凹凸

柿蒂的凹凸类型(见图 28),分为:1. 隆起;2. 凸;3. 微凸;4. 平;5. 微凹;6. 深凹。

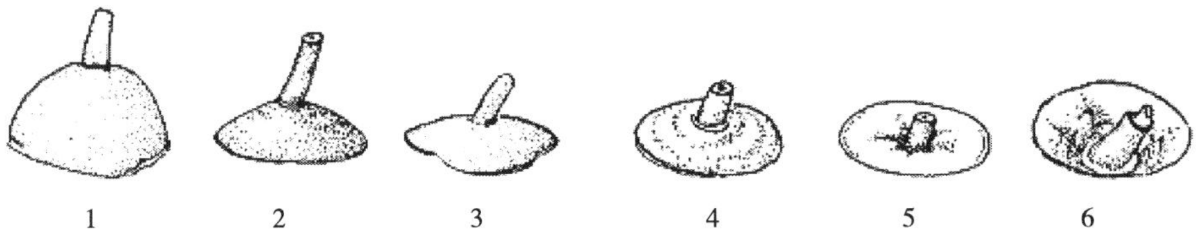

图 28 柿蒂凹凸

4.4.14 萼片大小

萼片最宽处的平均宽度,单位为厘米(cm)。

4.4.15 萼片形状

萼片压平时的典型形状(见图 29),分为:1. 肾形;2. 近肾形;3. 扁心形;4. 心形;5. 长心形;6. 三角形;7. 长三角形。

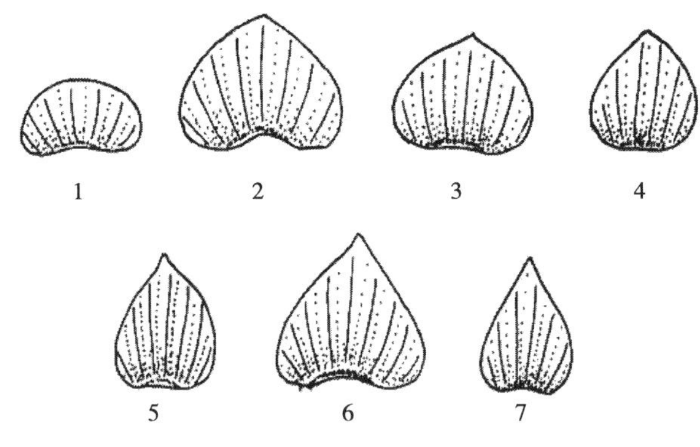

图 29 萼片形状

4.4.16 萼片重叠度

相邻萼片的位置关系(见图 30),分为:1. 不重叠;2. 稍重叠;3. 重叠。

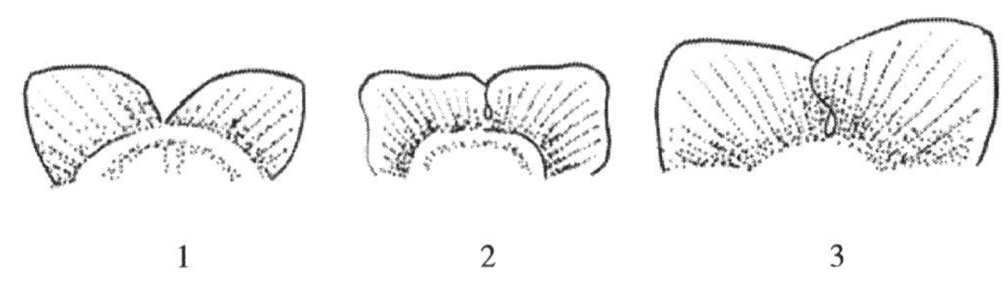

图 30 萼片重叠度

4.4.17 萼片卷曲姿态

萼片的纵横向的卷曲形态(见图 31),分为:1. 波状皱缩;2. 不卷;3. 边缘外翻;4. 中部捏合状;

5. 边缘内曲;6. 角状纵卷。

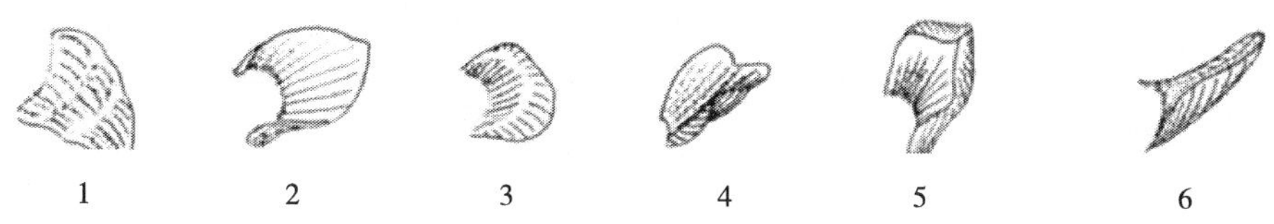

图 31 萼片卷曲姿态

4.4.18 果实横切面形状

果实横切面的轮廓形状(见图 32),分为:1. 圆形;2. 方形;3. 方圆形;4. 多棱形。

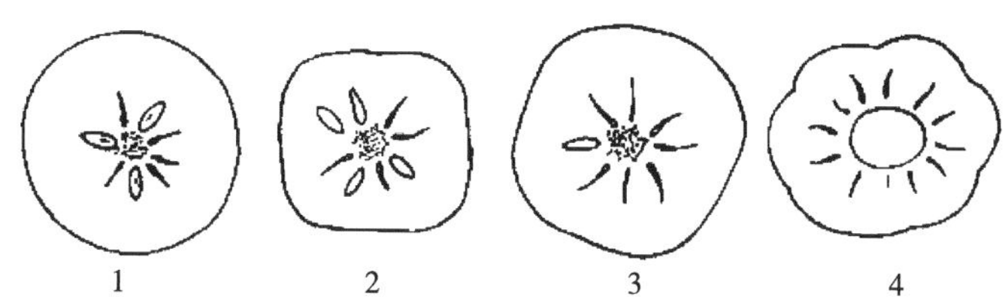

图 32 果实横切面形状

4.4.19 髓形状

果实横切后展现出的髓部形状,分为:1. 圆形;2. 正方形;3. 长形。

4.4.20 髓虚实

果实髓心的虚实程度,分为:1. 空(髓部开裂成空隙);2. 虚(髓部有大小不同的孔);3. 实(髓部无孔洞或空隙)。

4.4.21 种子数量

成熟果实内种子的平均数量,单位为粒。

4.4.22 种子形状

成熟种子平放时的外观形态(见图 33),分为:1. 矩形;2. 半月形;3. 卵形;4. 椭圆形。

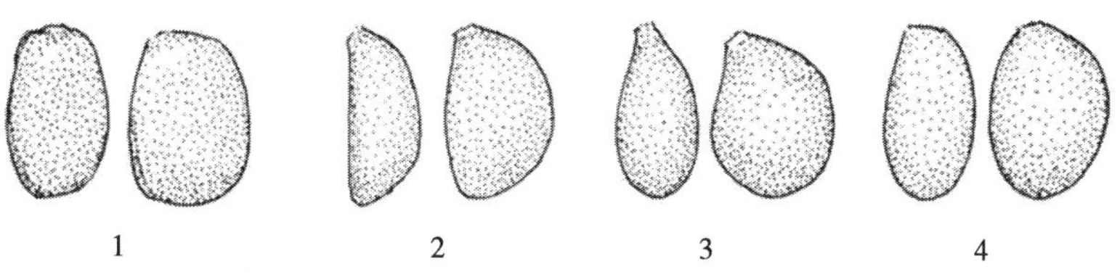

图 33 种子形状

4.4.23 硬柿质地

甜柿果实成熟期硬食时的口感,分为:1. 松软;2. 松脆;3. 稍松脆;4. 稍硬密;5. 硬密。

4.4.24 软柿质地

果实后熟软化后食用时的口感,分为:1. 绵;2. 稍绵;3. 黏;4. 水。

4.4.25 可溶性固形物含量

成熟果实汁液含可溶性固形物的百分率,以百分率(%)表示。

4.4.26 可溶性单宁含量

成熟果实中可溶性单宁占鲜重的百分率,以百分率(%)表示。

4.4.27 维生素 C 含量

成熟果实 100 g 鲜果肉中维生素 C 的含量,单位为毫克每百克(mg/100 g)。

4.5 产量性状

4.5.1 坐果率

坐果花朵数占总花朵数的百分率，以百分率(%)表示。

4.5.2 单性结实能力

柿花不经授粉可正常结果并膨大的能力，分为：3. 弱；5. 中；7. 强。

4.5.3 生理落果程度

谢花后 1 月～2 月内幼果自然脱落的程度，分为：3. 轻(比率＜10%)；5. 中(10%≤比率＜25%)；7. 重(比率≥25%)。

4.5.4 采前落果程度

果实在成熟前脱落的程度，分为：3. 轻(比率＜10%)；5. 中(10%≤比率＜25%)；7. 重(比率≥25%)。

4.5.5 产量

单位面积上柿资源植株所结果实的重量，单位为千克每 666.7 平方米(kg/666.7 m^2)。

4.6 抗性性状

4.6.1 耐旱性

柿种质对土壤干旱、大气干旱或生理干旱的忍耐或抵抗能力，分为：1. 强(旱害指数＜30)；3. 较强(30≤旱害指数＜50)；5. 中(50≤旱害指数＜60)；7. 较弱(60≤旱害指数＜70)；9. 弱(旱害指数≥70)。

4.6.2 耐寒性

柿种质对寒冷的忍耐或抵抗能力。以休眠芽的受冻率确定，分为：1. 强(受冻率＜30%)；3. 中(30%≤受冻率≤70%)；5. 弱(受冻率＞70%)。

4.6.3 圆斑病抗性

柿种质对圆斑病的抗性强弱。依据病情指数确定，分为：1. 高抗(病情指数≤5)；3. 抗病(5＜病情指数≤10)；5. 中抗(10＜病情指数≤30)；7. 感病(30＜病情指数≤50)；9. 高感(病情指数＞50)。

4.6.4 角斑病抗性

柿种质对角斑病的抗性强弱。依据病情指数确定，分为：1. 高抗(病情指数≤5)；3. 抗病(5＜病情指数≤10)；5. 中抗(10＜病情指数≤30)；7. 感病(30＜病情指数≤50)；9. 高感(病情指数＞50)。

4.6.5 炭疽病抗性

柿种质对炭疽病的抗性的强弱。依据病情指数确定，分为：1. 高抗(病情指数≤5)；3. 抗病(5＜病情指数≤10)；5. 中抗(10＜病情指数≤30)；7. 感病(30＜病情指数≤50)；9. 高感(病情指数＞50)。

ICS 67.080.10
B 31

中华人民共和国农业行业标准

NY/T 2927—2016

枣种质资源描述规范

Descriptors for jujube germplasm resources

2016-10-26 发布　　　　2017-04-01 实施

中华人民共和国农业部 发布

前　言

本标准按照GB/T 1.1—2009给出的规则起草。

本标准由农业部种植业管理司提出。

本标准由全国果品标准化技术委员会(SAC/TC 510)归口。

本标准起草单位:山西省农业科学院果树研究所、中国农业科学院茶叶研究所。

本标准主要起草人:李登科、王永康、熊兴平、隋串玲、江用文、赵爱玲、任海燕、李捷、杜学梅、薛晓芳。

枣种质资源描述规范

1 范围

本标准规定了枣(*Ziziphus jujuba*)和酸枣(*Ziziphus acidojujuba*)种质资源的描述内容和方式。

本标准适用于枣和酸枣种质资源的描述。

2 规范性引用文件

下列文件对于本文件的应用是必不可少的。凡是注日期的引用文件,仅注日期的版本适用于本文件。凡是不注日期的引用文件,其最新版本(包括所有的修改单)适用于本文件。

GB/T 2260 中华人民共和国行政区划代码

GB/T 2659 世界各国和地区名称代码

3 描述内容

描述内容见表1。

表1 枣种质资源描述内容

描述类别	描 述 内 容
基本信息	全国统一编号、引种号、采集号、种质名称、种质外文名、科名、属名、学名、原产国、原产省、原产地、海拔、经度、纬度、来源地、系谱、选育单位、育成年份、选育方法、种质类型、图像、观测地点
植物学特征	树型、树姿、主干皮裂状况、枣头颜色、枣头蜡质、二次枝弯曲度、二次枝开张度、针刺特征、叶片长度、叶片宽度、叶片颜色、叶片展开状态、叶片形状、叶尖形状、叶基形状、叶缘锯齿形状、每花序花朵数、花径大小、染色体倍性
生物学特性	树势、根蘖多少、成枝力、枣头长度、枣头节间长度、枣头粗度、二次枝长度、二次枝节数、二次枝节间长度、枣吊长度、萌芽期、初花期、盛花期、终花期、果实白熟期、果实脆熟期、果实完熟期、果实生育期、落叶期、营养生长期
产量性状	始果年龄、花粉有无、花粉发芽率、自花结实率、吊果率、枣头吊果率、采前落果程度、产量
果实性状	单果重、果实纵径、果实横径、果实整齐度、果实形状、果肩形状、果顶形状、果实颜色、果面光滑度、果皮厚度、果点大小、果点密度、果柄长度、梗洼深度、梗洼广度、萼片状态、柱头状态、果肉颜色、果肉质地、果肉粗细、果实汁液、果实风味、果实异味、可溶性固形物含量、可溶性糖含量、可滴定酸含量、维生素C含量、可食率、耐储性、枣核的有无、核重、核形、含仁率、种仁饱满程度、制干率、干枣颜色、干枣皱缩程度、干枣果肉饱满度、干枣可溶性糖含量、果实用途
抗逆性状	抗裂果性、枣疯病抗性、缩果病抗性

4 描述方式

4.1 基本信息

4.1.1 全国统一编号

种质的唯一标识号,枣种质资源的全国统一编号由"ZF"加"4位顺序号"共6位字符串组成,由农作物种质资源管理机构命名。如ZF0001。

4.1.2 引种号

枣种质从国外引入时赋予的编号,由"年份""4位顺序号"顺次连续组合而成,"年份"为4位数,"4位顺序号"每年分别编号,每份引进种质具有唯一的引种号。

4.1.3 采集号

枣种质在野外采集时赋予的编号，由“年份”“省(自治区、直辖市)代号”“顺序号”顺次连续组合而成。其中，“年份”为4位数，“省(自治区、直辖市)代号”按照GB/T 2260的规定执行。“顺序号”为当年采集时的编号，每年分别编号。

4.1.4 **种质名称**

枣种质的中文名称。国内种质的原始名称，如果有多个名称，可放在括号内，用逗号分隔；国外引进种质如没有中文译名，可直接用外文名。

4.1.5 **种质外文名**

国外引进种质的外文名或国内种质的汉语拼音名。国内种质中文名称为3字(含3字)以下的拼音连续组合在一起，首字母大写；中文名称为4字(含4字)以上的以词组为单位，首字母大写。

4.1.6 **科名**

枣种质在植物分类学上的科名。按照植物学分类，枣为鼠李科(Rhamnaceae)。

4.1.7 **属名**

枣种质在植物分类学上的属名。按照植物学分类，枣为枣属(*Ziziphus*)。

4.1.8 **学名**

枣种质在植物分类学上的名称。按照植物学分类，枣学名为 *Ziziphus jujuba*，酸枣为 *Ziziphus acidojujuba*。

4.1.9 **原产国**

枣种质原产国家名称、地区名称或国际组织名称。国家和地区名称按照GB/T 2659的规定执行，如该国家已不存在，应在原国家名称前加“原”。国际组织名称用该组织的正式英文缩写。

4.1.10 **原产省**

枣种质原产省份名称，省份名称按照GB/T 2260的规定执行；国外引进种质原产省用原产国家一级行政区的名称。

4.1.11 **原产地**

枣种质原产县、乡、村名称，县名按照GB/T 2260的规定执行。

4.1.12 **海拔**

枣种质原产地的海拔，单位为米(m)。

4.1.13 **经度**

枣种质原产地的经度，单位为度(°)和分(′)。格式为“DDDFF”，其中，“DDD”为度，“FF”为分。东经为正值，西经为负值。

4.1.14 **纬度**

枣种质原产地的纬度，单位为度(°)和分(′)。格式为“DDFF”，其中，“DD”为度，“FF”为分。北纬为正值，南纬为负值。

4.1.15 **来源地**

枣种质的来源国家、省、县或机构名称。

4.1.16 **系谱**

与选育品种(系)具有共同祖先的各世代成员数目、亲缘关系及有关遗传性状在该家系中的分布情况。

4.1.17 **选育单位**

选育枣树品种(系)的单位名称或个人姓名，单位名称应写全称。

4.1.18 **育成年份**

枣品种(系)培育成功的年份，通常为通过审定或正式发表的年份。

4.1.19 选育方法

枣品种(系)的育种方法,如人工杂交、自然实生或芽变选种等。

4.1.20 种质类型

枣种质的类型,分为:1. 野生资源;2. 地方品种;3. 选育品种;4. 品系;5. 其他。

4.1.21 图像

枣种质的图像文件名。文件名由该种质全国统一编号、连字符"-"和图像序号组成。图像格式为.jpg。如有多个图像文件,文件名之间用分号分隔。

4.1.22 观测地点

枣种质的观测地点,记录到省和县名,如山西省太谷县。

4.2 植物学特征

4.2.1 树型

自然生长状态枣树树冠类型(见图1),分为:1. 圆头型;2. 圆柱型;3. 偏斜型;4. 伞型;5. 乱头型。

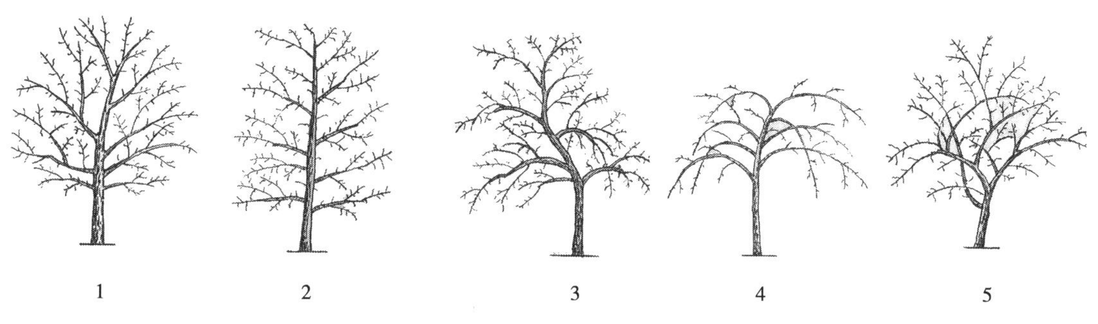

图1 树 型

4.2.2 树姿

未整形成龄树的自然分枝习性(见图2),分为:1. 直立;2. 半开张;3. 开张。

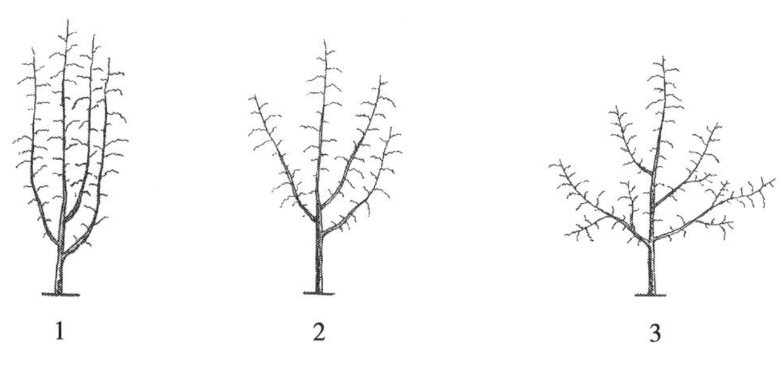

图2 树 姿

4.2.3 主干皮裂状况

成龄树主干皮裂状况(见图3),分为:1. 条状;2. 块状。

图3 主干皮裂状况

4.2.4 枣头颜色

休眠期光线直射处枣头向阳面的颜色，分为：1. 浅灰；2. 灰绿；3. 黄褐；4. 红褐；5. 灰褐；6. 紫褐。

4.2.5 枣头蜡质

休眠期枣头表面蜡质状况，分为：0. 无；1. 少；2. 多。

4.2.6 二次枝弯曲度

枣头中部生长健壮的二次枝相邻节延伸方向改变的程度，分为：1. 小（<15°）；2. 中（15°～30°）；3. 大（≥30°）。

4.2.7 二次枝开张度

枣头中部二次枝与枣头枝两者的中轴线之间的夹角大小，分为：1. 小（夹角<45°）；2. 中（45°≤夹角<70°）；3. 大（夹角≥70°）。

4.2.8 针刺特征

枣头中部生长健壮充实的二次枝上直刺的长度（L），分为：0. 无（L=0 cm）；1. 不发达（0 cm<L<1.0 cm）；2. 发达（L≥1.0 cm）。

4.2.9 叶片长度

枣吊中部成熟叶片的长度（见图 4），单位为厘米（cm）。

4.2.10 叶片宽度

枣吊中部成熟叶片的宽度（见图 4），单位为厘米（cm）。

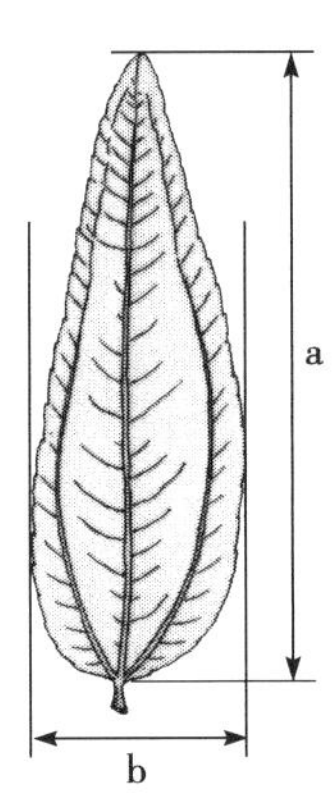

说明：

a——叶片长度；

b——叶片宽度。

图 4 叶片长度和叶片宽度

4.2.11 叶片颜色

枣吊中部的成熟叶片正面的颜色，分为：1. 浅绿；2. 绿；3. 浓绿。

4.2.12 叶片展开状态

枣吊中部的成熟叶片的平展或卷曲状态（见图 5），分为：1. 合抱；2. 平展；3. 反卷。

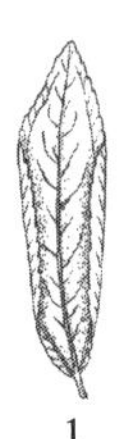

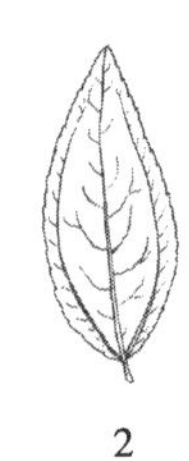

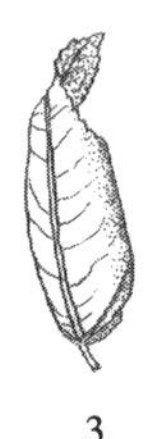

图 5 叶片展开状态

4.2.13 叶片形状

枣吊中部成熟叶片的形状(见图 6),分为:1. 椭圆形;2. 卵圆形;3. 卵状披针形。

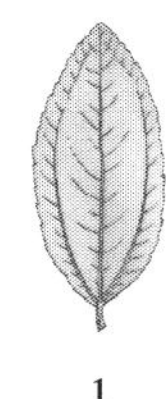
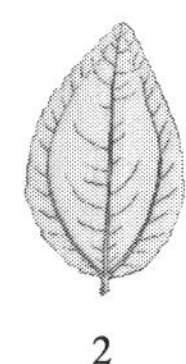
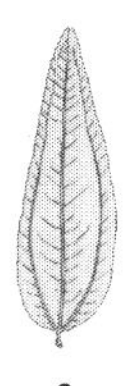

图 6 叶片形状

4.2.14 叶尖形状

枣吊中部成熟叶片叶尖的形状(见图 7),分为:1. 尖凹;2. 钝尖;3. 急尖;4. 锐尖。

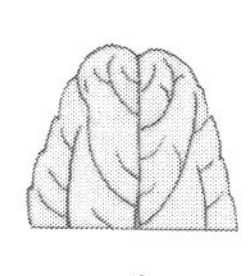

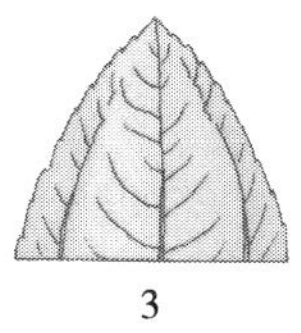

图 7 叶尖形状

4.2.15 叶基形状

枣吊中部成熟叶片叶基的形状(见图 8),分为:1. 圆形;2. 心形;3. 截形;4. 圆楔形;5. 偏斜形。

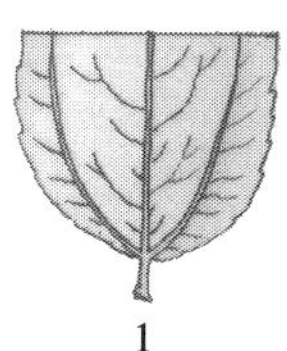
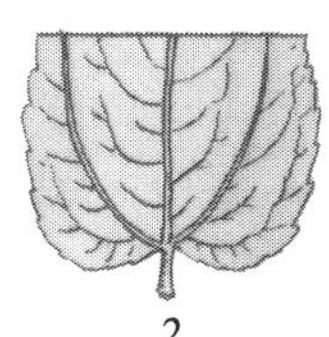
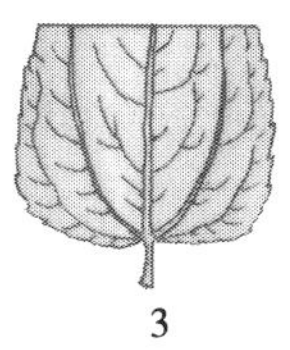
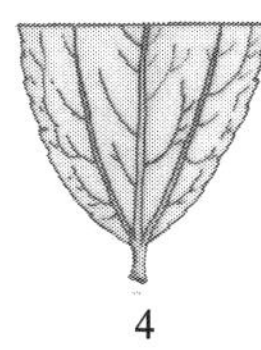

图 8 叶基形状

4.2.16 叶缘锯齿形状

枣吊中部成熟叶片叶缘锯齿的形状(见图 9),分为:1. 锐齿;2. 钝齿。

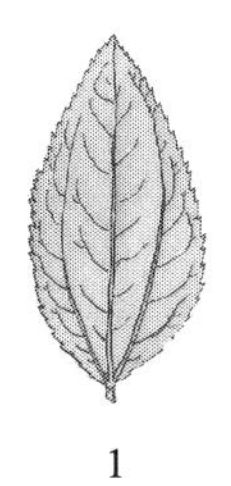
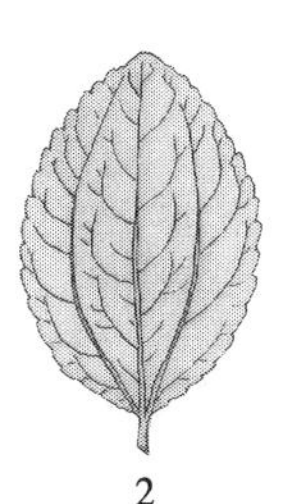

图 9 叶缘锯齿形状

4.2.17 每花序花朵数

盛花期树冠外围 3 年～6 年生枣股上有代表性的枣吊中部的每花序的花朵数,单位为朵。

4.2.18 花径大小

树冠外围 3 年～6 年生枣股上有代表性枣吊中部的花序上萼片平展期的零级花相对萼片边缘的最大距离(见图 10),单位为毫米(mm)。

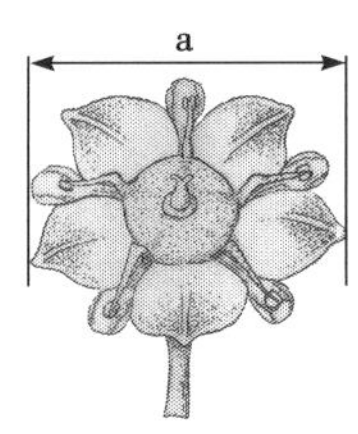

说明：

a——花径。

图 10　花径大小

4.2.19　染色体倍性

枣种质体细胞中包含的染色体倍数，如二倍体。

4.3　生物学特性

4.3.1　树势

正常生长成龄树的生长势状况，分为：1. 弱；2. 中；3. 强。

4.3.2　根蘖多少

成龄期主干周围由根系自然形成根蘖苗的多少，分为：1. 少(<3 株/m^2)；2. 多(≥3 株/m^2)。

4.3.3　成枝力

成龄树当年生枣头回缩短截后抽生新枣头的能力(以形成新枣头所占的百分比表示)，分为：1. 弱(<30.0%)；2. 中(30.0%～70.0%)；3. 强(≥70.0%)。

4.3.4　枣头长度

当年生枣头停止生长期，枣头一次枝基部至先端的平均长度，单位为厘米(cm)。

4.3.5　枣头节间长度

枣头基部第一个永久性二次枝以上节间的平均长度，单位为厘米(cm)。

4.3.6　枣头粗度

枣头停止生长后，枣头基部靠近第一个永久性二次枝处的直径，单位为厘米(cm)。

4.3.7　二次枝长度

停止生长后，枣头中部生长健壮的二次枝的长度，单位为厘米(cm)。

4.3.8　二次枝节数

停止生长后，枣头中部生长健壮的二次枝的节数，单位为节。

4.3.9　二次枝节间长度

停止生长后，枣头中部生长健壮的二次枝节间的长度，单位为厘米(cm)。

4.3.10　枣吊长度

停止生长期，树冠外围不同方位 3 年～6 年生枣股上着生枣吊的长度，单位为厘米(cm)。

4.3.11　萌芽期

春季 3 年～6 年生枣股上 5%的主芽鳞片膨大开裂、顶部微显绿色时的日期，以“年月日”表示，格式“YYYYMMDD”。

4.3.12　初花期

春季 3 年～6 年生枣股上着生的枣吊中部 5%的零级花开放的日期，以“年月日”表示，格式“YYYYMMDD”。

4.3.13　盛花期

3 年～6 年生枣股上着生的枣吊中部 25%的零级花开放的日期，以“年月日”表示，格式“YYYYMMDD”。

4.3.14 终花期

3年～6年生枣股上着生的枣吊中部90%的零级花脱落的日期，以“年月日”表示，格式“YYYYMMDD”。

4.3.15 果实白熟期

25%果实的果皮褪绿变白的日期，以“年月日”表示，格式“YYYYMMDD”。

4.3.16 果实脆熟期

25%果实的果皮开始着色的日期，以“年月日”表示，格式“YYYYMMDD”。

4.3.17 果实完熟期

25%果实全红的日期，以“年月日”表示，格式“YYYYMMDD”。

4.3.18 果实生育期

盛花期至果实脆熟期持续的天数，单位为天(d)。

4.3.19 落叶期

秋季全树约50%的叶片脱落的日期，以“年月日”表示，格式“YYYYMMDD”。

4.3.20 营养生长期

树体从萌芽期到落叶期的天数，单位为天(d)。

4.4 产量性状

4.4.1 始果年龄

定植后正常生长至开始结果的年限，单位为年。

4.4.2 花粉有无

花期树冠外围发育正常的枣吊中部处于蕾黄期的花粉有无，分为：0. 无；1. 有。

4.4.3 花粉发芽率

离体培养蕾裂期的花粉发芽的百分率，单位为百分率(%)。

4.4.4 自花结实率

盛花初期，枣吊摘心、疏花套袋后的花朵坐果率，单位为百分率(%)。

4.4.5 吊果率

在盛花期后45 d(生理落果后)，树冠中部外围3年～6年生枝上的坐果数与枣吊数的比值，单位为百分率(%)。

4.4.6 枣头吊果率

在盛花期后45 d(生理落果后)，树冠中部外围当年新生枣头枝上的坐果数与枣吊数的比值，单位为百分率(%)。

4.4.7 采前落果程度

采收前1个月内的落果重量占结果总重量的比例(A)。分为：1. 轻(A<10.0%)；2. 中(10.0%≤A<30.0%)；3. 重(A≥30.0%)。

4.4.8 产量

脆熟期成龄树单位面积所负载果实的重量，单位为千克每666.7平方米(kg/666.7m^2)。

4.5 果实性状

4.5.1 单果重

脆熟期单个果实的重量，单位为克(g)。

4.5.2 果实纵径

脆熟期果实纵向最大长度(见图11)，单位为厘米(cm)。

4.5.3 果实横径

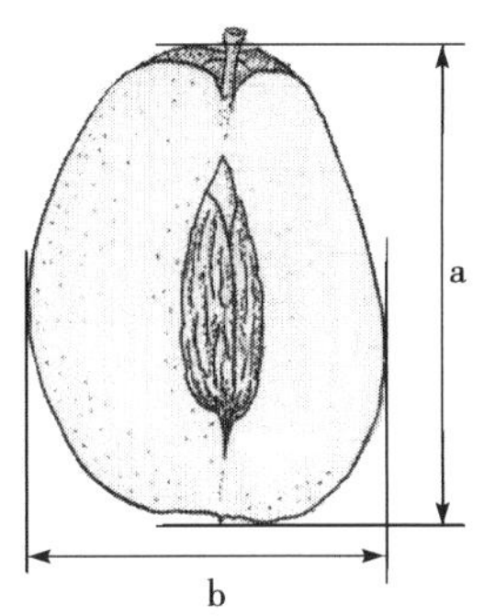

说明：

a——果实纵径；

b——果实横径。

图 11 果实纵径和果实横径

脆熟期果实横向最大长度(见图 11),单位为厘米(cm)。

4.5.4 果实整齐度

同株树上脆熟期果实大小差异的程度。分为:1. 不整齐;2. 较整齐;3. 整齐。

4.5.5 果实形状

脆熟期果实形状(见图 12),分为:1. 扁圆形;2. 圆形;3. 卵圆形;4. 倒卵圆形;5. 圆柱形;6. 圆锥形;7. 磨盘形(带缢痕);8. 茶壶形。

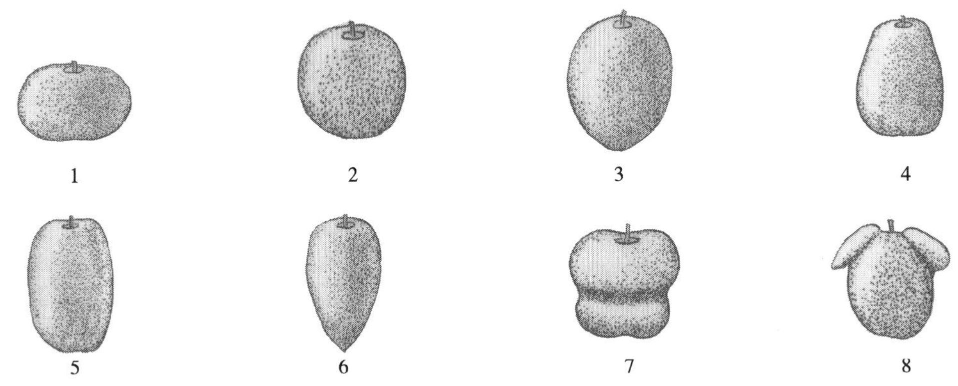

图 12 果实形状

4.5.6 果肩形状

脆熟期果实果肩部位的形状(见图 13),分为:1. 平圆;2. 凸圆。

图 13 果肩形状

4.5.7 果顶形状

脆熟期果实果顶的形状(见图 14),分为:1. 凹;2. 平;3. 尖。

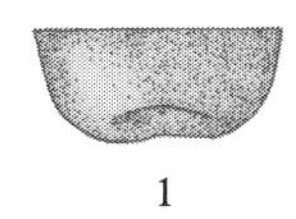
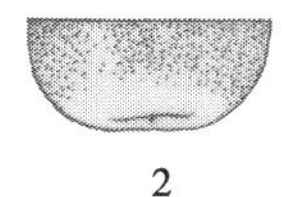
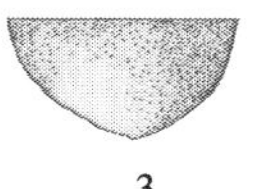

1　　2　　3

图 14　果顶形状

4.5.8　果实颜色

脆熟期果实果皮的颜色，分为：1. 浅红；2. 红；3. 紫红。

4.5.9　果实平滑度

脆熟期果实的果面平滑度，分为：1. 平整（平展、光滑）；2. 粗糙（平展、粗糙）；3. 凸起（有明显隆起，凹凸不平）。

4.5.10　果皮厚度

脆熟期果实的果皮厚度，分为：1. 薄（参照种质：冬枣）；2. 厚（参照种质：圆铃枣）。

4.5.11　果点大小

脆熟期果实中部果点的大小，分为：1. 小（参照种质：冬枣）；2. 中（参照种质：灰枣）；3. 大（参照种质：临猗梨枣）。

4.5.12　果点密度

脆熟期果实中部果点的疏密程度，分为：1. 疏（参照种质：临猗梨枣）；2. 中（参照种质：赞皇大枣）；3. 密（参照种质：郎枣）。

4.5.13　果柄长度

脆熟期果实梗洼底部至果梗分叉处的长度，单位为毫米（mm）。

4.5.14　梗洼深度

脆熟期果实纵切面梗洼的深浅程度（见图 15），分为：1. 浅；2. 中；3. 深。

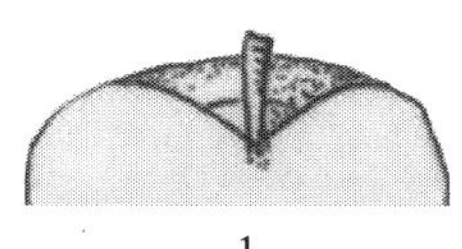
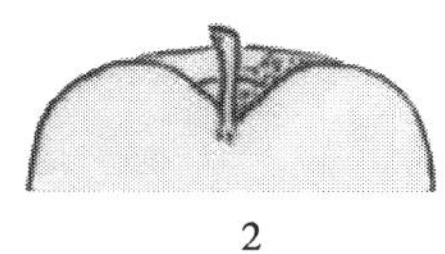
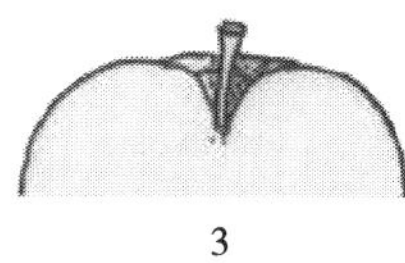

1　　2　　3

图 15　梗洼深度

4.5.15　梗洼广度

脆熟期果实纵切面梗洼的广狭状况（见图 16），分为：1. 狭；2. 中；3. 广。

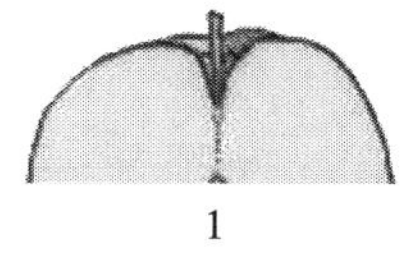
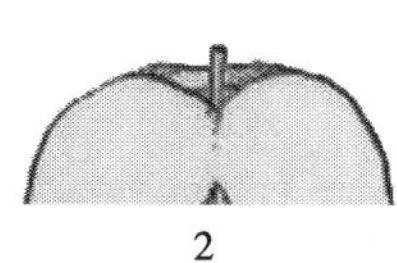
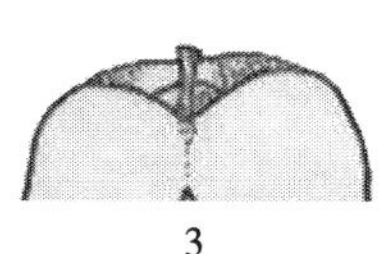

1　　2　　3

图 16　梗洼广度

4.5.16　萼片状态

脆熟期果实的萼片状态（见图 17），分为：1. 宿存；2. 残存；3. 脱落。

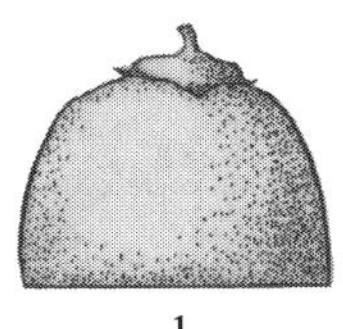
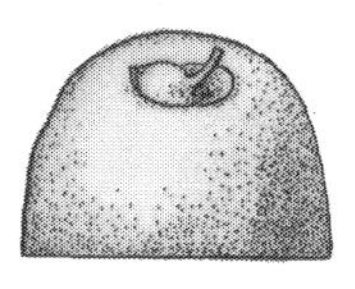
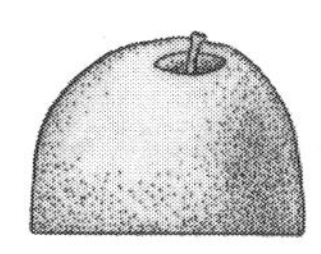

1　　2　　3

图 17　萼片状态

4.5.17 **柱头状态**

脆熟期果实柱头的存在状态(见图 18),分为:1. 宿存;2. 残存;3. 脱落。

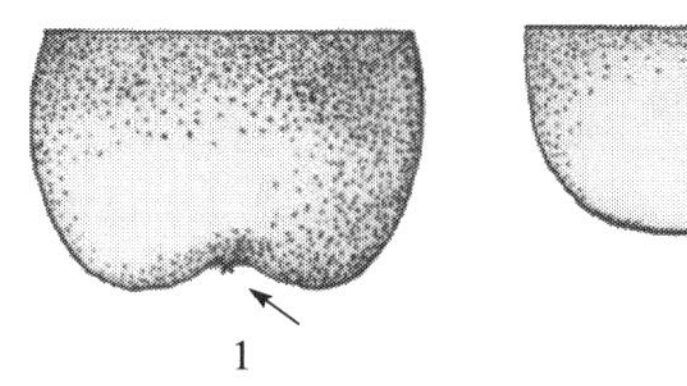
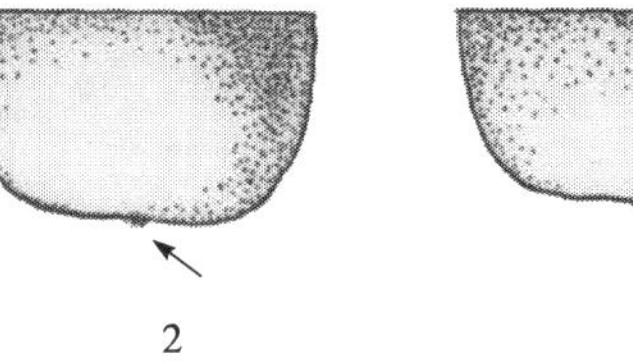
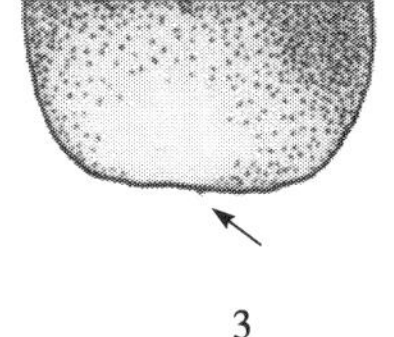

图 18 柱头状态

4.5.18 **果肉颜色**

脆熟期果实果肉的颜色,分为:1. 白;2. 浅绿;3. 绿。

4.5.19 **果肉质地**

脆熟期果实的果肉质地,分为:1. 疏松;2. 酥脆;3. 致密。

4.5.20 **果肉粗细**

脆熟期果实果肉的粗细,分为:1. 细;2. 粗。

4.5.21 **果实汁液**

脆熟期果实果肉汁液多少,分为:1. 少;2. 多。

4.5.22 **果实风味**

脆熟期果实风味,分为:1. 酸;2. 甜酸;3. 酸甜;4. 甜;5. 极甜。

4.5.23 **果实异味**

脆熟期至完熟期果实是否具苦、辣等异味,分为:0. 无;1. 有。

4.5.24 **可溶性固形物含量**

脆熟期果实的可溶性固形物含量,单位为百分率(%)。

4.5.25 **可溶性糖含量**

脆熟期果实的可溶性糖含量,单位为百分率(%)。

4.5.26 **可滴定酸含量**

脆熟期果实可滴定酸的含量,单位为百分率(%)。

4.5.27 **维生素 C 含量**

脆熟期果实维生素 C 的含量,单位为毫克每百克(mg/100 g)。

4.5.28 **可食率**

脆熟期果肉质量占果实总质量的百分比,单位为百分率(%)。

4.5.29 **耐储性**

鲜枣采收后能保持新鲜、品质较好状态的性能。以在普通冷库条件下可达 90%好果率的储藏天数确定。分为:1. 耐储(≥60 d);3. 较耐储(30 d~60 d);5. 不耐储(≤30 d)。

4.5.30 **枣核的有无**

脆熟期果实内核壳的状态,分为:0. 无核;1. 残存;2. 有核。

4.5.31 **核重**

脆熟期鲜枣的核重,单位为克(g)。

4.5.32 **枣核形状**

脆熟期枣核的核形(见图 19),分为:1. 圆形;2. 椭圆形;3. 纺锤形;4. 圆锥形。

1

2

3

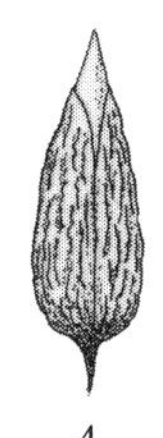
4

图 19 枣核形状

4.5.33 含仁率

脆熟期果实含有饱满种仁的百分率，单位为百分率(%)。

4.5.34 种仁饱满程度

白熟期至完熟期种仁的有无及与核壳心室紧贴的程度，分为：0. 无；1. 瘪；2. 不饱满；3. 饱满。

4.5.35 制干率

完熟期果实自然晾干或人工烘干至明显失水(小枣类：含水量≤28.0%，大枣类：含水量≤25.0%)后的重量与鲜枣总重量的比值，单位为百分率(%)。

4.5.36 干枣颜色

干枣果皮的颜色，分为：1. 浅红；2. 红；3. 赭红；4. 紫红。

4.5.37 干枣皱褶度

干枣果皮的皱褶度，分为：1. 皱褶；2. 较平展；3. 平展。

4.5.38 干枣果肉饱满度

干枣果肉的饱满程度，分为：1. 不饱满；2. 较饱满；3. 饱满。

4.5.39 干枣可溶性糖含量

干枣果肉中可溶性糖的含量，单位为百分率(%)。

4.5.40 果实用途

枣果具最大商业价值和食用价值的利用方式，分为：1. 鲜食；2. 制干；3. 鲜食制干兼用；4. 蜜枣加工；5. 观赏。

4.6 抗逆性

4.6.1 抗裂果性

枣果遇雨时忍耐或抵抗裂果的能力，根据清水诱裂试验裂果率确定，分为：1. 极抗(裂果率<10%)；3. 抗裂(10%≤裂果率<20%)；5. 中抗(20%≤裂果率<50%)；7. 易裂(50%≤裂果率<70%)；9. 极易(裂果率≥70%)。

4.6.2 枣疯病抗性

枣树植株对枣疯病(Jujube witches broom disease)的抗性强弱，以接种试验发病率确定，分为：1. 高抗(发病率<5%)；3. 抗病(5%≤发病率<10%)；5. 中抗(10%≤发病率<30%)；7. 感病(30%≤发病率<50%)；9. 高感(发病率≥50%)。

4.6.3 缩果病抗性

枣果对缩果病(Fruit brown cortex)的抗性强弱，以接种试验病果率确定，分为：1. 高抗(病果率<5%)；3. 抗病(5%≤病果率<10%)；5. 中抗(10%≤病果率<30%)；7. 感病(30%≤病果率<50%)；9. 高感(病果率≥50%)。

ICS 67.080.10
B 31

中华人民共和国农业行业标准

NY/T 2928—2016

山楂种质资源描述规范

Descriptors for hawthorn germplasm resources

2016-10-26 发布 2017-04-01 实施

中华人民共和国农业部 发布

前　　言

本标准按照GB/T 1.1—2009给出的规则起草。

本标准由农业部种植业管理司提出。

本标准由全国果品标准化技术委员会(SAC/TC 510)归口。

本标准起草单位:沈阳农业大学、中国农业科学院茶叶研究所。

本标准主要起草人:董文轩、吕德国、熊兴平、赵玉辉、江用文、高秀岩、马怀宇、秦嗣军、杜国栋。

山楂种质资源描述规范

1 范围

本标准规定了山楂属(*Crataegus* L.)植物种质资源描述的内容和方法。

本标准适用于山楂属种质资源收集、保存、鉴定和评价过程的描述。

2 规范性引用文件

下列文件对于本文件的应用是必不可少的。凡是注日期的引用文件,仅注日期的版本适用于本文件。凡是不注日期的引用文件,其最新版本(包括所有的修改单)适用于本文件。

GB/T 2260 中华人民共和国行政区划代码

GB/T 2659 世界各国和地区名称代码

3 描述内容

描述内容见表1。

表1 山楂种质资源描述内容

描述内容的类别	描　述　内　容
基本信息	全国统一编号、引种号、采集号、种质名称、种质外文名、科名、属名、学名、原产国、原产省、原产地、海拔、经度、纬度、来源地、系谱、选育单位、育成年份、选育方法、种质类型、观测地点、图像
植物学特征	树性、树形、主干树皮特征、树姿、干性、一年生枝长度、一年生枝粗度、一年生枝节间长度、一年生枝颜色、二年生枝颜色、枝刺有无、幼叶颜色、叶片颜色、托叶形状、叶片形状、叶片长度、叶片宽度、叶柄长度、叶缘锯齿类型、叶基形状、叶背茸毛、叶片裂刻类型、花梗茸毛、副花序有无、花序花朵数、花冠直径、花瓣形状、花瓣颜色、重瓣性、雌蕊数量、雄蕊数量、花药颜色、花粉有无、染色体倍数性
生物学特性	萌芽期、展叶期、始花期、盛花期、落花期、果实成熟期、落叶期、果实发育期、营养生长期、萌芽率、成枝力
产量性状	花朵坐果率、自花结实力、单性结实力、花序坐果数、采前落果程度、始果期、产量
果实及其品质性状	单果重、果实纵径、果实横径、果皮颜色、果点多少、果点颜色、果点大小、果面光泽、梗洼形态、梗基特征、萼片着生状态、萼片形状、萼片姿态、萼筒形状、果实形状、果肉颜色、果肉质地、果实风味、果实香气、心室数、种核数、种核特征、百核重、种仁率、可食率、可溶性糖含量、可滴定酸含量、维生素C含量、果肉硬度、鲜食品质、储藏性、总黄酮含量
抗性性状	耐旱性、食心虫抗性、叶螨抗性、花腐病抗性、锈病抗性

4 描述方法

4.1 基本信息

4.1.1 全国统一编号

种质资源的唯一标识号。山楂种质资源的全国统一编号为6位字符串,由农作物种质资源管理机构命名。如“SZP001”:“SZ”代表山楂,取“山楂”二字汉语拼音首写字母;P为山楂圃在全国农作物种质资源保存圃库序列中的顺序编号;“001”代表资源的顺序号,即001号种质资源。

4.1.2 引种号

从国外引入山楂种质资源时赋予的编号。引种号为8位字符串,由“年份”和“4位顺序号”顺次连续组合而成。如“20010001”,其中“2001”表示引种年份,“0001”表示顺序号。每份引进种质具有唯一的引种号且每年由0001起顺序编号。

4.1.3　**采集号**

在野外采集种质资源时的临时编号。采集号为10位字符串，如“CJ20010001”，其中“CJ”表示采集，“2001”表示采集年份，“0001”表示顺序号。

4.1.4　**种质中文名称**

种质资源的中文名称。如果国内种质资源的原始名称有多个，可以放在括号内，用逗号分隔，如“种质名称1(名称2，名称3)”。对国外引进种质，如果没有中文译名，可以直接用种质的外文名。

4.1.5　**种质外文名称**

国外引进种质资源的外文名或国内种质资源的汉语拼音名。国内种质资源中文名称为3字(含3字)以下的，所有汉字拼音连续组合在一起，首字母大写；中文名称为4字(含4字)以上的，以词组为单位，首字母均大写。国外引进种质资源的外文名应注意大小写和空格。

4.1.6　**科名**

采用植物分类学的科名。山楂为蔷薇科(Rosaceae)植物。

4.1.7　**属名**

采用植物分类学的属名。山楂为山楂属(*Crataegus* L.)植物。

4.1.8　**学名**

采用植物分类学的名称。如湖北山楂学名为 *Crataegus hupehensis* Sarg.

4.1.9　**原产国**

种质资源的原产国家、地区或国际组织的名称。国家和地区名称按照GB/T 2659的规定执行。如该国家已不存在，应在原国家名称前加“原”，如“原苏联”。国际组织名称用该组织的正式英文缩写，如“IPGRI”。

4.1.10　**原产省**

种质资源原产省份的名称。国内省份名称按照GB/T 2260的规定执行；国外引进种质资源的原产省采用原产国家一级行政区的名称。

4.1.11　**原产地**

国内山楂种质资源的原产地，具体到县、乡、村，不能确定的注明“不详”。县名按照GB/T 2260的规定执行。

4.1.12　**海拔**

种质资源原产地的海拔高度，单位为米(m)。

4.1.13　**经度**

种质资源原产地的经度，单位为度(°)和分(′)。格式为“DDDFF”，其中“DDD”为度，“FF”为分。东经为正值，西经为负值。

4.1.14　**纬度**

种质资源原产地的纬度，单位为度(°)和分(′)。格式为“DDFF”，其中“DD”为度，“FF”为分。北纬为正值，南纬为负值。

4.1.15　**来源地**

种质资源的来源国家、省、县或国内外机构的全称。

4.1.16　**系谱**

山楂选育品种(系)的亲缘关系。

4.1.17　**选育单位**

品种(系)选育的单位或个人名称。单位名称应写全称；个人应注明详细通信地址。

4.1.18　**育成年份**

品种(系)培育成功的年份;一般为通过新品种审定、认定、备案或正式发表的年份。

4.1.19 选育方法

品种(系)的育成方法,如实生选种、杂交育种、芽变选种等。

4.1.20 种质类型

保存山楂种质资源的类型,分为:1. 野生资源;2. 地方品种;3. 育成品种;4. 品系;5. 遗传材料;6. 其他。

4.1.21 观测地点

鉴定评价山楂种质资源植物学特征、生物学特性、产量性状、果实及其品质性状、抗性性状等的观测地点。记录到省和市或县(区)名称,如辽宁省沈阳市。

4.1.22 图像

山楂种质的图像文件名。文件名由该种质全国统一编号、连字符“-”和图像序号组成。图像格式为.jpg。

4.2 植物学特征

4.2.1 树性

自然状态下,山楂植株的生长习性,分为:1. 灌木;2. 乔木。

4.2.2 树形

未整形树体的树冠形状,分为:1. 圆头形;2. 自然半圆形;3. 扁圆形;4. 圆锥形;5. 自然开心形;6. 披散形;7. 丛状形。

4.2.3 主干树皮特征

乔木类资源中植株距离地面 20 cm 至第一主枝之间的树皮特征,分为:1. 光滑;2. 纵裂;3. 块状剥落。

4.2.4 树姿

乔木类资源未整形树体的自然分枝习性。以植株最下部 3 个主枝轴线与主干延长线夹角的平均值表示,单位为度(°)。分为:1. 直立(角度<40°);2. 半直立(40°≤角度<60°);3. 开张(60°≤角度<90°);4. 半下垂(90°≤角度<120°);5. 下垂(角度≥120°)。

4.2.5 干性

乔木类资源中,植株中心干的生长势,分为:3. 弱;5. 中;7. 强。

4.2.6 一年生枝长度

树冠外围一年生枝从基部到顶端的长度,单位为厘米(cm)。

4.2.7 一年生枝粗度

树冠外围一年生枝基部以上 3 cm 处的粗度,单位为厘米(cm)。

4.2.8 一年生枝节间长度

树冠外围一年生枝中段的节间长度,单位为厘米(cm)。

4.2.9 一年生枝颜色

树冠外围一年生枝的颜色,分为:1. 灰白;2. 黄褐;3. 红褐;4. 紫褐。

4.2.10 二年生枝颜色

树冠外围二年生枝的颜色,分为:1. 灰白;2. 黄褐;3. 紫褐;4. 其他。

4.2.11 枝刺有无

一年生、二年生枝上有无枝刺,分为:0. 无;1. 有。

4.2.12 幼叶颜色

树冠外围新梢上幼叶的颜色,分为:1. 淡绿;2. 淡红;3. 橙红。

4.2.13 叶片颜色

树冠外围成熟叶片的颜色,分为:1. 淡绿;2. 绿;3. 浓绿;4. 紫红。

4.2.14 托叶形状

树冠外围成熟叶片的托叶形状,分为:1. 窄镰刀形;2. 阔镰刀形;3. 耳形。

4.2.15 叶片形状

树冠外围营养枝中部叶位向上第 2 片至第 5 片或结果枝顶端向下第 2 片至第 4 片发育完全、无破损的成熟叶片的形状(见图 1),分为:1. 卵形;2. 广卵圆形;3. 楔状卵形;4. 三角状卵形;5. 卵状披针形;6. 倒卵圆形;7. 菱状卵形;8. 长椭圆形。

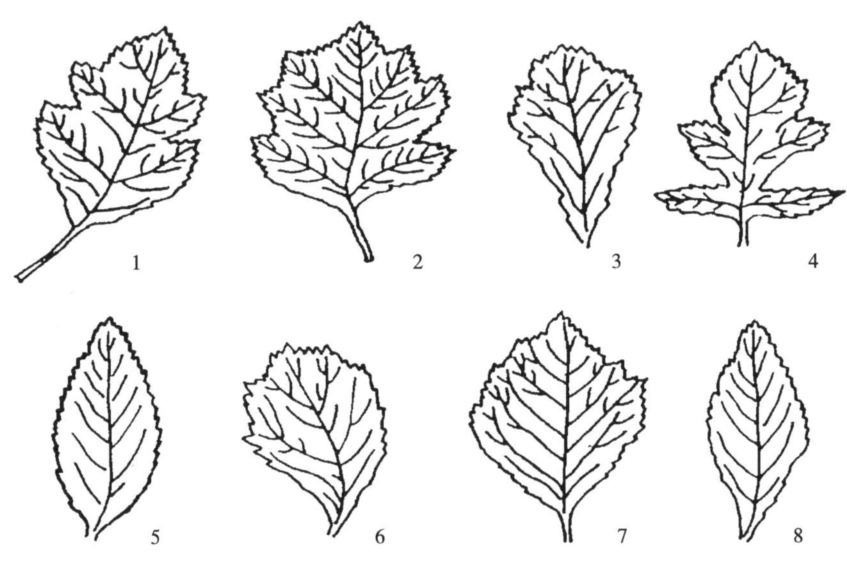

图 1 叶片形状

4.2.16 叶片长度

树冠外围营养枝中部成熟叶片的长度,单位为厘米(cm)。

4.2.17 叶片宽度

树冠外围营养枝中部成熟叶片最宽处的宽度,单位为厘米(cm)。

4.2.18 叶柄长度

树冠外围营养枝中部成熟叶片的叶柄长度,单位为厘米(cm)。

4.2.19 叶缘锯齿类型

树冠外围营养枝中部成熟叶片的叶缘锯齿类型(见图 2),分为:1. 细锐;2. 粗锐;3. 钝圆;4. 重锯齿。

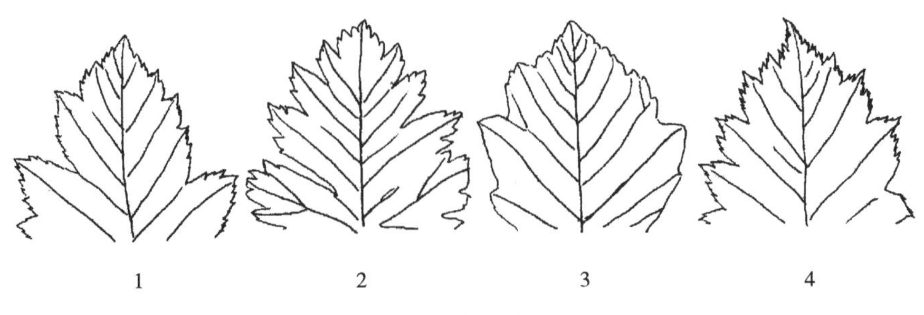

图 2 叶缘锯齿类型

4.2.20 叶基形状

树冠外围营养枝中部成熟叶片基部的形状(见图 3),分为:1. 截形;2. 近圆形;3. 宽楔形;4. 楔形;

5. 下延楔形;6. 心形。

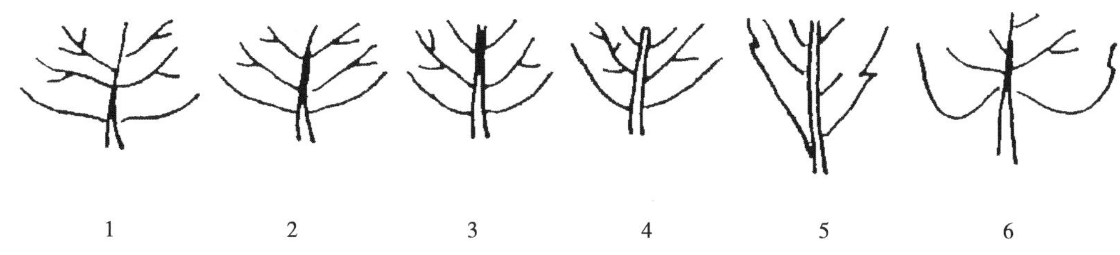

图3 叶基形状

4.2.21 叶背茸毛

树冠外围营养枝中部成熟叶片背面的茸毛着生状况,分为:0. 无;1. 少;2. 中;3. 多。

4.2.22 叶片裂刻类型

树冠外围营养枝中部成熟叶片的裂刻类型,分为:1. 无裂刻;2. 浅裂(叶基部裂片不到半个叶片宽度的 1/3);3. 中裂(叶基部裂片达半个叶片宽度的 1/3~1/2);4. 深裂(叶基部裂片达半个叶片宽度的 1/2~3/4);5. 全裂(叶基部裂片达半个叶片宽度的 3/4 以上)。

4.2.23 副花序有无

树冠外围结果枝开花时除顶端着生的主花序外,在其他节位着生花序的有无,分为:0. 无;1. 有。

4.2.24 花梗茸毛

树冠外围花序上花梗茸毛的着生状况,分为:0. 无;1. 少;2. 中;3. 多。

4.2.25 花序花朵数

树冠外围主花序的平均花朵数,单位为朵。

4.2.26 花冠直径

盛花期树冠外围花朵的直径,单位为厘米(cm)。

4.2.27 花瓣形状

盛花期树冠外围花朵的花瓣在完全展开时的形状,分为:1. 圆形;2. 卵圆形;3. 椭圆形。

4.2.28 花瓣颜色

盛花期树冠外围花朵的花瓣颜色,分为:1. 绿白;2. 白;3. 粉红;4. 红。

4.2.29 重瓣性

盛花期树冠外围花朵的花瓣是否存在重叠的特性,分为:1. 单瓣(花瓣数量为 5 个);2. 复瓣(花瓣数量 6 个~10 个);3. 重瓣(花瓣数量>10 个)。

4.2.30 雌蕊数量

盛花期树冠外围花朵的雌蕊数量,单位为个。

4.2.31 雄蕊数量

盛花期树冠外围花朵的雄蕊数量,单位为个。

4.2.32 花药颜色

盛花期树冠外围花序上初开花朵未开裂花药的颜色,分为:1. 白;2. 黄;3. 红;4. 紫。

4.2.33 花粉有无

盛花期树冠外围花序上盛开花朵已开裂花药的花粉有无,分为:0. 无;1. 有。

4.2.34 染色体倍数性

体细胞的染色体倍数。

4.3 生物学特性

4.3.1 萌芽期

植株上5%顶芽明显膨大、芽鳞松动至开绽(或露白)的时间。以“年月日”表示,格式为“YYYYMMDD”。

4.3.2 **展叶期**

萌芽后植株上5%顶芽叶片展开的时间。以“年月日”表示,格式“YYYYMMDD”。

4.3.3 **始花期**

花序分离后植株上第一朵花开放的时间。以“年月日”表示,格式“YYYYMMDD”。

4.3.4 **盛花期**

始花后植株上50%花朵开放的时间。以“年月日”表示,格式“YYYYMMDD”。

4.3.5 **末花期**

盛花后植株上75%的花朵开始落瓣的时间。以“年月日”表示,格式“YYYYMMDD”。

4.3.6 **果实成熟期**

全树75%的果实表现出该品种的固有特性、达到成熟的时间。以“年月日”表示,格式“YYYYMMDD”。

4.3.7 **落叶期**

植株上75%的叶片脱落的时间。以“年月日”表示,格式“YYYYMMDD”。

4.3.8 **果实发育期**

计算从盛花期到果实成熟期的天数,单位为天(d)。

4.3.9 **营养生长期**

计算从萌芽期到落叶期的天数,单位为天(d)。

4.3.10 **萌芽率**

萌芽后至新梢生长停止前,树冠外围延长枝萌发芽数占总芽数的比例,以百分率(%)表示。

4.3.11 **成枝力**

萌芽后至新梢生长停止前,树冠外围延长枝萌发长枝(≥15 cm)的能力。用平均长枝条数表示。分为:3. 弱(平均条数<3);5. 中(3≤平均条数<5);7. 强(平均条数≥5)。

4.4 **产量性状**

4.4.1 **花朵坐果率**

树冠外围花朵在落花后4周坐果数占总花朵数的百分率,以百分率(%)表示。

4.4.2 **自花结实力**

树冠外围的花朵在自花授粉后的结实能力。用开花前套袋、落花后4周除袋调查的坐果率表示。分为:0. 无;3. 弱(坐果率<15.0%);5. 中(15.0%≤坐果率<30.0%);7. 强(坐果率≥30.0%)。

4.4.3 **单性结实力**

树冠外围的花朵在没有授粉受精情况下的结实能力。用开花前去雄套袋,落花后4周除袋调查的坐果率表示。分为:0. 无;3. 弱(坐果率<15.0%);5. 中(15.0%≤坐果率<30.0%);7. 强(坐果率≥30.0%)。

4.4.4 **花序坐果数**

树冠外围花序在采收前着生果实的数量,单位为个。

4.4.5 **采前落果程度**

果实在成熟前脱落的程度。以正常采收时的落果量占总产量的百分率即落果百分率表示。分为:3. 轻(落果百分率<10%);5. 中(10%≤落果百分率<25%);7. 重(落果百分率≥25%)。

4.4.6 **始果期**

生长发育正常植株第一次结果的时间。用嫁接苗定植到首次结果所经历的年数表示,单位为年。

分为:3. 早(年数≤3);5. 中(3<年数≤5);7. 晚(年数>5)。

4.4.7 产量

生长发育正常的成年植株收获全部果实的重量。用每平方米树冠垂直投影面积生产的果实重量表示,单位为千克每平方米(kg/m^2)。分为:3. 低(<0.75 kg/m^2 树冠垂直投影面积);5. 中(0.75 kg≤每平方米树冠垂直投影面积≤1.50 kg);7. 高(>1.50 kg/m^2 树冠垂直投影面积)。

4.5 果实及其品质性状

4.5.1 单果重

果实成熟时,树冠外围生长发育正常并有代表性果实的重量,单位为克(g)。

4.5.2 果实纵径

果实成熟时,树冠外围生长发育正常并有代表性果实的纵径,单位为毫米(mm)。

4.5.3 果实横径

果实成熟时,树冠外围生长发育正常并有代表性果实的横径,单位为毫米(mm)。

4.5.4 果皮颜色

果实成熟时,树冠外围生长发育正常并有代表性果实的果皮颜色,分为:1. 黄白;2. 黄;3. 橙红;4. 红;5. 紫;6. 黑。

4.5.5 果点多少

果实成熟时,树冠外围生长发育正常并有代表性的果实胴部的果点数量,分为:1. 极少;2. 少;3. 中;4. 多;5. 极多。

4.5.6 果点颜色

果实成熟时,树冠外围生长发育正常并有代表性果实的果点颜色,分为:1. 灰白;2. 金黄;3. 黄褐。

4.5.7 果点大小

果实成熟时,树冠外围生长发育正常并有代表性果实的果点大小,分为:1. 小;2. 中;3. 大。

4.5.8 果面光泽

果实成熟时,树冠外围生长发育正常并有代表性的果实表面的光泽,分为:1. 粗糙;2. 光滑无光泽;3. 光滑有光泽。

4.5.9 梗洼形态

果实成熟时,树冠外围生长发育正常并有代表性果实的梗洼形态,分为:1. 广浅;2. 平展;3. 隆起。

4.5.10 梗基特征

果实成熟时,树冠外围生长发育正常并有代表性果实的果梗与梗洼连接处的特征,分为:1. 膨大状;2. 一侧瘤起。

4.5.11 萼片着生状态

果实成熟时,树冠外围生长发育正常并有代表性果实的萼片脱落情况,分为:1. 脱落(萼片无存);2. 残存(部分萼片残留);3. 宿存(萼片基本完整)。

4.5.12 萼片形状

萼片宿存果实成熟时,树冠外围生长发育正常并有代表性果实的萼片形状,分为:1. 三角形;2. 披针形;3. 舌形。

4.5.13 萼片姿态

萼片宿存果实成熟时,树冠外围生长发育正常并有代表性果实的萼片着生姿态(见图 4),分为:1. 开张直立;2. 半开张直立;3. 半开张反卷;4. 开张平展;5. 开张反卷;6. 聚合;7. 聚合萼尖反卷。

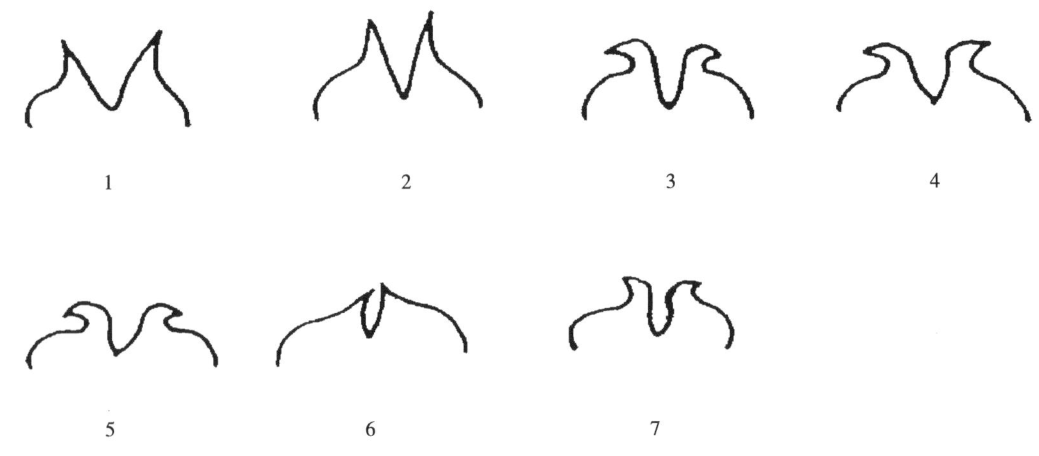

图4 萼片姿态

4.5.14 萼筒形状

果实成熟时,树冠外围生长发育正常并有代表性果实纵切后萼筒纵切面的形态(见图5),分为:1. 漏斗形;2. 近圆形;3. 圆锥形;4. U形。

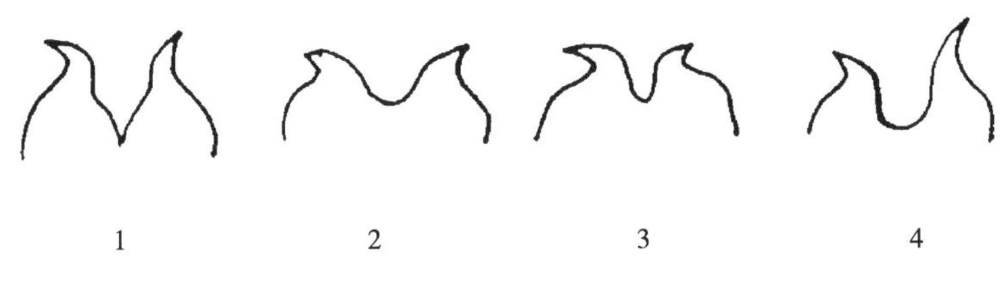

图5 萼筒形状

4.5.15 果实形状

果实成熟时,树冠外围生长发育正常并有代表性果实纵切面的轮廓形状(见图6),分为:1. 近圆形;2. 扁圆形;3. 卵圆形;4. 倒卵圆形;5. 长椭圆形;6. 椭圆形;7. 阔卵圆形;8. 近方形。

图6 果实形状

4.5.16 果肉颜色

果实成熟时,树冠外围生长发育正常并有代表性果实纵切面显现的果肉颜色,分为:1. 绿;2. 白;3. 黄;4. 粉;5. 红;6. 紫。

4.5.17 果肉质地

果实成熟时,树冠外围生长发育正常并有代表性果实的果肉质地,分为:1. 硬;2. 致密;3. 松软;

4. 软;5. 粉面。

4.5.18 果实风味

果实成熟时,树冠外围生长发育正常并有代表性果实的风味,分为:1. 甜;2. 酸甜;3. 甜酸;4. 酸;5. 极酸;6. 淡;7. 苦。

4.5.19 果实香气

果实成熟时,树冠外围生长发育正常并有代表性果实的香气,分为:0. 无;1. 淡;2. 中;3. 浓。

4.5.20 心室数

果实成熟时,树冠外围生长发育正常并有代表性果实的心室数量,单位为个。

4.5.21 种核数

果实成熟时,树冠外围生长发育正常并有代表性果实中的种核数量,单位为个。

4.5.22 种核特征

果实成熟时,树冠外围生长发育正常并有代表性果实中的种核特征,分为:1. 软核;2. 硬核无凹痕;3. 硬核有凹痕。

4.5.23 百核重

果实成熟时,100 个洗去果肉并吸干水分后新鲜种核的重量,单位为克(g)。

4.5.24 种仁率

种核中具有饱满种仁的种核所占的百分率,以百分率(%)表示。

4.5.25 可食率

果实成熟时,树冠外围生长发育正常并有代表性的果实在去除果梗、萼片、果核后可食部分重量占果实总重量的百分率,以百分率(%)表示。

4.5.26 可溶性糖含量

果实成熟时,树冠外围生长发育正常并有代表性果实的果肉中可溶性糖的含量,以百分率(%)表示。

4.5.27 可滴定酸含量

果实成熟时,树冠外围生长发育正常并有代表性果实的果肉中可滴定酸的含量,以百分率(%)表示。

4.5.28 维生素 C 含量

果实成熟时,树冠外围生长发育正常并有代表性果实的果肉中维生素 C 的含量,单位为毫克每百克(mg/100 g)。

4.5.29 果实硬度

果实成熟时,树冠外围生长发育正常并有代表性果实的带皮硬度,单位为千克每平方厘米(kg/cm^2)。

4.5.30 鲜食品质

果实成熟时,树冠外围生长发育正常并有代表性果实的鲜食品质,分为:3. 下;5. 中;7. 上。

4.5.31 储藏性

4.5.31.1 常温储藏性

树冠外围生长发育正常的成熟果实在室温条件下的放置时间。用好果率大于 90%的存放天数表示,单位为天(d)。

4.5.31.2 低温储藏性

树冠外围生长发育正常的成熟果实在密闭塑料袋(自封袋)中,放置在(3±1.5)℃条件下的存放时间。用好果率大于 90%的储藏天数表示,单位为天(d)。分为:1. 极弱(好果率大于 90%的存放天数<

60);3. 弱(60≤好果率大于90%的存放天数<120);5. 中(120≤好果率大于90%的存放天数<180);7. 强(180≤好果率大于90%的存放天数<240);9. 极强(好果率大于90%的存放天数≥240)。

4.5.32 总黄酮含量

4.5.32.1 果实总黄酮含量

果实成熟时,树冠外围生长发育正常并有代表性果实的果肉中黄酮类物质的含量,以百分率(%)表示。

4.5.32.2 叶片总黄酮含量

树冠外围营养枝中部成熟叶片在烘干并制备粗粉后黄酮类物质的含量,以百分率(%)表示。

4.6 抗性性状

4.6.1 耐旱性

山楂植株忍耐或抵抗干旱胁迫特别是土壤干旱的能力。避雨条件下,用1年~3年生植株在旺盛生长期人为断水后植株的生长发育状况来表示。分为:1. 极强(植株叶片轻度萎蔫);3. 强(植株叶片中度萎蔫);5. 中(植株叶片严重萎蔫);7. 弱(植株叶片部分脱落);9. 极弱(植株叶片全部脱落,或植株枯死)。

4.6.2 食心虫抗性

山楂果实抵抗桃小食心虫(*Carposina sasakii* Matsumura)和白小食心虫(*Spilonota albicana* Mutsumura)为害的能力。用虫果数占调查样品果实总数的百分率表示。分为:1. 全抗(虫果率0%);3. 高抗(0%<虫果率<5%);5. 中抗(5%≤虫果率<20%);7. 低抗(20%≤虫果率<40%);9. 不抗(虫果率≥40%)。

4.6.3 叶螨抗性

山楂植株抵抗山楂叶螨(*Tetranychus viennensis* Zacher)为害的能力。用为害盛期叶片上的平均叶螨数量表示,单位为头。分为:1. 全抗(每片叶叶螨数量为0);3. 高抗(0<每片叶叶螨数量<2);5. 中抗(2≤每片叶叶螨数量<5);7. 低抗(5≤每片叶叶螨数量<20);9. 不抗(每片叶叶螨数量≥20)。

4.6.4 花腐病抗性

山楂花序抵抗山楂花腐病[*Monilinia johnsonii*(EII. et Ev.)Honey 和 *Monilia crataegi* Died.]为害的能力。用开花后期山楂花序上受害花朵所占的百分率表示。分为:1. 免疫(受害花朵所占比例0%);3. 高抗(0%<受害花朵所占比例<5%);5. 中抗(5%≤受害花朵所占比例<15%);7. 低抗(15%≤受害花朵所占比例<30%);9. 不抗(受害花朵所占比例≥30%)。

4.6.5 锈病抗性

山楂植株抵抗山楂锈病(*Gymnosporangium asiaticum* Miyabe et Yamada 或 *Gymnosporangium haraeanum* Syd.)为害的能力。用树冠中部叶片的平均病斑数表示,单位为个。分为:1. 免疫(叶片上平均病斑数为0);3. 高抗(0<叶片上平均病斑数<2);5. 中抗(2≤叶片上平均病斑数<4);7. 低抗(4≤叶片上平均病斑数<6);9. 不抗(叶片上平均病斑数≥6)。

ICS 67.080.10
B 31

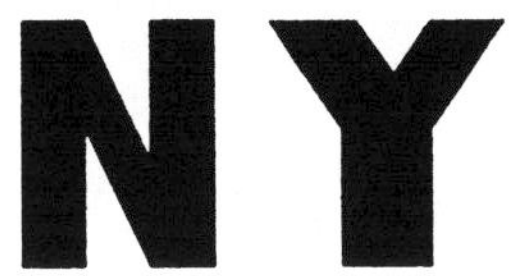

中华人民共和国农业行业标准

NY/T 2929—2016

枇杷种质资源描述规范

Descriptors for loquat germplasm resources

2016-10-26 发布 2017-04-01 实施

中华人民共和国农业部 发布

前　　言

本标准按照 GB/T 1.1—2009 给出的规则起草。

本标准由农业部种植业管理司提出。

本标准由全国果品标准化技术委员会(SAC/TC 510)归口。

本标准起草单位:福建省农业科学院果树研究所、中国农业科学院茶叶研究所。

本标准主要起草人:郑少泉、陈秀萍、熊兴平、蒋际谋、江用文、黄爱萍、邓朝军、姜帆、胡文舜、许奇志。

枇杷种质资源描述规范

1 范围

本标准规定了枇杷属(*Eriobotrya* Lindl.)种质资源的描述内容和描述方法。

本标准适用于枇杷属种质资源收集、保存、鉴定、评价过程中的描述。

2 规范性引用文件

下列文件对于本文件的应用是必不可少的。凡是注日期的引用文件,仅注日期的版本适用于本文件。凡是不注日期的引用文件,其最新版本(包括所有的修改单)适用于本文件。

GB/T 2260 中华人民共和国行政区划代码

GB/T 2659 世界各国和地区名称代码

NY/T 2021 农作物优异种质资源评价规范 枇杷

3 描述内容

描述内容见表1。

表1 枇杷种质资源描述内容

描述类别	描 述 内 容
基本信息	全国统一编号、引种号、采集号、种质名称、种质外文名、科名、属名、学名、原产国、原产省、原产地、海拔、经度、纬度、来源地、系谱、选育单位、育成年份、选育方法、种质类型、图像、观测地点
植物学特征	树形、树姿、中心干、主干颜色、枝梢颜色、枝梢质地、新梢颜色、新梢茸毛、叶姿、叶片形状、叶尖形状、叶基形状、叶缘形态、叶缘锯齿有无、叶缘锯齿深浅、叶缘锯齿密度、叶缘锯齿形状、锯齿占叶缘比例、叶片颜色、叶面光泽、叶脉、幼叶茸毛、叶背茸毛、叶背颜色、叶面形态、叶片横切面形状、叶片质地、落黄叶片颜色、花序支轴姿态、花序主轴姿态、花序形状、花序支轴紧密度、花梗茸毛多少、花梗茸毛颜色、花梗颜色、花瓣姿态、花瓣颜色、花柱数、雄蕊数、染色体倍数性
生物学特性	树势、中心枝长度、中心枝粗度、侧枝长度、侧枝粗度、侧枝数、叶片长度、叶片宽度、叶形指数、叶柄长度、叶柄粗度、叶片厚度、花序长度、花序宽度、花序支轴数、花序花朵数、花冠直径、新梢萌发期、花芽形态分化期、现蕾期、初花期、盛花期、末花期、花期长短、果实成熟期
产量性状	营养期、中心枝抽穗率、侧枝抽穗率、自花结实率、坐果率、穗重、产量
果实性状	果实着生姿态、果实排列紧密度、果穗长度、果穗宽度、穗粒数、果实整齐度、果梗长度、果梗粗度、果实形状、果皮颜色、单果重、果实大小、果实纵径、果实横径、果实侧径、果形指数、果基形状、果顶形状、果面条斑、果点密度、果点大小、果面茸毛密度、果面茸毛长短、果粉有无、果粉厚薄、萼片长度、萼片基部宽度、萼片姿态、萼片颜色、萼孔状态、萼筒宽度、萼筒深度、剥皮难易、果皮厚度、心皮质地、果肉颜色、果肉厚度、果肉硬度、果肉汁液、果心黏液、果心汁液、果肉质地、果肉化渣程度、果肉石细胞、风味、香味、异味、可食率、种子数、瘪粒种子数、种皮颜色、种皮开裂状况、种子形状、种子重、种子斑点多少、种子斑点大小、种子基套大小、可溶性固形物含量、可溶性糖含量、可滴定酸含量、维生素C含量、常温耐储性
抗性性状	幼果耐寒性、锈斑病抗性、紫斑病抗性、裂果病抗性、皱果病抗性、果实日灼病抗性、叶斑病抗性、果实炭疽病抗性

4 描述方法

4.1 基本信息

4.1.1 全国统一编号

种质的唯一标识号。由“PP”加1位国家果树种质资源圃编号和4位顺序号共7位字符串组成，如PPM0001。该编号由农作物种质资源管理机构命名。

4.1.2 **引种号**

国外引入时赋予的编号，由“年份”“4位顺序号”共8位字符串顺次组成，“年份”为4位数，“4位顺序号”每年分别编号。

4.1.3 **采集号**

野外采集时赋予的编号，由“年份+省份+顺序号”组成。“年份”为4位数，“省(自治区、直辖市)代号”按照GB/T 2260的规定执行，“4位顺序号”为采集时的编号，每年由0001起顺序编号。

4.1.4 **种质中文名称**

国内种质的原始名称。如果有多个名称，可以放在括号内，用逗号分隔；对于国外引进种质如果没有中文译名，可以直接填写种质的外文名。

4.1.5 **种质外文名**

国外引进种质的外文名或国内种质的汉语拼音名。国内种质中文名称为3字(含3字)以下的，所有汉字拼音连续组合在一起，首字母大写；中文名称为4字(含4字)以上的，以词组为单位，汉字拼音首字母大写。

4.1.6 **科名**

采用植物分类学上的科名，为蔷薇科(Rosaceae)。

4.1.7 **属名**

采用植物分类学上的属名，为枇杷属(*Eriobotrya* Lindl.)。

4.1.8 **学名**

采用植物分类学上的名称，如枇杷学名为*Eriobotrya japonica*(Thunb.)Lindl.。

4.1.9 **原产国**

种质原产国家名或地区或国际组织名称。国家或地区名称按照GB/T 2659的规定执行。如该国家已不存在，应在原国家名称前加“原”。国际组织名称用该组织的正式英文缩写。

4.1.10 **原产省**

种质原产省份名称，省份名称按照GB/T 2260的规定执行；国外引进种质原产省用原产国家一级行政区的名称。

4.1.11 **原产地**

种质原产县、乡、村名称，县名按照GB/T 2260的规定执行。

4.1.12 **海拔**

种质原产地的海拔，单位为米(m)。

4.1.13 **经度**

种质原产地的经度，单位为度(°)和分(′)。格式为“DDDFF”，其中“DDD”为度，“FF”为分。东经为正值，西经为负值。

4.1.14 **纬度**

种质原产地的纬度，单位为度(°)和分(′)。格式为“DDFF”，其中“DD”为度，“FF”为分。北纬为正值，南纬为负值。

4.1.15 **来源地**

种质的来源国家、省、县或机构全称。

4.1.16 **系谱**

选育品种(系)的亲缘关系。

4.1.17 **选育单位**

品种(系)的选育单位名称或个人姓名,单位名称应写全称。

4.1.18 **育成年份**

品种(系)培育的年份,宜为通过审定(认定)或备案或正式发表的年份。

4.1.19 **选育方法**

品种(系)的育种方法,如人工杂交、自然实生或芽变选种等。

4.1.20 **种质类型**

种质资源的类型,分为:1. 野生资源;2. 地方品种;3. 选育品种;4. 品系;5. 特殊遗传材料;6. 其他。

4.1.21 **图像**

枇杷种质的图像文件名。文件名由该种质全国统一编号、连字符“-”和图像序号组成。图像格式为.jpg。

4.1.22 **观测地点**

种质的观测地点,记录到省和市(县)名,如福建省福州市。

4.2 **植物学特征**

4.2.1 **树形**

正常成年枇杷植株的自然树冠形状(见图1),分为:1. 扁圆球形;2. 半圆球形;3. 圆球形;4. 圆锥形;5. 高杯形。

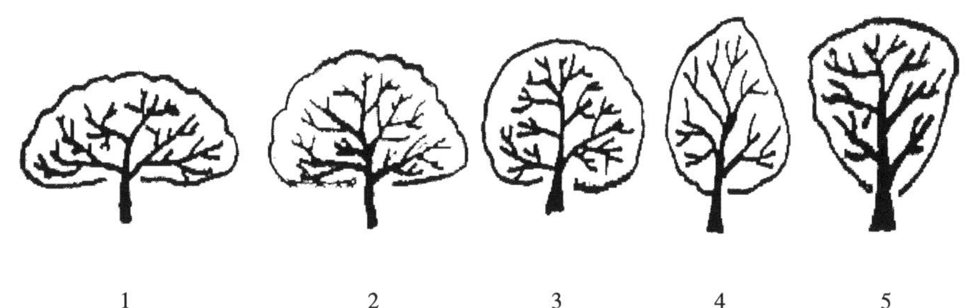

1　　2　　3　　4　　5

图1　树　形

4.2.2 **树姿**

正常成年枇杷植株的自然分枝习性,分为:1. 直立;2. 半开张;3. 开张;4. 下垂。

4.2.3 **中心干**

正常成年枇杷植株中心干明显程度,分为:1. 不明显;2. 较明显;3. 明显。

4.2.4 **主干颜色**

正常成年枇杷植株主干表皮颜色,分为:1. 灰白色;2. 灰褐色;3. 红褐色;4. 黑褐色。

4.2.5 **枝梢颜色**

一年生侧枝老熟后的表皮颜色,分为:1. 绿褐色;2. 浅黄褐色;3. 黄褐色;4. 红褐色。

4.2.6 **枝梢质地**

一年生侧枝老熟后的质地,分为:1. 软韧;2. 中等;3. 硬脆。

4.2.7 **新梢颜色**

新梢生长初期的表皮颜色,分为:1. 绿色;2. 黄褐色;3. 棕褐色;4. 红褐色。

4.2.8 **新梢茸毛**

新梢生长初期茸毛的有无和多少,分为:0. 无;1. 少;2. 中;3. 多。

4.2.9 **叶姿**

夏梢叶片与枝条的相对着生姿态(见图 2),分为:1. 斜向上;2. 平伸;3. 斜向下。

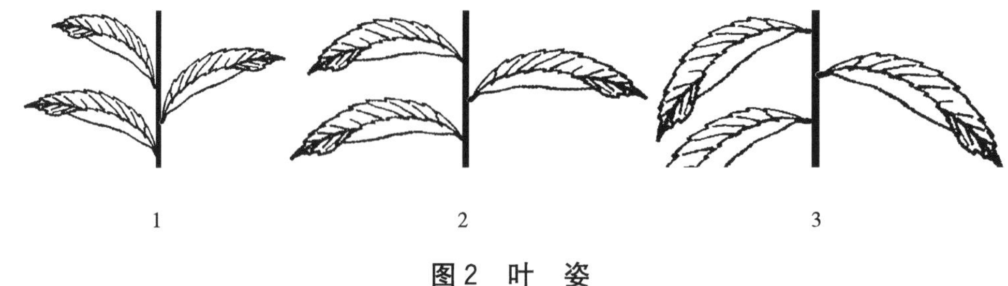

图 2　叶　姿

4.2.10　叶片形状

一年生正常成熟夏梢中部叶片的形状(见图 3),分为:1. 披针形;2. 椭圆形;3. 倒卵形;4. 卵圆形。

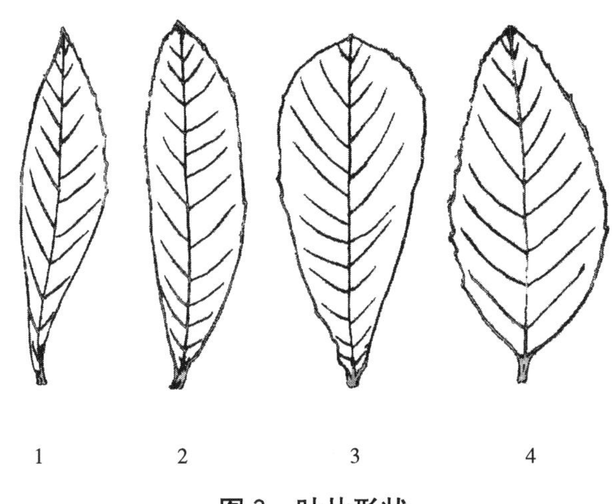

图 3　叶片形状

4.2.11　叶尖形状

一年生正常成熟夏梢中部叶片的叶尖形状(见图 4),分为:1. 钝尖;2. 锐尖;3. 渐尖;4. 偏钩尖。

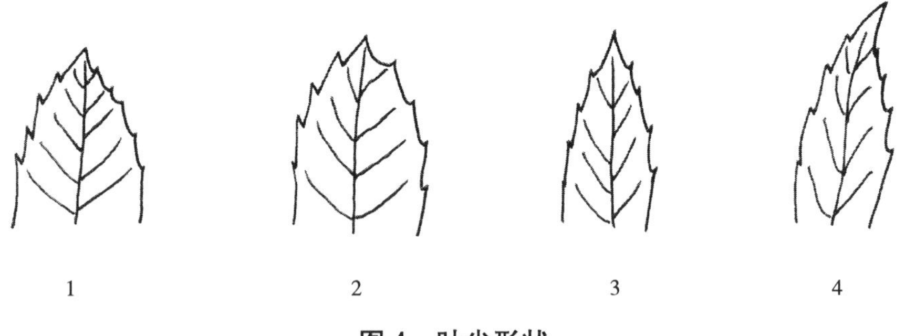

图 4　叶尖形状

4.2.12　叶基形状

一年生正常成熟夏梢中部叶片的基部形状(见图 5),分为:1. 狭楔形;2. 楔形;3. 宽楔形。

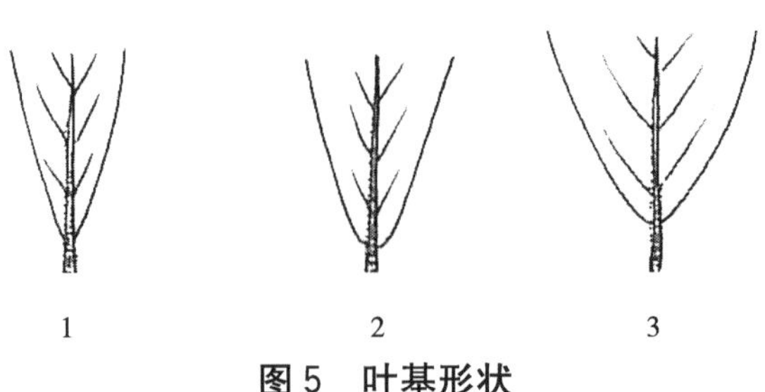

图 5　叶基形状

4.2.13 **叶缘形态**

一年生正常成熟夏梢中部叶片边缘的状态(见图6),分为:1. 平展;2. 内卷;3. 外卷;4. 波浪形。

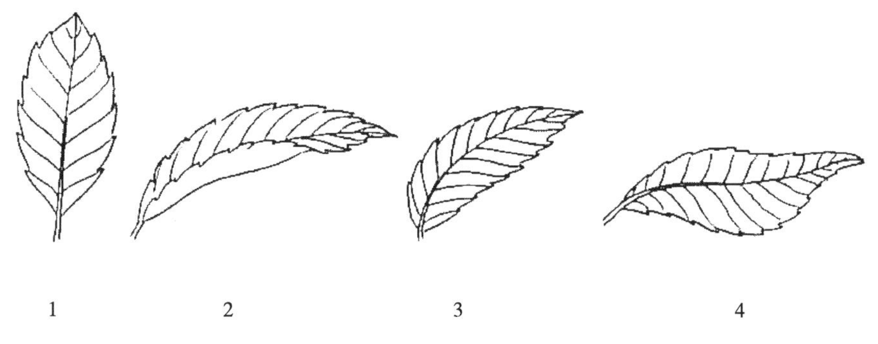

图6 叶缘形态

4.2.14 **叶缘锯齿有无**

一年生正常成熟夏梢中部叶片边缘锯齿的有无,分为:0. 无(全缘);1. 有。

4.2.15 **叶缘锯齿深浅**

一年生正常成熟夏梢中部叶片边缘锯齿的深浅(见图7),分为:1. 浅;2. 中;3. 深。

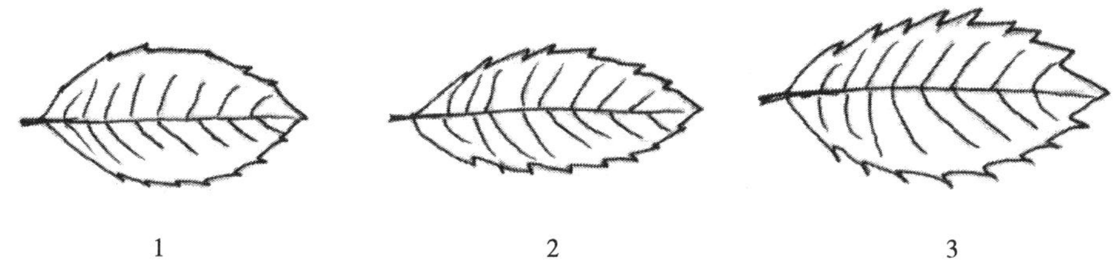

图7 叶缘锯齿深浅

4.2.16 **叶缘锯齿密度**

一年生正常成熟夏梢中部叶片边缘锯齿疏密情况,分为:1. 稀;2. 中;3. 密。

4.2.17 **叶缘锯齿形状**

一年生正常成熟夏梢中部叶片边缘锯齿的形状,分为:1. 锐尖;2. 渐尖;3. 圆钝。

4.2.18 **锯齿占叶缘比例**

一年生正常成熟夏梢中部叶片有锯齿的叶缘与全缘的占比,分为:1. 1/3;2. 1/2;3. 2/3;4. 1。

4.2.19 **叶片颜色**

一年生正常成熟夏梢叶片正面的颜色,分为:1. 黄绿色;2. 浅绿色;3. 绿色;4. 深绿色;5. 浅赤褐色。

4.2.20 **叶面光泽**

一年生正常成熟夏梢叶片正面光泽的有无和亮度,分为:0. 无;1. 较光亮;2. 光亮。

4.2.21 **叶脉**

一年生正常成熟夏梢中部叶片背面叶脉的明显程度,分为:1. 不明显;2. 中等;3. 明显。

4.2.22 **幼叶茸毛**

新梢老熟后,叶片表面茸毛的有无和多少,分为:0. 无;1. 少;2. 中;3. 多。

4.2.23 **叶背茸毛**

一年生正常成熟夏梢中部叶片背面茸毛的有无和多少,分为:0. 无;1. 少;2. 中;3. 多。

4.2.24 **叶背颜色**

一年生正常成熟夏梢中部叶片背面的颜色,分为:1. 灰白色;2. 灰黄色;3. 灰棕色。

4.2.25 **叶面形态**

一年生正常成熟夏梢中部叶片正面的皱褶程度,分为:1. 平展;2. 稍皱;3. 皱。

4.2.26 **叶片横切面形状**

一年生正常成熟夏梢中部叶片横切面的形状,分为:1. 凹;2. 平;3. 凸。

4.2.27 **叶片质地**

一年生正常成熟夏梢中部叶片的软硬情况,分为:1. 软;2. 中等;3. 硬。

4.2.28 **落黄叶片颜色**

枇杷种质正常叶片脱落前的颜色,分为:1. 黄色;2. 橙黄色;3. 暗红色;4. 红色。

4.2.29 **花序支轴姿态**

初花期,中心枝上花序支轴相对于主轴的着生状态,分为:1. 斜向上;2. 平伸;3. 下垂。

4.2.30 **花序主轴姿态**

初花期,中心枝上花序主轴的姿态,分为:1. 直;2. 弯曲。

4.2.31 **花序形状**

初花期,中心枝上花序的形状,分为:1. 短圆锥形;2. 圆锥形;3. 长圆锥形。

4.2.32 **花序支轴紧密度**

初花期,中心枝上花序支轴间的疏密程度,分为:1. 疏散;2. 中等;3. 紧密。

4.2.33 **花梗茸毛**

初花期,总花梗和花梗茸毛有无或多少,分为:1. 无;2. 少;3. 中;4. 多。

4.2.34 **花梗茸毛颜色**

初花期,总花梗和花梗茸毛颜色,分为:1. 灰棕色;2. 棕褐色;3. 锈褐色。

4.2.35 **花梗颜色**

初花期,总花梗的颜色,分为:1. 灰绿色;2. 棕褐色;3. 锈褐色;4. 红色。

4.2.36 **花瓣姿态**

花朵盛开时花瓣的姿态,分为:1. 抱合;2. 半开张;3. 平展;4. 反转。

4.2.37 **花瓣颜色**

花朵开放时的花瓣颜色,分为:1. 白色;2. 绿白色;3. 黄白色;4. 黄色。

4.2.38 **花柱数**

枇杷种质正常花朵柱头的数量。

4.2.39 **雄蕊数**

枇杷种质正常花朵的雄蕊数量。

4.2.40 **染色体倍数性**

体细胞的染色体倍数,如二倍体。

4.3 **生物学特性**

4.3.1 **树势**

正常成年枇杷植株的生长势,分为:1. 强;2. 中;3. 弱。

4.3.2 **中心枝长度**

一年生中心枝基部至先端的长度,单位为厘米(cm)。

4.3.3 **中心枝粗度**

一年生中心枝基部的粗度,单位为毫米(mm)。

4.3.4 **侧枝长度**

一年生侧枝基部至先端的长度,单位为厘米(cm)。

4.3.5 **侧枝粗度**

一年生侧枝基部的粗度，单位为毫米(mm)。

4.3.6 **侧枝数**

同一基枝上抽生的侧枝数，单位为条。

4.3.7 **叶片长度**

一年生夏梢中部成熟叶片基部至先端的长度(见图 8)，单位为厘米(cm)。

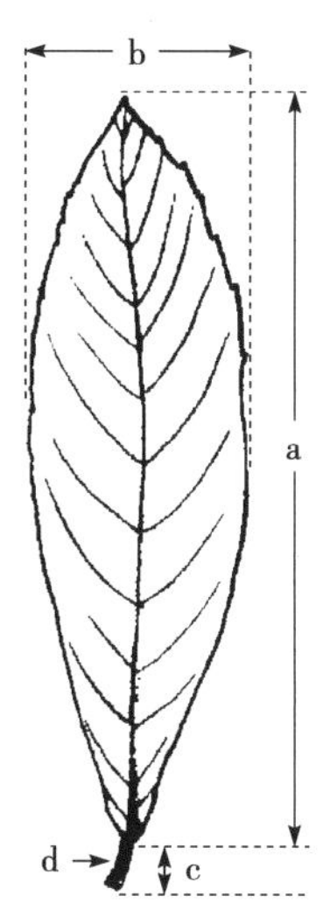

说明：

a——叶片长度；

b——叶片宽度；

c——叶柄长度；

d——叶柄粗度。

图 8 叶片长度、叶片宽度、叶柄长度和叶柄粗度

4.3.8 **叶片宽度**

一年生夏梢中部成熟叶片最大处的宽度(见图 8)，单位为厘米(cm)。

4.3.9 **叶形指数**

一年生正常成熟夏梢中部叶片长度与宽度的比值。

4.3.10 **叶柄长度**

一年生夏梢中部成熟叶片叶柄的长度(见图 8)，单位为厘米(cm)。

4.3.11 **叶柄粗度**

一年生夏梢中部成熟叶片叶柄中部的粗度(见图 8)，单位为毫米(mm)。

4.3.12 **叶片厚度**

一年生夏梢中部成熟叶片的厚度，单位为毫米(mm)。

4.3.13 **花序长度**

初花期，中心枝花序基部至先端的长度，单位为厘米(cm)。

4.3.14 **花序宽度**

初花期，中心枝花序的最大处宽度，单位为厘米(cm)。

4.3.15 **花序支轴数**

初花期，中心枝花序的一级支轴数，单位为个。

4.3.16 **花序花朵数**

中心枝花序上开放的花朵数，单位为朵。

4.3.17 **花冠直径**

花朵盛开时的花冠直径(见图 9),单位为厘米(cm)。

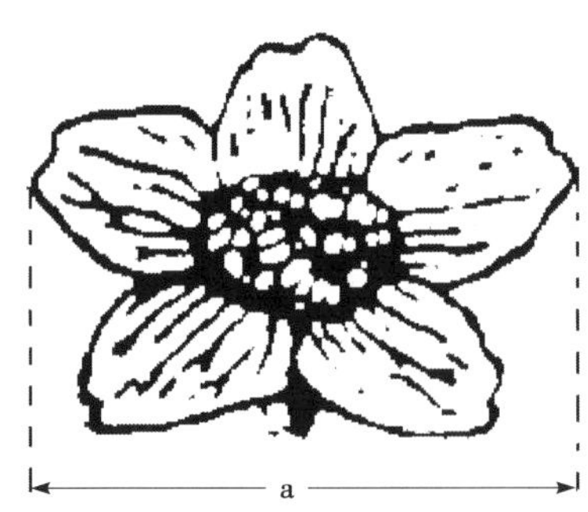

说明:

a——花冠直径。

图 9　花冠直径

4.3.18　新梢萌发期

全树约 50%以上枝条顶芽生长至约 2 cm 时的日期,以"年月日"表示,格式"YYYYMMDD"。

4.3.19　花芽形态分化期

全树约 10%中心枝顶芽变圆的日期,以"年月日"表示,格式"YYYYMMDD"。

4.3.20　现蕾期

全树约 10%中心枝花序出现花蕾的日期,以"年月日"表示,格式"YYYYMMDD"。

4.3.21　初花期

全树约 5%花朵开放的日期,以"年月日"表示,格式"YYYYMMDD"。

4.3.22　盛花期

全树约 50%花朵开放的日期,以"年月日"表示,格式"YYYYMMDD"。

4.3.23　末花期

全树约 95%花朵已开放的日期,以"年月日"表示,格式"YYYYMMDD"。

4.3.24　花期长

初花期到末花期持续的天数,单位为天(d)。

4.3.25　果实成熟期

全树约 30%果实成熟的日期,以"年月日"表示,格式"YYYYMMDD"。

4.4　产量性状

4.4.1　营养期

枇杷植株从嫁接至开始结果的年龄,单位为年。

4.4.2　中心枝抽穗率

全树抽穗中心枝数占中心枝总数的百分率,以百分率(%)表示。

4.4.3　侧枝抽穗率

全树抽穗侧枝数占侧枝总数的百分率,以百分率(%)表示。

4.4.4　自花结实率

同一种质相互授粉能够结实的能力,以百分率(%)表示。

4.4.5　坐果率

每花穗坐果数量占开放花朵总数的百分率,以百分率(%)表示。

4.4.6　果穗重

果实成熟时,中心枝果穗的重量,单位为克(g)。

4.4.7 产量

单位面积上枇杷植株所负载果实的重量，单位为千克每 666.7 平方米（kg/666.7 m^2）。

4.5 果实性状

4.5.1 果实着生姿态

果实成熟时，中心枝果穗上果实的着生状态（见图 10），分为：1. 直立；2. 斜生；3. 垂挂。

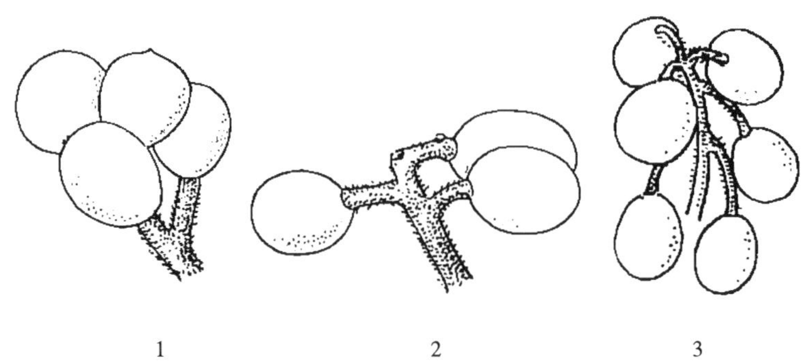

图 10 果实着生姿态

4.5.2 果实排列紧密度

果实成熟时，中心枝果穗上果粒间排列的疏密程度，分为：1. 松散；2. 中等；3. 紧密。

4.5.3 果穗长度

果实成熟时，中心枝果穗基部至先端的长度，单位为厘米（cm）。

4.5.4 果穗宽度

果实成熟时，中心枝果穗最大处的宽度，单位为厘米（cm）。

4.5.5 果穗果粒数

果实成熟时，中心枝果穗的果实粒数，单位为粒。

4.5.6 果实整齐度

果实成熟时，果穗中果实形状和大小的差异程度，分为：1. 差（果实大小或形状差异明显）；2. 中（果实大小和形状较整齐）；3. 好（果实大小和形状整齐）。

4.5.7 果梗长度

果实成熟时，正常果实的果梗长度，单位为厘米（cm）。

4.5.8 果梗粗度

果实成熟时，正常果实果梗中部的粗度，单位为毫米（mm）。

4.5.9 果实形状

果实成熟时，正常果实的形状（见图 11），分为：1. 扁圆形；2. 近圆形；3. 椭圆形；4. 倒卵形；5. 洋梨形；6. 长圆形。

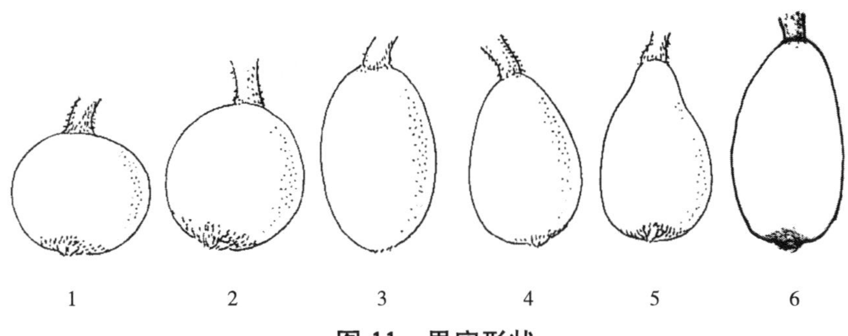

图 11 果实形状

4.5.10 果皮颜色

正常成熟果实的表皮颜色，分为：1. 淡绿色；2. 淡黄色；3. 黄色；4. 橙黄色；5. 橙红色；6. 锈褐色；7. 红色；8. 紫红色。

4.5.11 单果重

正常成熟果实的重量，单位为克(g)。

4.5.12 果实大小

正常成熟果实的大小级别，分为：1. 极小(单果重量≤10.0 g)；2. 小(单果重量 10.1 g～20.0 g)；3. 较小(单果重量 20.1 g～30.0 g)；4. 中等(单果重量 30.1 g～40.0 g)；5. 较大(单果重量 40.1 g～50.0 g)；6. 大(单果重量 50.1 g～60.0 g)；7. 特大(单果重量>60.0 g)。

4.5.13 果实纵径

果实成熟时，正常果实从果顶到果基的最大直径(见图 12)，单位为厘米(cm)。

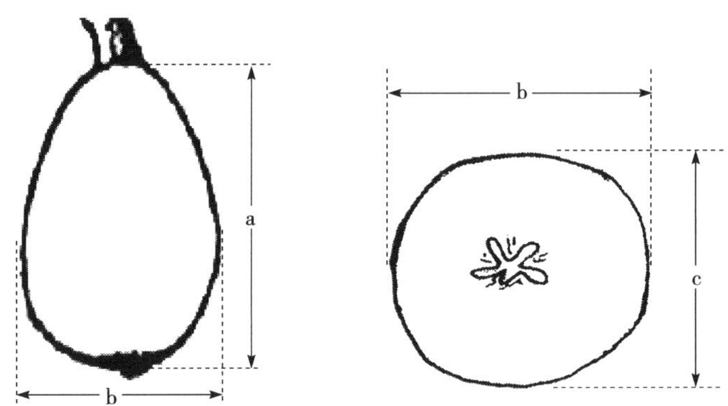

说明：

a——果实纵径；

b——果实横径；

c——果实侧径。

图 12 果实纵径、果实横径和果实侧径

4.5.14 果实横径

果实成熟时，正常果实横向的最大直径(见图 12)，单位为厘米(cm)。

4.5.15 果实侧径

果实成熟时，正常果实横向水平垂直方向的最小直径(见图 12)，单位为厘米(cm)。

4.5.16 果形指数

果实成熟时，正常果实纵径与横径的比值。

4.5.17 果基形状

果实成熟时，正常果实基部的形状(见图 13)，分为：1. 平广；2. 钝圆；3. 尖峭；4. 斜肩。

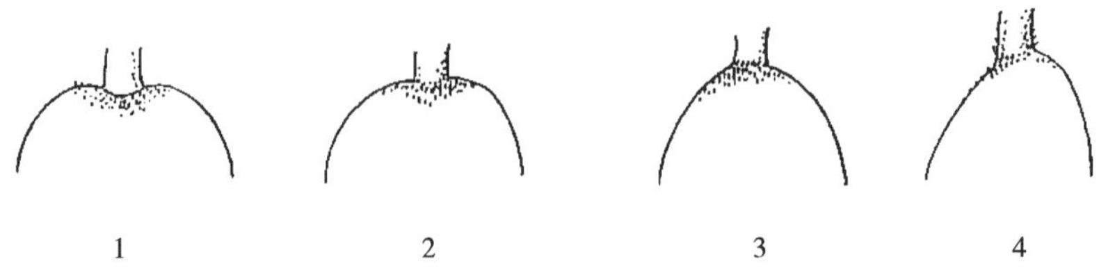

图 13 果基形状

4.5.18 果顶形状

果实成熟时，正常果实顶部的形状(见图 14)，分为：1. 内凹；2. 平广；3. 钝圆；4. 尖峭。

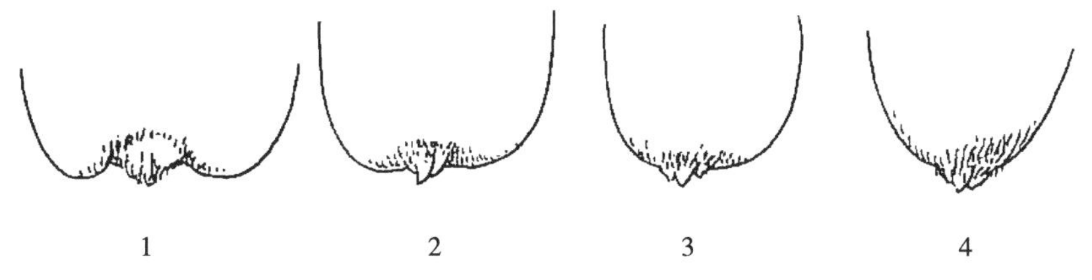

图 14 果顶形状

4.5.19 果面条斑

果实成熟时,正常果实表面条状斑纹的明显程度,分为:1. 不明显;2. 中等;3. 明显。

4.5.20 果点密度

果实成熟时,正常果实表面果点的疏密程度,分为:1. 疏;2. 中;3. 密。

4.5.21 果点大小

果实成熟时,正常果实表面果点的大小,分为:1. 小;2. 中;3. 大。

4.5.22 果面茸毛密度

果实成熟时,正常果实表面茸毛的有无和疏密情况,分为:0. 无;1. 稀疏;2. 密生。

4.5.23 果面茸毛长短

果实成熟时,正常果实表面茸毛的长短情况,分为:1. 短;2. 中;3. 长。

4.5.24 果粉有无

果实成熟时,正常果实表面果粉的有无,分为:1. 无;2. 有。

4.5.25 果粉厚薄

果实成熟时,正常果实表面果粉的厚薄情况,分为:1. 薄;2. 厚。

4.5.26 萼片长度

果实成熟时,正常果实宿存萼片的长度(见图 15),单位为毫米(mm)。

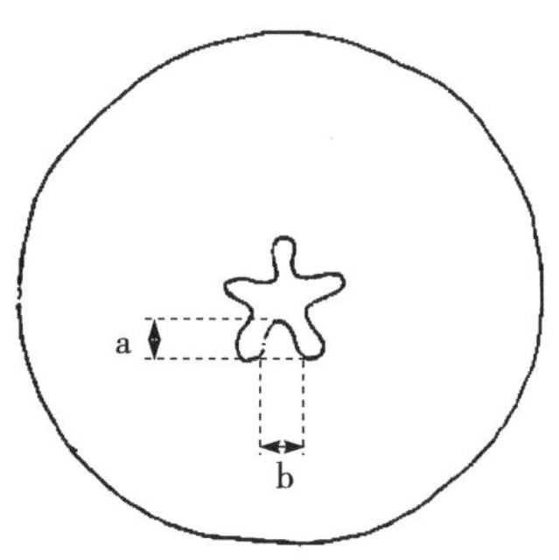

说明:

a——萼片长度;

b——萼片基部宽度。

图 15 萼片长度和萼片基部宽度

4.5.27 萼片基部宽度

果实成熟时,正常果实宿存萼片基部的宽度(见图 15),单位为毫米(mm)。

4.5.28 萼片姿态

果实成熟时,正常果实宿存萼片的状态(见图 16),分为:1. 内凹;2. 平展;3. 外凸;4. 反折。

4.5.29 萼片颜色

果实成熟时,正常果实宿存萼片的颜色,分为:1. 绿色;2. 灰褐色。

4.5.30 萼孔状态

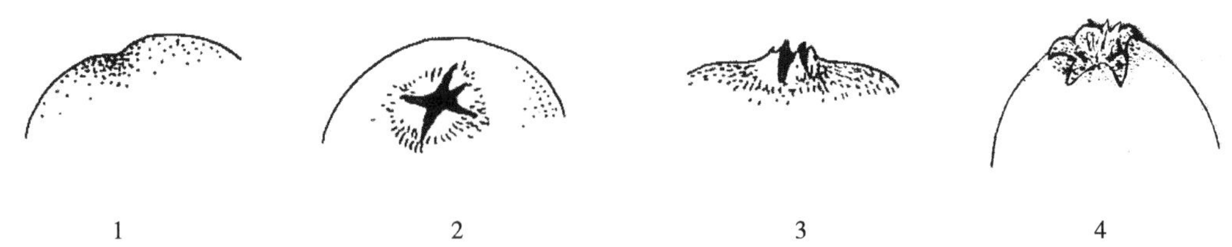

图 16　萼片姿态

果实成熟时，正常果实萼孔的开张程度(见图 17)，分为：1. 闭合；2. 半开张；3. 开张。

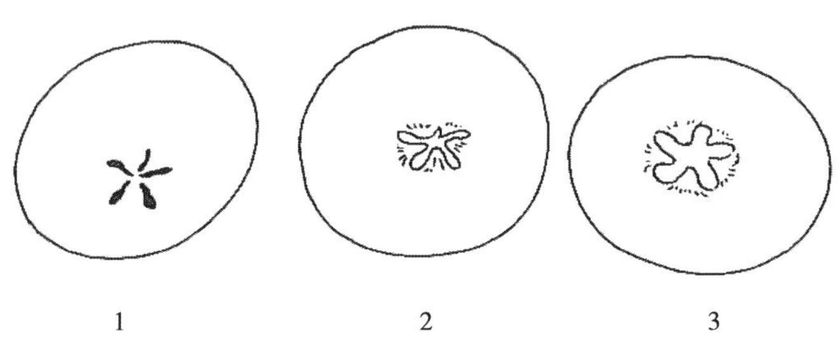

图 17　萼孔状态

4.5.31　萼筒宽度

果实成熟时，正常果实萼筒基部的宽度(见图 18)，单位为毫米(mm)。

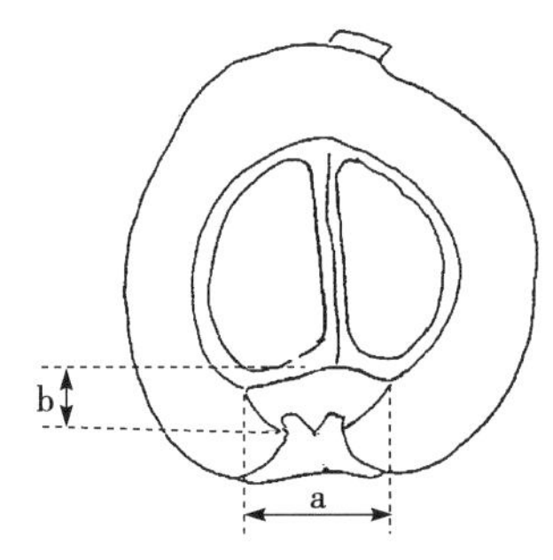

说明：

a——萼筒宽度；

b——萼筒深度。

图 18　萼筒宽度和萼筒深度

4.5.32　萼筒深度

果实成熟时，正常果实萼筒的深度(见图 18)，单位为毫米(mm)。

4.5.33　剥皮难易

正常成熟果实果皮剥离果肉的难易程度，分为：1. 难；2. 较易；3. 易。

4.5.34　果皮厚度

正常成熟果实的果皮厚度，单位为毫米(mm)。

4.5.35　心皮质地

果实成熟时，正常果实心皮的厚薄和韧性情况，分为：1. 薄脆；2. 厚韧。

4.5.36　果肉颜色

正常成熟果实的果肉颜色，分为：1. 乳白色；2. 黄白色；3. 黄色；4. 橙黄色；5. 橙红色。

4.5.37　果肉厚度

正常成熟果实纵切面果肉最厚处的厚度，单位为毫米(mm)。

4.5.38 **果肉硬度**

正常成熟果实去皮果肉单位面积所能承受的压力,单位为千克每平方厘米(kg/cm^2)。

4.5.39 **果肉汁液**

正常成熟果实果肉汁液的多少,分为:1. 少;2. 中;3. 多。

4.5.40 **果心黏液**

正常成熟果实果心黏液有无和多少,分为:0. 无;1. 少;2. 中;3. 多。

4.5.41 **果心汁液**

正常成熟果实果心汁液有无和多少,分为:0. 无;1. 少;2. 中;3. 多。

4.5.42 **果肉质地**

正常成熟果实果肉质地的粗细和软硬情况,分为:1. 疏松;2. 细嫩;3. 致密。

4.5.43 **果肉化渣程度**

正常成熟果实果肉的化渣程度,分为:1. 不化渣;2. 较化渣;3. 化渣。

4.5.44 **果肉石细胞**

正常成熟果实果肉石细胞的有无和多少,分为:0. 无;1. 少;2. 中;3. 多。

4.5.45 **风味**

正常成熟果实果肉的风味,分为:1. 淡甜;2. 清甜;3. 甜;4. 浓甜;5. 酸甜;6. 甜酸;7. 酸;8. 苦涩。

4.5.46 **香味**

正常成熟果实果肉香味的有无和浓淡等情况,分为:0. 无;1. 淡;2. 浓。

4.5.47 **异味**

正常成熟果实果肉异味的有无,分为:0. 无;1. 有。

4.5.48 **可食率**

正常成熟果实可食部分重量占全果重量的比率,以百分率(%)表示。

4.5.49 **种子数**

果实成熟时,果实中发育正常的种子数。

4.5.50 **瘪粒种子数**

果实成熟时,果实中发育不正常的瘪粒种子数。

4.5.51 **种皮颜色**

果实成熟时,正常种子表皮的颜色,分为:1. 浅褐色;2. 黄褐色;3. 棕红色;4. 棕褐色。

4.5.52 **种皮开裂状况**

果实成熟时,正常种子表皮的开裂情况,分为:1. 不开裂(所有种子的种皮不开裂);2. 部分开裂(部分种子的种皮开裂);3. 开裂(所有种子的种皮开裂)。

4.5.53 **种子形状**

果实成熟时,正常种子的形状(见图 19),分为:1. 三角体形;2. 半圆球形;3. 圆球形;4. 卵圆形;5.

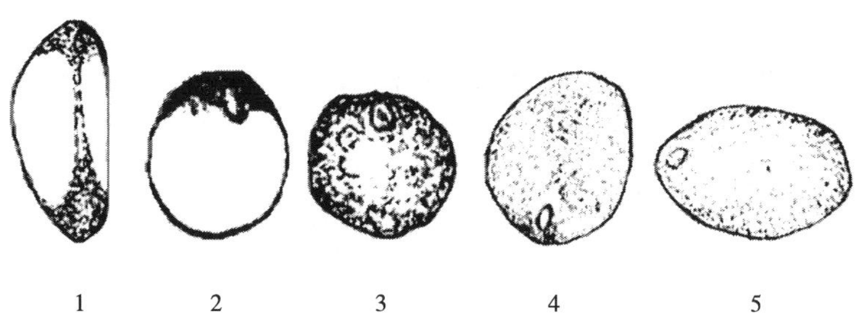

图 19 种子形状

椭圆形。

4.5.54 **单粒种子重量**

果实成熟时,单粒正常种子的重量,单位为克(g)。

4.5.55 **种子斑点多少**

果实成熟时,正常种子表面斑点的有无和多少,分为:0. 无;1. 少;2. 中;3. 多。

4.5.56 **种子斑点大小**

果实成熟时,正常种子表面斑点的大小,分为:1. 小;2. 中;3. 大。

4.5.57 **种子基套大小**

果实成熟时,正常种子基套占全核比例大小,分为:1. 小(基套约占果核 1/5);2. 中(基套约占果核 1/4);3. 大(基套约占果核 1/3)。

4.5.58 **可溶性固形物含量**

正常成熟果实果肉中含可溶性固形物的比率,以百分率(%)表示。

4.5.59 **可溶性糖含量**

正常成熟果实果肉中含可溶性糖的比率,以百分率(%)表示。

4.5.60 **可滴定酸含量**

正常成熟果实果肉中含可滴定酸的比率,以百分率(%)表示。

4.5.61 **维生素 C 含量**

正常成熟果实 100 g 鲜果肉中含维生素 C 的毫克数,单位为毫克每百克(mg/100 g)。

4.5.62 **常温耐储性**

在常温下正常成熟果实保持新鲜状态和固有品质不发生明显劣变的特性,以储藏天数表示。

4.6 **抗性性状**

4.6.1 **幼果耐寒性**

枇杷植株幼果忍耐低温的能力,分为:3. 强;5. 中;7. 弱。

4.6.2 **锈斑病抗性**

枇杷果实抵抗锈斑病的能力,根据锈斑病指数确定。按照 NY/T 2021 的规定执行,分为:3. 强(病害指数≤10.0);5. 中(10.0<病害指数≤50.0);7. 弱(病害指数>50.0)。

4.6.3 **紫斑病抗性**

枇杷果实抵抗紫斑病的能力,根据病害指数确定。按照 NY/T 2021 的规定执行,分为:3. 强(病害指数≤5.0);5. 中(5.0<病害指数≤20.0);7. 弱(病害指数>20.0)。

4.6.4 **裂果病抗性**

枇杷果实抵抗裂果的能力,根据裂果率确定。按照 NY/T 2021 的规定执行,分为:3. 强(裂果率≤5.0%);5. 中(5.0%<裂果率≤20.0%);7. 弱(裂果率>20.0%)。

4.6.5 **皱果病抗性**

果实抵抗皱果的能力,根据皱果率确定。按照 NY/T 2021 的规定执行,分为:3. 强(皱果率≤5.0%);5. 中(5.0%<皱果率≤20.0%);7. 弱(皱果率>20.0%)。

4.6.6 **果实日灼病抗性**

果实抵抗日灼的能力,根据日灼果率确定。按照 NY/T 2021 的规定执行,分为:3. 强(日灼果率≤5.0%);5. 中(5.1%<日灼果率≤20.0%);7. 弱(日灼果率>20.0%)。

4.6.7 **叶斑病抗性**

植株叶片对叶斑病包括灰斑病(*Pestalotia eriobofolia* Desm.)、斑点病(*Phyllosticta eriobotryae* Thuem.)、角斑病(*Cercospora eriobotryae* Sawada.)的抗性强弱,根据病情指数确定。按照 NY/T

2021的规定执行，分为：1. 高抗（病情指数≤5.0）；3. 抗病（5.0<病情指数≤10.0）；5. 中抗（10.0<病情指数≤20.0）；7. 感病（20.0<病情指数≤50.0）；9. 高感（病情指数>50.0）。

4.6.8 果实炭疽病抗性

果实对炭疽病（*Gloeosprium fructigenum* Berk.）的抗性强弱，分为：1. 高抗；3. 抗病；5. 中抗；7. 感病；9. 高感。

ICS 67.080.10
B 31

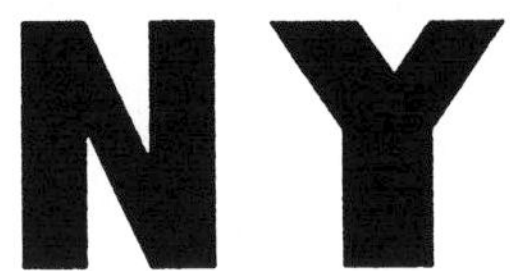

中华人民共和国农业行业标准

NY/T 2930—2016

柑橘种质资源描述规范

Descriptors for citrus germplasm resources

2016-10-26 发布 2017-04-01 实施

中华人民共和国农业部 发布

前　言

本标准按照 GB/T 1.1—2009 给出的规则起草。

本标准由农业部种植业管理司提出并归口。

本标准由全国果品标准化技术委员会(SAC/TC 510)归口。

本标准起草单位:中国农业科学院柑橘研究所、中国农业科学院茶叶研究所。

本标准主要起草人:江东、焦必宁、江用文、熊兴平、赵晓春、朱世平、申晚霞、胡军华、刘小丰。

柑橘种质资源描述规范

1 范围

本标准规定了柑橘属(*Citrus*)种质资源的描述内容和方法。

本标准适用于柑橘属种质资源的收集、保存、鉴定和评价过程的描述。

2 规范性引用文件

下列文件对于本文件的应用是必不可少的。凡是注日期的引用文件,仅注日期的版本适用于本文件。凡是不注日期的引用文件,其最新版本(包括所有的修改单)适用于本文件。

GB/T 2260 中华人民共和国行政区划代码

GB/T 2659 世界各国和地区名称代码

3 描述内容

描述内容见表1。

表1 柑橘种质资源描述内容

描述类别	描 述 内 容
基本信息	全国统一编号、引种号、采集号、种质名称、种质外文名、科名、属名、种名、原产国、原产省、原产地、海拔、经度、纬度、来源地、系谱、选育单位、育成年份、选育方法、种质类型、图像、观测地点
植物学特征	树冠形状、树姿、春梢长度、春梢粗度、嫩梢茸毛、刺数量、刺长度、叶片形状、叶片长度、叶片宽度、叶柄长度、翼叶有无、翼叶长度、翼叶宽度、翼叶形状、叶基形状、叶尖形状、叶尖凹口、叶缘、嫩叶颜色、花序、花瓣颜色、花瓣长度、花瓣宽度、雄蕊数、花柱形状、雄蕊高度、花粉量、花药颜色、果面茸毛、单果重量、果实横径、果实纵径、果形指数、果面颜色、果面光滑度、果面有无凹点、果面有无沟纹、果基有无放射沟纹、果顶有无放射沟纹、油胞凹凸、油胞大小、油胞密度、果实形状、果基形状、果顶形状、果脐有无、果脐状态、果顶有无印圈、果皮厚度、剥皮难易、中心柱充实度、中心柱大小、囊瓣数、囊瓣整齐度、果肉颜色、白皮层颜色、囊瓣壁厚度、汁胞长度、种子数量、单粒种子重量、外种皮颜色、内种皮颜色、子叶颜色、合点颜色、胚类型、染色体倍数性
生物学特性	叶片冬季脱落习性、开花次数、春梢萌芽期、初花期、盛花期、末花期、果实成熟期、单株产量
果实特性	果肉质地、囊壁质地、香气、果肉风味、果肉苦味、果肉异味、可食率、出汁率、可溶性固形物含量、总糖含量、可滴定酸含量、维生素C含量、采前落果程度、日灼果发生程度、浮皮果发生程度、裂果发生程度
抗性	储藏性、耐寒性、耐旱性、耐涝性、耐盐性、耐碱性、溃疡病抗性、疮痂病抗性、褐斑病抗性、砂皮病抗性、炭疽病抗性、脚腐病抗性、茎陷点型衰退病抗性、半穿刺根线虫抗性

4 描述方法

4.1 基本信息

4.1.1 全国统一编号

种质的唯一标识号。由“L＊”与“4位顺序号”顺次连续组合而成的6位字符串。其中“＊”用不同字符代表不同的柑橘种类,“A”表示酸橙,“G”表示柚类和葡萄柚类,“M”表示枸橼柠檬类,“P”表示大翼橙类,“R”表示宽皮柑橘类,“S”表示甜橙类。

4.1.2 引种号

从国外引入时赋予的编号，由“年份”“4 位顺序号”顺次连续组合而成。“年份”为 4 位数，“4 位顺序号”每年从 0001 为起始号顺序编号。每份引进种质具有唯一的引种号。

4.1.3 **采集号**

在野外采集时赋予的编号，由“年份”“4 位顺序号”顺次连续组合而成。“年份”为 4 位数，“4 位顺序号”为当年采集时的编号，每年从 0001 为起始号顺序编号。每份野外收集的种质具有唯一的采集号。

4.1.4 **种质名称**

柑橘种质的中文名称或国外引进种质的中文译名。

4.1.5 **种质外文名**

国外引进种质的外文名或国内种质的汉语拼音名。

4.1.6 **科名**

采用植物学分类的科名，柑橘为芸香科(Rutaceae)。

4.1.7 **属名**

采用植物分类学的属名，如甜橙为柑橘属(*Citrus*)。

4.1.8 **种名**

采用植物学分类的种名或变种名，如宜昌橙种名为(*Citrus ichangensis* Swingle)。

4.1.9 **原产国**

原产国家、地区或国际组织名称。国家或地区名称按照 GB/T 2659 的规定执行，如该国家已不存在，应在原国家名称前加“原”。国际机构名称用该组织的正式英文缩写。

4.1.10 **原产省**

原产省份名称，省份名称按照 GB/T 2260 的规定执行；国外引进种质原产省用原产国家一级行政区的名称。

4.1.11 **原产地**

原产县、乡、村名称，县名按照 GB/T 2260 的规定执行。

4.1.12 **海拔**

柑橘种质原产地的海拔，单位为米(m)。

4.1.13 **经度**

原产地的经度，单位为度(°)和分(′)。格式为“DDDFF”，其中，“DDD”为度，“FF”为分。东经为正值，西经为负值。

4.1.14 **纬度**

原产地的纬度，单位为度(°)和分(′)。格式为“DDFF”，其中，“DD”为度，“FF”为分。北纬为正值，南纬为负值。

4.1.15 **来源地**

柑橘种质的来源国家、省、县或机构名称。

4.1.16 **系谱**

柑橘选育品种(系)的亲缘关系。

4.1.17 **选育单位**

选育柑橘品种(系)的单位名称或个人姓名，单位名称应写全称。

4.1.18 **育成年份**

柑橘品种(系)培育的年份，一般为通过审定、认定、备案或正式发表的年份。

4.1.19 **选育方法**

柑橘品种(系)的育种方法,如人工杂交、诱变、自然实生或芽变选种等。

4.1.20 **种质类型**

种质资源的类型,分为:1. 野生资源;2. 地方品种;3. 选育品种;4. 品系;5. 遗传材料;6. 其他。

4.1.21 **图像**

柑橘种质的图像文件名。文件名由该种质全国统一编号、连字符"-"和图像序号组成。图像格式为.jpg。如一份种质有多个图像文件,序号依次递增,如LS0032-1.jpg,LS0032-2.jpg。

4.1.22 **观测地点**

柑橘种质的观测地点,记录到省和县名,如重庆市北碚区。

4.2 **植物学特征**

4.2.1 **树形**

自然状态下柑橘植株树冠形状类型,分为:1. 扁圆形;2. 圆头形;3. 椭圆形。

4.2.2 **树姿**

自然状况下柑橘植株主干及枝梢的生长姿态,分为:1. 直立;2. 开张;3. 披垂。

4.2.3 **春梢长度**

一年生老熟春梢从基部第一个芽节到顶端芽节的长度,单位为厘米(cm)。

4.2.4 **春梢粗度**

一年生老熟春梢中部茎的粗度,单位为毫米(mm)。

4.2.5 **嫩梢茸毛**

嫩梢表面有无茸毛,分为:0. 无;1. 有。

4.2.6 **刺数量**

依据春梢上的刺和芽节数量的比值,确定刺数量,分为:0. 无;1. 少(0<刺数量/芽节数量≤0.1);2. 中(0.1<刺数量/芽节数量≤0.3);3. 多(刺数量/芽节数量>0.3)。

4.2.7 **刺长度**

一年生春梢基部第一枚刺的长度,单位为毫米(mm)。

4.2.8 **叶片形状**

一年生春梢中部成熟叶的形状(见图1),分为:1. 椭圆形;2. 卵圆形;3. 倒卵形;4. 披针形;5. 菱形;6. 圆形。

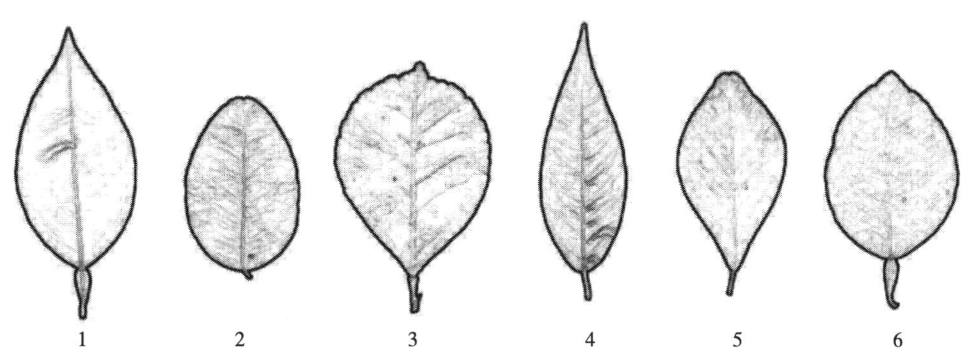

图1 叶片形状

4.2.9 **叶片长度**

一年生春梢中部老熟叶片叶柄关节处至叶尖的长度(见图2),单位为毫米(mm)。

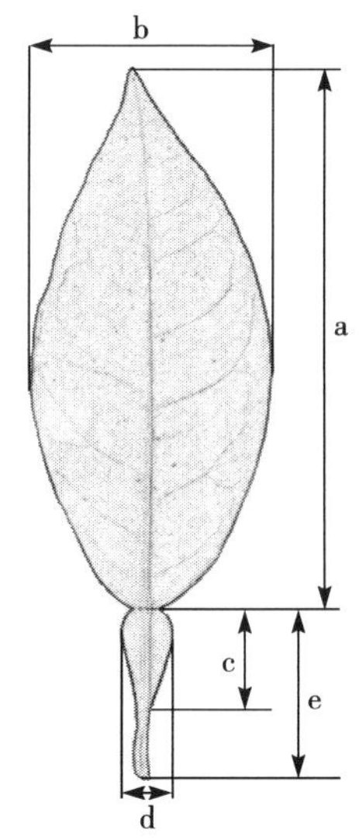

说明：

a——叶片长度；

b——叶片宽度；

c——翼叶长度；

d——翼叶宽度；

e——叶柄长度。

图2 叶 片

4.2.10 叶片宽度

一年生春梢中部老熟叶片最宽处的长度(见图 2),单位为毫米(mm)。

4.2.11 叶柄长度

一年生春梢中部老熟叶片的叶柄的长度(见图 2),单位为毫米(mm)。

4.2.12 翼叶有无

一年生春梢中部老熟叶片有无翼叶,分为:0. 无;1. 有。

4.2.13 翼叶长度

一年生春梢中部老熟叶片翼叶的长度,单位为毫米(mm)。见图 2。

4.2.14 翼叶宽度

一年生春梢中部老熟叶片翼叶的宽度,单位为毫米(mm)。见图 2。

4.2.15 翼叶形状

一年生春梢中部老熟叶片翼叶的形状(见图 3),分为:1. 心形;2. 倒三角形;3. 倒卵形;4. 倒披针形;5. 线形。

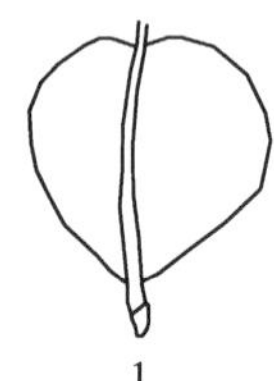
1

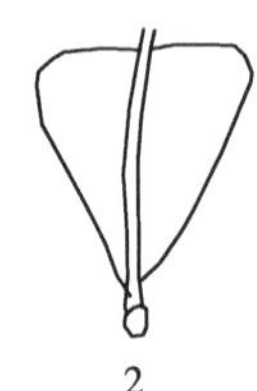
2

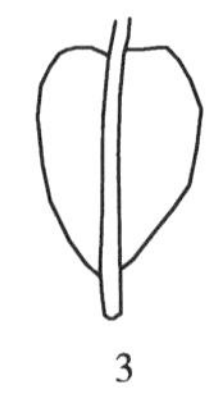
3

4

5

图3 翼叶形状

4.2.16 叶基形状

一年生春梢中部老熟叶片基部的形状(见图 4),分为:1. 狭楔形;2. 楔形;3. 广楔形;4. 圆形。

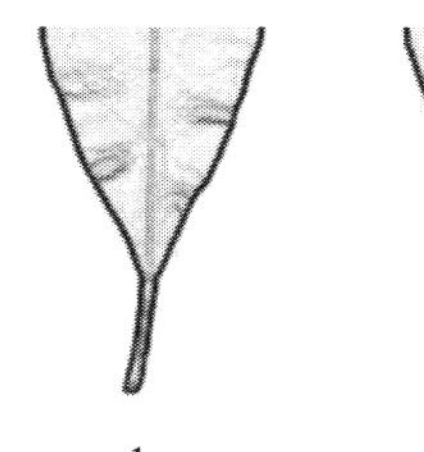
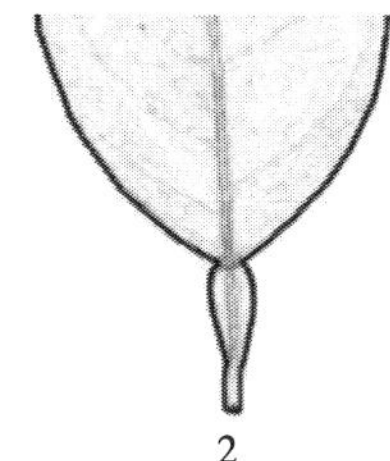
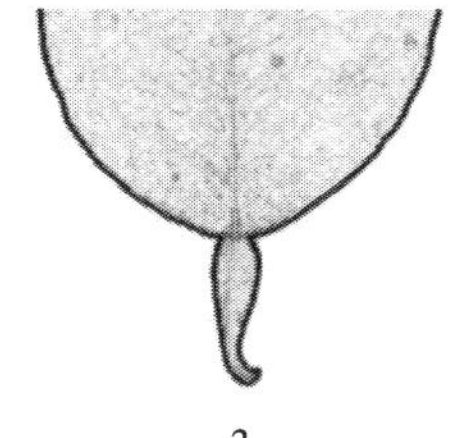
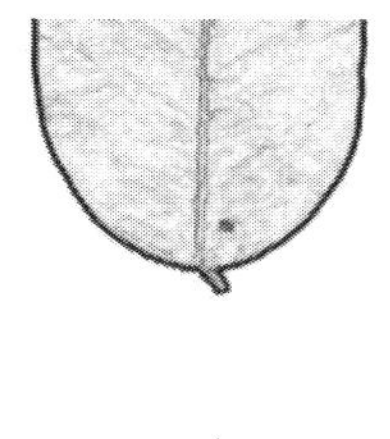

图 4 叶基形状

4.2.17 叶尖形状

一年生春梢中部的老熟叶片叶尖的形状(见图 5),分为:1. 钝圆;2. 渐尖;3. 急尖;4. 短尖;5. 长尾状。

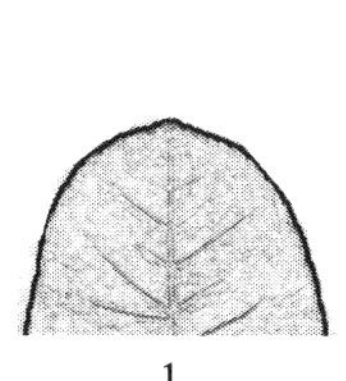
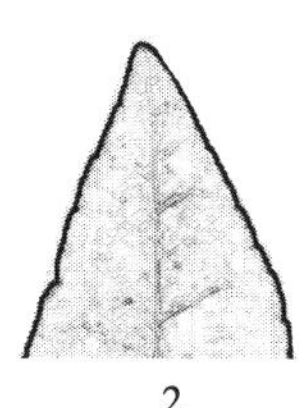
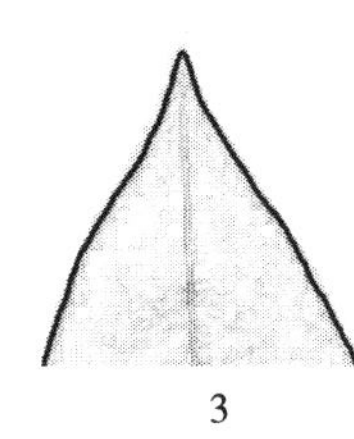
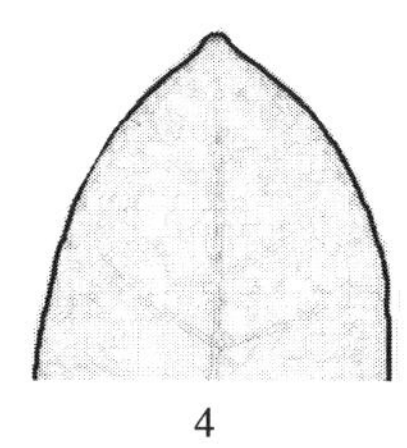
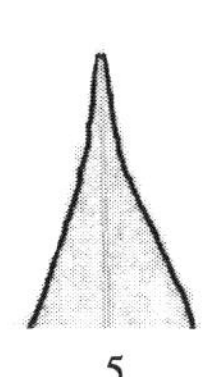

图 5 叶尖形状

4.2.18 叶尖凹口

一年生春梢中部老熟叶片的叶尖有无凹口(见图 6),分为:0. 无;1. 有。

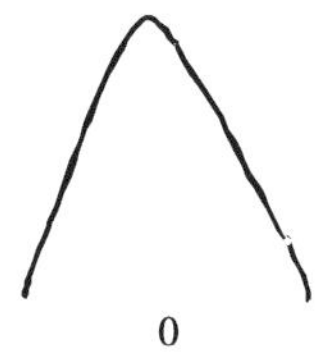

图 6 叶尖凹口

4.2.19 叶缘

一年生春梢中部老熟叶片叶缘的形状(见图 7),分为:1. 全缘;2. 浅波缘;3. 锯齿缘。

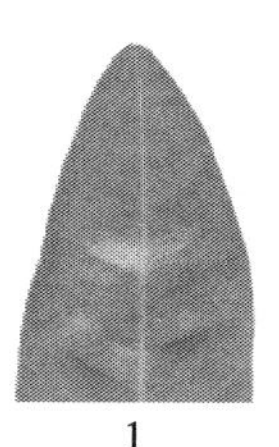
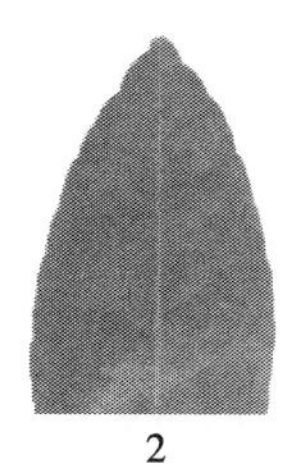

图 7 叶 缘

4.2.20 嫩叶颜色

柑橘枝条顶部幼嫩叶片的颜色,分为:1. 淡绿;2. 淡黄绿;3. 黄;4. 淡紫;5. 紫红。

4.2.21 花序

花朵在枝条上排列的状态,分为:1. 单生(1 个芽节上着生 1 朵花);2. 丛生(1 个芽节上着生多朵花,无花序轴);3. 总状花序(1 个花序轴上着生多朵花)。

4.2.22 花瓣颜色

当日开放花朵的花瓣外侧颜色,分为:1. 白;2. 淡黄白;3. 淡红;4. 淡紫;5. 紫红。

4.2.23 花瓣长度

花瓣基部至顶端的距离,单位为毫米(mm)。

4.2.24 花瓣宽度

花瓣最宽处的长度,单位为毫米(mm)。

4.2.25 雄蕊数

花朵中花丝的数量,单位为枚。

4.2.26 花柱形状

花柱自然生长的形状,分为:1. 直立;2. 弯曲。

4.2.27 雄蕊高度

雄蕊相对于柱头的高度,分为:1. 低(雄蕊低于柱头);2. 中(雄蕊与柱头等高);3. 高(雄蕊高于柱头)。

4.2.28 花粉量

选取当日开放的花朵,观察花药上花粉的数量,分为:1. 无;2. 少;3. 中;4. 多。

4.2.29 花药颜色

当日开放的花朵的花药囊颜色,分为:1. 白;2. 淡黄;3. 黄;4. 黄褐。

4.2.30 果面茸毛

幼果表面茸毛的有无,分为:0. 无;1. 有。

4.2.31 单果重量

单个成熟果实的重量,单位为克(g)。

4.2.32 果实横径

成熟果实最宽处的横径,单位为毫米(mm)。

4.2.33 果实纵径

成熟果实最高处的纵径,单位为毫米(mm)。

4.2.34 果形指数

果实纵径与果实横径的比值。

4.2.35 果面颜色

成熟果实的果皮颜色,分为:1. 绿;2. 淡绿;3. 黄绿;4. 淡黄;5. 黄;6. 暗黄;7. 浅橙;8. 橙;9. 浓橙;10. 橙红;11. 粉红;12. 红;13. 朱红;14. 紫红。

4.2.36 果面光滑度

成熟果实果面的光滑程度,分为:1. 光滑;2. 较光滑;3. 中等;4. 较粗糙;5. 粗糙。

4.2.37 果面有无凹点

成熟果实果面上有无下陷的凹点,分为:0. 无;1. 有。

4.2.38 果面有无沟纹

成熟果实果面上有无沟纹,分为:0. 无;1. 有。

4.2.39 果基有无放射沟纹

果蒂周围有无放射状沟纹,分为:0. 无;1. 有。

4.2.40 果顶有无放射沟纹

果顶柱区周围有无放射状沟纹,分为:0. 无;1. 有。

4.2.41 油胞凹凸

成熟果实果面赤道部位的油胞凸起状态,分为:1. 凹;2. 平;3. 凸。

4.2.42 **油胞大小**

成熟果实果面赤道部位油胞的大小,分为:1. 小;2. 中;3. 大。

4.2.43 **油胞密度**

成熟果实赤道部附近的单位果皮表面油胞的数量,分为:1. 疏;2. 中;3. 密。

4.2.44 **果实形状**

成熟果实的形状(见图 8),分为:1. 扁平形;2. 高扁圆形;3. 球形;4. 卵圆形;5. 倒卵形;6. 椭圆形;7. 梨形;8. 锥形。

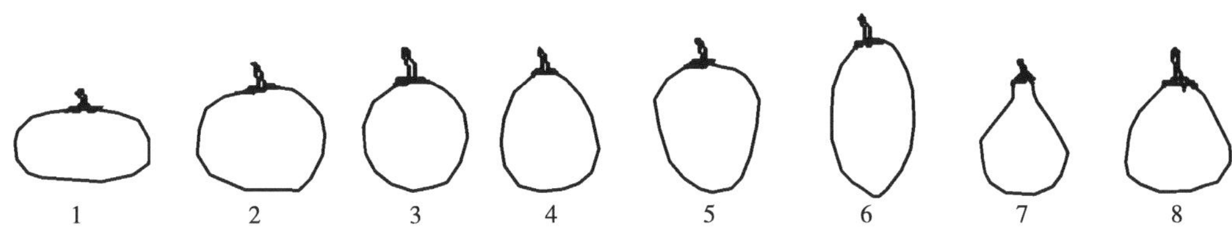

图 8 果实形状

4.2.45 **果基形状**

成熟果实果梗处的轮廓外形(见图 9),分为:1. 长颈;2. 短颈;3. 圆;4. 平;5. 浅凹;6. 深凹;7. 颈领。

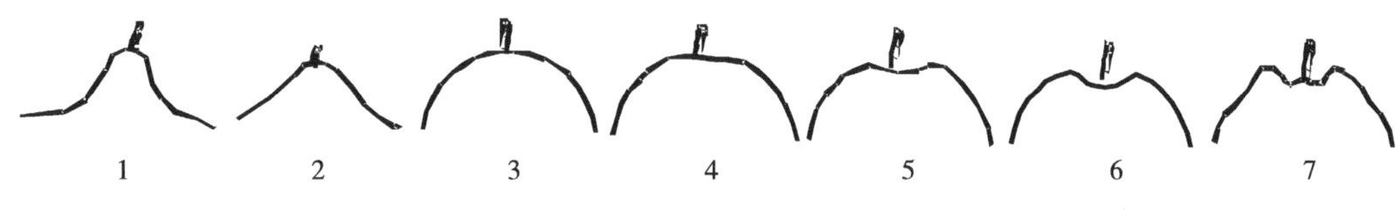

图 9 果基形状

4.2.46 **果顶形状**

成熟果实果顶处的轮廓外形(见图 10),分为:1. 深凹;2. 浅凹;3. 平;4. 圆;5. 凸;6. 乳突。

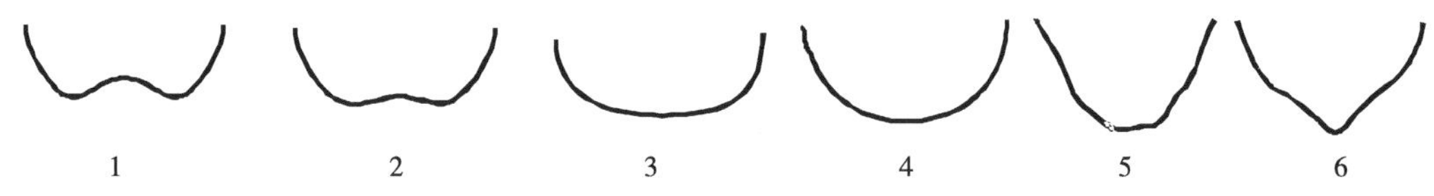

图 10 果顶形状

4.2.47 **果脐有无**

果顶处是否有类次生心皮发育而成的脐,分为:0. 无;1. 有。

4.2.48 **果脐状态**

果脐外显或隐蔽的状态,分为:1. 开脐;2. 闭脐。

4.2.49 **果顶有无印圈**

果顶柱区周围有无呈环状的印迹,分为:0. 无;1. 有。

4.2.50 **果皮厚度**

成熟果实赤道部位果皮的厚度(含白皮层),单位为毫米(mm)。

4.2.51 **剥皮难易**

成熟果实果皮与囊壁分离的难易程度,分为:1. 易;2. 中;3. 难。

4.2.52 **中心柱充实度**

果心中心柱纤维组织的开裂状况,分为:1. 充实;2. 开裂;3. 空。

4.2.53 **中心柱大小**

果心中心柱最宽处的长度,单位为厘米(cm)。

4.2.54 **囊瓣数**

果实的囊瓣数量。

4.2.55 **囊瓣整齐度**

果实囊瓣大小和形状的整齐度,分为:1. 整齐;2. 不整齐。

4.2.56 **果肉颜色**

成熟果实果肉的颜色,分为:1. 绿;2. 黄绿;3. 白;4. 黄白;5. 浅橙;6. 橙;7. 浓橙;8. 橙红;9. 粉红;10. 红;11. 紫红。

4.2.57 **白皮层颜色**

果皮白皮层的颜色,分为:1. 绿;2. 白;3. 黄白;4. 黄;5. 橙黄;6. 浅橙;7. 橙;8. 粉红;9. 紫。

4.2.58 **囊瓣壁厚度**

成熟果实囊瓣的囊壁厚度,分为:1. 薄;2. 中;3. 厚。

4.2.59 **汁胞长度**

成熟果实囊瓣中间部位汁胞的长度,分为:1. 短;2. 中;3. 长。

4.2.60 **种子数量**

成熟果实中饱满种子的数量,单位为粒。

4.2.61 **单粒种子重量**

单粒饱满种子的重量数值,单位为克(g)。

4.2.62 **外种皮颜色**

成熟果实中新鲜湿润种子的外种皮颜色,分为:1. 淡绿;2. 绿;3. 白;4. 黄白;5. 棕;6. 淡黄;7. 黄;8. 褐。

4.2.63 **内种皮颜色**

成熟果实中新鲜湿润种子的内种皮颜色,分为:1. 淡绿;2. 绿;3. 白;4. 黄白;5. 棕;6. 淡黄;7. 黄;8. 褐。

4.2.64 **子叶颜色**

成熟果实中新鲜湿润种子的子叶颜色,分为:1. 淡绿;2. 绿;3. 绿白;4. 白;5. 黄白;6. 黄绿;7. 淡黄。

4.2.65 **合点颜色**

成熟果实中新鲜湿润种子内种皮合点处的颜色,分为:1. 淡绿;2. 绿;3. 棕;4. 褐;5. 红褐;6. 淡红;7. 紫红;8. 黑。

4.2.66 **胚类型**

每个果实所含种子中多胚种子所占比例,分为:1. 单胚(多胚种子比例≤5%);2. 多单胚(5%<多胚种子比例≤50%);3. 多多胚(50%<多胚种子比例≤80%);4. 多胚(多胚种子比例>80%)。

4.2.67 **染色体倍数**

体细胞染色体的倍数,如 $n=9$,$2n=18$,$3n=27$,$4n=36$ 等。

4.3 生物学特性

4.3.1 **叶片冬季脱落习性**

自然条件下,植株在冬季的落叶习性,分为:1. 常绿;2. 半落叶;3. 落叶。

4.3.2 **开花次数**

植株在一个周年生长季内的开花次数,分为:1. 1次;2. 多次。

4.3.3 春梢萌芽期

在春季叶芽萌动的日期,以"年月日"表示,格式"YYYYMMDD"。

4.3.4 初花期

全树 5%的花朵开放的日期,以"年月日"表示,格式"YYYYMMDD"。

4.3.5 盛花期

全树 50%的花朵开放的日期,以"年月日"表示,格式"YYYYMMDD"。

4.3.6 末花期

全树 75%的花朵开放的日期,以"年月日"表示,格式"YYYYMMDD"。

4.3.7 果实成熟期

全树 75%的果实达到成熟的日期,以"年月日"表示,格式"YYYYMMDD"。

4.3.8 单株产量

成年结果树的单株果实产量,单位为千克(kg)。

4.4 果实特性

4.4.1 果肉质地

用口品尝成熟果实果肉所感觉的果肉质地,分为:1. 细软(肉质柔软);2. 细嫩(肉质软硬适度);3. 粗糙(肉质硬,咀嚼阻力大)。

4.4.2 囊壁质地

用口品尝成熟果实囊壁所感觉到的质地,分为:1. 不化渣(口中残渣多,不堪食用);2. 较化渣(可食用,囊壁的柔和程度较差);3. 化渣(食用时感觉囊壁细嫩柔和)。

4.4.3 香气

感官评定果皮香气,分为:1. 淡(无香气或香气弱);2. 中(微香,有芳香气味);3. 浓(香气浓厚)。

4.4.4 果肉风味

感官评定成熟果实的风味,分为:1. 酸(有强烈的酸味);2. 偏酸(有较强烈的酸味);3. 酸甜(酸甜度适中);4. 偏甜(酸较少、以甜为主);5. 甜(酸少,纯甜)。

4.4.5 果肉苦味

感官评定果肉有无苦味,分为:0. 无;1. 有。

4.4.6 果肉异味

感官评定果肉有无异常气味风味,分为:0. 无;1. 有。

4.4.7 可食率

果实可食用部分的重量占果实总重量的百分比,单位为百分率(%)。

4.4.8 出汁率

果实中果汁的重量占果实总重量的百分比,单位为百分率(%)。

4.4.9 可溶性固形物含量

以折射仪法测定的果肉汁液中所含可溶性固形物的含量,以°Brix 表示。

4.4.10 总糖含量

果汁中还原糖和水解后转化的还原糖总含量,单位为克每毫升(g/mL)。

4.4.11 可滴定酸含量

果汁中可滴定酸的含量,单位为克每毫升(g/mL)。

4.4.12 维生素 C 含量

果汁中维生素 C 的含量,单位为毫克每毫升(mg/mL)。

4.4.13 采前落果程度

在果实转色后至成熟采收前，依据自然落果数量占挂果数量的比率确定，分为：0. 无(自然落果率=0)；1. 少(0<自然落果率≤5%)；2. 中(5%<自然落果率≤15%)；3. 多(自然落果率>15%)。

4.4.14 日灼果发生程度

在果实日灼高发期，依据日灼果的发生数量与全树挂果数量的比率确定，分为：0. 无(日灼果发生率=0)；1. 少(0<日灼果发生率≤3%)；2. 中(3%<日灼果发生率≤5%)；3. 多(日灼果发生率>5%)。

4.4.15 浮皮果发生程度

在果实过熟期，依据浮皮果发生数量与全树挂果数量的比率确定，分为：0. 无(浮皮果发生率=0)；1. 少(0<浮皮果发生率≤3%)；2. 中(3%<浮皮果发生率≤5%)；3. 多(浮皮果发生率>5%)。

4.4.16 裂果发生程度

在果实裂果高发期结束后，依据裂果数量与挂果数量的比率确定，分为：0. 无(裂果率=0)；1. 少(0<裂果率≤3%)；2. 中(3%<裂果率≤5%)；3. 多(裂果率>5%)。

4.5 抗性

4.5.1 储藏性

果实在(5±1)℃、相当湿度 80%～95%的条件下保存而品质不劣变的最长储藏时间，依据储藏指数确定，分为：1. 优(储藏指数<10.0)；2. 较优(10.0≤储藏指数<30.0)；3. 中(30.0≤储藏指数<50.0)；4. 较差(50.0≤储藏指数<70.0)；5. 差(储藏指数>70.0)。

4.5.2 耐寒性

树体器官和组织对低温的忍耐或抵抗能力，根据植株不同部位受害程度表示，分为：1. 强(未发生冻害)；2. 较强(部分叶片和一年生枝梢轻微受冻)；3. 中(50%以上的一年生枝梢受冻枯死)；4. 较弱(枝干树皮开裂，大部分枝条枯死)；5. 弱(枝干树皮开裂，全树枯死)。

4.5.3 耐旱性

柑橘资源实生苗对土壤干旱、大气干旱或生理干旱的忍耐或抵抗能力，以旱害指数确定，分为：1. 强(旱害指数<30)；2. 较强(30≤旱害指数<50)；3. 中(50≤旱害指数<60)；4. 较弱(60≤旱害指数<70)；5. 弱(旱害指数≥70)。

4.5.4 耐涝性

柑橘资源实生苗对多湿水涝的忍耐及抵抗能力，以涝害指数确定，分为：1. 强(涝害指数<30)；2. 较强(30≤涝害指数<50)；3. 中(50≤涝害指数<60)；4. 较弱(60≤涝害指数<70)；5. 弱(涝害指数≥70)。

4.5.5 耐盐性

柑橘实生苗对土壤中 Cl^- 值的忍耐或抵抗能力，依据叶片的盐害指数确定，分为：1. 强(盐害指数<20.0)；2. 较强(20.0≤盐害指数<40.0)；3. 中(40.0≤盐害指数<50.0)；4. 较弱(50.0≤盐害指数<70.0)；5. 弱(盐害指数≥70.0)。

4.5.6 耐碱性

柑橘实生苗对碱性土壤的忍耐或抵抗能力，依据叶片的碱害指数确定，分为：1. 强(碱害指数<20.0)；2. 较强(20.0≤碱害指数<40.0)；3. 中(40.0≤碱害指数<50.0)；4. 较弱(50.0≤碱害指数<60.0)；5. 弱(碱害指数≥60.0)。

4.5.7 溃疡病抗性

植株对柑橘溃疡病[*Xanthomonas citri* subsp. *citri*(Schaad).]感抗的强弱，依据病情指数确定，分为：1. 高抗(病情指数<10.0)；2. 抗(10.0≤病情指数<20.0)；3. 中(20.0≤病情指数<40.0)；4. 感病(40.0≤病情指数<60.0)；5. 高感(病情指数≥60.0)。

4.5.8 疮痂病抗性

植株对柑橘疮痂病(*Elsinoe fawcettii* Bitancourt & Jenk.)感抗的强弱,依据病情指数确定,分为:1. 高抗(病情指数<5.0);2. 抗(5.0≤病情指数<10.0);3. 中(10.0≤病情指数<15.0);4. 感病(15.0≤病情指数<30.0);5. 高感(病情指数≥30.0)。

4.5.9 褐斑病抗性

植株对柑橘褐斑病(*Alternaria alternate* Keissl. pv. *citri* Solel)感抗的强弱,依据病情指数确定,分为:1. 高抗(病情指数<15.0);2. 抗(15.0≤病情指数<30.0);3. 中抗(30.0≤病情指数<45.0);4. 感(45.0≤病情指数<60.0);5. 高感(病情指数≥60.0)。

4.5.10 砂皮病抗性

植株对柑橘砂皮病(*Diaporthe citri* F. A. Wolf)感抗的强弱,依据病情指数确定,分为:1. 高抗(病情指数<15.0);2. 抗(15.0≤病情指数<30.0);3. 中(30.0≤病情指数<45.0);4. 感(45.0≤病情指数<60.0);5. 高感(病情指数≥60.0)。

4.5.11 炭疽病抗性

植株对柑橘炭疽病(*Colletotrichum gloeosporioides* Penz. & Sacc.)感抗的强弱,依据病情指数确定,分为:1. 高抗(病情指数<15.0);2. 抗(15.0≤病情指数<30.0);3. 中抗(30.0≤病情指数<40.0);4. 感病(40.0≤病情指数<50.0);5. 高感(病情指数≥50.0)。

4.5.12 脚腐病抗性

植株对柑橘疫霉菌(*Phytophthora citrophthora* R. E. & Smitsh)感抗的强弱,依据病情指数确定,分为:1. 高抗(病情指数<10.0);2. 抗(10.0≤病情指数<30.0);3. 中(30.0≤病情指数<50.0);4. 感病(50.0≤病情指数<70.0);5. 高感(病情指数≥70.0)。

4.5.13 茎陷点型衰退病抗性

植株对柑橘茎陷点型衰退病(stem pitting *citrus tristeza virus*)感抗的强弱,依据病情指数确定,分为:1. 高抗(病情指数<5.0);2. 抗(5.0≤病情指数<15.0);3. 中(15.0≤病情指数<30.0);4. 感病(30.0≤病情指数<50.0);5. 高感(病情指数≥50.0)。

4.5.14 半穿刺根线虫抗性

植株对柑橘半穿刺根线虫(*citrus Tylenchulus semipenetrans*)感抗的强弱,依据病情指数确定,分为:1. 高抗(病情指数<10.0);2. 抗(10.0≤病情指数<20.0);3. 中(20.0≤病情指数<30.0);4. 感病(30.0≤病情指数<60.0);5. 高感(病情指数≥60.0)。

ICS 67.080.10
B 31

中华人民共和国农业行业标准

NY/T 2931—2016

草莓种质资源描述规范

Descriptors for strawberry germplasm resources

2016-10-26 发布 2017-04-01 实施

中华人民共和国农业部 发布

前　言

本标准按照 GB/T 1.1—2009 给出的规则起草。

本标准由农业部种植业管理司提出。

本标准由全国果品标准化技术委员会(SAC/TC 510)归口。

本标准起草单位:江苏省农业科学院园艺研究所、中国农业科学院茶叶研究所、北京市林业科学院林业果树研究所。

本标准主要起草人:赵密珍、钱亚明、熊兴平、王壮伟、江用文、吴伟民、张运涛、袁华招、蔡伟建、王桂霞、王静、王庆莲、董静、常琳琳。

草莓种质资源描述规范

1 范围

本标准规定了草莓属(*Fragaria*)种质资源的描述内容和描述方式。

本标准适用于草莓种质资源性状的描述。

2 规范性引用文件

下列文件对于本文件的应用是必不可少的。凡是注日期的引用文件,仅注日期的版本适用于本文件。凡是不注日期的引用文件,其最新版本(包括所有的修改单)适用于本文件。

GB/T 2260 中华人民共和国行政区划代码

GB/T 2659 世界各国和地区名称代码

3 描述内容

描述内容见表1。

表1 草莓种质资源描述内容

描述类别	描述内容
基本信息	全国统一编号、引种号、采集号、种质名称、种质外文名、科名、属名、学名、原产国、原产省、原产地、海拔、经度、纬度、来源地、系谱、选育单位、育成年份、选育方法、种质类型、图像、观测地点
植物学特征	植株姿态、植株高度、植株冠径、新茎分枝数、匍匐茎颜色、匍匐茎粗度、匍匐茎绒毛着生状态、匍匐茎抽生习性、匍匐茎抽生次数、匍匐茎数量、复叶数量、叶面状态、小叶数、叶片长、叶片宽、叶片颜色、叶片形状、叶缘锯齿、叶片质地、叶片上表面绒毛着生状态、叶片下表面绒毛着生状态、叶柄长度、叶柄粗度、叶柄颜色、叶柄绒毛着生状态、托叶颜色、耳叶、花序位置、花序着生状态、花序长、花序梗长、花序梗粗、花序梗绒毛着生状态、花梗长、花梗粗、花梗绒毛着生状态、花色、花性、花冠直径、花瓣数、花瓣相对位置、花瓣形状、雄蕊高低、雄蕊数、花粉生活力、花萼直径、花萼层数、果梗脆性、果梗长度、果梗粗度、染色体倍性
生物学特性	萌芽期、展叶期、显蕾期、始花期、盛花期、果实始熟期、果实采收持续期、匍匐茎始发期、匍匐茎盛发期、匍匐茎停发期、花芽分化始期、需冷量、结果类型、繁殖系数
产量性状	花序数、单序花朵数、单果重、单株产量
果实性状	果实纵径、果实横径、果形、果形一致性、畸形果率、果实均匀度、果面平整度、果面光泽、果面颜色、果尖着色难易、果肩着色难易、宿萼状态、宿萼颜色、萼心凹凸程度、除萼难易、无种子带宽度、种子颜色、种子密度、种子着生状态、果肉颜色、髓心颜色、髓心大小、髓心空洞、果肉质地、果实硬度、香气、风味、采后果实颜色保持时间、采后果实光泽保持时间、自然失水率、速冻失水率、耐储性、可溶性固形物含量、可溶性糖含量、可滴定酸含量、维生素C含量、花青素含量
抗性性状	耐寒性、耐热性、耐旱性、白粉病抗性、灰霉病抗性、炭疽病抗性、枯萎病抗性、蚜虫抗性、螨虫抗性

4 描述方式

4.1 基本信息

4.1.1 全国统一编号

种质的唯一标识号,全国统一编号由"CM"加1位国家种质资源圃编号加4位顺序号组成的7

位字符串，其中，“CM”代表“草莓”汉语拼音的第一个字母，1 位国家种质资源圃编号为 K 或 E(K 代表南京桃、草莓圃，E 代表北京桃、草莓圃)，4 位数字为顺序号，从“0001”到“9999”，代表草莓种质的编号。

4.1.2 引种号

草莓种质从国外引入时赋予的编号，由 8 位字符串组成，前 4 位表示种质从境外引进的年份，后 4 位为顺序号，从“0001”到“9999”。

4.1.3 采集号

草莓种质在野外采集时赋予的编号，由 8 位字符串组成，前 4 位表示采集的年份，中间 2 位表示采集地所在的省份代码，后 2 位为采集的顺序号。

4.1.4 种质名称

草莓种质的中文名称，国内种质的原始名称直接用中文表示，如果有多个名称，可以放在括号内，用逗号分隔，如“种质名称 1(种质名称 2，种质名称 3)”；国外引进种质如果没有中文译名，可以直接填写种质的外文名。

4.1.5 种质外文名

国外引进种质的外文名和国内种质的汉语拼音名。国外种质的外文名直接用外文名表示，每个单词的首字母均大写，其余小写，单词之间空一格；国内种质的外文名用汉语拼音名表示，每个汉字的汉语拼音之间空一格，且每个首字母大写。

4.1.6 科名

科名由拉丁名加英文括号内的中文名组成，草莓的科名为“Rosaceae(蔷薇科)”。

4.1.7 属名

属名由拉丁名加英文括号内的中文名组成，草莓的属名为“*Fragaria* (草莓属)”。

4.1.8 学名

学名由属名、种名、命名人和加英文括号的中文名组成，属名和种名均用拉丁名，命名人用英文名表示，如“*Fragaria* × *ananassa* Duch. (凤梨草莓)”。

4.1.9 原产国

草莓种质原产国家名称、地区名称或国际组织名称，国家或地区名称按照 GB/T 2659 的规定执行，如该国家已不存在，应在原国家名称前加“原”，国际组织名称用该组织的正式英文缩写。

4.1.10 原产省

草莓种质原产省份名称，省份名称按照 GB/T 2260 的规定执行；国外引进种质原产省用原产国家一级行政区的名称。

4.1.11 原产地

草莓种质原产地的县、乡、村名称，县名按照 GB/T 2260 的规定执行，乡、村名参照当地行政区划名称。

4.1.12 海拔

草莓种质原产地相对海平面的高度，单位为米(m)，精确到整数位。

4.1.13 经度

草莓种质原产地的经度，单位为度(°)和分(′)，格式为“DDDFF”，其中“DDD”为度，“FF”为分，东经为正值，西经为负值。

4.1.14 纬度

草莓种质原产地的纬度，单位为度(°)和分(′)，格式为“DDFF”，其中“DD”为度，“FF”为分，北纬为正值，南纬为负值。

4.1.15 来源地

草莓种质的来源国家、省、县名称，地区名称或机构名称。

4.1.16 **系谱**

草莓选育品种(系)的亲缘关系，用该品种的"父、母本"名称表示，母本在前，父本在后，中间用"/"隔开，父(母)本名称首先选择中文名称，依次为外文、代号或其他。

4.1.17 **选育单位**

选育草莓品种(系)的个人或单位名称。单位名称用单位的全称，个人名称用个人的姓名表示。

4.1.18 **育成年份**

草莓品种(系)培育成功的年份，通常为通过审定或正式发表的年份，由4位数字字符组成。

4.1.19 **选育方法**

草莓品种(系)的培育方法，直接用育种手段的中文名称表示，如人工杂交、自然实生或诱变选育等。

4.1.20 **种质类型**

保存草莓种质的类型，分为：1. 野生资源；2. 地方品种；3. 选育品种；4. 品系；5. 特殊遗传材料；6. 其他。

4.1.21 **图像**

草莓种质的图像文件名。文件名由该种质全国统一编号、连字符"-"和图像序号组成。图像格式为.jpg。

4.1.22 **观测地点**

草莓种质植物学、生物学、产量、品质、抗性等特征特性的观测地点，记录到省和县(区/市)名。

4.2 **植物学特征**

4.2.1 **植株姿态**

盛花期植株的姿势(见图1)，分为：1. 直立；2. 半开张；3. 开张。

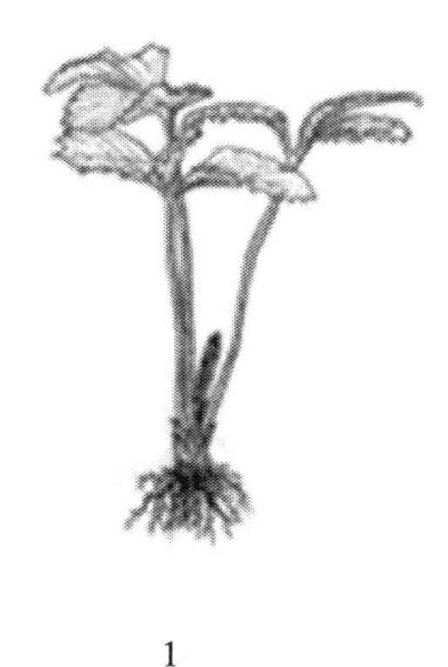

1

2

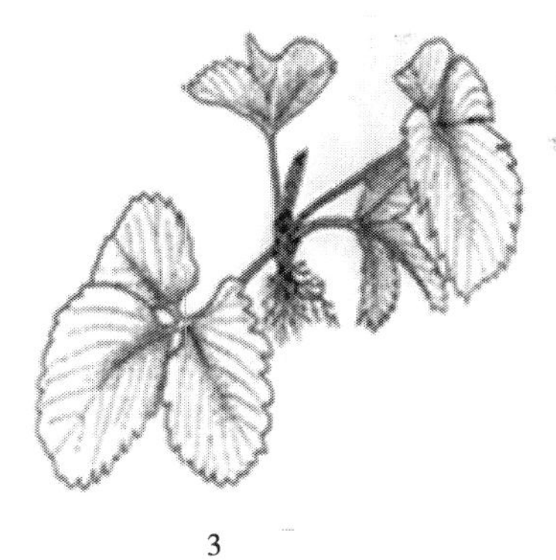

3

图1 植株姿态

4.2.2 **植株高度**

地面到最高叶片的自然高度(见图2)，单位为厘米(cm)。

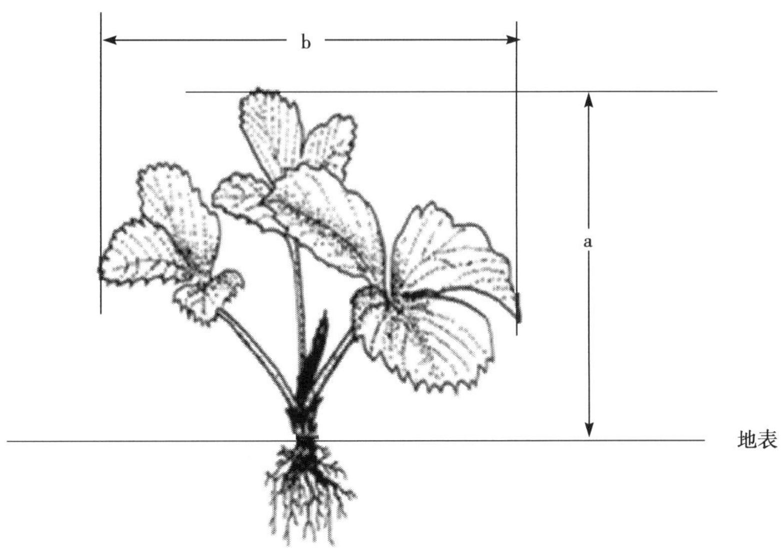

说明：

a——植株高度；

b——植株冠径。

图 2　植株高度和植株冠径

4.2.3　**植株冠径**

植株叶丛的直径(见图 2),单位为厘米(cm)。

4.2.4　**新茎分枝数**

植株在一个年周期内新茎上的腋芽萌发成新茎的数量,单位为个。

4.2.5　**匍匐茎颜色**

草莓匍匐茎盛发期时,匍匐茎的颜色,分为:1. 绿;2. 浅红;3. 红;4. 深红。

4.2.6　**匍匐茎粗度**

草莓匍匐茎盛发期时,匍匐茎基部的直径,单位为毫米(mm)。

4.2.7　**匍匐茎绒毛着生状态**

匍匐茎上的绒毛在匍匐茎上的着生方向(见图 3),分为:1. 直立;2. 斜生;3. 匍匐。

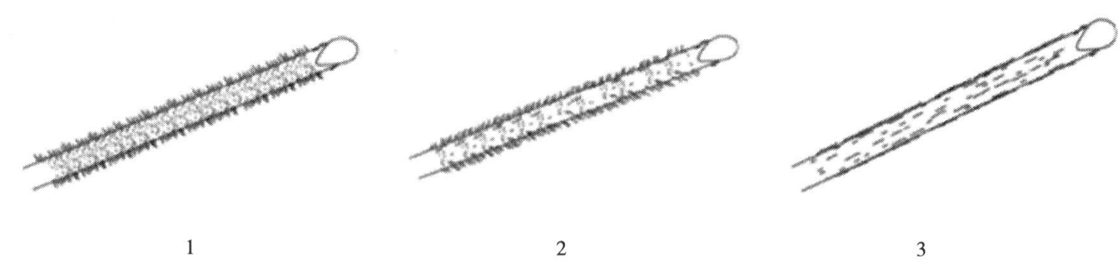

图 3　匍匐茎绒毛着生状态和花序梗绒毛着生状态

4.2.8　**匍匐茎抽生习性**

匍匐茎奇数节上的抽生特点(见图 4),分为:1. 奇数节不形成苗,也不形成匍匐茎;2. 奇数节不形成苗,但抽生匍匐茎;3. 除第一节外,奇数节形成苗。

4.2.9　**匍匐茎抽生次数**

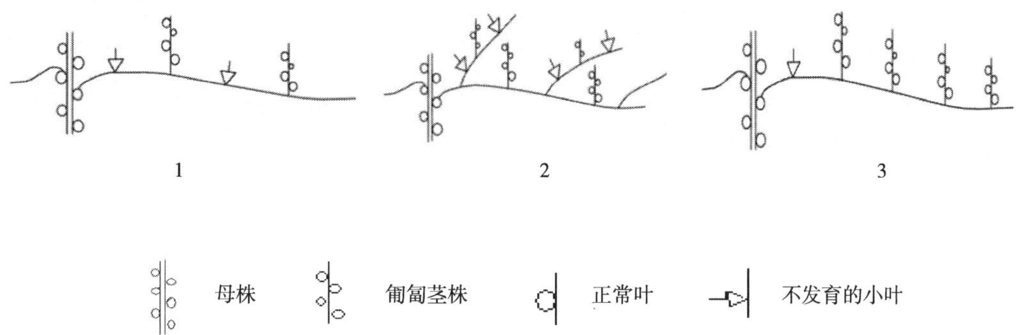

图 4　匍匐茎抽生习性

草莓植株抽生匍匐茎的次数(见图 5),分为:1. 一次抽生;2. 两次抽生;3. 多次抽生;4. 不抽生。

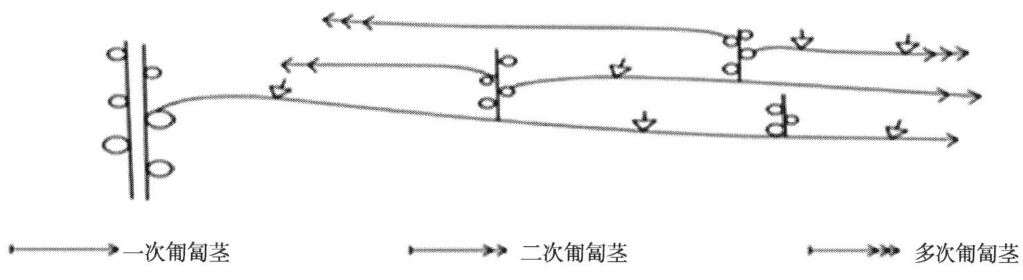

图 5　匍匐茎抽生次数

4.2.10　匍匐茎数量

匍匐茎停发期,植株所抽生匍匐茎的数量,单位为条每株(条/株)。

4.2.11　复叶数量

盛花期时,草莓植株的复叶数量,单位为张每株(张/株)。

4.2.12　叶面状态

中心展开叶往外数第三复叶的中心小叶的表面状态(见图 6),分为:1. 匙状;2. 边向上;3. 平;4. 平,尖向下;5. 边向下。

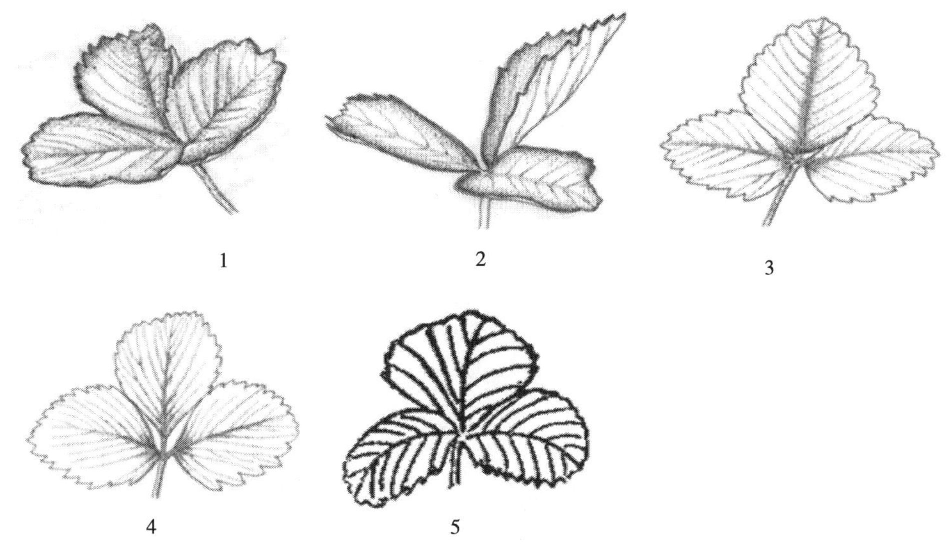

图 6　叶面状态

4.2.13 小叶数

中心展开叶往外数第三复叶的小叶数量，分为：1. 3；2. 5；3. 3 和 5。

4.2.14 叶片长

中心展开叶往外数第三复叶的中心小叶基部至叶先端的长度（见图 7），单位为厘米（cm）。

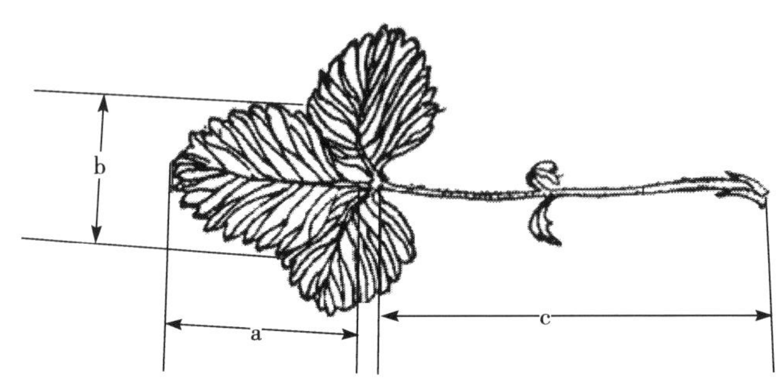

说明：

a——叶片长；

b——叶片宽；

c——叶柄长。

图 7 叶片长、叶片宽、叶柄长

4.2.15 叶片宽

中心展开叶往外数第三复叶的中心小叶最宽处的宽度（见图 7），单位为 cm。

4.2.16 叶片颜色

叶片上表面的颜色，分为：1. 黄绿；2. 绿；3. 深绿；4. 蓝绿。

4.2.17 叶片形状

中心展开叶往外数第三复叶的中心小叶的形状（见图 8），分为：1. 圆形；2. 椭圆形；3. 菱形；4. 卵圆形；5. 倒卵圆形。

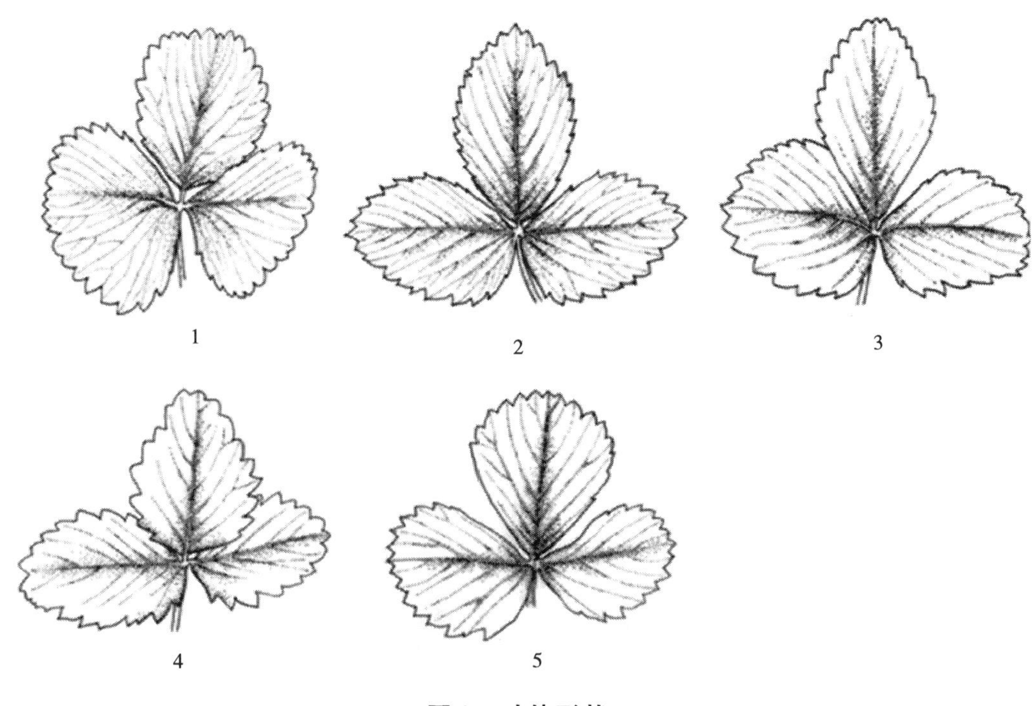

图 8 叶片形状

4.2.18 叶缘锯齿

中心展开叶往外数第三复叶的中心小叶的边缘锯齿形状(见图 9),分为:1. 尖;2. 钝。

图 9 叶缘锯齿

4.2.19 叶片质地

中心展开叶往外数第三复叶的中心小叶质地,分为:1. 柔软;2. 革质粗糙;3. 革质平滑。

4.2.20 叶片上表面绒毛着生状态

中心展开叶往外数第三复叶的中心小叶上表面绒毛的着生方向,分为:1. 直立;2. 斜生;3. 匍匐。

4.2.21 叶片下表面绒毛着生状态

中心展开叶往外数第三复叶的中心小叶下表面绒毛的着生方向,分为:1. 直立;2. 斜生;3. 匍匐。

4.2.22 叶柄长

中心展开叶往外数第三复叶托叶鞘到小叶着生处的长度(见图 7),单位为厘米(cm)。

4.2.23 叶柄粗

中心展开叶往外数第三复叶叶柄中部的直径,单位为毫米(mm)。

4.2.24 叶柄颜色

中心展开叶往外数第三复叶叶柄的颜色,分为:1. 黄绿;2. 紫红。

4.2.25 叶柄绒毛着生状态

中心展开叶往外数第三复叶叶柄绒毛的着生方向,分为:1. 直立;2. 斜生;3. 匍匐。

4.2.26 托叶颜色

中心展开叶往外数第三复叶托叶的颜色,分为:1. 浅绿;2. 浅红;3. 深红。

4.2.27 耳叶

中心展开叶往外数第三复叶耳叶的有无及形状(见图 10),分为:0. 无;1. 平展;2. 漏斗状;3. 兼有。

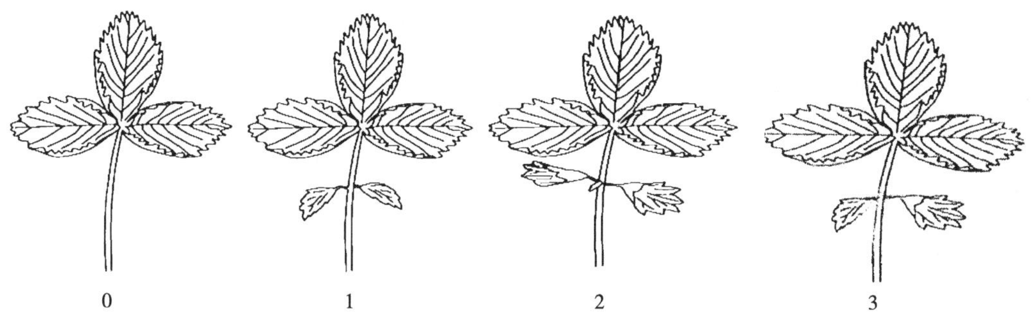

图 10 耳 叶

4.2.28 **花序位置**

花序和叶面的相对位置，分为：1. 低于叶面；2. 平于叶面；3. 高于叶面。

4.2.29 **花序着生状态**

花序与地面所呈的角度，分为：1. 直立；2. 斜生。

4.2.30 **花序长**

第一花序从植株基部着生处，到最远花朵的长度（见图 11），单位为厘米（cm）。

4.2.31 **花序梗长**

第一花序从植株基部着生处，到该花序第一个分歧部位之间的长度（见图 11），单位为厘米（cm）。

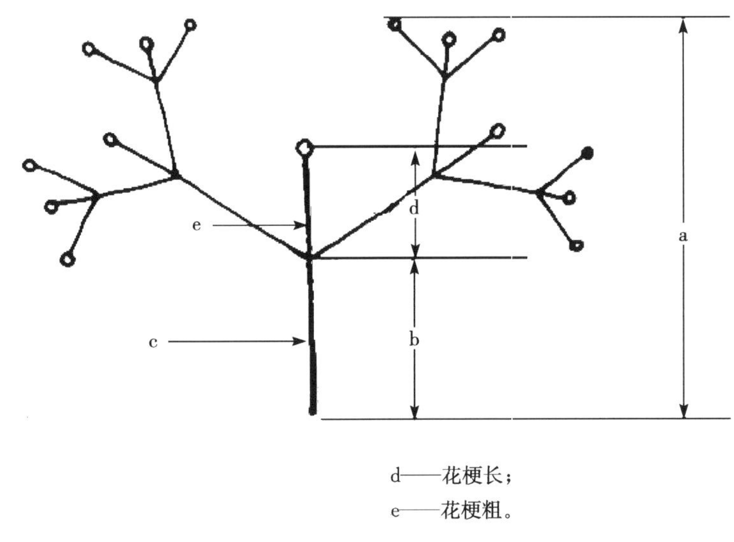

说明：

a——花序长；

b——花序梗长；

c——花序梗粗；

d——花梗长；

e——花梗粗。

图 11 花序长、花序梗长、花序梗粗、花梗长和花梗粗

4.2.32 **花序梗粗**

第一花序从植株基部着生处到该花序第一个分歧部位之间中部的直径（见图 11），单位为毫米（mm）。

4.2.33 **花序梗绒毛着生状态**

花序梗上绒毛的着生方向（见图 3），分为：1. 直立；2. 斜生；3. 匍匐。

4.2.34 **花梗长**

第一花序第一朵花的花基部到该花朵在花序梗上分歧处之间的长度（见图 11），单位为厘米（cm）。

4.2.35 **花梗粗**

第一花序第一朵花的花基部到该花朵在花序梗上分歧处之间的中部的直径（见图 11），单位为毫米（mm）。

4.2.36 **花梗绒毛着生状态**

花梗上绒毛的着生方向，分为：1. 直立；2. 斜生；3. 匍匐。

4.2.37 **花色**

花完全开放时花瓣的颜色，分为：1. 白；2. 粉红；3. 红；4. 其他。

4.2.38 **花性**

花的性别，分为：1. 两性花（雄蕊和雌蕊发育正常）；2. 雌花（雄蕊退化）；3. 雄花（雌蕊退化）。

4.2.39 **花冠直径**

第一花序中第二朵花完全开放时的直径，单位为厘米（cm）。

4.2.40 **花瓣数**

第一花序中第二朵花的花瓣数量,单位为枚。

4.2.41 **花瓣相对位置**

第一花序中第二花朵完全开放时,花瓣相互之间的着生状态(见图12),分为:1. 相离;2. 相接;3. 重叠。

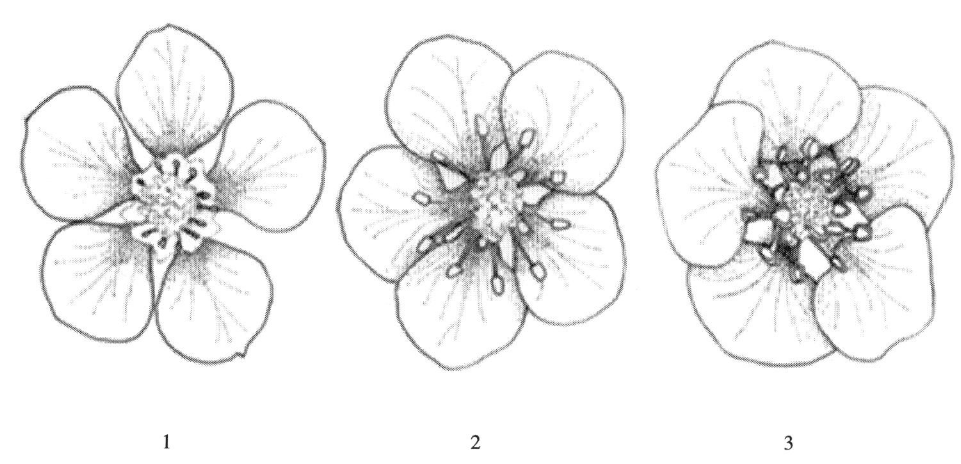

图12 花瓣相对位置

4.2.42 **花瓣形状**

第一花序中第二花朵完全开放时,花瓣的形状(见图13),分为:1. 扁圆形;2. 圆形;3. 扇形;4. 卵形;5. 纺锤形。

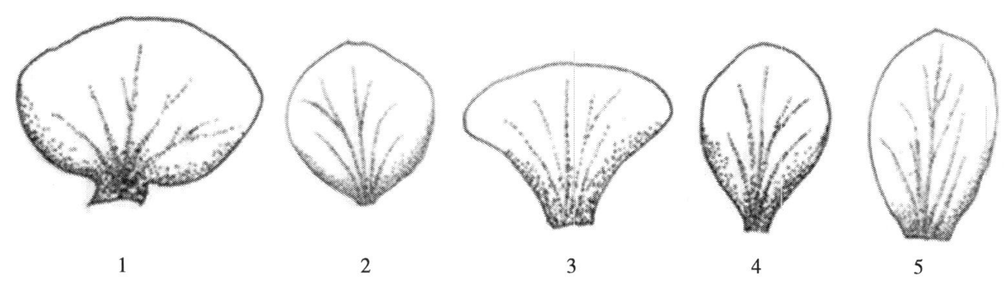

图13 花瓣形状

4.2.43 **雄蕊高低**

雄蕊相对于花托的高度(见图14),分为:1. 低于花托;2. 平于花托;3. 高于花托。

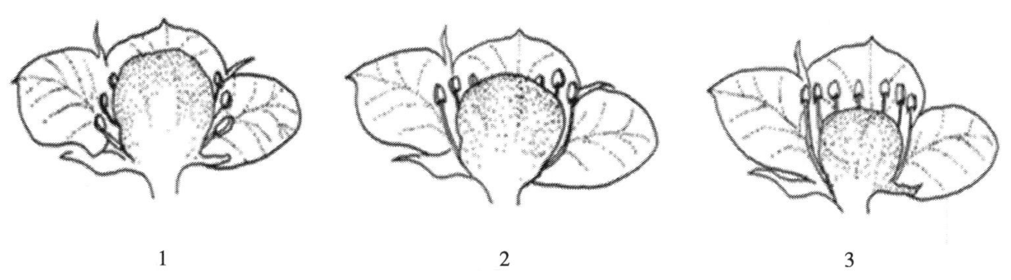

图14 雄蕊高低

4.2.44 **雄蕊数**

第一花序中第二朵花的雄蕊数量,单位为个。

4.2.45 花粉生活力

以花粉的萌芽率来表达,以百分率(%)表示。

4.2.46 花萼直径

第一花序中第二朵花的花萼的直径,单位为厘米(cm)。

4.2.47 花萼层数

花萼片的层数,分为:1. 单层;2. 双层。

4.2.48 果梗脆性

采果时,手掐果梗的脆韧感觉,分为:1. 脆;2. 中;3. 韧。

4.2.49 果梗长度

果梗从基部到顶端的长度,单位为厘米(cm)。

4.2.50 果梗粗度

果梗中部的直径,单位为毫米(mm)。

4.2.51 染色体倍性

草莓种质体细胞具有的染色体数目,分为:1. 二倍体;2. 四倍体;3. 五倍体;4. 六倍体;5. 八倍体;6. 其他。

4.3 生物学特性

4.3.1 萌芽期

25%植株的顶芽呈绿色的日期,以"年月日"表示,格式"YYYYMMDD"。

4.3.2 展叶期

25%植株的第一张复叶由皱缩状态完全展开的日期,以"年月日"表示,格式"YYYYMMDD"。

4.3.3 显蕾期

25%植株花蕾显露的日期,以"年月日"表示,格式"YYYYMMDD"。

4.3.4 始花期

25%植株有花开放的日期,以"年月日"表示,格式"YYYYMMDD"。

4.3.5 盛花期

75%植株有花开放的日期,以"年月日"表示,格式"YYYYMMDD"。

4.3.6 果实始熟期

25%植株一级序果成熟的日期,以"年月日"表示,格式"YYYYMMDD"。

4.3.7 果实采收持续期

草莓果实从始熟期到采收结束所持续的时间,单位为天(d)。

4.3.8 匍匐茎始发期

25%植株至少抽生一条长 10 cm 以上匍匐茎的日期,以"年月日"表示,格式"YYYYMMDD"。

4.3.9 匍匐茎盛发期

75%植株至少抽生一条长 10 cm 以上匍匐茎的日期,以"年月日"表示,格式"YYYYMMDD"。

4.3.10 匍匐茎停发期

75%植株停止抽生匍匐茎的日期,以"年月日"表示,格式"YYYYMMDD"。

4.3.11 花芽分化始期

75%植株芽茎尖生长点明显变圆、肥厚、隆起,包被的幼叶被冲破,生长锥边缘突起的日期,以"年月日"表示,格式"YYYYMMDD"。

4.3.12 需冷量

草莓植株解除自然休眠,满足其正常生长、开花和结果所需求的 0℃~7.2℃低温的累计时数,单位为时(h)。

4.3.13 结果类型

草莓植株开花结果对日照长度的要求，分为：1. 短日型；2. 日中型；3. 长日型。

4.3.14 繁殖系数

一个繁殖周期内，草莓母株繁殖子苗数量与母株数量的比值。

4.4 产量性状

4.4.1 花序数

植株在一个年生长周期内所着生的花序数量，单位为个每株(个/株)。

4.4.2 单序花朵数

在一个年生长周期内每个花序的平均花朵数量，单位为朵。

4.4.3 单果重

第一花序中第 1～第 4 级序成熟果实的平均重量，单位为克(g)。

4.4.4 单株产量

在草莓年生长周期内，单株草莓生产果实的重量，单位为克(g)。

4.5 果实性状

4.5.1 果实纵径

果实顶端到基部的长度(见图 15)，单位为厘米(cm)。

说明：

a——果实纵径；

b——果实横径。

图 15 果实纵径、果实横径

4.5.2 果实横径

果实最宽处的宽度(见图 15)，单位为厘米(cm)。

4.5.3 果形

果实成熟时正常果的形状(见图 16)，分为：1. 扁圆球形；2. 圆球形；3. 圆锥形；4. 楔形；5. 双圆锥形；6. 圆柱形；7. 卵形；8. 带果颈形。

图 16　果　形

4.5.4　**果形一致性**

同一花序一级序果与二级序果果形之间的差异程度，分为：1. 不一致；2. 中；3. 一致。

4.5.5　**畸形果率**

畸形果占各级序果总和的比率，以百分率（%）表示。

4.5.6　**果实均匀度**

同一花序中果实大小之间的差异程度，分为：1. 不均匀；2. 中；3. 均匀。

4.5.7　**果面平整度**

果实表面的平整状况，分为：1. 平整；2. 沟浅少；3. 沟浅多；4. 沟深少；5. 沟深多。

4.5.8　**果面光泽**

果实表面颜色的亮度，分为：1. 弱；2. 中；3. 强。

4.5.9　**果面颜色**

果实成熟时果面的颜色，分为：1. 白；2. 橙红；3. 红；4. 深红；5. 紫红。

4.5.10　**果尖着色难易**

果实顶端果面的着色难易程度，分为：1. 易；2. 中；3. 难。

4.5.11　**果肩着色难易**

果肩着色难易程度，分为：1. 易；2. 中；3. 难。

4.5.12　**宿萼状态**

果实萼片相对于果实着生的紧密程度（见图 17），分为：1. 贴；2. 平离；3. 主萼平离，副萼反卷；4. 反卷。

图 17　宿萼状态

4.5.13　宿萼颜色

果实萼片的颜色，分为：1. 绿；2. 枯黄。

4.5.14　萼心凹凸程度

果实萼片中心相对于果面的凹凸程度（见图 18），分为：1. 凹；2. 平；3. 凸。

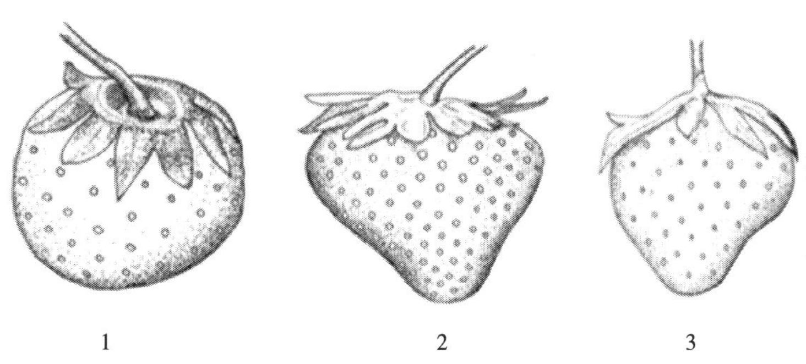

图 18　萼心凹凸程度

4.5.15　除萼难易

果实去除萼片的难易程度，分为：1. 易；2. 中；3. 难。

4.5.16　无种子带宽度

第一花序中第二、第三级序果实表面无种子带的宽度（见图 19），分为：1. 窄；2. 中；3. 宽。

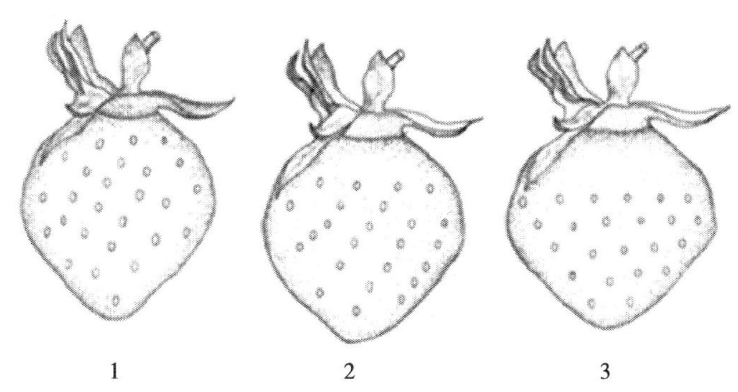

图 19　无种子带宽度

4.5.17　种子颜色

果实种子的颜色，分为：1. 黄；2. 黄绿；3. 红；4. 兼有。

4.5.18　种子密度

果实表面种子着生的密度（见图 20），分为：1. 稀；2. 中；3. 密。

图 20　种子密度

4.5.19　**种子着生状态**

种子在果面上的凹凸程度(见图21),分为:1. 凹;2. 微凹;3. 平;4. 微凸;5. 凸。

图21　种子着生状态

4.5.20　**果肉颜色**

果实成熟时果肉的颜色,分为:1. 白;2. 橙黄;3. 橙红;4. 红;5. 深红;6. 其他。

4.5.21　**髓心颜色**

果实髓心的颜色,分为:1. 白;2. 橙黄;3. 橙红;4. 红;5. 深红。

4.5.22　**髓心大小**

果实髓心相对于整个果实的大小,分为:1. 小;2. 中;3. 大。

4.5.23　**髓心空洞**

果实髓心的空洞有无及空洞相对于整个髓心的大小(见图22),分为:0. 无;1. 小;2. 中;3. 大。

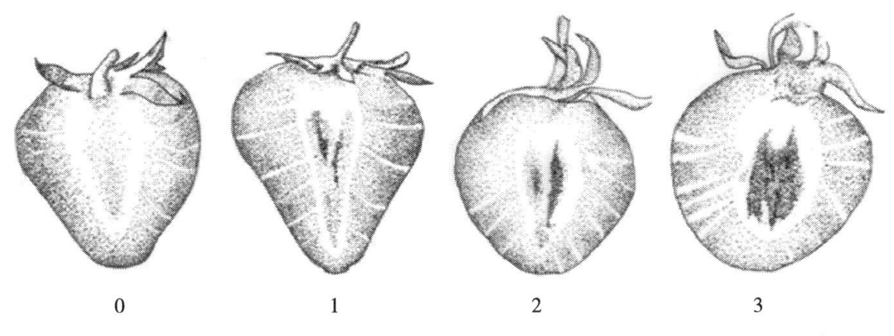

图22　髓心空洞

4.5.24　**果肉质地**

用牙咬切果肉时的感觉,分为:1. 绵;2. 松;3. 韧;4. 脆。

4.5.25　**果实硬度**

果实成熟时单位面积所能承受的压力,单位为千克每平方厘米(kg/cm^2)。

4.5.26　**香气**

果实芳香味的有无及浓淡程度,分为:0. 无;1. 淡;2. 浓。

4.5.27　**风味**

果实的甜酸感,分为:1. 酸;2. 甜酸;3. 甜酸适中;4. 酸甜;5. 甜。

4.5.28　**采后果实颜色保持时间**

果实采收后,果面颜色保持不变的时间,单位为天(d)。

4.5.29　**采后果实光泽保持时间**

果实采收后，果面光泽保持不变的时间，单位为天(d)。

4.5.30 **自然失水率**

在自然条件下放置72 h时鲜果损失的水分量与放置前重量的比值，以百分率(%)表示。

4.5.31 **速冻失水率**

速冻并解冻后果实损失的水分量与速冻前鲜果重量的比值，以百分率(%)表示。

4.5.32 **耐储性**

果实在一定储藏条件下和一定的期限内保持新鲜状态和原有品质不发生明显劣变的特性，分为：1. 好；2. 中；3. 差。

4.5.33 **可溶性固形物含量**

草莓果实中可溶性固形物的含量，以百分率(%)表示。

4.5.34 **可溶性糖含量**

草莓果实中可溶性糖的含量，以百分率(%)表示。

4.5.35 **可滴定酸含量**

草莓果实中可滴定酸的含量，以百分率(%)表示。

4.5.36 **维生素C含量**

每100 g草莓果实中维生素C的含量，单位为毫克每百克(mg/100 g)。

4.5.37 **花青素含量**

每100 g草莓果实中花青素的含量，单位为毫克每百克(mg/100 g)。

4.6 **抗逆性**

4.6.1 **耐寒性**

草莓植株忍耐或抵抗低温的能力，分为：1. 强；3. 较强；5. 中；7. 较弱；9. 弱。

4.6.2 **耐热性**

草莓植株忍耐或抵抗高温的能力，分为：1. 强；3. 较强；5. 中；7. 较弱；9. 弱。

4.6.3 **耐旱性**

草莓植株忍耐或抵抗干旱的能力，分为：1. 强；3. 较强；5. 中；7. 较弱；9. 弱。

4.6.4 **白粉病抗性**

草莓植株对白粉病(*Sphaerotheca macularis* Burrill)的抗性强弱，分为：0. 免疫(I)；1. 高抗(HR)；3. 抗病(R)；5. 中等(M)；7. 感病(S)；9. 高感(HS)。

4.6.5 **灰霉病抗性**

草莓果实对灰霉病(*Borrytis cinerea* Persons)的抗性强弱，分为：0. 免疫(I)；1. 高抗(HR)；3. 抗病(R)；5. 中等(M)；7. 感病(S)；9. 高感(HS)。

4.6.6 **炭疽病抗性**

草莓植株对炭疽病(*Colletotrichum fragariae* Brooks)的抗性强弱，分为：0. 免疫(I)；1. 高抗(HR)；3. 抗病(R)；5. 中等(M)；7. 感病(S)；9. 高感(HS)。

4.6.7 **枯萎病抗性**

草莓植株对枯萎病(*Fusarium oxysporum* f. sp. *fragariae*)的抗性强弱，分为：0. 免疫(I)；1. 高抗(HR)；3. 抗病(R)；5. 中等(M)；7. 感病(S)；9. 高感(HS)。

4.6.8 **蚜虫抗性**

草莓植株对蚜虫的抗性强弱，分为：1. 高抗(HR)；3. 抗(R)；5. 中等(M)；7. 感(S)；9. 高感(HS)。

4.6.9 **螨虫抗性**

草莓植株对朱砂叶螨、二斑叶螨等螨虫的抗性强弱，分为：1. 高抗（HR）；3. 抗（R）；5. 中等（M）；7. 感（S）；9. 高感（HS）。

ICS 67.080.10
B 31

中华人民共和国农业行业标准

NY/T 2932—2016

葡萄种质资源描述规范

Descriptors for grape germplasm resources

2016-10-26 发布　　2017-04-01 实施

中华人民共和国农业部　发布

前　言

本标准按照 GB/T 1.1—2009 给出的规则起草。

本标准由农业部种植业管理司提出。

本标准由全国果品标准化技术委员会(SAC/TC 510)归口。

本标准起草单位:中国农业科学院郑州果树研究所、中国农业科学院茶叶研究所、中国农业科学院特产研究所、山西省农业科学院果树研究所。

本标准主要起草人:刘崇怀、樊秀彩、熊兴平、马小河、江用文、杨义明、姜建福、张颖、孙海生。

葡萄种质资源描述规范

1 范围

本标准规定了葡萄属(*Vitis* L.)种质资源的描述内容和描述方法。

本标准适用于葡萄属种质资源的描述。

2 规范性引用文件

下列文件对于本文件的应用是必不可少的。凡是注日期的引用文件,仅注日期的版本适用于本文件。凡是不注日期的引用文件,其最新版本(包括所有的修改单)适用于本文件。

GB/T 2260 中华人民共和国行政区划代码

GB/T 2659 世界各国和地区名称代码

ISO 3166 Codes for the representation of names of countries and their subdivisions

3 描述内容

描述内容见表1。

表1 葡萄种质资源描述内容

描述类别	描 述 内 容
基本信息	全国统一编号、引种号、采集号、种质名称、种质外文名、科名、属名、种名、原产国、原产省、原产地、海拔、经度、纬度、来源地、系谱、选育单位、育成年份、选育方法、种质类型、图像、观测地点
植物学特征	梢尖形态、梢尖绒毛着色、梢尖花青素分布、梢尖匍匐绒毛密度、梢尖直立绒毛密度
	新梢姿态、卷须分布、节上匍匐绒毛密度、节上直立绒毛密度、节间匍匐绒毛密度、节间直立绒毛密度、节间腹侧颜色、节间背侧颜色
	冬芽花青素着色、枝条表面形状、枝条表面颜色、枝条横截面形状、枝条节间长度、枝条节间粗度、枝条皮孔、枝条皮刺、枝条腺毛
	幼叶上表面颜色、幼叶花青素着色、幼叶上表面光泽、幼叶下表面脉间匍匐绒毛、幼叶下表面脉间直立绒毛、幼叶下表面主脉上匍匐绒毛、幼叶下表面主脉上直立绒毛
	叶型、叶形、叶上表面颜色、叶上表面主脉花青素着色、叶下表面主脉花青素着色、叶柄长度、中脉长度、叶宽度、叶横截面形状、裂片数、上裂刻深度、上裂刻开叠类型、上裂刻基部形状、叶柄洼开叠类型、叶柄洼基部形状、叶脉限制叶柄洼、叶柄洼锯齿、锯齿形状、锯齿长度、锯齿宽度、叶上表面泡状凸起、叶下表面脉间匍匐绒毛、叶下表面脉间直立绒毛、叶下表面主脉上匍匐绒毛、叶下表面主脉上直立绒毛、叶柄匍匐绒毛、叶柄直立绒毛、秋叶颜色、花器类型、染色体倍数性
生物学特性	生长势、萌芽率、结果新梢百分率、结实系数、产量、萌芽始期、开花始期、盛花期、浆果开始生长期、浆果始熟期、浆果生理完熟期、新梢始熟期、产条能力、愈伤组织形成能力、不定根形成能力
果实性状	果穗形状、果穗歧肩、果穗副穗、穗梗长度、果穗长度、果穗宽度、穗重、果穗紧密度、果粒成熟一致性、果梗与果粒分离难易、果粒形状、果粉厚度、果皮颜色、果粒整齐度、果粒重量、果粒纵径、果粒横径、果梗长度、种子发育状态、种子粒数、种子外表横沟、种脐、百粒种子重、种子长度、种子宽度、果皮厚度、果皮涩味、果汁颜色、果肉颜色、果肉汁液多少、果肉香味类型、果肉香味程度、果肉质地、果肉硬度、可溶性固形物含量、可溶性糖含量、可滴定酸含量、出汁率
抗性性状	耐寒性、耐盐性、耐碱性、葡萄白腐病抗性、葡萄霜霉病抗性、葡萄黑痘病抗性、葡萄炭疽病抗性、葡萄白粉病抗性、葡萄根瘤蚜抗性、根结线虫抗性

4 描述方法

4.1 基本信息

4.1.1 全国统一编号

全国统一编号由"PT"加4位顺序号组成，顺序号从"0001"至"9999"，代表葡萄种质的编号。

4.1.2 引种号

指种质资源从国外引入时赋予的编号，由"年份"加"4位顺序号"组成的8位字符串。如"19940024"，前4位表示种质从国外引进的年份，后4位为顺序号，从"0001"至"9999"。

4.1.3 采集号

在野外采集时赋予的编号，一般由年份+2位省份代码+4位顺序号组成。"省(自治区、直辖市)代号"按照GB/T 2260的规定执行。

4.1.4 种质名称

国内种质的原始名称和国外引进种质的中文译名，如果有多个名称，可以放在括号内，用逗号分隔。国外引进种质如果没有中文译名，可以直接填写种质的外文名。

4.1.5 种质外文名

国外引进种质的外文名和国内种质的汉语拼音名。按照意群空一格，首字母大写，如"Zhengzhou Zao Yu"。

4.1.6 科名

葡萄种质在植物分类学上的科名。按照植物学分类，葡萄为葡萄科(Vitaceae)。

4.1.7 属名

葡萄种质在植物分类学上的属名。按照植物学分类，葡萄为葡萄属(*Vitis* L.)。

4.1.8 种名

葡萄种质在植物分类学上的名称。例如欧亚种为*Vitis vinifera* L.。

4.1.9 原产国

葡萄种质原产国家名称、地区名称或国际组织名称。国家和地区名称按照ISO 3166和GB/T 2659的规定执行。如该国家已不存在，应在原国家名称前加"原"。国际组织名称用该组织的外文名缩写。

4.1.10 原产省

葡萄种质原产省份名称。国内种质原产省份名称按照GB/T 2260的规定执行，国外引进种质原产省用原产国家一级行政区的名称。

4.1.11 原产地

葡萄种质原产县、乡、村名称，县名按照GB/T 2260的规定执行。

4.1.12 海拔

葡萄种质原产地的海拔，单位为米(m)。

4.1.13 经度

葡萄种质原产地的经度，单位为度(°)和(′)分。格式为"DDDFF"，其中，"DDD"为度，"FF"为分。东经为正值，西经为负值。

4.1.14 纬度

葡萄种质原产地的纬度，单位为度(°)和分(′)。格式为"DDFF"，其中，"DD"为度，"FF"为分。北纬为正值，南纬为负值。

4.1.15 来源地

葡萄种质的来源国家、省、县或机构名称。

4.1.16 **系谱**

葡萄选育品种(系)的各世代亲本及亲缘关系。

4.1.17 **选育单位**

选育葡萄品种(系)的单位名称或个人姓名,单位名称应写全称。

4.1.18 **育成年份**

通过审定或正式发表的年份。

4.1.19 **选育方法**

选育葡萄品种(系)的育种方法,如杂交、实生选种、芽变等。

4.1.20 **种质类型**

葡萄种质资源的类型,分为:1. 野生资源;2. 地方品种;3. 选育品种;4. 品系;5. 其他。

4.1.21 **图像**

葡萄种质的图像文件名。文件名由该种质全国统一编号、连字符“-”和图像序号组成。图像格式为.jpg。如有多个图像文件,图像文件名用分号分隔。

4.1.22 **观测地点**

葡萄种质观测地点记录到省和县名。

4.2 **植物学特征**

4.2.1 **梢尖形态**

嫩梢梢尖幼叶与幼茎的抱合程度(见图1),分为:1. 闭合;3. 半开张;5. 全开张。

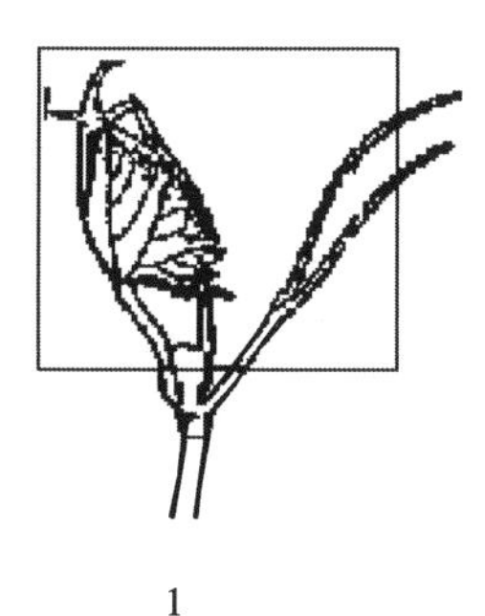

1

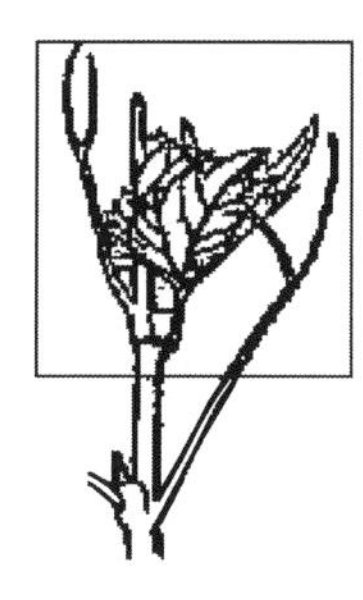

3

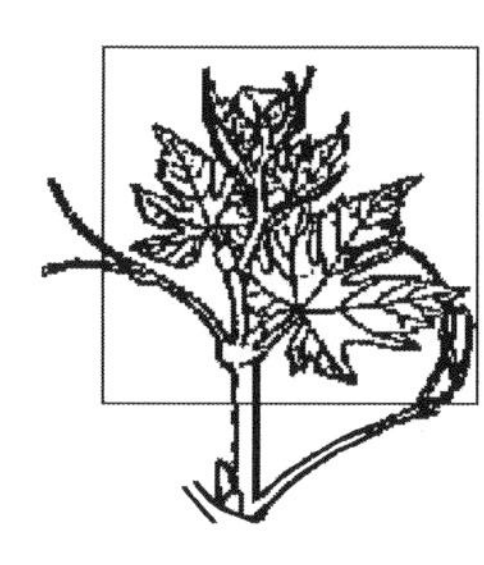

5

图1 梢尖形态

4.2.2 **梢尖绒毛着色**

嫩梢梢尖绒毛上的着色程度,分为:1. 无或极浅;3. 浅;5. 中;7. 深;9. 极深。

4.2.3 **梢尖花青素分布**

嫩梢梢尖嫩叶上花青素分布状况,分为:0. 无;1. 条带状;2. 全部覆盖。

4.2.4 **梢尖匍匐绒毛密度**

嫩梢梢尖嫩叶上匍匐绒毛的疏密程度,分为:1. 无或极疏;3. 疏;5. 中;7. 密;9. 极密。

4.2.5 **梢尖直立绒毛密度**

嫩梢梢尖嫩叶上直立绒毛的疏密程度,分为:1. 无或极疏;3. 疏;5. 中;7. 密;9. 极密。

4.2.6 **新梢姿态**

在不引缚的情况下新梢直立或下垂的程度(见图2),分为:1. 直立;3. 半直立;5. 近似水平;7. 半下垂;9. 下垂。

图 2　新梢姿态

4.2.7　卷须分布

新梢中部节上卷须的分布状况(见图 3),分为:1. 间歇;2. 连续。

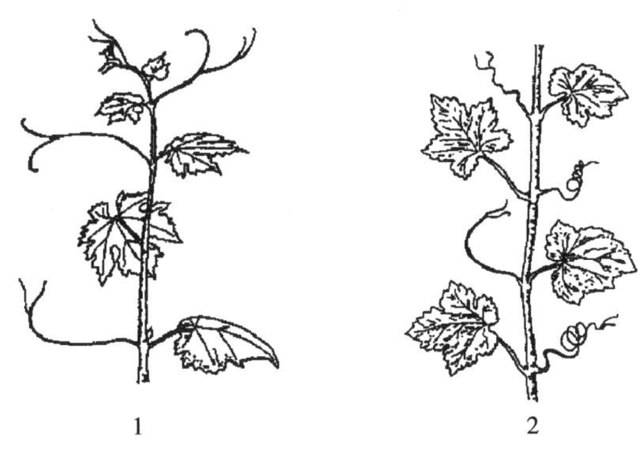

图 3　卷须分布

4.2.8　节上匍匐绒毛密度

新梢中部节上匍匐绒毛的密度,分为:1. 无或极疏;3. 疏;5. 中;7. 密;9. 极密。

4.2.9　节上直立绒毛密度

新梢中部节上直立绒毛密度,分为:1. 无或极疏;3. 疏;5. 中;7. 密;9. 极密。

4.2.10　节间匍匐绒毛密度

新梢中部节间匍匐绒毛密度,分为:1. 无或极疏;3. 疏;5. 中;7. 密;9. 极密。

4.2.11　节间直立绒毛密度

新梢中部节间直立绒毛密度,分为:1. 无或极疏;3. 疏;5. 中;7. 密;9. 极密。

4.2.12　节间腹侧颜色

新梢中部节间腹侧(位置见图 4)着色类型,分为:1. 绿;2. 绿带红条带;3. 红。

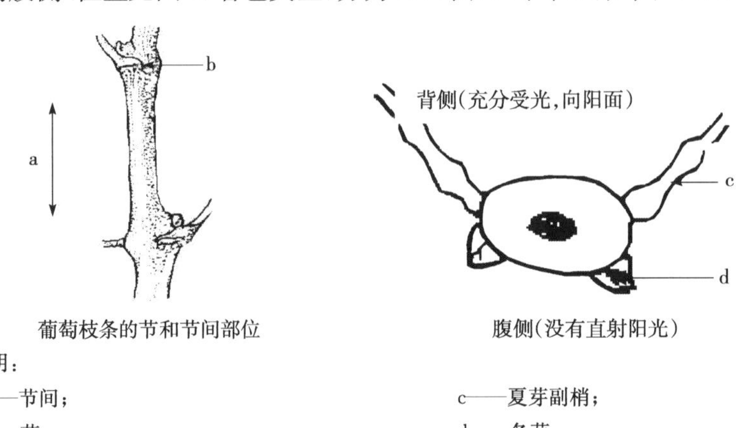

说明:

a——节间;

b——节;

c——夏芽副梢;

d——冬芽。

图 4　葡萄节间腹侧、背侧位置

4.2.13 **节间背侧颜色**

新梢中部节间背侧(位置见图 4)着色类型,分为:1. 绿;2. 绿带红条带;3. 红。

4.2.14 **冬芽花青素着色**

新梢中部冬芽(位置见图 4)的着色程度,分为:1. 无或极浅;3. 浅;5. 中;7. 深;9. 极深。

4.2.15 **枝条表面形状**

一年生成熟枝条中部节间表面形态(见图 5),分为:1. 光滑;2. 罗纹(呈肋状);3. 条纹(有细槽);4. 棱角。

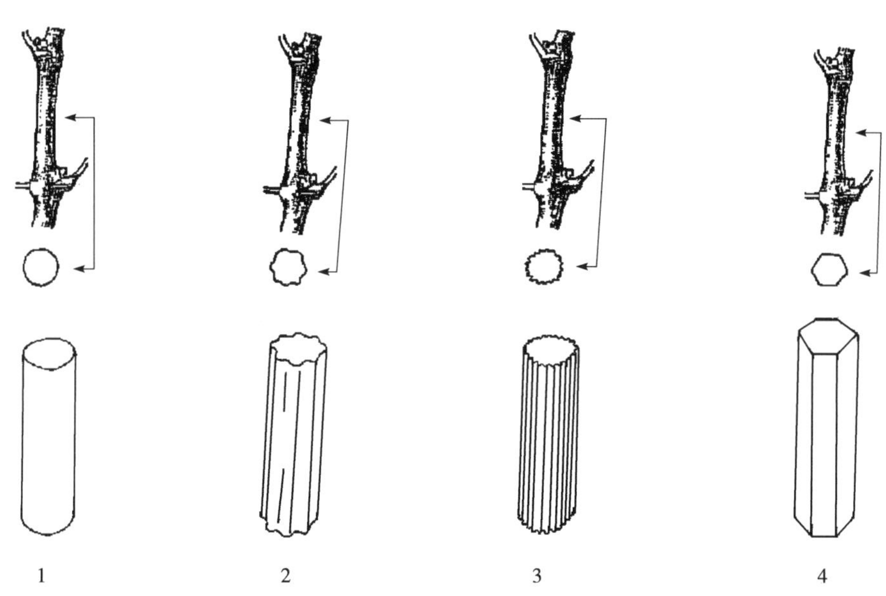

图 5 枝条表面形状

4.2.16 **枝条表面颜色**

一年生成熟枝条中部节间表面颜色,分为:1. 黄;2. 黄褐;3. 暗褐;4. 红褐;5. 紫。

4.2.17 **枝条横截面形状**

一年生成熟枝条中部节间的中部横截面形状,分为:1. 近圆形;2. 椭圆形;3. 扁椭圆形。

4.2.18 **枝条节间长度**

一年生成熟枝条中部节与节之间的长度,单位为厘米(cm)。

4.2.19 **枝条节间粗度**

一年生成熟枝条中部节间的中部粗度,单位为厘米(cm)。

4.2.20 **枝条皮孔**

一年生成熟枝条上皮孔的有无,仅调查野生和砧木资源,分为:0. 无;1. 有。

4.2.21 **枝条皮刺**

一年生成熟枝条上皮刺的有无,仅调查野生和砧木资源,分为:0. 无;1. 有。

4.2.22 **枝条腺毛**

一年生成熟枝条上腺毛的有无,仅调查野生和砧木资源,分为:0. 无;1. 有。

4.2.23 **幼叶上表面颜色**

嫩梢上幼叶上表面颜色,分为:1. 黄绿;2. 绿色带有黄斑;3. 红棕色;4. 酒红色。

4.2.24 **幼叶花青素着色**

嫩梢上幼叶花青素着色程度,分为:1. 无或极浅;3. 浅;5. 中;7. 深;9. 极深。

4.2.25 **幼叶上表面光泽**

嫩梢上幼叶上表面光泽有无,分为:0. 无;1. 有。

4.2.26 **幼叶下表面脉间匍匐绒毛**

嫩梢上幼叶下表面主脉间匍匐绒毛的密度,分为:1. 无或极疏;3. 疏;5. 中;7. 密;9. 极密。

4.2.27 **幼叶下表面脉间直立绒毛**

嫩梢幼叶下表面主脉间直立绒毛的密度,分为:1. 无或极疏;3. 疏;5. 中;7. 密;9. 极密。

4.2.28 **幼叶下表面主脉上匍匐绒毛**

嫩梢上幼叶下表面主脉上匍匐绒毛的密度,分为:1. 无或极疏;3. 疏;5. 中;7. 密;9. 极密。

4.2.29 **幼叶下表面主脉上直立绒毛**

嫩梢幼叶下表面主脉上直立的绒毛,分为:1. 无或极疏;3. 疏;5. 中;7. 密;9. 极密。

4.2.30 **叶型**

成龄叶片的单、复性,分为:1. 单叶;2. 复叶。

4.2.31 **叶形**

成龄叶片的形状(见图 6),分为:1. 心脏形;2. 楔形;3. 五角形;4. 近圆形;5. 肾形。

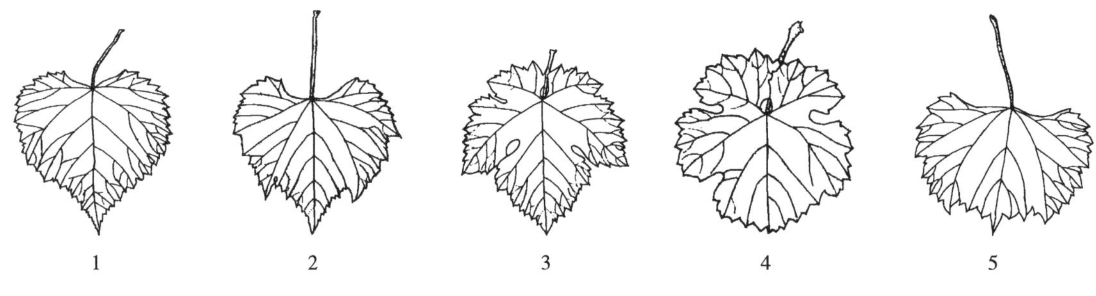

图 6 叶 形

4.2.32 **叶上表面颜色**

成龄叶上表面的颜色,分为:1. 黄绿;3. 灰绿;5. 绿;7. 墨绿。

4.2.33 **叶上表面主脉花青素着色**

成龄叶上表面主要叶脉花青素着色程度,分为:1. 无或极浅;3. 浅;5. 中;7. 深;9. 极深。

4.2.34 **叶下表面主脉花青素着色**

成龄叶下表面主要叶脉花青素着色程度,分为:1. 无或极浅;3. 浅;5. 中;7. 深;9. 极深。

4.2.35 **叶柄长度**

新梢中部成龄叶叶柄的长度(见图 7),单位为厘米(cm)。

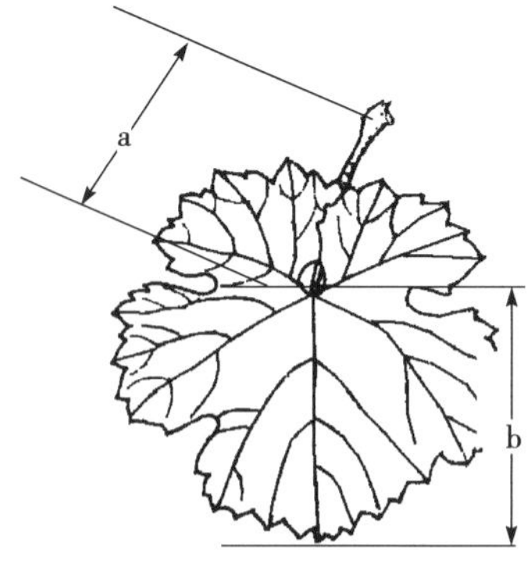

说明:

a——叶柄长度;

b——中脉长度。

图 7 叶柄长度和中脉长度

4.2.36 中脉长度

新梢中部成龄叶中脉的长度(见图 7),单位为厘米(cm)。

4.2.37 叶宽度

新梢中部成龄叶中部的宽度,单位为厘米(cm)。

4.2.38 叶横截面形状

新梢中部成龄叶片横截面的形状(见图 8),分为:1. 平;2. V 形;3. 内卷;4. 外卷;5. 波状。

图 8 叶横截面形状

4.2.39 裂片数

新梢中部成龄叶裂片数(见图 9),分为:1. 全缘;2. 三裂;3. 五裂;4. 七裂;5. 多于七裂。

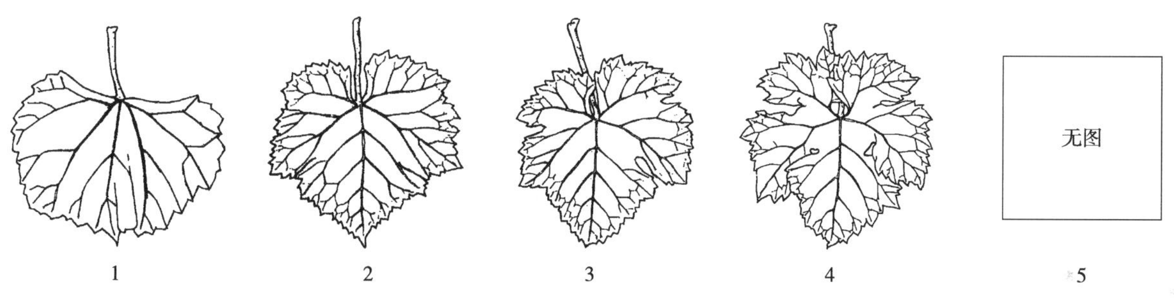

图 9 裂片数

4.2.40 上裂刻深度

新梢中部成龄叶上裂刻深度(见图 10),分为:1. 极浅;2. 浅;3. 中;4. 深;5. 极深。

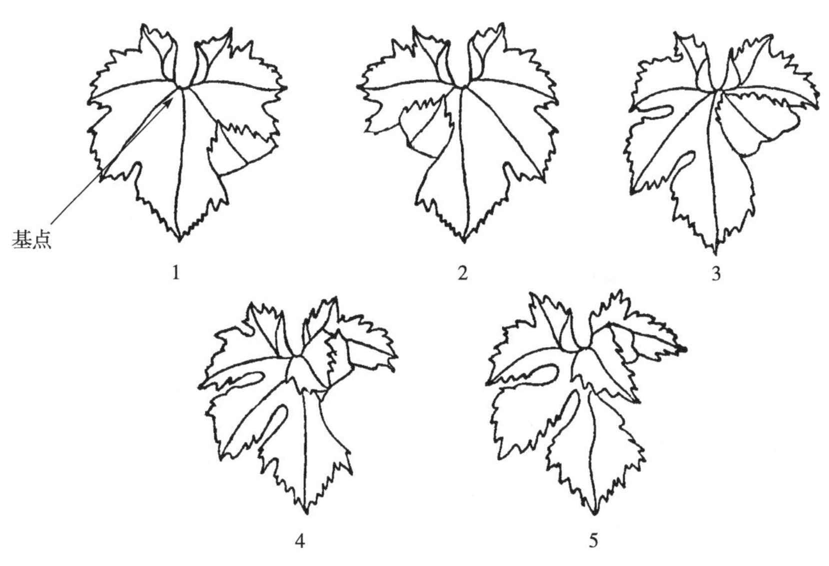

图 10 上裂刻深度

4.2.41 上裂刻开叠类型

新梢中部成龄叶上裂刻开叠类型(见图 11),分为:1. 开张;2. 闭合;3. 轻度重叠;4. 高度重叠。

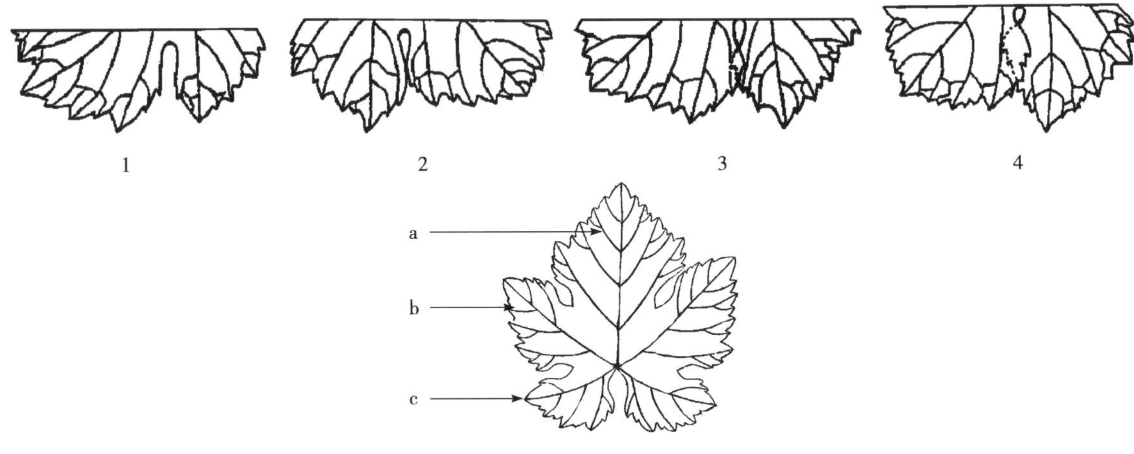

葡萄叶片的各裂片位置

说明:

a——中央裂片;

b——上侧裂片;

c——下侧裂片。

图 11 上裂刻开叠类型

4.2.42 上裂刻基部形状

新梢中部成龄叶上裂刻叶基部形状(见图 12),分为:1. U 形;2. V 形。

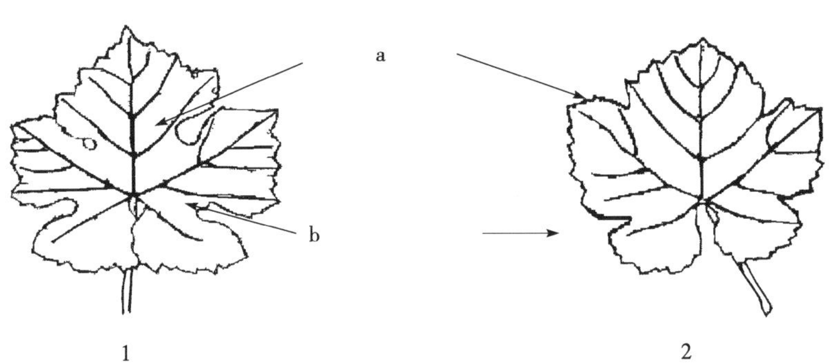

说明:

a——上裂刻基部;

b——下裂刻基部。

图 12 成龄叶片上裂刻基部形状

4.2.43 叶柄洼开叠类型

新梢中部成龄叶叶柄洼开叠类型(见图 13),分为:1. 极开张;2. 开张;3. 半开张;4. 轻度开张;5. 闭合;6. 轻度重叠;7. 中度重叠;8. 高度重叠;9. 极度重叠。

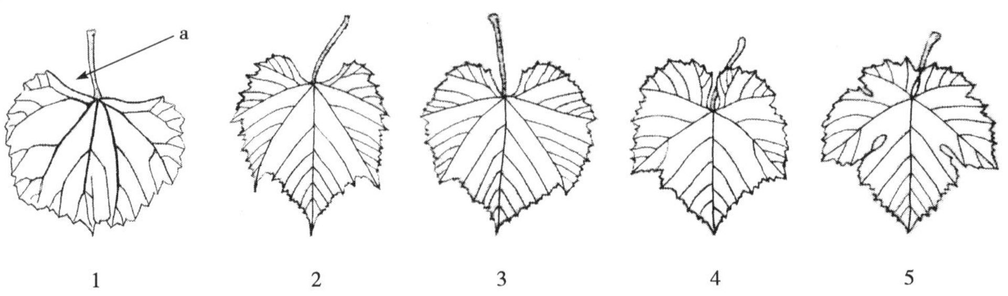

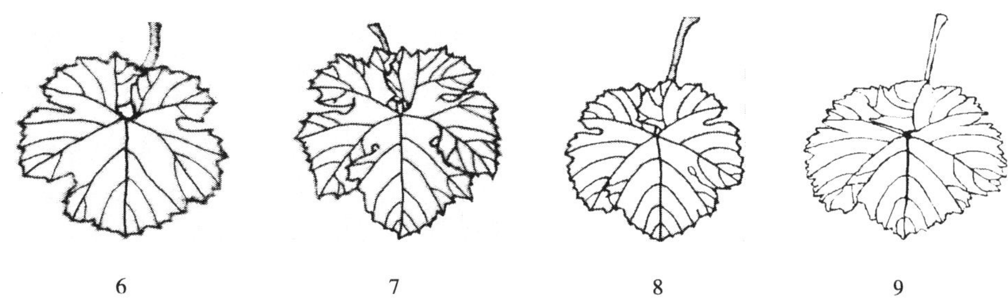

说明：

a——叶柄洼。

图 13　叶柄洼开叠类型

4.2.44　叶柄洼基部形状

新梢中部成龄叶叶柄洼基部形状(见图 14)，分为：1. U 形；2. V 形。

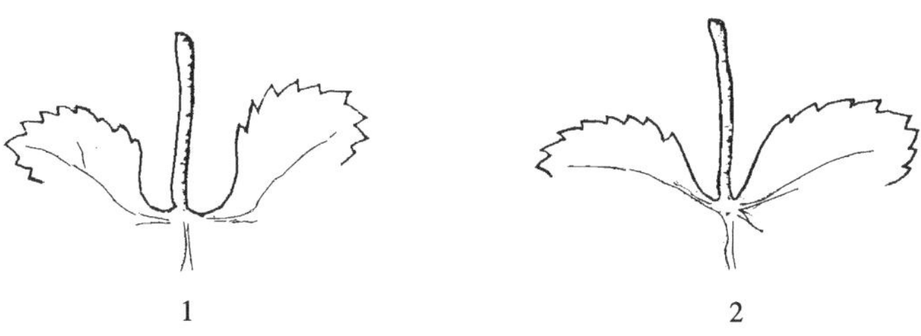

图 14　叶柄洼基部形状

4.2.45　叶脉限制叶柄洼

新梢中部成龄叶叶柄洼部分叶缘是否由叶脉限制(见图 15)，分为：0. 不限制；1. 限制。

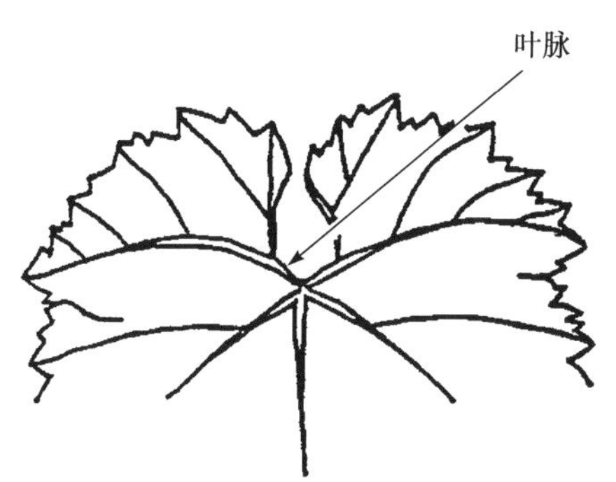

图 15　叶脉限制叶柄洼

4.2.46　叶柄洼锯齿

新梢中部成龄叶叶柄洼内锯齿的有无(见图 16)，分为：0. 无；1. 有。

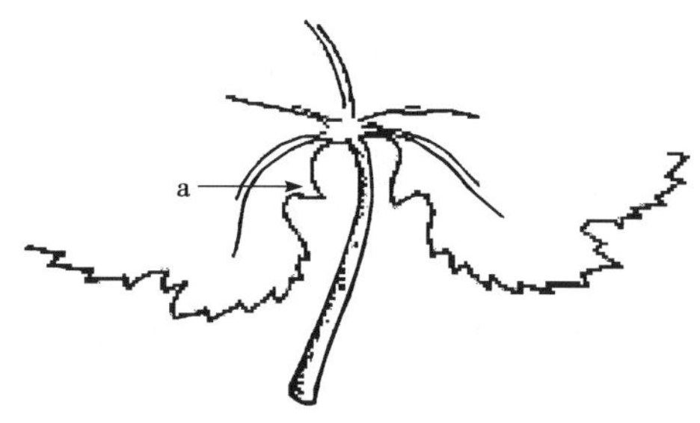

说明：

a——叶柄洼内的锯。

图 16　叶柄洼锯齿

4.2.47 **锯齿形状**

新梢中部成龄叶主裂片的锯齿两侧形状(见图 17),分为:1. 双侧凹;2. 双侧直;3. 双侧凸;4. 一侧凹,一侧凸;5. 两侧直与两侧凸皆有。

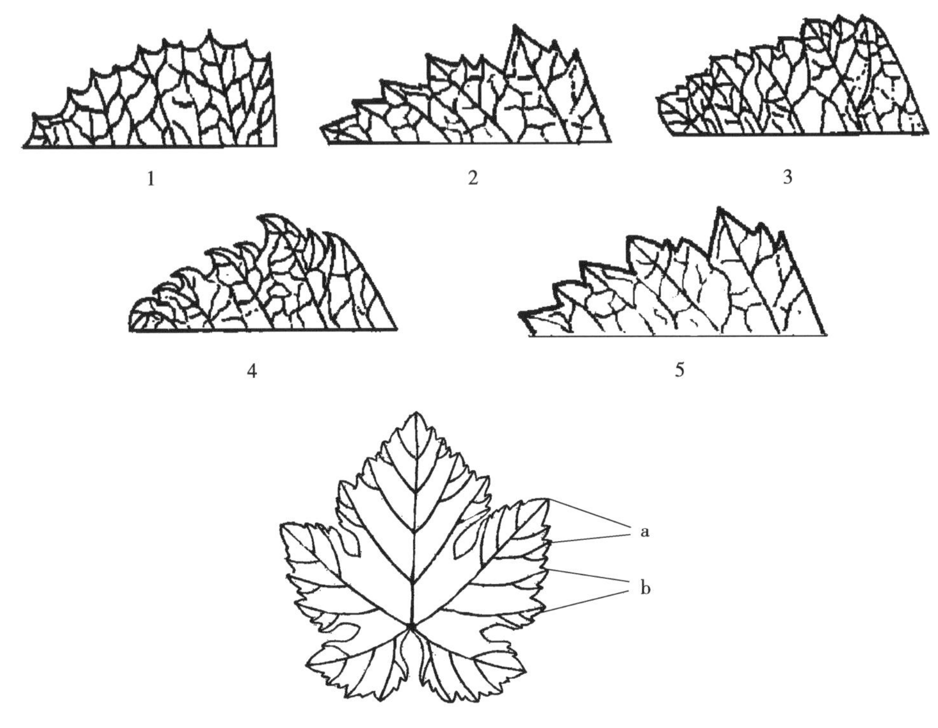

锯齿形状的观察部位

说明:

a——锯齿形状;

b——观察部位。

图 17 锯齿形状

4.2.48 **锯齿长度**

新梢中部成龄叶主裂片上最大锯齿的长度,精确到 0.01 cm。

4.2.49 **锯齿宽度**

新梢中部成龄叶主裂片上最大锯齿的基部宽度,精确到 0.01 cm。

4.2.50 **叶上表面泡状凸起**

新梢中部成龄叶上表面泡状凸起状况,分为:1. 无或极弱;3. 弱;5. 中;7. 强;9. 极强。

4.2.51 **叶下表面脉间匍匐绒毛**

新梢中部成龄叶叶下表面主脉间匍匐绒毛的密度,分为:1. 无或极疏;3. 疏;5. 中;7. 密;9. 极密。

4.2.52 **叶下表面脉间直立绒毛**

新梢中部成龄叶主脉间直立绒毛的密度,分为:1. 无或极疏;3. 疏;5. 中;7. 密;9. 极密。

4.2.53 **叶下表面主脉上匍匐绒毛**

新梢中部成龄叶主脉上匍匐绒毛的密度,分为:1. 无或极疏;3. 疏;5. 中;7. 密;9. 极密。

4.2.54 **叶下表面主脉上直立绒毛**

新梢中部成龄叶下表面主脉上直立绒毛的密度,分为:1. 无或极稀;3. 稀;5. 中;7. 密;9. 极密。

4.2.55 **叶柄匍匐绒毛**

新梢中部成龄叶叶柄上匍匐绒毛的密度,分为:1. 无或极疏;3. 疏;5. 中;7. 密;9. 极密。

4.2.56 **叶柄直立绒毛**

新梢中部成龄叶叶柄上直立绒毛的密度，分为：1. 无或极疏；3. 疏；5. 中；7. 密；9. 极密。

4.2.57 **秋叶颜色**

秋季落叶前叶片的颜色，分为：1. 黄；2. 浅红；3. 红；4. 暗红；5. 红紫。

4.2.58 **花器类型**

花中雄蕊和雌蕊的发育状况(见图 18)，分为：1. 雄花；2. 两性花；3. 雌性花。

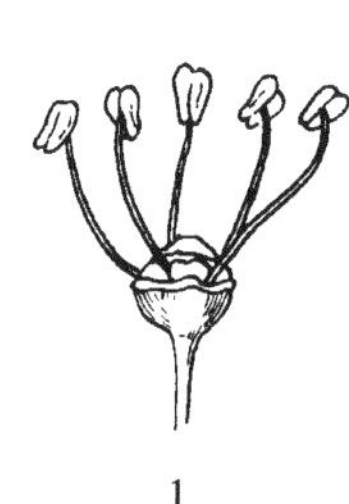
1

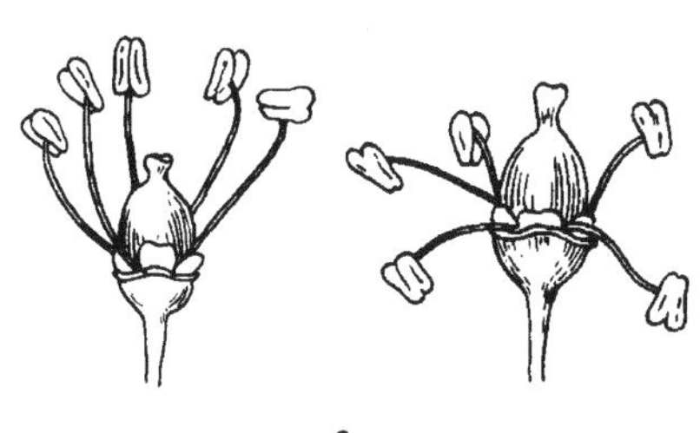
2

3

图 18 花器类型

4.2.59 **染色体倍数性**

体细胞内染色体组数，分为：1. 二倍体($2n=2x=38$)；2. 三倍体($2n=3x=57$)；3. 四倍体($2n=4x=76$)；4. 非整倍体(染色体缺失类型)。

4.3 **生物学特性**

4.3.1 **生长势**

葡萄树体生长发育的旺盛程度，玫瑰香树势为中，以此为参照，分为：1. 极弱；3. 弱；5. 中；7. 强；9. 极强。

4.3.2 **萌芽率**

萌芽数占总芽数的百分数，精确到 0.1%。

4.3.3 **结果新梢百分率**

结果新梢占所有新梢的百分数，精确到 0.1%。

4.3.4 **结实系数**

每个结果新梢上的平均果穗数，精确到 0.1 个。

4.3.5 **产量**

单位面积上资源植株所负载果实的重量，单位为千克每 666.7 平方米($kg/666.7\ m^2$)。

4.3.6 **萌芽始期**

约 5%的芽眼的鳞片开始裂开，绒毛覆盖层破裂，漏出绒球的日期，以“年月日”表示，格式“YYYYMMDD”。

4.3.7 **开花始期**

约有 5%花朵开放的日期，以“年月日”表示，格式“YYYYMMDD”

4.3.8 **盛花期**

约有 50%花朵开放的日期，以“年月日”表示，格式“YYYYMMDD”。

4.3.9 **浆果开始生长期**

约有 95%的花朵开过的落花期为浆果开始生长期，以“年月日”表示，格式“YYYYMMDD”。

4.3.10 **浆果始熟期**

约有 5%浆果的绿色开始减退、变软或开始有弹性的日期，以“年月日”表示，格式“YYYYMMDD”。

4.3.11 **浆果生理完熟期**

约有95%的果实表现出该品种固有的性状，种子变褐的日期，以“年月日”表示，格式“YYYYMMDD”。

4.3.12 新梢始熟期

约有5%的新梢基部2节～3节的表皮已木栓化，用手指不能刻伤，颜色呈黄褐色时，即表示该植株的新梢已开始成熟。以“年月日”表示，格式“YYYYMMDD”。

4.3.13 产条能力

砧木品种符合扦插要求的一年生成熟枝条生产能力，分为：1. 弱；3. 中；5. 强。

4.3.14 愈伤组织形成能力

一年生成熟枝条的愈伤组织形成能力，分为：1. 低；3. 中；5. 高。

4.3.15 不定根形成能力

一年生成熟枝条的不定根形成能力，单位为条每枝(条/枝)。

4.4 果实性状

4.4.1 果穗形状

果穗主体部分的自然形状(见图19)，分为：1. 圆柱形；2. 圆锥形；3. 分枝形。

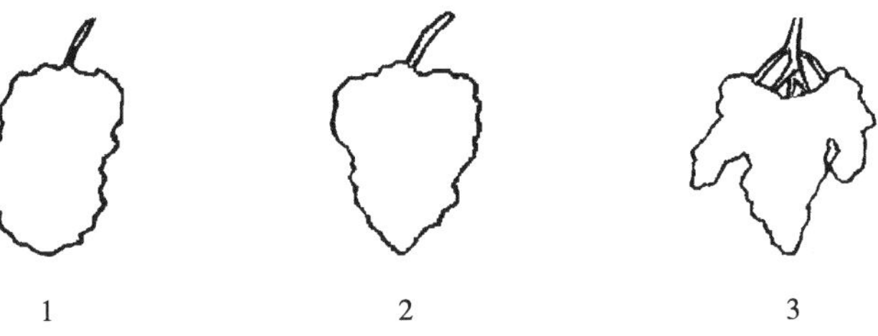

图19 果穗形状

4.4.2 果穗歧肩

歧肩是果穗在近穗梗端突出部分(见图20)，分为：0. 无；1. 单歧肩；2. 双歧肩；3. 多歧肩。

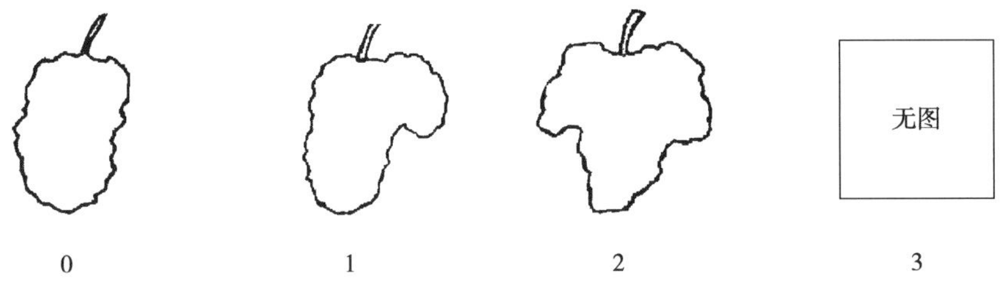

图20 果穗歧肩

4.4.3 果穗副穗

果穗上副穗的有无(见图21)，分为：0. 无；1. 有。

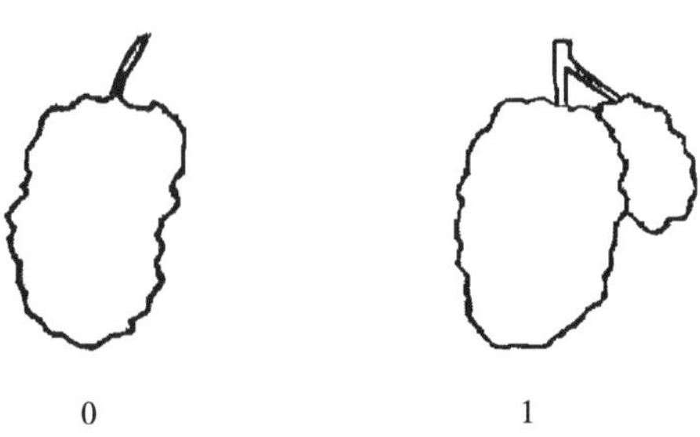

图21 果穗副穗

4.4.4 **穗梗长度**

从结果新梢上穗梗着生点至果穗第一分枝的长度,精确到 0.1 cm。

4.4.5 **果穗长度**

果穗的长度(见图 22),精确到 0.1 cm。

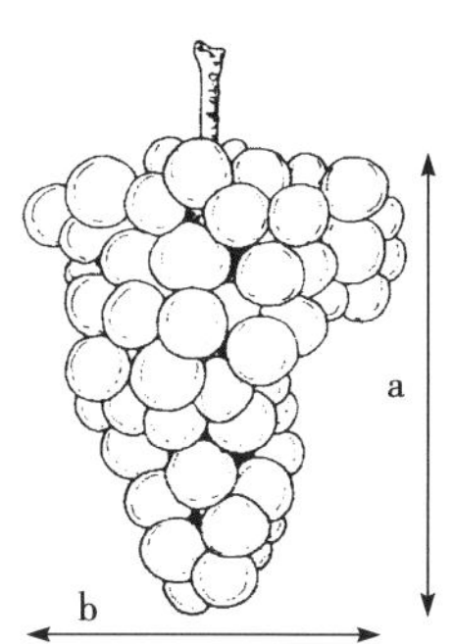

说明:

a——果穗长度;

b——果穗宽度(不包括副穗)。

图 22 果穗长度和果穗宽度

4.4.6 **果穗宽度**

果穗的宽度(见图 22),精确到 0.1 cm。

4.4.7 **穗重**

单个成熟果穗的重量,精确到 0.1 g。

4.4.8 **果穗紧密度**

同一果穗上果粒之间的紧密程度,分为:1. 极疏;3. 疏;5. 中;7. 紧;9. 极紧。

4.4.9 **果粒成熟一致性**

同一果穗上不同果粒之间成熟度的差异,分为:1. 不一致;2. 一致。

4.4.10 **果梗与果粒分离难易**

果梗与果粒分离开的难易程度,分为:1. 难;2. 易。

4.4.11 **果粒形状**

单个成熟果粒的形状(见图 23),分为:1. 长圆形;2. 长椭圆形;3. 椭圆形;4. 圆形;5. 扁圆形;6. 鸡心形;7. 钝卵圆形;8. 倒卵圆形;9. 弯形;10. 束腰形。

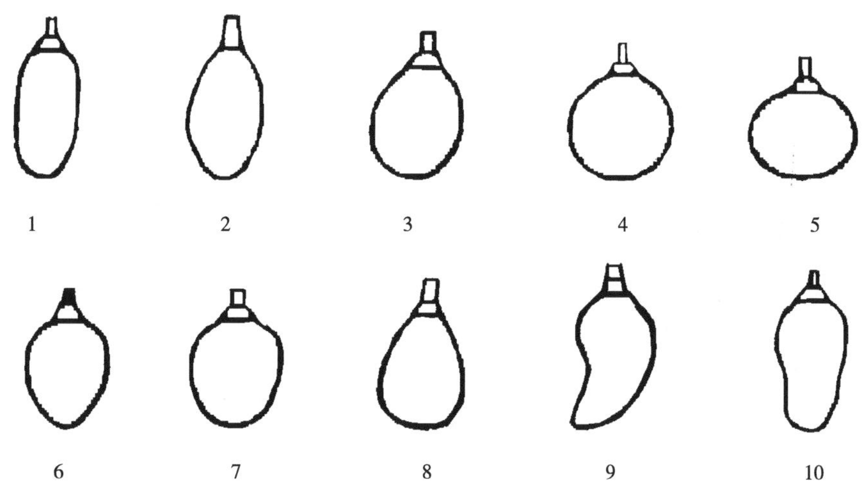

图 23 果粒形状

4.4.12 果粉厚度

成熟果粒果皮上果粉的多少,分为:1. 薄;3. 中;5. 厚。

4.4.13 果皮颜色

成熟果粒抹去果粉后的果皮颜色,分为:1. 黄绿～绿黄;2. 粉红;3. 红;4. 紫红～红紫;5. 蓝黑。

4.4.14 果粒整齐度

同一果穗上不同果粒之间的大小、形状和颜色的一致性,分为:1. 整齐;2. 不整齐;3. 有小青粒。

4.4.15 果粒重量

单个成熟果粒的重量,单位为克(g)。

4.4.16 果粒纵径

成熟果粒剪掉果柄的果粒纵径(见图 24),精确到 0.1 cm。

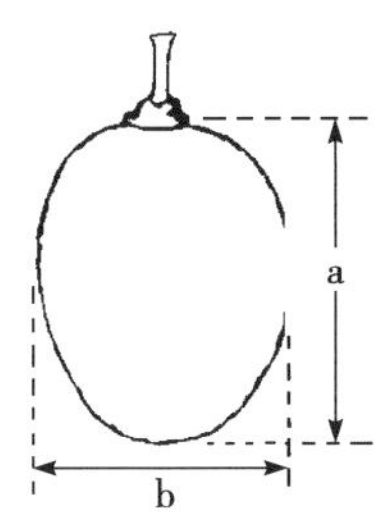

说明:

a——果粒纵径;

b——果粒横径。

图 24 果粒纵径和果粒横径

4.4.17 果粒横径

成熟果粒的横径(见图 24),精确到 0.1 cm。

4.4.18 果梗长度

成熟果粒的果梗长度,精确到 0.1 cm。

4.4.19 种子发育状态

成熟果粒中种子的发育状态,分为:1. 无(无籽);2. 败育(有软种皮,胚、胚乳发育不充分);3. 残核(有木质化的种皮,胚、胚乳发育不充分);4. 种子充分发育(种子饱满,胚、胚乳发育完全)。

4.4.20 种子粒数

成熟果粒的种子粒数,表述为 n_1～n_2(n)。其中,n_1 为该种质果粒内最少种子粒数,n_2 为果粒内最多种子粒数,n 为大多数果粒的种子粒数。

4.4.21 种子外表横沟

成熟果粒种子外表的横沟有无,分为:0. 无;1. 有。

4.4.22 种脐

成熟期果粒种子种脐的有无或明显程度,分为:0. 不明显;1. 明显。

4.4.23 百粒种子重

充分成熟果粒的种子晾干后,100 粒种子的重量,精确到 0.1 g。

4.4.24 种子长度

充分成熟果粒的种子晾干后,单个种子的长度,单位为毫米(mm)。

4.4.25 种子宽度

充分成熟果粒的种子晾干后,单个种子的宽度,单位为毫米(mm)。

4.4.26 果皮厚度

成熟果粒的果皮厚度,分为:1. 薄;3. 中;5. 厚。

4.4.27 **果皮涩味**

成熟果粒口感果皮涩味的有无或强弱,分为:1. 弱;3. 中;5. 强。

4.4.28 **果汁颜色**

成熟果粒果肉汁液的颜色,分为:1. 无或极浅;3. 浅;5. 中;7. 深;9. 极深。

4.4.29 **果肉颜色**

成熟果粒果肉横截面颜色的深浅,分为:1. 无或极浅;3. 浅;5. 中;7. 深;9. 极深。

4.4.30 **果肉汁液多少**

成熟果粒果肉汁液的多少,分为:1. 少;3. 中;5. 多。

4.4.31 **果肉香味类型**

成熟果粒果肉香味有无及类型,分为:1. 无;2. 玫瑰香味;3. 草莓香味;4. 狐臭味;5. 青草味;6. 其他。

4.4.32 **果肉香味程度**

成熟果粒果肉的香味程度,分为:1. 淡;3. 中;5. 浓。

4.4.33 **果肉质地**

成熟果粒果肉的质地,分为:1. 溶质;2. 软;3. 较脆;4. 脆;5. 有肉囊。

4.4.34 **果肉硬度**

成熟果粒果肉的质地,分为:1. 软;3. 较软;5. 中;7. 较硬;9. 硬。

4.4.35 **可溶性固形物含量**

成熟果粒果肉的可溶性固形物的含量,精确到 0.1%。

4.4.36 **可溶性糖含量**

成熟果粒果肉的可溶性糖含量,精确到 0.1%。

4.4.37 **可滴定酸含量**

成熟果粒果肉的可滴定酸含量,精确到 0.1%。

4.4.38 **出汁率**

酿酒和制汁用种质成熟果粒在压榨条件下出汁率的高低,精确到 0.1%。

4.5 **抗性性状**

4.5.1 **耐寒性**

树体对低温的忍耐或抵抗能力。根据受害程度,分为:1. 极强(植株生长正常,未发生冻害);3. 强(枝干韧皮部轻微受冻,少量枝条萌芽晚,萌芽不整齐,生长势弱);5. 中(枝干韧皮部分变褐死亡,大部分枝条萌芽晚,萌芽不整齐,新梢瘦弱,叶片畸形黄化);7. 弱(枝干冻害严重,部分枝条枯死);9. 极弱(全树枯死)。

4.5.2 **耐盐性**

树体对盐害的忍耐或抵抗能力。根据受害程度,分为:1. 极强(植株生长正常,未表现出任何盐害症状);3. 强(植株整体生长正常,部分叶片的叶尖、叶缘或叶脉变黄);5. 中(植株生长势变弱,出现大面积叶片黄化);7. 弱(植株生长停滞,部分枝条死亡,叶片焦枯);9. 极弱(全树枯死)。

4.5.3 **耐碱性**

树体对高 pH 土壤的忍耐或抵抗能力。根据受害程度,分为:1. 极强(植株生长正常,未表现出任何碱害症状);3. 强(植株整体生长正常,部分叶片出现失绿斑);5. 中(植株生长势变弱,出现大面积叶片黄化);7. 弱(植株生长停滞,部分枝条死亡,叶片焦枯);9. 极弱(全树枯死)。

4.5.4 **葡萄白腐病抗性**

葡萄种质对白腐病[White rot，*Coniothyrium diplodiella*(Speg.)Sacc.]的抗性程度。依据病情指数，抗性分为：1. 高抗(HR)(病情指数≤5)；3. 抗病(R)(10＜病情指数≤15)；5. 中抗(MR)(20＜病情指数≤30)；7. 感病(S)(40＜病情指数≤50)；9. 高感(HS)(病情指数＞60)。

4.5.5 葡萄霜霉病抗性

葡萄种质对霜霉病[Downey mildew，*Plasmopara viticola*(Berk. & Curtis.)Berl & de Toni]的抗性程度。依据病情指数，抗性分为：1. 高抗(HR)(病情指数≤5)；3. 抗病(R)(10＜病情指数≤15)；5. 中抗(MR)(20＜病情指数≤30)；7. 感病(S)(40＜病情指数≤50)；9. 高感(HS)(病情指数＞60)。

4.5.6 葡萄黑痘病抗性

葡萄种质对黑痘病(*Sphacelomo ampelinum* de Bary.)的抗性程度。依据病情指数，抗性分为：1. 高抗(HR)(病情指数≤5)；3. 抗病(R)(10＜病情指数≤15)；5. 中抗(MR)(20＜病情指数≤30)；7. 感病(S)(40＜病情指数≤50)；9. 高感(HS)(病情指数＞60)。

4.5.7 葡萄炭疽病抗性

葡萄种质对炭疽病[*Glomerella cingulata*(ston.)Spauld. et Schrenk]的抗性程度，依据病情指数，抗性分为：1. 高抗(HR)(病情指数≤5)；3. 抗病(R)(10＜病情指数≤15)；5. 中抗(MR)(20＜病情指数≤30)；7. 感病(S)(35＜病情指数≤40)；9. 高感(HS)(病情指数＞45)。

4.5.8 葡萄白粉病抗性

葡萄种质对葡萄白粉病(Podwer mildew，*Uncinula necator* Burr.)的抗性程度。依据病情指数，抗性分为：1. 高抗(HR)(病情指数≤5)；3. 抗病(R)(10＜病情指数≤15)；5. 中抗(MR)(20＜病情指数≤30)；7. 感病(S)(40＜病情指数≤50)；9. 高感(HS)(病情指数＞60)。

4.5.9 葡萄根瘤蚜抗性

葡萄种质对根瘤蚜(*Phylloxera vastatrix* Planchon)的抗性程度。依据葡萄根瘤蚜孵化、发育程度，抗性分为：1. 高抗(根瘤蚜接种后，卵孵化后很快死亡)；3. 抗(根瘤蚜接种后，无法完成世代更替)；5. 中(根瘤蚜可以存活，但发育迟缓，龄期变长)；7. 感(根瘤蚜可以正常生长，完成世代更替)。

4.5.10 根结线虫抗性

葡萄对根结线虫(Root-not nematodes，*Meloidogyne incognita*)的抗性程度。根据危害症状，依据病情指数，抗性分为：1. 高抗(HR)(病情指数为 0)；3. 抗(MR)(10＜病情指数≤20)；5. 感(HS)(40＜病情指数≤60)；7. 高感(病情指数＞60)。

ICS 67.080.10
B 31

中华人民共和国农业行业标准

NY/T 2933—2016

猕猴桃种质资源描述规范

Descriptors for kiwifruit germplasm resources

2016-10-26 发布 2017-04-01 实施

中华人民共和国农业部 发布

前　　言

本标准按照 GB/T 1.1—2009 给出的规则起草。

本标准由农业部种植业管理司提出。

本标准由全国果品标准技术委员会(SAC/TC 510)归口。

本标准起草单位:云南省农业科学院园艺作物研究所、中国农业科学院茶叶研究所。

本标准主要起草人:胡忠荣、陈瑶、熊兴平、李坤明、江用文、陈伟。

猕猴桃种质资源描述规范

1 范围

本标准规定了猕猴桃属(*Actinidia* L.)植物种质资源的描述内容和描述方式。

本标准适用于猕猴桃属植物种质资源性状的描述。

2 规范性引用文件

下列文件对于本文件的应用是必不可少的。凡是注日期的引用文件,仅注日期的版本适用于本文件。凡是不注日期的引用文件,其最新版本(包括所有的修改单)适用于本文件。

GB/T 2260 中华人民共和国行政区划代码

GB/T 2659 世界各国和地区名称代码

3 描述内容

描述内容见表1。

表1 猕猴桃种质资源描述内容

描述类别	描 述 内 容
基本信息	全国统一编号、引种号、采集号、种质名称、种质外文名、科名、属名、学名、原产国、原产省、原产地、海拔、经度、纬度、来源地、系谱、选育单位、育成年份、选育方法、种质类型、图像、观测地点
植物学特征	一年生枝横截面形状、一年生枝节间长度、一年生枝粗度、一年生枝颜色、皮孔有无、皮孔形状、皮孔数量、皮孔大小、皮孔颜色、一年生枝芽座大小、一年生枝芽盖有无、一年生枝芽孔大小、一年生枝髓部类型、新梢被毛、新梢被毛密度、新梢被毛类型、新梢被毛颜色、叶痕深浅、叶片形状、叶片大小、叶片质地、叶尖形状、叶缘锯齿形状、叶基形状、叶柄长度、叶柄颜色、叶柄粗细、叶表面颜色、叶面平展度、叶背颜色、叶背绒毛、花性、花序类型、花朵类型、花冠直径、花瓣数量、花瓣形状、花瓣内侧主色、花瓣基部离合情况、花萼颜色、花瓣颜色梯度、花萼数量、花柱姿势、花柱数、花柱颜色、雌蕊数、雄蕊数、花丝颜色、花药形状、花药颜色、子房形状、染色体倍数性
生物学特性	树势、萌芽期、萌芽率、展叶期、成枝力、初花期、盛花期、终花期、落叶期、营养生长期、始果年龄、果实成熟期、果实生育期、果实脱落难易度、果实后熟天数、耐储性
果实性状	果实形状、果实纵径、果实横径、果实侧径、单果重、萼片宿存、果皮颜色、果点有无、果点大小、果点状况、果肩形状、果顶形状、果喙形状、果实被毛、果实被毛类型、果实被毛颜色、果实被毛脱落难易程度、果肉颜色、果实横截面、种子形状、千粒重、种子颜色、果心大小、可溶性固形物含量、可溶性糖含量、可滴定酸含量、维生素C含量、出汁率、果实风味
产量性状	自花结实率、结果枝百分率、坐果率、丰产性
抗性性状	耐热性、耐旱性、耐涝性、溃疡病抗性、根结线虫病抗性、立枯病抗性、膏药病抗性、花腐病抗性、金龟子类抗性、蚧壳虫类抗性

4 描述方式

4.1 基本信息

4.1.1 全国统一编号

种质资源的唯一标识号。种质资源的全国统一编号由“MHT”加1位国家果树种质资源圃编号和4位顺序号由8位字符串组成,由农作物种质资源管理机构命名。如MHTN0001。

4.1.2 引种号

种质资源从国外引入时赋予的编号,由“年份”“4 位顺序号”顺次连续组合而成,“年份”为 4 位数,“4 位顺序号”每年分别编号,每份引进种质具有唯一的引种号。

4.1.3 **采集号**

种质资源在野外采集时赋予的编号,由“年份”“省(自治区、直辖市)代号”“4 位顺序号”顺次连续组合而成。“年份”为 4 位数,“4 位顺序号”各省(自治区、直辖市)种质分别编号,每年分别编号。

4.1.4 **种质名称**

种质资源的中文名称。国内种质资源为原始名称,如果有多个名称,可以放在括号内,用逗号分隔。

4.1.5 **种质外文名**

国外引进种质资源的外文名或国内种质资源的汉语拼音名。国内种质资源中文名称为 3 字(含 3 字)以下的,所有汉字拼音连续组合在一起,首字母大写;中文名称为 4 字(含 4 字)以上的,以词组为单位,首字母大写。

4.1.6 **科名**

种质资源在植物分类上的科名。按照植物学分类,猕猴桃为猕猴桃科(Actinidiaceae)。

4.1.7 **属名**

种质资源在植物分类上的属名。按照植物学分类,猕猴桃为猕猴桃属(*Actinidia* L.)。

4.1.8 **学名**

种质资源在植物分类学上的名称。如中华猕猴桃的学名为 *A. chinensis* Planch.。

4.1.9 **原产国**

种质资源原产国家名称、地区名称或国际组织名称。国家和地区名称按照 GB/T 2659 的规定执行,如该国家已不存在,应在原国家名称前加“原”。国际组织名称用该组织的正式英文缩写。

4.1.10 **原产省**

种质资源原产省份名称,省份名称按照 GB/T 2260 的规定执行,国外引进种质资源原产省用原产国家一级行政区的名称。

4.1.11 **原产地**

种质资源原产县、乡、村名称,县名按照 GB/T 2260 的规定执行。

4.1.12 **海拔**

种质资源原产地的海拔高度,单位为米(m)。

4.1.13 **经度**

种质资源原产地的经度,单位为度(°)和分(′)。格式为“DDDFF”,其中“DDD”为度,“FF”为分。东经为正值,西经为负值。

4.1.14 **纬度**

种质资源原产地的纬度,单位为度(°)和分(′)。格式为“DDFF”,其中“DD”为度,“FF”为分。北纬为正值,南纬为负值。

4.1.15 **来源地**

种质资源的来源国家、省、县或机构名称。

4.1.16 **系谱**

选育品种(系)的亲缘关系。

4.1.17 **选育单位**

选育品种(系)的单位名称或个人名称,名称应写全称。

4.1.18 **育成年份**

品种(系)培育成功的年份,通常是通过审定、鉴定、植物新品种权或正式发表的年份。

4.1.19 选育方法

品种(系)的育种方法,如人工杂交、自然实生或芽变选种等。

4.1.20 种质类型

所保存种质资源的类型,分为:1. 野生资源;2. 地方品种;3. 选育品种;4. 品系;5. 特殊遗传材料;6. 其他。

4.1.21 图像

猕猴桃种质的图像文件名。文件名由该种质全国统一编号、连字符"-"和图像序号组成。图像格式为 .jpg。

4.1.22 观测地点

种质资源观测的地点,记录到省和县名,如云南省昆明市。

4.2 植物学特征

4.2.1 一年生枝横截面形状

一年生外围枝条横截后的断面形状(见图 1),分为:1. 圆形;2. 近圆形;3. 椭圆形;4. 长椭圆形。

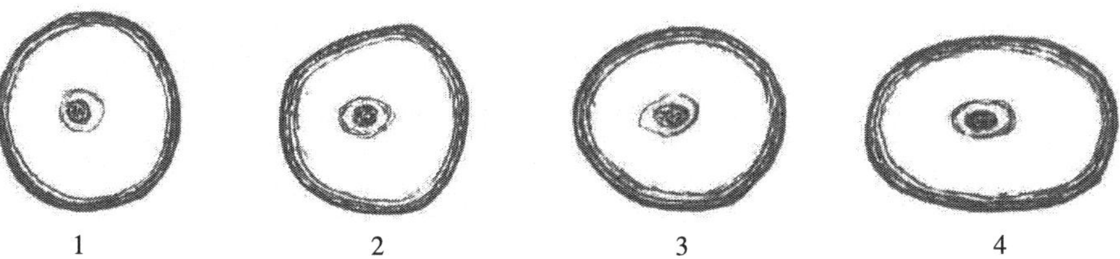

图 1 一年生枝横截面形状

4.2.2 一年生枝节间长度

树冠外围一年生枝条节间的平均长度,单位为厘米(cm)。(见图 2)。

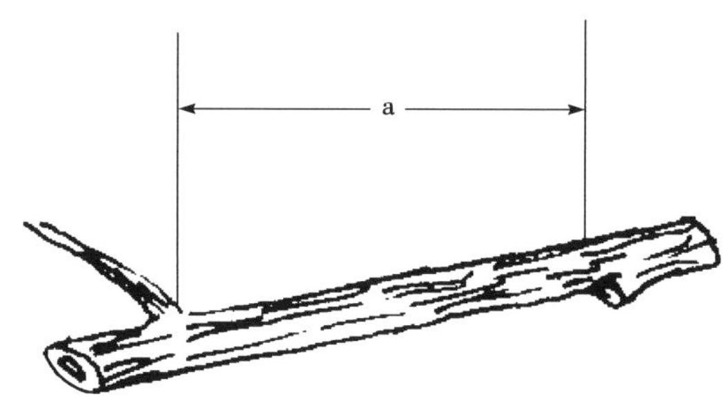

说明:

a——节间长度。

图 2 一年生枝节间长度

4.2.3 一年生枝粗度

树冠外围一年生枝条靠近基部 5 cm 处的直径,单位为厘米(cm),分为:1. 细(<0.7 cm);2. 中(0.7 cm~0.9 cm);3. 粗(>0.9 cm)。

4.2.4 一年生枝颜色

一年生外围枝条阳面的颜色,分为:1. 灰白;2. 绿白;3. 灰褐;4. 黄褐;5. 褐色;6. 红褐;7. 紫褐;8. 紫红。

4.2.5 皮孔有无

一年生外围枝条基部皮孔的着生情况,分为:0. 无;1. 有。

4.2.6 皮孔形状

一年生外围枝条中部皮孔的形状,分为:3. 长梭形;5. 短梭形;7. 椭圆形。

4.2.7 皮孔数量

一年生外围枝条中部皮孔数量的多少,分为:3. 少;5. 中;7. 多。

4.2.8 皮孔大小

一年生外围枝条基部皮孔的大小,分为:1. 小;2. 中;3. 大。

4.2.9 皮孔颜色

一年生外围枝条基部皮孔的颜色,分为:1. 灰白;2. 浅黄;3. 褐色。

4.2.10 一年生枝芽座大小

一年生外围枝条最前端着花节位的芽座大小,分为:1. 小;2. 中;3. 大。

4.2.11 一年生枝芽盖有无

一年生外围枝条最前端着花节位的芽盖(见图 3),分为:0. 无;1. 有。

图 3 一年生枝芽盖有无

4.2.12 一年生枝芽孔大小

一年生外围枝条的芽孔大小(见图 4),分为:3. 小;5. 中;7. 大。

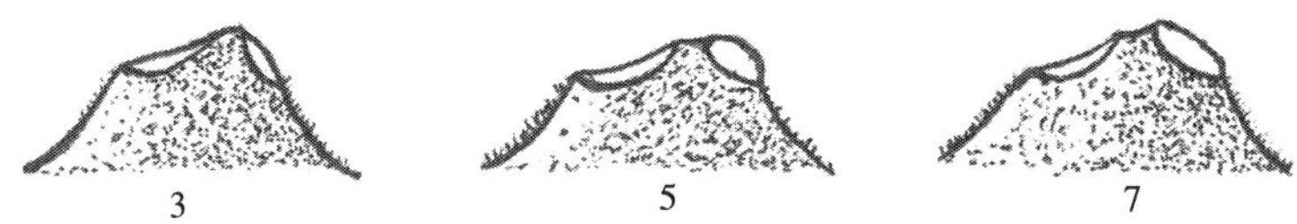

图 4 一年生枝芽孔大小

4.2.13 一年生枝髓部类型

一年生外围枝条经中心纵剖后的髓部形状,分为:1. 实心状(髓部组织疏松,呈现片层状结构);2. 片层状(髓部组织疏松,呈现片层状结构);3. 空心状(髓部组织疏松,呈现单孔状结构)。

4.2.14 新梢被毛

一年生枝条是否着生被毛,分为:0. 无;1. 有。

4.2.15 新梢被毛密度

一年生枝条被毛着生密度,分为:1. 极稀;2. 稀;3. 中;4. 密;5. 极密。

4.2.16 新梢被毛类型

一年生枝条着生被毛的种类(见图 5),分为:1. 短绒毛;2. 中绒毛;3. 长绒毛;4. 硬毛;5. 糙毛。

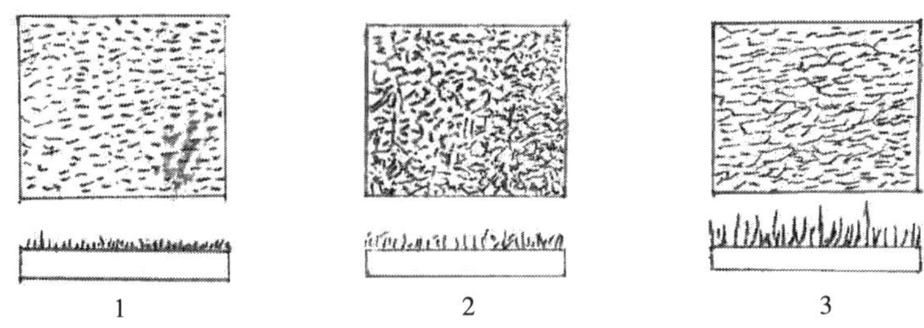

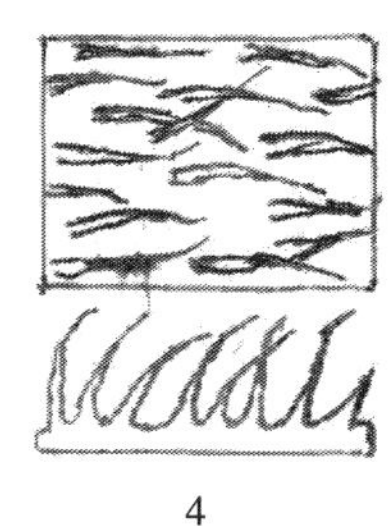

4

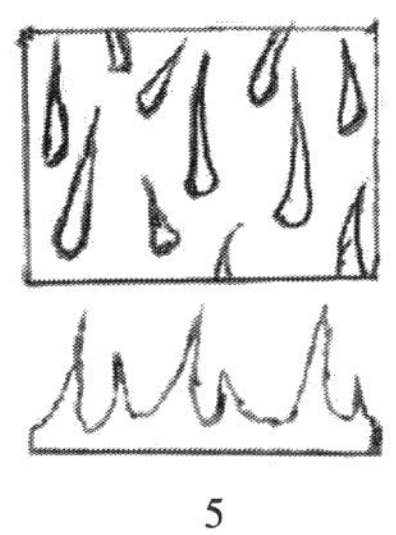

5

图5 新梢被毛类型

4.2.17 新梢被毛颜色

一年生枝条着生被毛的颜色，分为：1. 白色；2. 灰白；3. 灰色；4. 褐色；5. 紫红。

4.2.18 叶痕深浅

一年生枝条上叶片脱落后的痕迹，分为：1. 平；2. 浅；3. 深。

4.2.19 叶片形状

新梢中部成熟完整叶片的形状（见图 6），分为：1. 披针形；2. 卵圆形；3. 心脏形；4. 阔卵形；5. 倒卵形；6. 阔倒卵形；7. 近扇形。

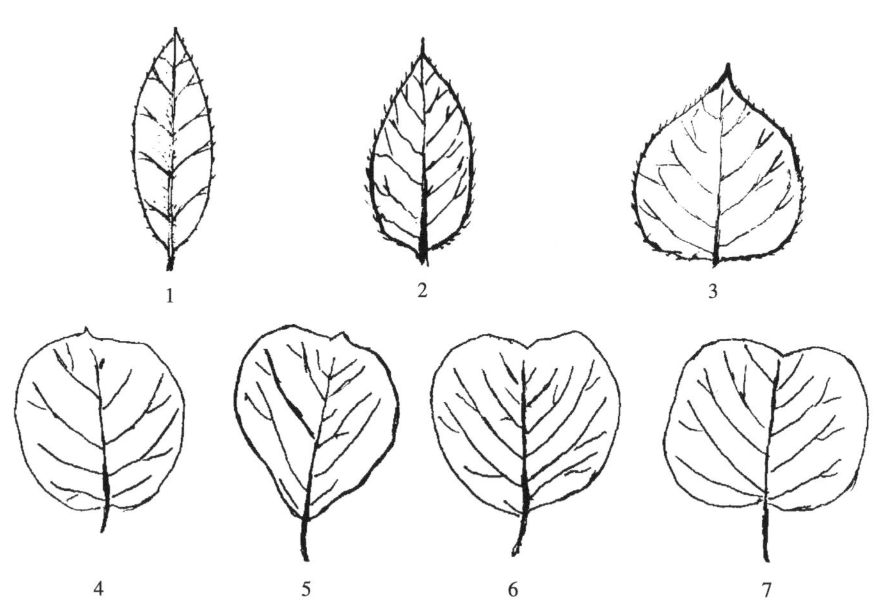

图6 叶片形状

4.2.20 叶片大小

新梢中部成熟完整叶片的面积，单位是平方厘米（cm^2）。

4.2.21 叶片质地

新梢中部成熟叶片的质地，分为：1. 膜质；2. 纸质；3. 厚纸质；4. 半革质；5. 革质。

4.2.22 叶尖形状

新梢中部成熟完整叶片的叶尖形状（见图 7），分为：1. 尾尖；2. 急尖；3. 渐尖；4. 圆形；5. 微凹；6. 凹尖；7. 微缺。

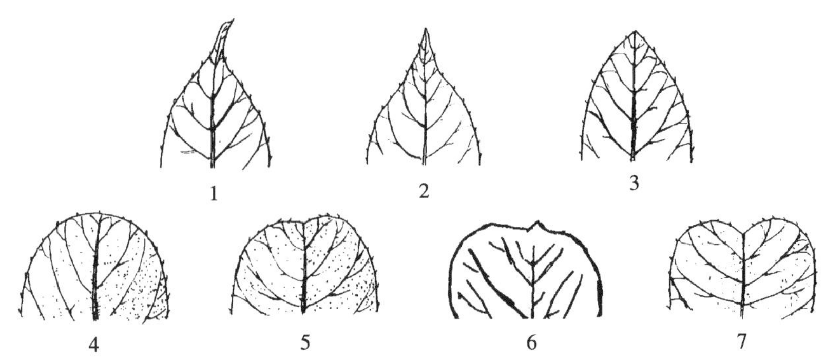

图 7　叶尖形状

4.2.23　叶缘锯齿形状

新梢中部成熟完整叶片边缘的形状(见图 8),分为:1. 细锯齿;2. 粗锯齿;3. 波浪状。

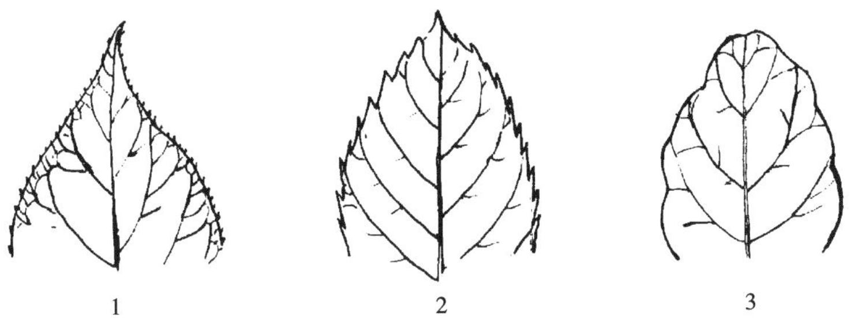

图 8　叶缘锯齿形状

4.2.24　叶基形状

新梢中部成熟完整叶片基部的形状(见图 9),分为:1. 圆形;2. 心形;3. 楔形;4. 闭合;5. 重叠。

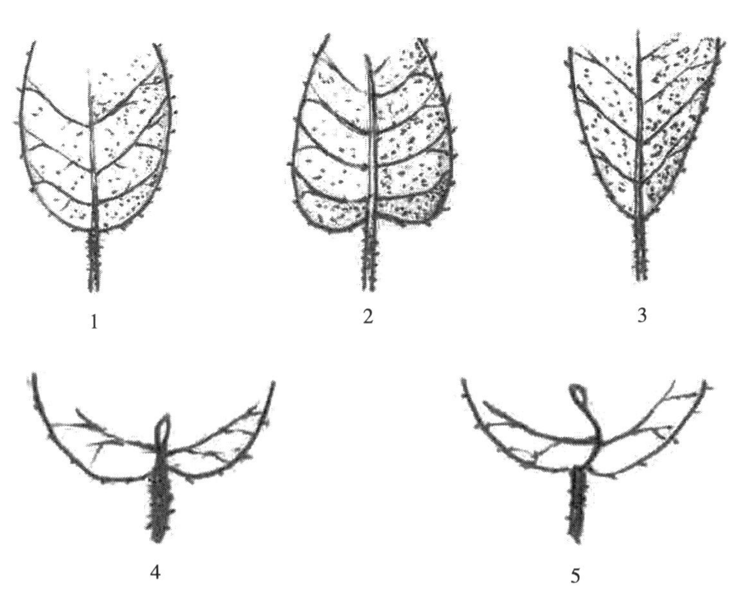

图 9　叶基形状

4.2.25　叶柄长度

新梢中部成熟叶片叶柄的长度,单位为厘米(cm),分为:1. 短(叶柄长度＜3.0 cm);2. 中(3.0 cm≤叶柄长度≤5 cm);3. 长(叶柄长度＞5.0 cm)。

4.2.26 **叶柄颜色**

新梢中部成熟叶片叶柄向阳面的颜色，分为：1. 绿色；2. 灰白色；3. 灰色；4. 褐色；5. 紫红色。

4.2.27 **叶柄粗细**

新梢中部成熟叶片叶柄中部的直径，单位为毫米(mm)，分为：1. 细(直径＜1.5 mm)；2. 中(1.5 mm≤直径≤3.0 mm)；3. 粗(直径＞3.0 mm)。

4.2.28 **叶表面颜色**

新梢中部成熟叶片的表面颜色，分为：1. 浅绿；2. 绿；3. 深绿；4. 浓绿。

4.2.29 **叶面平展度**

新梢中部成熟叶片叶面的自然伸展状态，分为：1. 平展；3. 具皱褶；5. 叶缘反卷。

4.2.30 **叶背颜色**

新梢中部成熟叶片背面的色泽，分为：1. 乳白；2. 浅绿；3. 绿；4. 黄绿；5. 黄褐。

4.2.31 **叶背绒毛**

新梢中部成熟叶片背面绒毛的着生情况，分为：0. 无；1. 疏；2. 中；3. 密；4. 浓密。

4.2.32 **花性**

花的性别，分为：1. 雌花(形态完全花，只是花药空瘪无花粉或极少花粉无活力)；2. 雄花(雌蕊退化)；3. 两性花(雄蕊和雌蕊发育正常)。

4.2.33 **花序类型**

花序的种类，分为：1. 单花；2. 二歧聚伞花序；3. 多歧聚伞花序。

4.2.34 **花朵类型**

根据花瓣基部着生情况，分为：1. 单瓣花；2. 重瓣花。

4.2.35 **花冠直径**

当花完全展开时花冠的直径(见图 10)，单位为厘米(cm)，分为：1. 小(花冠直径＜1.5 cm)；2. 中(1.5 cm≤花冠直径≤3.0 cm)；3. 大(花冠直径＞3.0 cm)。

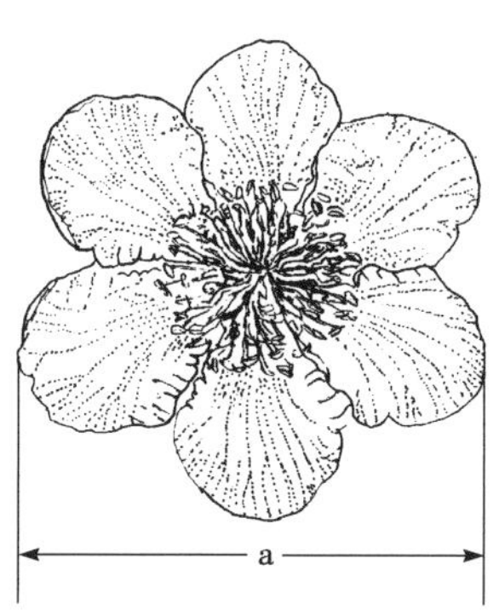

说明：

a——花冠直径。

图 10　花冠直径

4.2.36 **花瓣数量**

每朵花瓣数量的多少，单位为瓣。

4.2.37 **花瓣形状**

花盛开时花瓣的形状(见图 11)，分为：1. 近圆形；2. 卵圆形；3. 阔卵圆形；4. 椭圆形；5. 长椭圆形。

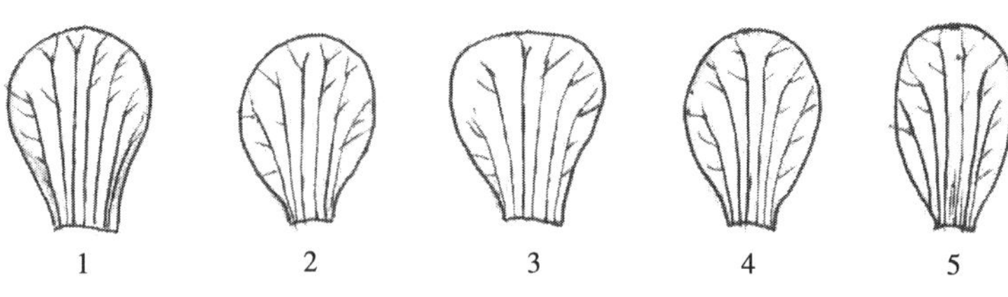

图 11 花瓣形状

4.2.38 花瓣内侧主色

花盛开时花瓣内侧的主要颜色,分为:1. 白;2. 绿白;3. 黄白;4. 黄绿;5. 黄;6. 橙;7. 粉红;8. 红。

4.2.39 花瓣颜色梯度

单色花在盛开时花瓣颜色的变化情况,分为:0. 无;1. 有。

4.2.40 花瓣基部离合情况

花盛开时花瓣的基部离合情况(见图 12),分为:1. 分开;2. 接合;3. 重叠。

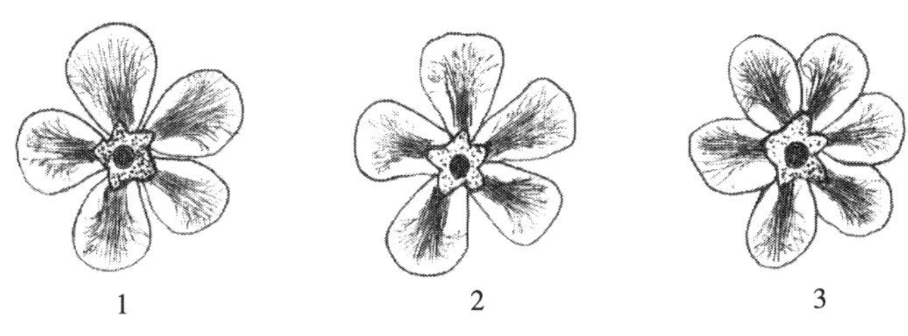

图 12 花瓣基部离合情况

4.2.41 花萼颜色

在盛花期时,花萼呈现的颜色,分为:1. 乳白色;2. 绿色;3. 褐色。

4.2.42 花萼数量

花的萼片数量,单位为片。

4.2.43 花柱姿势

花朵盛开时花柱的姿势(见图 13),分为:1. 直立;2. 斜生;3. 水平;4. 直立和水平。

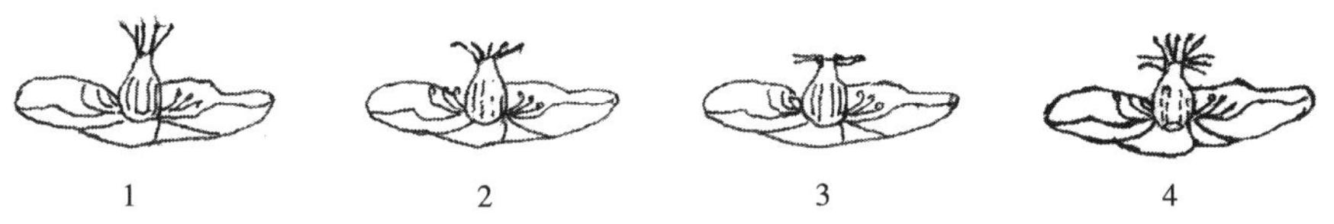

图 13 花柱姿势

4.2.44 花柱数

在盛花期时花柱的数量,单位为枚。

4.2.45 花柱颜色

花朵盛开期时花柱的颜色,分为:1. 乳白;2. 浅黄;3. 浅绿。

4.2.46 雌蕊数

在盛花期时雌蕊的数量,单位为枚。

4.2.47 雄蕊数

在盛花期时雄蕊的数量,单位为枚。

4.2.48 花丝颜色

盛花期时雄蕊花丝的颜色，分为：1. 白；2. 淡绿；3. 粉红；4. 深红。

4.2.49 花药形状

在盛花期时雄蕊花药的形状(见图14)，分为：1. 近圆形；2. 卵圆形；3. 肾形；4. 长椭圆形；5. 箭头形。

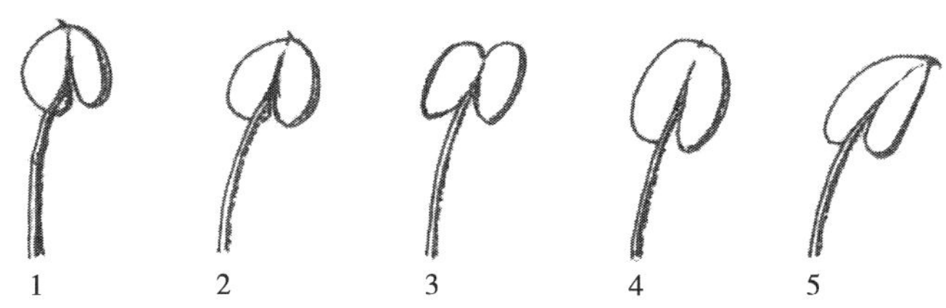

图14 花药形状

4.2.50 花药颜色

盛花期时雄蕊花药的颜色，分为：1. 黄色；2. 橙黄色；3. 灰色；4. 深紫色；5. 黑色。

4.2.51 子房形状

在盛花期时雌花子房的形状(见图15)，分为：1. 瓶形；2. 椭圆形；3. 近圆形；4. 短圆柱形；5. 长圆柱形；6. 圆球形；7. 长卵形；8. 长倒卵形。

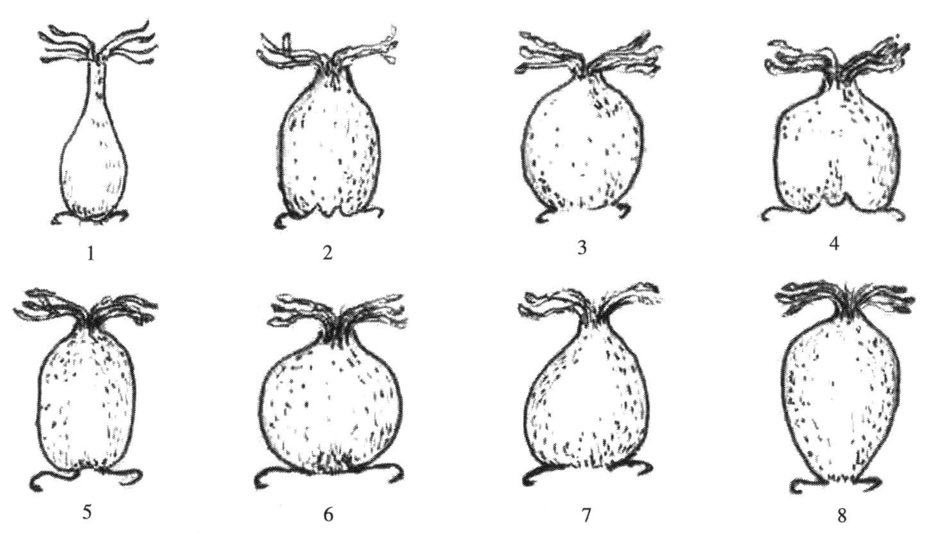

图15 子房形状

4.2.52 染色体倍数

表示植株细胞中染色体的数目、大小、形态和结构特征的公式，猕猴桃染色体为 $2n=2x=58$，分为：1. 二倍体；2. 四倍体；3. 六倍体；4. 八倍体；5. 非整倍体。

4.3 生物学特性

4.3.1 树势

在正常管理条件下，进入结果期的生长状况，分为：1. 极弱(一年生枝年生长量平均长度＜50 cm)；2. 弱(一年生枝年生长量平均长度 50 cm～100 cm)；3. 中(一年生枝年生长量平均长度 101 cm～200 cm)；4. 强(一年生枝年生长量平均长度 201 cm～300 cm)；5. 极强(一年生枝年生长量平均长度＞300 cm)。

4.3.2 萌芽期

全树约有5%的叶芽开始膨大，芽绽开或露白的日期，以“年月日”表示，格式“YYYYMMDD”。

4.3.3 萌芽率

萌芽总数占总芽数的百分率,以百分率(%)表示。

4.3.4 展叶期

全树约有5%的叶芽开始展叶生长的日期,以“年月日”表示 ,格式“YYYYMMDD”。

4.3.5 成枝力

在休眠期统计30 cm以上一年生枝条占当年总芽数的比例,以百分率(%)表示。

4.3.6 初花期

全树中约有5%花朵开放时的日期,以“年月日”表示 ,格式“YYYYMMDD”。

4.3.7 盛花期

全树中约有50 %花朵开放时的日期,以“年月日”表示 ,格式“YYYYMMDD”。

4.3.8 终花期

全树中约有90%花朵开放,其中75%的花瓣出现凋谢时的日期,以“年月日”表示 ,格式“YYYYMMDD”。

4.3.9 落叶期

全树中约有75%叶片脱落的日期,以“年月日”表示 ,格式“YYYYMMDD”。

4.3.10 营养生长期

从叶芽开始萌动到落叶所经历的时间,单位为天(d)。

4.3.11 始果年龄

从种子发芽(营养繁殖)到开始结果时所经历的时间,单位为年。

4.3.12 果实成熟期

全树75%的果实表现出该品种的固有特性,种子开始变褐的时间,以“年月日”表示 ,格式“YYYYMMDD”。

4.3.13 果实生育期

从盛花期开始到果实成熟可以采收时所需的时间,单位为天(d)。

4.3.14 果实脱落难易度

果实在成熟后从结果枝上脱落的难易程度,分为:1. 易(果实成熟后,自然脱落率在50%以上);2. 中(果实成熟后,用手轻触果实后脱落);3. 难(果实成熟后,用手轻触果实后不脱落)。

4.3.15 果实后熟天数

果实采收后,放置在15℃左右温度下,从放置时到果实变软所需的时间,分为:1. 很慢(果实后熟变软时间>15 d);2. 慢(12 d<果实后熟变软时间≤15 d);3. 中(8 d≤果实后熟变软时间≤12 d);4. 快(5 d≤果实后熟变软时间≤8 d);5. 很快(果实后熟变软时间<5 d)。

4.3.16 耐储性

正常成熟的果实,在(0±1)℃、相对湿度90%~95%条件下保持较好食用性状的能力,以储藏天数表示,分为:1. 好(储藏天数>180 d);2. 中(120 d≤储藏天数≤180 d);3. 差(储藏天数<120 d)。

4.4 果实性状

4.4.1 果实形状

成熟果实的形状(见图16),分为:1. 短圆形;2. 梯形;3. 短圆柱形;4. 长圆柱形;5. 圆球形;6. 扁圆形;7. 卵形;8. 圆柱形;9. 倒卵形;10. 椭圆形;11. 短椭圆形;12. 长椭圆形。

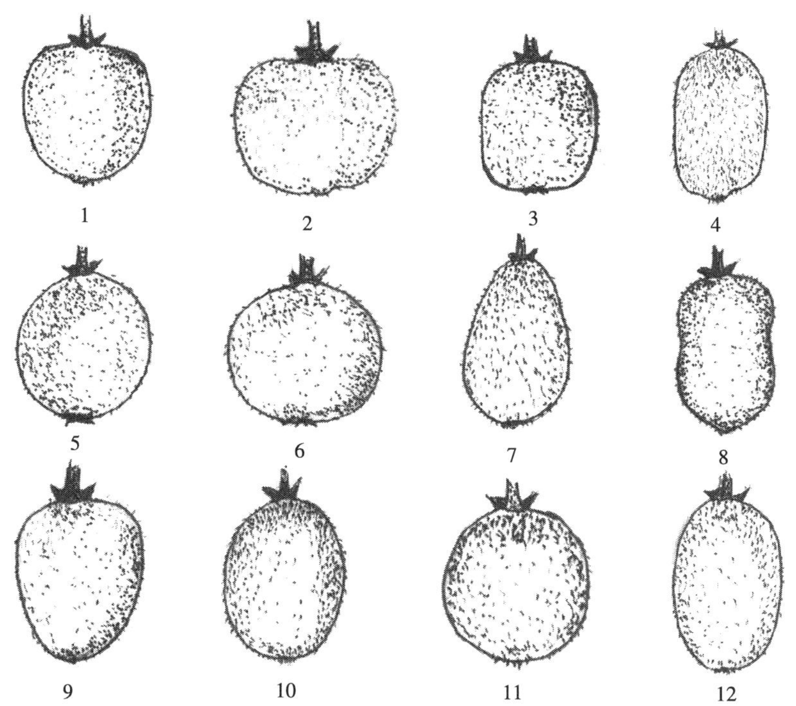

图 16　果实形状

4.4.2　**果实纵径**

成熟果实的底部到顶部的长度，单位为厘米(cm)。

4.4.3　**果实横径**

成熟果实的横剖面长轴的最大长度(见图 17)，单位为厘米(cm)。

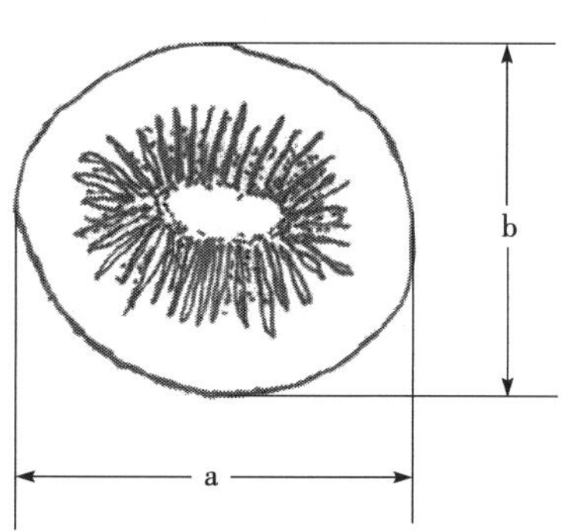

说明：

a——果实横径；

b——果实侧径。

图 17　果实横径和果实侧径

4.4.4　**果实侧径**

成熟果实的横剖面短轴的最大长度(见图 17)，单位为厘米(cm)。

4.4.5　**单果重**

果实成熟时，平均单果的重量，单位为克(g)。

4.4.6　**萼片宿存**

成熟果实基部的萼片是否存在，分为：0. 无；1. 有。

4.4.7 果皮颜色

果实成熟时的果皮色泽，分为：1. 浅绿；2. 绿；3. 深绿；4. 浅褐；5. 褐；6. 深褐；7. 浅红；8. 红；9. 紫红。

4.4.8 果点有无

果实成熟时果皮上果点着生状况，分为：0. 无；1. 少；2. 中；3. 多。

4.4.9 果点大小

果实成熟时果皮上果点的大小，分为：1. 小(果点直径＜1 mm)；2. 中(1 mm≤果点直径≤2 mm)；3. 大(果点直径＞2 mm)。

4.4.10 果点状况

果实成熟时通过肉眼和用手触摸果皮上果点的状况，分为：1. 凹；2. 平；3. 凸。

4.4.11 果肩形状

果实成熟时肩部的形状(见图 18)，分为：1. 方；2. 圆；3. 斜。

图 18　果肩形状

4.4.12 果顶形状

果实成熟时顶部的形状(见图 19)，分为：1. 凹；2. 平；3. 凸。

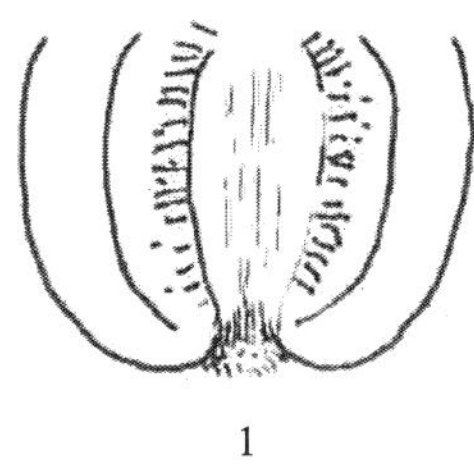
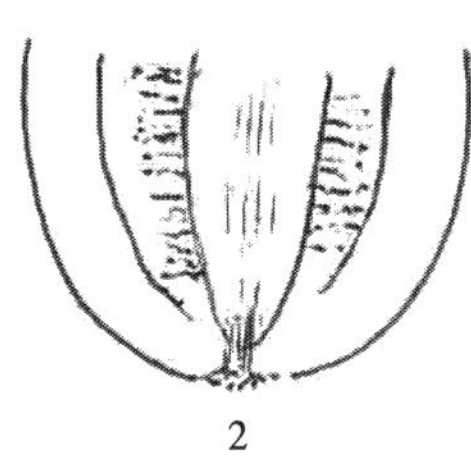
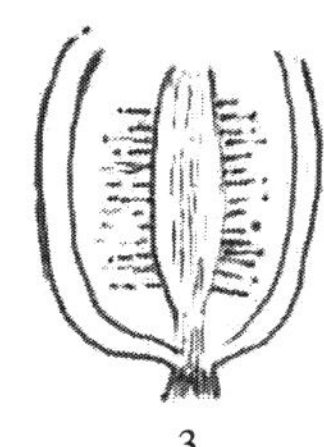

图 19　果顶形状

4.4.13 果喙形状

果实成熟时顶部喙的形状(见图 20)，分为：1. 浅钝凸；2. 深钝凸；3. 浅尖凸；4. 深尖凸。

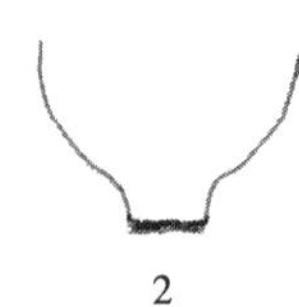

图 20　果喙形状

4.4.14 果实被毛

成熟果实表面是否着生被毛，分为：0. 无；1. 有。

4.4.15 果实被毛类型

成熟果实表面着生被毛的类型，分为：1. 短绒毛；2. 长绒毛；3. 硬毛；4. 刚毛；5. 糙毛；6. 毡毛。

4.4.16 果实被毛颜色

果实成熟时着生被毛的色泽，分为：1. 乳白；2. 浅黄；3. 黄褐；4. 褐；5. 红褐；6. 灰褐；7. 暗褐。

4.4.17 **果实被毛脱落难易**

果实成熟时被毛的脱落程度，分为：1. 易（被毛自然脱落或用手轻微触动后脱落）；2. 中（被毛用手或毛巾触动后脱落）；3. 难（被毛用手或毛巾触动后很少脱落或不脱落）。

4.4.18 **果肉颜色**

果实后熟变软时果肉的颜色，分为：1. 浅绿；2. 绿；3. 翠绿；4. 深绿；5. 黄绿；6. 浅黄；7. 黄；8. 金黄；9. 橙；10. 浅红；11. 紫红；12. 绿肉红心；13. 黄肉红心。

4.4.19 **果实横截面**

成熟果实横断面的形状（见图 21），分为：1. 圆形；2. 椭圆形；3. 长椭圆形。

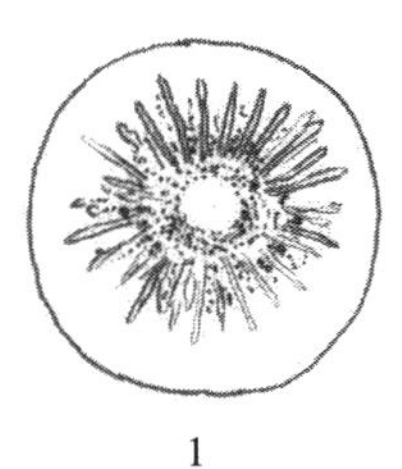
1

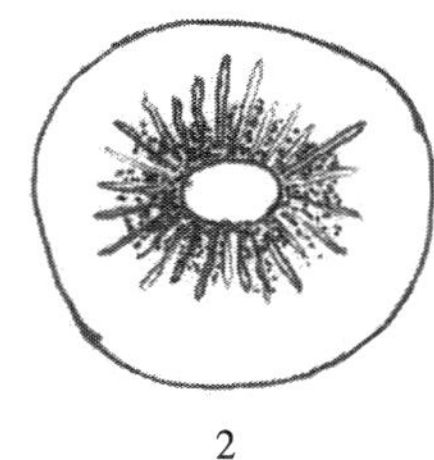
2

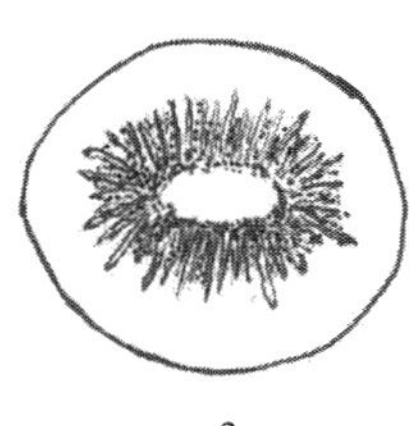
3

图 21 果实横截面

4.4.20 **果心大小**

成熟果实果心直径与果实横径的比值，以百分率（%）表示（见图 22），分为：1. 小（果心直径与果实横径的比值≤10.00%）；2. 中（10.00%<果心直径与果实横径的比值≤25.00%）；3. 大（果心直径与果实横径的比值>25.00%）。

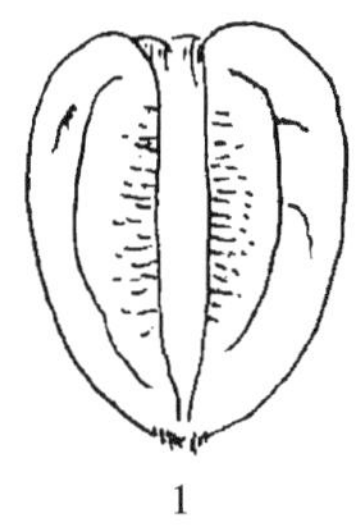
1

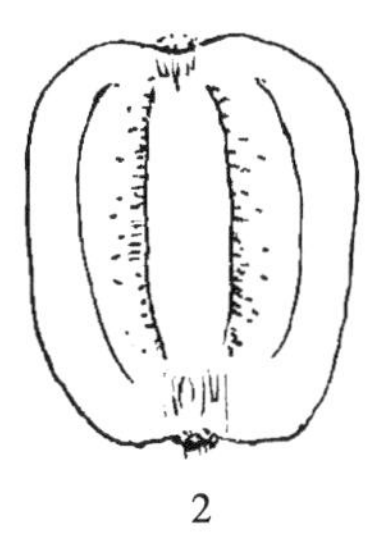
2

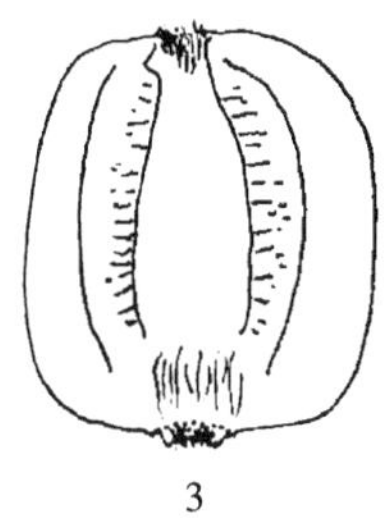
3

图 22 果心大小

4.4.21 **种子形状**

成熟果实中种子的形状，分为：1. 椭圆；2. 长椭圆形；3. 近圆形；4. 圆形。

4.4.22 **千粒重**

成熟果实中 1 000 粒种子的重量，单位为克（g）。

4.4.23 **种子颜色**

成熟果实中种子的色泽，分为：1. 紫红；2. 黄；3. 浅褐；4. 咖啡；5. 黑。

4.4.24 **可溶性固形物含量**

果实后熟后，鲜果肉中所含可溶性固形物的百分率，以百分率（%）表示。

4.4.25 **可溶性糖含量**

果实后熟后，鲜果肉中所含可溶性糖的百分率，以百分率（%）表示。

4.4.26 **可滴定酸含量**

果实后熟后，鲜果肉中所含可滴定酸的百分率，以百分率（%）表示。

4.4.27 **果实维生素C含量**

果实后熟后，每100 g鲜果肉中维生素C的含量，单位为毫克每百克(mg/100 g)。

4.4.28 **出汁率**

果实后熟后，鲜果肉通过压榨方法所获得汁液量的多少，以百分率(%)表示。

4.4.29 **果实风味**

采用鼻嗅和口尝方式对成熟并经后熟后的果实进行评尝后确定的口感，分为：1. 差(果肉味涩、苦、带有麻味)；2. 一般(果肉酸，无怪味)；3. 中(果肉微酸或甜酸，无怪味)；4. 好(果肉甜酸或酸甜，味浓)；5. 很好(果肉酸甜或甜，味浓、有香味)。

4.5 **产量性状**

4.5.1 **自花结实率**

同一品种内授粉结实的能力，以百分率(%)表示，分为：1. 无(自花结实率＝0.00%)；2. 低(0.00%＜自花结实率≤10.00%)；3. 中(10.00%＜自花结实率≤50.00%)；4. 高(自花结实率＞50.00%)。

4.5.2 **结果枝百分率**

结果枝占全部当年生枝条的比例，以百分率(%)表示，分为：1. 低(结果枝百分率≤15.00%)；2. 中(15.00%＜结果枝百分率≤50.00%)；3. 高(结果枝百分率＞50.00%)。

4.5.3 **坐果率**

雌花通过授粉受精后所形成的果实占总雌花数的比例，以百分率(%)表示，分为：1. 低(坐果率≤25.00%)；2. 中(25.00%＜坐果率≤55.00%)；3. 高(坐果率＞55.00%)。

4.5.4 **丰产性**

正常结果树形成经济产量的能力，分为：1. 低(低于500 kg/666.7 m^2)；2. 中(500 kg/666.7 m^2～1 500 kg/666.7 m^2)；3. 高(高于1 500 kg/666.7 m^2)。

4.6 **抗性性状**

4.6.1 **耐热性**

植株对高温的忍耐或抵抗能力，根据植株不同部位的受害程度表示，分为：1. 强(未发现热害症状)；2. 较强(树体20%以下的叶片脱色变黄)；3. 中(树体叶片全部脱色变黄)；4. 较弱(1/3叶片脱水萎蔫)；5. 弱(整株叶片脱水萎蔫枯死)。

4.6.2 **耐旱性**

植株对土壤干旱、大气干旱或生理干旱的忍耐或抵抗能力，以旱害指数表示，分为：1. 强(旱害指数＜30)；2. 较强(30≤旱害指数＜50)；3. 中(50≤旱害指数＜60)；4. 较弱(60≤旱害指数≤70)；5. 弱(旱害指数＞70)。

4.6.3 **耐涝性**

植株对多湿水涝的忍耐及抵抗能力，以涝害指数表示，分为：1. 强(涝害指数＜30)；2. 较强(30≤涝害指数＜50)；3. 中(50≤涝害指数＜65)；4. 较弱(65≤涝害指数＜80)；5. 弱(涝害指数≥80)。

4.6.4 **溃疡病抗性**

植株对溃疡病(*Pseudomonas syringae* pv. *actinidiae*)的抗性强弱，以病情指数表示，分为：1. 高抗(病情指数≤10)；2. 抗病(10＜病情指数≤25)；3. 中抗(25＜病情指数≤40)；4. 感病(40＜病情指数≤55)；5. 高感(病情指数＞55)。

4.6.5 **根结线虫病抗性**

植株对南方根结线虫病(*Meloidogyne incognita*)的抗性强弱，以病情指数表示，分为：1. 高抗(病情指数≤10)；2. 抗病(10＜病情指数≤30)；3. 中抗(30＜病情指数≤45)；4. 感病(45＜病情指数≤60)；5. 高感(病情指数＞60)。

4.6.6 立枯病抗性

植株幼苗对立枯丝核菌(*Rhizoctonia solani* Kuhn)的抗性强弱,以病情指数表示,分为:1. 高抗(病情指数≤10);2. 抗病(10<病情指数≤25);3. 中抗(25<病情指数≤40);4. 感病(40<病情指数≤50);5. 高感(病情指数>50)。

4.6.7 膏药病抗性

植株对膏药病菌(*Septobasidium alividium*)的抗性强弱,以病情指数表示,分为:1. 高抗(病情指数≤10);2. 抗病(10<病情指数≤20);3. 中抗(20<病情指数≤35);4. 感病(35<病情指数≤50);5. 高感(病情指数>50)。

4.6.8 花腐病抗性

植株花朵对花腐病原菌(*Pseudomonas viridiflava* Burk)的抗性强弱,以病情指数表示,分为:1. 高抗(病情指数≤10);2. 抗病(10<病情指数≤25);3. 中抗(25<病情指数≤50);4. 感病(50<病情指数≤65);5. 高感(病情指数>65)。

4.6.9 金龟子类抗性

植株对斑啄丽金龟(*Adoretus tenuimaculatus* Waterhouse)、铜绿金龟(*Anomala corpulenta* Motsch)、黑绿金龟(*Popillia mutans* Newman)等的抗性强弱,以受害植株的被害率表示,分为:1. 高抗(被害率≤15%);2. 抗病(15%<被害率≤40%);3. 中抗(40%<被害率≤60%);4. 感病(60%<被害率≤80%);5. 高感(被害率>80%)。

4.6.10 蚧壳虫类抗性

植株对桑白蚧(*Pseudanlacaspis pentagana* Tang)、梨白蚧(*Lopholeucapspis japonica*)、红蜡蚧(*Ceroplastes rubcus* Maskell)等蚧壳虫的抗性强弱,以受害植株的虫害指数表示,分为:1. 高抗(虫害指数≤20);2. 抗病(20<虫害指数≤35);3. 中抗(35<虫害指数≤50);4. 感病(50<虫害指数≤70);5. 高感(虫害指数>70)。

ICS 67.080.10
B 31

中华人民共和国农业行业标准

NY/T 2934—2016

板栗种质资源描述规范

Descriptors for chestnut germplasm resources

2016-10-26 发布　　　　2017-04-01 实施

中华人民共和国农业部　发布

前　言

本标准按照 GB/T 1.1—2009 给出的规则起草。

本标准由农业部种植业管理司提出。

本标准由全国果品标准化技术委员会(SAC/TC 510)归口。

本标准起草单位:中国农业科学院茶叶研究所、山东省果树研究所。

本标准主要起草人:刘庆忠、徐丽、熊兴平、陈新、江用文、张力思、赵红军。

板栗种质资源描述规范

1 范围

本标准规定了板栗(*Castanea mollissima* Blume)种质资源的描述内容和描述方法。

本标准适用于板栗种质资源收集、保存、鉴定、评价过程的描述。

2 规范性引用文件

下列文件对于本文件的应用是必不可少的。凡是注日期的引用文件,仅注日期的版本适用于本文件。凡是不注日期的引用文件,其最新版本(包括所有的修改单)适用于本文件。

GB/T 1278 蔬菜及其制品中可溶性糖的测定

GB/T 2260 中华人民共和国行政区划代码

GB/T 2659 世界各国和地区名称代码

GB 5009.3 食品安全国家标准 食品中水分的测定

GB 5009.5 食品安全国家标准 食品中蛋白质的测定

GB/T 5009.9 食品中淀粉的测定

3 描述内容

描述内容见表1。

表1 板栗种质资源描述内容

描述类别	描 述 内 容
基本信息	全国统一编号、引种号、采集号、种质中文名称、种质外文名、科名、属名、学名、原产国、原产省、原产地、海拔、经度、纬度、来源地、系谱、选育单位、育成年份、选育方法、种质类型、图像、观测地点
植物学特征	树体高度、树冠紧凑度、树姿、枝干颜色、皮孔大小、皮孔密度、叶色、叶形、叶面姿态、叶缘锯齿、叶背茸毛密度、结果母枝花芽形态、结果母枝花芽大小、母枝上果枝数、结果母枝粗度、结果母枝长度、果前梢粗度、果前梢长度、雄花序长度、雄花序颜色、果梢雄花序个数、雄花序粗细、雄花序小花簇密度、雌雄异熟性、早实性、刺苞大小、刺苞形状、苞肉厚度、刺苞开裂方式、两性花序尾部枯存、刺束粗细、刺束硬度、刺束分枝角、刺束密度、刺束长度、刺束颜色
生物学特性	萌芽期、芽轴伸长期、展叶期、两性花序显现期、雄花盛开期、雌花盛开期、胚发育初期、子叶增长期、果实成熟期、落叶期
产量性状	基部芽更新果枝能力、强结果母枝比例、连续结果能力、每果枝结苞数、坐苞率、空苞率、产量、出实率
果实性状	坚果单粒重、坚果颜色、坚果光泽、边果形状、果顶形状、茸毛分布、茸毛颜色、茸毛稀密、筋线明显程度、底座大小、底座光滑度、底座接线、坚果含水量、坚果可溶性糖含量、坚果淀粉含量、坚果蛋白质含量、坚果食用类型、坚果熟食涩皮剥离难易程度、坚果熟食口味、坚果熟食糯性、坚果熟食质地、坚果耐储性、栗肉褐变性
抗性性状	耐寒性、耐旱性、耐涝性、栗疫病抗性、栗瘿蜂抗性、栗红蜘蛛抗性、栗桃蛀螟抗性、栗皮夜蛾抗性、栗实象甲抗性、栗大蚜抗性

4 描述方法

4.1 基本信息

4.1.1 全国统一编号

种质的唯一标识号。由“BL”加 1 位国家果树种质资源圃编号和 4 位顺序号共 7 位字符串组成。如 BLI0001,该编号由农作物种质资源管理机构命名。

4.1.2 引种号

国外引入时赋予的编号,由“年份”“4 位顺序号”共 8 位字符串顺次组成。“年份”为 4 位数,“4 位顺序号”每年分别编号。

4.1.3 采集号

野外采集时赋予的编号,由“年份+省份+顺序号”组成。“年份”为 4 位数,“省(自治区、直辖市)代号”按照 GB/T 2260 的规定执行,“4 位顺序号”为采集时的编号,每年由 0001 起顺序编号。

4.1.4 种质中文名称

国内种质的原始名称。如果有多个名称,可以放在括号内,用逗号分隔;国外引进种质如果没有中文译名,可以直接用种质的外文名。

4.1.5 种质外文名

国外引进种质的外文名或国内种质的汉语拼音名。国内种质中文名称为 3 字(含 3 字)以下的,所有汉字拼音连续组合在一起,首字母大写;中文名称为 4 字(含 4 字)以上的,以词组为单位,汉字拼音首字母大写。

4.1.6 科名

采用植物分类学上的科名,为山毛榉科(Fagaceae)。

4.1.7 属名

采用植物分类学上的属名,为栗属(*Castanea* Mill.)。

4.1.8 学名

采用植物分类学上的名称,如板栗学名为 *Castanea mollissima* Bl.。

4.1.9 原产国

种质原产国家名或国际组织名称。国家或地区名称按照 GB/T 2659 的规定执行,如该国家已不存在,应在原国家名称前加“原”。国际组织名称用该组织的正式英文缩写。

4.1.10 原产省

种质原产省份名称,省份名称按照 GB/T 2260 的规定执行;国外引进种质原产省用原产国家一级行政区的名称。

4.1.11 原产地

种质原产县、乡、村名称,县名按照 GB/T 2260 的规定执行。

4.1.12 海拔

种质原产地的海拔,单位为米(m)。

4.1.13 经度

种质原产地的经度,单位为度(°)和分(′)。格式为“DDDFF”,其中,“DDD”为度,“FF”为分。东经为正值,西经为负值。

4.1.14 纬度

种质原产地的纬度,单位为度(°)和分(′)。格式为“DDFF”,其中,“DD”为度,“FF”为分。北纬为正值,南纬为负值。

4.1.15 来源地

种质来源的国家、省、县名称。

4.1.16 系谱

选育品种(系)的亲缘关系。

4.1.17 **选育单位**

品种(系)的选育单位名称或个人姓名,单位名称应写全称。

4.1.18 **育成年份**

品种(系)培育的年份,宜为通过审定(认定)或备案或正式发表的年份。

4.1.19 **选育方法**

品种(系)的育种方法,如人工杂交、自然实生等。

4.1.20 **种质类型**

种质资源的类型,分为:1. 野生资源;2. 地方品种;3. 选育品种;4. 品系;5. 特殊遗传材料;6. 其他。

4.1.21 **图像**

种质的图像文件名。文件名由该种质全国统一编号、连字符"-"和图像序号组成。图像格式为.jpg。如有多个图像文件,图像文件名用分号分隔。

4.1.22 **观测地点**

种质的观测地点,记录到省和市(县)名,如山东省泰安市。

4.2 **植物学特征**

4.2.1 **树体高度**

板栗嫁接成龄树地上部分的高度,分为:1. 矮小;2. 中等;3. 高大。

4.2.2 **树冠紧凑度**

板栗嫁接成龄树自然状态下整株树型的紧凑程度(见图1),分为:1. 松散;2. 一般;3. 紧凑。

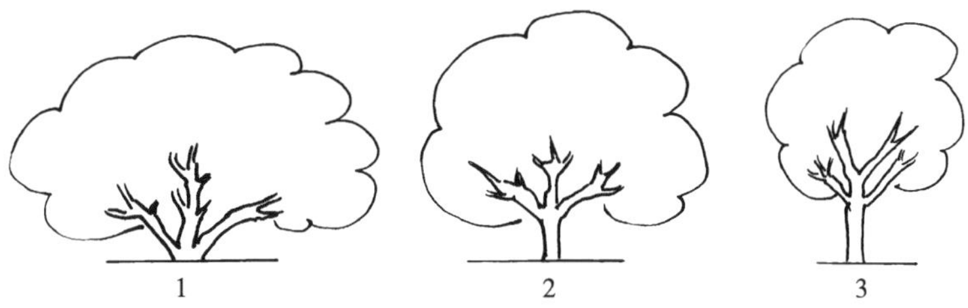

图1 树冠紧凑度

4.2.3 **树姿**

板栗成龄树枝、干的角度大小(见图2),分为:1. 直立;2. 半开张;3. 开张;4. 下垂。

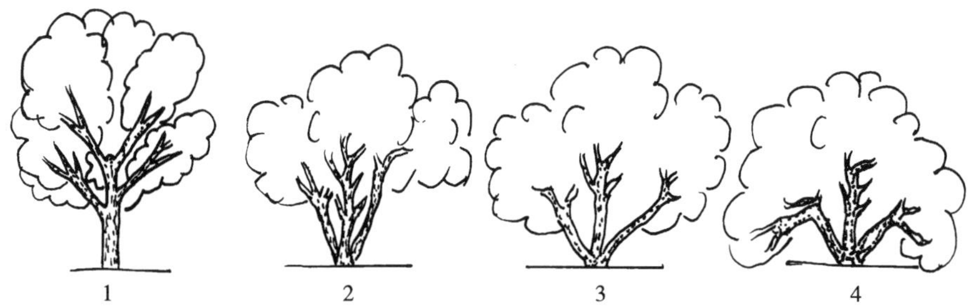

图2 树 姿

4.2.4 **枝干颜色**

板栗成龄树枝干表皮颜色,分为:1. 红褐;2. 灰褐;3. 绿褐。

4.2.5 **皮孔大小**

树冠外围由顶芽抽生的一年生结果母枝上皮孔的大小,分为:1. 小;2. 中;3. 大。

4.2.6 **皮孔密度**

树冠外围由顶芽抽生的一年生结果母枝上皮孔的密度(见图3),分为:1. 稀;2. 中;3. 密。

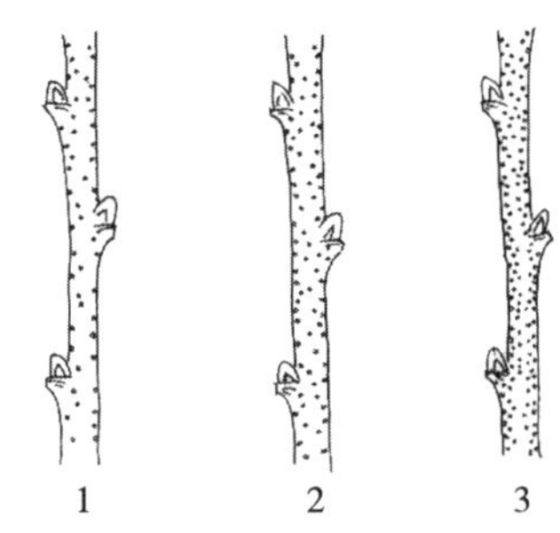

图3 皮孔密度

4.2.7 叶色

正常发育枝中部叶片的颜色,分为:1. 黄绿;2. 深绿。

4.2.8 叶形

正常发育枝中部叶片的形状(见图4),分为:1. 椭圆形;2. 阔披针形;3. 披针形。

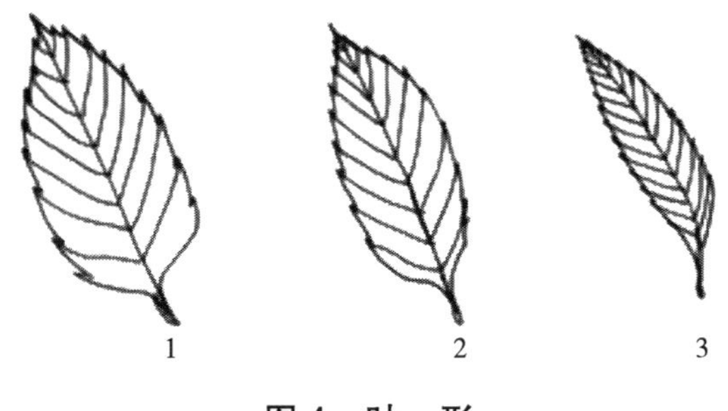

图4 叶 形

4.2.9 叶面状态

正常发育枝中部叶片的姿态(见图5),分为:1. 挺立;2. 平展;3. 下垂;4. 边缘上翻。

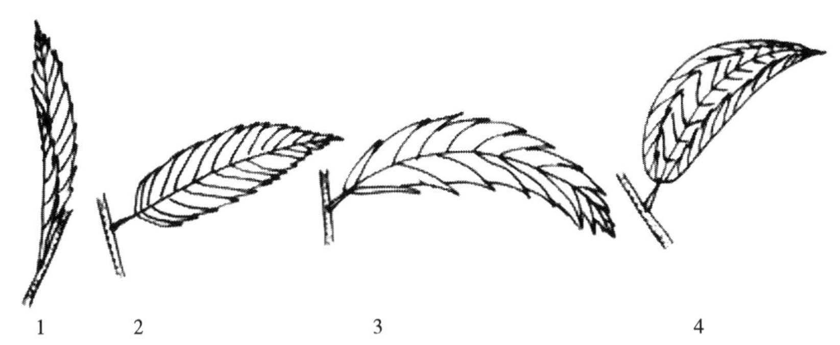

图5 叶面状态

4.2.10 叶缘形状

正常发育枝中部叶片的叶缘锯齿形状(见图6),分为:1. 锐锯齿;2. 钝锯齿。

图6 叶缘形状

4.2.11 **叶背茸毛密度**

正常发育枝中部有茸毛叶片背面的茸毛密度,分为:1. 稀疏;2. 中等;3. 密被。

4.2.12 **结果母枝花芽形态**

树冠外围由顶芽抽生的一年生结果母枝先端的花芽形态,分为:1. 扁圆肥大;2. 圆形较小。

4.2.13 **结果母枝花芽大小**

树冠外围由顶芽抽生的一年生结果母枝花芽的大小,分为:1. 小;2. 中;3. 大。

4.2.14 **母枝上果枝数**

成龄树冠外围正常结果母枝上发出结果枝的个数,单位为个。

4.2.15 **结果母枝粗度**

成龄树冠外围正常结果母枝的直径,单位为毫米(mm)。

4.2.16 **结果母枝长度**

成龄树冠外围正常结果母枝基部至顶端的长度,单位为厘米(cm)。

4.2.17 **果前梢粗度**

成龄树冠外围正常结果母枝果前梢的直径,单位为毫米(mm)。

4.2.18 **果前梢长度**

成龄树冠外围正常结果母枝果前梢的长度,单位为厘米(cm)。

4.2.19 **雄花序长度**

树冠外围由顶芽抽生的结果新梢,自雄花序基部测量至顶端的长度,单位为厘米(cm)。

4.2.20 **雄花序颜色**

树冠外围由顶芽抽生的结果新梢上的雄花序的颜色,分为:1. 乳黄;2. 鲜黄。

4.2.21 **果梢雄花序个数**

成龄树冠外围由顶芽抽生的正常结果新梢上的葇荑花序的数量,单位为个。

4.2.22 **雄花序粗细**

盛花期树冠外围由顶芽抽生的结果新梢上的雄花序的直径,单位为毫米(mm)。

4.2.23 **雄花序小花簇密度**

盛花期树冠外围由顶芽抽生的结果新梢上 1 cm 雄花序上小花簇的个数,分为:1. 稀;2. 中;3. 密。

4.2.24 **雌雄异熟性**

雌花、雄花发育成熟是否同期,分为:1. 同期;2. 雌先;3. 雄先。

4.2.25 **早实性**

幼树结果的早晚,分为:1. 早;2. 中;3. 晚。

4.2.26 **刺苞大小**

刺苞成熟后期,刺苞的重量,单位为克(g),分为:1. 小;2. 中;3. 大;4. 特大。

4.2.27 **刺苞形状**

刺苞成熟后期,刺苞的外部形态,分为:1. 球形;2. 椭圆形;3. 倒梯形。

4.2.28 **苞肉厚度**

刺苞成熟后期,刺苞胴部苞肉的厚度,单位为毫米(mm)。

4.2.29 **刺苞开裂方式**

刺苞成熟后期,刺苞前端裂开时的方式,分为:1. 纵裂;2. 瓣裂。

4.2.30 **两性花序尾部枯存**

果实成熟时,两性花序尾部枯存,分为:1. 枯;2. 存。

4.2.31 **刺束粗细**

果实成熟时,刺苞上刺束的粗、细程度,分为:1. 粗;2. 细。

4.2.32 **刺束硬度**

果实成熟时,刺苞上刺束的硬度,分为:1. 软;2. 硬。

4.2.33 **刺束分枝角**

果实成熟时,刺苞上的刺束两刺间的分枝角度,分为:1. 小;2. 中;3. 大。

4.2.34 **刺束密度**

果实成熟时,刺苞上刺束的稀、密程度,分为:1. 疏;2. 中;3. 密。

4.2.35 **刺束长度**

果实成熟时,刺苞上刺束的长度,单位为厘米(cm)。

4.2.36 **刺束颜色**

果实成熟时,刺苞上的刺束外观颜色,分为:1. 青色;2. 黄色;3. 红褐色。

4.3 **生物学特性**

4.3.1 **萌芽期**

25%外围结果母枝顶芽萌动并开始露出幼叶的日期,以"年月日"表示,格式为"YYYYMMDD"。

4.3.2 **芽轴伸长期**

25%外围结果母枝顶芽芽轴开始伸长的日期,以"年月日"表示,格式为"YYYYMMDD"。

4.3.3 **展叶期**

25%外围结果母枝顶芽幼叶完全展开的日期,以"年月日"表示,格式为"YYYYMMDD"。

4.3.4 **两性花序显现期**

25%外围结果母枝顶芽新梢出现雌花簇的日期,以"年月日"表示,格式为"YYYYMMDD"。

4.3.5 **雄花盛开期**

25%雄花花丝伸直、花药开裂吐粉的日期,以"年月日"表示,格式为"YYYYMMDD"。

4.3.6 **雌花盛开期**

25%幼苞中心雌花柱头分叉成30°~45°角的日期,以"年月日"表示,格式为"YYYYMMDD"。

4.3.7 **雄花序凋落期**

75%雄花序花粉抖落、下垂、花药变成褐色的日期,以"年月日"表示,格式为"YYYYMMDD"。

4.3.8 **胚发育初期**

受精后,胚珠开始发育的最初日期,以"年月日"表示,格式为"YYYYMMDD"。

4.3.9 **子叶增长期**

胚乳被吸收完毕至子叶开始明显增长的日期,为子叶增长期,以"年月日"表示,格式为"YYYYMMDD"。

4.3.10 **果实成熟期**

全树有50%刺苞开裂、颜色变黄,坚果的发育达到固有的形状、质地、风味和营养物质的可食用日期,以"年月日"表示,格式为"YYYYMMDD"。

4.3.11 **落叶期**

植株25%叶片色泽变黄的日期,为落叶期,以"年月日"表示,格式为"YYYYMMDD"。

4.4 **产量性状**

4.4.1 **基部芽更新果枝能力**

成龄树冠外围正常结果母枝基部芽的更新能力,单位为百分率(%),分为:0. 无;1. 弱;2. 中;3. 强。

4.4.2 **强结果母枝比例**

粗度达到 0.5 cm 以上、果前梢具有大于 3 个以上饱满花芽的，即为强结果母枝。成龄树的结果母枝中结果能力较强的结果母枝占结果母枝总数的比率，单位为百分率(%)。

4.4.3 连续结果能力

成龄树连续 2 年以上丰产结果的能力，分为：1. 弱；2. 中；3. 强。

4.4.4 每果枝结苞数

成龄树冠外围正常结果枝上的刺苞数量，单位为个。

4.4.5 坐苞率

结果刺苞数占刺苞总数的比率，单位为百分率(%)。

4.4.6 空苞率

空刺苞数占刺苞总数的比率，单位为百分率(%)。

4.4.7 产量

嫁接成龄树，每平方米树冠投影面积收获商品坚果的重量，单位为千克每平方米(kg/m^2)。

4.4.8 出实率

果实成熟后，平均每刺苞产出果实重量占刺苞总重量的比率，单位为百分率(%)。

4.5 果实性状

4.5.1 坚果单粒重

完全成熟时，单个果实的平均重量，单位为克(g)。

4.5.2 坚果颜色

完全成熟的果实果皮颜色，分为：1. 黄褐；2. 红棕；3. 红；4. 红褐；5. 紫褐。

4.5.3 坚果光泽

完全成熟的栗实果皮光泽(见图 7)，分为：1. 油亮；2. 明亮；3. 半明；4. 半毛；5. 毛。

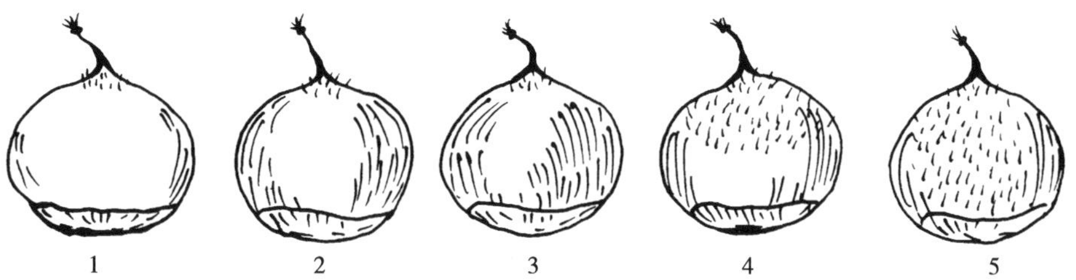

图 7 坚果光泽

4.5.4 边果形状

每刺苞中边果的外观形状(见图 8)，分为：1. 椭圆；2. 圆形；3. 三角形。

图 8 边果形状

4.5.5 果顶形状

完全成熟栗实的顶部和肩部形成的形状，分为：1. 喙突；2. 平；3. 浑圆；4. 微凹。

4.5.6 茸毛分布

完全成熟栗实果皮茸毛的分布部位(见图 9),分为:1. 近果顶;2. 果肩以下;3. 周身。

图 9 茸毛分布

4.5.7 茸毛颜色

完全成熟栗实果皮茸毛的颜色,分为:1. 棕黄;2. 灰白。

4.5.8 茸毛稀密

完全成熟栗实果皮茸毛的稀密程度,分为:1. 稀;2. 中;3. 密。

4.5.9 筋线明显程度

完全成熟栗实果皮的纵向条纹的明显程度(见图 10),分为:1. 不明显;2. 较明显;3. 明显。

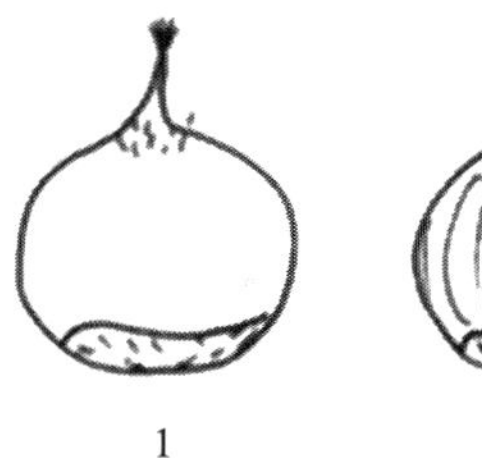

图 10 筋线明显程度

4.5.10 底座大小

完全成熟栗实底座大小(见图 11),分为:1. 小;2. 中;3. 大。

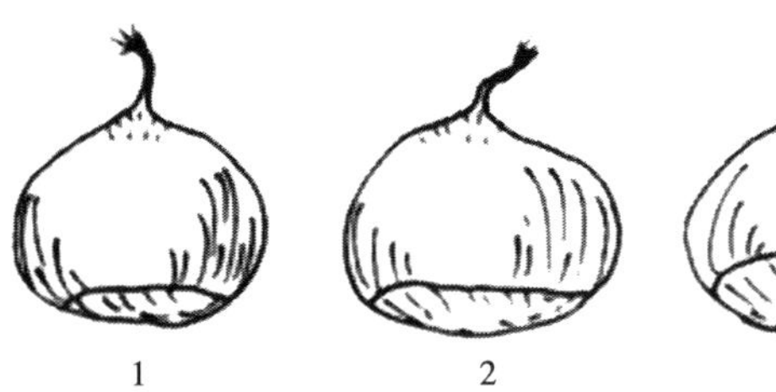

图 11 底座大小

4.5.11 底座光滑度

完全成熟栗实底座的外观特征,分为:1. 平滑;2. 具突点。

4.5.12 底座接线

完全成熟栗实底座接线的外观特征,分为:1. 平滑;2. 波纹。

4.5.13 坚果含水量

完全成熟后坚果种仁的水分含量,在 0℃冷库中储存 4 周后按照 GB 5009.3 规定的方法测定,单位为百分率(%)。

4.5.14 坚果可溶性糖含量

完全成熟后坚果种仁可溶性糖的含量,在 0℃冷库中储存 4 周后按照 GB/T 1278 规定的方法测定,单位为百分率(%)。

4.5.15 坚果淀粉含量

完全成熟后坚果种仁淀粉的含量，在0℃冷库中储存4周后按照GB/T 5009.9规定的方法测定，单位为百分率(%)。

4.5.16 坚果蛋白质含量

完全成熟后坚果种仁蛋白质的含量，在0℃冷库中储存4周后按照GB 5009.5规定的方法测定，单位为百分率(%)。

4.5.17 坚果食用类型

完全成熟坚果的食用方法的分类，分为：1. 炒栗；2. 菜栗。

4.5.18 坚果熟食涩皮剥离难易程度

完全成熟坚果加工后，种皮(涩皮)剥离的难易程度，分为：1. 易；2. 中；3. 难。

4.5.19 坚果熟食口味

完全成熟坚果加工后，品尝时的感觉，分为：1. 好；2. 中；3. 差。

4.5.20 坚果熟食糯性

完全成熟坚果加工后，品尝时口内粳糯性的感觉，分为：1. 糯性；2. 半糯；3. 粳性。

4.5.21 坚果熟食质地

完全成熟坚果加工后，品尝时口内的感觉，分为：1. 细；2. 中；3. 粗。

4.5.22 坚果耐储性

成熟坚果在0℃冷库中储存180 d后果实损失率，分为：1. 弱；2. 中；3. 强。

4.5.23 栗肉褐变性

成熟坚果果肉发生褐变的程度，分为：1. 弱；2. 中；3. 强。

4.6 抗性性状

注：本条款中凡是标注阿拉伯数字的均为代码。

4.6.1 耐寒性

板栗植株抵抗或忍耐低温寒冷的能力，以人工冷冻条件下(−25℃)低温处理24 h板栗枝条的寒害指数确定，分为：1. 强(寒害指数<35.0)；3. 较强(35.0≤寒害指数<45.0)；5. 中(45.0≤寒害指数<55.0)；7. 较弱(55.0≤寒害指数<65.0)；9. 弱(寒害指数≥65.0)。

4.6.2 耐旱性

板栗植株抵抗或忍耐干旱的能力，以板栗种质人为断水条件下的旱害指数确定，分为：1. 强(旱害指数<35.0)；3. 较强(35.0≤旱害指数<45.0)；5. 中(45.0≤旱害指数<55.0)；7. 较弱(55.0≤旱害指数<65.0)；9. 弱(旱害指数≥65.0)。

4.6.3 耐涝性

板栗植株抵抗或忍耐多湿水涝的能力，以板栗种质淹水条件下的涝害指数确定，分为：1. 强(涝害指数<35.0)；3. 较强(35.0≤涝害指数<45.0)；5. 中(45.0≤涝害指数<55.0)；7. 较弱(55.0≤涝害指数<65.0)；9. 弱(涝害指数≥65.0)。

4.6.4 栗疫病抗性

板栗植株对栗疫病害[*Cryphonectria parasitica* (murr.) barr.]的抗性，以病情指数确定，分为：1. 高抗(病情指数<5)；3. 抗病(5≤病情指数<10)；5. 中抗(10≤病情指数<20)；7. 感病(20≤病情指数<40)；9. 高感(病情指数≥40)。

4.6.5 栗瘿蜂抗性

板栗植株对栗瘿蜂的抗性，以成龄结果树上的瘤梢率确定，分为：1. 高抗(瘤梢率<5%)；3. 抗(5%≤瘤梢率<10%)；5. 中抗(10%≤瘤梢率<20%)；7. 感(20%≤瘤梢率<30%)；9. 高感(瘤梢率≥30%)。

4.6.6 栗红蜘蛛抗性

板栗植株对栗红蜘蛛的抗性，以叶片的失绿指数确定，分为：1. 高抗（失绿指数＜15%）；3. 抗（15%≤失绿指数＜25%）；5. 中抗（25%≤失绿指数＜35%）；7. 感（35%≤失绿指数＜60%）；9. 高感（失绿指数≥60%）。

4.6.7 栗桃蛀螟抗性

板栗植株对栗桃蛀螟的抗性，以虫果率确定，分为：1. 高抗（虫果率＜2%）；3. 抗（2%≤虫果率＜5%）；5. 中抗（5%≤虫果率＜10%）；7. 感（10%≤虫果率＜25%）；9. 高感（虫果率≥25%）。

4.6.8 栗皮夜蛾抗性

板栗植株对栗皮夜蛾的抗性，以新梢虫害率确定，分为：1. 高抗（新梢虫害率＜5%）；3. 抗（5%≤新梢虫害率＜10%）；5. 中抗（10%≤新梢虫害率＜15%）；7. 感（15%≤新梢虫害率＜30%）；9. 高感（新梢虫害率≥30%）。

4.6.9 栗实象甲抗性

板栗植株对栗实象甲的抗性，以虫果率确定，分为：1. 高抗（虫果率＜2%）；3. 抗（2%≤虫果率＜5%）；5. 中抗（5%≤虫果率＜10%）；7. 感（10%≤虫果率＜30%）；9. 高感（虫果率≥30%）。

4.6.10 栗大蚜抗性

板栗植株对栗大蚜的抗性，以新梢虫害率确定，分为：1. 高抗（新梢虫害率＜5%）；3. 抗（5%≤新梢虫害率＜10%）；5. 中抗（10%≤新梢虫害率＜15%）；7. 感（15%≤新梢虫害率＜30%）；9. 高感（新梢虫害率≥30%）。

ICS 67.080.10
B 31

中华人民共和国农业行业标准

NY/T 2935—2016

核桃种质资源描述规范

Descriptors for walnut germplasm resources

2016-10-26 发布　　2017-04-01 实施

中华人民共和国农业部 发布

前　言

本标准按照 GB/T 1.1—2009 给出的规则起草。

本标准由农业部种植业管理司提出。

本标准由全国果品标准化技术委员会(SAC/TC 510)归口。

本标准起草单位:山东省果树研究所、中国农业科学院茶叶研究所。

本标准主要起草人:刘庆忠、陈新、熊兴平、徐丽、江用文、张力思、赵红军。

核桃种质资源描述规范

1 范围

本标准规定了核桃(*Juglans regia* L.)种质资源的描述内容和描述方法。

本标准适用于核桃种质资源收集、保存、鉴定、评价过程的描述。

2 规范性引用文件

下列文件对于本文件的应用是必不可少的。凡是注日期的引用文件,仅注日期的版本适用于本文件。凡是不注日期的引用文件,其最新版本(包括所有的修改单)适用于本文件。

GB 5009.5 食品安全国家标准 食品中蛋白质的测定

GB 5009.6 食品安全国家标准 食品中脂肪的测定

GB/T 2260 中华人民共和国行政区划代码

GB/T 2659 世界各国和地区名称代码

3 描述内容

描述内容见表1。

表1 核桃种质资源描述内容

描述类别	描 述 内 容
基本信息	全国统一编号、引种号、采集号、种质中文名、种质外文名、科名、属名、学名、原产国、原产省、原产地、海拔、经度、纬度、来源地、系谱、选育单位、育成年份、选育方法、种质类型、图像、观测地点
植物学特征	树体高度、树冠形状、树姿、营养枝长度、营养枝节间长度、营养枝颜色、皮孔大小、皮孔密度、枝条茸毛密度、小叶片形状、小叶数、叶色、叶尖形状、叶缘形状、混合芽形状、雌花数量、柱头颜色、雄花序长度、雄花序数、二次生长、结果母枝粗度
生物学特性	萌芽期、展叶期、雄花初开期、雄花盛开期、雌花初开期、雌花盛开期、果实成熟期、落叶期
产量性状	侧芽抽生果枝数、侧芽抽生果枝率、单枝结果数、坐果率、产量、连续结果能力、早实性
果实性状	青果形状、青果颜色、果点密度、果面茸毛、青皮厚度、青皮剥离难易、坚果形状、坚果单果重、果顶形状、果底形状、缝合线、缝合线紧密度、核壳沟纹、核壳刻窝、核壳厚度、内褶壁质地、隔膜类型、取仁难易度、出仁率、核仁饱满度、核仁重、核仁皮色、坚果颜色整齐度、坚果均匀度、核仁脂肪含量、核仁蛋白质含量、核仁风味
抗性性状	耐寒性、耐旱性、耐涝性、炭疽病抗性、细菌性黑斑病抗性、白粉病抗性

4 描述方法

4.1 基本信息

4.1.1 全国统一编号

种质的唯一标识号。由"HT"加1位国家果树种质资源圃编号和4位顺序号共7位字符串组成,如HTI0001。该编号由农作物种质资源管理机构命名。

4.1.2 引种号

国外引入时赋予的编号,由"年份""4位顺序号"共8位字符串顺次组成,"年份"为4位数,"4位顺序号"每年分别编号。

4.1.3 采集号

野外采集时赋予的编号,由"年份+省份+顺序号"组成。"年份"为4位数,"省(自治区、直辖市)代号"按照 GB/T 2260 的规定执行,"4 位顺序号"为采集时的编号,每年由 0001 起顺序编号。

4.1.4 **种质中文名**

国内种质的原始名称。如果有多个名称,可以放在括号内,用逗号分隔;对于国外引进种质如果没有中文译名,可以直接填写种质的外文名。

4.1.5 **种质外文名**

国外引进种质的外文名或国内种质的汉语拼音名。国内种质中文名称为 3 字(含 3 字)以下的,所有汉字拼音连续组合在一起,首字母大写;中文名称为 4 字(含 4 字)以上的,以词组为单位,汉字拼音首字母大写。

4.1.6 **科名**

采用植物分类学上的科名,为核桃科(Juglandaceae)。

4.1.7 **属名**

用植物分类学上的属名,为核桃属(*Juglans*)。

4.1.8 **学名**

采用植物分类学上的名称,如核桃的学名是 *Juglans regia* L.。

4.1.9 **原产国**

种质原产国家名或地区或国际组织名称。国家或地区名称按照 GB/T 2659 的规定执行。如该国家已不存在,应在原国家名称前加"原"。国际组织名称用该组织的正式英文缩写。

4.1.10 **原产省**

种质原产省份名称,省份名称按照 GB/T 2260 的规定执行;国外引进种质原产省用原产国家一级行政区的名称。

4.1.11 **原产地**

种质原产县、乡、村名称,县名按照 GB/T 2260 的规定执行。

4.1.12 **海拔**

种质原产地的海拔,单位为米(m)。

4.1.13 **经度**

种质原产地的经度,单位为度(°)和分(′)。格式为"DDDFF",其中"DDD"为度,"FF"为分。东经为正值,西经为负值。

4.1.14 **纬度**

种质原产地的纬度,单位为度(°)和分(′)。格式为"DDFF",其中"DD"为度,"FF"为分。北纬为正值,南纬为负值。

4.1.15 **来源地**

种质的来源国家、省、县名称。

4.1.16 **系谱**

选育品种(系)的亲缘关系。

4.1.17 **选育单位**

品种(系)的选育单位名称或个人姓名,单位名称应写全称。

4.1.18 **育成年份**

品种(系)培育的年份,宜为通过审定(认定)或备案或正式发表的年份。

4.1.19 **选育方法**

品种(系)的育种方法,如人工杂交、自然实生或芽变选种等。

4.1.20 **种质类型**

种质资源的类型，分为：1. 野生资源；2. 地方品种；3. 选育品种；4. 品系；5. 特殊遗传材料；6. 其他。

4.1.21 图像

核桃种质的图像文件名。文件名由该种质全国统一编号、连字符“-”和图像序号组成。图像格式为.jpg。

4.1.22 观测地点

种质的观测地点，记录到省和市(县)名，如山东省泰安市。

4.2 植物学特征

4.2.1 树体高度

核桃成龄树地上部分的高度，分为：1. 矮小；2. 中等；3. 高大。

4.2.2 树冠形状

核桃成龄树的树冠类型(见图 1)，分为：1. 圆球形；2. 半球形；3. 圆锥形。

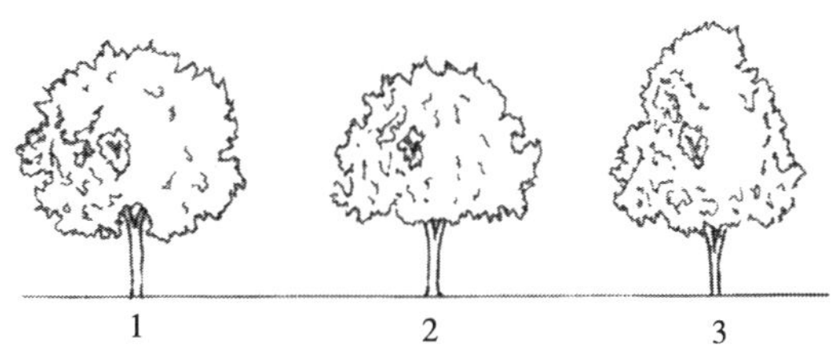

图 1 树冠形状

4.2.3 树姿

未整形时核桃植株自然分枝习性(见图 2)，分为：1. 直立；2. 半开张；3. 开张。

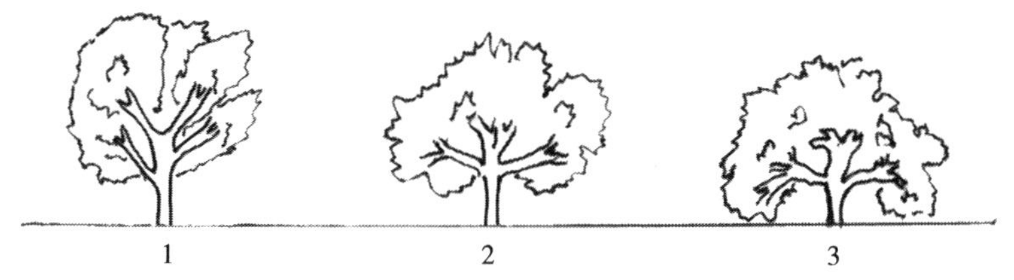

图 2 树 姿

4.2.4 营养枝长度

核桃成龄树一年生枝的长度，单位为厘米(cm)。

4.2.5 营养枝节间长度

核桃成龄树一年生枝上相邻两芽之间的长度，单位为厘米(cm)。

4.2.6 营养枝颜色

核桃成龄树一年生枝条表皮的颜色，分为：1. 银白色；2. 银灰色；3. 灰褐色；4. 褐色。

4.2.7 皮孔大小

由顶芽抽生的一年生发育枝上皮孔直径的大小，分为：1. 小；2. 中；3. 大。

4.2.8 皮孔密度

由顶芽抽生的一年生发育枝上皮孔的稀疏度(见图 3)，分为：1. 稀；2. 中；3. 密。

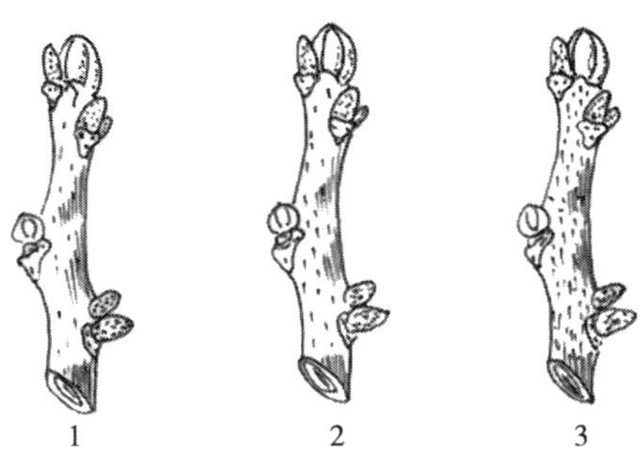

图3 皮孔密度

4.2.9 枝条茸毛密度

正常发育枝中部有茸毛枝条上的茸毛密度，分为：1. 稀；2. 中；3. 密。

4.2.10 小叶片形状

正常发育枝中段，羽状复叶中部小叶片的形状(见图4)，分为：1. 卵圆形；2. 倒卵圆形；3. 椭圆形；4. 纺锤形；5. 心形；6. 阔披针形。

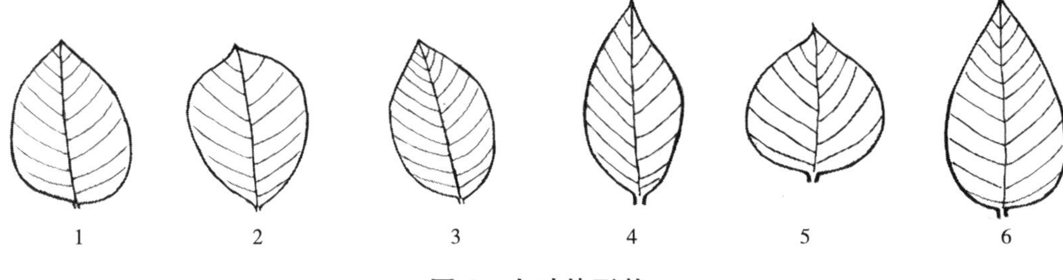

图4 小叶片形状

4.2.11 小叶数

正常发育枝中部羽状复叶上小叶片的数量，分为：1. 少；2. 中；3. 多。

4.2.12 叶色

正常发育枝中部叶片的颜色，分为：1. 浅绿；2. 黄绿；3. 绿；4. 浓绿；5. 红色。

4.2.13 叶尖形状

正常发育枝中段，羽状复叶中部小叶的叶尖形状(见图5)，分为：1. 渐尖；2. 微尖。

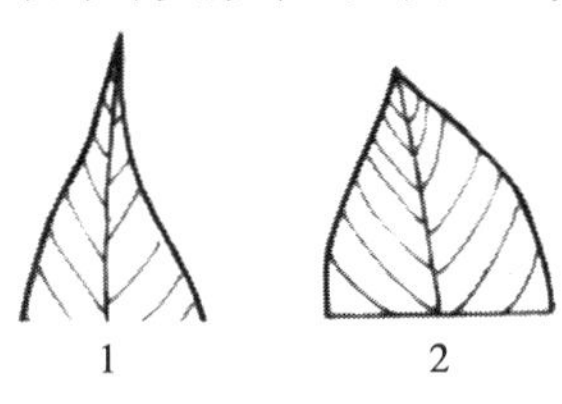

图5 叶尖形状

4.2.14 叶缘形状

正常发育枝中部羽状复叶中小叶的叶缘形状(见图6)，分为：1. 锯齿状；2. 波纹状；3. 全缘。

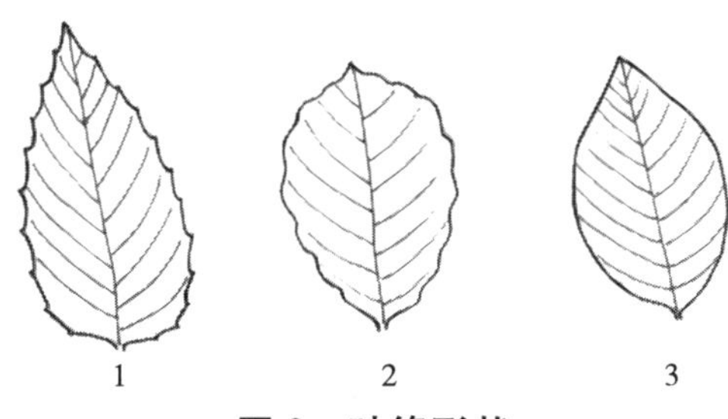

图6 叶缘形状

4.2.15 **混合芽形状**

着生在正常结果母枝上的混合芽的外观形状(见图 7),分为:1. 长圆形;2. 三角形;3. 长三角形。

图 7 混合芽形状

4.2.16 **雌花数量**

核桃成龄树结果枝上着生雌花的数量,单位为个。

4.2.17 **柱头颜色**

树冠外围由顶生混合芽抽生的结果枝上雌花盛开时柱头的颜色,分为:1. 淡黄;2. 黄绿;3. 微红;4. 鲜红。

4.2.18 **雄花序长度**

由一年生枝中部或中下部雄花芽抽生的葇荑花序长度,单位为厘米(cm)。

4.2.19 **雄花序数**

树冠外围由顶芽抽生的结果枝上的雄花序的个数,单位为个。

4.2.20 **二次生长**

树冠外围由顶部芽抽生副梢的有无,分为:0. 无;1. 有。

4.2.21 **结果母枝粗度**

核桃成龄树冠外围正常结果母枝中部的直径,单位为厘米(cm)。

4.3 **生物学特性**

4.3.1 **萌芽期**

树冠外围结果母枝顶芽有 5%萌动并开始露出幼叶的日期,以"年月日"表示,格式"YYYYMMDD"。

4.3.2 **展叶期**

树冠外围一年生枝顶芽有 5%幼叶展开的日期,以"年月日"表示,格式"YYYYMMDD"。

4.3.3 **雄花初开期**

雄花序萼片刚刚开裂、小花开始散粉的日期,以"年月日"表示,格式"YYYYMMDD"。

4.3.4 **雄花盛开期**

25%的雄花序萼片开裂、小花开始散粉的日期,以"年月日"表示,格式"YYYYMMDD"。

4.3.5 **雌花初开期**

雌花柱头刚刚开始分叉的日期,以"年月日"表示,格式"YYYYMMDD"。

4.3.6 **雌花盛开期**

25%雌花柱头分叉成 30°~45°的日期,以"年月日"表示,格式"YYYYMMDD"。

4.3.7 **果实成熟期**

全树有 30%青皮自然开裂的日期,以"年月日"表示,格式"YYYYMMDD"。

4.3.8 **落叶期**

全树有 30%叶片脱落的日期,以"年月日"表示,格式"YYYYMMDD"。

4.4 **产量性状**

4.4.1 **侧芽抽生果枝数**

核桃成龄树冠外围正常结果母枝上抽生结果枝的数量,单位为个。

4.4.2 **侧芽抽生果枝率**

正常结果母枝上所有侧芽中抽生的结果枝数占侧芽的比率,以百分率(%)表示。

4.4.3 **单枝结果数**

树冠外围结果枝上的果实数量,单位为个。

4.4.4 **坐果率**

核桃成龄树单株结果枝上着果数占雌花总数的比率,以百分率(%)表示。

4.4.5 **产量**

单位面积上资源植株所负载果实的重量,单位为千克每666.7平方米(kg/666.7 m^2)。

4.4.6 **连续结果能力**

3年连续结果枝占调查结果枝总数的比率,分为:1. 弱(3年连续结果枝的比率<40%);2. 中(40%≤3年连续结果枝的比率<70%);3. 强(3年连续结果枝的比率≥70%)。

4.4.7 **早实性**

嫁接树结果的早晚,分为:1. 早;2. 中;3. 晚。

4.5 **果实特性**

4.5.1 **青果形状**

青果发育至成熟时的外部形态(见图8),分为:1. 圆形;2. 椭圆形;3. 长圆形;4. 卵形;5. 倒卵形。

1
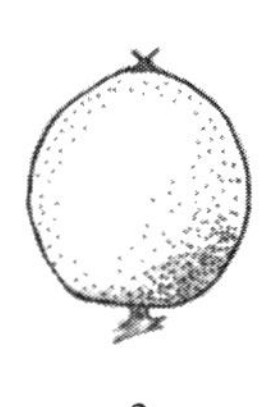
2
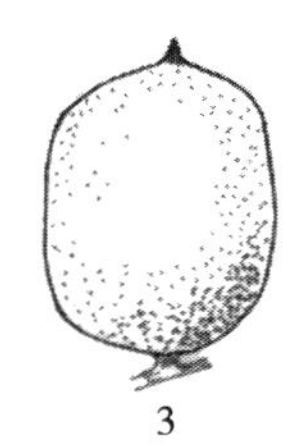
3

4
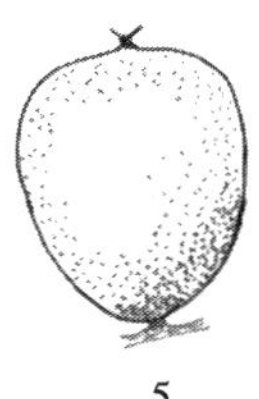
5

图8 青果形状

4.5.2 **青果颜色**

青果成熟后期青皮的颜色,分为:1. 淡黄;2. 黄绿;3. 绿;4. 浓绿;5. 紫红。

4.5.3 **果点密度**

青果成熟后期青皮上的果点多少,分为:1. 稀;2. 中;3. 密。

4.5.4 **青皮茸毛**

青果成熟后期,青皮茸毛的有无,分为:0. 无;1. 有。

4.5.5 **青皮厚度**

青果成熟后期,果实中部青皮的厚度,单位为毫米(mm)。

4.5.6 **青皮剥离难易**

青果成熟后期,青皮剥离的难易程度,分为:1. 易;2. 中;3. 难。

4.5.7 **坚果形状**

完全成熟的果实,脱除青皮后的坚果形状(见图9),分为:1. 圆形;2. 近圆形;3. 短椭圆形;4. 椭圆形;5. 长椭圆形;6. 卵形;7. 倒卵形;8. 圆筒形;9. 方圆形;10. 三角形。

1
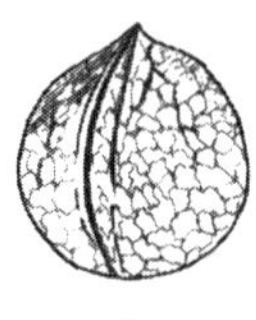
2
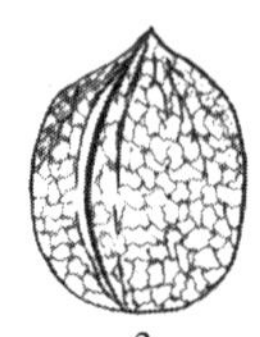
3
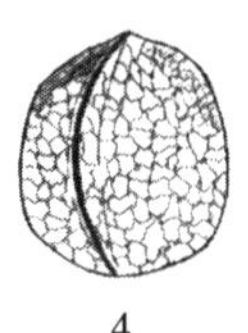
4
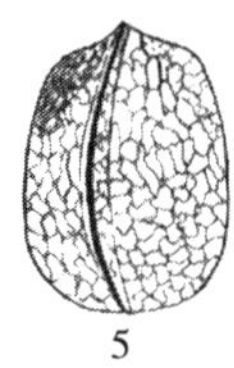
5
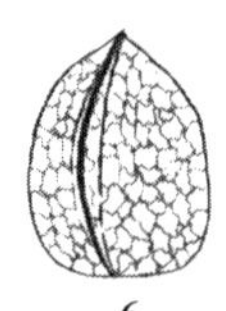
6

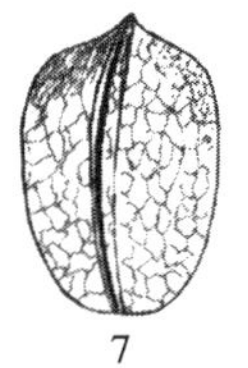
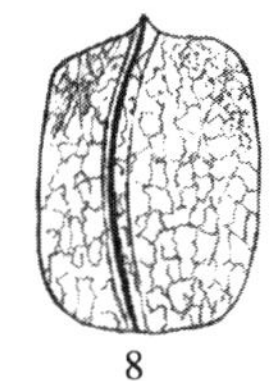
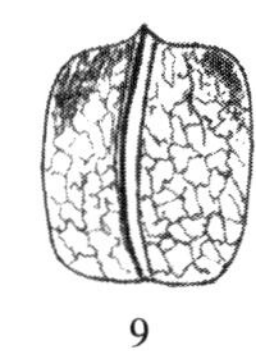

图 9　坚果形状

4.5.8　**坚果单果重**

单个坚果的重量,单位为克(g)。

4.5.9　**果顶形状**

完全成熟坚果的顶部的形状(见图 10),分为:1. 圆;2. 尖圆;3. 钝尖;4. 锐尖;5. 平;6. 凹。

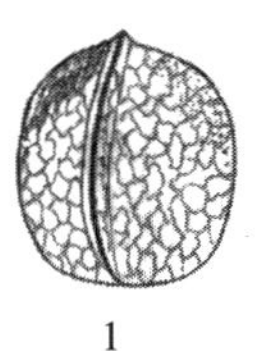
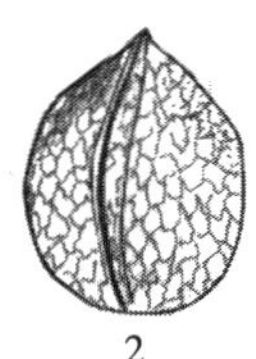
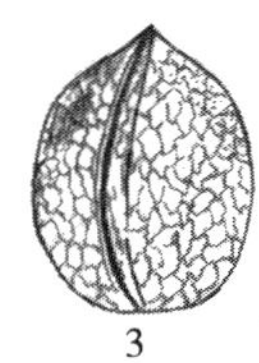
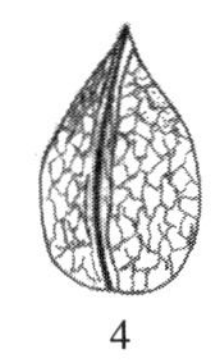
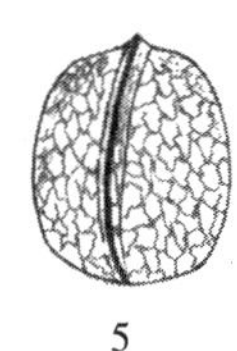
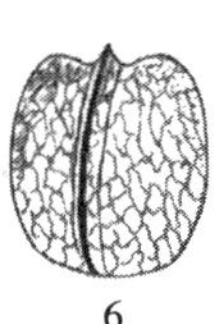

图 10　果顶形状

4.5.10　**果底形状**

完全成熟坚果的底部的形状(见图 11),分为:1. 尖圆;2. 圆;3. 平。

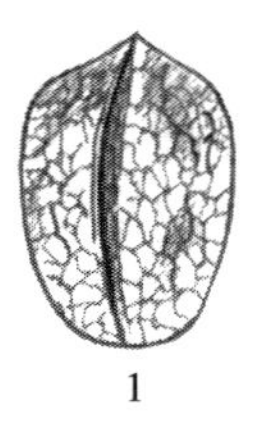
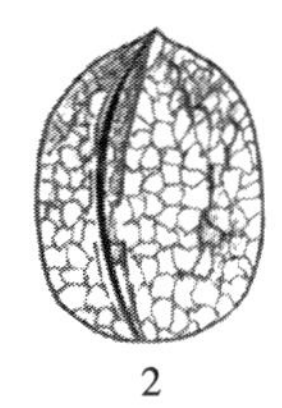
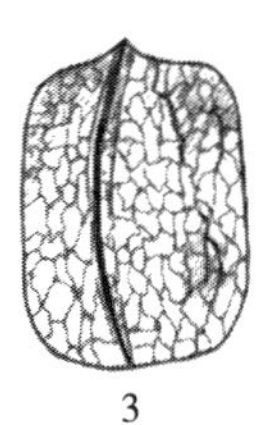

图 11　果底形状

4.5.11　**缝合线**

完全成熟的坚果缝合线的特征,分为:1. 凹;2. 平;3. 凸。

4.5.12　**缝合线紧密度**

完全成熟的坚果缝合线的紧密程度,分为:1. 松;2. 较松;3. 较紧;4. 紧密。

4.5.13　**核壳沟纹**

完全成熟的坚果表面沟纹的多少,分为:1. 稀;2. 中;3. 密。

4.5.14　**核壳刻窝**

完全成熟的坚果表面刻窝的深度,分为:1. 浅;2. 中;3. 深。

4.5.15　**核壳厚度**

完全成熟的坚果核壳的厚度,分为:1. 极薄;2. 薄壳;3. 中壳;4. 厚壳。

4.5.16　**内褶壁质地**

完全成熟的坚果核壳其内褶壁的特征,分为:1. 膜质;2. 革质;3. 骨质。

4.5.17　**隔膜类型**

完全成熟的坚果心室隔膜的特征(见图 12),分为:1. 膜质;2. 革质;3. 骨质。

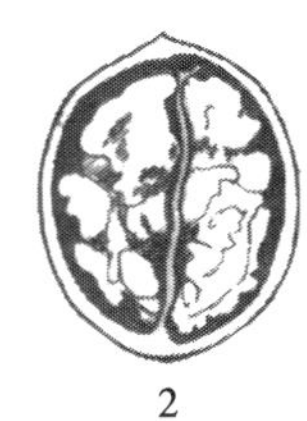
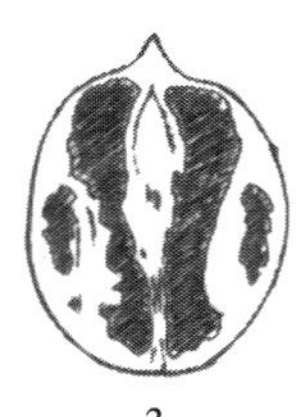

1　　2　　3

图 12　隔膜类型

4.5.18　**取仁难易度**

破壳取出完全成熟的坚果核仁的难易程度，分为：1. 易；2. 中；3. 难。

4.5.19　**出仁率**

完全成熟的坚果，取出核仁的重量占总坚果重量的百分数，以百分率(%)表示。

4.5.20　**核仁饱满度**

完全成熟的坚果，其核仁的充实、饱满程度，分为：1. 干瘪；2. 较饱满；3. 饱满。

4.5.21　**核仁重**

完全成熟的坚果，单个核仁的重量，单位为克(g)。

4.5.22　**核仁皮色**

完全成熟的坚果，其核仁表皮的颜色，分为：1. 淡黄；2. 黄褐；3. 褐；4. 深褐；5. 紫红。

4.5.23　**坚果颜色整齐度**

完全成熟后，坚果表皮颜色的均匀程度，分为：1. 差；2. 中；3. 好。

4.5.24　**坚果均匀度**

完全成熟后，坚果重量的均匀程度，分为：1. 差；2. 中；3. 好。

4.5.25　**核仁脂肪含量**

完全成熟的坚果核仁的脂肪含量，按照 GB 5009.6 的规定测定。

4.5.26　**核仁蛋白质含量**

完全成熟的坚果核仁的蛋白质含量，按照 GB 5009.5 的规定测定。

4.5.27　**核仁风味**

依据完熟坚果核仁的口感(香甜、微涩、苦涩等)确定核仁风味，分为：1. 差；2. 中；3. 好。

4.6　**抗性性状**

注：本条款中凡是标注阿拉伯数字的均为代码。

4.6.1　**耐寒性**

核桃植株抵抗或忍耐低温寒冷的能力，以寒害指数确定。分为：1. 强(寒害指数＜35)；3. 较强(35≤寒害指数＜45)；5. 中(45≤寒害指数＜55)；7. 较弱(55≤寒害指数＜65)；9. 弱(寒害指数≥65)。

4.6.2　**耐旱性**

核桃植株抵抗或忍耐干旱的能力，以旱害指数确定。分为：1. 强(旱害指数＜35)；3. 较强(35≤旱害指数＜45)；5. 中(45≤旱害指数＜55)；7. 较弱(55≤旱害指数＜65)；9. 弱(旱害指数≥65)。

4.6.3　**耐涝性**

核桃植株抵抗或忍耐多湿水涝的能力，以涝害指数确定。分为：1. 强(涝害指数＜35)；3. 较强(35≤涝害指数＜45)；5. 中(45≤涝害指数＜55)；7. 较弱(55≤涝害指数＜65)；9. 弱(涝害指数≥65)。

4.6.4　**炭疽病抗性**

核桃对炭疽病[*Glomerella cingulata*(*Stonem.*)Schr. et. Spauld]的抗性强弱，以病情指数确定。分为：1. 高抗(病情指数＜5)；3. 抗病(5≤病情指数＜10)；5. 中抗(10≤病情指数＜20)；7. 感病(20≤病

情指数<40);9. 高感(病情指数≥40)。

4.6.5 细菌性黑斑病抗性

核桃青果和叶片对细菌性黑斑病[*Xanthomonas juglandis*(*Pierce*)Donwson]的抗性强弱,以病情指数确定。分为:1. 高抗(病情指数<5);3. 抗病(5≤病情指数<10);5. 中抗(10≤病情指数<20);7. 感病(20≤病情指数<40);9. 高感(病情指数≥40)。

4.6.6 白粉病抗性

核桃叶片对白粉病[*Microsphaera juglandis*(*Jacz.*)Golov. =*M. yamadai*(*Salm.*)Syd.]的抗性强弱,以病情指数确定。分为:1. 高抗(病情指数<5);3. 抗病(5≤病情指数<10);5. 中抗(10≤病情指数<20);7. 感病(20≤病情指数<40);9. 高感(病情指数≥40)。

ICS 67.080.10
B 31

中华人民共和国农业行业标准

NY/T 2936—2016

甘蔗种质资源描述规范

Descriptors for sugarcane germplasm resources

2016-10-26 发布　　　　2017-04-01 实施

中华人民共和国农业部 发布

前　言

本标准按照 GB/T 1.1—2009 给出的规则起草。

本标准由农业部种植业管理司提出并归口。

本标准起草单位：云南省农业科学院甘蔗研究所、中国农业科学院茶叶研究所、云南省农业科学院生物技术与种质资源研究所。

本标准主要起草人：蔡青、范源洪、熊兴平、徐超华、江用文、马丽、应雄美、陆鑫、刘新龙、毛均、林秀琴、刘洪博、李旭娟、苏火生。

甘蔗种质资源描述规范

1 范围

本标准规定了甘蔗种质资源的基本信息、植物学特征、生物学特性、产量性状、品质性状及抗性性状的描述方法。

本标准适用于对甘蔗属(*Saccharum* Linn.)及其近缘属植物,包括:蔗茅属(*Erianthus* Michx. sect. *Ripidium* Henrard)、芒属(*Miscanthus* Anderss.)、河八王属(*Narenga* Bor.)、硬穗茅属(*Sclerostachya* Hack A. Camus)甘蔗种质资源的描述。

2 规范性引用文件

下列文件对于本文件的应用是必不可少的。凡是注日期的引用文件,仅注日期的版本适用于本文件。凡是不注日期的引用文件,其最新版本(包括所有的修改单)适用于本文件。

GB/T 2260 中华人民共和国行政区划代码

GB/T 2659 世界各国和地区名称代码

3 描述内容

描述内容见表1。

表1 甘蔗种质资源描述内容

描述类别	描 述 内 容
基本信息	全国统一编号、引种号、采集号、种质名称、种质外文名、科名、属名、种名、原产国、原产省、原产地、海拔、经度、纬度、来源地、亲系、选育单位、育成年份、选育方法、种质类型、图像、观测地点
植物学特征	气根、茎形、节间形状、曝光前节间颜色、曝光后节间颜色、节间长度、蜡粉带、木栓、生长裂缝、空心、蒲心、生长带形状、根点排列、芽形、芽位、芽沟、叶姿、叶色、叶片长度、叶片宽度、脱叶性、叶鞘背毛群、内外叶耳形状、花序形状、花序颜色
生物学特性	抽穗期、花粉量、花粉发育率、苗期生势、出苗率、宿根发株率、分蘖率
产量性状	株高、茎径、有效茎数、单茎重、理论蔗茎产量、实际蔗茎产量
品质性状	田间锤度、蔗糖分、纤维分
抗性性状	耐旱性、耐寒性、黑穗病抗性、花叶病抗性、锈病抗性

4 描述方法

4.1 基本信息

4.1.1 全国统一编号

种质的唯一标识号,由8位字符构成,第一位表示国别,C(China)代表国内种质,A(Abroad)代表国外种质;第二位表示种质类型,O(Origin)代表栽培原种和地方品种,W(Wild)代表野生资源,H(Hybrid)代表杂交品种(系);第三位至第八位表示序号,由6位数字组成。该编号由国家甘蔗种质资源圃赋予。

表 2　甘蔗种质资源全国统一编号格式

来源地国别		种质类型		种质序号 (6 位数字)	全国统一编号 (格式)	例子	
中文	代号	中文	代号			编号	说明
国内种	C	栽培原种	O	××××××	CO××××××	CO000023	国内栽培原种第 23 号
	C	野生资源	W	××××××	CW××××××	CW001220	国内野生资源第 1220 号
	C	杂交种	H	××××××	CH××××××	CH002105	国内杂交种第 2105 号
国外种	A	栽培原种	O	××××××	AO××××××	AO000110	国外栽培原种第 110 号
	A	野生资源	W	××××××	AW××××××	AW000008	国外野生资源第 8 号
	A	杂交种	H	××××××	AH××××××	AH000156	国外杂交种第 156 号

4.1.2　引种号

种质从国外引进时由引种单位赋予的种质编号。由引种单位简称及引进年份和顺序号组成，如福农引 20040025。

4.1.3　采集号

野外考察采集资源时赋予的种质编号，以采集地所属的省名、采集年份和顺序号组成，如云南 20010025。

4.1.4　种质名称

种质的原名。国内种质以采集号、地方品种名称或选育品种编号、审定品种名称表示，国外种质以中文译名或外文原名表示。若有多个名称，则在括号内用分号分隔，如“种质名称 1(种质名称 2;种质名称 3)”。

4.1.5　种质外文名

国外种质以外文原名表示，国内种质以汉语拼音全拼表示，每个汉字的拼音首字母用大写，如“白沙坡大白花草”的种质外文名为“BaiShaPoDaBaiHuaCao”。

4.1.6　科名

甘蔗种质在植物分类学上的科名。按照植物学分类，甘蔗为禾本科(Gramineae)。

4.1.7　属名

甘蔗种质在植物分类学上的属名。按照植物学分类，如甘蔗属(*Saccharum* L.)，近缘属按植物学分类上的属名。

4.1.8　种名

甘蔗种质在植物分类学上的种名。如热带种(*Saccharum officinarum* L.)。

4.1.9　原产国

甘蔗种质原产国、地区或国际组织名称。国家和地区名称按照 GB/T 2659 的规定执行。如该国家已不存在，在国家名称前加“原”。国际组织名称用该组织的正式英文缩写。

4.1.10　原产省

甘蔗种质原产省或原产国一级行政区名称。省名或行政区名按照 GB/T 2260 的规定执行。

4.1.11　原产地

甘蔗种质原产县(市)、镇(乡)、村(寨)名称。县(市)名按照 GB/T 2260 的规定执行。

4.1.12　海拔

种质原产地的海拔高度，单位为米(m)。

4.1.13　经度

种质原产地的经度，单位为度(°)和分(′)。格式为“DDDFF”，其中“DDD”为度，“FF”为分。东经为正值，西经为负值，例如，“12125”代表东经 121°25′，“－10209”代表西经 102°09′。

4.1.14 **纬度**

种质原产地的纬度，单位为度(°)和分(′)。格式为“DDFF”，其中“DD”为度，“FF”为分。北纬为正值，南纬为负值，例如，“3208”代表北纬 32°08′，“－2542”代表南纬 25°42′。

4.1.15 **来源地**

国外引进种质的来源地为国家、地区或国际组织名称；国内种质的来源地为省(自治区、直辖市)、县(市)名称。

4.1.16 **亲本**

杂交品种(系)的亲本。如 Co419×云南 83－157。

4.1.17 **选育单位**

杂交品种(系)的单位全称或个人名字。

4.1.18 **育成年份**

杂交品种(系)通过审定(鉴定或登记或授权)的年份。

4.1.19 **选育方法**

杂交品种(系)的育种手段。如系选、人工杂交、辐射育种等。

4.1.20 **种质类型**

甘蔗种质的类型，分为：1. 野生资源；2. 栽培原种；3. 杂交品种(系)；4. 其他。

4.1.21 **图像**

甘蔗种质的图像文件名。文件名由该种质全国统一编号、连字符“-”和图像序号组成。图像格式为.jpg。

4.1.22 **观测地点**

甘蔗种质植物学特征和生物学特性的观测地点。迁地保存的注明资源圃名称；原地保存的注明所在省(自治区、直辖市)、县(市)和镇(乡)村(寨)名称。

4.2 **植物学特征**

4.2.1 **气根**

植株地上部分茎节上的蔗根(见图 1)，分为：1. 无；2. 有。

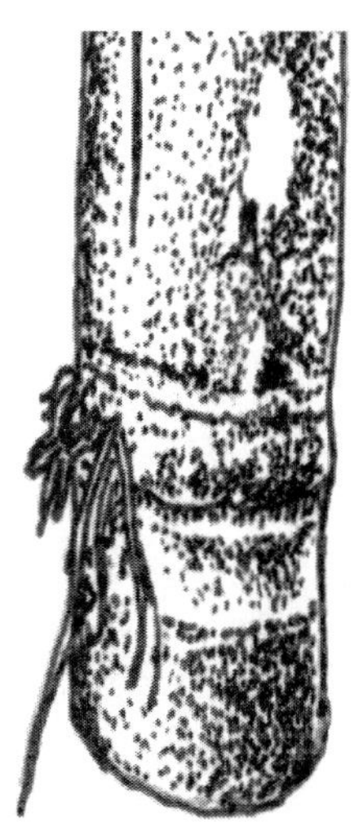

图 1 气 根

4.2.2 **茎形**

成熟期蔗茎的整体形状(见图 2)，分为：1. 直立；2. 弯曲。

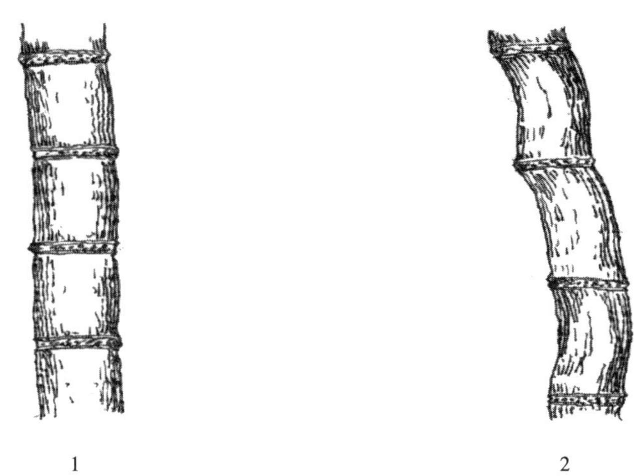

图2 茎 形

4.2.3 节间形状

叶痕至生长带之间蔗茎部分的形状(见图 3),分为:1. 圆筒形;2. 腰鼓形;3. 细腰形;4. 圆锥形;5. 倒圆锥形;6. 弯曲形。

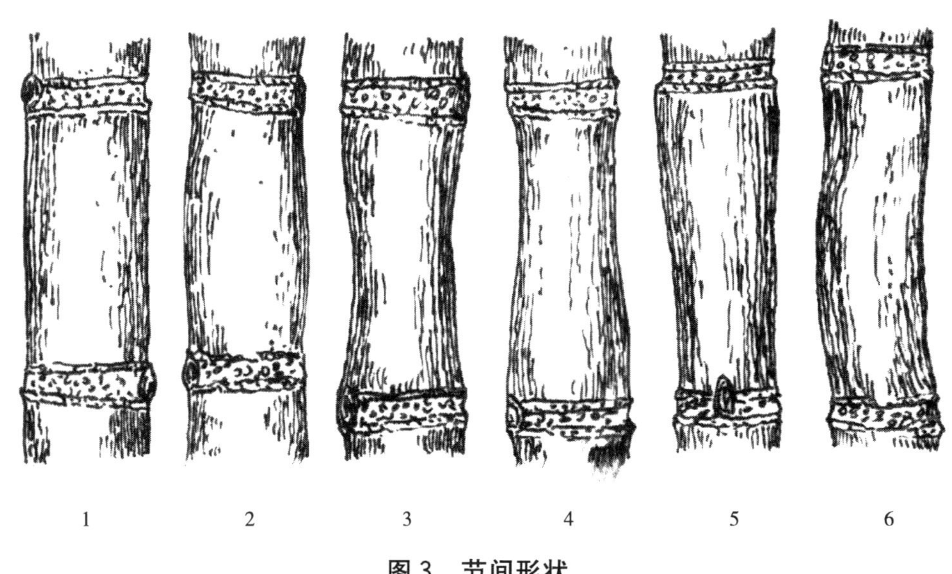

图3 节间形状

4.2.4 曝光前节间颜色

蔗茎节间在叶片未脱落时(未曝光)的颜色,分为:1. 黄;2. 黄绿;3. 深绿;4. 红;5. 紫;6. 深紫;7. 绿条纹;8. 黄条纹。

4.2.5 曝光后节间颜色

蔗茎节间在叶片脱落后(曝光)的颜色,分为:1. 黄;2. 黄绿;3. 深绿;4. 红;5. 紫;6. 深紫;7. 绿条纹;8. 黄条纹。

4.2.6 节间长度

由生长带起至叶痕之间的蔗茎部分长度,单位为厘米(cm),精确到 0.1 cm。

4.2.7 蜡粉带

蔗茎上的蜡粉多少情况,分为:1. 无;2. 薄;3. 厚。

4.2.8 木栓

蔗茎中部节间表皮上木栓的有无和形状(见图 4),分为:1. 无;2. 条纹;3. 斑块。

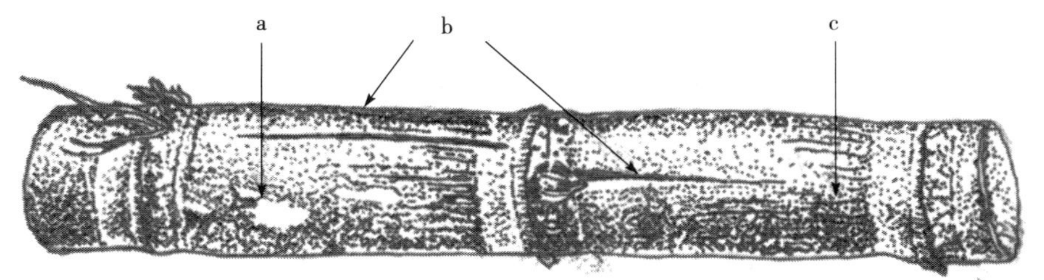

说明：

a——木栓(斑块)；

b——生长裂缝(水裂)；

c——木栓(条纹)。

图4 木栓和生长裂缝

4.2.9 生长裂缝

蔗茎中下部节间生长裂缝的有无和深浅(见图4),分为:1. 无;2. 浅;3. 深。

4.2.10 空心

蔗茎节间空心状态,分为:1. 无;2. 小;3. 中;4. 大。

4.2.11 蒲心

蔗茎节间的有无和轻重程度,分为:1. 无;2. 轻;3. 中;4. 重。

4.2.12 生长带形状

蔗茎中部节间生长带的形状,分为:1. 突出;2. 不突出。

4.2.13 根点排列

蔗茎中部节上根点排列的整齐程度(见图5),分为:1. 规则;2. 不规则。

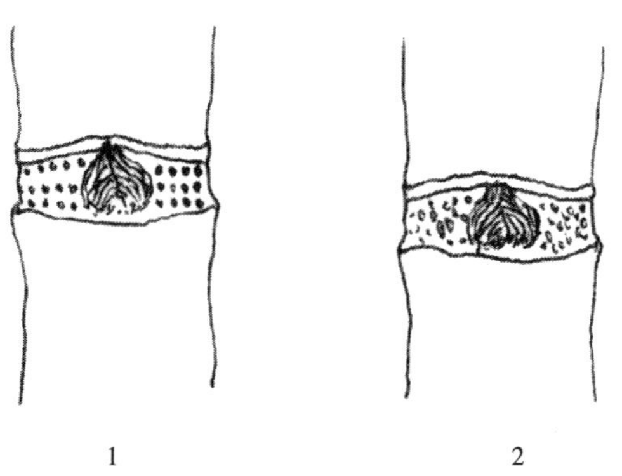

图5 根点排列

4.2.14 芽形

茎节上侧芽的形状(见图6),分为:1. 三角形;2. 椭圆形;3. 倒卵形;4. 五角形;5. 菱形;6. 圆形;7. 卵圆形;8. 长方形;9. 鸟嘴形。

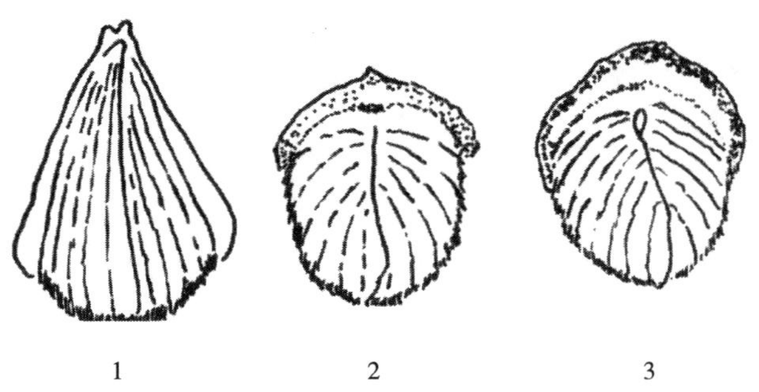

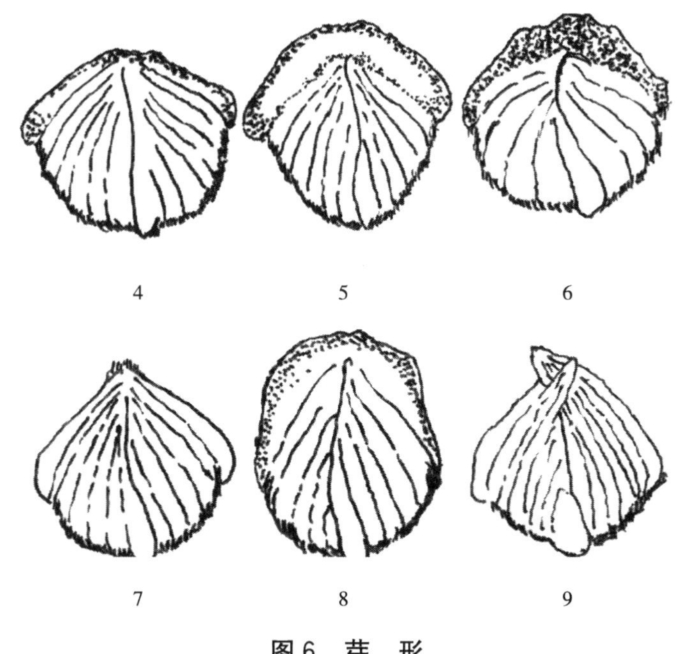

图6 芽 形

4.2.15 芽位

侧芽在茎节上着生的位置(见图7),分为:1. 上;2. 平;3. 下。

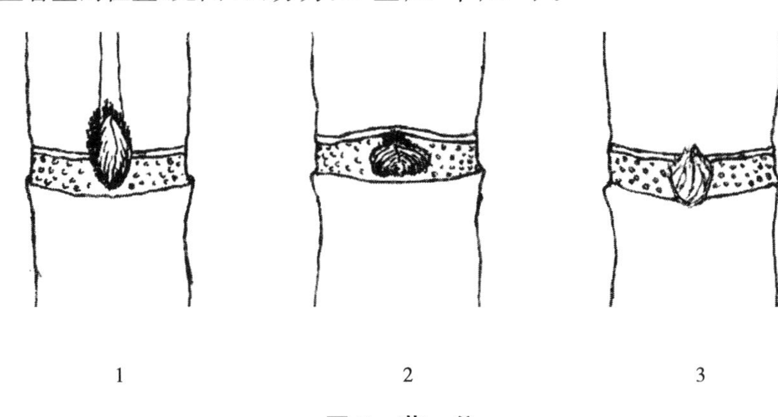

图7 芽 位

4.2.16 芽沟

侧芽正上方凹陷状向上引伸的纵沟,分为:1. 无;2. 浅;3. 深。

4.2.17 叶姿

成熟期蔗叶的姿态(见图8),分为:1. 披散;2. 挺直叶尖下垂;3. 挺直。

图8 叶 姿

4.2.18 叶色

伸长期叶片的颜色，分为：1. 黄绿；2. 绿；3. 深绿；4. 紫。

4.2.19 叶片长度

成熟期+3叶叶片的长度，单位为厘米(cm)，精确至0.1 cm。

4.2.20 叶片宽度

成熟期+3叶叶片的宽度，单位为厘米(cm)，精确到0.1 cm。

4.2.21 脱叶性

成熟期蔗茎最低第2片枯叶叶鞘包茎松紧和脱落难易程度，分为：1. 自动脱落；2. 松；3. 紧。

4.2.22 叶鞘背毛群

成熟期叶鞘背上的毛群(称第57号毛群)(见图9)，分为：1. 无；2. 少；3. 中；4. 多。

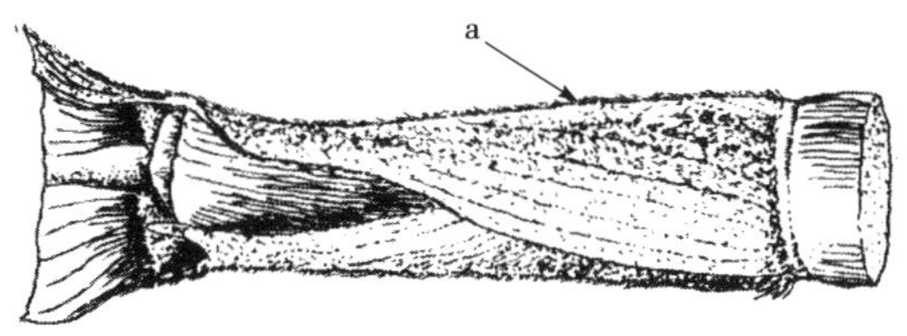

说明：

a——第57号毛群。

图9 叶鞘背毛群

4.2.23 内外叶耳形状

着生于叶鞘上端边缘两侧、覆盖在外的为外叶耳，覆盖在内的为内叶耳(见图10)，分为：0. 退化；1. 三角形；2. 倒钩形；3. 镰刀形；4. 披针形；5. 钩形。

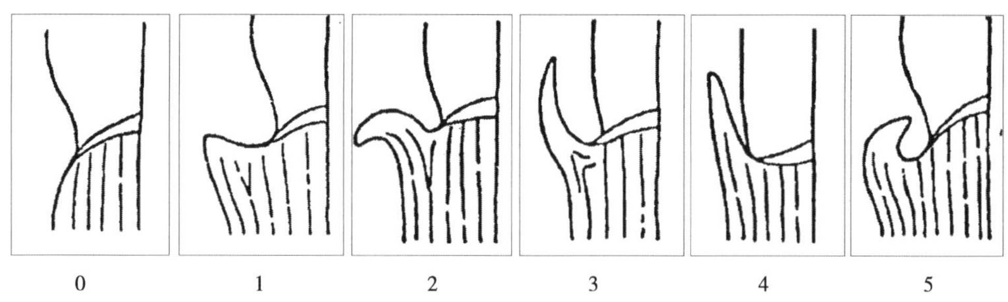

图10 内外叶耳形状

4.2.24 花序形状

盛花期花穗的整体形状(见图11)，分为：1. 圆锥形；2. 箭嘴形；3. 扫帚形。

图11 花序形状

4.2.25 花序颜色

盛花期花穗的整体颜色，分为：1. 灰白；2. 淡紫；3. 紫红。

4.3 生物学特性

4.3.1 抽穗期

花穗抽出约占穗长1/3时的日期，以“年月日”表示，格式“YYYYMMDD”，如“20011105”，表示抽穗期为2001年11月5日。

4.3.2 花粉量

盛花期花穗上花粉量的有无和多少，分为：1. 无；2. 少；3. 中；4. 多。

4.3.3 花粉发育率

发育花粉粒占总观察花粉粒数目的百分率，以百分率(%)表示，精确到0.1%。

4.3.4 苗期生势

苗期群体生长的旺盛程度，分为：1. 强；2. 中；3. 弱。

4.3.5 出苗率

齐苗期单位面积内出苗数与下种芽数的百分比，以百分率(%)表示，精确到0.1%。

4.3.6 宿根发株率

齐苗期单位面积内宿根苗萌发数与蔗桩数的百分比，以百分率(%)表示，精确到0.1%。

4.3.7 分蘖率

分蘖后期单位面积内分蘖苗数与主茎苗数的百分比，以百分率(%)表示，精确到0.1%。

4.4 产量性状

4.4.1 株高

成熟期蔗株从地面至最高可见肥厚带高度，单位为厘米(cm)。

4.4.2 茎径

成熟期植株中部节间的直径，单位为厘米(cm)，精确到0.01 cm。

4.4.3 有效茎数

成熟期株高超过100 cm的蔗株数目，单位为条每公顷(条/hm^2)。

4.4.4 单茎重

成熟期单株蔗茎的实测重量，单位为千克(kg)，精确到0.1 kg。

4.4.5 理论蔗茎产量

根据有效茎数与单茎重计算出的产量，单位为千克每公顷(kg/hm^2)，精确到0.01 kg/hm^2。

4.4.6 实际蔗茎产量

根据抽样实测并估算出的每公顷蔗茎产量，单位为千克每公顷(kg/hm^2)，精确到0.01 kg/hm^2。

4.5 品质性状

4.5.1 田间锤度

蔗茎中部节间蔗汁(野生种取地上第三节)的折光锤度测量值，表示蔗糖、转化糖及其他固溶物占蔗汁总量的百分率，以百分率(%)表示，精确至0.01%。

4.5.2 蔗糖分

蔗茎中蔗糖的含量，以百分率(%)表示，精确至0.01%。

4.5.3 纤维分

蔗茎中粗纤维的含量，以百分率(%)表示，精确至0.01%。

4.6 抗性性状

4.6.1 耐旱性

种质对干旱的忍耐或抵抗能力，分为：1. 强；2. 较强；3. 中；4. 弱。

4.6.2 耐寒性

种质对低温或霜冻的忍耐或抵抗能力，分为：1. 强；2. 较强；3. 中；4. 弱。

4.6.3 黑穗病抗性

甘蔗对黑穗病的抵抗能力，分为：1. 强；2. 较强；3. 中；4. 弱。

4.6.4 花叶病抗性

甘蔗对花叶病的抵抗能力，分为：1. 强；2. 较强；3. 中；4. 弱。

4.6.5 锈病抗性

甘蔗对锈病的抵抗能力，分为：1. 强；2. 较强；3. 中；4. 弱。

ICS 65.020
B 62

中华人民共和国农业行业标准

NY/T 2937—2016

莲种质资源描述规范

Descriptors for lotus germplasm resources

2016-10-26 发布　　2017-04-01 实施

中华人民共和国农业部 发布

前　　言

本标准按照 GB/T 1.1—2009 给出的规则起草。

本标准由农业部种植业管理司提出并归口。

本标准起草单位:武汉市蔬菜科学研究所、中国农业科学院茶叶研究所。

本标准主要起草人:朱红莲、柯卫东、熊兴平、李峰、江用文、彭静、刘玉平、匡晶、刘正位、王芸、钟兰。

莲种质资源描述规范

1 范围

本标准规定了莲属(*Nelumbo* Adans.)种质资源基本信息、植物学特征、生物学特性、产量性状、品质性状及抗性性状的描述方法。

本标准适用于莲属种质资源性状的描述。

2 规范性引用文件

下列文件对于本文件的应用是必不可少的。凡是注日期的引用文件,仅注日期的版本适用于本文件。凡是不注日期的引用文件,其最新版本(包括所有的修改单)适用于本文件。

GB/T 2260 中华人民共和国行政区划代码

GB/T 2659 世界各国和地区名称代码

3 描述内容

描述内容见表1。

表1 莲种质资源描述内容

描述类别	描 述 内 容
基本信息	全国统一编号、引种号、采集号、种质名称、种质外文名、科名、属名、学名、原产国、原产省、原产地、海拔、经度、纬度、来源地、亲本、选育单位、育成年份、选育方法、种质类型、品种类型、生态型、图像、观测地点
植物学特征	初生根色、初生叶面颜色、初生叶背颜色、叶柄高、叶柄粗、叶柄下部颜色、叶柄“箍”颜色、叶柄刺颜色、叶柄刺密度、叶片形状、叶片长半径、叶片短半径、叶面颜色、叶缘颜色、叶面光滑度、叶背颜色、叶姿、叶片边缘波纹、叶片主脉颜色、叶脐辐射状条斑、叶脐颜色、叶正面皱褶、分枝强度、初生莲鞭颜色、莲鞭节间长、结藕节位、藕入泥深度、顶芽颜色、藕头形状、整藕重量、主藕重量、主藕重量/整藕重量、主藕节间数、主藕长度、主藕节间长度、主藕节间粗度、藕形指数、主藕节间重量、主藕节间比重、藕表皮颜色、藕表皮光滑度、藕表面锈斑、皮孔、主藕节间形状、节间肩部形状、主藕节间横切面形状、藕肉颜色、尾梢长度、尾梢粗度、5节以上的比例、花蕾颜色、花蕾形状、花型、花色、花柄高、花柄粗、花冠直径、花瓣数、花瓣形状、花瓣长度、花瓣宽度、瓣脉明显度、瓣脉颜色、花态、花叶关系、雄蕊数、花丝长度、雄蕊附属物颜色、雄蕊状况、雌蕊状况、花托形状、花托顶面颜色、花托侧面颜色、花托顶面形态、花托边缘形状、花托边缘形态、花托侧面皱褶、花托表面蜡质、花托表面饰纹、花托直径、花托高度、心皮着生状况、心皮数、鲜果实表皮颜色、鲜果实表面蜡质、鲜果实内果皮色、鲜果实柱头残存状况、果实形状、果脐状况、果实颜色、果实光泽度、果皮纹路、果实长度、果实宽度、果形指数、壳莲百粒重、通心莲百粒重、染色体倍性
生物学特性	萌芽期、现蕾期、始花期、终花期、枯荷期、结实率、熟性
产量性状	单位面积花数、藕莲产量、子莲产量
品质性状	熟食口感、干物质含量、总淀粉含量、直链淀粉含量、支链淀粉含量、可溶性糖含量、粗蛋白质含量、维生素C含量、耐储藏性
抗性性状	耐旱性、耐涝性、腐败病抗性、莲缢管蚜抗性、潜叶摇蚊抗性

4 描述方法

4.1 基本信息

4.1.1 全国统一编号

莲种质的唯一标识号，由"V11A"加 4 位顺序号组成。该编号由国家种质武汉水生蔬菜资源圃赋予。

4.1.2 引种号

莲种质从国外引入时赋予的编号，由"YI—"加 4 位顺序号组成。每份引进种质具有唯一的引种号。

4.1.3 采集号

莲种质在野外采集时赋予的编号。采集号由 10 位字符串组成，即由年份加 2 位省(自治区、直辖市)代码加 4 位顺序号组成。省(自治区、直辖市)代码按照 GB/T 2260 的规定执行。

4.1.4 种质名称

莲种质的中文名称，国内种质的原始名称或国外引进种质的中文译名。国内种质的原始名称如果有多个名称，应放在括号内，并用逗号分隔；国外引进种质如果没有中文名时，可直接填写种质的外文名。

4.1.5 种质外文名

国外引进莲种质的外文名或国内种质的汉语拼音名。汉语拼音的首字母大写，2 个～3 个汉字的拼音组合在一起，4 个以上汉字(含 4 字)的按词组分开。

4.1.6 科名

由中文名加括号内的拉丁名组成，如睡莲科(Nymphaeaceae)。

4.1.7 属名

由中文名加括号内的拉丁名组成，如莲属(*Nelumbo* Adans.)。

4.1.8 学名

莲种质在植物分类学上的名称。莲学名为 *Nelumbo nucifera* Gaertn.，美洲黄莲学名为 *Nelumbo lutea* Pers.。

4.1.9 原产国

莲种质原产国家、地区或国际组织名称。国家和地区名称按照 GB/T 2659 的规定执行，如该国家已不存在，应在原国家名称前加"原"。国际组织名称用该组织的正式英文缩写。

4.1.10 原产省

国内莲种质原产省(自治区、直辖市)名称，省(自治区、直辖市)名按照 GB/T 2260 的规定执行；国外引进种质用原产国一级行政区的名称。

4.1.11 原产地

国内莲种质原产县(市、区)、镇(乡)、村(寨)名称，县(市、区)名按照 GB/T 2260 的规定执行。

4.1.12 海拔

莲种质原产地的海拔高度，单位为米(m)。

4.1.13 经度

莲种质原产地的经度，单位为度(°)和分(′)。格式为"DDDFF"，其中，"DDD"为度，"FF"为分。东经为正值，西经为负值。

4.1.14 纬度

莲种质原产地的纬度，单位为度(°)和分(′)。格式为"DDFF"，其中，"DD"为度，"FF"为分。北纬为正值，南纬为负值。

4.1.15 来源地

国外引进莲种质的来源地为国家、地区或国际组织名称；国内莲种质的来源地为省(自治区、直辖市)、县(市、区)名称。

4.1.16 亲本

莲选育品种(系)的亲本。

4.1.17 选育单位

选育莲品种(系)的单位名称或个人姓名,单位名称应写全称。

4.1.18 育成年份

莲品种(系)培育成功,并通过审定(认定、鉴定、登记)的年份。

4.1.19 选育方法

莲品种(系)的育种方法,如系统选育、人工杂交等。

4.1.20 种质类型

莲种质的类型,分为:野生资源、地方品种、选育品种、品系、遗传材料、近缘种。

4.1.21 品种类型

莲种质根据利用目的不同的分类类型,分为:藕莲、子莲、花莲。

4.1.22 生态型

莲种质根据生态习性不同的分类类型,分为:温带生态型、亚热带生态型、热带生态型。

4.1.23 图像

莲种质的图像文件名。文件名由该种质全国统一编号、连字符"-"和图像序号组成。图像格式为.jpg。如有多个图像文件,图像文件名用分号分隔。

4.1.24 观测地点

莲种质观测的地点,记录到省(直辖市、自治区)、县(市、区)、镇(乡)、村(寨)名称。

4.2 植物学特征

4.2.1 初生根色

莲萌发时新长出幼根的颜色,分为:1. 白色;2. 粉红色;3. 红色。

4.2.2 初生叶面颜色

莲萌发时新长出水面且展开的浮叶叶片正面的颜色,分为:1. 绿色;2. 绿泛红;3. 紫红色。

4.2.3 初生叶背颜色

莲萌发时新长出水面且展开的浮叶叶片背面的颜色,分为:1. 绿色;2. 红色。

4.2.4 叶柄高

莲旺盛生长期,立叶叶柄的高度,单位为厘米(cm)。

4.2.5 叶柄粗

莲旺盛生长期,立叶叶柄最粗处的直径,单位为厘米(cm)。

4.2.6 叶柄下部颜色

莲旺盛生长期,立叶叶柄下半部分的表皮颜色,分为:1. 绿色;2. 红色。

4.2.7 叶柄"箍"颜色

莲旺盛生长期,立叶叶柄与叶片背面连接处(箍)的颜色,分为:1. 黄绿色;2. 红色。

4.2.8 叶柄刺颜色

莲旺盛生长期,立叶叶柄上着生刺的颜色,分为:1. 黄绿色;2. 红色;3. 紫色;4. 黑色。

4.2.9 叶柄刺密度

莲旺盛生长期,立叶叶柄表面单位面积上着生刺的个数,单位为个每平方厘米(个/cm^2)。

4.2.10 叶片形状

立叶完全展开时的叶片形状(见图 1),分为:1. 圆形;2. 椭圆形;3. 哑铃形。

4.2.11 叶片长半径

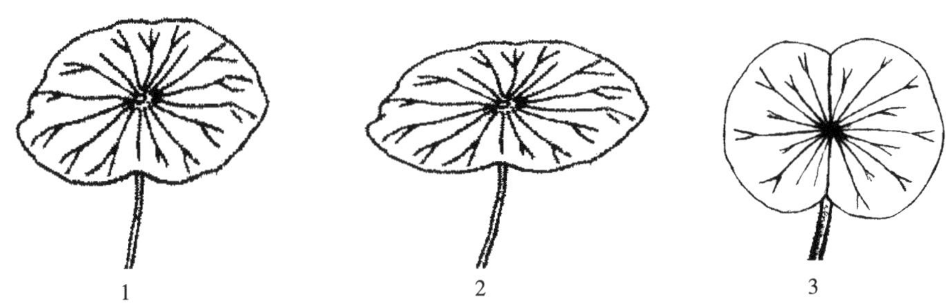

图1 叶片形状

完全展开立叶叶片从叶脐到叶边缘的最大长度(见图2),单位为厘米(cm)。

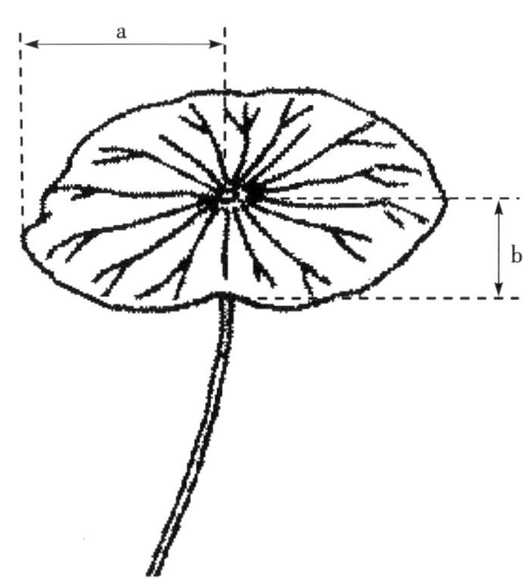

说明:

a——叶片长半径;

b——叶片短半径。

图2 叶片长半径和叶片短半径

4.2.12 叶片短半径

完全展开立叶叶片从叶脐至叶边缘的最小长度(见图2),单位为厘米(cm)。

4.2.13 叶面颜色

完全展开的成熟立叶叶片正面的颜色,分为:1. 黄绿相间;2. 绿色;3. 深绿色。

4.2.14 叶缘颜色

完全展开的成熟立叶叶片边缘的颜色,分为:1. 白色;2. 红色。

4.2.15 叶面光滑度

完全展开的成熟立叶叶片正面的光滑程度。分为:1. 光滑;2. 粗糙。

4.2.16 叶背颜色

完全展开的成熟立叶叶片背面的颜色,分为:1. 黄绿色;2. 浅红色。

4.2.17 叶姿

完全展开的成熟立叶叶片的着生姿态(见图3),分为:1. V形;2. 边缘反卷;3. 倒W形;4. 中间平、边缘反卷;5. 平;6. 内卷。

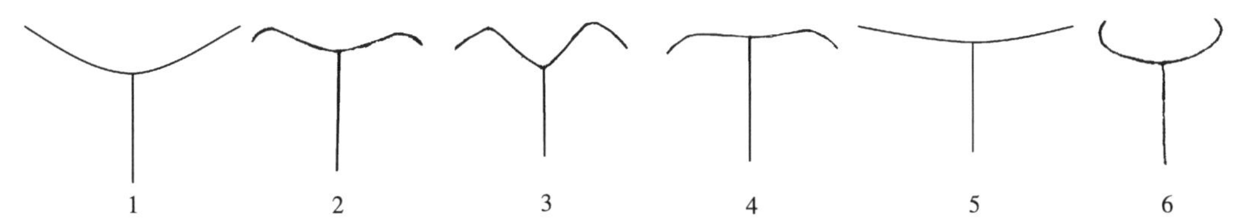

图 3　叶姿(叶纵剖)

4.2.18　**叶片边缘波纹**

完全展开的成熟立叶叶片边缘波纹的有无,分为:0. 无;1. 有。

4.2.19　**叶片主脉颜色**

完全展开的成熟立叶叶片主脉的颜色,分为:1. 淡绿色;2. 绿色。

4.2.20　**叶脐辐射状条斑**

完全展开的成熟立叶叶脐辐射状条斑的情况,分为:1. 无;2. 少;3. 多。

4.2.21　**叶脐颜色**

完全展开的成熟立叶叶脐的颜色,分为:1. 黄色;2. 淡绿色;3. 绿色。

4.2.22　**叶正面皱褶**

完全展开的成熟立叶叶片正面的皱褶状况,分为:1. 平滑;2. 皱褶。

4.2.23　**分枝强度**

莲种质根状茎抽生分枝的强弱,分为:1. 强;2. 中;3. 弱。

4.2.24　**初生莲鞭颜色**

莲种质萌芽期新抽生根状茎(莲鞭)的颜色,分为:1. 白色;2. 粉红色;3. 红色。

4.2.25　**莲鞭节间长**

莲抽生第五片和第六片立叶间的节间长度,单位为厘米(cm)。

4.2.26　**结藕节位**

莲根状茎开始膨大(尾梢形成)时的节位。

4.2.27　**藕入泥深度**

主藕在泥面以下的深度,单位为厘米(cm)。

4.2.28　**顶芽颜色**

藕顶芽的颜色,分为:1. 玉黄色;2. 紫红色。

4.2.29　**藕头形状**

藕先端(即最后膨大的一节间)的形状(见图 4),分为:1. 圆钝;2. 锐尖。

图 4　**藕头形状**

4.2.30　**整藕重量**

单支藕(包括主藕、子藕、孙藕、曾孙藕等)的重量(见图 5),单位为千克(kg)。

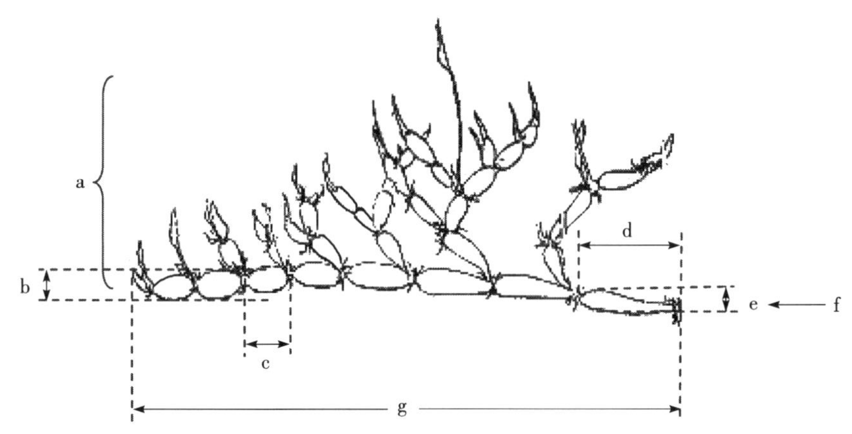

说明：

a——整藕；
b——主藕节间粗度；
c——主藕节间长度；
d——尾梢长度；
e——尾梢粗度；
f——主藕；
g——主藕长度。

图5 整藕重量、主藕重量、主藕长度、主藕节间长度、主藕节间粗度、尾梢长度和尾梢粗度

4.2.31 主藕重量

单支藕中去除子藕、孙藕等的重量，(见图5)单位为千克(kg)。

4.2.32 主藕重量/整藕重量

主藕重量占整藕重量的百分率，单位为百分率(%)。

4.2.33 主藕节间数

单支主藕的节间数，单位为个。

4.2.34 主藕长度

主藕从尾梢基部到顶芽尖端的长度(见图5)，单位为厘米(cm)。

4.2.35 主藕节间长度

主藕主节段(通常为顶芽以下的第三节间)的长度(见图5)，单位为厘米(cm)。

4.2.36 主藕节间粗度

主藕主节段(通常为顶芽以下的第三节间)最粗处的直径(见图5)，单位为厘米(cm)。

4.2.37 藕形指数

主藕主节段(通常为顶芽以下的第三节间)长度与粗度的比值。

4.2.38 主藕节间重量

主藕主节段(通常为顶芽以下的第三节间)的重量，单位为千克(kg)。

4.2.39 主藕节间比重

主藕主节段(通常为顶芽以下的第三节间)的重量与体积的比值，单位为千克每立方米(kg/m^3)。

4.2.40 藕表皮颜色

新近采挖出(通常为当天采挖)藕的表皮颜色，分为：1. 白色；2. 黄白色。

4.2.41 藕表皮光滑度

新近采挖出(通常为当天采挖)藕表皮的光滑程度，分为：1. 光滑；2. 粗糙。

4.2.42 藕表面锈斑

藕成熟1个月后其表面附着锈斑的情况，依据锈斑附着面积占主藕总表面积的比例确定，分为：1. 无；2. 少；3. 中；4. 多。

4.2.43 **皮孔**

新近采挖出(通常为当天采挖)藕表皮皮孔的状况,分为:1. 不明显;2. 明显。

4.2.44 **主藕节间形状**

主藕主节段(通常为顶芽以下的第三节间)的形状(见图 6),分为:1. 短筒形;2. 长筒形;3. 长条形;4. 莲鞭形。

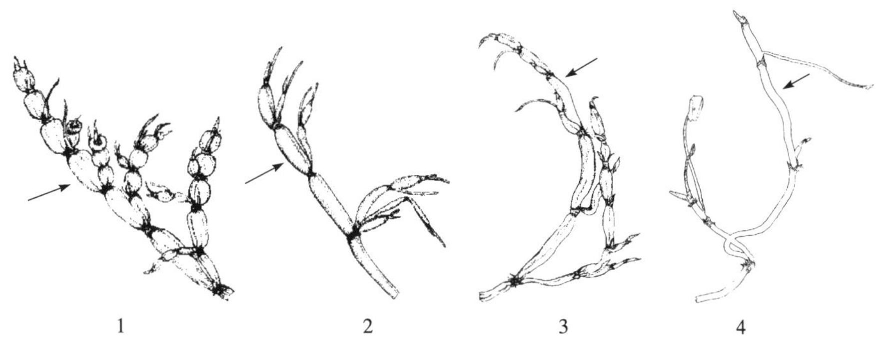

图 6 主藕节间形状

4.2.45 **节间肩部形状**

主藕节间肩部的形状(见图 7)。分为:1. 圆钝;2. 平斜。

图 7 节间肩部形状

4.2.46 **主藕节间横切面形状**

主藕主节段(通常为顶芽以下的第三节间)横切面的形状(见图 8)。分为:1. 圆形;2. 扁圆形;3. 近方形。

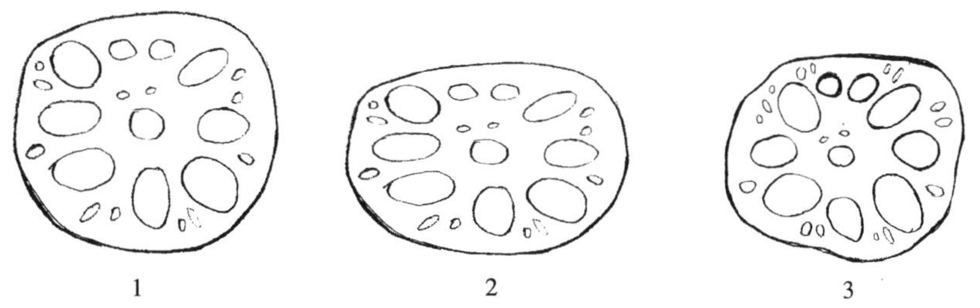

图 8 主藕节间横切面形状

4.2.47 **藕肉颜色**

主藕横切面的颜色,分为:1. 白色;2. 黄白色。

4.2.48 **尾梢长度**

莲根状茎最先膨大形成的一节藕段的长度(见图 5),单位为厘米(cm)。

4.2.49 **尾梢粗度**

莲根状茎最先膨大形成的一节藕段最粗处的直径(见图 5),单位为厘米(cm)。

4.2.50 **5 节以上的比例**

5 节以上(含 5 节)主藕的总支数占主藕总支数的百分率,单位为百分率(%)。

4.2.51 花蕾颜色

花蕾在开放前 1 d~3 d 时的颜色,分为:1. 绿色;2. 黄绿色;3. 绿色红尖;4. 绿、瓣缘及蕾尖红色;5. 粉红色;6. 红色;7. 紫红色。

4.2.52 花蕾形状

花蕾在开放前 1 d~3 d 时的外部形状(见图 9),分为:1. 狭卵形;2. 卵形;3. 卵圆形。

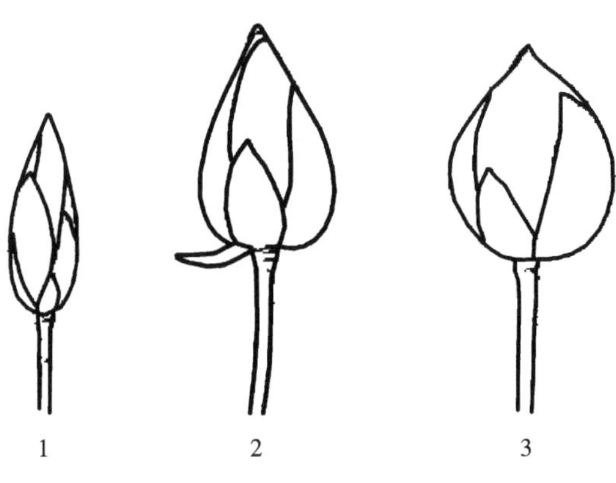

图 9 花蕾形状

4.2.53 花型

莲花盛开(一般开花第二天 9:00 前)时,根据莲花瓣数以及雄蕊、雌蕊和花托等花器官特征,确定莲种质的花型,分为:1. 单瓣;2. 半重瓣;3. 重瓣;4. 重台;5. 准千瓣;6. 千瓣。

4.2.54 花色

莲花盛开(一般开花第二天 9:00 前)时花瓣的颜色,分为:1. 纯白色;2. 洒锦;3. 白爪红;4. 黄色;5. 粉红色;6. 红色;7. 紫红色;8. 复色。

4.2.55 花柄高

莲花开放后,花柄从泥面至花基部的高度,单位为厘米(cm)。

4.2.56 花柄粗

莲花开放后,花柄最粗处的直径,单位为厘米(cm)。

4.2.57 花冠直径

莲花盛开(一般开花第二天 9:00 前)时花冠的最大直径,单位为厘米(cm)。

4.2.58 花瓣数

莲单朵花花瓣的总数量,单位为枚。

4.2.59 花瓣形状

莲花盛开(一般开花第二天 9:00 前)时,花冠外围最大花瓣的形状(见图 10),分为:1. 匙形;2. 长椭圆形;3. 长卵形;4. 阔卵形;5. 曲条形;6. 阔椭圆形。

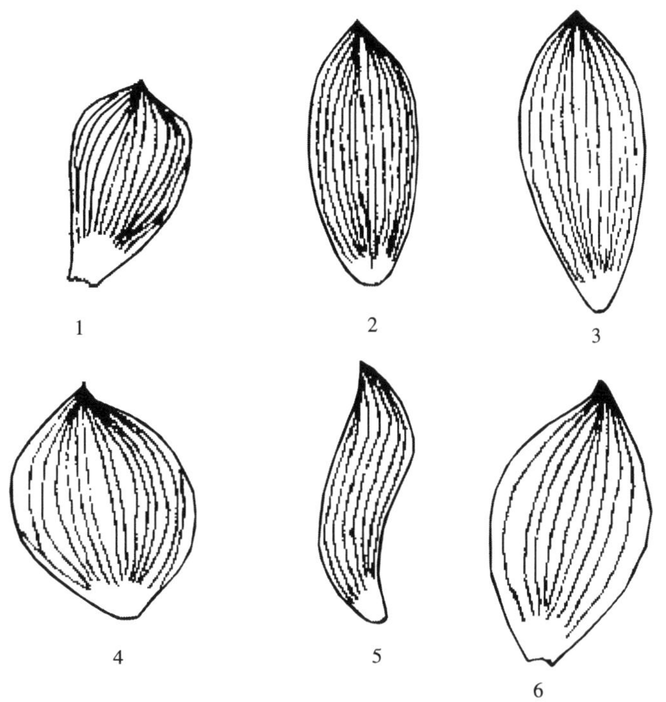

图 10　花瓣形状

4.2.60　**花瓣长度**

莲花盛开(一般开花第二天 9:00 前)时,花冠外围最大花瓣的长度,单位为厘米(cm)。

4.2.61　**花瓣宽度**

莲花盛开(一般开花第二天 9:00 前)时,花冠外围最大花瓣的最大宽度,单位为厘米(cm)。

4.2.62　**瓣脉明显度**

莲花盛开(一般开花第二天 9:00 前)时,花瓣背面瓣脉的明显程度,分为:1. 不明显;2. 明显。

4.2.63　**瓣脉颜色**

莲花盛开(一般开花第二天 9:00 前)时,花瓣背面瓣脉的颜色,分为:1. 白色;2. 黄色;3. 尖部红色;4. 红色。

4.2.64　**花态**

莲花盛开(一般开花第二天 9:00 前)时,花冠的整体形态(见图 11),分为:1. 碟状;2. 碗状;3. 杯状;4. 飞舞状;5. 叠球状。

图 11　花　态

4.2.65　花叶关系

同节位花与叶的相对位置,分为:1. 叶上花;2. 叶下花。

4.2.66　雄蕊数

单朵花的雄蕊数目,单位为枚。

4.2.67　花丝长度

莲花盛开(一般开花第二天 9:00 前)时,花丝的长度,单位为厘米(cm)。

4.2.68　雄蕊附属物颜色

莲花盛开(一般开花第二天 9:00 前)时,雄蕊附属物的颜色,分为:1. 白色;2. 黄色;3. 红色。

4.2.69　雄蕊状况

莲花盛开(一般开花第二天 9:00 前)时,雄蕊的状况(见图 12),分为:1. 正常;2. 部分瓣化;3. 全部瓣化。

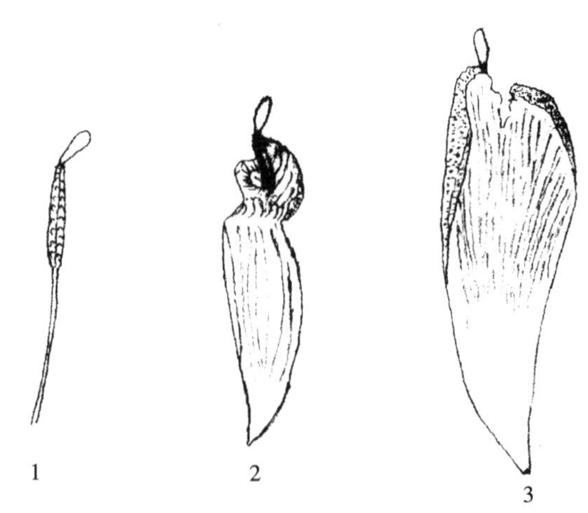

图 12　雄蕊状况

4.2.70 雌蕊状况

莲花心皮的状况(见图 13),分为:1. 正常;2. 泡状;3. 瓣化;4. 前期泡状,后期正常。

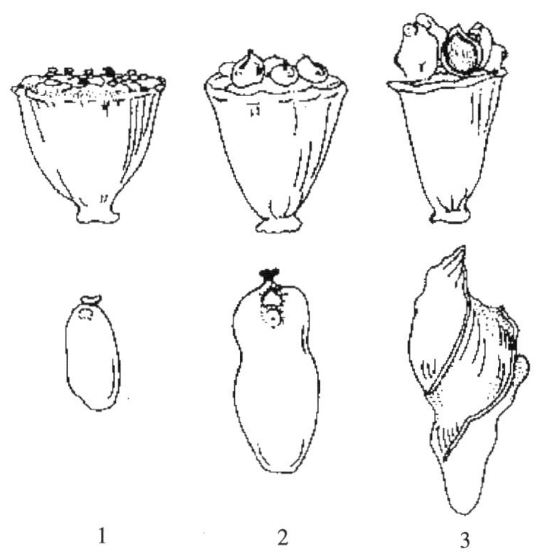

图 13 雌蕊状况

4.2.71 花托形状

莲果实充分成熟且花托变褐色时,花托(亦称莲蓬)的形状(见图 14),分为:1. 喇叭形;2. 倒圆锥形;3. 伞形;4. 扁圆形;5. 碗形。

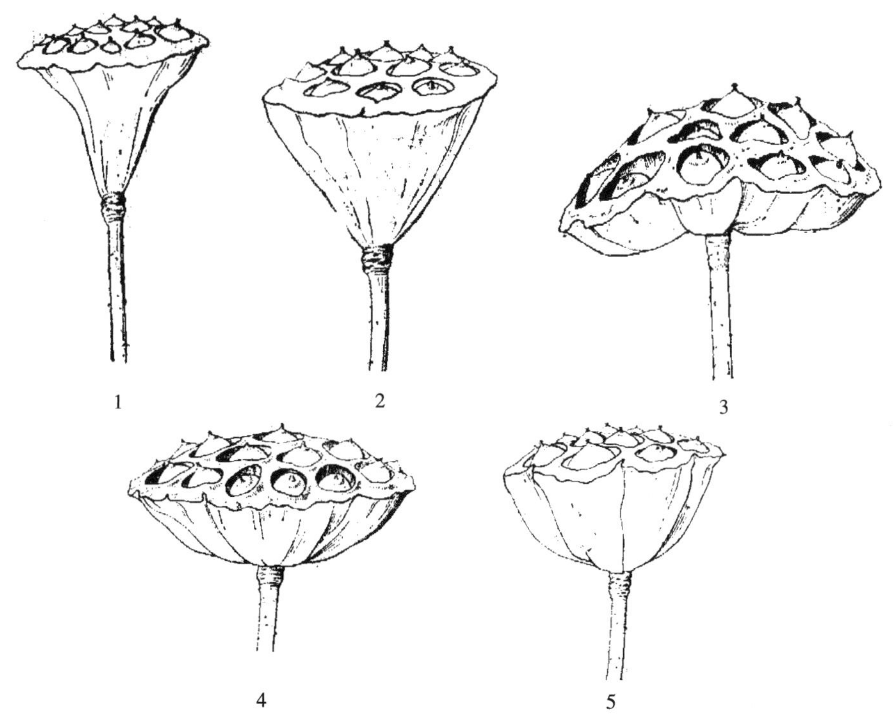

图 14 花托形状

4.2.72 花托顶面颜色

莲子房受精后 10 d~15 d,花托(亦称莲蓬)顶面(见图 15)的颜色,分为:1. 淡黄色;2. 绿色;3. 绿色红边;4. 红色;5. 紫红色。

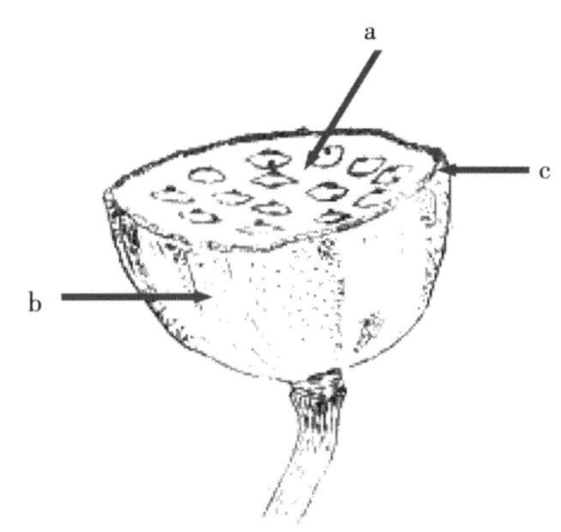

说明：

a——花托顶面；

b——花托侧面；

c——花托边缘

图 15 花托顶面、花托侧面和花托边缘

4.2.73 花托侧面颜色

莲子房受精后 10 d～15 d，花托（亦称莲蓬）侧面（见图 15）的颜色，分为：1. 淡黄色；2. 绿色；3. 浅红色；4. 红色；5. 紫红色。

4.2.74 花托顶面形态

莲子房受精后 10 d～15 d，花托（亦称莲蓬）顶面凹凸的程度（见图 16）。分为：1. 凹；2. 平；3. 凸。

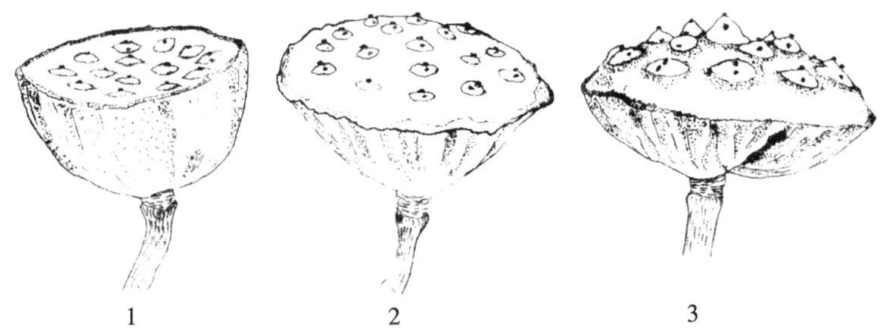

图 16 花托顶面形态

4.2.75 花托边缘形状

莲子房受精后 15 d～20 d，花托（亦称莲蓬）边缘的形状（见图 17），分为：1. 全缘；2. 不规则。

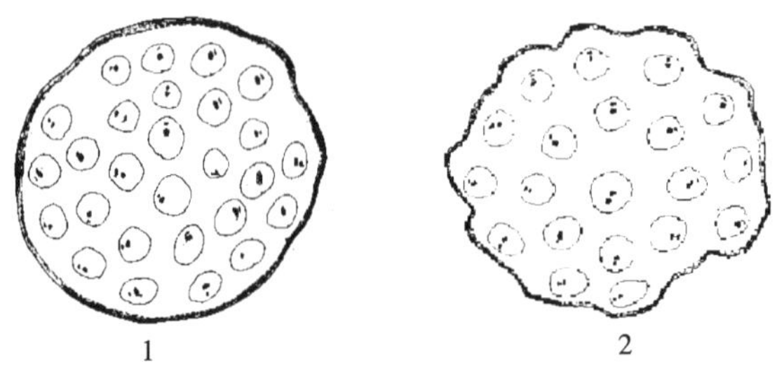

图 17 花托边缘形状

4.2.76 花托边缘形态

莲子房受精后 15 d～20 d，花托（亦称莲蓬）边缘的形态（见图 18），分为：1. 平；2. 上翘；3. 拱起。

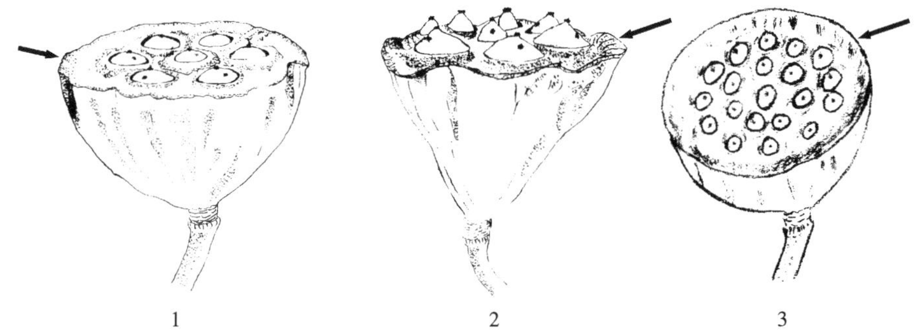

图 18　花托边缘形态

4.2.77　**花托侧面皱褶**

莲子房受精后 15 d～20 d，花托（亦称莲蓬）侧面皱褶的状况（见图 19），分为：1. 无；2. 浅；3. 深。

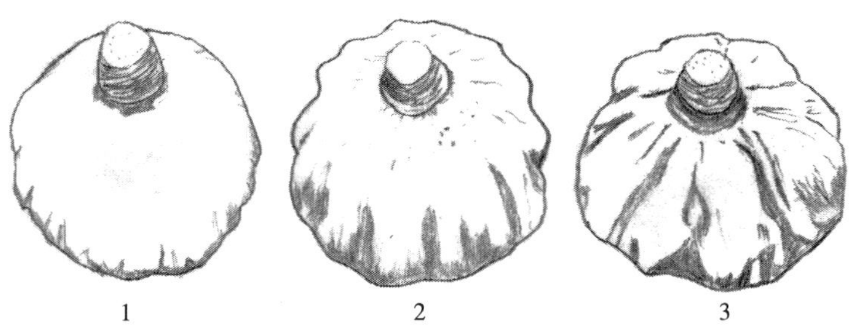

图 19　花托侧面皱褶

4.2.78　**花托表面蜡质**

莲子房受精后 15 d～20 d，花托（亦称莲蓬）表面蜡质的有无，分为：0. 无；1. 有。

4.2.79　**花托表面饰纹**

莲子房受精后 15 d～20 d，花托（亦称莲蓬）表面饰纹情况，分为：1. 无；2. 点状；3. 线状；4. 斑块状。

4.2.80　**花托直径**

莲子房受精后 25 d～30 d，花托（亦称莲蓬）充分膨大后的直径（见图 20），单位为厘米（cm）。

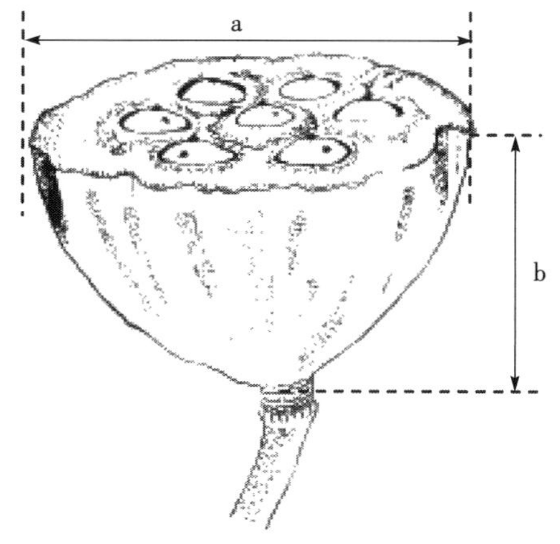

说明：

a——花托直径；

b——花托高度。

图 20　花托直径和花托高度

4.2.81 **花托高度**

莲子房受精后 25 d～30 d,花托(亦称莲蓬)充分膨大后的高度(见图 20),单位为厘米(cm)。

4.2.82 **心皮着生状况**

莲子房受精后 15 d～20 d,子房在花托上的着生状况(见图 21),分为:1. 凹陷;2. 正常;3. 凸出。

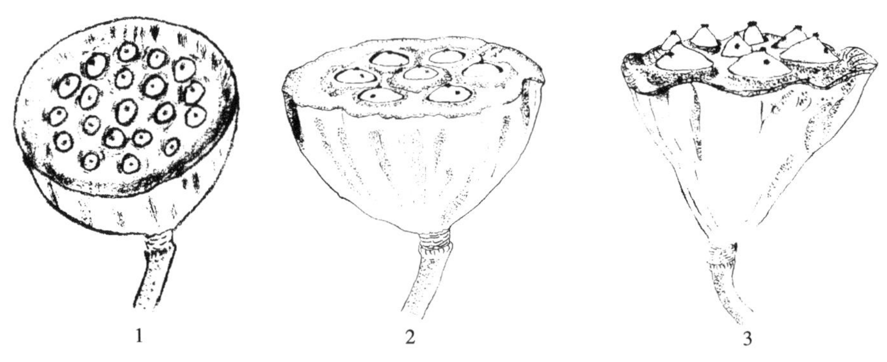

图 21 心皮着生状况

4.2.83 **心皮数**

单个花托(亦称莲蓬)着生的心皮数目,单位为个。

4.2.84 **鲜果实表皮颜色**

青果期时,果实表皮的颜色,分为:1. 黄色;2. 黄绿色;3. 绿色。

4.2.85 **鲜果实表面蜡质**

青果期时,果实表面蜡质的有无,分为:0. 无;1. 有。

4.2.86 **鲜果实内果皮色**

青果期时,果实内果皮的颜色,分为:1. 白色;2. 黄白色;3. 上部红色;4. 两端红色;5. 红色。

4.2.87 **鲜果实柱头残存状况**

青果期时,果实柱头宿存与否(见图 22),分为:1. 残存;2. 脱落。

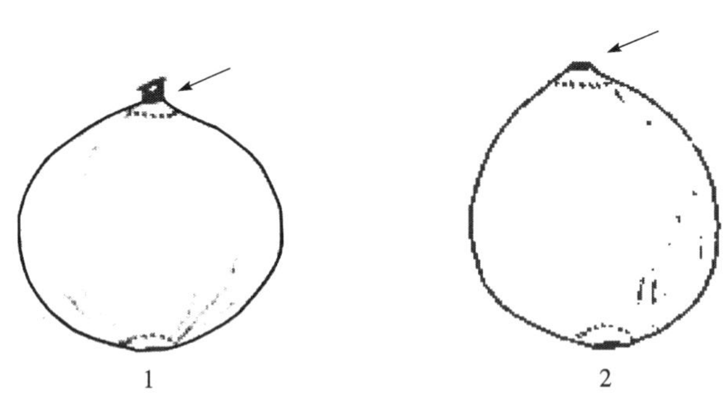

图 22 鲜果实柱头残存状况

4.2.88 **果实形状**

老熟果实的形状(见图 23),分为:1. 圆柱形;2. 卵形;3. 钟形;4. 圆球形;5. 椭球形;6. 纺锤形。

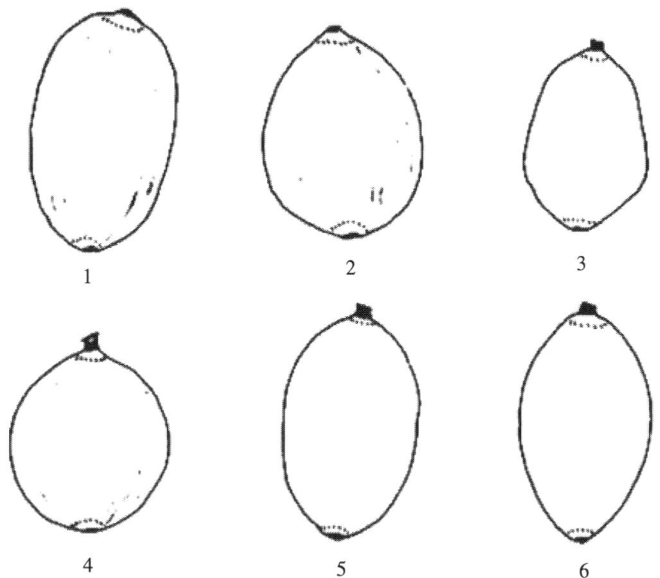

图 23 果实形状

4.2.89 果脐状况

老熟果实基部(果脐)的突起状况,分为:1. 突起;2. 平滑。

4.2.90 果实颜色

老熟果实表面的颜色,分为:1. 黄褐色;2. 紫褐色;3. 黑褐色;4. 黑色。

4.2.91 果实光泽度

老熟果实表面的光泽度,分为:1. 灰暗;2. 光亮。

4.2.92 果皮纹路

老熟果实表面纹路(原维管束)状况,分为:1. 不明显;2. 明显。

4.2.93 果实长度

老熟果实的纵径(见图 24),单位为厘米(cm)。

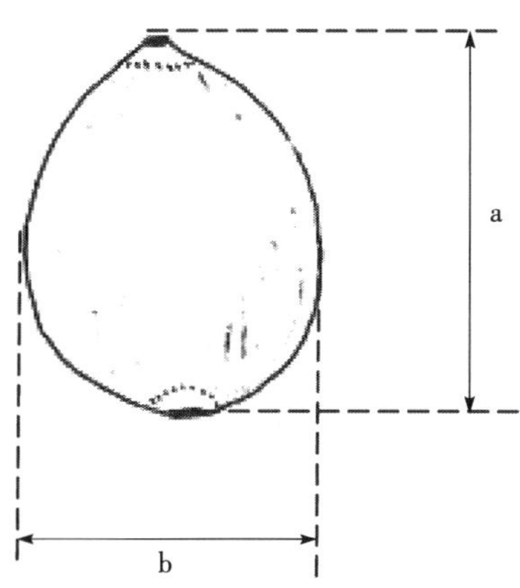

说明:

a——果实长度;

b——果实宽度。

图 24 果实长度和果实宽度

4.2.94 果实宽度

老熟果实的最大横径(见图 24),单位为厘米(cm)。

4.2.95 果形指数

老熟果实长度与宽度的比值。

4.2.96 壳莲百粒重

100 粒老熟果实自然干燥后的重量，单位为克(g)。

4.2.97 通心莲百粒重

100 粒褐子期果实去皮(果皮、种皮)和捅芯(胚)后肉莲(子叶)烘干后的重量，单位为克(g)。

4.2.98 染色体倍性

莲细胞核中染色体组的组数。

4.3 生物学特性

4.3.1 萌芽期

30%植株第一片浮叶出现的日期，以"年月日"表示，格式"YYYYMMDD"。

4.3.2 现蕾期

莲开始抽生第一朵花蕾的日期，以"年月日"表示，格式"YYYYMMDD"。

4.3.3 始花期

莲第一朵花开放的日期，以"年月日"表示，格式"YYYYMMDD"。

4.3.4 终花期

莲最后一朵花凋谢的日期，以"年月日"表示，格式"YYYYMMDD"。

4.3.5 枯荷期

50%以上荷叶自然枯死的日期，以"年月日"表示，格式"YYYYMMDD"。

4.3.6 结实率

单个花托内正常发育的莲子数占总心皮数的百分率，单位为百分率(%)。

4.3.7 熟性

藕膨大的早晚，分为：1. 早熟；2. 中熟；3. 晚熟。

4.4 产量性状

4.4.1 单位面积花数

在整个生育期内花莲种质单位面积内的开花数，单位为朵每平方米(朵/m^2)。

4.4.2 藕莲产量

每公顷藕莲种质所产藕的产量，单位为千克每公顷(kg/hm^2)。

4.4.3 子莲产量

每公顷子莲种质所产干壳莲或干通心莲的产量，单位为千克每公顷(kg/hm^2)。

4.5 品质性状

4.5.1 熟食口感

藕充分煮熟后的粉脆口感程度，分为：1. 粉；2. 粉脆中等；3. 脆。

4.5.2 干物质含量

成熟后，莲产品中干物质的含量，单位为百分率(%)。

4.5.3 总淀粉含量

成熟后，莲产品鲜样中总淀粉的含量，单位为百分率(%)。

4.5.4 直链淀粉含量

成熟后，莲产品鲜样中直链淀粉的含量，单位为百分率(%)。

4.5.5 支链淀粉含量

成熟后，莲产品鲜样中支链淀粉的含量，单位为百分率(%)。

4.5.6 可溶性糖含量

成熟后，莲产品鲜样中可溶性糖的含量，单位为百分率（%）。

4.5.7 粗蛋白质含量

成熟后，莲产品鲜样中粗蛋白质的含量，单位为百分率（%）。

4.5.8 维生素C含量

成熟后，100g 鲜重莲产品中维生素C的毫克数，单位为毫克每百克（mg/100g）。

4.5.9 耐储藏性

莲产品在一定储藏条件下和一定期限内，保持新鲜状态和原有品质不发生明显劣变的特性，分为：1. 强；2. 中；3. 弱。

4.6 抗性性状

4.6.1 耐旱性

莲植株忍耐或抵抗干旱的能力，分为：1. 强；2. 中；3. 弱。

4.6.2 耐涝性

莲植株忍耐或抵抗淹水的能力，分为：1. 强；2. 中；3. 弱。

4.6.3 腐败病抗性

莲植株对腐败病[*Fusarium oxysporum* Scb. f. sp. *nelumbicola* (Nis. &Wat.) Booth. n. Comb.]的抗性强弱，分为：1. 高抗(HR)；2. 抗(R)；3. 中抗(MR)；4. 感(S)；5. 高感(HS)。

4.6.4 莲缢管蚜抗性

莲植株对莲缢管蚜[*Rhopalosiphum nymphaeae* (Linnaeus)]的抗性强弱，分为：1. 高抗(HR)；2. 抗(R)；3. 中抗(MR)；4. 感(S)。

4.6.5 潜叶摇蚊抗性

莲植株对潜叶摇蚊[*Stenochironomus nelumbus* (Tokunaga et Kuroda)]的抗性强弱，分为：1. 高抗(HR)；2. 抗(R)；3. 中抗(MR)；4. 感(S)。

ICS 67.080.20
B 31

中华人民共和国农业行业标准

NY/T 2938—2016

芋种质资源描述规范

Descriptors for taro germplasm resources

2016-10-26 发布　　　　2017-04-01 实施

中华人民共和国农业部 发布

前　　言

本标准按照 GB/T 1.1—2009 给出的规则起草。

本标准由农业部种植业管理司提出并归口。

本标准起草单位:武汉市蔬菜科学研究所、中国农业科学院茶叶研究所。

本标准主要起草人:孙亚林、黄新芳、熊兴平、董红霞、江用文、李峰、李明华、柯卫东、匡晶、刘正位、王芸。

芋种质资源描述规范

1 范围

本标准规定了芋种质资源[*Colocasia esculenta*(Linn.)Schott]基本信息、植物学特征、生物学特性、产量性状、品质性状及抗性性状的描述方法。

本标准适用于芋种质资源性状的描述。

2 规范性引用文件

下列文件对于本文件的应用是必不可少的。凡是注日期的引用文件,仅注日期的版本适用于本文件。凡是不注日期的引用文件,其最新版本(包括所有的修改单)适用于本文件。

GB/T 2260 中华人民共和国区划代码

GB/T 2659 世界各国和地区名称代码

3 描述内容

描述内容见表1。

表1 芋种质资源描述内容

描述类别	描 述 内 容
基本信息	全国统一编号、引种号、采集号、种质名称、种质外文名、科名、属名、种名或变种名、原产国、原产省、原产地、海拔、经度、纬度、来源地、系谱、选育单位、育成年份、选育方法、种质类型、生态型、品种类型、图像、观测地点
植物学特征	叶柄长度、叶柄基部粗度、分株数量、叶形、叶姿、叶面平展度、叶缘、叶缘颜色、叶面颜色、叶脉颜色、叶斑状况、叶斑类型、叶斑颜色、叶心色斑类型、叶心色斑颜色、叶尖形状、叶基形状、叶基弯缺形状、叶基脉夹角、后裂片长度、后裂片合生长度、叶片长度、叶片宽度、叶背脉颜色、叶背蜡粉、叶柄蜡粉、叶柄顶部颜色、叶柄上部颜色、叶柄中下部颜色、叶鞘边缘颜色、叶鞘边缘色斑类型、叶鞘长度、开花习性、开花率、花序柄颜色、花序柄长度、花序柄粗度、佛焰苞管部颜色、佛焰苞檐部颜色、佛焰苞形状、佛焰苞管部长度、佛焰苞檐部长度、单个叶轴花序数、单株花序丛数、雄花序状况、附属器长、雄花序长、中性花序长、雌花序长、雌花序粗度、花粉状况、花粉颜色、果实颜色、浆果数量、单个浆果种子数量、种子表皮颜色、种子形状、匍匐茎状况、匍匐茎数量、匍匐茎长度、匍匐茎粗度、母芋表皮棕毛、母芋表皮颜色、母芋形状、母芋芽色、母芋长度、母芋粗度、母芋肉颜色、母芋肉纤维色、母芋纤维化程度、母芋皮层厚度、子芋形状、子芋长度、子芋粗度、孙芋形状、孙芋长度、孙芋粗度、整齐度、食用器官类型、根色、染色体倍性
生物学特征	播种期、出苗期、分蘖期、始花期、始收期、枯叶期、熟性
产量性状	母芋数量、母芋重量、子芋数量、子芋重量、孙芋数量、孙芋重量、产量
品质性状	口感、球茎质地、香味、耐储藏性、干物质含量、总淀粉含量、直链淀粉含量、支链淀粉含量
抗性性状	耐旱性、疫病抗性、污斑病抗性、病毒病抗性、软腐病抗性

4 描述方法

4.1 基本信息

4.1.1 全国统一编号

芋种质的唯一标识号,由"V11A"加4位顺序号组成。该编号由国家种质武汉水生蔬菜资源圃赋予。

4.1.2 引种号

芋种质从国外引入时赋予的编号,由"年份""4 位顺序号"顺次连续组合而成,"年份"为 4 位数,"4 位顺序号"每年分别编号,每份引进种质具有唯一的引种号,如 20120001。

4.1.3 采集号

芋种质在野外采集时赋予的编号,由"年份""省(自治区、直辖市)代号""4 位顺序号"顺次连续组合而成。"年份"为 4 位数,"4 位顺序号"各省(自治区、直辖市)种质分别编号,每年分别编号,如 20124201150001。

4.1.4 种质名称

芋种质的中文名称。国内种质的原始名称,如果有多个名称,应放在括号内,并用逗号分隔。国外引进种质如果没有中文译名,可以直接用种质的外文名。

4.1.5 种质外文名

国外引进种质的外文名或国内种质的汉语拼音名。汉语拼音的第一个字母大写,2 个～3 个汉字的拼音词组合在一起,4 个以上汉字按词组分开,如黄滩黏芋(Huangtan Nian Yu)。

4.1.6 科名

由中文名加括号内的拉丁名组成,如天南星科(Araceae)。

4.1.7 属名

由中文名加括号内的拉丁名组成,如芋属(*Colocasia*)。

4.1.8 种名或变种名

芋种质在植物分类学上的种名或变种名。

4.1.9 原产国

芋种质原产国家、地区、国际组织或机构名称。国家和地区名称按照 GB/T 2659 的规定执行,如该国家已不存在,应在原国家名称前加"原"。国际组织名称用该组织的正式英文缩写。

4.1.10 原产省

芋种质原产省份名称,省份名称按照 GB/T 2260 的规定执行;国外引进种质原产国一级行政区的名称。

4.1.11 原产地

芋种质原产县、乡、村的名称,县名按照 GB/T 2260 的规定执行。

4.1.12 海拔

芋种质原产地的海拔,单位为米(m)。

4.1.13 经度

芋种质原产地的经度,单位为度(°)和分(′)。格式为"DDDFF",其中"DDD"为度,"FF"为分。东经为正值,西经为负值。

4.1.14 纬度

芋种质原产地的纬度,单位为度(°)和分(′)。格式为"DDFF",其中"DD"为度,"FF"为分。北纬为正值,南纬为负值。

4.1.15 来源地

芋种质的来源国家、省、县名称,地区名称或国际组织名称。国家、地区和国际组织名称同 4.1.10,省和县名称按照 GB/T 2260 的规定执行。

4.1.16 亲本

芋选育品种(系)的父母本或原始材料。

4.1.17 选育单位

选育芋品种(系)的单位名称或个人。

4.1.18 育成年份

芋品种(系)通过审(认)定、登记、鉴定的年份。

4.1.19 选育方法

芋品种(系)的育种手段。包括杂交、辐射、系统选育。

4.1.20 种质类型

保存的芋种质资源的类型,分为:1. 野生资源;2. 地方品种;3. 选育品种;4. 品系;5. 遗传材料。

4.1.21 品种类型

根据食用器官类型,芋品种类型,分为:1. 多子芋;2. 魁芋;3. 多头芋;4. 魁子兼用芋;5. 叶用芋;6. 花用芋;7. 匍匐茎用芋。

4.1.22 生态型

芋适应不同生境而形成的两大类群,分为:1. 旱芋;2. 水芋。

4.1.23 图像

芋种质的图像文件名。文件名由该种质全国统一编号、连字符"-"和图像序号组成。图像格式为.jpg。

4.1.24 观测地点

芋种质的观察地点。迁地保存的注明资源圃名称,原地保存的注明所在省(区、市)、县(市)和镇(乡)村(寨)名称。

4.2 植物学特征

4.2.1 叶柄长度

植株生长盛期,叶柄从基部至顶部的长度(见图1),单位为厘米(cm)。

说明:

a——叶柄长度;

b——叶鞘长度。

图1 芋的植株示意图

4.2.2 **叶柄基部粗度**

地上部分生长盛期,叶柄基部的最大直径,单位为厘米(cm)。

4.2.3 **分株数量**

植株生长盛期的分株数量,单位为个每株(个/株)。

4.2.4 **叶形**

充分展开的成熟叶片的基本形状(见图2),分为:1. 箭形;2. 卵形;3. 心形;4. 狭心形。

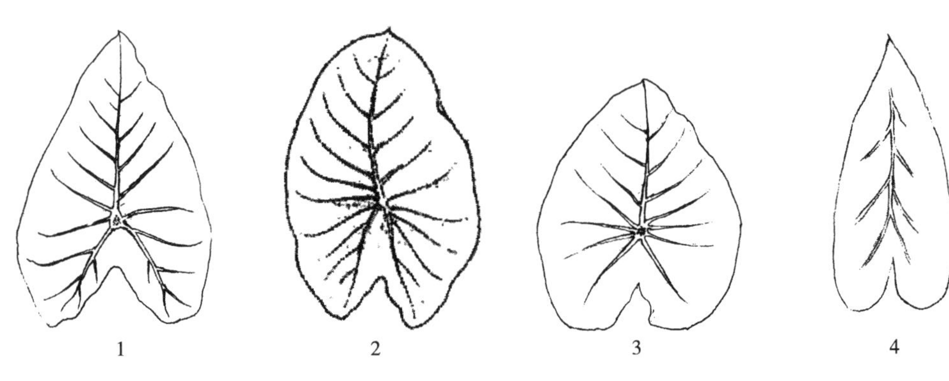

图2 叶 形

4.2.5 **叶姿**

充分展开的健壮新叶的表面位置和形状(见图3),分为:1. 下垂;2. 杯状;3. 脊垂直下垂。

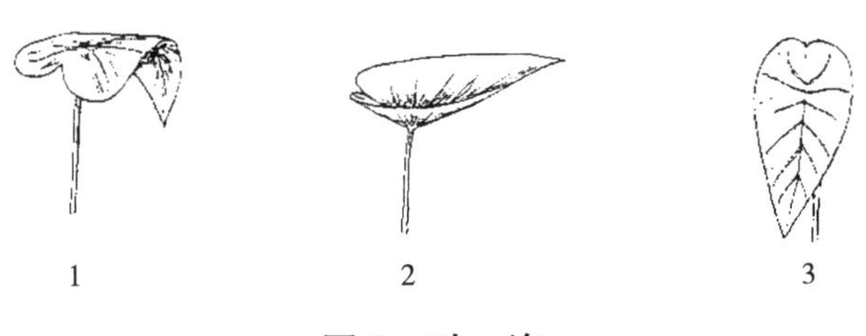

图3 叶 姿

4.2.6 **叶面平展度**

充分展开的健壮新叶的表面状况,分为:1. 平展;2. 皱褶。

4.2.7 **叶缘**

充分展开的成熟叶片的边缘形状(见图4),分为:1. 全缘;2. 波状;3. 深波状。

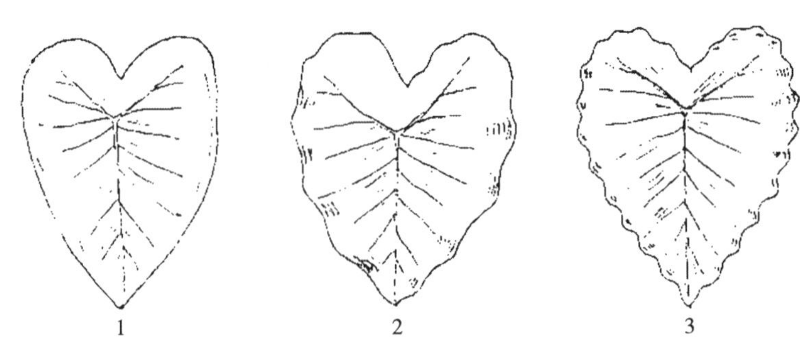

图4 叶 缘

4.2.8 **叶缘颜色**

充分展开的成熟叶片的边缘颜色,分为:1. 黄绿色;2. 绿色;3. 深绿色;4. 紫红色;5. 紫黑色。

4.2.9 **叶面颜色**

充分展开的成熟新叶的叶面颜色，分为：1. 淡绿色；2. 绿色；3. 深绿色；4. 墨绿色。

4.2.10 叶脉颜色

充分展开的成熟新叶的叶脉颜色，分为：1. 淡绿色；2. 绿色；3. 淡紫色。

4.2.11 叶斑状况

充分展开的成熟新叶的叶面颜色中是否杂有其他颜色。

4.2.12 叶斑类型

充分展开的成熟新叶的叶面颜色杂色类型，分为：1. 斑点；2. 斑纹；3. 条纹。

4.2.13 叶斑颜色

充分展开的成熟新叶的叶面(不含叶心)颜色杂色颜色，分为：1. 带白色；2. 黄色；3. 绿色；4. 深绿色；5. 粉红色；6. 紫红色；7. 墨绿色。

4.2.14 叶心色斑类型

充分展开的成熟新叶的叶表叶脉主脉交汇处的颜色是否有不同于叶片颜色的类型(见图5)，分为：1. 无；2. 斑点；3. 扩展状。

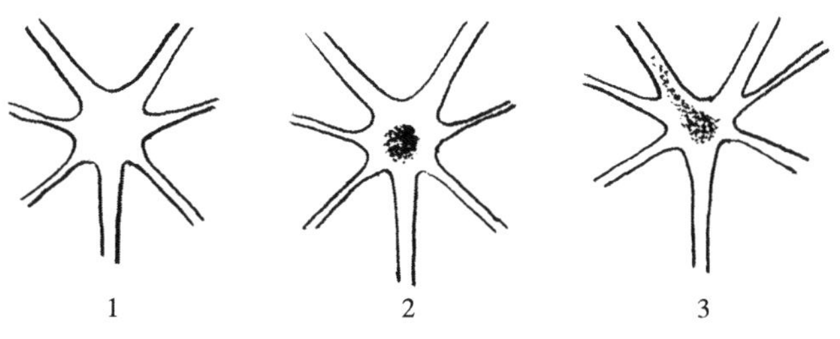

图5 叶心色斑类型

4.2.15 叶心色斑颜色

充分展开的成熟新叶的叶表叶脉主脉交汇处的颜色，分为：1. 黄绿色；2. 绿色；3. 紫红色；4. 紫色。

4.2.16 叶尖形状

充分展开的成熟叶片的叶尖形状(见图6)，分为：1. 锐尖；2. 钝尖。

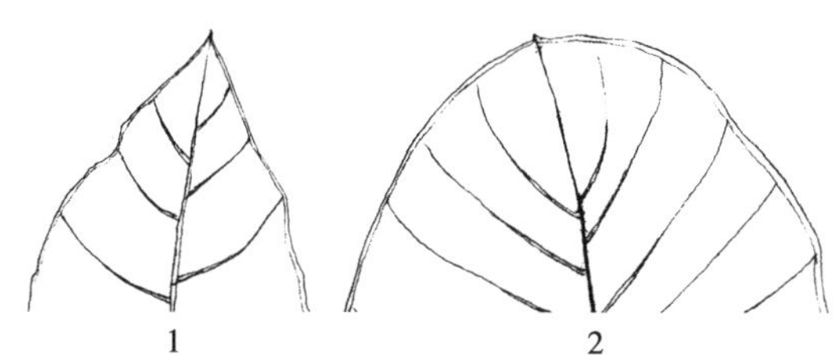

图6 叶尖形状

4.2.17 叶基形状

充分展开的成熟叶片的叶基形状(见图7)，分为：1. 箭形；2. 心形。

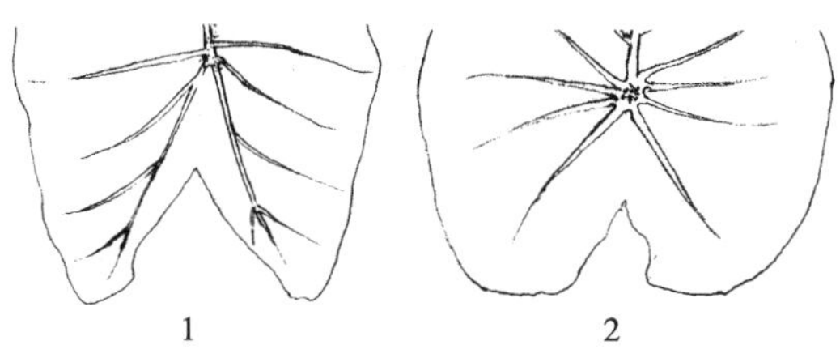

图7 叶基形状

4.2.18 叶基弯缺形状

充分展开的成熟叶片的叶基弯缺处形状(见图 8),分为:1. 锐尖;2. 钝尖;3. 心形;4. 深心形。

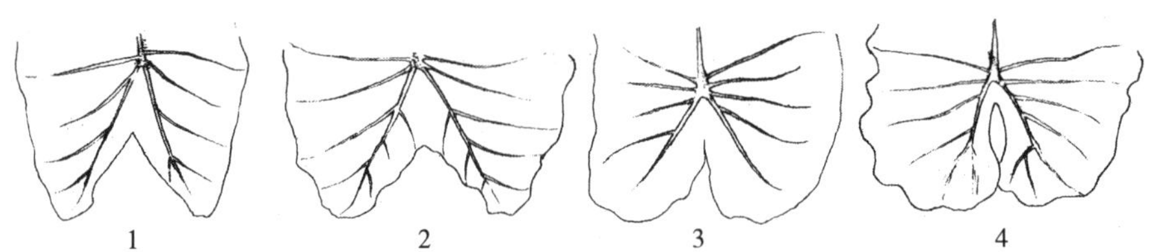

图 8 叶基弯缺形状

4.2.19 叶基脉夹角

充分展开的最大成熟叶片的叶基脉的夹角(见图 9),单位为度(°)。

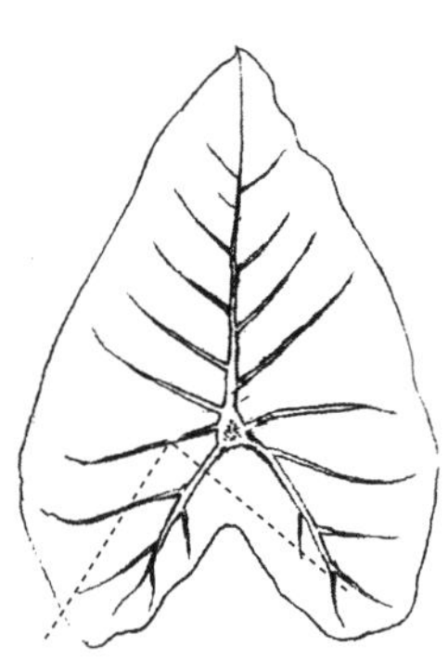

图 9 叶基脉夹角

4.2.20 后裂片长度

植株生长盛期,充分展开的最大成熟叶片的叶心到后裂片顶端的距离(见图 10),单位为厘米(cm)。

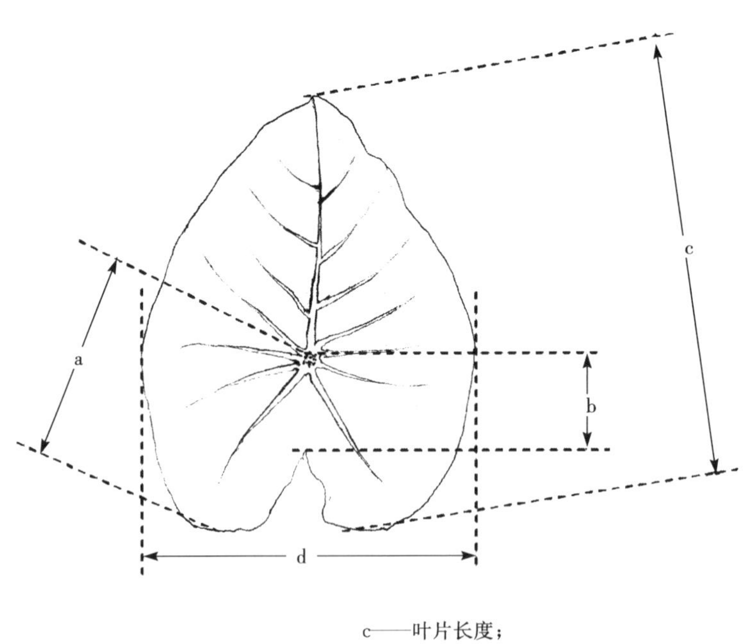

说明:

a——后裂片长度;　　c——叶片长度;

b——后裂片合生长度;　　d——叶片宽度。

图 10 叶片各部位示意图

4.2.21 后裂片合生长度

植株生长盛期,充分展开的最大成熟叶片的叶心到叶基弯缺处的最大距离(见图 10),单位为厘米(cm)。

4.2.22 **叶片长度**

植株生长盛期,充分展开的最大成熟叶片的最大长度(见图 10),单位为厘米(cm)。

4.2.23 **叶片宽度**

植株生长盛期,充分展开的最大成熟叶片的最大宽度(见图 10),单位为厘米(cm)。

4.2.24 **叶背脉颜色**

充分展开的成熟新叶的叶背脉颜色,分为:1. 黄白色;2. 淡绿色;3. 紫红色;4. 紫黑色。

4.2.25 **叶背蜡粉**

充分展开的成熟新叶的叶背蜡粉,分为:1. 无;2. 少;3. 中等;4. 多。

4.2.26 **叶柄蜡粉**

充分展开的成熟新叶的叶柄蜡粉,分为:1. 无;2. 少;3. 中等;4. 多。

4.2.27 **叶柄顶部颜色**

植株生长盛期,充分展开的成熟新叶的叶柄顶部颜色,分为:1. 绿白色;2. 淡绿色;3. 绿色;4. 水红色;5. 紫红色;6. 紫黑色。

4.2.28 **叶柄上部颜色**

植株生长盛期,充分展开的成熟新叶的叶柄上部颜色,分为:1. 淡绿色;2. 绿色;3. 深绿色;4. 乌绿色;5. 乌绿泛水红色;6. 水红色;7. 紫红色;8. 紫黑色。

4.2.29 **叶柄中下部颜色**

植株生长盛期,充分展开的成熟新叶的叶柄中下部颜色,分为:1. 淡绿色;2. 绿色;3. 深绿色;4. 乌绿色;5. 乌绿泛水红色;6. 水红色;7. 紫红色;8. 紫黑色。

4.2.30 **叶鞘边缘色斑类型**

植株生长盛期,完全展开新叶的叶鞘边缘着色条斑状况,分为:1. 无;2. 连续深褐色;3. 不连续深褐色。

4.2.31 **叶鞘长度**

植株生长盛期,充分展开的最大成熟叶的叶鞘长度(见图 1),单位为厘米(cm)。

4.2.32 **开花习性**

生长中后期,植株在自然条件下的开花状况,分为:1. 不开花;2. 部分开花;3. 开花。

4.2.33 **开花率**

在整个开花期内,开花植株占小区内植株的比率,以百分率(%)表示。

4.2.34 **花序柄颜色**

开花盛期,充分开放的花的花序柄颜色,分为:1. 淡绿色;2. 绿色;3. 深绿色;4. 乌绿色;5. 乌绿泛水红色;6. 水红色;7. 紫红色;8. 紫黑色。

4.2.35 **花序柄长度**

开花盛期,成熟花序的最长花序柄长度,单位为厘米(cm)。

4.2.36 **花序柄粗度**

开花盛期,成熟花序的最长花序柄粗度,单位为厘米(cm)。

4.2.37 **佛焰苞管部颜色**

开花盛期,充分开放的花的花序佛焰苞下部闭合部分外面的颜色(见图 11),分为:1. 淡绿色;2. 绿色;3. 淡紫红色;4. 紫红色;5. 紫褐色。

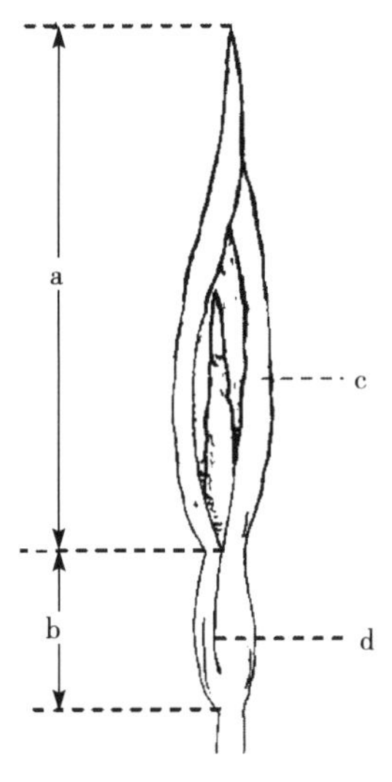

说明：

a——佛焰苞檐部长度； c——佛焰苞檐部；

b——佛焰苞管部长度； d——佛焰苞管部。

图 11 佛焰苞管部与檐部及其长度

4.2.38 佛焰苞檐部颜色

开花盛期，充分开放的花的花序佛焰苞上部开放部分外面的颜色（见图 11），分为：1. 苍黄色；2. 黄色；3. 橙黄色；4. 土黄色有紫红色暗纹。

4.2.39 佛焰苞形状

开花盛期，充分开放的花的佛焰形状以及其与雄花序的相对位置（见图 12），分为：1. 盔状；2. 龙骨瓣状；3. 平展；4. 充分展开并下垂；5. 反卷；6. 螺旋状；7. 螺旋状旋转。

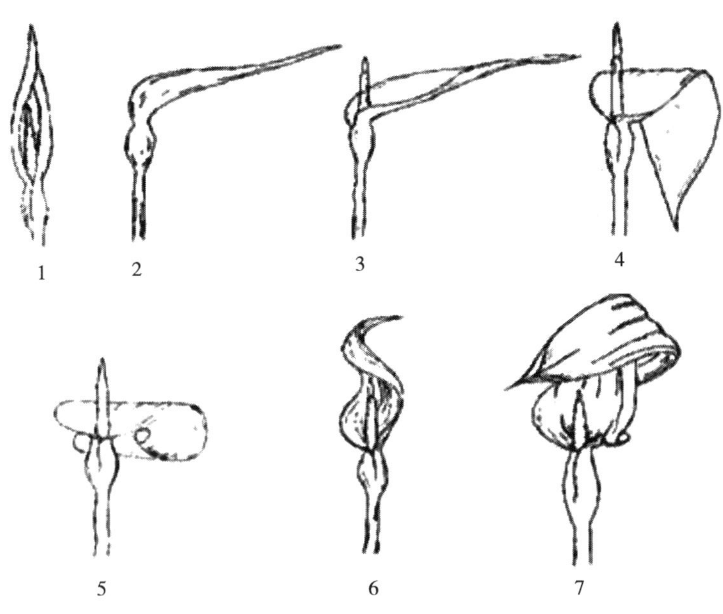

图 12 佛焰苞形状

4.2.40 佛焰苞管部长度

开花盛期，充分开放的花的花序佛焰苞下部闭合部分的长度（见图 11），单位为厘米（cm）。

4.2.41 佛焰苞檐部长度

开花盛期，充分开放的花的花序佛焰苞上部开放部分的长度（见图 11），单位为厘米（cm）。

4.2.42 **单个叶轴花序数**

开花盛期，从单个叶鞘中抽生的最大花序数量，单位为个每叶轴（个/叶轴）。

4.2.43 **单株花序丛数**

整个开花期，单个植株抽生的花序丛总数，单位为丛每株（丛/株）。

4.2.44 **雄花序状况**

开花盛期，充分开放的花的雄花序内藏或展露的状况，分为：1. 内藏；2. 展露。

4.2.45 **附属器长**

开花盛期，充分成熟花序的附属器长度（见图 13），单位为厘米（cm）。

4.2.46 **雄花序长**

开花盛期，充分成熟花序的雄花序长度（见图 13），单位为厘米（cm）。

4.2.47 **中性花序长**

开花盛期，充分成熟花序的中性花序长度（见图 13），单位为厘米（cm）。

4.2.48 **雌花序长**

开花盛期，充分成熟花序的雌花序长度（见图 13），单位为厘米（cm）。

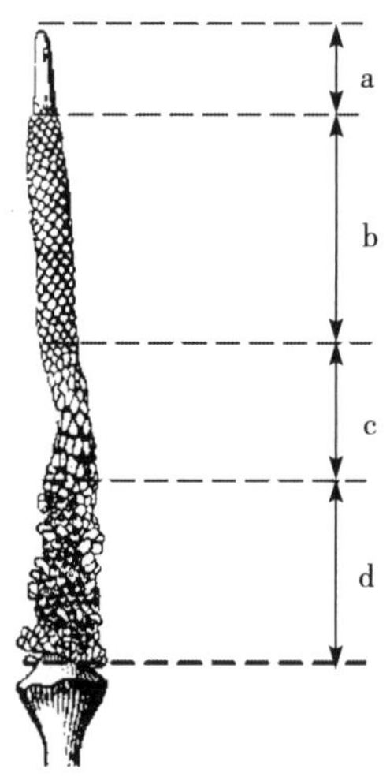

说明：

a——附属器长；

b——雄花序长；

c——中性花序长；

d——雌花序长。

图 13 肉穗花序

4.2.49 **雌花序粗度**

开花盛期，成熟花序的雌花序中部的直径（见图 13），单位为厘米（cm）。

4.2.50 **花粉状况**

充分成熟的雄花序是否产生花粉，分为：1. 无；2. 有。

4.2.51 **花粉颜色**

开花盛期，新散花粉的颜色，分为：1. 淡黄色；2. 棕黄色；3. 粉红色；4. 紫色。

4.2.52 **果实颜色**

开花盛期，充分成熟的健康果实的颜色，分为：1. 带白色；2. 黄色；3. 橘红色；4. 淡绿色；5. 暗绿色；6. 红色；7. 紫色。

4.2.53 **浆果数量**

开花盛期，单个花序所结浆果的数量，单位为个每花序（个/花序）。

4.2.54 **单个浆果种子数量**

开花盛期，单个浆果内的种子数量，单位为个每浆果(个/浆果)。

4.2.55 种子表皮颜色

开花盛期，充分成熟的种子在干燥条件下的表皮颜色。分为：1. 带白色；2. 黄色；3. 橘红色；4. 淡绿色；5. 暗绿色；6. 红色；7. 紫色。

4.2.56 种子形状

开花盛期，充分成熟的种子在干燥条件下的形状(见图 14)，分为：1. 长圆柱形；2. 椭圆形；3. 卵圆形；4. 瓶颈形；5. 圆锥形；6. 螺形。

图 14 种子形状

4.2.57 匍匐茎状况

植株生长盛期，植株是否有匍匐茎，分为：1. 无；2. 有。

4.2.58 匍匐茎数量

植株生长盛期，单个植株匍匐茎的数量，单位为个每株(个/株)。

4.2.59 匍匐茎长度

植株生长盛期，单个植株的最长匍匐茎长度，单位为厘米(cm)。

4.2.60 匍匐茎粗度

植株生长盛期，最长匍匐茎的最大直径，单位为厘米(cm)。

4.2.61 母芋表皮棕毛

地下球茎充分成熟后，新鲜母芋表皮鳞片或纤维的情况(见图 15)，分为：1. 平滑；2. 纤维状；3. 鳞片状。

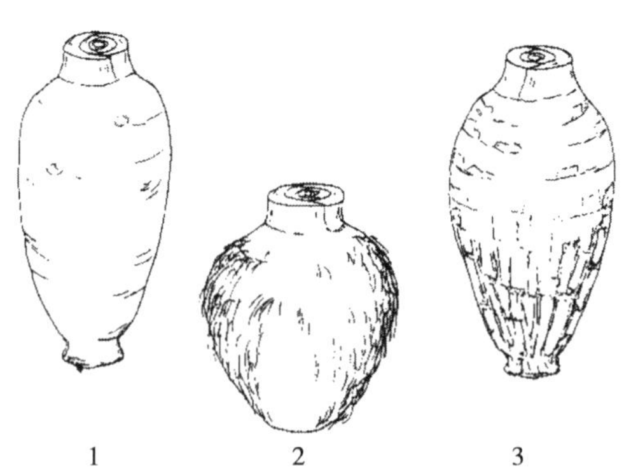

图 15 母芋表皮棕毛

4.2.62 母芋表皮颜色

地下球茎充分成熟后，新鲜母芋的表皮颜色，分为：1. 白色；2. 黄色或橘黄色；3. 粉红色；4. 红色；5. 棕色；6. 紫色；7. 带黑色。

4.2.63 母芋形状

地下球茎充分成熟后，新鲜母芋形状(见图 16)，分为：1. 扁球形；2. 圆球形；3. 圆柱形；4. 倒圆锥形;5. 椭圆形;6. 平且多头;7. 长且多头。

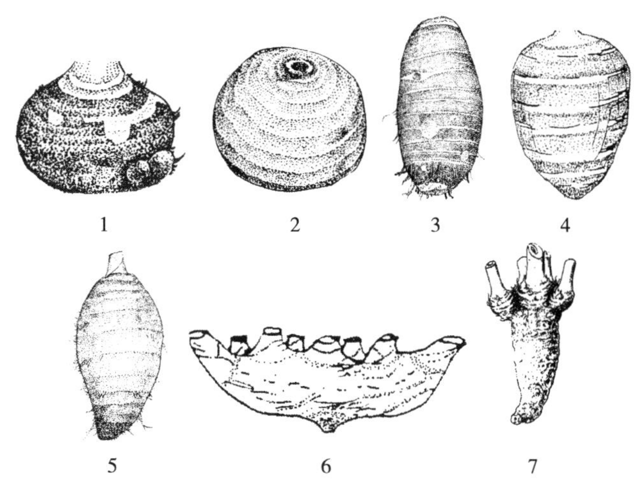

图 16 母芋形状

4.2.64 母芋芽色

地下球茎充分成熟后,新鲜母芋的顶芽颜色,分为:1. 白色;2. 黄白色;3. 淡红色;4. 紫红色。

4.2.65 母芋长度

地下球茎充分成熟后,新鲜母芋的最大长度(见图 17),单位为厘米(cm)。

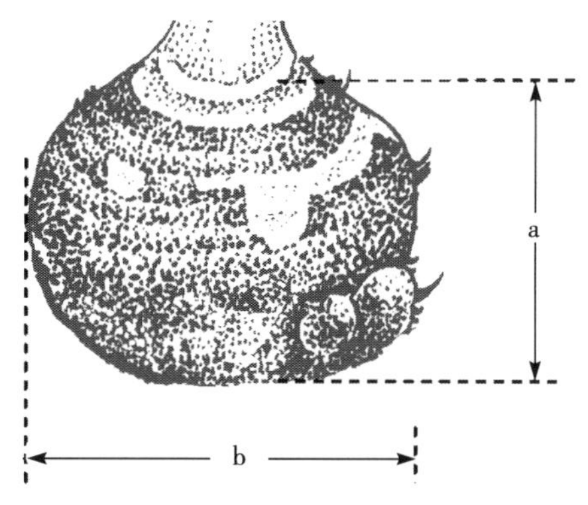

说明:

a——母芋长度;

b——母芋粗度。

图 17 母芋形状

4.2.66 母芋粗度

地下球茎充分成熟后,新鲜母芋的最大直径(见图 17),单位为厘米(cm)。

4.2.67 母芋肉颜色

地下球茎充分成熟后,新鲜母芋的肉质颜色,分为:1. 白色;2. 黄色;3. 粉红色;4. 紫红色;5. 紫色。

4.2.68 母芋肉纤维色

地下球茎充分成熟后,新鲜母芋的肉质纤维颜色,分为:1. 白色;2. 黄色;3. 紫红色;4. 紫色。

4.2.69 母芋纤维化程度

地下球茎充分成熟后,新鲜母芋肉质的纤维化程度,分为:1. 无;2. 轻微纤维化;3. 重纤维化。

4.2.70 母芋皮层厚度

地下球茎充分成熟后，新鲜母芋的表皮厚度，分为：1. 薄；2. 厚。

4.2.71 子芋形状

地下球茎充分成熟后，新鲜子芋的形状（见图 18），分为：1. 棒槌形；2. 长卵形；3. 倒圆锥形；4. 卵圆形；5. 圆球形。

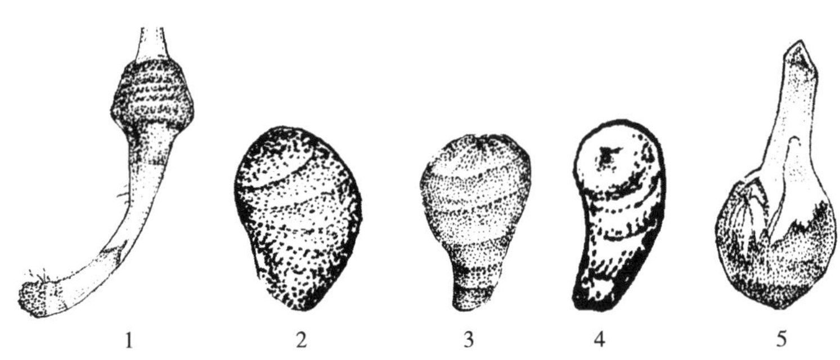

图 18 子芋（孙芋）形状

4.2.72 子芋长度

地下球茎充分成熟后，新鲜子芋的最大长度，单位为厘米（cm）。

4.2.73 子芋粗度

地下球茎充分成熟后，新鲜子芋的最大直径，单位为厘米（cm）。

4.2.74 孙芋形状

地下球茎充分成熟后，新鲜孙芋的形状（见图 18），分为：1. 棒槌形；2. 长卵形；3. 倒圆锥形；4. 卵圆形；5. 圆球形。

4.2.75 孙芋长度

地下球茎充分成熟后，新鲜孙芋的最大长度，单位为厘米（cm）。

4.2.76 孙芋粗度

地下球茎充分成熟后，新鲜孙芋的最大直径，单位为厘米（cm）。

4.2.77 整齐度

新鲜芋球茎的形状和大小整齐程度，分为：1. 不整齐；2. 整齐。

4.2.78 食用器官类型

芋供食用的器官类型，分为：1. 叶片；2. 叶柄；3. 花/花序；4. 匍匐茎；5. 子芋和孙芋；6. 母芋。

4.2.79 根色

芋植株的根颜色，分为：1. 白色；2. 橘红色；3. 棕色。

4.2.80 染色体倍性

细胞染色体的倍性水平，分为：1. $2x$；2. $3x$；3. $4x$；4. 其他。

4.3 生物学特性

4.3.1 播种期

种芋播种日期。以“年月日”表示，格式“YYYYMMDD”。

4.3.2 出苗期

30%的植株出现第一片真叶日期。以“年月日”表示，格式“YYYYMMDD”。

4.3.3 分蘖期

30%的植株出现第一个分蘖苗的日期。以“年月日”表示，格式“YYYYMMDD”。

4.3.4 始花期

植株开第一个佛焰花序的日期。以“年月日”表示，格式“YYYYMMDD”。

4.3.5 始收期

30%的植株第一次收获商品芋的日期。以“年月日”表示,格式“YYYYMMDD”。

4.3.6 枯叶期

30%的植株叶片正常枯死的日期。以“年月日”表示,格式“YYYYMMDD”。

4.3.7 熟性

芋生长后期,根据从播种到50%叶片枯萎的天数确定芋的成熟特性,分为:1. 极早熟;2. 早熟;3. 中熟;4. 晚熟。

4.4 产量性状

4.4.1 母芋数量

地下球茎充分成熟后,单株母芋的总个数,单位为个每株(个/株)。

4.4.2 母芋重量

地下球茎充分成熟后,单株母芋的总重量,单位为克(g)。

4.4.3 子芋数量

地下球茎充分成熟后,单株子芋的总个数,单位为个每株(个/株)。

4.4.4 子芋重量

地下球茎充分成熟后,单株新鲜子芋的总重量,单位为克(g)。

4.4.5 孙芋数量

地下球茎充分成熟后,单株孙芋的总个数,单位为个每株(个/株)。

4.4.6 孙芋重量

地下球茎充分成熟后,单株新鲜孙芋的总重量,单位为克(g)。

4.4.7 产量

单位面积食用器官的生物产量,单位为千克每公顷(kg/hm^2)。根据不同器官,分为:1. 叶柄用芋的产量为叶柄产量;2. 花用芋的产量为花序柄产量;3. 茎用芋为匍匐茎或球茎的产量。

注:球茎:魁芋指母芋;魁子兼用芋指整个球茎;多子芋指子芋及孙芋等;多头芋指整个球茎。

4.5 品质性状

4.5.1 口感

芋在煮熟食用过程中的感觉。根据食用器官类型,分为:1. 叶片口感;2. 叶柄口感;3. 花/花序口感;4. 匍匐茎口感;5. 子芋和孙芋口感;6. 母芋口感。口感评价分为:1. 好;2. 中等;3. 差。

4.5.2 球茎质地

芋球茎煮熟后的性质、结构特性,分为:1. 软质;2. 黏质;3. 粉质;4. 硬质。

4.5.3 香味

球茎(魁芋取母芋;魁子兼用芋取整个球茎;多子芋取子芋及孙芋;多头芋取整个球茎)的食味特性,分为:1. 浓;2. 淡;3. 无。

4.5.4 耐储藏性

商品芋在一定的储藏条件下和一定的期限内保持新鲜状态和原有品质不发生明显劣变的特性,分为:1. 强;2. 中;3. 弱。

4.5.5 干物质含量

100 g 新鲜商品芋肉所含干物质的克数,以克每百克(g/100 g)表示。

4.5.6 总淀粉含量

100 g 新鲜商品芋肉所含总淀粉的克数,以克每百克(g/100 g)表示。

4.5.7 直链淀粉含量

100 g 新鲜商品芋肉所含直连淀粉的克数,以克每百克(g/100 g)表示。

4.5.8 支链淀粉含量

100 g 新鲜商品芋肉所含支链淀粉的克数,以克每百克(g/100 g)表示。

4.6 抗性性状

4.6.1 耐旱性

芋植株在自然条件下忍耐或抵抗干旱的能力。分为:1. 强;2. 中;3. 弱。

4.6.2 疫病抗性

芋植株对芋疫病(*Phytophthora colocasiae* Racib.)的抗性强弱。分为:1. 高抗(HR);2. 抗病(R);3. 中抗(MR);4. 感病(S);5. 高感(HS)。

4.6.3 污斑病抗性

芋植株对污斑病(*Cladosporium colocasiae* Saw.)的抗性强弱。分为:1. 高抗(HR);2. 抗病(R);3. 中抗(MR);4. 感病(S);5. 高感(HS)。

4.6.4 病毒病抗性

芋植株对芋花叶病毒(Dasheen mosaic virus,DsMV)的抗性强弱。分为:1. 高抗(HR);2. 抗病(R);3. 中抗(MR);4. 感病(S);5. 高感(HS)。

4.6.5 软腐病抗性

芋植株对软腐病[*Erwinia carotovora* subsp. *Carotovara*(jones)Bergey et al.]的抗性强弱。分为:1. 高抗(HR);2. 抗病(R);3. 中抗(MR);4. 感病(S);5. 高感(HS)。

ICS 67.060
B 23

中华人民共和国农业行业标准

NY/T 2939—2016

甘薯种质资源描述规范

Descriptors for sweetpotato germplasm resources

2016-10-26 发布　　2017-04-01 实施

中华人民共和国农业部　发布

前　　言

本标准按照GB/T 1.1—2009给出的规则起草。

本标准由农业部种植业管理司提出并归口。

本标准起草单位:江苏徐淮地区徐州农业科学研究所、中国农业科学院茶叶研究所、广东省农业科学院作物研究所。

本标准主要起草人:赵冬兰、唐君、熊兴平、陈景益、江用文、曹清河、周志林、张雄坚、张安、黄立飞。

甘薯种质资源描述规范

1 范围

本标准规定了甘薯[*Ipomoea batatas*(L.)Lam.]种质资源基本信息、植物学特征、生物学特性、产量性状、品质性状及抗性性状的描述方法。

本标准适用于甘薯种质资源的描述。

2 规范性引用文件

下列文件对于本文件的应用是必不可少的。凡是注日期的引用文件，仅注日期的版本适用于本文件。凡是不注日期的引用文件，其最新版本(包括所有的修改单)适用于本文件。

GB/T 2260 中华人民共和国行政区划代码

GB/T 2659 世界各国和地区名称代码

3 描述内容

描述内容见表1。

表1 甘薯种质资源描述内容

描述类别	描 述 内 容
基本信息	全国统一编号、引种号、采集号、种质名称、种质外文名、科名、属名、学名、原产国、原产省、原产地、海拔、经度、纬度、来源地、保存资源类型、保存方式、系谱、选育单位、育成年份、选育方法、种质类型、图像、观测地点
植物学特征	株型、顶芽色、顶叶形状、顶叶色、顶叶叶缘色、叶片形状、叶缘类型、叶缺刻类型、叶缺刻数、中裂片形状、叶尖形状、叶皱缩、叶色、叶缘色、叶脉色、脉基色、叶片长、叶片宽、叶大小、叶柄长、叶柄直径、叶柄色、柄基色、茎端缠绕度、茎端茸毛、茎主色、茎次色、茎直径、节间长、基部分枝、主蔓长、花色、花冠形状、花大小、柱头颜色、柱头位置、花柱颜色、萼片一致性、萼片形状、萼片顶端形状、萼片颜色、结实性、薯蒂颜色、薯蒂长、薯形、薯块缺陷、薯皮光滑度、皮层厚度、薯皮主色、薯皮次色、薯肉主色、薯肉次色、薯肉次色分布
生物学特性	排种期、始苗期、齐苗期、萌芽数量、萌芽整齐度、栽插期、收获期、茎叶生长势、自然开花习性、结薯时间、结薯习性
产量性状	单株结薯数、丰产性、大薯重、大薯率、中薯重、中薯率、小薯重、小薯率
品质性状	薯块大小整齐度、薯块形状整齐度、薯块乳液、薯块氧化作用、薯块干物率、鲜薯可溶性糖、鲜薯还原性糖、鲜薯粗淀粉、鲜薯粗蛋白、维生素C含量、β-胡萝卜素含量、花青苷含量、薯块甜度、薯块黏度、薯块面(粉)度、薯块香度、薯块纤维感、食用品质综合评价
抗性性状	耐储藏性、耐旱性、耐盐性、耐冷性、耐湿性、甘薯黑斑病抗性、甘薯根腐病抗性、甘薯茎线虫病抗性、甘薯薯瘟病抗性、甘薯疮痂病抗性、甘薯蔓割病抗性、甘薯病毒病抗性、甘薯蚁象抗性

4 描述方法

4.1 基本信息

4.1.1 全国统一编号

种质的唯一标识号，甘薯种质资源的全国统一编号分为3类。国内甘薯资源由“ZS”加6位顺序号组成，野生资源由“YS”加6位顺序号组成，国外引进资源由“SY”加6位顺序号组成。该编号由国家种质徐州甘薯试管苗库赋予。

4.1.2 引种号

甘薯种质从国外引入时赋予的编号。由"年份""4位顺序号"顺次连续组合而成,"年份"为4位数,"4位顺序号"每年分别编号,每份引进种质具有唯一的引种号。

4.1.3 采集号

甘薯种质在野外采集时赋予的编号,由"年份""省(自治区、直辖市)代号""4位顺序号"顺次连续组合而成。省(自治区、直辖市)代号按照GB/T 2260的规定执行。

4.1.4 种质名称

甘薯种质的中文名称。国内种质的原始名称,如果有多个名称,可以放在英文括号内,用英文逗号分隔;国外引进种质如果没有中文译名,可以直接用种质的外文名。

4.1.5 种质外文名

国外引进种质用外文名,国内种质用汉语拼音名。国内种质中文名称为3字(含3字)以下的,所有汉字拼音连续组合在一起,首字母大写;中文名称为4字(含4字)以上的,拼音按词组分别组合,每个词组的首字母大写。

4.1.6 科名

用中文名加拉丁名组成,旋花科(Convolvulaceae)。

4.1.7 属名

用中文名加拉丁名组成,甘薯属(*Ipomoea*)。

4.1.8 种名

种质资源在植物分类学上的种名或变种名,用中文名加拉丁名组成。

4.1.9 原产国

甘薯种质原产国家名称、地区名称或国际组织名称。国家和地区名称按照GB/T 2659的规定执行,如该国家已不存在,应在原国家名称前加"原"。国际组织名称用该组织的正式英文缩写。

4.1.10 原产省

甘薯种质原产省份名称,省份名称按照GB/T 2260的规定执行;国外引进种质原产省用原产国一级行政区的名称。

4.1.11 原产地

甘薯种质原产县、乡、村名称,县名按照GB/T 2260的规定执行。

4.1.12 海拔

甘薯种质原产地的海拔,单位为米(m),精确到1 m。

4.1.13 经度

甘薯种质原产地的经度,单位为度(°)和分(′)。格式为"DDDFF",其中,"DDD"为度,"FF"为分。东经为正值,西经为负值。

4.1.14 纬度

甘薯种质原产地的纬度,单位为度(°)和分(′)。格式为"DDFF",其中,"DD"为度,"FF"为分。北纬为正值,南纬为负值。

4.1.15 来源地

甘薯种质的来源国家、省、县名称,地区名称或机构名称。

4.1.16 保存方式

甘薯种质资源保存的方式,分为:1. 库(试管苗保存);2. 圃(田间保存);3. 保护区(原生境保存);4. 其他。

4.1.17 系谱

甘薯选育品种(系)的亲本。

4.1.18 **选育单位**

选育甘薯品种(系)的单位名称或个人姓名,单位名称应写全称。

4.1.19 **育成年份**

甘薯育成品种(系)通过省级以上审(认)定或鉴定的年份。

4.1.20 **选育方法**

甘薯品种(系)的育种方法,包括人工杂交、集团杂交和辐射诱变等。

4.1.21 **种质类型**

保存的甘薯种质资源的类型,分为:1. 野生资源;2. 地方品种;3. 选育品种;4. 品系;5. 遗传材料;6. 其他。

4.1.22 **图像**

甘薯种质的图像文件名。文件名由该种质全国统一编号、连字符“-”和图像序号组成。图像格式为 .jpg。如有多个图像文件,图像文件名用英文分号分隔。图像对象主要包括茎蔓、叶片、薯块、特异性状等。图像要清晰,对象要突出。

4.1.23 **观测地点**

甘薯种质植物学特征、生物学特性、产量性状、品质性状、抗性性状等的观测地点,记录到省和县(区)名。

4.2 **植物学特征**

4.2.1 **株型**

栽插后 30 d～40 d 封垄前调查,用目测的方法观察整个小区植株生长状况,根据茎蔓和分枝的形态与空间分布状况进行综合评定。分为:1. 直立(主茎和分枝短,茎蔓无伏地);2. 半直立(主茎和部分分枝较短,1/3 以下主蔓伏地生长);3. 匍匐(主茎和部分分枝长,1/3 以上主蔓伏地生长);4. 攀缘(茎蔓和部分分枝纤细,茎端有缠绕圈)。

4.2.2 **顶芽色**

栽插后 40 d～50 d,主茎的顶端未展开叶的颜色,分为:1. 黄绿;2. 绿;3. 浅紫;4. 紫;5. 紫红;6. 褐。

4.2.3 **顶叶形状**

栽插后 40 d～50 d,主茎第一片展开叶的形状(见图 1),分为:1. 圆形;2. 肾形;3. 心形;4. 尖心;5. 三角形;6. 缺刻。

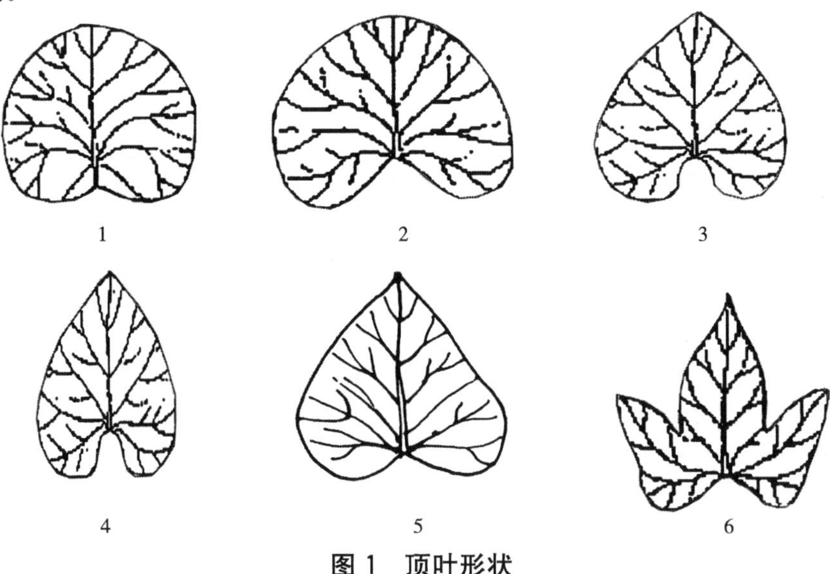

图 1 顶叶形状

4.2.4 顶叶色

栽插后 40 d～50 d,主茎第一片展开叶的颜色,分为:1. 黄绿;2. 绿;3. 褐绿;4. 紫绿;5. 褐;6. 红;7. 浅紫;8. 紫。

4.2.5 顶叶叶缘色

栽插后 40 d～50 d,主茎第一片展开叶片边缘的颜色,分为:1. 黄绿;2. 绿;3. 红;4. 紫;5. 褐。

4.2.6 叶片形状

栽插后 40 d～50 d,主茎中部成熟叶片形状,分为:1. 圆形;2. 肾形;3. 心形;4. 尖心;5. 三角形;6. 缺刻。见图 1。

4.2.7 叶缘类型

栽插后 40 d～50 d,主茎中部成熟叶片边缘的类型(见图 2),分为:1. 全缘;2. 带齿;3. 浅缺刻;4. 中等缺刻;5. 深缺刻;6. 极深缺刻。

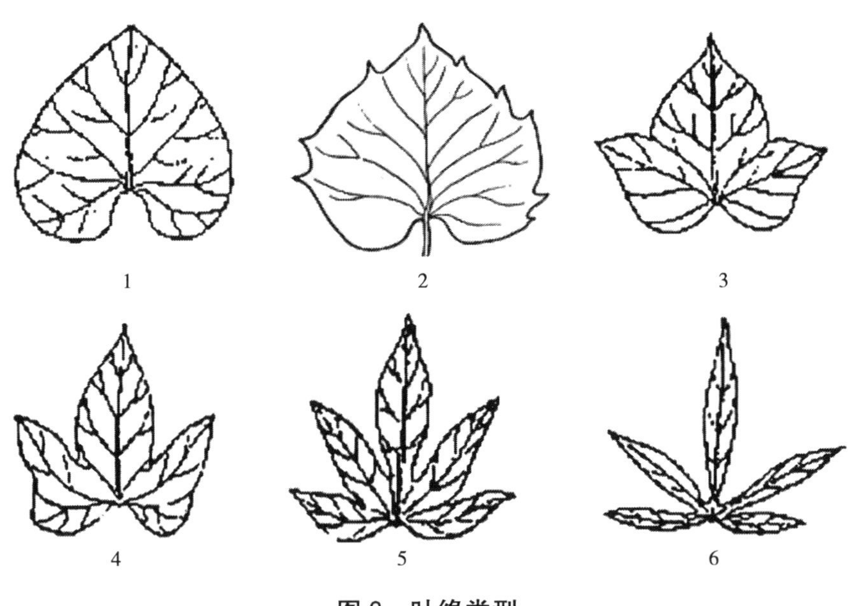

图 2 叶缘类型

4.2.8 叶缺刻类型

栽插后 40 d～50 d,主茎中部成熟叶片缺刻类型(见图 3),分为:1. 非缺刻;2. 单缺刻(缺刻数 1 对);3. 复缺刻(缺刻数大于 1 对)。

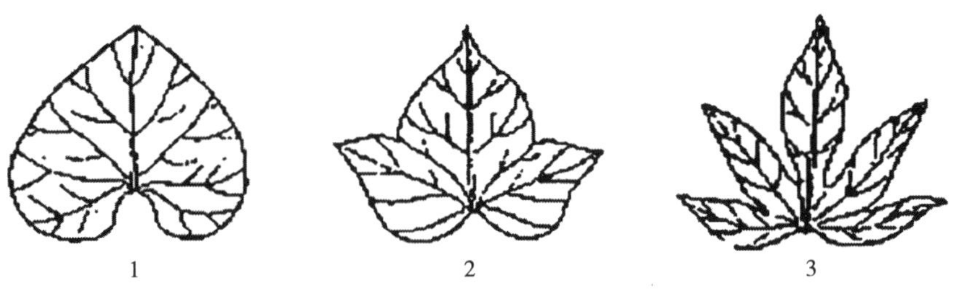

图 3 叶缺刻类型

4.2.9 叶缺刻数

栽插后 40 d～50 d,主茎中部成熟叶片缺刻数(见图 4),分为:1. 无;2. 1 对;3. 2 对;4. 3 对;5. 多对。

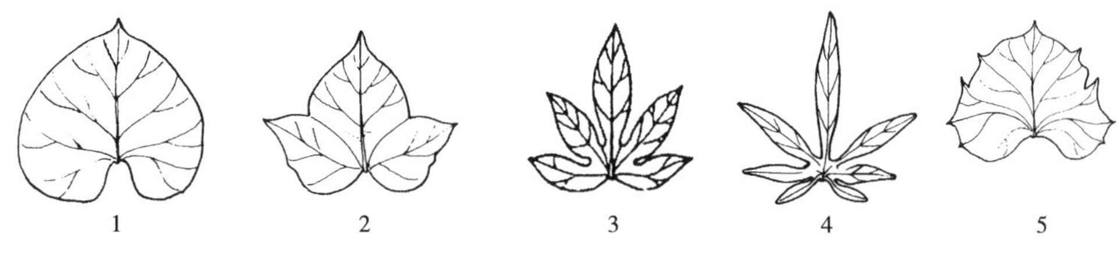

图 4　叶缺刻数

4.2.10　**中裂片形状**

栽插后 40 d～50 d，主茎中部成熟叶片中部裂片的形状（见图 5），分为：1. 无；2. 齿状；3. 三角；4. 半圆；5. 半椭圆；6. 椭圆；7. 披针；8. 倒披针；9. 线形。

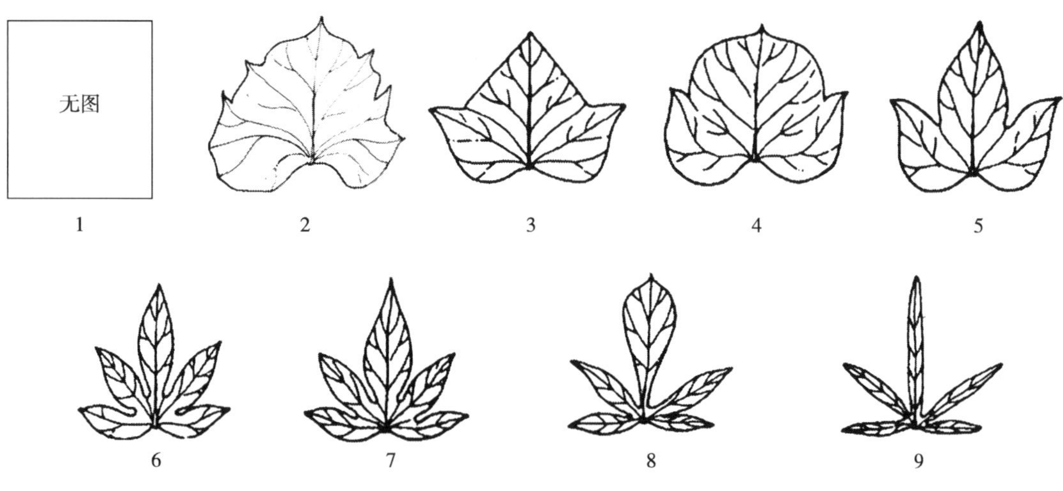

图 5　中部裂片形状

4.2.11　**叶尖形状**

栽插后 40 d～50 d，主茎中部成熟叶片叶尖形状（见图 6），分为：1. 无；2. 锐；3. 钝。

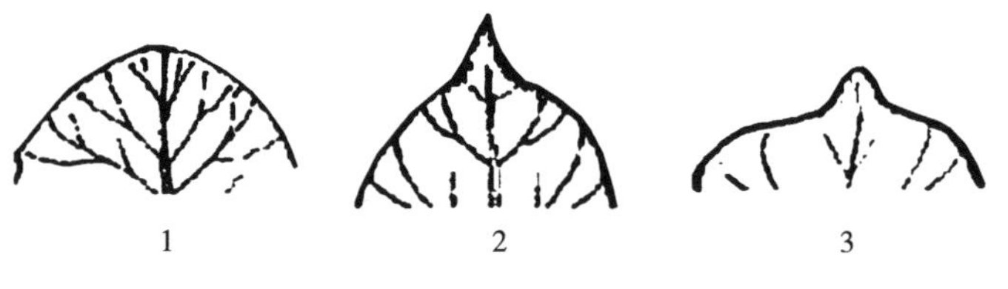

图 6　叶尖形状

4.2.12　**叶缩皱**

栽插后 40 d～50 d，主茎中部成熟叶片缩皱程度，分为：0. 无；1. 有。

4.2.13　**叶色**

栽插后 40 d～50 d，主茎中部成熟叶片的颜色，分为：1. 黄绿；2. 绿；3. 褐绿；4. 紫绿；5. 褐；6. 红；7. 浅紫；8. 紫。

4.2.14　**叶缘色**

栽插后 40 d～50 d，主茎中部成熟叶片边缘的颜色，分为：1. 黄绿；2. 绿；3. 红；4. 紫；5. 褐。

4.2.15　**叶脉色**

栽插后 40 d～50 d，主茎中部成熟叶片背面叶脉的颜色，分为：1. 黄；2. 绿；3. 主脉基部紫斑；4. 数条叶脉紫斑；5. 主脉部分紫；6. 主脉全紫；7. 全部叶脉部分紫；8. 全部叶脉紫。

4.2.16 脉基色

栽插后 40 d～50 d，主茎中部成熟叶叶脉与叶柄相连部位的颜色，分为：1. 淡绿；2. 绿；3. 绿带紫；4. 淡紫；5. 紫。

4.2.17 叶片长

栽插后 90 d 或收获前 10 d(早熟品种)，主茎中部成熟叶基部至叶尾的长度(见图 7)，单位为厘米(cm)。

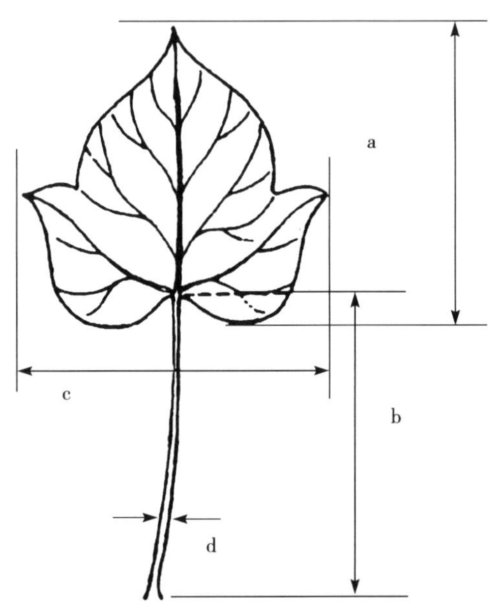

说明：

a——叶片长；　　c——叶片宽；

b——叶柄长；　　d——叶柄直径。

图 7　叶片长、叶片宽、叶柄长和叶柄直径

4.2.18 叶片宽

栽插后 90 d 或收获前 10 d(早熟品种)，主茎中部成熟叶两边最边缘处的宽度(见图 7)，单位为 cm。

4.2.19 叶大小

栽插后 90 d 或收获前 10 d(早熟品种)，主茎中部成熟叶的大小，根据叶片长来划分，分为：1. 小(＜8 cm)；2. 中(8 cm～15 cm)；3. 大(16 cm～25 cm)；4. 极大(＞25 cm)。

4.2.20 叶柄长

栽插后 90 d 或收获前 10 d(早熟品种)，主茎中部成熟叶叶柄的长度(见图 7)，单位为厘米(cm)。

4.2.21 叶柄直径

栽插后 90 d 或收获前 10 d(早熟品种)，主茎中部成熟叶离主茎 5 cm 处叶柄的直径(见图 7)，单位为毫米(mm)。

4.2.22 叶柄色

栽插后 40 d～50 d，主茎中部成熟叶叶柄的颜色，分为：1. 黄绿；2. 绿；3. 绿基部带紫；4. 绿上部带紫；5. 绿带紫斑；6. 绿带紫条；7. 紫上部带绿；8. 部分叶柄紫色，部分叶柄绿色；9. 紫。

4.2.23 柄基色

栽插后 40 d～50 d，主茎中部成熟叶叶柄与茎相连部位的颜色，分为：1. 淡绿；2. 绿；3. 绿带紫；4. 淡紫；5. 紫。

4.2.24 茎端缠绕度

栽插后 40 d～50 d，主茎缠绕的程度，分为：1. 无；2. 轻度；3. 中等；4. 高度。

4.2.25 茎端茸毛

栽插后 40 d～50 d，主茎顶端茸毛的多少，分为：1. 无；2. 少；3. 中等；4. 多。

4.2.26 茎主色

栽插后 40 d～50 d，茎蔓的主要颜色，分为：1. 绿；2. 绿带少量紫斑；3. 绿带大量紫斑；4. 绿带少量褐斑；5. 绿带大量褐斑；6. 大部分紫；7. 大部分褐；8. 全紫；9. 全褐。

4.2.27 茎次色

栽插后 40 d～50 d，茎蔓的次要颜色，分为：1. 无；2. 基部绿；3. 顶部绿；4. 节点绿；5. 基部紫；6. 顶部紫；7. 节点紫；8. 其他。

4.2.28 茎直径

栽插后 90 d 或收获前 10 d（早熟品种），主茎中部节间的直径，单位为毫米（mm），分为：1. 极细（＜4 mm）；2. 细（4 mm～6 mm）；3. 中等（7 mm～9 mm；4. 粗（10 mm～12 mm）；5. 极粗（＞12 mm）。

4.2.29 节间长

栽插后 90 d 或收获前 10 d（早熟品种），主茎中部节间的长度，单位为厘米（cm），分为：1. 极短（＜3 cm）；2. 短（3 cm～5 cm）；3. 中等（6 cm～9 cm）；4. 长（10 cm～12 cm）；5. 极长（＞12 cm）。

4.2.30 基部分枝

栽插后 90 d 或收获前 10 d（早熟品种），主茎基部 30 cm 范围内、长度 10 cm 以上的分枝数量，单位为个。

4.2.31 主蔓长

栽插后 90 d 或收获前 10 d（早熟品种），主茎蔓的长度，单位为厘米（cm），分为：1. 短（＜75 cm）；2. 中（75 cm～150 cm）；3. 长（151 cm～250 cm）；4. 特长（＞250 cm）。

4.2.32 花色

开花期，花的颜色，分为：1. 白；2. 花冠白冠筒紫；3. 花冠白带淡紫环冠筒紫；4. 花冠淡紫冠筒紫；5. 紫；6. 其他。

4.2.33 花冠形状

开花期，花冠的形状（见图 8），分为：1. 半显；2. 五边；3. 圆。

1

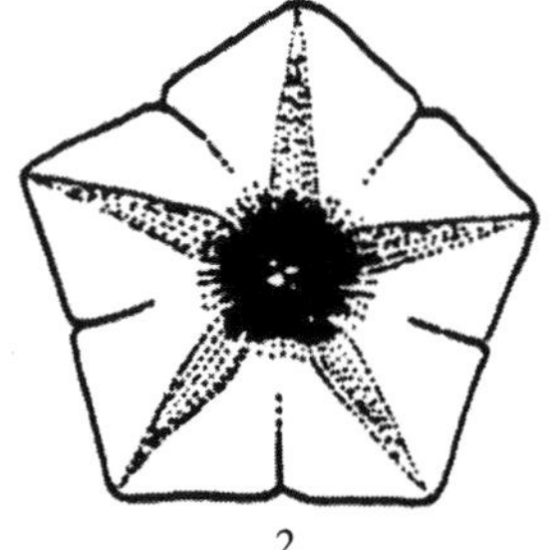
2

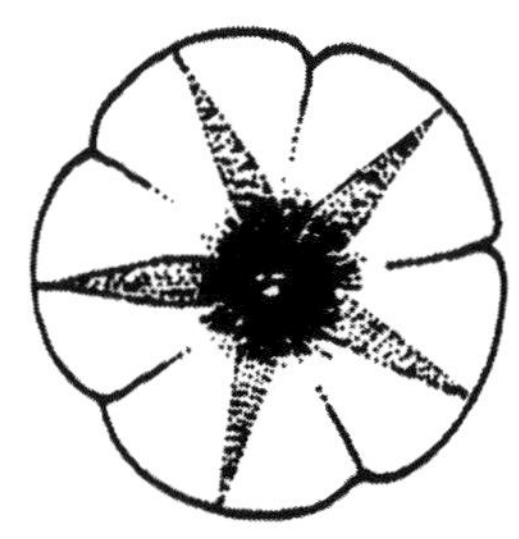
3

图 8　花冠形状

4.2.34 花大小

开花期，花的长度（L）和宽度（W）（见图 9），单位为厘米（cm）。

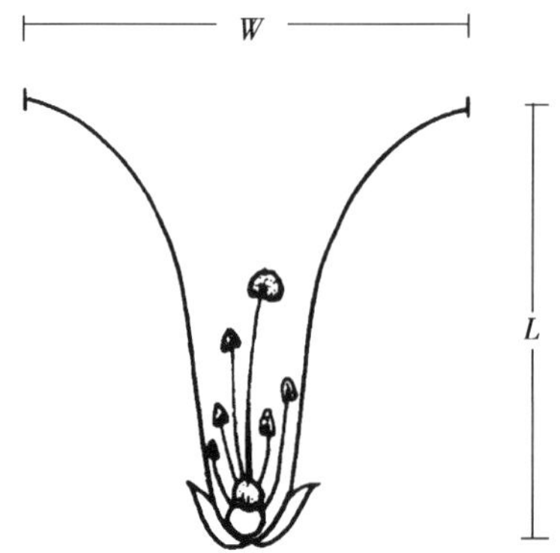

说明：

L——长度；

W——宽度。

图 9　花大小

4.2.35　柱头颜色

开花期，柱头的颜色，分为：1. 白；2. 淡紫；3. 紫。

4.2.36　柱头位置

开花期，柱头相对花药的位置（见图 10），分为：1. 柱头低于最高花药；2. 柱头与最高花药等高；3. 柱头稍高于最高花药；4. 柱头高于花药。

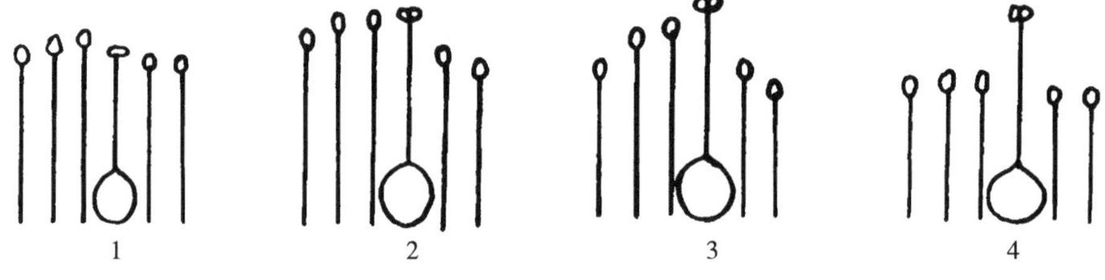

图 10　柱头位置

4.2.37　花柱颜色

开花期，花柱的颜色，分为：1. 白；2. 白色基部带紫；3. 白色顶部带紫；4. 白色遍布紫斑；5. 紫。

4.2.38　萼片一致性

开花期，内外萼片是否大小一致，分为：1. 不一致；2. 一致。

4.2.39　萼片形状

开花期，萼片的形状（见图 11），分为：1. 卵圆；2. 椭圆；3. 倒卵圆；4. 阔椭圆；5. 披针。

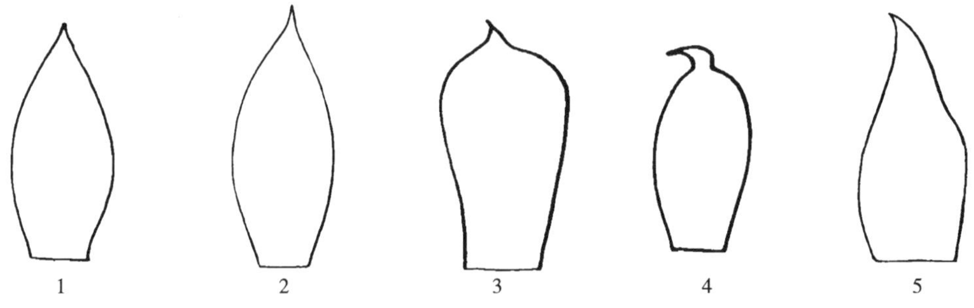

图 11　萼片形状

4.2.40　萼片顶端形状

开花期，萼片顶端的形状（见图 12），分为：1. 锐；2. 钝；3. 渐尖；4. 尾状。

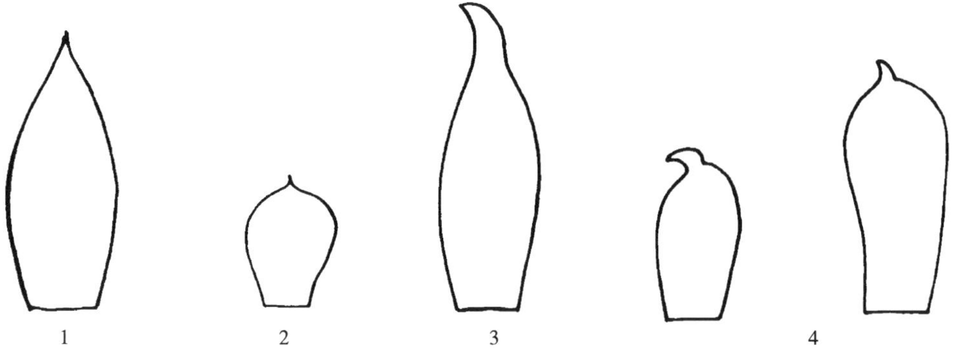

图 12　萼片顶端形状

4.2.41　萼片颜色

开花期,萼片的颜色,分为:1. 绿;2. 绿带紫边;3. 绿带紫斑;4. 绿带紫片;5. 部分萼片绿,部分萼片紫;6. 淡紫;7. 褐。

4.2.42　结实性

收获期,根据结实情况,分为:1. 无;2. 极差;3. 差;4. 中等;5. 强。

4.2.43　薯蒂颜色

收获期,薯蒂的颜色,分为:1. 黄;2. 黄带红;3. 红;4. 紫。

4.2.44　薯蒂长

收获期,连接茎和薯块间部位的长度,单位为毫米(mm)。

4.2.45　薯形

收获期,薯块的形状(见图 13),分为:1. 球形(L/B 约为 1∶1);2. 短纺锤($1<L/B\leqslant 2$);3. 纺锤($2<L/B\leqslant 3$);4. 上膨纺;5. 下膨纺;6. 筒形(L/B 约为 2∶1);7. 长筒形($L/B>3$);8. 长纺锤($L/B>3$);9. 不规则。

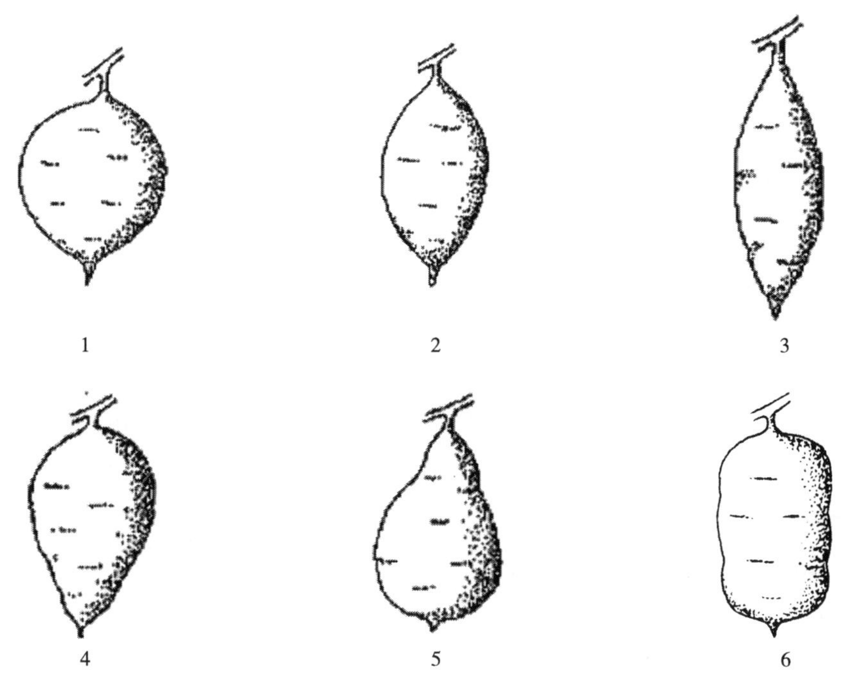

图 13 薯 形

4.2.46 薯块缺陷

收获期,薯块外观的缺陷状况(见图 14),分为:1. 无;2. 网状龟裂;3. 条筋;4. 缢缩;5. 条沟;6. 缢缩加条沟;7. 其他。

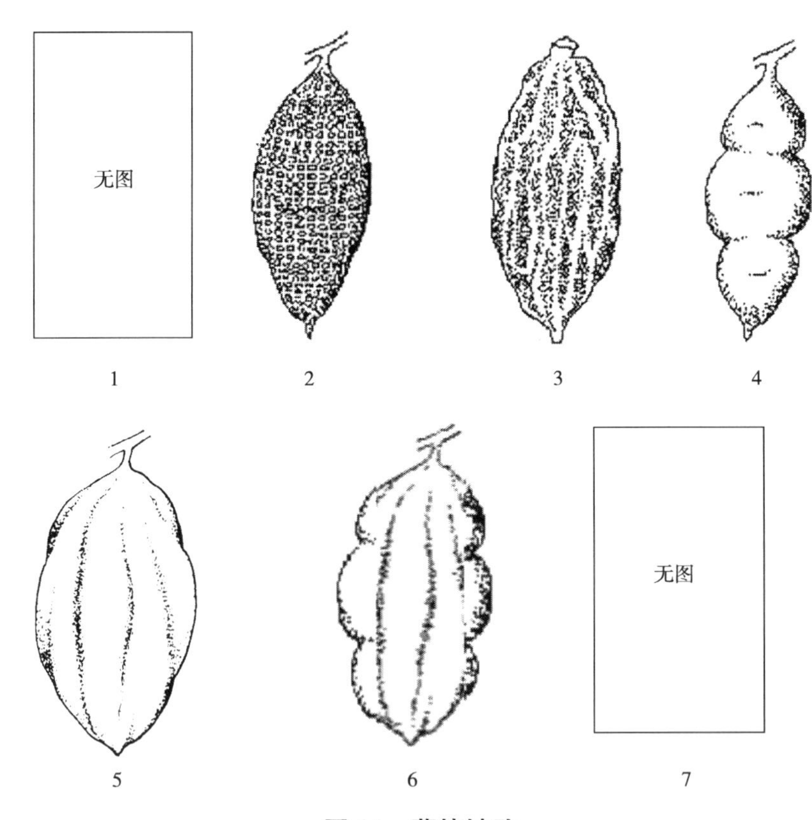

图 14 薯块缺陷

4.2.47 薯皮光滑度

收获期,薯块表皮的光滑程度,分为:1. 光滑;2. 较光滑;3. 粗糙。

4.2.48 皮层厚度

收获期,薯块横切面皮层的厚度,单位为毫米(mm)。

4.2.49 薯皮主色

收获期,薯块表面的主要颜色,分为:1. 白;2. 浅黄;3. 黄;4. 橘红;5. 棕红;6. 粉红;7. 紫红;8. 紫;9. 深紫。

4.2.50 薯皮次色

收获期，薯块表面的次要颜色，分为：1. 无；2. 白；3. 浅黄；4. 黄；5. 橘红；6. 棕红；7. 粉红；8. 紫红；9. 紫；10. 深紫。

4.2.51 薯肉主色

收获期，薯块横切面薯肉的主要颜色，分为：1. 白；2. 浅黄；3. 黄；4. 橘黄；5. 橘红；6. 粉红；7. 红；8. 紫；9. 深紫。

4.2.52 薯肉次色

收获期，薯块横切面薯肉的次要颜色，分为：1. 无；2. 白；3. 浅黄；4. 黄；5. 橘黄；6. 橘红；7. 粉红；8. 红；9. 紫；10. 深紫。

4.2.53 薯肉次色分布

收获期，薯块横切面薯肉次要颜色的分布状况（见图 15），分为：1. 无；2. 窄外环；3. 宽外环；4. 斑点；5. 窄内环；6. 宽内环；7. 环带其他；8. 纵切；9. 大部分薯肉；10. 全部薯肉。

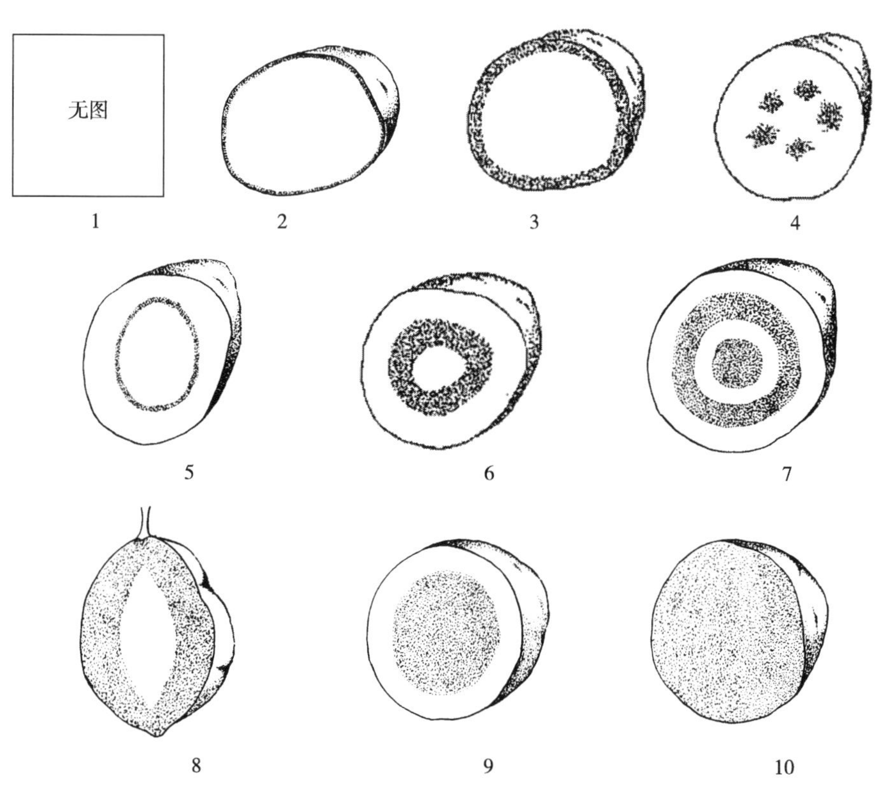

图 15 薯肉次色分布

4.3 生物学特性

4.3.1 排种期

进行甘薯种质资源形态特征和生物学特性鉴定时的薯块排种日期，以"年月日"表示，格式"YYYYMMDD"。

4.3.2 始苗期

采用 4.3.1 的样本，记载 10%幼苗出土的日期，以"年月日"表示，格式"YYYYMMDD"。

4.3.3 齐苗期

采用 4.3.1 的样本，记载 70%幼苗出土的日期，以"年月日"表示，格式"YYYYMMDD"。

4.3.4 萌芽数量

薯块育苗期，薯块出苗数量的多少，分为：1. 少；2. 中；3. 多。

4.3.5 **萌芽整齐度**

薯块育苗期,薯块出苗的状况,分为:1. 不整齐;2. 中等;3. 整齐。

4.3.6 **栽插期**

进行甘薯种质资源的栽插日期,以"年月日"表示,格式"YYYYMMDD"。

4.3.7 **收获期**

甘薯种质资源收获薯块的日期,以"年月日"表示,格式"YYYYMMDD"。

4.3.8 **茎叶生长势**

栽插 35 d～40 d 后,地上部茎叶的生长状况,根据其对地面的覆盖度来划分,分为:1. 弱(<50%);2. 中等(50%～80%);3. 强(>80%)。

4.3.9 **自然开花习性**

生育周期内,在自然条件下开花情况,分为:1. 不开花;2. 少;3. 中等;4. 多。

4.3.10 **结薯时间**

甘薯植株结薯的早晚。栽插 35 d～40 d 挖根调查,根据块根有无明显膨大来划分,分为:1. 早;2. 中;3. 晚。

4.3.11 **结薯习性**

收获期,根据植株结薯的节数、节间和薯蒂的长短,形成薯块排列的松散程度(见图 16),分为:1. 集中;2. 较集中;3. 松散;4. 极松散。

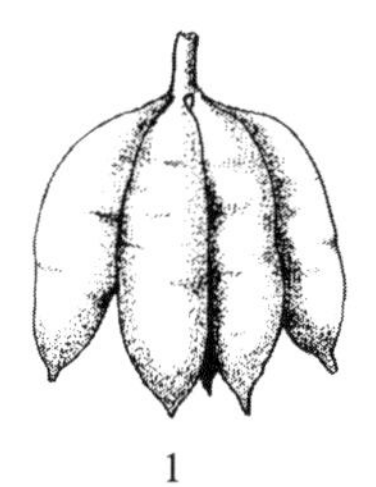

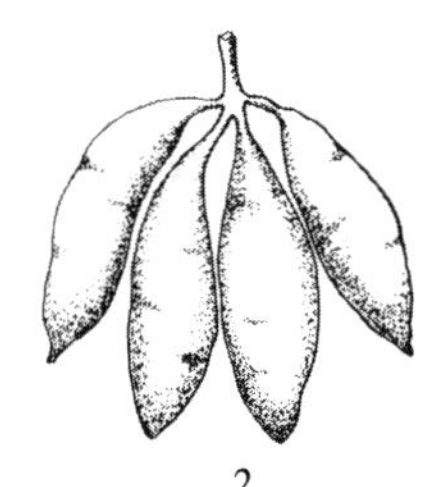

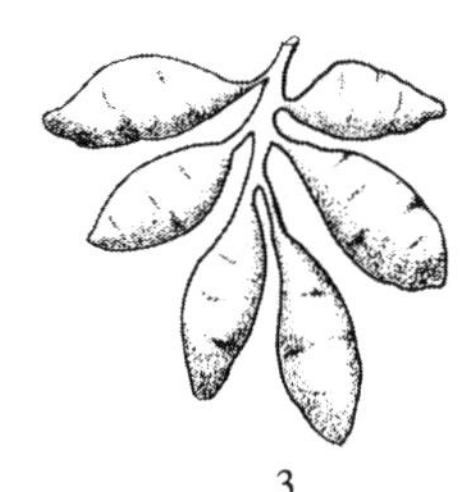

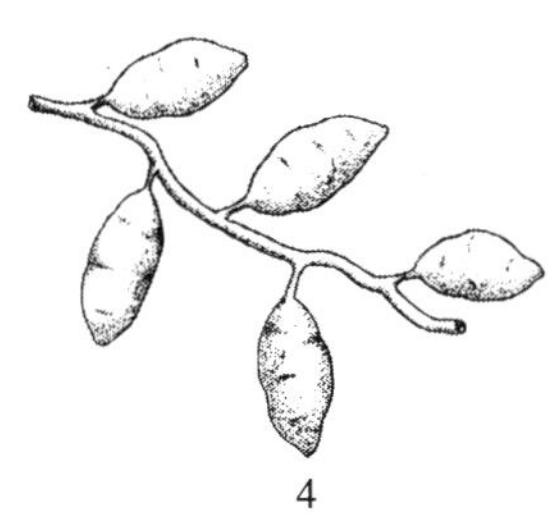

图 16 结薯习性

4.4 **产量性状**

4.4.1 **单株结薯数**

收获期,单株块根的数量,单位为个。

4.4.2 **丰产性**

收获期,薯块产量与对照品种的比较结果,分为:1. 低;2. 中;3. 高。

4.4.3 **大薯重**

收获期,单株大薯(≥0.25 kg)的重量,单位为千克(kg)。

4.4.4 **大薯率**

收获期,10 株大薯重量占 10 株总薯重量的比率,单位为百分率(%)。

4.4.5 **中薯重**

收获期,单株中薯(0.1 kg～0.25 kg)的重量,单位为千克(kg)。

4.4.6 **中薯率**

收获期,10 株中薯重量占 10 株总薯重量的比率,单位为百分率(%)。

4.4.7 **小薯重**

收获期,单株小薯(<0.1 kg)的重量,单位为千克(kg)。

4.4.8 **小薯率**

收获期,10 株小薯重量占 10 株总薯重量的比率,单位为百分率(%)。

4.5 品质性状

4.5.1 薯块大小整齐度

收获期,薯块大小的整齐程度,分为:1. 不整齐;2. 较整齐;3. 整齐。

4.5.2 薯块形状整齐度

收获期,薯块形状的整齐程度,分为:1. 不整齐;2. 较整齐;3. 整齐。

4.5.3 薯块乳液

收获期,中等大小薯块横切后乳液渗出相对量的多少,分为:1. 少;2. 中等;3. 多。

4.5.4 薯块氧化程度

收获期,薯块横切后 5 s~10 s 内观察薯块发生氧化作用的程度,分为:1. 轻;2. 中等;3. 重。

4.5.5 薯块干物率

收获期,鲜薯块烘干后薯干占鲜重的比率,单位为百分率(%)。

4.5.6 鲜薯可溶性糖

收获期,鲜薯块中可溶性糖的含量,单位为百分率(%)。

4.5.7 鲜薯还原性糖

收获期,鲜薯中还原性糖的含量,单位为百分率(%)。

4.5.8 鲜薯粗淀粉

收获期,鲜薯中粗淀粉的含量,单位为百分率(%)。

4.5.9 鲜薯粗蛋白

收获期,鲜薯中粗蛋白的含量,单位为百分率(%)。

4.5.10 维生素 C 含量

收获期,鲜薯中维生素 C 的含量,单位为毫克每百克(mg/100 g)。

4.5.11 β-胡萝卜素含量

收获期,鲜薯中 β-胡萝卜素的含量,单位为毫克每百克(mg/100 g)。

4.5.12 花青苷含量

收获期,鲜薯中花青苷的含量,单位为毫克每百克(mg/100 g)。

4.5.13 薯块甜度

收获期,蒸煮后品尝薯块的甜度,分为:1. 不甜;2. 微甜;3. 中等;4. 较甜;5. 甜。

4.5.14 薯块黏度

收获期,蒸煮后薯块的黏度,分为:1. 不黏;2. 微黏;3. 中等;4. 较黏;5. 黏。

4.5.15 薯块面(粉)度

收获期,蒸煮后薯块的面(粉)度,分为:1. 不面(粉);2. 微面(粉);3. 中等;4. 较面(粉);5. 面(粉)。

4.5.16 薯块香度

收获期,蒸煮后薯块的香度,分为:1. 不香;2. 微香;3. 中等;4. 较香;5. 香。

4.5.17 薯块纤维感

收获期,蒸煮后薯块的粗纤维含量,分为:1. 无;2. 较少;3. 中等;4. 较多;5. 多。

4.5.18 食用品质综合评价

收获后 30 d,按 5 分制进行薯块食味综合评价,分为:1. 差(<1.0);2. 较差(1.1~2.0);3. 中等(2.1~3.0);4. 较好(3.1~4.0);5. 好(4.1~5.0)。

4.6 抗性性状

4.6.1 **耐储藏性**

薯块在一般的储藏条件下忍耐或抵抗长时间储藏的能力，分为：1. 弱；2. 中等；3. 强。

4.6.2 **耐旱性**

甘薯植株忍耐或抵抗干旱的能力，分为：1. 弱；2. 中等；3. 强。

4.6.3 **耐盐性**

甘薯植株忍耐或抵抗盐分的能力，分为：1. 弱；2. 中等；3. 强。

4.6.4 **耐冷性**

甘薯植株忍耐或抵抗寒冷的能力，分为：1. 弱；2. 中等；3. 强。

4.6.5 **耐湿性**

甘薯植株忍耐或抵抗高湿水涝的能力，分为：1. 弱；2. 中等；3. 强。

4.6.6 **甘薯黑斑病抗性**

甘薯块根对甘薯黑斑病(*Ceratocystis fimbriata* Ellis & Halsted)的抗性强弱，分为：1. 高感(HS)；2. 感(S)；3. 中抗(MR)；4. 抗(R)；5. 高抗(HR)。

4.6.7 **甘薯根腐病抗性**

甘薯块根对甘薯根腐病[*Fusarium solani* (Mart.) Sacc. f. sp. *batatas* McClure]的抗性强弱，分为：1. 高感(HS)；2. 感(S)；3. 中抗(MR)；4. 抗(R)；5. 高抗(HR)。

4.6.8 **甘薯茎线虫病抗性**

甘薯块根对甘薯茎线虫病(*Ditylenchus destructor* Thorne)的抗性强弱，分为：1. 高感(HS)；2. 感(S)；3. 中抗(MR)；4. 抗(R)；5. 高抗(HR)。

4.6.9 **甘薯薯瘟病抗性**

甘薯植株对甘薯薯瘟病(*Pseudomonas solanacerum* C. F. Sm.)的抗性强弱，分为：1. 高感(HS)；2. 感(S)；3. 中抗(MR)；4. 抗(R)；5. 高抗(HR)。

4.6.10 **甘薯疮痂病抗性**

甘薯植株对甘薯疮痂病(*Elsinoe batatas* Jenkine & Viegas 和 *Sphaceloma batatas* Sawada)的抗性强弱，分为：1. 高感(HS)；2. 感(S)；3. 中抗(MR)；4. 抗(R)；5. 高抗(HR)。

4.6.11 **甘薯蔓割病抗性**

甘薯植株对甘薯蔓割病[*Fusarium oxysporum* Schlecht f. sp. *batatas* (Wollenw.) Snyd. & Hans.]的抗性强弱，分为：1. 高感(HS)；2. 感(S)；3. 中抗(MR)；4. 抗(R)；5. 高抗(HR)。

4.6.12 **甘薯病毒病抗性**

甘薯植株对甘薯病毒病的抗性强弱，分为：1. 高感(HS)；2. 感(S)；3. 中抗(MR)；4. 抗(R)；5. 高抗(HR)。

4.6.13 **甘薯蚁象抗性**

甘薯块根对甘薯蚁象(*Cylas formicarius* Fab.)的抗性强弱，分为：1. 高感(HS)；2. 感(S)；3. 中抗(MR)；4. 抗(R)；5. 高抗(HR)。

ICS 67.080.20
B 31

中华人民共和国农业行业标准

NY/T 2940—2016

马铃薯种质资源描述规范

Descriptors for potato germplasm resources

2016-10-26 发布　　　　2017-04-01 实施

中华人民共和国农业部　发布

前　　言

本标准按照 GB/T 1.1—2009 给出的规则起草。

本标准由农业部种植业管理司提出并归口。

本标准起草单位:黑龙江省农业科学院克山分院、中国农业科学院茶叶研究所。

本标准主要起草人:刘春生、刘喜才、熊兴平、宋继玲、江用文、孙邦升、来春苓。

马铃薯种质资源描述规范

1 范围

本标准规定了马铃薯(*Solanum tuberosum* L.)种质资源基本信息、植物学特征、生物学特性、品质性状及抗性性状的描述方法。

本标准适用于马铃薯(*Solanum tuberosum* L.)种质资源的描述。

2 规范性引用文件

下列文件对于本文件的应用是必不可少的。凡是注日期的引用文件,仅注日期的版本适用于本文件。凡是不注日期的引用文件,其最新版本(包括所有的修改单)适用于本文件。

GB/T 2260 中华人民共和国行政区划代码

GB/T 2659 世界各国和地区名称代码

3 描述内容

描述内容见表1。

表1 马铃薯种质资源描述内容

描述类别	描 述 内 容
基本信息	全国统一编号、引种号、采集号、种质名称、种质外文名、科名、属名、种名或变种名、原产国、原产省、原产地、海拔、经度、纬度、来源地、保存单位、保存单位编号、亲本、选育单位、育成年份、选育方法、种质类型、图像、观测地点
植物学特征	幼芽形状、幼芽颜色、株型、茎翼形状、茎色、叶色、叶表面光泽度、叶缘、小叶着生密集度、顶小叶宽度、顶小叶形状、顶小叶基部形状、托叶形状、花冠形状、花冠直径、花冠颜色、重瓣花、花柄节颜色、柱头形状、柱头颜色、柱头长短、花药形状、花药颜色、薯形、皮色、芽眼深浅、芽眼色、芽眼多少、薯皮光滑度、肉色
生物学特性	株高、主茎数、分枝类型、植株繁茂性、茎粗、开花繁茂性、自然结实性、结薯集中性、块茎整齐度、块茎大小、块茎产量、休眠性、倍性、生育期、熟性、出苗期、现蕾期、开花期、成熟期
品质性状	干物质含量、淀粉含量、维生素C含量、粗蛋白含量、还原糖含量、食味
抗性性状	马铃薯X病毒抗性、马铃薯Y病毒抗性、马铃薯A病毒抗性、马铃薯S病毒抗性、马铃薯卷叶病毒抗性、马铃薯植株晚疫病抗性、马铃薯块茎晚疫病抗性、马铃薯环腐病抗性、马铃薯青枯病抗性、马铃薯疮痂病抗性、马铃薯早疫病抗性、马铃薯丝核菌病抗性、马铃薯胞囊线虫抗性

4 描述方法

4.1 基本信息

4.1.1 全国统一编号

种质的唯一标识号,全国统一编号是由“MSG”加5位顺序号组成,“MS”代表马铃薯,“G”代表国家圃,后五位顺序号从“00001”到“99999”,代表具体马铃薯种质的编号,该编号由国家种质克山马铃薯试管苗保存库赋予。

4.1.2 引种号

马铃薯种质从国外引入时赋予的编号,由“年份”“4位顺序号”顺次连续组合而成,“年份”为4位数,“4 位顺序号”每年分别编号,每份引进种质具有唯一的引种号。

4.1.3 采集号

马铃薯种质在野外采集时赋予的编号,由 4 位年份加 2 位省份代码加 4 位顺序号组成,省代码按照 GB/T 2260 的规定执行。

4.1.4 种质名称

马铃薯种质的中文名称。国内种质的原始名称,如果有多个名称,可以放在括号内,用逗号分隔。国外引进种质如果没有中文译名,可以直接用种质的外文名。

4.1.5 种质外文名

国外引进种质的外文名或国内种质的汉语拼音名。国内种质中文名称为 3 字(含 3 字)以下的,所有汉字拼音连续组合在一起,首字母大写;中文名称为 4 字(含 4 字)以上的,拼音按词组分别组合,每个词组的首字母大写。国外引进种质的外文名应注意大小写和空格。

4.1.6 科名

用中文名加括号内拉丁名组成,茄科(Solanceae)。

4.1.7 属名

用中文名加括号内拉丁名组成,茄属(*Solanum*)。

4.1.8 种名或变种名

种质资源在植物分类学上的种名或变种名。用中文名加括号内拉丁名组成。

4.1.9 原产国

马铃薯种质原产国家名称、地区名称或国际组织名称。国家和地区名称按照 GB/T 2659 的规定执行,如该国家已不存在,应在原国家名称前加“原”。国际组织名称用该组织的正式英文缩写。

4.1.10 原产省

马铃薯种质原产省份名称,省份名称按照 GB/T 2260 的规定执行;国外引进种质原产省用原产国一级行政区的名称。

4.1.11 原产地

马铃薯种质原产县、乡、村名称,县名按照 GB/T 2260 的规定执行。

4.1.12 海拔

马铃薯种质原产地的海拔,单位为米(m),精确到 1 m 。

4.1.13 经度

马铃薯种质原产地的经度,单位为度(°)和分(′)。格式为“DDDFF”,其中“DDD”为度,“FF”为分。东经为正值,西经为负值。

4.1.14 纬度

马铃薯种质原产地的纬度,单位为度(°)和分(′)。格式为“DDFF”,其中“DD”为度,“FF”为分。北纬为正值,南纬为负值。

4.1.15 来源地

马铃薯种质的来源国家、省、县名称或机构名,地区名称或国际组织名称。

4.1.16 亲本

马铃薯选育品种(系)的父母本或原始材料。

4.1.17 选育单位

选育马铃薯品种(系)的单位名称或个人,单位名称应写全称。

4.1.18 育成年份

马铃薯品种(系)培育成功的年份,通常为通过审定或正式发表的年份。

4.1.19 选育方法

马铃薯品种(系)的育种方法,分为:1. 系选;2. 杂交;3. 辐射等。

4.1.20 种质类型

保存的马铃薯种质资源的类型,分为:1. 野生资源;2. 地方品种;3. 选育品种;4. 品系;5. 特殊遗传材料;6. 其他。

4.1.21 图像

马铃薯种质的图像文件名。文件名由该种质全国统一编号、连字符"-"和图像序号组成。图像格式为.jpg。

4.1.22 观测地点

马铃薯种质的观测地点,记录到省和县(区)名。

4.2 植物学特征

4.2.1 幼芽形状

在15℃左右的室温、5 lx～10 lx光照强度下培养,待块茎芽长2 cm～3 cm时的幼芽基部形状,分为:1. 圆;2. 椭圆;3. 圆锥;4. 宽圆柱;5. 窄圆柱。

4.2.2 幼芽颜色

在15℃左右的室温、5 lx～10 lx光照强度下培养,待块茎芽长2 cm～3 cm时,观察幼芽颜色,分为:1. 绿;2. 浅红;3. 红;4. 深红;5. 浅紫;6. 紫;7. 深紫;8. 褐;9. 蓝。

4.2.3 株型

在现蕾期,依据地上部主茎与地面夹角确定株型,分为:1. 直立;2. 半直立;3. 开展。

4.2.4 茎翼形状

在现蕾期,植株主茎上茎翼形状(见图1),分为:1. 直形;2. 微波状;3. 波状。

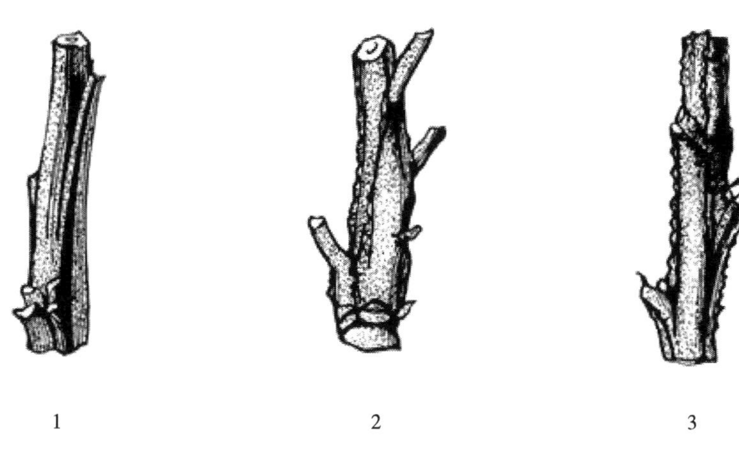

图1 茎翼形状

4.2.5 茎色

在现蕾期,植株主茎颜色,分为:1. 绿;2. 褐;3. 紫;4. 深紫;5. 局部有色。

4.2.6 叶色

在现蕾期,植株中部叶片正面颜色,分为:1. 浅绿;2. 绿;3. 深绿。

4.2.7 叶表面光泽度

在现蕾期,植株中部叶片正面光泽,分为:1. 无光泽;2. 中等;3. 有光泽。

4.2.8 叶片平展度

在现蕾期,植株中部叶片叶边缘形状(见图2),分为:1. 波状;2. 微波状;3. 平展。

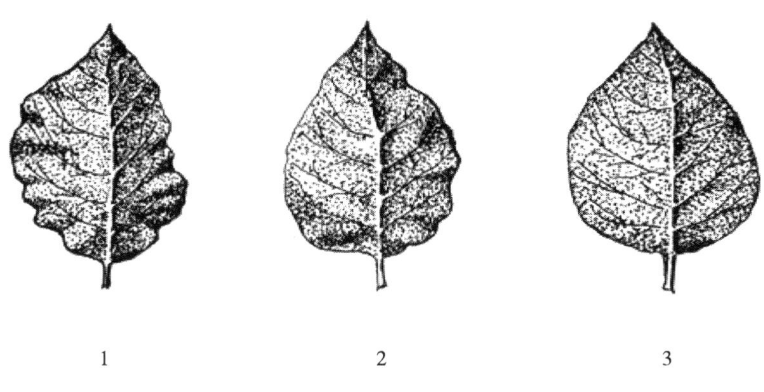

图 2　叶片平展度

4.2.9　小叶着生密集度

在现蕾期，植株主茎中部复叶侧小叶着生疏密状况(见图 3)，分为:1. 疏;2. 中;3. 密。

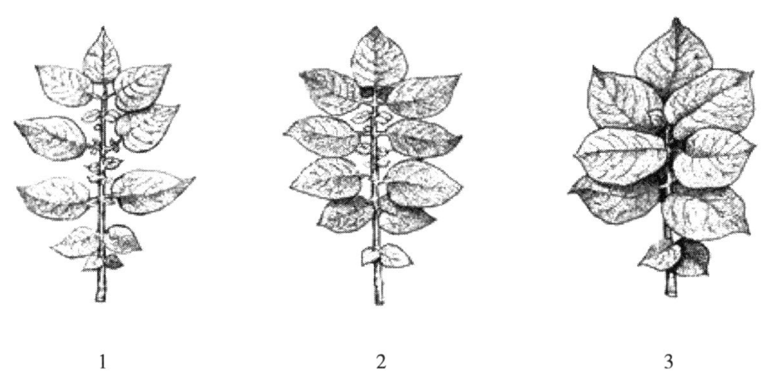

图 3　小叶着生密集度

4.2.10　顶小叶宽度

在现蕾期，测量主茎中部复叶顶小叶宽、长，根据宽长比值确定顶小叶宽度类型，分为:1. 窄;2. 中;3. 宽。

4.2.11　顶小叶形状

在现蕾期，植株主茎中部复叶顶小叶形状(见图 4)，分为:1. 仄形;2. 宽形;3. 正椭圆形;4. 卵形;5. 倒卵形;6. 戟形。

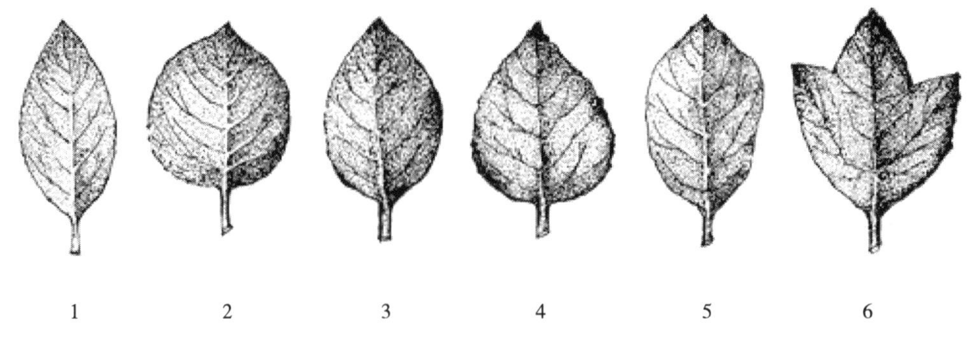

图 4　顶小叶形状

4.2.12　顶小叶基部形状

在现蕾期，植株主茎中部复叶顶小叶基部形状(见图 5)，分为:1. 心形;2. 中间形;3. 楔形。

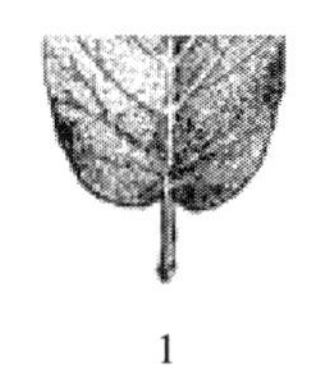

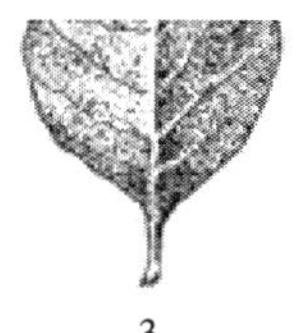

1　　2　　3

图5　顶小叶基部形状

4.2.13　托叶形状

在现蕾期,植株主茎上复叶叶柄基部托叶形状(见图6),分为:1. 镰刀形;2. 中间形 ;3. 叶形。

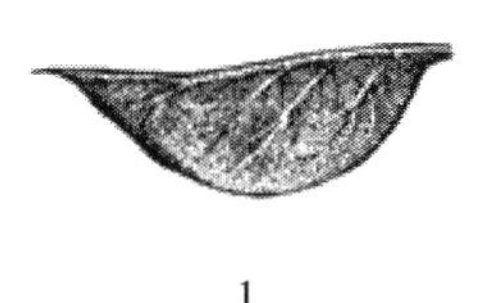
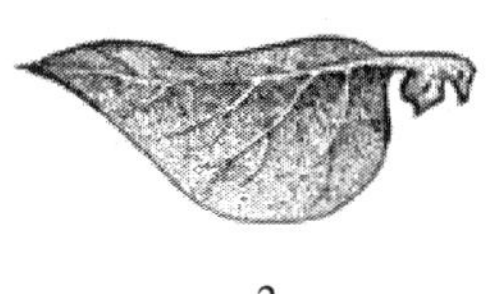

1　　2　　3

图6　托叶形状

4.2.14　花冠形状

在开花期,新开放花朵花冠形状(见图7),分为:1. 星形;2. 近五边形;3. 近圆形。

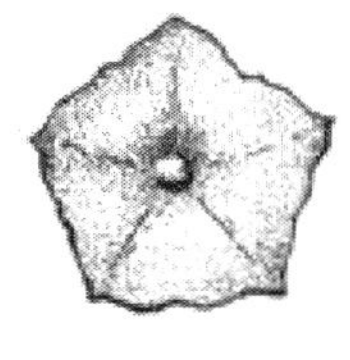
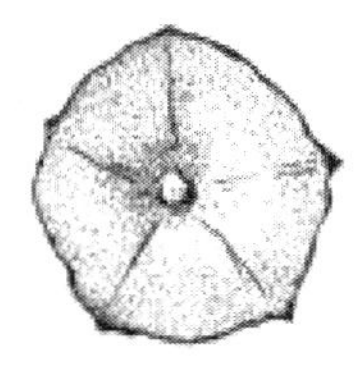

1　　2　　3

图7　花冠形状

4.2.15　花冠直径

在开花期,测量新开放花朵的花冠最大直径,单位为厘米(cm),分为:1. 小;2. 中;3. 大。

4.2.16　花冠颜色

在开花期,在正常光照条件下,新开放花朵花冠颜色,分为:1. 白;2. 浅红;3. 红;4. 浅紫;5. 紫;6. 蓝紫;7. 蓝;8. 黄。

4.2.17　重瓣花

在开花期(见图8),分为:1. 有;2. 无。

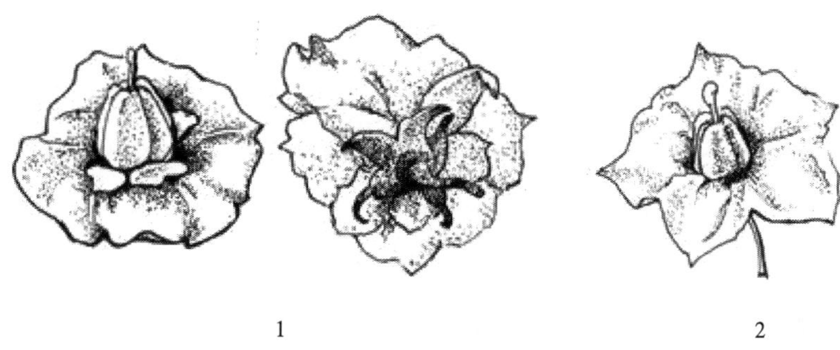

1　　2

图8　重瓣花

4.2.18　花柄节颜色

在开花期,正常光照条件下,花柄节颜色,分为:1. 有色;2. 无色。

4.2.19 柱头形状

在开花期(见图 9),分为:1. 无裂;2. 二裂;3. 三裂。

图 9 柱头形状

4.2.20 柱头颜色

在开花期,正常光照条件下,新开放花朵柱头颜色,分为:1. 浅绿;2. 绿;3. 深绿。

4.2.21 柱头长短

在开花期(见图 10),分为:1. 短;2. 中 ;3. 长。

图 10 柱头长短

4.2.22 花药形状

在开花期,观察新开放花朵的花药形状(见图 11),分为:1. 锥形;2. 圆柱形;3. 畸形。

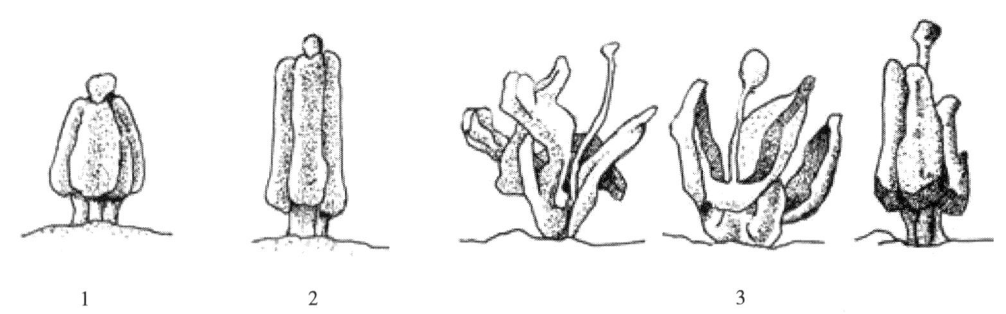

图 11 花药形状

4.2.23 花药颜色

在开花期,正常光照条件下,新开放花朵的花药颜色,分为:1. 黄;2. 橙;3. 黄绿。

4.2.24 薯形

成熟健康块茎的形状(见图 12),分为:1. 扁圆形;2. 圆形;3. 卵形;4. 倒卵形;5. 扁椭圆形;6. 椭圆形;7. 长方形;8. 长筒形;9. 长形;10. 棒槌形;11. 肾形;12. 纺锤形;13. 镰刀形;14. 卷曲形;15. 掌形;16. 手风琴形;17. 结节形。

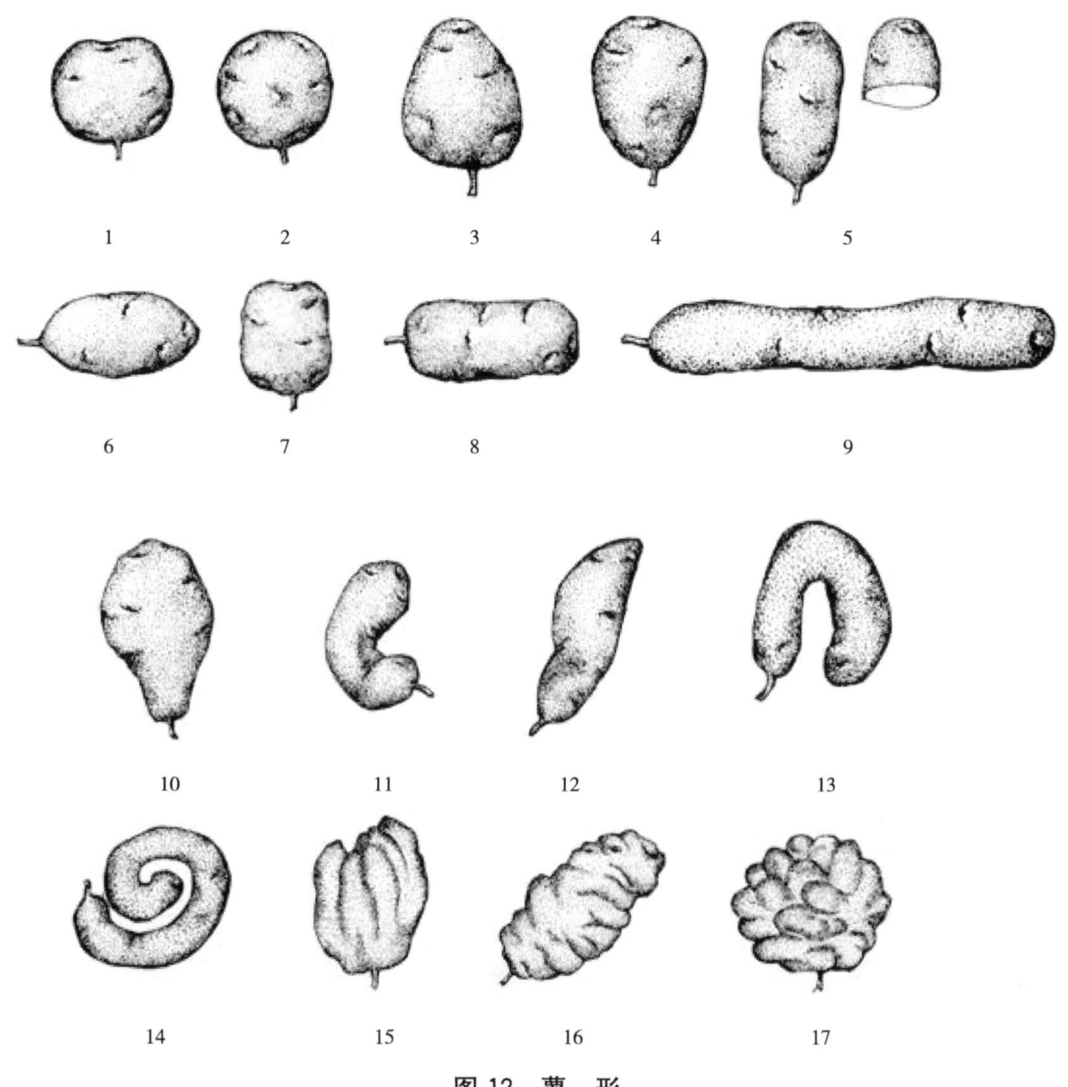

图 12 薯 形

4.2.25 **皮色**

未经日光晒过、成熟健康块茎的表皮颜色,分为:1. 乳白;2. 浅黄;3. 黄;4. 褐;5. 浅红;6. 红;7. 紫;8. 深紫;9. 红杂色;10. 紫杂色。

4.2.26 **芽眼深浅**

成熟健康块茎芽眼的深浅程度,分为:1. 凸起;2. 浅凹;3. 凹;4. 深凹。

4.2.27 **芽眼色**

成熟健康块茎芽眼的颜色,分为:1. 白;2. 黄;3. 粉红;4. 红;5. 紫。

4.2.28 **芽眼多少**

成熟健康块茎芽眼的多少,分为:1. 少;2. 中;3. 多。

4.2.29 **薯皮光滑度**

成熟健康块茎的表皮光滑度,分为:1. 光滑;2. 中;3. 粗糙。

4.2.30 **肉色**

成熟健康块茎的薯肉颜色,分为:1. 白;2. 奶油色;3. 浅黄;4. 黄;5. 深黄;6. 红;7. 部分红;8. 紫;9. 部分紫。

4.3 **生物学特性**

4.3.1 **株高**

开花初期,植株地上部最高主茎自地面至顶端的高度,单位为厘米(cm)。

4.3.2 **主茎数**

由种薯芽眼直接长出地面的茎数,单位为个。

4.3.3 **分枝类型**

在现蕾期,依据植株主茎上长 10 cm 以上分枝的数量确定分枝类型,分为:1. 无;2. 少;3. 多。

4.3.4 **植株繁茂性**

在现蕾期,依据植株地上茎叶生长状况确定植株繁茂性类型,分为:1. 强;2. 中;3. 弱。

4.3.5 **茎粗**

在现蕾期,植株主茎最粗处的横径,单位为厘米(cm)。

4.3.6 **开花繁茂性**

在盛花期,依据植株花序总梗和分枝上的花朵数量确定开花繁茂性类型,分为:1. 少;2. 中;3. 多。

4.3.7 **自然结实性**

在成熟期,依据植株浆果数量确定自然结实性类型,分为:1. 无;2. 弱;3. 中;4. 强;5. 极强。

4.3.8 **结薯集中性**

在成熟期,依据植株地下茎上匍匐茎长度确定结薯集中性类型,分为:1. 集中;2. 中;3. 分散。

4.3.9 **块茎整齐度**

在成熟期,将收获的块茎按大(单薯重量>150 g)、中(75 g≤单薯重量≤150 g)、小(单薯重量<75 g)分级,计算每个级别的块茎重量占测定块茎总重量的比率,以百分率(%)表示,精确至 0.1%。依据结果确定块茎整齐度,分为:1. 整齐;2. 中;3. 不整齐。

4.3.10 **块茎大小**

采用 4.3.9 的样品,依据小、中、大薯的比率确定块茎的大小,分为:1. 小;2. 中;3. 大。

4.3.11 **块茎产量**

在成熟期,单位面积收获块茎的重量,单位为千克每公顷(kg/hm^2)。

4.3.12 **休眠性**

依据块茎收获至萌动的天数确定休眠性类型,分为:1. 无;2. 短;3. 中;4. 长。

4.3.13 **倍性**

依据体细胞中染色体数目确定马铃薯种质的倍性,分为:1. 单倍体;2. 二倍体;3. 三倍体;4. 四倍体;5. 五倍体;6. 六倍体。

4.3.14 **生育期**

从出苗期至成熟期的天数,单位为天(d)。

4.3.15 **熟性**

依据生育期确定熟性类型,分为:1. 极早熟;2. 早熟;3. 中早熟;4. 中熟;5. 中晚熟;6. 晚熟。

4.3.16 **出苗期**

田间出苗株数达 75%的日期。

4.3.17 **现蕾期**

田间 75%植株出现花蕾的日期。

4.3.18 **开花期**

田间 75%的植株第一花序 1 朵~2 朵花开放的日期。

4.3.19 **成熟期**

田间 75%的植株全株有 2/3 以上叶片枯黄的日期。

4.4 品质性状

4.4.1 干物质含量

成熟块茎中干物质重量占鲜重的比率,以百分率(%)表示。

4.4.2 淀粉含量

成熟块茎中淀粉重量占鲜重的比率,以百分率(%)表示。

4.4.3 维生素 C 含量

成熟块茎每 100 克鲜重含维生素 C 的毫克数,单位为毫克每百克(mg/100 g)。

4.4.4 粗蛋白含量

成熟块茎中粗蛋白质重量占块茎鲜重的比率,以百分率(%)表示。

4.4.5 还原糖含量

成熟块茎中还原糖重量占块茎鲜重的比率,以百分率(%)表示。

4.4.6 食味

成熟块茎蒸熟后食味品质,分为:1. 优;2. 中;3. 劣。

4.5 抗病性

4.5.1 马铃薯 X 病毒抗性

马铃薯植株对普通花叶病毒(PVX)的抗性强弱,依据病症和病毒检测结果确定,分为:0 级、1 级、3 级、5 级、7 级、9 级,即免疫、过敏、抗侵染、耐病、感病、高感。

4.5.2 马铃薯 Y 病毒抗性

马铃薯植株对重花叶病毒(PVY)的抗性强弱,依据病症和病毒检测结果确定,分为:0 级、1 级、3 级、5 级、7 级、9 级,即免疫、过敏、抗侵染、耐病、感病、高感。

4.5.3 马铃薯 A 病毒抗性

马铃薯植株对轻花叶病毒(PVA)的抗性强弱,依据病症和病毒检测结果确定,分为:0 级、1 级、3 级、5 级、7 级、9 级,即免疫、过敏、抗侵染、耐病、感病、高感。

4.5.4 马铃薯 S 病毒抗性

马铃薯植株对潜隐花叶病毒(PVS)的抗性强弱,依据病症和病毒检测结果确定,分为:0 级、1 级、3 级、5 级、7 级、9 级,即免疫、过敏、抗侵染、耐病、感病、高感。

4.5.5 马铃薯卷叶病毒病抗性

马铃薯植株对卷叶病毒(PLRV)的抗性强弱,分为:1 级、3 级、5 级、7 级、9 级,即高抗、抗病、中抗、感病、高感。

4.5.6 马铃薯植株晚疫病抗性

马铃薯植株对晚疫病(*Phytophfhora infestans* Mont De Bary)的抗性强弱,依据病斑率确定,分为:1 级、3 级、5 级、7 级、9 级,即高抗、抗病、中抗、感病、高感。

4.5.7 马铃薯块茎晚疫病抗性

马铃薯块茎对晚疫病(*Phytophfhora infestans* Mont De Bary)的抗性强弱,依据病情确定,分为:1 级、3 级、5 级、7 级、9 级,即高抗、抗病、中抗、感病、高感。

4.5.8 马铃薯环腐病抗性

马铃薯环腐病[*Clavibacter michiganens* subsp. *Sepedonicum*(Spieck. & Kotth.) Davis et al.]的抗性强弱,依据病情确定,分为:1 级、3 级、5 级、7 级、9 级,即高抗、抗病、中抗、感病、高感。

4.5.9 马铃薯青枯病抗性

马铃薯青枯病(*Ralstonia solanacearum*)的抗性强弱,依据病情确定,分为:1 级、3 级、5 级、7 级、9 级,即高抗、抗病、中抗、感病、高感。

4.5.10 **马铃薯疮痂病抗性**

马铃薯疮痂病(*Streptomyces scabies*)的抗性强弱,依据病情确定，分为:1级、3级、5级、7级、9级，即高抗、抗病、中抗、感病、高感。

4.5.11 **马铃薯早疫病抗性**

马铃薯早疫病[*Alernaria Solani*(Ell. & G. Marfin)L. R. Jones & Grout]的抗性强弱,依据病情确定,分为:1级、3级、5级、7级、9级,即高抗、抗病、中抗、感病、高感。

4.5.12 **马铃薯丝核菌病抗性**

马铃薯丝核菌病(*Rhizoctonia solani* Kühn)的抗性强弱,依据病情确定,分为:1级、3级、5级、7级、9级,即高抗、抗病、中抗、感病、高感。

4.5.13 **马铃薯胞囊线虫抗性**

马铃薯胞囊线虫(*Globodera rostochiensis*, G. *palida*)抗性的强弱,依据病情确定,分为:0级、1级、3级、5级、7级、9级,即免疫、高抗、抗病、中抗、感病、高感。

ICS 67.080.20
B 31

中华人民共和国农业行业标准

NY/T 2941—2016

茭白种质资源描述规范

Descriptors for water bamboo germplasm resources

2016-10-26 发布 2017-04-01 实施

中华人民共和国农业部 发布

前　　言

本标准按照 GB/T 1.1—2009 给出的规则起草。

本标准由农业部种植业管理司提出并归口。

本标准起草单位:中国农业科学院茶叶研究所、武汉市蔬菜科学研究所。

本标准主要起草人:钟兰、刘义满、熊兴平、黄来春、江用文、李双梅、周凯、柯卫东、朱红莲、孙亚林、董红霞。

茭白种质资源描述规范

1 范围

本标准规定了茭白[*Zizania latifolia*(Griseb.) Turcz. ex Stapf.]种质资源基本信息、植物学特征、生物学特性、产量性状、品质性状及抗性性状的描述方法。

本标准适用于茭白种质资源性状的描述。

2 规范性引用文件

下列文件对于本文件的应用是必不可少的。凡是注日期的引用文件,仅注日期的版本适用于本文件。凡是不注日期的引用文件,其最新版本(包括所有的修改单)适用于本文件。

GB/T 2260 中华人民共和国行政区划代码

GB/T 2659 世界各国和地区名称代码

3 描述内容

描述内容见表1。

表1 茭白种质资源描述内容

描述类别	描 述 内 容
基本信息	全国统一编号、引种号、采集号、种质名称、种质外文名、科名、属名、学名、原产国、原产省、原产地、海拔、经度、纬度、来源地、系谱、选育单位、育成年份、选育方法、种质类型、品种(系)类型、图像、观测地点
植物学特征	株型、秋茭株高、秋茭薹管高、秋茭薹管节间数、秋茭叶片长度、秋茭叶片宽度、秋茭叶鞘长度、叶鞘颜色、叶颈颜色、秋茭壳茭颜色、秋茭净茭形状、秋茭净茭长度、秋茭净茭粗度、夏茭株高、夏茭薹管高、夏茭薹管节间数、夏茭叶片长度、夏茭叶片宽度、夏茭叶鞘长度、夏茭壳茭颜色、夏茭净茭形状、夏茭净茭长度、夏茭净茭粗度、野茭株高、野茭叶片长度、野茭叶片宽度、野茭叶鞘长度、花药颜色、外稃颜色、总花梗长、花序长、花序主分枝数、单花序雌小花个数、单花序雄小花个数、单花序畸形小花个数、单花序小穗个数、芒长、外稃长、种皮颜色、种子形状、种子长度、种子直径、种子千粒重
生物学特性	萌芽期、定植期、分蘖始期、秋茭采收始期、秋茭采收末期、冬季休眠期、夏茭采收始期、夏茭采收末期
产量性状	单个秋茭壳茭重量、单个秋茭净茭重量、秋茭壳茭产量、秋茭单株有效分蘖数、秋茭单株分蘖总数、秋茭有效分蘖率、单个夏茭壳茭重量、单个夏茭净茭重量、夏茭壳茭产量、夏茭单株有效分蘖数、夏茭单株分蘖总数、夏茭有效分蘖率、单株游茭数、游茭结茭率
品质性状	秋茭净茭皮色、秋茭净茭表皮光滑度、秋茭肉质茎质地、冬孢子堆、夏茭净茭皮色、夏茭净茭表皮光滑度、夏茭肉质茎质地、干物质含量、可溶性糖含量、维生素C含量、粗蛋白质含量、粗纤维含量、耐储藏性
抗性性状	茭白锈病抗性、茭白胡麻叶斑病抗性、茭白瘟病抗性

4 描述方法

4.1 基本信息

4.1.1 全国统一编号

种质的唯一标识号，茭白种质资源的全国统一编号由“V11B”加4位顺序号组成。该编号由国家种质武汉水生蔬菜资源圃赋予。

4.1.2 引种号

茭白种质从国外引入时赋予的编号，由“年份”“4位顺序号”顺次连续组合而成。“年份”为4位数，“4位顺序号”每年分别编号，每份引进种质具有唯一的引种号。

4.1.3 采集号

茭白种质在野外采集时赋予的编号，由“年份”“省(自治区、直辖市)代号”“4位顺序号”顺次连续组合而成。“年份”为4位数，“省(自治区、直辖市)代号”按照GB/T 2260的规定执行，“4位顺序号”各省(自治区、直辖市)种质分别编号，每年分别编号。

4.1.4 种质名称

茭白种质的中文名称，国内种质的原始名称或国外引进种质的中文译名。国内种质的原始名称如果有多个，可以放在括号内，用逗号分隔；国外引进种质如果没有中文译名，可直接填写种质的外文名。

4.1.5 种质外文名

国外引进种质的外文名或国内种质的汉语拼音名。汉语拼音的首字母大写，2个～3个汉字的拼音组合在一起，4个以上汉字按词组分开。

4.1.6 科名

由中文名加括号内的拉丁名组成，如禾本科(Gramineae)。

4.1.7 属名

由中文名加括号内的拉丁名组成，如菰属(*Zizania*)。

4.1.8 学名

茭白种质在植物分类学上的名称。茭白学名为*Zizania latifolia* (Griseb.) Turcz. ex Stapf.。

4.1.9 原产国

茭白种质原产国家名称、地区名称或国际组织名称。国家和地区名称按照GB/T 2659的规定执行。

4.1.10 原产省

国内茭白种质原产省份名称，省份名称按照GB/T 2260的规定执行；国外引进种质原产省用原产国一级行政区的名称。

4.1.11 原产地

国内茭白种质的原产县、乡、村名称，县名按照GB/T 2260的规定执行。

4.1.12 海拔

茭白种质原产地的海拔高度，单位为米(m)。

4.1.13 经度

茭白种质原产地的经度，单位为度(°)和分(′)。格式为“DDDFF”，其中，“DDD”为度，“FF”为分。东经为正值，西经为负值。

4.1.14 纬度

茭白种质原产地的纬度，单位为度(°)和分(′)。格式为“DDFF”，其中，“DD”为度，“FF”为分。北纬为正值，南纬为负值。

4.1.15 来源地

国内茭白种质来源省、县(区)名称，国外引进种质的来源国家、地区或机构名称。

4.1.16 亲本

茭白选育品种(系)的亲本。

4.1.17 选育单位

选育茭白品种(系)的单位名称或个人姓名,单位名称应写全称。

4.1.18 育成年份

茭白品种(系)选育成功的年份,通常为通过审(认)定证书上标示的年份。

4.1.19 选育方法

茭白品种(系)的育种方法,包括选择育种法、辐射育种法等。

4.1.20 种质类型

茭白种质类型分为 6 类,即野生资源、地方品种、选育品种、品系、遗传材料和其他。

4.1.21 品种(系)类型

栽培茭白品种类型,分为:1. 单季茭白;2. 双季茭白。

4.1.22 图像

茭白种质的图像文件名。文件名由该种质全国统一编号、连字符"-"和图像序号组成。图像格式为 .jpg。

4.1.23 观测地点

茭白种质的观察地点。迁地保存的注明资源圃名称,原地保存的注明所在省(自治区、直辖市)、县(市)和镇(乡)村(寨)名称。

4.2 植物学特征

4.2.1 株型

植株成株茎叶着生状态,分为:1. 直立型;2. 开张型;3. 匍匐型。

4.2.2 秋茭株高

秋茭植株根颈至叶片自然状态下的最高点之间的垂直距离(见图 1),单位为厘米(cm)。

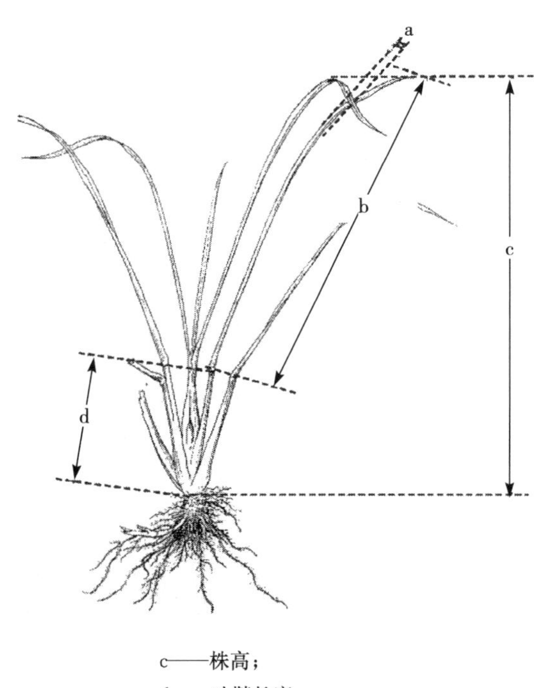

说明:

a——叶片宽度; c——株高;

b——叶片长度; d——叶鞘长度。

图 1 茭白株高、叶片长度、叶片宽度、叶鞘长度

4.2.3 秋茭薹管高

秋茭单个株丛中最高的薹管的高度(不包括膨大的肉质茎部分),单位为厘米(cm)。

4.2.4 **秋茭薹管节间数**

秋茭单个株丛中最高的薹管的节间数，单位为个。

4.2.5 **秋茭叶片长度**

秋茭植株分蘖上，自上而下第四片叶的叶片长度(见图 1)，单位为厘米(cm)。

4.2.6 **秋茭叶片宽度**

秋茭植株分蘖上，自上而下第四片叶的叶片最大宽度(见图 1)，单位为厘米(cm)。

4.2.7 **秋茭叶鞘长度**

秋茭植株分蘖上，自上而下第四片叶的叶鞘长度(见图 1)，单位为厘米(cm)。

4.2.8 **叶鞘颜色**

分蘖期植株叶鞘的颜色，分为：1. 绿色；2. 浅红色。

4.2.9 **叶颈颜色**

成株叶颈的颜色，分为：1. 绿白色；2. 浅红色；3. 红色。

4.2.10 **秋茭壳茭颜色**

秋茭壳茭叶鞘的颜色，分为：1. 绿色；2. 浅红色。

4.2.11 **秋茭净茭形状**

秋茭净茭的形状(见图 2)，分为：1. 纺锤形；2. 竹笋形；3. 蜡台形；4. 长条形。

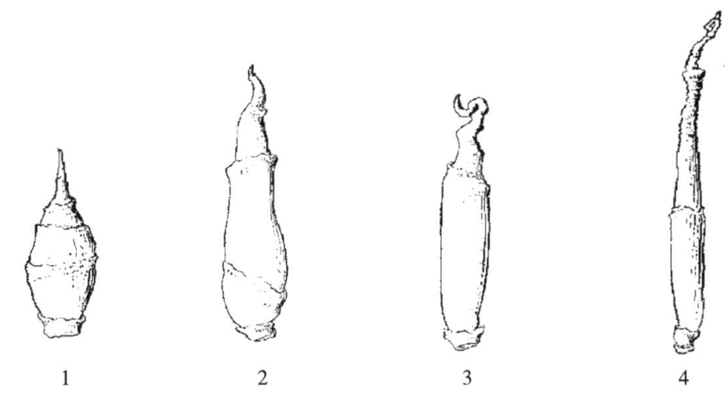

图 2 净茭形状

4.2.12 **秋茭净茭长度**

秋茭净茭的长度(见图 3)，单位为厘米(cm)。

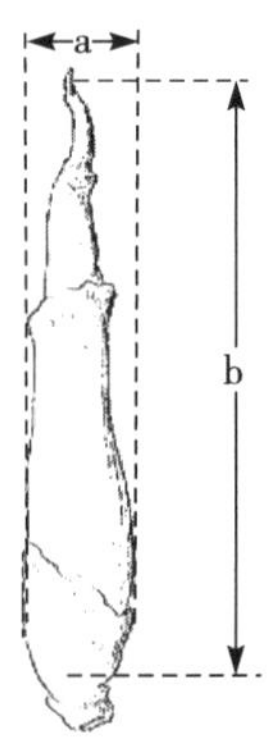

说明：

a——净茭粗度；

b——净茭长度。

图 3 净茭长度和净茭粗度

4.2.13 **秋茭净茭粗度**

秋茭净茭最粗处的最大直径和最小直径的平均值(见图3),单位为厘米(cm)。

4.2.14 **夏茭株高**

夏茭植株根颈至叶片自然状态下的最高点之间的垂直距离(见图1),单位为厘米(cm)。

4.2.15 **夏茭薹管高**

夏茭单个株丛中最高的薹管的高度(不包括膨大的肉质茎部分),单位为厘米(cm)。

4.2.16 **夏茭薹管节间数**

夏茭单个株丛中最高的薹管的节间数,单位为个。

4.2.17 **夏茭叶片长度**

夏茭植株分蘖上自上而下第四片叶的叶片长度(见图1),单位为厘米(cm)。

4.2.18 **夏茭叶片宽度**

夏茭植株分蘖上自上而下第四片叶的叶片最大宽度(见图1),单位为厘米(cm)。

4.2.19 **夏茭叶鞘长度**

夏茭植株分蘖上自上而下第四片叶的叶鞘长度(见图1),单位为厘米(cm)。

4.2.20 **夏茭壳茭颜色**

夏茭壳茭叶鞘的颜色,分为:1. 绿色;2. 浅红色。

4.2.21 **夏茭净茭形状**

夏茭净茭的形状(见图2),分为:1. 纺锤形;2. 竹笋形;3. 蜡台形;4. 长条形。

4.2.22 **夏茭净茭长度**

夏茭净茭的长度(见图3),单位为厘米(cm)。

4.2.23 **夏茭净茭粗度**

夏茭净茭最粗处的最大直径和最小直径的平均值(见图3),单位为厘米(cm)。

4.2.24 **野茭株高**

野茭植株根颈至植株顶端之间的垂直距离(见图1),单位为厘米(cm)。

4.2.25 **野茭叶片长度**

野茭植株分蘖上,自上而下第四片叶的叶片长度(见图1),单位为厘米(cm)。

4.2.26 **野茭叶片宽度**

野茭植株分蘖上,自上而下第四片叶的叶片最大宽度(见图1),单位为厘米(cm)。

4.2.27 **野茭叶鞘长度**

野茭植株分蘖上,自上而下第四片叶的叶鞘长度(见图1),单位为厘米(cm)。

4.2.28 **花药颜色**

单花开放当天的花药颜色,分为:1. 黄色;2. 浅红色。

4.2.29 **外稃颜色**

出穗当天的外稃颜色,分为:1. 绿色;2. 浅红色;3. 红色。

4.2.30 **总花梗长**

盛花期的总花梗长,单位为厘米(cm)。

4.2.31 **花序长**

盛花期的花序长,单位为厘米(cm)。

4.2.32 **花序主分枝数**

从穗轴上直接抽生的分枝数(见图4),单位为个每花序(个/花序)。

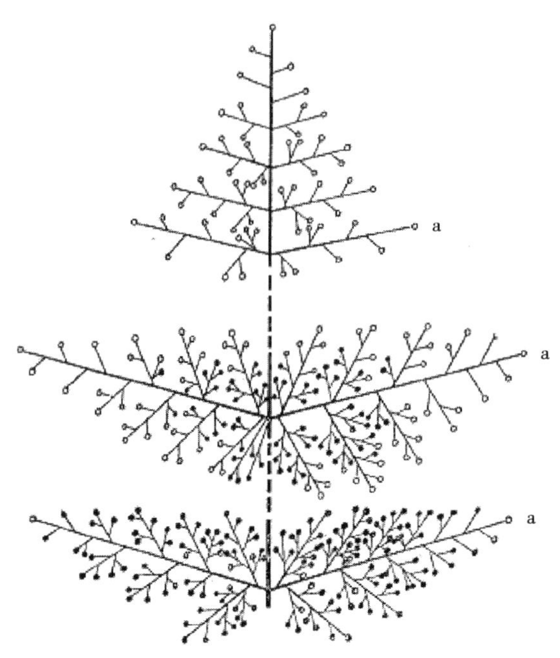

注：● 雄花； ○ 雌花； ◒ 畸形花。

说明：

a——花序主分枝。

图 4 茭白花序结构

4.2.33 单花序雌小花个数

单个花序上雌小花个数(见图 4、图 5),单位为个。

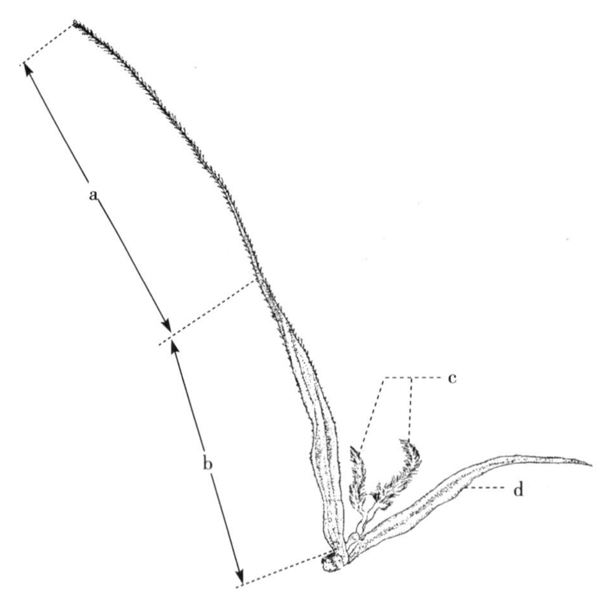

说明：

a——芒长；

b——外稃长；

c——柱头；

d——内稃。

注:雌性小花的雄蕊退化,仅具雌蕊 1 枚,着生于子房先端。子房上位,近球形。柱头二分歧,白色,羽毛状。具 2 枚浆片、1 枚外稃(外颖)和 1 枚内稃(内颖)。

图 5 茭白雌小花基本结构

4.2.34 **单花序雄小花个数**

单个花序上雄小花个数(见图 4、图 6),单位为个。

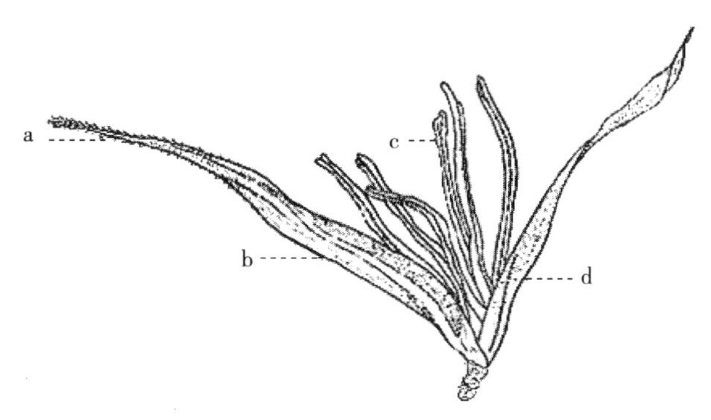

说明:

a——芒;

b——外稃;

c——花药;

d——内稃。

注:雄性小花的子房和雌蕊退化,雄蕊 6 枚,轮生,花丝短,花药 2 室。芒短。具有 1 枚外稃(外颖)和 1 枚内稃(内颖)。

图 6 茭白雄小花基本结构

4.2.35 **单花序畸形小花个数**

单个花序上畸形小花(即那些不能区别出雌雄性别的小花,见图 4)个数,单位为个。

4.2.36 **单花序小穗个数**

单个花序上小穗个数,单位为个。

4.2.37 **芒长**

雌性小花外稃的脉所延长形成的针状物的长度(见图 5),单位为毫米(mm)。

4.2.38 **外稃长**

雌性小花外稃的长度(见图 5),单位为毫米(mm)。

4.2.39 **种皮颜色**

成熟种子种皮的颜色,分为:1. 浅褐色;2. 深褐色。

4.2.40 **种子形状**

成熟种子的形状,分为:1. 长椭圆形;2. 椭圆形。

4.2.41 **种子长度**

成熟种子的长度,单位为毫米(mm)。

4.2.42 **种子直径**

成熟种子的最大直径,单位为毫米(mm)。

4.2.43 **种子千粒重**

1 000 粒新鲜成熟种子的重量,单位为克(g)。

4.3 **生物学特性**

4.3.1 **萌芽期**

30%的越冬种墩主茎上的芽萌发的日期,以"年月日"表示,格式"YYYYMMDD"。

4.3.2 **定植期**

鉴定用茭墩或茭苗定植的日期,以"年月日"表示,格式"YYYYMMDD"。

4.3.3 **分蘖始期**

30%的植株开始发生分蘖的日期,以"年月日"表示,格式"YYYYMMDD"。

4.3.4 秋茭采收始期

10%的秋茭植株第一个茭白开始采收的日期,以“年月日”表示,格式“YYYYMMDD”。

4.3.5 秋茭采收末期

秋茭植株最后一批茭白采收的日期,以“年月日”表示,格式“YYYYMMDD”。

4.3.6 冬季休眠期

50%以上的秋茭植株叶片开始枯黄的日期,以“年月日”表示,格式“YYYYMMDD”。

4.3.7 夏茭采收始期

10%的夏茭植株第一个茭白开始采收的日期,以“年月日”表示,格式“YYYYMMDD”。

4.3.8 夏茭采收末期

夏茭植株最后一批茭白采收的日期,以“年月日”表示,格式“YYYYMMDD”。

4.4 产量性状

4.4.1 单个秋茭壳茭重量

秋茭采收盛期,单个茭白壳茭的重量,单位为克(g)。

4.4.2 单个秋茭净茭重量

秋茭采收盛期,单个茭白净茭的重量,单位为克(g)。

4.4.3 秋茭壳茭重量

单位面积上的秋茭壳茭的产量,单位为千克每公顷(kg/hm^2)。

4.4.4 秋茭单株有效分蘖数

秋茭单个植株上能形成茭白的分蘖个数(等于单个植株形成的茭白个数),单位为个每株(个/株)。

4.4.5 秋茭单株分蘖总数

秋茭单个植株上形成的分蘖总个数,单位为个每株(个/株)。

4.4.6 秋茭有效分蘖率

秋茭植株中,有效分蘖个数占总分蘖个数的百分率,单位为百分率(%)。

4.4.7 单个夏茭壳茭重量

夏茭采收盛期,单个茭白壳茭的重量,单位为克(g)。

4.4.8 单个夏茭净茭重量

夏茭采收盛期,单个茭白净茭的重量,单位为克(g)。

4.4.9 夏茭壳茭产量

单位面积上的夏茭壳茭的产量,单位为千克每公顷(kg/hm^2)。

4.4.10 夏茭单株有效分蘖数

夏茭单个植株上能形成茭白的分蘖个数(等于单个植株形成的茭白个数),单位为个每株(个/株)。

4.4.11 夏茭单株分蘖总数

夏茭单个植株中形成的分蘖总个数,单位为个。

4.4.12 夏茭有效分蘖率

夏茭植株中,有效分蘖个数占总分蘖个数的百分率,单位为百分率(%)。

4.4.13 单株游茭数

单个茭白株丛产生的游茭个数(见图 7),单位为个。

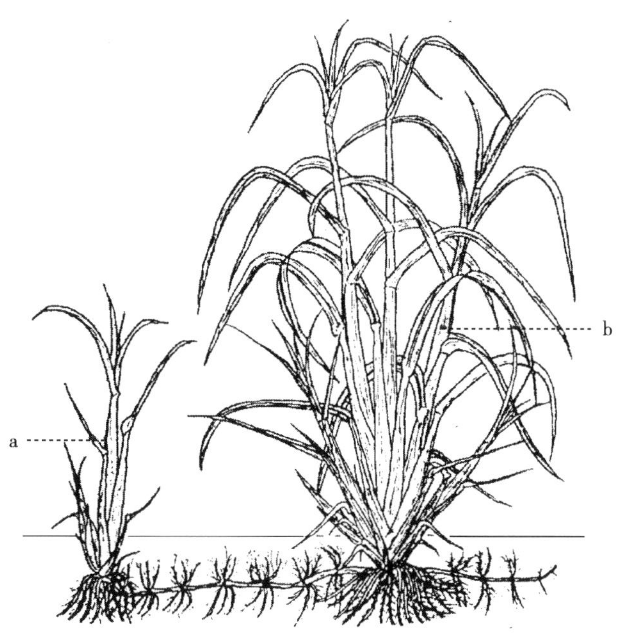

说明：
a——游茭；
b——分蘖。

图7　茭白游茭

4.4.14　游茭结茭率

单个茭白株丛产生的游茭形成茭白个数占该游茭总分蘖个数的百分率，单位为百分率(%)。

4.5　品质性状

4.5.1　秋茭净茭皮色

秋茭净茭的表皮颜色，分为：1. 白色；2. 黄白色；3. 浅绿色；4. 绿色。

4.5.2　秋茭净茭表皮光滑度

秋茭净茭的表皮光滑程度(见图8)，分为：1. 光滑；2. 微皱；3. 皱。

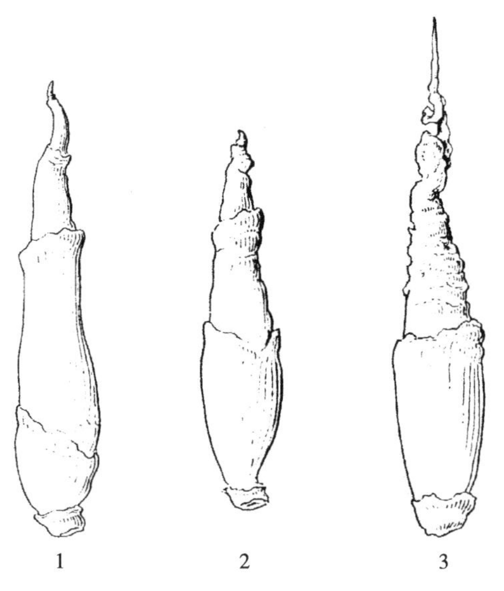

图8　净茭表皮光滑度

4.5.3　秋茭肉质茎质地

秋茭的肉质质地，分为：1. 致密；2. 较致密；3. 疏松。

4.5.4　冬孢子堆

适期采收的秋茭冬孢子堆形成状况，分为：1. 无；2. 菌丝团；3. 冬孢子堆。

4.5.5　夏茭净茭皮色

夏茭净茭的表皮颜色，分为：1. 白色；2. 黄白色；3. 浅绿色；4. 绿色。

4.5.6　夏茭净茭表皮光滑度

夏茭净茭的表皮光滑程度（见图 8），分为：1. 光滑；2. 微皱；3. 皱。

4.5.7　夏茭肉质茎质地

夏茭的肉质质地，分为：1. 致密；2. 较致密；3. 疏松。

4.5.8　干物质含量

新鲜茭白肉质茎的干物质含量，单位为百分率（%）。

4.5.9　可溶性糖含量

新鲜茭白肉质茎中可溶性糖的含量，单位为百分率（%）。

4.5.10　维生素 C 含量

新鲜茭白肉质茎所含维生素 C 的含量，单位为毫克每 100 克（mg/100 g）。

4.5.11　粗蛋白质含量

新鲜茭白肉质茎中粗蛋白质的含量，单位为百分率（%）。

4.5.12　粗纤维含量

新鲜茭白肉质茎中粗纤维的含量，单位为百分率（%）。

4.5.13　耐储藏性

茭白在一定储藏条件下和一定期限内保持新鲜状态和原有品质不发生明显劣变的特性，分为：1. 强；2. 中；3. 弱。

4.6　抗性性状

4.6.1　茭白锈病抗性

茭白植株对茭白锈病（*Uromyces coronatus* Miyable et Nishida）的抗性强弱，分为 5 级：1. 高抗；2. 抗；3. 中抗；4. 感；5. 高感。

4.6.2　茭白胡麻叶斑病抗性

茭白植株对胡麻叶斑病（*Bipolaris zizaniae*）的抗性强弱，分为 5 级：1. 高抗；2. 抗；3. 中抗；4. 感；5. 高感。

4.6.3　茭白瘟病抗性

茭白植株对茭白瘟病（*Pyricularia grisea* Saccardo）的抗性强弱，分为 5 级：1. 高抗；2. 抗；3. 中抗；4. 感；5. 高感。

ICS 65.020
B 32

中华人民共和国农业行业标准

NY/T 2942—2016

苎麻种质资源描述规范

Descriptors for ramie germplasm resources

2016-10-26 发布　　　　2017-04-01 实施

中华人民共和国农业部 发布

前　　言

本标准按照 GB/T 1.1—2009 给出的规则起草。

本标准由农业部种植业管理司提出并归口。

本标准起草单位:中国农业科学院麻类研究所、中国农业科学院茶叶研究所。

本标准主要起草人:许英、陈建华、熊兴平、王晓飞、江用文、栾明宝、孙志民、刘晨晨。

苎麻种质资源描述规范

1 范围

本标准规定了苎麻(*Boehmeria nivea*)种质资源基本信息、植物学特征、生物学特性、产量性状、品质性状及抗性性状的描述方法。

本标准适用于苎麻(*Boehmeria nivea*)种质资源性状的描述。苎麻属(*Boehmeria* Jacq.)其他种的种质资源性状描述可参照执行。

2 规范性引用文件

下列文件对于本文件的应用是必不可少的。凡是注日期的引用文件,仅注日期的版本适用于本文件。凡是不注日期的引用文件,其最新版本(包括所有的修改单)适用于本文件。

GB/T 2260 中华人民共和国行政区划代码

GB/T 2659 世界各国和地区名称代码

3 描述内容

描述内容见表1。

表1 苎麻种质资源描述内容

描述类别	描 述 内 容
基本信息	全国统一编号、引种号、采集号、种质名称、种质外文名、科名、属名、学名、原产国、原产省、原产地、海拔、经度、纬度、来源地、系谱、选育单位、育成年份、选育方法、种质类型、图像、观测地点
植物学特征	根型、根系、茎色、麻骨色、叶色、叶脉色、叶形、叶尖、叶基、叶缘锯齿、叶面皱纹、叶柄着生角度、雌蕾色
生物学特性	出苗期、现蕾期、开花期、工艺成熟期、种子成熟期、全生育期、工艺成熟期天数、熟期类型
产量性状	有效株数、有效株率、株高、茎粗、鲜皮厚度、鲜茎出麻率、鲜皮出麻率、原麻产量、生物产量
品质性状	原麻色、原麻长度、锈脚长度、纤维支数、单纤维断裂强度、束纤维断裂强度、原麻炼折率、原麻含胶量、半纤维素含量、木质素含量、粗蛋白含量、粗纤维含量、粗脂肪含量、无氮浸出物含量、水分含量、粗灰分含量
抗性性状	抗旱性、耐寒性、抗风性、耐渍性、苎麻根腐线虫病抗性、苎麻花叶病抗性、苎麻炭疽病抗性

4 描述方法

4.1 基本信息

4.1.1 全国统一编号

种质的唯一标识号。苎麻种质资源的全国统一编号为6位字符串,前2位固定为“ZM”、后4位为顺序号,从“0001”到“9999”顺次连续组合而成。该编号由国家种质苎麻圃赋予。

4.1.2 引种号

种质资源从国外引入时赋予的编号。引种号是由年份加4位为顺序码组成的8位字符串,如“19740024”,前4位表示种质从境外引进年份,后4位为顺序码,从“0001”到“9999”。每份引进的种质具有唯一的引种号。

4.1.3 采集号

苎麻种质资源在野外采集时赋予的编号。采集号由10位字符串组成。中国采集的苎麻种质号,由采集年份加 2 位省(自治区、直辖市)代码,加 4 位顺序码组成,省(自治区、直辖市)代码按照 GB/T 2260 的规定执行,其他国家采集的苎麻种质号,由采集年份加 2 位国家代码加 4 位顺序码组成,国家和地区名称按照 GB/T 2659 的规定执行。

4.1.4 种质名称

苎麻种质的中文名称。国内种质的原始名称,如果有多个名称,可以放在括号内,用逗号分隔。国外引进种质如果没有中文名,可以直接用种质的外文名。

4.1.5 种质外文名

国外引进种质的外文名或国内种质的汉语拼音名。国内种质的外文名为中文名的汉语拼音,按词组分别组合,每个词组的首字母大写。国外引进种质直接填写外文名。

4.1.6 科名

苎麻种质在植物分类学上的科名。按照植物学分类,苎麻为荨麻科(Urticaceae)。

4.1.7 属名

苎麻种质在植物分类学上的属名。按照植物学分类,苎麻为苎麻属(*Boehmeria* Jacq.)。

4.1.8 学名

苎麻种质资源在植物分类学上的种名或变种名。由拉丁名加括号内的中文名组成,或者直接写拉丁文。

4.1.9 原产国

苎麻种质采集来源国家名称、地区名称或国际组织名称。国家和地区名称按照 GB/T 2659 的规定执行,如该国家已不存在,应在原国家名称前加"原"。国际组织名称用该组织的正式英文缩写名。

4.1.10 原产省

苎麻种质采集来源省份名称,省份名称按照 GB/T 2260 的规定执行;国外引进种质原产省用原产国家一级行政区的名称。

4.1.11 原产地

苎麻种质原产县、乡、村名称,县名按照 GB/T 2260 的规定执行。

4.1.12 海拔

苎麻种质原产地的海拔,单位为米(m)。

4.1.13 经度

苎麻种质原产地的经度,单位为度(°)和分(′)。格式为"DDDFF",其中"DDD"为度,"FF"为分。东经为正值,西经为负值。

4.1.14 纬度

苎麻种质原产地的纬度,单位为度(°)和分(′)。格式为"DDFF",其中"DD"为度,"FF"为分。北纬为正值,南纬为负值。

4.1.15 来源地

苎麻种质的来源国家、省、县或机构名称。

4.1.16 亲本

苎麻选育品种(系)的父母本。

4.1.17 选育单位

选育苎麻品种(系)的单位名称或个人,单位名称应写全称。

4.1.18 育成年份

苎麻品种(系)培育成功的年份,通常为通过审定(登记)或授权年份。

4.1.19 选育方法

苎麻品种(系)的育种方法。

4.1.20 种质类型

保存的苎麻种质资源的类型,分为:1. 野生资源;2. 地方品种;3. 选育品种;4. 品系;5. 特殊遗传材料;6. 其他。

4.1.21 图像

苎麻种质的图像文件名。文件名由该种质全国统一编号、连字符"-"和图像序号组成。图像格式为.jpg。

4.1.22 观测地点

苎麻种质观测地点,记录到省、县(市)和镇(乡)村(寨)名。

4.2 植物学特征

4.2.1 根型

苎麻地下根类型(见图1),分为:1. 浅根型;2. 中根型;3. 深根型。

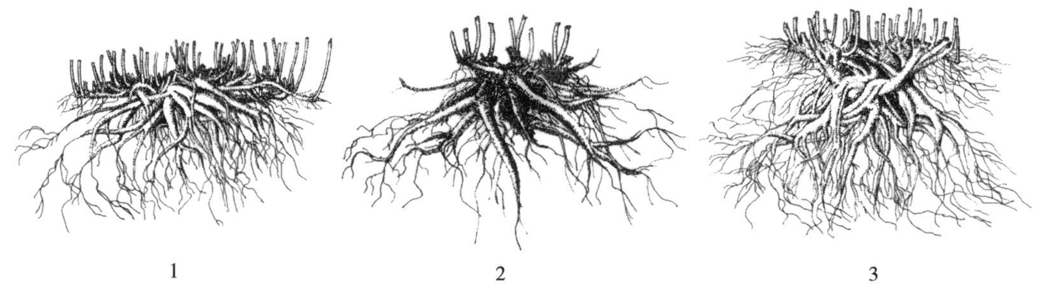

图1 根 型

4.2.2 根系

苎麻根系由萝卜根、支根及细根组成(见图2)。

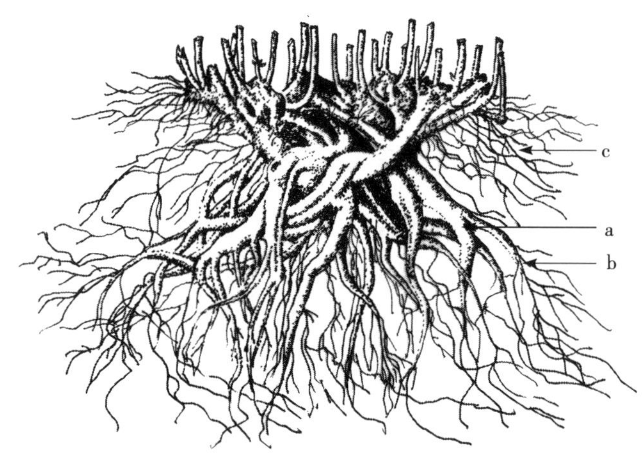

说明:

a——萝卜根;

b——支根;

c——细根。

图2 根 系

4.2.3 茎色

头麻工艺成熟期,苎麻植株茎基部往上1/3~1/2处颜色,分为:1. 黄褐;2. 绿褐;3. 褐色;4. 红褐;5. 黑褐。

4.2.4 **麻骨色**

头麻工艺成熟期，苎麻鲜麻骨颜色，分为：1. 黄白；2. 绿白；3. 黄绿；4. 绿；5. 微红。

4.2.5 **叶色**

头麻生长中期，苎麻植株中部叶片的正面颜色，分为：1. 黄绿；2. 浅绿；3. 绿；4. 深绿。

4.2.6 **叶脉色**

头麻生长中期，植株中部的叶片背部叶脉的颜色，分为：1. 黄绿；2. 浅绿；3. 浅红；4. 红；5. 深红。

4.2.7 **叶形**

头麻生长中期，观察植株中部叶片形状（见图 3），分为：1. 近圆形；2. 卵圆形；3. 长卵圆形。

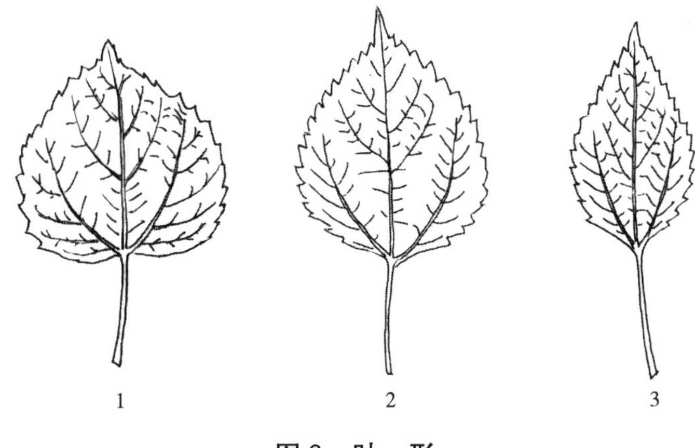

图 3 叶 形

4.2.8 **叶尖**

头麻生长中期，观察植株中部的叶尖形状（见图 4），分为：1. 渐尖；2. 骤尖；3. 骤凸；4. 锐尖。

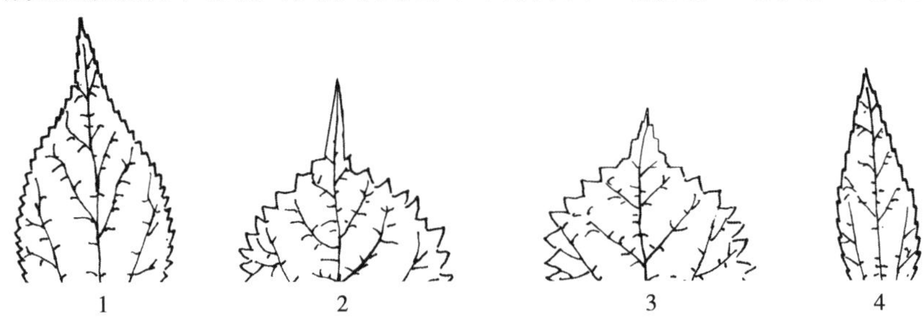

图 4 叶 尖

4.2.9 **叶基**

头麻生长中期，植株叶片的基部形状（见图 5），分为：1. 心形；2. 近圆；3. 截形；4. 楔形；5. 渐狭；6. 尖形。

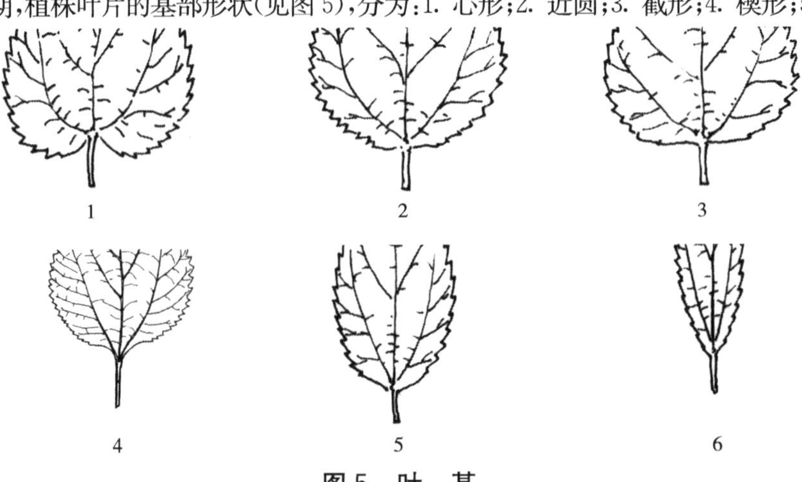

图 5 叶 基

4.2.10 叶缘锯齿

头麻生长中期，苎麻叶片的叶缘锯齿大小及深度（见图 6），分为：1. 大深；2. 大浅；3. 小深；4. 小浅。

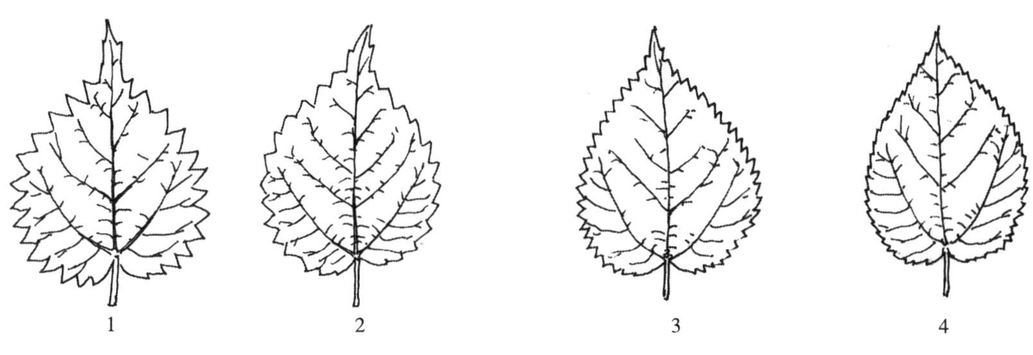

图 6 叶缘锯齿

4.2.11 叶面皱纹

头麻生长中期，苎麻植株中部叶片正面皱纹类型（见图 7），分为：1. 少；2. 中；3. 多。

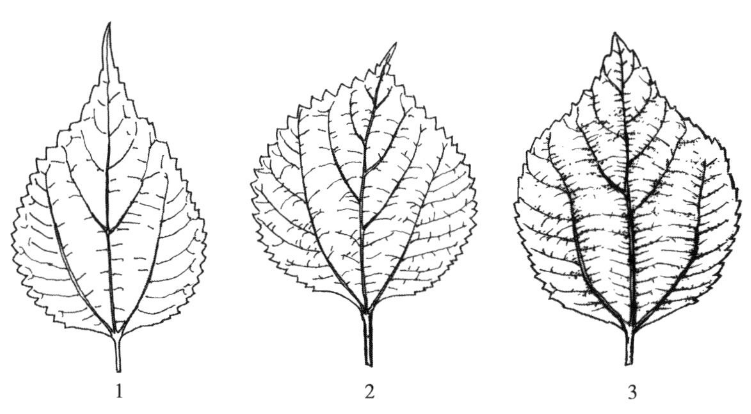

图 7 叶面皱纹

4.2.12 叶柄着生角度

头麻生长中期，苎麻叶柄与茎之间夹角的角度，分为：1. 大（角度＞45°）；2. 小（角度≤45°）。

4.2.13 雌蕾色

现蕾期，苎麻雌蕾的颜色，分为：1. 黄白；2. 黄绿；3. 浅红；4. 红；5. 深红。

4.3 生物学特性

4.3.1 出苗期

苎麻头麻 50%麻蔸出苗的时间，表示方法为“月旬”。

4.3.2 现蕾期

10%苎麻植株现蕾的时间，表示方法为“月旬”。

4.3.3 开花期

10%苎麻植株的雄花、雌花开始开花的时间为雄花、雌花开花期，表示方法为“月旬”。

4.3.4 工艺成熟期

苎麻植株茎基部往上 1/3～1/2 处变褐、下部叶片脱落、皮骨易分离的时间，表示方法为“月旬”。

4.3.5 种子成熟期

苎麻植株 2/3 种子（或瘦果）变褐色的时间，表示方法为“月旬”。

4.3.6 **全生育期**

头麻出苗期到一年中最后一季麻种子成熟期的天数,单位为天(d)。

4.3.7 **工艺成熟天数**

每季麻从出苗期到工艺成熟期的天数,单位为天(d)。

4.3.8 **熟期类型**

全年三季麻的工艺成熟类型,分为:1. 早熟(≤170 d);2. 中熟(171 d~190 d);3. 晚熟(≥191 d)。

4.4 **产量性状**

4.4.1 **有效株数**

每季每蔸麻中能正常收获原麻植株数量,单位为株每蔸(株/蔸)。

4.4.2 **有效株率**

单位面积中有效株数量占总株数百分率,以百分率(%)表示。

4.4.3 **株高**

有效株从基部到生长点平均高度,单位为厘米(cm)。

4.4.4 **茎粗**

苎麻植株由基部向梢部 1/3 处茎的直径,单位为厘米(cm)。

4.4.5 **鲜皮厚度**

苎麻植株由基部向梢部 1/3 处鲜皮的厚度,单位为毫米(mm)。

4.4.6 **鲜茎出麻率**

原麻占鲜茎重量的百分比,以百分率(%)表示。

4.4.7 **鲜皮出麻率**

原麻重量占鲜皮重量的百分比,以百分率(%)表示。

4.4.8 **原麻产量**

单位面积全年原麻产量,单位为千克每公顷(kg/hm^2)。

4.4.9 **生物产量**

单位面积苎麻地上茎叶风干物重量,单位为千克每公顷(kg/hm^2)。

4.5 **品质性状**

4.5.1 **原麻色**

苎麻头麻原麻颜色,分为:1. 黄白;2. 绿白;3. 浅绿;4. 黄绿;5. 黄褐色。

4.5.2 **原麻长度**

伸直的原麻两端距离,单位为厘米(cm)。

4.5.3 **锈脚长度**

头麻刮制后原麻基部带有红褐色部分的长度,单位为厘米(cm)。

4.5.4 **纤维支数**

纤维的粗细程度,以纤维在公定回潮率时单位重量所具有的长度表示,单位为米每克(m/g)。

4.5.5 **单纤维断裂强力**

单根苎麻纤维试样经拉伸至断裂时测得的断裂力,单位为厘牛顿(cN)。

4.5.6 **断裂强度**

苎麻纤维断裂强力与其线密度的比值,单位为厘牛顿每特克斯(cN/tex)。

4.5.7 **原麻炼折率**

精干麻与原麻重量之比,以百分率(%)表示。

4.5.8 **原麻含胶量**

苎麻原麻中所有胶杂物质的百分含量，以百分率(%)表示。

4.5.9 半纤维素含量

苎麻原麻中半纤维素的百分含量，以百分率(%)表示。

4.5.10 木质素含量

苎麻原麻中木质素的百分含量，以百分率(%)表示。

4.5.11 粗蛋白含量

饲用苎麻干物质中粗蛋白的百分含量，以百分率(%)表示。

4.5.12 粗纤维含量

饲用苎麻干物质中粗纤维的百分含量，以百分率(%)表示。

4.5.13 粗脂肪含量

饲用苎麻干物质中粗脂肪的百分含量，以百分率(%)表示。

4.5.14 无氮浸出物含量

饲用苎麻干物质中无氮浸出物的百分含量，以百分率(%)表示。

4.5.15 水分含量

自然风干饲用苎麻中水分百分含量，以百分率(%)表示。

4.5.16 粗灰分含量

饲用苎麻干物质中粗灰分百分含量，以百分率(%)表示。

4.6 抗性性状

4.6.1 抗旱性

苎麻对土壤干旱和大气干燥的忍耐能力和抵抗能力，分为：3. 强(T)；5. 中(M)；7. 弱(W)。

4.6.2 耐寒性

苎麻对低温的忍耐或抵抗能力，分为：3. 强(T)；5. 中(M)；7. 弱(W)。

4.6.3 抗风性

苎麻植株抵抗大风的能力，分为：3. 强(T)；5. 中(M)；7. 弱(W)。

4.6.4 耐渍性

苎麻对水涝的忍耐或抵抗能力，分为：3. 强(T)；5. 中(M)；7. 弱(W)。

4.6.5 苎麻根腐线虫病(*Pratylenchus coffeae*)抗性

苎麻植株对根腐线虫病(*Pratylenchus coffeae*)的抗性强弱，分为：0. 免疫(I)；1. 高抗(HR)；3. 中抗(MR)；5. 中感(MS)；7. 高感(HS)。

4.6.6 苎麻花叶病抗性

苎麻植株对花叶病的抗性强弱，分为：0. 免疫(I)；1. 抗病(R)；3. 中抗(MR)；5. 中感(MS)；7. 感病(S)。

4.6.7 苎麻炭疽病(*Colletotrichum boehmeriae* Saw.)抗性

指苎麻植株对炭疽病(*Colletotrichum boehmeriae* Saw.)的抗性强弱，分为：0. 免疫(I)；1. 抗病(R)；3. 中抗(MR)；5. 中感(MS)；7. 感病(S)。

ICS 67.140.10
B 35

中华人民共和国农业行业标准

NY/T 2943—2016

茶树种质资源描述规范

Descriptors for tea germplasm resources

2016-10-26 发布　　2017-04-01 实施

中华人民共和国农业部 发布

前　　言

本标准按照 GB/T 1.1—2009 给出的规则起草。

本标准由农业部种植业管理司提出并归口。

本标准起草单位：中国农业科学院茶叶研究所、云南省农业科学院茶叶研究所。

本标准主要起草人：姚明哲、陈亮、马春雷、江用文、熊兴平、刘本英、李友勇。

茶树种质资源描述规范

1 范围

本标准规定了茶树[*Camellia sinensis*(L.)O. Kuntze]及山茶属茶组[*Camellia* L. Sect. *Thea*(L.) Dyer]其他植物种质资源基本信息、植物学特征和生物学特性、品质性状、抗性性状、其他特征特性的描述方法。

本标准适用于茶树种质资源的描述。

2 规范性引用文件

下列文件对于本文件的应用是必不可少的。凡是注日期的引用文件,仅注日期的版本适用于本文件。凡是不注日期的引用文件,其最新版本(包括所有的修改单)适用于本文件。

GB/T 2659 世界各国和地区名称代码

GB/T 2260 中华人民共和国行政区划代码

GB/T 23776 茶叶感官审评方法

NY/T 1312 农作物种质资源鉴定技术规程 茶树

3 描述内容

描述内容见表1。

表1 茶树种质资源描述内容

描述类别	描 述 内 容
基本信息	全国统一编号、圃编号、引种号、采集号、种质名称、种质外文名、科名、属名、种名(变种名)、原产国、原产省、原产地、海拔、经度、纬度、来源地、保存单位、系谱、选育单位、育成年份、选育方法、种质类型、繁殖方式、图像、观测地点
植物学特征和生物学特性	树型、树姿、发芽密度、一芽一叶期、一芽二叶期、芽叶颜色、芽叶茸毛、一芽三叶长、一芽三叶百芽重、叶片着生状态、叶片长度、叶片宽度、叶片大小、叶片形态、侧脉对数、叶片颜色、叶面隆起性、叶身形态、叶片质地、叶齿锐度、叶齿密度、叶齿深度、叶基形态、叶尖形态、叶缘形态、盛花期、萼片数、萼片颜色、萼片茸毛、花冠大小、花瓣颜色、花瓣质地、花瓣数、子房茸毛、花柱长度、花柱开裂数、柱头裂位、雌雄蕊相对高度、果实形状、果实大小、果皮厚度、种子形态、种子大小、种皮颜色、种子百粒重、染色体数目
品质性状	适制茶类、兼制茶类、外形评分、外形特征、汤色评分、汤色特征、香气评分、香气特征、滋味评分、滋味特征、叶底评分、叶底特征、感官品质总分、水浸出物、咖啡碱、茶多酚、氨基酸、酚氨比、茶氨酸、儿茶素类物质总量、EGCG、EGC、ECG、EC、GC
抗性性状	抗寒性、抗旱性、茶云纹叶枯病抗性、茶炭疽病抗性、茶饼病抗性、假眼小绿叶蝉抗性、茶橙瘿螨抗性、咖啡小爪螨抗性
其他特征特性	—

4 描述方法

4.1 基本信息

4.1.1 全国统一编号

种质的唯一标志号,由“CS”加6位顺序号组成,如CS012345。该编号由国家种质杭州茶树圃赋予。

4.1.2 圃编号

茶树保存圃所在单位赋予的编号,该编号在同一保存单位应具有唯一性。

4.1.3 引种号

从国(境)外引入茶树种质的编号,由年份加顺序号组成的8位字符串组成,前4位表示种质从国(境)外引进年份,后4位为顺序号,如20150001。每份引进种质具有唯一的引种号。

4.1.4 采集号

在野外采集的茶树种质编号,用采集地县名加流水号表示,如宣恩3号。

4.1.5 种质名称

国内种质的原始名称,野生资源、地方品种用产地通用名或俗名,选育品种、品系用选育单位命名;国外引进种质用直译或意译中文名,可直接用种质外文名。

4.1.6 种质外文名

国外种质直接用外文原名称;国内种质用汉语拼音名,首字母大写,4个以上汉字按词组分开,如铁观音为"Tieguanyin",福鼎大白茶为"Fuding Dabaicha"。

4.1.7 科名

由中文名加括号内的拉丁名组成,如山茶科(Theaceae)。

4.1.8 属名

由中文名加括号内的拉丁名组成,如山茶属(*Camellia*)。

4.1.9 种名(变种名)

茶树在植物学分类上的种名或变种名,由中文名加括号内的拉丁名组成。如大理茶(*Camellia taliensis* Melchior)、白毛茶(*Camellia sinensis* var. *pubilimba* Chang)。

4.1.10 原产国

茶树种质原产国家、地区或国际组织名称。国家和地区名称按照GB/T 2659的规定执行,如该国已不存在,则在原国家名称前加"原"。国际组织名称用该组织的正式英文缩写。

4.1.11 原产省

国内茶树种质原产省(自治区、直辖市)名称,省(自治区、直辖市)名按照GB/T 2260的规定执行;国外引进种质用原产国一级行政区的名称。

4.1.12 原产地

国内茶树种质原产县(市)、镇(乡)、村(寨)名称,县(市)名按照GB/T 2260的规定执行。

4.1.13 海拔

种质原产地的海拔高度,单位为米(m),精确到1 m。

4.1.14 经度

种质原产地的经度,单位为度(°)和分(′),格式为DDD°FF′。东经为正值,西经为负值。

4.1.15 纬度

种质原产地的纬度,单位为度(°)和分(′),格式为DD°FF′。北纬为正值,南纬为负值。

4.1.16 来源地

国外引进种质的来源地为国家、地区或国际组织名称;国内种质的来源地为省(自治区、直辖市)、县(市)名称。

4.1.17 保存单位

茶树保存圃所在单位的名称。

4.1.18 系谱

选育品种(系)的亲本名称。

4.1.19 选育单位

茶树品种(系)的选育单位名称或个人姓名,单位名称应写全称。

4.1.20 育成年份

茶树品种通过省级以上认(审)定、鉴定或获得植物新品种权,并记载在认(审)定、鉴定或授权证书上的年份。

4.1.21 选育方法

茶树品种(系)的育种方法,分为:1. 系统选育;2. 杂交育种;3. 诱变育种;4. 生物技术辅助育种和其他。

4.1.22 种质类型

茶树种质资源的类型,分为:1. 野生资源;2. 地方品种;3. 选育品种;4. 品系;5. 遗传材料和其他。

4.1.23 繁殖方式

茶树种质繁衍后代的方式,分为:1. 有性繁殖;2. 无性繁殖。

4.1.24 图像

茶树种质的图像文件名。文件名由该种质全国统一编号、连字符"-"和图像序号组成。图像格式为.jpg。

4.1.25 观测地点

茶树种质植物学特征和生物学特性的观察地点。迁地保存的注明资源圃名称;原地保存的注明所在省(自治区、直辖市)、县(市)和镇(乡)村(寨)名称。

4.2 植物学特征

4.2.1 树型

树体的基本形态,又称株型(见图 1),分为:1. 灌木;2. 小乔木;3. 乔木。

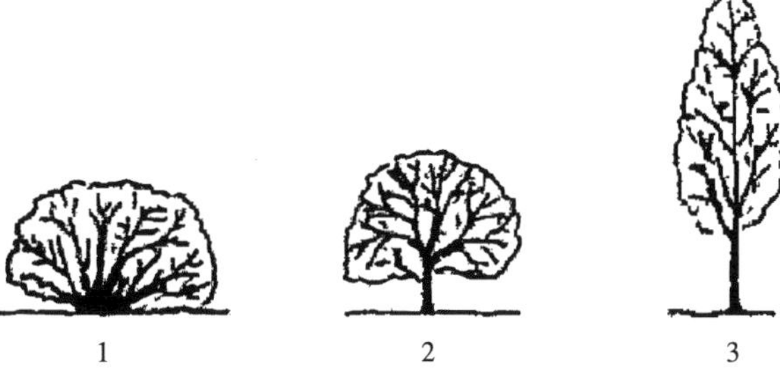

图 1 树 型

4.2.2 树姿

树体的分枝角度状况(见图 2),分为:1. 直立;2. 半开张;3. 开张。

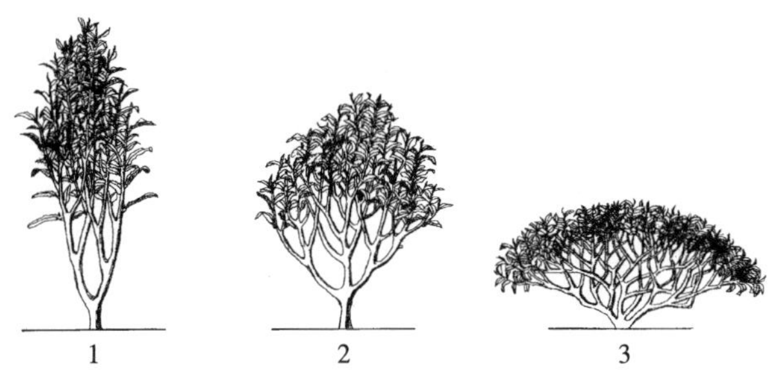

图 2 树 姿

4.2.3 **发芽密度**

单位采摘面积(33 cm×33 cm)内春茶第一轮萌发芽数量的平均值。按照 NY/T 1312 的规定观测。

4.2.4 **一芽一叶期**

30%越冬芽达到一芽一叶的日期,表示方法为月/日,平均日期及其变幅。按照 NY/T 1312 的规定观测。

4.2.5 **一芽二叶期**

30%越冬芽达到一芽二叶的日期,表示方法为月/日,平均日期及其变幅。按照 NY/T 1312 的规定观测。

4.2.6 **芽叶颜色**

当年第一轮春梢一芽二叶的颜色,分为:1. 玉白色;2. 黄色;3. 黄绿色;4. 绿色;5. 紫绿色;6. 紫红色。

4.2.7 **芽叶茸毛**

当年第一轮春梢一芽二叶的茸毛密度,分为:1. 无;2. 少;3. 中;4. 多;5. 特多。按照 NY/T 1312 的规定观测。

4.2.8 **一芽三叶长**

当年第一轮春梢一芽三叶从基部到芽顶部的平均长度,单位为厘米(cm),精确到 0.1 cm。按照 NY/T 1312 的规定观测。

4.2.9 **一芽三叶百芽重**

第一轮春梢 100 个一芽三叶重量的平均值,单位为克(g),精确到 0.1 g。按照 NY/T 1312 的规定观测。

4.2.10 **叶片着生状态**

当年生春梢或夏梢枝干中部成熟叶片在枝干上的着生角度(见图 3),分为:1. 上斜;2. 水平;3. 下垂。

图 3 叶片着生状态

4.2.11 **叶片长度**

当年生春梢或夏梢枝干中部成熟叶片,从叶基至叶尖长度的平均值,单位为厘米(cm),精确到 0.1 cm。按照 NY/T 1312 的规定观测。

4.2.12 **叶片宽度**

当年生春梢或夏梢枝干中部成熟叶片,最宽处宽度的平均值,单位为厘米(cm),精确到 0.1 cm。按照 NY/T 1312 的规定观测。

4.2.13 **叶片大小**

当年生春梢或夏梢枝干中部成熟叶片的叶面积大小,分为:1. 小叶;2. 中叶;3. 大叶;4. 特大叶。按照 NY/T 1312 的规定观测。

4.2.14 **叶片形态**

当年生春梢或夏梢枝干中部成熟叶片的形态(见图 4),分为:1. 近圆形;2. 椭圆形;3. 长椭圆形;4. 披针形。

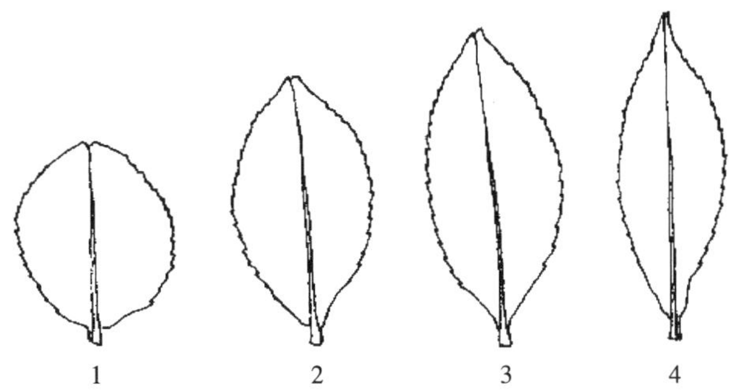

图 4　叶片形态

4.2.15　侧脉对数

当年生春梢或夏梢枝干中部成熟叶片主脉两侧叶脉的对数，单位为对。按照 NY/T 1312 的规定观测。

4.2.16　叶片颜色

当年生春梢或夏梢枝干中部成熟叶片正面色泽，分为：1. 黄绿色；2. 绿色；3. 深绿色；4. 紫绿色。按照 NY/T 1312 的规定观测。

4.2.17　叶面隆起性

当年生春梢或夏梢枝干中部成熟叶片正面的隆起程度，分为：1. 平；2. 微隆起；3. 隆起。按照 NY/T 1312 的规定观测。

4.2.18　叶身形态

当年生春梢或夏梢枝干中部成熟叶片两侧与主脉的相对夹角状态（见图 5），分为：1. 内折；2. 平；3. 背卷。

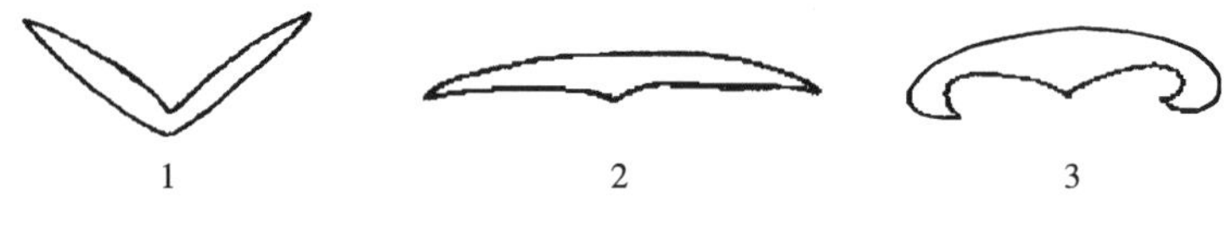

图 5　叶身形态

4.2.19　叶片质地

当年生春梢或夏梢枝干中部成熟叶片的柔软程度，分为：1. 软；2. 中；3. 硬。按照 NY/T 1312 的规定观测。

4.2.20　叶齿锐度

当年生春梢或夏梢枝干中部成熟叶片叶缘锯齿锐利程度，分为：1. 锐；2. 中；3. 钝。按照 NY/T 1312 的规定观测。

4.2.21　叶齿密度

当年生春梢或夏梢枝干中部成熟叶片叶缘锯齿的稠密程度，分为：1. 稀；2. 中；3. 密。按照 NY/T 1312 的规定观测。

4.2.22　叶齿深度

当年生春梢或夏梢枝干中部成熟叶片叶缘锯齿的深度，分为：1. 浅；2. 中；3. 深。按照 NY/T 1312 的规定观测。

4.2.23　叶基形态

当年生春梢或夏梢枝干中部成熟叶片基部形态（见图 6），分为：1. 楔形；2. 近圆形。

图6　叶基形态

4.2.24　叶尖形态

当年生春梢或夏梢枝干中部成熟叶片端部形态(见图7),分为:1. 渐尖;2. 钝尖;3. 圆尖。

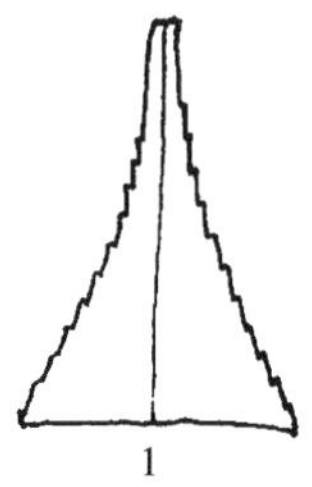
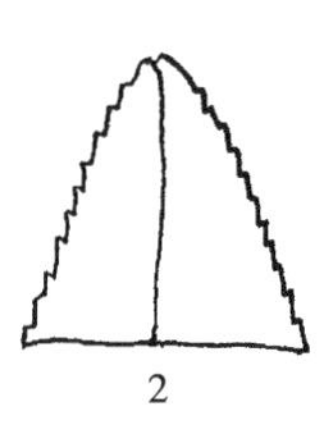
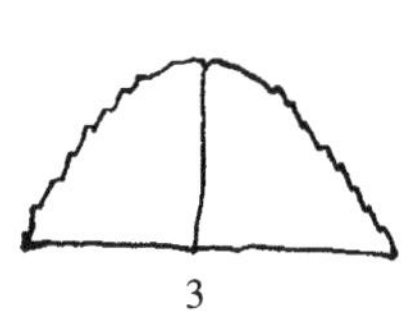

图7　叶尖形态

4.2.25　叶缘形态

当年生春梢或夏梢枝干中部成熟叶片边缘形态(见图8),分为:1. 平;2. 微波折;3. 波折。

图8　叶缘形态

4.2.26　盛花期

全株50%花朵开放的时间,以月/旬表示。按照NY/T 1312的规定观测。

4.2.27　萼片数

萼片的数目,单位为枚。按照NY/T 1312的规定观测。

4.2.28　萼片颜色

萼片外部颜色,分为:绿色、紫红色。

4.2.29　萼片茸毛

萼片外部茸毛着生状况,分为:0. 无;1. 有。

4.2.30　花冠大小

花朵完全开放时花冠“十”字形长度的平均值,单位为厘米(cm),精确到0.1 cm。按照NY/T 1312的规定观测。

4.2.31　花瓣颜色

花瓣的颜色,分为:1. 白色;2. 微绿色;3. 淡红色。

4.2.32　花瓣质地

花瓣的触摸质感，分为：1. 薄；2. 中；3. 厚。按照 NY/T 1312 的规定观测。

4.2.33 **花瓣数**

每朵花花瓣数的平均值，单位为枚。按照 NY/T 1312 的规定观测。

4.2.34 **子房茸毛**

子房表面茸毛着生情况，分为：0. 无、1. 有。

4.2.35 **花柱长度**

从花柱基部至花柱顶端长度的平均值，单位为厘米(cm)，精确到 0.1 cm。按照 NY/T 1312 的规定观测。

4.2.36 **花柱开裂数**

发育正常、花瓣已完全展开的花朵的花柱柱头开裂数量。按照 NY/T 1312 的规定观测。

4.2.37 **柱头裂位**

花柱柱头的分裂程度(见图 9)，分为：1. 低；2. 中；3. 高。

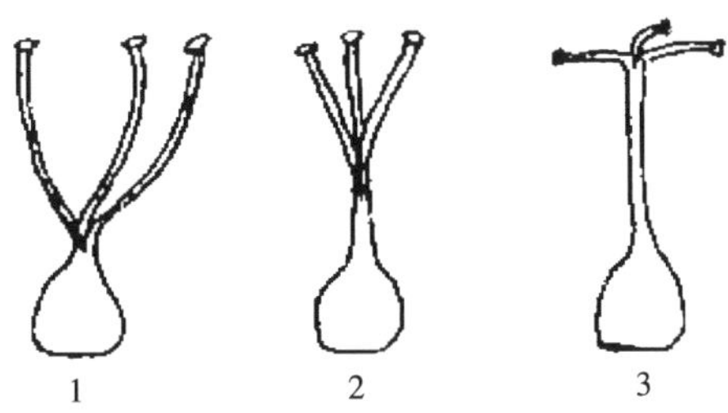

图 9 柱头裂位

4.2.38 **雌雄蕊相对高度**

正常开放花朵雌蕊和雄蕊的相对高度(见图 10)，分为：1. 雌蕊低；2. 雌雄蕊等高；3. 雌蕊高。

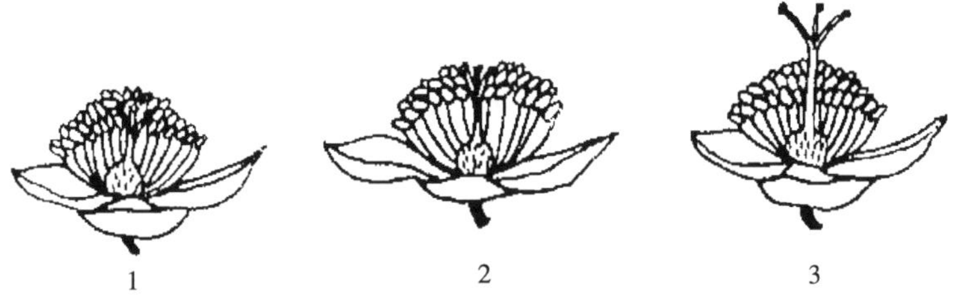

图 10 雌雄蕊相对高度

4.2.39 **果实形状**

成熟果实的形状(见图 11)，分为：1. 球形；2. 肾形；3. 三角形；4. 四方形；5. 梅花形。

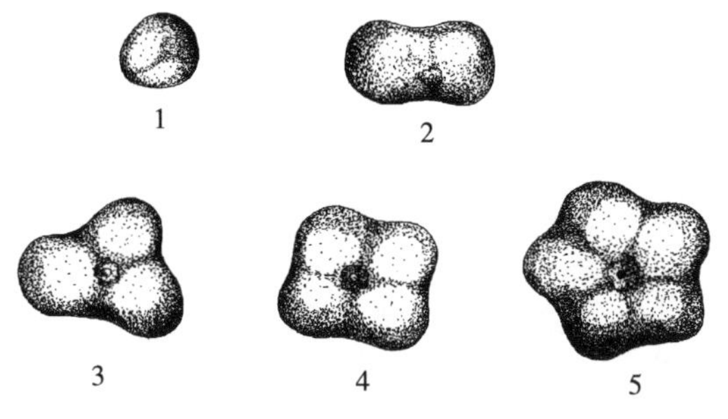

图 11 果实形状

4.2.40 **果实大小**

成熟期鲜果的十字形长度平均值,单位为厘米(cm),精确到 0.1 cm。按照 NY/T 1312 的规定观测。

4.2.41 **果皮厚度**

成熟果实自然开裂时果皮厚度的平均值,单位为厘米(cm),精确到 0.1 cm。按照 NY/T 1312 的规定观测。

4.2.42 **种子形状**

成熟种子的形状(见图 12),分为:1. 球形;2. 半球形;3. 锥形;4. 似肾形;5. 不规则形。

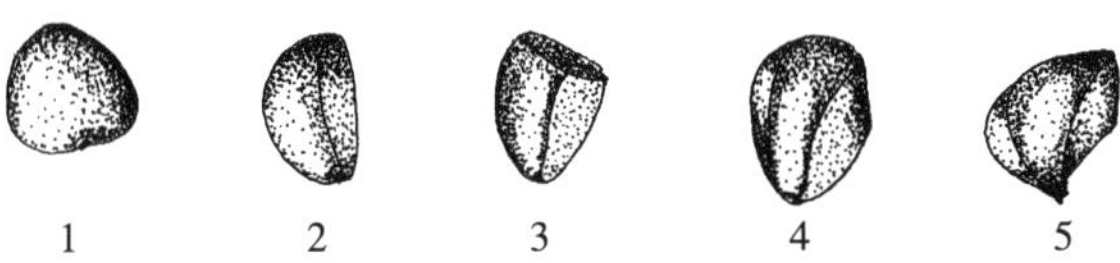

图 12 种子形状

4.2.43 **种子大小**

种子横径的平均长度,单位为厘米(cm),精确到 0.1 cm。按照 NY/T 1312 的规定观测。

4.2.44 **种皮颜色**

种子的外种皮颜色,分为:1. 棕色;2. 棕褐色;3. 褐色。

4.2.45 **种子百粒重**

100 粒种子重量的平均值,单位为克(g),精确到 0.1 g。按照 NY/T 1312 的规定观测。

4.2.46 **染色体数目**

茶树种质体细胞染色体数目,如 $2n=2x=30$。

4.3 **品质性状**

4.3.1 **适制茶类**

茶树鲜叶适合加工制作并能达到最佳品质的茶叶类别,分为:1. 绿茶;2. 红茶;3. 乌龙茶;4. 黑茶;5. 白茶;6. 黄茶和其他。按照 NY/T 1312 的规定执行。

4.3.2 **兼制茶类**

除最适合加工制作的茶类外,还较适宜制作的其他茶类。按照 NY/T 1312 的规定执行。

4.3.3 **外形评分**

按适制茶类加工工艺制作的茶叶样品外形评分,采用百分制。按照 GB/T 23776 的规定执行。

4.3.4 **外形特征**

按适制茶类加工工艺制作的茶叶样品外形形态、色泽等特征。按照 GB/T 23776 的规定执行。

4.3.5 **汤色评分**

按适制茶类加工工艺制作的茶叶样品,其冲泡茶汤的汤色评分,采用百分制。按照 GB/T 23776 的规定执行。

4.3.6 **汤色特征**

按适制茶类加工工艺制作的茶叶样品,其冲泡茶汤颜色、色度、明暗度、清浊度等特征。按照 GB/T 23776 的规定执行。

4.3.7 **香气评分**

按适制茶类加工工艺制作的茶叶样品,其冲泡茶汤的香气评分,采用百分制。按照 GB/T 23776 的规定执行。

4.3.8 **香气特征**

按适制茶类加工工艺制作的茶叶样品，其冲泡茶汤的香气类型、浓度、纯度和持久性等特征。按照 GB/T 23776 的规定执行。

4.3.9 滋味评分

按适制茶类加工工艺制作的茶叶样品，其冲泡茶汤滋味评分，采用百分制。按照 GB/T 23776 的规定执行。

4.3.10 滋味特征

按适制茶类加工工艺制作的茶叶样品，其冲泡茶汤浓淡、厚薄、醇涩、纯异、鲜钝等特征。按照 GB/T 23776 的规定执行。

4.3.11 叶底评分

按适制茶类加工工艺制作的茶叶样品，冲泡后的叶底评分，采用百分制。按照 GB/T 23776 的规定执行。

4.3.12 叶底特征

按适制茶类加工工艺制作的茶叶样品，冲泡后的叶底嫩度、色泽、明暗度等特征。按照 GB/T 23776 的规定执行。

4.3.13 感官品质总分

按适制茶类加工工艺制作的茶叶样品，其外形、汤色、滋味、香气和叶底 5 项评分加权后的总得分。按照 GB/T 23776 的规定执行。

4.3.14 水浸出物

茶叶中可溶入沸水的物质占茶叶干物质总量的百分比，单位为百分率(%)，保留小数点后 2 位有效数字。

4.3.15 咖啡碱

咖啡碱占茶叶干物质总量的百分比，单位为百分率(%)，保留小数点后 2 位有效数字。

4.3.16 茶多酚

茶多酚占茶叶干物质总量的百分比，单位为百分率(%)，保留小数点后 2 位有效数字。

4.3.17 氨基酸

茶叶中游离氨基酸占茶叶干物质总量的百分比，单位为百分率(%)，保留小数点后 2 位有效数字。

4.3.18 酚氨比

茶叶中茶多酚与氨基酸含量的比值，精确到 0.1。

4.3.19 茶氨酸

茶氨酸占茶叶干物质总量的百分比，单位为百分率(%)，保留小数点后 2 位有效数字。

4.3.20 儿茶素类物质总量

茶叶单位干物质中表没食子儿茶素没食子酸酯(EGCG)、表没食子儿茶素(EGC)、表儿茶素没食子酸酯(ECG)、L-表儿茶素(EC)、没食子儿茶素(GC)等儿茶素类组分的总含量，单位为毫克每克(mg/g)，精确到 0.01 mg/g。

4.3.21 EGCG

茶叶单位干物质中表没食子儿茶素没食子酸酯的含量，单位为毫克每克(mg/g)，精确到 0.01 mg/g。

4.3.22 EGC

茶叶单位干物质中表没食子儿茶素的含量，单位为毫克每克(mg/g)，精确到 0.01 mg/g。

4.3.23 ECG

茶叶单位干物质中表儿茶素没食子酸酯的含量，单位为毫克每克(mg/g)，精确到 0.01 mg/g。

4.3.24 **EC**

茶叶单位干物质中 L-表儿茶素的含量,单位为毫克每克(mg/g),精确到 0.01 mg/g。

4.3.25 **GC**

茶叶单位干物质中没食子儿茶素的含量,单位为毫克每克(mg/g),精确到 0.01 mg/g。

4.4 **抗性性状**

4.4.1 **抗寒性**

茶树植株忍耐或抵御低温冻害的能力,分为:1. 强;2. 较强;3. 中;4. 弱。

4.4.2 **抗旱性**

茶树植株忍耐或抵御干旱的能力,分为:1. 强;2. 较强;3. 中;4. 弱。

4.4.3 **茶云纹叶枯病抗性**

茶树对茶云纹叶枯病[*Guignardia camelliae*(Cooke)Butler]的抗性强弱,分为:1. 抗(R);2. 中抗(MR);3. 感(S);4. 高感(HS)。

4.4.4 **茶炭疽病抗性**

茶树对茶炭疽病(*Gloeosporium theae - sinensis* Miyake)的抗性强弱,分为:1. 抗(R);2. 中抗(MR);3. 感(S);4. 高感(HS)。

4.4.5 **茶饼病抗性**

茶树对茶饼病(*Exobasidium vexans* Massee)的抗性强弱,分为:1. 抗(R);2. 中抗(MR);3. 感(S);4. 高感(HS)。

4.4.6 **假眼小绿叶蝉抗性**

茶树对假眼小绿叶蝉(*Empoasca vitis* Gothe)的抗性强弱,分为:1. 抗(R);2. 中抗(MR);3. 感(S);4. 高感(HS)。

4.4.7 **茶橙瘿螨抗性**

茶树对茶橙瘿螨(*Acaphylla theae* Watt)的抗性强弱,分为:1. 抗(R);2. 中抗(MR);3. 感(S);4. 高感(HS)。

4.4.8 **咖啡小爪螨抗性**

茶树对咖啡小爪螨(*Oligonychus coffeae* Nietner)的抗性强弱,分为:1. 抗(R);2. 中抗(MR);3. 感(S);4. 高感(HS)。

4.5 **其他特征特性**

需要描述的其他性状。

ICS 65.020.01
B 04

中华人民共和国农业行业标准

NY/T 2944—2016

橡胶树种质资源描述规范

Descriptors for rubber tree germplasm resources

2016-10-26 发布　　　　2017-04-01 实施

中华人民共和国农业部　发布

前　　言

本标准按照GB/T 1.1—2009给出的规则起草。

本标准由农业部种植业管理司提出。

本标准由农业部热带作物及制品标准化技术委员会归口。

本标准起草单位:中国热带农业科学院橡胶研究所、中国农业科学院茶叶研究所。

本标准主要起草人:曾霞、胡彦师、熊兴平、蔡海滨、江用文、李维国、涂敏、华玉伟、安泽伟、程汉、方家林、黄华孙。

橡胶树种质资源描述规范

1 范围

本标准规定了橡胶树(*Hevea brasiliensis* Muell.-Arg.)种质资源基本信息、植物学特征、生物学特性、生长性状、产量性状及抗性性状的描述方法。

本标准适用于橡胶树植物种质资源的描述。

2 规范性引用文件

下列文件对于本文件的应用是必不可少的。凡是注日期的引用文件,仅注日期的版本适用于本文件。凡是不注日期的引用文件,其最新版本(包括所有的修改单)适用于本文件。

GB/T 2260 中华人民共和国行政区划代码

GB/T 2659 世界各国和地区名称代码

3 描述内容

描述内容见表1。

表1 橡胶树种质资源描述内容

描述类别	描 述 内 容
基本信息	全国统一编号、种质名称、种质外文名、科名、属名、学名、原产国、原产省、原产地、海拔、经度、纬度、来源地、系谱、选育单位、育成年份、选育方法、种质类型、图像、观测地点
植物学特征	叶痕形状、托叶痕形态、鳞片痕和托叶痕联成的形状、芽眼形态、芽眼与叶痕距离、叶蓬形状、叶蓬间距、叶蓬郁闭度、大叶柄形状、叶枕伸展形态、叶枕沟、叶枕膨大形态、小叶柄形态、小叶柄长度、小叶柄面形态、小叶枕膨大程度、小叶枕膨大程度、蜜腺形态、腺点着生状态、腺点排列方式、腺点边缘、腺点面形态、叶形、叶基形状、两侧小叶基外缘形态、叶尖形状、叶缘波浪、叶面平滑状况、叶面光泽、叶脉形态、叶片颜色、叶片横切面形状、三小叶间距、开花量、花的育性、花色、花期、结实率、种子大小、种子形状、种皮颜色、种被斑纹、分枝高度、主干明显程度、开割树皮厚度、树冠形状、树冠开放度、树皮质地、胶乳颜色、染色体倍数性
生物学特性	第一蓬叶抽叶期、第一蓬叶老化期、春花始期、春花盛期、果实成熟期、开始落叶期、落叶盛期
生长性状	开割树高、开割前生长速度、开割后五年生长速度、立木材积
产量性状	试割产量、干胶含量、干胶产量
抗性性状	苗期耐寒性、成龄期耐寒性、抗风性、耐旱性、死皮率、白粉病抗性、炭疽病抗性

4 描述方法

4.1 基本信息

4.1.1 全国统一编号

种质的唯一标识号,由"XJA"或"XJW"加5位顺序号组成,其中XJA表示国外引进的野生种质,XJW表示栽培种质。该编号由国家种质儋州橡胶树圃赋予。

4.1.2 种质名称

种质的中文名称。国内种质的原始名称,如果有多个名称,可放在括号内,用逗号分隔。国外引进种质用直译或意译中文名,也可直接使用种质的外文名。

4.1.3 种质外文名

国外种质以外文原名表示，国内种质以汉语拼音全拼表示。

4.1.4 科名

种质资源在植物分类学上的科名。用中文名加括号内的拉丁名组成，大戟科(Euphobiaceae)。

4.1.5 属名

种质资源在植物分类学上的属名。用中文名加括号内的拉丁名组成，橡胶树属(*Hevea*)。

4.1.6 种名或变种名

种质资源在植物分类学上的种名或变种名。用中文名加括号内的拉丁名组成。

4.1.7 原产国

种质原产国家的名称、地区名称或国际组织名称。国家和地区名称按照 GB/T 2659 的规定执行，如该国家已不存在，应在原国家名称前加“原”。国际组织名称用该组织的正式英文缩写。

4.1.8 原产省

种质原产省份名称，省份名称按照 GB/T 2260 的规定执行；国外引进种质原产省用原产国一级行政区的名称。

4.1.9 原产地

种质原产县、乡、村名称，县名按照 GB/T 2260 的规定执行。

4.1.10 经度

种质原产地的经度，单位为度(°)和分(′)。格式为“DDDFF”，其中“DDD”为度，“FF”为分。东经为正值，西经为负值。

4.1.11 纬度

种质原产地的纬度，单位为度(°)和分(′)。格式为“DDFF”，其中“DD”为度，“FF”为分。北纬为正值，南纬为负值。

4.1.12 海拔

种质原产地的海拔，单位为米(m)。

4.1.13 来源地

国外引进种质的来源地为国家、地区或国际组织名称；国内种质的来源地为省(自治区、直辖市)、县(市)名称。

4.1.14 亲本

选育品种(系)的亲本。

4.1.15 选育单位

选育品种(系)的单位全称或个人姓名。

4.1.16 育成年份

品种(系)通过审定、鉴定或授权的年份。

4.1.17 选育方法

品种(系)的育种方法。

4.1.18 种质类型

保存种质资源的类型，分为：1. 野生资源；2. 地方品种；3. 选育品种；4. 品系；5. 特殊遗传材料；6. 其他。

4.1.19 图像

橡胶树种质的图像文件名。文件名由该种质全国统一编号、连字符“-”和图像序号组成。图像格式为.jpg。

4.1.20 观测地点

种质性状的观测地点，记录到省(自治区、直辖市)和县(区)名。

4.2 植物学特征

4.2.1 叶痕形状

标准叶蓬下刚脱落不久叶痕的形状(见图 1)，分为：1. 半圆形；2. 马蹄形；3. 心脏形；4. 三角形；5. 菱角形；6. 近圆形。

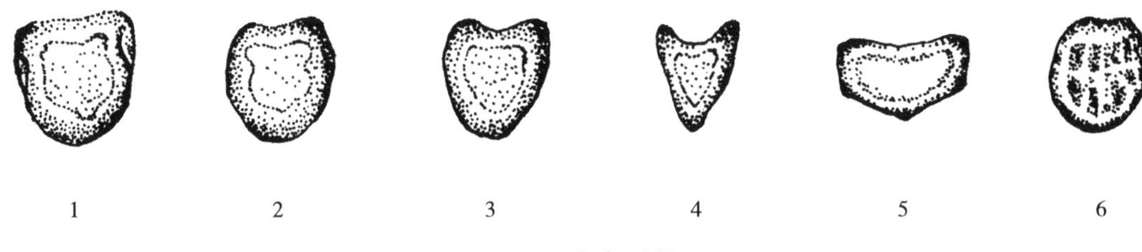

图 1　叶痕形状

4.2.2 托叶痕形态

半木栓化茎干上，托叶痕在叶痕上部平面所成的伸展方向，分为：1. 平伸；2. 上仰；3. 下垂。

4.2.3 鳞片痕和托叶痕联成的形状

半木栓化茎干上，鳞片痕和托叶痕所联成的形状(见图 2)，分为：1. 一字形；2. 新月形；3. 袋形。

图 2　鳞片痕和托叶痕联成的形状

4.2.4 芽眼形态

半木栓化茎干上，芽眼与茎干的高差，分为：1. 平；2. 凸；3. 凹。

4.2.5 芽眼与叶痕距离

半木栓化茎干芽眼与叶痕的远近程度，分为：1. 远；2. 近。

4.2.6 叶蓬形状

标准叶蓬的形状(见图 3)，分为：1. 半球形；2. 弧形；3. 截顶圆锥形；4. 圆锥形。

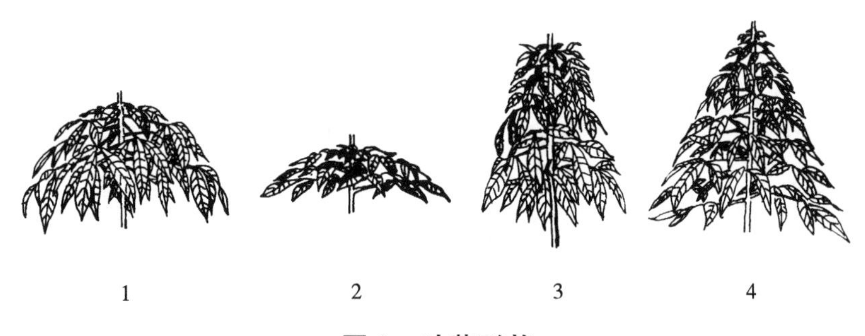

图 3　叶蓬形状

4.2.7 叶蓬间距

叶蓬之间分离的情况，分为：1. 明显分离；2. 分离；3. 不分离。

4.2.8 叶蓬郁闭度

从侧面观察叶蓬，叶蓬的郁闭情况，分为：1. 开放；2. 郁闭。

4.2.9 **大叶柄形状**

标准叶蓬中下部大叶柄的形状(见图 4),分为:1. 直;2. 弓形;3. 反弓形;4. S形。

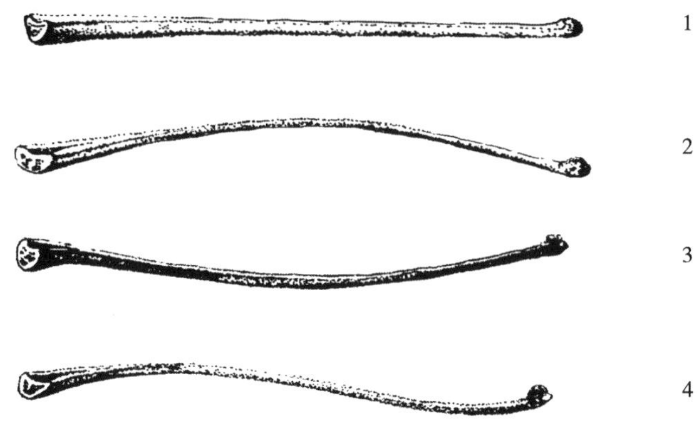

图 4　大叶柄形状

4.2.10 **叶枕伸展形态**

标准叶蓬中下部大叶柄基部(叶枕)的伸展形态(见图 5),分为:1. 平伸;2. 上仰;3. 下垂。

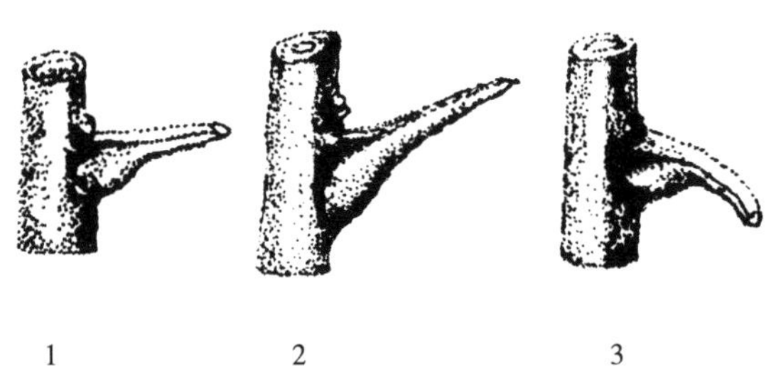

图 5　叶枕伸展形态

4.2.11 **叶枕面形态**

标准叶蓬中下部叶枕上部是否有沟和窝,分为:1. 平;2. 有沟;3. 有窝。

4.2.12 **叶枕膨大程度**

标准叶蓬中下部叶枕膨大的明显程度(见图 6),分为:1. 顺大;2. 突大。

图 6　叶枕膨大程度

4.2.13 **小叶柄形态**

标准叶蓬中下部叶片上小叶柄的伸展形态(见图 7),分为:1. 平伸;2. 上仰;3. 内弯。

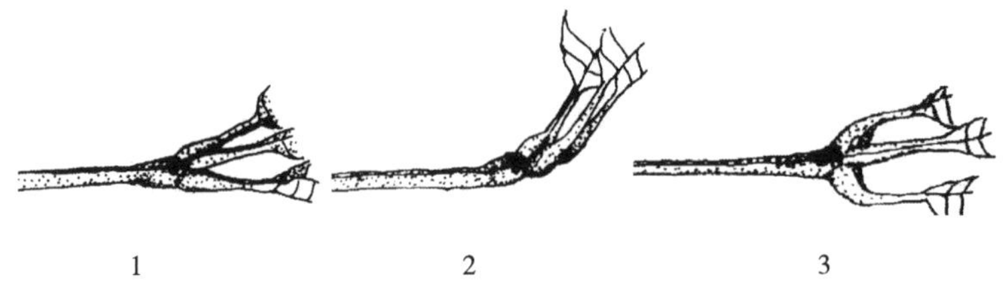

图 7　小叶柄形态

4.2.14 小叶柄长度

标准叶蓬中下部叶片，复叶中间小叶的小叶柄长短，分为：1. 短；2. 中等；3. 长。

4.2.15 小叶柄沟

标准叶蓬中下部叶片，复叶中间小叶的叶枕是否有沟，分为：1. 无沟；2. 有沟。

4.2.16 小叶枕膨大形态

标准叶蓬中下部叶片，复叶中间小叶的叶枕膨大明显程度，分为：1. 不明显；2. 明显。

4.2.17 小叶枕膨大程度

标准叶蓬中下部叶片，复叶中间小叶的叶枕占比大小，分为：1. 短；2. 中等；3. 长。

4.2.18 蜜腺形态

蜜腺突起于大叶柄先端的程度，分为：1. 平；2. 微突起；3. 突起；4. 明显突起。

4.2.19 腺点着生状态

腺点在大叶柄先端分布的离散状态，分为：1. 连生；2. 分离。

4.2.20 腺点排列方式

腺点在大叶柄先端的排列情况（见图 8），分为：1. 点状；2. 前后；3. 品字形；4. 方形；5. 11 字形；6. 不规则。

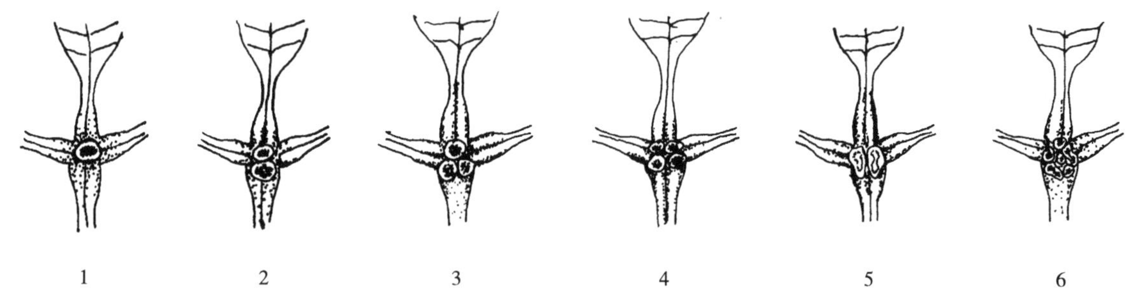

图 8 腺点排列方式

4.2.21 腺点边缘

腺点边缘明显程度，分为：1. 无；2. 不明显；3. 明显。

4.2.22 腺点面形态

腺点顶部与腺点边缘所成的平面状态，分为：1. 平；2. 突起；3. 下陷。

4.2.23 叶形

标准叶蓬复叶中间小叶的形状（见图 9），分为：1. 倒卵形；2. 卵形；3. 椭圆形；4. 菱形。

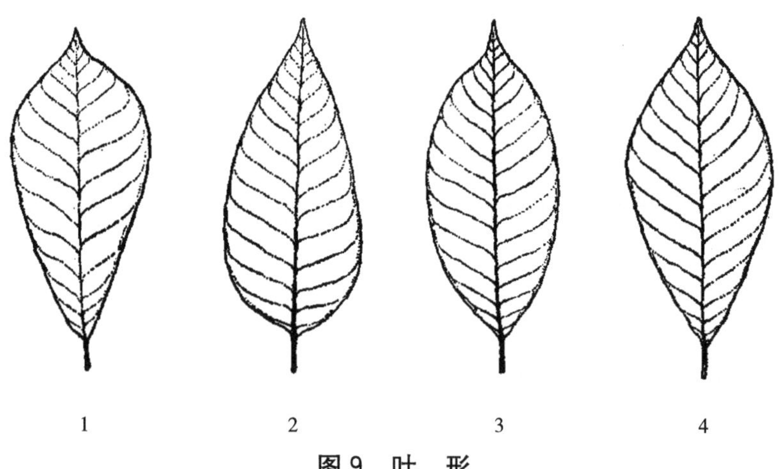

图 9 叶 形

4.2.24 **叶基形状**

标准叶蓬复叶中间小叶的叶片基部形状(见图 10),分为:1. 渐尖;2. 楔形;3. 钝尖。

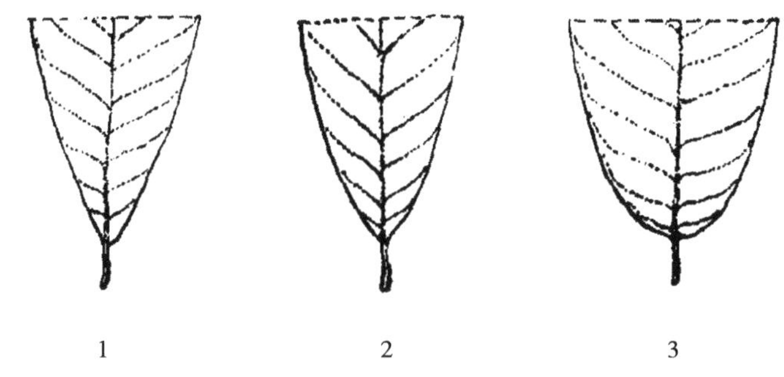

图 10 叶基形状

4.2.25 **两侧小叶基外缘形态**

标准叶蓬复叶两侧小叶的叶片基部形态(见图 11),分为:1. 完整;2. 内斜;3. 外斜。

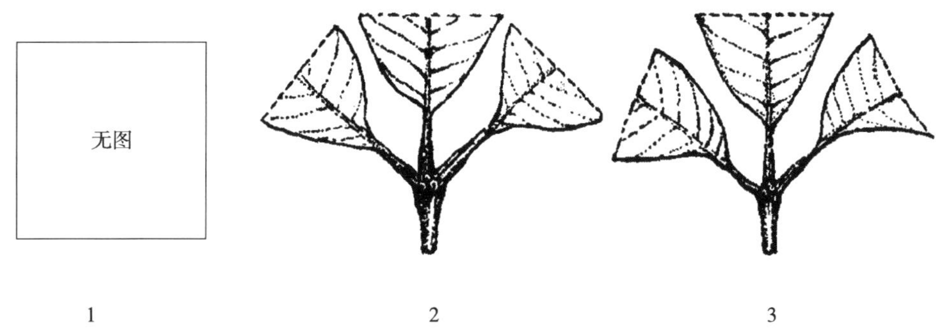

图 11 两侧小叶基外缘形态

4.2.26 **叶尖形状**

标准叶蓬复叶中间小叶顶部形状(见图 12),分为:1. 芒尖;2. 钝尖;3. 急尖。

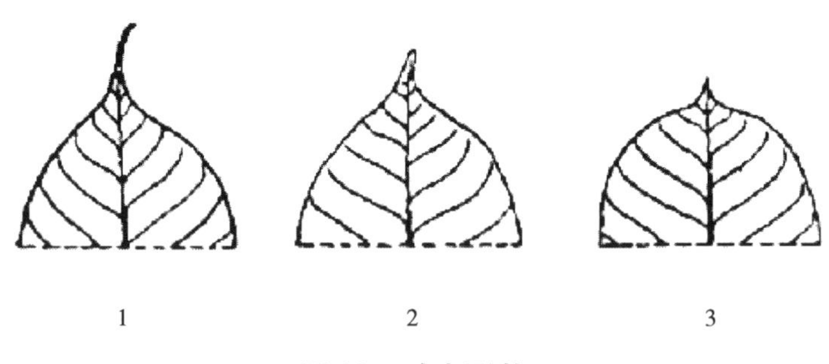

图 12 叶尖形状

4.2.27 **叶缘波浪**

标准叶蓬复叶中间小叶叶缘波浪情况,分为:1. 无波;2. 小波;3. 大波。

4.2.28 **叶面平滑状况**

标准叶蓬复叶中间小叶叶面平滑程度,分为:1. 不平滑;2. 平滑。

4.2.29 **叶面光泽**

标准叶蓬复叶中间小叶光泽程度,分为:1. 不明显;2. 明显。

4.2.30 **叶脉明显程度**

标准叶蓬复叶中间小叶叶脉的明显程度,分为:1. 不明显;2. 明显。

4.2.31 **叶片颜色**

标准叶蓬复叶中间小叶的颜色,分为:1. 绿色;2. 深绿;3. 黄绿。

4.2.32 **叶片横切面形状**

标准叶蓬复叶中间小叶横切面的形状,分为:1. 平;2. 舟形;3. U 形;4. V 形。

4.2.33 **三小叶间距**

标准叶蓬复叶三小叶间靠近的状态(见图 13),分为:1. 重叠;2. 靠近;3. 分离。

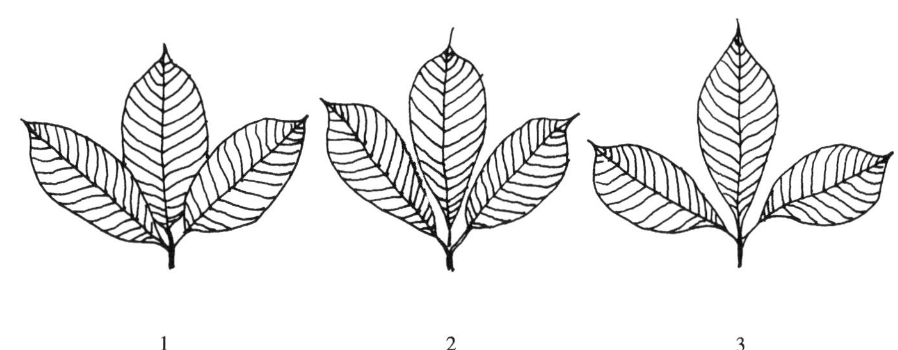

图 13　三小叶间距

4.2.34 **开花量**

春花的花量,分为:1. 少;2. 中等;3. 多。

4.2.35 **花的育性**

春花受精结实能力,分为:1. 正常;2. 雄性不育;3. 雌性不育。

4.2.36 **花色**

春花成熟后的颜色,分为:1. 浅黄;2. 黄色;3. 其他。

4.2.37 **花期**

春花期持续的时间,分为:1. 2 周;2. 4 周;3. 6 周;4. 8 周。

4.2.38 **结实率**

坐果雌花数占总雌花数的百分率,分为:1. 低;2. 中等;3. 高。

4.2.39 **种子大小**

种子纵向大小,分为:1. 小;2. 中等;3. 大。

4.2.40 **种皮颜色**

成熟种子种皮的颜色,分为:1. 灰色;2. 棕色。

4.2.41 **种子形状**

种子竖立呈现的形状,分为:1. 近圆形;2. 椭圆形;3. 卵圆形;4. 方形。

4.2.42 **种背斑纹**

种子背部块纹明显程度,分为:1. 不明显;2. 明显。

4.2.43 **分枝高度**

5 龄～6 龄树体永久分枝离地的高度,分为:1. 低;2. 中等;3. 高。

4.2.44 **主干明显程度**

5 龄～6 龄树体主干优势程度,分为:1. 不明显;2. 明显。

4.2.45 **开割树皮厚度**

开割时树皮韧皮部厚度,分为:1. 薄;2. 中等;3. 厚。

4.2.46 **树冠形状**

开割时树冠的形状(见图14),分为:1. 圆锥形;2. 椭圆形;3. 圆形;4. 扫帚形。

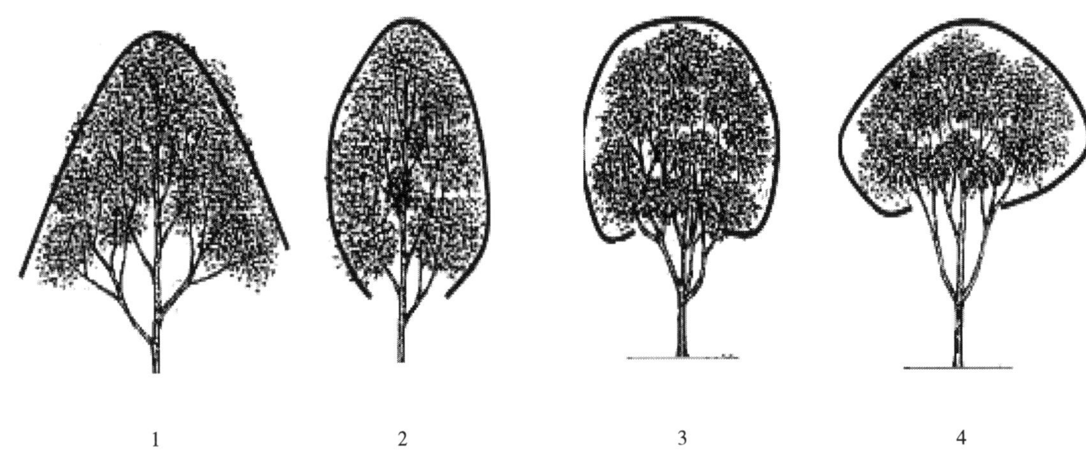

图14　树冠形状

4.2.47　树冠开放度

开割时树冠透光程度,分为:1. 开放;2. 密闭。

4.2.48　树皮质地

开割时树皮的光滑程度,分为:1. 光滑;2. 粗糙;3. 薄片状。

4.2.49　胶乳颜色

茎干树皮流出新鲜胶乳呈现出的颜色,分为:1. 白;2. 浅黄;3. 黄。

4.2.50　染色体数目

体细胞染色体组的数目,分为:1. 18;2. 36;3. 54;4. 72;5. 其他。

4.3　生物学特性

4.3.1　第一蓬叶抽叶期

全树约有80%第一蓬叶萌动的日期,以"年月日"表示,格式"YYYYMMDD"。

4.3.2　第一蓬叶老化期

全树约有80%第一蓬叶老化的日期,以"年月日"表示,格式"YYYYMMDD"。

4.3.3　春花始期

全树约有5%花朵开放的日期,以"年月日"表示,格式"YYYYMMDD"。

4.3.4　春花盛期

全树约有50%花朵开放的日期,以"年月日"表示,格式"YYYYMMDD"。

4.3.5　果实成熟期

全树约有50%的果实成熟,迸出种子的时间,以"年月日"表示,格式"YYYYMMDD"。

4.3.6　开始落叶期

50%植株叶片黄化的日期,以"年月日"表示,格式"YYYYMMDD"。

4.3.7　落叶盛期

50%植株叶片落叶的日期,以"年月日"表示,格式"YYYYMMDD"。

4.4　生长性状

4.4.1　开割树高

植株开割后树冠顶部至砧穗接合线的距离,单位为米(m)。

4.4.2　开割前生长速度

开割前砧穗结合点上方150 cm处树围年平均增粗速度,单位为厘米每年(cm/年)。

4.4.3 开割后五年生长速度

开割后5年砧穗结合点上方150 cm处树围年平均增粗速度，单位为厘米每年(cm/年)。

4.4.4 立木材积

树干和径围≥30 cm的分枝的材积量，单位为立方米(m^3)。

4.5 产量性状

4.5.1 试割产量

3龄胶树试割干胶产量，单位为克每株每次[g/(株·次)]。

4.5.2 干胶含量

干胶与鲜胶乳重量的比率，以百分率(%)表示。

4.5.3 干胶产量

单株一年干胶的重量，单位为千克(kg)。

4.6 抗性性状

4.6.1 苗期耐寒性

在苗圃保存条件下，植株对寒冷的忍耐或抵抗能力，以幼苗寒害级别、相应级别芽条数的积与总调查株数的比值表示。

4.6.2 成龄期耐寒性

在大田种植情况下，植株对平流型寒害或辐射型寒害的忍耐或抵抗能力，以植株寒害级别、相应级别植株数的积与总调查株数的比值表示。数值后需用括号注明寒害类型。

4.6.3 抗风性

在大田种植情况下，植株对台风或大风的抵抗能力，以4级～6级风害株数和倒伏株数之和占第一次调查总株数的比率表示。数值后需用括号记录每次台风名称和级别。

4.6.4 耐旱性

在苗圃或大田种植情况下，植株对旱灾的忍耐或抵抗能力。记录每次旱情和植株表现。

4.6.5 死皮率

以开割后割线死皮长度占总割线长度的比率表示。

4.6.6 白粉病(*Oidium heveae* Steinm)抗性

大田种植情况下植株对白粉病抗性的强弱，分为：1. 抗病(1级)；2. 中抗(3级)；3. 中感(5级)；4. 高感(7级)。

4.6.7 炭疽病(*Colletotrichum gloeosporioides f. heveae* Penz.)抗性

大田种植情况下植株对炭疽病抗性的强弱，以病情指数表示。

ICS 65.020.01
B 20

中华人民共和国农业行业标准

NY/T 2945—2016

野生稻种质资源描述规范

Descriptors for wild rice germplasm resources

2016-10-26 发布　　2017-04-01 实施

中华人民共和国农业部　发布

前　　言

本标准按照 GB/T 1.1—2009 给出的规则起草。

本标准由农业部种植业管理司提出并归口。

本标准起草单位:广西壮族自治区农业科学院水稻研究所、中国农业科学院茶叶研究所、广东省农业科学院水稻研究所。

本标准主要起草人:陈成斌、熊兴平、潘大建、江用文、梁云涛、范芝兰、梁世春、张烨、潘英华、黄娟、徐志健。

野生稻种质资源描述规范

1 范围

本标准规定了禾本科(Gramineae)稻属(*Oryza* L.)野生稻(wild rice)种质资源基本信息、形态特征和生物学特性、稻米品质特性、抗逆性、抗病虫性及染色体等的描述及描述方法。

本标准适用于野生稻种质资源性状的描述。

2 规范性引用文件

下列文件对于本文件的应用是必不可少的，凡是注日期的引用文件，仅注日期的版本适用于本文件。凡是不注日期的引用文件，其最新版本(包括所有的修改单)适用于本文件。

GB/T 2260 中华人民共和国行政区划代码

GB/T 2659 世界各国和地区名称代码

3 描述内容

描述内容见表1。

表1 野生稻种质资源描述内容

描述类别	描 述 内 容
基本信息	全国统一编号、国家种质库编号、引种号、采集号、种质名称、种质外文名称、科名、属名、学名、原产地、海拔、经度、纬度、来源地、提供单位、提供单位编号、采集单位、采集人、采集时间、种质生长类型、采集样本形态、图像、观测地点、生境水旱状况、生境受光状况
形态特征和生物学特性	芽鞘色、叶耳、叶耳颜色、叶耳茸毛、生长习性、茎秆基部硬度、茎秆基部叶鞘色、鞘内色、分蘖力、叶片茸毛、叶色、叶质地、叶片卷展度、叶舌茸毛、叶舌形状、剑叶叶舌长度、倒二叶叶舌长度、叶舌颜色、叶枕颜色、叶节颜色、剑叶长度、剑叶宽度、剑叶角度、倒二叶长度、倒二叶宽度、倒二叶角度、主茎叶片数、茎节包露、见穗期、穗型、颖花数、始花日期、始花时间、开颖角度、开颖时间、花时范围、花时高峰、开花期内外颖色、开花期护颖颜色、芒性、开花期芒色、开花期芒质地、开花期颖尖色、柱头颜色、柱头单外露率、柱头双外露率、柱头总外露率、花药性状、花药颜色、花药长度、花药开裂度、花粉育性、不育类型、花粉败育类型、异质性、育性恢复力、不育性保持力、亲和性、亲和谱、地下茎、茎秆长度、茎秆直径、最高节间长度、茎秆强度、茎秆节间色、茎节颜色、节隔膜质地、节隔膜颜色、高位分蘖、叶片衰老、穗基部茸毛、穗颈长短、穗长、穗分枝、小穗柄长度、谷粒长度、谷粒宽度、谷粒长宽比、谷粒厚度、谷粒形状、护颖形状、护颖颖尖、成熟期护颖颜色、护颖长度、内外颖表面、内外颖茸毛、成熟期内外颖颜色、成熟期颖尖色、芒长度、落粒性、百粒重
稻米品质特性	糙米长度、糙米宽度、糙米厚度、糙米长宽比、糙米形状、糙米率、种皮颜色、胚乳类型、胚大小、精米率、整精米率、精米粒长度、精米粒宽度、精米长宽比、垩白粒率、垩白大小、垩白度、外观品质、透明度、香味、糊化温度、胶稠度、粗淀粉含量、直链淀粉含量、支链淀粉含量、粗蛋白含量、赖氨酸含量
抗逆性	萌芽期耐冷性、芽期耐冷性、苗期耐冷性、开花期耐冷性、耐热性、苗期耐旱性、开花期耐旱性、耐涝性、发芽期耐盐性、苗期耐盐性、发芽期耐碱性、苗期耐碱性
抗病虫性	水稻白叶枯病抗性、苗期稻瘟病抗性、叶瘟抗性、穗颈瘟抗性、穗节瘟抗性、细菌性条斑病抗性、纹枯病抗性、褐飞虱抗性、白背飞虱抗性、稻瘿蚊抗性、稻纵卷叶螟抗性、二化螟抗性、三化螟抗性
染色体	染色体组、染色体数目

4 基本信息

4.1 全国统一编号

国家种质的唯一标识号，国内野生稻种质的全国统一编号由 YD1 -，YD2 -，YD3 -，YD4 -，YD5 -，YD6 -，YD7 -，YD8 -，YD9 -加 4 位或 5 位顺序号组成。国外引进野生稻种质资源的全国统一编号由 WYD 加 4 位顺序号组成，参见附录 A。

4.2 国家种质库编号

野生稻种质在国家农作物种质资源长(中)期库中的编号。由 I1A 加 5 位顺序号组成的 8 位字符串，每份种质具有唯一的种质库编号。

4.3 引种号

野生稻种质资源引入时赋予的编号，由引种当年的年份加上 4 位顺序号组成的 8 位字符串。每份引进种质拥有唯一的引种号。

4.4 采集号

野生稻种质在野外采集时赋予的编号。国内采集号由年份号码(4 位)＋省(自治区、直辖市)代码(2 位)＋居群号码(3 位)＋4 位顺序号组成。国外采集号由年份号码(4 位)＋国家代码(2 位)＋居群号码(3 位)＋4 位顺序号组成。每份种质具有唯一的采集号。

4.5 种质名称

野生稻种质的中文名称。国外引进种质的中文译名，如果没有中文译名，可直接填写外文名称。如果有多个名称，可以放在英文括号内，用英文逗号分隔。

4.6 种质外文名称

国外引进的野生稻种质的外文名和国内野生稻种质的汉语拼音名。国外引进种质的外文名应注意大小写和空格。汉语词组的汉字拼音连续书写，第一个字母为大写。每个词组的汉语拼音之间空一格，如“Putong Yeshengdao”。

4.7 科名

野生稻种质在植物分类学上的科名，按植物学分类，野生稻为禾本科(Gramineae)。

4.8 属名

野生稻种质在植物分类学上的属名，按植物学分类，野生稻为稻属(*Oryza* L.)。

4.9 学名

野生稻种质在植物分类学上的种名，按植物学分类野生稻有公认的 21 个野生稻种及其有关种质等，参见附录 B。

4.10 原产地

野生稻种质的原产国家(地区)、省份(自治区、直辖市)、县(区、市)、乡镇、村名称。国家(地区)名称按照 GB/T 2659 的规定执行；国内省、县名称按照 GB/T 2260 的规定执行。国外引进种质标明原产国的具体产地。

4.11 海拔

野生稻原生地的海拔高度，单位为米(m)。

4.12 经度

野生稻原生地的经度。单位为度(°)和分(′)。格式为“DDDFF”，其中“DDD”为度，“FF”为分。东经为正值，西经为负值。

4.13 纬度

野生稻原生地的纬度。单位为度(°)和分(′)。格式为“DDFF”，其中“DD”为度，“FF”为分。北纬为正值，南纬为负值。

4.14 来源地

野生稻种质的来源国家、省、县(区、市)、地区或国际组织名称同 4.10。国内的省、县(区、市)名称按照 GB/T 2260 的规定执行。

4.15 **提供单位**

野生稻种质提交国家库、圃前的保存单位名称,应写全称。

4.16 **提供单位编号**

野生稻种质提交国家库、圃前原保存单位赋予的编号。保存单位编号在同一保存单位内应具有唯一性。

4.17 **采集单位**

采集野生稻种质的单位名称,应写全称。

4.18 **采集人**

采集野生稻种质的个人名称,应写全称。

4.19 **采集时间**

野生稻种质最初采集的年、月、日。记录格式为“YYYYMMDD”。

4.20 **种质生长类型**

野生稻种质生长周期类型,分为:1. 一年生;2. 多年生。

4.21 **采集样本形态**

野生稻种质采集时的样本形态,分为:1. 种子;2. 植株。

4.22 **图像**

野生稻种质的图像文件名。文件名由该种质全国统一编号、连字符“-”和图像序号组成。图像格式为 .jpg。

4.23 **观测地点**

观测记录野生稻种质形态特征、农艺性状、品质性状、抗性等的具体地点名称。

4.24 **生境水旱状况**

野生稻种质原生境的水旱情况,分为:1. 沼泽地;2. 水塘;3. 小河溪渠道;4. 岩石区水潭;5. 低洼地;6. 潮湿地;7. 林下地;8. 荒坡地。

4.25 **生境受光状况**

野生稻种质原生境的受光程度,分为:1. 阳光直射;2. 部分遮阳;3. 完全遮阳。

5 形态特征和生物学特性

5.1 苗期

5.1.1 **芽鞘色**

种子发芽时芽鞘表面的颜色,分为:1. 无色;2. 淡紫;3. 紫。

5.1.2 **叶耳**

在野生稻叶片与叶鞘交接的叶枕边上横长的器官为叶耳,分为:0. 无;1. 有。

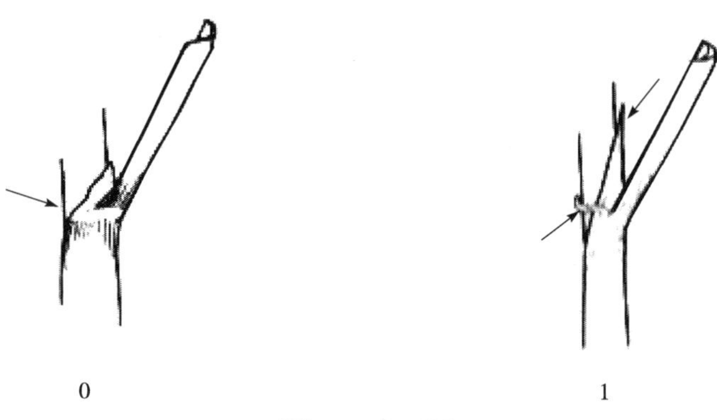

图1 叶 耳

5.1.3 **叶耳颜色**

叶耳表面的颜色，分为：1. 无色；2. 黄绿；3. 绿；4. 淡紫；5. 紫。

5.1.4 **叶耳茸毛**

叶耳表面生长的茸毛，分为：1. 有；2. 无。

5.1.5 **生长习性**

茎秆生长的集散状况，分为：1. 直立；2. 半直立；3. 倾斜；4. 匍匐。

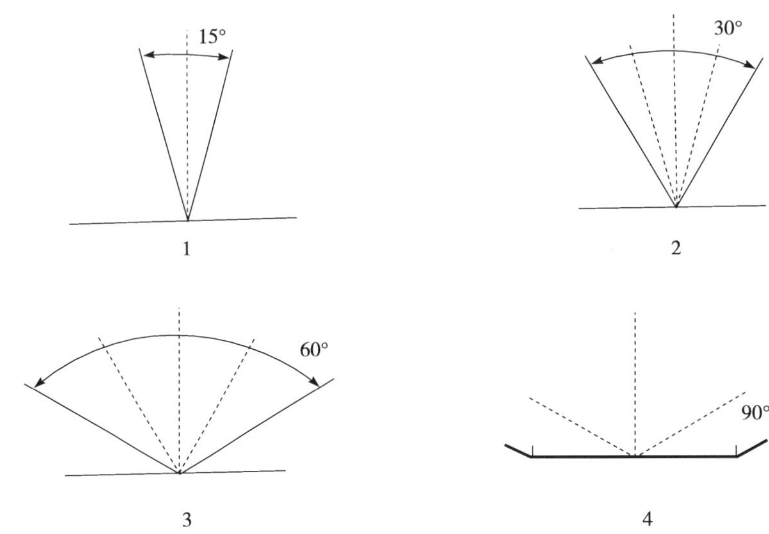

图 2 生长习性

5.1.6 **茎秆基部硬度**

植株分蘖盛期主茎秆较低部位的软硬情况，分为：1. 软；2. 中等；3. 硬。

5.1.7 **茎秆基部叶鞘色**

植株基部叶鞘表面的颜色，分为：1. 绿；2. 紫条；3. 淡紫；4. 紫。

5.1.8 **鞘内色**

植株主茎基部叶鞘内面的颜色，分为：1. 无色；2. 淡绿；3. 绿；4. 淡紫；5. 紫条。

5.1.9 **分蘖力**

野生稻植株分蘖的能力，分为：1. 特强；2. 强；3. 中等；4. 弱。

5.2 **成株期**

5.2.1 **叶片茸毛**

在分蘖盛期至抽穗期植株倒 3 叶叶片正面上的茸毛状况，分为：0. 无；1. 少；2. 中等；3. 多。

5.2.2 **叶色**

抽穗初期叶片正面的颜色，分为：1. 黄绿；2. 绿；3. 叶缘紫；4. 紫斑；5. 紫尖；6. 紫；7. 深绿。

5.2.3 **叶质地**

抽穗期叶片的质地，分为：1. 草质；2. 革质。

5.2.4 **叶片卷展度**

抽穗期倒 3 叶片的卷展度，分为：1. 展叶或内卷度轻微；2. 内卷状；3. 外卷状。

5.2.5 **叶舌茸毛**

抽穗期叶舌上的茸毛状况，分为：0. 无；1. 局部有；2. 普遍有。

5.2.6 **叶舌形状**

叶舌顶端的性状（见图 3），分为：1. 尖—渐尖；2. 顶部 2 裂；3. 圆顶或平。

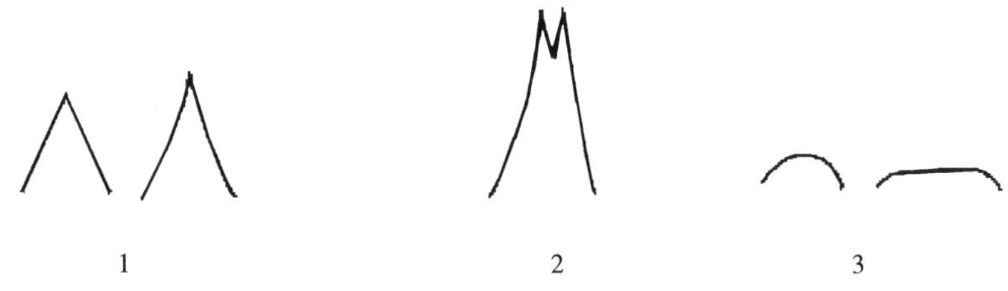

图3 叶舌形状

5.2.7 剑叶叶舌长度

剑叶叶枕与叶舌交接处到叶舌顶端的距离,单位为毫米(mm)。

5.2.8 倒二叶叶舌长度

倒二叶(从植株剑叶倒数第二叶)叶枕与叶舌交接处到叶舌顶端的距离,单位为毫米(mm)。

5.2.9 叶舌颜色

抽穗期叶舌表面的颜色,分为:0. 无色;1. 紫条;2. 淡紫;3. 紫。

5.2.10 叶枕颜色

抽穗期植株叶枕的表面颜色,分为:0. 无色;1. 淡绿;2. 绿;3. 紫;4. 褐斑。

5.2.11 叶节颜色

抽穗期植株叶节表面的颜色,分为:0. 无色;1. 绿;2. 紫。

5.2.12 剑叶长度

剑叶叶枕处至叶尖之间的距离,单位为厘米(cm)。

5.2.13 剑叶宽度

剑叶叶片最宽处的距离,单位为毫米(mm)。

5.2.14 剑叶角度

灌浆期剑叶的叶尖与叶枕连线同主茎轴形成的角度大小(见图4),分为:1. 直立;2. 倾斜;3. 水平;4. 下垂。

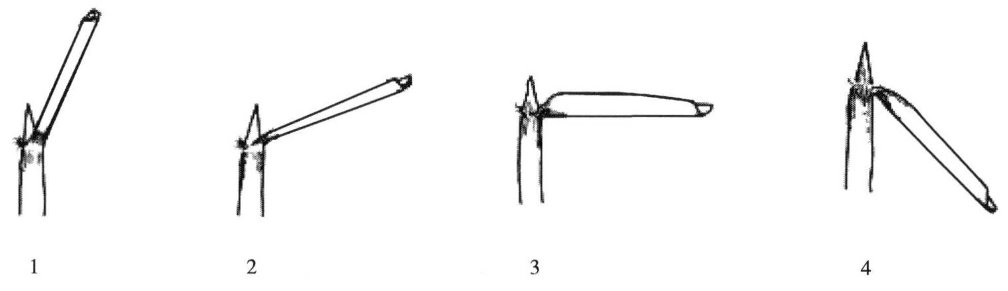

图4 剑叶角度

5.2.15 倒二叶长度

倒二叶叶枕处至叶尖之间的距离,单位为厘米(cm)。

5.2.16 倒二叶宽度

倒二叶叶片最宽处的距离,单位为毫米(mm)。

5.2.17 倒二叶角度

灌浆期倒二叶的叶尖与叶枕连线同主茎轴形成的角度大小,分为:1. 直立;2. 倾斜;3. 水平;4. 下垂。

5.2.18 主茎叶片数

主茎一生的叶片总数,单位为片,分为:1. 少;2. 中等;3. 多。

5.2.19 **茎节包露**

茎秆茎节的包裹或显露状态，分为：1. 包；2. 露。

5.2.20 **见穗期**

野生稻种质的第一个穗子顶端露出叶鞘的日期，以“月日”表示，格式“MMDD”。

5.2.21 **穗型**

灌浆至成熟期穗枝梗生长集散状态（见图5），分为：1. 集；2. 中等；3. 散；4. 下垂。

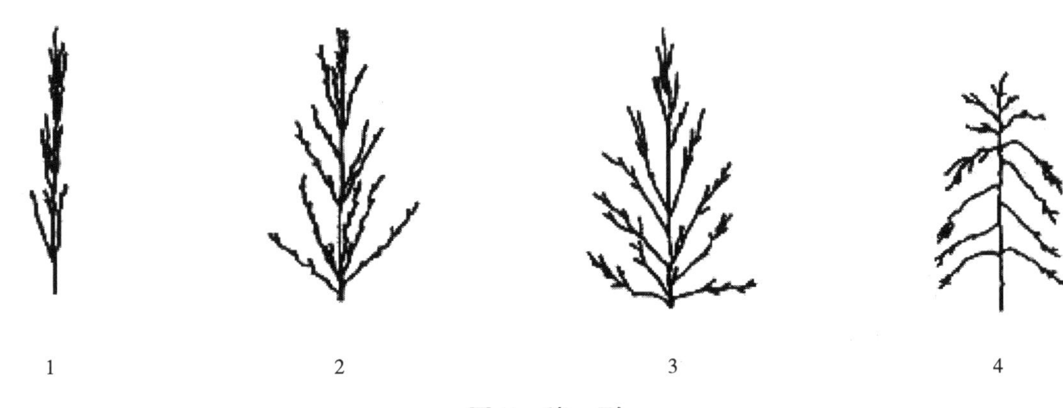

图5 穗 型

5.2.22 **颖花数**

主穗颖花的总粒数。

5.2.23 **始花日期**

植株第一朵颖花开花的日期，以“月日”表示，格式“MMDD”。

5.2.24 **始花时间**

植株每天第一朵颖花张开内外颖的时间，以“时分”表示，格式“hhmm”。

5.2.25 **开颖角度**

颖花内外颖完全分开时的夹角大小，分为：1. 小；2. 中等；3. 大。

5.2.26 **开颖时间**

颖花从内外颖开始分开至完全关闭所需时间，单位为分钟(min)，分为：1. 短；2. 中等；3. 长。

5.2.27 **花时范围**

盛花期每日第一朵颖花开放至当天最后一朵花关闭的时间，单位为时(h)，分为：1. 极短；2. 短；3. 中等；4. 长；5. 极长。

5.2.28 **花时高峰**

盛花期每天开花的颖花20%～80%盛开的时间，分为：1. 早；2. 中；3. 迟。

5.2.29 **开花期内外颖色**

颖花开花时小穗的内外颖表面的颜色，分为：1. 淡黄绿；2. 绿条秆黄；3. 绿；4. 淡紫；5. 紫斑；6. 褐斑；7. 黑褐条纹；8. 黑。

5.2.30 **开花期护颖颜色**

抽穗期开花时护颖表面的颜色，分为：1. 基部绿；2. 淡绿；3. 秆黄；4. 金黄；5. 红；6. 紫斑；7. 紫。

5.2.31 **芒性**

齐穗后芒的有无及长短，单位为厘米(cm)，分为：1. 无芒；2. 部分短芒；3. 全短芒；4. 部分长芒；5. 全长芒。

5.2.32 **开花期芒色**

抽穗期开花时芒表面的颜色，分为：1. 白色；2. 秆黄；3. 金黄；4. 红；5. 紫；6. 黑；7. 褐。

5.2.33 **开花期芒质地**

抽穗期开花时芒的软硬程度，分为：1. 软；2. 中等；3. 硬。

5.2.34 **开花期颖尖色**

抽穗期开花时谷粒颖尖表面的颜色，分为：0. 无色；1. 秆黄；2. 红；3. 紫；4. 褐。

5.2.35 **柱头颜色**

抽穗期开花时柱头表面的颜色，分为：1. 白色；2. 淡绿；3. 黄；4. 淡紫；5. 紫；6. 褐。

5.2.36 **柱头单外露率**

颖花中两个柱头之一伸出颖壳之外，称为柱头单外露。柱头单外露率指单个柱头外露的颖花数占已开颖花总数的比率，以百分率(%)表示。分为：1. 极低；2. 低；3. 中等；4. 高；5. 极高。

5.2.37 **柱头双外露率**

颖花中两个柱头均伸出颖壳之外，称为柱头双外露。柱头双外露率指双个柱头外露的颖花数占已开颖花总数的比率，以百分率(%)表示。分为：1. 极低；2. 低；3. 中等；4. 高；5. 极高。

5.2.38 **柱头总外露率**

单、双柱头外露的颖花数之和占已开颖花总数的比率，以百分率(%)表示。分为：1. 极低；2. 低；3. 中等；4. 高；5. 极高。

5.2.39 **花药形状**

开花时花药的形状，分为：1. 饱满；2. 水渍状；3. 长小棒状；4. 短小棒状。

5.2.40 **花药颜色**

颖花开花时花药表面的颜色，分为：1. 白色；2. 淡黄；3. 黄。

5.2.41 **花药长度**

颖花开花时花药两端的距离，单位为毫米(mm)。

5.2.42 **花药开裂度**

开花时花药的开裂程度，分为：1. 不开裂；2. 部分开裂；3. 开裂。

5.2.43 **花粉育性**

抽穗期颖花花粉的可育程度，分为：1. 可育；2. 部分不育；3. 不育。

5.2.44 **不育类型**

种质不育的起因类型，分为：1. 细胞质；2. 细胞核；3. 质核互作；4. 光温敏。

5.2.45 **花粉败育类型**

根据花粉的有无和形态分类，分为：1. 无花粉型；2. 典败型；3. 圆败型；4. 染败型。

5.2.46 **异质性**

种质自交后代的性状分离状况，分为：1. 纯合；2. 异质。

5.3 **成熟期**

5.3.1 **育性恢复力**

野生稻种质与不育系测交获得的杂种一代自交结实的能力，以自交结实率来评价，分为：1. 弱；2. 较弱；3. 较强；4. 强；5. 极强。

5.3.2 **不育性保持力**

维持不育系后代不育特性的能力，以野生稻种质与不育系测交获后代自交结实率来评价，分为：1. 弱；2. 较弱；3. 较强；4. 强；5. 极强。

5.3.3 **亲和性**

与典型籼、粳品种种间杂交的亲和程度，以与测验种测交后的 F_1 自交结实率来评价，分为：1. 差；2. 中等；3. 良好；4. 优。

5.3.4 亲和谱

具有一定亲和性种质资源的可亲和种质类型和范围，分为：1. 极窄；2. 较窄；3. 中等；4. 宽广。

5.3.5 地下茎

成熟期种质地下茎，分为：0. 无；1. 有。

5.3.6 茎秆长度

成熟期植株茎秆从地面到穗颈节的距离，单位为厘米(cm)。

5.3.7 茎秆直径

成熟期植株茎秆中部的外直径，单位为毫米(mm)。

5.3.8 最高节间长度

成熟期植株茎秆最高节间距离，单位为厘米(cm)。

5.3.9 茎秆强度

成熟期植株茎秆基部的坚韧度，分为：1. 强；2. 中等；3. 弱。

5.3.10 茎秆节间色

茎秆节间表面的颜色，分为：1. 黄绿；2. 秆黄；3. 绿；4. 红；5. 紫条；6. 紫斑；7. 紫；8. 褐斑。

5.3.11 茎节颜色

茎秆节表面的颜色，分为：1. 淡绿；2. 绿；3. 秆黄；4. 紫；5. 褐斑。

5.3.12 节隔膜质地

成熟期植株中部茎节内隔膜的硬度，分为：1. 软；2. 硬。

5.3.13 节隔膜颜色

成熟期植株中部茎节内隔膜表面的颜色，分为：0. 无色；1. 淡绿；2. 淡黄；3. 淡红；4. 紫。

5.3.14 高位分蘖

成熟期植株地面上茎秆高位节上产生的分蘖数，分为：0. 无；1. 少；2. 中等；3. 多。

5.3.15 叶片衰老

成熟后期功能叶片衰老状况，分为：1. 慢；2. 中等；3. 快。

5.3.16 穗基部茸毛

成熟期穗子基部的茸毛状态，分为：0. 无；1. 有。

5.3.17 穗颈长短

成熟期穗子的穗颈节至剑叶叶枕的距离(见图 6)，分为：1. 包颈；2. 短；3. 中等；4. 长。

单位为厘米

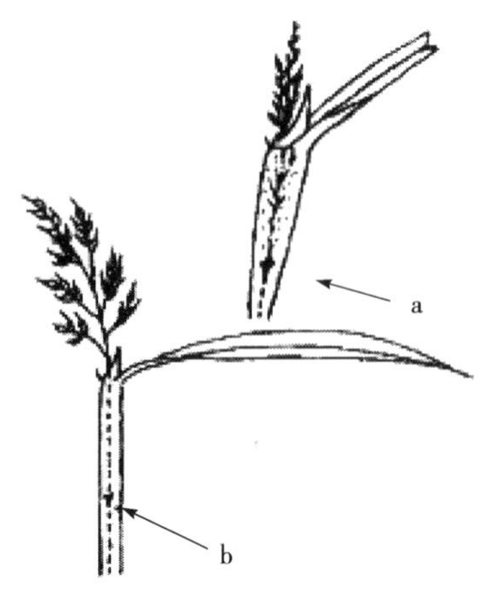

1

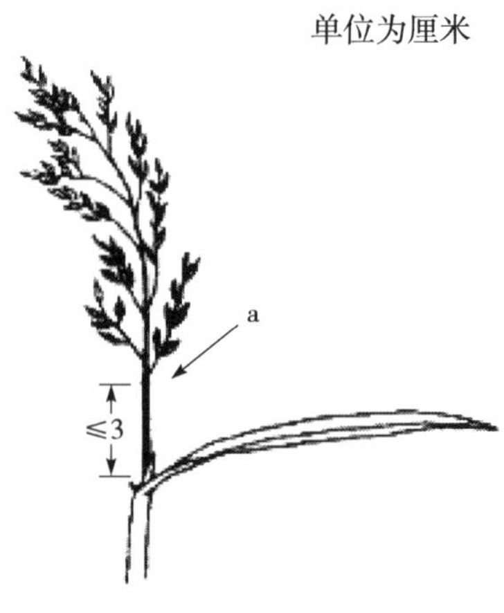

2

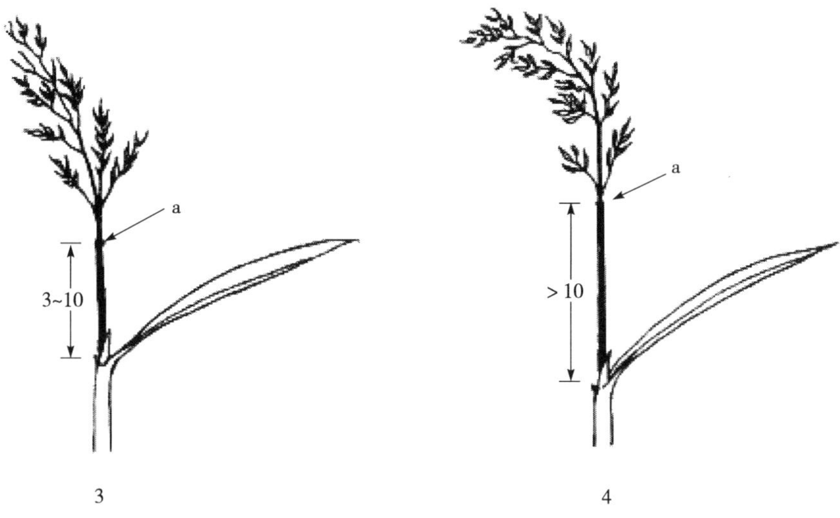

说明：

a——穗颈长；

b——穗基部节。

图6 穗颈长短

5.3.18 穗长

穗颈节到穗顶端的距离，单位为厘米(cm)。

5.3.19 穗分枝

成熟期穗子枝梗的状态，分为：1. 具一次枝梗；2. 具二次枝梗；3. 具三次枝梗。

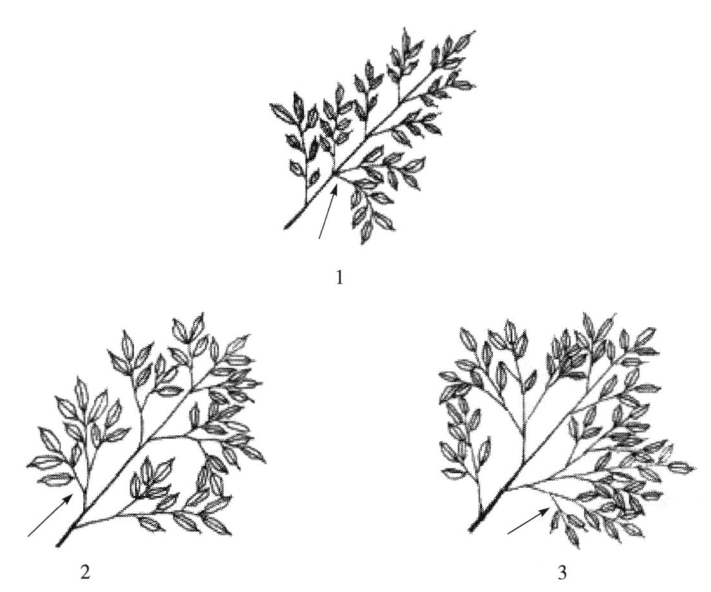

图7 穗分枝

5.3.20 小穗柄长度

成熟期小穗(谷粒)护颖基部到穗枝梗的距离，单位为毫米(mm)。

5.3.21 谷粒长度

成熟期的谷粒从护颖基部到较长内颖或外颖顶端(颖尖)之间的距离，单位为毫米(mm)，分为：1. 极短；2. 短；3. 中等；4. 长；5. 极长。

5.3.22 谷粒宽度

成熟期谷粒内外颖两侧最宽处的距离，单位为毫米(mm)，分为：1. 极窄；2. 窄；3. 中等；4. 宽；5. 极宽。

5.3.23 **谷粒长宽比**

成熟期谷粒长度与宽度的比值。

5.3.24 **谷粒厚度**

成熟期内外颖最厚部分的距离，单位为毫米(mm)。

5.3.25 **谷粒形状**

成熟饱满谷粒外观形态，以长度和宽度的比值度量，分为：1. 短圆形；2. 阔卵形；3. 椭圆形；4. 中长形；5. 细长形。

5.3.26 **护颖形状**

成熟期小穗护颖的外观形态(见图 8)，分为：0. 无；1. 线形；2. 锥形无刺毛；3. 锥形有刺毛；4. 小三角形。

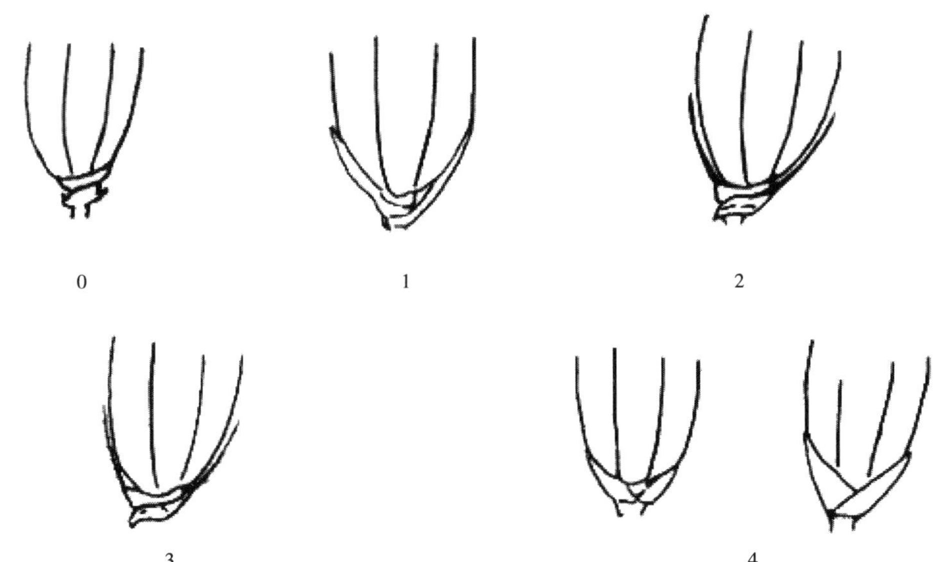

图 8 护颖形状

5.3.27 **护颖颖尖**

成熟期护颖颖尖的形状，分为：1. 尖；2. 尖至锯齿；3. 锯齿。

5.3.28 **成熟期护颖颜色**

成熟期谷粒护颖表面的颜色，分为：1. 秆黄；2. 紫；3. 斑点黑；4. 褐；5. 黑。

5.3.29 **护颖长度**

成熟期从护颖基部到护颖颖尖的距离，单位为毫米(mm)。

5.3.30 **内外颖表面**

成熟期饱满谷粒颖壳表面的疣粒状态(见图 9)，分为：0. 无疣粒；1. 有疣粒。

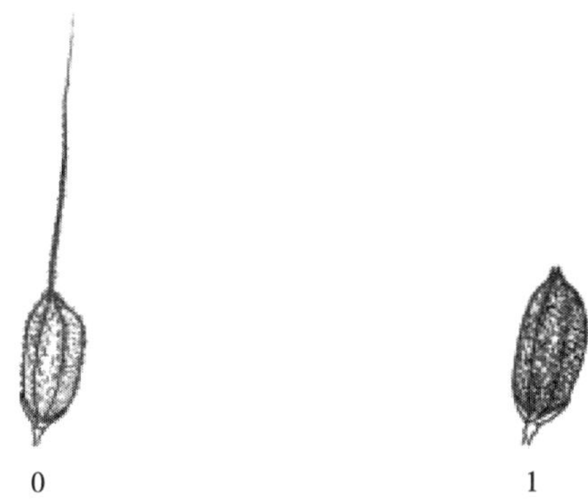

图 9 内外颖表面

5.3.31 内外颖茸毛

成熟期饱满谷粒内外颖上的茸毛状态，分为：0. 无；1. 内外颖龙骨有；2. 上部有；3. 下部有；4. 全有。

5.3.32 成熟期内外颖颜色

成熟期饱满谷粒内外颖表面的颜色，分为：1. 秆黄；2. 红；3. 紫；4. 斑点黑；5. 褐；6. 黑。

5.3.33 成熟期颖尖色

成熟期饱满谷粒内外颖颖尖表面的颜色，分为：1. 秆黄；2. 红；3. 紫；4. 褐；5. 黑。

5.3.34 芒长度

成熟期饱满谷粒颖尖上芒基部到顶端的距离，单位为厘米(cm)。

5.3.35 落粒性

谷粒完全成熟后，脱落的难易程度，分为：1. 极低；2. 低；3. 中等；4. 高；5. 极高。

5.3.36 百粒重

100 粒成熟饱满干谷粒的重量，单位为克(g)。

6 稻米品质特性

6.1 糙米长度

糙米(去壳籽粒)整粒两端的距离，单位为毫米(mm)，分为：1. 短；2. 中等；3. 长。

6.2 糙米宽度

糙米最宽处的距离，单位为毫米(mm)，分为：1. 短；2. 中等；3. 长。

6.3 糙米厚度

糙米最厚处的厚度，单位为毫米(mm)。

6.4 糙米长宽比

糙米的长度与宽度的比值。

6.5 糙米形状

以糙米形状来评价，依据糙米长度和宽度的比值，分为：1. 近圆形；2. 椭圆形；3. 半纺锤形；4. 纺锤形；5. 锐尖纺锤形。

6.6 糙米率

净谷粒脱壳后的糙米占总谷粒重的百分比，以百分率(%)表示。

6.7 种皮色

成熟饱满糙米的种皮颜色，分为：1. 白色；2. 浅红；3. 红；4. 紫；5. 淡褐；6. 褐色；7. 黑。

6.8 胚乳类型

成熟饱满米粒的胚乳状态，分为：1. 非糯；2. 糯。

6.9 胚大小

成熟饱满米粒的胚大小，单位为毫米(mm)，分为：1. 小；2. 中等；3. 大。

6.10 精米率

碾成的精米占米粒总量的百分比，以百分率(%)表示。

6.11 整精米率

整精米占米粒总量的百分比，以百分率(%)表示。

6.12 精米粒长度

整精米米粒两端间的最长距离，单位为毫米(mm)。

6.13 精米粒宽度

整精米米粒最宽处距离，单位为毫米（mm）。

6.14 **精米长宽比**

整精米米粒的长度和宽度的比值。

6.15 **垩白粒率**

有垩白的米粒占整个米样品粒数的百分率，以百分率（%）表示。

6.16 **垩白度**

垩白米粒中垩白面积总和占参试米样米粒面积总和的百分比，以百分率（%）表示。

6.17 **外观品质**

成熟饱满米粒的外观质量，分为：1. 优质；2. 中等；3. 差。

6.18 **透明度**

整精米米粒的透明状态，用米粒的相对透光率表示。

6.19 **香味**

米粒香味的有无，分为：1. 香；2. 非香。

6.20 **糊化温度**

大米淀粉在加热条件下形成淀粉糊时的温度，分为：1. 高；2. 中；3. 低。

6.21 **胶稠度**

精米粉碱糊化后的米胶冷却后的流长长度，单位为毫米（mm），分为：1. 硬；2. 中等；3. 软。

6.22 **粗淀粉含量**

精米中粗淀粉占精米干重的百分率，以百分率（%）表示。

6.23 **直链淀粉含量**

精米中直链淀粉占精米干重的百分率，以百分率（%）表示。

6.24 **支链淀粉含量**

精米中支链淀粉占精米干重的百分率，以百分率（%）表示。

6.25 **粗蛋白含量**

糙米或精米中粗蛋白占糙米或精米干重的百分率，以百分率（%）表示。

6.26 **赖氨酸含量**

糙米或精米中赖氨酸占糙米或精米干重的百分率，以百分率（%）表示。

7 抗逆性

7.1 **萌芽期耐冷性**

野生稻种子萌芽期耐受低温的能力，分为：1. 强（T）；2. 中等（M）；3. 弱（W）。

7.2 **芽期耐冷性**

野生稻芽期耐受低温的能力，分为：1. 强（T）；2. 中等（M）；3. 弱（W）。

7.3 **苗期耐冷性**

野生稻苗期忍耐或抵抗低温的能力，分为：1. 强（T）；2. 中等（M）；3. 弱（W）。

7.4 **开花期耐冷性**

野生稻植株抽穗开花期忍耐或抵抗低温的能力，分为：1. 强（T）；2. 中等（M）；3. 弱（W）。

7.5 **耐热性**

野生稻植株忍耐或抵抗高温的能力，以开花期高温胁迫后的空壳率来评价，分为：1. 强（T）；2. 中等（M）；3. 弱（W）。

7.6 **苗期耐旱性**

野生稻植株苗期忍耐或抵御干旱的能力，以抗旱性综合系数来评价，分为：1. 强(T)；2. 中等(M)；3. 弱(W)。

7.7 开花期耐旱性

野生稻植株开花期忍耐或抵御干旱的能力，以抗旱指数来评价，分为：1. 强(T)；2. 中等(M)；3. 弱(W)。

7.8 耐涝性

野生稻植株苗期忍耐或抵御水涝的能力，以抗涝指数来评价，分为：1. 强(T)；2. 中等(M)；3. 弱(W)。

7.9 发芽期耐盐性

野生稻种子发芽期忍耐或抵抗盐胁迫的能力，以相对盐害率来评价，分为：1. 强(T)；2. 中等(M)；3. 弱(W)。

7.10 苗期耐盐性

野生稻苗期忍耐或抵抗盐胁迫的能力，以平均死叶率或盐害指数来评价，分为：1. 强(T)；2. 中等(M)；3. 弱(W)。

7.11 发芽期耐碱性

野生稻种子发芽期忍耐或抵抗碱胁迫的能力，以碱胁迫后的发芽率来评价，分为：1. 强(T)；2. 中等(M)；3. 弱(W)。

7.12 苗期耐碱性

野生稻苗期忍耐或抵抗碱胁迫的能力，以碱胁迫后死苗率来评价，分为：1. 强(T)；2. 中等(M)；3. 弱(W)。

8 抗病虫性

8.1 水稻白叶枯病抗性

野生稻植株对水稻黄单胞杆菌[*Xanthomonas oryzae* (Uyedaet Ishiyama) Dowson]抵抗力的强弱，分为：1. 免疫(IM)；2. 高抗(HR)；3. 抗(R)；4. 中抗(MR)；5. 感(S)；6. 高感(HS)。

8.2 苗期稻瘟病抗性

野生稻苗期对稻瘟病菌[*Magnaporthe grisea* (Hebert) Barr nov. Comb. (*anamorph pyricularia oryzae* Cav.)]抵抗力的强弱，分为：1. 高抗(HR)；2. 抗(R)；3. 中抗(MR)；4. 中感1(MS1)；5. 中感2(MS2)；6. 感1(S1)；7. 感2(S2)；8. 高感1(HS1)；9. 高感2(HS2)。

8.3 叶瘟抗性

野生稻分蘖期对稻瘟病菌[*Magnaporthe grisea* (Hebert) Barr nov. Comb. (*anamorph pyricularia oryzae* Cav.)]抵抗力的强弱，分为：1. 高抗(HR)；2. 抗(R)；3. 中抗(MR)；4. 中感1(MS1)；5. 中感2(MS2)；6. 感1(S1)；7. 感2(S2)；8. 高感1(HS1)；9. 高感2(HS2)。

8.4 穗颈瘟抗性

野生稻抽穗期至成熟期穗颈对稻瘟病菌[*Magnaporthe grisea* (Hebert) Barr nov. Comb. (*anamorph pyricularia oryzae* Cav.)]抵抗力的强弱，分为：1. 高抗(HR)；2. 抗(R)；3. 中抗(MR)；4. 中感(MS)；5. 感(S)；6. 高感(HS)。

8.5 穗节瘟抗性

野生稻抽穗期至成熟期穗节对稻瘟病菌[*Magnaporthe grisea* (Hebert) Barr nov. Comb. (*anamorph pyricularia oryzae* Cav.)]抵抗力的强弱，分为：1. 高抗(HR)；2. 抗(R)；3. 中抗(MR)；4. 中感(MS)；5. 感(S)；6. 高感(HS)。

8.6 细菌性条斑病抗性

野生稻植株对细菌性条斑病菌(*Xanthomonas oryzae* pv. *oryzicla* Fangetal.)抵抗力的强弱,分为:1. 免疫(IM);2. 高抗(HR);3. 抗(R);4. 中抗(MR);5. 感(S);6. 高感(HS)。

8.7 纹枯病抗性

野生稻植株对纹枯病菌[*Thanatephorus cucumeris*(Frank) Donk.]抵抗力的强弱,分为:1. 免疫(IM);2. 高抗(HR);3. 抗(R);4. 中抗(MR);5. 感(S);6. 高感(HS)。

8.8 褐飞虱抗性

野生稻植株对褐飞虱(褐稻虱)[*Nilaparvata lugens*(Stal)]抵抗力的强弱,分为:1. 免疫(IM);2. 高抗(HR);3. 抗(R);4. 中抗(MR);5. 感(S);6. 高感(HS)。

8.9 白背飞虱抗性

野生稻植株对白背飞虱[*Sogatella furcifera*(Horvath)]抵抗力的强弱,分为:1. 免疫(IM);2. 高抗(HR);3. 抗(R);4. 中抗(MR);5. 感(S);6. 高感(HS)。

8.10 稻瘿蚊抗性

野生稻植株对稻瘿蚊(*Orseolia oryzae* Woodet Mason)抵抗力的强弱,分为:1. 免疫(IM);2. 高抗(HR);3. 抗(R);4. 中抗(MR);5. 感(S);6. 高感(HS)。

8.11 稻纵卷叶螟抗性

野生稻植株对稻纵卷叶螟(*Cnaphalocrois medinalis* Guenee)抵抗力的强弱,分为:1. 免疫(IM);2. 高抗(HR);3. 抗(R);4. 中抗(MR);5. 感(S);6. 高感(HS)。

8.12 二化螟抗性

野生稻植株对二化螟[*Chilo suppressalis*(Walker)]抵抗力的强弱,分为:1. 免疫(IM);2. 高抗(HR);3. 抗(R);4. 中抗(MR);5. 感(S);6. 高感(HS)。

8.13 三化螟抗性

野生稻植株对三化螟[*Scirpophaga incertulas*(Walker)]抵抗力的强弱,分为:1. 免疫(IM);2. 高抗(HR);3. 抗(R);4. 中抗(MR);5. 感(S);6. 高感(HS)。

9 染色体

9.1 染色体组

野生稻体细胞的染色体组别,分为:1. AA;2. BB;3. BBCC;4. CC;5. CCDD;6. EE;7. FF;8. GG;9. HHJJ;10. HHKK。

9.2 染色体数目

野生稻体细胞的染色体数目。

附 录 A
(资料性附录)
野生稻种质资源国家统一编号代码及保存单位

根据 1986 年 5 月中国农业科学院作物品种资源研究所牵头召开的杭州会议确定的原则，确定全国野生稻资源的统一编号，并要求每一份资源只能有一个编号。编写《中国稻种资源目录（野生稻种）》的国内野生稻种质资源以发现野生稻先后的省（自治区）进行编目，编目代号 YD；国外引进野生稻种质资源编目代号 WYD，详见表 A.1。

表 A.1 野生稻种质资源国家统一编号代码及保存单位(1986)

代号	统一编号	保存单位
广东 YD1	YD1-0001……	广东省农业科学院水稻研究所
广西 YD2	YD2-0001……	广西壮族自治区农业科学院作物品种资源研究所
云南 YD3	YD3-0001……	云南省农业科学院生物技术与品种资源研究所
江西 YD4	YD4-0001……	江西省农业科学院水稻研究所
福建 YD5	YD5-0001……	福建省农业科学院稻麦研究所
湖南 YD6	YD6-0001……	湖南省农业科学院水稻研究所
海南 YD7	YD7-0001……	海南省农业科学院粮食作物研究所
台湾 YD8	YD8-0001……	中国农业科学院作物科学研究所等
国外 WYD	WYD-0001……	中国农业科学院作物科学研究所等

附　录　B
（资料性附录）
国际上较公认的稻属野生稻种学名

本标准使用的野生稻种学名为国际上较公认的21个野生稻种的名称，以及新发现种、别名种与遗传材料，见表B.1。

表B.1　国际上较公认的稻属野生稻种学名

序号	种名	序号	种名
1	普通野生稻(*O. rufipogon*)	12	阔叶野生稻(*O. latifolia*)
2	药用野生稻(*O. officinalis*)	13	长护颖野生稻(*O. longiglumis*)
3	疣粒野生稻(*O. meyeriana*)	14	长花药野生稻(*O. longistaminata*)
4	高秆野生稻(*O. alta*)	15	南方野生稻(*O. meridionalis*)
5	澳洲野生稻(*O. australiensis*)	16	小粒野生稻(*O. minuta*)
6	短叶舌野生稻(*O. barthii*)	17	尼瓦拉野生稻(*O. nivara*)
7	短花药野生稻(*O. brachyantha*)	18	斑点野生稻(*O. punctata*)
8	紧穗野生稻(*O. eichingeri*)	19	根茎野生稻(*O. rhizomatis*)
9	展颖野生稻(*O. glumaepatula*)	20	马来野生稻(*O. ridleyi*)
10	重颖野生稻(*O. grandiglumis*)	21	极短粒野生稻(*O. schlechteri*)
11	颗粒野生稻(*O. granulata*)	22	新发现种、别名种、遗传材料等

ICS 65.020.01
B 40

中华人民共和国农业行业标准

NY/T 2946—2016

豆科牧草种质资源描述规范

Descriptors for legume forage germplasm resources

2016-10-26 发布　　2017-04-01 实施

中华人民共和国农业部 发布

前　　言

本标准按照 GB/T 1.1—2009 给出的规则起草。

本标准由农业部种植业司提出并归口。

本标准起草单位:中国农业科学院草原研究所、中国农业科学院茶叶研究所。

本标准主要起草人:李鸿雁、李志勇、熊兴平、江用文、师文贵、黄帆、李俊、刘磊。

豆科牧草种质资源描述规范

1 范围

本标准规定了豆科(Leguminosae)牧草种质资源的基本信息、植物学特征、生物学特性、产量性状、品质性状及抗性性状的描述方法。

本标准适用于豆科(Leguminosae)牧草种质资源的描述。

2 规范性引用文件

下列文件对于本文件的应用是必不可少的。凡是注日期的引用文件,仅注日期的版本适用于本文件。凡是不注日期的引用文件,其最新版本(包括所有的修改单)适用于本文件。

GB/T 2260 中华人民共和国行政区划代码

GB/T 2659 世界各国和地区名称代码

3 描述内容

描述内容见表1。

表1 豆科牧草种质资源描述内容

描述类别	描 述 内 容
基本信息	全国统一编号、引种号、采集号、种质名称、种质外文名、科名、属名、学名、原产国、原产省、原产地、海拔、经度、纬度、生态系统、小生境、来源地、系谱、选育单位、育成年份、选育方法、种质类型、图像、观测地点
植物学特征	根系类型、根系深度、茎生长习性、茎的形状、茎实心或中空、茎具刺、茎被毛、叶的类型、托叶形状、叶片形状、叶尖形状、叶基形状、叶片长度、叶片宽度、叶缘形状、花序类型、花序长度、花序宽度、花冠类型、花冠颜色、雄蕊数、雄蕊聚合方式、荚果形状、荚果长度、荚果宽度、荚果颜色、荚果被毛、单荚粒数、种子形状、种子长度、种子宽度、种皮颜色
生物学特性	生活型、播种期、出苗期、返青期、分枝期、现蕾期、初花期、盛花期、结荚初期、结荚盛期、成熟期、枯黄期、生育天数、生长天数、再生性、裂荚性、落粒性、千粒重、发芽率、种子硬实率、越冬率
产量性状	草层高、株高、鲜草产量、干草产量、种子产量、分枝数、干鲜比
品质性状	干物质含量、粗蛋白含量、粗脂肪含量、粗纤维素含量、中性洗涤纤维含量、酸性洗涤纤维含量、无氮浸出物含量、钙含量、磷含量、粗灰分含量、茎叶质地、茎叶比、适口性
抗性性状	抗旱性、抗寒性、耐盐性、耐热性、耐酸铝性

4 描述方法

4.1 基本信息

4.1.1 全国统一编号

种质的唯一标识号,豆科牧草种质资源的全国统一编号由"CF"(China Forage)加6位顺序号组成。该编号由全国畜牧兽医总站和中国农业科学院草原研究所共同赋予。

4.1.2 引种号

豆科牧草种质资源从国外引入时赋予的编号。

4.1.3 采集号

豆科牧草种质资源在野外采集时赋予的编号。采集号由10位字符串组成,省(自治区、直辖市)代码按照GB/T 2260的规定执行。

4.1.4 **种质名称**

豆科牧草种质资源的中文名称。

4.1.5 **种质外文名**

国外引进豆科牧草种质资源的外文名或国内种质的汉语拼音名。汉语拼音的首字母大写,2个～3个汉字的拼音组合在一起,4个以上汉字按词组分开。

4.1.6 **科名**

由中文名加括号内的拉丁名组成,如豆科(Leguminosae)。

4.1.7 **属名**

由中文名加括号内的拉丁名组成,如苜蓿属(*Medicago* L.)。

4.1.8 **学名**

豆科牧草种质资源在植物分类学上的种、亚种或变种的拉丁名全称。例如:紫花苜蓿(*Medicago sativa* L.)、天蓝苜蓿(*Medicago lupulina* L.)等。

4.1.9 **原产国**

豆科牧草种质资源原产国家名称、地区名称或国际组织名称。国家和地区名称按照GB/T 2659的规定执行。

4.1.10 **原产省**

国内豆科牧草种质资源的原产省(自治区、直辖市)名称;国外引进种质原产国家一级行政区的名称。国内行政区划名称按照GB/T 2260的规定执行。

4.1.11 **原产地**

国内豆科牧草种质资源的原产县(市)、镇(乡)、村(寨)名称,县(市)名按照GB/T 2260的规定执行。

4.1.12 **海拔**

豆科牧草种质资源原产地的海拔高度,单位为米(m)。

4.1.13 **经度**

豆科牧草种质资源原产地的经度,单位为度(°)和分(′)。格式为“DDDFF”,其中“DDD”为度,“FF”为分。

4.1.14 **纬度**

豆科牧草种质资源原产地的纬度,单位为度(°)和分(′)。格式为“DDFF”,其中“DD”为度,“FF”为分。

4.1.15 **生态系统**

豆科牧草种质资源原产地所属生态系统类型,分为:1. 森林;2. 草原;3. 荒漠;4. 农田;5. 湿地

4.1.16 **小生境**

豆科牧草种质资源采集地的特定小环境。

4.1.17 **来源地**

豆科牧草种质资源的来源国家、省、县或机构名称。

4.1.18 **系谱**

豆科牧草选育品种各世代成员数目、亲缘关系以及有关遗传性状在该家系中分布情况的图示。

4.1.19 **选育单位**

选育豆科牧草品种(系)的单位名称或个人,单位名称应写全称。

4.1.20 **育成年份**

豆科牧草品种(系)培育成功的年份,通常为通过审定或正式注册的年份。

4.1.21 **选育方法**

豆科牧草品种(系)的育种方法,分为:1 系统选育;2. 杂交育种;3. 诱变育种;4. 生物技术辅助育

种;5. 其他。

4.1.22 **种质类型**

豆科牧草种质资源的类型,分为:1. 野生材料;2. 地方品种;3. 育成品种;4. 引进品种;5. 驯化栽培品种;6. 其他。

4.1.23 **图像**

豆科牧草种质的图像文件名。文件名由该种质全国统一编号、连字符“-”和图像序号组成。图像格式为 .jpg。

4.1.24 **观测地点**

豆科牧草种质资源植物学特征和生物学特性的观测地点,记录到省、县(市)、镇(乡)、村(寨)。

4.2 **植物学特征**

4.2.1 **根系类型**

豆科牧草根系的类型(见图 1),分为:1. 轴根型;2. 根蘖型;3. 须根型。

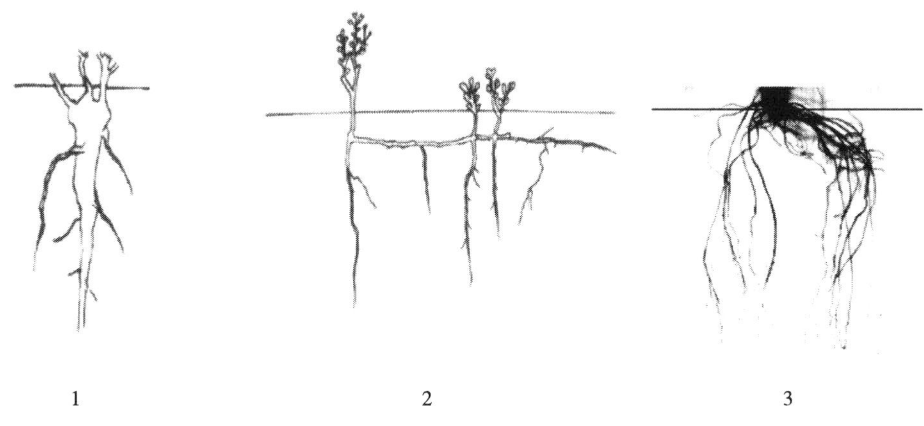

图 1 根系类型

4.2.2 **根系深度**

豆科牧草根系在土壤中的分布深度,分为:1. 浅根系;2. 中间根系;3. 深根系。

4.2.3 **茎生长习性**

豆科牧草茎生长习性(见图 2),分为:1. 直立;2. 斜升;3. 平卧;4. 斜倚;5. 匍匐;6. 攀援;7. 缠绕;8. 垫状。

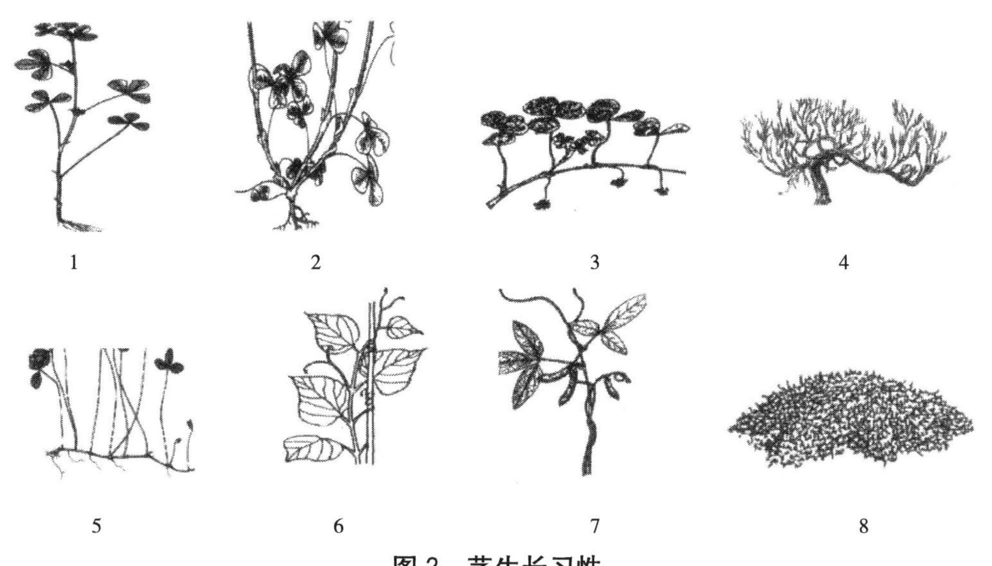

图 2 茎生长习性

4.2.4 茎的形状

茎的形状(见图 3),分为:1. 圆柱形;2. 四棱形;3. 多棱形。

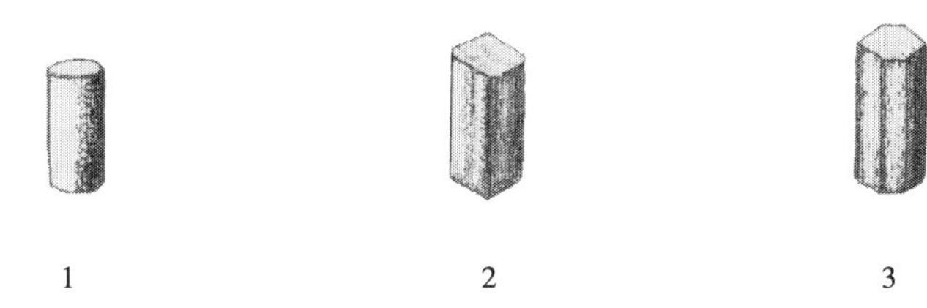

图 3 茎的形状

4.2.5 茎实心或中空

茎具实心或中空。

4.2.6 茎具刺

主茎具刺状况,分为:1. 无;2. 疏;3. 密。

4.2.7 茎被毛

主茎被毛状况,分为:1. 无;2. 疏;3. 密。

4.2.8 叶的类型

开花期,叶的类型(见图 4),分为:1. 二回羽状复叶;2. 一回羽状复叶;3. 掌状复叶;4. 假掌状复叶;5. 掌状三出复叶;6. 羽状三出复叶;7. 单叶。

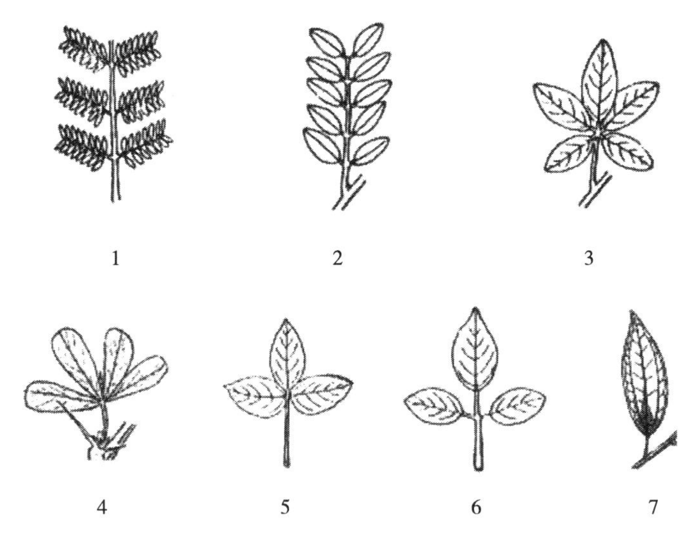

图 4 叶的类型

4.2.9 托叶形状

开花期,托叶的形状(见图 5),分为:1. 无托叶;2. 刺毛状;3. 针刺状;4. 条形;5. 钻形;6. 箭头形;7. 半箭头形;8. 戟形;9. 半戟形;10. 披针形;11. 斜卵状披针形;12. 卵形;13. 心形;14. 三角形。

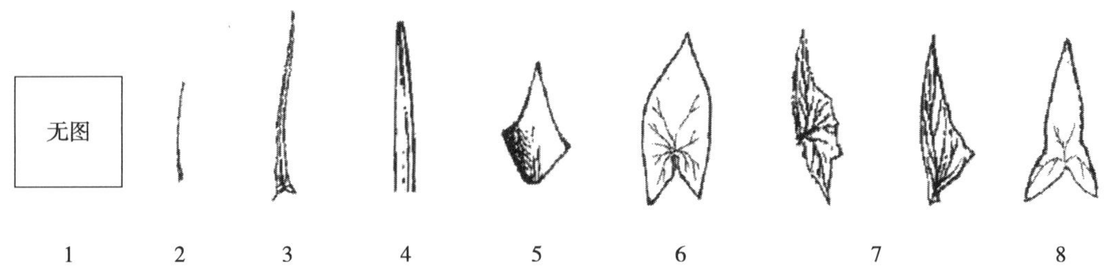

图5　托叶形状

4.2.10　叶片形状

开花期，植株中部叶片（复叶中间小叶）的形状（见图6），分为：1. 鳞片形；2. 条形；3. 条状矩圆形；4. 长椭圆形；5. 披针形；6. 倒披针形；7. 卵状披针形；8. 倒卵状披针形；9. 卵形；10. 倒卵形；11. 椭圆形；12. 矩圆形；13. 三角状圆形；14. 心形；15. 肾形；16. 菱形；17. 近圆形；18. 倒心形。

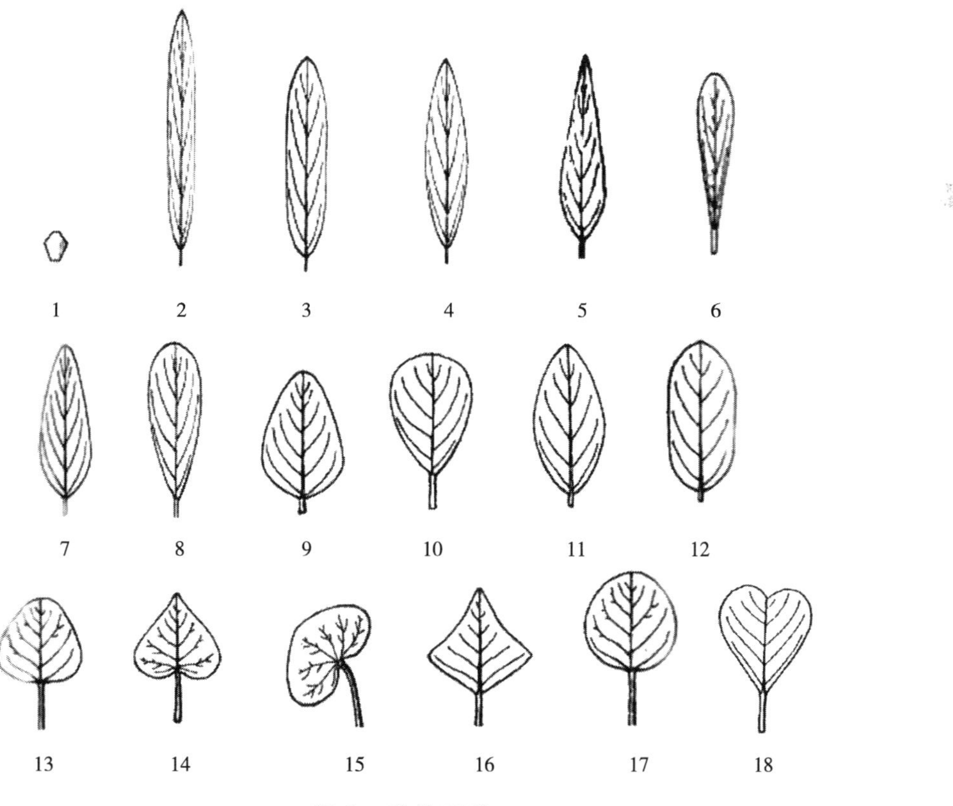

图6　叶片形状

4.2.11　叶尖形状

开花期，植株中部（复叶中间小叶）叶片尖端的形状（见图7），分为：1. 二裂；2. 凹缺；3. 微缺；4. 截平；5. 钝圆；6. 急尖；7. 渐尖；8. 小凸尖。

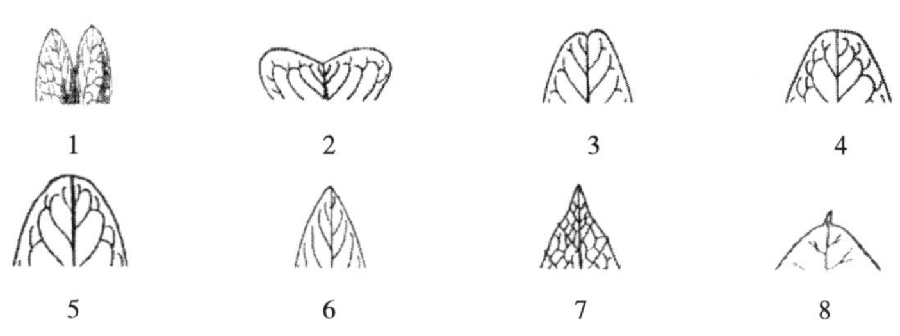

图7　叶尖形状

4.2.12 叶基形状

开花期，植株中部叶片(复叶中间小叶)基部的形状(见图8)，分为：1. 截形；2. 圆形；3. 心形；4. 阔楔形；5. 楔形；6. 渐狭。

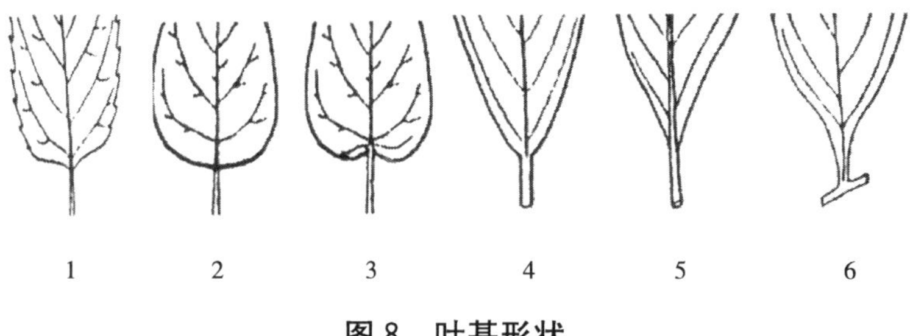

图8 叶基形状

4.2.13 叶片长度

开花期，植株中部复叶小叶片或单叶叶片的绝对长度(见图9)，单位为毫米(mm)。

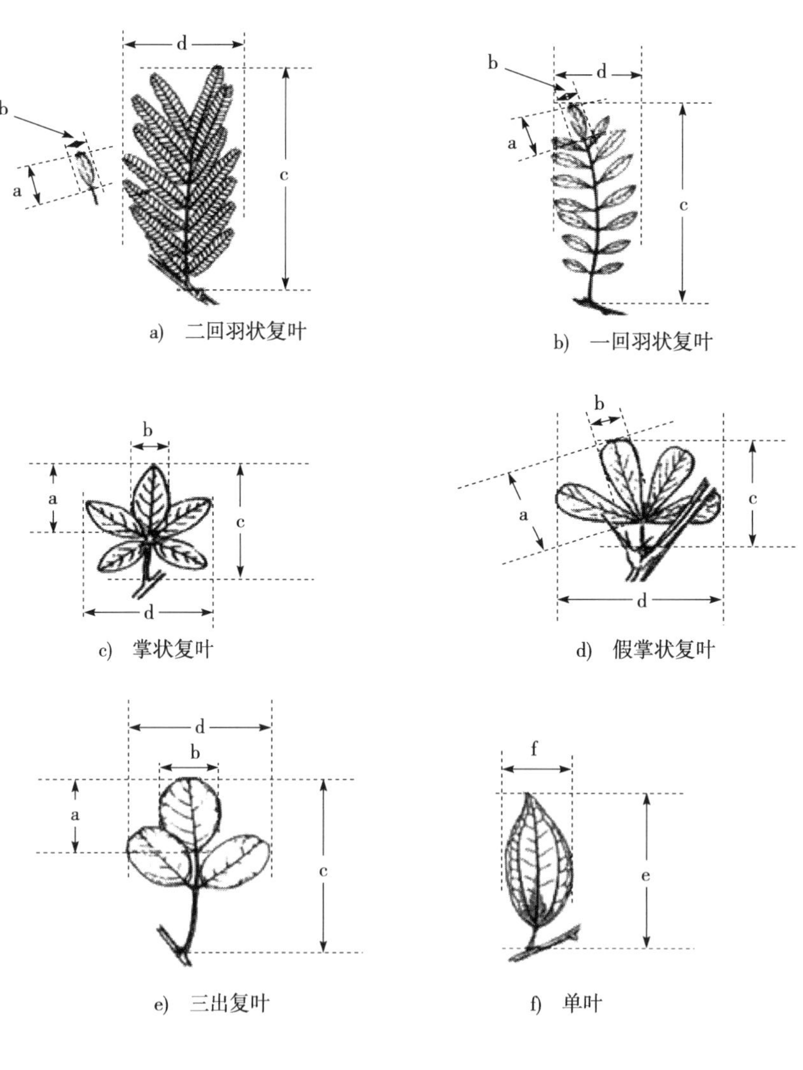

a) 二回羽状复叶

b) 一回羽状复叶

c) 掌状复叶

d) 假掌状复叶

e) 三出复叶

f) 单叶

说明：

a——小叶片长度；

b——小叶片宽度；

c——复叶长度；

d——复叶宽度；

e——单叶长度；

f——单叶宽度。

图9 叶片长度和叶片宽度

4.2.14 **叶片宽度**

开花期，植株中部复叶小叶片或单叶叶片最宽处的绝对宽度(见图9)，单位为毫米(mm)。

4.2.15 **叶缘形状**

开花期，植株中部叶片(复叶中间小叶片)边缘的形状(见图10)，分为：1. 全缘；2. 细锯齿状；3. 锯齿状。

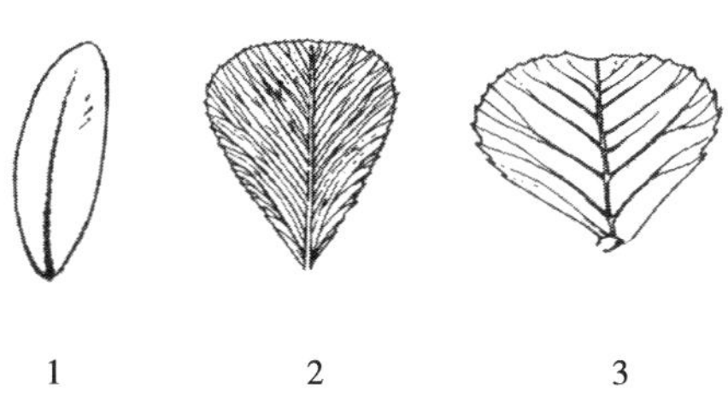

图10 叶缘形状

4.2.16 **花序类型**

开花期，花序的基本类型(见图11)，分为：1. 总状；2. 圆锥状；3. 伞形；4. 头状；5. 单生花；6. 对生花。

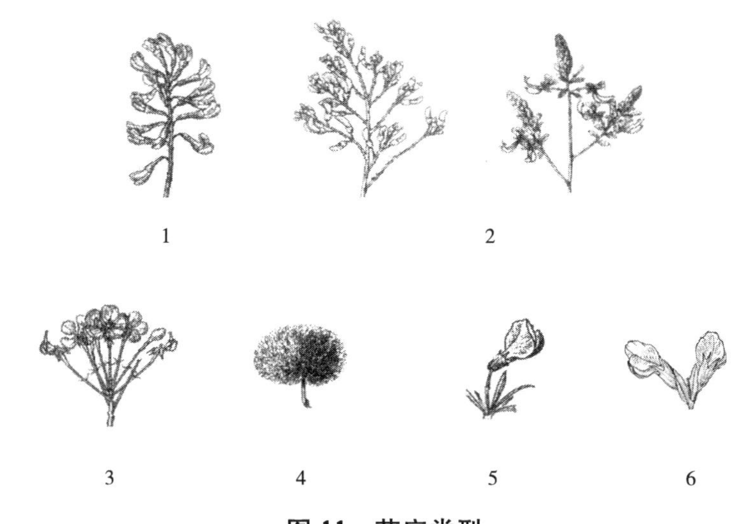

图11 花序类型

4.2.17 **花序长度**

开花期，花序的自然长度，单位为毫米(mm)，见图12。

4.2.18 **花序宽度**

开花期，花序的自然宽度，单位为毫米(mm)，见图12。

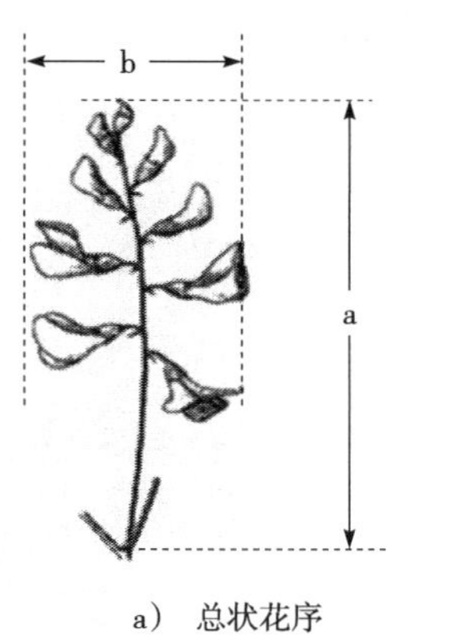

a) 总状花序

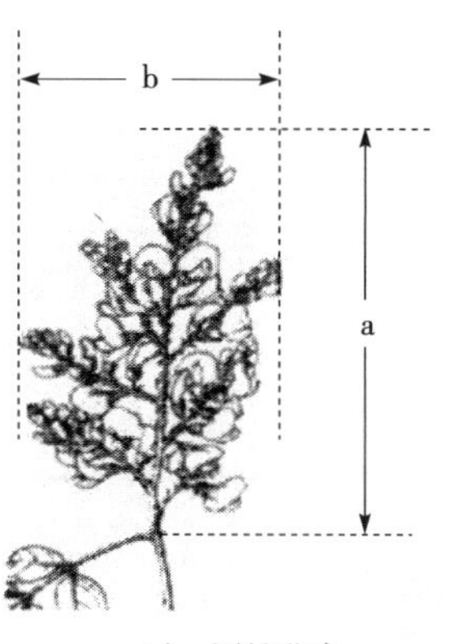

b) 圆锥花序

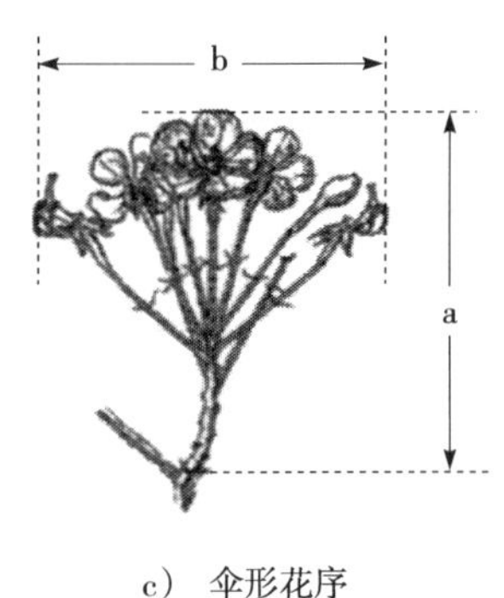

c） 伞形花序

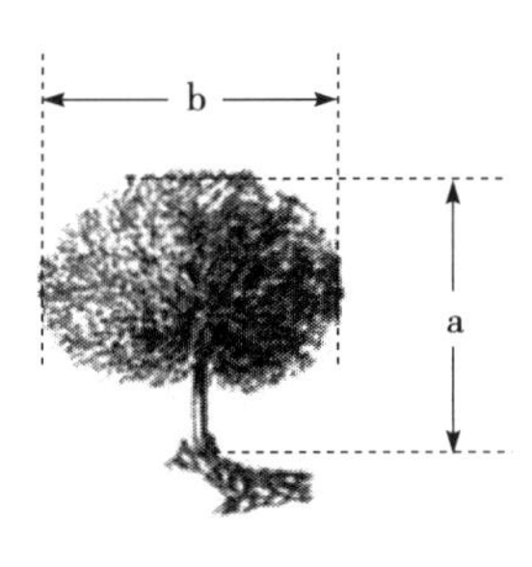

d） 头状花序

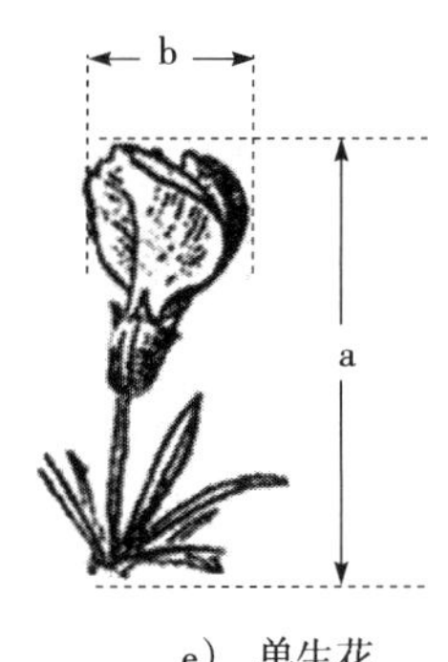

e） 单生花

说明：

a——花序长度；

b——花序宽度。

图 12 花序长度和花序宽度

4.2.19 花冠类型

开花期，花冠的基本类型（见图 13），分为：1. 蝶形；2. 假蝶形；3. 近辐状。

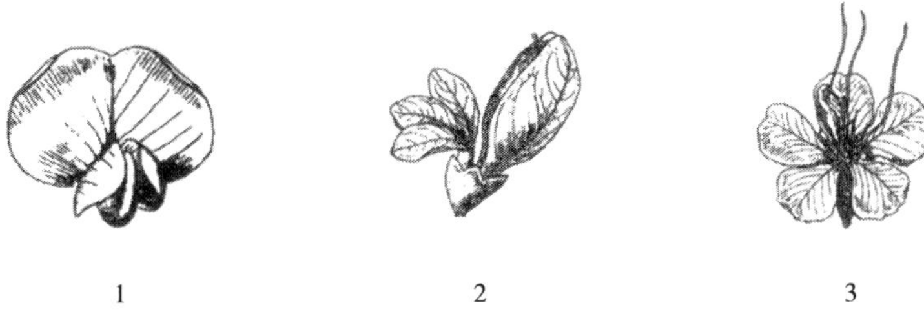

图 13 花冠类型

4.2.20 花冠颜色

开花期，花冠的颜色，分为：1. 白色；2. 浅黄色；3. 浅绿色；4. 黄色；5. 深黄色；6. 橙色；7. 粉红色；8. 红色；9. 紫红色；10. 蓝色；11. 深蓝色；12. 浅紫色；13. 蓝紫色；14. 紫色等。

4.2.21 雄蕊数

开花期，每朵花的雄蕊数目，单位为枚每朵（枚/朵）。

4.2.22 雄蕊聚合的方式

开花期，雄蕊聚合的方式（见图 14），分为：1. 单体；2. 二体；3. 离生。

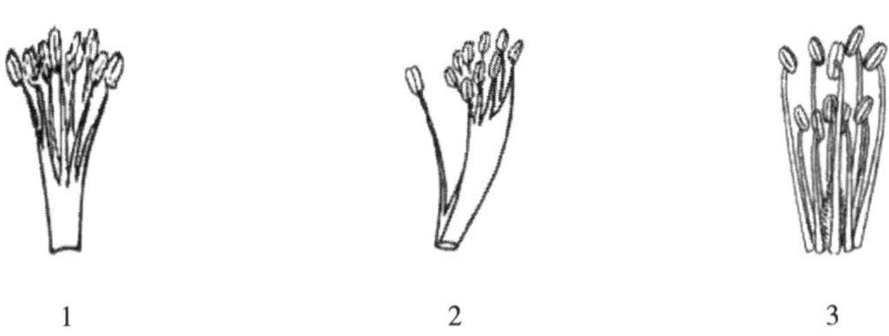

图 14 雄蕊聚合的方式

4.2.23 荚果形状

成熟期，荚果的基本形状（见图 15），分为：1. 球状；2. 扁球状；3. 半圆状；4. 卵状；5. 倒卵状；6. 长倒卵状；7. 倒卵状披针形；8. 矩圆形；9. 椭圆形；10. 圆柱形；11. 长圆柱形；12. 披针状；13. 条状；14. 镰刀状；15. 念珠状；16. 折叠状；17. 环状；18. 螺旋状。

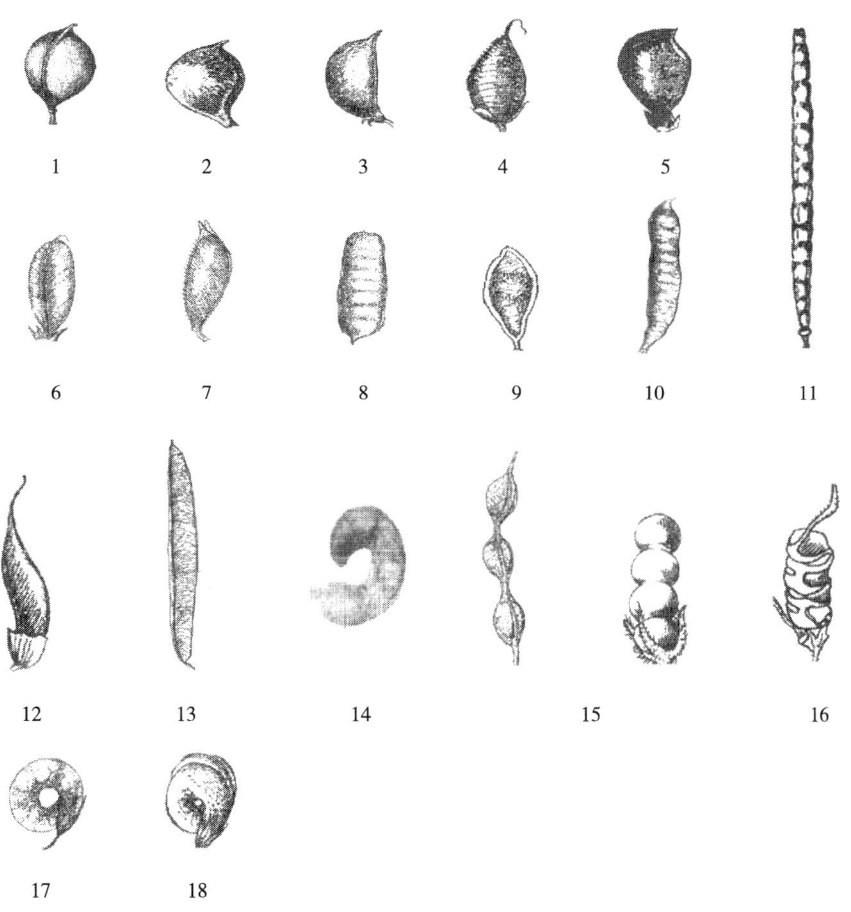

图 15　荚果形状

4.2.24　荚果长度

成熟期，荚果最长处的自然长度（见图 16），单位为毫米(mm)。

4.2.25　荚果宽度

成熟期，荚果最宽处的绝对宽度（见图 16），单位为毫米(mm)。

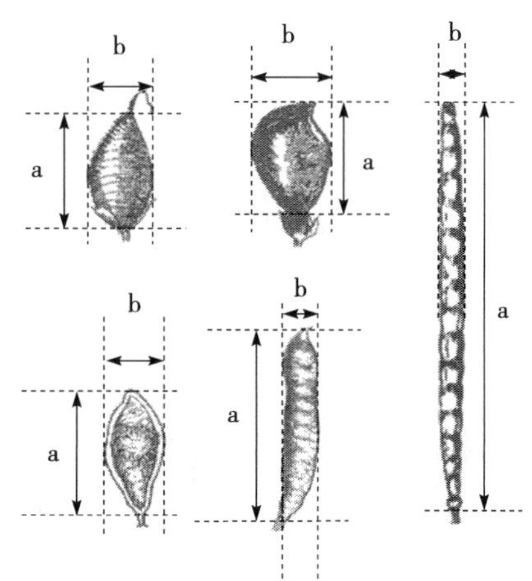

说明：

a——荚果长度；

b——荚果宽度。

图 16　荚果长度和荚果宽度

4.2.26 **荚果颜色**

成熟期,荚果果皮的颜色,分为:1. 灰白色;2. 灰绿色;3. 黄褐色;4. 褐色;5. 深褐色;6. 褐紫色;7. 黑色。

4.2.27 **荚果被毛**

成熟期,荚果表皮被毛状况,分为:1. 无;2. 疏;3. 密。

4.2.28 **单荚粒数**

成熟期,荚果每荚内所含的成熟籽粒数,单位为粒每荚(粒/荚)。

4.2.29 **种子形状**

成熟期,种子的形状(见图 17),分为:1. 近球形;2. 扁圆形;3. 半圆形;4. 矩圆形;5. 矩形;6. 方形;7. 菱形;8. 圆柱形;9. 椭圆形;10. 卵形;11. 倒卵形;12. 扁卵形;13. 倒扁卵形;14. 肾形;15. 心形;16. 斧形;17. 不规则形。

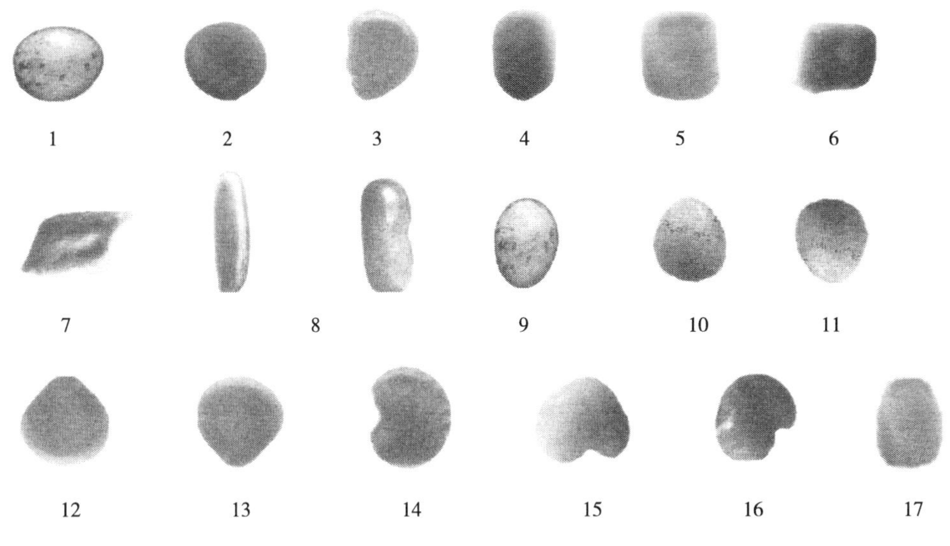

图 17 种子形状

4.2.30 **种子长度**

成熟期,种子最长处的长度(见图 18),单位为毫米(mm)。

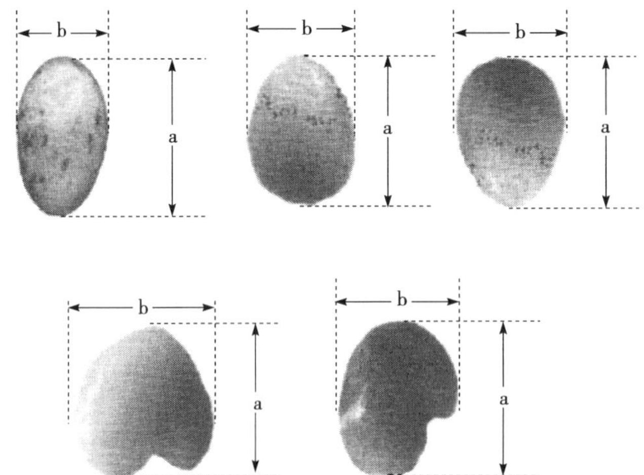

说明:

a——种子长度;

b——种子宽度。

图 18 种子长度和种子宽度

4.2.31 **种子宽度**

成熟期，种子最宽处的绝对宽度(见图 18)，单位为毫米(mm)。

4.2.32 **种皮颜色**

成熟期，种子表皮的颜色，分为：1. 白色；2. 灰色；3. 浅黄色；4. 黄色；5. 深黄色；6. 橙色；7. 浅绿色；8. 绿色；9. 深绿色；10. 浅褐色；11. 褐色；12. 深褐色；13. 褐红色；14. 褐紫色；15. 黑色。

4.3 **生物学特性**

4.3.1 **生活型**

依据豆科牧草寿命和发育速度不同确定生活型。生活型分为：1. 一年生；2. 二年生；3. 多年生；4. 小灌木；5. 半灌木；6. 灌木；7. 乔木；8. 藤本。

4.3.2 **播种期**

豆科牧草种质资源适宜的播种日期。以“年月日”表示，格式“YYYYMMDD”。

4.3.3 **出苗期**

播种后幼苗露出地面的日期。以“年月日”表示，格式“YYYYMMDD”。

4.3.4 **返青期**

越冬或越夏以后 50%的植株重新生长的日期。以“年月日”表示，格式“YYYYMMDD”。

4.3.5 **分枝期**

50%的幼苗从其叶腋产生侧芽，并形成新枝的日期。以“年月日”表示，格式“YYYYMMDD”。

4.3.6 **现蕾期**

50%形成花蕾的日期。以“年月日”表示，格式“YYYYMMDD”。

4.3.7 **初花期**

20%花朵旗瓣和翼瓣张开的日期。以“年月日”表示，格式“YYYYMMDD”。

4.3.8 **盛花期**

80%花朵旗瓣和翼瓣张开的日期。以“年月日”表示，格式“YYYYMMDD”。

4.3.9 **结荚初期**

20%荚果出现的日期。以“年月日”表示，格式“YYYYMMDD”。

4.3.10 **结荚盛期**

80%荚果出现的日期。以“年月日”表示，格式“YYYYMMDD”。

4.3.11 **成熟期**

50%植株种子完全成熟的日期。以“年月日”表示，格式“YYYYMMDD”。

4.3.12 **枯黄期**

50%茎叶枯黄或失去生活机能的日期。以“年月日”表示，格式“YYYYMMDD”。

4.3.13 **生育天数**

由出苗或返青到种子完全成熟的总天数，单位为天(d)。

4.3.14 **生长天数**

从出苗期或返青期到枯黄期的总天数，单位为天(d)。

4.3.15 **再生性**

植株被刈割或放牧利用后重新长出枝叶的能力，以平均每天的再生速度来表示，单位为厘米每天(cm/d)。

4.3.16 **裂荚性**

在成熟期目测荚果沿背缝线和腹缝线两边开裂的情况，分为：1. 不开裂；2. 稍易开裂；3. 开裂；4. 极易开裂。

4.3.17 **落粒性**

种子从其母株上散落的性能，分为：1. 不脱落；2. 稍易脱落；3. 极易脱落。

4.3.18 **千粒重**

国家标准规定水分下的豆科牧草种质资源 1 000 粒种子的重量，单位为克(g)。

4.3.19 **发芽率**

在实验室控制及标准条件下对种子发芽率进行检测，至发芽终期全部正常发芽的种子数占供试种子数的百分率，以百分率(%)表示。

4.3.20 **种子硬实率**

实验期间不能吸水膨胀而始终保持坚硬且有生命力的种子数占供试种子数的百分率，以百分率(%)表示。

4.3.21 **越冬率**

单位面积内豆科牧草返青的株数与越冬前株数的百分比，以百分率(%)表示。

4.4 **产量性状**

4.4.1 **草层高(自然高度)**

开花期，从地面到草层最高点的自然高度，单位为厘米(cm)。

4.4.2 **株高(绝对高度)**

开花期，从地面到植株最高点的绝对高度，单位为厘米(cm)。

4.4.3 **鲜草产量**

开花期，单位面积的鲜草产量，单位为千克每公顷(kg/hm^2)。

4.4.4 **干草产量**

开花期，单位面积的干草产量，单位为千克每公顷(kg/hm^2)。

4.4.5 **种子产量**

成熟期，单位面积收获的种子产量，单位为千克每公顷(kg/hm^2)。

4.4.6 **分枝数**

主茎上一级分枝的总数，单位为条每主茎(条/主茎)。

4.4.7 **干鲜比**

开花期，鲜草经风干后的重量与其青鲜时的重量之比，以百分率(%)表示。

4.5 **品质性状**

4.5.1 **干物质含量**

开花期，样品风干后干物质所占百分比，以百分率(%)表示。

4.5.2 **粗蛋白质含量**

某个生育期粗蛋白质占其干物质的比例，以百分率(%)表示。

4.5.3 **粗脂肪含量**

某个生育期粗脂肪占其干物质的比例，以百分率(%)表示。

4.5.4 **粗纤维含量**

某个生育期粗纤维占其干物质的比例，以百分率(%)表示。

4.5.5 **中性洗涤纤维含量**

某个生育期，用中性洗涤剂处理后，所得的不溶残渣占干物质的百分比，以百分率(%)表示。

4.5.6 **酸性洗涤纤维含量**

某个生育期，用酸性洗涤剂处理后，所得的不溶残渣占干物质的百分比，以百分率(%)表示。

4.5.7 **无氮浸出物含量**

按式(1)计算。

$$A = 100\% - (B + CF + CP + EE + CA) \quad (1)$$

式中:

A ——无氮浸出物含量,单位为百分率(%);

B ——水分含量,单位为百分率(%);

CF——粗纤维含量,单位为百分率(%);

CP——粗蛋白含量,单位为百分率(%);

EE——粗脂肪含量,单位为百分率(%);

CA——粗纤维含量,单位为百分率(%)。

4.5.8 钙含量

某个生育期钙占其干物质的比例,以百分率(%)表示。

4.5.9 磷含量

某个生育期磷占其干物质的比例,以百分率(%)表示。

4.5.10 粗灰分含量

某个生育期粗灰分占其干物质的比例,以百分率(%)表示。

4.5.11 茎叶质地

初花期,植株青鲜时茎、叶的柔软性,分为:1. 柔嫩;2. 中等;3. 粗硬。

4.5.12 茎叶比

单株样品风干重量中茎、叶之重的比例,以 1∶X 表示。

4.5.13 适口性

根据牲畜采食状况,分为:1. 嗜食;2. 喜食;3. 乐食;4. 采食;5. 少食;6. 不食。

4.6 抗逆性

4.6.1 抗旱性

豆科牧草忍耐或抵抗干旱的能力,分为:1. 强;2. 较强;3. 中等;4. 弱;5. 最弱。

4.6.2 抗寒性

豆科牧草忍耐或抵抗低温的能力,分为:1. 强;2. 较强;3. 中等;4. 弱;5. 最弱。

4.6.3 耐盐性

豆科牧草忍耐盐分并维持生长的能力,分为:1. 强;2. 较强;3. 中等;4. 弱;5. 最弱。

4.6.4 耐热性

豆科牧草忍耐高温的能力,分为:1. 强;2. 较强;3. 中等;4. 弱;5. 最弱。

4.6.5 耐酸铝性

豆科牧草忍耐酸铝的能力,分为:1. 强;2. 较强;3. 中等;4. 弱;5. 最弱。

ICS 65.020
B 04

中华人民共和国农业行业标准

NY/T 2949—2016

高标准农田建设技术规范

Technical specification of well-facilitied farmland construction

2016-10-26 发布

2017-04-01 实施

中华人民共和国农业部 发布

目　次

前　言

本标准按照 GB/T 1.1—2009 给出的规则起草。

本标准由农业部种植业管理司提出并归口。

本标准起草单位:农业部规划设计研究院、全国农业技术推广服务中心、中国农业大学水利与土木工程学院、黑龙江农垦勘测设计研究院、中国灌溉排水发展中心、北京市世纪农丰土地科技有限公司、新建兵团勘测设计院(集团)有限责任公司。

本标准主要起草人:赵跃龙、李树君、李向岭、彭世琪、杨培岭、连镜清、何艳秋、杜秀文、李红举、刘明、王健。

高标准农田建设技术规范

1 范围

本标准规定了高标准农田建设选址条件、规划、设计、施工、验收、管理、监测和评价等技术要求。

本标准适用于全国范围内高标准农田建设活动。

2 规范性引用文件

下列文件对于本文件的应用是必不可少的。凡是注日期的引用文件，仅注日期的版本适用于本文件。凡是不注日期的引用文件，其最新版本(包括所有的修改单)适用于本文件。

GB 5084 农田灌溉水质标准
GB/T 15776 造林技术规程
GB/T 20203 农田低压管道输水灌溉工程技术规范
GB/T 21303 灌溉渠道系统量水规范
GB/T 24689.7 植物保护机械 农作物病虫害观测场
GB/T 30600 高标准农田建设 通则
GB 50054 低压配电设计规范
GB/T 50085 喷灌工程技术规范
GB 50201 防洪标准
GB 50265 泵站设计规范
GB 50288 灌溉与排水工程设计规范
GB/T 50363 节水灌溉工程技术规范
GB/T 50485 微灌工程技术规范
GB/T 50510 泵站更新改造技术规范
GB/T 50600 渠道防渗工程技术规范
GB/T 50625 供水管井技术规范
GB/T 50817 农田防护林工程设计规范
DL/T 499 农村低压电力技术规程
NY/T 310 全国中低产田类型划分与改良技术规范
NY/T 1119 耕地质量监测规程
NY/T 1634 耕地地力调查与质量评价技术规程
NY/T 1717 农业建设项目验收技术规程
NY/T 1782 农田土壤墒情监测技术规范
NY/T 2148 高标准农田建设标准
NY/T 2247 农田建设规划编制规程
SL/T 4 农田排水工程技术规范
SL 482 灌溉与排水渠系建筑物设计规范

3 术语和定义

下列术语和定义适用于本文件。

3.1

高标准农田　well-facilitied farmland

土地平整、集中连片、设施完善、农电配套、土壤肥沃、生态良好、抗灾能力强，与现代农业生产和经营方式相适应的旱涝保收、高产稳产，并被划定为永久基本农田的耕地。

4　选址条件

4.1　高标准农田建设区应选择在水源丰富、集中连片、土地平整、土壤肥沃和现有条件相对较好的耕地，优先选择现有基本农田。

5　规划

5.1　应尊重自然规律；以经济发展规律为导向，并与当地社会经济发展相一致；适应现代农业生产需求，经济合理；充分尊重农民意愿。

5.2　应收集自然概况和社会经济状况资料，摸清农田基础设施现状，找出存在问题及原因，分析农田产出潜力，提出解决问题的可行方案。

5.3　规划内容应符合 NY/T 2247 的规定，包括耕作田块修筑、土壤改良与培肥、灌溉与排水、农田输配电、田间道路和农田防护与生态环境保持 6 个方面。

5.4　规划成果应包括规划文本、附表及图件，应符合 NY/T 2247 的规定；规划文本应包括规划依据、指导思想及原则、建设规模及内容、节能环保、投资估算、效益分析等；图件应包括区域位置图、项目区现状图、总平面规划图、典型工程规划设计图，以及相关专项图纸。

6　设计

6.1　耕作田块修筑

6.1.1　田块设计规模应有利于提高农业机械工作效率，节省土地平整工程量，满足灌水均匀和排水通畅的要求。

6.1.2　田面平整度应满足机械耕作的要求。平整后的耕作田块，平原区应适应大中型机械化耕作；山地丘陵区应为小型耕作机械提供作业平台。

6.1.3　应保持可靠的土体厚度和耕作层厚度，土体厚度应在 50 cm 以上，水浇地和旱地耕作层厚度应在 25 cm 以上，水田耕作层厚度宜为 20 cm。

6.1.4　应酌情进行耕作田块竖向设计，并通过移高填低，实现耕作田块内部土方的挖填平衡。

6.1.5　应开展条田和梯田设计；条田设计应包括条田规模、长度、宽度、田面高程、田面高差及田块灌溉排水系统。梯田设计应包括田面长度、宽度和坡面防护及埂坎修筑、田块灌溉排水系统；条田梯田设计应符合 GB/T 30600、NY/T 2148 的规定。

6.2　土壤改良与培肥

6.2.1　应对土壤问题进行诊断和评价，中低产田土壤问题诊断和等级划分可按照 NY/T 310 的规定执行。

6.2.2　应根据土壤诊断结果科学设计土壤有机质提升方案，确保耕作层土壤有机质含量达到当地中等以上水平，并应符合 NY/T 2148 的规定。

6.2.3　农田土壤酸化、土壤盐碱、土壤过黏、过沙、耕层过薄时，应结合土壤培肥，有针对性地设计土壤改良方案，消除或减轻土壤障碍因素。

6.2.4　农田土壤肥力水平低、养分状况不良时，应通过土壤有机质提升和土壤改良培肥；水田土层培肥厚度宜达到 0.20 m；旱田宜达到 0.30 m。

6.3　灌溉与排水

6.3.1 灌溉与排水工程应包括相应的蓄水、引水、灌水和排水等工程。

6.3.2 灌溉与排水工程应采取渠道防渗、管道输水，田间喷灌、微灌和先进排水技术为主的灌排措施，有条件的地区可推广水肥药一体化技术，提高灌溉水资源和肥料农药利用率。

6.3.3 灌溉工程灌溉设计保证率应根据水文气象、水土资源、作物种类、灌溉规模、灌水方式及经济效益等因素确定，并应符合 GB/T 30600 的规定。

6.3.4 灌溉水利用系数应根据水源类型、作物组成、灌水方法、渠系水利用系数、管道水利用系数和田间水利用系数等因素确定，并应符合 GB/T 50363 的规定。

6.3.5 旱作灌区排涝设计暴雨重现期宜采用 5 年～10 年，水稻灌区宜采用 10 年；经济条件较好或有特殊要求的地区，可适当提高标准。

6.3.6 设计暴雨历时和排涝时间，旱作灌区和水旱轮作灌区宜采用 1 d～3 d 暴雨从作物受淹起 1 d～3 d排至田面无积水；水稻灌区宜采用 1 d～3 d 暴雨 3 d～5 d 排至作物耐淹水深。

6.3.7 经技术诊断后需要进行改造的小型蓄水、引水和提水工程，改造方案应经技术经济比较确定。新建小型蓄水、引水和提水工程应符合 GB 50288、GB 50265、GB/T 50510、GB/T 50625 的规定。

6.3.8 灌溉渠道应根据农田实际条件与水土资源情况，对现有灌溉渠系布局、设计流量、设计水位等进行复核，合理确定改造方案。新建灌溉渠道设计应符合 GB 50288 的规定。

6.3.9 渠道衬砌断面型式、防渗材料和防冻胀措施，应根据当地条件因地制宜选择。防渗材料宜就地取材，有条件地区应积极采用新材料、新结构和新工艺，提高防渗效果，并应符合 GB/T 50600 的规定。

6.3.10 管道输水灌溉工程应将水源与取水工程、输配水管网系统、田间灌水系统统一规划设计，并应利用已有水利工程设施，统筹兼顾；管道输水灌溉工程应符合 GB/T 20203 的规定。

6.3.11 喷灌工程可包括管道式和机组式喷灌系统，宜选用固定管道式喷灌系统和以中心支轴式喷灌机、平移式喷灌机为主的大中型喷灌机组；大田粮食作物种植区和补水灌溉时，也可选用半固定式喷灌和轻小型喷灌机组。喷灌工程应符合 GB/T 50085 的规定。

6.3.12 微灌工程应根据水源、气象、地形、土壤、作物和生产管理水平等条件，因地制宜地选择滴灌、微喷灌和涌泉灌等方式，宜采用固定管道式布置，输配水管网应埋于地下。微灌工程应符合 GB/T 50485 的规定。

6.3.13 排水工程应根据实际条件，对现有排水沟渠布局、设计流量、设计水位等进行复核，合理确定改造方案。新建排水工程宜采用灌排一体化技术，并应符合 GB 50288 的规定。

6.3.14 沟渠建筑物可包括水闸、渡槽、倒虹吸、涵洞、跌水陡坡，田间放水口、排水口和量水设施等，并应符合 GB/T 21303、SL 482 的规定。

6.4 农田输配电

6.4.1 泵站、机井的输配电系统设计应根据当地电力系统现状及发展规划，经技术经济比较确定，宜采用专用直配输电线路供电。

6.4.2 农田输配电应包括高压供电线路、低压供电线路和变配电装置等。

6.4.3 农田高压供电线路标称电压宜采用 35 kV/10 kV，低压供电线路标称电压应为 380 V/220 V。

6.4.4 山地丘陵区低压供电线路宜采用架空线路，平原区宜采用架空线路和埋地电缆。架空低压供电线路应选用铝绞线、钢芯铝绞线或低压绝缘导线，埋地线路宜采用低压电缆。

6.4.5 配电变压器选择应符合小容量、密布点、短半径的要求，应选用节能型低损耗变压器。配电变压器容量应根据配电变压器规划最大负载率确定，单个变压器容量不宜小于 30 kVA。

6.4.6 配电装置应包括配电室、配电箱、配电屏及母线、控制与保护装置等。配电装置设计应符合 GB 50054、DL/T 499 的规定。

6.5 田间道路

6.5.1 平原区田间道路通达度不应低于 100%;丘陵区不应低于 90%。机耕道路网密度不应超过 3 km/km²;生产路路网密度不应超过 8 km/km²。路网密度可根据实际情况调整。

6.5.2 田间道路可根据服务功能和范围分为机耕路和生产路。机耕路可分为机耕干道和机耕支道;机耕干道可采用双车道,路面宽度宜为 5 m～6 m;机耕支道可采用单车道,路面宽度宜为 3 m～4 m;北方平原区宜取高值,南方平原区及丘陵区宜取低值。大型机械作业区路面宽度应根据当地农业机械外形尺寸确定。

6.5.3 生产路路面宽度宜为 1 m～2 m。北方地区宜取高值,南方及丘陵山区宜取低值。大型机械作业区可适当加宽路面,但不宜超过 3 m。

6.5.4 机耕道路面承载力应满足农机通行运输需要。机耕路采用混凝土或沥青路面时,荷载标准宜为双轮组单轴 100 kN;采用砂石路面时,宜为双轮组单轴 75 kN。

6.5.5 田间道路设计应包括路线、路基、路面和其他设施,田间道路设计应符合 GB/T 30600、NY/T 2148 的规定。

6.6 农田防护与生态环境保持

6.6.1 根据因害设防原则合理设置保护和改善农田生态环境设施。受防护的农田面积比例不宜低于 90%。林木当年成活率宜达到 90%以上,3 年后保存率宜达到 85%以上,应做到林相整齐,结构合理。

6.6.2 农田防护林设计应包括林带走向、林带间距、林带宽度和林带结构等。新建农田林网设计和低效农田防护林改造应符合 GB/T 50817、GB/T 15776 的规定。

6.6.3 高标准农田建设应与流域水土保持综合治理和农田生态建设相结合,全面构筑高标准农田防洪、防水土流失、防污染等生态环境体系,应做到统一规划,同步实施。

6.6.4 农田生态环境保持设计应在全面调查水文水资源、工程地质、污染源等环境条件的基础上,按照因害设防的原则,合理布置农田防护设施。

6.6.5 高标准农田建设防洪应符合 GB 50201 的规定。

7 施工

7.1 应实行项目法人责任制、招投标制、合同制和工程监理制等基本制度;采用财政资金时,应遵守政府采购的有关规定;采用社会资金时,应接受建设管理机构的监督和检查。

7.2 应充分尊重当地农村集体经济组织和农民群众的意愿,开展公众参与,广泛征求当地农民意见,及时公告高标准农田建设方案。

7.3 施工单位应成立项目经理部,全面负责工程施工。项目经理部应明确项目经理、技术负责、质检等专人,并成立测量、质检、安全、财务、施工管理等专职部门,对工程施工进行全面管理。

7.4 应依据审批的规划设计方案开展施工。设计单位应提供详细的规划设计成果,对设计存在问题提出修改意见,对重大设计变更按项目管理程序进行审批。

7.5 开工前,施工单位应对工程施工现场条件进行分析,编制施工组织方案,根据施工工序要求,进行施工作业规划,保障施工期间人力、材料和机械的有效供应;集中安排环境保护措施,对施工区及周围环境进行保护,减少噪音、污水、粉尘、弃渣、垃圾等环境危害。

7.6 施工进度计划和进度控制应根据施工管理水平、施工机械化程度、劳动力供应等确定,统筹建筑材料供应。施工进度控制应确定关键工程和重要工程,明确开工、完工日期。其表述形式应采用横道图和网络图。

7.7 设计、施工和监理单位应建立质量管理体系,明确质量方针、质量目标和质量控制计划,建立质量目标责任制和群建群管的质量监督制度,由项目涉及的村委会成立群众质量监督小组,监督日常施工。质量检验人员应做好进场原材料、建筑产品检验,制定关键部位和冬雨季施工质量控制措施。开展单元工程质量评定,将工程质量控制措施落实在每一个施工工序中。

7.8 应实行资金管理专户,专款专用,严格管理;项目资金使用情况应每月报表,报项目法人审查;施工单位应建立专账,实行专人管理,接受项目法人等的审计。

7.9 应建立施工单位、项目部和施工作业层安全保证体系,形成专管成线、群管成网的安全管理体系。应制定施工安全操作规程,并应开展文明生产和安全宣传教育。

8 验收

8.1 验收组织

8.1.1 建设单位应及时提出竣工验收申请,逐级报至省级行政主管部门;项目验收工作应由项目审批部门组织实施,成立验收组织机构,应在项目完成后 3 个月内进行。

8.1.2 设计、施工、监理、供应商和建设管理等参建方应参与、配合验收工作。

8.2 验收条件

高标准农田建设项目验收应具备下列条件:

a) 完成批准的项目各项建设内容,有完整的技术档案和施工管理资料;

b) 有主要建筑材料、构配件和设备进场试验报告,主要设备及配套设施运行符合设计要求;

c) 编制完成竣工决算,并经有资质的审计机构或审计部门审计;

d) 设计、施工和监理等单位分别签署质量合格文件;有农业、水利、土地和环保等部门出具的验收认可文件;

e) 建设单位与施工单位签署工程保修书。

8.3 验收内容

8.3.1 项目竣工验收应符合有关法律、法规、技术标准,以及主管部门批复的设计文件、设计变更、修改文件、施工合同、监理签发的施工图纸和文件、设备技术说明书等要求。

8.3.2 验收内容应包括项目整体完成情况、建设质量情况、资金使用情况、执行法规情况、竣工档案整理情况、竣工决算与审计情况、运行和效益情况等。并应进行总结、评价。验收内容应符合 NY/T 1717 的规定。

8.4 验收要求

8.4.1 竣工验收时,项目建设内容应全部完成,档案资料整理合格,工程质量安全可靠,项目建设目标完成,项目初步验收合格,项目财务管理规范;工程使用前必须通过竣工验收。

8.4.2 项目建设单位应对验收档案资料收集整理负责;档案资料应真实、准确、齐全,并分类汇总装订成册;设计、施工、监理、招标、初步验收和竣工验收归档要求,应符合 NY/T 1717 的规定。

9 管理

9.1 基本农田保护管理

9.1.1 建设后的高标准农田应划定基本农田保护区,并应及时办理土地确权变更手续,依法予以保护。

9.1.2 建设后的高标准农田应进行编号,登记造册、建立档案、上图标注,设立保护标志,落实保护责任,实行永久保护。

9.1.3 应采用 RS(遥感技术)、GPS(全球定位系统)、GIS(地理信息系统)等技术手段对高标准农田建设、利用状况等进行定点定位管理,实现集中统一、全程全面、实时动态的管理目标。

9.2 工程管护

9.2.1 项目竣工验收后,应明确产权归属,及时办理产权交接手续。

9.2.2 工程管护应按"谁受益,谁管护"的原则,明确管护主体,落实管护措施、管护职责和管护义务,签订后期管护合同。

9.2.3 工程管护宜由农民专业合作社、家庭农场、村集体等新型经营主体承担,允许财政补助形成的资产转交合作社持有和管护。

9.2.4 工程管护应建立管护队伍。建立以政府为主导,农村集体经济组织、农户与专业管护人员相结合的管护体系。

9.2.5 工程管护应建立健全运行管护制度,管护主体应对工程设施经常检查和维护,确保长期有效发挥效益。

9.2.6 工程管护应明确管护经费来源和筹措方式。

9.3 统计

9.3.1 高标准农田建设应建立统计报表制度,定期统计、汇总和上报。

9.3.2 采用信息化手段,实行全面、全程、动态管理,各部门实现信息共享。

9.4 档案管理

9.4.1 项目立项、设计、预算、实施和竣工验收及图纸等档案资料,应立卷、归档,确保真实、准确和齐全。

9.4.2 档案资料质量应符合要求,统一装入盒内,并建立借阅制度。

9.5 技术培训

9.5.1 应加强各级科技服务组织、技术人员和农户技术培训,提高服务功能和管理水平。

9.5.2 技术培训内容应包括农田保护管理、工程管护、田间定位监测和实施效果监测等。

10 监测

10.1 效果监测

10.1.1 应对高标准农田建设后的成效等进行定点观测和现场调查,内容包括经济效益、社会效益、生态效益和耕地质量变化等。

10.1.2 观测和调查数据、资料应按有关规定建立档案,并妥善保存或移交有关部门。

10.2 田间定位监测

10.2.1 高标准农田建成后,应按土壤类型选择典型地段,开展耕地质量动态监测,包括土壤肥力、土壤重金属及污染、农田基础设施完整性、灌溉设备匹配性、灌溉水质、肥料投入及产量水平等;田间定位监测应按照 NY/T 1119 的规定执行。

10.2.2 高标准农田建成后应开展土壤墒情监测,包括关键农时土壤墒情、作物长势、灌溉和降水等,及时提出土壤干旱对种植管理的影响及对策,并定时发布信息;监测站(点)建设应按照 NY/T 1782 的规定执行。

10.2.3 病虫害虫源地及粮食主产区,应建立虫情监测站(点),及时发布病虫害发生趋势;虫情监测场建设应按照 GB/T 24689.7 的规定执行。

10.2.4 高标准农田建设区应进行地下水监测,并建立地下水监测数据管理信息系统。

11 评价

11.1 应开展高标准农田建设绩效评价,对建设情况进行全面调查、分析和评价。

11.2 应开展建设任务评价、工程建设质量和耕地质量评价、建设成效评价、建设管理评价、社会影响评价和综合评价,并将评价结果录入高标准农田建设监测监管系统。

ICS 65.020
B 34

中华人民共和国农业行业标准

NY/T 2991—2016

农机农艺结合生产技术规程　甘蔗

Code of practice of mechanized agronomy operation—Sugarcane

2016-11-01 发布　　2017-04-01 实施

中华人民共和国农业部　发布

前　言

本标准按照 GB/T 1.1—2009 给出的规则起草。

本标准由农业部种植业管理司提出。

本标准由农业部优质农产品开发服务中心归口。

本标准起草单位：福建农林大学、广西壮族自治区农业机械化技术推广总站、广东湛江农垦局、广西柳州汉森机械制造有限公司、云南省农业科学院甘蔗研究所、农业部甘蔗及制品质量监督检验测试中心。

本标准主要起草人：张华、陈世凡、陈超平、郭家文、陈特青、罗俊、李建茂、何波涛、袁照年、高三基、邓祖湖、徐良年、林兆里、黄潮华、吴晓莲。

农机农艺结合生产技术规程　甘蔗

1　范围

本标准规定了机械化蔗园选择、土地整理、联合播种、田间管理、联合收获及宿根管理等关键环节机械化作业规范及配套的农艺技术要求。

本标准适用于应用中大型甘蔗生产机械装备进行全程机械化作业的蔗园。

2　规范性引用文件

下列文件对于本文件的应用是必不可少的。凡是注日期的引用文件，仅注日期的版本适用于本文件。凡是不注日期的引用文件，其最新版本(包括所有的修改单)适用于本文件。

GB/T 17997　农药喷雾机(器)田间操作规程及喷洒质量评定

GB/T 29007　甘蔗地深耕、深松机械作业技术规范

NY/T 1646　甘蔗深耕机械　作业质量

3　蔗园选择

3.1　选址应地势平缓(≤10°)、土壤肥力中上、水利资源条件良好、交通便利。

3.2　蔗园连片面积≥200 亩，单位地块长≥200 m，宽≥25 m。田间道路宽≥4 m，田块与路面之间的高差≤5 cm，设计预留农机具下田、转弯掉头和物料装卸的充足空间。

3.3　以机具作业无障碍、连续作业效率高为原则进行土地整治，清理沟坎、线杆及耕层内的石质障碍物。

4　土地整理

4.1　深松

4.1.1　作业条件、作业路线和作业要求应符合 GB/T 29007 的相关要求。

4.1.2　宜采用标定功率 103 kW 以上的拖拉机悬挂 3 齿～4 齿深松铲进行耕深 45 cm 以上的深松作业。以穿透犁底层、不破心土层为原则，作业深度相对误差<10%，作业深度稳定性≥80%。

4.1.3　新植甘蔗前深松可轮次间隔采用单向深松和横向、纵向交叉深松的方式进行。

4.2　深耕

4.2.1　作业条件、作业路线和作业要求应符合 GB/T 29007 的相关要求。

4.2.2　宜采用标定功率 103 kW 以上的拖拉机悬挂 3 铧犁～4 铧犁进行耕深 35 cm 以上的深耕作业。以逐渐增加犁底层耕翻深度为原则，作业质量指标应符合 NY/T 1646 的规定。

4.2.3　土壤结构、营养特性与前作长势良好，机具装备与作业质量优良的机械化蔗园，深耕可替代部分轮次的深松作业。

4.3　碎土耙平

深耕后采用拖拉机配套圆盘耙或旋耕机进行横向、纵向碎土耙平。作业耕深 25 cm 以上，作业深度相对误差<10%，作业深度稳定性≥80%，碎土率≥55%，耙茬率≥80%，无漏耙。

5　联合播种

5.1　品种选择

选用高产、高糖、抗逆、宿根性好、分蘖性强、成茎率高、茎蘖长势整齐、直立抗倒、脱叶性好的适宜机

械化栽培品种。

5.2 种茎准备

选用健康种茎。采用段种式联合种植机播种的可用联合收割机采收蔗种，根据品种梢部芽情调整切梢器高度，调节收割机切段刀砍种长度，预砍抽查种芽损伤率≤5%；采用整秆式联合种植机播种的，可根据种植机承载量、单位地块行长及下种量，预先将适量蔗种置于田间便于装卸处，以提高作业效率。

5.3 种植规格

以轮不压垄为原则，采用宽行距、宽播幅种植，蔗垄中心点行距≥1.2 m。采用等行距种植方式的，播种幅宽宜在 25 cm～40 cm；采用宽窄行种植方式的，窄行间距宜在 40 cm～50 cm。

5.4 联合作业

5.4.1 开植沟

植沟深 20 cm～30 cm，沙质土、重耙平整地块和旱季开植沟宜深，开植沟深度合格率≥80%。

5.4.2 施肥施药

基肥施氮量占全生育期的 15%～25%，施磷量占全生育期的 80%以上，施钾量占全生育期的 15%～25%；应使用不需混拌、不易潮结、便于种植机下料顺畅的肥料和杀虫剂类型。

5.4.3 播种

每公顷下种量 10 万～12 万个芽，机械伤芽率≤5%，切口不合格率≤5%，漏播率≤5%。

5.4.4 覆土

覆土厚度 5 cm～8 cm，露芽率≤3%；土质偏沙或土壤颗粒直径>5 cm，植后旱、寒期较长的，覆土厚度可达 10 cm～15 cm。

5.4.5 压实

配套与播幅宽度相同或略宽的圆柱形压实辊进行压实，逢雨季浅覆土，可不须压实。

5.4.6 盖膜

如遇低温需盖膜，盖膜时土壤相对含水量宜在 70%以上，如水分不足，应淋水后盖膜。膜面尽量多露光，膜周盖土密实，不漏空。

6 田间管理

6.1 中耕小培土

6.1.1 作业时期

若甘蔗苗期受寒、旱、涝害影响或基肥用量偏少，长势较差或有脱肥现象，可在甘蔗分蘖初期采用拖拉机配套犁铲式或旋耕式中耕施肥机进行中耕小培土作业。

6.1.2 施肥施药

追肥施氮量占全生育期的 15%～25%，施钾量占全生育期的 15%～25%；应使用不需混拌、不易潮结、便于中耕施肥机下料顺畅的肥料和杀虫剂类型。

6.1.3 作业质量

作业深度 15 cm～25 cm，甘蔗损伤率≤5%，分蘖覆盖率≤5%，肥药覆盖率≥85%，施肥断条率≤4%。

6.2 中耕大培土

6.2.1 作业时期

以作业时拖拉机底盘及培土机机架不伤蔗梢为原则，在甘蔗分蘖盛期至拔节初期采用拖拉机配套犁铲式或旋耕式培土机进行，耕层深厚松碎或沙质土也可采用圆盘犁式培土机进行。

6.2.2 施肥施药

全生育期所需剩余养分在大培土时全部施入；应使用不需混拌、不易潮结、便于中耕培土机下料顺畅的肥料和杀虫剂类型。

6.2.3 作业质量

作业深度 25 cm～35 cm,甘蔗损伤率≤5%,肥药覆盖率≥85%,施肥断条率≤4%。采用等行距种植方式的,培土高度 8 cm～20 cm,并填实蔗丛基部,避免蔗丛中部空陷;采用宽窄行种植方式的,以垄间松土为主,培土为辅,尽量填实蔗丛基部。

6.3 喷洒化学药剂

应用喷雾机(器)喷洒除草剂、杀虫剂等化学药剂的田间操作规程及喷洒质量评定应符合 GB/T 17997 的要求。

7 联合收获

7.1 选取植期相同、成熟度一致、产量水平相当、品种特征(如脱叶性、抗倒伏性、蔗茎组织松脆度)相近的连片地块集中作业;预先清理田间石块等有损机具的杂物和障碍物,回收田间可移动式滴灌管(带),填实明暗凹坑深沟,铲平土包;田头应有 6 m 以上转弯调头空间,如空间不足,须先行收割田头甘蔗以留出转弯调头空间,收割后整平垄沟,便于机具行走。

7.2 驾驶操作人员应经培训合格,持证上岗。田间辅助人员应着醒目安全工作服,与作业机具保持 10 m 以上安全距离,收割机行走正前方 50 m 内严禁无关人员活动,作业区应有警示标识。

7.3 收获宜在蔗地干爽条件下进行,田间转装车须由田头出入,沿沟内行驶,不得横跨垄沟碾压蔗蔸。收获甘蔗及时进厂入榨,收获作业质量应符合表 1 的规定。

表 1 联合收获作业质量指标

序号	项 目	指 标
1	切割高度合格率,%	≥95
2	宿根破头率,%	≤10
3	蔗段合格率,%	≥92.5
4	含杂率,%	≤10
5	总损失率,%	≤5
6	纯工作小时生产率,t/h	达到产品说明书的规定

8 宿根管理

8.1 破垄松蔸

宿根蔗出苗可见行时,择气温回暖的晴好天气采用拖拉机配套犁铲式、旋耕式破垄机进行破垄松蔸,耕层深厚、较疏松或沙质土也可采用圆盘式破垄机进行。采用卫星导航控制系统在预设线路作业的利于提早进行。气候适宜、土壤肥力好、宿根出苗迅速、茎蘖旺盛整齐的,也可将破垄松蔸和大培土结合一次性完成。

8.2 施肥施药

破垄松蔸施氮量占全生育期的 30%～40%,施磷量占全生育期的 80%以上,施钾量占全生育期的 20%～30%;大培土时将剩余养分全部施入。应使用不需混拌、不易潮结、便于机具下料顺畅的肥料和杀虫剂类型。

8.3 作业质量

破垄松蔸作业耕深 20 cm～35 cm,甘蔗损伤率≤5%,肥药覆盖率≥85%,施肥断条率≤4%。大培土及其他作业质量要求同新植蔗。

ICS 67.220
B 36

中华人民共和国农业行业标准

NY/T 3003—2016

热带作物种质资源描述及评价规范 胡椒

Descriptive and evaluating standards for germplasm resources of tropical crop—*Piper* spp.

2016-11-01 发布　　2017-04-01 实施

中华人民共和国农业部 发布

前　　言

本标准按照 GB/T 1.1—2009 给出的规则起草。

本标准由农业部农垦局提出。

本标准由农业部热带作物及制品标准化技术委员会归口。

本标准起草单位：中国热带农业科学院香料饮料研究所。

本标准主要起草人：邬华松、郝朝运、杨建峰、邢谷杨、谭乐和、胡丽松、郑维全、桑利伟、范睿、伍宝朵。

热带作物种质资源描述及评价规范　胡椒

1　范围

本标准规定了胡椒科(Piperaceae)胡椒属(*Piper* L.)种质资源描述及评价的要求和方法。

本标准适用于胡椒属种质资源相关性状的描述及评价。

2　规范性引用文件

下列文件对于本文件的应用是必不可少的。凡是注日期的引用文件,仅注日期的版本适用于本文件。凡是不注日期的引用文件,其最新版本(包括所有的修改单)适用于本文件。

GB/T 2260　中华人民共和国行政区划代码

GB/T 2659　世界各国和地区名称代码

GB/T 12316　感官分析方法　"A"—非"A"检验方法

GB/T 12404　单位隶属关系代码

GB/T 12729.12　香辛料和调味品　不挥发性乙醚抽提物的测定

GB/T 17527　胡椒精油含量的测定

GB/T 17528　胡椒碱含量的测定

NY/T 455　胡椒

NY/T 2808　胡椒初加工技术规程

AOAC 996.11　谷物中总量淀粉的测定

3　要求

3.1　样本采集

除特殊说明外,随机选取株龄不低于3年、不高于10年、正常生长开花结果的植株为代表性样本,每份资源样本采集3株～6株。

3.2　数据采集

每个性状数据应为同一地点采集至少两个结果周期的鉴定数据,其中数量性状以2年平均值表示。

3.3　数据采集地点

数据采集地点的环境条件应能够满足胡椒植株正常生长及其性状的正常表达。

3.4　描述及评价内容

描述及评价内容见表1。

表1　胡椒种质资源描述及评价内容

类别	描述及评价内容
基本信息	种质库编号、种质圃编号、采集号、引种号、种质名称、种质外文名、科名、属名、学名、种质类型、主要特性、主要用途、系谱、育种手段、繁殖方式、选育单位、育成年份、原产国、原产省、原产地、采集地、采集地经度、采集地纬度、采集地海拔、采集单位、采集时间、采集材料、保存单位、保存种质类型、种质定植时间、种质更新时间、图像、鉴定评价机构、鉴定评价地点、备注

表 1 （续）

类别	描述及评价内容
植物学特征	生活型、株高、冠幅、茎粗度、茎被毛、茎气生根数量、茎光滑度、茎颜色、分枝特性、侧枝着生方向、最长一级分枝长度、最长一级分枝节数、枝条密度、嫩叶颜色、叶颜色、叶形、叶质地、叶长、叶宽、叶柄长、叶基形状、叶尖形状、叶缘形状、叶脉类型、叶脉数量、叶背被毛、叶腹被毛、花序方向、花序形状、花序颜色、花序类型、花序长度、花序宽度、苞片形状、雄蕊数量、柱头数量、果序长度、果实形状、果实着生情况、成熟果实颜色、果实长、果实宽、果实有无疣状突起、鲜果千粒体积、鲜果千粒重、种子形状、种子质地、种子颜色、种子千粒体积、种子千粒重、备注
农艺学性状	抽梢期、梢稳定期、初花期、末花期、果实发育期、果实成熟期、坐果率、单株鲜果重、单株黑胡椒产量、单株白胡椒产量、黑胡椒鲜干比、白胡椒鲜干比
品质性状	产品外观、产品风味、黑胡椒淀粉含量、白胡椒淀粉含量、黑胡椒挥发油含量、白胡椒挥发油含量、黑胡椒不挥发性乙醚提取物含量、白胡椒不挥发性乙醚提取物含量、黑胡椒胡椒碱含量、白胡椒胡椒碱含量
抗病性状	抗胡椒瘟病性状

4 描述评价方法

4.1 基本信息

4.1.1 种质库编号

进入国家种质资源长期保存库的种质用统一种质库编号，按“GK＋HJ＋4 位顺序码”组成。顺序码从“0001”到“9999”。每份种质具有唯一的种质库编号。

4.1.2 种质圃编号

种质资源保存圃编号，由“单位代码＋HJ＋4 位顺序码”组成。单位代码按照 GB/T 12404 的规定执行，如该单位代码未列入 GB/T 12404 中，则由该单位汉语拼音的大写首字母组成。顺序码从“0001”到“9999”。

4.1.3 采集号

种质在野外采集时赋予的编号，由“年份＋2 位省份代码＋4 位顺序号”组成。顺序号从“0001”到“9999”。

4.1.4 引种号

种质从外地引入时赋予的编号，由“年份＋4 位顺序号”组成。顺序号从“0001”到“9999”。如“20140024”，前 4 位表示引种年份，后 4 位为顺序号。每份引进种质具有唯一的引种号。

4.1.5 种质名称

种质的中文名称。如果有多个名称，可把其他名称放在英文括号内，用英文逗号分隔；国外引进种质如果没有中文译名，直接填写种质外文名。

4.1.6 种质外文名

国外引进种质的外文名和国内种质的汉语拼音名，每个汉字的首字拼音大写，字间用连接符。

4.1.7 科名

胡椒科（Piperaceae）。

4.1.8 属名

胡椒属（*Piper* L.）。

4.1.9 学名

种质资源的植物学名称。

4.1.10 种质类型

种质资源的类型分为：

a) 野生资源；

b) 地方品种(品系)；

c) 引进品种(系)；

d) 选育品种(系)；

e) 特殊遗传材料；

f) 其他。

4.1.11 主要特性

种质资源的主要特性分为：

a) 高产；

b) 稳产；

c) 优质；

d) 抗病；

e) 抗虫；

f) 抗逆；

g) 其他。

4.1.12 主要用途

种质资源的主要用途分为：

a) 食用；

b) 药用；

c) 观赏；

d) 砧木用；

e) 育种用；

f) 其他。

4.1.13 系谱

种质资源的系谱为选育品种(系)和引进品种(系)的亲缘关系。

4.1.14 育种手段

育种手段分为：

a) 自花授粉；

b) 异花授粉；

c) 种间杂交；

d) 种内杂交；

e) 无性选择；

f) 人工诱变；

g) 其他。

4.1.15 繁殖方式

繁殖方式分为：

a) 嫁接繁殖；

b) 扦插繁殖；

c) 种子繁殖；

d) 组培繁殖；

e) 其他。

4.1.16 **选育单位**

选育胡椒品种(系)的单位或个人全称。

4.1.17 **育成年份**

品种(系)通过新品种审定、品种登记或品种权申请公告的年份,用4位阿拉伯数字表示。

4.1.18 **原产国**

种质资源的原产国家、地区或国际组织名称。国家和地区名称按照 GB/T 2659 的规定执行,如该国家名称现不使用,应在原国家名称前加"前"。

4.1.19 **原产省**

省份名称按照 GB/T 2260 的规定执行。国外引进种质原产省用原产国家一级行政区的名称。

4.1.20 **原产地**

国内种质资源的原产县、乡、村名称。县名按照 GB / T 2260 的规定执行。

4.1.21 **采集地**

国内种质资源采集的来源省、县名称;国外引进或采集种质资源的来源国家、地区名称或国际组织名称。

4.1.22 **采集地经度**

单位为度(°)和分(′)。记录格式为"DDDFF",其中"DDD"为度,"FF"为分。东经为正值,西经为负值,例如,"11834"代表东经 118°34′,"－11834"代表西经 118°34′。

4.1.23 **采集地纬度**

单位为度(°)和分(′)。记录格式为"DDFF",其中 DD 为度,FF 为分。北纬为正值,南纬为负值,例如,"2345"代表北纬 23°45′,"－2345"代表南纬 23°45′。

4.1.24 **采集地海拔**

单位为米(m)。

4.1.25 **采集单位**

种质资源采集单位或个人全称。

4.1.26 **采集时间**

以"年月日"表示,记录格式为"YYYYMMDD",其中"YYYY"代表年份,"MM"代表月份,"DD"代表日期。

4.1.27 **采集材料**

采集材料分为:

a) 种子;
b) 果实;
c) 芽;
d) 根;
e) 茎;
f) 叶片;
g) 花粉;
h) 组培材料;
i) 扦插苗;
j) 嫁接苗;
k) 实生苗;
l) 其他。

4.1.28 **保存单位**

负责繁殖并提交入国家种质资源圃保存的单位或个人全称。

4.1.29 保存种质类型

保存种质类型分为：

a) 植株；

b) 种子；

c) 组织培养物；

d) 花粉；

e) DNA；

f) 其他。

4.1.30 种质定植时间

种质资源在种质圃中定植的时间。以“年月日”表示，记录格式为“YYYYMMDD”。

4.1.31 种质更新时间

种质资源在种质圃中重植的时间。以“年月日”表示，记录格式为“YYYYMMDD”。

4.1.32 图像

种质资源的图像文件名，图像格式为.jpg。图像文件名由统一编号（图像种质编号）加“－”加序号加“.jpg”组成。图像要求 600 dpi 以上或 1 024×768 像素以上。

4.1.33 鉴定评价机构

种质资源鉴定评价的机构，单位名称应写全称。

4.1.34 鉴定评价地点

种质资源形态特征和生物学特性的鉴定评价地点，记录到省和县名。

4.1.35 备注

资源收集者了解的生态环境主要信息、产量、栽培实践等。

4.2 植物学特征

4.2.1 生活型

观测植株外观特征确定生活型。分为：

a) 直立草本（茎草质，木质化程度低，直立生长）；

b) 藤本（茎细长，气生根发达，不能直立，依附支持物缠绕或攀缘向上生长）；

c) 灌木（茎木质化程度高，丛生，无明显直立主干）；

d) 小乔木（茎木质化程度高，具明显直立主干）。

4.2.2 株高

测量从地面到植株顶部的高度，计算平均值。单位为米（m），精确到 0.1 m。

4.2.3 冠幅

测量植株最宽处的东西和南北方向树冠直径，计算平均值。单位为米（m），精确到 0.1 m。

4.2.4 茎粗度

测量植株茎直径，计算平均值。单位为毫米（mm），精确到 1 mm。其中，直立草本测量距地面约 10 cm、粗度一致的部位；藤本和灌木测量距地面约 20 cm、粗度一致的部位；小乔木测量距地面约 120 cm、粗度一致的部位。

4.2.5 茎被毛

观察或触摸茎是否被毛。分为：

a) 无；

b) 有。

4.2.6 茎气生根数量

每株选取1根茎，其中直立草本种质选取草质茎，藤本种质选取主蔓，灌木种质选取茎干，乔木种质选取主干。观测茎的节数量及气生根数量，计算每节气生根数量的平均值。单位为条，精确到1条。分为：

a) 无(茎气生根数量为0条)；

b) 少(1条≤茎气生根数量<5条)；

c) 中(5条≤茎气生根数量<10条)；

d) 多(茎气生根数量≥10条)。

4.2.7 茎光滑度

观察或触摸茎表面，确定茎光滑度。分为：

a) 光滑；

b) 中等；

c) 粗糙。

4.2.8 茎颜色

观察茎表面颜色，以标准色卡按最大相似原则确定茎颜色。分为：

a) 棕色；

b) 褐色；

c) 黄绿色；

d) 绿色；

e) 其他。

4.2.9 分枝特性

样本同4.2.6，统计节数和一级分枝数，计算一级分枝数占节数的百分率。用百分数(%)表示，精确到1%。分为：

a) 少(占比<40%)；

b) 中(40%≤占比<80%)；

c) 多(占比≥80%)。

4.2.10 侧枝着生方向

在每株中部选取3个枝序，测量枝序中轴与主茎的夹角，计算平均值。单位为度(°)，精确到1°。依据夹角确定侧枝着生方向。分为：

a) 直立(夹角<45°)；

b) 平展(45°≤夹角<135°)；

c) 下垂(夹角≥135°)。

4.2.11 最长一级分枝长度

测量每株最长一级分枝从基部到顶端的长度，计算平均值。单位为厘米(cm)，精确到1 cm。

4.2.12 最长一级分枝节数

统计每株最长一级分枝的节数，计算平均值。单位为节，精确到1节。

4.2.13 枝条密度

样本同4.2.6，统计一级分枝的小枝数量，计算平均值，确定枝条密度。单位为条，精确到1条。其中，藤本种质统计植株中部的3个一级分枝；直立草本、灌木和小乔木种质统计从植株出现分枝至植株顶端中间部位的3个一级分枝。分为：

a) 稀疏(枝条密度<10条)；

b) 中等(10条≤枝条密度<20条)；

c) 稠密(枝条密度≥20条)。

4.2.14 嫩叶颜色

在新梢抽生期选择抽出约 10 d 的嫩叶 10 片，观察嫩叶颜色，以标准色卡按最大相似原则确定嫩叶颜色。分为：

a) 淡绿色；
b) 黄绿色；
c) 绿色；
d) 深绿色；
e) 其他。

4.2.15 叶颜色

选择植株中部最外侧小枝顶芽下第 3 片～第 5 片稳定叶 10 片，观察叶颜色，以标准色卡按最大相似原则确定叶颜色。分为：

a) 淡绿色；
b) 黄绿色；
c) 绿色；
d) 深绿色；
e) 其他。

4.2.16 叶形

样本同 4.2.15，参考图 1 以最大相似原则确定叶形。分为：

a) 心形；
b) 阔卵形；
c) 卵形；
d) 椭圆形；
e) 长椭圆形；
f) 披针形；
g) 其他。

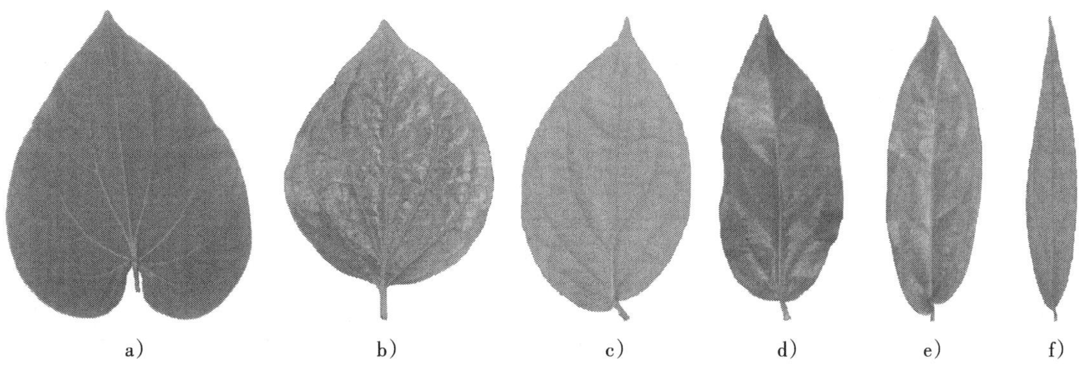

图 1 叶 形

4.2.17 叶质地

样本同 4.2.15，观察或触摸叶质地。分为：

a) 膜质；
b) 纸质；
c) 厚纸质；
d) 革质。

4.2.18 叶长

样本同 4.2.15,按图 2 所示测量叶的长度,计算平均值。单位为厘米(cm),精确到 0.1 cm。

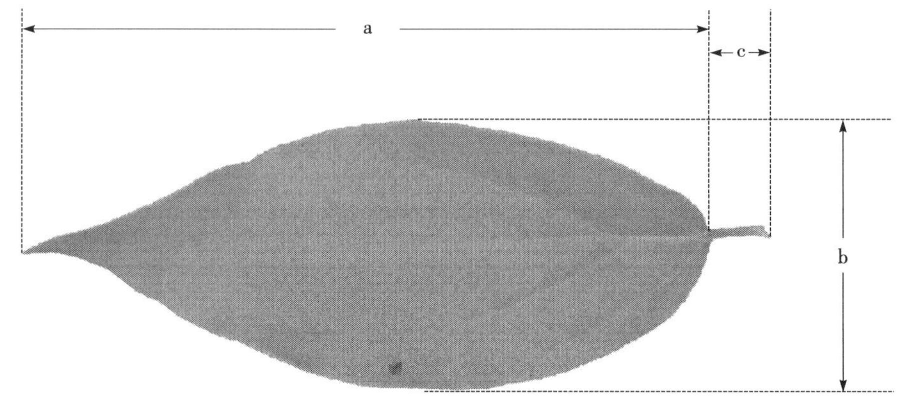

说明:

a——叶长;

b——叶宽;

c——叶柄长。

图 2　叶长、叶宽和叶柄长

4.2.19　叶宽

样本同 4.2.15,按图 2 所示测量叶的宽度,计算平均值。单位为厘米(cm),精确到 0.1 cm。

4.2.20　叶柄长

样本同 4.2.15,按图 2 所示测量叶柄的长度,计算平均值。单位为厘米(cm),精确到 0.1 cm。

4.2.21　叶基形状

样本同 4.2.15,参考图 3 以最大相似原则确定叶基形状。分为:

a) 盾状;

b) 心形;

c) 圆形;

d) 楔形;

e) 歪斜;

f) 其他。

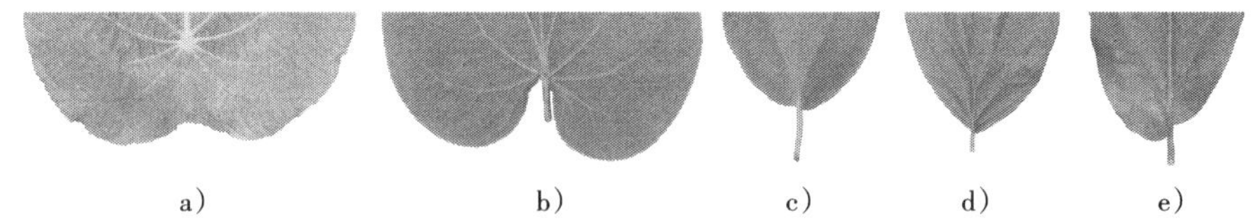

a)　　b)　　c)　　d)　　e)

图 3　叶基形状

4.2.22　叶尖形状

样本同 4.2.15,参考图 4 以最大相似原则确定叶尖形状。分为:

a) 渐尖;

b) 锐尖;

c) 其他。

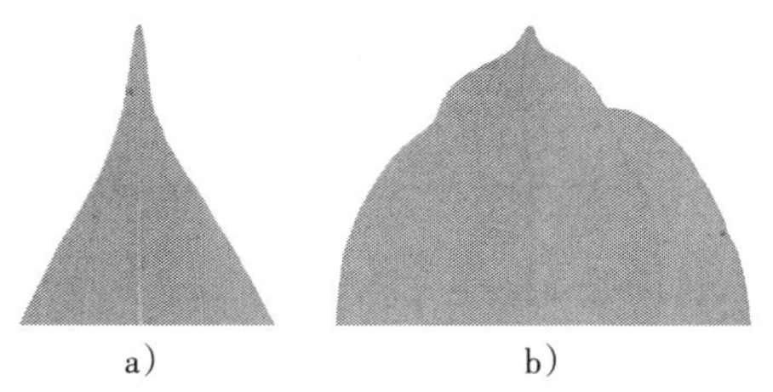

a)　　　　b)

图 4　叶尖形状

4.2.23　叶缘形状

样本同 4.2.15,参考图 5 以最大相似原则确定叶缘形状。分为:

a)　全缘;

b)　波状。

a)　　　　b)

图 5　叶缘形状

4.2.24　叶脉类型

样本同 4.2.15,参考图 6 以最大相似原则确定叶脉类型。分为:

a)　掌状脉;

b)　羽状脉。

a)　　　　b)

图 6　叶脉类型

4.2.25　叶脉数量

样本同 4.2.15,统计叶上一级叶脉的数量。单位为条,精确到 1 条。分为:

a) 少(叶脉数量<5 条);

b) 中(5 条≤叶脉数量<9 条);

c) 多(叶脉数量≥9 条)。

4.2.26 叶背被毛

样本同 4.2.15,观察或触摸叶背面是否被毛。分为:

a) 无毛;

b) 仅中脉有毛;

c) 有毛。

4.2.27 叶腹被毛

样本同 4.2.15,观察或触摸叶腹面是否被毛。分为:

a) 无毛;

b) 仅中脉有毛;

c) 有毛。

4.2.28 花序方向

在盛花期,选取具有该种质典型特征的 10 个新开放的花序,参照图 7 以最大相似原则确定花序生长情况。分为:

a) 下垂;

b) 直立。

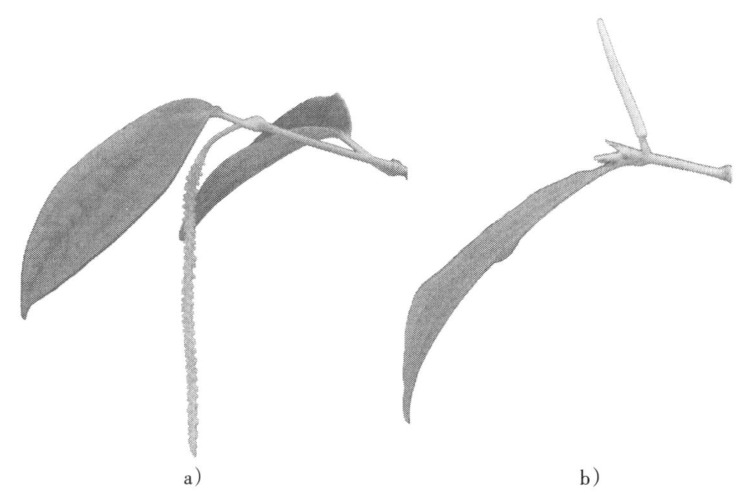

图 7 花序方向

4.2.29 花序形状

样本同 4.2.28,参考图 8 以最大相似原则确定花序形状。分为:

a) 线形;

b) 圆柱形;

c) 圆锥形;

d) 近球形;

e) 其他。

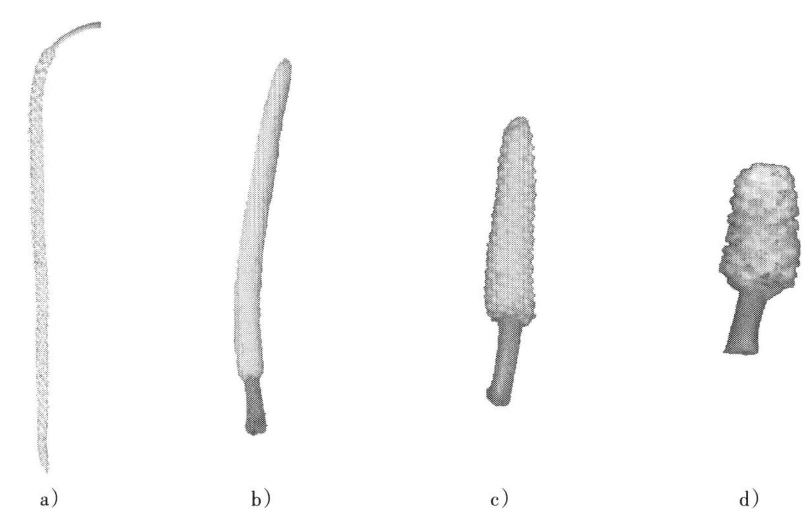

图 8　花序形状

4.2.30　花序颜色

样本同 4.2.28,用标准色卡按最大相似原则确定花序颜色。分为:

a)　白色;

b)　浅黄色;

c)　黄色;

d)　黄绿色;

e)　绿色;

f)　紫色;

g)　其他。

4.2.31　花序类型

样本同 4.2.28,用解剖镜观察统计花序上雌花、雄花和两性花的数量,确定花序类型。分为:

a)　全部是雄花;

b)　雄花占 50%以上;

c)　雌花占 50%以上;

d)　全部是雌花;

e)　两性花占 50%以上;

f)　全部是两性花;

g)　其他。

4.2.32　花序长度

样本同 4.2.28,测量从花序基部到顶端的长度,计算平均值。单位为厘米(cm),精确到 0.1 cm。分为:

a)　极短(花序长度<1.0 cm);

b)　短(1.0 cm≤花序长度<5.0 cm);

c)　中(5.0 cm≤花序长度<10.0 cm);

d)　长(10.0 cm≤花序长度<15.0 cm);

e)　极长(花序长度≥15.0 cm)。

4.2.33　花序宽度

样本同 4.2.28,测量花序中间部位的宽度,计算平均值。单位为毫米(mm),精确到 0.1 mm。分为：

a） 窄（花序宽度＜4.0 mm）；

b） 中（4.0 mm≤花序宽度＜7.0 mm）；

c） 宽（花序宽度≥7.0 mm）。

4.2.34 苞片形状

样本同 4.2.28，用解剖镜观察花朵苞片，参考图 9 以最大相似原则确定苞片形状。分为：

a） 圆形；

b） 倒卵形；

c） 倒卵状长圆形；

d） 长圆形；

e） 三角形；

f） 其他。

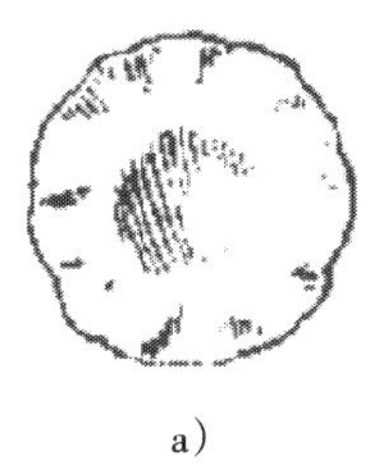
a）

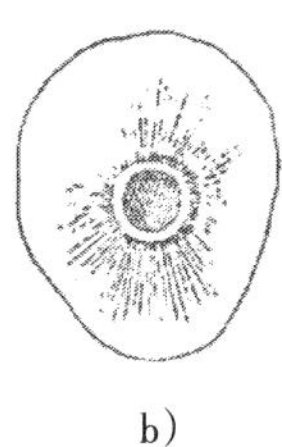
b）

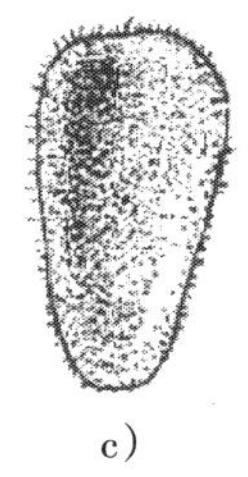
c）

d）

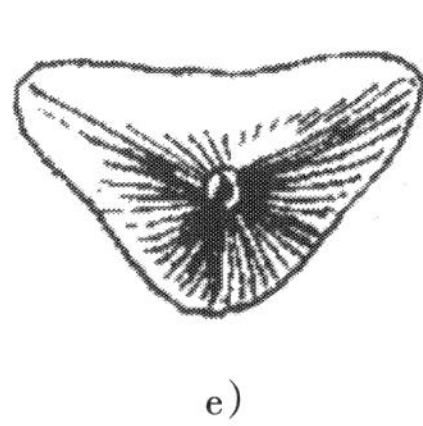
e）

图 9 苞片形状

4.2.35 雄蕊数量

样本同 4.2.28，用解剖镜观察统计花序上雄花或两性花的雄蕊数量。单位为个，精确到 1 个。

4.2.36 柱头数量

样本同 4.2.28，用解剖镜观察统计花序上雌花或两性花的柱头数量。单位为个，精确到 1 个。

4.2.37 果序长度

在盛果期，选取具有该种质典型特征的 10 个成熟果序，测量从果序基部到顶端的长度，计算平均值。单位为厘米（cm），精确到 0.1 cm。分为：

a） 极短（果序长度＜2.0 cm）；

b） 短（2.0 cm≤果序长度＜7.0 cm）；

c） 中（7.0 cm≤果序长度＜15.0 cm）；

d） 长（15.0 cm≤果序长度＜25.0 cm）；

e） 极长（果序长度≥25.0 cm）。

4.2.38 果实形状

样本同 4.2.37，选取具有该种质典型特征的 50 粒成熟果实，参考图 10 以最大相似原则确定果实形状。分为：

a） 球形；

b） 卵形；

c） 椭圆形；

d） 长圆形；

e） 倒卵形；

f） 其他。

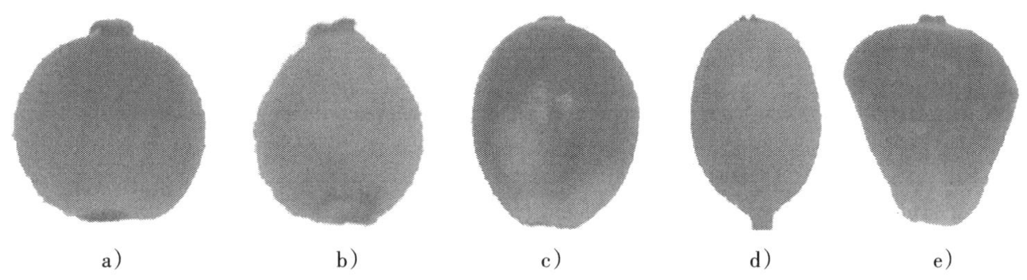

a)　　b)　　c)　　d)　　e)

图 10　果实形状

4.2.39　果实着生情况

样本同 4.2.37。参考图 11 以最大相似原则确定果实在果序轴上的着生情况。分为：

a)　离生具果柄；

b)　离生无果柄；

c)　部分嵌合；

d)　完全嵌合。

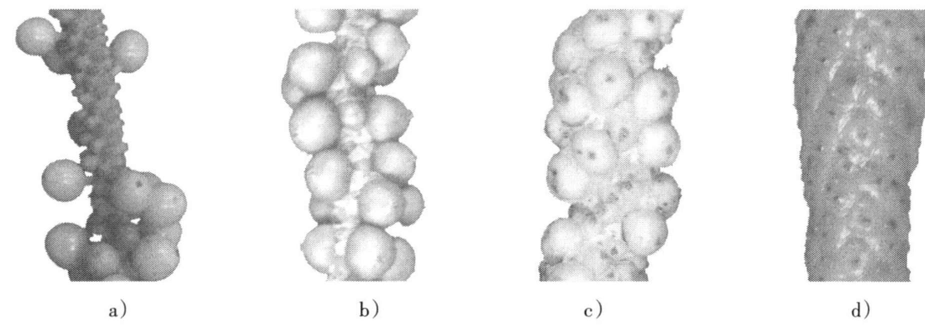

a)　　b)　　c)　　d)

图 11　果实着生情况

4.2.40　成熟果实颜色

在成熟期，观察成熟果实颜色，用标准色卡按最大相似原则确定成熟果实颜色。分为：

a)　绿色；

b)　黄色、橘黄色至红色；

c)　灰黑色；

d)　其他。

4.2.41　果实长

样本同 4.2.37，测量果实基部至顶端的最大长度，计算平均值。单位为毫米(mm)，精确到 0.1 mm。分为：

a)　短(果实长<3.0 mm)；

b)　中(3.0 mm≤果实长<6.0 mm)；

c)　长(果实长≥6.0 mm)。

4.2.42　果实宽

样本同 4.2.37，测量果实最大横切面的最大直径，计算平均值。单位为毫米(mm)，精确到 0.1 mm。分为：

a)　窄(果实宽<3.0 mm)；

b)　中(3.0 mm≤果实宽<6.0 mm)；

c)　宽(果实宽≥6.0 mm)。

4.2.43 **果实有无疣状突起**

样本同4.2.37,用解剖镜观察果实表面有无疣状突起。分为:

a) 无;

b) 有。

4.2.44 **鲜果千粒体积**

在成熟期,随机抽取1 000粒成熟果实,采用量筒排水法测量体积。单位为立方厘米(cm^3),精确到1 cm^3。分为:

a) 小(鲜果千粒体积<75 cm^3);

b) 中(75 cm^3≤鲜果千粒体积<150 cm^3);

c) 大(鲜果千粒体积≥150 cm^3)。

4.2.45 **鲜果千粒重**

样本同4.2.44,用电子天平称重。单位为克(g),精确到0.1 g。分为:

a) 轻(鲜果千粒重<50.0 g);

b) 中(50.0 g≤鲜果千粒重<100.0 g);

c) 重(鲜果千粒重≥100.0 g)。

4.2.46 **种子形状**

样本同4.2.44,成熟果实经脱皮、晒干,选取具有该种质典型特征的50粒种子,用解剖镜观察种子形状。分为:

a) 圆形;

b) 卵形;

c) 椭圆形;

d) 其他。

4.2.47 **种子质地**

样本同4.2.46,观察种子表面质地。分为:

a) 光滑;

b) 有纹路。

4.2.48 **种子颜色**

样本同4.2.46,用标准色卡按最大相似原则确定种子颜色。分为:

a) 白;

b) 灰白;

c) 棕色;

d) 黑色;

e) 其他。

4.2.49 **种子千粒体积**

样本同4.2.46,随机选取1 000粒种子,用量筒排水法测量体积。单位为立方厘米(cm^3),精确到1 cm^3。分为:

a) 小(种子千粒体积<20 cm^3);

b) 中(20.0 cm^3≤种子千粒体积<36 cm^3);

c) 大(种子千粒体积≥36 cm^3)。

4.2.50 **种子千粒重**

样本同4.2.49,用电子天平称重。单位为克(g),精确到0.1 g。分为:

a) 轻(种子千粒重<25.0 g);

b) 中(25.0 g≤种子千粒重<45.0 g);

c) 重(种子千粒重≥45.0 g)。

4.2.51 备注

填写其他任何需要补充的信息,特别是上述项目中分类等级的“其他”项。

4.3 农艺学性状

4.3.1 抽梢期

一年中定期观察整个植株,以约25%枝条开始抽梢的日期为抽梢期。以“月日”表示,记录格式为“MMDD”。

4.3.2 梢稳定期

观察记录枝梢叶颜色稳定的日期为梢稳定期。以“月日”表示,记录格式为“MMDD”。

4.3.3 初花期

观察记录植株5%~10%果枝开始抽出花序的日期为初花期。以“月日”表示,记录格式为“MMDD”。

4.3.4 末花期

观察记录植株75%以上果枝完成抽序的日期为末花期。以“月日”表示,记录格式为“MMDD”。

4.3.5 果实发育期

在每株中部选取具有该种质典型特征的10个具有雌花或两性花的花序,观察记录从凋谢到果实成熟的时间,计算平均值。单位为天(d),精确到1 d。

4.3.6 果实成熟期

观测记录植株10%的果序成熟可采至90%的果序成熟可采的时间,作为果实成熟期。以“月日~月日”表示,记录格式为“MMDD~MMDD”。

4.3.7 坐果率

样本同4.3.6,在果实成熟期,观察记录发育正常的果实数量和未正常发育的果实数量,计算正常发育果实数占总数的比例,计算平均值。用百分数(%)表示,精确到1%。分为:

a) 极低(坐果率<20%);

b) 低(20%≤坐果率<40%);

c) 中(40%≤坐果率<60%);

d) 高(60%≤坐果率<80%);

e) 极高(坐果率≥80%)。

4.3.8 单株鲜果重

在收获期采收植株正常发育的成熟新鲜果实并称重,计算平均值。单位为千克每年(kg/年),精确到0.1 kg/年。分为:

a) 低产(单株鲜果重<4.0 kg/年);

b) 中产(4.0 kg/年≤单株鲜果重<8.0 kg/年);

c) 高产(单株鲜果重≥8.0 kg/年)。

4.3.9 单株黑胡椒产量

样本同4.3.8,按照NY/T 2808的方法制作白胡椒称重,计算平均值。单位为千克每年(kg/年),精确到0.1 kg/年。分为:

a) 低产(单株黑胡椒产量<1.3 kg/年);

b) 中产(1.3 kg/年≤单株黑胡椒产量<2.6 kg/年);

c) 高产(单株黑胡椒产量≥2.6 kg/年)。

4.3.10 单株白胡椒产量

样本同4.3.8,按照NY/T 2808的方法制作白胡椒称重,计算平均值。单位为千克每年(kg/年),精确到0.1 kg/年。分为:

a) 低产(单株白胡椒产量<1.0 kg/年);

b) 中产(1.0 kg/年≤单株白胡椒产量<2.0 kg/年);

c) 高产(单株白胡椒产量≥2.0 kg/年)。

4.3.11 黑胡椒鲜干比

根据4.3.8和4.3.9的结果,计算单株黑胡椒产量占单株鲜果重的百分率,计算平均值。用百分数(%)表示,精确到1%。分为:

a) 低(黑胡椒鲜干比<20%);

b) 中(20%≤黑胡椒鲜干比<40%);

c) 高(黑胡椒鲜干比≥40%)。

4.3.12 白胡椒鲜干比

根据4.3.8和4.3.10的结果,计算单株白胡椒产量占单株鲜果重的百分率,计算平均值。用百分数(%)表示,精确到1%。分为:

a) 低(白胡椒鲜干比<15%);

b) 中(15%≤白胡椒鲜干比<30%);

c) 高(白胡椒鲜干比≥30%)。

4.4 品质性状

4.4.1 产品外观

利用4.3.9和4.3.10获得的样本,按照NY/T 455的方法,根据大小、饱满度和颜色等综合评价外观品质。分为:

a) 差(大小不一致,欠饱满,颜色差异大);

b) 中(大小不一致,饱满欠均匀,颜色差异不大);

c) 好(大小基本一致,饱满,颜色基本一致)。

4.4.2 产品风味

利用4.3.9和4.3.10获得的样本,按照GB/T 12316和NY/T 455的方法,按照下列级别进行描述,以最多的选项为准。分为:

a) 一般(辛辣度一般、香气淡);

b) 辛辣(辛辣度明显、有香气);

c) 芳香辛辣(辛辣度很明显、香气浓郁)。

4.4.3 黑胡椒淀粉含量

利用4.3.9获得的样本,按照AOAC 996.11的方法,测定黑胡椒中淀粉含量,计算平均值。用百分数(%)表示,精确到1%。分为:

a) 低(黑胡椒淀粉含量<40%);

b) 中(40%≤黑胡椒淀粉含量<60%);

c) 高(黑胡椒淀粉含量≥60%)。

4.4.4 白胡椒淀粉含量

利用4.3.10获得的样本,按照AOAC 996.11的方法,测定白胡椒中淀粉含量,计算平均值。用百分数(%)表示,精确到1%。分为:

a) 低(白胡椒淀粉含量<40%);

b) 中(40%≤白胡椒淀粉含量<60%);

c) 高(白胡椒淀粉含量≥60%)。

4.4.5 黑胡椒挥发油含量

利用4.3.9获得的样本,按照GB/T 17527的方法,测定黑胡椒中挥发油含量,计算平均值。单位为毫升每百克(mL/100g),精确到0.1 mL/100g。分为:

a) 低(含量<1.5 mL/100g);

b) 中(1.5 mL/100g≤含量<3.0 mL/100g);

c) 高(含量≥3.0 mL/100g)。

4.4.6 白胡椒挥发油含量

利用4.3.10获得的样本,按照GB/T 17527的方法,测定白胡椒中挥发油含量,计算平均值。单位为毫升每百克(mL/100 g),精确到0.1 mL/100 g。分为:

a) 低(含量<1.0 mL/100 g);

b) 中(1.0 mL/100 g≤含量<2.0 mL/100 g);

c) 高(含量≥2.0 mL/100 g)。

4.4.7 黑胡椒不挥发性乙醚提取物含量

利用4.3.9获得的样本,按照GB/T 12729.12的方法,测定黑胡椒中不挥发性乙醚抽提物含量,计算平均值。用百分数(%)表示,精确到0.1%。分为:

a) 低(含量<4.0%);

b) 中(4.0%≤含量<8.0%);

c) 高(含量≥8.0%)。

4.4.8 白胡椒不挥发性乙醚提取物含量

利用4.3.10获得的样本,按照GB/T 12729.12的方法,测定白胡椒中不挥发性乙醚抽提物含量,计算平均值。用百分数(%)表示,精确到0.1%。分为:

a) 低(含量<5.0%);

b) 中(5.0%≤含量<10.0%);

c) 高(含量≥10.0%)。

4.4.9 黑胡椒胡椒碱含量

利用4.3.9获得的样本,按照GB/T 17528的方法,测定黑胡椒中胡椒碱含量,计算平均值。用百分数(%)表示,精确到0.1%。分为:

a) 低(含量<4.0%);

b) 中(4.0%≤含量<6.0%);

c) 高(含量≥6.0%)。

4.4.10 白胡椒胡椒碱含量

利用4.3.10获得的样本,按照GB/T 17528的方法,测定白胡椒中胡椒碱含量,计算平均值。用百分数(%)表示,精确到0.1%。分为:

a) 低(含量<3.0%);

b) 中(3.0%≤含量<5.0%);

c) 高(含量≥5.0%)。

4.5 抗胡椒瘟病性状

参见附录A执行。

附　录　A
（资料性附录）
胡椒种质资源抗胡椒瘟病鉴定

A.1　适用范围

本附录适用于胡椒种质资源抗胡椒瘟病的鉴定。

A.2　仪器设备

显微镜、超净工作台、摇床、恒温培养箱、离心机。

A.3　鉴定步骤

A.3.1　材料制备

选择鉴定种质植株中部最外侧小枝顶芽下第3片～第5片、无病虫害、生长正常的稳定叶片，采集后洗净，用10%漂白粉溶液表面消毒处理。3次重复，每重复10片叶片。设抗病和感病对照种质。

A.3.2　接种菌液制备

从感病组织病健交界处分离病原菌，纯化培养获得致病菌株，经培养基在28℃培养后，以无菌水配成孢子浓度为10^5个/mL～10^6个/mL的悬浮液。

A.3.3　接种

用束针轻微刺伤种质叶片，将接种菌液均匀喷洒在叶片的正反两面，罩塑料薄膜，28℃保湿培养。

A.4　病情调查

接种7 d后调查发病情况，记录感病叶片数和感病面积，按表A.1逐一进行分级。

表A.1　胡椒种质资源胡椒瘟病病情分级

病级	病情或病状
0	接种叶片无侵染点，无病斑
1	接种叶片出现5个以上的感染点或1个～2个病斑，病斑面积占叶片总面积1/4以下
3	接种叶片出现3个～5个病斑，病斑面积占叶片总面积1/2以下
5	接种叶片出现病斑在5个以上，病斑面积占叶片总面积1/2以上
7	接种叶片出现病斑多且连接成片，病斑面积占叶片总面积3/4以上或整张叶片感病

A.5　计算方法

根据病情统计情况，计算病情指数，按式（A.1）计算。

$$DI = \sum \frac{n_i \times s_i}{7N} \times 100 \quad \cdots\cdots (A.1)$$

式中：

DI ——病情指数；

n_i ——相应病害级别的株数；

s_i ——病害级别；

7 ——最高病害级数；

N ——调查总株数。

A.6 评价标准

见表 A.2。

表 A.2 胡椒种质资源胡椒瘟病抗性评价标准

抗病级别	病情指数(DI)	参考种质
免疫(I)	$DI=0$	毛脉树胡椒
高抗(HR)	$0<DI<25$	斜叶蒟
抗(R)	$25\leqslant DI<45$	山蒟
中抗(MR)	$45\leqslant DI<60$	班尼约尔 1 号
感(S)	$60\leqslant DI<75$	热引 1 号
高感(HS)	$DI\geqslant 75$	球穗胡椒

ICS 67.140.20
B 35

中华人民共和国农业行业标准

NY/T 3004—2016

热带作物种质资源描述及评价规范 咖啡

Descriptive and evaluating standards for germplasm resources of tropical crop—Coffee

2016-11-01 发布 2017-04-01 实施

中华人民共和国农业部 发布

前　　言

本标准按照GB/T 1.1—2009给出的规则起草。

本标准由农业部农垦局提出。

本标准由农业部热带作物及制品标准化委员会归口。

本标准起草单位:中国热带农业科学院香料饮料研究所、云南省德宏热带农业科学研究所。

本标准主要起草人:董云萍、林兴军、闫林、王晓阳、张洪波、周华、孙燕、黄丽芳、陈鹏、龙宇宙、谭乐和。

热带作物种质资源描述及评价规范　咖啡

1　范围

本标准规定了茜草科(Rubiaceae)咖啡属(*Coffea*)种质资源描述及评价的要求和方法。

本标准适用于咖啡(*Coffea* spp.)种质资源相关性状的描述和评价。

2　规范性引用文件

下列文件对于本文件的应用是必不可少的。凡是注日期的引用文件,仅注日期的版本适用于本文件。凡是不注日期的引用文件,其最新版本(包括所有的修改单)适用于本文件。

GB/T 2260　中华人民共和国行政区划代码

GB/T 2659　世界各国和地区名称代码

GB 5009.5　食品安全国家标准　食品中蛋白质的测定

GB/T 5009.6　食品中脂肪的测定

GB/T 5009.8　食品中蔗糖的测定

GB/T 5009.10　植物类食品中粗纤维的测定

GB/T 5009.139　饮料中咖啡因的测定

GB/T 8305　茶　水浸出物测定

GB/T 22250　保健食品中绿原酸的测定

3　要求

3.1　样本的选择

随机选取自然生长、正常开花结果的植株作为代表性样本,选取的样本株数不少于5株。

3.2　数据采集

每个性状应在同一地点采集至少两个结果周期的鉴定数据,其中数量性状以2年平均值表示。

3.3　数据采集地点

数据采集地点的环境条件应能够满足咖啡植株正常生长及其性状的正常表达。

3.4　描述及评价内容

描述及评价内容见表1。

表1　咖啡种质资源描述评价内容

类别	描述评价内容
基本信息	种质库编号、种质圃编号、种质保存编号、采集号、引种号、种质名称、种质外文名称、科名、属名、学名、种质类型、主要特性、主要用途、系谱、育种手段、繁殖方式、选育单位(个人)、育成年份、原产国、原产省、原产地、采集地、采集地经度、采集地纬度、采集地海拔、采集单位(个人)、采集时间、采集材料、保存单位(个人)、保存种质类型、种质定植时间、种质更新时间、图像、特性鉴定评价机构名称、鉴定评价地点、备注
植物学特征	类型、树姿、冠幅、茎粗、株高、主干节间距、分枝方式、一级分枝数量、最长一级分枝长度、最长一级分枝节数、最长一级分枝节间距、托叶形状、芽蜡颜色、芽蜡厚度、嫩叶颜色、叶形、叶尖形状、叶基形状、叶面姿态、叶缘形状、叶脉类型、叶柄颜色、叶长、叶宽、叶形指数、叶柄长、成熟叶片颜色、叶腋间花序数、单花序花朵数、单节花朵数、花蕾颜色、花瓣数量、花瓣形状、雄蕊数量、成熟果实颜色、果实形状、果实凹槽、果脐形状、果实萼痕、果实纵径、果实横径、果实侧径、果形指数、中果皮厚、内果皮(种皮)质地、种子形状、种子纵径、种子横径、种子侧径、种仁颜色

表 1（续）

类别	描述评价内容
农艺学性状	初花期、盛花期、末花期、果实生育期、果实盛熟期、收获期、初果树龄、坐果率、单节果实数、单株鲜果重、干豆产量、丰产性、空瘪率、鲜干比、干豆千粒重、单豆率、出米率、粒度、象豆率
品质性状	咖啡因、蔗糖、粗脂肪、蛋白质、粗纤维、绿原酸、水浸出物、杯品质量
抗病性状	抗锈病性状

4 描述评价方法

4.1 基本信息

4.1.1 种质库编号

进入国家种质资源长期保存库的种质用统一种质库编号，按“GK＋KF＋4 位顺序码”组成。顺序码从“0001”到“9999”。每份种质具有唯一的种质库编号。

4.1.2 种质圃编号

进入国家种质资源长期保存圃的种质的统一种质编号，由“GP＋KF＋4 位顺序码”组成。顺序码从“0001”到“9999”。每份种质具有唯一的种质圃编号。

4.1.3 种质保存编号

种质保存编号由“保存单位代码＋4 位顺序号码”组成。保存单位代码由保存单位汉语拼音的大写首字母组成，顺序码从“0001”到“9999”。种质保存编号具有唯一性。

4.1.4 采集号

种质在野外采集时赋予的编号，按“国家代码＋年份＋4 位顺序号”组成。顺序号从“0001”到“9999”，国家代码按照 GB/T 2659 的规定执行。

4.1.5 引种号

种质从外地引入时赋予的编号，按“年份＋4 位顺序号”组成 8 位字符串，如“20120024”顺序号从“0001”到“9999”。每份种质具有唯一的引种号。

4.1.6 种质名称

种质的中文名称。如果有多个名称，可把其他名称放在括号内，用逗号分隔；国外引进种质如果没有中文译名，直接填写种质外文名。

4.1.7 种质外文名称

国外引进种质的外文名和国内种质的汉语拼音名，首字母大写。

4.1.8 科名

茜草科(Rubiaceae)。

4.1.9 属名

咖啡属(*Coffea*)。

4.1.10 学名

学名用拉丁名表示，由“属名＋种名＋命名人”组成。属名和种名为斜体字，命名人为正体字。

4.1.11 种质类型

种质类型分为：

a) 野生资源；

b) 地方品种(品系)；

c) 引进品种(品系)；

d) 选育品种(品系)；

e) 特殊遗传材料；

f) 其他(须注明具体情况)。

4.1.12 主要特性

主要特性分为:

a) 高产;
b) 优质;
c) 抗病;
d) 抗虫;
e) 抗寒;
f) 抗旱;
g) 株高特性;
h) 其他(须注明具体情况)。

4.1.13 主要用途

主要用途分为:

a) 饮用;
b) 药用;
c) 观赏;
d) 材用;
e) 砧木用;
f) 育种用;
g) 其他(须注明具体情况)。

4.1.14 系谱

种质资源的系谱为选育品种(品系)和引进品种(品系)的亲缘关系。

4.1.15 育种手段

育种手段分为:

a) 自花授粉;
b) 异花授粉;
c) 种间杂交;
d) 种内杂交;
e) 无性选择;
f) 人工诱变;
g) 其他(须注明具体情况)。

4.1.16 繁殖方式

繁殖方式分为:

a) 嫁接繁殖;
b) 扦插繁殖;
c) 种子繁殖;
d) 组培繁殖;
e) 其他(须注明具体情况)。

4.1.17 选育单位(个人)

选育品种(品系)的单位或个人。单位名称或个人姓名应写全称。

4.1.18 育成年份

品种(系)通过新品种审定、认定、登记或品种权申请公告的年份,用4位阿拉伯数字表示。

4.1.19 原产国

种质资源的原产国家、地区或国家组织名称。国家和地区的名称按照 GB/T 2659 的规定执行，如该国家名称现已不使用，应在原国家名称前加“前”。

4.1.20 原产省

省份名称按照 GB/T 2260 的规定执行。国外引进种质原产省用原产国家一级行政区的名称。

4.1.21 原产地

国内种质资源的原产县、乡、村名称。县名按照 GB/T 2260 的规定执行。

4.1.22 采集地

国内种质资源采集的来源省、县名称；国外引进或采集种质资源的来源国家、地区名称或国际组织名称。

4.1.23 采集地经度

单位为度(°)和分(′)。记录格式为“DDDFF”，其中“DDD”为度，“FF”为分。东经为正值，西经为负值，例如，“11834”代表东经 118°34′，“—11834”代表西经 118°34′。

4.1.24 采集地纬度

单位为度(°)和分(′)。记录格式为“DDFF”，其中“DD”为度，“FF”为分。北纬为正值，南纬为负值，例如，“2345”代表北纬 23°45′，“—2345”代表南纬 23°45′。

4.1.25 采集地海拔

种质采集地的海拔，单位为米(m)。

4.1.26 采集单位(个人)

种质采集单位或个人。单位名称或个人姓名应写全称。

4.1.27 采集时间

以“年月日”表示。记录格式为“YYYYMMDD”，其中“YYYY”代表年份，“MM”代表月份，“DD”代表日期。

4.1.28 采集材料

采集材料分为：

a) 种子；

b) 果实；

c) 芽；

d) 接穗；

e) 花粉；

f) 组培材料；

g) 植株；

h) 其他(须注明具体情况)。

4.1.29 保存单位(个人)

负责种质繁殖并提交国家种质资源圃保存的单位或个人全称。

4.1.30 保存种质类型

保存种质类型分为：

a) 植株；

b) 种子；

c) 组织培养物；

d) 花粉；

e) DNA；

f) 其他(须注明具体情况)。

4.1.31 种质定植时间

种质资源在种质圃中定植的时间。以“年月日”表示,记录格式为“YYYYMMDD”。

4.1.32 种质更新时间

种质资源在种质圃中重植的时间。以“年月日”表示,记录格式为“YYYYMMDD”。

4.1.33 图像

种质资源的图像文件名,图像格式为.jpg。图像文件名由统一编号(图像种质编号)加“-”加序号加“.jpg”组成。图像要求600 dpi以上或1024×768像素以上。

4.1.34 特性鉴定评价机构名称

种质资源特性鉴定评价的机构名称,单位名称应写全称。

4.1.35 鉴定评价地点

种质资源形态特征和生物学特性的鉴定评价地点,记录到省和县名。

4.1.36 备注

对该种质的生态环境主要信息、产量、栽培技术等的注释。

4.2 植物学特征

4.2.1 类型

按3.1的规定选取5年生植株5株,目测植株形态和主干生长状态,按下列标准确定种质类型,分为:

a) 灌木(植株较矮生,无明显的主干);

b) 小乔木(植株长势中等或矮生,单主干或多条明显的主干);

c) 乔木(植株高大,单主干)。

4.2.2 树姿

按3.1的规定选取3年生植株5株,每株测量植株中上部3条一级分枝与主干的夹角。依据夹角的平均值确定树姿类型,分为:

a) 直立(夹角<40°);

b) 半开张(40°≤夹角<60°);

c) 开张(60°≤夹角<80°);

d) 下垂(夹角≥80°)。

4.2.3 冠幅

样本同4.2.2,测量植株最宽处的东西方向和南北方向树冠直径,计算平均值,单位为厘米(cm),精确到0.1 cm。根据结果确定冠幅,分为:

a) 宽(冠幅>220.0 cm);

b) 中(120.0 cm≤冠幅≤220.0 cm);

c) 窄(冠幅<120.0 cm)。

4.2.4 茎粗

样本同4.2.2,在实生树和扦插繁殖树离地10 cm处、嫁接树离嫁接口以上10 cm处,测量树干的直径,计算平均值,精确到0.1 cm。根据结果确定茎粗,分为:

a) 粗(茎粗>3.3 cm);

b) 中(2.9 cm≤茎粗≤3.3 cm);

c) 细(茎粗<2.9 cm)。

4.2.5 株高

样本同4.2.2,测量从地面到树冠顶端的高度,计算平均值。单位为厘米(cm),结果保留整数。种质的株高分为：

a） 极矮(株高＜130 cm)；

b） 矮(130 cm≤株高＜170 cm)；

c） 中等(170 cm≤株高≤230 cm)；

d） 高(株高＞230 cm)。

4.2.6 主干节间距

样本同 4.2.2，每株选取 1 条健壮主干，测量主干中部连续 10 个节间的长度，计算平均值。单位为厘米(cm)，精确到 0.1 cm。主干节间距分为：

a） 密(主干节间距＜6.0 cm)；

b） 中(6.0 cm≤主干节间距≤7.0 cm)；

c） 疏(主干节间距＞7.0 cm)。

4.2.7 分枝方式

样本同 4.2.2，目测茎的分枝情况，并参照图 1，确定茎的分枝方式，分为：

a） 对生；

b） 轮生。

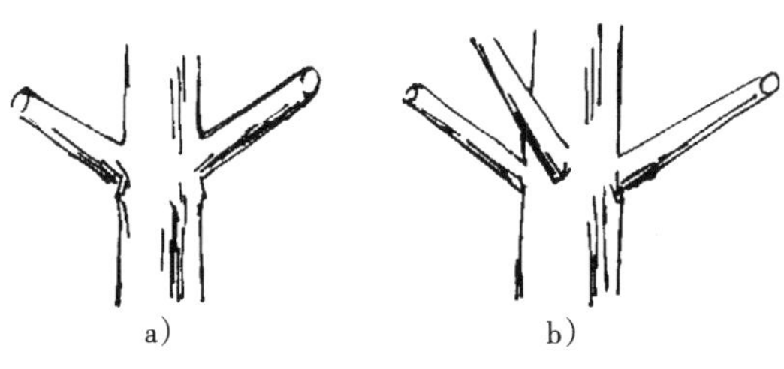

图 1 分枝方式

4.2.8 一级分枝数量

样本同 4.2.2，每株选取 1 条健壮主干，记载其一级分枝的数量，计算平均值。单位为条，结果保留整数。一级分枝数量分为：

a） 多(一级分枝数量＞70 条)；

b） 中(50 条≤一级分枝数量≤70 条)；

c） 少(一级分枝数量＜50 条)。

4.2.9 最长一级分枝长度

样本同 4.4.2，每株选最长的一条分枝，测量分枝基部到分枝末端的长度，计算平均值。单位为厘米(cm)，精确到 0.1 cm。最长一级分枝长度分为：

a） 长(最长一级分枝长度＞100 cm)；

b） 中(60 cm≤最长一级分枝长度≤100 cm)；

c） 短(最长一级分枝长度＜60 cm)。

4.2.10 最长一级分枝节数

样本同 4.2.9，记载一级分枝节数，计算平均值。单位节，结果保留整数。最长一级分枝节数分为：

a） 多(最长一级分枝节数＞20 节)；

b） 中(15 节≤最长一级分枝节数≤20 节)；

c） 少(最长一级分枝节数＜15 节)。

4.2.11 最长一级分枝节间距

用 4.2.9 的数据除以 4.2.10 的数据，得出最长一级分枝节间距。单位为厘米(cm)，精确到 0.1 cm。最长一级分枝节间距分为：

a） 密（最长一级分枝节间距＜5 cm）；

b） 中（5 cm≤最长一级分枝节间距≤7 cm）；

c） 疏（最长一级分枝节间距＞7 cm）。

4.2.12 托叶形状

样本同4.2.2，目测从主干顶芽往下数，第三对叶片处托叶的形状，并参照图2，按照最大相似原则确定托叶形状，分为：

a） 半月形；

b） 近卵形；

c） 三角形；

d） 等边三角形；

e） 不规则四边形；

f） 其他。

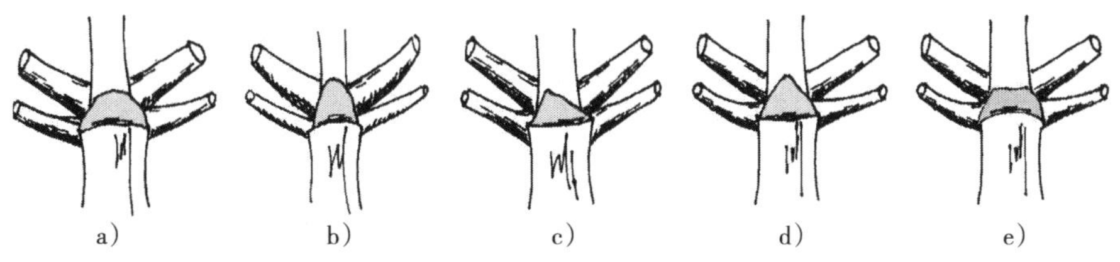

图2 托叶形状

4.2.13 芽蜡颜色

样本同4.2.2，目测主干顶端幼芽芽蜡颜色，用标准色卡比对，按照最大相似原则确定芽蜡颜色，分为：

a） 红色；

b） 橙黄色；

c） 黄褐色；

d） 浅黄色；

e） 黄色；

f） 其他。

4.2.14 芽蜡厚度

样本同4.2.2，目测并按照最大相似原则确定主干顶端幼芽芽蜡厚度，分为：

a） 薄（膜状）；

b） 厚（珠状突起）。

4.2.15 嫩叶颜色

样本同4.2.2，在枝梢萌发期，观察树冠外围主干或分枝顶端刚平展的嫩叶颜色，用标准色卡比对，按照最大相似原则确定嫩叶颜色，分为：

a） 浅绿色；

b） 绿色；

c） 铜绿色；

d） 褐红色；

e） 褐色；

f） 其他。

4.2.16 叶形

样本同4.2.2，目测植株中上部一级分枝顶芽下第三对成熟叶片形状，并参照图3，按照最大相似原则确定叶形，分为：

a) 倒卵形；
b) 卵形；
c) 椭圆形；
d) 披针形；
e) 长披针形；
f) 其他。

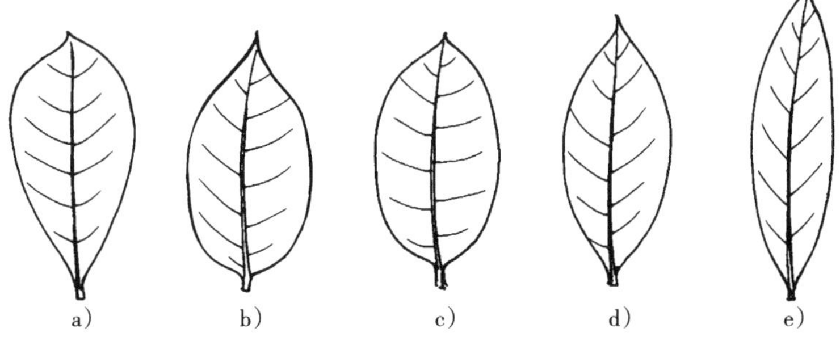

图3 叶 形

4.2.17 叶尖形状

样本同4.2.16，观察叶尖形状，参照图4，按照最大相似原则确定叶尖形状，分为：

a) 钝形；
b) 渐尖形；
c) 急尖形；
d) 尾尖形；
e) 匙形；
f) 其他。

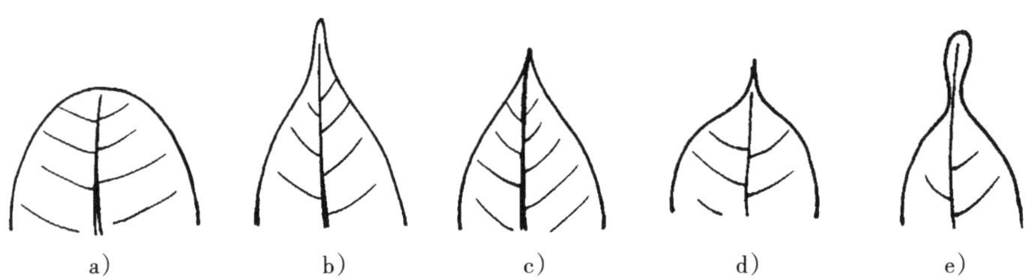

图4 叶尖形状

4.2.18 叶基形状

样本同4.2.16，观察叶基形状，参照图5，分为：

a) 楔形；
b) 广楔形；
c) 钝圆形；
d) 其他。

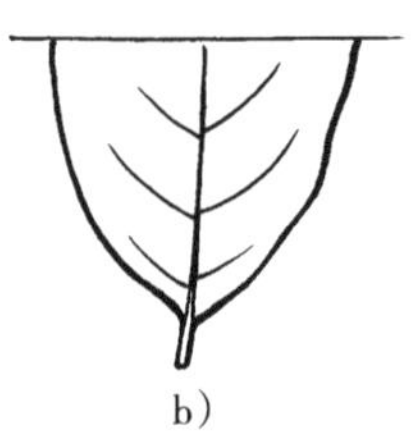

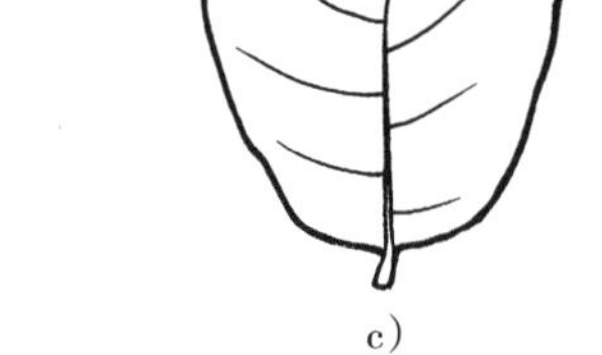

图5 叶基形状

4.2.19 叶面姿态

样本同4.2.16,观察叶面姿态,分为:

a) 平直形;

b) 皱褶形;

c) 其他。

4.2.20 叶缘形状

样本同4.2.16,观察叶缘形状,参照图6,按最大相似原则确定叶缘形状,分为:

a) 无波浪;

b) 浅波浪;

c) 深波浪。

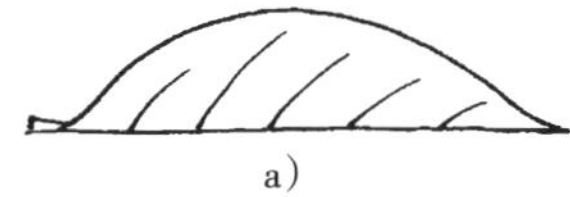
a)

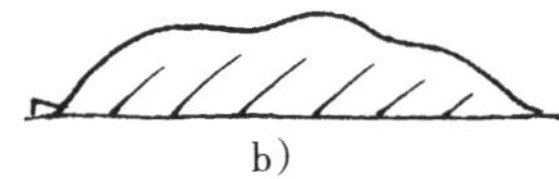
b)

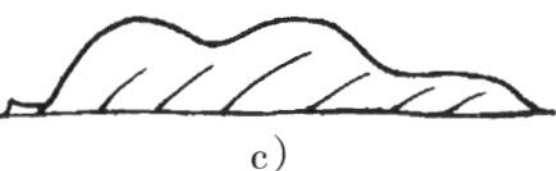
c)

图6 叶缘形状

4.2.21 叶脉类型

样本同4.2.16,目测叶片主侧脉情况,并参照图7,按照最大相似原则确定叶脉类型,分为:

a) 互生;

b) 互生与对生混生;

c) 对生。

a)

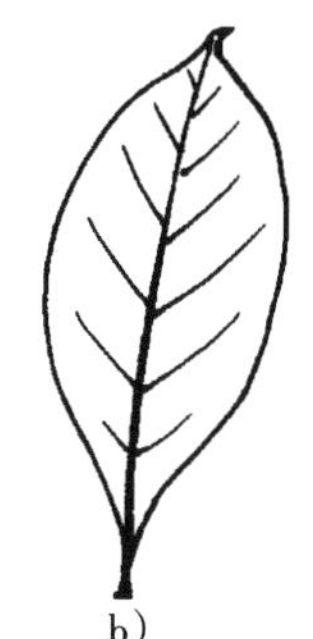
b)

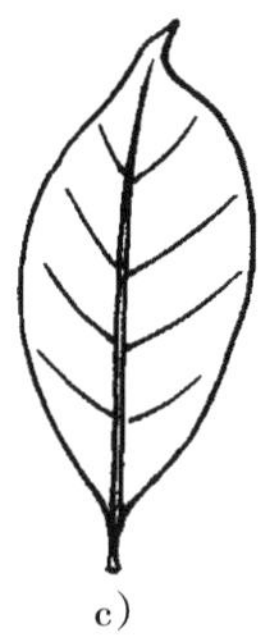
c)

图7 叶脉类型

4.2.22 叶柄颜色

样本同4.2.16,目测一级分枝顶芽下第三对成熟叶片叶柄颜色,用标准色卡比对,按照最大相似原则确定叶柄颜色,分为:

a) 绿色;

b) 褐色;

c) 古铜色;

d) 其他。

4.2.23 成熟叶片颜色

样本同4.2.16,目测叶片颜色并与标准色卡进行比对,按照最大相似原则确定叶片颜色,分为:

a) 浅绿色;

b) 黄绿色;

c) 绿色;

d) 浓绿色;

e) 铜绿色；

f) 褐色；

g) 褐红色；

h) 其他。

4.2.24 叶长

选择植株中上部一级分枝顶芽下第三对成熟叶片10片，测量叶片基部到叶尖的长度，计算平均值。单位为厘米(cm)，精确到0.1 cm。

4.2.25 叶宽

样本同4.2.24，测量叶片最宽处的宽度，计算平均值。单位为厘米(cm)，精确到0.1 cm。

4.2.26 叶形指数

用4.2.24数据除以4.2.25的数据，得出叶形指数，确定叶片形状，分为：

a) 宽(叶形指数＜2.00 cm)；

b) 中(2.00 cm≤叶形指数≤2.50 cm)；

c) 窄(叶形指数＞2.50 cm)。

4.2.27 叶柄长

样本同4.2.24，测量叶柄基部至叶片基部的长度，计算平均值。单位为厘米(cm)，精确到0.1 cm。叶柄长分为：

a) 长(叶柄长＞1.8 cm)；

b) 中(1.0 cm≤叶柄长≤1.8 cm)；

c) 短(叶柄长＜1.0 cm)。

4.2.28 叶腋间花序数

样本同4.2.2，在盛花期，随机选取中上部一级分枝3条，每条一级分枝中上部节位3节，记载叶腋间花序数，计算平均值。单位为个，结果保留整数。叶腋间花序数分为：

a) 多(叶腋间花序数＞5个)；

b) 中(3个≤叶腋间花序数≤5个)；

c) 少(叶腋间花序数＜3个)。

4.2.29 单花序花朵数

样本同4.2.28，记载叶腋间单花序的花朵数，计算平均值。单位为朵，结果保留整数。单花序花朵数，分为：

a) 多(单花序花朵数＞5朵)；

b) 中(3朵≤单花序花朵数≤5朵)；

c) 少(单花序花朵数＜3朵)。

4.2.30 单节花朵数

用4.2.28的值乘以4.2.29的值再乘以2，计算每个节位的花朵数，单位为朵，结果保留整数。根据结果确定单节花朵数，分为：

a) 多(单节花朵数＞40朵)；

b) 中(20朵≤单节花朵数≤40朵)；

c) 少(单节花朵数＜20朵)。

4.2.31 花蕾颜色

样本同4.2.28，在盛花期，观测发育成熟即将开放的花蕾颜色，分为：

a) 白色；

b) 红色；

c) 其他。

4.2.32 花瓣数量

样本同4.2.28,在盛花期,从不同节随机抽取20朵当天开放的花朵,记载单朵花的花瓣数量,计算平均值。单位为片,结果保留整数。

4.2.33 花瓣形状

样本同4.2.32,参照图8,确定花瓣形状,分为:

a) 椭圆形;
b) 倒卵形;
c) 长椭圆形;
d) 条形;
e) 其他。

a)

b)

c)
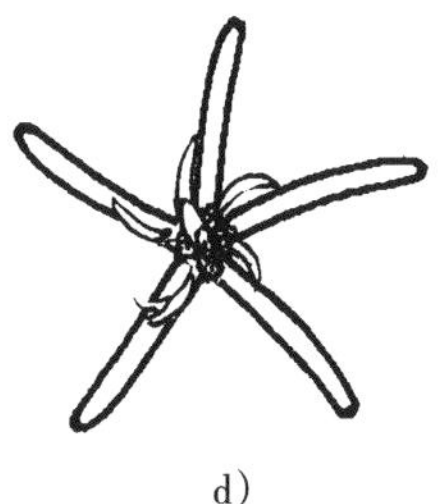
d)

图8 花瓣形状

4.2.34 雄蕊数量

样本同4.2.32,记载单朵花的雄蕊数量,计算平均值,单位为枚,结果保留整数。

4.2.35 成熟果实颜色

样本同4.2.32,在果实成熟期,随机抽取20个内有两粒种子的成熟果实,用标准色卡比对,按照最大相似原则确定成熟果实颜色,分为:

a) 黄色;
b) 橙黄色;
c) 橙色;
d) 橙红色;
e) 红色;
f) 粉红色;
g) 紫色;
h) 紫红色;
i) 粉紫色;
j) 其他。

4.2.36 果实形状

样品同4.2.35,目测果实形状,并参照图9,按照最大相似原则确定果实的形状,分为:

a) 近球形;
b) 倒卵形;
c) 卵形;
d) 椭圆形;
e) 长椭圆形;
f) 扁圆球形;

g） 其他。

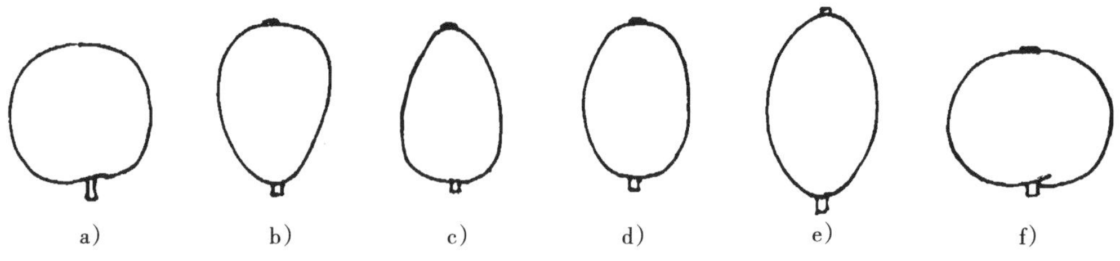

图 9 果实形状

4.2.37 果实凹槽

样本同 4.2.35，目测并确定果实纵向面是否有左右两边鼓起中部形成凹槽的情况：

a） 无；

b） 有。

4.2.38 果脐形状

样本同 4.2.35，观察并确定果实顶端果脐的形状，参照图 10，确定果脐形状，分为：

a） 明显但不突出；

b） 圆柱形突出；

c） 瓶颈状突出；

d） 圆锥形突出；

e） 点状突出；

f） 其他。

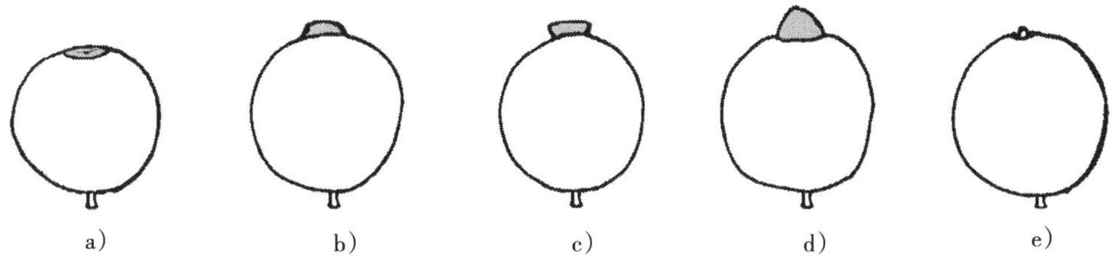

图 10 果脐形状

4.2.39 果实萼痕

样本同 4.2.35，目测并确定果实基部有无萼痕：

a） 无；

b） 有。

4.2.40 果实纵径

样本同 4.2.35，测量果实基部至顶部的长度（不含果脐长度），计算平均值。单位为厘米（cm），精确到 0.01 cm。果实分为：

a） 大（果实纵径＞1.60 cm）；

b） 中（1.40 cm≤果实纵径≤1.60 cm）；

c） 小（果实纵径＜1.40 cm）。

4.2.41 果实横径

样本同 4.2.35，测量果实最大横切面的最大直径，计算平均值。单位为厘米（cm），精确到 0.01 cm。

4.2.42 果实侧径

样本同 4.2.35，测量果实最大横切面的最小直径，计算平均值。单位为厘米（cm），精确到 0.01 cm。

4.2.43 **果形指数**

用 4.2.40 的值除以 4.2.41 的值，计算果形指数，果实形状分为：

a) 长圆球形(果形指数>1.10)；

b) 圆球形(1.10≤果形指数≤1.00)；

c) 短圆球形(果形指数<1.00)。

4.2.44 **中果皮厚**

样本同 4.2.35，将果实沿两粒种子中间纵剖成两瓣，用针挑出种子，用游标卡尺测量果实最大横切面处中果皮的厚度。单位为毫米(mm)，精确到 0.01 mm。果皮厚度分为：

a) 厚(中果皮厚>1.50 mm)；

b) 中(1.05 mm≤中果皮厚≤1.50 mm)；

c) 薄(中果皮厚<1.05 mm)。

4.2.45 **种子形状**

样本同 4.2.35，脱去中果皮，洗掉种子表面的果胶，晾干，随机选取 20 粒种子，将种子扁平面朝下平放，参照图 11，目测并确定种子形状，分为：

a) 圆形；

b) 倒卵形；

c) 卵形；

d) 椭圆形；

e) 长椭圆形；

f) 其他。

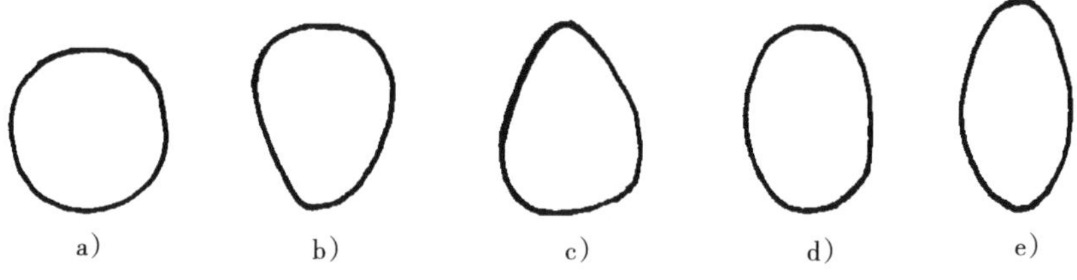

图 11 种子形状

4.2.46 **种子纵径**

样本同 4.2.45，用游标卡尺测量每粒种子基部至顶部的长度，计算平均值。单位为厘米(cm)，精确到 0.01 cm。种子纵径分为：

a) 大(种子纵径>1.30 cm)；

b) 中(1.20 cm≤种子纵径≤1.30 cm)；

c) 小(种子纵径<1.20 cm)。

4.2.47 **种子横径**

样本同 4.2.45，用游标卡尺测量种子最大横切面的最大直径，计算平均值。单位为厘米(cm)，精确到 0.01 cm。

4.2.48 **种子侧径**

样本同 4.2.45，用游标卡尺测量种子最大横切面的最小直径，计算平均值。单位为厘米(cm)，精确到 0.01 cm。

4.2.49 **内果皮(种皮)质地**

样本同 4.2.45，将种子的种皮脱下，手捻确定内果皮的质地如下：

a) 皮质(软、有弹性)；

b) 革质(硬、脆、易捻碎);

c) 其他。

4.2.50 种仁颜色

样本同4.2.45,随机取20粒晾干的种子,将种皮和银皮脱去。用标准色卡比对,确定种仁颜色,分为:

a) 浅黄色;

b) 浅蓝色;

c) 浅绿色;

d) 浅褐色;

e) 其他。

4.3 农艺性状

4.3.1 初花期

在咖啡开花期,选取植株东、南、西、北4个方位,每个方位上、中、下3个部位生长正常的结果枝条共12条挂牌,待挂牌枝条上的花蕾发育到分离可数时,记录每个枝条上的花蕾数,从第一次开花时,记录开花日期及开花花朵数,以挂牌枝条上累计约≥1%,<25%花朵开放的起止日期为初花期。以年月日表示,格式为"YYYYMMDD~YYYYMMDD",其中"YYYY"代表年份,"MM"代表月份,"DD"代表日期。

4.3.2 盛花期

样本同4.3.1。记录开花日期及开花花朵数,以挂牌枝条上累计约≥25%,<75%花朵开放的起止日期为盛花期。以年月日表示,格式为"YYYYMMDD~YYYYMMDD",其中"YYYY"代表年份,"MM"代表月份,"DD"代表日期。

4.3.3 末花期

样本同4.3.1,记录开花日期及开花花朵数,以挂牌枝条上累计约75%花朵已开放完毕至最后一批花开放结束的起止日期为末花期。以年月日表示,格式为"YYYYMMDD~YYYYMMDD",其中"YYYY"代表年份,"MM"代表月份,"DD"代表日期。

4.3.4 果实生育期

对盛花期的一批花,随机选取一级分枝5个结果节位挂牌观测,记录从花朵凋谢到果实成熟所需的时间,计算平均值。单位为天(d),结果保留整数。

4.3.5 果实盛熟期

随机选择该种质正常结果的植株5株,记录每次采收的果实质量和采收日期,待果实采收完毕,计算每次采收的果实质量占采收果实总质量的百分率,计算平均值。以累计果实采收率≥25%时起至累计果实采收率≥75%止为果实盛熟期。以年月日表示,格式为"YYYYMMDD~YYYYMMDD",其中"YYYY"代表年份,"MM"代表月份,"DD"代表日期。

4.3.6 收获期

样本同4.3.5,记录从第一批果实采收到采收结束的日期。以年月日表示,格式为"YYYYMMDD~YYYYMMDD",其中"YYYY"代表年份,"MM"代表月份,"DD"代表日期。

4.3.7 初果树龄

记录从春季定植到第一次采收果实的月数,单位为月,精确到1月。

4.3.8 坐果率

在盛花期,随机选取一级分枝5个开花节位挂牌观测,记录单节花朵数,待果实黄豆粒大时记录单节果实数,计算单节果实数占单节花朵数的百分率,计算平均值,单位为百分率(%),保留一位小数,分为:

a) 高(坐果率＞80.0%)；

b) 中(60.0%≤坐果率≤80.0%)；

c) 低(坐果率＜60.0%)。

4.3.9 单节果实数

在果实盛熟期，随机选取植株中上部一级结果枝5条，记录果节数，采摘果节上所有果实，计算果实总粒数，用果实总粒数除以果节数。计算平均值，结果保留整数，分为：

a) 多(单节果实数＞30个)；

b) 中(15个≤单节果实数≤30个)；

c) 少(单节果实数＜15个)。

4.3.10 单株鲜果重

在收获期，选取盛产期长势、结果正常的5株植株，分期分批采收成熟果实称重，累加，连续测两年，取平均值。单位为千克每株每年[kg/(株·年)]，精确到0.1 kg/(株·年)。

4.3.11 干豆产量

根据4.3.10的结果，按该种质10株占地面积折算出每公顷所能达到的果实产量，并按该种质的鲜干比折算出每公顷的干豆产量，单位为千克每公顷(kg/hm^2)，精确到0.1 kg/hm^2。

4.3.12 丰产性

根据4.3.11的结果，按下列标准确定种质丰产性：

a) 丰产(干豆产量≥1 500 kg/hm^2)；

b) 中等(1 200 kg/hm^2≤干豆产量＜1 500 kg/hm^2)；

c) 低产(干豆产量＜1 200 kg/hm^2)。

4.3.13 空瘪率

在果实盛熟期，称取该种质(500±5) g成熟鲜果，倒入水中，将浮在水面的鲜果捞出，擦干果实表面水分，称重，计算浮水鲜果质量占成熟鲜果质量的百分率。重复3次，计算平均值，单位为百分率(%)，保留一位小数。根据结果确定果实空瘪率分为：

a) 高(空瘪率＞8%)；

b) 中(5%≤空瘪率≤8%)；

c) 低(空瘪率＜5%)。

4.3.14 鲜干比

在果实盛熟期，称取该种质(500±5) g成熟鲜果。去中果皮，洗掉种子表面果胶，置于45℃烘箱烘72 h，至带种皮豆含水量约为12%，脱种皮制成标准商品豆，并称其重。计算商品豆重占鲜果重的百分率，重复3次，计算平均值，单位为百分率(%)，保留一位小数。根据结果确定果实鲜干比分为：

a) 高(鲜干比＞18.0%)；

b) 中(16.0%≤鲜干比≤18.0%)；

c) 低(鲜干比＜16.0%)。

4.3.15 干豆千粒重

样品同4.3.14。随机数取1 000粒带种皮豆，称重，重复3次，计算平均值，单位为克(g)，精确到0.1 g。干豆千粒重分为：

a) 重(干豆千粒重＞200.0 g)；

b) 中(150.0 g≤干豆千粒重≤200.0 g)；

c) 低(干豆千粒重＜150.0 g)。

4.3.16 单豆率

样本同4.3.14，随机取100粒带种皮豆样品，记录单粒的圆形豆数量，计算单粒的圆形豆数占总豆数的百分率，重复 8 次，计算其平均值。单位为百分率(%)，保留一位小数。

4.3.17 出米率

样本同 4.3.14，随机称取(100±1) g 带种皮豆样品，去种皮制成标准商品豆并称重，计算商品豆质量占带种皮豆质量的百分率，重复 3 次，计算平均值。单位为百分率(%)，保留一位小数，分为：

a) 高(出米率＞82%)；

b) 中(75%≤出米率≤82%)；

c) 低(出米率＜75%)。

4.3.18 粒度

称取(300±1)g 商品豆，用咖啡标准套筛筛分，将留在各筛号上的商品豆称重，分别计算大于 17 号筛的商品豆、小于 17 号筛大于 15 号筛商品豆和 15 号筛以下的商品豆质量占样品质量的百分率，有 60%以上的商品豆未通过该型号筛网，即表示商品豆的直径大于该筛号的圆孔直径，重复 3 次，计算平均值。根据结果确定商品豆粒度，分为：

a) 大(粒度＞6.75 mm)；

b) 中(5.95 mm≤粒度≤6.75 mm)；

c) 小(粒度＜5.95 mm)。

注：筛号换算成直径按式(1)计算：

$$D=(S\div 64)\times 25.4 \qquad (1)$$

式中：

D ——咖啡商品豆的直径，单位为毫米(mm)；

S ——咖啡标准套筛筛号。

4.3.19 大象豆率

随机取 100 粒商品豆样品，记录大象豆数量，计算大象豆数量占商品豆数量的百分率，重复 8 次，计算平均值。单位为百分率(%)，保留一位小数。根据结果确定大象豆率，分为：

a) 高(大象豆率＞5.0%)；

b) 中(3%≤大象豆率≤5%)；

c) 低(大象豆率＜3.0%)。

注：大象豆是由假多胚导致的咖啡豆集合体，通常由 2 粒或几粒咖啡豆集合组成。

4.4 品质性状

4.4.1 咖啡因

样品同 4.3.14，按照 GB/T 5009.139 的方法，测定咖啡因含量，单位为百分率(%)，保留两位小数。

4.4.2 蔗糖

样本同 4.3.14，按照 GB/T 5009.8 的方法，测定蔗糖含量，单位为百分率(%)，保留两位小数。

4.4.3 粗脂肪

样本同 4.3.14，按照 GB/T 5009.6 的方法，测定粗脂肪含量，单位为百分率(%)，保留两位小数。

4.4.4 蛋白质

样本同 4.3.14，按照 GB 5009.5 的方法，测定蛋白质含量，单位为百分率(%)，保留两位小数。

4.4.5 粗纤维

样本同 4.3.14，按照 GB/T 5009.10 的方法，测定粗纤维含量，单位为百分率(%)，保留两位小数。

4.4.6 绿原酸

样本同 4.3.14，按照 GB/T 22250 的方法，测定绿原酸含量，单位为百分率(%)，保留三位小数。

4.4.7 水浸出物

样本同 4.3.14,按照 GB/T 8305 的方法,测定水浸出物含量,单位为百分率(%),保留一位小数。

4.4.8 杯品质量

参见附录 A 的方法对种质的饮用品质进行评价如下:

a) 优秀;

b) 良好;

c) 好;

d) 一般。

4.5 抗锈病性状

参见附录 B 的方法评价咖啡种质资源的抗锈病性状,分为:

a) 免疫;

b) 高抗;

c) 抗;

d) 中抗;

e) 感;

f) 高感。

附　录　A
（资料性附录）
咖啡杯评方法

A.1　范围

本附录规定了咖啡杯评的术语和定义、要求、杯评器具、操作方法、杯评步骤和等级评定。

本附录适用于咖啡饮用品质的评价。

A.2　术语和定义

A.2.1

香气　fragrance/aroma

香气包括干香和湿香。干香指的是咖啡被研磨后干粉状态的香气，湿香指的是咖啡粉被水浸泡后的香气。

A.2.2

酸度　acidity

酸度是咖啡在舌下边缘和后腭产生的酸的感觉。咖啡酸度的作用与红酒的口感类似，具有强烈而令人兴奋的质感。

A.2.3

醇厚度　body

醇厚度是咖啡在口中的感觉，即咖啡作用于舌头产生的黏性、厚重和丰富度的感觉。对咖啡的醇厚度的感觉与咖啡萃取的油份和固形物有关。

A.2.4

风味　flavor

是从口腔到鼻腔所有味觉感知的各种香气和味道的综合表现。酸度、湿香气和醇厚度都是风味的组成部分。

A.2.5

均衡度　balance

均衡度用来描述咖啡的风味、酸度、醇厚度等各方面相互调和或冲突程度。如果咖啡缺乏某些香气和味道特征，或者某些特征表现过度强烈，均衡度得分便会降低。

A.3　要求

A.3.1　参加杯测人数为 5 人～7 人，杯测人员须持有咖啡品鉴师资格证。

A.3.2　杯测要求在明亮、清洁、无异味的环境下进行。

A.3.3　杯测用水应是清洁、无异味的饮用水，未经过蒸馏或软化。

A.4　杯评器具

A.4.1　咖啡杯评专用烘焙机

A.4.2　咖啡研磨机

A.4.3 天平(电子称)

A.4.4 焦糖测试仪

A.4.5 杯品杯

A.4.6 杯品勺

A.4.7 瓷碗

A.4.8 杯品桌

A.5 操作方法

A.5.1 烘焙

取150 g样品放入咖啡杯评专用烘焙机烘焙,烘焙过程中不断观察炉内豆的颜色变化,用焦糖测试仪测定,烘焙度在1爆~2爆间,一般要求样品的烘焙色度值为55。烘焙好的豆样迅速用冷风冷却至室温,并装入密封盒或密封袋中,放置8 h以上,但不应超过24 h。

A.5.2 研磨

取出经烘焙的样品豆分为三等份,各份单独研磨成粉状,粒粗0.4 mm~0.5 mm,每份咖啡粉样品置于150 mL的瓷碗中,盖上盖子,放置时间不超过30 min。

A.5.3 设杯品样

A.5.3.1 准备6个杯品杯,先用开水预热后,每个杯中放入咖啡粉样品8.25 g,分别贴上标签。

A.5.3.2 每个杯品杯中注入150 mL的热水(90℃~95℃),静置3 min~5 min。待杯中水的温度降至用手触摸杯子外壁可停留数秒时进行杯评。

A.6 杯评步骤

A.6.1 闻干香气

把装有咖啡粉样品的瓷碗靠近鼻子,闻咖啡粉散发出的干香气。

A.6.2 闻湿香气

按A.5.3.2的操作,热水注入装有咖啡粉的杯内,咖啡粉会浮在水面,静止浸泡3 min~5 min,用杯品勺轻轻拂开表面的咖啡渣,同时用鼻子深而长的吸气。

A.6.3 风味品尝

用杯品勺舀取适量咖啡液,靠近嘴唇,快速且用力啜吸入口,将咖啡液含在口中3 s~5 s,舌头轻轻地滑过口腔顶部,感知咖啡液的醇厚度,喉头用力吞下一小部分,使水汽急速经过上腭部后面进到鼻腔,评测从口腔到鼻腔所有味觉和嗅觉感知的综合表现。风味品尝由杯评者对样品在不同的温度下进行3次测评,第一次测评咖啡液温度(70±2)℃(即在注水后的8 min~10 min以内),第二次70℃~60℃,第三次40℃~38℃。

A.6.4 记录

经过以上各步骤的测评后,杯评者对于咖啡样品各方面特征进行全面的综合评价,结果记录在表A.1。

表 A.1　咖啡杯测评定记录表

送样单位：________　　　　No.：________
产　　地：________　　　　品种：________
送样日期：________　　　　检验日期：________

样品	烘焙度	香气	醇厚度	风味	酸度	均衡度	平均分
1		I-I-I-I-I-I-I-I-I-I-I 0 5 10	I-I-I-I-I-I-I-I-I-I-I 0 5 10	I-I-I-I-I-I-I-I-I-I-I 0 5 10	I-I-I-I-I-I-I-I-I-I-I 0 5 10	I-I-I-I-I-I-I-I-I-I-I 0 5 10	
2		I-I-I-I-I-I-I-I-I-I-I 0 5 10	I-I-I-I-I-I-I-I-I-I-I 0 5 10	I-I-I-I-I-I-I-I-I-I-I 0 5 10	I-I-I-I-I-I-I-I-I-I-I 0 5 10	I-I-I-I-I-I-I-I-I-I-I 0 5 10	
3		I-I-I-I-I-I-I-I-I-I-I 0 5 10	I-I-I-I-I-I-I-I-I-I-I 0 5 10	I-I-I-I-I-I-I-I-I-I-I 0 5 10	I-I-I-I-I-I-I-I-I-I-I 0 5 10	I-I-I-I-I-I-I-I-I-I-I 0 5 10	
4		I-I-I-I-I-I-I-I-I-I-I 0 5 10	I-I-I-I-I-I-I-I-I-I-I 0 5 10	I-I-I-I-I-I-I-I-I-I-I 0 5 10	I-I-I-I-I-I-I-I-I-I-I 0 5 10	I-I-I-I-I-I-I-I-I-I-I 0 5 10	
5		I-I-I-I-I-I-I-I-I-I-I 0 5 10	I-I-I-I-I-I-I-I-I-I-I 0 5 10	I-I-I-I-I-I-I-I-I-I-I 0 5 10	I-I-I-I-I-I-I-I-I-I-I 0 5 10	I-I-I-I-I-I-I-I-I-I-I 0 5 10	
6		I-I-I-I-I-I-I-I-I-I-I 0 5 10	I-I-I-I-I-I-I-I-I-I-I 0 5 10	I-I-I-I-I-I-I-I-I-I-I 0 5 10	I-I-I-I-I-I-I-I-I-I-I 0 5 10	I-I-I-I-I-I-I-I-I-I-I 0 5 10	

评定人：　　　　记录人：
审核：　　　　日期：

A.7　等级评定

按香气、酸度、醇厚度、风味、均衡度 5 个方面单项打分，汇总后计算平均分，平均分>8 分定为优秀，7 分<平均分≤8 分定为良好，6 分<平均分≤7 分定为好，平均分≤6 分定为一般。

附　录　B
（资料性附录）
咖啡种质资源抗锈病鉴定

B.1　适用范围

本附录适用于咖啡种质资源抗锈病的鉴定。

B.2　鉴定方法与步骤

B.2.1　盆栽苗准备

从待鉴定的咖啡种质植株上剪取芽条，进行沙床扦插，待长根后移植到营养袋中培育到12月龄。每个种质培育植株以20株～30株为宜。

B.2.2　锈菌孢子的制备

在锈病发生期，从感锈病的咖啡品种叶片上收集夏孢子于胶囊低温保存备用。

B.2.3　接种

取培育好的盆栽苗进行室内接种，设3次重复，每个重复接种4张叶片。用小解剖刀从胶囊中挑出锈病孢子，涂在咖啡顶芽下第2对～第3对完全展开叶的背面，用毛笔涂抹均匀，在叶子的正面喷雾，并套上塑料袋保湿。放入湿润的暗室培养12 h～24 h后取出在温室大棚培养。接种60 d～70 d后，调查种质发病情况。

B.2.4　病情调查

调查发病情况，记录感病叶片数和感病面积，按表B.1逐一进行分级。

表B.1　咖啡种质资源锈病病情分级

病级	病情或病状
0	无任何病症
1	有微小褪色斑，常有小的瘤痂出现，有时用放大镜或迎阳光下看到
2	较大褪色斑，常伴有瘤痂，无夏孢子产生
3	常有不同体积下的褪绿斑混合，包括很大的褪色斑，无夏孢子产生
4	常有不同体积的褪色斑，混合，在大斑上有一些夏孢子生成，占所有病斑面积25%以下，偶有少量瘤痂发生，有时病斑早期出现坏死
5	同4，但孢子生成更多，产孢面占总病斑面50%以下
6	同5，产孢面积增加达75%以下
7	同6，孢子很丰盛，产孢面积达95%
8	常有带不同产孢等级病斑混合，有时伴有少量瘤痂
9	病斑带有极丰盛的孢子，边缘无明显褪绿圈

B.2.5　计算方法

根据病情统计情况，计算病情指数，按式（B.1）计算。

$$DI = \frac{\sum (n_i \times s_i)}{9 \times N} \times 100 \quad \cdots\cdots (B.1)$$

式中：

DI——病情指数；

n_i ——相应病害级别的株数；

s_i ——病害级别；

9 ——最高病害级数；

N ——调查总株数。

B.3 评价标准

见表B.2。

表B.2 咖啡种质资源抗锈病性评价标准

抗病级别	病情指数(DI)	参考种质
免疫	0	PT
高抗	$0<DI\leqslant 10$	T8667
抗	$10<DI\leqslant 25$	CIFC7963
中抗	$25<DI\leqslant 45$	卡杜埃
感	$45<DI\leqslant 75$	卡杜拉
高感	$75<DI$	波邦

ICS 67.080.10
B 31

中华人民共和国农业行业标准

NY/T 3008—2016

木菠萝栽培技术规程

Technical regulations for jackfruit cultivation

2016-11-01 发布　　2017-04-01 实施

中华人民共和国农业部 发布

前　　言

本标准按照GB/T 1.1—2009给出的规则起草。

本标准由农业部农垦局提出。

本标准由农业部热带作物及制品标准化技术委员会归口。

本标准起草单位:中国热带农业科学院香料饮料研究所、海南大学。

本标准主要起草人:谭乐和、吴刚、李绍鹏、刘爱勤、李茂富、桑利伟、李新国、孙世伟。

木菠萝栽培技术规程

1 范围

本标准规定了木菠萝(*Artocarpus heterophyllus* Lam.)栽培的园地选择、园地规划、园地开垦、定植、田间管理、树体管理、主要病虫害防治和果实采收等技术要求。

本标准适用于木菠萝的栽培管理。

2 规范性引用文件

下列文件对于本文件的应用是必不可少的。凡是注日期的引用文件,仅注日期的版本适用于本文件。凡是不注日期的引用文件,其最新版本(包括所有的修改单)适用于本文件。

GB 4285 农药安全使用标准

GB/T 8321(所有部分) 农药合理使用准则

NY/T 394 绿色食品 肥料使用准则

NY/T 489 木菠萝

NY/T 1276 农药安全使用规范 总则

NY/T 1473 木菠萝 种苗

NY/T 5023 无公害食品 热带水果产地环境条件

3 园地选择

一般选择年平均温度19℃以上,最冷月平均温度12℃以上,绝对最低温度0℃以上,年降水量1 000 mm以上;坡度<30°,土层深厚、土质肥沃、结构良好、易于排水、地下水位在1 m以下的地方建园。环境条件应符合NY/T 5023的规定。

4 园地规划

4.1 小区

按同一小区的坡向、土质和肥力相对一致的原则,将全园划分若干小区,每个小区面积以1.5 hm^2~3 hm^2 为宜。

4.2 防护林

园区四周应设置防护林,林带距边行植株6 m以上。主林带方向与主风向垂直,植树8行~10行;副林带与主林带垂直,植树3行~5行。宜选择适合当地生长的高、中、矮树种混种,如木麻黄、台湾相思、母生、菜豆树、竹柏和油茶等树种。

4.3 道路系统

园区内应设置道路系统,道路系统由主干道、支干道和小道等互相连通组成,主干道贯穿全园,与外部道路相通,宽5 m~6 m,支干道宽3 m~4 m,小道宽2 m。

4.4 排灌系统

排灌系统规划应因地制宜,充分利用附近河沟、坑塘、水库等排灌配套工程,配置灌溉或淋水的蓄水池等。坡度≤10°平缓种植园地应设置环园大沟、园内纵沟和横排水沟,环园大沟一般距防护林3 m,距边行植株3 m,沟宽80 cm、深60 cm;在主干道两侧设园内纵沟,沟宽60 cm、深40 cm;支干道两侧设横排水沟,沟宽40 cm、深30 cm。环园大沟、园内纵沟和横排水沟互相连通。除了利用天然的沟灌水外,同时视具体情况铺设管道灌溉系统,顺园地的行间埋管,按株距开灌水口。

4.5 水肥池

每个小区应修建水肥池 1 个,容积为 10 m^3～15 m^3。

4.6 定植密度与规格

以株距 5 m～6 m、行距 6 m～7 m 为宜,每 667 m^2 定植 18 株～22 株,平缓坡地和土壤肥力较好园地可疏植,坡度大的园地可适当缩小行距。

4.7 品种选择

选择适应当地环境与气候条件的优质、高效品种。海南省产区推荐选择琼引 1 号品种;广东省产区推荐选择常有木菠萝和四季木菠萝等品种。

5 园地开垦

5.1 深耕平整

应清理园区内除留做防护林以外的植物,一般在定植前 3 个月～4 个月内进行园地的深耕,深度 40 cm～50 cm,清理树根、杂草、石头等杂物并平整。

5.2 梯田修筑

坡度 10°～30°的园地应等高开垦,修筑宽 2 m～2.5 m 的水平梯田或环山行,向内稍倾斜,单行种植。

5.3 植穴准备

定植前 2 个月内挖穴,植穴规格为长 80 cm、宽 80 cm、深 70 cm～80 cm。挖穴时,应将表土、底土分开放置,曝晒 20 d～30 d 后回土。回土时先将表土回至穴的 1/3,然后将充分腐熟的有机肥 20 kg～30 kg和钙镁磷肥 1 kg 作为基肥,与表土充分混匀后回入中层,上层填入表土,并做成比地面高 10 cm～20 cm 的土堆,以备定植。

6 定植

6.1 种苗要求

按照 NY/T 1473 的规定执行。

6.2 定植时期

春、夏、秋季均可定植,以 3 月～4 月或 9 月～10 月定植为宜。定植选在晴天下午或阴天进行。

6.3 定植方法

植穴中部挖一小穴,放入种苗并解去种苗营养袋,保持土团完整,使根颈部与穴面平,扶正、回土压实。修筑比地表高 2 cm～3 cm、直径 80 cm～100 cm 的树盘,覆盖干杂草,淋足定根水,再盖一层细土。

6.4 植后管理

定植至成活前,保持树盘土壤湿润。雨天应开沟排除园地积水,以防烂根。及时检查,补植死缺株,并及时抹掉砧木嫩芽。

7 田间管理

7.1 土壤管理

7.1.1 间作

定植后 1 年～3 年的果园,合理间种豆科作物、菠萝和番薯等短期矮秆经济作物;间种作物离主干 1 m以上。

7.1.2 覆盖

幼龄树应覆盖干杂草、稻草等,离主干 15 cm～20 cm 覆盖,厚度 5 cm～8 cm。

7.1.3 除草

要求1个月～2个月除草1次，保持树盘无杂草，果园清洁。易发生水土流失园地或高温干旱季节，应保留行间或梯田埂上的矮生杂草。

7.1.4 扩穴改土

定植1年后，结合施肥进行扩穴改土，在紧靠原植穴四周、树冠滴水线外围对称挖两条施肥沟，规格为长80 cm～100 cm、宽30 cm～40 cm、深30 cm～40 cm，沟内压入绿肥，施有机肥并覆土。下一次在另外对称两侧逐年向外扩穴改土。

7.2 施肥管理

7.2.1 施肥原则

应贯彻勤施、薄施、干旱和生长旺季多施水肥的原则。肥料种类以有机肥为主，适量施用无机肥。

7.2.2 肥料种类

推荐使用的农家肥料和化学肥料按照NY/T 394的规定执行。常用的有机肥有：畜禽粪、畜粪尿、鱼肥以及塘泥、饼肥和绿肥等。畜粪尿、饼肥一般沤制成水肥；畜粪、鱼肥一般与表土或塘泥沤制成干肥。常用的无机肥有：尿素、过磷酸钙、氯化钾、钙镁磷肥和复合肥等。

7.2.3 施肥方法

采用条状沟施、环状沟施等方法，在树冠滴水线下挖施肥沟。有机干肥以开深沟施，规格应符合7.1.4给出的要求；水肥和化学肥料以开浅沟施，沟长80 cm～100 cm、宽10 cm～15 cm、深10 cm～15 cm。施肥时混土均匀。旱季施肥后要结合灌溉。

7.2.4 施肥量

7.2.4.1 幼龄树施肥量

幼龄树按以下方法施肥：

a) 1年生幼龄树：每株施尿素50 g～70 g、或复合肥(15∶15∶15)100 g、或水肥2 kg～3 kg，隔月1次。秋末冬初，宜增施有机肥15 kg～20 kg、钙镁磷肥0.5 kg。

b) 2年～3年生幼龄树：每株施尿素100 g、或复合肥(15∶15∶15)130 g、或水肥4 kg～5 kg，隔月1次。秋末冬初，宜增施有机肥20 kg～30 kg、钙镁磷肥0.5 kg。

7.2.4.2 成龄树施肥量

成龄树按以下方法施肥：

a) 花前肥：集中抽花序前施用，每株施尿素0.5 kg、氯化钾0.5 kg或复合肥(15∶15∶15)1 kg～1.5 kg。

b) 壮果肥：抽花序后1月～2月内施用，每株施尿素0.5 kg、氯化钾1 kg～1.5 kg、钙镁磷肥0.5 kg、饼肥2 kg～3 kg。

c) 果后肥：果实采收后1周～2周施用，每株施有机肥25 kg～30 kg(其中饼肥2 kg～3 kg)、复合肥(15∶15∶15)1 kg～1.5 kg。

7.3 水分管理

7.3.1 灌溉

在开花和果实发育期保持土壤湿润，采用浇灌、喷灌或滴灌等方法灌溉，灌溉应在上午或傍晚进行。

7.3.2 排水

雨季、台风来临之前，应疏通排水沟，填平凹地，维修梯田。大雨过后应及时检查，排除园中积水。

8 树体管理

8.1 整形修剪

8.1.1 整形修剪原则

修剪时宜由下而上进行，通过整形修剪使枝叶分布均匀、通风透光，形成层次分明、疏密适中的树冠结构。

8.1.2 修剪时期

应在植株抽梢期、果实采收后和台风来临前及时修剪。

8.1.3 修剪方法

8.1.3.1 幼龄树

幼龄树的修剪方法：

a) 培养一级分枝：当植株生长高度 1.5 m 时，修剪截顶，让其分枝。要求剪口斜切，剪口涂上油漆或凡士林等保护剂。选留 3 个～4 个健壮、分布均匀，与主干呈 45°～60°生长的枝条培养一级分枝，选留的最低枝芽距离地面 1 m 以上，抹除多余枝芽。

b) 培养二级分枝：一级分枝生长至 1.2 m～1.5 m 时，修剪截顶，让其分枝。每个一级分枝选留 2 条～3 条健壮、分布均匀、斜向上生长的枝条培养二级分枝，剪除多余枝条。

c) 培养树形：经过 3 次～4 次修剪截顶，培养开张的树冠。树高以 3 m～5 m 为宜。

8.1.3.2 成龄树

果实采收后应适当修剪，剪截过长枝条，剪去交叉枝、下垂枝、徒长枝、过密枝、弱枝和病虫枝等，植株高度控制在 5 m 以下，树冠株间的交接枝条也剪去。树冠枝叶修剪量应根据植株长势而定。

8.2 疏果

8.2.1 疏果时期

在果实发育初期，即果实直径 6 cm～8 cm 时进行人工疏果。

8.2.2 疏除对象

疏除病虫果、畸形果和过密果等果实，选留生长充实、健壮、果形端正、无病虫害、无缺陷的果实。

8.2.3 留果数量

琼引 1 号等大果形品种，定植第 3 年结果树每株留 1 个～2 个果，第 4 年 3 个～4 个，第 5 年 6 个～8 个，第 6 年 8 个～10 个，之后盛产期每株留 12 个～20 个；常有木菠萝、四季木菠萝等中小果形品种，定植第 3 年结果树每株留 2 个～3 个果，第 4 年 4 个～8 个，第 5 年 10 个～14 个，第 6 年 16 个～20 个，之后盛产期每株留 20 个～30 个。实际生产中根据植株长势和单果重量适当增减单株留果数量。

9 主要病虫害防治

9.1 主要病虫害种类

主要病虫害有花果软腐病、炭疽病、蒂腐病、根腐病、黄翅绢野螟、天牛和绿刺蛾等。

9.2 防治原则

贯彻“预防为主、综合防治”的植保方针，依据主要病虫害的发生规律及防治要求，综合考虑影响其发生的各种因素，采取以农业防治为基础，协调应用化学防治、物理防治等措施，实现对主要病虫害的安全、有效控制。使用药剂防治应符合 GB 4285、GB/T 8321 和 NY/T 1276 的规定。

9.3 防治措施

9.3.1 农业防治

搞好园区卫生，及时清除病虫叶、病虫果、杂草及地面枯枝落叶，并集中园外烧毁；加强水肥管理，增施有机肥和磷钾肥，不偏施氮肥；合理修剪，保持果园适宜荫蔽度，改善果园的光照和通风条件，避免果园积水；防止果实产生人为或机械伤口。

9.3.2 化学防治

主要病虫害的为害症状及化学防治参见附录 A。

10 果实采收

10.1 采收适期

果实达到如下成熟度，应及时采收：

——果柄呈黄色，或离果柄最近叶片变黄脱落；

——用手或木棒拍打果实，发出“噗、噗”混浊音；

——果皮为黄色或黄褐色，皮刺变钝、手擦时易脆断且无乳汁流出；

——用小刀刺果，流出的乳汁清淡。

10.2 采收方法

采用枝剪、小刀剪断果柄，采收过程应轻采、轻放，避免机械损伤。采后果实集中存放于阴凉干燥处，避免暴晒。按 NY/T 489 的规定条件储存。

附　录　A
（资料性附录）
木菠萝主要病虫害为害症状及化学防治

木菠萝主要病虫害为害症状及化学防治见表 A.1。

表 A.1　木菠萝主要病虫害为害症状及化学防治

病虫害名称	为害症状	化学防治
花果软腐病	木菠萝花果软腐病病原菌为接合菌门根霉属(*Rhizopus*)的匍枝根霉(*Rhizopus nigricans*) 花序、幼果、成熟果均可受害，受虫伤、机械伤的花及果实易受害。发病部位初期呈褐色水渍状软腐，随后在病部表面迅速产生浓密的白色绵毛状物，其中央产生灰黑色霉层。感病的果，病部变软，果肉组织溃烂	在开花期、幼果期喷药护花护果，选用 10%多抗霉素可湿性粉剂或 80%戊唑醇水分散粒剂 500 倍液～800 倍液，或 90%多菌灵水分散粒剂 800 倍液～1 000 倍液。隔 7 d 喷施 1 次，连续喷施 2 次～3 次
炭疽病	木菠萝炭疽病由半知菌亚门炭疽菌属的胶孢炭疽菌(*Colletotrichum gloeosporiodes* Penz.)引起 叶片、果实均可发生此病。叶片受害，叶斑可发生于叶面任何位置，病斑近圆形或不规则形，呈褐色至暗褐色，周围有明显黄晕圈；发病中后期，病斑上生棕褐色小点，有时病斑中央组织易破裂穿孔。果实受害后，呈现黑褐色圆形斑，其上长出灰白色霉层，引起果腐，导致果肉褐坏	在发病初期，选用 45%咪鲜胺乳油或 40%福美双・福美锌可湿性粉剂 500 倍液～800 倍液，或 50%多・锰锌可湿性粉剂 500 倍液，隔 7 d 喷施 1 次，连续喷施 2 次～3 次
蒂腐病	木菠萝蒂腐病病原菌为半知菌亚门球二孢属(*Diplodia natalensis*)真菌 该病主要为害果实，病斑常发生于近果柄处，初为针头状褐色小点，继而扩大为圆形病斑，中央深褐色，边缘浅褐色，水渍状；病部果皮变黑、变软、变臭，上生白色黏质物，为病菌的分生孢子团。受害果实往往提早脱落	主要在花期和幼果期喷施杀菌剂防治。选用 70%甲基硫菌灵可湿性粉剂 800 倍液，或 50%多菌灵可湿性粉剂 500 倍液，每隔 7 d 喷施 1 次，连续喷施 2 次～3 次
根腐病	木菠萝根腐病病原菌为担子菌门灵芝属(*Ganoderma* sp.)真菌 病树长势衰弱，易枯死。病树的根茎上方长出病原菌子实体。病根表面平粘一层泥沙，用水较易洗掉，洗后可见枣红色菌膜；病根湿腐，松软而呈海绵状，有浓烈蘑菇味	发病初期，选用 75%十三吗啉乳油 300 倍液～500 倍液，在距病树基部 30 cm 处挖一条宽 20 cm、深 5 cm 的浅沟，每株淋灌药剂 2 L～4 L，隔 7 d～10 d 淋灌 1 次，连续淋灌 3 次。同时对未发病植株做好预防，在发病植株与健康植株之间应挖一条宽 30 cm、深 40 cm 的隔离沟，用 75%十三吗啉乳油 500 倍液喷撒沟内，隔 7 d～10 d 喷药 1 次，连续 2 次～3 次
黄翅绢野螟	黄翅绢野螟(*Diaphania caesalis* Walker)属于鳞翅目(Lepidoptera)、螟蛾科(Pyralidae) 为害幼果时一开始嚼食果皮，然后逐渐深入食到种子，取食的孔道外围有粪便堆聚封住孔口，孔道内也有粪便，还常常引起果蝇的幼虫进入取食果肉，使果实受害部分变褐腐烂，严重时导致果实脱落，造成减产；为害嫩果柄时则从果蒂进入，然后逐渐往上，粪便排在孔内外，引起果柄局部枯死，影响果品质量；为害新梢时，取食嫩叶和生长点，排出粪便，并吐丝把受害叶和生长点包住，影响植株生长	害虫严重发生时，及时摘除被害嫩梢、花芽及果实，集中倒进土坑，喷施 50%杀螟松乳油 800 倍液～1 000 倍液后回土深埋；并选用 50%杀螟松乳油 1 000 倍液～1 500 倍液，或 40%毒死蜱乳油 1 500 倍液，或 2.5%溴氰菊酯乳油 3 000 倍液进行全园喷药，隔 7 d～10 d 喷施 1 次，喷施 2 次～3 次

表 A.1（续）

病虫害名称	为害症状	化学防治
天牛	生产上常见为榕八星天牛[*Batocera rubus* (L.)]和桑粒肩天牛(*Apriona germari* Hope)，均属于鞘翅目(Coleoptera)、天牛科(Cerambycidae) 榕八星天牛幼虫蛀害树干、枝条，使其干枯，严重时可使植株死亡；成虫为害叶及嫩枝。该虫一年发生1代。成虫夜间活动食木菠萝叶及嫩枝。雌成虫在树干或枝条上产卵，幼虫孵出后在皮下蛀食坑道呈弯曲状，后转蛀入木质部，此时孔道呈直形，在不等的距离上有一排粪孔与外皮相通，由此常可见从此洞中流出锈褐色汁液。通常幼虫多居于最上面一个排粪孔之上的孔道中 桑粒肩天牛2年～3年完成1代，以幼虫在树干内越冬。成虫羽化后在蛹室内静伏5 d～7 d，然后从羽化孔钻出，啃食枝干皮层、叶片和嫩芽。生活10 d～15 d开始产卵。产卵前先选择直径10 mm左右的小枝条，在基部或中部用口器将树皮咬成"U"形伤口，然后将卵产在伤口中间，每处产卵1粒～5粒，一生可产卵100余粒。幼虫孵出后先向枝条上方蛀食约10 cm长，然后调转头向下蛀食，并逐渐深入心材，每蛀食5 cm～6 cm长时便向外蛀一排粪孔，由此孔排出粪便。排粪孔均在同一方位顺序向下排列，遇有分枝或木质较硬处可转向另一边蛀食和蛀排粪孔。幼虫多位于最下一个排粪孔的下方。排粪孔外常有虫粪积聚，树干内树液从排粪孔排出，常经年长流不止。树干内有多头幼虫钻蛀时，常可导致树体干枯死亡	主干受害时，选用生石灰∶水按1∶5比例配制石灰水，对主干进行涂白；在主干发现新排粪孔时，使用注射器将5%高效氯氰菊酯乳油或10%吡虫啉可湿性粉剂100倍液～300倍液注入新排粪孔内，或将蘸有药液的小棉球塞入新排粪孔内，并用黏土封闭其他排粪孔
绿刺蛾	绿刺蛾[*Parasa lipida* (Cramer)]属于鳞翅目(Lepidoptera)刺蛾科(Limacodidae) 绿刺蛾在海南1年发生2代～3代，以老熟幼虫在树干上结茧越冬。翌年4月中下旬越冬幼虫开始变蛹，5月下旬左右成虫羽化、产卵。第1代幼虫于6月上中旬孵出，6月底以后开始结茧，7月中旬至9月上旬变蛹并陆续羽化、产卵。第2代幼虫于7月中旬至9月中旬孵出，8月中旬至9月下旬结茧过冬。成虫于每天傍晚开始羽化，以19时～21时羽化最多。成虫有较强的趋光性，雌成虫交尾后翌日即可产卵，卵多产于嫩叶背面，呈鱼鳞状排列，每只雌成虫一生可产卵9块～16块，平均产卵量约206粒。卵期5 d～7 d，2龄～4龄幼虫有群集危害的习性，整齐排列于叶背，啃食叶肉留下表皮及叶脉；4龄后逐渐分散取食，吃穿表皮，形成大小不一的孔洞；5龄后自叶缘开始向内蚕食，形成不规则缺刻，严重时整个叶片仅留叶柄	在6月上中旬第1代幼虫孵化高峰后和7月中旬～9月中旬第2代幼虫孵化高峰后，选用20%除虫脲悬浮剂1 000倍液，或2.5%的高效氯氟氰菊酯乳油3 000倍液进行全园喷施，隔7 d～10 d喷施1次，喷施2～3次

ICS 67.080.10
B 31

中华人民共和国农业行业标准

NY/T 3011—2016

芒果等级规格

Grades and specifications of agricultural products—Mango

2016-11-01 发布　　2017-04-01 实施

中华人民共和国农业部 发布

前　言

本标准按照GB/T 1.1—2009给出的规则起草。

本标准由农业部农垦局提出。

本标准由农业部热带作物及制品标准化技术委员会归口。

本标准起草单位:中国热带农业科学院分析测试中心、农业部科技发展中心、农业部热带农产品质量监督检验测试中心、中国热带农业科学院热带作物品种资源研究所。

本标准主要起草人:徐志、谢轶、徐学万、张艳玲、段云、陈业渊、高爱平、党志国、黄建峰。

芒果等级规格

1 范围

本标准规定了台农1号芒、金煌芒、贵妃芒、桂热芒82号、凯特(Keitt)芒、圣心(Sensation)芒、吉禄(Zill)芒、红象牙芒、白象牙芒等品种的等级规格要求、检验方法、检验规则、包装和标识等。

本标准适用于鲜食芒果的等级规格划分。

2 规范性引用文件

下列文件对于本文件的应用是必不可少的。凡是注日期的引用文件,仅注日期的版本适用于本文件。凡是不注日期的引用文件,其最新版本(包括所有的修改单)适用于本文件。

GB/T 8855　新鲜水果和蔬菜　取样方法

3 术语和定义

下列术语和定义适用于本文件。

3.1

缺陷　defect

果实在生长发育和采摘运输过程中,由于自然、机械、生物或人为因素的作用,影响果实的商品性状或导致果实部分或全部失去食用价值的现象。

3.2

斑痕　scar

由于病虫害、日灼、流胶和机械伤等伤害愈合留下的痕迹。

3.3

异味　abnormal flavour

果实发育不良、变质或腐败等散发出的不正常气味或味道。

4 要求

4.1 基本要求

所有级别的芒果,除各个级别的特殊要求和容许度范围外,应满足下列要求:

——果实发育正常,无裂果;

——新鲜、未软化;

——果实无生理性病变,果肉无腐坏、空心等;

——无坏死组织、无明显的机械伤;

——基本无病虫害、冷害、冻害;

——无异常的外部水分,冷藏取出后无收缩;

——无异味;

——发育充分,有合理的采收成熟度;

——带果柄,长度不能超过1 cm。

4.2 等级

在符合基本要求的前提下,芒果可划分为一级、二级、三级,各等级芒果应符合表1的规定。主要芒果品种的果实性状及理化指标参见附录 A。

表 1　等级指标

指标	一级	二级	三级
果形	具有该品种特征，无畸形，大小均匀	具有该品种特征，无明显变形	具有该品种特征，允许有不影响产品品质的果形变化
色泽	果实色泽正常，着色均匀	果实色泽正常，75%以上果面着色均匀	果实色泽正常，35%以上果面着色均匀
缺陷	果皮光滑，基本无缺陷，单果斑点不超过 2 个，每个斑点直径≤2.0mm	果皮光滑，单果斑点不超过 4 个，每个斑点直径≤3.0mm	果皮较光滑，单果斑点不超过 6 个，每个斑点直径≤3.0mm

4.3　规格

不同芒果品种按照单果质量划分，各规格应符合表 2 的规定。

表 2　芒果规格划分

品种	单果质量，g		
	标准果(M)	大果(L)	小果(S)
台农 1 号芒	200～300	＞300	＜200
金煌芒	600～900	＞900	＜600
贵妃芒	320～410	＞410	＜320
桂热芒 82 号	270～360	＞360	＜270
凯特芒	550～760	＞760	＜550
圣心芒	240～340	＞340	＜240
吉禄芒	300～410	＞410	＜300
红象牙芒	420～640	＞640	＜420
白象牙芒	270～390	＞390	＜270
注：表中未能列入的其他品种，可根据品种特性参照近似品种的有关指标。			

4.4　容许度

a)　一级品允许有不超过 5%质量或数量的果实不符合一级的要求，但应符合二级的要求。

b)　二级品允许有不超过 10%质量或数量的果实不符合二级的要求，但应符合三级的要求。

c)　三级品允许有不超过 10%质量或数量的果实不符合三级的要求，但应符合基本要求。

对于包装的产品，在同一包装物中，应为同一品种，单果质量允许差不超过 15%。

5　检验方法

果实的果形、色泽等指标由感官评定。缺陷的斑点直径、果柄长度、单果质量采用随机方法从样品中选择 20 个果实用量具测定后取平均值。

6　检验规则

6.1　抽样方法

按 GB/T 8855 的规定执行。

6.2　判定规则

6.2.1　符合本标准要求的产品，判定为相应等级规格的产品。

6.2.2　若交易双方发生争议，产品可经过加工整理后再申请重新抽样检验，以重检的检验结果为评定的根据，重检以一次为限。

7 包装

7.1 一致性

同一包装容器内的芒果应产地、品种一样，质量和大小均一。

7.2 包装材料

包装容器应符合质量、卫生、透气性和强度要求，以保证芒果适宜处理、运输和储存。

8 标识

包装品或无包装产品的随货单应标明产品名称、品种、等级规格、执行标准、生产者、产地、净含量和采收日期等信息。标注的内容应字迹清晰、准确且不易褪色。

附 录 A
(资料性附录)
我国主要芒果品种的果实性状及理化指标

我国主要芒果品种的果实性状及理化指标见表 A.1。

表 A.1 我国主要芒果品种的果实性状及理化指标

<table>
<tr><th rowspan="3">品种</th><th colspan="3">果实重量
g</th><th colspan="6">果实尺寸
cm</th><th colspan="3">成熟果实性状</th><th colspan="2">理化指标</th></tr>
<tr><th rowspan="2">平均值</th><th rowspan="2">最大值</th><th rowspan="2">最小值</th><th colspan="2">平均值</th><th colspan="2">最大值</th><th colspan="2">最小值</th><th rowspan="2">果皮色泽</th><th rowspan="2">果实形状</th><th rowspan="2">果肉颜色</th><th rowspan="2">可溶性固形物
%</th><th rowspan="2">酸度
g/kg</th></tr>
<tr><th>长度</th><th>宽度</th><th>长度</th><th>宽度</th><th>长度</th><th>宽度</th></tr>
<tr><td>台农1号芒</td><td>245</td><td>442</td><td>102</td><td>11</td><td>5</td><td>14</td><td>7</td><td>10</td><td>3</td><td>黄至深黄色,近果肩部经常有红晕</td><td>宽卵形,果顶较尖小,果形稍扁</td><td>橙黄</td><td>15.2</td><td>3.0</td></tr>
<tr><td>金煌芒</td><td>755</td><td>1 250</td><td>301</td><td>19</td><td>9</td><td>30</td><td>15</td><td>14</td><td>7</td><td>深黄色或橙黄色</td><td>果实特大,长卵形</td><td>深黄至橙黄</td><td>16.1</td><td>2.4</td></tr>
<tr><td>贵妃芒</td><td>360</td><td>553</td><td>100</td><td>12</td><td>7</td><td>16</td><td>9</td><td>5</td><td>4</td><td>果底色深黄色,盖色鲜红色;套袋果实为黄色</td><td>卵状长椭圆形,基部较大,顶部较小,果身圆厚</td><td>金黄</td><td>15.5</td><td>0.8</td></tr>
<tr><td>桂热芒82号</td><td>324</td><td>450</td><td>250</td><td>13</td><td>4</td><td>22</td><td>14</td><td>10</td><td>3</td><td>淡绿色</td><td>长椭圆形</td><td>乳黄</td><td>17.60</td><td>43</td></tr>
<tr><td>凯特芒</td><td>660</td><td>1 290</td><td>246</td><td>15</td><td>12</td><td>21</td><td>15</td><td>11</td><td>8</td><td>底黄色,盖色暗红或紫红色</td><td>椭圆或倒卵形,有明显的果鼻</td><td>橙黄色</td><td>13.7</td><td>2.1</td></tr>
<tr><td>圣心芒</td><td>301</td><td>1 000</td><td>100</td><td>10</td><td>10</td><td>18</td><td>16</td><td>5</td><td>4</td><td>底色深黄色,盖色鲜红色</td><td>宽椭圆形,稍扁</td><td>深黄或橙黄</td><td>13.5</td><td>0.8</td></tr>
<tr><td>吉禄芒</td><td>349</td><td>500</td><td>100</td><td>12</td><td>8</td><td>16</td><td>11</td><td>10</td><td>5</td><td>红色至紫色</td><td>宽卵形或长圆稍扁</td><td>浅黄至深黄色</td><td>10.14</td><td>1.5</td></tr>
</table>

表 A.1（续）

品种	果实重量 g			果实尺寸 cm						成熟果实性状			理化指标	
	平均值	最大值	最小值	平均值		最大值		最小值		果皮色泽	果实形状	果肉颜色	可溶性固形物 %	酸度 g/kg
				长度	宽度	长度	宽度	长度	宽度					
红象牙芒	529	1 052	210	25	16	30	18	16	13	向阳面鲜红色	长圆形，微弯曲	乳黄	11.37	3.4
白象牙芒	346	615	183	20	7	26	11	7	5	黄色或金黄色	果较长而顶部呈钩状，形似象牙	乳黄	11.30	3.1
注：表中数据为各个品种代表样本实际测量数据均值。														

ICS 65.020
B 34

中华人民共和国农业行业标准

NY/T 3027—2016

甜菜纸筒育苗生产技术规程

Code of practice for growing beet seedings in paper pots

2016-12-23 发布　　2017-04-01 实施

中华人民共和国农业部 发布

前　言

本标准按照 GB/T 1.1—2009 给出的规则起草。

本标准由农业部种植业管理司提出并归口。

本标准起草单位:中国农业科学院甜菜研究所、农业部甜菜品质监督检验测试中心、农业部糖料产品质量安全风险评估试验室(哈尔滨)。

本标准参加单位:中国科学院东北地理与农业生态研究所、内蒙古农牧业科学院、新疆农业科学院。

本标准主要起草人:张福顺、吴玉梅、刘乃新、杨骥、韩秉进、张惠忠、李承业、林柏森。

甜菜纸筒育苗生产技术规程

1 范围

本标准规定了甜菜纸筒育苗的基础条件和生产技术规程。

本标准适用于甜菜的纸筒育苗生产。

2 规范性引用文件

下列文件对于本文件的应用是必不可少的。凡是注日期的引用文件，仅注日期的版本适用于本文件。凡是不注日期的引用文件，其最新版本(包括所有的修改单)适用于本文件。

GB/T 8321(所有部分) 农药合理使用准则

GB/T 10496 糖料甜菜

GB 19176 糖用甜菜种子

NY/T 496 肥料合理使用准则 通则

NY/T 1747 甜菜栽培技术规范

3 术语和定义

下列术语和定义适用于本文件。

3.1

纸筒 paper pots

育苗用一定规格的纸制成册的筒。

3.2

纸筒育苗 growing seeding in paper pots

用一定规格纸筒进行育苗的过程。

3.3

育苗土 soil for growing seeding

用作育苗而配置的土。

3.4

墩土 let soil closely

将装入纸筒的土墩实的作业过程。

3.5

扫苗 exercising seedling

使用软笤帚或长毛刷子轻轻扫压苗床上的苗、刺激幼苗、防止徒长的作业过程。

3.6

人工移栽 transplant by hand

手工移栽育成苗的作业过程。

3.7

机械移栽 transplant by machine

使用甜菜专用纸筒育苗移栽机进行栽植作业的工作过程。

4 育苗准备

4.1 种子

纸筒育苗所使用的糖用甜菜种子,应选择审(认)定的适合本地种植的甜菜品种,其质量应符合 GB 19176 的规定。宜采用甜菜包衣单粒种或丸粒化种子。

4.2 纸册、棚膜

甜菜纸筒育苗宜采用展开长 116 cm、宽 29 cm、高 13 cm 或 15 cm 规格的纸册,根据田间保苗株数确定其用量,推荐田间保苗量为 80 000 株/hm^2～100 000 株/hm^2时,纸册数为 75 册/hm^2。育苗用棚膜厚度宜采 0.06 mm～0.08 mm 的无雾滴聚氯乙烯膜,宽度根据育苗棚大小进行选择。

4.3 纸册原纸

原纸应具有良好的干、湿强度,降解周期小于 30 d～40 d,具备透气性、透水性、小苗侧根穿透性,满足甜菜块根生长要求,适用于甜菜纸筒育苗。

4.4 育苗场地

应选择背风向阳、地势平坦、排水良好、交通便利和距水源近的地块作为育苗场地。育苗棚要设置风障和加固、压棚绳索。

4.5 苗床肥

宜采用甜菜纸筒育苗专用肥;或采用能满足甜菜纸筒育苗营养需要的复混肥料,应符合 NY/T 496 的规定。

4.6 农药

甜菜纸筒育苗所使用的土壤消毒杀菌剂、甜菜苗床病害防治药剂应符合 GB/T 8321 的要求,壮苗剂按照说明书使用。

5 育苗

5.1 育苗时间

室外平均气温≥0℃,并稳定 5 d 以上时开始建育苗棚;当棚内温度≥5℃时,开始装筒、播种、育苗。

5.2 育苗土配制

5.2.1 土选择

5.2.1.1 宜选用土质肥沃、结构良好、5 年以上未种过甜菜的疏松耕层表土,或选用 pH 在 7.0～7.5 范围内的林下土、草炭土等;选用的土质 pH≤6.8 时,应采用熟石灰粉调整至 pH 7.0～7.5 的范围内;

5.2.1.2 未施用过对甜菜有影响除草剂的土。

5.2.2 农肥选择

1/3 粪加 2/3 土,充分发酵腐熟,过 8 mm 网筛。

5.2.3 育苗土配制

5.2.3.1 肥土比例

腐熟农肥和基质土的比例应控制在 1∶(15～20)的范围内。

5.2.3.2 混拌方法

先将农肥与育苗专用肥混拌均匀;再将混拌好的肥料与筛好的土混拌均匀。

5.2.4 育苗土水分

含水量控制在 16%～18%,达到手握成团、落地散开的程度。

5.3 装土、墩土

把育苗纸册展开,固定在墩土机(板)上,放好挡板,装土,把配好的育苗土分 3 次均匀地装入纸筒进行墩土，每册应装满墩实。

5.4 苗床

将敦实的纸筒摆放整齐、平整。苗床四周培土做埂，埂距纸筒 20 cm～25 cm，土埂高于纸筒 3 cm～5 cm，应牢固不漏水；或采用满足上述条件的聚乙烯泡沫板做围栏的整洁苗床。

5.5 播种及覆土

用人工、播种盘或播种器进行播种。每个单纸筒播种 1 粒。播种深度 0.8 cm～1.0 cm，保证深浅一致。播种后用育苗土覆盖苗床，清扫床面，露出纸筒边缘。

5.6 浇水

5.6.1 小面积育苗田可采用喷壶浇水，多次浇匀、浇透，达到单筒可拔出为止。

5.6.2 大面积育苗田可采用做埂漫延浇水，使水沿着苗床四周缓慢流过，直至浇透，达到单筒可拔出为止。

5.7 扣棚

甜菜育苗可采用结构简单、费用低廉、便于管理的育苗棚，或采用高架大棚。

5.7.1 小拱棚

棚底宽 170 cm，长随纸筒册数而定，棚高 80 cm，用绳子捆紧将拱棚固定好，然后扣棚膜，在架间中央用绳子横向将膜压紧，防止风刮损坏。

5.7.2 大棚

纸册四周距棚壁≥30 cm，棚膜覆盖，膜上备有防寒棉被。

6 苗床管理

6.1 温度控制

出苗前保持棚内温度白天 25℃左右，夜间温度低于 5℃时要增加苫盖物；子叶期保持棚内温度白天 20℃～25℃，高于 25℃时适当通风降温，夜间 5℃以上；真叶期保持白天温度 15℃～20℃，高于 25℃时采用白天遮阳或通风等措施降温，夜间 0℃以上。

6.2 水分管理

出苗前期：发现棚内幼苗萎蔫缺水时，应及时补水浇透。2 对真叶期：最后阶段浇水次数尽量减少，床土出现裂缝可适当浇水。

6.3 喷施壮苗剂

第 1 对真叶刚刚出现时喷施壮苗剂，按照壮苗剂说明书使用。

6.4 防治苗期病害

出齐苗以后喷药预防，农药的使用应符合 GB/T 8321 的规定。

6.5 杂草防治

宜使用无杂草土壤，有杂草发生时采用人工除草。

6.6 扫苗

从子叶后期到移栽前，上午叶片上的露水蒸发后，用软笤帚轻轻扫压幼苗。开始时每日 1 次～2 次，真叶展开后增加到 3 次～5 次，随压随扫，方向一致，第 2 d 改为相反方向。扫苗时防止伤苗，病害发生时停止扫苗。

6.7 炼苗

适当控水抑制幼苗生长。移栽前 5 d～7 d 选择无霜冻天气，逐渐昼夜敞棚炼苗。

7 移栽

7.1 移栽时间

7.1.1 幼苗大小

苗龄 25 d～35 d，当 2/3 的幼苗有 1 对～2 对真叶时移栽。

7.1.2 温度

地表 0 cm～10 cm 土温连续 5 d 以上稳定在 5℃以上，日平均气温 10℃以上时移栽。

7.2 移栽方法

7.2.1 人工移栽

7.2.1.1 移栽器移栽

使用特制的移栽器，插入土中，倾斜移栽器放入单筒苗，张开移栽器的鸭嘴，把苗栽上。

7.2.1.2 犁栽

用犁开沟，把单筒苗栽入沟内，扶苗浇水或浇水扶苗，再用犁合垄，如土壤疏松可浇水后栽苗。

7.2.2 移栽机

使用移栽机移栽，按照移栽机的操作规程进行，要求移栽合格率≥90%。

8 移栽选地、田间管理

应符合 NY/T 1747 的规定。

9 收获

机械收获、畜力或人工挖掘。切削按照 GB/T 10496 的规定执行。

ICS 65.020.20
B 05

中华人民共和国农业行业标准

NY/T 3028—2016

梨高接换种技术规程

Technical code of top grafting for pear tree

2016-12-23 发布　　2017-04-01 实施

中华人民共和国农业部　发布

前　　言

本标准按照 GB/T 1.1—2009 给出的规则起草。

本标准由农业部种植业管理司提出。

本标准由全国果品标准化技术委员会(SAC/TC 510)归口。

本标准起草单位:中国农业科学院果树研究所、农业部果品及苗木质量监督检验测试中心(兴城)、辽宁省果蚕管理总站。

本标准主要起草人:李志霞、聂继云、宋国柱、宣景宏、闫震、李静、匡立学。

梨高接换种技术规程

1 范围

本标准规定了高接前准备、高接、高接后管理和记录。

本标准适用于以品种更新为目的的梨高接换种。

2 规范性引用文件

下列文件对于本文件的应用是必不可少的。凡是注日期的引用文件,仅注日期的版本适用于本文件。凡是不注日期的引用文件,其最新版本(包括所有的修改单)适用于本文件。

NY/T 2282 梨无病毒母本树和苗木

3 高接前准备

3.1 砧树选择

砧树应健壮、丰产优质,树体完整,病虫害轻,无根部病虫害和烂根现象。可结合冬剪将砧树进行重回缩修剪,只保留骨干枝,对辅养枝、内膛小枝及结果枝组全部疏除。

3.2 品种选择

高接品种应品质优良、具有良好的市场前景,与砧树有良好的嫁接亲和性。合理配置授粉品种。

3.3 接穗准备

宜从无病毒健壮母本树上采集接穗,该母本树应符合 NY/T 2282 的要求。对于春季枝接,接穗可结合冬剪收集,选择树冠外围生长充实、芽眼饱满的一年生枝,置窖内或在背阴冷凉处储藏,温度控制在1℃左右。对于夏季绿枝嫁接,接穗随采随用,接穗剪取后立即剪掉叶片,保留叶柄,置阴凉处暂存、保湿。当天用不完或接穗与砧树不在一处时,应将接穗用湿布包好,在适宜温度下短期保存。

3.4 高接工具

嫁接前检查工具,嫁接刀应锋利、经消毒处理。根据实际需要准备剪、锯、塑料条、石蜡等。

4 高接

4.1 高接时期

春、夏、秋三季均可进行。春季宜在萌芽前后进行,劈接、切接、切腹接在发芽前进行,插皮接和皮下腹接在萌芽展叶后、皮易分离时进行;夏季宜在 6 月~7 月进行;秋季宜在 8 月~9 月进行。

4.2 高接方法

可采用插皮接、切接、腹接、劈接、打洞插皮腹接等方法;也可采用芽接和切腹接,芽接以“T”字形芽接最为常见。主要梨高接方法参见附录 A。

4.3 高接部位

根据砧树的树形确定高接部位,疏除过密、过高、过粗的枝条。在骨干枝头 2 年~4 年生枝段直径 2 cm~3 cm 处嫁接为宜。处理好主、侧枝从属关系,中心干应高于主枝,主枝应高于侧枝,侧枝应高于其他枝组。结果枝组应靠近骨干枝或枝轴,如果没有结果枝组,可在枝干上嫁接。

4.4 高接方式

4.4.1 主干高接

适用于树龄较小的密植梨园,距地面 50 cm~60 cm 截去树干,用插皮接、打洞插皮腹接或劈接法,接2个～3个接穗，成活后保持一个健壮新梢的生长优势，其余的新梢拧伤压平，并立支柱保护，发生的副梢及时拉平。

4.4.2 主枝高接

适用于树龄较大的中密度梨园，将主枝从基部截去，用皮下接或劈接，接2个接穗，1年～2年可恢复树冠。

4.4.3 多头高接

适用于稀植大树冠的成龄梨园，保持原有的树体结构，在主要骨干枝上嫁接多个接穗。有较大伤口时，注意保护伤口。

5 高接后管理

5.1 补接

接后15 d，及时检查成活情况，对嫁接未成活的及时进行补接。春季补接应将砧桩剪去后再接。夏季补接后应及时套上塑料袋或纸袋，芽接用塑料条绑严即可。

5.2 除萌蘖

嫁接后7 d～10 d进行首次除萌蘖，以后每隔1周左右进行一次，直至无萌蘖为止。在内膛缺枝处或接枝、接芽未成活处，可留少量萌蘖，以备补接用。若当地阳光过强，易造成秃裸枝干日灼，可在一定部位留几枝萌蘖遮阳。

5.3 绑缚支棍

当新梢生长至约30 cm时，在接枝对面绑缚支棍。若一个头上接两个枝，可各绑一个支棍，或两个接枝相互绑缚。待新梢生长至70 cm～80 cm、完全木质化时去掉支棍。

5.4 解除绑缚物

春季枝接树，接穗新梢生长至30 cm～40 cm绑缚支棍时解除绑缚物。春季芽接树，嫁接部位完全愈合后解绑。秋季芽接，翌年春季萌芽前解绑。

5.5 高接枝修剪

梨高接树的新梢生长旺盛，应做好夏季修剪。接芽萌发后，对部分直立的新梢，待生长至30 cm～40 cm时，从枝条基部慢慢地轻扭半圈，并别在其他的枝条上；对空间较小的强旺枝，及时摘心；对空间较大的强旺枝，在大叶处进行重摘心或中截；5月～6月采用拉枝、捋枝等方法调整骨干枝的高接延长枝角度，使其斜生或水平。作为主枝、侧枝、大枝组培养的新梢，拉至40°～50°角；作为结果枝培养的新梢，拉至70°～80°角。冬季，对各级枝的延长头长度达到70 cm～100 cm进行轻剪。除适当疏剪直立枝、过密枝外，对其余枝不疏、不截。

5.6 加强肥水管理

高接后及时灌水。枝梢生长至20 cm以上时，适量追肥，株施果树专用肥0.5 kg～1.5 kg。以后根据土壤状况，再浇水1次～2次、追肥1次。后期喷施3次～5次约0.2%的磷酸二氢钾安全越冬。冬季有低温出现的地区，应加强防冻措施，对高接树的枝干进行保护。

5.7 病虫害防治

及时防治梨茎蜂、叶螨、蚜虫、卷叶虫等害虫取食嫩梢，可绕树干粘一道6 cm宽的塑料胶带或扎一道涂有黏虫胶的同等或较宽的塑料薄膜，将上树幼虫粘住；若虫害较重，喷杀虫剂防治。在花序分离前喷一次杀虫和杀菌剂防治梨锈病等；生长季分别喷2遍～3遍杀菌剂和2遍～3遍杀虫剂防治梨黑星病、梨小食心虫、梨木虱或叶片病害等，所用杀虫剂和杀菌剂均应为登记农药且应符合国家规定。此外，还要注意防治为害接口、切口的枝干害虫。

6 记录

对高接技术各环节及高接梨园的生产管理进行记录，保存2年。

附 录 A
(资料性附录)
几种梨高接方法的操作程序

A.1 劈接

A.1.1 适用范围

本方法是春季枝接常用的方法,由于不必在砧木离皮时嫁接,因而嫁接时期可提前约 15 d。

A.1.2 削砧木切口

将砧木在树皮通直无节疤处锯断,用劈接刀或切接刀从砧木中间竖劈切口,深度 4 cm~5 cm。若砧木过粗,可劈两个平行切口。

A.1.3 削接穗

将接穗削成长楔形,楔形面一边厚、一边薄,削面长度为 2.5 cm~3 cm,粗接穗削面可适当长些,切面要平,角度要合适。可用薄膜密闭接穗顶端,防止失水。

A.1.4 插入接穗和绑缚

将削好的接穗插入切口中,使一边形成层与砧木对齐,楔形削面顶部露出 0.3 cm~0.5 cm。用大塑料块蒙住砧木横切面,再用塑料条缠紧(图 A.1)。

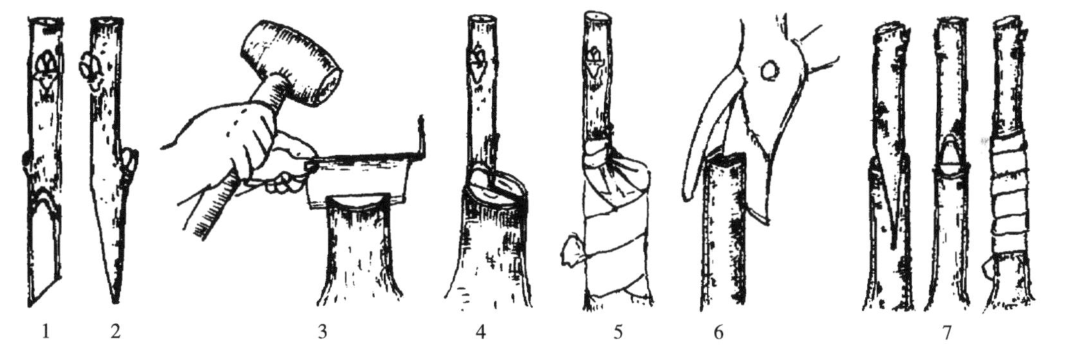

说明:

1——将接穗削两个马耳形伤口;

2——从接穗侧面看两边都削成楔形;

3——用刀在砧木切口中央劈一劈口,粗壮的砧木要用木槌往下敲;

4——用钎子顶开劈口后插入接穗,使接穗外侧的形成层与砧木形成层连接;

5——用塑料条捆严绑紧;

6——用枝剪剪口;

7——砧木和接穗同等粗度的嫁接法。

图 A.1 劈接示意图

A.2 切接

A.2.1 适用范围

适于砧木不离皮时和粗度 1 cm 以上的小砧木。

A.2.2 削砧木切口

将砧木从嫁接部位上端约 5 cm 处剪断,从断面 1/3 处用切接刀垂直切下,切口的宽度与接穗直径相等,长度宜为 3 cm～5 cm。

A.2.3 削接穗

接穗正面削一长削面,长度与砧木劈口相仿。背面削一马耳形小削面,长 0.5 cm～1 cm,切口上面留 2 个～3 个芽,剪断。

A.2.4 插入接穗和绑缚

将削好的接穗插入砧木的垂直切口中,大削面向里,紧贴砧木切口插下,使砧木与接穗形成层的一边对齐。如果切口与接穗直径相等,结合时最好使左右两边的形成层都对齐,然后用塑料条绑紧(图 A.2)。

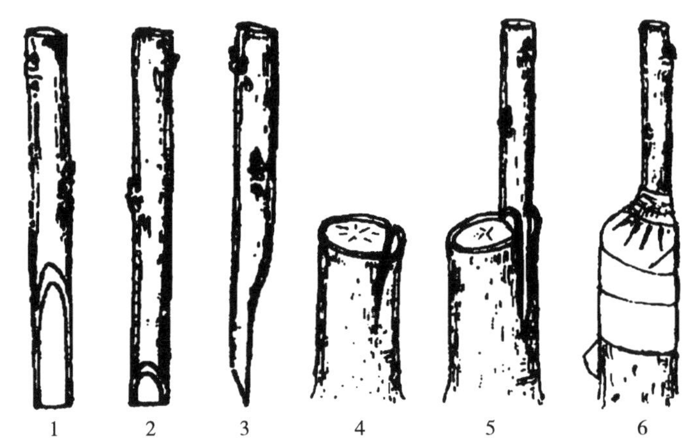

说明:

1——在接穗正面削一个大斜面;

2——在接穗反面削一个小斜面;

3——接穗侧面;

4——将砧木切一纵口,其宽度和接穗大斜面相同;

5——将接穗插入切口,使它的形成层与砧木的形成层左右两边相连接;

6——用塑料条绑紧。

图 A.2 切接示意图

A.3 插皮接

A.3.1 适用范围

本方法适于各类枝的嫁接,只要砧木离皮即可。本方法高接后枝梢不抗风,风劈率高,应绑枝棍固定新梢。

A.3.2 切接口

在削平的剪锯口上,切一竖口,深达木质部,长 2 cm～4 cm,用刀向两边轻剥皮部,使之微微翘起。

A.3.3 削接穗

接穗长 10 cm～12 cm。在其基部 4 cm～6 cm 处,向下斜削,由浅而深,直至削断,削面应长、光、平、薄,呈马耳形大斜面,在其背面的两侧,各削 0.5 cm 以上的小削面,呈箭头形。

A.3.4 插入接穗和绑缚

将削好的接穗尖端对准切口,大削面贴木质部,缓缓下推,慢慢插入,至削面末端露白 0.1 cm～0.5 cm。如图 A.3 所示,用塑料条扎紧。若接口横截面太大,先用塑料方块盖严剪锯口断面,再缠以塑料条。

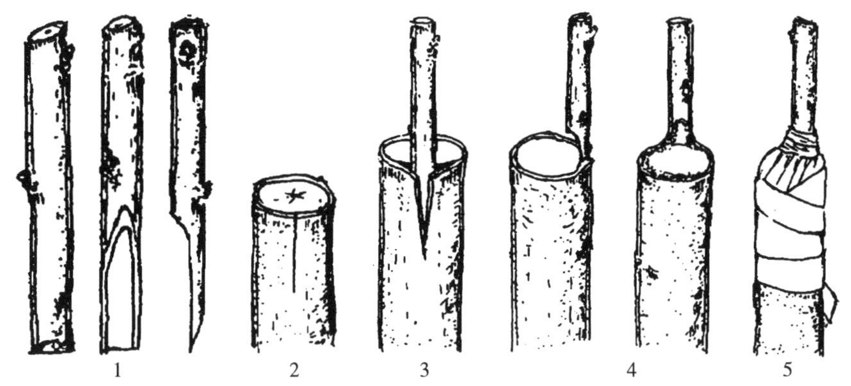

说明：

1——接穗削切后的背面、正面和侧面；

2——截断砧木后再树皮光滑处纵切一刀；

3——将接穗插入砧木；

4——砧木和接穗伤口面愈合组织连接情况；

5——用塑料条包扎捆紧。

图 A.3　插皮接(皮下接)示意图

A.4　腹接

A.4.1　适用范围

本方法用于增加树体内膛的枝量，嫁接速度快。

A.4.2　切砧木

大砧木在需要补充枝条的部位自上而下斜切一刀，深入木质部。休眠枝一般需要用锤子敲打刀子深入切口。苗圃可用枝剪剪在离地 4 cm～5 cm 处，左手拿住砧木，右手斜向剪成 2 cm～3 cm 长的切口。

A.4.3　削接穗

接穗上端留 2 个～4 个芽，下端削成两个马耳形斜面，一面长些，约 3 cm，另一面削成稍短的小削面。

A.4.4　插入接穗和绑缚

左手在切口反方向掰动砧木，使切口张开，右手将接穗插入切口，使大斜面朝上，小斜面朝下，接穗一边形成层和砧木一边形成层对齐。看不清形成层时，可将接穗一边外皮和砧木一边外皮对齐。小砧木接穗插入时尽量使左右两边形成层相接。如图 A.4 所示，结合部位用塑料条扎紧，不露伤口。

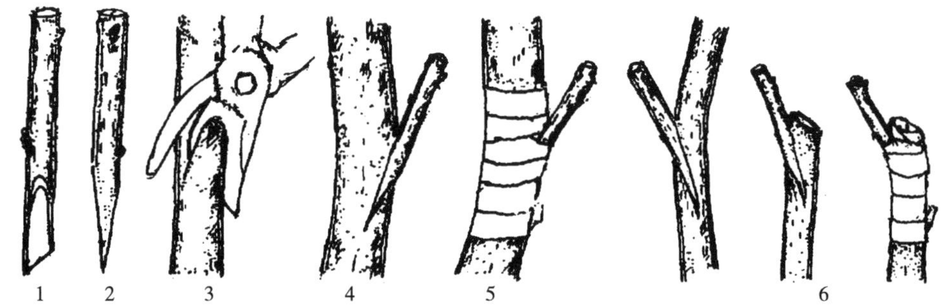

说明：

1——接穗切削面；

2——左边削面大右边削面小；

3——用枝剪剪砧木切口；

4——插入接穗，大面朝里；

5——用塑料条绑严；

6——较细的砧木接穗插入后将接口上的砧木剪除，然后将伤口用塑料条绑严。

图 A.4　腹接示意图

A.5 皮下腹接

A.5.1 适用范围

本方法主要用于高接树体内膛光秃部位的插枝补空，在砧木离皮时进行（宜在 4 月下旬至 5 月下旬）。除利用硬枝嫁接外，还可利用当年萌发生长的嫩梢（发育枝已木质化的部分）做接穗嫁接（宜在 6 月），适宜在大砧木上应用。

A.5.2 削砧木切口

刮去嫁接部位老翘皮，露出新鲜皮层后，用切接刀在该处与树皮纹理呈一定角度切成“T”字形切口，深达木质部。在“T”字形交叉点上，削一个半圆形的斜坡伤口，以便接穗从上插入砧木皮内。

A.5.3 削接穗

接穗削法同 A.3.3，但最好选用弯曲枝条，在其弯曲部位外侧削成马耳形斜面。因嫁接部位多为粗大枝干，皮层较厚，接穗应削得长些（如 5 cm～8 cm），以使接穗插牢固，接触面大，易成活。

A.5.4 插接穗和绑缚

用刀尖将树皮“T”字形切口处适当挑开，将接穗大削面贴砧木木质部一面，对准切口，用两个手指头护住切口两边，顺切口方向缓缓插入接穗，接穗不露白。如图 A.5 所示，用塑料条将伤口扎紧、包严。包扎时注意将“T”字形口的上口堵住，以防水分蒸发和雨水侵入。

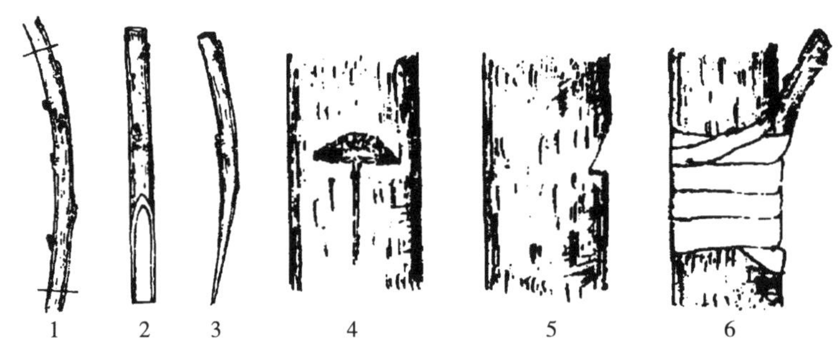

说明：

1——选用弯曲的接穗，接穗剪长一些；

2——将接穗削成一个马耳形斜面；

3——从接穗侧面看，斜面在弯曲部的外侧；

4——在砧木树皮光滑处切一个“T”字形口，将上方树皮削去一些呈半圆形；

5——从侧面看，砧木切口上方有一个斜面，便于接穗插入；

6——接穗插入砧木切口后，向外弯曲，将伤口全部用塑料条包严。

图 A.5 皮下腹接示意图

A.6 “T”字形芽接

A.6.1 适用范围

砧木宜用 1 年～2 年生的树苗，也可采用此法将接芽接在大砧木当年生的新梢上或 1 年生枝上，老树皮上不宜采用此法。只要砧木离皮即可采用本方法，整个生长期均可进行，北方地区最适时期为秋季 8 月。

A.6.2 削切口

将砧木上叶片除去，选择光滑无疤的部位横切一刀，深达木质部，然后在横刀口中间向下竖划一刀（长 1.5 cm～2 cm），用刀尖轻轻一拨，将砧木两边皮层微微翘起。

A.6.3 削取芽片

于接穗上饱满芽上方约 0.5 cm 处横切一刀，深达木质部，再从其下方 1 cm～1.5 cm 处，由浅入深向上推刀，深达木质部的 1/3，当纵刀口与横刀口相遇时，用手捏住芽柄一掰，取下盾形接芽芽片（图 A.6）。

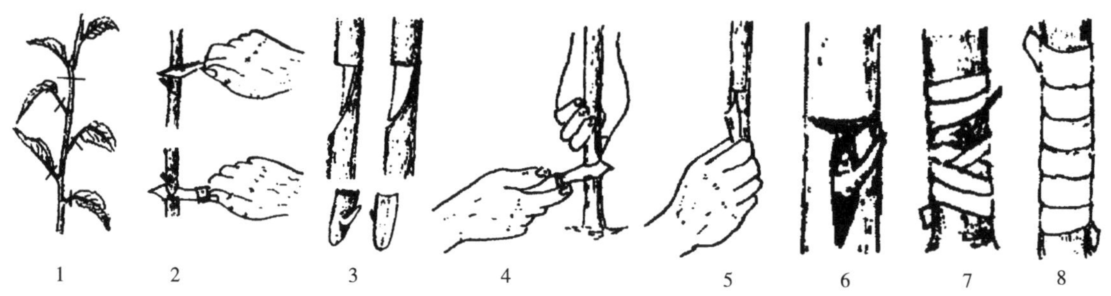

说明：

1——将接穗叶片剪去，留一段叶柄；

2——在接穗芽上约 1 cm 处横切一刀，在叶柄下约 1 cm 处朝上向深处切一刀；

3——取下接芽；

4——在砧木基部切“T”字形口；

5——将砧木纵切口两边撬开；

6——自上而下插入接穗芽片，使芽片贴入“T”字形口中；

7——对于当年萌发或伤口容易流胶的树种，捆绑时将接芽和叶柄露出；

8——对于不流胶的树种及嫁接当年不萌发的，用塑料条全部绑严。

图 A.6 “T”字形芽接示意图

A.6.4 插入芽片和绑缚

将芽片插入砧木切口，使芽片上端切口与砧木横切口相接对齐。用塑料条从接芽的下部绑到横刀口上方，使芽片紧贴砧木木质部。露出叶柄和芽眼的包扎方法适于当年萌发的芽接，将芽和叶柄包在里面的包扎方法适于当年不萌发的芽接。

ICS 67.080.20
B 31

中华人民共和国农业行业标准

NY/T 3029—2016

大蒜良好农业操作规程

Good agricultural practice for garlic

2016-12-23 发布

2017-04-01 实施

中华人民共和国农业部 发布

前　言

本标准按照 GB/T 1.1—2009 给出的规则起草。

本标准由农业部种植业管理司提出并归口。

本标准起草单位:山东省农业科学院蔬菜花卉研究所。

本标准起草人:孔素萍、张卫华、刘波、陈伟、霍雨猛、杨妍妍、刘冰江、高莉敏、缪军。

大蒜良好农业操作规程

1 范围

本标准规定了大蒜种植过程中组织管理、质量安全管理、种植规范、病虫害防治技术和产品采后处理的基本要求。

本标准适用于大蒜生产。

2 规范性引用文件

下列文件对于本文件的应用是必不可少的。凡是注日期的引用文件，仅注日期的版本适用于本文件。凡是不注日期的引用文件，其最新版本(包括所有的修改单)适用于本文件。

GB/T 8321(所有部分) 农药合理使用准则

GB/T 8867 蒜薹简易气调冷藏技术

NY/T 496 肥料合理使用准则 通则

NY/T 1791 大蒜等级规格

NY/T 5010 无公害农产品 种植业产地环境条件

NY 5228—2004 无公害食品 大蒜生产技术规程

3 组织管理

3.1 组织形式

应有相对统一的组织形式，管理、协调大蒜良好农业操作规程的实施。宜采用企业或农场、专业合作组织、公司加农户、家庭农场。

3.2 管理措施

实施单位应建立与生产规模相适应的组织管理措施，并有专人负责。有指导生产的技术人员及质量安全管理人员，同时具有完善的监督落实措施。

3.3 人员管理

3.3.1 规模较大的企业或专业合作组织应有相应的组织框架，包含生产、加工、质检、储藏、销售等部门。

3.3.2 应有具备专业知识的技术人员，负责技术操作规程的制定、技术指导、培训等工作。

3.3.3 应有熟知大蒜生产相关知识的质量安全管理人员，负责投入品的管理和使用，应由本单位人员担任。

3.3.4 重要岗位人员应进行专业理论和业务知识的培训。

4 质量安全管理

4.1 管理体系

4.1.1 管理文件

制定各管理部门和各岗位人员的职责，制订质量管理文件，内容应包括：

a) 组织机构图及相关部门、人员的职责和权限；

b) 质量管理措施和内部检查程序；

c) 人员培训规定；

d) 生产、加工、储藏、销售实施计划；
e) 投入品(含供应商)、设施管理办法；
f) 产品的溯源管理办法；
g) 记录与档案管理制度；
h) 客户投诉处理及产品质量改进制度。

4.1.2 操作规程

操作规程应简明、清晰，便于生产者领会和使用，其内容应包括从播种到收获、储藏的生产操作步骤以及生产关键技术方法等。

4.2 追溯系统

4.2.1 生产批号

大蒜生产批号应以大蒜为基本单位，并作为生产过程中各项记录的唯一编码。生产批号以保障溯源为目的，应包括种植产地、基地名称、品种、田块号、收获时间等信息内容，并有文件进行规定。

4.2.2 生产记录

生产记录应如实反映生产真实情况，并能涵盖生产的全过程。基本记录格式参见附录A。

4.2.2.1 基本情况记录包括

田块/基地分布图。应清楚地表示出基地内田块的大小、位置和编号。

a) 田块的基本情况。如环境发生重大变化或大蒜生长异常，应及时监测并记录。
b) 灌溉用水情况。如水质发生重大变化或大蒜生长异常，应及时监测并记录。
c) 记录早霜、晚霜时间；极端气候变化及持续时间。
d) 操作人员岗位分布情况。

4.2.2.2 大蒜生产过程记录

a) 农事管理记录。以大蒜生产的操作顺序进行记录，记录形式宜采用预置表格，生产者打“√”或填写日期，表示完成该项工作，特殊处理由安全管理人员另行记录。主要包括基肥、耕作方式、品种、播种时间、投入品使用记录、采薹时间、蒜薹产量、收蒜日期、蒜头产量、晾晒、储藏地点及其他操作记录等。
b) 农业投入品使用记录。包括投入品名称、供应商、生产单位、购进日期、使用日期和用量。肥料、农药的配制浓度和效果。
c) 农药、除草剂、叶面肥等喷施用具(如喷雾器)使用记录。

4.3 其他

农药和化肥的使用应有统一的技术指导和监督；生产使用的设施和设备应有定期的维护和检查。

5 大蒜种植规范

5.1 产地环境

产地环境应符合NY/T 5010的规定。选择地势平坦、排灌方便、土层深厚、疏松、肥沃的地块。土壤、空气、水源无污染，应远离污染源，距污染源宜在1 000 m以上。

5.2 播种时期

符合NY 5228—2004中4.2.1的要求。北纬38°以北地区，适宜早春播种，播种时间为日平均温度稳定在3℃～6℃；北纬35°以南，适宜秋季播种，播种时间为日平均温度稳定在20℃～22℃；北纬35°～38°之间的地区，春季、秋季均可播种。

5.3 播种

5.3.1 品种

品种筛选应符合NY 5228—2004中4.1.5的要求。选用优质、丰产、抗逆性强的品种。秋播大蒜应选抗寒能力强、休眠期短的品种；春播大蒜应选冬性弱、休眠期长的品种。

5.3.2 蒜种筛选

应选择无病、无霉变、无锈斑、无机械损伤或虫蛀、蒜瓣整齐的蒜头。播种前掰瓣，剔除夹瓣和霉烂、虫蛀、机械损伤的蒜瓣，按蒜瓣重量大小分级播种。单瓣重大于 4 g 分一级，单瓣重 3 g～4 g 分一级，单瓣重小于 2 g 的不做种蒜。

5.3.3 蒜种处理

将整理好的蒜种装入网袋中，浸入含有广谱性杀菌剂的浸种液中 4 h～12 h，捞出沥干播种。未播完蒜种应摊开充分晾干，严禁堆放或食用。

5.3.4 整地、施肥、做畦(垄)

深耕土壤，耙平，根据当地土质、水源及种植习惯做畦(垄)，宜做成平畦、高畦或宽垄，具体规格符合 NY 5228—2004 中 4.1.4 的要求，平畦宽 1 m～2 m；高畦宽 0.6 m～0.7 m，高 80 mm～100 mm，畦间距 0.3 m～0.35 m；高垄宽 0.3 m～0.4 m，高 80 mm～100 mm，垄间距 0.2 m～0.25 m。肥料的使用应符合 NY/T 496 的规定，以优质有机肥为主、化学肥料为辅。每 1 hm^2 施充分腐熟的农家肥 75 000 kg～90 000 kg或有机肥 7 500 kg 左右做基肥；配合施入氮肥(N)75 kg～120 kg、磷肥(P_2O_5)105 kg～135 kg、钾肥(K_2O)105 kg～135 kg，应选用以含硫为主的氮磷钾复合肥。

5.3.5 播种量和播种密度

应符合 NY 5228—2004 中 4.2.2 的要求。根据栽培目的、品种特性、气候条件及栽培习惯确定播种密度。平畦栽培，行距 160 mm～200 mm，株距 80 mm～140 mm；高畦、高垄栽培，行距 120 mm～140 mm，株距 80 mm～100 mm，每 1 hm^2 播种 375 000 株～900 000 株，播种量 1 500 kg～2 250 kg。

5.3.6 播种方法

5.3.6.1 平畦按行距开沟点播，沟深 30 mm～40 mm。将种瓣按适宜株距直立栽入土中，覆土厚度 20 mm左右。播后耙平地面，浇透水。

5.3.6.2 高畦(垄)栽培应符合 NY 5228—2004 中 4.2.3 的要求，在栽培垄上按行距开沟。沟深 30 mm～40 mm，按株距播种。干播时，先播种，覆土后浇水；湿播时，先在沟中浇水，待水渗下后播种，覆土。

5.3.6.3 蒜种播完浇水后，1 hm^2 喷施 33％二甲戊灵乳油 643.5 g～742.5 g，或 24％乙氧氟草醚乳油 144 g～216 g，均匀喷洒于畦(垄)面。喷后根据当地气候条件和种植习惯及时覆盖地膜，地膜四周压入土中。

5.4 田间管理

5.4.1 出苗期

大蒜出芽后，及时用扫帚或湿麻袋轻拍等方法人工辅助破膜出苗，幼苗出土 3 d～7 d 后，极少数不能通过人工辅助破膜出苗的，应及时手工破膜出苗，并用土封好出苗孔。

5.4.2 幼苗期

秋播大蒜需浇防冻水的地区，宜在 11 月下旬至 12 月上旬期间浇防冻水，冬季前可根据当地栽培习惯及天气情况加覆盖物。春播大蒜在幼苗长出 2 片～3 片叶时，对于不覆盖地膜的地块，及时中耕。

5.4.3 返青期(春播大蒜退母期)

秋播大蒜在翌年春天天气转暖，蒜苗开始返青时浇一次返青水，结合浇水每 1 hm^2 追施氮肥(N)30 kg～45 kg、磷肥(P_2O_5)75 kg～90 kg、钾肥(K_2O)120 kg～150 kg。春播大蒜宜在退母期浇一次水，此时期浇水、施肥管理同秋播大蒜返青期。

5.4.4 抽薹期

花薹顶端现出，结合浇水每 1 hm^2 冲施氮肥(N)30 kg～45 kg、磷肥(P_2O_5)45 kg～75 kg、钾肥(K_2O)90 kg～120 kg。宜每 5 d～7 d 浇水一次，只在第一次浇水时冲施肥料，蒜薹采收前 3 d～5 d 停止浇水。

5.4.5 蒜头膨大期

蒜薹采收后浇一次透水，根据田间植株营养状况进行追肥。需追肥地块，宜均匀喷施 0.3%磷酸二氢钾，或结合浇水每 1 hm^2 追施氮肥(N)30 kg～75 kg、钾肥(K_2O)30 kg～45 kg。以后根据天气情况浇 2 次～3 次水，保持地面见干见湿，收获蒜头前 3 d～5 d 停止浇水。

5.5 收获

5.5.1 蒜薹收获

5.5.1.1 采收时期

蒜薹直立，花苞开始变白，蒜薹顶部弯曲呈“秤钩”形状时为最佳采收时期，应根据不同品种或采薹目的选择适期收获。蒜薹宜在晴天中午和午后采收。

5.5.1.2 采收方法

蒜薹采收宜采用抽薹法，即双手均匀用力向斜上方缓缓抽拔出蒜薹；或采用铲薹法，即用小铲等工具辅助将蒜薹拔出。

5.5.2 蒜头收获

5.5.2.1 收获时期

收获时间一般在蒜薹采收后 15 d～25 d，植株上部尚有 3 片～4 片绿色叶片，假茎变软，便可采收。

对于不抽薹类型大蒜品种，蒜头收获时间以观察蒜头成熟度和植株叶片变化来确定，蒜瓣背部已凸起，瓣与瓣之间沟纹明显，或植物上部尚有 3 片～4 片绿色叶片，假茎变软，便可采收。

5.5.2.2 收获方法

根据当地土壤和农机条件，宜采用机械收获或人工拔出。土质黏重的地区，选晴天土壤较湿润时收获蒜头；较干土壤，宜提前 2 d 适量浇水，蒜头收获时应用蒜叶盖好蒜头，挖出蒜头后，宜剪去假茎、削去根系、分级、晾晒、储藏。

6 病虫害防治技术

6.1 主要病虫害

大蒜主要病害有大蒜病毒病、大蒜叶枯病、大蒜灰霉病、大蒜紫斑病、大蒜疫病、大蒜锈病、大蒜根腐病、大蒜白腐病等，大蒜主要虫害有葱蓟马、蒜蛆(韭蛆)等。

6.2 防治原则

应采用“预防为主，综合防治”的原则，宜采用农业防治、生物防治、物理防治，化学防治不得使用国家明令禁止的高毒、高残留农药。

6.3 农业防治

6.3.1 选用抗(耐)病优良品种

宜选用抗病品种或脱毒蒜种。

6.3.2 蒜种处理

播前宜用浸种液浸泡蒜种，具体操作参照 5.3.3。

6.3.3 加强田间管理

种蒜地块宜选择没有种过葱蒜类作物的地块，或者与非葱蒜类作物轮作 2 年～3 年的地块，深耕土壤。有机肥应充分腐熟；栽培密度适宜；返青水浇足浇透；清洁田园，将大蒜病残体带出田园烧毁。

6.4 物理防治

宜采用银灰地膜替代普通地膜；采用频振式杀虫灯诱杀葱蝇等害虫，每 2 hm^2～4 hm^2 设置 1 盏；或插黄板和蓝板诱杀成虫。

6.5 生物防治

宜采用最新生物农药防治病虫害。

6.6 化学防治

化学防治应符合 GB/T 8321 的要求，宜采用在大蒜上有农药登记号的化学农药防治病虫害。施药器械、剩余或不用的农药应分类贴上标签存放在统一管理的地方(特别是儿童拿不到的地方)，盛药器械应倒出剩余农药，洗净后存放，清洗药械的药水和剩余药液，严禁倒入池塘和附近水域。宜采用深埋等方式，但应在远离住宅区和水源的地方。

7 大蒜产品采后处理

7.1 蒜薹采后处理

7.1.1 采后处理

蒜薹采后迅速运到预冷场所，应放在利于通风的包装容器内，避免雨淋、暴晒。运入预冷场所后，应选择成熟适度、无畸形、色泽鲜绿、薹苞不膨大、薹茎基部无老化、无明显病害或机械损伤、粗细均匀的蒜薹进行储藏。

7.1.2 储藏

蒜薹的储藏应符合 GB/T 8867 的要求，蒜薹储藏的适宜温度为－1℃～1℃，相对湿度应在 85%～95%之间，储藏环境中适宜的气体成分为氧气 1%～3%、二氧化碳 10%～13%。冷藏方法有塑料薄膜袋自然降氧冷藏法、塑料薄膜硅窗袋气调冷藏法和塑料薄膜帐气调冷藏法等。

7.2 蒜头采后处理

7.2.1 采后处理

蒜头收获后，在田间应用蒜秸盖住蒜头晾晒，随后将根系剪掉或削掉，剪去假茎，保留假茎长 20 mm～30 mm，装入袋中，运回储藏地晾晒，晾晒时宜用草苫遮盖，或用遮阳网遮光晾晒，或置阴凉通风处充分晾干。太阳不应直晒蒜头，防止雨淋、虫蛀。

扎把储藏，应剪梢，留 100 mm～150 mm 长的叶鞘；蒜辫储藏，不用剪去假茎。

7.2.2 蒜头分级

蒜头分级应符合 NY/T 1791 的要求，按等级规格分别包装储藏。

7.2.3 储藏

蒜头的储藏方法，应根据储藏目的及条件，采取挂藏、堆藏、冷藏、气调储藏等方法。

附　录　A
（资料性附录）
大蒜良好农业操作规程主要记录表

A.1　田块土壤概况记录表

见表A.1。

表A.1　田块土壤概况记录表

生产基地名称			
检测单位		检测日期	
土壤类型		pH	
有机质,%		速效氮,%	
速效磷,%		速效钾,%	
汞,mg/kg		镉,mg/kg	
铅,mg/kg		砷,mg/kg	
铬,mg/kg		有效硫,mg/kg	
与国家标准符合情况说明			
污染发生情况说明			

记录人：　　　　　　　　　　　　　　　　　　　　负责人：

年　　月　　日

A.2　灌溉用水概况记录表

见表A.2。

表A.2　灌溉用水概况记录表

生产基地名称			
水来源			
检测单位		检测日期	
汞,mg/L		pH	
铅,mg/L		镉,mg/L	
铬,mg/L		砷,mg/L	
氟化物,mg/L		氯化物,mg/L	
氰化物,mg/L		含硫量,mg/L	
与国家标准符合情况说明			
污染发生情况说明			

记录人：　　　　　　　　　　　　　　　　　　　　负责人：

年　　月　　日

A.3　大蒜生产汇总表

见表A.3。

表 A.3 大蒜生产汇总表

基地名称			负责人			
地块编号	生产者	品种名称	蒜薹产量 kg/666.7 m^2	蒜头产量 kg/666.7 m^2	生产批号	上季作物

记录人：　　　　　　　　　　　　　　　　　　　　负责人：

年　　月　　日

A.4 农业投入品记录表

见表 A.4。

表 A.4 农业投入品记录表

基地名称			品种名称	
地块编号			生产者	
农事记录				
操作事件	日期	投入品名称及浓度(配比)	使用量	完成请打“√”

记录人：　　　　　　　　　　　　　　　　　　　　负责人：

年　　月　　日

A.5 大蒜蒜薹、蒜头储存记录表

见表 A.5。

表 A.5 大蒜蒜薹、蒜头储存记录表

仓库地点		品种名称			保管人	
仓库号	进库		出库			生产批号
	日期	数量	日期	数量	目的地	

记录人：　　　　　　　　　　　　　　　　　　　　负责人：

年　　月　　日

ICS 65.020
B 32

中华人民共和国农业行业标准

NY/T 3031—2016

棉花小麦套种技术规程

Code of practice for intercropping of cotton and wheat

2016-12-23 发布　　2017-04-01 实施

中华人民共和国农业部　发布

前　言

本标准按照 GB/T 1.1—2009 给出的规则起草。

本标准由农业部种植业管理司提出并归口。

本标准起草单位:中国农业科学院棉花研究所、安徽中棉种业长江有限责任公司。

本标准主要起草人:王延琴、杨伟华、周大云、匡猛、方丹、马磊、蔡忠民、周关印、许红霞、冯新爱。

棉花小麦套种技术规程

1 范围

本标准规定了棉花与小麦套种生产的品种选择、种子质量和栽培技术等要求。

本标准适用于黄淮海地区棉花与小麦套种生产方式。

2 规范性引用文件

下列文件对于本文件的应用是必不可少的。凡是注日期的引用文件,仅注日期的版本适用于本文件。凡是不注日期的引用文件,其最新版本(包括所有的修改单)适用于本文件。

GB 4404.1 粮食作物种子 第1部分:禾谷类

GB 4407.1 经济作物种子 第1部分:纤维类

GB 5084 农田灌溉水质标准

GB 8321(所有部分) 农药合理使用准则

NY/T 1384 棉种泡沫酸脱绒、包衣技术规程

3 品种及质量

3.1 棉花品种

棉花应选用生育期 100 d～115 d 的中早熟类型,并具有出苗好、抗病、耐旱、抗逆性强、中期长势旺、现蕾开花集中、上桃快的优点。种子质量应符合 GB 4407.1 的要求。

3.2 小麦品种

小麦应选用耐晚播、早熟、矮秆、叶片直立、抗病、抗倒伏、丰产优质的半冬小麦品种。种子质量应符合 GB 4404.1 的规定。

4 栽培技术要求

4.1 种子处理

棉花种子处理按照 NY/T 1384 的规定执行,小麦种子种衣剂包衣。

4.2 耕翻整地

小麦播种前要求施足底肥,耕翻整地。耕翻深度为 18 cm～20 cm,翻、耙结合,无大土块和暗坷垃,土层细实平整。

4.3 播种

4.3.1 行向

宜采用东西行向种植。

4.3.2 行距

小麦行距 20 cm,棉花距小麦 30 cm。

4.3.3 套种模式

4.3.3.1 三一式

以小麦为主、棉花为辅的套种模式,每条带宽 100 cm 左右,其中小麦 3 行、棉花 1 行。

小麦播种前整好地后,按照 100 cm 一带划线,将预留棉行打成高 15 cm～20 cm、上宽 40 cm、下宽 50 cm 的埂,自然形成高低畦。3 行小麦占地 40 cm,播在低畦内;预留棉行 60 cm。

4.3.3.2 三二式

以棉花为主、小麦为辅的套种模式，每条带宽 150 cm 左右，其中小麦 3 行、棉花 2 行。

小麦播种前整好地后，按照 150 cm 一带划线，将预留棉行打成高 30 cm 左右、上宽 80 cm、下宽 90 cm的埂，自然形成高低畦。3 行小麦占地 40 cm，播在低畦内；预留棉行 110 cm。

4.3.3.3 四二式

小麦、棉花兼顾的套种模式，每条带宽 170 cm 左右，其中小麦 4 行、棉花 2 行。

小麦播种前整好地后，按照 170 cm 一带划线，将预留棉行打成高 30 cm 左右、上宽 80 cm、下宽 90 cm的埂，自然形成高低畦。4 行小麦占地 60 cm，播在低畦内；预留棉行 110 cm。

4.3.4 播种密度

小麦播种量 150 kg/ hm^2～180 kg/ hm^2，成苗 270 万株/ hm^2～330 万株/ hm^2；棉花留苗 4.2 万株/ hm^2～6.75 万株/ hm^2。

4.3.5 播种期

小麦 10 月底至 11 月上旬播种。

棉花翌年 3 月下旬至 4 月上旬打钵育苗，4 月底至 5 月初移栽到高畦上，或于 4 月 15 日前后直接播于高畦上后覆盖地膜。

4.4 水肥管理

4.4.1 施肥

4.4.1.1 小麦施肥

小麦播种前深施有机肥 45 m^3/ hm^2～75 m^3/ hm^2，基施纯氮 105 kg/ hm^2、磷(P_2O_5)150 kg/ hm^2、钾(K_2O)150 kg/ hm^2。拔节末期，结合灌溉，沟施纯氮 52.5 kg/ hm^2。

4.4.1.2 棉花施肥

棉花播种前基施纯氮 60 kg/ hm^2，见花时追施纯氮 67.5 kg/ hm^2。缺硼、锌棉田，分别施硼砂 7.5 kg/ hm^2～15.0 kg/ hm^2、硫酸锌肥 15.0 kg/ hm^2～22.5 kg/ hm^2，轻度缺硼、缺锌棉田可在初蕾期、初花期和盛花期叶面喷施。后期视棉花长势补施 1%尿素和 0.2%磷酸二氢钾溶液 2 次～3 次。

4.4.2 浇水

进行灌溉时，所用水质应符合 GB 5084 的规定。

4.4.2.1 小麦浇水

4.4.2.1.1 前期

当日平均气温下降到 3℃～5℃时进行冬灌，一般在 11 月下旬至 12 月上旬。

4.4.2.1.2 中期

拔节末期进行灌溉，一般在 3 月 20 日前后。

4.4.2.1.3 后期

后期干旱时，应在扬花后 10 d～13 d 小水浇灌，不浇麦黄水。

4.4.2.2 棉花浇水

4.4.2.2.1 苗期

小麦收割后及时浇水，浇后及时中耕，破除板结，促棉根下扎。

4.4.2.2.2 棉花蕾期

棉花蕾期长时间干旱，棉株长势弱时，可隔沟轻浇水，浇水后及时中耕。

4.4.2.2.3 棉花花铃期

棉花花铃期超过 10 d 未遇透雨时，采用沟灌浇水，切忌大水漫灌。

4.4.2.2.4 棉花吐絮期

棉花吐絮期浇水不宜重新开沟，以免伤根。通常在 8 月下旬干旱时浇水 1 次即可，如秋后持续干旱，浇水时间应持续到 9 月中下旬。

4.5 整枝打顶

4.5.1 整枝

当棉株第一果枝出现后及时摘除果枝下的营养枝；遇有顶端受害时选留一个长势强的营养枝作为棉花主茎。

4.5.2 打顶

适时打顶，即摘除棉株主茎顶尖 1 叶 1 心。发育正常的棉花于 7 月 20 日前后打顶，最晚不晚于 7 月底。打顶后，单株留果枝 10 台～12 台。

4.6 化学调控

4.6.1 苗期

每公顷用甲哌嗡 2.25 g～4.5 g 加水 150 kg～300 kg 喷洒棉株，防止高脚苗。

4.6.2 蕾期

每公顷用甲哌嗡 12 g～22.5 g 加水 300 kg～450 kg 喷洒棉株。若棉苗旺长时，可酌情增加用量；若棉苗长势弱，可不喷或降低用量。

4.6.3 初花期

每公顷用甲哌嗡 30 g～45 g 加水 300 kg～450 kg 喷洒棉株。若棉株长势强，可酌情增加用量或次数；若棉株长势弱，可酌情降低用量。

4.6.4 盛花期

每公顷用甲哌嗡 45 g～75 g 加水 450 kg～600 kg 喷洒棉株。

4.6.5 打顶后

打顶后 5 d～7 d，每公顷用甲哌嗡 75 g 加水 600 kg 喷洒棉株。若降水量大、果枝伸长速度快，可酌情增加用量。

5 病虫害防治

病虫害防治时，使用农药应符合 GB 8321 的规定。用量、用法参见附录 A。

5.1 病害

5.1.1 小麦病害

5.1.1.1 纹枯病

小麦返青、拔节期，当病株率达 10%～15%时，即喷雾防治。

5.1.1.2 白粉病、锈病

小麦返青、拔节期，当白粉病病株率达 10%，或锈病病株率达 2%或发现发病中心时，开展药剂喷雾防治。

5.1.1.3 小麦赤霉病

扬花初期，气象预报连续有雨或 10 d 内有 3 d 以上降雨天气时，即喷雾防治。

5.1.1.4 小麦叶枯病

抽穗、灌浆期，当病叶率达 10%时，即喷雾防治。

5.1.2 棉花病害

棉花苗期主要有立枯病、炭疽病、红腐病和猝倒病。遇寒流阴雨时，可用药喷雾淋苗，以预防苗病发生。

5.2 虫害

5.2.1 小麦虫害

5.2.1.1 麦蜘蛛

33 cm 单行麦蜘蛛达 500 头时，即喷雾防治。

5.2.1.2 蚜虫

33 cm 单行苗期蚜虫达 200 头、当百穗蚜虫达 500 头时，即喷雾防治。

5.2.1.3 吸浆虫

4 月上中旬，小麦抽穗期，可用毒土均匀撒施麦垄间。发生严重地块，4 月下旬至 5 月上旬，喷雾防治。

5.2.1.4 黏虫

抽穗、灌浆期，当虫口密度达 15 头/m^2 时，即喷雾防治。

5.2.2 棉花虫害

5.2.2.1 地老虎

棉花定苗前新被害株率达 10%，定苗后新被害株率达 3%～5%时，采取菊酯类农药喷雾防治或毒饵诱杀，及时检查防治效果，效果不理想再防治 1 次。

5.2.2.2 蚜虫

当棉花出现苗蚜点片发生时，可滴心防治；苗蚜百株数量达到 3 000 头以上或卷叶株率达到 30%时，伏蚜百株百叶（上部倒数第 3 片叶）蚜虫数量达到 2 000 头或卷叶株率 5%以上时，即喷雾防治。

5.2.2.3 玉米螟

当出现玉米螟为害时，可涂茎和撒毒土进行防治。

5.2.2.4 棉蓟马

当百株有虫 5 头～10 头时，即喷雾防治。

5.2.2.5 红蜘蛛

当棉田红叶株率达到 20%～25%时，即喷雾防治。

5.2.2.6 盲蝽象

棉花苗期百株成虫 3 头～5 头或蕾铃期百株成虫 10 头～15 头时，喷雾防治。

5.2.2.7 棉铃虫

百株幼虫数量 15 头～20 头为棉田一代防治标准；百株幼虫数量 10 头～15 头为棉田二代、三代防治标准。

转基因抗虫棉主要根据棉田幼虫数量决定是否防治。转 Bt 基因抗虫棉防治棉铃虫禁用 Bt 制剂。物理防治可利用杨柳枝把或频振式杀虫灯诱杀成虫。

化学防治可采用有机磷与菊酯类农药的复配药剂喷雾等。

6 防灾抗灾

整修棉区沟渠，培高棉行，使棉田遇旱能灌、遇涝能排。

7 促进棉花早熟

棉花晚桃多时，可于 10 月上旬，用 40%的乙烯利均匀喷洒催熟，用量 2 250 mL/hm^2～3 000 mL/hm^2。

8 及时采收

小麦蜡熟末期及时收割。

棉花正常吐絮后及时采摘，于 10 月 20 日左右拔棉秆，移出田外摘收。

9 残膜处理

棉花移栽时若使用地膜覆盖,应在 7 月 10 日左右揭膜,揭过膜以后把残膜带出田外。

附 录 A
(资料性附录)
棉花小麦套种病虫害防治用药

A.1 病害防治

A.1.1 小麦病害常用药剂及用量用法

见表 A.1。

表 A.1 小麦病害常用药剂及用量用法

病害名称	常用药剂	用量用法(hm^2用量)
小麦纹枯病	5%井冈霉素水剂	1 000 mL～1 500 mL 加水 750 kg 喷雾
小麦白粉病、锈病	20%三唑酮乳油、12.5%烯唑醇可湿性粉剂	20%三唑酮乳油 750 mL 或 12.5%烯唑醇可湿性粉剂 300g 加水 750 kg 喷雾
小麦赤霉病	40%多菌灵可湿性粉剂	1 500g 加水 750 kg 喷雾
小麦叶枯病	12.5%烯唑醇可湿性粉剂	300g 加水 750 kg 喷雾

A.1.2 棉花病害常用药剂及用量用法

见表 A.2。

表 A.2 棉花病害常用药剂及用量用法

病害名称	常用药剂	用量用法(hm^2用量)
立枯病	50%多菌灵、65%代森锌可湿性粉剂	1 500 mL 加水 750 kg～900 kg 喷雾
炭疽病		
红腐病		
猝倒病		

A.2 虫害防治

A.2.1 小麦虫害常用药剂及用量用法

见表 A.3。

表 A.3 小麦虫害常用药剂及用量用法

虫害名称	常用药剂	用量用法(hm^2 用量)
麦蜘蛛	20%哒螨酮乳油	750 mL 加水 50 kg 喷雾
蚜虫	50%抗蚜威可湿性粉剂、10%吡虫啉可湿性粉剂、3%啶虫脒乳油、2.5%高效氯氟氰菊酯乳油	50%抗蚜威可湿性粉剂 90 g～120 g,或 10%吡虫啉可湿性粉剂 600 g～1 050 g,或 3%啶虫脒乳油 600 mL～750 mL,或 2.5%高效氯氟氰菊酯乳油 300 mL～375 mL 加水 750 kg 喷雾
吸浆虫	50%辛硫磷乳油	2 250 mL～3 750 mL 加水 30 kg 配成母液,拌细土 375 kg～450 kg制成毒土,均匀撒施麦垄间
黏虫、麦叶蜂	2.5%高效氯氟氰菊酯乳油	2.5%高效氯氟氰菊酯乳油 450 mL～750 mL 加 Bt 可湿性粉剂 450g～750g,加水 750 kg 喷雾

A.2.2 棉花虫害常用药剂及用量用法

见表 A.4。

表 A.4 棉花虫害常用药剂及用量用法

虫害名称	常用药剂	用量用法(hm^2 用量)
地老虎	2.5%敌百虫粉剂、2.5%敌杀死乳油	3 龄前幼虫,用 2.5%敌百虫粉剂 37.5 kg～45 kg 或 2.5%敌杀死乳油 300 mL～450 mL,加水 300 kg～450 kg 喷雾 3 龄后幼虫,用 90%敌百虫晶体 750 g,加水 15 kg 溶解后喷到 37.5 kg 碾碎炒香的棉籽饼或麦麸里,拌匀制成毒饵,于傍晚顺棉行撒施在棉苗根部附近
玉米螟	20%杀灭菊酯乳油、2.5%高效氯氟氰菊酯乳油、40%丙溴磷乳油、45%毒死蜱乳油	卵高峰期用 20%杀灭菊酯乳油或 2.5%高效氯氟氰菊酯乳油 600 mL～900 mL,加水 450 kg～600 kg 喷雾 卵粒出现黑点和已孵化的卵块占 50%时,用 40%丙溴磷乳油 600 mL～900 mL 或 45%毒死蜱乳油 1 200 mL～1 500 mL,加水 750 kg 喷雾
棉蓟马	45%毒死蜱乳油、40%辛硫磷乳油、20%甲氰菊酯乳油	若虫高峰期用 45%毒死蜱乳油 1 200 mL～1 500 mL,或 40%辛硫磷乳油 300 mL～450 mL,或 20%甲氰菊酯乳油 150 mL～300 mL,加水 300 kg～450 kg 喷雾
棉蚜	10%吡虫啉可湿性粉剂、20%啶虫脒可湿性粉剂、20%丁硫克百威	10%吡虫啉可湿性粉剂 300 g～450 g,或 20%啶虫脒可湿性粉剂 150 g～300 g,或 20%丁硫克百威 450 mL～600 mL,加水 450 kg～600 kg 喷雾
红蜘蛛	20%哒螨灵可湿性粉剂、1.8%阿维菌素乳油	20%哒螨灵可湿性粉剂 450 g～675 g,或 1.8%阿维菌素乳油 300 mL～450 mL,加水 450 kg～600 kg 喷雾
棉盲蝽	45%马拉硫磷乳油、45%毒死蜱乳油、2.5%高效氯氟氰菊酯乳油	45%马拉硫磷乳油 1 500 mL～1 800 mL,或 45%毒死蜱乳油 1 200 mL～1 500 mL,或 2.5%高效氯氟氰菊酯乳油 600 mL～900 mL,加水 450 kg～750 kg 喷雾
小造桥虫	20%杀灭菊酯乳油、2.5%高效氯氟氰菊酯乳油、40%丙溴磷乳油、45%毒死蜱乳油	卵高峰期用 20%杀灭菊酯乳油或 2.5%高效氯氟氰菊酯乳油 600 mL～900 mL,加水 450 kg～600 kg 喷雾 卵粒出现黑点和已孵化的卵块占 50%时,用 40%丙溴磷乳油 600 mL～900 mL 或 45%毒死蜱乳油 1 200 mL～1 500 mL,加水 750 kg 喷雾
棉铃虫	2.5%高效氯氟氰菊酯乳油、40%丙溴磷乳油、45%毒死蜱乳油、1.8%阿维菌素乳油	卵孵化盛期或低龄幼虫高峰期用 2.5%高效氯氟氰菊酯乳油或 40%丙溴磷乳油 600 mL～900 mL,或 45%毒死蜱乳油 1 200 mL～1 500 mL,或 1.8%阿维菌素乳油 900 mL～1 200 mL,加水 450 kg～750 kg 喷雾
红铃虫	2.5%高效氯氟氰菊酯乳油、40%丙溴磷乳油、45%毒死蜱乳油、1.8%阿维菌素乳油	卵孵化盛期或低龄幼虫高峰期用 2.5%高效氯氟氰菊酯乳油或 40%丙溴磷乳油 600 mL～900 mL,或 45%毒死蜱乳油 1 200 mL～1 500 mL,或 1.8%阿维菌素乳油 900 mL～1 200 mL,加水 450 kg～750 kg 喷雾

ICS 67.080.10
B 31

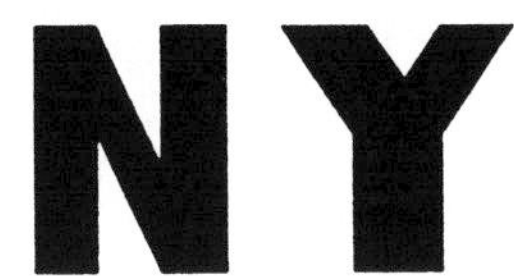

中华人民共和国农业行业标准

NY/T 3032—2016

草莓脱毒种苗生产技术规程

Technical code for the production of virus-free strawberry stock

2016-12-23 发布 2017-04-01 实施

中华人民共和国农业部 发布

前 言

本标准按照GB/T 1.1—2009给出的规则起草。

本标准由中华人民共和国农业部提出。

本标准由全国果品标准化技术委员会(SAC/TC 510)归口。

本标准起草单位:沈阳农业大学、北京市农林科学院林业果树研究所、湖北省农业科学院经济作物研究所。

本标准主要起草人:张志宏、刘月学、张运涛、顾玉成、代红艳、常琳琳、李贺、王桂霞、向发云、马跃、韩永超。

草莓脱毒种苗生产技术规程

1 范围

本标准规定了草莓茎尖培养脱毒方法、脱毒种苗保存与繁殖、检测病毒种类和 RT-PCR 检测方法。

本标准适用于草莓脱毒种苗的培育及草莓活体材料中病毒的检测。

2 术语和定义

下列术语和定义适用于本文件。

2.1

茎尖培养脱毒 virus elimination by shoot tip culture

取 0.2 mm～0.5 mm 的茎尖，经组织培养获得无病毒植株的过程。

2.2

脱毒原原种苗 breeder's virus-free stock

通过茎尖培养获得的不携带草莓镶脉病毒、草莓轻型黄边病毒、草莓斑驳病毒且未经过组培增殖的无病毒原始植株。

2.3

脱毒原种苗 original virus-free stock

脱毒原原种苗通过匍匐茎繁殖方式繁育出的无病毒植株。

2.4

脱毒种苗 virus-free stock

脱毒原种苗通过匍匐茎繁殖方式繁育出的无病毒植株。

3 茎尖培养脱毒方法

3.1 茎尖剥离及接种

田间选择表现品种特性的健壮植株并做标记。

在匍匐茎发生初期，采集长约 2 cm 的匍匐茎顶端，在超净工作台上去掉外层苞叶，用 70%乙醇表面消毒 30 s，然后用 2%的次氯酸钠溶液消毒 10 min，再用无菌蒸馏水冲洗 3 遍。逐层剥去匍匐茎顶端上的叶原基，用无菌刀片切取 0.2 mm～0.5 mm 大小的茎尖，接种在分化培养基上(培养基配方参见附录 A)。

将接种后的培养瓶置于(23±2)℃、光照强度约 2 400 lx、每天光照时间 14 h～16 h 的培养室中进行培养。

3.2 茎尖分化成苗

茎尖培养 2 个月后，分化成带有叶原基的小芽，将小芽转接到新鲜的分化培养基上继续培养。

当小芽长出叶片后，将带有叶片的小芽转移到成苗培养基上(培养基配方参见附录 A)，大约培养 2 个月后分化成苗丛。

对苗丛进行编号，然后从苗丛上剪取叶片进行病毒检测，淘汰感染病毒的苗丛，保留无病毒苗丛。

3.3 生根和移栽

从脱毒苗丛上剪取株高在 2 cm 以上的试管苗，将试管苗基部的小芽切除，然后接种在生根培养基中(培养基配方参见附录 A)。在组培室中生根培养 30 d～40 d 后，将培养容器置于覆盖 100 目纱网的温室中,炼苗 1 周。

炼苗后,用镊子从培养容器中取出生根的试管苗,清除试管苗根部附着的培养基,然后栽入盛有营养基质的 50 孔穴盘中,浇透水。营养基质配制方法:将草炭、蛭石、细土、腐熟的牛粪按照 5∶2∶2∶1(体积比)的比例混合,按 1 kg/m^3 加入氮磷钾(20－5－10)复合肥,混匀,过筛,高温蒸汽消毒,备用。

在穴盘上方搭建塑料小拱棚,塑料薄膜上加盖遮阳网。温度控制在 10℃～28℃。移栽后第 1 周,空气相对湿度控制在 90%以上;移栽后第 2 周～第 6 周,空气相对湿度控制在 80%以上。通过打开小拱棚上的薄膜来降低小拱棚中的湿度。移栽 6 周后撤除小拱上的薄膜。移栽 8 周后试管苗生长发育成为可以定植的脱毒原原种苗。

4 脱毒原原种苗的保存

脱毒原原种苗在网室中保存。网室用 100 目纱网构建,网室内工具专用,工作人员进入网室前洗手并更换工作服。将脱毒原原种苗定植在盛有营养基质(营养基质配方参见 3.3)的栽植容器中。栽植容器长 1 m、宽 60 cm、高 40 cm。每个栽植容器定植 1 株脱毒原原种苗。

在开花结果期,观察脱毒原原种苗的植物学性状和生物学性状是否发生变化,淘汰有变异的植株。每年春季对脱毒原原种苗进行一次病毒检测,淘汰感染病毒的植株。

5 脱毒原种苗的繁殖

在网室中脱毒原原种苗抽生的匍匐茎苗即为脱毒原种苗,秋季将脱毒原种苗栽植于直径 10 cm 的营养钵中,翌年作为繁苗母株。

6 脱毒种苗的繁殖

选择地势平坦、土质疏松、有机质丰富、排灌方便、光照充足、没有种植过草莓且距离草莓生产园 10 km以上的地块作为繁殖脱毒种苗的苗圃。苗圃地选好后,每 667 m^2 施腐熟有机肥 3 m^3～5 m^3、过磷酸钙 30 kg。结合施基肥,深翻土地。平整土地,耕匀耙细后做畦,畦宽 1.2 m。以脱毒原种苗作为母株,在春季平均气温达到 10℃以上时将母株单行定植于畦中间,株距 50 cm～80 cm。

7 病毒检测

7.1 检测病毒种类

包括草莓镶脉病毒(*Strawberry vein banding virus*,SVBV)、草莓轻型黄边病毒(*Strawberry mild yellow-edge virus*,SMYEV)和草莓斑驳病毒(*Strawberry mottle virus*,SMoV)。

7.2 检测方法

RNA 提取方法参见附录 B,RT-PCR 检测方法参见附录 C。

7.3 检测时期和取样部位

试管苗和田间苗均可进行病毒检测。取样部位为叶片,同一植株设置 3 次生物学重复。

7.4 检测结果判定

将 RT-PCR 产物在 1.5%琼脂糖凝胶中电泳,电泳结束后置于凝胶成像仪中观察拍照。凝胶电泳模式图参见附录 C。

检测时设阳性、阴性植株对照,阳性对照植株应扩增出预期大小的单一目的条带,而阴性对照植株扩不出任何条带。如果样品扩增出与阳性对照位置相同的目的条带,则检测结果呈阳性,即判定该样品携带病毒。如果样品未扩增出目的条带,则检测结果呈阴性,应进行复检;如果复检结果仍呈阴性,则判定该样品为无病毒苗。

附 录 A
（资料性附录）
培养基配方

A.1 培养基基本成分

如无特殊说明，本标准采用基本培养基均为 MS 培养基。

基本培养基各组分均用蒸馏水溶解和定容，植物生长调节剂利用相关助溶剂溶解后蒸馏水定容，配好后置 4℃冰箱保存。

制备培养基用的母液和植物生长调节剂溶液配好后应尽快使用，保存期最好不超过 4 个月，如发现沉淀，则应丢弃。

A.2 培养基配方

A.2.1 分化培养基

MS 基本培养基，蔗糖浓度为 30 g/L，附加 BA 0.5 mg/L，GA_3 0.2 mg/L，用琼脂（6 g/L～7 g/L）固化。

A.2.2 成苗培养基

MS 基本培养基，蔗糖浓度为 30 g/L，附加 BA 0.2 mg/L，GA_3 0.1 mg/L，IBA 0.02 mg/L，用琼脂（6 g/L～7 g/L）固化。

A.2.3 生根培养基

1/2MS 基本培养基（其中大量元素减半），蔗糖浓度为 30 g/L，附加 IBA 0.1 mg/L，用琼脂（5 g/L～6 g/L）固化。

附 录 B
(资料性附录)
RNA 提取方法

B.1 称取 50 mg 新鲜叶片,放于研钵中,加入液氮后充分研磨。

B.2 将磨碎组织转移至 1.5 mL 离心管中(预先加入含 2% β-巯基乙醇的 500 μL CTAB 提取缓冲液),65℃保温 20 min,期间将离心管颠倒 3 次～5 次,每次大约 10 s。

B.3 加入 600 μL 氯仿/异戊醇(*V*/*V*=24∶1),轻轻颠倒若干次后 4℃、10 000 r/min 离心 10 min。取 400 μL 上清液,移入新的 1.5 mL 离心管,然后加入等体积的氯仿/异戊醇(*V*/*V*=24∶1),轻轻颠倒 1 min,4℃、10 000 r/min 离心 10 min。

B.4 取 240 μL 上清液,加入 1/4 体积的 10 mol/L LiCl,颠倒混匀,－20℃放置 1 h,然后 4℃、10 000 r/min离心 10 min。

B.5 弃上清液,加入 350 μL TE 缓冲液溶解沉淀,4℃、10 000 r/min 离心 10 min。

B.6 弃沉淀,加入等体积的氯仿/异戊醇(*V*/*V*=24∶1),轻轻颠倒 1 min,10 000 r/min 离心 10 min。

B.7 将 200 μL 上清液移入新的 1.5 mL 离心管,加入 1/10 体积的 3 mol/L NaAc(pH 5.2),混匀后再加入 2 倍体积冰冷的无水乙醇,颠倒混匀,－20℃放置 30 min,然后 4℃、10 000 r/min 离心 10 min。

B.8 弃上清液,加入 500 μL70%乙醇洗涤沉淀,共 2 次。

B.9 超净工作台上吹干,用 50 μL DEPC 水溶解沉淀,测定总 RNA 浓度,立即进行反转录操作或保存于－70℃超低温冰箱中备用。

附　录　C
(资料性附录)
RT-PCR 检测方法

C.1　cDNA 合成

在 0.2 mL 离心管中依次加入 30 ng～50 ng 总 RNA，1 μL dNTP(dATP、dTTP、dCTP、dGTP 的浓度各为 2.5 mmol/L)，0.5 μL 随机引物(9－mer)(50 μmol/L)，0.5 μL oligo d(T)18 (50 μmol/L)，无菌超纯水定容至 14.5 μL。65℃处理 5 min 后取出置于冰上冷却 2 min。再加入 4 μL 5×AMV-RT 缓冲液、0.5 μL RNA 酶抑制剂(RNasin)、1 μL AMV 反转录酶，混合均匀后 37℃处理 2 h 合成 cDNA，然后 70℃处理 15 min 以去除残余酶活性。

C.2　PCR 扩增

PCR 反应混合液共 20 μL，包括 2 μL cDNA、2 μL 10×PCR 缓冲液、1.6 μL dNTP(dATP、dTTP、dCTP、dGTP 的浓度各为 2.5 mmol/L)、正向引物(浓度为 10 μmol/L)0.4 μL、反向引物(浓度为 10 μmol/L)0.4 μL(引物序列参见表 C.1)、1 U 热启动 Taq DNA 聚合酶，用无菌超纯水定容至 20 μL。

表 C.1　PCR 引物序列及扩增产物大小

病毒名称	引物序列(5′-3′)	产物，bp
草莓轻型黄边病毒(SMYEV)	正向引物：GTGTGCTCAATCCAGCCAG 反向引物：CATGGCACTCATTGGAGCTGGG	271
草莓斑驳病毒(SMoV)	正向引物：TAAGCGACCACGACTGTGACAAAG 反向引物：TCTTGGGCTTGGATCGTCACCTG	219
草莓镶脉病毒(SVBV)	正向引物：GAATGGGACAATGAAATGAG 反向引物：AACCTGTTTCTAGCTTCTTG	278

按如下程序进行 PCR 扩增：94℃ 2 min；94℃ 30 s、55℃ 30 s、72℃ 30 s，共 35 个循环；72℃延伸 5 min。

C.3　RT-PCR 产物检测

将 RT-PCR 产物在 1.5%琼脂糖凝胶中电泳，电泳结束后置于凝胶成像仪中观察拍照，结果参见图 C.1。

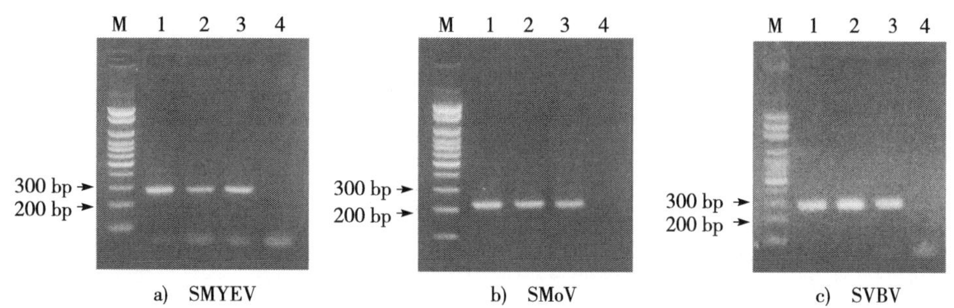

a)　SMYEV　　b)　SMoV　　c)　SVBV

说明：
M　——Marker；
1～3——感染病毒植株；
4　——无病毒植株。

图 C.1　草莓病毒的 RT-PCR 扩增产物

ICS 67.080.10
B 31

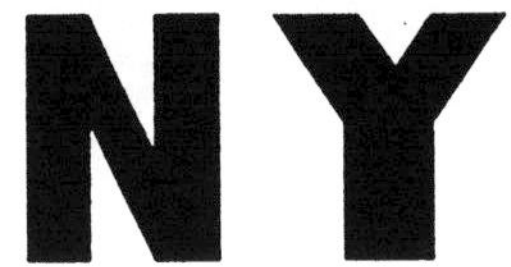

中华人民共和国农业行业标准

NY/T 3033—2016

农产品等级规格　蓝莓

Grades and specitications of agricultural products—Blueberries

2016-12-23 发布　　2017-04-01 实施

中华人民共和国农业部　发布

前　　言

本标准按照 GB/T 1.1—2009 给出的规则起草。

本标准由农业部种植业管理司提出。

本标准由全国果品标准化技术委员会(SAC/TC 510)归口。

本标准起草单位:浙江省农业科学院农产品质量标准研究所、农业部科技发展中心、中国计量大学、杭州睦山农实业投资有限公司、上虞鑫和生态农业综合开发有限公司、吉林农业大学。

本标准主要起草人:郑蔚然、徐学万、刘欣、王强、李亚东、张志恒、邹荣仟、鲁宝君、倪鑫太、李真。

农产品等级规格　蓝莓

1　范围

本标准规定了鲜食蓝莓等级规格的要求、评定方法、包装和标识。

本标准适用于鲜食蓝莓的等级规格划分。

2　规范性引用文件

下列文件对于本文件的应用是必不可少的。凡是注日期的引用文件，仅注日期的版本适用于本文件。凡是不注日期的引用文件，其最新版本(包括所有的修改单)适用于本文件。

GB/T 191　包装储运图示标志

GB/T 6543　运输包装用单瓦楞纸箱和双瓦楞纸箱

GB/T 8855　新鲜水果和蔬菜　取样方法

GB 9689　食品包装用聚苯乙烯成型品卫生标准

NY/T 1778　新鲜水果包装标识　通则

国家质量监督检验检疫总局 2005 年第 75 号令　定量包装商品计量监督管理办法

3　要求

3.1　等级

3.1.1　基本要求

根据对每个等级的规定和允许误差，蓝莓应符合下列基本要求：

a)　具有适于市场销售或储运要求的成熟度；

b)　同一品种，果实完好、无异味；

c)　无机械损伤或过大的愈合口，无日灼、病虫斑等缺陷；

d)　无畸形果、腐烂果和变质果，无裂果和冻伤果；

e)　果面清洁、干燥；

f)　无可见异物。

3.1.2　分级要求

在符合基本要求的前提下，果实分为特级、一级和二级。具体要求应符合表 1 的规定。

表 1　蓝莓等级

要求	特级	一级	二级
果粉	完整	完整	—
果蒂撕裂	无	≤1%	≤2%
果形	具有该品种典型特征，无缺陷	具有该品种典型特征，允许有轻微缺陷	具有该品种典型特征，允许有轻微缺陷
成熟度	无过熟果和未熟果	允许有不超过 1%的过熟果和未熟果	允许有不超过 2%的过熟果和未熟果

3.1.3　等级容许度

等级的容许度范围按质量计：

a)　特级允许有 5%的产品不符合本等级的要求，但应符合一级的要求；

b)　一级允许有 10%的产品不符合本等级的要求，但应符合二级的要求；

c) 二级允许有10%的产品不符合本等级的要求，但符合基本要求。

3.2 规格

3.2.1 规格划分

根据果实横径(*D*)划分为特大(XL)、大(L)、中(M)、小(S)四种规格，应符合表2的要求。

表2 蓝莓规格

规格	特大(XL)	大(L)	中(M)	小(S)
果实横径(*D*),mm	$D \geqslant 18.0$	$15.0 \leqslant D < 18.0$	$12.0 \leqslant D < 15.0$	$10.0 \leqslant D < 12.0$

3.2.2 规格容许度

规格容许度按数量计：

a) 特级蓝莓允许有5%的产品不符合该规格的要求；

b) 一、二级蓝莓允许有10%的产品不符合该规格的要求。

4 评定方法

4.1 取样方法

按GB/T 8855的规定执行。

4.2 等级规格评定

蓝莓果实外观、瑕疵等指标根据感官评定，规格由分级设备或卡尺评定。

4.3 成熟度评定

观察果蒂痕周围果皮的颜色，紫红色或绿色为未熟果，蓝色为成熟果，蓝色且手感稍软为过熟果。

5 包装

5.1 基本要求

同一最小包装单元内的蓝莓，应为同一批次、同一等级、同一规格、同一品种和同一产地。

5.2 包装方式

包装材料应清洁、干燥、耐挤压，并无毒、无害，应符合GB/T 6543或GB 9689的要求。

包装上应有若干个通风口，且通风口总面积不大于包装侧面的10%。

包装中可视部分应能代表整个包装中蓝莓的等级和规格。

5.3 净含量及允许负偏差

每个包装单位的净含量和允许误差应符合国家质量监督检验检疫总局2005年第75号令的有关要求。

5.4 限度范围

每批受检样品质量和大小不符合等级、规格要求的允许误差按所检单位的平均值计算，其值不应超过规定的限度，且任何所检单位的允许误差值不应超过规定值的2倍。

6 标识

包装物上应有明显标识，内容包括产品名称、等级、规格、产品执行标准编号、生产或供应商、详细地址、净含量和采收、包装日期。如需冷藏保鲜，应注明其保存方式。标注内容应字迹清晰、规范、完整。标识应符合NY/T 1778的要求。包装图示应符合GB/T 191的要求。

ICS 65.020.01
B 30

中华人民共和国农业行业标准

NY/T 3044—2016

蜜蜂授粉技术规程　油菜

Code of practice of honeybee pollination for oilseed rape

2016-12-23 发布　　2017-04-01 实施

中华人民共和国农业部　发布

前　言

本标准按照 GB/T 1.1—2009 给出的规则起草。

本标准由农业部种植业管理司提出并归口。

本标准起草单位:中国农业科学院蜜蜂研究所。

本标准主要起草人:黄家兴、吴杰、安建东、李继莲、罗术东、张红。

蜜蜂授粉技术规程　油菜

1　范围

本标准规定了油菜蜜蜂授粉的术语、授粉蜂群的组织、蜂群入场时间、蜂群的配置、授粉期蜂群管理等技术规程。

本标准适用于大田油菜西方蜜蜂授粉。

2　规范性引用文件

下列文件对于本文件的应用是必不可少的。凡是注日期的引用文件，仅注日期的版本适用于本文件。凡是不注日期的引用文件，其最新版本(包括所有的修改单)适用于本文件。

GB/T 19168　蜜蜂病虫害综合防治规范

NY/T 1160　蜜蜂饲养技术规范

3　术语和定义

下列术语和定义适用于本文件。

3.1

西方蜜蜂　*Apis mellifera* Linnaeus

西方蜜蜂是蜜蜂属(*Apis*)的一个种，包括以下主要品种：意大利蜜蜂(*A. mellifera. ligustica*)、卡尼鄂拉蜂(*A. mellifera. carnica*)、高加索蜜蜂(*A. mellifera. caucasica*)、欧洲黑蜂(*A. mellifera. mellifera*)等。

3.2

蜂群　honeybee colony

蜜蜂为社会性昆虫，蜂群是蜜蜂自然生存和蜂场饲养管理的基本单位，一般由1只正常蜂王、数万只工蜂和数百至上千只雄蜂(季节性出现)组成。

3.3

蜜蜂授粉　bee pollination

花粉经过蜜蜂传播到同类植物花朵的柱头上，这种花粉的传递过程叫做蜜蜂授粉。

4　蜂群组织与运输

4.1　蜂种选择

西方蜜蜂各亚种及其杂交种。

4.2　授粉蜂箱

直接采用郎氏蜂箱组织授粉。

4.3　蜂群培育

根据油菜地多年的有效积温、降水、日照和播种日期等综合因素，预测本年度油菜开花期，提前60 d培育适龄采集蜂。

4.4　蜂群组织

授粉蜂群的群势6足框以上，蜂脾相称。包含1只产卵蜂王，1足框出房封盖子脾，1足框卵虫脾和1足框蜜粉脾。确保蜂王能够正常产卵和蜂群育子，蜂箱内有充足的空巢房、适量的蜂蜜和花粉。

4.5 运输工具要求

授粉蜂群运输工具应保持洁净、无异味,无农药残留。

5 授粉技术

5.1 进场时间

在油菜开花期,即当每平方米内 70%的植株主茎上至少有一朵花开时,选择在晴朗天气将授粉蜂群搬进授粉场地,在蜂箱边插上标志物,以利于蜜蜂辨认新场地,及时归巢。

5.2 蜂群配置

一个 6 足框～8 足框的蜂群可承担 1 200 m^2～2 000 m^2 油菜授粉任务;授粉蜂群以 10 群～20 群为一组,分组排列;若为大面积油菜授粉,蜂群组距 200 m～250 m。

5.3 蜂群摆放

蜂群摆放时,应注意以下几点:

a) 蜂箱左右保持平衡,后部高于前部 2 cm～3 cm;

b) 方形排列、多箱排列、圆形或 U 形排列,应视场地面积和地形而定;

c) 蜂箱巢门背风向阳;

d) 应注意避开山洪等可能发生自然灾害的地方。

5.4 农药规避

在油菜花期,油菜及油菜地周边其他作物不应喷施农药。若需施药,应在蜜蜂场进场前 10 d～15 d 喷施农药。

6 蜂群管理技术

6.1 促王产卵,促蜂育子

可适当奖励饲喂蜂群,促进蜂王产卵和工蜂育子,从而提高蜜蜂授粉的积极性。奖励饲喂按 NY/T 1160 的规定进行。

6.2 粉蜜适当

油菜流蜜期间,蜜蜂采集蜜、粉积极性高,容易造成蜜、粉压子,适当脱粉和摇蜜,保证有足够的空巢房供蜂王产卵和储存蜜、粉,以提高蜜蜂访花的积极性,防止蜜粉压子脾。在长期阴雨天气,注意巢内储蜜是否充足,不足应及时饲喂,防止弃子现象发生。

6.3 控制分蜂热

应注意控制分蜂热,提高蜂群出巢积极性,提高授粉效果。

6.4 蜂群保温

在南方地区 1 月～4 月油菜花期时,晚上温度较低,需加盖保温物。调整巢脾,强群补弱群,保持蜂脾相称或蜂多于脾。维持箱内温度相对稳定,保证蜂群能够正常繁殖。

6.5 蜂群饲喂

当巢内的储蜜不足时,可饲喂少量高浓度糖浆。授粉场地应保持有洁净的水源供蜜蜂采集。

6.6 病虫害防治

授粉期,蜜蜂病虫害防治应按 GB/T 19168 的规定进行防治。

ICS 67.080.20
B 31

中华人民共和国农业行业标准

NY/T 3045—2016

设施番茄熊蜂授粉技术规程

Code of practice of bumblebee pollination for tomatoes in green houses

2016-12-23 发布 2017-04-01 实施

中华人民共和国农业部 发布

前　　言

本标准按照GB/T 1.1—2009给出的规则起草。

本标准由农业部种植业管理司提出并归口。

本标准起草单位:中国农业科学院蜜蜂研究所。

本标准主要起草人:李继莲、安建东、吴杰、黄家兴、郭军、张红。

设施番茄熊蜂授粉技术规程

1 范围

本标准规定了设施番茄熊蜂授粉蜂群准备、蜂群运输及授粉期管理的基本原则和技术方法。

本标准适用于设施番茄生产中使用熊蜂授粉。

2 授粉蜂群的准备

2.1 蜂种

目前主要有兰州熊蜂、密林熊蜂、红光熊蜂和地熊蜂等蜂种，适合为设施番茄授粉。

2.2 蜂群标准

工蜂数量为 50 只以上的繁殖力旺盛的熊蜂群。

3 蜂群运输

运输工具清洁无毒；运输前要关闭巢门，运输途中要防震。

4 蜂群组织

番茄开花前，先在温度为(29±1)℃的饲养室把熊蜂繁育成有 40 只左右工蜂且拥有大量卵、幼虫、蛹的授粉蜂群，之后转入(25±1)℃的饲养室继续饲养。在放入温室前 3 d，将熊蜂群移入 20℃左右的低温饲养室饲养，同时，在巢箱内加适量的脱脂棉或碎纸屑进行保温。温室大棚内温度较高，白天温度达到 25℃以上时，可不用保温。在熊蜂移入温室前，蜂箱内备有适量的花粉和充足的糖水。

5 蜂群配置

5.1 时间

当温室内番茄植株有 5%～10%的第一穗果枝开花时，在傍晚时将蜂群放入温室，安静 2 h，天黑后打开巢门。

5.2 数量

500 m^2～700 m^2 的普通日光温室，1 群熊蜂可满足授粉需要；大型连栋温室，按照 1 群熊蜂承担 1 000 m^2的授粉面积配置。

5.3 摆放

如果一个温室内放置 1 群蜂，蜂箱应放置在温室中部、作物垄间的支架上；如果一个温室内放置 2 群或 2 群以上蜂群，则将蜂群均匀置于温室中。蜂箱可放置在日光温室北侧墙体中上方，注意防止水浸泡和捕食性昆虫等有害生物进入蜂箱。

6 蜂群管理

6.1 饲喂

在蜂箱前面约 1 m 的地方放置一个碟子，里面放置少许 50%的糖水，每隔 2 d 更换 1 次。同时，在碟子内放置一些草秆等栖息物，方便熊蜂取食。

6.2 更换蜂群

一群熊蜂的授粉寿命为 45 d 左右。对于花期长的番茄品种，应及时更换蜂群，保证授粉正常进行。

6.3 检查蜂群

在晴天的9:00～11:00,如果在20 min内有5只以上的熊蜂进出蜂箱,或者轻轻敲打蜂箱,如果听到较强嗡嗡音,则可以判断蜂群处于正常状态,否则应及时更换蜂群。

6.4 授粉效果检查

熊蜂访花后即可完成授粉,熊蜂访花后会在雄蕊上留下褐色咬痕。授粉期间,可随机查看番茄雄蕊,如果60%以上的番茄雄蕊有褐色咬痕,即为授粉正常。

7 温室管理

7.1 隔离通风口

用粒径425 μm尼龙纱网封住温室通风口,防止温室通风降温时熊蜂飞出温室。

7.2 控温控湿

熊蜂授粉时,温室温度一般控制在20℃～30℃。中午通风降温时,温室内相对湿度急剧下降。可以通过洒水等措施保持温室内湿度在30%以上,以维持熊蜂的正常活动。

7.3 环境要求

放入授粉蜂群前,对温室作物病虫害进行一次详细的检查,必要时采取适当的防治措施。随后保持良好的通风,去除室内的有害气体。花期需在温室地面上铺上地膜,保持土壤温度和降低温室内湿度,有利于花粉的释放。授粉结束后,根据作物生产需要调整温度、湿度,加强水肥管理和病虫害防治。

温室设施内土壤中不应使用内吸长效缓释杀虫剂。应用熊蜂授粉前2周,温室设施内禁止使用任何杀虫剂,前1周不应使用任何杀菌剂。作物开花授粉期间,不使用各种农药。宜采用防虫网隔离等物理防治技术及用天敌昆虫等生物防治技术来防治各种病虫害。如必须施药,选用生物农药或低毒农药,傍晚熊蜂回到授粉蜂箱后,将蜂群移到未施用农药的安全无毒的地方,第2 d清晨,施药前用瓶子收集未归巢的熊蜂倒入移走的蜂群内。安全期后再入棚放回原位置,对波长低于400 nm的紫外线具有过滤作用的温室不应使用熊蜂授粉。

ICS 65.140
B 47

中华人民共和国农业行业标准

NY/T 3046—2016

设施桃蜂授粉技术规程

Code of practice of bee pollination for peaches in green houses

2016-12-23 发布 2017-04-01 实施

中华人民共和国农业部 发布

前　　言

本标准按照 GB/T 1.1—2009 给出的规则起草。

本标准由农业部种植业管理司提出并归口。

本标准起草单位:中国农业科学院蜜蜂研究所。

本标准主要起草人:李继莲、安建东、吴杰、黄家兴、郭军、张红。

设施桃蜂授粉技术规程

1 范围

本标准规定了设施桃授粉蜂群的准备、蜂群运输、授粉期间蜂群管理的基本原则和技术方法。

本标准适用于设施桃生产中使用蜂授粉。

2 规范性引用文件

下列文件对于本文件的应用是必不可少的。凡是注日期的引用文件，仅注日期的版本适用于本文件。凡是不注日期的引用文件，其最新版本(包括所有的修改单)适用于本文件。

NY/T 1160 蜜蜂饲养技术规范

3 授粉蜂群的准备

3.1 蜂种

蜜蜂和熊蜂。

3.2 运输蜂群

运输蜂群时，汽车等运输工具应清洁无毒，饲料充足；固定巢脾及蜂箱。开巢门运蜂时，应在傍晚蜜蜂归巢后起运；关巢门运蜂时，装车后应立即起运。运蜂车应在夜晚行驶，到达后及时卸下蜂群。

4 蜂群组织

4.1 蜜蜂

组织由1只蜂王、1张封盖子脾、1张卵虫脾和1张蜜粉脾组成的3足框健康蜜蜂授粉群。蜂箱内保持充足的蜂蜜、适量的花粉和可供蜂王产卵的空巢房，以保证蜂群繁殖。

4.2 熊蜂

桃开花前，先在温度为(29±1)℃的饲养室把熊蜂繁育成有40只左右工蜂且拥有大量卵、幼虫、蛹的授粉蜂群，之后转入(25±1)℃的饲养室继续饲养。在放入温室前3 d，将熊蜂群移入20℃左右的低温饲养室饲养，同时，在巢箱内加适量的脱脂棉或碎纸屑进行保温。温室大棚内温度较高，白天温度达到25℃以上时，可不用保温；在熊蜂移入温室前，蜂箱内保持充足的花粉和糖水。

5 蜂群配置

5.1 蜜蜂

5.1.1 时间

在设施桃初花期傍晚将蜂群放入温室，第2 d早晨打开巢门。

5.1.2 数量

500 m^2～700 m^2 的普通日光温室，根据树龄大小和开花多少，每个温室配置1个～2个授粉群。大型连栋温室，根据树龄大小和开花多少，按一个授粉群承担300 m^2～500 m^2 的面积配置。

5.1.3 摆放

如果一个温室内放置1箱蜂，蜂箱应放置在温室中部；如果一个温室内放置2箱或2箱以上蜜蜂，则将蜂群均匀置于温室中。蜂箱应放在作物垄间的支架上，支架高度为20 cm～30 cm。

5.2 熊蜂

5.2.1 时间

在温室作物开花初期放入即可。应在傍晚时将蜂群放入温室,安静 2 h,天黑后打开巢门。

5.2.2 数量

为开花较多的设施桃授粉,对于面积为 500 m^2～700 m^2 的普通日光温室,根据树龄大小和开花多少,每个温室配置 2 群～3 群的授粉群(工蜂数量达到 100 只左右)。对于大型连栋温室,根据树龄大小和开花多少,按一个授粉群承担 300 m^2～500 m^2 的面积配置。

5.2.3 摆放

如果一个温室内放置 1 箱蜂,蜂箱应放置在温室中部;如果一个温室内放置 2 箱或 2 箱以上,则将蜂群均匀置于温室中。蜂箱应放在温室中部的后墙或距离地面高度 30 cm～40 cm 的过道支架上,巢门朝南。

6 蜂群管理

6.1 蜜蜂

应符合 NY/T 1160 的要求。

6.2 熊蜂

6.2.1 饲喂

熊蜂一般不需要补充饲喂食物。

6.2.2 移箱

为花期错开的桃树授粉时,完成前一批桃树授粉任务的熊蜂,可以继续为后一批开花的桃树授粉。前一温室授粉结束时,在晚上熊蜂回巢后关闭巢门,然后将蜂箱移至新的温室,第 2 d 早晨打开巢门即可。

6.3 检查蜂群

在晴天的 9:00～11:00,如果在 20 min 内有 5 只以上的熊蜂进出蜂箱,或者轻轻敲打蜂箱,如果听到较强嗡嗡音,则可以判断蜂群处于正常状态,否则应及时更换蜂群。

7 温室管理

7.1 隔离通风口

用粒径 425 μm 的尼龙纱网封住温室通风口,防止温室降温时熊蜂从通风口飞出温室。

7.2 控温控湿

桃开花授粉期间,温室温度一般控制在 15℃～25℃。中午前后通风降温时,温室内相对湿度急剧下降。对于蜜蜂授粉的温室,可以通过洒水等措施保持温室内湿度在 30%以上,以维持蜜蜂的正常活动。

7.3 环境要求

放入授粉蜂群前,对温室作物病虫害进行一次详细的检查,必要时采取适当的防治措施,随后保持良好的通风,去除室内的有害气体,保证蜂群进入前无有害气体。作物栽培采用常规的水肥管理。为温室桃授粉时,花期应在温室地面上铺上地膜,以保持土壤温度和降低温室内湿度,有利于花粉的释放。授粉结束后,根据作物生产需要调整温度、湿度,加强水肥管理和病虫害防治。最后,视情况进行疏花疏果。

在温室桃开花前,应杜绝使用残留期较长的农药,如敌敌畏、乐果等。在桃开花期间,禁止使用农药。在必须施药的情况下,应尽量选用生物农药或低毒农药。施药时,应将蜂群移入没有使用农药的缓冲间 1 d,以避免农药对蜂群的危害,然后原位放回。

ICS 65.020.20
B 05

中华人民共和国农业行业标准

NY/T 3054—2016

植物品种特异性、一致性和稳定性测试指南　冬瓜

Guidelines for the conduct of tests for distinctness, uniformity and stability—Wax gourd
(*Benincasa hispida* Cogn.)

2016-12-23 发布　　2017-04-01 实施

中华人民共和国农业部　发布

目　次

前　言

本标准按照 GB/T 1.1—2009 给出的规则起草。

本标准由农业部种子管理局提出。

本标准由全国植物新品种测试标准化技术委员会(SAC/TC 277)归口。

本标准起草单位:山东省农业科学院作物研究所、四川省农业科学院园艺研究所、农业部科技发展中心、农业部植物新品种测试(昆明)分中心。

本标准主要起草人:李汝玉、刘小俊、唐浩、张晗、王东建、孙加梅、李群、戴双、郑永胜、姚凤霞、许金芳、刘艳芳。

植物品种特异性、一致性和稳定性测试指南 冬　　瓜

1　范围

本标准规定了冬瓜(*Benincasa hispida* Cogn.)品种特异性、一致性和稳定性测试的技术要求和结果判定的一般原则。

本标准适用于冬瓜品种特异性、一致性和稳定性测试和结果判定。

2　规范性引用文件

下列文件对于本文件的应用是必不可少的。凡是注日期的引用文件,仅注日期的版本适用于本文件。凡是不注日期的引用文件,其最新版本(包括所有的修改单)适用于本文件。

GB 16715.1　瓜菜作物种子　瓜类

GB/T 19557.1　植物新品种特异性、一致性和稳定性测试指南　总则

3　术语和定义

GB/T 19557.1 界定的以及下列术语和定义适用于本文件。

3.1

群体测量　single measurement of a group of plants or parts of plants

对一批植株或植株的某器官或部位进行测量,获得一个群体记录。

3.2

个体测量　measurement of a number of individual plants or parts of plants

对一批植株或植株的某器官或部位进行逐个测量,获得一组个体记录。

3.3

群体目测　visual assessment by a single observation of a group of plants or parts of plants

对一批植株或植株的某器官或部位进行目测,获得一个群体记录。

3.4

个体目测　visual assessment by observation of individual plants or parts of plants

对一批植株或植株的某器官或部位进行逐个目测,获得一组个体记录。

4　符号

下列符号适用于本文件:

MG:群体测量。

MS:个体测量。

VG:群体目测。

VS:个体目测。

QL:质量性状。

QN:数量性状。

PQ:假质量性状。

(a)～(d):标注内容在 B.2 中进行了详细解释。

(+):标注内容在 B.3 中进行了详细解释。

__:本文件中下划线是特别提示测试性状的适用范围。

5 繁殖材料的要求

5.1 繁殖材料以种子形式提供。

5.2 提交的种子数量至少 6 000 粒。如果是杂交种,必要时还需提供父、母本种子各 2 000 粒。

5.3 提交的种子应外观健康,活力高,无病虫侵害。具体质量至少达到 GB 16715.1 对冬瓜原种种子的发芽率、含水量和净度的质量要求。

5.4 提交的种子一般不应进行任何影响品种性状表达的处理。如果已处理,应提供处理的详细说明。

5.5 提交的种子应符合中国植物检疫的有关规定。

6 测试方法

6.1 测试周期

测试周期至少为两个独立的生长周期。

6.2 测试地点

测试通常在一个地点进行。如果某些性状在该地点不能充分表达,可在其他符合条件的地点对其进行观测。

6.3 田间试验

6.3.1 试验设计

待测品种和近似品种相邻种植。

育苗后移栽。每个小区不少于 20 株。至少设 2 次重复。

6.3.2 田间管理

按当地生产管理方式进行。

6.4 性状观测

6.4.1 观测时期

性状观测应按照表 A.1 和表 A.2 列出的生育阶段进行。生育阶段描述见表 B.1。

6.4.2 观测方法

性状观测应按照表 A.1 和表 A.2 规定的观测方法(VG、VS、MG、MS)进行。部分性状观测方法见 B.2 和 B.3。

6.4.3 观测数量

除非另有说明,个体观测性状(VS、MS)每个小区植株取样数量为 10 个,在观测植株的器官或部位时,每个植株取样数量应为 1 个。群体观测性状(VG、MG)应观测整个小区或规定大小的混合样本。

6.5 附加测试

必要时,可选用表 A.2 中的性状或本标准未列出的性状进行附加测试。

7 特异性、一致性和稳定性结果的判定

7.1 总体原则

特异性、一致性和稳定性的判定按照 GB/T 19557.1 确定的原则进行。

7.2 特异性的判定

待测品种应明显区别于所有已知品种。在测试中,当待测品种至少在一个性状上与最为近似的品种具有明显且可重现的差异时,即可判定待测品种具备特异性。

7.3 一致性的判定

对于杂交种和杂交种亲本材料，一致性判定采用1%的群体标准和至少95%的接受概率。对于常规品种，采用2%的群体标准和至少95%的接受概率。当样本大小为20株时，杂交种和杂交种亲本材料最多可以允许有1个异型株，常规品种最多可以允许有2个异型株。

7.4 稳定性的判定

一般不对稳定性进行测试。如果一个品种具备一致性，则可认为该品种具备稳定性。

必要时，可以种植该品种（常规品种或亲本材料）的下一代种子或杂交种新配制的F_1代种子，与以前提供的繁殖材料相比，若性状表达无明显变化，则可判定该品种具备稳定性。

杂交种的稳定性判定，除直接对杂交种本身进行测试外，还可以通过对其父母本的一致性和稳定性鉴定的方法进行判定。

8 性状表

8.1 概述

根据测试需要，将性状分为基本性状、选测性状。基本性状是测试中必须使用的性状，选测性状是可以选择使用的性状。冬瓜基本性状见表A.1，选测性状见表A.2。性状表列出了性状名称、表达类型、表达状态及相应的代码和标准品种、观测时期和方法等内容。

8.2 表达类型

根据性状表达方式，将性状分为质量性状、假质量性状和数量性状3种类型。

8.3 表达状态和相应代码

每个性状划分为一系列表达状态，以便于定义性状和规范描述。每个表达状态赋予一个相应的数字代码，以便于数据记录、处理和品种描述的建立与交流。

8.4 标准品种

性状表中列出了部分性状有关表达状态相应的标准品种，用于确定相关性状的不同表达状态和校正年份、地点引起的差异。

9 分组性状

本文件中，品种分组性状如下：

a) 雌花：第一雌花节位（表A.1中性状4）。
b) 果实：形状（表A.1中性状13）。
c) 果实：果皮底色（表A.1中性状15）。
d) 果实：果面蜡粉（表A.1中性状20）。
e) 果实：质量（表A.1中性状28）。
f) 果实：瓜瓤（表A.1中性状32）。
g) 种子：边缘棱（表A.1中性状37）。

10 技术问卷

申请人应按照附录C给出的格式填写冬瓜技术问卷。

附 录 A
(规范性附录)
冬 瓜 性 状 表

A.1 冬瓜基本性状

见表 A.1。

表 A.1 冬瓜基本性状

序号	性 状	观测时期和方法	表达状态	标准品种	代码
1	幼苗:子叶形状 PQ (a) (+)	19 VG	窄椭圆形		1
			中等椭圆形	福建福州节瓜	2
			阔椭圆形	天津一串铃	3
			倒卵圆形	农达五叶子	4
2	幼苗:子叶大小 QN (a)	19 VG	极小		1
			极小到小		2
			小	海南乐东冬瓜	3
			小到中		4
			中	天津一串铃	5
			中到大		6
			大	广西猪肚顶冬瓜	7
			大到极大		8
			极大		9
3	雄花:第一雄花节位 QN (+)	41 MS	极低		1
			极低到低		2
			低	福建福州节瓜	3
			低到中		4
			中	天津一串铃	5
			中到高		6
			高	广东沙湾黑皮冬瓜	7
			高到极高		8
			极高		9
4	雌花:第一雌花节位 QN (+)	42 MS	极低		1
			极低到低		2
			低	福建福州节瓜	3
			低到中		4
			中	浙江莩荠冬瓜	5
			中到高		6
			高	山西车头冬瓜	7
			高到极高		8
			极高		9
5	雌花: 连续性 QL (+)	42 VG	无	河北毛边籽冬瓜	1
			有	山西车头冬瓜	9
6	雌花:柱头颜色 PQ	42 VG	黄色		1
			黄绿色		2

表 A.1（续）

序号	性　　状	观测时期和方法	表达状态	标准品种	代码
7	雄花:开花始期 QN	43 MG	极早		1
			极早到早		2
			早	广东七星节瓜	3
			早到中		4
			中	河北毛边籽冬瓜	5
			中到晚		6
			晚	四川旺苍冬瓜	7
			晚到极晚		8
			极晚		9
8	雌花:开花始期 QN	44 VG	极早		1
			极早到早		2
			早	鲁西小一号	3
			早到中		4
			中	农达五叶子	5
			中到晚		6
			晚	天津一串铃	7
			晚到极晚		8
			极晚		9
9	叶片:大小 QN (b)	47 VG	极小		1
			极小到小		2
			小	广东七星节瓜	3
			小到中		4
			中	广东沙湾黑皮冬瓜	5
			中到大		6
			大		7
			大到极大	四川种都特早五叶子	8
			极大		9
10	叶片:裂片尖端形状 PQ (b) (+)	47 VG	尖	天津一串铃	1
			钝尖	广西猪肚顶节瓜	2
			圆	南京早熟冬瓜	3
11	叶片:裂刻深浅 QN (b)	47 VG	无或极浅	南京早熟冬瓜	1
			极浅到浅		2
			浅	福建福州节瓜	3
			浅到中		4
			中	山西车头冬瓜	5
			中到深		6
			深	天津一串铃	7
			深到极深		8
			极深		9
12	叶片:上表面绿色程度 QN	47 VG	极浅		1
			极浅到浅		2
			浅	长沙粉皮冬瓜	3
			浅到中		4
			中	四川种都特早五叶子	5
			中到深		6
			深		7
			深到极深	天津一串铃	8
			极深		9

表 A.1（续）

序号	性　　状	观测时期和方法	表达状态	标准品种	代码
13	果实:形状 PQ (c) (+)	47 VG	卵形	山西车头冬瓜	1
			球形	福建宁化爬地冬瓜	2
			扁球形	天津一串铃	3
			椭球形	北京极早熟	4
			圆柱形	广东沙湾黑皮冬瓜	5
			棒形	福建福州节瓜	6
14	果实:茸毛密度 QN (c)	47 VG	无或极稀	北京极早熟	1
			极稀到稀		2
			稀	南京早熟冬瓜	3
			稀到中		4
			中	广东沙湾黑皮冬瓜	5
			中到密		6
			密	山西车头冬瓜	7
			密到极密		8
			极密		9
15	果实:果皮底色 PQ (c)	47 VG	黄白色	五叶子辐射	1
			黄绿色	河北毛边籽冬瓜	2
			绿色	广东沙湾黑皮冬瓜	3
16	果实:果皮绿色程度 QN (c)	47 VG	极浅		1
			极浅到浅		2
			浅	四川种都特早五叶子	3
			浅到中		4
			中	北京极早熟	5
			中到深		6
			深	鲁西小一号	7
			深到极深		8
			极深	广东沙湾黑皮冬瓜	9
17	果实:果皮斑点 QN (c)	47 VG	不明显	五叶子辐射	1
			明显	天津一串铃	2
18	仅适用于果皮斑点明显的品种:果实:果皮斑点颜色 PQ (c)	47 VG	黄白色	农达五叶子	1
			黄绿色	四川种都特早五叶子	2
			浅绿色	四川旺苍冬瓜	3
			中等绿色	天津一串铃	4
			深绿色	七星节瓜	5
19	果实:果柄长度 QN (c)	47 MS	极短		1
			极短到短		2
			短	五叶子辐射	3
			短到中		4
			中	浙江荸荠冬瓜	5
			中到长		6
			长	天津一串铃	7
			长到极长		8
			极长		9
20	果实:果面蜡粉 QN (c)	47 VG	无	广东七星节瓜	1
			少	湖南撒籽冬瓜	2
			多	天津一串铃	3

表 A.1（续）

序号	性　状	观测时期和方法	表达状态	标准品种	代码
21	果实:果脐端形状 PQ (c) (+)	47 VG	锐尖		1
			尖		2
			钝尖		3
			圆		4
			平		5
			凹		6
22	果实:果脐端凹陷深浅 QN (c) (+)	47 VG	极浅		1
			极浅到浅		2
			浅	广东沙湾黑皮冬瓜	3
			浅到中		4
			中	山西车头冬瓜	5
			中到深		6
			深	天津一串铃	7
			深到极深		8
			极深		9
23	果实:果蒂端形状 QN (c) (+)	47 VG	凸	福建福州节瓜	1
			平		2
			凹	天津一串铃	3
24	果实:果蒂端凹陷程度 QN (c) (+)	47 VG	极浅	广东七星节瓜	1
			中	北京极早熟	2
			深	天津一串铃	3
25	果实:纵径 QN (c) (+)	47 MS	极小		1
			极小到小		2
			小	天津一串铃	3
			小到中		4
			中	广东沙湾黑皮冬瓜	5
			中到大		6
			大	江苏海安白粉冬瓜	7
			大到极大		8
			极大		9
26	果实:横径 QN (c) (+)	47 MS	极小		1
			极小到小		2
			小	江苏南京冬瓜	3
			小到中		4
			中	农达五叶子	5
			中到大		6
			大	种都特早	7
			大到极大		8
			极大		9
27	果实:纵径/横径 QN (c)	47 MS	极小	天津一串铃	1
			极小到小		2
			小	冠星二号节瓜	3
			小到中		4
			中	福建福州节瓜	5
			中到大		6
			大	台选 4 号	7
			大到极大		8
			极大		9

表 A.1（续）

序号	性　　状	观测时期和方法	表达状态	标准品种	代码
28	果实:质量 QN (c)	47 MS	极小	冠华节瓜	1
			极小到小		2
			小	七星节瓜	3
			小到中		4
			中	广东沙湾黑皮冬瓜	5
			中到大		6
			大	江西扬子洲冬瓜	7
			大到极大		8
			极大		9
29	果实:棱沟深浅 QN (c)	47 VG	无或极浅	青皮大冬瓜	1
			极浅到浅		2
			浅	广东灰皮冬瓜	3
			浅到中		4
			中	广东七星节瓜	5
			中到深		6
			深	江苏淮安冬瓜	7
			深到极深		8
			极深		9
30	果实:果肉厚度 QN (c) (+)	47 MS	极薄		1
			极薄到薄		2
			薄	上海宝山白节瓜	3
			薄到中		4
			中	七星节瓜	5
			中到厚		6
			厚	江苏淮安冬瓜	7
			厚到极厚		8
			极厚		9
31	果实:果肉颜色 PQ (c)	47 VG	白色	鲁西小一号	1
			黄白色	湖南撒籽冬瓜	2
			绿白色	云南河口小冬瓜	3
			绿色		4
32	果实:瓜瓤 QL (+)	47 VG	散瓤	天津一串铃	1
			吊瓤	种都特早	2
33	果实:果肉硬度 QN (+)	49 VG	软	长沙软皮冬瓜	1
			中	湖南青皮冬瓜	2
			硬	广东沙湾黑皮冬瓜	3
34	种子:大小 QN (d)	49 VG	极小	福建福州节瓜	1
			极小到小		2
			小	广东七星节瓜	3
			小到中		4
			中	农达五叶子	5
			中到大		6
			大	山西车头冬瓜	7
			大到极大		8
			极大		9
35	种子:形状 QN (d)	49 VG	窄卵圆形	广东沙湾黑皮冬瓜	1
			中等卵圆形	山西车头冬瓜	2
			阔卵圆形	广东七星节瓜	3

表 A.1（续）

序号	性　　状	观测时期和方法	表达状态	标准品种	代码
36	种皮:颜色 PQ (d) (+)	49 VG	白色	广东七星节瓜	1
			黄白色	农达五叶子	2
			黄色	广西猪肚顶节瓜	3
37	种子:边缘棱 QL (d) (+)	49 VG	无	五叶子辐射	1
			有	山西车头冬瓜	9

A.2　冬瓜选测性状

见表 A.2。

表 A.2　冬瓜选测性状

序号	性　　状	观测时期和方法	表达状态	标准品种	代码
38	雄花:萼片大小 QN	43 VG	极小		1
			极小到小		2
			小	福建福州节瓜	3
			小到中		4
			中	天津一串铃	5
			中到大		6
			大	河北毛边籽冬瓜	7
			大到极大		8
			极大		9
39	雄花:萼片基部宽度 QN	43 VG	极窄		1
			极窄到窄		2
			窄	福建福州节瓜	3
			窄到中		4
			中	南京早熟冬瓜	5
			中到宽		6
			宽	天津一串铃	7
			宽到极宽		8
			极宽		9
40	子房:颜色 PQ	44 VG	黄绿色	福建福州节瓜	1
			绿色	天津一串铃	2
			黄白色	广东七星节瓜	3
41	雌花:萼片大小 QN	44 VG	极小	福建罗源短筒冬瓜	1
			极小到小		2
			小	福建福州节瓜	3
			小到中		4
			中	南京早熟冬瓜	5
			中到大		6
			大	浙江荸荠冬瓜	7
			大到极大		8
			极大		9

表 A.2（续）

序号	性　　状	观测时期和方法	表达状态	标准品种	代码
42	雌花:萼片基部宽度 QN	44 VG	极窄		1
			极窄到窄		2
			窄	山西车头冬瓜	3
			窄到中		4
			中	天津一串铃	5
			中到宽		6
			宽	四川种都特早五叶子	7
			宽到极宽		8
			极宽		9

附 录 B
(规范性附录)
冬瓜性状表的解释

B.1 冬瓜生育阶段

见表 B.1。

表 B.1 冬瓜生育阶段表

代码	名 称	描 述
19	一叶一心期	第一片真叶完全展开
43	雄花开花期	50%植株第一朵雄花开放
44	雌花开花期	50%植株第一朵雌花开放
47	成果期	果实膨大至最大,果肉增至最厚,有蜡粉品种蜡粉增至最多
49	生理成熟期	种子成熟

B.2 涉及多个性状的解释

(a) 子叶:一叶一心期观测。

(b) 叶片:观测成果期植株中部发育正常的最大叶片。

(c) 果实:观测成果期发育正常的果实。

(d) 种子:观测生理成熟期发育正常的种子。

B.3 涉及单个性状的解释

性状分级和图中代码见表 A.1。

性状 1 幼苗:子叶形状,见图 B.1。

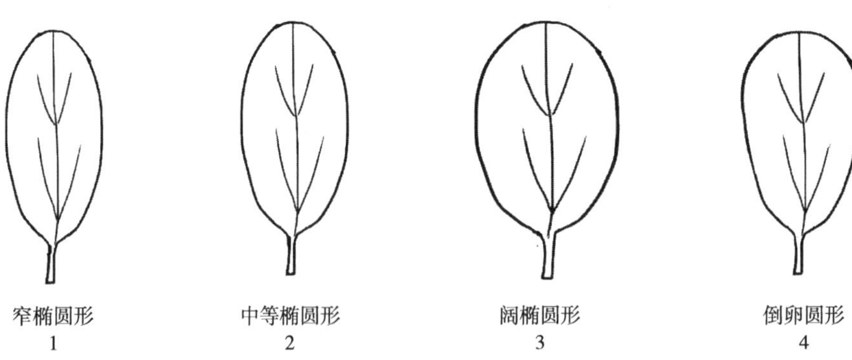

图 B.1 幼苗:子叶形状

性状 3 雄花:第一雄花节位,主蔓出现第一朵雄花的节位(从子叶节开始计数)。

性状 4 雌花:第一雌花节位,主蔓出现第一朵雌花的节位(从子叶节开始计数)。

性状 5 雌花:连续性,在主蔓连续 3 个或以上的节位有雌花生成。

性状 10 叶片:裂片尖端形状,见图 B.2。

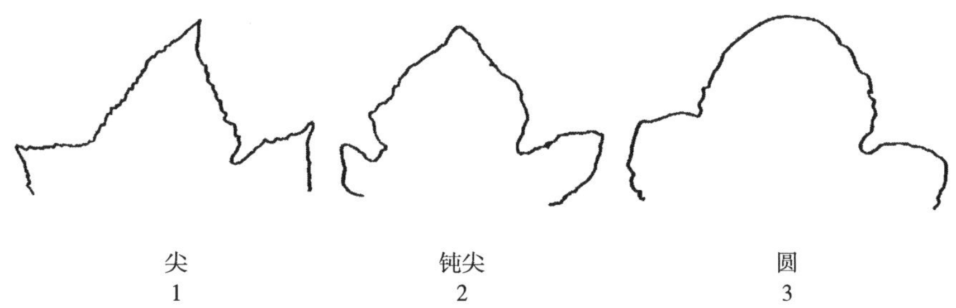

图 B.2 叶片:裂片尖端形状

性状 13 果实:形状，见图 B.3。

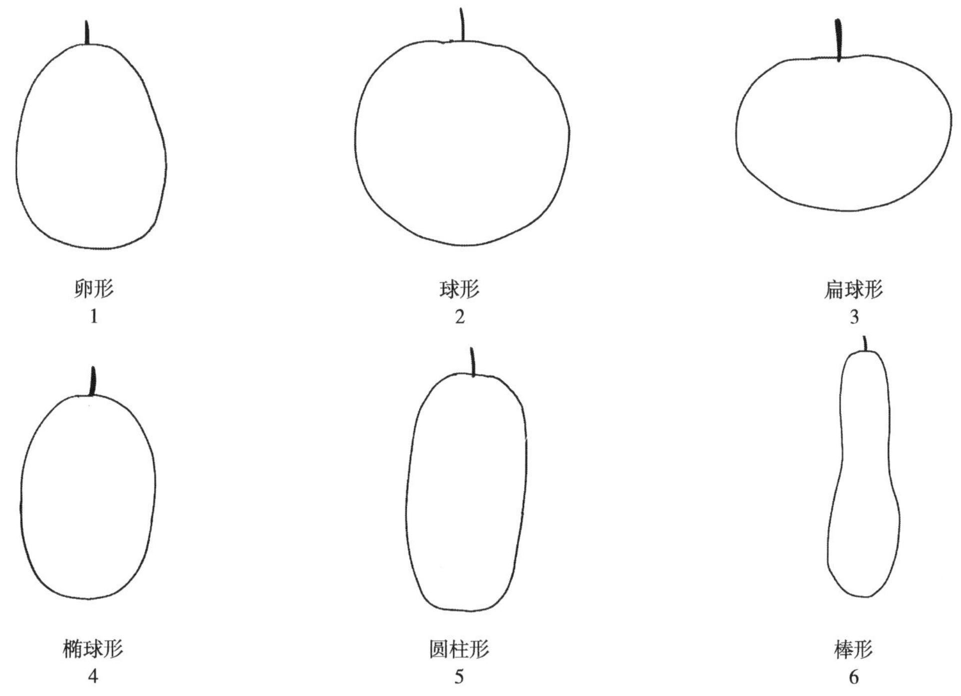

图 B.3 果实:形状

性状 21 果实:果脐端形状，见图 B.4。

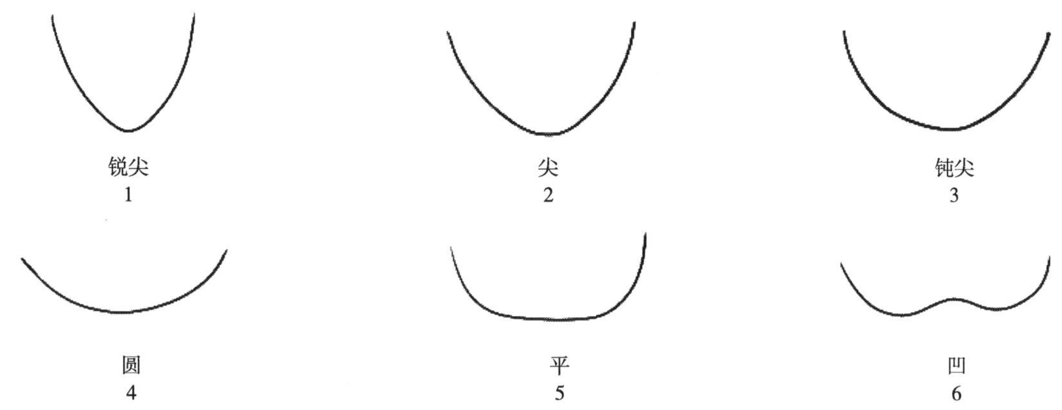

图 B.4 果实:果脐端形状

性状 22 果实:果脐端凹陷深浅，见图 B.5。

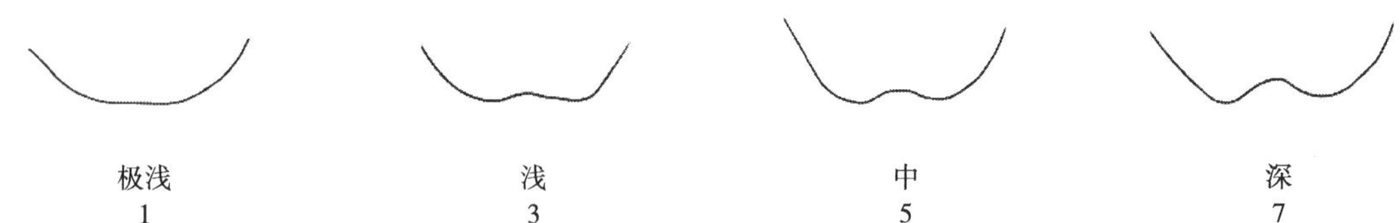

图 B.5　果实:果脐端凹陷深浅

性状 23　果实:果蒂端形状,见图 B.6。

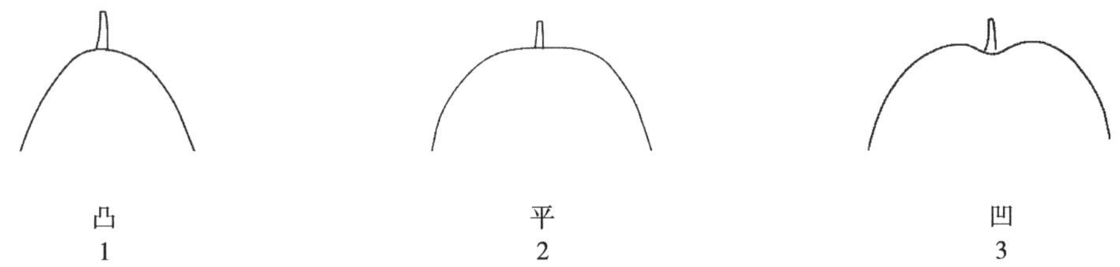

图 B.6　果实:果蒂端形状

性状 24　果实:果蒂端凹陷程度,见图 B.7。

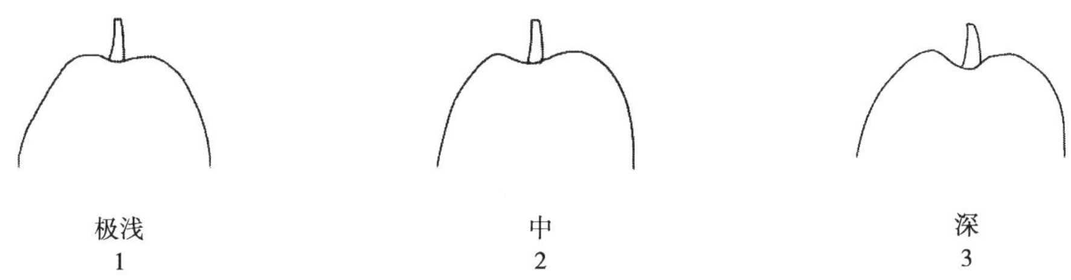

图 B.7　果实:果蒂端凹陷程度

性状 25　果实:纵径,见图 B.8。

性状 26　果实:横径,见图 B.8。

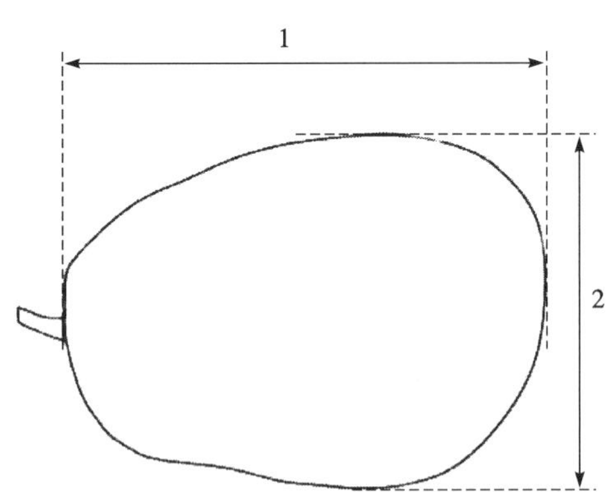

说明:

1——纵径;

2——横径。

图 B.8　果实:纵径;果实:横径

性状 30　果实:果肉厚度,测量果实中部横切面果肉厚度。

性状 32　果实:瓜瓤,在果实中下部横切,观察瓜瓤。见图 B.9。

散瓤
1

吊瓤
2

图 B.9 果实:瓜瓤

性状 33 果实:果肉硬度,用手指摁压果实,感觉果肉硬度。通过与标准品种比较,给出测试品种的表达状态和相应代码。

性状 36 种皮:颜色,将果实纵向切开,观察新鲜种子的颜色。

性状 37 种子:边缘棱,见图 B.10。

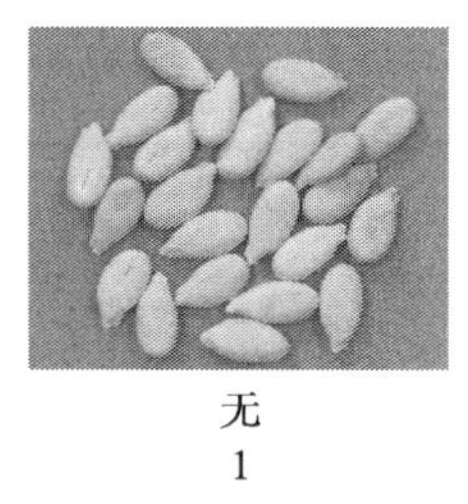
无
1

有
9

图 B.10 种子:边缘棱

附 录 C
（规范性附录）
冬瓜技术问卷格式

冬瓜技术问卷

申请号： 申请日： （由审批机关填写）

（申请人或代理机构签章）

C.1 品种暂定名称

C.2 申请测试人信息

姓名：
地址：
电话号码：　　　　　　传真号码：　　　　　　手机号码：
邮箱地址：
育种者姓名（如果与申请测试人不同）：

C.3 植物学分类

拉丁名：____________________
中文名：____________________

C.4 品种类型

在相符的类型[ ]中打√。

C.4.1 亲本材料 [ ]
C.4.2 杂交种 [ ]
C.4.3 常规品种 [ ]
C.4.4 其他 [ ]

C.5 待测品种的具有代表性彩色照片

（品种照片粘贴处）
（如果照片较多，可另附页提供）

C.6 品种的选育背景、育种过程和育种方法，包括系谱、培育过程和所使用的亲本或其他繁殖材料来源与名称的详细说明

C.7 适于生长的区域或环境以及栽培技术的说明

C.8 其他有助于辨别待测品种的信息

（如品种用途、品质抗性，请提供详细资料）

C.9 品种种植或测试是否需要特殊条件

在相符的[ ]中打√。
是[ ]　　　　　否[ ]
（如果回答是，请提供详细资料）

C.10 品种繁殖材料保存是否需要特殊条件

在相符的[ ]中打√。
是[ ]　　　　　否[ ]
（如果回答是，请提供详细资料）

C.11 待测品种需要指出的性状

在表 C.1 中相符的代码后[ ]中打√，若有测量值，请填写在表 C.1 中。

表 C.1 待测品种需要指出的性状

序号	性 状	表达状态	代 码	测量值
1	雌花:连续性(性状 5)	无	1[ ]	
		有	9[ ]	
2	雌花:开花始期(性状 8)	极早	1[ ]	
		极早到早	2[ ]	
		早	3[ ]	
		早到中	4[ ]	
		中	5[ ]	
		中到晚	6[ ]	
		晚	7[ ]	
		晚到极晚	8[ ]	
		极晚	9[ ]	
3	果实:形状(性状 13)	卵形	1[ ]	
		球形	2[ ]	
		扁球形	3[ ]	
		椭球形	4[ ]	
		圆柱形	5[ ]	
		棒形	6[ ]	
4	果实:果皮底色(性状 15)	黄白色	1[ ]	
		黄绿色	2[ ]	
		绿色	3[ ]	
5	果实:果面蜡粉(性状 20)	无	1[ ]	
		少	2[ ]	
		多	3[ ]	
6	果实:纵径(性状 25)	极小	1[ ]	
		极小到小	2[ ]	
		小	3[ ]	
		小到中	4[ ]	
		中	5[ ]	
		中到大	6[ ]	
		大	7[ ]	
		大到极大	8[ ]	
		极大	9[ ]	
7	果实:横径(性状 26)	极小	1[ ]	
		极小到小	2[ ]	
		小	3[ ]	
		小到中	4[ ]	
		中	5[ ]	
		中到大	6[ ]	
		大	7[ ]	
		大到极大	8[ ]	
		极大	9[ ]	
8	果实:质量(性状 28)	极小	1[ ]	
		极小到小	2[ ]	
		小	3[ ]	
		小到中	4[ ]	
		中	5[ ]	
		中到大	6[ ]	
		大	7[ ]	
		大到极大	8[ ]	
		极大	9[ ]	

表 C.1（续）

序号	性 状	表达状态	代 码	测量值
9	果实:果肉厚度(性状 30)	极薄	1[ ]	
		极薄到薄	2[ ]	
		薄	3[ ]	
		薄到中	4[ ]	
		中	5[ ]	
		中到厚	6[ ]	
		厚	7[ ]	
		厚到极厚	8[ ]	
		极厚	9[ ]	
10	果实:果肉颜色(性状 31)	白色	1[ ]	
		黄白色	2[ ]	
		绿白色	3[ ]	
		绿色	4[ ]	
11	果实:瓜瓤(性状 32)	散瓤	1[ ]	
		吊瓤	2[ ]	

C.12 与近似品种的明显差异性状表达状态描述

在自己知识范围内,请申请测试人在表 C.2 中列出待测品种与其最为近似品种的明显差异。

表 C.2 待测品种与近似品种的明显差异性状表

近似品种名称	性状名称	近似品种表达状态	待测品种表达状态
注:提供可以帮助审查机构对该品种以更有效的方式进行特异性测试的信息。			

ICS 65.020.20
B 05

中华人民共和国农业行业标准

NY/T 3055—2016

植物品种特异性、一致性和稳定性测试指南 木薯

Guidelines for the conduct of tests for distinctness, uniformity and stability—Cassava

(*Manihot esculenta* Crantz)

[UPOV:TG/CASSAV(proj.5)(rev.)[a],Guidelines for the conduct of tests for distinctness,uniformity and stability—Cassava,NEQ]

2016-12-23 发布　　　　2017-04-01 实施

中华人民共和国农业部 发布

目　　次

前　言

本标准按照 GB/T 1.1—2009 给出的规则起草。

本标准使用重新起草法修改采用了国际植物新品种保护联盟(UPOV)指南“TG/CASSAV(proj. 5)(rev.)[a] Guidelines for the conduct of tests for distinctness, uniformity and stability—Cassava”。

本标准与 UPOV 指南 TG/CASSAV(proj. 5)(rev.)[a] 相比存在技术性差异,主要差异如下:

——增加了 18 个性状:“叶片:颜色”、“叶片:裂片数”、“叶柄:长度”、“幼茎:主色”、“幼茎:花青甙显色强度”、“子房:颜色”、“花粉:有无”、“主茎:高度”、“主茎:粗度”、“仅适用于有分枝品种:茎:分枝角度”、“块根:分布姿态”、“块根:数量”、“块根:大小”、“块根:缢痕”、“仅适用于结实品种:种子:颜色”、“植株:分枝性”、“植株:抗倒性”、“植株:抗寒性”;

——删除了 4 个性状:“叶片:颜色(中部成熟叶)”、“主茎:外表皮内侧颜色”、“主茎:分枝末端颜色(植株顶部)”、“块根:薯皮对薯肉的附着程度”;

——调整了 10 个性状的表达状态、性状名称或代码:“叶片:下表面主叶脉颜色”、“叶片:中间裂片形状”、“*茎:Z 字形”、“茎:分枝”、“*主茎:外表皮颜色”、“*主茎:内表皮颜色”、“*块根:表皮颜色”、“*块根:内皮颜色”、“*块根:肉色”、“叶柄痕:突起程度”。

本标准由农业部种子管理局提出。

本标准由全国植物新品种测试标准化技术委员会(SAC/TC 277)归口。

本标准起草单位:中国热带农业科学院热带作物品种资源研究所[农业部植物新品种测试(儋州)分中心]、农业部科技发展中心、农业部植物新品种测试(昆明)分中心。

本标准主要起草人:张如莲、徐丽、谢振宇、李开绵、高玲、刘迪发、叶剑秋、龙开意、杨扬、薛茂富、王明、吴传毅、应东山、郑永清、李莉萍、王琴飞、刘艳芳。

植物品种特异性、一致性和稳定性测试指南
木　　薯

1 范围

本标准规定了木薯(*Manihot esculenta* Crantz)品种特异性、一致性和稳定性测试的技术要求和结果判定的一般原则。

本标准适用于木薯品种特异性、一致性和稳定性测试和结果判定。

2 规范性引用文件

下列文件对于本文件的应用是必不可少的。凡是注日期的引用文件,仅注日期的版本适用于本文件。凡是不注日期的引用文件,其最新版本(包括所有的修改单)适用于本文件。

GB/T 19557.1　植物新品种特异性、一致性和稳定性测试指南　总则

NY/T 356　木薯　种茎

NY/T 1943　木薯种质资源描述规范

3 术语和定义

GB/T 19557.1 界定的以及下列术语和定义适用于本文件。

3.1

群体测量　single measurement of a group of plants or parts of plants

对一批植株或植株的某器官或部位进行测量,获得一个群体记录。

3.2

个体测量　measurement of a number of individual plants or parts of plants

对一批植株或植株的某器官或部位进行逐个测量,获得一组个体记录。

3.3

群体目测　visual assessment by a single observation of a group of plants or parts of plants

对一批植株或植株的某器官或部位进行目测,获得一个群体记录。

4 符号

下列符号适用于本文件:

MG:群体测量。

MS:个体测量。

VG:群体目测。

QL:质量性状。

QN:数量性状。

PQ:假质量性状。

*:标注性状为 UPOV 用于统一品种描述所需要的重要性状,除非受环境条件限制性状的表达状态无法测试,所有 UPOV 成员都应使用这些性状。

(a)～(c):标注内容在 B.2 中进行了详细解释。

(+):标注内容在 B.3 中进行了详细解释。

__:本文件中下划线是特别提示测试性状的适用范围。

5 繁殖材料的要求

5.1 繁殖材料以木薯种茎的形式提供。

5.2 提交的种茎数量不少于45条,且为成熟主茎的中、下部分,直径≥2 cm,长度15 cm～20 cm。

5.3 提交的种茎应外观完整健壮,充分成熟,髓部充实,无病虫侵害;其质量应符合NY/T 356规定的一级种茎要求。

5.4 提交的种茎不进行任何影响品种性状表达的处理。如果已处理,应提供处理的详细说明。

5.5 提交的繁殖材料应符合中国植物检疫的有关规定。

6 测试方法

6.1 测试周期

测试周期至少为两个独立的生长周期。

6.2 测试地点

测试通常在一个地点进行。如果某些性状在该地点不能充分表达,可在其他符合条件的地点对其进行观测。

6.3 田间试验

6.3.1 试验设计

待测品种和近似品种相邻种植。

以平放方式种植,每个小区不少于15株,株行距80 cm×100 cm,共设2个重复。

6.3.2 田间管理

按当地大田生产管理方式进行。

6.4 性状观测

6.4.1 观测时期

性状观测应按照表A.1和表A.2列出的生育阶段进行。生育阶段描述见表B.1。

6.4.2 观测方法

性状观测应按照表A.1和表A.2规定的观测方法(VG、MG、MS)进行。部分性状观测方法见B.2和B.3。

6.4.3 观测数量

除非另有说明,个体观测性状(MS)植株取样数量不少于10个,在观测植株的器官或部位时,每个植株取样数量应为1个。群体观测性状(VG、MG)应观测整个小区或规定大小的混合样本。

6.5 附加测试

必要时,可选用表A.2中的性状或本标准未列出的性状进行附加测试。

7 特异性、一致性和稳定性结果的判定

7.1 总体原则

特异性、一致性和稳定性的判定按照GB/T 19557.1确定的原则进行。

7.2 特异性的判定

待测品种应明显区别于所有已知品种。在测试中,当待测品种至少在一个性状上与最为近似的品种具有明显且可重现的差异时,即可判定待测品种具备特异性。

7.3 一致性的判定

对于测试品种，一致性判定时，采用1%的群体标准和至少95%的接受概率。当样本大小为15株～35株时，最多可以允许有1个异型株；当样本大小为36株～45株时，最多可以允许有2个异型株。

7.4 稳定性的判定

如果一个品种具备一致性，则可认为该品种具备稳定性。一般不对稳定性进行测试。

必要时，可以种植该品种的下一批种茎，与以前提供的种茎相比，若性状表达无明显变化，则可判定该品种具备稳定性。

8 性状表

8.1 概述

根据测试需要，将性状分为基本性状、选测性状，基本性状是测试中必须使用的性状。木薯基本性状见表A.1，木薯选测性状见表A.2。性状表列出了性状名称、表达类型、表达状态及相应的代码和标准品种、观测时期和方法等内容。

8.2 表达类型

根据性状表达方式，将性状分为质量性状、假质量性状和数量性状3种类型。

8.3 表达状态和相应代码

每个性状划分为一系列表达状态，以便于定义性状和规范描述；每个表达状态赋予一个相应的数字代码，以便于数据记录、处理和品种描述的建立与交流。

8.4 标准品种

性状表中列出了部分性状有关表达状态可参考的标准品种，以助于确定相关性状的不同表达状态和校正环境因素引起的差异。

9 分组性状

本文件中，品种分组性状如下：

a) * 顶叶：茸毛(表A.1中性状2)。

b) 叶片：中间裂片形状(表A.1中性状6)。

c) * 茎：Z字形(表A.1中性状19)。

d) * 主茎：外表皮颜色(表A.1中性状25)。

e) * 主茎：内表皮颜色(表A.1中性状26)。

f) * 块根：肉色(表A.1中性状35)。

10 技术问卷

申请人应按照附录C给出的格式填写木薯技术问卷。

附 录 A
(规范性附录)
木 薯 性 状 表

A.1 木薯基本性状

见表A.1。

表A.1 木薯基本性状

序号	性　　状	观测时期和方法	表达状态	标准品种	代码
1	*顶叶:颜色 PQ (+)	20 VG	浅绿色	桂热4号	1
			深绿色	宝岛9-1	2
			紫绿色	ZM96114	3
			紫色	海南红心	4
2	*顶叶:茸毛 QL (+)	20 VG	无	华南6068	1
			有	华南1585-13	9
3	叶片:颜色 PQ (+)	20 VG	浅绿色	华南10号	1
			中等绿色	D25	2
			深绿色	华南124	3
			紫绿色	华南7号	4
			紫红色	宝岛9-2	5
			浅褐色	E985	6
			中等褐色	海南红心	7
			浅紫色	E320	8
			中等紫色		9
4	*叶片:彩斑 QL (a) (+)	20 VG	无		1
			有	花叶木薯	9
5	叶片:下表面主叶脉颜色 PQ (a) (+)	20 VG	乳白色	华南5号	1
			浅绿色	华南8号	2
			中等绿色	宝岛9-1	3
			浅红色	华南7号	4
			紫红色	文昌红心	5
6	叶片:中间裂片形状 PQ (a) (+)	20 VG	倒卵形		1
			椭圆形		2
			披针形		3
			提琴形		4
			戟形		5
			线形		6
7	叶片:裂片数 QL (a) (+)	20 VG	≤5裂	华南11号	1
			7裂	华南5号	2
			9裂	华南205	3
			>9裂		4

表 A.1（续）

序号	性　状	观测时期和方法	表达状态	标准品种	代码
8	叶片:中间裂片长度 QN (a)	20 VG/MS	极短		1
			极短到短		2
			短	华南 11 号	3
			短到中		4
			中	华南 7 号	5
			中到长		6
			长	华南 10 号	7
9	叶片:中间裂片宽度 QN (a)	20 VG/MS	极窄		1
			极窄到窄		2
			窄	ZM7901	3
			窄到中		4
			中	华南 5 号	5
			中到宽		6
			宽	华南 6068	7
10	* 叶柄:颜色 PQ (a) (+)	20 VG	黄绿色	ZM8229	1
			绿色	Royang72	2
			红绿色	C413	3
			红色	华南 8002	4
			紫色	海南红心	5
11	叶柄:长度 QN (a) (+)	20 MS	极短		1
			极短到短		2
			短		3
			短到中		4
			中	华南 6 号	5
			中到长		6
			长	BRA12	7
12	* 叶柄:相对于主茎姿态 PQ (a) (+)	20 VG	半直立		1
			平展		2
			下垂		3
13	* 托叶:长度 QN (+)	20 VG	极短		1
			极短到短		2
			短	华南 9 号	3
			短到中		4
			中	华南 201	5
			中到长		6
			长	南植 188	7
14	* 托叶:叶缘 QL (+)	20 VG	完整		1
			分裂	华南 10 号	2
15	子房:颜色 PQ (+)	35 VG	乳黄色	华南 10 号	1
			绿色	华南 8 号	2
			绿紫色	华南 7 号	3
			紫红色	华南 6 号	4
			紫黑色		5
16	花粉:有无 QL	35 VG	无	南植 188	1
			有	华南 5 号	9

表 A.1（续）

序号	性　状	观测时期和方法	表达状态	标准品种	代码
17	幼茎:主色 QN (+)	35 VG	黄绿色		1
			浅绿色	华南 5 号	2
			中等绿色	宝岛 9 - 1	3
18	幼茎:花青甙显色强度 PQ (+)	35 VG	弱	Yayong9	1
			中	文昌红心	2
			强	海南红心	3
19	* 茎:Z 字形 QL (+)	40 VG	无	华南 8 号	1
			有		9
20	主茎:高度 QN (+)	40 MS	极矮		1
			极矮到矮		2
			矮	华南 9 号	3
			矮到中		4
			中	华南 8 号	5
			中到高		6
			高	华南 124	7
21	主茎:粗度 QN (+)	40 MS	细	兴隆 1 号	1
			中	华南 8 号	2
			粗	华南 7 号	3
22	主茎:叶柄痕间距 QN (+)	40 MS	极短		1
			极短到短		2
			短		3
			短到中		4
			中		5
			中到长		6
			长		7
23	茎:分枝 QL	40 VG	无		1
			有		9
24	仅适用于有分枝品种:茎:分枝角度 QN	40 VG	小	华南 8 号	1
			中	GR891	2
			大	华南 5 号	3
25	* 主茎:外表皮颜色 PQ (b) (+)	40 VG	灰白色	华南 5 号	1
			灰绿色	华南 124	2
			灰黄色	华南 9 号	3
			黄褐色	华南 7 号	4
			中等褐色	华南 205	5
			红褐色	D578	6
			深褐色	Royang72	7
26	* 主茎:内表皮颜色 PQ (b) (+)	40 VG	浅绿色	华南 11 号	1
			中等绿色	华南 10 号	2
			深绿色	华南 8 号	3
			浅红色	华南 8013	4
			紫红色	D578 号	5
			褐色		6
27	块根:分布姿态 PQ (c) (+)	40 VG	垂直	ZM9244	1
			水平	华南 10 号	2
			无规则	SM2323 - 6	3

表 A.1（续）

序号	性　　状	观测时期和方法	表达状态	标准品种	代码
28	块根:数量 QN (c) (+)	40 VG/MS	少	华南 6068	1
			中	华南 8002	2
			多	华南 9 号	3
29	块根:大小 QN (c) (+)	40 VG	小	华南 6068	1
			中	华南 8002	2
			大	华南 124	3
30	块根:形状 PQ (c) (+)	40 VG	圆锥形	华南 6 号	1
			圆锥-圆柱形	华南 124	2
			圆柱形	面包木薯	3
31	块根:缢痕 QL (c) (+)	40 VG	无		1
			有	华南 9 号	9
32	* 块根:表皮质地 PQ (c) (+)	40 VG	光滑	华南 6 号	1
			粗糙	华南 6068	2
33	* 块根:表皮颜色 PQ (c) (+)	40 VG	白色	华南 10 号	1
			浅褐色	D980	2
			中等褐色	华南 201	3
			深褐色	华南 6068	4
34	* 块根:内皮颜色 PQ (c) (+)	40 VG	白色	华南 11 号	1
			浅黄色		2
			中等黄色	华南 10 号	3
			浅红色	华南 7 号	4
			中等红色	华南 8013	5
			紫红色	D578	6
35	* 块根:肉色 PQ (c) (+)	40 VG	白色	华南 6 号	1
			浅黄色	华南 9 号	2
			深黄色		3
			粉红色		4

A.2 木薯选测性状

见表 A.2。

表 A.2 木薯选测性状

序号	性　　状	观测时期和方法	表达状态	标准品种	代码
36	叶柄痕:突起程度 QN (+)	40 VG	弱	华南 9 号	1
			中	华南 6 号	2
			强	华南 7 号	3
37	块根:薯柄 QN (c) (+)	40 VG	无或短	华南 8002	1
			中		2
			长	面包木薯	3

表 A.2（续）

序号	性　　状	观测时期和方法	表达状态	标准品种	代码
38	块根:氢氰酸含量 QN (c) (+)	40 MG	低	华南 9 号	1
			中	华南 10 号	2
			高	华南 5 号	3
39	仅适用于结实品种:种子:颜色 QL	40 VG	灰色	BRA12	1
			褐色	华南 5 号	2
40	植株:分枝性 QN	40 VG	无分叉		1
			二分叉	华南 5 号	2
			≥三分叉	华南 9 号	3
41	植株:抗倒性 QN (+)	31～40 VG	极弱		1
			极弱到弱		2
			弱		3
			弱到中		4
			中	华南 5 号	5
			中到强		6
			强		7
42	植株:抗寒性 QN (+)	31～40 VG	弱		1
			中	华南 5 号	2
			强	华南 8 号	3

附　录　B
（规范性附录）
木薯性状表的解释

B.1　木薯生育阶段

见表 B.1。

表 B.1　木薯生育阶段表

编号	生育阶段	描　　述
20	分枝期	小区≥30%的植株出现一级分枝
30	开花期	
31	初花期	小区≥5%的植株花开放
35	盛花期	小区≥50%的植株花开放
38	末花期	小区≥90%的植株花已开放
40	成熟期	从种植到成熟采收的时间。早熟品种植后 180 d，中熟品种植后 240 d，晚熟品种植后 300 d

B.2　涉及多个性状的解释

（a）　定植后 180 d，植株中部 1/3 处生长稳定的叶片和叶柄。

（b）　观察主茎中下部，茎表皮结构示意图见图 B.1。

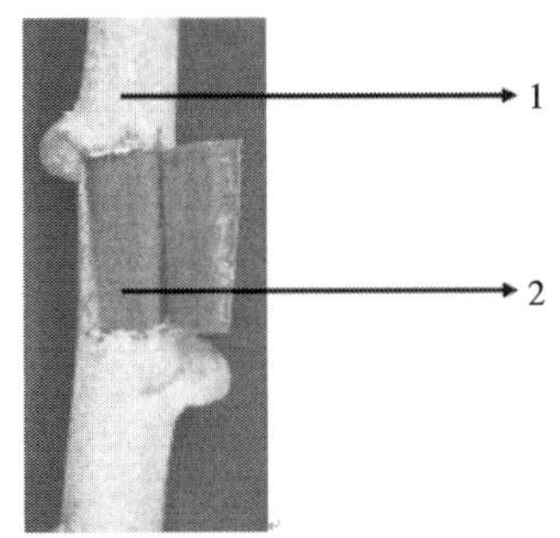

说明：

1——主茎外表皮；

2——主茎内表皮。

图 B.1　茎表皮结构示意图

（c）　观察成熟块根，结构示意图见图 B.2。

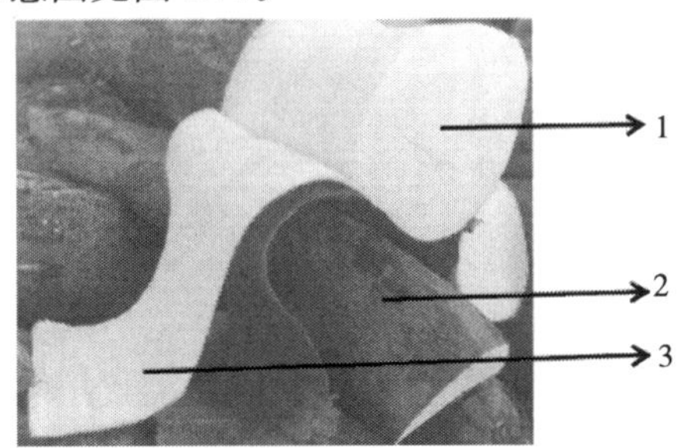

说明：

1——块根肉；

2——块根表皮；

3——块根内皮。

图 B.2　成熟块根结构示意图

B.3 涉及单个性状的解释

性状分级和图中代码见表 A.1 及表 A.2。

性状 1 * 顶叶:颜色,见图 B.3。观测顶端未完全展开叶。

浅绿色 1　　深绿色 2　　紫绿色 3　　紫色 4

图 B.3 * 顶叶:颜色

性状 2 * 顶叶:茸毛,见图 B.4。观测顶端未完全展开叶。

无 1　　有 9

图 B.4 * 顶叶:茸毛

性状 3 叶片:颜色,见图 B.5。观测植株第一完全展开叶的颜色。

浅绿色 1　　中等绿色 2　　深绿色 3

图 B.5　叶片:颜色

性状 4　＊叶片:彩斑,见图 B.6。

图 B.6　＊叶片:彩斑

性状 5　叶片:下表面主叶脉颜色,见图 B.7。

浅红色
4

紫红色
5

图 B.7 叶片:下表面主叶脉颜色

性状 6 叶片:中间裂片形状,见图 B.8。

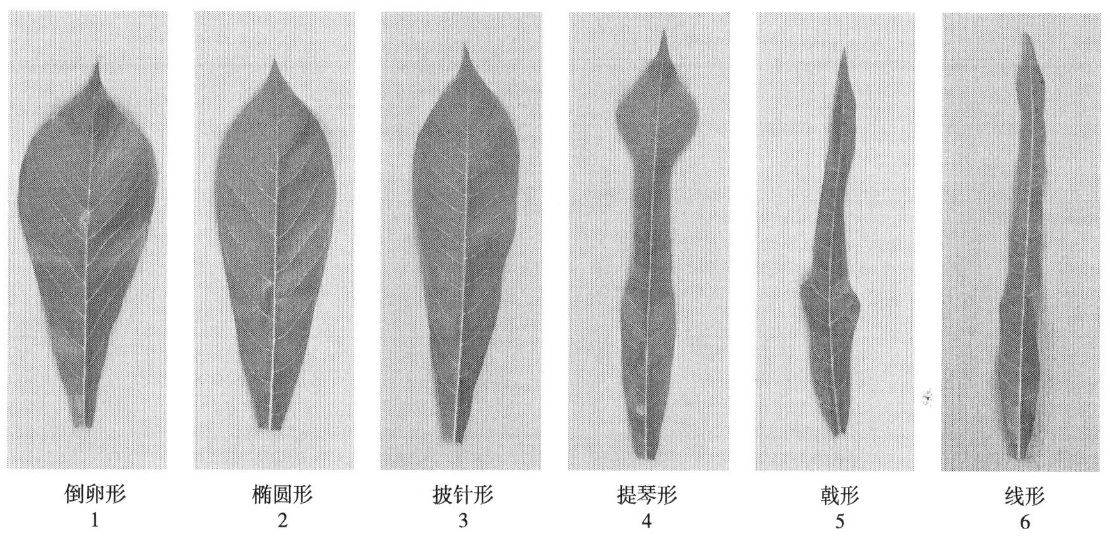

倒卵形
1

椭圆形
2

披针形
3

提琴形
4

戟形
5

线形
6

图 B.8 叶片:中间裂片形状

性状 7 叶片:裂片数,见图 B.9。

≤5 裂
1

7 裂
2

9 裂
3

>9 裂
4

图 B.9 叶片:裂片数

性状 10 * 叶柄:颜色,见图 B.10。

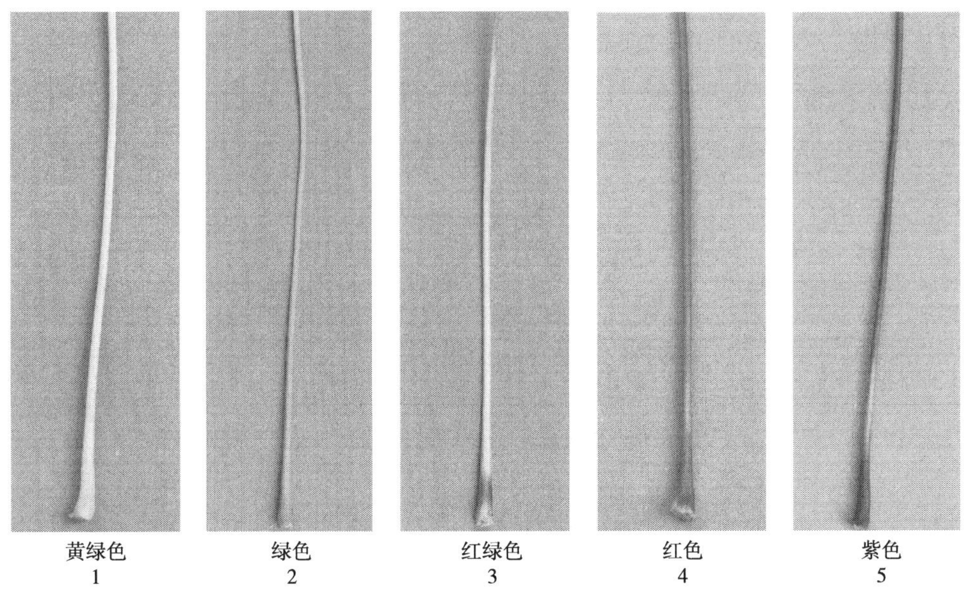

图 B.10 ＊叶柄:颜色

性状 11 叶柄:长度,见图 B.11。

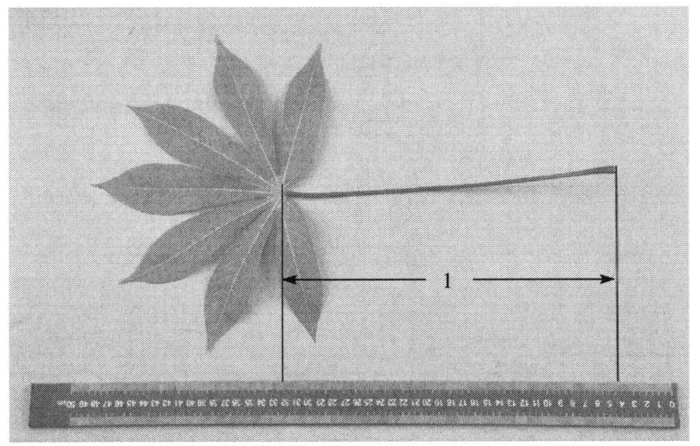

说明:

1——叶柄长。

图 B.11 叶柄:长度

性状 12 ＊叶柄:相对于主茎姿态,见图 B.12。观察植株中部 1/3 处叶柄相对于主茎姿态。

图 B.12 ＊叶柄:相对于主茎姿态

性状 13　＊托叶:长度,观察植株上部 1/3 的托叶。

性状 14　＊托叶:叶缘,见图 B.13。

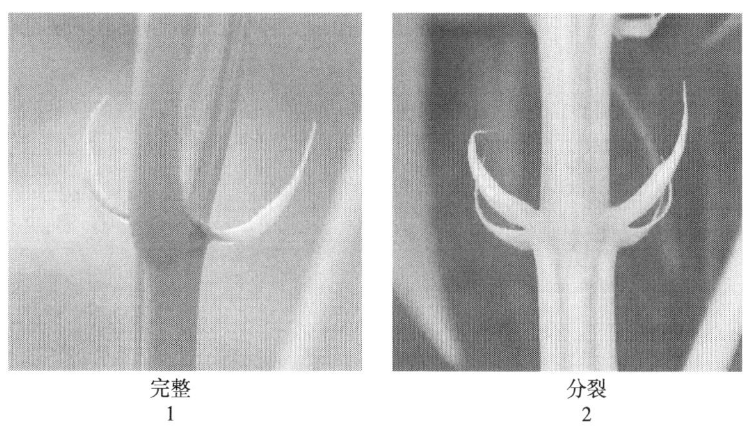

完整
1

分裂
2

图 B.13　＊托叶:叶缘

性状 15　子房:颜色,见图 B.14。

乳黄色
1

绿色
2

绿紫色
3

紫红色
4

紫黑色
5

图 B.14　子房:颜色

性状 17　幼茎:主色,见图 B.15。观测植株顶端茎的颜色。

黄绿色
1

浅绿色
2

中等绿色
3

图 B.15　幼茎:主色

性状 18　幼茎:花青甙显色强度,见图 B.16。观测植株顶端茎。

图 B.16 幼茎:花青甙显色强度

性状 19 ＊茎:Z 字形,见图 B.17。

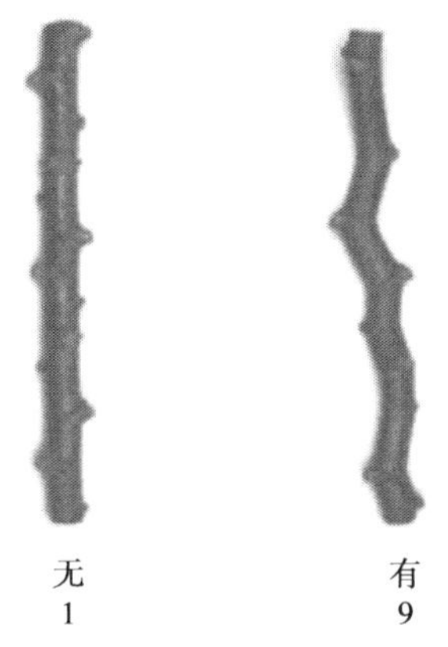

图 B.17 ＊茎:Z 字形

性状 20 主茎:高度,块根成熟期(10%的植株开始叶片大部分脱落),长势正常植株,自地面至主茎第一分叉处的高度,单位为厘米(cm)。

性状 21 主茎:粗度,块根成熟期,长势正常植株,近地面 10 cm 高处的直径,单位为厘米(cm)。

性状 22 主茎:叶柄痕间距,见图 B.18。测量植株中部 1/3 处,2 个排列方向完全一致的叶柄痕之间的距离。

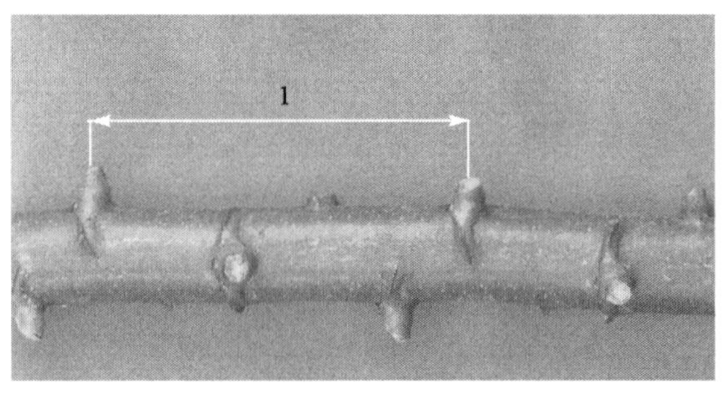

说明:

1——叶柄痕间距。

图 B.18 主茎:叶柄痕间距

性状 25 ＊主茎:外表皮颜色,见图 B.19。

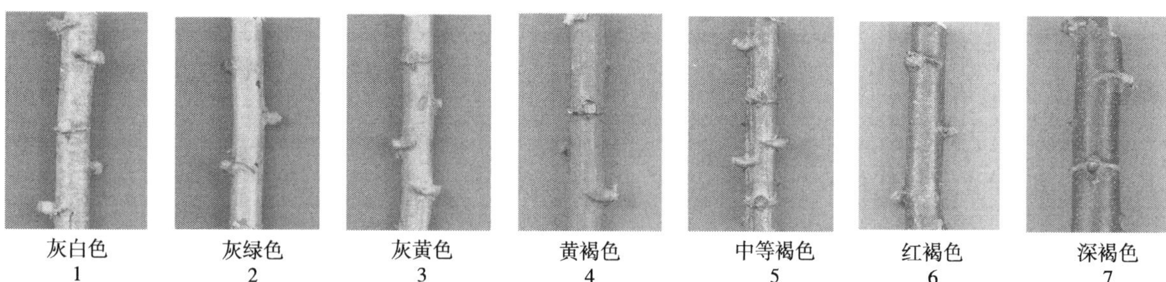

图 B.19　* 主茎:外表皮颜色

性状 26　* 主茎:内表皮颜色,见图 B.20。

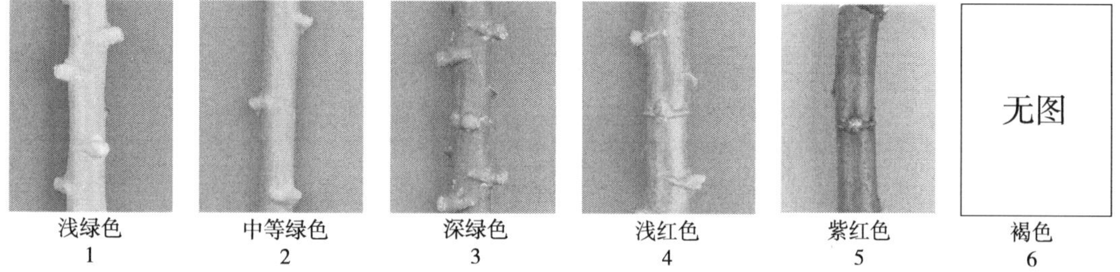

图 B.20　* 主茎:内表皮颜色

性状 27　块根:分布姿态,见图 B.21。

图 B.21　块根:分布姿态

性状 28　块根:数量,观测小区内单株块根的数量。

性状 29　块根:大小,观测小区内大小均匀的块根。

性状 30　块根:形状,观测小区内形状最规则的块根。

性状 31　块根:缢痕,见图 B.22。

图 B.22　块根:缢痕

性状 32　＊块根:表皮质地,见图 B.23。

图 B.23　＊块根:表皮质地

性状 33　＊块根:表皮颜色,见图 B.24。

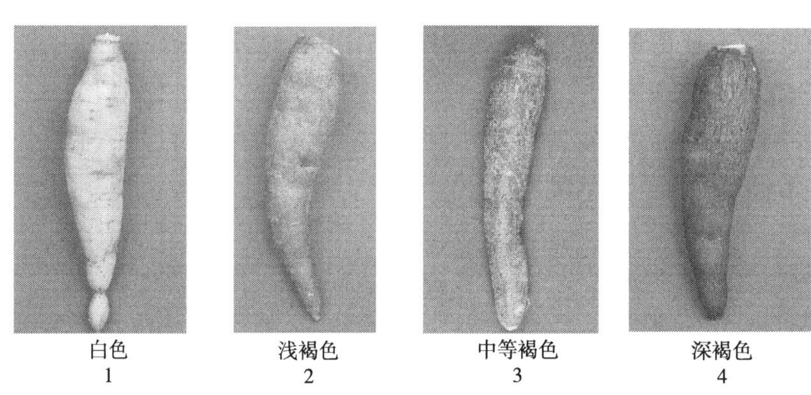

图 B.24　＊块根:表皮颜色

性状 34　＊块根:内皮颜色,见图 B.25。

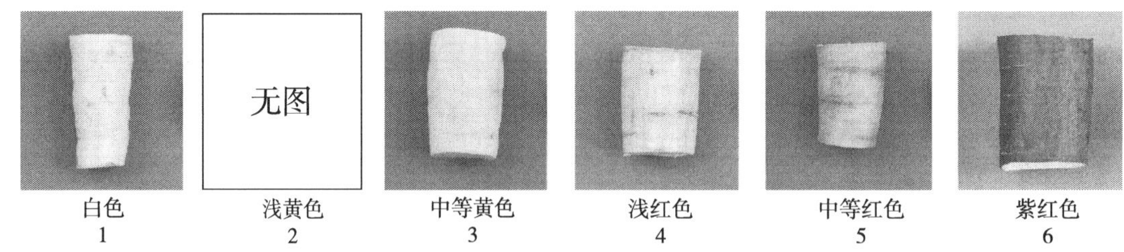

图 B.25　＊块根:内皮颜色

性状 35　＊块根:肉色,见图 B.26。

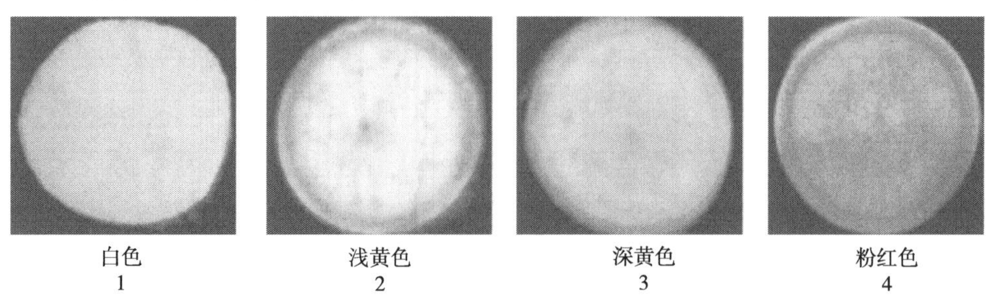

图 B.26　＊块根:肉色

性状 36　叶柄痕:突起程度,见图 B. 27。

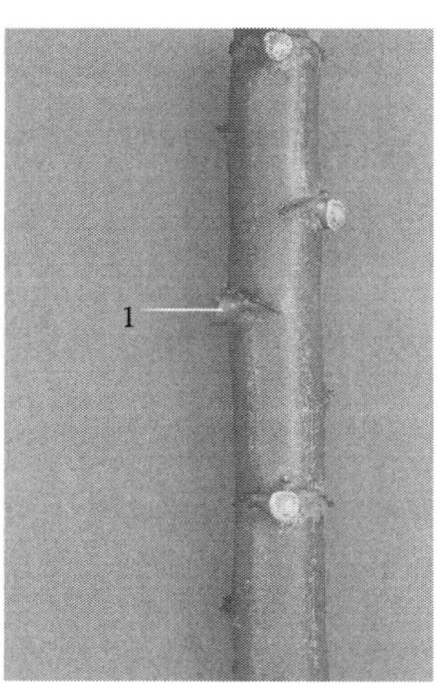

说明:
1——叶柄痕。

图 B. 27　叶柄痕:突起程度

性状 37　块根:薯柄,见图 B. 28。

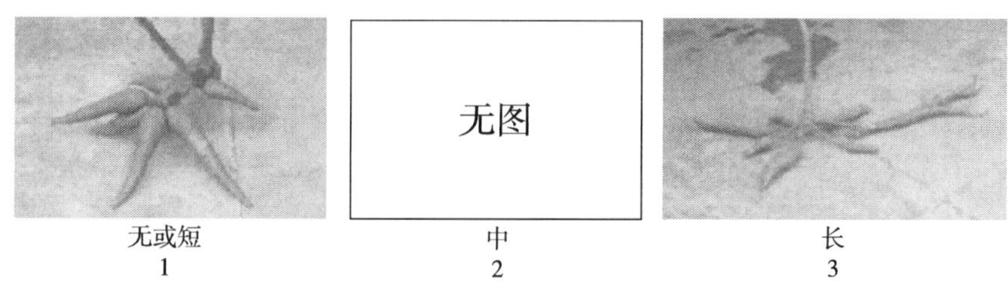

图 B. 28　块根:薯柄

性状 38　块根:氢氰酸含量,采用硝酸汞或硝酸银滴定法测定氢氰酸含量:

a)　准确称取木薯肉质样品 50 g(或木薯皮 10 g～15 g),磨碎后,用 100 mL～150 mL 蒸馏水洗入 500 mL 的圆底烧杯中,塞上瓶塞,在室温 30℃～35℃下放置 6 h,经木薯配醣酵素的作用,将木薯含氰配醣体水解为右旋糖、丙酮及氢氰酸。

b)　将水解所得的含氢氰酸溶液,通入蒸汽蒸馏,经过冷却后所得的蒸馏液,通入 25 mL 标准 0.007 5 mol/L 的硝酸汞液(木薯皮应用 50 mL),使其充分吸收溶液中的氢氰酸(硝酸汞液应预加 4 mol/L 使其呈酸性),约收集蒸馏液 200 mL 后即可停止蒸馏。

c)　在通入硝酸汞液的蒸馏液中,加入 40%铁铵矾 $NH_4Fe(SO_4)_2 \cdot 12H_2O$ 指示剂 2 mL,再用标准 0.015 00 mol/L 的硫氰化钾(KCNS)溶液滴定剩余在蒸馏液中的硝酸汞量,至溶液呈淡黄色为止。

计算:

将上述化验结果按式(B. 1)计算木薯样品的氢氰酸含量。

$$A=\frac{(V_1-V_2)\times C\times 27\times 100}{m}\times 100 \qquad \text{(B. 1)}$$

式中:

A ——氢氰酸的含量,单位为百分率(%);

V_1——用 KCNS 滴定 25 mL(或 50 mL) $Hg(NO_3)_2$ 时消耗的标准 KCNS 毫升数,单位为毫升(mL);

V_2——滴定剩余 $Hg(NO_3)_2$ 时消耗的标准 KCNS 毫升数,单位为毫升(mL);

C ——标准 KCNS 溶液的摩尔浓度，单位为摩尔每升(mol/L)；

27——HCN 的摩尔质量；

m ——木薯样品质量，单位为克(g)。

注：如无硝酸汞可用硝酸银 $AgNO_3$ 代替，但硫氰化钾滴定终点不易看出。铁铵矾指示剂不宜少用，否则不宜看出滴定终点。

性状 41　植株：抗倒性，按照 NY/T 1943 的规定，在 9 级～10 级强热带风暴危害后，3 d 内对试验区的所有植株进行调查，以植株倾斜角度 30°以上作为倒伏的标准，调查植株倒伏率。记录为百分率(%)，精确到 0.1%。按下列标准确定植株的抗倒性。

1　很弱，植株倒伏率>90%；

3　弱，植株倒伏率 60%～90%；

5　中等，植株倒伏率 30%～60%；

7　强，植株倒伏率 10%～30%；

9　很强，植株倒伏率<10%。

性状 42　植株：抗寒性，在日最低温度达到 10.0℃以下，产生低温寒害的年份，于寒害表现稳定后对试验区成年植株进行受害情况调查。根据下列标准进行植株寒害级别记录。

0　不受害；

1　少数嫩叶受害，嫩茎无受害；

2　1/2 以下嫩叶受害，部分嫩茎受害；

3　1/2～3/4 嫩叶和嫩茎枯萎，老叶脱落；

4　3/4 以上嫩叶和嫩茎枯萎，老叶大量脱落，部分老茎受害；

5　整株死亡。

根据调查的冷害级别，计算冷害指数，按式(B.2)计算。

$$B = \sum (n \times I)/(K \times N) \times 100 \quad \cdots\cdots\cdots (B.2)$$

式中：

B ——冷害指数；

n ——各冷害级株数，单位为株；

I ——各冷害级数值；

K ——最高级数；

N ——调查总株数，单位为株。

苗期耐冷性根据冷害指数分为 3 级。

1　弱(冷害指数>70)；

2　中(冷害指数 50～70)；

3　强(冷害指数<50)。

附 录 C
（规范性附录）
木薯技术问卷格式

木薯技术问卷

申请号： 申请日： （由审批机关填写）

（申请人或代理机构签章）

C.1 品种暂定名称

C.2 申请测试人信息

姓　　名：
地　　址：
电话号码：　　　　传真号码：　　　　手机号码：
邮箱地址：
育种者姓名：

C.3 植物学分类

拉丁名：____________________
中文名：____________________

C.4 品种类型

在相符的类型[　]中打√。

C.4.1 品种来源

C.4.1.1 **培育**　[　]（请列出亲本）
C.4.1.2 **突变**　[　]（请列出母本）
C.4.1.3 **发现**　[　]（请指出何时何地发现）
C.4.1.4 **其他**　[　]

C.4.2 繁殖方式

C.4.2.1 **无性繁殖**　[　]
C.4.2.2 **杂交种**　[　]
C.4.2.3 **其他**　[　]（请指出具体方式）

C.5 待测品种的具有代表性彩色照片

（品种照片粘贴处）
（如果照片较多，可另附页提供）

C.6 品种的选育背景、育种过程和育种方法，包括系谱、培育过程和所使用的亲本或其他繁殖材料来源与名称的详细说明

C.7 适于生长的区域或环境以及栽培技术的说明

C.8 其他有助于辨别待测品种的信息

（如品种用途、品质和抗性，请提供详细资料）

C.9 品种种植或测试是否需要特殊条件

在相符的[ ]中打√。
是[ ] 否[ ]
（如果回答是，请提供详细资料）

C.10 品种繁殖材料保存是否需要特殊条件

在相符的[ ]中打√。
是[ ] 否[ ]
（如果回答是，请提供详细资料）

C.11 待测品种需要指出的性状

在表 C.1 中相符的代码后[ ]中打√，若有测量值，请填写在表 C.1 中。

表 C.1 待测品种需要指出的性状

序号	性 状	表达状态	代码	测量值
1	* 顶叶:茸毛(性状 2)	无	1[ ]	
		有	9[ ]	
2	* 叶片:彩斑(性状 4)	无	1[ ]	
		有	9[ ]	
3	叶片:中间裂片形状(性状 6)	倒卵形	1[ ]	
		椭圆形	2[ ]	
		披针形	3[ ]	
		提琴形	4[ ]	
		戟形	5[ ]	
		线形	6[ ]	
4	* 叶柄:颜色(性状 10)	黄绿色	1[ ]	
		绿色	2[ ]	
		红绿色	3[ ]	
		红色	4[ ]	
		紫色	5[ ]	
5	* 茎:Z 字形(性状 19)	无	1[ ]	
		有	9[ ]	
6	* 主茎:外表皮颜色(性状 25)	灰白色	1[ ]	
		灰绿色	2[ ]	
		灰黄色	3[ ]	
		黄褐色	4[ ]	
		中等褐色	5[ ]	
		红褐色	6[ ]	
		深褐色	7[ ]	
7	* 主茎:内表皮颜色(性状 26)	浅绿色	1[ ]	
		中等绿色	2[ ]	
		深绿色	3[ ]	
		浅红色	4[ ]	
		紫红色	5[ ]	
		褐色	6[ ]	
8	* 块根:内皮颜色(性状 34)	白色	1[ ]	
		浅黄色	2[ ]	
		中等黄色	3[ ]	
		浅红色	4[ ]	
		中等红色	5[ ]	
		紫红色	6[ ]	
9	* 块根:肉色(性状 35)	白色	1[ ]	
		浅黄色	2[ ]	
		深黄色	3[ ]	
		粉红色	4[ ]	

C.12 待测品种与近似品种的明显差异性状表

在自己知识范围内，请申请测试人在表 C.2 中列出待测品种与其最为近似品种的明显差异。

表 C.2 待测品种与近似品种的明显差异性状表

近似品种名称	性状名称	近似品种表达状态	待测品种表达状态
注:提供可以帮助审查机构对该品种以更有效的方式进行特异性测试的信息。			

ICS 65.020.20
B 05

中华人民共和国农业行业标准

NY/T 3056—2016

植物品种特异性、一致性和稳定性测试指南　樱桃

Guidelines for the conduct of tests for distinctness, uniformity and stability—Cherry

(*Prunus avium* L.)

(UPOV:TG/35/7, Guidelines for the conduct of tests for distinctness, uniformity and stability—Sweet cherry)

2016-12-23 发布　　2017-04-01 实施

中华人民共和国农业部　发布

目　　次

前　言

本标准按照 GB/T 1.1—2009 给出的规则起草。

本标准使用重新起草法修改采用了国际植物新品保护联盟(UPOV)指南"TG/35/7,Guidelines for the conduct of tests for distinctness, uniformity and stability—Sweet cherry"。

本标准对应于 UPOV 指南 TG/35/7,与 TG/35/7 的一致性程度为非等效。

本标准与 UPOV 指南 TG/35/7 相比存在技术性差异,主要差异如下:

——增加了"一年生枝:芽在枝条上的着生状态"、"多年生枝:颜色"、"萌芽期"、"叶柄:蜜腺大小"、"叶片:平展度"、"花:花蕾颜色"、"S 基因型"共 7 个性状。

本标准由农业部种子管理局提出。

本标准由全国植物新品种测试标准化技术委员会(SAC/TC 277)归口。

本标准起草单位:北京市农林科学院林业果树研究所。

本标准主要起草人:张开春、张晓明、闫国华、王晶、李文生、周宇、王宝刚、赵慧、倪杨、段续伟、石磊。

植物品种特异性、一致性和稳定性测试指南 樱　　桃

1　范围

本标准规定了樱桃(*Prunus avium* L.)及其种间杂交获得的品种特异性、一致性和稳定性测试的技术要求,测试结果判定原则。

本标准适用于樱桃及其种间杂交获得的品种特异性、一致性和稳定性的测试和结果判定。

2　规范性引用文件

下列文件对于本文件的应用是必不可少的。凡是注日期的引用文件,仅注日期的版本适用于本文件。凡是不注日期的引用文件,其最新版本(包括所有的修改单)适用于本文件。

GB/T 12356　食品中总酸的测定

GB/T 19557.1　植物新品种特异性、一致性和稳定性测试指南　总则

NY/T 2637　水果和蔬菜可溶性固形物含量的测定　折射仪法

3　术语和定义

GB/T 19557.1 界定的以及下列术语和定义适用于本文件。

3.1

群体测量　single measurement of a group of plants or parts of plants

对一批植株或植株的某器官或部位进行测量,获得一个群体记录。

3.2

个体测量　measurement of a number of individual plants or parts of plants

对一批植株或植株的某器官或部位进行逐个测量,获得一组个体记录。

3.3

群体目测　visual assessment by a single observation of a group of plants or parts of plants

对一批植株或植株的某器官或部位进行目测,获得一个群体记录。

4　符号

下列符号适用于本文件:

MG:群体测量。

MS:个体测量。

VG:群体目测。

QL:质量性状。

QN:数量性状。

PQ:假质量性状。

＊:标注性状为 UPOV 用于统一品种描述所需要的重要性状,除非受环境条件限制性状的表达状态无法测试,所有 UPOV 成员都应使用这些性状。

(a)～(d):标注内容在 B.2 中进行了详细解释。

(+):标注内容在 B.3 中进行了详细解释。

5 繁殖材料的要求

5.1 繁殖材料以接穗或苗木形式提供。

5.2 提交的接穗数量至少为 50 根,每根接穗至少应有 8 个以上的饱满芽;提交的苗木数量不少于 20 株,应使用无性繁殖砧木,不使用矮化砧木。

5.3 提交的繁殖材料必须健壮、芽体饱满、未感染主要病虫害。繁殖材料不能来源于试管苗。

5.4 提交的繁殖材料一般不进行任何影响品种性状正常表达的处理。如果已处理,应提供处理的详细说明。

5.5 提交的繁殖材料应符合中国植物检疫的有关规定。

6 测试方法

6.1 测试周期

测试周期至少为两个独立的正常结果周期。

6.2 测试地点

测试通常在一个地点进行。如果某些性状在该地点不能充分表达,可在其他符合该品种条件的地点对其进行观测。

6.3 田间试验

6.3.1 试验设计

待测品种和近似品种相邻栽植,应用的砧木必须一致。通过杂交育成的品种,每个试验应栽植或嫁接至少 5 株树;通过突变育成的品种,每个试验应栽植或嫁接至少 10 株树。

6.3.2 田间管理

采用主干型整形,除非必要,一般不进行开角、拉枝、扭梢等过度干预树体生长特性的措施。

6.4 性状观测

6.4.1 观测时期

性状观测应按照表 A.1 和表 A.2 列出的生育阶段进行。生育阶段描述见表 B.1。

6.4.2 观测方法

性状观测应按照表 A.1 和表 A.2 规定的观测方法(VG、MG、MS)进行。部分性状观测方法见 B.2 和 B.3。

6.4.3 观测数量

除非另有说明,所有观测对于杂交品种,均应在 5 株树上进行,对于突变品种,均应在 10 株树上进行。个体观测性状(MS),在观测植株的器官或部位时,对于杂交品种,每个植株取样数量应为 6 个,对于突变品种,每个植株取样数量应为 5 个。群体观测性状(VG、MG)应观测所有测量植株。

6.5 附加测试

必要时,可选用表 A.2 中的性状或本标准未列出的性状进行附加测试。

7 特异性、一致性和稳定性结果的判定

7.1 总体原则

特异性、一致性和稳定性的判定按照 GB/T 19557.1 确定的原则进行。

7.2 特异性的判定

待测品种应明显区别于所有已知品种。在测试中,当待测品种至少在一个性状上与最为近似品种具有明显且可重现的差异时,即可判定待测品种具备特异性。

7.3 一致性的判定

对于通过杂交育成的品种，一致性判断时，应采用1%的群体标准和至少95%的接受概率，当样本大小为5株时，不允许有异型株的存在。

对于通过突变育成的品种，一致性判断时，应采用2%的群体标准和至少95%的接受概率，当样本大小为10株时，最多可以允许有1株异型株。

7.4 稳定性的判定

如果一个品种具备一致性，则可认为该品种具备稳定性。一般不对稳定性进行测试。

必要时，可以种植该品种的下一批无性繁殖材料，与以前提供的繁殖材料相比，若性状表达无明显变化，则可判定该品种具备稳定性。

8 性状表

8.1 概述

根据测试需要，性状分为基本性状和选测性状。基本性状是测试中必须使用的性状，基本性状见表A.1，选测性状见表A.2。

性状表列出了性状名称、表达类型、表达状态及相应的代码和标准品种、观测时期和方法等内容。

8.2 表达类型

根据性状表达方式，将性状分为质量性状、假质量性状和数量性状3种类型。

8.3 表达状态和相应代码

每个性状划分为一系列表达状态，以便于定义性状和规范描述；每个表达状态赋予一个相应的数字代码，以便于数据记录、处理和品种描述的建立与交流。

8.4 标准品种

性状表中列出了部分性状有关表达状态可参考的标准品种，以助于确定相关性状的不同表达状态和校正环境因素引起的差异。

9 分组性状

本文件中，品种分组性状如下：

a) *果实：质量（表A.1中性状12）。

b) *果实：果皮颜色（表A.1中性状18）。

c) *果实：开始成熟期（表A.1中性状24）。

d) *初花期（表A.1中性状25）。

10 技术问卷

申请人应按照附录C给出的格式填写樱桃技术问卷。

附　录　A
（规范性附录）
樱桃性状表

A.1　樱桃基本性状

见表 A.1。

表 A.1　樱桃基本性状

序号	性　　状	观测时期和方法	表达状态	标准品种	代码
1	树体:树势 QN (a) (+)	00 VG	极弱	塞尔维亚(Sylvia) 短枝型斯坦拉(Compact Stella)	1
			极弱到弱		2
			弱	红蜜	3
			弱到中		4
			中	佳红、考迪亚(Kordia)	5
			中到强		6
			强	海德芬根(Hedelfinger)、先锋(Van)	7
			强到极强		8
			极强	红灯、美早(Tieton)、MF12/1	9
2	*树体:树姿 PQ (a) (+)	00 VG	直立	红灯、拉宾斯(Lapins)、考特(Colt)	1
			半直立	伯兰特(Burlat)	2
			开张	佳红	3
			下垂		4
3	*树体:分枝力 QN (a) (+)	00 VG	极弱		1
			极弱到弱		2
			弱	红灯、雷尼(Rainier)	3
			弱到中		4
			中	海德芬根(Hedelfinger)、先锋(Van)	5
			中到强		6
			强	红蜜、彩虹	7
			强到极强		8
			极强		9
4	*一年生枝:节间长度 QL (a) (+)	00 VG	正常	伯兰特(Burlat)	1
			短	短枝型兰伯特(Compact Lambert) 短枝型斯坦拉(Compact Stella)	2
5	新梢:梢尖花青甙显色程度 QN (+)	33 VG	无或极浅		1
			极浅到浅		2
			浅	先锋(Van)	3
			浅到中		4
			中	那翁(Napoleon)	5
			中到深		6
			深		7
			深到极深		8
			极深		9

表 A.1（续）

序号	性　　状	观测时期和方法	表达状态	标准品种	代码
6	新梢：梢尖绒毛 QN （+）	33 VG	极少		1
			极少到少		2
			少	海德芬根(Hedelfinger)、先锋(Van)	3
			少到中		4
			中		5
			中到多		6
			多	伯兰特(Burlat)	7
			多到极多		8
			极多		9
7	叶片：长度 QN (b)	34 MS	极短		1
			极短到短		2
			短	红蜜	3
			短到中		4
			中	那翁(Napoleon)	5
			中到长		6
			长	红灯、伯兰特(Burlat)	7
			长到极长		8
			极长		9
8	叶片：宽度 QN (b)	34 MS	极窄		1
			极窄到窄		2
			窄	红蜜、塞尔维亚(Sylvia)	3
			窄到中		4
			中	雷尼(Rainier)、斯坦拉(Stella)	5
			中到宽		6
			宽	萨米脱(Summit)	7
			宽到极宽		8
			极宽		9
9	*叶片：长度/宽度 QN (b)	34 MS	极小		1
			极小到小		2
			小	那翁(Napoleon)	3
			小到中		4
			中	雷尼(Rainier)	5
			中到大		6
			大	海德芬根(Hedelfinger) 塞尔维亚(Sylvia)	7
			大到极大		8
			极大		9
10	*叶：蜜腺有无 QL	34 VG	无	塞尔维亚(Sylvia)	1
			有	红灯	9
11	*叶：叶柄长度 QN (b)	34 VG	极短		1
			极短到短		2
			短	先锋(Van)、塞尔维亚(Sylvia)	3
			短到中		4
			中	萨姆(Sam)、斯坦拉(Stella)	5
			中到长		6
			长	红蜜	7
			长到极长		8
			极长		9

表 A.1（续）

序号	性　　状	观测时期和方法	表达状态	标准品种	代码
12	*果实:质量 QN (d) (+)	42 MS	极轻		1
			极轻到轻		2
			轻	红蜜	3
			轻到中		4
			中	红艳、海德芬根(Hedelfinger)	5
			中到重		6
			重	雷尼(Rainier)、萨米脱(Summit)	7
			重到极重		8
			极重	艳阳(Sunburst)	9
13	*果实:形状 PQ (+)	42 VG	肾形	红灯	1
			横椭圆形	伯兰特(Burlat)	2
			近圆形	艳阳(Sunburst)	3
			椭圆形	海德芬根(Hedelfinger)	4
			心形	萨米脱(Summit)	5
14	果实:果顶 QN (d) (+)	42 VG	尖	萨米脱(Summit)	1
			平	先锋(Van)、海德芬根(Hedelfinger)	2
			凹	雷尼(Rainier)、艳阳(Sunburst)	3
15	*果实:果柄长度 QN (d)	42 VG	极短	先锋(Van)	1
			极短到短		2
			短	伯兰特(Burlat)	3
			短到中		4
			中	红蜜、海德芬根(Hedelfinger)	5
			中到长		6
			长	佳红、考迪亚(Kordia)	7
			长到极长		8
			极长	芝罘红	9
16	果实:果柄粗度 QN (d)	42 VG	极细		1
			极细到细		2
			细	海德芬根(Hedelfinger)、考迪亚(Kordia)	3
			细到中		4
			中	艳阳(Sunburst)	5
			中到粗		6
			粗	红灯、美早(Tieton)	7
			粗到极粗		8
			极粗		9
17	果实:果蒂离层 QL (d)	42 VG	无	伯兰特(Burlat)、艳阳(Sunburst)	1
			有	彩虹、先锋(Van)	9
18	*果实:果皮颜色 PQ (d)	42 VG	黄色	大龙(Bigarreau Dragon)、13 - 33	1
			黄底红晕	佳红、雷尼(Rainier)	2
			橙红色	彩虹	3
			浅红色	晚红珠	4
			中等红色	艳阳(Sunburst)	5
			深红色	红灯、伯兰特(Burlat)	6
			暗红色	斯坦拉(Stella)、先锋(Van)	7
			黑色		8

表 A.1（续）

序号	性　状	观测时期和方法	表达状态	标准品种	代码
19	*果实:果肉颜色 PQ (d)	42 VG	乳白色	那翁(Napoleon)	1
			黄色	红蜜、佳红	2
			粉红色	萨米脱(Summit)、艳阳(Sunburst)	3
			红色	红灯、海德芬根(Hedelfinger)	4
			暗红色	伯兰特(Burlat)、先锋(Van)	5
20	*果实:硬度 QN (d)	42 VG	极软		1
			极软到软		2
			软	红蜜	3
			软到中		4
			中	彩虹、艳阳(Sunburst)	5
			中到硬		6
			硬	先锋(Van)	7
			硬到极硬		8
			极硬	美早(Tieton)	9
21	*果核:质量 QN (d)	42 MS	极轻		1
			极轻到轻		2
			轻	海德芬根(Hedelfinger)、先锋(Van)	3
			轻到中		4
			中	伯兰特(Burlat)	5
			中到重		6
			重		7
			重到极重		8
			极重	瓦列里(Valerij Chkalov)	9
22	*果核:形状 PQ (d) (+)	42 VG	长椭圆形	红蜜、那翁(Napoleon)	1
			椭圆形	佳红、萨米脱(Summit)	2
			近圆形	红灯、先锋(Van)	3
23	*果实:果实质量/果核质量 QN (d)	42 MS	极小		1
			极小到小		2
			小		3
			小到中		4
			中	红灯、海德芬根(Hedelfinger)	5
			中到大		6
			大	伯兰特(Burlat)、艳阳(Sunburst)	7
			大到极大		8
			极大		9
24	*果实:开始成熟期 QN (+)	41 VG	极早	早丹	1
			极早到早		2
			早	伯兰特(Burlat)	3
			早到中		4
			中	那翁(Napoleon)、艳阳(Sunburst)	5
			中到晚		6
			晚	海德芬根(Hedelfinger) 卡塔琳(Katalin)	7
			晚到极晚		8
			极晚	彩霞、晚红珠	9

表 A.1（续）

序号	性　　状	观测时期和方法	表达状态	标准品种	代码
25	*初花期 QN (+)	23 VG	极早	红蜜、彩虹	1
			极早到早		2
			早	拉宾斯(Lapins)、雷尼(Rainier)	3
			早到中		4
			中	那翁(Napoleon)、先锋(Van)	5
			中到晚		6
			晚	萨米脱(Summit)	7
			晚到极晚		8
			极晚	雷吉娜(Regina) 马什哈德(Mashhad Black)	9

A.2　樱桃选测性状

见表 A.2。

表 A.2　樱桃选测性状

序号	性　　状	观测时期和方法	表达状态	标准品种	代码
26	一年生枝：皮孔数目 QN (a)	00 VG	极少		1
			极少到少		2
			少	萨姆(Sam)、雷尼(Rainier)	3
			少到中		4
			中	海德芬根(Hedelfinger)、先锋(Van)	5
			中到多		6
			多	萨米脱(Summit)	7
			多到极多		8
			极多		9
27	一年生枝：粗度 QN (a)	00 VG	极细		1
			极细到细		2
			细		3
			细到中		4
			中	海德芬根(Hedelfinger)、考特(Colt)	5
			中到粗		6
			粗	先锋(Van)、MF12/1	7
			粗到极粗		8
			极粗		9
28	一年生枝：芽在枝条上的着生状态 PQ (a) (+)	00 VG	紧贴	考特(Colt)	1
			分离	萨姆(Sam)、雷尼(Rainier)	2
29	多年生枝：颜色 PQ (a)	00 VG	黄褐色	佳红	1
			褐色		2
			红褐色	红灯	3
			灰褐色	考特(Colt)	4

表 A.2（续）

序号	性　状	观测时期和方法	表达状态	标准品种	代码
30	萌芽期 QN (+)	10 VG	极早		1
			极早到早		2
			早	红蜜、拉宾斯(Lapins)	3
			早到中		4
			中	红灯、伯兰特(Burlat)	5
			中到晚		6
			晚	萨米脱(Summit)	7
			晚到极晚		8
			极晚		9
31	叶片:上表面绿色程度 QN (b)	34 VG	浅	红艳	1
			中	佳红、那翁(Napoleon)	2
			深	红灯、伯兰特(Burlat)	3
32	叶片:平展度 PQ (b)	34 VG	皱褶	佐藤锦(Satonishiki)	1
			平展	红灯	2
33	叶:叶片长/叶柄长 QN (b)	34 MS	极小		1
			极小到小		2
			小	兰伯特(Lambert)	3
			小到中		4
			中	伯兰特(Burlat)	5
			中到大		6
			大	海德芬根(Hedelfinger) 斯坦拉(Stella)	7
			大到极大		8
			极大		9
34	叶柄:蜜腺大小 QN (b)	34 VG	小	红蜜	1
			中	先锋(Van)、萨米脱(Summit)	2
			大	红灯	3
35	叶柄:蜜腺颜色 PQ (b)	34 VG	绿黄色	先锋(Van)	1
			橙黄色		2
			浅红色	伯兰特(Burlat)、雷尼(Rainier)	3
			暗红色	红灯、萨米脱(Summit)	4
			紫色		5
36	花:花蕾颜色 PQ (+)	22 VG	白色	佳红、雷尼(Rainier)	1
			粉红色	红灯	2
			红色	伯兰特(Burlat)	3
37	花:花冠直径 QN (c) (+)	24 VG	极小		1
			极小到小		2
			小		3
			小到中		4
			中	先锋(Van)、雷尼(Rainier)	5
			中到大		6
			大	红灯、伯兰特(Burlat)	7
			大到极大		8
			极大		9

表 A.2（续）

序号	性　　状	观测时期和方法	表达状态	标准品种	代码
38	花：花瓣形状 PQ (c) (+)	24 VG	圆形	雷尼(Rainier)、考迪亚(Kordia)	1
			中等倒卵形	伯兰特(Burlat)、艳阳(Sunburst)	2
			阔倒卵形	红灯、海德芬根(Hedelfinger)	3
39	花：花瓣相对位置 PQ (c) (+)	24 VG	分离	伯兰特(Burlat)、艳阳(Sunburst)	1
			邻接	红蜜、先锋(Van)	2
			重叠		3
40	果实：果点大小 QN (d)	42 VG	极小		1
			极小到小		2
			小	海德芬根(Hedelfinger)	3
			小到中		4
			中	红蜜	5
			中到大		6
			大	萨米脱(Summit)	7
			大到极大		8
			极大		9
41	果实：果点数量 QN (d)	42 VG	极少		1
			极少到少		2
			少	伯兰特(Burlat)	3
			少到中		4
			中	雷尼(Rainier)、艳阳(Sunburst)	5
			中到多		6
			多	萨米脱(Summit)	7
			多到极多		8
			极多		9
42	果实：果皮厚度 QN (d)	42 VG	薄		1
			中	吉墨斯(Germersdorfi)	2
			厚	美早(Tieton)	3
43	果实：缝合线 QN (d)	42 VG	不明显	海德芬根(Hedelfinger)	1
			明显	吉墨斯(Germersdorfi)	2
			极明显	伯兰特(Burlat)	3
44	果实：汁液颜色 PQ (d)	42 VG	无色	佳红	1
			黄白色	那翁(Napoleon)、雷尼(Rainier)	2
			粉红色	萨米脱(Summit)	3
			红色	红灯、萨姆(Sam)	4
			紫红色	海德芬根(Hedelfinger)	5
45	果实：汁液多少 QN (d)	42 VG	极少		1
			极少到少		2
			少	海德芬根(Hedelfinger) 拉宾斯(Lapins)	3
			少到中		4
			中	红灯、雷尼(Rainier)	5
			中到多		6
			多	芝罘红	7
			多到极多		8
			极多		9

表 A.2（续）

序号	性　　状	观测时期和方法	表达状态	标准品种	代码
46	果实：可溶性固形物含量 QN (d) (+)	42 MS	极低		1
			极低到低		2
			低		3
			低到中		4
			中	伯兰特(Burlat)、艳阳(Sunburst)	5
			中到高		6
			高	红蜜	7
			高到极高		8
			极高		9
47	果实：可滴定酸含量 QN (d) (+)	42 MG	极低		1
			极低到低		2
			低	那翁(Napoleon)	3
			低到中		4
			中	红灯	5
			中到高		6
			高	先锋(Van)	7
			高到极高		8
			极高		9
48	*S* 基因型 QL (+)	00～00 MG	S_1S_2	萨米脱(Summit)	12
			S_1S_3	先锋(Van)	13
			S_1S_4	雷尼(Rainier)	14
			S_3S_4	那翁(Napoleon)	34
			S_3S_5	海德芬根(Hedelfinger)	35
			S_3S_6	红蜜	36
			S_3S_9	红灯伯兰特(Burlat)	39
			S_4S_6	佳红	46
			S_4S_9	巨红	49
			$S-S_{4'}$	斯坦拉(Stella)	_4’
			其他		

附　录　B
（规范性附录）
樱桃性状表的解释

B.1　樱桃生育阶段

见表 B.1。

表 B.1　樱桃生育阶段表

代码	描　　述
00	休眠期(全株自然落叶后至萌芽前)
10	萌芽期(全株 25%的叶芽芽鳞裂开)
22	花序分离期(全株 25%花蕾分离)
23	初花期(全株 5%～10%的花蕾开放)
24	盛花期(全株 50%花蕾开放)
33	春梢迅速生长期(春梢外围新梢迅速生长的时期)
34	春梢停长期(春梢顶端停止生长,无未展开新生叶片)
41	果实开始成熟期(全株 5%～10%果实具有本品种特有的特征和风味)
42	果实成熟期(全株 50%的果实具有本品种特有的特征和风味)

B.2　涉及多个性状的解释

(a)　树体/一年生枝:除特殊说明外,于休眠期观测至少结过一次果的树体。

(b)　叶:除特殊说明外,应在夏季观测树体外围新梢中部的完全成熟叶。

(c)　花:除特殊说明外,应在花药开始开裂时,观测充分发育的花朵。

(d)　果实和果核:在果实完全成熟时观测。

B.3　涉及单个性状的解释

性状分级和图中代码见表 A.1 及表 A.2。

性状 1　树体:树势,观测树体的营养生长状况,重点看外围新梢生长情况。

性状 2　*树体:树姿,见图 B.1。

直立
1

半直立
2

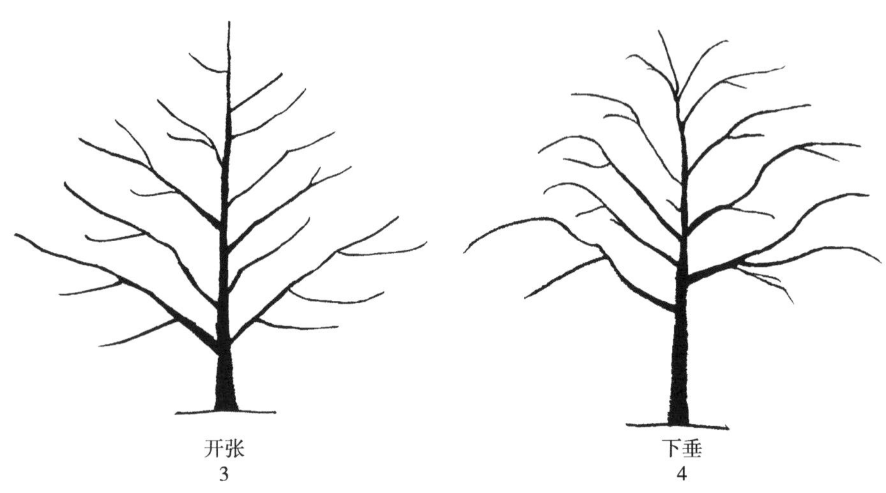

图 B.1 * 树体:树姿

性状 3 * 树体:分枝力,观测骨干枝上的分枝密度,但不包括果枝。

性状 4 * 一年生枝:节间长度,见图 B.2。

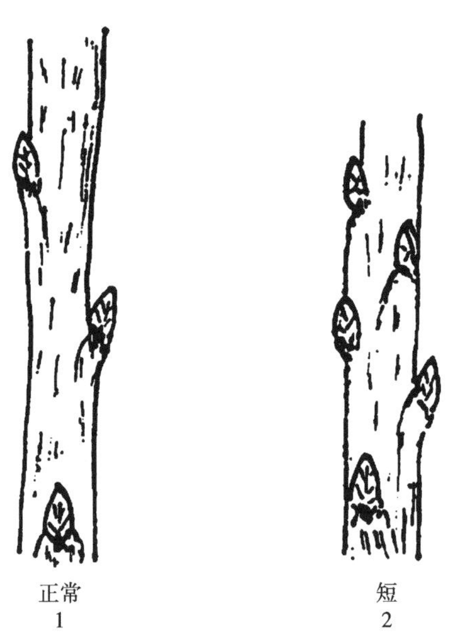

图 B.2 * 一年生枝:节间长度

性状 5 新梢:梢尖花青甙显色程度,在春梢迅速生长时期观察新梢先端。

性状 6 新梢:梢尖绒毛,在春梢迅速生长时期观察新梢先端。

性状 12 * 果实:质量,见表 B.2。果实成熟期,用百分之一天平称重,求单果质量平均值。

表 B.2 * 果实:质量分级标准

单果质量,g	数值<3.0	3.0≤数值<4.0	4.0≤数值<5.0	5.0≤数值<6.0	6.0≤数值<7.0	7.0≤数值<8.0	8.0≤数值<9.0	9.0≤数值<10.0	数值≥10.0
表达状态	极轻	极轻到轻	轻	轻到中	中	中到重	重	重到极重	极重
代码	1	2	3	4	5	6	7	8	9

性状 13 * 果实:形状,见图 B.3。

图 B.3 * 果实:形状

性状 14 果实:果顶,见图 B.4。

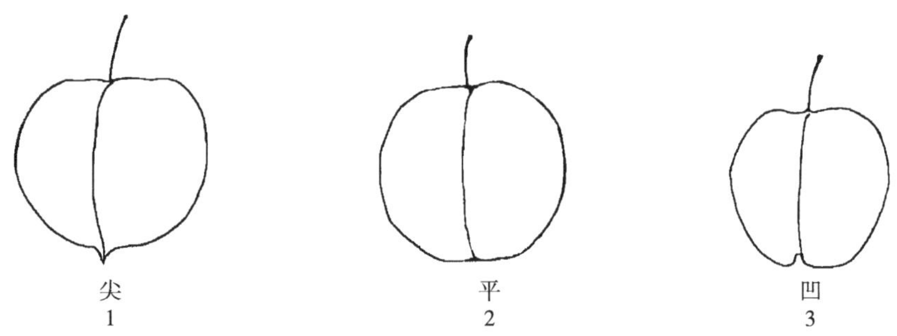

图 B.4 果实:果顶

性状 22 * 果核:形状,见图 B.5。观测果核腹面形状。

图 B.5 * 果核:形状

性状 24 * 果实:开始成熟期,全株 5%～10%果实达到食用成熟度,具有本品种特有的特征和风味。

性状 25 * 初花期,全株 5%～10%的花蕾开放。

性状 28 一年生枝:芽在枝条上的着生状态,见图 B.6。

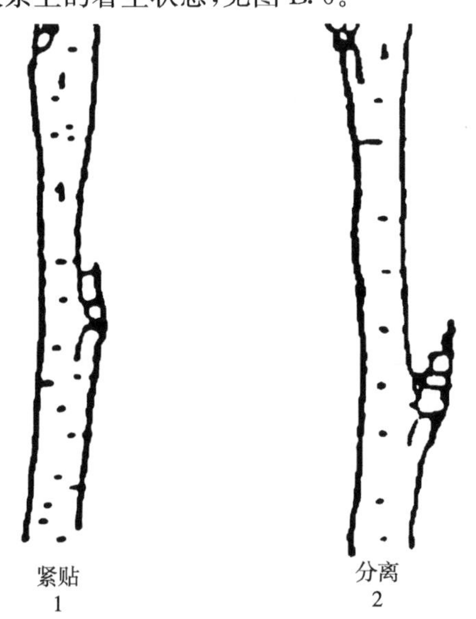

图 B.6 一年生枝:芽在枝条上的着生状态

性状 30　萌芽期，春季全株 25%的叶芽芽鳞裂开。

性状 36　花：花蕾颜色，花序分离期，花露白时观测。

性状 37　花：花冠直径，花瓣伸展至水平位置，进行观测。

性状 38　花：花瓣形状，见图 B.7。

圆形
1

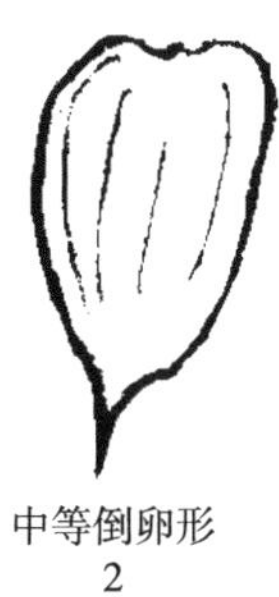
中等倒卵形
2

阔倒卵形
3

图 B.7　花：花瓣形状

性状 39　花：花瓣相对位置，见图 B.8。

分离
1

邻接
2

重叠
3

图 B.8　花：花瓣相对位置

性状 46　果实：可溶性固形物含量，见表 B.3。用折光仪法测定可溶性固形物含量，求平均值，测定方法按 NY/T 2637 的规定执行。

表 B.3　果实：可溶性固形物含量分级标准

可溶性固形物含量 %	数值 <13	13≤数值<14	14≤数值<15	15≤数值<16	16≤数值<17	17≤数值<18	18≤数值<19	19≤数值<20	数值 ≥20
表达状态	极低	极低到低	低	低到中	中	中到高	高	高到极高	极高
代码	1	2	3	4	5	6	7	8	9

性状 47　果实：可滴定酸含量，果实成熟期，随机取 30 个果实，匀浆后用滴定法测定可滴定酸含量，测定方法按 GB/T 12356 的规定执行。

性状 48　*S* 基因型。

a)　观测时期：周年。

b)　取样部位：幼叶、枝。

c)　观测方法：分子检测。

d)　观测数量：群体。

e)　结果表述：*S* 基因型为 *SS*。

附　录　C
（规范性附录）
樱桃技术问卷格式

樱桃技术问卷

申请号： 申请日： （由审批机关填写）

（申请人或代理机构签章）

C.1　品种暂定名称

C.2　申请测试人信息

姓　　名：
地　　址：
电话号码：　　　　　传真号码：　　　　　手机号码：
邮箱地址：
育种者姓名：

C.3　植物学分类

拉丁名：______________________
中文名：______________________

C.4　品种类型

在相符的类型[　]中打√。

C.4.1　樱桃　[　]

C.4.2　樱桃种间杂种　[　]

C.5　待测品种的具有代表性彩色照片

（品种照片粘贴处）
（如果照片较多，可另附页提供）

C.6 品种的选育背景、育种过程和育种方法，包括系谱、培育过程和所使用的亲本或其他繁殖材料来源与名称的详细说明

C.7 适于生长的区域或环境以及栽培技术的说明

C.8 其他有助于辨别待测品种的信息

（如品种用途、品质和抗性，请提供详细资料）

C.9 品种种植或测试是否需要特殊条件

在相符的[ ]中打√。

是[ ]　　　　　　否[ ]

（如果回答是，请提供详细资料）

C.10 品种繁殖材料保存是否需要特殊条件

在相符的[ ]中打√。

是[ ]　　　　　　否[ ]

（如果回答是，请提供详细资料）

C.11 待测品种需要指出的性状

在表C.1中相符的代码后[ ]中打√，若有测量值，请填写在表C.1中。

表 C.1 待测品种需要指出的性状

序号	性 状	表达状态	代码	测量值
1	*树体:树姿(性状 2)	直立	1[ ]	
		半直立	2[ ]	
		开张	3[ ]	
		下垂	4[ ]	
2	*叶片:长度/宽度(性状 9)	极小	1[ ]	
		极小到小	2[ ]	
		小	3[ ]	
		小到中	4[ ]	
		中	5[ ]	
		中到大	6[ ]	
		大	7[ ]	
		大到极大	8[ ]	
		极大	9[ ]	
3	*叶:蜜腺有无(性状 10)	无	1[ ]	
		有	9[ ]	
4	*叶:叶柄长度(性状 11)	极短	1[ ]	
		极短到短	2[ ]	
		短	3[ ]	
		短到中	4[ ]	
		中	5[ ]	
		中到长	6[ ]	
		长	7[ ]	
		长到极长	8[ ]	
		极长	9[ ]	
5	*果实:质量(性状 12)	极轻	1[ ]	
		极轻到轻	2[ ]	
		轻	3[ ]	
		轻到中	4[ ]	
		中	5[ ]	
		中到重	6[ ]	
		重	7[ ]	
		重到极重	8[ ]	
		极重	9[ ]	
6	*果实:形状(性状 13)	肾形	1[ ]	
		横椭圆形	2[ ]	
		近圆形	3[ ]	
		椭圆形	4[ ]	
		心形	5[ ]	
7	果实:果顶(性状 14)	尖	1[ ]	
		平	2[ ]	
		凹	3[ ]	
8	*果实:果柄长度(性状 15)	极短	1[ ]	
		极短到短	2[ ]	
		短	3[ ]	
		短到中	4[ ]	
		中	5[ ]	
		中到长	6[ ]	
		长	7[ ]	
		长到极长	8[ ]	
		极长	9[ ]	

表 C.1（续）

序号	性　状	表达状态	代码	测量值
9	*果实:果皮颜色(性状 18)	黄色	1[ ]	
		黄底红晕	2[ ]	
		橙红色	3[ ]	
		浅红色	4[ ]	
		中等红色	5[ ]	
		深红色	6[ ]	
		暗红色	7[ ]	
		黑色	8[ ]	
10	*果实:果肉颜色(性状 19)	乳白色	1[ ]	
		黄色	2[ ]	
		粉红色	3[ ]	
		红色	4[ ]	
		暗红色	5[ ]	
11	*果实:硬度(性状 20)	极软	1[ ]	
		极软到软	2[ ]	
		软	3[ ]	
		软到中	4[ ]	
		中	5[ ]	
		中到硬	6[ ]	
		硬	7[ ]	
		硬到极硬	8[ ]	
		极硬	9[ ]	
12	*果核:质量(性状 21)	极轻	1[ ]	
		极轻到轻	2[ ]	
		轻	3[ ]	
		轻到中	4[ ]	
		中	5[ ]	
		中到重	6[ ]	
		重	7[ ]	
		重到极重	8[ ]	
		极重	9[ ]	
13	*果实:开始成熟期:(性状 24)	极早	1[ ]	
		极早到早	2[ ]	
		早	3[ ]	
		早到中	4[ ]	
		中	5[ ]	
		中到晚	6[ ]	
		晚	7[ ]	
		晚到极晚	8[ ]	
		极晚	9[ ]	
14	*初花期(性状 25)	极早	1[ ]	
		极早到早	2[ ]	
		早	3[ ]	
		早到中	4[ ]	
		中	5[ ]	
		中到晚	6[ ]	
		晚	7[ ]	
		晚到极晚	8[ ]	
		极晚	9[ ]	

C.12 待测品种与近似品种的明显差异性状表

在自己知识范围内,请申请测试人在表C.2中列出待测品种与其最为近似品种的明显差异。

表C.2 待测品种与近似品种的明显差异性状表

近似品种名称	性状名称	近似品种表达状态	待测品种表达状态
注:提供可以帮助审查机构对该品种以更有效的方式进行特异性测试的信息。			

ICS 65.020.20
B 05

中华人民共和国农业行业标准

NY/T 3057—2016

植物品种特异性、一致性和稳定性测试指南　黄秋葵(咖啡黄葵)

Guidelines for the conduct of tests for distinctness, uniformity and stability—Okra

[*Abellmoschus escullentus* (L.) Moench.]

(UPOV:TG/167/3,Guidelines for the conduct of tests for distinctness, uniformity and stability—Okra,NEQ)

2016-12-23 发布　　2017-04-01 实施

中华人民共和国农业部　发布

目　　次

前　言

本标准按照 GB/T 1.1—2009 给出的规则起草。

本标准使用重新起草法修改采用了国际植物新品种保护联盟(UPOV)指南“TG/167/3,Guidelines for the conduct of tests for distinctness,uniformity and stability—Okra”。

本标准对应于 UPOV 指南 TG/167/3,与 TG/167/3 的一致性程度为非等效。

本标准与 UPOV 指南 TG/167/3 相比存在技术性差异,主要差异如下:

——增加了 16 个性状:“幼苗:下胚轴花青甙显色”、“主茎:节间长度”、“仅适用于主茎花青甙显色为有的品种:主茎:花青甙显色强度”、“叶片:皱褶”、“叶片:上表面茸毛密度”、“花瓣:边缘缺刻”、“花瓣:下表面花青甙显色”、“果实:第一果着生高度”、“种子:颜色”、“种子:表面被毛”、“种子:百粒重”、“叶片:光泽度”、“叶片:叶脉花青甙显色”、“花瓣:数目”、“主茎:结果数”、“种子:数量”;

——删除了 1 个性状:“果实:颜色深度”;

——调整了 11 个性状的名称、表达状态或分级代码:“ * 植株:分枝性”、“主茎:直径”、“ * 主茎:花青甙显色”、“仅适用于主茎花青甙显色为无的品种:主茎:绿色程度”、“ * 叶片:裂刻深度”、“叶柄:直径”、“花冠:直径”、“ * 果实:颜色”、“ * 果实:果棱间表面状态”、“ * 果实:心室数”、“果实:果肉厚度”。

本标准由农业部种子管理局提出。

本标准由全国植物新品种测试标准化技术委员会(SAC/TC 277)归口。

本标准起草单位:中国热带农业科学院热带作物品种资源研究所[农业部植物新品种测试(儋州)分中心]、农业部科技发展中心、农业部植物新品种测试(上海)分中心、农业部植物新品种测试(昆明)分中心。

本标准主要起草人:高玲、刘迪发、徐丽、张如莲、刘维侠、应东山、唐浩、杨坤、黄志城、杨扬、李莉萍、王琴飞、王明、刘艳芳。

植物品种特异性、一致性和稳定性测试指南 黄秋葵(咖啡黄葵)

1 范围

本标准规定了黄秋葵(咖啡黄葵)[*Abelmoschus esculentus* (L.) Moench.]品种特异性、一致性和稳定性测试的技术要求和结果判定的一般原则。

本标准适用于黄秋葵(咖啡黄葵)品种特异性、一致性和稳定性测试和结果判定。

2 规范性引用文件

下列文件对于本文件的应用是必不可少的。凡是注日期的引用文件,仅注日期的版本适用于本文件。凡是不注日期的引用文件,其最新版本(包括所有的修改单)适用于本文件。

GB/T 19557.1 植物新品种特异性、一致性和稳定性测试指南 总则

3 术语和定义

GB/T 19557.1 界定的以及下列术语和定义适用于本文件。

3.1

群体测量 single measurement of a group of plants or parts of plants

对一批植株或植株的某器官或部位进行测量,获得一个群体记录。

3.2

个体测量 measurement of a number of individual plants or parts of plants

对一批植株或植株的某器官或部位进行逐个测量,获得一组个体记录。

3.3

群体目测 visual assessment by a single observation of a group of plants or parts of plants

对一批植株或植株的某器官或部位进行目测,获得一个群体记录。

4 符号

下列符号适用于本文件:

MG:群体测量。

MS:个体测量。

VG:群体目测。

QL:质量性状。

QN:数量性状。

PQ:假质量性状。

*:标注性状为 UPOV 用于统一品种描述所需要的重要性状,除非受环境条件限制性状的表达状态无法测试,所有 UPOV 成员都应使用这些性状。

(a)~(c):标注内容在 B.2 中进行了详细解释。

(+):标注内容在 B.3 中进行了详细解释。

__:本文件中下划线是特别提示测试性状的适用范围。

5 繁殖材料的要求

5.1 繁殖材料以种子形式提供。

5.2 提交的种子数量不少于 300 g。

5.3 提交的种子应外观健康,活力高,无病虫侵害。种子的具体质量要求为发芽率≥95%,净度≥97.0%,含水量≤8%。

5.4 提交的种子一般不进行任何影响品种性状正常表达的处理。如果已处理,应提供处理的详细说明。

5.5 提交的种子应符合中国植物检疫的有关规定。

6 测试方法

6.1 测试周期

测试周期至少为两个独立的生长周期。

6.2 测试地点

测试通常在一个地点进行。如果某些性状在该地点不能充分表达,可在其他符合条件的地点对其进行观测。

6.3 田间试验

6.3.1 试验设计

待测品种和近似品种相邻种植。

可采用穴盘育苗,露地或保护地栽培。苗龄 2 叶 1 心时定植。株行距 40 cm×(60 cm~70 cm),每个小区不少于 30 株,设 2 个重复。

6.3.2 田间管理

可按当地大田生产管理方式进行。

6.4 性状观测

6.4.1 观测时期

性状观测应按照表 A.1 和表 A.2 列出的生育阶段进行。生育阶段描述见表 B.1。

6.4.2 观测方法

性状观测应按照表 A.1 和表 A.2 规定的观测方法(VG、MG、MS)进行。部分性状观测方法见 B.2 和 B.3。

6.4.3 观测数量

除非另有说明,个体观测性状(MS)植株取样数量不少于 20 个,在观测植株的器官或部位时,每个植株取样数量应为 1 个。群体观测性状(VG、MG)应观测整个小区或规定大小的混合样本。

6.5 附加测试

必要时,可选用表 A.2 中的性状或本标准未列出的性状进行附加测试。

7 特异性、一致性和稳定性结果的判定

7.1 总体原则

特异性、一致性和稳定性的判定按照 GB/T 19557.1 确定的原则进行。

7.2 特异性的判定

待测品种应明显区别于所有已知品种。在测试中,当待测品种至少在一个性状上与最为近似的品种具有明显且可重现的差异时,即可判定待测品种具备特异性。

7.3 一致性的判定

一致性判定时，采用1%的群体标准和至少95%的接受概率。当样本大小为30株时，最多可以允许有1个异型株。当样本大小为60株时，最多可以允许有2个异型株。

7.4 稳定性的判定

如果一个品种具备一致性，则可认为该品种具备稳定性。一般不对稳定性进行测试。

必要时，可以种植该品种再繁殖的种子，与以前提供的种子相比，若性状表达无明显变化，则可判定该品种具备稳定性。

8 性状表

8.1 概述

根据测试需要，将性状分为基本性状和选测性状，基本性状是测试中必须使用的性状，选测性状为依据申请者要求而进行附加测试的性状。黄秋葵基本性状见表A.1，黄秋葵选测性状见表A.2。性状表列出了性状名称、表达类型、表达状态及相应的代码和标准品种、观测时期和方法等内容。

8.2 表达类型

根据性状表达方式，将性状分为质量性状、假质量性状和数量性状3种类型。

8.3 表达状态和相应代码

每个性状划分为一系列表达状态，以便于定义性状和规范描述；每个表达状态赋予一个相应的数字代码，以便于数据记录、处理和品种描述的建立与交流。

8.4 标准品种

性状表中列出了部分性状有关表达状态可参考的标准品种，以助于确定相关性状的不同表达状态和校正环境因素引起的差异。

9 分组性状

本文件中，品种分组性状如下：

a) *植株：分枝性（表A.1中性状4）。

b) *主茎：花青甙显色（表A.1中性状8）。

c) *叶片：裂刻深度（表A.1中性状12）。

d) *果实：颜色（表A.1中性状25）。

e) *果实：心室数（表A.1中性状30）。

10 技术问卷

申请人应按照附录C给出的格式填写黄秋葵技术问卷。

附 录 A
(规范性附录)
黄秋葵(咖啡黄葵)性状表

A.1 黄秋葵(咖啡黄葵)基本性状

见表A.1。

表A.1 黄秋葵(咖啡黄葵)基本性状

序号	性 状	观测时期和方法	表达状态	标准品种	代码
1	幼苗:下胚轴花青甙显色 QL (+)	10 VG	无	绿空	1
			有	红娇一号	9
2	始花期 QN	31 MG	极早	斯里兰卡	1
			极早到早		2
			早	绿五星	3
			早到中		4
			中	绿箭1号	5
			中到晚		6
			晚	纤指	7
			晚到极晚		8
			极晚		9
3	主茎:始花节数 QN (+)	31 MS/VG	少	绿五星	1
			中	绿空	2
			多	纤指	3
4	*植株:分枝性 QN (+)	33 VG	无或极弱		1
			弱	绿五星	2
			中	绿空	3
			强		4
			极强		5
5	植株:高度 QN (+)	33 VG/MS	极矮		1
			极矮到矮		2
			矮		3
			矮到中		4
			中	绿箭1号	5
			中到高		6
			高		7
6	主茎:节间长度 QN (a)	33 MS	极短		1
			极短到短		2
			短	绿空	3
			短到中		4
			中	红娇一号	5
			中到长		6
			长		7

表 A.1（续）

<table>
<tr><th>序号</th><th>性　状</th><th>观测时期和方法</th><th>表达状态</th><th>标准品种</th><th>代码</th></tr>
<tr><td rowspan="5">7</td><td rowspan="5">主茎:直径
QN
(a)</td><td rowspan="5">33
VG/MS</td><td>小</td><td>红娇一号</td><td>1</td></tr>
<tr><td>小到中</td><td></td><td>2</td></tr>
<tr><td>中</td><td>绿空</td><td>3</td></tr>
<tr><td>中到大</td><td></td><td>4</td></tr>
<tr><td>大</td><td>纤指</td><td>5</td></tr>
<tr><td rowspan="2">8</td><td rowspan="2">* 主茎:花青甙显色
QL
(a)
(+)</td><td rowspan="2">33
VG</td><td>无</td><td>绿空</td><td>1</td></tr>
<tr><td>有</td><td>红娇一号</td><td>9</td></tr>
<tr><td rowspan="3">9</td><td rowspan="3">仅适用于主茎花青甙显色为无的品种:主茎:绿色程度
QN
(a)
(+)</td><td rowspan="3">33
VG</td><td>浅</td><td></td><td>1</td></tr>
<tr><td>中</td><td>绿空</td><td>2</td></tr>
<tr><td>深</td><td>卡里巴</td><td>3</td></tr>
<tr><td rowspan="3">10</td><td rowspan="3">仅适用于主茎花青甙显色为有的品种:主茎:花青甙显色强度
QN
(a)
(+)</td><td rowspan="3">33
VG</td><td>弱</td><td></td><td>1</td></tr>
<tr><td>中</td><td></td><td>2</td></tr>
<tr><td>强</td><td></td><td>3</td></tr>
<tr><td rowspan="7">11</td><td rowspan="7">叶片:大小
QN
(a)</td><td rowspan="7">33
VG</td><td>极小</td><td></td><td>1</td></tr>
<tr><td>极小到小</td><td></td><td>2</td></tr>
<tr><td>小</td><td>绿空</td><td>3</td></tr>
<tr><td>小到中</td><td></td><td>4</td></tr>
<tr><td>中</td><td>纤指</td><td>5</td></tr>
<tr><td>中到大</td><td></td><td>6</td></tr>
<tr><td>大</td><td></td><td>7</td></tr>
<tr><td rowspan="9">12</td><td rowspan="9">* 叶片:裂刻深度
QN
(a)
(+)</td><td rowspan="9">33
VG</td><td>无或极浅</td><td></td><td>1</td></tr>
<tr><td>无或极浅到浅</td><td></td><td>2</td></tr>
<tr><td>浅</td><td></td><td>3</td></tr>
<tr><td>浅到中</td><td></td><td>4</td></tr>
<tr><td>中</td><td>红娇一号</td><td>5</td></tr>
<tr><td>中到深</td><td></td><td>6</td></tr>
<tr><td>深</td><td>纤指</td><td>7</td></tr>
<tr><td>深到极深</td><td></td><td>8</td></tr>
<tr><td>极深</td><td></td><td>9</td></tr>
<tr><td rowspan="7">13</td><td rowspan="7">叶片:边缘齿状程度
QN
(a)
(+)</td><td rowspan="7">33
VG</td><td>无或极弱</td><td></td><td>1</td></tr>
<tr><td>无或极弱到弱</td><td></td><td>2</td></tr>
<tr><td>弱</td><td>红娇一号</td><td>3</td></tr>
<tr><td>弱到中</td><td></td><td>4</td></tr>
<tr><td>中</td><td>绿空</td><td>5</td></tr>
<tr><td>中到强</td><td></td><td>6</td></tr>
<tr><td>强</td><td></td><td>7</td></tr>
<tr><td rowspan="2">14</td><td rowspan="2">* 叶片:颜色(除叶脉外)
QL
(a)</td><td rowspan="2">33
VG</td><td>绿色</td><td>绿空</td><td>1</td></tr>
<tr><td>红色</td><td></td><td>2</td></tr>
</table>

表 A.1（续）

序号	性　　状	观测时期和方法	表达状态	标准品种	代码
15	叶片:颜色深度(除叶脉外) QN (a)	33 VG	无或极浅		1
			无或极浅到浅		2
			浅		3
			浅到中		4
			中	绿空	5
			中到深		6
			深	卡里巴	7
16	叶片:皱褶 QN (a) (+)	33 VG	无或弱		1
			中		2
			强		3
17	叶片:上表面茸毛密度 QN (a)	33 VG	无或极疏		1
			疏		2
			中	绿空	3
			密		4
			极密		5
18	叶柄:长度 QN (a)	33 MS	极短		1
			极短到短		2
			短		3
			短到中		4
			中	绿空	5
			中到长		6
			长	纤指	7
19	叶柄:直径 QN (a) (+)	33 VG/MS	小	红娇一号	1
			小到中		2
			中	绿空	3
			中到大		4
			大		5
20	花冠:直径 QN (b) (+)	33 VG/MS	极小		1
			极小到小		2
			小		3
			小到中		4
			中	绿空	5
			中到大		6
			大		7
21	花瓣:边缘缺刻 QL (b) (+)	33 VG	无		1
			有		9
22	花瓣:下表面花青甙显色 QL (b) (+)	33 VG	无		1
			有	绿空	9

表 A.1（续）

序号	性　　状	观测时期和方法	表达状态	标准品种	代码
23	始收期 QN	40 MG	极早		1
			极早到早		2
			早		3
			早到中		4
			中	绿箭 1 号	5
			中到晚		6
			晚		7
			晚到极晚		8
			极晚		9
24	果实:第一果着生高度 QN	40 MS	极低		1
			极低到低		2
			低		3
			低到中		4
			中	绿空	5
			中到高		6
			高	纤指	7
25	* 果实:颜色 PQ (c) (+)	40 VG	黄绿色		1
			浅绿色	纤指	2
			中等绿色	绿空	3
			深绿色	卡里巴	4
			粉红色	红娇一号	5
			红色		6
			紫红色		7
26	果实:直径 QN (c) (+)	40 MS	极小		1
			极小到小		2
			小	纤指	3
			小到中		4
			中	绿空	5
			中到大		6
			大	卡里巴	7
27	* 果实:果棱间表面状态 PQ (c) (+)	40 VG	凹	绿空	1
			平	卡里巴	2
			凸	纤指	3
28	果实:基部缢缩程度 QN (c) (+)	40 VG	无或极弱	绿空	1
			中	台湾五福	2
			强		3
29	果实:先端形状 QN (c) (+)	40 VG	锐尖	卡里巴	1
			渐尖	绿空	2
			钝尖	绿五星	3
30	* 果实:心室数 QL (c) (+)	40 VS	<5 个		1
			5 个		2
			>5 个		3
31	果实:果肉厚度 QN (c)	40 VG	薄	纤指	1
			中	绿空	2
			厚	卡里巴	3

表 A.1（续）

序号	性　状	观测时期和方法	表达状态	标准品种	代码
32	果实:成熟果长度 QN (c) (+)	45 MS	极短		1
			极短到短		2
			短	卡里巴	3
			短到中		4
			中	绿空	5
			中到长		6
			长	纤指	7
33	果实:成熟果直径 QN (c) (+)	45 MS	极小		1
			极小到小		2
			小	纤指	3
			小到中		4
			中	绿空	5
			中到大		6
			大	卡里巴	7
34	种子:颜色 PQ (+)	50 VG	灰绿色	纤指	1
			浅灰色	绿五星	2
			深灰色		3
35	种子:表面被毛 QL (+)	50 VG	无	绿箭 1 号	1
			有		9
36	种子:百粒重 QN	50 MG	极小		1
			小		2
			中	绿箭 1 号	3
			大		4
			极大		5

A.2 黄秋葵(咖啡黄葵)选测性状

见表 A.2。

表 A.2 黄秋葵(咖啡黄葵)选测性状

序号	性　状	观测时期和方法	表达状态	标准品种	代码
37	叶片:光泽度 QN (a)	33 VG	弱		1
			中	绿空	2
			强		3
38	叶片:叶脉花青甙显色 QL (a) (+)	33 VG	无		1
			斑驳	绿空	2
			均匀		3
39	花瓣:数目 QN	33 VS	≤5 个	绿空	1
			>5 个		2
40	主茎:结果数 QN	40 MS	极少		1
			极少到少		2
			少		3
			少到中		4
			中	台湾五福	5
			中到多		6
			多		7

表 A.2（续）

序号	性　　状	观测时期和方法	表达状态	标准品种	代码
41	种子:数量 QN （+）	50 MS	极少		1
			少		2
			中	台湾五福	3
			多		4
			极多		5

附　录　B
（规范性附录）
黄秋葵(咖啡黄葵)性状表的解释

B.1　黄秋葵(咖啡黄葵)生育阶段

见表 B.1。

表 B.1　黄秋葵(咖啡黄葵)生育阶段表

编　号	生育阶段	描　述
10	发芽期	播种至 2 片子叶展平
20	幼苗期	从 2 片子叶展平到第一朵花开放
30	开花结果期	第一朵花开放至商品采收
31	始花期	5%～10%的植株开始开花
33	盛花期	50%以上的植株开花
40	商品果采收期	50%以上的植株第一商品果可以采收
45	生理成熟期	果皮转色
50	完熟期	种子成熟

B.2　涉及多个性状的解释

(a)　观测第 10～第 15 节的主茎、叶片及叶柄。

(b)　观测第 3～第 6 朵花。

(c)　根据附录 A 中的观测时期观测第 3～第 6 个果实。

B.3　涉及单个性状的解释

性状分级和图中代码见表 A.1 及表 A.2。

性状 1　幼苗:下胚轴花青甙显色,见图 B.1。

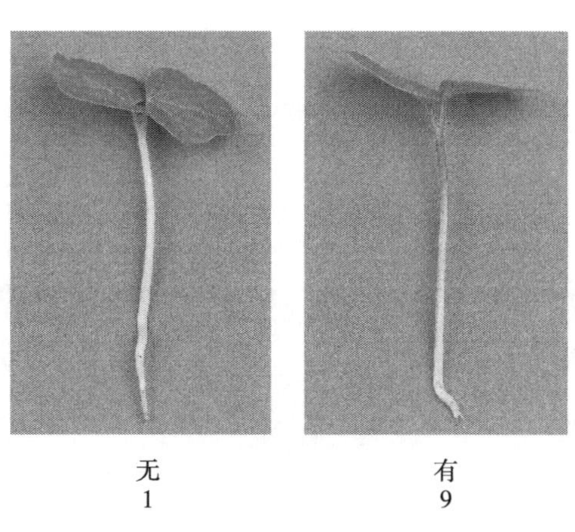

无　　　　有
1　　　　9

图 B.1　幼苗:下胚轴花青甙显色

性状 3　主茎:始花节数,观测第一朵花所在的节数。

性状 4　* 植株:分枝性,见图 B.2。

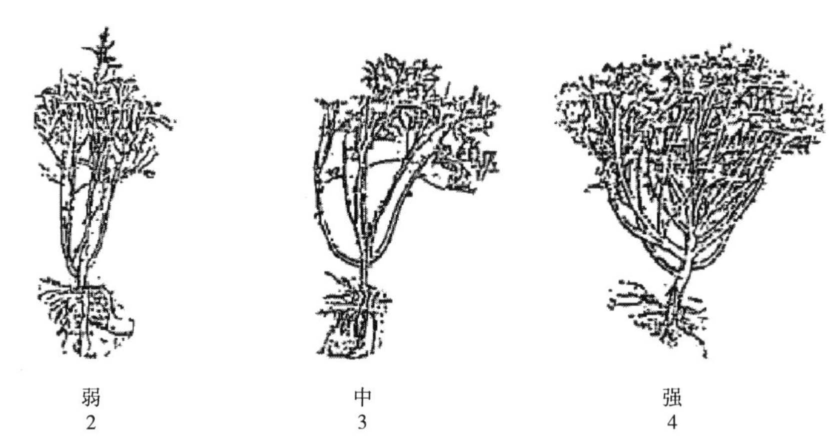

图 B.2　* 植株:分枝性

性状 5　植株:高度,观测地面至第 15 节的高度。

性状 8　* 主茎:花青甙显色,见图 B.3。

图 B.3　* 主茎:花青甙显色

性状 9　仅适用于主茎花青甙显色为无的品种:主茎:绿色程度,见图 B.4。

图 B.4　仅适用于主茎花青甙显色为无的品种:主茎:绿色程度

性状 10　仅适用于主茎花青甙显色为有的品种:主茎:花青甙显色强度,见图 B.5。

图 B.5　仅适用于主茎花青甙显色为有的品种:主茎:花青甙显色强度

性状 12　*叶片:裂刻深度,见图 B.6。

图 B.6　*叶片:裂刻深度

性状 13　叶片:边缘齿状程度,见图 B.7。

图 B.7　叶片:边缘齿状程度

性状 16　叶片:皱褶,见图 B.8。

图 B.8　叶片:皱褶

性状 19　叶柄:直径,观测叶柄最宽处。

性状 20　花冠:直径,见图 B.9。

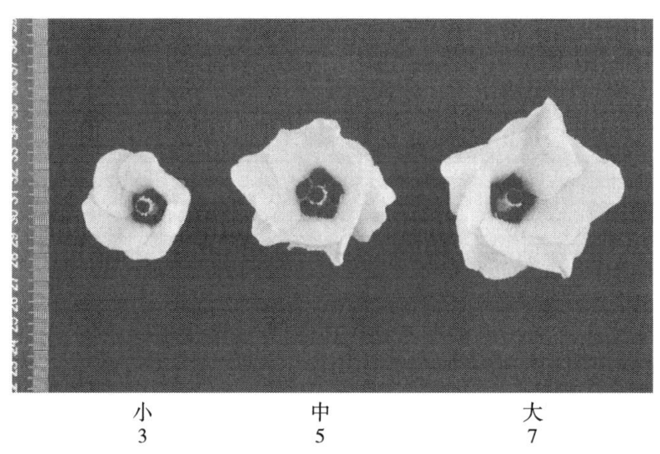

小　　中　　大
3　　5　　7

图 B.9　花冠:直径

性状 21　花瓣:边缘缺刻,见图 B.10。

无　　有
1　　9

图 B.10　花瓣:边缘缺刻

性状 22　花瓣:下表面花青甙显色,见图 B.11。

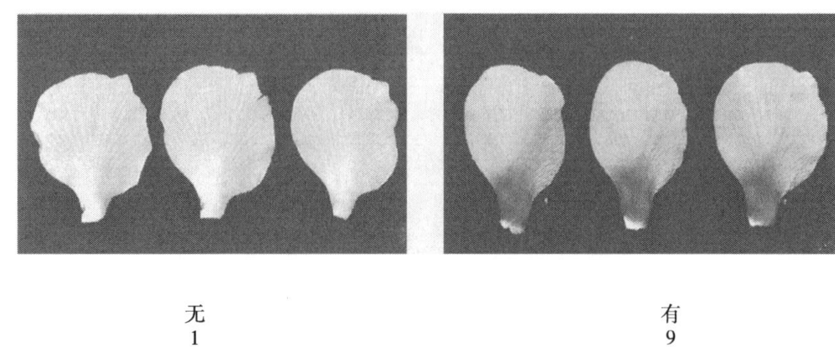

无　　有
1　　9

图 B.11　花瓣:下表面花青甙显色

性状 25　＊果实:颜色,见图 B. 12。

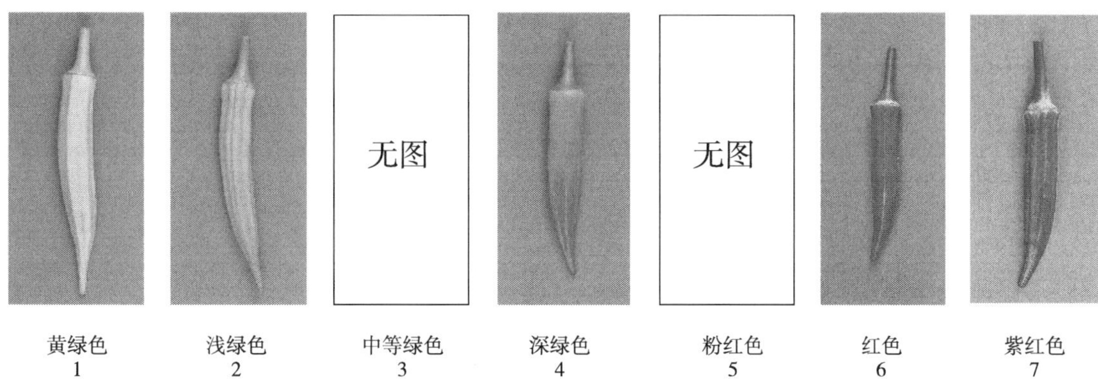

黄绿色 1　浅绿色 2　中等绿色 3　深绿色 4　粉红色 5　红色 6　紫红色 7

图 B. 12　＊果实:颜色

性状 26　果实:直径,观测花后第 5 d～第 7 d 的果,测量最宽处。

性状 27　＊果实:果棱间表面状态,见图 B. 13。

凹 1　平 2　凸 3

图 B. 13　＊果实:果棱间表面状态

性状 28　果实:基部缢缩程度,见图 B. 14。

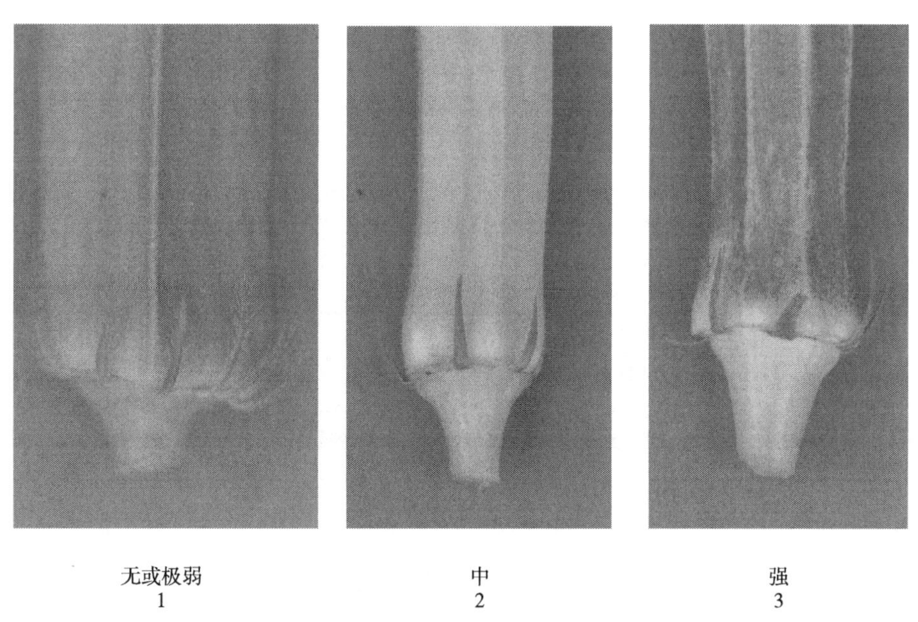

无或极弱 1　中 2　强 3

图 B. 14　果实:基部缢缩程度

性状 29 ＊果实:先端形状,见图 B.15。

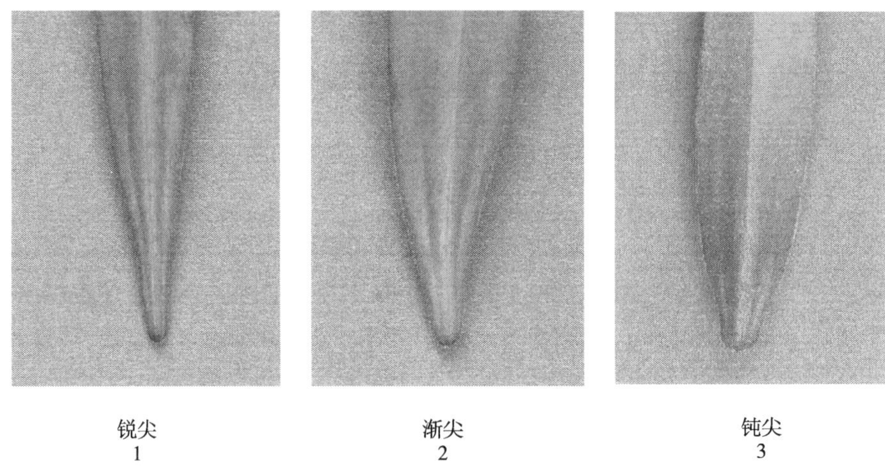

图 B.15 ＊果实:先端形状

性状 30 ＊果实:心室数,见图 B.16。

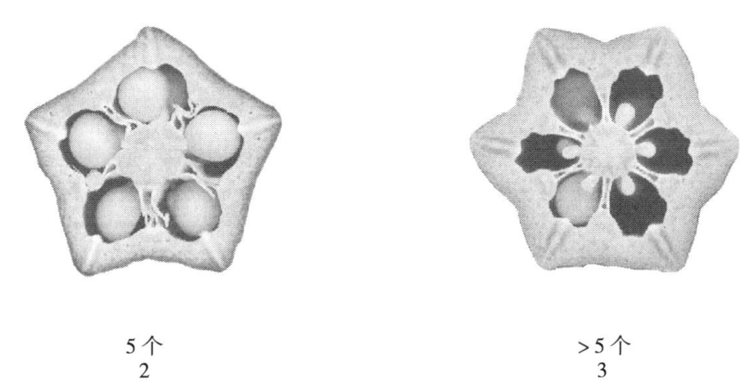

图 B.16 ＊果实:心室数

性状 32 果实:成熟果长度,见图 B.17。观测木质化且完全转色的成熟果实。

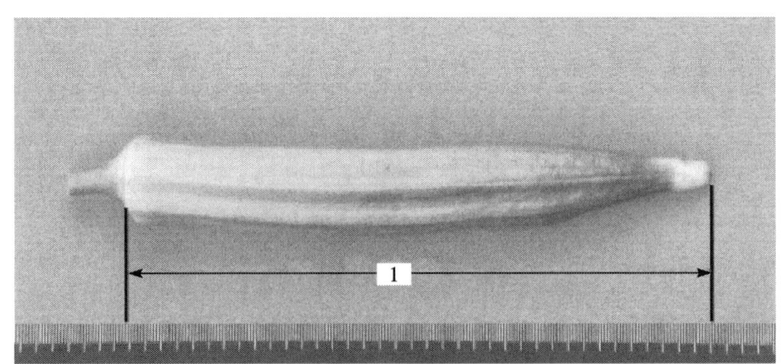

说明:

1——果实长度。

图 B.17 果实:成熟果长度

性状 33 果实:成熟果直径,观测木质化且完全转色的成熟果实,测量其最宽处。

性状 34　种子:颜色,见图 B.18。

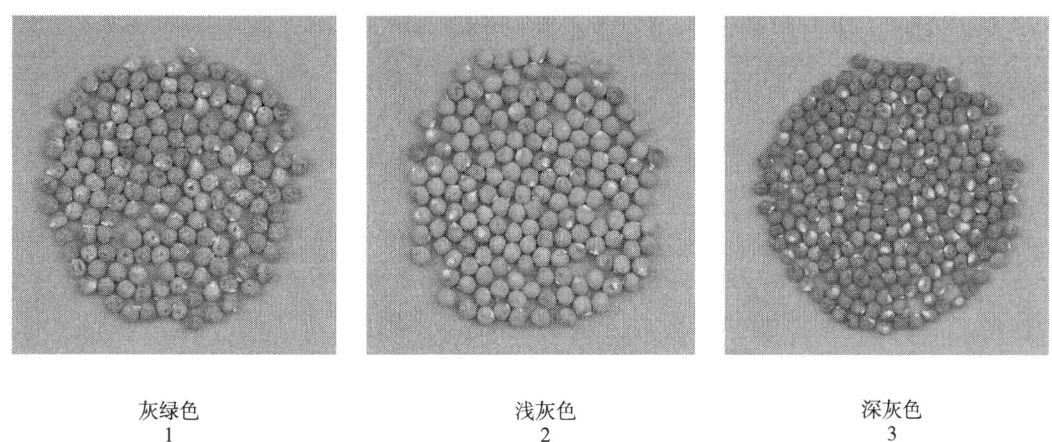

灰绿色
1

浅灰色
2

深灰色
3

图 B.18　种子:颜色

性状 35　种子:表面被毛,见图 B.19。

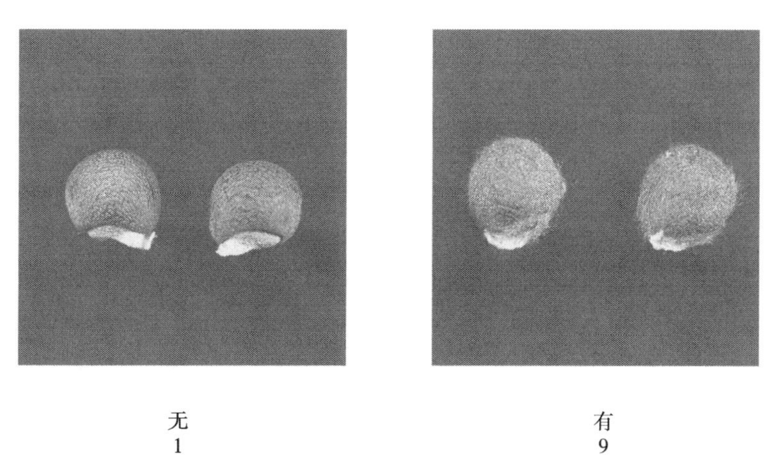

无
1

有
9

图 B.19　种子:表面被毛

性状 38　叶片:叶脉花青甙显色,见图 B.20。

无
1

斑驳
2

均匀
3

图 B.20　叶片:叶脉花青甙显色

性状 41　种子:数量,选取 20 个典型植株的中部果荚,观测每个果荚的种子数量,取平均数。

附 录 C
(规范性附录)
黄秋葵(咖啡黄葵)技术问卷格式

黄秋葵(咖啡黄葵)技术问卷

申请号： 申请日： (由审批机关填写)

(申请人或代理机构签章)

C.1 品种暂定名称

C.2 申请测试人信息

姓　　名：
地　　址：
电话号码：　　　　传真号码：　　　　手机号码：
邮箱地址：
育种者姓名：

C.3 植物学分类

拉丁名：____________________
中文名：____________________

C.4 品种类型

在相符的类型[ ]中打√。

C.4.1 品种来源

C.4.1.1 **培育** [ ](请列出亲本)
C.4.1.2 **突变** [ ](请列出母本)
C.4.1.3 **发现** [ ](请指出何时何地发现)
C.4.1.4 **其他** [ ]

C.4.2 繁殖方式

C.4.2.1 **常规种** [ ]
C.4.2.2 **杂交种** [ ]
C.4.2.3 **其他** [ ](请指出具体方式)

C.5　待测品种的具有代表性彩色照片

（品种照片粘贴处）
（如果照片较多，可另附页提供）

C.6　品种的选育背景、育种过程和育种方法，包括系谱、培育过程和所使用的亲本或其他繁殖材料来源与名称的详细说明

C.7　适于生长的区域或环境以及栽培技术的说明

C.8　其他有助于辨别待测品种的信息

（如品种用途、品质和抗性，请提供详细资料）

C.9　品种种植或测试是否需要特殊条件

在相符的[　]中打√。
是[　]　　　　　　否[　]
（如果回答是，请提供详细资料）

C.10　品种繁殖材料保存是否需要特殊条件

在相符的[　]中打√。
是[　]　　　　　　否[　]
（如果回答是，请提供详细资料）

C.11 待测品种需要指出的性状

在表 C.1 中相符的代码后[ ]中打√,若有测量值,请填写在表 C.1 中。

表 C.1 待测品种需要指出的性状

序号	性　　状	表达状态	代码	测量值
1	始花期(性状 2)	极早	1[ ]	
		极早到早	2[ ]	
		早	3[ ]	
		早到中	4[ ]	
		中	5[ ]	
		中到晚	6[ ]	
		晚	7[ ]	
		晚到极晚	8[ ]	
		极晚	9[ ]	
2	* 植株:分枝性(性状 4)	无或极弱	1[ ]	
		弱	2[ ]	
		中	3[ ]	
		强	4[ ]	
		极强	5[ ]	
3	* 主茎:花青甙显色(性状 8)	无	1[ ]	
		有	9[ ]	
4	* 叶片:裂刻深度(性状 12)	无或极浅	1[ ]	
		无或极浅到浅	2[ ]	
		浅	3[ ]	
		浅到中	4[ ]	
		中	5[ ]	
		中到深	6[ ]	
		深	7[ ]	
		深到极深	8[ ]	
		极深	9[ ]	
5	* 叶片:颜色(除叶脉外)(性状 14)	绿色	1[ ]	
		红色	2[ ]	
6	* 果实:颜色(性状 25)	黄绿色	1[ ]	
		浅绿色	2[ ]	
		中等绿色	3[ ]	
		深绿色	4[ ]	
		粉红色	5[ ]	
		红色	6[ ]	
		紫红色	7[ ]	
7	* 果实:果棱间表面状态(性状 27)	凹	1[ ]	
		平	2[ ]	
		凸	3[ ]	
8	* 果实:心室数(性状 30)	<5 个	1[ ]	
		5 个	2[ ]	
		>5 个	3[ ]	

C.12 待测品种与近似品种的明显差异性状表

在自己知识范围内,请申请测试人在表 C.2 中列出待测品种与其最为近似品种的明显差异。

表 C.2　待测品种与近似品种的明显差异性状表

近似品种名称	性状名称	近似品种表达状态	待测品种表达状态
注：提供可以帮助审查机构对该品种以更有效的方式进行特异性测试的信息。			

ICS 65.020.01
B 00

中华人民共和国农业行业标准

NY/T 5010—2016
代替 NY 5020—2001,NY 5010—2002 等

无公害农产品　种植业产地环境条件

2016-05-23 发布　　2016-10-01 实施

中华人民共和国农业部　发布

前　言

本标准按照 GB/T 1.1—2009 给出的规则起草。

本标准代替以下 18 项行业标准：

——NY 5020—2001　无公害食品　茶叶产地环境条件；
——NY 5010—2002　无公害食品　蔬菜产地环境条件；
——NY 5023—2002　无公害食品　热带水果产地环境条件；
——NY 5087—2002　无公害食品　鲜食葡萄产地环境条件；
——NY 5104—2002　无公害食品　草莓产地环境条件；
——NY 5107—2002　无公害食品　猕猴桃产地环境条件；
——NY 5110—2002　无公害食品　西瓜产地环境条件；
——NY 5116—2002　无公害食品　水稻产地环境条件；
——NY 5120—2002　无公害食品　饮用菊花产地环境条件；
——NY 5123—2002　无公害食品　窨茶用茉莉花产地环境条件；
——NY 5181—2002　无公害食品　哈密瓜产地环境条件；
——NY 5294—2004　无公害食品　设施蔬菜产地环境条件；
——NY 5013—2006　无公害食品　林果类产品产地环境条件；
——NY 5331—2006　无公害食品　水生蔬菜产地环境技术条件；
——NY 5332—2006　无公害食品　大田作物产地环境条件；
——NY 5358—2007　无公害食品　食用菌产地环境条件；
——NY 5359—2010　无公害食品　香辛料产地环境条件；
——NY 5360—2010　无公害食品　可食花卉产地环境条件。

本标准由中华人民共和国农业部提出并归口。

本标准起草单位：农业部环境保护科研监测所、农业部环境质量监督检验测试中心(天津)、农业部农产品质量安全中心、中国农业科学院农业资源与农业区划所。

本标准主要起草人：徐亚平、丁保华、廖超子、刘潇威、胡清秀、彭祎、罗铭、李军幸、王跃华。

本标准的历次版本发布情况为：

——NY 5020—2001、NY 5010—2002、NY 5023—2002、NY 5087—2002、NY 5104—2002、NY 5107—2002、NY 5110—2002、NY 5116—2002、NY 5120—2002、NY 5123—2002、NY 5181—2002、NY 5294—2004、NY 5013—2006、NY 5331—2006、NY 5332—2006、NY 5358—2007、NY 5359—2010、NY 5360—2010。

无公害农产品　种植业产地环境条件

1　范围

本标准规定了无公害农产品种植业产地环境质量要求、采样方法、检测方法和产地环境评价的技术要求。

本标准适用于无公害农产品(种植业产品)产地。

2　规范性引用文件

下列文件对于本文件的应用是必不可少的。凡是注日期的引用文件,仅注日期的版本适用于本文件。凡是不注日期的引用文件,其最新版本(包括所有的修改单)适用于本文件。

GB 5749　生活饮用水卫生标准

GB/T 5750.6　生活饮用水标准检验方法　金属指标

GB/T 5750.12　生活饮用水标准检验方法　微生物指标

GB/T 6682　分析实验室用水规格和试验方法

GB/T 6920　水质　pH 值的测定　玻璃电极法

GB/T 7467　水质　六价铬的测定　二苯碳酰二肼分光光度法

GB/T 7475　水质　铜、锌、铅、镉的测定　原子吸收分光光度法

GB/T 11914　水质化学需氧量的测定　重铬酸盐法

GB 15618　土壤环境质量标准

GB/T 17138　土壤质量　铜、锌的测定　火焰原子吸收分光光度法

GB/T 17139　土壤质量　镍的测定　火焰原子吸收分光光度法

GB/T 17141　土壤质量　铅、镉的测定　石墨炉原子吸收分光光度法

GB/T 22105　土壤质量　总汞、总砷、总铅的测定　原子荧光法

HJ/T 51　水质　全盐量的测定　重量法

HJ/T 332　食用农产品产地环境质量评价标准

HJ 484　水质氰化物的测定　容量法和分光光度法

HJ 503　水质　挥发酚的测定　4-氨基安替比林分光光度法

HJ 637　水质　石油类和动植物油类的测定　红外分光光度法

NY/T 395　农田土壤环境质量监测技术规范

NY/T 396　农用水源环境质量监测技术规范

NY/T 1121.5　土壤检测　第 5 部分:石灰性土壤阳离子交换量的测定

NY/T 1121.12　土壤检测　第 12 部分:土壤总铬的测定

NY/T 1377　土壤中 pH 值的测定

NY/T 5295　无公害农产品产地环境评价准则

3　产地环境质量要求

3.1　灌溉水

灌溉水质量应符合表 1 的要求。同时可根据当地无公害农产品种植业产地环境的特点和灌溉水的来源特性,依据表 2 选择相应的补充监测项目。

食用菌生产用水各项监测指标应符合 GB 5749 的要求,不得随意加入药剂、肥料或成分不明的

物质。

表 1 灌溉水基本指标

项 目	指 标			
	水田	旱地	菜地	食用菌
pH	5.5～8.5			6.5～8.5
总汞,mg/L	≤0.001			≤0.001
总镉,mg/L	≤0.01			≤0.005
总砷,mg/L	≤0.05	≤0.1	≤0.05	≤0.01
总铅,mg/L	≤0.2			≤0.01
铬(六价),mg/L	≤0.1			≤0.05
注:对实行水旱轮作、菜粮套种或果粮套种等种植方式的农地,执行其中较低标准值的一项作物的标准值。				

表 2 灌溉水选择性指标

项 目	指 标			
	水田	旱地	菜地	食用菌
氰化物,mg/L	≤0.5			≤0.05
化学需氧量,mg/L	≤150	≤200	≤100[a],≤60[b]	—
挥发酚,mg/L	≤1			≤0.002
石油类,mg/L	≤5	≤10	≤1	—
全盐量,mg/L	≤1 000(非盐碱土地区),≤2 000(盐碱土地区)			—
粪大肠菌群,个/100mL	≤4 000	≤4 000	≤2 000[a],≤1 000[b]	—
注:对实行水旱轮作、菜粮套种或果粮套种等种植方式的农地,执行其中较低标准值的一项作物的标准值。				
[a] 加工、烹饪及去皮蔬菜。				
[b] 生食类蔬菜、瓜类和草本水果。				

3.2 土壤

土壤环境质量监测指标分基本指标和选测指标,其中基本指标为总汞、总砷、总镉、总铅、总铬 5 项,选测指标为总铜、总镍、邻苯二甲酸酯类总量 3 项。

各项监测指标应符合 GB 15618 的要求。对实行水旱轮作、菜粮套种或果粮套种等种植方式的农地,执行其中较低标准值的一项作物的标准值。

食用菌栽培基质需严格按照高温高压灭菌、常压灭菌、前后发酵、覆土消毒等生产工艺进行。需经灭菌处理的,灭菌后的基质应达到无菌状态;需经发酵处理的,应发酵全面、均匀。食用菌栽培生产用土应采用天然的、未受污染的泥炭土、草炭土、林地腐殖土或农田耕作层以下的壤土,其总汞、总砷、总镉、总铅指标应符合 GB 15618 的要求;其他栽培基质污染物限值要求参见附录 A。

4 采样方法

4.1 灌溉水

按 NY/T 396 的规定执行。

4.2 土壤

按 NY/T 395 的规定执行。

5 检测方法

本标准规定的检测方法,如有其他国家标准、行业标准以及部文件公告的检测方法,且其检出限和定量限能满足限量值要求时,在检测时可采用。

5.1 灌溉水

5.1.1 **pH**

按照 GB/T 6920 的规定执行。

5.1.2 **总汞**

按照 GB/T 5750.6 的规定执行。

5.1.3 **总镉**

按照 GB/T 7475 的规定执行。

5.1.4 **总砷**

按照 GB/T 5750.6 的规定执行。

5.1.5 **总铅**

按照 GB/T 7475 的规定执行。

5.1.6 **六价铬**

按照 GB/T 7467 的规定执行。

5.1.7 **氰化物**

按照 HJ 484 的规定执行。

5.1.8 **化学需氧量**

按照 GB/T 11914 的规定执行。

5.1.9 **挥发酚**

按照 HJ 503 的规定执行。

5.1.10 **石油类**

按照 HJ 637 的规定执行。

5.1.11 **全盐量**

按照 HJ/T 51 的规定执行。

5.1.12 **粪大肠菌群**

按照 GB/T 5750.12 的规定执行。

5.2 **土壤**

5.2.1 **总镉**

按照 GB/T 17141 的规定执行。

5.2.2 **总汞**

按照 GB/T 22105 的规定执行。

5.2.3 **总铅**

按照 GB/T 17141 的规定执行。

5.2.4 **总铬**

按照 NY/T 1121.12 的规定执行。

5.2.5 **总砷**

按照 GB/T 22105 的规定执行。

5.2.6 **总镍**

按照 GB/T 17139 的规定执行。

5.2.7 **总铜**

按照 GB/T 17138 的规定执行。

5.2.8 **pH**

按照 NY/T 1377 的规定执行。

5.2.9 阳离子交换量

按照 NY/T 1121.5 的规定执行。

5.2.10 邻苯二甲酸酯

参见附录 B。

6 产地环境评价

按照 NY/T 5295 的规定执行。

附 录 A
（资料性附录）
食用菌其他栽培基质中总汞、总砷、总镉参考限值

土培食用菌栽培基质按3.2相关条款执行，其他栽培基质应符合表A.1要求。各无公害农产品工作机构可根据当地食用菌生产品种，针对食用菌栽培基质制备的特点，对本标准中未规定的其他栽培基质的污染指标宜制定并实施地方食用菌栽培基质标准。表A.1为食用菌其他栽培基质部分污染物参考限值。

表A.1 食用菌其他栽培基质中总汞、总砷、总镉参考限值

项 目	指 标
总汞，mg/kg	≤0.1
总砷，mg/kg	≤0.8
总镉，mg/kg	≤0.3

附　录　B
（资料性附录）
土壤中6种邻苯二甲酸酯含量测定　气相色谱串联质谱法

B.1　范围

本方法规定了土壤中6种邻苯二甲酸酯含量的气相色谱串联质谱法测定的条件和详细步骤。

本方法适用于土壤中6种邻苯二甲酸酯含量的测定。

B.2　方法提要

试样经蒸馏水活化后，乙腈振荡提取，提取液离心后加盐震荡分层；取上层提取液旋转蒸发至近干，氮气吹干，经 Florisil 小柱净化，淋洗液经浓缩后使用气相色谱串联质谱仪检测，外标法定量测定。

B.3　试剂和溶液

除非另有说明，所用试剂应为分析纯，水为 GB/T 6682 规定的一级水。

B.3.1　乙腈：分析纯。

B.3.2　正己烷：色谱纯。

B.3.3　丙酮：色谱纯。

B.3.4　6种邻苯二甲酸酯标准品：邻苯二甲酸二甲酯（dimethyl phthalate，DMP），邻苯二甲酸二乙酯（diethyl phthalate，DEP），邻苯二甲酸二丁酯（dibuthyl phthalate，DBP），邻苯二甲酸丁基苄基酯（benzyl butyl phthalate，BBP），邻苯二甲酸二（2-乙基）己酯[bis（2-ethylhexyl）phthalate，DEHP]，邻苯二甲酸二正辛酯（di-n-octyl phthalate，DNOP）。

B.3.5　6种邻苯二甲酸酯标准储备液：将各标准品使用正己烷分别配制成浓度为1 000 mg/L 的标准溶液，再用正己烷配制成浓度为100 mg/L 的标准储备液。

B.3.6　6种邻苯二甲酸酯标准工作液：分别吸取标准储备液（B.3.5）各取0.5 mL 于10 mL 容量瓶内，使用正己烷定容，配置成浓度为5 mg/L 的混合标准工作液。分析样品时使用正己烷逐级稀释成浓度为500 μg/L、200 μg/L、100 μg/L、50 μg/L、20 μg/L、10 μg/L、5 μg/L、2 μg/L 的标准溶液，以作标准曲线。

B.3.7　氯化钠（优级纯）于450℃灼烧6 h，冷却后装玻璃瓶保存。

B.3.8　90 cm 定量滤纸。

B.3.9　100 mL 玻璃离心管。

B.3.10　Aglea cleanert 玻璃，1 000 mg，6 mL，Florisil 净化小柱。

B.4　仪器和设备

实验室常规仪器设备和以下各种仪器设备：

B.4.1　气相色谱串联质谱联用仪。

B.4.2　恒温水浴氮吹仪。

B.4.3　振荡仪。

B.4.4　天平：精确至0.1 g。

B.5 试样的制备

取有代表性的样品至少 500 g。

B.6 分析步骤

B.6.1 样品处理

称取样品 10.0 g(精确至 0.1 g)于 150 mL 三角瓶中,加入 10 mL 蒸馏水混匀,活化半小时。加入 40 mL 乙腈,以 200 r/min 速度振荡 2 h,将样品倒入 100 mL 玻璃离心管中,在 4℃下以 3 500 r/min 速度离心 5 min。用滤纸过滤离心后的液体,滤液收集到装有 5 g～6 g 氯化钠的具塞量筒中,用力振荡 3 min后静置 30 min 分层。取上层有机相 20 mL,放入 150 mL 圆底烧瓶内旋转蒸发近干,氮气吹干后加入 3.0 mL 正己烷待净化。将玻璃 Florisil 柱依次用 5.0 mL 丙酮+正己烷(10+90)、5.0 mL 正己烷预淋洗,条件化,当溶剂液面到达吸附层表面时,立即倒入上述待净化溶液,用 15 mL 刻度离心管接收洗脱液,用 6 mL 丙酮+正己烷(10+90)冲洗烧杯后淋洗玻璃 Florisil 柱,并重复 1 次。将盛有淋洗液的离心管置于氮吹仪上,在水浴温度 50℃条件下,氮吹蒸发至小于 5 mL,用正己烷定容至 5.0 mL,在旋涡混合器上混匀,移入 2 mL 自动进样器样品瓶中,待测。

B.6.2 测定

B.6.2.1 气相色谱串联质谱联用仪参考条件

a) 色谱柱:J&W HP-5MS 30 m×250 μm×0.25 μm 或相当者。

b) 气相的设定条件为:进样口温度:280℃,进样模式:不分流加压进样,传输线温度:300℃,载气:氦气,柱流速:1.2 mL/min,升温程序:100℃(0 min),20℃/min 升至 250℃(5 min)。

c) 进样量:1 μL。

d) 质谱条件:电子轰击离子源(EI),温度 280℃,四级杆温度 150℃,碰撞气:N_2 1.5 mL/min,采用多反应监测(MRM)方式进行数据采集,6 种邻苯二甲酸酯的监测离子(m/z)碰撞电压(CE)和保留时间见表 B.1。

表 B.1 MRM 模式下 6 种邻苯二甲酸酯的保留时间、监测离子及碰撞电压

化合物	母离子 m/z	子离子 m/z	碰撞电压 eV	保留时间 min
DMP	194	162.96	10	4.913
DMP	162.96	132.93	10	4.913
DEP	176.99	148.99	10	5.442
DEP	222.01	148.98	15	5.442
DBP	223.06	148.97	10	7.396
DBP	148.97	121.99	10	7.396
BBP	206.01	148.91	5	9.221
BBP	206.02	123	10	9.221
DEHP	166.95	149.02	10	10.117
DEHP	148.91	120.93	10	10.117
DNOP	279.11	166.92	5	11.3
DNOP	279.12	71	10	11.3

B.6.2.2 标准曲线的绘制

在上述仪器条件下测定标准溶液的响应值,以峰面积为横坐标,6 种邻苯二甲酸酯浓度为纵坐标,绘制标准曲线。

B.6.2.3 样品中 6 种邻苯二甲酸酯含量的测定

在上述色谱质谱测定条件下测定试样的响应值(峰面积),通过色谱峰在色谱图中的保留时间确认样品中的6种邻苯二甲酸酯,根据峰面积由标准曲线上计算得到样液中6种邻苯二甲酸酯的含量。

B.7 结果计算

试样中被测邻苯二甲酸酯残留量以质量分数 ω 计,数值以毫克每千克(mg/kg)表示,按式(B.1)计算。

$$\omega_i = \frac{V_1 \times A_i \times V_3}{V_2 \times A_{si} \times m} \times \rho_i \qquad \text{(B.1)}$$

式中:

ω_i ——试样中每种被测邻苯二甲酸酯残留量,单位为毫克每千克(mg/kg);

ρ_i ——标准溶液中农药的质量浓度,单位为毫克每升(mg/L);

A_i ——样品溶液中被测农药的峰面积;

A_{Si}——农药标准溶液中被测农药的峰面积;

V_1 ——提取溶剂总体积,单位为毫升(mL);

V_2 ——吸取出用于检测的提取溶液的体积,单位为毫升(mL);

V_3 ——样品溶液定容体积,单位为毫升(mL);

m ——试样的质量,单位为克(g)。

计算结果保留两位有效数字,当结果大于1 mg/kg时保留三位有效数字。

B.8 精密度

同一样品独立进行测试获得的两次独立测试结果的绝对差值不得超过算术平均值的15%。

附录

中华人民共和国农业部公告
第 2377 号

《巴氏杀菌乳和 UHT 灭菌乳中复原乳的鉴定》标准业经专家审定通过，现批准发布为中华人民共和国农业行业标准，标准号为 NY/T 939—2016，代替农业行业标准 NY/T 939—2005，自 2016 年 4 月 1 日起实施。

特此公告。

农业部

2016 年 3 月 23 日

中华人民共和国农业部公告
第 2405 号

《农药登记用卫生杀虫剂室内药效试验及评价　第 6 部分：服装面料用驱避剂》等 97 项标准业经专家审定通过，现批准发布为中华人民共和国农业行业标准，自 2016 年 10 月 1 日起实施。

特此公告。

附件：《农药登记用卫生杀虫剂室内药效试验及评价　第 6 部分：服装面料用驱避剂》等 97 项农业行业标准目录

农业部

2016 年 5 月 23 日

附件：

《农药登记用卫生杀虫剂室内药效试验及评价 第6部分:服装面料用驱避剂》等97项农业行业标准目录

序号	标准号	标准名称	代替标准号
1	NY/T 1151.6—2016	农药登记用卫生杀虫剂室内药效试验及评价　第6部分:服装面料用驱避剂	
2	NY/T 1153.7—2016	农药登记用白蚁防治剂药效试验方法及评价　第7部分:农药喷粉处理防治白蚁	
3	NY/T 1464.59—2016	农药田间药效试验准则　第59部分:杀虫剂防治茭白螟虫	
4	NY/T 1464.60—2016	农药田间药效试验准则　第60部分:杀虫剂防治姜(储藏期)异型眼蕈蚊幼虫	
5	NY/T 1464.61—2016	农药田间药效试验准则　第61部分:除草剂防治高粱田杂草	
6	NY/T 1464.62—2016	农药田间药效试验准则　第62部分:植物生长调节剂促进西瓜生长	
7	NY/T 1859.8—2016	农药抗性风险评估　第8部分:霜霉病菌对杀菌剂抗药性风险评估	
8	NY/T 1860.1—2016	农药理化性质测定试验导则　第1部分:pH	NY/T 1860.1—2010
9	NY/T 1860.2—2016	农药理化性质测定试验导则　第2部分:酸(碱)度	NY/T 1860.2—2010
10	NY/T 1860.3—2016	农药理化性质测定试验导则　第3部分:外观	NY/T 1860.3—2010
11	NY/T 1860.4—2016	农药理化性质测定试验导则　第4部分:热稳定性	NY/T 1860.4—2010
12	NY/T 1860.5—2016	农药理化性质测定试验导则　第5部分:紫外/可见光吸收	NY/T 1860.5—2010
13	NY/T 1860.6—2016	农药理化性质测定试验导则　第6部分:爆炸性	NY/T 1860.6—2010
14	NY/T 1860.7—2016	农药理化性质测定试验导则　第7部分:水中光解	NY/T 1860.7—2010
15	NY/T 1860.8—2016	农药理化性质测定试验导则　第8部分:正辛醇/水分配系数	NY/T 1860.8—2010
16	NY/T 1860.9—2016	农药理化性质测定试验导则　第9部分:水解	NY/T 1860.9—2010
17	NY/T 1860.10—2016	农药理化性质测定试验导则　第10部分:氧化/还原:化学不相容性	NY/T 1860.10—2010
18	NY/T 1860.11—2016	农药理化性质测定试验导则　第11部分:闪点	NY/T 1860.11—2010
19	NY/T 1860.12—2016	农药理化性质测定试验导则　第12部分:燃点	NY/T 1860.12—2010
20	NY/T 1860.13—2016	农药理化性质测定试验导则　第13部分:与非极性有机溶剂混溶性	NY/T 1860.13—2010
21	NY/T 1860.14—2016	农药理化性质测定试验导则　第14部分:饱和蒸气压	NY/T 1860.14—2010
22	NY/T 1860.15—2016	农药理化性质测定试验导则　第15部分:固体可燃性	NY/T 1860.15—2010
23	NY/T 1860.16—2016	农药理化性质测定试验导则　第16部分:对包装材料腐蚀性	NY/T 1860.16—2010
24	NY/T 1860.17—2016	农药理化性质测定试验导则　第17部分:密度	NY/T 1860.17—2010
25	NY/T 1860.18—2016	农药理化性质测定试验导则　第18部分:比旋光度	NY/T 1860.18—2010
26	NY/T 1860.19—2016	农药理化性质测定试验导则　第19部分:沸点	NY/T 1860.19—2010
27	NY/T 1860.20—2016	农药理化性质测定试验导则　第20部分:熔点/熔程	NY/T 1860.20—2010
28	NY/T 1860.21—2016	农药理化性质测定试验导则　第21部分:黏度	NY/T 1860.21—2010
29	NY/T 1860.22—2016	农药理化性质测定试验导则　第22部分:有机溶剂中溶解度	NY/T 1860.22—2010
30	NY/T 1860.23—2016	农药理化性质测定试验导则　第23部分:水中溶解度	
31	NY/T 1860.24—2016	农药理化性质测定试验导则　第24部分:固体的相对自燃温度	
32	NY/T 1860.25—2016	农药理化性质测定试验导则　第25部分:气体可燃性	

（续）

序号	标准号	标准名称	代替标准号
33	NY/T 1860.26—2016	农药理化性质测定试验导则　第26部分:自燃温度(液体与气体)	
34	NY/T 1860.27—2016	农药理化性质测定试验导则　第27部分:气雾剂的可燃性	
35	NY/T 1860.28—2016	农药理化性质测定试验导则　第28部分:氧化性	
36	NY/T 1860.29—2016	农药理化性质测定试验导则　第29部分:遇水可燃性	
37	NY/T 1860.30—2016	农药理化性质测定试验导则　第30部分:水中解离常数	
38	NY/T 1860.31—2016	农药理化性质测定试验导则　第31部分:水溶液表面张力	
39	NY/T 1860.32—2016	农药理化性质测定试验导则　第32部分:粒径分布	
40	NY/T 1860.33—2016	农药理化性质测定试验导则　第33部分:吸附/解吸附	
41	NY/T 1860.34—2016	农药理化性质测定试验导则　第34部分:水中形成络合物的能力	
42	NY/T 1860.35—2016	农药理化性质测定试验导则　第35部分:聚合物分子量和分子量分布测定(凝胶渗透色谱法)	
43	NY/T 1860.36—2016	农药理化性质测定试验导则　第36部分:聚合物低分子量组分含量测定(凝胶渗透色谱法)	
44	NY/T 1860.37—2016	农药理化性质测定试验导则　第37部分:自热物质试验	
45	NY/T 1860.38—2016	农药理化性质测定试验导则　第38部分:对金属和金属离子的稳定性	
46	NY/T 2061.5—2016	农药室内生物测定试验准则　植物生长调节剂　第5部分:混配的联合作用测定	
47	NY/T 2062.4—2016	天敌防治靶标生物田间药效试验准则　第4部分:七星瓢虫防治保护地蔬菜蚜虫	
48	NY/T 2063.4—2016	天敌昆虫室内饲养方法准则　第4部分:七星瓢虫室内饲养方法	
49	NY/T 2882.1—2016	农药登记　环境风险评估指南　第1部分:总则	
50	NY/T 2882.2—2016	农药登记　环境风险评估指南　第2部分:水生生态系统	
51	NY/T 2882.3—2016	农药登记　环境风险评估指南　第3部分:鸟类	
52	NY/T 2882.4—2016	农药登记　环境风险评估指南　第4部分:蜜蜂	
53	NY/T 2882.5—2016	农药登记　环境风险评估指南　第5部分:家蚕	
54	NY/T 2882.6—2016	农药登记　环境风险评估指南　第6部分:地下水	
55	NY/T 2882.7—2016	农药登记　环境风险评估指南　第7部分:非靶标节肢动物	
56	NY/T 2883—2016	农药登记用日本血吸虫尾蚴防护剂药效试验方法及评价	
57	NY/T 2884.1—2016	农药登记用仓储害虫防治剂药效试验方法和评价　第1部分:防护剂	
58	NY/T 2885—2016	农药登记田间药效试验质量管理规范	
59	NY/T 2886—2016	农药登记原药全组分分析试验指南	
60	NY/T 2887—2016	农药产品质量分析方法确认指南	
61	NY/T 2888.1—2016	真菌微生物农药　木霉菌　第1部分:木霉菌母药	
62	NY/T 2888.2—2016	真菌微生物农药　木霉菌　第2部分:木霉菌可湿性粉剂	
63	NY/T 2889.1—2016	氨基寡糖素　第1部分:氨基寡糖素母药	
64	NY/T 2889.2—2016	氨基寡糖素　第2部分:氨基寡糖素水剂	
65	NY/T 2890—2016	稻米中γ-氨基丁酸的测定　高效液相色谱法	
66	NY/T 2594—2016	植物品种鉴定　DNA分子标记法　总则	NY/T 2594—2014
67	NY/T 638—2016	蜂王浆生产技术规范	NY/T 638—2002
68	NY/T 2891—2016	禾本科草种子生产技术规程　老芒麦和披碱草	
69	NY/T 2892—2016	禾本科草种子生产技术规程　多花黑麦草	
70	NY/T 2893—2016	绒山羊饲养管理技术规范	

（续）

序号	标准号	标准名称	代替标准号
71	NY/T 2894—2016	猪活体背膘厚和眼肌面积的测定　B型超声波法	
72	NY/T 2895—2016	饲料中叶酸的测定　高效液相色谱法	
73	NY/T 2896—2016	饲料中斑蝥黄的测定　高效液相色谱法	
74	NY/T 2897—2016	饲料中β-阿朴-8′-胡萝卜素醛的测定　高效液相色谱法	
75	NY/T 2898—2016	饲料中串珠镰刀菌素的测定　高效液相色谱法	
76	NY/T 502—2016	花生收获机　作业质量	NY/T 502—2002
77	NY/T 1138.1—2016	农业机械维修业开业技术条件　第1部分:农业机械综合维修点	NY/T 1138.1—2006
78	NY/T 1138.2—2016	农业机械维修业开业技术条件　第2部分:农业机械专项维修点	NY/T 1138.2—2006
79	NY/T 1408.6—2016	农业机械化水平评价　第6部分:设施农业	
80	NY/T 2899—2016	农业机械生产企业维修服务能力评价规范	
81	NY/T 2900—2016	报废农业机械回收拆解技术规范	
82	NY/T 2901—2016	温室工程　机械设备安装工程施工及验收通用规范	
83	NY/T 2902—2016	甘蔗联合收获机　作业质量	
84	NY/T 2903—2016	甘蔗收获机　质量评价技术规范	
85	NY/T 2904—2016	葡萄埋藤机　质量评价技术规范	
86	NY/T 2905—2016	方草捆打捆机　质量评价技术规范	
87	NY/T 2906—2016	水稻插秧机可靠性评价方法	
88	NY/T 443—2016	生物制气化供气系统技术条件及验收规范	NY/T 443—2001
89	NY/T 1699—2016	玻璃纤维增强塑料户用沼气池技术条件	NY/T 1699—2009
90	NY/T 2907—2016	生物质常压固定床气化炉技术条件	
91	NY/T 2908—2016	生物质气化集中供气运行与管理规范	
92	NY/T 2909—2016	生物质固体成型燃料质量分级	
93	NY/T 2910—2016	硬质塑料户用沼气池	
94	NY/T 5010—2016	无公害农产品　种植业产地环境条件	NY 5020—2001、NY 5010—2002、NY 5023—2002、NY 5087—2002、NY 5104—2002、NY 5107—2002、NY 5110—2002、NY 5116—2002、NY 5120—2002、NY 5123—2002、NY 5181—2002、NY 5294—2004、NY 5013—2006、NY 5331—2006、NY 5332—2006、NY 5358—2007、NY 5359—2010、NY 5360—2010
95	NY/T 5030—2016	无公害农产品　兽药使用准则	NY 5138—2002、NY 5030—2006
96	NY/T 5361—2016	无公害农产品　淡水养殖产地环境条件	NY 5361—2010
97	SC/T 3033—2016	养殖暗纹东方鲀鲜、冻品加工操作规范	

中华人民共和国农业部公告
第2406号

根据《中华人民共和国农业转基因生物安全管理条例》规定,《农业转基因生物安全管理通用要求　实验室》等10项标准业经专家审定通过和我部审查批准,现发布为中华人民共和国国家标准,自2016年10月1日起实施。

特此公告。

附件:《农业转基因生物安全管理通用要求　实验室》等10项标准目录

农业部

2016年5月23日

附件：

《农业转基因生物安全管理通用要求　实验室》等10项标准目录

序号	标准名称	标准号	代替标准号
1	农业转基因生物安全管理通用要求　实验室	农业部2406号公告—1—2016	
2	农业转基因生物安全管理通用要求　温室	农业部2406号公告—2—2016	
3	农业转基因生物安全管理通用要求　试验基地	农业部2406号公告—3—2016	
4	转基因生物及其产品食用安全检测　蛋白质7天经口毒性试验	农业部2406号公告—4—2016	
5	转基因生物及其产品食用安全检测　外源蛋白质致敏性人血清酶联免疫试验	农业部2406号公告—5—2016	
6	转基因生物及其产品食用安全检测　营养素大鼠表观消化率试验	农业部2406号公告—6—2016	
7	转基因动物及其产品成分检测　DNA提取和纯化	农业部2406号公告—7—2016	
8	转基因动物及其产品成分检测　人乳铁蛋白基因(hLTF)定性PCR方法	农业部2406号公告—8—2016	
9	转基因动物及其产品成分检测　人α-乳清蛋白基因(hLALBA)定性PCR方法	农业部2406号公告—9—2016	
10	转基因生物及其产品食用安全检测　蛋白质急性经口毒性试验	农业部2406号公告—10—2016	农业部2031号公告—16—2013

中华人民共和国农业部公告
第 2461 号

《测土配方施肥技术规程》等 110 项标准业经专家审定通过，现批准发布为中华人民共和国农业行业标准，自 2017 年 4 月 1 日起实施。

特此公告。

附件：《测土配方施肥技术规程》等 110 项农业行业标准目录

农业部

2016 年 10 月 26 日

附件：

《测土配方施肥技术规程》等 110 项农业行业标准目录

序号	标准号	标准名称	代替标准号
1	NY/T 2911—2016	测土配方施肥技术规程	
2	NY/T 2912—2016	北方旱寒区白菜型冬油菜品种试验记载规范	
3	NY/T 2913—2016	北方旱寒区冬油菜栽培技术规程	
4	NY/T 2914—2016	黄淮冬麦区小麦栽培技术规程	
5	NY/T 2915—2016	水稻高温热害鉴定与分级	
6	NY/T 2916—2016	棉铃虫抗药性监测技术规程	
7	NY/T 2917—2016	小地老虎防治技术规程	
8	NY/T 2918—2016	南方水稻黑条矮缩病防治技术规程	
9	NY/T 2919—2016	瓜类果斑病防控技术规程	
10	NY/T 2920—2016	柑橘黄龙病防控技术规程	
11	NY/T 2921—2016	苹果种质资源描述规范	
12	NY/T 2922—2016	梨种质资源描述规范	
13	NY/T 2923—2016	桃种质资源描述规范	
14	NY/T 2924—2016	李种质资源描述规范	
15	NY/T 2925—2016	杏种质资源描述规范	
16	NY/T 2926—2016	柿种质资源描述规范	
17	NY/T 2927—2016	枣种质资源描述规范	
18	NY/T 2928—2016	山楂种质资源描述规范	
19	NY/T 2929—2016	枇杷种质资源描述规范	
20	NY/T 2930—2016	柑橘种质资源描述规范	
21	NY/T 2931—2016	草莓种质资源描述规范	
22	NY/T 2932—2016	葡萄种质资源描述规范	
23	NY/T 2933—2016	猕猴桃种质资源描述规范	
24	NY/T 2934—2016	板栗种质资源描述规范	
25	NY/T 2935—2016	核桃种质资源描述规范	
26	NY/T 2936—2016	甘蔗种质资源描述规范	
27	NY/T 2937—2016	莲种质资源描述规范	
28	NY/T 2938—2016	芋种质资源描述规范	
29	NY/T 2939—2016	甘薯种质资源描述规范	
30	NY/T 2940—2016	马铃薯种质资源描述规范	
31	NY/T 2941—2016	茭白种质资源描述规范	
32	NY/T 2942—2016	苎麻种质资源描述规范	
33	NY/T 2943—2016	茶树种质资源描述规范	
34	NY/T 2944—2016	橡胶树种质资源描述规范	
35	NY/T 2945—2016	野生稻种质资源描述规范	
36	NY/T 2946—2016	豆科牧草种质资源描述规范	
37	NY/T 2947—2016	枸杞中甜菜碱含量的测定　高效液相色谱法	
38	NY/T 2948—2016	农药再评价技术规范	
39	NY/T 2949—2016	高标准农田建设技术规范	
40	NY/T 2950—2016	烟粉虱测报技术规范　棉花	
41	NY/T 2163.1—2016	盲蝽测报技术规范　第 1 部分：棉花	NY/T 2163—2012
42	NY/T 2163.2—2016	盲蝽测报技术规范　第 2 部分：果树	
43	NY/T 2163.3—2016	盲蝽测报技术规范　第 3 部分：茶树	

（续）

序号	标准号	标准名称	代替标准号
44	NY/T 2163.4—2016	盲蝽测报技术规范　第4部分:苜蓿	
45	NY/T 2951.1—2016	盲蝽综合防治技术规范　第1部分:棉花	
46	NY/T 2951.2—2016	盲蝽综合防治技术规范　第2部分:果树	
47	NY/T 2951.3—2016	盲蝽综合防治技术规范　第3部分:茶树	
48	NY/T 2951.4—2016	盲蝽综合防治技术规范　第4部分:苜蓿	
49	NY/T 1248.6—2016	玉米抗病虫性鉴定技术规范　第6部分:腐霉茎腐病	
50	NY/T 1248.7—2016	玉米抗病虫性鉴定技术规范　第7部分:镰孢茎腐病	
51	NY/T 1248.8—2016	玉米抗病虫性鉴定技术规范　第8部分:镰孢穗腐病	
52	NY/T 1248.9—2016	玉米抗病虫性鉴定技术规范　第9部分:纹枯病	
53	NY/T 1248.10—2016	玉米抗病虫性鉴定技术规范　第10部分:弯孢叶斑病	
54	NY/T 1248.11—2016	玉米抗病虫性鉴定技术规范　第11部分:灰斑病	
55	NY/T 1248.12—2016	玉米抗病虫性鉴定技术规范　第12部分:瘤黑粉病	
56	NY/T 1248.13—2016	玉米抗病虫性鉴定技术规范　第13部分:粗缩病	
57	NY/T 2952—2016	棉花黄萎病抗性鉴定技术规程	
58	NY/T 2953—2016	小麦区域试验品种抗条锈病鉴定技术规程	
59	NY/T 2954—2016	小麦区域试验品种抗赤霉病鉴定技术规程	
60	NY/T 2955—2016	水稻品种试验水稻黑条矮缩病抗性鉴定与评价技术规程	
61	NY/T 2956—2016	民猪	
62	NY/T 541—2016	兽医诊断样品采集、保存与运输技术规范	NY/T 541—2002
63	NY/T 563—2016	禽霍乱(禽巴氏杆菌病)诊断技术	NY/T 563—2002
64	NY/T 564—2016	猪巴氏杆菌病诊断技术	NY/T 564—2002
65	NY/T 572—2016	兔病毒性出血病血凝和血凝抑制试验方法	NY/T 572—2002
66	NY/T 1620—2016	种鸡场动物卫生规范	NY/T 1620—2008
67	NY/T 2957—2016	畜禽批发市场兽医卫生规范	
68	NY/T 2958—2016	生猪及产品追溯关键指标规范	
69	NY/T 2959—2016	兔波氏杆菌病诊断技术	
70	NY/T 2960—2016	兔病毒性出血病病毒RT-PCR检测方法	
71	NY/T 2961—2016	兽医实验室　质量和技术要求	
72	NY/T 2962—2016	奶牛乳房炎乳汁中金黄色葡萄球菌、凝固酶阴性葡萄球菌、无乳链球菌分离鉴定方法	
73	NY/T 708—2016	甘薯干	NY/T 708—2003
74	NY/T 2963—2016	薯类及薯制品名词术语	
75	NY/T 2964—2016	鲜湿发酵米粉加工技术规范	
76	NY/T 2965—2016	骨粉加工技术规程	
77	NY/T 2966—2016	枸杞干燥技术规范	
78	NY/T 2967—2016	种牛场建设标准	NYJ/T 01—2005
79	NY/T 2968—2016	种猪场建设标准	NYJ/T 03—2005
80	NY/T 2969—2016	集约化养鸡场建设标准	NYJ/T 05—2005
81	NY/T 2970—2016	连栋温室建设标准	NYJ/T 06—2005
82	NY/T 2971—2016	家畜资源保护区建设标准	
83	NY/T 2972—2016	县级农村土地承包经营纠纷仲裁基础设施建设标准	
84	NY/T 422—2016	绿色食品　食用糖	NY/T 422—2006
85	NY/T 427—2016	绿色食品　西甜瓜	NY/T 427—2007
86	NY/T 434—2016	绿色食品　果蔬汁饮料	NY/T 434—2007
87	NY/T 473—2016	绿色食品　畜禽卫生防疫准则	NY/T 473—2001、NY/T 1892—2010

（续）

序号	标准号	标准名称	代替标准号
88	NY/T 898—2016	绿色食品　含乳饮料	NY/T 898—2004
89	NY/T 899—2016	绿色食品　冷冻饮品	NY/T 899—2004
90	NY/T 900—2016	绿色食品　发酵调味品	NY/T 900—2007
91	NY/T 1043—2016	绿色食品　人参和西洋参	NY/T 1043—2006
92	NY/T 1046—2016	绿色食品　焙烤食品	NY/T 1046—2006
93	NY/T 1507—2016	绿色食品　山野菜	NY/T 1507—2007
94	NY/T 1510—2016	绿色食品　麦类制品	NY/T 1510—2007
95	NY/T 2973—2016	绿色食品　啤酒花及其制品	
96	NY/T 2974—2016	绿色食品　杂粮米	
97	NY/T 2975—2016	绿色食品　头足类水产品	
98	NY/T 2976—2016	绿色食品　冷藏、速冻调制水产品	
99	NY/T 2977—2016	绿色食品　薏仁及薏仁粉	
100	NY/T 2978—2016	绿色食品　稻谷	
101	NY/T 2979—2016	绿色食品　天然矿泉水	
102	NY/T 2980—2016	绿色食品　包装饮用水	
103	NY/T 2981—2016	绿色食品　魔芋及其制品	
104	NY/T 2982—2016	绿色食品　油菜籽	
105	NY/T 2983—2016	绿色食品　速冻水果	
106	NY/T 2984—2016	绿色食品　淀粉类蔬菜粉	
107	NY/T 2985—2016	绿色食品　低聚糖	
108	NY/T 2986—2016	绿色食品　糖果	
109	NY/T 2987—2016	绿色食品　果醋饮料	
110	NY/T 2988—2016	绿色食品　湘式挤压糕点	

中华人民共和国农业部公告
第 2466 号

《农药常温储存稳定性试验通则》等 83 项标准业经专家审定通过，现批准发布为中华人民共和国农业行业标准，自 2017 年 4 月 1 日起实施。

特此公告。

附件：《农药常温储存稳定性试验通则》等 83 项农业行业标准目录

农业部

2016 年 11 月 1 日

附件：

《农药常温储存稳定性试验通则》等 83 项农业行业标准目录

序号	标准号	标准名称	代替标准号
1	NY/T 1427—2016	农药常温储存稳定性试验通则	NY/T 1427—2007
2	NY/T 2989—2016	农药登记产品规格制定规范	
3	NY/T 2990—2016	禁限用农药定性定量分析方法	
4	NY/T 2991—2016	农机农艺结合生产技术规程甘蔗	
5	NY/T 2992—2016	甘薯茎线虫病综合防治技术规程	
6	NY/T 402—2016	脱毒甘薯种薯(苗)病毒检测技术规程	NY/T 402—2000
7	NY/T 2993—2016	陆川猪	
8	NY/T 2994—2016	苜蓿草田主要虫害防治技术规程	
9	NY/T 2995—2016	家畜遗传资源濒危等级评定	
10	NY/T 2996—2016	家禽遗传资源濒危等级评定	
11	NY/T 2997—2016	草地分类	
12	NY/T 2998—2016	草地资源调查技术规程	
13	NY/T 2999—2016	羔羊代乳料	
14	NY/T 3000—2016	黄颡鱼配合饲料	
15	NY/T 3001—2016	饲料中氨基酸的测定 毛细管电泳法	
16	NY/T 3002—2016	饲料中动物源性成分检测 显微镜法	
17	NY/T 221—2016	橡胶树栽培技术规程	NY/T 221—2006
18	NY/T 245—2016	剑麻纤维制品含油率的测定	NY/T 245—1995
19	NY/T 362—2016	香荚兰 种苗	NY/T 362—1999
20	NY/T 1037—2016	天然胶乳 表观黏度的测定 旋转黏度计法	NY/T 1037—2006
21	NY/T 1476—2016	热带作物主要病虫害防治技术规程 芒果	NY/T 1476—2007
22	NY/T 2667.5—2016	热带作物品种审定规范 第5部分:咖啡	
23	NY/T 2667.6—2016	热带作物品种审定规范 第6部分:芒果	
24	NY/T 2667.7—2016	热带作物品种审定规范 第7部分:澳洲坚果	
25	NY/T 2668.5—2016	热带作物品种试验技术规程 第5部分:咖啡	
26	NY/T 2668.6—2016	热带作物品种试验技术规程 第6部分:芒果	
27	NY/T 2668.7—2016	热带作物品种试验技术规程 第7部分:澳洲坚果	
28	NY/T 3003—2016	热带作物种质资源描述及评价规范 胡椒	
29	NY/T 3004—2016	热带作物种质资源描述及评价规范 咖啡	
30	NY/T 3005—2016	热带作物病虫害监测技术规程 木薯细菌性枯萎病	
31	NY/T 3006—2016	橡胶树棒孢霉落叶病诊断与防治技术规程	
32	NY/T 3007—2016	瓜实蝇防治技术规程	
33	NY/T 3008—2016	木菠萝栽培技术规程	
34	NY/T 3009—2016	天然生胶 航空轮胎橡胶加工技术规程	
35	NY/T 3010—2016	天然橡胶初加工机械 打包机安全技术要求	
36	NY/T 3011—2016	芒果等级规格	
37	NY/T 3012—2016	咖啡及制品中葫芦巴碱的测定 高效液相色谱法	
38	NY/T 368—2016	种子提升机 质量评价技术规范	NY/T 368—1999
39	NY/T 370—2016	种子干燥机 质量评价技术规范	NY/T 370—1999
40	NY/T 377—2016	柴油添加剂发动机台架试验方法	NY/T 377—1999
41	NY/T 501—2016	水田耕整机 作业质量	NY/T 501—2002
42	NY/T 504—2016	秸秆粉碎还田机 修理质量	NY/T 504—2002
43	NY/T 510—2016	葵花籽剥壳机械 质量评价技术规范	NY/T 510—2002

（续）

序号	标准号	标准名称	代替标准号
44	NY/T 610—2016	日光温室　质量评价技术规范	NY/T 610—2002
45	NY/T 3013—2016	水稻钵苗栽植机　质量评价技术规范	
46	NY/T 3014—2016	甜菜全程机械化生产技术规程	
47	NY/T 3015—2016	机动植保机械　安全操作规程	
48	NY/T 3016—2016	玉米收获机　安全操作规程	
49	NY/T 3017—2016	外来入侵植物监测技术规程　银胶菊	
50	NY/T 3018—2016	飞机草综合防治技术规程	
51	NY/T 3019—2016	水葫芦综合防治技术规程	
52	NY/T 3020—2016	农作物秸秆综合利用技术通则	
53	NY/T 3021—2016	生物质成型燃料原料技术条件	
54	NY/T 3022—2016	离网型风力发电机组运行质量及安全检测规程	
55	NY/T 3023—2016	畜禽粪污处理场建设标准	
56	NY/T 3024—2016	日光温室建设标准	NYJ/T 07—2005
57	SC/T 1121—2016	尼罗罗非鱼　亲鱼	
58	SC/T 1122—2016	黄鳝　亲鱼和苗种	
59	SC/T 1125—2016	泥鳅　亲鱼和苗种	
60	SC/T 1126—2016	斑鳢	
61	SC/T 1127—2016	刀鲚	
62	SC/T 2028—2016	紫贻贝	
63	SC/T 2028—2016	大菱鲆　亲鱼和苗种	
64	SC/T 2069—2016	泥蚶	
65	SC/T 2073—2016	真鲷　亲鱼和苗种	
66	SC/T 4008—2016	刺网最小网目尺寸　银鲳	SC/T 4008—1983
67	SC/T 4025—2016	养殖网箱浮架　高密度聚乙烯管	
68	SC/T 4026—2016	刺网最小网目尺寸　小黄鱼	
69	SC/T 4027—2016	渔用聚乙烯编织线	
70	SC/T 4028—2016	渔网　网线直径和线密度的测定	
71	SC/T 4029—2016	东海区虾拖网网囊最小网目尺寸	
72	SC/T 4030—2016	高密度聚乙烯框架铜合金网衣网箱通用技术条件	
73	SC/T 5017—2016	聚丙烯裂膜夹钢丝绳	SC/T 5017—1997
74	SC/T 5061—2016	金龙鱼	
75	SC/T 5704—2016	金鱼分级　蝶尾	
76	SC/T 5705—2016	金鱼分级　龙睛	
77	SC/T 8148—2016	渔业船舶气胀式救生筏存放筒技术条件	
78	SC/T 9424—2016	水生生物增殖放流技术规范　许氏平鲉	
79	SC/T 9425—2016	海水滩涂贝类增养殖环境特征污染物筛选技术规范	
80	SC/T 9426.1—2016	重要渔业资源品种可捕规格　第1部分:海洋经济鱼类	
81	SC/T 9427—2016	河流漂流性鱼卵和仔鱼资源评估方法	
82	SC/T 9428—2016	水产种质资源保护区划定与评审规范	
83	SC/T 0006—2016	渔业统计调查规范	

国家卫生和计划生育委员会
中华人民共和国农业部
国家食品药品监督管理总局
公 告
2016年第16号

根据《中华人民共和国食品安全法》规定，经食品安全国家标准审评委员会审查通过，现发布《食品安全国家标准食品中农药最大残留限量》(GB 2763—2016)等107项食品安全国家标准。其编号和名称如下：

GB 2763—2016(代替GB 2763—2014)　食品安全国家标准　食品中农药最大残留限量

GB 23200.1—2016　食品安全国家标准　除草剂残留量检测方法　第1部分：气相色谱—质谱法测定粮谷及油籽中酰胺类除草剂残留量

GB 23200.2—2016　食品安全国家标准　除草剂残留量检测方法　第2部分：气相色谱—质谱法测定粮谷及油籽中二苯醚类除草剂残留量

GB 23200.3—2016　食品安全国家标准　除草剂残留量检测方法　第3部分：液相色谱—质谱/质谱法测定食品中环己烯酮类除草剂残留量

GB 23200.4—2016　食品安全国家标准　除草剂残留量检测方法　第4部分：气相色谱—质谱/质谱法测定食品中芳氧苯氧丙酸酯类除草剂残留量

GB 23200.5—2016　食品安全国家标准　除草剂残留量检测方法　第5部分：液相色谱—质谱/质谱法测定食品中硫代氨基甲酸酯类除草剂残留量

GB 23200.6—2016　食品安全国家标准　除草剂残留量检测方法　第6部分：液相色谱—质谱/质谱法测定食品中杀草强残留量

GB 23200.7—2016　食品安全国家标准　蜂蜜、果汁和果酒中497种农药及相关化学品残留量的测定　气相色谱—质谱法

GB 23200.8—2016　食品安全国家标准　水果和蔬菜中500种农药及相关化学品残留量的测定　气相色谱—质谱法

GB 23200.9—2016　食品安全国家标准　粮谷中475种农药及相关化学品残留量的测定　气相色谱—质谱法

GB 23200.10—2016　食品安全国家标准　桑枝、金银花、枸杞子和荷叶中488种农药及相关化学品残留量的测定　气相色谱—质谱法

GB 23200.11—2016　食品安全国家标准　桑枝、金银花、枸杞子和荷叶中413种农药及相关化学品残留量的测定　液相色谱—质谱法

GB 23200.12—2016　食品安全国家标准　食用菌中440种农药及相关化学品残留量的测定　液相色谱—质谱法

GB 23200.13—2016　食品安全国家标准　茶叶中448种农药及相关化学品残留量的测定　液相色谱—质谱法

GB 23200.14—2016　食品安全国家标准　果蔬汁和果酒中512种农药及相关化学品残留量的测定　液相色谱—质谱法

GB 23200.15—2016　食品安全国家标准　食用菌中503种农药及相关化学品残留量的测定　气相色谱—质谱法

GB 23200.16—2016 食品安全国家标准 水果和蔬菜中乙烯利残留量的测定 液相色谱法

GB 23200.17—2016 食品安全国家标准 水果和蔬菜中噻菌灵残留量的测定 液相色谱法

GB 23200.18—2016 食品安全国家标准 蔬菜中非草隆等 15 种取代脲类除草剂残留量的测定 液相色谱法

GB 23200.19—2016 食品安全国家标准 水果和蔬菜中阿维菌素残留量的测定 液相色谱法

GB 23200.20—2016 食品安全国家标准 食品中阿维菌素残留量的测定 液相色谱—质谱/质谱法

GB 23200.21—2016 食品安全国家标准 水果中赤霉酸残留量的测定 液相色谱—质谱/质谱法

GB 23200.22—2016 食品安全国家标准 坚果及坚果制品中抑芽丹残留量的测定 液相色谱法

GB 23200.23—2016 食品安全国家标准 食品中地乐酚残留量的测定 液相色谱—质谱/质谱法

GB 23200.24—2016 食品安全国家标准 粮谷和大豆中 11 种除草剂残留量的测定 气相色谱—质谱法

GB 23200.25—2016 食品安全国家标准 水果中噁草酮残留量的检测方法

GB 23200.26—2016 食品安全国家标准 茶叶中 9 种有机杂环类农药残留量的检测方法

GB 23200.27—2016 食品安全国家标准 水果中 4,6-二硝基邻甲酚残留量的测定 气相色谱—质谱法

GB 23200.28—2016 食品安全国家标准 食品中多种醚类除草剂残留量的测定 气相色谱—质谱法

GB 23200.29—2016 食品安全国家标准 水果和蔬菜中唑螨酯残留量的测定 液相色谱法

GB 23200.30—2016 食品安全国家标准 食品中环氟菌胺残留量的测定 气相色谱—质谱法

GB 23200.31—2016 食品安全国家标准 食品中丙炔氟草胺残留量的测定 气相色谱—质谱法

GB 23200.32—2016 食品安全国家标准 食品中丁酰肼残留量的测定 气相色谱—质谱法

GB 23200.33—2016 食品安全国家标准 食品中解草嗪、莎稗磷、二丙烯草胺等 110 种农药残留量的测定 气相色谱—质谱法

GB 23200.34—2016 食品安全国家标准 食品中涕灭砜威、吡唑醚菌酯、嘧菌酯等 65 种农药残留量的测定 液相色谱—质谱/质谱法

GB 23200.35—2016 食品安全国家标准 植物源性食品中取代脲类农药残留量的测定 液相色谱—质谱法

GB 23200.36—2016 食品安全国家标准 植物源性食品中氯氟吡氧乙酸、氟硫草定、氟吡草腙和噻唑烟酸除草剂残留量的测定 液相色谱—质谱/质谱法

GB 23200.37—2016 食品安全国家标准 食品中烯啶虫胺、呋虫胺等 20 种农药残留量的测定 液相色谱—质谱/质谱法

GB 23200.38—2016 食品安全国家标准 植物源性食品中环己烯酮类除草剂残留量的测定 液相色谱—质谱/质谱法

GB 23200.39—2016 食品安全国家标准 食品中噻虫嗪及其代谢物噻虫胺残留量的测定 液相色谱—质谱/质谱法

GB 23200.40—2016 食品安全国家标准 可乐饮料中有机磷、有机氯农药残留量的测定 气相色谱法

GB 23200.41—2016 食品安全国家标准 食品中噻节因残留量的检测方法

GB 23200.42—2016 食品安全国家标准 粮谷中氟吡禾灵残留量的检测方法

GB 23200.43—2016 食品安全国家标准 粮谷及油籽中二氯喹磷酸残留量的测定 气相色谱法

GB 23200.44—2016　食品安全国家标准　粮谷中二硫化碳、四氯化碳、二溴乙烷残留量的检测方法

GB 23200.45—2016　食品安全国家标准　食品中除虫脲残留量的测定　液相色谱—质谱法

GB 23200.46—2016　食品安全国家标准　食品中嘧霉胺、嘧菌胺、腈菌唑、嘧菌酯残留量的测定　气相色谱—质谱法

GB 23200.47—2016　食品安全国家标准　食品中四螨嗪残留量的测定　气相色谱—质谱法

GB 23200.48—2016　食品安全国家标准　食品中野燕枯残留量的测定　气相色谱—质谱法

GB 23200.49—2016　食品安全国家标准　食品中苯醚甲环唑残留量的测定　气相色谱—质谱法

GB 23200.50—2016　食品安全国家标准　食品中吡啶类农药残留量的测定　液相色谱—质谱/质谱法

GB 23200.51—2016　食品安全国家标准　食品中呋虫胺残留量的测定　液相色谱—质谱/质谱法

GB 23200.52—2016　食品安全国家标准　食品中嘧菌环胺残留量的测定　气相色谱—质谱法

GB 23200.53—2016　食品安全国家标准　食品中氟硅唑残留量的测定　气相色谱—质谱法

GB 23200.54—2016　食品安全国家标准　食品中甲氧基丙烯酸酯类杀菌剂残留量的测定　气相色谱—质谱法

GB 23200.55—2016　食品安全国家标准　食品中 21 种熏蒸剂残留量的测定　顶空气相色谱法

GB 23200.56—2016　食品安全国家标准　食品中喹氧灵残留量的检测方法

GB 23200.57—2016　食品安全国家标准　食品中乙草胺残留量的检测方法

GB 23200.58—2016　食品安全国家标准　食品中氯酯磺草胺残留量的测定　液相色谱—质谱/质谱法

GB 23200.59—2016　食品安全国家标准　食品中敌草腈残留量的测定　气相色谱—质谱法

GB 23200.60—2016　食品安全国家标准　食品中炔草酯残留量的检测方法

GB 23200.61—2016　食品安全国家标准　食品中苯胺灵残留量的测定　气相色谱—质谱法

GB 23200.62—2016　食品安全国家标准　食品中氟烯草酸残留量的测定　气相色谱—质谱法

GB 23200.63—2016　食品安全国家标准　食品中噻酰菌胺残留量的测定　液相色谱—质谱/质谱法

GB 23200.64—2016　食品安全国家标准　食品中吡丙醚残留量的测定　液相色谱—质谱/质谱法

GB 23200.65—2016　食品安全国家标准　食品中四氟醚唑残留量的检测方法

GB 23200.66—2016　食品安全国家标准　食品中吡螨胺残留量的测定　气相色谱—质谱法

GB 23200.67—2016　食品安全国家标准　食品中炔苯酰草胺残留量的测定　气相色谱—质谱法

GB 23200.68—2016　食品安全国家标准　食品中啶酰菌胺残留量的测定　气相色谱—质谱法

GB 23200.69—2016　食品安全国家标准　食品中二硝基苯胺类农药残留量的测定　液相色谱—质谱/质谱法

GB 23200.70—2016　食品安全国家标准　食品中三氟羧草醚残留量的测定　液相色谱—质谱/质谱法

GB 23200.71—2016　食品安全国家标准　食品中二缩甲酰亚胺类农药残留量的测定　气相色谱—质谱法

GB 23200.72—2016　食品安全国家标准　食品中苯酰胺类农药残留量的测定　气相色谱—质谱法

GB 23200.73—2016　食品安全国家标准　食品中鱼藤酮和印楝素残留量的测定　液相色谱—质谱/质谱法

附 录

GB 23200.74—2016 食品安全国家标准 食品中井冈霉素残留量的测定 液相色谱—质谱/质谱法

GB 23200.75—2016 食品安全国家标准 食品中氟啶虫酰胺残留量的检测方法

GB 23200.76—2016 食品安全国家标准 食品中氟苯虫酰胺残留量的测定 液相色谱—质谱/质谱法

GB 23200.77—2016 食品安全国家标准 食品中苄螨醚残留量的检测方法

GB 23200.78—2016 食品安全国家标准 肉及肉制品中巴毒磷残留量的测定 气相色谱法

GB 23200.79—2016 食品安全国家标准 肉及肉制品中吡菌磷残留量的测定 气相色谱法

GB 23200.80—2016 食品安全国家标准 肉及肉制品中双硫磷残留量的检测方法

GB 23200.81—2016 食品安全国家标准 肉及肉制品中西玛津残留量的检测方法

GB 23200.82—2016 食品安全国家标准 肉及肉制品中乙烯利残留量的检测方法

GB 23200.83—2016 食品安全国家标准 食品中异稻瘟净残留量的检测方法

GB 23200.84—2016 食品安全国家标准 肉品中甲氧滴滴涕残留量的测定 气相色谱—质谱法

GB 23200.85—2016 食品安全国家标准 乳及乳制品中多种拟除虫菊酯农药残留量的测定 气相色谱—质谱法

GB 23200.86—2016 食品安全国家标准 乳及乳制品中多种有机氯农药残留量的测定 气相色谱—质谱/质谱法

GB 23200.87—2016 食品安全国家标准 乳及乳制品中噻菌灵残留量的测定 荧光分光光度法

GB 23200.88—2016 食品安全国家标准 水产品中多种有机氯农药残留量的检测方法

GB 23200.89—2016 食品安全国家标准 动物源性食品中乙氧喹啉残留量的测定 液相色谱法

GB 23200.90—2016 食品安全国家标准 乳及乳制品中多种氨基甲酸酯类农药残留量的测定 液相色谱—质谱法

GB 23200.91—2016 食品安全国家标准 动物源性食品中 9 种有机磷农药残留量的测定 气相色谱法

GB 23200.92—2016 食品安全国家标准 动物源性食品中五氯酚残留量的测定 液相色谱—质谱法

GB 23200.93—2016 食品安全国家标准 食品中有机磷农药残留量的测定 气相色谱—质谱法

GB 23200.94—2016 食品安全国家标准 动物源性食品中敌百虫、敌敌畏、蝇毒磷残留量的测定 液相色谱—质谱/质谱法

GB 23200.95—2016 食品安全国家标准 蜂产品中氟胺氰菊酯残留量的检测方法

GB 23200.96—2016 食品安全国家标准 蜂蜜中杀虫脒及其代谢产物残留量的测定 液相色谱—质谱/质谱法

GB 23200.97—2016 食品安全国家标准 蜂蜜中 5 种有机磷农药残留量的测定 气相色谱法

GB 23200.98—2016 食品安全国家标准 蜂王浆中 11 种有机磷农药残留量的测定 气相色谱法

GB 23200.99—2016 食品安全国家标准 蜂王浆中多种氨基甲酸酯类农药残留量的测定 液相色谱—质谱/质谱法

GB 23200.100—2016 食品安全国家标准 蜂王浆中多种菊酯类农药残留量的测定 气相色谱法

GB 23200.101—2016 食品安全国家标准 蜂王浆中多种杀螨剂残留量的测定 气相色谱—质谱法

GB 23200.102—2016 食品安全国家标准 蜂王浆中杀虫脒及其代谢产物残留量的测定 气相色谱—质谱法

GB 23200.103—2016　食品安全国家标准　蜂王浆中双甲脒及其代谢产物残留量的测定　气相色谱—质谱法

GB 23200.104—2016　食品安全国家标准　肉及肉制品中2甲4氯及2甲4氯丁酸残留量的测定　液相色谱—质谱法

GB 23200.105—2016　食品安全国家标准　肉及肉制品中甲萘威残留量的测定　液相色谱—柱后衍生荧光检测法

GB 23200.106—2016　食品安全国家标准　肉及肉制品中残杀威残留量的测定　气相色谱法

特此公告。

国家卫生和计划生育委员会　农业部　国家食品药品监督管理总局

2016年12月18日

中华人民共和国农业部公告
第 2482 号

《农村土地承包经营权确权登记数据库规范》等 82 项标准业经专家审定通过，现批准发布为中华人民共和国农业行业标准，自 2017 年 4 月 1 日起实施。

特此公告。

附件：《农村土地承包经营权确权登记数据库规范》等 82 项农业行业标准目录

农业部

2016 年 12 月 23 日

附件：

《农村土地承包经营权确权登记数据库规范》等82项农业行业标准目录

序号	标准号	标准名称	代替标准号
1	NY/T 2539—2016	农村土地承包经营权确权登记数据库规范	NY/T 2539—2014
2	NY/T 3025—2016	农业环境污染损害鉴定技术导则	
3	NY/T 3026—2016	鲜食浆果类水果采后预冷保鲜技术规程	
4	NY/T 3027—2016	甜菜纸筒育苗生产技术规程	
5	NY/T 3028—2016	梨高接换种技术规程	
6	NY/T 3029—2016	大蒜良好农业操作规程	
7	NY/T 3030—2016	棉花中水溶性总糖含量的测定　蒽酮比色法	
8	NY/T 3031—2016	棉花小麦套种技术规程	
9	NY/T 3032—2016	草莓脱毒种苗生产技术规程	
10	NY/T 3033—2016	农产品等级规格　蓝莓	
11	NY/T 886—2016	农林保水剂	NY/T 886—2010
12	NY/T 3034—2016	土壤调理剂　通用要求	
13	NY/T 2271—2016	土壤调理剂　效果试验和评价要求	NY/T 2271—2012
14	NY/T 3035—2016	土壤调理剂　铝、镍含量的测定	
15	NY/T 3036—2016	肥料和土壤调理剂　水分含量、粒度、细度的测定	
16	NY/T 3037—2016	肥料增效剂　2-氯-6-三氯甲基吡啶含量的测定	
17	NY/T 3038—2016	肥料增效剂　正丁基硫代磷酰三胺(NBPT)和正丙基硫代磷酰三胺(NPPT)含量的测定	
18	NY/T 3039—2016	水溶肥料　聚谷氨酸含量的测定	
19	NY/T 2267—2016	缓释肥料　通用要求	NY/T 2267—2012
20	NY/T 3040—2016	缓释肥料　养分释放率的测定	
21	NY/T 3041—2016	生物炭基肥料	
22	NY/T 3042—2016	国(境)外引进种苗疫情监测规范	
23	NY/T 3043—2016	南方水稻季节性干旱灾害田间调查及分级技术规程	
24	NY/T 3044—2016	蜜蜂授粉技术规程　油菜	
25	NY/T 3045—2016	设施番茄熊蜂授粉技术规程	
26	NY/T 3046—2016	设施桃蜂授粉技术规程	
27	NY/T 3047—2016	北极狐皮、水貂皮、貉皮、獭兔皮鉴别　显微镜法	
28	NY/T 3048—2016	发酵床养猪技术规程	
29	NY/T 3049—2016	奶牛全混合日粮生产技术规程	
30	NY/T 3050—2016	羊奶真实性鉴定技术规程	
31	NY/T 3051—2016	生乳安全指标监测前样品处理规范	
32	NY/T 3052—2016	舍饲肉羊饲养管理技术规范	
33	NY/T 3053—2016	天府肉猪	
34	NY/T 3054—2016	植物品种特异性、一致性和稳定性测试指南　冬瓜	
35	NY/T 3055—2016	植物品种特异性、一致性和稳定性测试指南　木薯	
36	NY/T 3056—2016	植物品种特异性、一致性和稳定性测试指南　樱桃	
37	NY/T 3057—2016	植物品种特异性、一致性和稳定性测试指南　黄秋葵(咖啡黄葵)	
38	NY/T 3058—2016	油菜抗旱性鉴定技术规程	
39	NY/T 3059—2016	大豆抗孢囊线虫鉴定技术规程	
40	NY/T 3060.1—2016	大麦品种抗病性鉴定技术规程　第1部分:抗条纹病	
41	NY/T 3060.2—2016	大麦品种抗病性鉴定技术规程　第2部分:抗白粉病	
42	NY/T 3060.3—2016	大麦品种抗病性鉴定技术规程　第3部分:抗赤霉病	

（续）

序号	标准号	标准名称	代替标准号
43	NY/T 3060.4—2016	大麦品种抗病性鉴定技术规程　第4部分:抗黄花叶病	
44	NY/T 3060.5—2016	大麦品种抗病性鉴定技术规程　第5部分:抗根腐病	
45	NY/T 3060.6—2016	大麦品种抗病性鉴定技术规程　第6部分:抗黄矮病	
46	NY/T 3060.7—2016	大麦品种抗病性鉴定技术规程　第7部分:抗网斑病	
47	NY/T 3060.8—2016	大麦品种抗病性鉴定技术规程　第8部分:抗条锈病	
48	NY/T 3061—2016	花生耐盐性鉴定技术规程	
49	NY/T 3062—2016	花生种质资源抗青枯病鉴定技术规程	
50	NY/T 3063—2016	马铃薯抗晚疫病室内鉴定技术规程	
51	NY/T 3064—2016	苹果品种轮纹病抗性鉴定技术规程	
52	NY/T 3065—2016	西瓜抗南方根结线虫室内鉴定技术规程	
53	NY/T 3066—2016	油菜抗裂角性鉴定技术规程	
54	NY/T 3067—2016	油菜耐渍性鉴定技术规程	
55	NY/T 3068—2016	油菜品种菌核病抗性鉴定技术规程	
56	NY/T 3069—2016	农业野生植物自然保护区建设标准	
57	NY/T 3070—2016	大豆良种繁育基地建设标准	
58	NY/T 3071—2016	家禽性能测定中心建设标准　鸡	
59	SC/T 3205—2016	虾皮	SC/T 3205—2000
60	SC/T 3216—2016	盐制大黄鱼	SC/T 3216—2006
61	SC/T 3220—2016	干制对虾	
62	SC/T 3309—2016	调味烤酥鱼	
63	SC/T 3502—2016	鱼油	SC/T 3502—2000
64	SC/T 3602—2016	虾酱	SC/T 3602—2002
65	SC/T 6091—2016	海洋渔船管理数据软件接口技术规范	
66	SC/T 6092—2016	涌浪式增氧机	
67	SC/T 7002.2—2016	渔船用电子设备环境试验条件和方法　高温	SC/T 7002.2—1992
68	SC/T 7002.3—2016	渔船用电子设备环境试验条件和方法　低温	SC/T 7002.3—1992
69	SC/T 7002.4—2016	渔船用电子设备环境试验条件和方法　交变湿热(Db)	SC/T 7002.4—1992
70	SC/T 7002.5—2016	渔船用电子设备环境试验条件和方法　恒定湿热(Ca)	SC/T 7002.5—1992
71	SC/T 7020—2016	水产养殖动植物疾病测报规范	
72	SC/T 7221—2016	蛙病毒检测方法	
73	SC/T 8162—2016	渔业船舶用救生衣(100N)	
74	SC/T 1027—2016	尼罗罗非鱼	SC 1027—1998
75	SC/T 1042—2016	奥利亚罗非鱼	SC 1042—2000
76	SC/T 1128—2016	黄尾鲴	
77	SC/T 1129—2016	乌龟	
78	SC/T 1131—2016	黄喉拟水龟　亲龟和苗种	
79	SC/T 1132—2016	渔药使用规范	
80	SC/T 1133—2016	细鳞鱼	
81	SC/T 1134—2016	广东鲂　亲鱼和苗种	
82	SC/T 2048—2016	大菱鲆　亲鱼和苗种	

中华人民共和国农业部公告
第 2483 号

根据《中华人民共和国兽药管理条例》和《中华人民共和国饲料和饲料添加剂管理条例》规定，《饲料中炔雌醚的测定　高效液相色谱法》等 8 项标准业经专家审定和我部审查通过，现批准发布为中华人民共和国国家标准，自 2017 年 4 月 1 日起实施。

特此公告。

附件：《饲料中炔雌醚的测定　高效液相色谱法》等 8 项标准目录

农业部

2016 年 12 月 23 日

附　录

附件：

《饲料中炔雌醚的测定　高效液相色谱法》等8项标准目录

序号	标准名称	标准号
1	饲料中炔雌醚的测定　高效液相色谱法	农业部2483号公告—1—2016
2	饲料中苯巴比妥钠的测定　高效液相色谱法	农业部2483号公告—2—2016
3	饲料中炔雌醚的测定　液相色谱—串联质谱法	农业部2483号公告—3—2016
4	饲料中苯巴比妥钠的测定　液相色谱—串联质谱法	农业部2483号公告—4—2016
5	饲料中牛磺酸的测定　高效液相色谱法	农业部2483号公告—5—2016
6	饲料中金刚烷胺和金刚乙胺的测定　液相色谱—串联质谱法	农业部2483号公告—6—2016
7	饲料中甲硝唑、地美硝唑和异丙硝唑的测定　高效液相色谱法	农业部2483号公告—7—2016
8	饲料中氯霉素、甲砜霉素和氟苯尼考的测定　液相色谱—串联质谱法	农业部2483号公告—8—2016